无线局域网权威指南

（第 5 版）

CWNA 认证教程

[美] 大卫·D. 科尔曼(David D. Coleman)
大卫·A. 韦斯科特(David A. Westcott) 著

蒋 楠 译

U0388955

清华大学出版社

北 京

北京市版权局著作权合同登记号　图字：01-2018-8436

CWNA：Certified Wireless Network Administrator Study Guide: Exam CWNA-107，5th Edition

David D. Coleman, David A. Westcott

EISBN：978-1-119-42578-6

Copyright © 2018 by John Wiley & Sons, Inc., Indianapolis, Indiana

All Rights Reserved. This translation published under license.

TRADEMARKS: Wiley, the Wiley logo, and the Sybex logo are trademarks or registered trademarks of John Wiley & Sons, Inc. and/or its affiliates, in the United States and other countries, and may not be used without written permission. CWNA is a registered trademark of CWNA, LLC.\ All other trademarks are the property of their respective owners. John Wiley & Sons, Inc. is not associated with any product or vendor mentioned in this book.

本书中文简体字版由 Wiley Publishing, Inc. 授权清华大学出版社出版。未经出版者书面许可，不得以任何方式复制或抄袭本书内容。

图书在版编目(CIP)数据

无线局域网权威指南：第 5 版：CWNA 认证教程 / (美)大卫・D. 科尔曼(David D. Coleman)，(美)大卫・A. 韦斯科特(David A. Westcott) 著；蒋楠译. —北京：清华大学出版社，2021.1（2024.4重印）

书名原文：CWNA: Certified Wireless Network Administrator Study Guide: Exam CWNA-107, 5th Edition

ISBN 978-7-302-57083-7

I. ①无… II. ①大… ②大… ③蒋… III. ①无线电通信—局域网—指南 IV. ①TN926-62

中国版本图书馆 CIP 数据核字(2020)第 251244 号

责任编辑：王　军
装帧设计：孔祥峰
责任校对：成凤进
责任印制：丛怀宇

出版发行：清华大学出版社
　　　　网　　　址：https://www.tup.com.cn, https://www.wqxuetang.com
　　　　地　　　址：北京清华大学学研大厦 A 座　　　　邮　　编：100084
　　　　社 总 机：010-83470000　　　　　　　　　　邮　　购：010-62786544
　　　　投稿与读者服务：010-62776969，c-service@tup.tsinghua.edu.cn
　　　　质 量 反 馈：010-62772015，zhiliang@tup.tsinghua.edu.cn
印 装 者：三河市君旺印务有限公司
经　　销：全国新华书店
开　　本：170mm×240mm　　印　张：43.75　　字　　数：1205 千字
版　　次：2021 年 1 月第 1 版　　印　次：2024 年 4 月第 2 次印刷
定　　价：158.00 元

产品编号：080804-01

推　荐　序

如果希望将掌握的无线局域网专业知识系统化，那么购买《无线局域网权威指南(第 5 版)CWNA 认证教程》是实现这个目标的第一步。本书有助于读者深入了解 802.11 技术并提高故障排除水平。世界正全面转向无线网络，构建并操作无线网络需要更多训练有素的工程师。

我在 2007 年取得认证无线网络工程师(CWNA)认证时，未曾想到后来能在一家大型无线设备制造商担任高级战略职位，并为本书写下这篇推荐序。彼时，我正带领一支无线工程师团队为企业客户部署无线局域网，而团队中几乎无人接受过 802.11 技术的系统培训。参加 CWNA 课程后，我们的网络质量出现立竿见影的变化，我也被这项认证的魅力折服。

在接下来的几年里，我陆续取得所有专业级别的 CWNP 认证，并最终成为第 112 号认证无线网络专家(CWNE #112)。CWNP 认证提升了我的业务水平，使我有能力向客户交付性能更好的系统。不仅如此，我还通过参与 IEEE 802.11 工作组和 Wi-Fi 联盟的各种活动来回馈社会。二者是推动 Wi-Fi 技术发展的专业组织。取得 CWNP 认证后，我出版了几本探讨高密度、室外无线局域网部署等方面的书籍，并撰写了解读 802.11 标准的各类技术文章。

读者会发现，无线技术错综复杂，各种理论环环相扣。正如原子由质子和电子构成，而质子和电子又由夸克和轻子构成一样，学习物理层的 802.11 数据速率最终会引出符号和副载波的概念，随后是调制和编码技术。而研究 MAC 子层必然会涉及控制 Wi-Fi 设备占用时长以及决定哪台设备有权传输数据的基本规则。诸如此类，不一而足。

兴趣所在，行者无疆。我很荣幸与大卫·D.科尔曼和大卫·A.韦斯科特相识多年，他们堪称出色的指路人。科尔曼和韦斯科特拥有培训无线网络从业人员的丰富经验，他们两人撰写的《无线局域网权威指南(第 5 版)　CWNA 认证教程》深入阐述了无线工程师必须掌握的所有重要知识。

Wi-Fi 已经与人类文化融为一体，这个行业需要更多认证工程师。2017 年，Wi-Fi 芯片组的出货量超过 30 亿枚，全球范围内安装的无线接口数量估计突破百亿大关。如今，802.11 设备的数量比世界人口还多。2018 年早些时候发布的一项研究显示，非授权频谱仅对美国经济的贡献就超过 8300 亿美元。另有研究指出，在移动设备产生的所有 IP 流量中，50%～80%是通过无线局域网传输的。

与此同时，技术也在不断进步。802.11ax 设备从 2018 年起投放市场，这项技术致力于改进物理层和 MAC 子层，有望实现真正的千兆数据速率、调度访问以及全新的多用户访问。2018 年年初，Wi-Fi 联盟发布了 WPA3，并针对保护无线局域网的加密和身份验证机制做出重大改进。正因为如此，"学到老，活到老"并非虚言。如有可能，建议你在取得 CWNA 认证后继续前行，努力成为顶尖的无线局域网工程师，并在这一领域做出自己的贡献。

Chuck Lukaszewski(CWNE #112、CWSP、CWAP、CWDP 和 CWNA)
Aruba Networks[1]无线战略与标准事业部副总裁

---

1 慧与科技(Hewlett Packard Enterprise)旗下公司。

译 者 序

位于非洲东南部的马拉维是全球最不发达的国家之一，超过85%的人口生活在农村地区。这个撒哈拉以南非洲国家的电信基础设施非常薄弱，无力部署光纤骨干网或高速无线网。在2015年之前，马拉维的互联网普及率仅有10%，移动宽带服务的价格也居高不下。为跟上全球数字化的步伐，马拉维将注意力转向原本分配给广播电视使用、后来闲置不用的电磁频谱，决定以空白电视频段(TVWS)为基础构建无线网络，从而将低成本宽带互联网服务扩展到偏远地区。

2014年获批的IEEE 802.11af标准允许无线局域网通信使用空白电视频段，这项标准又称"超级Wi-Fi"或"白-Fi"。由于1 GHz以下频段的信号具有传输距离远、障碍物穿透能力强等特点，IEEE 802.11af标准对物联网应用也颇具吸引力。

目前，全球仍有大约30亿用户无法接入互联网。为此，业界正在研究利用低轨卫星实现星间组网，以覆盖传统通信手段无法覆盖的地区。"星链计划"或许是最知名的低轨卫星星座项目：SpaceX公司希望通过4.2万颗低轨卫星打造"全球卫星互联网系统"，以提供高通量、短时延的互联网接入服务。

一些自媒体将"星链"称为"太空Wi-Fi"。其实，手机并不能通过Wi-Fi直接连接到卫星。毕竟"星链"卫星使用Ku和Ka波段传输数据，与手机的通信频段相去甚远。SpaceX创始人兼首席执行官埃隆·马斯克曾发推文称，"星链"的Wi-Fi密码是martians(火星人)，这只是"硅谷钢铁侠"的美式幽默。马斯克后来也表示，手机需要安装平底锅大小的用户终端和Wi-Fi路由器才能接收并转换"星链"卫星的信号。但"无论身处何处都能通过Wi-Fi上网"总是令人充满期待，而由《麻省理工学院科技评论》评出的2020年"全球十大突破性技术"中，以"星链"为代表的超级星座卫星也位列其中。

自1997年IEEE 802.11原始标准获批以来，无线局域网技术的发展日新月异，Wi-Fi逐渐与全球通信文化融为一体。互联网早已成为水、电、煤一样的基础设施，如今很少有人能忍受没有Wi-Fi的生活。

技术的发展对于知识储备提出了更高的要求。在推广无线局域网技术方面，美国CWNP公司居功至伟。CWNP公司推出的CWNP项目是目前唯一独立于厂商的认证体系，被公认为企业无线局域网认证和培训的行业标准。CWNA(认证无线网络工程师)是CWNP项目的基础级认证，旨在评估网络从业人员对IEEE 802.11技术的总体了解程度，CWNA也是获得其他CWNP认证的先决条件。

虽然思科、华为、Aruba等厂商都有各自的无线网络认证体系，但它们均侧重于如何使用和管理自家设备。CWNP项目不依托于某家厂商，而以培养具有深厚理论基础的无线网络工程师为己任。以学习驾车为例，我们学的是驾驶技术而非某种车型；学会驾驶奥拓后，开奥迪也不难。从某种意义上说，CWNP项目就相当于无线网络领域的"驾驶技术"，同大学时先于专业课开设基础课有异曲同工之处。正因为如此，各大厂商都建议员工取得各类CWNP认证。

读者手中的这本《无线局域网权威指南(第5版) CWNA认证教程》全面剖析了无线局域网技术，涵盖标准、设计、部署、分析、排错、安全等多个领域，不仅是备考CWNA认证的学习指南，也被国外不少院校用作无线通信课程的辅助教材，更成为众多无线网络工程师日常工作中的参考资料。本书自 2004 年首次出版以来好评如潮，堪称"入坑"无线局域网的不二之选。一言以蔽之，本书早已超出认证教程的范畴，无愧于"无线局域网权威指南"这一称号。

感谢清华大学出版社的王军老师邀请我翻译本书第 5 版，他的专业态度令人印象深刻。同样感谢知名培训讲师朱志立老师，曾参与本书第 3 版翻译工作的朱老师是中国大陆第一位 CWNE(CWNE #134)，为 CWNP 项目在国内的推广做出很大贡献。虽然我尽力而为，但水平有限，疏漏之处在所难免，恳请读者不吝赐教，提出宝贵的意见和建议。

蒋楠

2020 年 11 月

蒋楠，拥有 CWNA 和 CWSP 认证，出身于电子与计算机工程专业的技术产品经理，多年来致力于产品开发和软件架构规划，对算法和数据密集型应用同样兴趣浓厚，是资深的科技图书译者、严肃的马拉松跑者。

序

"向知识投资，收益最佳。"

——本杰明·富兰克林

大约 15 年前，出版商邀请我们共同为认证无线网络工程师(Certified Wireless Network Administrator，CWNA)考试编写学习指南。当时，无线局域网初登舞台，尚未与人类文化融为一体。802.11g 技术开始崭露头角，因能在 2.4 GHz 频段以 54 Mbps 的惊人速度传输数据而令外界兴奋不已。因此，我们接受了邀请。本书第 5 版付梓后，802.11 技术发生了翻天覆地的变化。如今，Wi-Fi 已然与人们的日常生活密不可分。

CWNA 认证旨在检验网络工程师对 802.11 技术的了解程度，长期以来被视为企业无线局域网领域的基础级认证。成千上万考生在备考时选择本书，许多高等院校也将本书作为无线技术课程的教材，对此我们深感荣幸。在和客户交往的过程中，我们结识了本书前 4 版的很多读者并成为朋友。我们发现，许多人不仅将本书作为 CWNA 认证的备考指南，也将其用作工作中重要的参考资料。还有不少工程师表示，他们的无线局域网职业生涯因本书而受益匪浅。在此，我们谨将本书的第 5 版奉献给读者。

我们始终致力于向更多人传授 Wi-Fi 知识。如果读者初涉无线局域网，希望本书能成为你在这一领域的首次投资；如果读者已是资深的 Wi-Fi 专家，希望你在读完本书后将其推荐给朋友或同事。分享 Wi-Fi 知识将是一项明智的投资。

大卫·D.科尔曼

大卫·A.韦斯科特

作 者 简 介

大卫·D.科尔曼(CWNE #4)目前在 Extreme Networks 担任产品营销总监,在世界各地开展无线局域网培训并发表演讲。科尔曼与 Extreme Networks 技术传播团队合作,为不同国家和地区的IT 从业人员提供无线局域网设计、安全、管理、故障排除等方面的专业指导。他撰写过大量探讨无线网络的图书、博文与白皮书,是权威的 802.11 技术专家。在加入 Extreme Networks 前,科尔曼致力于企业和政府的 Wi-Fi 培训和咨询,曾为众多私人公司、美国军方以及美国政府机构提供无线局域网培训。

大卫·A.韦斯科特(CWNE #7)是一位拥有 30 多年经验的独立顾问和技术讲师,对无线网络、无线管理和监控、网络访问控制等领域颇有研究。韦斯科特已为全球 30 多个国家和地区的政府机构、企业与大学提供培训,学员有数千人。此外,他曾在波士顿大学企业教育中心担任十多年的兼职教员。韦斯科特是多本技术图书和大量白皮书的作者,他还开发了许多有关有线/无线网络技术与网络安全的课程。

韦斯科特是 CWNE 圆桌会议(CWNE Roundtable)的创始成员,拥有 Aruba Networks、Cisco Systems、Microsoft、Ekahau、国际电子商务顾问委员会(EC-Council)、美国计算机行业协会(CompTIA)、Novell 等许多企业和组织的认证。

致　　谢

当撰写本书第 1 版时，大卫·D.科尔曼的孩子 Brantley 和 Carolina 尚未成年。如今，Carolina 拥有南加利福尼亚大学公共政策硕士学位；Brantley 毕业于波士顿大学，不久前从华盛顿大学取得生物化学博士学位。科尔曼感谢现已成年的子女多年来的支持，作为父亲，他深感自豪。科尔曼还要感谢母亲 Marjorie Barnes、继父 William Barnes 以及哥哥 Rob Coleman 一直以来的支持和鼓励。Brantley 与众不同，常常令科尔曼捧腹大笑。

此外，科尔曼感谢 Aerohive Networks(2019 年被 Extreme Networks 收购)的同事和朋友。科尔曼很想对众多曾经和目前的 Aerohive 员工表达谢意，但名单实难全部列出。因此，科尔曼感谢 Aerohive Networks 的所有同事在过去 9 年里为他提供的帮助和支持。

在结束培训工作回家后，Janie 和 Savannah 给予大卫·A.韦斯科特的微笑和拥抱令他深感欣慰。对于韦斯科特的出差和写作，Janie 的耐心和理解弥足珍贵。

韦斯科特还要感谢 Aruba Networks 培训部门。2004 年，Aruba Networks 聘请韦斯科特担任公司首席合同培训师。弹指间沧海桑田，但这段旅程充满乐趣且令人兴奋。

撰写本书颇具挑战性，本书两位作者感谢以下人士在写作本书过程中给予的帮助和支持。

首先感谢 Sybex 出版公司的策划编辑 Jim Minatel 联系并鼓励作者撰写本书第 5 版，还要感谢与作者合作出版多本图书的项目编辑 Kim Wimpsett。特别感谢编委会主任 Pete Gaughan、责任印制 Katie Wisor 与文字编辑 John Sleeva 所做的辛勤工作。

非常感谢本书的技术编辑、目前就职于 Fortinet 的 Ben Wilson。在三家大型无线局域网供应商工作期间，Ben 积累了丰富的工作经验，他的反馈和意见至关重要。

特别感谢 Andrew von Nagy(CWNE #84)和 Marcus Burton(CWNE #78)，两人曾担任本书前几版的技术编辑。

本书的精美图片出自 Andrew Crocker 之手，他还精心修正了某些清晰度欠佳的图片。

感谢 Proxim 和 Ken Ruppel 授权作者使用 *Beam Patterns and Polarization of Directional Antennas*(定向天线的波束方向图和极化)视频，读者可以从本书配套网站下载该视频 [1]。

特别感谢 EMANIM 软件的开发者 Andras Szilagyi，他在过去 13 年里编写了适合本书使用的 EMANIM 定制版本。

感谢技术研究公司 650 Group 的 Chris DePuy 针对无线局域网行业所做的趋势分析。

非常感谢 Marco Tisler(CWNE #126)提供 API 的相关内容，感谢 Chris Harkins 提供云网络的相关内容，感谢 Gregor Vucajnk(CWNE #96)提供 LTE 的相关内容，感谢 Karl Benedict 提供定向天线的相关内容和反馈，感谢 Perry Correll 对 802.11ax 技术所做的思考。

对于未来 5 GHz U-NII 频段的发展，Rick Murphy(CWNE #10)的见解颇有见地，在此深表感谢。

感谢 Mist Systems 的 Joel Crane(CWNE #233)提供频谱分析仪的截图。

非常感谢 Adrian Granados 为无线社区所做的贡献。

---

1 https://www.wiley.com/go/cwnasg，Downloads 选项卡提供了本书所有相关工具和演示的下载。

　　本书还提到如下无线局域网领域的活跃人士：Mike Albano(CWNE #150)、Eddie Forero(CWNE #160)、James Garringer(CWNE #179)、Jerome Henry(CWNE #45)以及 François Vergès(CWNE #180)。

　　此外，本书两位作者感谢以下人士和企业给予的帮助和支持：

- Divergent Dynamics 的 Devin Akin(CWNE #1)。
- Ventev Wireless Infrastructure 产品创新工程师 Dennis Burrell、营销经理 Tauni Odia。
- iBwave Solutions 产品营销经理 Kelly Burroughs。
- HiveRadar 联合创始人 Mike Cirello。
- Tarlogic 研发经理 Jaime Fábregas Fernández。
- Wi-Fi 联盟营销传播总监 Tina Hanzlik。
- NETSCOUT Systems 手持网络测试事业部首席技术官 James Kahkoska、首席技术营销工程师 Julio Petrovitch。
- Masimo 全球专业服务事业部高级主管 Brian Long(CWNE #159)。
- Riverbed Technology 产品营销副总裁 Bruce Miller。
- Ekahau 技术解决方案架构师 Jerry Olla(CWNE #238)、高级副总裁 Jussi Kiviniemi。
- Oberon 总裁 Scott Thompson。
- MetaGeek 创始人 Ryan Woodings、市场总监 Peter Vomocil。

　　感谢 WirelessLAN Professionals 的 Keith Parsons(CWNE #3)及其团队。Keith 创建的全球化专业社区致力于无线局域网知识共享。

　　还要感谢 CWNP 公司首席技术官 Tom Carpenter(CWNE #104)。所有曾经和目前的 CWNP 员工都应该为 CWNP 项目感到自豪，这一国际知名的无线认证项目奠定了企业无线局域网行业的教育和培训标准。在过去 20 年里，本书两位作者很高兴与大家一起工作。

　　最后，感谢 Chuck Lukaszewski(CWNE #112)为本书作序。

前　　言

如果已经或正在考虑购买本书,那么你可能准备参加认证无线网络工程师(CWNA)考试或希望深入了解无线局域网技术。"千里之行,始于足下",希望本书有助于实现你的目标。无线技术是当今最热门的技术之一,与众多快速发展的技术一样,无线网络人才在就业市场上往往供不应求。获得 CWNA 认证表明 IT 从业人员具备从事无线局域网行业所需的技能,许多主流 Wi-Fi 供应商的培训课程也要求学员首先取得 CWNA 认证。本书旨在全面介绍无线技术,不仅涵盖 CWNA 考试考查的知识点,也包括设计、部署、配置、分析、支持无线网络所需的技术。每章末尾均附有复习题,可作巩固知识和备考之用。为进一步增强学习效果,本书还设计了部分实验并提供在线学习资源。

在讨论 CWNA 认证和考试之前,请注意获取最新信息。建议读者在备考时访问 CWNP 项目网站[1],以了解当前的考试大纲和要求。

> **注意:**
> 不要只关注复习题和答案。复习题旨在检验读者是否掌握 CWNA 考试中可能出现的概念或知识点,与实际考题有所不同。只有真正掌握 802.11 技术,才有望通过 CWNA 考试。

CWNA 认证与 CWNP 项目简介

准备一门陌生的技术认证考试时,考生不仅要学习不同的技术,也要了解自己不熟悉的行业。接下来,我们对 CWNP 项目进行简要介绍。

CWNP 是认证无线网络职业专家(Certified Wireless Network Professional)项目的简称,注意不存在所谓的"CWNP 考试"。CWNP 项目为计算机网络行业开发无线局域网技术的培训课程和认证考试,是一种独立于供应商的认证体系。

CWNP 项目致力于考查 IT 从业人员掌握的无线网络技术,而非某家供应商的产品。诚然,本书作者和认证开发人员有时会讨论、演示或指导如何使用某种特定产品,但 CWNP 项目旨在帮助 IT 工程师全面了解无线技术而非产品本身。以学习驾车为例,必须通过实际练习方能掌握要领。但我们可能不会告诉他人在学习驾驶福特轿车,而是利用福特轿车来学习驾驶技术。

目前,CWNP 项目提供以下 8 种企业无线局域网认证。

认证无线专员(CWS) 入门级无线局域网认证,针对工作涉及 Wi-Fi 网络的销售、营销与初级支持人员。CWS 认证涵盖 802.11 技术的基础知识,是进入企业无线局域网行业的敲门砖。

1　https://www.cwnp.com。

认证无线技术员(CWT)　入门级无线局域网认证，针对安装和配置 Wi-Fi 网络的初级技术人员。CWT 认证涵盖安装和配置接入点的相关知识，以及配置客户设备连接和使用无线局域网所需的技能。

认证无线网络工程师(CWNA)　基础级无线局域网认证，针对希望深入了解射频行为、现场勘测、网络部署以及基本企业 Wi-Fi 安全的网络工程师。CWNA 是 CWNP 项目最早推出的认证，它奠定了 Wi-Fi 行业和企业无线局域网领域的培训标准，也是获得 CWSP、CWDP、CWAP 与 CWNE 认证的先决条件。

认证无线安全高级工程师(CWSP)　专业级无线局域网认证，针对希望深入了解企业 Wi-Fi 安全体系结构的网络工程师。如果部署和配置企业无线局域网的 IT 从业人员熟练掌握无线网络安全技术，就能最大限度降低网络受到攻击的风险。考生必须拥有有效的 CWNA 认证才能参加 CWSP 考试。

认证无线设计高级工程师(CWDP) 专业级无线局域网认证,针对已经取得 CWNA 认证且熟练掌握射频技术和 Wi-Fi 应用的网络工程师。CWDP 认证涵盖设计、部署与诊断无线局域网所需的技能,旨在评估 IT 从业人员是否有能力在不同环境中设计性能最优的应用。考生必须拥有有效的 CWNA 认证才能参加 CWDP 考试。

认证无线分析高级工程师(CWAP) 专业级无线局域网认证,针对已经取得 CWNA 认证且熟练掌握射频技术和 Wi-Fi 应用的网络工程师。CWAP 认证涵盖分析、故障排除与调优无线局域网所需的技能。考生必须拥有有效的 CWNA 认证才能参加 CWAP 考试。

认证无线网络专家(CWNE) CWNP 项目中最高级别的认证。获得 CWNE 认证表明 IT 从业人员掌握当前无线局域网市场所需的各种知识和技能。要想成为 CWNE,首先要取得 CWNA、CWSP、CWDP 与 CWAP 认证,然后向 CWNE 顾问委员会提交申请并等待审查。CWNE 申请人至少应具备 3 年与企业无线局域网相关的全职工作经验,且可以提供书面文件加以证明。此外,申请人必须提交 3 封推荐信,推荐信须由熟悉申请人工作经历的人士撰写。

认证无线网络讲师(CWNT)　作为 CWNP 项目认证讲师，CWNT 负责向 IT 从业人员提供 CWNP 培训课程。CWNT 精通无线网络、产品与解决方案，是技术和教学方面的专家。为确保学习效果，在使用官方 CWNP 课件进行培训时，CWNP 教育合作伙伴必须聘请 CWNT。有关 CWNT 认证的更多信息，请访问 CWNP 网站。

如何获得 CWNA 认证

为获得 CWNA 认证，考生必须阅读和遵守 CWNP 保密协议(CWNP Confidentiality Agreement)，并通过 CWNA 考试。

> **注意:**
> CWNP 保密协议请参见 CWNP 网站。

开始考试前，考生必须同意 CWNP 保密协议。通过考试后，考生将获得 CWNA 认证。CWNA 考试信息如下。

- 考试名称：Certified Wireless Network Administrator (CWNA)
- 考试编号：CWNA-108
- 考试费用：225 美元
- 考试时间：90 分钟
- 考题数量：60
- 通过分数：70 分(讲师为 80 分)
- 考试语言：英语
- 考试提供商：Pearson VUE[1]

1　https://home.pearsonvue.com/cwnp。

预约考试时，考生将收到预约和取消流程、身份证件要求、考场位置等相关信息，还会收到注册和付款确认邮件。考生可以预约数周后的考试，某些情况下也可以预约当天的考试。CWNP 网站提供购买考卷的服务。

通过 CWNA 考试后，考生将收到有效期为 3 年的 CWNA 证书。重认证需要通过最新的CWNA、CWSP、CWDP 或 CWAP 考试。如果考生向考试中心提供的信息正确无误，将收到来自 CWNP 项目的邮件，确认考生成绩并颁发相应的 CWNP 证书。

本书目标读者

如果希望深入了解无线网络并通过 CWNA 考试，本书无疑能满足你的需求。本书以浅显易懂的语言阐述了无线局域网的概念和知识，有助于提高读者的专业水平。

本书是准备 CWNA 考试的不二之选。但如果你的目的只是通过考试而非真正掌握无线技术，则本书并非最佳选择。本书适合希望掌握实践技能并深入了解无线网络知识的人士阅读。实际上，许多 Wi-Fi 工程师将本书作为工作中十分重要的参考资料。

本书使用方法

本书利用多种手段帮助读者掌握重要的知识点，为参加 CWNA 考试做好准备。

评估测试　本书在前言的后面附有评估测试，用于检验备考情况以及对无线局域网技术的掌握程度。阅读本书前请首先进行评估测试，确定需要学习或复习的知识点。评估测试的答案列在测试之后。所有答案均包括相应的解释，并且注明了考查的内容出现在哪一章。

复习题　每章末尾附有复习题，旨在检验阶段性学习成果。结束每章的学习后，请完成复习题并核对答案。如果答错某道题，请再次阅读相应的知识点，确保下次答对。

其他在线资源

实验与练习　部分章节附有实验，可以从本书配套网站[1]下载相关资源。这些实验和练习提供了实践经验和分步解决问题的方法，有助于增强学习效果。例如，读者可以在学习第 3 章时下载射频信号模拟器以观察射频信号，或在学习第 9 章和第 17 章时下载 PCAP 帧捕获以观察802.11 无线帧。

白皮书　部分章节提供无线网络白皮书的链接，这些白皮书可以作为备考时的参考资料。

技术支持

希望 Sybex 在线学习环境与其他在线资源能提供良好的用户体验。如果读者对在线资源或本书有任何疑问，请联系 Wiley 的全天候技术支持团队[2]。

1　https://www.wiley.com/go/cwnasg，Downloads 选项卡包含本书所有相关工具和演示的下载。

2　https://help.wiley.com/s。

CWNA 考试大纲(CWNA-108)

CWNA 考试不仅考查射频行为的基础知识与无线局域网组件的特性和功能，也考查安装、配置、诊断 802.11 硬件外围设备和协议所需的技能。

考试涉及的知识点来自对无线网络专家和 IT 从业人员的调查。调查结果用于确定各个知识点在 CWNA 考试中的权重，并确保权重能反映知识点的相对重要性。

CWNA 考试的具体内容以及相应的权重如表 0.1 所示。

表 0.1 CWNA 考试的具体内容以及相应的权重

考 试 内 容	权 重
射频技术	15%
无线局域网规范与标准	10%
无线局域网协议与设备	20%
无线局域网体系结构	20%
无线局域网安全	10%
射频验证	10%
无线局域网故障排除	15%
合计	100%

射频技术：15%

1.1 定义并解释射频信号与射频行为的基本特性(参见第 3 章)

1.1.1 波长、频率、振幅、相位、正弦波

1.1.2 射频传播和覆盖

1.1.3 反射、折射、衍射、散射

1.1.4 多径和射频干扰

1.1.5 增益和损耗

1.1.6 放大

1.1.7 衰减

1.1.8 吸收

1.1.9 电压驻波比(VSWR)

1.1.10 回波损耗

1.1.11 自由空间路径损耗(FSPL)

1.1.12 时延扩展

1.1.13 调制：幅移键控(ASK)、频移键控(FSK)、相移键控(PSK)

1.2 应用射频数学和测量的基本概念(参见第 1 和 4 章)

1.2.1 瓦特和毫瓦

1.2.2 分贝(dB)

1.2.3 毫瓦分贝(dBm)、偶极子分贝(dBd)、各向同性分贝(dBi)

1.2.4 本底噪声

2.2 解释 IEEE 标准制定过程(包括工作组、命名约定、修正案草案、获批的修正案,参见第2章)

2.3 解释并应用 IEEE 802.11-2016 标准及其修正案定义的各种物理层(PHY)解决方案(包括信道宽度、空间流、数据速率、调制技术,参见第2、6、10、19章)
2.3.1 802.11 DSSS
2.3.2 802.11b HR-DSSS
2.3.3 802.11a OFDM
2.3.4 802.11g ERP
2.3.5 802.11n HT
2.3.6 802.11ad DMG
2.3.7 802.11ac VHT
2.3.8 802.11af TVHT
2.3.9 802.11ah S1G

2.4 确定并应用无线局域网功能概念(参见第6、10、13、19章)
2.4.1 调制和编码
2.4.2 同信道干扰
2.4.3 所有物理层的信道中心频率和信道宽度
2.4.4 主信道
2.4.5 相邻的重叠信道和非重叠信道
2.4.6 吞吐量和数据速率
2.4.7 带宽
2.4.8 通信系统恢复能力

2.5 描述 802.11-2016 标准及其修正案涉及 OSI 模型的哪些层(参见第1、2、8、15章)

2.6 定义 802.11 频段(参见第2、6章)

2.7 了解并遵守监管域要求,解释如何确定监管域内的约束条件(参见第1、2、6、13章)
2.7.1 可用信道
2.7.2 输出功率限制
2.7.3 动态频率选择(DFS)
2.7.4 发射功率控制(TPC)

2.8 解释无线网络的基本用例场景(参见第7、11、13、20章)
2.8.1 无线局域网(WLAN):基本服务集(BSS)和扩展服务集(ESS)
2.8.2 无线个域网(WPAN)
2.8.3 无线桥接
2.8.4 无线自组织网络/独立基本服务集(IBSS)
2.8.5 无线网状网/网状基本服务集(MBSS)

无线局域网协议与设备:20%

3.1 描述 802.11 无线服务集组件(参见第7~9章、第15章)

CWNA 考试术语

所有 CWNP 认证考试均使用与 Wi-Fi 联盟和 IEEE 802.11-2016 标准相同的术语。截至 2020 年 9 月，最新的无线局域网标准是 IEEE 802.11-2016 标准，其中包括在该标准发布前批准通过的所有修正案。在将多项获批修正案(最终版本或批准通过的版本)"汇总"为新标准之前，IEEE 等标准组织经常会对标准进行多次修订。

> **提示:**
> 准备 CWNA 考试时，考生应熟练掌握 CWNP 项目使用的术语。本书定义并涵盖所有术语、缩略词及其定义。

CWNP 授权资料使用政策

CWNP 项目禁止使用未经授权的培训资料。如果考生利用这类材料通过 CWNP 认证考试，其证书将被吊销。请访问 CWNP 网站并阅读《CWNP 考生行为守则》(*CWNP Candidate Conduct Policy*)，以详细了解 CWNP 项目的相关政策。备考前请务必阅读本守则；参加考试时，考生必须声明自己了解并遵守行为守则。

CWNA 考试温馨提示

以下提示有助于考生顺利通过 CWNA 考试。

- 随身携带两种身份证件。一种证件必须附有照片(如驾照)，另一种证件可以是信用卡或护照。两种证件必须有考生本人签名。
- 提前到达考场以释放压力，并进行最后的复习(特别是与考试相关的各种信息表格)。
- 仔细读题。不要急于下结论，务必理解题目含义。
- 考试包含部分多项选择题。对于多项选择题，屏幕底部会提示"选择两个答案"或"选择所有正确的答案"。仔细阅读提示信息，了解正确答案的数量。
- 如果无法确定某道多项选择题的答案，可以首先尝试排除明显错误的选项。当需要做出有根据的推测时，排除法有助于提高答对的概率。
- 避免在一道题上花费太多时间。CWNA 考试是一种基于表单的测试(form-based test)，但考试过程中无法返回上一题。考生必须答完当前题目才能进入下一题，且进入下一题后无法再返回并修改上一题的答案。
- 合理分配时间。考生需要在 90 分钟内做完 60 道题，即每道题的平均答题时间为 90 秒。答题时间可多可少，但不要忘记，考试时间只有 90 分钟。正因为如此，时刻了解进度很重要。考生在前 45 分钟内至少应做完 30 道题；如果没有做完也不必紧张，请加快答题速度。如果剩下 30 道题的平均答题时间快 4 秒，那么还能提前 2 分钟完成考试。总之，考试时不要紧张，合理分配时间即可。
- 有关考试费用和报名程序的最新信息，请访问 CWNP 网站。

评估测试与答案

评估测试

1. 802.11 技术定义在 OSI 模型的哪几层? (选择所有正确的答案。)

   A. 数据链路层

   B. 网络层

   C. 物理层

   D. 表示层

   E. 传输层

2. 电池使用时间对于手持设备(如条码扫描仪和 VoWiFi 电话)至关重要。哪种 Wi-Fi 联盟认证项目定义了相应的节电机制?

   A. WPA2 企业版

   B. WPA2 个人版

   C. WMM-PS

   D. WMM-SA

   E. CWG-RF

3. 哪种频率的波长最长?

   A. 750 kHz

   B. 2.4 GHz

   C. 252 GHz

   D. 2.4 MHz

4. 哪个术语能最贴切地描述频率相同的两种无线电波之间的关系?

   A. 多径

   B. 复用

   C. 相位

   D. 扩频

5. 某网桥的传输功率为 10 mW，天线电缆的损耗为 3 dB，天线增益为 20 dBi，那么 EIRP 是多少?

   A. 25 mW

   B. 27 mW

   C. 4 mW

   D. 1300 mW

   E. 500 mW

6. dBi 是____的量度。

   A. 接入点增益

B. 接收功率

C. 发射功率

D. 天线增益

E. 有效输出

7. 电压驻波比(VSWR)可能产生哪些影响？(选择所有正确的答案。)

A. 振幅增加

B. 信号强度减小

C. 发射机故障

D. 振幅不稳定

E. 信号异相

8. 安装高增益全向天线时会出现哪些情况？(选择两个正确的答案。)

A. 水平覆盖范围增大

B. 水平覆盖范围减小

C. 垂直覆盖范围增大

D. 垂直覆盖范围减小

9. 802.11ac VHT 无线接口向后兼容哪些 802.11 无线接口？(选择两个正确的答案。)

A. 802.11 FHSS 无线接口

B. 802.11g ERP 无线接口

C. 802.11 DSSS 无线接口

D. 802.11b HR-DSSS 无线接口

E. 802.11a OFDM 无线接口

F. 2.4 GHz 802.11n HT 无线接口

G. 5 GHz 802.11n HT 无线接口

H. 以上答案都不正确

10. 哪一项 IEEE 802.11 修正案定义了无线接口可以发送并接收最多 8 路空间流？

A. IEEE 802.11n 修正案

B. IEEE 802.11g 修正案

C. IEEE 802.11ac 修正案

D. IEEE 802.11s 修正案

E. IEEE 802.11w 修正案

11. 哪个术语描述了主射频信号功率相对于射频干扰和背景噪声功率之和的差值？

A. 噪声比

B. 信噪比

C. SINR

D. BER

E. DFS

12. 扩频信号和 OFDM 信号通常具有哪些特征？(选择两个正确的答案。)

A. 带宽较窄

B. 功率较低

C. 功率较高

D. 带宽较宽

13. 服务集标识符通常与哪个术语的含义相同？

A. IBSS

B. ESSID

C. BSSID

D. BSS

14. IEEE 802.11-2016 标准定义了哪种 ESS 设计场景？

A. 覆盖小区相互重叠的两个或多个接入点

B. 覆盖小区相互重叠且不连续的两个或多个接入点

C. 具有唯一基本覆盖区的单个接入点

D. 通过分布式系统介质相连的两个基本服务集

E. 以上答案都不正确

15. 在传输数据前，802.11 无线接口必须满足哪些 CSMA/CA 条件？(选择所有正确的答案。)

A. NAV 计时器减少为 0。

B. 随机退避计时器减少为 0。

C. 执行空闲信道评估。

D. 存在合适的帧间间隔。

E. 接入点处于 PCF 模式。

16. 信标管理帧包含哪些信息？(选择所有正确的答案。)

A. 信道信息

B. 目标 IP 地址

C. 基本数据速率

D. 流量指示图

E. 供应商专有的信息

F. 时间戳

17. 丽贝卡·麦克亚当斯受雇为客户分析通过网络传输的无线数据包。她注意到终端会首先发送 RTS 帧和 CTS 帧，然后才发送数据帧。出现这种情况的原因是什么？(选择所有正确的答案。)

A. 由于射频噪声电平较高，部分终端自动启用 RTS/CTS。

B. 管理员手动为接入点配置了较低的 RTS/CTS 阈值。

C. 由于附近存在手机，部分终端启用保护机制。

D. 遗留的 802.11b 客户端连接到 802.11g 接入点。

18. 除 PSDU 外，802.11 数据帧的另一个名称是____。

A. PPDU

B. MSDU

C. MPDU

D. BPDU

19. 哪种无线局域网设备使用动态二层路由协议？

A. 无线局域网交换机

B. 无线局域网控制器

C. 无线局域网路由器

D. 无线局域网网状接入点

20. 哪个术语能最贴切地描述传感器、监测仪与机器在互联网上产生的大量数据？

A. 可穿戴设备

B. 云支持网络

C. 云端网络

D. 软件即服务

E. 物联网

21. 哪项技术通过细分信道实现同时向多位用户并行传输较小的帧？

A. OFDMA

B. OFDM

C. 信道阻塞

D. 子信道化

E. RTS/CTS

22. 哪个术语能最贴切地描述如何利用 Wi-Fi 技术识别客户行为和购物趋势？

A. 无线分析

B. 客户分析

C. 零售分析

D. 802.11 分析

23. 如果某个客户端的传输无法被基本服务集覆盖区域内的其他客户端侦听到，就会出现隐藏节点问题。隐藏节点问题有哪些影响？(选择所有正确的答案。)

A. 重传

B. 符号间干扰

C. 冲突

D. 吞吐量增加

E. 吞吐量减少

24. 哪些因素可能引发二层重传？(选择所有正确的答案。)

A. 射频干扰

B. 低信噪比

C. 双频传输

D. 衰落裕度

E. 复用

25. 哪种无线局域网解决方案的安全性较高？

A. SSID 隐藏

B. MAC 过滤

C. WEP

D. 共享密钥身份验证

E. CCMP/AES

F. TKIP

26. 哪项安全标准定义了基于端口的访问控制？

A. IEEE 802.11x

B. IEEE 802.3b

C. IEEE 802.11i

D. IEEE 802.1X

E. IEEE 802.11s

27. 检测拒绝服务攻击的最佳工具是什么？

A. 时域分析软件

B. 协议分析仪

C. 频谱分析仪

D. 预测性建模软件

E. 示波器

28. 无线入侵防御系统可以检测到哪些攻击？(选择所有正确的答案。)

A. 解除身份验证欺骗

B. MAC 欺骗

C. 非法自组织网络

D. 关联泛洪

E. 非法接入点

29. 美国 XYZ 公司聘用某工程师实施无线现场勘测。在安装高度超过地面200英尺(61米)的发射塔前，需要通知哪些政府机构？(选择所有正确的答案。)

A. 射频监管机构

B. 市政部门

C. 消防部门

D. 税务部门

E. 航空管理部门

30. ABC 公司聘用某工程师实施室内现场勘测。最终提交的现场勘测报告应包括哪些内容？(选择两个正确的答案。)

A. 安全分析

B. 覆盖分析

C. 频谱分析

D. 路由分析

E. 交换分析

31. 5 GHz U-NII 频段可能存在哪种射频干扰源？

A. 无绳电话

B. 调幅广播

C. 调频广播

D. 微波炉

E. 蓝牙设备

32. 进行室内覆盖分析时需要测量哪些参数？(选择所有正确的答案。)

A. 接收信号强度

B. 信噪比

C. 噪声电平

D. 路径损耗

E. 丢包率

33. 引发二层重传的首要原因是____。

A. 低信噪比

B. 隐藏节点

C. 邻小区干扰

D. 射频干扰

34. 受电设备必须满足哪些条件才符合 PoE 标准? (选择所有正确的答案。)

A. 能通过两种方式(数据线对或空闲线对)接受供电。

B. 回复分类签名。

C. 回复额定值为 35 kΩ 的检测签名。

D. 回复额定值为 25 kΩ 的检测签名。

E. 从供电设备接收 30 W(瓦特)的功率。

35. 802.11n HT 设备可以使用哪些频段通信? (选择所有正确的答案。)

A. 902 MHz～928 MHz

B. 2.4 GHz～2.4835 GHz

C. 5.15 GHz～5.25 GHz

D. 5.47 GHz～5.725 GHz

36. 802.11n 修正案定义了哪些能减少 MAC 子层开销的机制? (选择所有正确的答案。)

A. A-MSDU

B. A-MPDU

C. MCS

D. PPDU

E. MSDU

37. 802.11ac 修正案定义了多少种调制编码方案?

A. 10 种

B. 100 种

C. 7 种

D. 77 种

E. 22 种

38. 802.11ac 修正案不再支持 802.11n 修正案定义的哪些机制? (选择所有正确的答案。)

A. 平等调制

B. 不平等调制

C. RIFS

D. SIFS

E. 40 MHz 信道

39. 部署移动设备管理解决方案后,可以通过无线方式向平板电脑、智能手机等 Wi-Fi 移动设备传输哪些信息?

A. 配置设置

B. 应用

C. 证书

D. 网页快捷方式图标

E. 以上答案都正确

40. 目前,来宾用户可以通过现有的社交媒体凭证(如 Facebook/Twitter 用户名和密码)登录来宾无线局域网。这种情况下可以使用哪种授权框架？

    A. Kerberos

    B. RADIUS

    C. 802.1X/EAP

    D. OAuth

    E. TACACS

评估测试答案

1. A、C。IEEE 802.11-2016 标准仅在 OSI 模型的物理层和数据链路层的 MAC 子层定义了通信机制。详见第 1 章。

2. C。WMM-PS(Wi-Fi 多媒体节电)通过管理 Wi-Fi 客户设备的休眠时间以节省电池电量。电池使用时间对于条码扫描仪、VoWiFi 电话等手持设备至关重要。为充分利用节电机制，客户设备和接入点都必须支持 WMM-PS。详见第 9 章。

3. A。750 kHz 信号的波长为 400 m，而 252 GHz 信号的波长为 1.2 mm。电磁信号的频率越高，波长越短。详见第 3 章。

4. C。相位描述了两个信号波形的波峰和波谷之间的关系。详见第 3 章。

5. E。10 mW 功率降低 3 dB 相当于将功率除以 2，结果为 5 mW。5 mW 功率提高 20 dBi 相当于将功率乘以 10 两次，结果为 500 mW。详见第 4 章。

6. D。从理论上讲，各向同性辐射器(isotropic radiator)可以向各个方向均匀辐射信号。因结构受限，天线无法做到这一点。但由于天线能辐射射频能量，因此常被称为各向同性辐射器。与各向同性辐射器产生的功率相比，天线的功率增益称为各向同性分贝(dBi)。换言之，dBi 是相对于各向同性辐射器的分贝增益或相对于天线的功率变化，即 dBi 是天线增益的度量。详见第 4 章。

7. B、C、D。阻抗失配引起的反射电压可能导致振幅减少、信号不稳定甚至发射机故障。详见第 5 章。

8. A、D。全向天线的增益越高，水平覆盖范围越大，垂直覆盖范围越小。详见第 5 章。

9. E、G。802.11ac VHT 无线接口使用 5 GHz U-NII 频段传输数据，可以兼容同样使用 5 GHz U-NII 频段的无线接口(5 GHz 802.11n HT、802.11a OFDM 无线接口)，但无法兼容使用 2.4 GHz ISM 频段的无线接口(802.11 FHSS、802.11 DSSS、802.11b HR-DSSS、802.11g ERP、2.4 GHz 802.11n HT 无线接口)。详见第 6 章。

10. C。802.11ac 修正案定义了 256-QAM 调制、最多 8 路空间流、多用户-多输入多输出 (MU-MIMO)、20 MHz 信道、40 MHz 信道、80 MHz 信道以及 160 MHz 信道。MIMO 技术和 40 MHz 信道由 802.11n 修正案首先定义。详见第 2 章和第 10 章。

11. C。信干噪比(SINR)描述了主射频信号与干扰和噪声之间的关系。尽管噪声电平通常不会过于波动，但来自其他设备的干扰或许更为常见和频繁。详见第 4 章。

12. B、D。扩频信号和 OFDM 信号使用超出实际所需的带宽发送数据，其传输功率较低。详见第 6 章。

13. B。无线局域网的逻辑网络名一般称为扩展服务集标识符(ESSID)，本质上与服务集标识符(SSID)含义相同。大多数常见的无线局域网部署采用 SSID 作为逻辑网络名。详见第 7 章。

14. E。选项 A、B、C、D 都是扩展服务集(ESS)部署示例。IEEE 802.11-2016 标准将扩展

服务集定义为"一个或多个互连的基本服务集的集合"，但并未规定具体的实现方式。详见第 7 章。

15. A、B、C、D。无线局域网采用带冲突避免的载波监听多路访问(CSMA/CA)作为介质访问方法。CSMA/CA 利用多种制衡手段以最大限度减少冲突，它们相当于多道防线。设置这些防线的目的是确保每次仅有一个无线接口能传输数据，而其他所有无线接口都在监听介质。这 4 道防线是网络分配向量(NAV)、随机退避计时器、空闲信道评估(CCA)以及帧间间隔(IFS)。详见第 8 章。

16. A、C、D、E、F。在所有选项列出的参数中，目标 IP 地址是唯一不包含在信标帧中的参数。所有 802.11 管理帧的帧体仅包含二层信息，而 IP 地址属于三层信息，因此不会出现在管理帧中。信标帧还包含安全、服务质量(QoS)等参数。详见第 9 章。

17. B、D。管理员可以手动配置接入点无线接口在所有传输中使用 RTS/CTS 帧，以便诊断隐藏节点问题或在安装点对多点网络时防止出现隐藏节点问题。802.11g 或 802.11n 终端也可能启用 RTS/CTS 作为保护机制。详见第 9 章。

18. C。从技术上讲，802.11 数据帧又称 MAC 协议数据单元(MPDU)，MPDU 由二层帧头、帧体与帧尾构成。帧尾采用 32 位循环冗余校验，称为帧校验序列(FCS)。MPDU 的帧体是 MAC 服务数据单元(MSDU)，由 LLC 子层以及三到七层信息构成。详见第 9 章。

19. D。具备自组能力的无线网状网由无线局域网网状接入点(MAP)构成，能在安装阶段自动连接接入点，并随着客户端的增加动态更新路由信息。大多数无线网状网使用的动态二层路由协议根据接收信号强度指示(RSSI)、信噪比、客户端负载等参数确定动态路由。详见第 11 章。

20. E。一直以来，互联网产生的大部分数据由人类创造；而物联网理论指出，未来互联网产生的大部分数据可能来自传感器、监控器与机器。充当客户设备的 802.11 网卡已在许多机器和设备中得到应用。详见第 11 章。

21. C。正交频分多址(OFDMA)是 802.11ax 修正案草案提出的一种技术，通过将 20 MHz 信道划分为最多 9 个较小的信道以实现多用户传输。详见第 19 章。

22. C。商家可以利用零售分析(retail analytic)产品来监控客户的移动路线和行为，以便更好地服务客户并理解客户行为。如果将接入点或传感器设备部署在重要位置，就能侦听到 Wi-Fi 智能手机发送的探询请求帧。MAC 地址用于标识 Wi-Fi 设备，而信号强度用于监控和跟踪购物者的位置。零售分析能识别购物者的行走路线以及在店内不同区域的停留时间。零售商可以利用这些信息判断购物模式，并分析店内展示和广告的有效性。详见第 20 章。

23. A、C、E。没有侦听到隐藏节点的终端可能与隐藏节点同时传输数据。由于射频介质属于半双工介质，同时传输会造成持续冲突，导致数据损坏并引发二层重传。重传将增加介质开销，导致吞吐量下降。符号间干扰的诱因是多径而非隐藏节点。详见第 15 章。

24. A、B。在无线局域网中，多径、射频干扰、隐藏节点、邻小区干扰、低信噪比等多种因素都可能引发二层重传。详见第 15 章。

25. E。尽管可以通过隐藏 SSID 防止脚本小子和业余黑客搜索到无线网络，但 SSID 隐藏绝非有效的无线安全解决方案，这一点请读者谨记在心。由于 MAC 地址容易伪造且配置 MAC 过滤器较为烦琐，因此 MAC 过滤也非保护企业无线网络的可靠手段。WEP 和共享密钥身份验证属于遗留的 802.11 安全解决方案。CCMP/AES 是 802.11i 修正案定义的默认加密机制，利用现有工具破解 AES 难如登天。详见第 17 章。

26. D。IEEE 802.1X 是基于端口的网络访问控制标准，而非一项专门的无线标准，人们往往错误地称其为 IEEE 802.11X。IEEE 802.1X 授权框架允许或阻止流量通过端口访问网络资源。

详见第 17 章。

27. C。唯一能百分之百确定干扰信号的工具是频谱分析仪，这种频域工具可以检测扫描的频段中是否存在射频信号。部分无线局域网供应商的接入点提供内置的低级频谱分析功能。详见第 16 章。

28. A、B、C、D、E。无线入侵防御系统(WIPS)可以监控近百种针对无线局域网的攻击，它能检测到所有二层拒绝服务攻击和欺骗攻击以及大多数非法设备。详见第 16 章。

29. A、B、E。在美国，如果塔架高度超过地面 61 m，就必须联系联邦通信委员会(通信监管机构)和联邦航空管理局(航空监管部门)。其他国家也有类似的高度限制，请联系相应的射频监管机构和航空管理部门以了解详情。市政部门可能制定有施工条例或高度限制，勘测工程师往往需要取得许可才能作业。详见第 14 章。

30. B、C。最终提交给客户的现场勘测报告称为可交付成果，包括确定潜在干扰源的频谱分析和界定射频小区的覆盖分析。最终报告还会列出建议采用的接入点位置、配置设置与天线朝向。无线局域网设计必须将容量规划纳入考虑，但应用吞吐量测试通常属于可选的分析报告。请注意，现场勘测报告不会提供安全、交换、路由分析等方面的信息。详见第 14 章。

31. A。部分无绳电话使用 5 GHz U-NII-3 频段通信，可能会干扰到无线局域网。蓝牙设备使用 2.4 GHz 频段传输数据。调频广播和调幅广播使用授权频段播送节目。详见第 14 章。

32. A、B、C、E。实施室内被动勘测时，需要测量接收信号强度、噪声电平、信噪比、数据速率等射频覆盖数据。主动勘测期间也可以测量丢包率，而实施室外无线桥接勘测时需要计算丢包率。详见第 14 章。

33. D。所有选项列出的因素都可能引发二层重传，但射频干扰是首要原因。如果重传率超过 10%，将对无线局域网的性能产生不利影响。详见第 10 章。

34. A、D。接入点等受电设备(PD)必须满足以下条件才符合 802.3af(PoE)标准：能通过以太网电缆的数据线对或空闲线对接受供电，并向供电设备(PSE)回复额定值为 25 kΩ 的检测签名。受电设备也可以回复分类签名，但并非强制要求。目前的 PoE 标准规定，受电设备的最大输入功率为 12.95 W(瓦特)。详见第 12 章。

35. B、C、D。802.11n 修正案定义了适用于两个频段的高吞吐量(HT)技术。换言之，802.11n HT 设备既可以使用 2.4 GHz ISM 频段，也可以使用 5 GHz U-NII 频段传输数据。详见第 10 章。

36. A、B。为减少开销，802.11n 修正案定义了两种新的帧聚合机制。帧聚合将多个帧合并为一个帧进行传输。第一种帧聚合机制称为聚合 MAC 服务数据单元(A-MSDU)，第二种帧聚合机制称为聚合 MAC 协议数据单元(A-MPDU)。详见第 10 章。

37. A。802.11n 修正案定义了 77 种调制编码方案(MCS)，而 802.11ac 修正案将调制编码方案的数量缩减为 10 种。802.11ac 数据速率由空间流数量、信道宽度、保护间隔以及采用的调制编码方案决定。详见第 10 章。

38. B、C。802.11ac 修正案获批后，不再支持 802.11n 修正案定义的缩减帧间间隔(RIFS)、不平等调制、绿地模式、隐式波束成形等机制。详见第 10 章。

39. E。移动设备管理(MDM)解决方案适用于公司配备设备(CID)和员工拥有的自带设备(BYOD)。MDM 解决方案能以无线方式安装并分发安全证书、网页快捷方式图标(web clip)、应用以及配置设置。详见第 18 章。

40. D。OAuth 2.0 框架允许第三方应用获得对 HTTP 服务的有限访问权，通常用于来宾无线局域网的社交登录。详见第 18 章。

目　录

第 1 章

无线标准、行业组织与通信基础知识概述

本章涵盖以下内容:

- ✓ 无线局域网的发展历程
- ✓ 标准组织
  - ■ 美国联邦通信委员会
  - ■ 国际电信联盟无线电通信部门
  - ■ 电气和电子工程师协会
  - ■ 互联网工程任务组
  - ■ Wi-Fi 联盟
  - ■ 国际标准化组织
- ✓ 核心层、分布层与接入层
- ✓ 通信基础知识
  - ■ 通信术语
  - ■ 载波信号
  - ■ 键控法

无线局域网(WLAN)的悠久历史可以追溯到 20 世纪 70 年代，其根源可以追溯到 19 世纪。本章将对无线局域网技术的发展历程进行概述。掌握一项新技术似乎颇具挑战性，因为需要熟悉大量新的缩略词、术语以及概念。学习的关键在于掌握基础。无论是学习开车、驾驶飞机抑或安装无线计算机网络，都会涉及各种基本规则、原理与概念；一旦掌握它们，就能为今后的学习奠定基础。

IEEE 802.11 技术通常称为 Wi-Fi，它是一种利用射频提供局域网通信的标准技术。电气和电子工程师协会(IEEE)将 IEEE 802.11-2016 标准指定为规范无线局域网操作的准则。许多标准组织与监管机构共同对无线技术以及相关行业进行监督和管理，了解这些不同的组织有助于掌握 IEEE 802.11 技术的工作原理，在某些情况下还有助于了解这些标准的发展历程。

随着对无线网络的理解越来越深入，读者可能希望或需要阅读由不同组织制定的标准文档。本章将对这些标准组织进行介绍，并对它们编写的文档进行概述。

除介绍监管和规范 Wi-Fi 技术的各种标准组织外，本章还将讨论无线局域网技术与基础网络设计模型之间的关系。最后，我们将回顾通信技术与数据键控法的基础知识。尽管 CWNA 考试不会考查这方面的内容，但掌握它们对理解无线通信大有裨益。

1.1 无线局域网的发展历程

19 世纪，迈克尔·法拉第、詹姆斯·克拉克·麦克斯韦、海因里希·鲁道夫·赫兹、尼古拉·特斯拉、大卫·爱德华·休斯、托马斯·爱迪生、古列尔莫·马可尼等许多发明家与科学家开始进行无线通信方面的试验。这些创新者发现并创立了与电磁射频概念有关的诸多理论。

第二次世界大战期间，美国军方首次使用了无线网络技术。这种技术使用射频作为传输介质，采用加密技术穿越敌方战线传送作战计划。目前无线局域网经常使用的扩频无线技术最初也是在这一时期获得专利，但这些技术直到近 20 年后才开始应用。

1970 年，第一种无线网络 ALOHAnet 在美国夏威夷大学诞生，这种网络以无线方式在夏威夷群岛之间传输数据。在 400 MHz 频段的无线共享介质上，ALOHAnet 采用称为 ALOHA 的局域网通信开放系统互连模型(OSI)二层协议。一般认为，ALOHAnet 使用的技术奠定了 802.3 以太网 CSMA/CD(带冲突检测的载波监听多路访问)和 802.11 无线局域网 CSMA/CA(带冲突避免的载波监听多路访问)介质访问控制(MAC)技术的基础。第 8 章"802.11 介质访问"将详细介绍 CSMA/CA 技术。

20 世纪 90 年代，商用网络供应商开始生产低速无线数据网络产品，大多数产品工作在 900 MHz 频段。1991 年，IEEE 开始讨论无线局域网技术的标准化问题。1997 年，IEEE 批准通过 802.11 原始标准，该标准构成了本书讨论的无线局域网技术的基础。

1997—1999 年部署的遗留 802.11 技术主要用于仓储和制造环境，使用无线条码扫描仪进行低速数据采集。1999 年，IEEE 批准通过数据速率较高的 802.11b 修正案。这项修正案支持高达 11 Mbps 的数据速率，且成本较以往更低，从而引发了居家办公(SOHO)市场上无线家用网络路由器的销售狂潮。用户很快习惯了家用无线网络带来的便利性，开始要求雇主在工作场所也提供无线接入。大公司与中小企业最初对 802.11 技术有所抵触，但很快意识到在企业中部署 802.11 无线网络的价值。

如果询问普通用户什么是 802.11 无线网络，他们可能会感到困惑，因为大多数人习惯将这项技术称作 Wi-Fi。Wi-Fi 是营销术语，被全球数十亿用户公认为无线局域网的代名词。

> **术语 Wi-Fi 的含义**
>
> 　　许多人误认为 Wi-Fi 是"无线保真"的英文缩写(如同 hi-fi 代表"高保真"一样),其实 Wi-Fi 只是用于推广无线局域网技术的商标。由于 IEEE 的无线通信框架标准存在模糊性,制造商以不同方式解读 802.11 标准,因此多家供应商的设备可能都符合 IEEE 802.11 标准,但这些设备之间却无法相互通信。有鉴于此,人们创建了无线以太网兼容性联盟(WECA),以便进一步定义 IEEE 标准,从而强制实现不同供应商之间的互操作性。WECA 现已更名为 Wi-Fi 联盟,它选择 Wi-Fi 一词作为营销品牌。Wi-Fi 联盟负责确保无线设备之间的互操作性。为符合无线局域网的兼容性要求,供应商必须将自己的产品送交 Wi-Fi 联盟测试实验室,由该实验室对 Wi-Fi 认证的合规性进行全面测试。有关术语 Wi-Fi 起源的更多信息,请参见 Wi-Fi Net News 网站上的介绍[1]。

　　不仅有大量的企业级应用配有 802.11 无线接口,膝上型计算机、智能手机、相机、电视、打印机等众多消费类设备同样采用 802.11 技术。Wi-Fi 联盟的数据显示,Wi-Fi 芯片组的销量在 2009 年就已达到 10 亿枚。根据技术研究公司 650 Group[2]的统计,802.11 无线接口的半导体出货量在 2017 年超过 30 亿枚。如图 1.1 所示,802.11 无线接口的出货量将继续以每年数十亿枚的速度增长。Wi-Fi 联盟所做的一项调查显示,68% 的用户无法忍受没有 Wi-Fi 的生活。自 1997 年 IEEE 批准 802.11 原始标准以来,802.11 技术的发展越来越快,Wi-Fi 已经与全球通信文化融为一体。Telecom Advisory Services 发布的一份报告估计,以非授权频谱为基础的技术每年对美国经济的贡献超过 8300 亿美元,其中超过 910 亿美元归功于 Wi-Fi。

图 1.1　Wi-Fi 产业的发展(由 650 Group 提供)

1.2　标准组织

　　本章介绍的各种标准组织共同对无线网络行业进行监管和规范。

　　国际电信联盟无线电通信部门(ITU-R)以及美国联邦通信委员会(FCC)等通信监管机构负责制定规则,以约束用户使用无线电发射机的行为。这些机构管理通信频率、功率电平与传输方法,

---

　　1　https://wifinetnews.com/archives/2005/11/wi-fi_stands_fornothing_and_everything.html。

　　2　https://www.650group.com。

共同致力于规范日益发展壮大的无线用户。

电气和电子工程师协会(IEEE)负责制定确保网络设备兼容与共存的标准。IEEE 标准必须符合 FCC 等通信监管机构的规定。

互联网工程任务组(IETF)负责制定互联网[1]标准，其中不少标准已纳入无线网络与安全协议/标准。

Wi-Fi 联盟(Wi-Fi Alliance)对无线网络设备进行认证测试，以确保它们符合无线局域网通信协议(如 IEEE 802.11-2016 标准)。

国际标准化组织(ISO)创建了开放系统互连(OSI)模型，这是一种用于数据通信的体系结构模型。

以下章节将对这些机构和组织进行详细介绍。

1.2.1　美国联邦通信委员会

简而言之，美国联邦通信委员会(FCC)负责管理美国境内以及往来美国的通信活动。FCC 依据美国的《1934 年通信法》成立，致力于监管美国各州之间和各国之间的无线电、电视、有线、卫星与电缆通信。在无线网络领域，FCC 负责管理无线网络使用的无线电信号。FCC 对美国 50 个州、哥伦比亚特区以及美国属地拥有通信管辖权。大多数国家都有与 FCC 职能类似的监管机构。

一般而言，FCC 和其他国家的监管机构负责管理两类无线通信：授权频谱和非授权频谱。二者的区别在于，非授权频谱的用户在安装无线系统之前无须申请牌照。使用授权频谱和非授权频谱的通信通常受以下 6 个方面的监管。

- 频率
- 带宽
- 有意辐射器的最大功率
- 最大等效全向辐射功率
- 使用(室内与室外)
- 频谱共享规则

【现实生活场景】

采用非授权频率进行通信的利弊

如前所述，用户在使用授权频率通信前必须申请牌照，而牌照申请费用通常极高。非授权频率的一个主要优点在于可以免费使用该频率传输信息。尽管无须付费，但用户仍须遵守传输规定与其他限制。换言之，使用非授权频率传输数据可能是免费的，但依然有章可循。

由于非授权频段对所有人开放，该频段经常拥挤不堪，不同用户之间的传输可能相互干扰。但只要其他用户遵守非授权频率的通信管理规定，那么即便他们的设备干扰到你的传输，你也无法为此而诉诸法律。

就本质而言，FCC 与其他监管机构负责制定约束用户射频传输行为的规定，而标准组织根

1　Internet(首字母大写)的标准名称为"互联网"，指目前全球最大、由阿帕网发展而来的计算机网络。internet(首字母小写)的标准名称为"因特网"，指由若干计算机网络相互连接而构成的网络。也就是说，因特网并不等同于互联网；互联网包含因特网，因特网只是互联网中最大的网络。但公众对"因特网"和"互联网"的区分不甚严格，有时会将两个词混用。为规范起见，本书将 Internet 统一译为"互联网"。

据这些规定制定相应的标准。监管机构与标准组织相互合作，致力于满足无线产业快速增长的需求。

FCC 制定的规则公布在《美国联邦法规》(CFR)中。CFR 分为 50 篇，每年进行更新，与无线网络有关的内容包含在第 47 篇"电信"中。该篇分为若干部分，第 15 部分"射频设备"列出了802.11 无线网络的相关规则与条例。第 15 部分又被进一步划分为若干子部分与小节。比较完整的引用类似于 47CFR15.3。

1.2.2　国际电信联盟无线电通信部门

世界范围内存在着一个全球性的射频频谱管理体系，联合国指定**国际电信联盟无线电通信部门(ITU-R)**承担全球频谱管理的任务。ITU-R 致力于确保陆地、海洋与空中的通信活动不受干扰，它通过 5 大行政区维护一个全球性的频率分配数据库。

5 大行政区划分如下。

行政区 A：美洲　美洲国家电信委员会(CITEL)[1]

行政区 B：西欧　欧洲邮电主管部门会议(CEPT)[2]

行政区 C：东欧与北亚　区域通信联合体(RCC)[3]

行政区 D：非洲　非洲电信联盟(ATU)[4]

行政区 E：亚洲与澳大拉西亚　亚太电信组织(APT)[5]

除 5 大行政区外，ITU-R 还设有 3 个无线电监管区。如下所示，这 3 个无线电监管区由地理位置界定。请查阅正式公布的 ITU-R 地图，以确定每个无线电监管区的确切边界。

监管区 1：欧洲、中东与非洲

监管区 2：美洲

监管区 3：亚洲与大洋洲

ITU-R 无线电管理文件属于管理频谱使用的国际条约。在上述区域内，ITU-R 负责分配允许使用的频段和无线电信道以及相应的使用条件。而在各个区域内，各国政府所属的射频监管机构负责管理该国的射频频谱，举例如下：

澳大利亚　澳大利亚通信和媒体管理局(ACMA)[6]

日本　电波产业会(ARIB)[7]

美国　联邦通信委员会(FCC)[8]

请注意，各个国家和地区的通信管理体制有所不同。例如，欧洲与北美的射频管理规定相差甚远。部署无线局域网时，应对当地监管机构的规定和政策有所了解。由于全球各地的法规不尽相同，本书不对此做深入探讨，CWNA 考试也不会涉及 FCC 或其他任何国家制定的射频法规。

1　https://www.citel.oas.org。

2　https://www.cept.org。

3　http://www.rcc.org.ru。

4　http://atu-uat.org。

5　https://www.apt.int。

6　https://www.acma.gov.au。

7　https://www.arib.or.jp。

8　https://www.fcc.gov。

1.2.3 电气和电子工程师协会

电气和电子工程师协会(IEEE)是一个全球性专业团体,在 160 个国家拥有超过 42 万名会员,其使命是"鼓励技术创新,为人类谋福祉"。对于 IT 从业人员而言,IEEE 意味着制定通信标准。IEEE 最为人熟知的或许是其制定的局域网标准——IEEE 802。

注意:
IEEE 802 只是众多 IEEE 项目之一,但它却是本书讨论的唯一一个 IEEE 项目。

IEEE 项目被细分为若干工作组(working group),这些工作组致力于创建解决特定问题或需求的标准。例如,IEEE 802.3 工作组负责制定以太网标准,而 IEEE 802.11 工作组负责制定无线局域网标准。每个工作组在成立时都会被分配一个数字,分配给无线工作组的数字 11 表明它是 IEEE 802 项目所属的第 11 个工作组。

如果需要修订工作组制定的现有标准,就会成立任务组(task group)。每个任务组按顺序被分配一个字母(如果所有单个字母都已使用,则分配多个字母),这些字母被添加到标准数字之后(如 802.11a、802.11g 或 802.3at)。某些字母闲置不用。例如,不使用字母 o 和 l,以免与数字 0 和 1 混淆。还有一些字母也不会分配给任务组,以免与其他标准混淆。例如,IEEE 并未将字母 x 分配给 802.11 任务组,因为 802.11x 容易与 802.1X 标准混淆,而且人们已经习惯采用 802.11x 作为 802.11 系列标准的总称。

注意:
请浏览 IEEE 网站[2]以获取更多信息。

请记住,与其他许多标准一样,IEEE 标准是描述技术规程和设备功能的书面文档。遗憾的是,供应商在实施标准时经常按自己的方式进行解读,因此不同供应商制造的早期产品之间往往互不兼容,一些早期的 802.11 产品同样如此。

注意:
第 2 章"IEEE 802.11 标准与修正案"将详细介绍 IEEE 802.11 标准及其修正案的发展历程。CWNA 考试(CWNA-107)以目前最新的 IEEE 802.11-2016 标准为基础。读者可以从 IEEE 网站下载该标准[3]。

1.2.4 互联网工程任务组

互联网工程任务组(IETF)是一个由 IT 从业人员组成的国际性组织,致力于推动互联网更好地运作。根据 RFC 3935 的定义,IETF 的使命如下:"提供高质量、相关的技术和工程文档,以影响人们设计、使用与管理互联网的方式,从而推动互联网更好地发展。这些文档包括协议标准、现行

1　https://www.itu.int/ITU-R。
2　https://www.ieee.org。
3　https://standards.ieee.org/standard/802_11-2016.html。

最佳实践以及各种信息性文档。"加入 IETF 无须缴纳会费,任何人都可以注册并参加 IETF 会议。

IETF 是互联网协会(ISOC)下属的 5 个主要机构之一,ISOC 的 5 个主要机构如下:

- 互联网工程任务组(IETF)
- 互联网体系结构委员会(IAB)
- 互联网名称与数字地址分配机构(ICANN)
- 互联网工程指导组(IESG)
- 互联网研究任务组(IRTF)

IETF 分为应用、通用、互联网、操作与管理、实时应用与基础设施、路由、安全、传输共 8 大研究领域。ISOC 的层次结构与 IETF 的研究领域如图 1.2 所示。

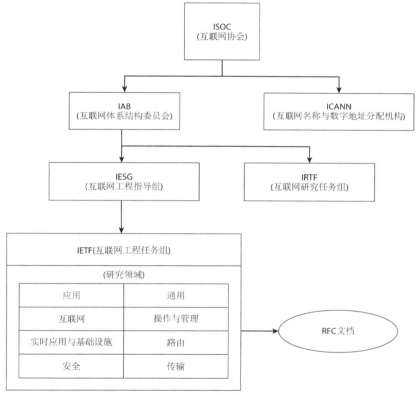

图 1.2　ISOC 的层次结构

IESG 为 IETF 活动和互联网标准制定过程提供技术性管理。IETF 包括多个工作组,每个工作组致力于一个特定主题的研究。IESG 负责创建 IETF 工作组,并指定后者的研究领域。工作组并没有正式的投票过程,基于"大致共识"或工作组之间的普遍共识做出决定。

工作组的成果通常体现在称为请求评议(RFC)的文档中。有别于其名称,RFC 实际上并非一种请求评议,而是一份声明或定义。大多数 RFC 描述了网络协议、服务或策略,它们有可能发展为正式的互联网标准。RFC 以编号顺序排定,编号不会重复使用,并可由编号更高的 RFC 进行更新或补充。例如,移动 IPv4(Mobile IPv4)定义在 2002 年公布的 RFC 3344 中,RFC 4721 对该文档做了部分更新;2012 年,RFC 5944 取代了 RFC 3344。在每份 RFC 文档的起始位置,都会声明是否由某份 RFC 更新以及是否取代了其他 RFC。

　　并非所有 RFC 都能成为标准。根据与互联网标准化过程的关系，RFC 分为以下几种状态：信息性、实验性、标准轨道(Standards Track)、历史性。如果 RFC 的状态是"标准轨道"，那么可能属于提案标准、草案标准或互联网标准。RFC 成为正式标准后，其 RFC 编号保持不变，同时增加一个 STD 标签(格式为 STD xxxx)。不过，STD 编号与 RFC 编号之间不存在一一对应的关系。STD 编号标识的是协议，而 RFC 编号标识的是文档。

　　IETF 制定的许多协议标准、现行最佳实践与信息性文档都与无线局域网安全密切相关。第17 章"无线局域网安全体系结构"将介绍 IETF RFC 3748 定义的部分可扩展认证协议(EAP)。

1.2.5　Wi-Fi 联盟

　　Wi-Fi 联盟(Wi-Fi Alliance)是一个拥有 550 多家会员企业的全球性非营利行业协会，致力于推动无线局域网的发展。Wi-Fi 联盟的主要任务之一是推广 Wi-Fi 品牌，并提高消费者对 802.11 技术的认知度。由于 Wi-Fi 联盟的营销取得了巨大成功，Wi-Fi 徽标(如图 1.3 所示)或许已印刻在全球大多数 Wi-Fi 用户的脑海中。

图 1.3　Wi-Fi 徽标

　　Wi-Fi 联盟主要负责提供认证测试，以确保无线局域网产品之间的互操作性。在 802.11 标准诞生之初，Wi-Fi 联盟对部分模棱两可的标准要求做了进一步定义，并制定了一系列指导方针，以确保不同供应商的设备能相互兼容。之所以如此，仍然是为了帮助简化标准的复杂性并确保兼容性。如图 1.4 所示，通过 Wi-Fi 认证测试的产品将获得一张 Wi-Fi 互操作性证书，其中详细列出了产品的 Wi-Fi 认证信息。

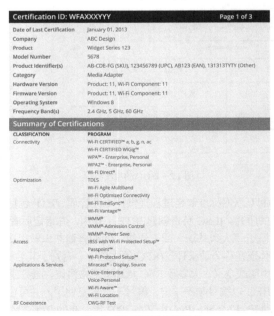

图 1.4　Wi-Fi 互操作性证书

Wi-Fi 联盟成立于 1999 年 8 月，最初名为无线以太网兼容性联盟(WECA)，2002 年 10 月更名为 Wi-Fi 联盟。

自 2000 年 4 月开始提供互操作性测试起，Wi-Fi 联盟认证的 Wi-Fi 产品已超过 3.5 万种，Wi-Fi 认证项目涵盖基本连接、安全、服务质量(QoS)等多个领域。供应商送检的 Wi-Fi 产品在 8 个国家的独立授权测试实验室进行测试，实验室列表请参见 Wi-Fi 联盟网站。每种 Wi-Fi 认证项目对于互操作性的界定，通常以 IEEE 802.11-2016 标准及其修正案定义的重要组件和功能为依据。实际上，802.11 任务组的许多工程师也是 Wi-Fi 联盟的成员。但是请注意，IEEE 和 Wi-Fi 联盟是两个独立的组织：IEEE 802.11 任务组负责制定无线局域网标准，而 Wi-Fi 联盟负责开发互操作性认证项目。

Wi-Fi 联盟对 802.11a、802.11b、802.11g、802.11n、802.11ac 等产品进行互操作性认证测试，以确保基本的无线数据传输符合要求。可根据性能对每台设备进行测试。表 1.1 列出了 5 种不同的核心 Wi-Fi 传输技术以及每种技术的工作频段与最高数据速率。要想获得认证，产品至少要支持一个频段，也可以同时支持两个频段。

表 1.1　五代 Wi-Fi 技术的对比

Wi-Fi 技术	工作频段	最高数据速率
802.11a	5 GHz	54 Mbps
802.11b	2.4 GHz	11 Mbps
802.11g	2.4 GHz	54 Mbps
802.11n	2.4 GHz、5 GHz 2.4 GHz 或 5 GHz(可选) 2.4 GHz 与 5 GHz(同时支持)	600 Mbps
802.11ac	5 GHz	6933.3 Mbps

接下来，我们将分门别类讨论各种 Wi-Fi 认证项目。

1. 连接性

Wi-Fi CERTIFIED b/g　Wi-Fi 联盟为工作频段为 2.4 GHz 的遗留 802.11b/g 无线接口提供向后兼容性认证。后续章节将讨论遗留 802.11b/g 无线接口的操作能力。

Wi-Fi CERTIFIED a　Wi-Fi 联盟为使用 5 GHz 频段传输信息的遗留 802.11a 无线接口提供向后兼容性认证。后续章节将讨论遗留 802.11a 无线接口的操作能力。

Wi-Fi CERTIFIED n　Wi-Fi 联盟为工作在 2.4 GHz 和 5 GHz 的 802.11n 无线接口提供操作能力认证。802.11n 技术通过增强物理层和访问控制层以获得更高的数据速率，但需要使用向后兼容 802.11a/b/g 技术的多输入多输出(MIMO)无线系统。第 10 章"MIMO 技术：高吞吐量与甚高吞吐量"将深入讨论 802.11n。

Wi-Fi CERTIFIED ac　Wi-Fi 联盟为工作频段为 5 GHz 的 802.11ac 无线接口提供操作能力认证。通过进一步改进物理层和 MAC 子层，802.11ac 技术的数据速率远高于 802.11n。802.11ac 无线接口向后兼容 802.11a/n 无线接口。第 10 章将深入探讨 802.11ac。

Wi-Fi 直连　借助 Wi-Fi 直连(Wi-Fi Direct)，Wi-Fi 设备之间无须使用接入点即可直接相连，从而更容易完成打印、共享、同步、显示等任务。Wi-Fi 直连非常适合手机、相机、打印机、个人计算机、游戏设备等需要建立一对一连接的设备使用，也可用于几台设备之间的连接。Wi-Fi

直连易于配置(在某些情况下按下按钮即完成配置),其性能和传输范围与其他 Wi-Fi 认证设备并无二致,并采用 WPA2 确保数据安全。Wi-Fi 直连技术基于 Wi-Fi 点对点技术规范。

Wi-Fi CERTIFIED WiGig　这项认证以最初定义在 802.11ad 修正案中的技术为基础,适用于通过 60 GHz 频段传输信息的定向多吉比特(DMG)无线接口。多频段 Wi-Fi WiGig 认证设备可在 2.4 GHz、5 GHz 与 60 GHz 频段之间无缝切换,其操作规范定义在 60 GHz 技术规范中。WiGig 技术使用更宽的 60 GHz 信道,能以吉比特/秒的速率高效传输数据,并在 10 m 距离内具有很低的延迟。WiGig 用例包括无线扩展坞(wireless docking station)、高清视频流以及其他带宽密集型应用。

2. 安全

WPA2　WPA2 认证基于强健安全网络(RSN),这是一种最初定义在 IEEE 802.11i 修正案中的安全机制。所有获得 WPA2 认证的设备必须支持 CCMP/AES 动态加密机制。为了在无线局域网中实现用户和设备的授权,Wi-Fi 联盟提供了两种方法。对于企业部署,WPA2 企业版需要支持 802.1X 基于端口的访问控制安全;而 WPA2 个人版采用不那么复杂的密码短语方法,适合在 SOHO 环境中使用。2018 年 1 月,Wi-Fi 联盟发布了 WPA3,WPA3 为 802.11 无线接口目前使用的 WPA2 安全机制定义了增强措施。截至本书完成时,Wi-Fi 联盟已公布 4 种新功能,以满足个人网络与企业网络的需要。第 17 章将深入探讨 WPA2 和 WPA3 安全。

可扩展认证协议　取得 WPA2 企业版认证的无线接口支持 802.1X 安全机制,但需要多种组件来批准用户和设备对无线局域网的访问。企业设备必须支持可扩展认证协议(EAP),这是一种在 802.1X 授权框架内使用的认证协议。Wi-Fi 联盟认证项目已对 EAP-TLS、EAP-TTLS、EAP-PEAP 等多种 EAP 进行测试。第 17 章将详细介绍 802.1X 和 EAP。

具有管理帧保护功能的 WPA2　这项认证基于 IEEE 802.11w-2009 修正案。该修正案定义了管理帧保护(MFP)功能,致力于以安全方式交付某些管理帧,旨在阻止某些类型的 802.11 管理帧欺骗以及常见的二层拒绝服务(DoS)攻击。

3. 访问

控制点　控制点旨在彻底改变最终用户连接 Wi-Fi 热点时的体验。为此,控制点将自动识别热点提供者并进行连接,通过可扩展认证协议自动验证接入网络的用户身份,然后利用 WPA2 企业版加密实现数据的安全传输。控制点基于热点 2.0 技术规范。第 18 章"自带设备与来宾访问"将详细介绍控制点与热点。

Wi-Fi 保护设置　Wi-Fi 保护设置(WPS)为家庭和小型企业用户定义了简化和自动的 WPA/WPA2 安全配置。通过使用近场通信(NFC)、个人标识号(PIN)或接入点以及客户设备上的按钮,用户很容易就能为网络配置安全保护。WPS 技术定义在 Wi-Fi 简单配置技术规范中。

配有 Wi-Fi 保护设置的 IBSS　这项认证为无线自组织(对等)网络提供简便的配置与强大的安全性,是专为智能手机、相机、媒体播放器等用户接口数量有限的移动产品和设备而设计的,包括简单按钮或 PIN 设置、面向任务的短期连接等功能,并支持在任何位置创建动态网络。

4. 应用与服务

企业版语音　企业版语音(Voice-Enterprise)认证为企业 Wi-Fi 网络中的语音应用提供更好的支持。企业级语音设备必须在所有网络负载条件下始终保持良好的语音质量,且必须与数据流量共存。IEEE 802.11k、802.11r 与 802.11v 修正案中定义的不少机制同样定义在企业版语音认证中。接入点和客户设备都必须支持使用 Wi-Fi 多媒体(WMM)划分优先级,并将语音流量置于最高优先级队列(访问类别语音 AC_VO)。此外，取得企业版语音认证的设备还要支持接入点之间的无缝漫游、WPA2 企业版安全、通过 WMM 节电机制优化功耗以及利用 WMM 准入控制实现流量管理。

个人版语音　个人版语音(Voice-Personal)认证致力于为家庭和小型企业 Wi-Fi 网络中的语音应用提供更好的支持。这些网络包括接入点与多台设备(如电话、个人计算机、打印机以及其他消费类电子设备)产生的混合语音和数据流量，并支持最多 4 个并发电话呼叫。接入点和客户设备都必须取得该认证，以实现与认证指标匹配的性能。

Miracast　这项认证致力于在设备之间无缝显示高分辨率流视频内容。无线连接用于取代有线连接。设备不仅可以识别彼此并相互连接，也可以管理彼此之间的连接，还能优化视频内容传输。Miracast 基于 Wi-Fi 显示技术规范。这项认证适用于相机、电视、投影仪、平板电脑、智能手机等任何能播放视频的设备，而配对成功的 Miracast 设备可通过点对点 Wi-Fi 连接传输高清内容或实现镜像显示。

Wi-Fi 感知　在建立连接前，支持 Wi-Fi 感知(Wi-Fi Aware)的设备能高效发现附近的服务或信息。邻近感知联网规范为无线局域网设备定义了同步信道和时间信息的机制，以便发现服务。Wi-Fi 感知不需要使用无线局域网基础设施，发现操作在后台进行，即便在拥挤的用户环境中也是如此。用户可以在建立连接前查找附近的其他用户，从而共享媒体、本地信息与游戏对手。

Wi-Fi 定位　Wi-Fi 定位(Wi-Fi Location)以 IEEE 802.11-2016 标准定义的精细定时测量(FTM)协议为基础。支持 Wi-Fi 定位的设备和网络可以通过 Wi-Fi 网络为设备提供高度精确的室内位置信息，而无须部署 iBeacon、实时定位系统(RTLS)等覆盖型基础设施。应用与操作系统开发人员可以借此研发基于位置的应用和服务。这项技术可能在资产管理、地理围栏(geo-fencing)、超本地营销等领域获得应用。

5. 优化

Wi-Fi 多媒体　Wi-Fi 多媒体(WMM)以最初定义在 IEEE 802.11e 修正案中的 QoS 机制为基础。WMM 允许 Wi-Fi 网络将不同应用产生的流量划分为不同的优先级。如果网络中的接入点和客户设备都支持 WMM，语音和视频等时敏应用产生的流量将优先使用半双工射频介质传输。所有支持 802.11n 和 802.11ac 的核心认证设备都必须取得 WMM 认证；对支持 802.11a、802.11b 或 802.11g 的核心认证设备而言，WMM 认证是可选的。第 9 章 "802.11 MAC 体系结构" 将深入探讨 WMM 机制。

WMM 节电　WMM 节电(WMM-PS)通过管理客户设备处于休眠模式的时间，帮助使用 802.11 无线接口的设备节省电池电量。对条码扫描仪和 VoWiFi 电话等手持设备而言，降低电池耗电量至关重要。为充分利用节电功能，客户设备和接入点都必须支持 WMM-PS。第 9 章将深入探讨 WMM-PS 与遗留的节电机制。

WMM 准入控制　借助 WMM 准入控制(WMM-AC)，Wi-Fi 网络可以根据信道条件、网络流量负载与流量类型(语音、视频、"尽力而为"数据或背景数据)管理网络流量。根据可用的网络资源，接入点仅允许自己支持的流量连接到网络。WMM-AC 使用呼叫准入控制(CAC)机制，防止通过 802.11 接入点超额预订语音呼叫。

Wi-Fi 通道直接链路建立　IEEE 802.11z-2010 修正案定义了通道直接链路建立(TDLS)安全机制。Wi-Fi 联盟也推出了 Wi-Fi TDLS 认证，使用 TDLS 的设备在加入传统的 Wi-Fi 网络后就能直接彼此相连。这使得电视、游戏设备、智能手机、相机、打印机等消费设备在保持与接入点连接的同时，彼此之间可以直接并安全地通信。

Wi-Fi 时间同步　Wi-Fi 时间同步(Wi-Fi TimeSync)支持多台设备之间的亚微秒级时钟同步，有助于实现精确的服务协调以及语音、视频或数据的准确表示。Wi-Fi 时间同步技术支持室内多信道语音和视频功能，可用于家庭影院系统、录音室、相机系统等多种场合。这项技术以 IEEE 802.11-2016 标准定义的定时测量(TM)与精细定时测量(FTM)协议为基础。

Wi-Fi Vantage　Wi-Fi 行业里日益增长的趋势是托管服务提供商(MSP)提供的"无线即服务"。许多电信运营商都提供 MSP 服务，能监督机场、体育场、学校、办公楼、零售和酒店等场所的 Wi-Fi 操作。Wi-Fi Vantage 认证旨在提高托管 Wi-Fi 网络的用户体验。

6. 射频共存

融合无线组-射频配置文件　融合无线组-射频配置文件(CWG-RF)由 Wi-Fi 联盟与蜂窝电信和互联网协会(CTIA)共同开发。CWG-RF 为融合手机的 Wi-Fi 和蜂窝无线电定义了性能和测试指标，致力于确保两种技术在共存时不会相互干扰。尽管 CWG-RF 测试项目不属于 Wi-Fi 认证，但支持 Wi-Fi 的手机都必须通过该测试。

7. 其他功能

Wi-Fi 家居设计　Wi-Fi 家居设计(Wi-Fi Home Design)是 Wi-Fi 联盟推出的一项认证，支持房屋建筑商在新建住宅中提供一站式高性能 Wi-Fi 服务。房屋建筑商可以加入 Wi-Fi 联盟并遵循设计指南，或将自己的设计产品提交以进行认证。

8. 未来认证

随着 802.11 技术的发展，Wi-Fi 联盟还将继续推出新的 Wi-Fi 认证项目。例如，Wi-Fi HaLow 认证针对频率低于 1 GHz 且覆盖范围更广的低功耗设备，以适用于物联网设备的 IEEE 802.11ah 修正案为基础。此外，Wi-Fi 联盟的产品路线图也将现有认证的更新纳入其中，还可能针对垂直行业的 Wi-Fi 操作推出认证项目。

与 IEEE 802.11 标准及其修正案类似，Wi-Fi 联盟认证项目中定义的技术往往需要数年时间才能获得市场的广泛认可。

Wi-Fi 联盟与 Wi-Fi 认证项目

Wi-Fi 联盟网站[1]提供了大量关于 Wi-Fi 联盟及其认证项目的文章、常见问题与白皮书。在准备 CWNA 考试时，建议同时阅读 Wi-Fi 联盟的技术白皮书。Wi-Fi 联盟还维护着一个可搜索的数据库，供用户查询经过认证的 Wi-Fi 产品。读者可以通过 Wi-Fi CERTIFIED Product Finder[2]核对所有 Wi-Fi 设备的认证状态。

1.2.6　国际标准化组织

国际标准化组织(ISO)是全球性的非政府组织，旨在界定企业、政府以及社会的需求，并与应用这些需求的机构合作制定标准。ISO 负责开发 OSI 模型；自 20 世纪 70 年代末以来，OSI 模型一直是计算机之间进行数据通信的标准参考模型。

1　https://www.wi-fi.org。
2　https://www.wi-fi.org/product-finder。

国际标准化组织的英文缩写为何是 ISO 而非 IOS？

ISO 并非拼写错误的首字母缩略词，它源于希腊语中的单词 isos，意为"平等的"。由于各国对缩略词的翻译可能有所不同，ISO 决定采用一个含义明确的单词而非缩略词来命名自身。考虑到这一点，就不难理解国际标准化组织选择 ISO 一词作为名称的深意了。

OSI 模型奠定了数据通信的基础，掌握 OSI 模型对于 IT 从业人员至关重要。OSI 七层模型如图 1.5 所示。

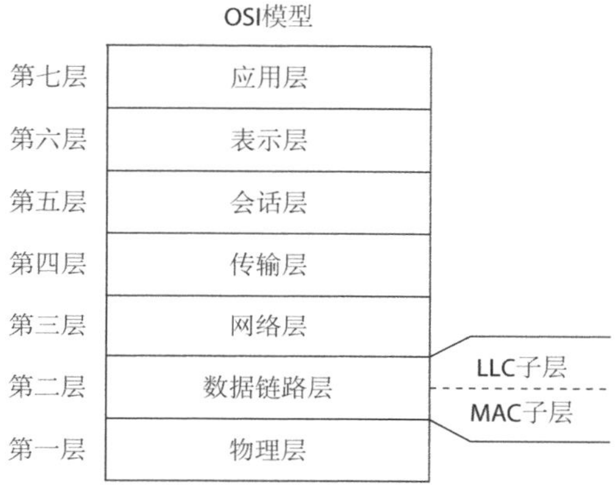

图 1.5　OSI 七层模型示意图

IEEE 802.11-2016 标准仅在 OSI 模型的物理层以及数据链路层的 MAC 子层定义了通信机制，本书将详细讨论 802.11 技术在这两层的应用。

注意：

读者应对 OSI 模型有所了解，以阅读本书并准备 CWNA 考试。理解 OSI 模型各层的功能以及数据在不同层之间的通信原理十分重要。如果不太熟悉 OSI 模型，参加 CWNA 考试前请花些时间在网上检索相关信息，或选择一本优秀的网络基础教程进行学习。请浏览 ISO 网站[1]以获取更多信息。

1.3　核心层、分布层与接入层

在讨论网络体系结构时，如果读者曾经阅读过网络课程或阅读过网络设计方面的相关书籍，或许对核心层(core layer)、分布层(distribution layer)、接入层(access layer)等术语有所耳闻。无论使用哪种网络拓扑，适当的网络设计都必不可少。

网络的核心层由高速主干网构成，高速主干网相当于网络中的"高速公路"，其核心目标是在重要的数据中心或分布区域之间传输大量信息，如同高速公路连接城市与都会区一样。核心层既不负责流量路由，也不负责操作数据包，它的任务是进行高速交换。核心层通常设计有冗余方案，

1　https://www.iso.org。

以保证数据包能快速可靠地交付。

网络的分布层将流量路由或引导至较小的节点集群或邻域。分布层在虚拟局域网与子网之间路由流量，它类似于以中等速度在城市或都会区中分流交通流量的省道。

网络的接入层以较低的速度将流量直接传输给最终用户或末端节点，它类似于直达最终地址的地方道路。接入层的任务是确保将数据包交付给最终用户。请记住，速度是一个相对的概念。

受到流量负载和吞吐量需求的影响，数据从接入层传输到核心层时，速度和吞吐能力将随之提高。然而，更高的速度和更大的吞吐量往往意味着更高的成本。

在住宅区与学校之间修建一条高速公路并不实用；与之类似，在纽约和波士顿这样两座大城市之间仅修建一条双车道公路作为主干道也不切实际。网络设计同样如此。核心层、分布层与接入层都有各自特定的功能和用途，理解无线网络如何适应这种网络设计模型至关重要。

实施无线网络时，既可以采用点对点方案，也可以采用点对多点方案。大多数无线网络致力于为客户端提供网络接入，通常采用点对多点设计。可将这种实施方案用于接入层，以便为最终用户提供连接。大多数情况下，802.11 无线网络都在接入层实现，无线局域网客户端通过部署在重要位置的接入点相互通信。

无线桥接链路通常用于建筑物之间的网络连接，类似于连接社区交通的省道。无线桥接旨在以无线方式连接两个独立的有线网络，而分布层一般负责在网络之间路由数据流量。虽然无线桥接链路往往无法满足核心层对速度或距离的要求，但它非常适合在分布层使用。802.11 桥接链路是无线技术在分布层实现的一个例子。

尽管无线技术通常不在核心层使用，但必须记住，不同规模的企业对速度和距离的要求相去甚远，一个人眼中的分布层或许就是另一个人眼中的核心层。小微企业甚至可能放弃除接入互联网之外的任何有线设备，而采用无线方式连接所有最终用户的网络设备。可以将高带宽专有无线网桥和某些 802.11 网状网部署视为无线技术在核心层的实现。

电信逻辑面

电信网通常由管理、控制、数据三种逻辑操作面界定。管理面用于监控并管理电信网，控制面的特征是网络的智能化，而数据面负责承载网络用户流量。在 802.11 网络中，这三种逻辑操作面的功能有所不同，具体取决于无线局域网体系结构的类型与供应商。第 11 章 "无线局域网体系结构" 将介绍企业无线局域网体系结构的演变，并讨论上述三种逻辑操作面的应用。

1.4 通信基础知识

尽管业界将 CWNA 认证视为 CWNP 认证体系中的基础级认证，但它绝非计算机行业的初级认证。大多数 CWNA 考生都具有其他信息技术领域的经验，不过他们的背景和经验迥然不同。

不同于那些经过多年系统培训获得专业知识的职业，大多数计算机专业人员按照自己的方式接受教育和培训。

人们在接受教育时，通常对与自身利益或工作直接相关的技能和知识更感兴趣，而往往忽视与当前工作没有直接关联的基础知识。随着知识的增长和技能水平的提高，人们逐渐意识到掌握基础知识的重要性。

计算机行业的不少从业人员都知道，在数据通信中，比特经由导线或电波传输；他们甚至了解可以采用某种形式的电压变化或电波波动来区分比特。但如果继续追问，很多人就不清楚电信号或电波的具体工作原理了。

在下面的内容中，我们将回顾与无线通信直接或间接相关的基本通信原理。了解这些概念有助于读者更好地理解无线通信的工作方式以及本行业使用的术语。

1.4.1　通信术语

我们首先探讨人们经常误解的几个网络术语，它们是单工、半双工与全双工。它们三者代表了人们交流以及计算机设备之间通信的三种对话方式。

单工　在单工通信中，一台设备仅能发送数据，另一台设备仅能接收数据。调频广播属于单工通信。单工通信很少在计算机网络中使用。

半双工　在半双工通信中，两台设备都能发送与接收数据，但同时只有一台设备可以传输。无线对讲机(或双向无线电)就是一种半双工设备。所有射频通信本质上都是半双工通信；不过斯坦福大学的一项研究声称，采用能消除自干扰的收发器有望实现全双工射频通信。802.11 无线网络使用半双工方式通信。

全双工　在全双工通信中，两台设备可以同时发送与接收数据。电话通话属于全双工通信。大多数以太网设备具备全双工通信的能力。目前，在无线环境中实现全双工通信的唯一途径是建立双信道双向连接：在一条信道中，设备 A 向设备 B 发送所有数据；而在另一条信道中，设备 A 从设备 B 接收所有数据。两台设备在不同的信道使用两个独立的无线接口。

1.4.2　载波信号

构成数据的最小单位是比特，发射机采用某种方式发送 0 和 1，以便将数据从一个位置传输到另一个位置。交流信号或直流信号本身不具备数据传输能力，但如果信号发生很小的波动或变化，就可以将其解析出来，从而实现数据的成功收发。这种经过修改的信号可以区分 0 和 1，一般称为载波信号。调整信号以产生载波信号的方法称为调制。

可以对电波的三个分量进行调制以产生载波信号，它们是振幅、频率与相位。

> **注意：**
> 本章将回顾与数据传输原理有关的电波基础知识，第 3 章 "射频基础知识" 将深入探讨无线电波。

所有以无线电为基础的通信都采用某种形式的调制以传输数据。以一定方式对传输的无线电信号进行调制，就能将数据编码到由调幅/调频广播、手机或卫星电视发送的信号中。普通用户一般不关心信号的调制方式，他们只关心设备是否工作正常。然而，如果希望成为优秀的无线网络工程师，就需要深入了解两台终端的通信方式。本章在后面将介绍电波的基本性质，并对数据编码的基本原理进行概述，以便读者更好地理解载波信号和数据编码。

1. 振幅与波长

射频通信的基本过程如下：射频发射机产生无线电波，并被另一端的接收机拾取或 "听到"。射频波与海洋或湖泊中的波浪类似。如图 1.6 所示，波主要由波长和振幅两部分构成。

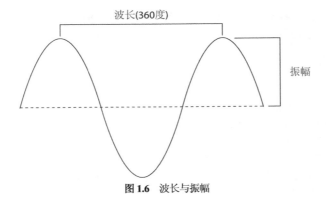

图 1.6　波长与振幅

　　振幅　振幅是波的高度、力度或能量。当波浪从大海袭向岸边时，大浪的力量比小浪要强得多。发射机同样如此，只不过发射的是无线电波。电波越弱，越不易被接收天线识别。电波越强，产生的电信号越大，越容易被接收天线拾取。接收机根据振幅来区分电波强弱。

　　波长　波长是两个连续波的相似点之间的距离。测量波长时，一般将两个波峰之间的距离作为波长。振幅和波长都是波的属性。

2. 频率

　　频率描述了波的某种行为。波从产生它的源点处向外传播，波的传播速度称为频率。具体而言，频率是一秒内产生的波的数量。如果坐在码头上计算海浪多久拍击码头一次，就能了解海浪拍击码头的频率。无线电波也是如此，不过它的传播速度比海浪快得多。如果试图计算无线网络中使用的无线电波的频率，那么在海浪拍击码头一次的时间里，无线电波已经拍击了码头数十亿次。

3. 相位

　　相位描述了两个同频波之间的关系。为测定相位，人们将波长划分为 360 份，每一份称为 1度(如图 1.7 所示)。如果将"度"作为波传播的起始时间，那么当一个波在 0 度点时开始传播，而另一个波在 90 度点时开始传播时，称二者 90 度异相。

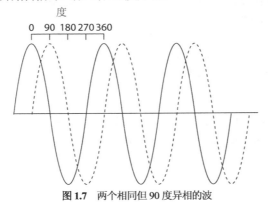

图 1.7　两个相同但 90 度异相的波

　　理想情况下，一台终端产生并发送的波将无损传至另一台终端，但理想状态下的射频通信很难实现。在波到达接收端的过程中，大量干扰源与障碍物都会影响波的传输。第 3 章将介绍一些外部因素，它们可能影响波的完整性以及收发终端之间的通信。

> **时间与相位**
>
> 假设将两只手表暂停，并将二者的时间都设定在正午。正午时启动第一只表，一小时后启动第二只表。第二只表比第一只表慢一小时，且无论经过多长时间，第二只表始终比第一只表慢一小时。虽然两只表的运行时间都是一天 24 小时，但它们彼此并不同步。波的异相与之类似，异相的两个波实际上是不同时间开始传播的两个波。虽然二者的完整周期都是 360 度，但它们彼此异相(不同步)。

1.4.3 键控法

发送数据时，收发器将信号传送出去。为成功传输数据，必须对信号进行处理，以便接收端正确识别 0 和 1。这种操作信号以表示多个数据的方法称为键控法(keying method)。键控法将信号转换为载波信号，具备数据编码能力的信号更便于通信或传输。

下面将介绍三种键控法，它们是幅移键控(ASK)、频移键控(FSK)与相移键控(PSK)。键控法又称调制技术，它采用两种不同的技术表示数据。

当前状态 当前状态技术使用信号的当前值(当前状态)来区分 0 和 1。当前状态技术指定某个值或当前值来表示二进制 0，并指定另一个值表示二进制 1。在特定的时间点，二进制值由信号的值决定。例如，可以用一扇普通的门表示 0 和 1，并每隔一分钟检查门处于打开还是关闭状态。打开的门表示 0，关闭的门表示 1。门的当前状态(打开或关闭)决定了代表的是 0 还是 1。

状态转换 状态转换技术使用信号的变化(转换)来区分 0 和 1。这种技术采用波在某个特定时刻的相位变化表示 0，波在某个特定时刻的相位不变表示 1。在特定的时间点，二进制值由信号的变化或不变决定。为简单起见，我们仍以门的使用为例进行说明。我们依然每隔一分钟检查门的状态。此时，移动的门(正在打开或正在关闭)表示 0，静止的门(要么打开，要么关闭)表示 1。在本例中，门的转换状态(移动或静止)决定了代表的是 0 还是 1。

1. 幅移键控

幅移键控通过改变信号的振幅或高度来表示二进制数据。它是一种当前状态技术，分别采用两种不同的振幅代表二进制 0 和 1。如图 1.8 所示，波使用幅移键控对 ASCII 大写字母 K 进行调制。振幅较大的波被解析为二进制 1，振幅较小的波被解析为二进制 0。

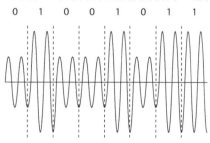

图 1.8   幅移键控示例(ASCII 大写字母 K)

正在传输的数据由振幅的这种变化决定。接收端首先将收到的信号划分为若干称为符号周期

(symbol period)的时间段，然后在符号周期内对波进行抽样或检测以判定波的振幅，再根据振幅值确定二进制值。

随着学习的深入，读者将了解到，无线信号不但无法预测，而且会受到多种干扰源的干扰。噪声或干扰通常会影响信号的振幅。由于噪声引起的振幅变化可能导致接收端误判数据值，因此使用幅移键控时必须谨慎。

2. 频移键控

频移键控通过改变信号的频率来表示二进制数据。它是一种当前状态技术，分别采用两种不同的频率代表二进制 0 和 1(如图 1.9 所示)。正在传输的数据由频率的这种变化决定。接收端在符号周期内对信号抽样以判定波的频率，并根据频率值确定接收到的二进制值。

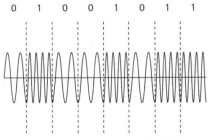

0 1 0 0 1 0 1 1

图 1.9 频移键控示例(ASCII 大写字母 K)

如图 1.9 所示，波使用频移键控对 ASCII 大写字母 K 进行调制。频率较高的波被解析为二进制 1，频率较低的波被解析为二进制 0。

某些遗留的 802.11 无线网络部署采用频移键控。人们对通信速度的要求越来越高，而采用频移键控实现高速传输的成本很高，因此这种技术的实用性较差。

为何我从来没有听说过键控法？

读者其实听说过键控法，只是未曾留意。调幅/调频广播采用调幅和调频技术，人们可以在家中或车中收听广播。广播电台将声音和音乐调制到发送信号上，家庭或车载收音机再把它们解调出来。

---

3. 相移键控

相移键控通过改变信号的相位来表示二进制数据。它可以是一种状态转换技术，其中相位变化表示二进制 0，相位不变表示二进制 1，反之亦然。正在传输的数据由相位的这种变化决定。相移键控也可以是一种当前状态技术，采用相位的值表示二进制 0 或 1。接收端在符号周期内对信号抽样，以判定波的相位与二进制位的状态。

如图 1.10 所示，波使用相移键控对 ASCII 大写字母 K 进行调制。符号周期开始时的相位变化被解析为二进制 1，符号周期开始时的相位不变被解析为二进制 0。

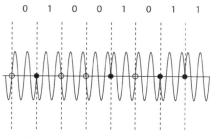

図 1.10　相移键控示例(ASCII 大写字母 K)

相移键控技术已广泛应用于 IEEE 802.11-2016 标准定义的无线电传输。接收端通常在符号周期内对信号抽样，并将当前抽样的相位与前一个抽样的相位进行比较以确定二者的差值。这个差值(单位为度)又称微分，用于判定二进制值。

高级的相移键控技术可以在一个符号内编码多个二进制位。除使用 2 个相位外，也可以使用 4 个相位表示二进制值。在这种表示法中，每个相位代表两个二进制值(00、01、10 或 11)而不是一个二进制值(0 或 1)，传输时间将因此而缩短。采用两个以上相位传输数据的相移键控技术称为多进制相移键控(MPSK)。如图 1.11 所示，电波采用多进制相移键控对 ASCII 大写字母 K 进行调制，从中可以观察到 4 种可能的相位变化。请注意，图 1.11 中的符号时间较图 1.10 更短。

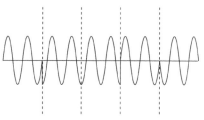

図 1.11　多进制相移键控示例(ASCII 大写字母 K)

了解有关 802.11 技术与 Wi-Fi 行业的更多信息

通读本书对于初步了解 802.11 技术大有裨益。由于无线局域网技术的发展日新月异，本书特向读者推荐以下资源。

Wi-Fi 联盟　如前所述，Wi-Fi 联盟负责维护所有 Wi-Fi 认证项目，读者可以从 Wi-Fi 联盟网站[1]找到许多不错的资源。

CWNP 项目　CWNP 项目提供论坛、博客、Wi-Fi 白皮书等大量学习资源。读者可以从 CWNP 网站[2]获取所有关于供应商中立的 CWNP 认证的权威信息。

1　https://www.wi-fi.org。

2　https://www.cwnp.com。

　　无线局域网供应商的网站　CWNA 考试和本教程致力于从供应商中立的角度推广 802.11 技术，而各家无线局域网供应商的网站往往会提供有关特定 Wi-Fi 网络解决方案的宝贵信息。本书将涉及市场上主要的无线局域网供应商，读者可以从第 20 章"无线局域网部署与垂直市场"中找到大多数主流供应商的网站。

　　Wi-Fi 博客　近年来，大量讨论 802.11 技术的个人博客雨后春笋般涌现出来。其中一个不错的个人博客是由 Andrew von Nagy(CWNE #84)维护的 Revolution Wi-Fi[1]，Lee Badman(CWNE #200)维护的 Wirednot[2]也是不错的资源。Glenn Cate(CWNE #181)收集了无线局域网行业内大多数商业与个人博客的链接，读者可以从他的博客[3]中找到这些资源。

　　无线局域网技术会议　不同机构都会组织与无线局域网行业有关的技术会议。每年在世界各地举行多次的无线局域网专家大会(WLPC)是最受欢迎的会议之一。请浏览 WLPC 网站[4]以获取更多信息。

　　Twitter　无线局域网技术社区在 Twitter 上相当活跃，Wi-Fi 行业专家利用社交媒体平台公开交流和分享信息。Lee Badman(CWNE #200)在 Twitter 上维护"Wi-Fi 每日一题"，他的 Twitter 账号是@wirednot。读者也可以关注本书作者 David D. Coleman 和 David A. Westcott 的 Twitter 账号：@mistermultipath 和@davidwestcott。

1.5　小结

　　本章回顾了无线网络的发展历程，介绍了如下与无线网络行业有关的主要组织的角色与职责：

- 美国联邦通信委员会(FCC)以及其他国家的监管机构
- 电气和电子工程师协会(IEEE)
- 互联网工程任务组(IETF)
- Wi-Fi 联盟

为使读者了解网络基本概念与 802.11 技术之间的关系，我们讨论了以下概念：

- OSI 模型
- 核心层、分布层与接入层

为使读者了解无线终端收发数据的基本方式，我们讨论了电波的分量和调制方法。

- 载波信号
- 振幅
- 波长
- 频率
- 相位
- 键控法(包括幅移键控、频移键控与相移键控)

　　对射频通信进行故障排除时，牢固掌握电波和调制技术的相关知识有助于理解问题实质并找出解决方案。

1　http://www.revolutionwifi.net。
2　https://wirednot.wordpress.com。
3　https://gcatewifi.wordpress.com。
4　https://www.wlanpros.com。

1.6　考试要点

了解行业组织。理解各国监管机构、IEEE、IETF 与 Wi-Fi 联盟的角色和职责。

理解核心层、分布层与接入层。了解 802.11 技术在基础网络设计模型中的部署位置。

解释单工、半双工与全双工通信的区别。了解射频通信(包括无线局域网通信)以半双工方式进行。

理解波长、频率、振幅与相位。了解每种射频特性的定义。

理解调制的概念。幅移键控、频移键控与相移键控是三种载波信号调制技术。

1.7　复习题

1. 802.11 技术通常部署在网络体系结构的哪个基础层?

　　A. 核心层　　　　　　　**B.** 分布层

　　C. 接入层　　　　　　　**D.** 网络层

2. 哪个组织负责在非授权频段执行最大发射功率规定?

　　A. IEEE　　　　　　　　**B.** Wi-Fi 联盟

　　C. ISO　　　　　　　　　**D.** IETF　　　　　　　**E.** 以上答案都不正确

3. 802.11 无线桥接链路通常与网络体系结构的哪一层有关?

　　A. 核心层　　　　　　　**B.** 分布层

　　C. 接入层　　　　　　　**D.** 网络层

4. 哪个组织制定负责制定 IEEE 802.11-2016 标准?

　　A. IEEE　　　　　　　　**B.** OSI

　　C. ISO　　　　　　　　　**D.** Wi-Fi 联盟　　　　　**E.** FCC

5. 哪个组织负责确保无线局域网产品的互操作性?

　　A. IEEE　　　　　　　　**B.** ITU-R

　　C. ISO　　　　　　　　　**D.** Wi-Fi 联盟　　　　　**E.** FCC

6. 哪种信号可以携带数据?

　　A. 通信信号　　　　　　**B.** 数据信号

　　C. 载波信号　　　　　　**D.** 二进制信号　　　　　**E.** 数字信号

7. 哪种键控法最容易受到噪声的干扰?

　　A. FSK　　　　　　　　　**B.** ASK

　　C. PSK　　　　　　　　　**D.** DSK

8. 在 OSI 模型中,数据链路层的哪个子层用于 802.11 无线接口之间的通信?

　　A. LLC　　　　　　　　　**B.** PLCP

　　C. MAC　　　　　　　　　**D.** PMD

9. 詹妮在学习时偶然发现了一份名为 RFC 3935 的文档。她应该浏览哪个组织的网站,以便进一步研究这份文档?

　　A. IEEE　　　　　　　　**B.** Wi-Fi 联盟

　　C. WECA　　　　　　　　**D.** FCC　　　　　　　　**E.** IETF

10. Wi-Fi 联盟负责开发哪种认证项目?

    A. 802.11i   **B.** WEP

    C. IEEE 802.11-2016   **D.** WMM

11. 可以对电波的哪些属性进行调制以编码数据? (选择所有正确的答案。)

    A. 振幅   **B.** 频率

    C. 相位   **D.** 波长

12. IEEE 802.11-2016 标准在 OSI 模型的哪些层定义了通信机制? (选择所有正确的答案。)

    A. 网络层   **B.** 物理层   **C.** 传输层

    D. 应用层   **E.** 数据链路层   **F.** 会话层

13. 波的高度或能量称为____。

    A. 相位   **B.** 频率

    C. 振幅   **D.** 波长

14. Wi-Fi 直连设备与 Wi-Fi CERTIFIED TDLS 设备之间存在哪些通信方面的差异? (选择所有正确的答案。)

    A. Wi-Fi CERTIFIED TDLS 设备永远不会与接入点建立关联。

    B. Wi-Fi 直连设备不必关联到接入点就能相互通信。

    C. Wi-Fi CERTIFIED TDLS 设备在彼此直接通信时仍然与接入点保持关联。

    D. Wi-Fi 直连设备在相互通信之前必须与接入点建立关联。

15. 在获得企业版语音认证前,802.11 无线接口必须取得 Wi-Fi 联盟的哪些认证? (选择所有正确的答案。)

    A. WMM 节电   **B.** Wi-Fi 直连

    C. WPA2 企业版   **D.** 个人版语音   **E.** WMM 准入控制

16. 各国监管机构通常负责管理哪些无线通信参数? (选择所有正确的答案。)

    A. 频率   **B.** 带宽

    C. 最大发射功率   **D.** 最大 EIRP   **E.** 室内/室外使用

17. 802.11 无线接口采用哪种通信方式收发数据?

    A. 单工   **B.** 半双工

    C. 全双工   **D.** 回波双工

18. 波划分为度。波的完整周期是____度。

    A. 100   **B.** 180

    C. 212   **D.** 360

19. 使用非授权频段进行射频传输的优点有哪些? (选择所有正确的答案。)

    A. 不受政府监管   **B.** 无须支付额外的费用

    C. 任何人都能使用这些频段   **D.** 无章可循

20. OSI 模型共有几层?

    A. 四层   **B.** 六层

    C. 七层   **D.** 九层

第 **2** 章

IEEE 802.11 标准与修正案

本章涵盖以下内容:

- ✓ IEEE 802.11 原始标准
- ✓ IEEE 802.11-2016 标准
    - 802.11a-1999
    - 802.11b-1999
    - 802.11d-2001
    - 802.11e-2005
    - 802.11g-2003
    - 802.11h-2003
    - 802.11i-2004
    - 802.11j-2004
    - 802.11k-2008
    - 802.11n-2009
    - 802.11p-2010
    - 802.11r-2008
    - 802.11s-2011
    - 802.11u-2011
    - 802.11v-2011
    - 802.11w-2009
    - 802.11y-2008
    - 802.11z-2010
    - 802.11aa-2012
    - 802.11ac-2013
    - 802.11ad-2012
    - 802.11ae-2012
    - 802.11af-2014
- ✓ IEEE 802.11-2016 标准发布后获批的修正案
    - 802.11ah-2016
    - 802.11ai-2016
    - 802.11aj-2018

- ■ 802.11ak-2018
- ■ 802.11aq-2018
- ✓ IEEE 802.11 修正案草案
  - ■ 802.11ax
  - ■ 802.11ay
  - ■ 802.11az
  - ■ 802.11ba
- ✓ 已失效的 IEEE 802.11 修正案
  - ■ 802.11F
  - ■ 802.11T
- ✓ IEEE 802.11m 任务组

从第 1 章"无线标准、行业组织与通信基础知识概述"中的讨论可知，IEEE 是负责制定和维护通信标准的专业协会，如有线网络使用的 802.3 以太网标准。为制定无线通信标准，IEEE 成立了若干工作组。例如，802.15 工作组负责制定使用射频(如蓝牙)传输信息的个人局域网(PAN)通信标准；而宽带无线接入标准工作组负责制定 802.16 标准，这项技术通常称为全球微波接入互操作性(WiMAX)。本书将重点讨论 IEEE 802.11 标准定义的技术，该标准致力于规范利用射频传输信息的局域网通信。

802.11 工作组由常设委员会、研究组以及大量任务组构成，约有 400 名来自 200 多家无线企业的活跃成员。例如，802.11 常设委员会负责 802.11 标准的宣传和推广工作。802.11 研究组经执行委员会授权后成立，存在时间一般不超过 6 个月，负责研究在 802.11 标准中加入新特性和新功能的可行性。

IEEE 802.11：有关工作组与 IEEE 802.11-2016 标准的更多信息

IEEE 802.11 工作组的相关信息请参见快速指南[1]。

读者可以通过 IEEE GET Program 下载 IEEE 802.11-2016 标准以及获批的修正案[2]。

一些标准和获批的修正案可以免费下载，其他文档(特别是近期获批的修正案)则需要付费。

各个 802.11 任务组负责更正和修订 MAC 任务组与 PHY 任务组制定的原始标准。每个任务组通过字母表中的一个字母来标识名称，一般使用"802.11 字母汤"(802.11 alphabet soup)指代由多个 802.11 任务组制定的所有修正案。新的任务组成立后，采用字母表中下一个最高的可用字母来标识名称，但修正案不一定按相同的顺序获批。许多 802.11 任务组项目已经完成，针对原始标准的修正案也已获批。其他一些 802.11 任务组项目仍处于活跃状态，并以修正案草案的形式存在。

本章将讨论 802.11 原始标准、获批的修正案(大多数修正案已纳入 802.11-2007、802.11-2012 与 802.11-2016 标准)以及各个 802.11 任务组制定的修正案草案。

2.1　IEEE 802.11 原始标准

1997 年 6 月，IEEE 发布了 802.11 原始标准(IEEE Std 802.11-1997)。它是第一种无线局域网标准，通常称为"802.11 Prime"。IEEE 在 1999 年对原始标准进行了修订，2003 年再次确认后以 IEEE Std 802.11-1999(R-2003)为名重新发布。2007 年 3 月，IEEE 802.11-2007 标准(IEEE Std 802.11-2007)获批；2012 年 2 月，IEEE 802.11-2012 标准(IEEE Std 802.11-2012)获批；2016 年 12 月，IEEE 802.11-2016 标准(IEEE Std 802.11-2016)获批。

IEEE 仅在物理层以及数据链路层的 MAC 子层定义了 802.11 技术。虽然 MAC 子层与上层之间存在一定交互(如服务质量等参数)，但 802.11 标准并不涉及 OSI 模型的上层。PHY 任务组与 MAC 任务组共同制定了 802.11 原始标准。PHY 任务组定义了以下三种原始的物理层规范。

红外线　红外线(IR)技术采用基于光的介质传输信息。虽然 802.11 原始标准确实定义了红外介质，但现已弃用，并从 IEEE 802.11-2016 标准中删除。

跳频扩频　射频信号可分为窄带信号和扩频信号。如果射频信号的带宽大于承载数据所需的带宽，该信号就属于扩频信号。跳频扩频(FHSS)是一种扩频技术，在第二次世界大战期间获得专利。跳频 802.11 现已弃用，并从 IEEE 802.11-2016 标准中删除。

1　http://www.ieee802.org/11/QuickGuide_IEEE_802_WG_and_Activities.htm。

2　https://ieeexplore.ieee.org/browse/standards/get-program/page。

直接序列扩频　直接序列扩频(DSSS)是一种使用固定信道的扩频技术。802.11 DSSS 无线接口又称为条款 15(Clause 15)设备。

IEEE 条款

　　IEEE 标准是层次严密、条理清晰的结构化文档,其中的每个章节都有各自的编号(如 7.3.2.4)。最高一级(如 7)称为条款(clause),次级章节(如 3.2.4)称为子条款(sub-clause)。尽管修正案属于独立文档,但在制定修正案时,IEEE 根据 802.11 标准的最新版本对修正案的章节进行了编号。当 IEEE 标准及其修正案被纳入新的版本(如 IEEE 802.11-2016 标准)时,由于所有文档的条款和子条款都是唯一的,因此在合并标准和修正案文档时无须调整任何章节(条款/子条款)编号。2016 年,IEEE 再次修订标准,将 5 项修正案纳入其中。多年来,由于新修正案获批的时间不尽相同,因此某些条款并非按时间顺序排列。尽管没有强制要求,但 IEEE 802.11-2012 标准将部分条款重新排序和编号,以便按获批的时间顺序列出各个条款。除合并若干已获批的修正案外,IEEE 802.11-2016 标准还删除了部分过时的条款,并将一些条款重新排序。在讨论条款时,本书将采用 IEEE 802.11-2016 标准定义的现行编号方案。提及这些条款是为了让读者熟悉它们,并在希望深入研究 802.11 技术时了解从何处获取信息。请注意,CWNA 考试不会考查条款编号。

　　根据 802.11 原始标准的定义,802.11 无线接口使用无须授权的 2.4 GHz 工业、科学和医疗(ISM)频段传输数据。802.11 DSSS 无线接口可以使用整个 2.4 GHz ISM 频段(2.4 GHz~2.4835 GHz)细分的信道进行传输。IEEE 对 802.11 FHSS 无线接口的限制较为严格,传输被限制在 2.4 GHz ISM 频段的 2.402 GHz~2.480 GHz 范围内,使用 1 MHz 副载波发送数据。

　　用户或许很难在实践中遇到 802.11 原始标准定义的遗留无线接口,因为这项技术已有 20 多年历史,目前已被其他技术取代。最初,无线局域网供应商可以选择生产 FHSS 或 DSSS 无线接口。遗留的无线局域网部署大多使用 FHSS 技术,但也存在部分 DSSS 解决方案。请注意,目前的 IEEE 802.11-2016 标准很少提及 FHSS 无线接口。

　　802.11 网络的传输速度如何呢?无论采用哪种扩频技术,802.11 原始标准定义的数据速率均为 1 Mbps 和 2 Mbps。数据速率是传输过程中物理层每秒能携带的比特数,通常表示为兆比特每秒(Mbps)。请记住,数据速率指速度而非实际的吞吐量。由于介质访问方法和通信开销的缘故,总吞吐量通常为可用数据速率的一半左右。

2.2　IEEE 802.11–2016 标准

　　在 802.11 原始标准发布后的几年里,新的任务组陆续成立,致力于对原始标准进行完善。截至本书写作时,各个任务组已批准并发布了近 30 项修正案。2007 年,IEEE 将 8 项获批的修正案与 802.11 原始标准合并为一份文档,以 IEEE 802.11-2007 标准之名发布。这次修订还包括若干更正、澄清与增强。

　　2012 年,IEEE 将 10 项获批的修正案与 IEEE 802.11-2007 标准合并为一份文档,以 IEEE 802.11-2012 标准之名发布。除合并获批修正案并对文档进行更正、澄清与增强外,IEEE 还按时间顺序审了所有条款和附件。某些条款和附件已经过重新排序和编号,以便按获批的先后顺序列出。

　　2016 年,IEEE 将 5 项获批的修正案与 IEEE 802.11-2012 标准合并为一份文档,这就是迄今为止最新的 IEEE 802.11-2016 标准。除合并获批修正案并进行更正外,IEEE 还删除了文档中部分过时的条款,并将某些条款重新编号。

CWNA 考试术语

2016 年,IEEE 将 IEEE 802.11-2012 标准与获批的修正案合并为一份文档,以 IEEE 802.11-2016 标准之名发布。严格来说,任何纳入新标准的修正案都不再单独存在,因为它们都已归入同一份文档。然而,Wi-Fi 联盟与大多数无线局域网专业人士仍然习惯采用获批修正案的名称来称呼它们。

旧版 CWNA 考试不涉及任何 802.11 修正案的名称,仅考查每项修正案使用的技术。例如,802.11b 是一项已纳入 IEEE 802.11-2016 标准的获批修正案,它定义了高速率直接序列扩频(HR-DSSS)技术。尽管 802.11b 一词在营销中更常见,但旧版 CWNA 考试仅使用 HR-DSSS 而非更常见的 802.11b。不过,目前的 CWNA 考试采用 802.11b 等更常见的 802.11 修正案术语。

在准备 CWNA 考试时,考生应理解不同技术之间的差异以及每种技术的原理。切实掌握每项修正案定义的技术对于职业发展大有裨益。

2.2.1　802.11a-1999

在 802.11b 修正案获批的同一年,IEEE 批准并发布了另一项重要的修正案,这就是 802.11a 修正案(IEEE Std 802.11a-1999)。802.11a 任务组(TGa)的工程师们采用称为正交频分复用(OFDM)的射频技术,定义了 5 GHz 频率空间的无线局域网通信。在 5 GHz 频段内,802.11a 无线接口可以使用 3 个不同的 100 MHz 非授权频段传输信息,三者称为非授权国家信息基础设施(U-NII)频段。最初的 3 个 U-NII 频段一共包括 12 条可用信道。IEEE 802.11-2016 标准中的条款 17 描述了 802.11a 获批修正案的完整内容。

2.4 GHz ISM 频段远较 5 GHz U-NII 频段拥挤。蓝牙设备、微波炉、无绳电话以及其他许多设备均使用 2.4 GHz ISM 频段,它们都是潜在的干扰源。2.4 GHz 无线局域网部署的绝对数量同样是个问题,在多租户办公楼这样的环境中尤为显著。

使用 5 GHz 无线局域网设备的一大优点在于 U-NII 频段不那么拥挤。但随着时间的推移,最初的 3 个 U-NII 频段也开始变得拥挤起来。美国联邦通信委员会(FCC)等监管机构开放了更多的 5 GHz 频率空间,IEEE 在 802.11h 修正案中做了相应的处理。FCC 还提议在今后开放更多的 5 GHz 频谱。第 6 章"无线网络与扩频技术"将详细讨论所有 5 GHz U-NII 频段。

遗留的 802.11a 无线接口最初可以使用 U-NII-1、U-NII-2 与 U-NII-3 频段的 12 条信道传输信息,但可供 802.11a 无线接口使用的 5 GHz 频段和信道取决于各国射频监管机构的规定。802.11a 修正案主要引入了 OFDM 技术,这项技术能提高数据速率。

注意:
第 6 章将深入探讨 ISM 与 U-NII 频段。

802.11 标准将工作在 5 GHz U-NII 频段的 802.11a 无线接口归为条款 17 设备。根据 802.11a 修正案的定义,这些设备必须支持 6、12、24 Mbps 三种数据速率,最高数据速率为 54 Mbps。通过使用 OFDM 技术,802.11a 无线接口可以支持 6、9、12、18、24、36、48、54 Mbps 等数据速率。第 6 章还将讨论 OFDM 技术。

请注意,802.11a 无线接口无法与 802.11 FHSS/DSSS、802.11b 或 802.11g 无线接口相互通信,原因有两个。首先,802.11a 设备采用的射频技术与 802.11 FHSS/DSSS 或 802.11b 设备有所不同。其次,802.11a 设备使用 5 GHz U-NII 频段传输信息,而 802.11 FHSS/DSSS、802.11b 与 802.11g 设备使用 2.4 GHz ISM 频段传输信息。但是,正因为这些设备的工作频段不同,所以它们可以共存于同一物理空间而不会相互干扰。

　　在 802.11a 修正案首次获批近两年后，802.11a 设备才投放市场；而当 802.11a 设备面世时，采用 OFDM 技术的无线芯片组极为昂贵。上述两个因素导致 5 GHz 无线局域网并未在企业环境中得到广泛部署。芯片组的价格最终降至可负担的程度，5 GHz 频段的使用在过去几年中显著增长。无线局域网供应商推出配有 2.4 GHz 和 5 GHz 两个无线接口的双频接入点，而 2007 年之后生产的膝上型计算机大都支持双频无线接口。此外，大多数无线部署可以同时使用 2.4 GHz 和 5 GHz 频段。

2.2.2　802.11b-1999

　　尽管 Wi-Fi 消费市场以惊人的速度持续增长，但为行业注入第一支强心剂的是 802.11b 兼容设备。1999 年，802.11b 任务组(TGb)发布 802.11b 修正案(IEEE Std 802.11b-1999)，后修订并更正为 IEEE Std 802.11b-1999/Cor1-2001。IEEE 802.11-2016 标准中的条款 16 描述了 802.11b 获批修正案的完整内容。

　　802.11b 修正案定义的物理层介质是 HR-DSSS，802.11b 无线接口使用无须授权的 2.4 GHz ISM 频段(2.4 GHz～2.4835 GHz)传输数据。

　　802.11b 任务组主要研究如何在 2.4 GHz ISM 频段获得更高的数据速率。为实现这个目标，802.11b 无线接口采用补码键控(CCK)作为扩频和编码技术，并辅以使用射频信号相位特性的调制方法。802.11b 设备采用称为巴克码(Barker code)的扩频技术，支持 1、2、5.5、11 Mbps 四种数据速率，并向后兼容数据速率为 1 Mbps 和 2 Mbps 的 802.11 DSSS 系统。5.5 Mbps 和 11 Mbps 这两种数据速率又称为 HR-DSSS。需要再次强调的是，支持的数据速率指可用带宽而非总吞吐量。由于不同的扩频技术之间无法互通，因此 802.11b 无线接口不能向后兼容 802.11 FHSS 无线接口。此外，IEEE 802.11-2016 标准删除了分组二进制卷积编码(PBCC)这一可选技术。

2.2.3　802.11d-2001

　　802.11 原始标准是为符合美国、加拿大、日本与欧洲的监管规定而制定的标准，但其他国家也可能对允许使用的频率和发射功率做出不同的限制。因此，802.11d 修正案(IEEE Std 802.11d-2001)增加了必要的要求和定义，以便 802.11 设备能在原始标准没有涉及的地区使用。

　　名为信标帧(beacon frame)和探询响应帧(probe response frame)的字段中包含国家代码信息，802.11d 兼容设备利用该信息确保符合特定国家的频率和功率规定。图 2.1 显示了一个配置在蒙古国使用的接入点，从中可以观察到信标帧包含的国家代码、频率、功率等信息。

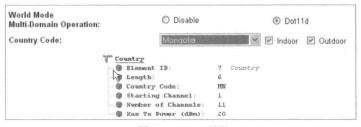

图 2.1　802.11d 设置

IEEE 802.11-2016 标准描述了 802.11d 获批修正案的完整内容。

注意：
第 9 章 "802.11 MAC 体系结构" 将详细探讨信标帧、探询帧与其他无线帧。

2.2.4　802.11e-2005

802.11 原始标准并没有为使用 Wi-Fi 语音(VoWiFi)等时敏应用定义合乎要求的服务质量(QoS)规程。Wi-Fi 语音又称无线局域网语音(VoWLAN),不过大多数供应商与 CWNP 项目都使用"Wi-Fi 语音"一词。语音、音频、视频等应用流量要求较低的延迟和抖动,其传输优先级高于标准的数据应用流量。802.11e 修正案(IEEE Std 802.11e-2005)定义了二层 MAC 机制,以满足无线局域网对时敏应用的 QoS 要求。

802.11 原始标准定义了两种方法,以便 802.11 无线接口卡获取半双工介质的控制权。分布式协调功能(DCF)是默认方法,这种基于争用的方法用于确定接下来使用无线介质进行传输的设备。802.11 原始标准还定义了另一种称为点协调功能(PCF)的介质访问方法,以允许接入点短暂取得介质的控制权并轮询客户设备。请注意,无线局域网供应商从未在产品中采用 PCF,PCF 属于过时的技术。

注意:
第 8 章"802.11 介质访问"将详细探讨 DCF 和 PCF 这两种介质访问方法。

为满足 QoS 要求,802.11e 修正案定义了经过改进的介质访问方法。混合协调功能(HCF)是 802.11e QoS 无线网络应用的一种附加协调功能,它通过两种访问机制来提供 QoS。首先,增强型分布式信道访问(EDCA)是对 DCF 的扩展,这种介质访问方法根据上层协议提供"帧优先"。语音或视频等应用流量将在 802.11 无线介质上及时传输,以满足必要的延迟要求。

其次,混合协调功能受控信道访问(HCCA)是对 PCF 的扩展,采用这种介质访问方法的接入点能提供"终端优先"。换言之,某些客户端可以优先传输信息。与 PCF 类似,无线局域网供应商从未在产品中采用 802.11e 修正案定义的 HCCA。

Wi-Fi 联盟有一项名为 Wi-Fi 多媒体(WMM)的认证项目。这项认证定义了 802.11e 修正案的许多要素,并根据重要性将流量优先级划分为 4 个访问类别。IEEE 802.11-2016 标准的条款 10 描述了 802.11e 获批修正案的大多数内容。

注意:
第 8 章"802.11 介质访问"将深入探讨 802.11e 修正案与 WMM 认证项目。

2.2.5　802.11g-2003

另一项在 Wi-Fi 市场上引起轰动的修正案是 802.11g 修正案(IEEE Std 802.11g-2003)。802.11g 无线接口采用称为扩展速率物理层(ERP)的新技术,并且仍然可以使用 2.4 GHz ISM 频段(2.4 GHz~2.4835 GHz)传输数据。IEEE 802.11-2016 标准的条款 18 描述了 802.11g 获批修正案的全部内容。

802.11g 任务组(TGg)致力于研究如何通过改进 802.11b 物理层来获得更大的带宽,同时保持与 802.11 MAC 子层的兼容性。802.11g 修正案分别定义了两种强制的和两种可选的物理层。

两种强制的物理层是 ERP-OFDM 与 ERP-DSSS/CCK。为获得更高的数据速率,设备必须支持称为扩展速率物理层-正交频分复用(ERP-OFDM)的物理层技术,这种技术支持 6、9、12、18、24、36、48、54 Mbps 等多种数据速率。不过与 802.11a 修正案类似,IEEE 仅要求设备必须支持 6、12、24 Mbps 三种数据速率。为向后兼容 802.11 DSSS 与 802.11b 网络,设备必须支持称为扩展速率物理层-直接序列扩频/补码键控(ERP-DSSS/CCK)的物理层技术,这种技术支持 1、2、5.5、11 Mbps 等数据速率。

ERP-DSSS/CCK、DSSS 与 HR-DSSS 有何区别?

从技术角度看,三者并无区别。802.11g 修正案的一个关键之处在于,在提高数据速率的同时,仍然保持与 802.11 DSSS 和 802.11b 无线接口的向后兼容性。802.11g 设备(条款 18 无线接口)采用 ERP-OFDM 技术以获得更高的数据速率。DSSS 是遗留 802.11 DSSS 设备(条款 15 无线接口)采用的技术,HR-DSSS 是 802.11b 设备(条款 16 无线接口)采用的技术,ERP-DSSS/CCK 与这两种技术并无本质区别。为向后兼容早期的 802.11 DSSS 和 802.11b 无线接口,802.11g 无线接口必须支持 ERP-DSSS/CCK。第 6 章将深入探讨这三种技术。

802.11g 修正案还定义了两种可选的物理层,它们是扩展速率物理层-分组二进制卷积编码 (ERP-PBCC)和直接序列扩频-正交频分复用(DSSS-OFDM)。最新的 IEEE 802.11-2016 标准已将二者删除。

OFDM 与 ERP-OFDM 有何区别?

从技术角度看,二者并无区别,唯一的不同之处在于传输频率。802.11a 设备(条款 17 无线接口)采用 OFDM 技术、通过 5 GHz U-NII 频段(U-NII-1、U-NII-2、U-NII-3)传输数据,而 802.11g 设备(条款 18 无线接口)采用 ERP-OFDM 技术、通过 2.4 GHz ISM 频段传输数据。第 6 章将深入讨论这两种技术。

802.11g 修正案能提供更高的数据速率且向后兼容早期设备,它的获批在居家办公(SOHO)市场和企业市场引发 Wi-Fi 设备的销售狂潮。

从本章前面的讨论可知,不同的扩频技术之间无法互通,而 802.11g 修正案强制要求设备支持 ERP-DSSS/CCK 和 ERP-OFDM。换言之,两种技术可以共存,但不能交换数据。因此,802.11g 修正案需要建立保护机制以实现两种技术的共存。ERP 保护机制旨在避免早期的 802.11 DSSS 或 802.11b HR-DSSS 无线接口卡与 802.11g ERP 无线接口卡同时传输信息。有关 802.11、802.11b、802.11g、802.11a 这几种修正案的简要概述和比较如表 2.1 所示。

表 2.1　各种 802.11 修正案的比较

	802.11 遗留	802.11b	802.11g	802.11a
工作频段	2.4 GHz ISM	2.4 GHz ISM	2.4 GHz ISM	5 GHz U-NII-1、U-NII-2、U-NII-3
扩频技术	FHSS 或 DSSS	HR-DSSS	ERP:强制支持 ERP-OFDM 与 ERP-DSSS/CCK	OFDM
数据速率	1 或 2 Mbps	DSSS:1 或 2 Mbps HR-DSSS:5.5 或 11 Mbps	ERP-DSSS/CCK:1、2、5.5、11 Mbps ERP-OFDM:强制支持 6、12、24 Mbps,可选支持 9、18、36、48、54 Mbps	强制支持 6、12、24 Mbps,可选支持 9、18、36、48、54 Mbps
向后兼容	不适用	仅 802.11 DSSS	802.11b HR-DSSS 与 802.11 DSSS	无
获批时间	1997 年	1999 年	2003 年	1999 年

2.2.6　802.11h-2003

IEEE 发布的 802.11h 修正案(IEEE Std 802.11h-2003)定义了动态频率选择(DFS)和发射功率控制(TPC)机制。制定 802.11h 修正案的初衷是为了满足欧洲对于 5 GHz 频段通信的监管要求，以及检测和避免对 5 GHz 卫星和雷达系统的干扰。同样的监管要求已被美国联邦通信委员会采用。DFS 和 TPC 旨在提供避免 5 GHz 无线局域网通信对 5 GHz 雷达和卫星通信造成干扰的服务。

802.11h 修正案还定义了一个新的频段供 802.11 无线接口传输信息使用。这就是 U-NII-2 扩展(UNII-2 Extended)频段，该频段在某些监管域增加了 11 条信道。所有 U-NII 频段均采用 OFDM 技术，802.11h 修正案实际上属于 802.11a 修正案的延伸。IEEE 负责定义 DFS 和 TPC 的雷达探测与回避技术，但各国的射频监管机构也在制定射频法规。美国和欧洲规定，使用 U-NII-2 和 U-NII-2 扩展频段传输信息时必须部署雷达探测与回避技术。

OFDM 无线设备采用 DFS 实现 5 GHz 信道的频谱管理。根据欧洲无线电通信委员会(ERC)和 FCC 的要求，通过 5 GHz 频段传输信息的无线接口卡应实施防干扰机制，避免干扰到雷达系统。DFS 本质上属于雷达检测和雷达干扰回避技术，DFS 服务致力于满足这些监管要求。

DFS 服务提供以下功能：

- 接入点根据支持的信道，允许客户端进行关联。如果客户端成为接入点所在无线网络的成员，则称二者建立关联。
- 接入点可以将信道禁声以测试是否存在雷达传输。
- 在使用信道之前，接入点可以测试信道是否存在雷达传输。
- 接入点可以检测当前信道和其他信道是否存在雷达传输。
- 如果检测到雷达传输，接入点将停止操作以避免干扰。
- 检测到干扰时，接入点可以选择不同的信道进行传输，并通知所有关联到自己的客户端。

OFDM 无线设备采用 TPC 实现 5 GHz 频段的功率管理。ERC 要求工作在 5 GHz 频段的无线接口卡使用 TPC，以符合最大发射功率的监管规定，并能通过降低发射功率来避免干扰。TPC 服务致力于满足有关传输功率的监管要求。

TPC 服务提供以下功能：

- 客户端可以根据发射功率与接入点建立关联。
- 如果法规允许，接入点和客户端遵守信道的最大发射功率电平。
- 接入点可以指定某个或所有关联到自己的客户端使用的发射功率。
- 接入点可以根据实际的射频环境参数(如路径损耗)调整客户端的传输功率。

客户端与接入点之间通过管理帧交换 DFS 和 TPC 使用的信息。802.11h 修正案主要对以下两方面进行改进：引入 U-NII-2 扩展频段以增加频率空间；定义雷达回避和探测技术。IEEE 802.11-2016 标准的条款 11.8 和 11.9 描述了 802.11h 获批修正案的部分内容。

请注意，与 TPC 相比，DFS 技术在雷达回避中的应用最为常见。在规划启用 DFS 信道的 5 GHz 无线局域网时应谨慎从事。第 13 章 "无线局域网设计概念" 将深入探讨 DFS 操作。

2.2.7　802.11i-2004

1997—2004 年，802.11 原始标准对安全未做太多定义。无论哪种无线安全解决方案，数据保密(加密)、数据完整性(防止修改)、身份验证(确认身份是否合法)都是 3 个关键要素。在这 7 年时间里，无线局域网唯一能使用的加密机制是有线等效保密(WEP)。但是这种 64 位静态加密机制早已遭到破解，根本无法提供符合要求的数据保密。

802.11 原始标准定义了两种身份验证机制。开放系统身份验证(open system authentication)是默认机制,无论用户的身份如何,都能获得网络资源的访问权限。802.11 原始标准定义的另一种机制称为共享密钥身份验证(shared key authentication),它同样存在很大的安全隐患。

IEEE 批准并发布的 802.11i 修正案(IEEE Std 802.11i-2004)定义了安全性更高的加密和认证机制。这项修正案定义的强健安全网络(RSN)致力于更好地保护通过无线方式传输的数据,并构建更为坚固的防御体系。802.11i 修正案完善了无线网络的安全保护机制,它无疑是针对 802.11 原始标准最重要的改进之一。这项修正案主要涉及以下安全增强措施。

数据保密 为解决保密性需求,802.11i 修正案使用计数器模式密码块链消息认证码协议(CCMP)。这种安全性更高的加密机制采用高级加密标准(AES)算法,一般简称为 CCMP/AES、AES CCMP 或 CCMP。802.11i 修正案还定义了临时密钥完整性协议(TKIP)作为可选的加密机制。TKIP 采用 ARC4 流密码算法,本质上是对 WEP 加密的改进。

数据完整性 IEEE 定义的所有无线局域网加密机制均使用数据完整性机制,以确保加密数据不会遭到篡改。WEP 使用完整性校验值(ICV)作为数据完整性方法,TKIP 使用消息完整性校验(MIC),而 CCMP 使用安全性更高的 MIC 以及其他机制来确保数据完整性。所有 802.11 帧的帧尾都包含称为帧校验序列(FCS)的 32 位循环冗余校验,用于保护整个 802.11 帧。

身份验证 802.11i 修正案使用 802.1X 授权框架或预共享密钥(PSK)定义了两种身份验证机制。802.1X 解决方案需要配合可扩展认证协议(EAP)使用,但 802.11i 修正案并未指定 EAP 的具体实现方式。

强健安全网络 RSN 定义了一整套用于建立认证、协商安全关联、为客户端和接入点动态生成加密密钥的机制。

Wi-Fi 联盟有一项名为 WPA2 的认证项目,它与 IEEE 制定的 802.11i 修正案并无二致。WPA 属于 802.11i 修正案获批前的过渡性方案,而 WPA2 完全符合 802.11i 修正案。IEEE 802.11-2016 标准的条款 12 描述了 802.11i 获批修正案的完整内容。

> **注意:**
> 所有无线局域网部署都将 Wi-Fi 安全置于最高优先级,这也是 CWNP 项目推出 CWSP(认证无线安全高级工程师)认证的原因。至少 10%的 CWNA 考试内容涉及 Wi-Fi 安全,因此第 16 章"无线攻击、入侵监控与安全策略"和第 17 章"无线局域网安全体系结构"将详细介绍 802.1X、EAP、CCMP/AES、TKIP、WPA 等无线安全机制。

2.2.8 802.11j-2004

802.11j 任务组(TGj)致力于改进 802.11 MAC 子层和 802.11 物理层在 4.9 GHz 和 5 GHz 频段的操作,以获得日本监管机构的认可。然而,并非所有无线局域网供应商的产品都支持该频段。2004年,IEEE 批准并发布 802.11j 修正案(IEEE Std 802.11j-2004)。

日本市场上销售的 802.11a 无线接口卡既可以使用 U-NII 低频段(5.150 GHz~5.250 GHz),也可以使用日本的授权/非授权频段(4.900 GHz~5.091 GHz)传输数据。

802.11a 无线接口卡采用 OFDM 技术,需要支持 20 MHz 的信道间隔,数据速率为 6、9、12、18、24、36、48、54 Mbps。日本市场上销售的 802.11a 无线接口卡还可以使用 10 MHz 的信道间隔,此时的可用带宽数据速率为 3、4.5、6、9、12、18、24、27 Mbps。在这种情况下,无线接口卡必须支持 3、6、12 Mbps 这三种数据速率。

2.2.9　802.11k-2008

802.11k 任务组(TGk)负责制定无线资源测量(RRM)的相关标准。802.11k 修正案(IEEE Std 802.11k-2008)要求物理层以及数据链路层的 MAC 子层以请求和报告的形式提供可测量的客户统计信息。利用这项修正案定义的机制，接入点或无线局域网控制器可以采集并处理客户端资源数据。第 11 章 "无线局域网体系结构" 将介绍无线局域网控制器，目前可以将之视为一种能管理多个接入点的核心设备。在某些情况下，客户端还能向接入点或无线局域网控制器请求信息。802.11k 修正案定义了以下重要的无线资源测量参数。

发射功率控制　802.11h 修正案定义了在 5 GHz 频段使用 TPC 以减少干扰的机制。802.11k 修正案扩大了 TPC 的使用范围，允许在其他频段和其他监管机构的辖区内使用 TPC。

客户统计　除信噪比、信号强度、数据速率等物理层信息外，客户端也可以向接入点或无线局域网控制器报告传输、重传、错误等 MAC 子层信息。

信道统计　客户端可以从信道背景的射频能量采集本底噪声信息，并向接入点报告这些信息。此外，客户端还能收集信道负载信息并发送给接入点。接入点或无线局域网控制器可以在信道管理决策中使用这些信息。

邻居报告　如果客户端计划向某个接入点漫游，可以从当前的接入点或无线局域网控制器学习目标接入点的信息。为提高漫游效率，无线局域网设备之间会共享接入点邻居报告信息。

客户端采用专有方法维护一份已知接入点的列表，并决定何时漫游到另一个接入点。大多数客户端基于已知接入点的接收信号振幅做出漫游决策。换言之，客户端根据对射频环境的判断决定漫游的最佳时机。802.11k 修正案定义的机制能为客户端提供当前射频环境的额外信息。

根据 802.11k 修正案的定义，客户端向接入点或无线局域网控制器请求其他信道中的邻居接入点的相关信息。当前的接入点或无线局域网控制器随后处理这些信息并生成一份邻居报告，按信号质量好坏详细列出可用的接入点。漫游开始前，客户端向当前的接入点或无线局域网控制器请求邻居报告，然后决定是否漫游到邻居报告列出的某个接入点。根据其他现有无线接口的反馈，邻居报告可以为客户端提供射频环境的更多信息，从而有助于客户端做出更明智的漫游决策。

2.2.10　802.11n-2009

802.11n 修正案(IEEE Std 802.11n-2009)的获批对 Wi-Fi 市场产生了重大影响。从 2004 年起，802.11n 任务组(TGn)就致力于完善 802.11 标准以提高吞吐量。之前的部分 802.11 修正案已经解决了 2.4 GHz 频段的带宽数据速率问题，而 802.11n 修正案致力于提高 2.4 GHz 和 5 GHz 两个频段的吞吐量。这项修正案定义了称为高吞吐量(HT)的新操作，通过改进物理层和 MAC 子层以支持高达 600 Mbps 的数据速率，总吞吐量因而超过 100 Mbps。

HT(条款 19)无线接口采用多输入多输出(MIMO)技术和 ODFM 技术。MIMO 系统使用多副接收与发射天线，实际上利用(而非补偿或消除)多径效应来改善通信质量。采用 MIMO 技术不仅有助于提高吞吐量，还能扩大传输范围。此外，802.11n 无线接口向后兼容遗留的 802.11a/b/g 无线接口。

注意：
第 10 章 "MIMO 技术：高吞吐量与甚高吞吐量" 将深入探讨 802.11n 与 MIMO 技术。

2.2.11　802.11p-2010

802.11p 任务组(TGp)致力于改进 802.11 标准，以支持智能交通系统(ITS)应用。高速行驶的车

辆之间通过 5.9 GHz 授权 ITS 频段交换数据,而车辆与路边基础设施可以利用 5 GHz 频段(北美:
5.850 GHz~5.925 GHz)相互通信。

在 1000 m 距离内,速度高达 200 km/h 的车辆之间可以相互通信。由于某些应用必须保证在
4~50 ms 内交付数据,因此对延迟的要求极高。

802.11p 修正案(IEEE Std 802.11p-2010)又称车载环境无线接入(WAVE),它为美国交通部的专
用短距离通信(DSRC)项目奠定了基础。该项目致力于建立覆盖全美的车辆和路边通信网,将车辆
安全服务、交通阻塞警报、收费、车辆防撞、自适应交通灯控制等应用纳入其中。在欧洲,ETSI
智能交通系统以 802.11p 技术为基础,旨在实现车辆之间、车辆与基础设施之间的通信。此外,
802.11p 技术也可应用于海事通信和铁路通信。

2.2.12　802.11r-2008

802.11r 修正案(IEEE Std 802.11r-2008)又名快速基本服务集转换(FT)修正案。这项技术利用强
健安全网络定义的强安全性,致力于在无线局域网中的小区之间漫游时实现更快的切换,因此通
常称为快速安全漫游(FSR)。请注意,存在多种由不同供应商实施的快速安全漫游,包括 Cisco 集
中密钥管理(CCKM)、主动密钥缓存(PKC)、机会密钥缓存(OKC)、快速会话恢复等。并非所有供
应商的产品都支持 802.11r 技术。制定 802.11r 修正案的主要目的是解决 Wi-Fi 语音等应用的时间
限制问题。客户端从一个接入点漫游到另一个接入点时,平均时延为几百毫秒。

WPA 企业版/WPA2 企业版安全解决方案需要使用 RADIUS 服务器进行 802.1X/EAP 身份验
证,客户端的身份验证时间通常在 700 ms 以上,可能会严重影响漫游的性能。为防止通话质量下
降甚至掉话,Wi-Fi 语音要求切换时间不得超过 100 ms。

802.11r 修正案支持客户端高效创建 QoS 流并与新的接入点建立安全关联,从而在漫游到新
的接入点时绕过 802.1X/EAP 身份验证。客户端既能以有线方式(经由原接入点),也能以无线方式
实现这一目标。最终,客户端完成漫游过程并移到新的接入点。

应从战略高度考虑在企业中部署 802.11r 技术,这对于提高 Wi-Fi 语音通信的安全性极其重要。
CWSP 考试将重点考查 802.11r 技术的细节。

2.2.13　802.11s-2011

2011 年 9 月,802.11s 修正案(IEEE Std 802.11s-2011)获批。802.11 接入点通常充当分布系统(DS)
的门户设备,分布系统多采用有线 802.3 以太网介质。但 IEEE 802.11-2016 标准并未要求分布系
统必须使用有线介质,因此接入点也可以充当无线分布系统(WDS)的门户设备。802.11s 修正案定
义了自适应和自配置系统使用的协议,支持在多跳网状无线分布系统中传输广播、多播与单播
流量。

802.11s 任务组(TGs)致力于规范使用 802.11 MAC 子层/物理层的网状网(mesh network)。
802.11s 修正案定义了网状点(MP),MP 是支持网状服务的 802.11 QoS 终端。网状点采用混合无线
网状协议(HWMP),这种强制网状路由协议使用默认的路径选择度量指标。供应商也可以采用专
有的网状路由协议和度量指标。如图 2.2 所示,网状接入点(MAP)是能同时提供网状功能与接入
点功能的设备,而网状点门户(MPP)通常作为连接一个或多个外部网络(如 802.3 有线主干网)的
网关。

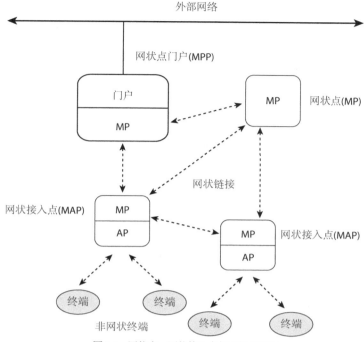

外部网络

网状点门户(MPP)

门户

MP

网状点(MP)

MP

网状链接

网状接入点(MAP)

MP

AP

MP

AP

网状接入点(MAP)

终端

终端

非网状终端

终端

终端

图 2.2　网状点、网状接入点与网状点门户

> **注意:**
> 第 7 章 "无线局域网拓扑" 将详细介绍分布系统与无线分布系统,第 11 章 "无线局域网体系结构" 将深入探讨 802.11 网状网。

2.2.14　802.11u-2011

802.11u 任务组(TGu)致力于解决 802.11 接入网与连接的外部网络之间的互通问题。为实现 802.11 接入网和外部网络的集成,需要一套通用的标准化机制。802.11u 修正案(IEEE Std 802.11u-2011)经常被称为与外部网络互通(IW)。

802.11u 修正案于 2011 年 2 月获批,它定义了协助终端发现并选择网络、利用 QoS 映射从外部网络传输信息、开通紧急服务的一般机制等功能和程序。

802.11u 修正案奠定了 Wi-Fi 联盟的热点 2.0(Hotspot 2.0)规范和控制点(Passpoint)认证项目的基础,致力于在用户的 Wi-Fi 网络与其他合作伙伴网络之间实现无线设备的无缝漫游,与蜂窝电话网提供漫游的方式类似。第 18 章 "自带设备与来宾访问" 将详细讨论控制点和热点 2.0。

2.2.15　802.11v-2011

2011 年 2 月,802.11v 修正案(IEEE Std 802.11v-2011)获批。802.11k 修正案定义了从客户端检索信息的方法,而 802.11v 修正案提供了一种信息交换机制,有助于从中央管理点以无线方式简化客户端的配置。利用 802.11v 修正案定义的无线网络管理(WNM),802.11 终端之间可以交换信息以提高无线网络的整体性能。接入点与客户端通过 WNM 协议交换操作数据,以便所有终端都能了解网络状况,从而使终端对网络的拓扑结构和状态了如指掌。

除提供网络状况的相关信息外，WNM 协议还定义了无线局域网设备交换位置信息的机制，并为多 BSSID 功能提供支持。此外，WNM 协议包括一种新的 WMM 休眠模式(WNM-Sleep)，客户端可以长时间进入休眠状态而无须从接入点接收帧。

Wi-Fi 联盟将 802.11v 修正案中的某些机制定义为企业版语音认证的可选机制。

2.2.16　802.11w-2009

802.11 无线局域网面临的一种常见攻击是拒绝服务(DoS)攻击。针对无线网络的拒绝服务攻击数量众多，但使用 802.11 管理帧的数据链路层极易受到这种攻击的影响。目前，修改取消身份验证帧或取消关联帧对攻击者而言并非难事。如果将伪造的管理帧重新发送出去，就能达到瘫痪无线网络的目的。

802.11w 任务组(TGw)致力于研究如何安全地交付管理帧，防止管理帧遭到伪造。802.11w 修正案(IEEE Std 802.11w-2009)旨在保护单播、广播与多播管理帧的安全。

这些 802.11w 帧称为强健管理帧(robust management frame)，包括取消关联帧、取消身份验证帧与强健行为帧，可以通过实施管理帧保护服务来保护它们的安全。行为帧用于请求一台终端代表另一台终端进行操作，但并非所有行为帧都属于强健行为帧。

CCMP 用于保护单播帧的安全，而广播/多播完整性协议(BIP)用于保护广播帧和多播帧的安全。BIP 采用 128 位 AES-CMAC 算法，能提供数据完整性并抵御重放攻击。但是，802.11w 修正案无法阻止所有二层拒绝服务攻击。

> **注意：**
> 第 16 章"无线攻击、入侵监控与安全策略"将介绍一层和二层拒绝服务攻击。

2.2.17　802.11y-2008

大多数 802.11 设备使用非授权频段进行通信，但它们也可以利用各国监管机构管理的授权频段传输信息。

802.11y 任务组(TGy)致力于规范相应的机制，以支持在 3650 MHz～3700 MHz 授权频段内与其他非 802.11 设备进行高功率、共享的 802.11 操作(适用于美国)。请注意，其他国家或授权频段也能使用 802.11y 修正案(IEEE Std 802.11y-2008)定义的机制。

为避免相互干扰，3650 MHz～3700 MHz 授权频段需要部署基于争用的协议(CBP)。大多数情况下，802.11 无线接口使用的介质争用方法 CSMA/CA 已能满足要求；如果标准的 CSMA/CA 方法不能满足使用需求，802.11y 修正案还定义了动态终端启用(DSE)过程。802.11 无线接口将自己的实际位置作为唯一标识符对外广播，以帮助解决同一频段内非 802.11 无线接口引起的干扰。

2.2.18　802.11z-2010

802.11z 任务组(TGz)致力于制定并规范直接链路建立(DLS)机制，以便操作不支持 DLS 的接入点。在大多数无线局域网环境中，与同一接入点建立关联的客户端之间的所有帧交换都必须通过该接入点进行。而 DLS 机制允许客户端绕过接入点，直接与其他客户端交换帧。之前的部分修正案曾定义过 DLS 通信，但 802.11z 修正案(IEEE Std 802.11z-2010)提出了经过改进的 DLS 通信机制。请注意，截至本书写作时，尚没有企业无线局域网供应商的产品应用 DLS 机制。

2.2.19　802.11aa-2012

802.11aa 修正案(IEEE Std 802.11aa-2012)为 MAC 子层定义了经过改进的 QoS 机制,以便为消费类应用和企业应用提供强健的音频和视频流。这项修正案可以提供更好的管理、更高的链路可靠性与更强的应用性能。802.11aa 修正案定义了带重试的组播(GCR),这种灵活的服务用于改进组寻址帧的交付。在基础设施基本服务集中,接入点可以向与其建立关联的终端提供 GCR;而在网状基本服务集中,网状终端可以向对等的网状终端提供 GCR。

2.2.20　802.11ac-2013

802.11ac 修正案(IEEE Std 802.11ac-2013)定义了低于 6 GHz 频段的甚高吞吐量(VHT)增强机制。802.11ac 技术仅适用于采用 5 GHz U-NII 频段传输数据的 802.11a/n 无线接口,因为 5 GHz U-NII 频段拥有更多的频谱空间,而 2.4 GHz ISM 频段无法提供发挥这项技术潜力所需的频率空间。开放更多的 5 GHz 频段频谱有助于充分利用 802.11ac 技术。802.11ac 修正案定义的最高数据速率为 6933.3 Mbps,主要通过以下 4 种增强机制实现千兆速度。

更宽的信道　802.11n 修正案定义的 40 MHz 信道使数据速率提高了一倍,而 802.11ac 修正案支持的信道宽度为 20、40、80、160 MHz。这就是企业 802.11ac 无线接口无法使用 2.4 GHz ISM 频段的主要原因。

新的调制技术　802.11ac 修正案支持 256-QAM 调制,其速度比之前的调制方法至少提高 30%。256-QAM 调制需要很高的信噪比才能发挥作用。

更多的空间流　根据 802.11ac 修正案的定义,无线接口可以发送并接收最多 8 路空间流。但在实际应用中,前几代 802.11ac 芯片组仅支持最多 4 路空间流。

改进的 MIMO 与波束成形　802.11n 修正案定义了单用户 MIMO 技术,而 802.11ac 修正案定义了多用户-多输入多输出(MU-MIMO)技术。如果多个客户端都支持 MU-MIMO 且位于不同的物理区域,具有 MU-MIMO 功能的接入点就能同时向同一信道的这些客户端发送信号。802.11ac 技术还可以使用显式波束成形。

> **注意:**
> 写作本书时,802.11ac 技术已在两代芯片组中得到应用,通常采用"波"进行划分。第一波 802.11ac 芯片组使用 256-QAM 调制,信道宽度为 80 MHz,大多数接入点硬件均使用 3×3:3 无线接口。第二波 802.11ac 芯片组通常使用 MU-MIMO 技术,信道宽度为 160 MHz。请注意,在讨论 802.11ac 无线接口的代际时,从严格意义上说"波"只是一个营销术语。此外,接入点硬件也支持 4×4:4 无线接口。第 10 章将深入探讨 802.11ac 修正案及其基础技术。

2.2.21　802.11ad-2012

为提高性能,802.11ad 修正案(IEEE Std 802.11ad-2012)不仅引入了更高的 60 GHz 非授权频段,也定义了称为定向多吉比特(DMG)的传输技术。较高的频率范围足以支持高达 7 Gbps 的数据速率。但由于高频信号很难穿透墙体,因此 60 GHz 信号的有效传输距离明显小于 5 GHz 信号,且仅限于视距通信使用。

60 GHz 无线局域网技术有可能在无线对接、无线显示、有效等效数据传输、未压缩视频流等领域得到应用。802.11ad 修正案还引入了"快速会话转移"功能,以便在 60 GHz 频段与遗留的 2.4 GHz/5 GHz 频段之间漫游时实现无缝切换。

DMG 技术同样需要采用新的加密机制。外界担心现有的 CCMP 加密机制或许无法正确处理较高的预期数据速率。CCMP 采用两种链式 AES 加密模式处理 128 位的数据块,且必须按先第一种、后第二种 AES 加密模式的"顺序"进行处理。

802.11ad 修正案定义了同样使用 AES 加密的伽罗瓦/计数器模式协议(GCMP)。但 GCMP 计算可以并行运行,且计算强度低于 CCMP 的加密操作。

2.2.22　802.11ae-2012

802.11ae 修正案(IEEE Std 802.11ae-2012)定义了经过改进的 QoS 管理机制。这项修正案支持启用服务质量管理帧(QMF)服务,使用 QoS 访问类别(与分配给语音流量的访问类别不同)传输某些管理帧,从而提高其他流量的服务质量。

2.2.23　802.11af-2014

802.11af 修正案(IEEE Std 802.11af-2014)允许无线局域网通信使用 54 MHz~790 MHz 的空白电视频段(TVWS)。这项技术有时也称为"白-Fi"(White-Fi)或"超级 Wi-Fi"(Super Wi-Fi),但我们建议避免使用这些术语,因为 802.11af 技术与 Wi-Fi 联盟无关,而 Wi-Fi 联盟是 Wi-Fi 商标的持有者。

在不同的地区或电视市场,授权终端并不会占用所有可用的电视频道。TVWS 指特定区域内任何授权终端都没有使用的电视频段。基于 802.11af 的无线接口必须验证哪些频段可供使用,确保不会产生干扰。为此,802.11af 接入点首先需要通过 GPS 技术确定自己的位置,然后查询地理数据库以确定给定时间和位置的可用频道。

802.11af 修正案定义的物理层基于 802.11ac 修正案使用的 OFDM 技术,但信道宽度比 802.11ac 更窄,且支持最多 4 路空间流。这种新的物理层称为电视甚高吞吐量(TVHT),旨在支持 TVWS 提供的狭窄电视频道。

低带宽频率意味着 802.11af 技术的数据速率低于 802.11a/b/g/n/ac 技术。根据监管域确定的信道宽度,802.11af 技术的最高传输速度为 26.7 Mbps 或 35.6 Mbps。信道宽度介于 6 MHz 和 8 MHz 之间,最多可将 4 条信道绑定在一起。802.11af 无线接口同样支持最多 4 路空间流。当使用 4 条信道与 4 路空间流时,802.11af 技术的最高数据速率约为 426 Mbps 或 568 Mbps(取决于监管域)。虽然 TVWS 频率较低意味着数据速率较低,但也意味着传输距离更远,穿透障碍物(如树叶和建筑物)的能力更强。距离越远,信号覆盖范围越大,从而可为室外办公园区、校园或公共社区网络提供连续的漫游。

需要注意的是,IEEE 802.22-2011 标准(以及至少另一项正在制定的标准)也定义了使用空白电视频段进行无线传输的机制,因而可能导致这些相互竞争的技术之间今后出现共存问题。而同一频率空间中存在多种技术,这或许也会影响产品的开发和验收。

WiGig 联盟

无线吉比特联盟(WiGig 联盟)致力于利用现成的非授权 60 GHz 频谱来促进消费类电子产品、手持设备与个人计算机之间的无线通信。2013 年 1 月 3 日,WiGig 联盟和 Wi-Fi 联盟宣布合并。自此之后,Wi-Fi 联盟一直积极致力于推动 WiGig 品牌和产品认证测试。

2.3　IEEE 802.11–2016 标准发布后获批的修正案

IEEE 802.11-2016 标准发布后,IEEE 又陆续批准了其他几项修正案,以进一步改进并增强 802.11 技术。接下来将介绍这些修正案。

2.3.1　802.11ah-2016

802.11ah 修正案(IEEE Std 802.11ah-2016)定义了 1 GHz 以下频段的 Wi-Fi 应用，Wi-Fi 联盟的 Wi-Fi HaLow 认证项目以 802.11ah 修正案定义的机制为基础。频率越低，数据速率越低，但传输距离越远。802.11ah 有望用于传感器网络、传感器网络回程以及扩展范围的 Wi-Fi，如智能家居、汽车、医疗保健、工业、零售业、农业等领域。这种设备之间的互联称为物联网(IoT)或机器对机器(M2M)通信。

1 GHz 以下频段的可用频率因国家而异。例如，美国可以使用非授权 900 MHz ISM 频段(902 MHz～928 MHz)，欧洲国家可能使用 863 MHz～868 MHz 的频段，而中国可能使用 755 MHz～787 MHz 的频段。

2.3.2　802.11ai-2016

802.11ai 修正案(IEEE Std 802.11ai-2016)定义了快速初始链路建立(FILS)机制，以应对高密度环境中存在的挑战。在这种环境中，大量移动用户不断建立并断开与扩展服务集的连接。这项修正案旨在改善机场、体育场馆、购物中心等高密度环境中的用户连接性。

对于确保强健安全网络关联(RSNA)链路的质量不会因客户端漫游而降低，FILS 尤为重要。

2.3.3　802.11aj-2018

802.11aj 修正案(IEEE Std 802.11aj-2018)致力于改进 802.11ad 修正案定义的物理层和 MAC 子层，从而为 59 GHz～64 GHz 频段的操作提供支持。这项修正案还对 802.11ad 修正案进行调整，以使用中国的 45 GHz 频段传输数据。

2.3.4　802.11ak-2018

802.11ak 修正案(IEEE Std 802.11ak-2018)又称通用链路(GLK)。802.11ak 任务组(TGak)致力于完善 802.11 链路，以便在桥接网络中使用。这些桥接网络可能为家庭娱乐系统、工业控制设备等具备 802.11 无线功能和 802.3 有线功能的产品提供支持。GLK 旨在简化接入点与无线终端之间的 Wi-Fi 应用，允许终端提供桥接服务。

2.4.5　802.11aq-2018

802.11aq 修正案致力于研究终端与 802.11 网络建立关联之前如何交付网络服务信息。与网络实际建立关联之前，终端有望利用这项修正案草案定义的机制向其他终端通告服务。

2.4　IEEE 802.11 修正案草案

关于 802.11 无线网络今后的发展，从 IEEE 802.11 修正案草案中可“窥斑见豹”。修正案草案提出的改进和功能，可能很快就会应用到 802.11 无线网络设备中。无论是更高的吞吐量还是利用更高或更低的频率传输信息，在修正案草案中已初露端倪。

修正案草案属于尚未获批的提案，这一点请读者谨记在心。尽管部分供应商销售的产品可能提供了修正案草案提出的功能(稍后将进行介绍)，不过它们目前仍属于专有功能。虽然供应商极力推销这些尚未获批的功能，但目前的产品能否与今后基于获批修正案的产品相互兼容，依然有待观察。

> **注意:**
> CWNA 考试涵盖 IEEE 802.11-2016 标准定义的所有技术以及 2016 年之后获批的所有修正案,
> 但 CWNA 考试不会考查修正案草案。尽管如此, 由于修正案草案中定义的技术很可能在今后改
> 变无线局域网, 了解这些正在规划和开发的技术十分重要。

今后的 Wi-Fi 产品将更加先进与复杂, 它们将把 802.11 技术推向新的高度。本章剩余部分将
对此进行简要介绍。

> **注意:**
> 需要再次强调的是, 由于这些修正案草案尚未获批, 它们可能与最终获批的版本有所不同。

2.4.1　802.11ax

802.11ax 修正案草案又称高效无线局域网(HEW)修正案, 有望成为对 802.11 物理层的下一重
大改进。802.11ax 技术支持使用 2.4 GHz 和 5 GHz 频段传输数据。除提高客户端的吞吐量外, 这
项技术还将支持更多的用户与更高密度的环境。相关讨论请参见第 19 章 "802.11ax 技术: 高效无
线局域网"。虽然之前的修正案定义了如何获得更高的数据速率, 但 802.11ax 修正案草案致力于
完善物理层和 MAC 子层, 从而更好地管理现有无线局域网介质的流量。这项草案提出的重要技
术之一是正交频分多址(OFDMA), 它是广泛使用的 OFDM 数字调制方案的多用户版本。OFDMA
通过将副载波子集分配给各个客户端来实现多址, 从而实现多位用户同时进行低数据速率传输。

> **注意:**
> 虽然目前的 CWNA 考试不会考查 802.11ax 技术, 但这项技术预计很快将投入应用。此外,
> 802.11ax 修正案草案还对接入点无线接口与客户端无线接口之间的通信方式做了重大调整。由于
> 这项技术具有重要意义, 第 19 章将进行概括介绍。

2.4.2　802.11ay

802.11ay 修正案草案致力于完善 802.11ad 修正案, 以提高传输速度并增加传输距离, 最高数
据速率有望达到 176 Gbps。802.11ad 技术使用的最大信道宽度为 2.16 GHz; 而 802.11ay 技术将提
供最多 4 条信道的信道绑定, 并在增加 MIMO 时支持最多 4 路空间流。这项修正案草案还可能将
256-QAM 调制纳入其中。802.11ay 技术将使用 45 GHz 以上非授权频段传输信息, 向后兼容
802.11ad 产品。802.11ay 修正案草案主要应用于 DisplayPort、HDMI 和 USB 连接、电视和显示器
显示等领域。

2.4.3　802.11az

802.11az 修正案草案致力于提高 Wi-Fi 设备的物理位置跟踪和定位精度, 而更高的精度可以
用于智能建筑应用和物联网设备跟踪。这项修正案草案的另一个目标是提高网络的能效。

2.4.4　802.11ba

802.11ba 修正案草案提出了称为唤醒无线电(WuR)的节电数据接收模式, 致力于在不增加网
络延迟或不降低性能的情况下, 增加设备(如依靠电池供电的物联网设备)的电池使用时间。

2.5　已作废的 IEEE 802.11 修正案

本节介绍的两项修正案从未获批，它们最终被封存在 IEEE 的档案柜中。但由于二者涉及的内容(漫游和性能测试)很重要，因此本书仍将进行介绍。

2.5.1　802.11F

2003 年，802.11F 任务组(TGF)发布 802.11F 修正案(IEEE 802.11F-2003)作为操作规程建议 (recommended practice)。但这项修正案从未获批，并于 2006 年 2 月撤销。

> **注意:**
> 如果某个 IEEE 任务组以大写字母命名(如 TGF)，就说明该任务组制定的修正案仅作为操作规程建议存在，并不属于 IEEE 802.11-2016 标准。

最初发布的 802.11 标准要求供应商的接入点支持漫游。可以将漫游简单定义如下：与当前接入点建立关联的客户端向新的接入点移动时，不会因为缺少信号覆盖而导致通信中断。恰如其分的类比是手机的漫游。用户在行驶的车辆中使用手机通话时，手机将在蜂窝信号塔之间漫游，以实现无缝通信并尽力确保不会掉话。如图 2.3 所示，无缝漫游的移动性是无线网络和连接的核心所在。

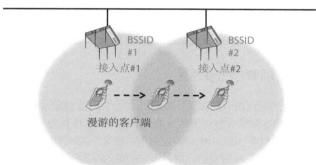

图 2.3　无缝漫游

> **客户端能否在不同供应商的接入点之间无缝漫游？**
> 在实际应用中，答案是否定的。802.11F 试图解决不同供应商的自治接入点在漫游时的互操作性问题。这项修正案最初只是一种操作规程建议，最终被 IEEE 完全撤销。原因在于，无线局域网供应商都希望消费者仅购买自己而非竞争对手的接入点。本书提出以下"操作规程建议"：不要在同一有线网段中混用不同供应商的自治接入点。第 7 章"无线局域网拓扑"、第 9 章"802.11 MAC 体系结构"与第 15 章"无线局域网故障排除"将深入探讨漫游。

尽管 802.11 标准要求支持漫游，但并未规定漫游应如何进行。IEEE 最初计划将决定权下放，由供应商实施专有的接入点间漫游机制。802.11F 修正案旨在规范漫游机制在分布系统介质(一般为采用 TCP/IP 网络协议的 802.3 以太网)上的工作方式。这项修正案试图解决接入点间漫游时产生的"供应商互操作性"问题，最终形成一份采用接入点间协议(IAPP)的操作规程建议。IAPP 利用通告与切换过程，接入点之间得以共享漫游客户端以及缓冲数据包交付的相关信息。但由于

802.11F 修正案并未获批，IAPP 也没有真正得到应用。

2.5.2　802.11T

802.11T 任务组(TGT)最初致力于开发性能指标、测量方法与测试条件，供测量 802.11 无线网络设备的性能使用。

> **注意:**
> 802.11T 中的大写字母 T 表示这项修正案属于操作规程建议而非标准。802.11T 并未获批，现已作废。

802.11T 拟议修正案又称无线性能预测(WPP)，其最终目标是形成一致且为各方普遍接受的无线局域网测量实践。独立测试实验室、制造商甚至最终用户都能使用这些 802.11 性能基准与方法。

> **不同供应商的设备，吞吐量是否相同？**
> 无线网络的吞吐量受物理环境、覆盖范围、加密类型等多种因素的影响，传输信息时使用的供应商无线设备也会影响吞吐量。虽然 IEEE 802.11-2016 标准明确定义了频率带宽、数据速率与介质访问方法，但吞吐量结果因供应商而异。采用不同供应商生产的两块无线接口卡进行相同的吞吐量性能测试，得到的测试结果往往大相径庭。一般来说，相较于混用不同供应商的设备，使用同一家供应商的设备能获得更高的吞吐量。但在某些情况下，混用不同供应商的设备也可能获得原因不明的高吞吐量。虽然 802.11T 试图规范性能指标的努力并未取得成功，但 Wi-Fi 联盟为其所有认证项目制定了性能指标，供独立于供应商的实验室测试使用。

2.6　IEEE 802.11m 任务组

1999 年，802.11m 任务组(TGm)启动了一项计划，致力于在内部维护 802.11 标准的技术性文档。由于 802.11m 修正案旨在澄清并修正 802.11 标准，因此通常称其为"802.11 内务处理"(802.11 housekeeping)。这项修正案对非 802.11m 任务组的用户意义不大。不过，802.11m 任务组还负责将获批修正案"汇总"为对外发布的文档。对多年来制定的标准进行修订以及负责修订工作的任务组如下所示。

- IEEE 802.11-2007 标准：802.11ma 任务组(TGma)。
- IEEE 802.11-2012 标准：802.11mb 任务组(TGmb)。
- IEEE 802.11-2016 标准：802.11mc 任务组(TGmc)。
- 下一次 802.11 标准整合：802.11md 任务组(TGmd)。

> **注意:**
> 由于字母 l 和 o 容易与数字 1 和 0 混淆，因此不存在 802.11l 和 802.11o 修正案。为避免与使用 802.11a 和 802.11b 技术的设备(通常称为"802.11a/b 设备")混淆，IEEE 没有采用 802.11ab 为修正案命名。同理，为避免与使用 802.11a 和 802.11g 技术的设备(通常称为"802.11a/g 设备")混淆，802.11ag 也弃之不用。此外，802.11x 用于指代所有 802.11 标准，因此也不存在所谓的"802.11x 修正案"。IEEE 802.1X 是一种基于端口的访问控制标准。

2.7　小结

本章介绍了 802.11 原始标准以及纳入 IEEE 802.11-2007、IEEE 802.11-2012 与 IEEE 802.11-2016 标准的各项修正案，并讨论了 IEEE 802.11-2016 标准发布后获批的修正案。此外，本章还探讨了今后可能获批的修正案草案。我们的讨论涵盖以下内容：

- 802.11 原始标准定义的所有物理层和 MAC 子层规范。
- 所有获批修正案对 802.11 标准的改进，包括更高的数据速率、不同的扩频技术、服务质量、安全机制等。
- 802.11 修正案草案提出的功能和改进。

尽管专有的 Wi-Fi 解决方案已经存在，并将在未来一段时间内继续存在，但标准化有助于市场稳定。IEEE 802.11-2016 标准以及今后所有可能获批的修正案草案将为供应商、网络管理员与最终用户奠定必要的基础。

CWNA 考试将考查 IEEE 802.11-2016 标准以及所有相关的技术。

2.8　考试要点

了解 802.11 原始标准以及 IEEE 802.11-2007、IEEE 802.11-2012 与 IEEE 802.11-2016 标准定义的扩频技术。802.11 原始标准定义了红外线、FHSS 与 DSSS 技术，后续的修正案(现已纳入 IEEE 802.11-2016 标准)还定义了 HR-DSSS、OFDM、ERP、HT 与 VHT 技术。

记住每种物理层所需的数据速率与支持的数据速率。DSSS 和 FHSS 支持的数据速率为 1 Mbps 和 2 Mbps，其他物理层支持更多的数据速率。例如，OFDM 和 ERP-OFDM 支持 6、9、12、18、24、36、48、54 Mbps 等数据速率，不过仅强制要求支持 6、12、24 Mbps。802.11n 修正案获批后，理解调制编码方案(MCS)的概念至关重要。802.11ac 修正案同样定义了 MCS。请注意，数据速率指传输速度而非总吞吐量。

了解 IEEE 802.11-2016 标准定义的每种物理层使用的频段。802.11a 和 802.11ac 设备使用 5 GHz U-NII 频段传输数据，而 DSSS、FHSS、HR-DSSS(802.11b)与 ERP(802.11g)设备使用 2.4 GHz ISM 频段传输数据。802.11n 设备既能使用 2.4 GHz 频段，也能使用 5 GHz 频段传输数据。

定义发射功率控制(TPC)与动态频率选择(DFS)。5 GHz 无线局域网通信必须部署 TPC 和 DFS 技术，以免干扰到雷达传输。

解释 802.11i 修正案获批前后定义的无线安全标准。在 802.11i 修正案获批前，802.11 原始标准定义了 WEP 和 TKIP；而 802.11i 修正案要求使用 CCMP/AES 作为加密机制，使用 802.1X/EAP 或预共享密钥作为身份验证机制。

2.9　复习题

1. 802.11g ERP 网络必须支持以下哪两种扩频技术？
   A. ERP-OFDM　　　　　B. FHSS　　　　　　C. ERP-PBCC
   D. ERP-DSSS/CCK　　　E. CSMA/CA

2. 以下哪种修正案通过使用更高的 60 GHz 非授权频段和称为定向多吉比特的传输技术来提高性能？

    A. 802.11ac   **B.** 802.11ad   **C.** 802.11ay

    D. 802.11q   **E.** 802.11z

3. 802.11 原始标准定义了哪些设备? (选择所有正确的答案。)

    A. OFDM   **B.** DSSS   **C.** HR-DSSS

    D. IR   **E.** FHSS   **F.** ERP

4. 以下哪项 802.11 修正案定义了无线网状网机制?

    A. 802.11n   **B.** 802.11u   **C.** 802.11s

    D. 802.11v   **E.** 802.11k

5. 强健安全网络要求使用哪些安全机制? (选择所有正确的答案。)

    A. 802.11x   **B.** WEP   **C.** IPsec

    D. CCMP/AES   **E.** CKIP   **F.** 802.1X

6. 802.11ac 无线接口可以通过____频段传输数据, 它采用了____扩频技术。

    A. 5 MHz, OFDM   **B.** 2.4 GHz, HR-DSSS

    C. 2.4 GHz, ERP-OFDM   **D.** 5 GHz, VHT

    E. 5 GHz, DSSS

7. OFDM 终端必须支持哪些数据速率?

    A. 3、6、12 Mbps   **B.** 6、9、12、18、24、36、48、54 Mbps

    C. 6、12、24、54 Mbps   **D.** 6、12、24 Mbps

    E. 1、2、5.5、11 Mbps

8. 在 802.1X/EAP RSN 中实施 Wi-Fi 语音解决方案时, 需要使用哪种措施以避免漫游期间出现延迟问题?

    A. 接入点间协议   **B.** 快速基本服务集转换

    C. 分布式协调功能   **D.** 漫游协调功能

    E. 轻量级接入点

9. 802.11ac 修正案率先提出哪些新技术? (选择所有正确的答案。)

    A. MIMO   **B.** MU-MIMO   **C.** 256-QAM

    D. 40 MHz 信道   **E.** 80 MHz 信道

10. 802.11a OFDM 无线接口与 802.11g ERP 无线接口无法通信的主要原因是什么?

    A. 802.11a 使用 OFDM, 而 802.11g 使用 ERP。

    B. 802.11a 使用 DSSS, 而 802.11g 使用 OFDM。

    C. 802.11a 使用 OFDM, 而 802.11g 使用 CCK。

    D. 802.11a 的工作频段为 5 GHz, 而 802.11g 的工作频段为 2.4 GHz。

    E. 802.11a 需要使用动态频率选择, 而 802.11g 不需要使用动态频率选择。

11. 802.11 无线接口采用哪两项技术避免对 5 GHz 雷达和卫星传输造成干扰?

    A. 动态频率选择   **B.** 增强型分布式信道访问

    C. 直接序列扩频   **D.** 临时密钥完整性协议

    E. 发射功率控制

12. 哪些 802.11 修正案可以提供 1 Gbps 或更高的吞吐量? (选择所有正确的答案。)

    A. 802.11aa   **B.** 802.11ab   **C.** 802.11ac

    D. 802.11ad   **E.** 802.11ae   **F.** 802.11af

13. 根据 IEEE 802.11-2016 标准中的定义，哪些设备可以相互兼容？(选择所有正确的答案。)

    A. ERP 与 HR-DSSS　　　　　　　　**B.** HR-DSSS 与 FHSS

    C. VHT 与 OFDM　　　　　　　　　**D.** 802.11h 与 802.11a

    E. HR-DSSS 与 DSSS

14. 802.11ac 修正案定义的最高数据速率是多少？

    A. 54 Mbps　　　**B.** 1300 Mbps　　　**C.** 3466.7 Mbps

    D. 6933.3 Mbps　　**E.** 60 Gbps

15. 原始的 IEEE 802.11-1999 (R2003)标准定义了哪些安全机制？(选择所有正确的答案。)

    A. CCMP/AES　　　　**B.** 开放系统身份验证

    C. 预共享密钥　　　　**D.** 共享密钥身份验证

    E. WEP　　　　　　　**F.** TKIP

16. 802.11u-2011 修正案又称____。

    A. IW(与外部网络互通)　　　　　　**B.** WLAN(无线局域网)

    C. WPP(无线性能预测)　　　　　　　**D.** WAVE(车载环境无线接入)

    E. WAP(无线接入协议)

17. IEEE 802.11-2016 标准为无线局域网的服务质量定义了哪两项技术？

    A. EDCA　　　　　**B.** PCF　　　　　　**C.** 混合协调功能受控信道访问

    D. VoIP　　　　　　**E.** 分布式协调功能　**F.** VoWiFi

18. 802.11h 修正案(现已纳入 IEEE 802.11-2016 标准)为 5 GHz 无线接口定义了哪两项主要措施？

    A. TPC　　　　　　**B.** IAPP　　　　　　**C.** DFS

    D. DMG　　　　　　**E.** FHSS

19. 802.11n 修正案定义了哪种物理层？

    A. HR-DSSS　　　　**B.** FHSS　　　　　　**C.** OFDM

    D. PBCC　　　　　　**E.** HT　　　　　　　**F.** VHT

20. 802.11 标准在 OSI 模型的哪些层定义了通信机制？(选择所有正确的答案。)

    A. 应用层　　　　　**B.** 数据链路层　　　**C.** 表示层

    D. 物理层　　　　　**E.** 传输层　　　　　**F.** 网络层

第3章

射频基础知识

本章涵盖以下内容:

- ✓ 射频信号的定义
- ✓ 射频特性
  - ▪ 波长
  - ▪ 频率
  - ▪ 振幅
  - ▪ 相位
- ✓ 射频行为
  - ▪ 波传播
  - ▪ 吸收
  - ▪ 反射
  - ▪ 散射
  - ▪ 折射
  - ▪ 衍射
  - ▪ 损耗(衰减)
  - ▪ 自由空间路径损耗
  - ▪ 多径
  - ▪ 增益(放大)

为正确设计、部署并管理无线局域网，读者不仅要理解 OSI 模型和基本的网络概念，也要掌握其他网络技术。例如，以太网管理通常涉及 TCP/IP、桥接、交换、路由等概念。大多数情况下，无线网络充当有线网络的"门户"，因此掌握以太网管理的相关知识对于无线局域网管理同样大有裨益。IEEE 在物理层和数据链路层的 MAC 子层定义了 802.11 通信。

为深入理解 802.11 技术，读者需要熟练掌握无线信号在 OSI 模型的物理层(第一层)上的工作原理。射频通信是物理层的核心所在。

对于有线局域网通信而言，信号只能在电缆中传输，因此信号的行为是可以预知的。但无线局域网的情况恰恰相反。尽管物理定律仍然适用，不过射频信号有时会以无法预知的方式在空中传播。由于射频信号并非通过以太网电缆传输，应始终将无线局域网想象成一种"不断变化"的网络。

那么，这是否意味着读者必须是一名毕业于斯坦福大学的射频工程师，才能实施无线局域网现场勘测或监控 Wi-Fi 网络呢？当然不是。但如果熟练掌握本章描述的射频特性和行为，就能具备领先于他人的无线网络管理技能。为什么无线网络的性能在空旷与满座的礼堂中有所不同？为什么 5 GHz 无线电发射机的传输范围小于 2.4 GHz 无线电发射机？了解射频信号的工作原理和性能后，这些问题将迎刃而解。

> **注意:**
> 有线通信在有界介质中进行。有界介质会约束或限制信号(但仍然会有少量信号泄漏出去)。无线通信在无界介质中进行。无界介质不会约束信号，信号向四面八方辐射到周围环境中(除非受到某些外部影响的限制或被重定向)。

本章将首先定义射频信号，然后讨论射频特性和射频行为。

3.1　射频信号的定义

物理学是研究运动与物质的学科，不过本书并非探讨物理定律的综合性指南。但是，即便对于初涉无线网络的工程师来说，掌握一些与射频有关的物理概念也很重要。

电磁频谱通常简称频谱，表示所有可能的电磁辐射的范围。这种辐射以自传播电磁波的形式存在，可以穿过物质或空间。伽马射线、X 射线、可见光以及无线电波都属于电磁波。如图 3.1 所示，无线电波是位于电磁频谱射频部分的电磁波。

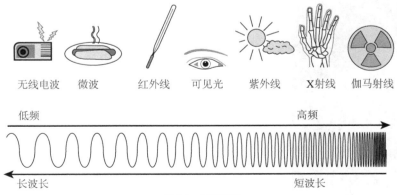

无线电波　微波　　红外线　可见光　紫外线　X射线　伽马射线

低频　　　　　　　　　　　　　　　　　　高频

长波长　　　　　　　　　　　　　　短波长

图 3.1　电磁频谱

射频信号始于发射机产生的交流电信号。交流信号通过铜导体(一般为同轴电缆)传输，以电磁波的形式从天线单元辐射出去。这种电磁波就是无线信号。如果天线中的电子流发生变化(又称电流)，天线周围的电磁场也会发生变化。

交流电是大小和方向会发生周期性变化的电流，而直流电的方向保持不变。如图 3.2 所示，交流信号的形状和形态(定义为波形)称为正弦波。正弦波也存在于光、声音与海洋中。在交流电中，电压的波动称为循环或振荡。

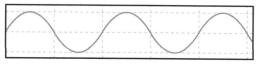

图 3.2　正弦波

射频电磁信号以受某些特性(如波长、频率、振幅或相位)控制的连续模式从天线辐射出去。电磁信号可以穿过不同材料的介质，也可以在真空中传输。当射频信号在真空中传输时，速度与光速相同：299 792 458 m/s。

> **注意：**
> 为简化使用光速的数学计算，通常将光速的值四舍五入为每秒 30 万千米。在讨论光速时，本书均使用近似值。

在传输过程中，射频信号会出现多种运动行为，人们将它们称为**传播行为**。接下来，我们将讨论吸收、反射、散射、折射、衍射、放大、衰减等传播行为。

3.2　射频特性

所有射频信号都具有物理定律定义的以下特性：
- 波长
- 频率
- 振幅
- 相位

接下来将详细介绍每种特性。

3.2.1　波长

如前所述，射频信号是在正负电压之间不断变化的交流电。交流电的振荡(或循环)定义为从上到下再到上(或从正到负再到正)的一次变化。

如图 3.3 所示，波长是两个连续波峰或两个连续波谷之间的距离。简而言之，波长是射频信号在一个周期内实际经过的距离。

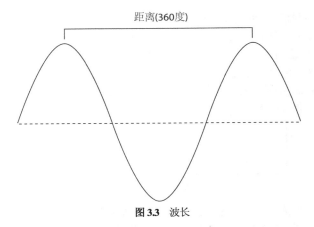

图3.3 波长

尽管波的物理长度有所不同，但波具有相似的相对特性以及相同的测量结果，稍后将进行讨论。两个波峰之间的距离是波长，波谷位于两个波峰之间。相对测量(称为度)表示沿这一跨度的不同点。从图3.3可以看到，一个完整的波的距离(两个波峰之间的距离)是360度，而波谷位于180度。波穿过水平线的第一个点位于90度，第二个点位于270度。关于度的应用，读者只需要理解本章后面讨论的相位概念即可。

> **注意:**
> 希腊字母λ表示波长，而拉丁字母f通常表示频率。拉丁字母c表示真空中的光速，它源于拉丁语中的速度(celeritas)一词。

波长与频率呈反比关系，理解这一点至关重要。这种反比关系的三个分量是频率(f，单位为赫兹)、波长(λ，单位为米)与光速(c，其恒定值为每秒大约30万千米)。三者的关系由下式决定: $\lambda=c/f$ 与 $f=c/\lambda$。简而言之: 射频信号的频率越高，波长越短; 射频信号的波长越长，频率越低。

调幅广播电台的工作频率远低于802.11无线接口，而卫星传输的工作频率远高于802.11无线接口。以美国亚特兰大的广播电台WSB-AM为例，该电台使用750 kHz频率对外广播，信号波长为400 m。对于射频信号的一个周期而言，这是相当长的一段距离。相比之下，某些无线电导航卫星的工作频率高达252 GHz，信号波长不到1.2 mm。这两种截然不同的射频信号如图3.4所示。

射频信号在空间和物质中传输时，信号强度会减弱(衰减)。人们往往认为，波长较短的高频信号比波长较长的低频信号衰减得更快。实际上，引起射频信号衰减的主要原因并非频率和波长，而是距离。所有天线都存在用于接收功率的有效区域，这就是孔径(aperture)。天线的频率越高，天线孔径所能捕获的射频能量越低。尽管波长和频率不会导致衰减，但人们总感觉波长较短的高频信号衰减得更快。从理论上讲，电磁信号在真空中的传输将永不停歇; 但是当信号穿过大气层时，其振幅将衰减到低于接收无线电的接收灵敏度阈值。从本质上讲，信号可以到达接收机，但是会因强度过低而难以被检测到。

人们认为，与波长较短的高频信号相比，波长较长的低频信号能传播更远的距离。实际情况是，高频天线的孔径所能捕获的能量低于低频天线的孔径所能捕获的能量。接收无线电的一种很好的类比是人的耳朵: 当听到一辆大声播放音乐的汽车驶来时，我们首先听到的是低音(低频)。这个现实生活中的例子表明,波长较长的低频信号将比波长较短的高频信号更早进入我们的耳朵。

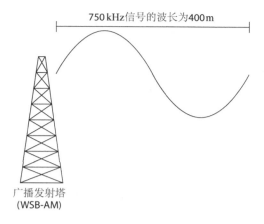

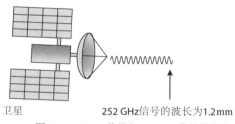

图 3.4　750 kHz 信号和 252 GHz 信号的波长

大多数 802.11 无线接口使用 2.4 GHz 或 5 GHz 频段传输数据。由不同频率的 802.11 无线接口产生的两个波的周期如图 3.5 所示。

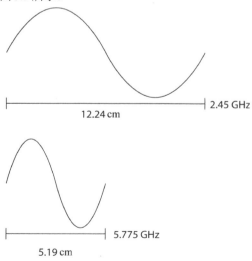

图 3.5　2.45 GHz 信号和 5.775 GHz 信号的波长

高频信号在通过各种物理介质(如砖墙)时，衰减速度一般比低频信号要快。了解这一点对于无线网络工程师很重要，原因有二。首先，传输距离取决于信号在空气中的衰减(称为自由空间路径损耗，本章稍后将进行讨论)。其次，频率越高，信号穿越障碍物的能力通常越差。例如，相较于 5 GHz 信号，2.4 GHz 信号穿过墙体和门窗后能保持更高的强度。不妨回想一下，我们在很远的地方就能收听到调频电台的节目(信号频率较高)，但在较近的地方才能收听到调幅电台的节目(信号频率较低)。

> **注意:**
> 2.45 GHz 电波的波长约为 12 cm，而 5.775 GHz 电波的波长仅为 5 cm 左右。

从图 3.4 和图 3.5 可以看到，不同频率的信号，波长也有所不同。原因在于，尽管每种信号仅循环一次，但波的传播距离并不相同。以厘米或英寸为单位计算波长的公式如下所示：

$$波长(厘米)=30/频率(GHz)$$
$$波长(英寸)=11.811/频率(GHz)$$

> **注意:**
> CWNA 考试不会考查本书讨论的各种公式，这些公式旨在演示概念并用作参考资料。

【现实生活场景】

信号的波长与我有何关系？

如果无线链路的其他条件都类似，那么对于使用 5 GHz 无线接口的 Wi-Fi 设备而言，其传输距离和覆盖范围均小于使用 2.4 GHz 无线接口的 Wi-Fi 设备。

现场勘测(site survey)是无线局域网设计的重要环节之一，主要目的是验证设施中可用接收信号的覆盖区(小区)。如果仅使用一家供应商的无线接入点，那么与高频设备相比，2.4 GHz 接入点往往能为客户端提供更大的射频覆盖区(RF footprint)。换言之，要获得与 2.4 GHz 接入点相同的覆盖范围，必须安装更多的 5 GHz 接入点。相对于 2.4 GHz 信号，5 GHz 信号穿透障碍物的能力较差，这也会减小覆盖范围。大多数企业 Wi-Fi 供应商都销售双频接入点，配有 2.4 GHz 和 5 GHz 两个无线接口。使用双频接入点实施现场勘测规划与覆盖分析时，首先应以频率更高的 5 GHz 信号为基础，以提供较小的覆盖区。另请注意，覆盖规划仅仅是无线局域网设计的一部分，客户容量和占用时长设计与覆盖设计同样重要。第 13 章 "无线局域网设计概念" 将深入探讨各种设计实践。

3.2.2　频率

如前所述，射频信号以电磁波的形式在交流电中循环，而波长是信号在一个周期内经过的距离。那么，射频信号在某个时段内的频率是多少呢？

频率描述了指定事件在指定时间间隔内发生的次数，其标准测量单位是赫兹(Hz)，得名于德国物理学家海因里希·鲁道夫·赫兹。如果某事件在一秒内发生一次，其频率为 1 Hz；如果在一秒内发生 325 次，其频率为 325 Hz。电磁波循环的频率也以赫兹为单位，因此射频信号每秒循环的次数就是信号的频率，如图 3.6 所示。

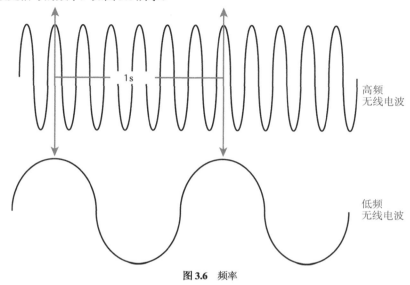

图 3.6　频率

为便于表达和处理极大的频率，可以为赫兹单位添加不同的国际单位制词头。
- 1 赫兹(Hz)：每秒循环 1 次。
- 1 千赫(kHz)：每秒循环 1000 次。
- 1 兆赫(MHz)：每秒循环 1 000 000 次。
- 1 吉赫(GHz)：每秒循环 1 000 000 000 次。

因此，对于 2.4 GHz 802.11 无线接口发送的射频信号而言，信号每秒将振荡 24 亿次。

3.2.3　振幅

射频信号的另一个重要特性是振幅，可以将其简单地表征为信号的强度或功率。在讨论无线传输时，通常采用振幅描述信号的强弱。振幅定义为连续波的最大位移，射频信号的振幅对应于波的电场。使用示波器观察射频信号时，正弦波的正负波峰表示振幅。

如图 3.7 所示，λ 表示波长，a 表示振幅。对于第一个信号，其波峰和波谷的幅度较大，因此信号的振幅较大；对于第二个信号，其波峰和波谷的幅度较小，因此信号的振幅较小。

> **注意：**
> 虽然两个信号的强度(振幅)不同，但二者的频率和波长相同。许多因素都会导致射频信号的振幅减小，这就是衰减，我们稍后将在 3.3.7 节 "损耗(衰减)"中进行讨论。

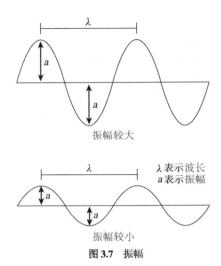

图 3.7　振幅

　　在讨论无线局域网的信号强度时，振幅通常称为发射振幅或接收振幅。发射振幅一般定义为离开无线电发射机时的初始振幅。例如，如果将接入点的发射功率配置为 15 mW，那么 15 mW 就是发射振幅。电缆和连接器会削弱发射振幅，而大多数天线会放大发射振幅。当无线接口收到射频信号时，接收信号强度一般称为接收振幅。实施现场勘测时获得的射频信号强度就属于接收振幅。

　　不同类型的射频技术要求的发射振幅有所不同。调幅广播电台发射的窄带信号功率可能高达 50 kW，而大多数室内 802.11 接入点的发射功率介于 1 mW 和 100 mW 之间。读者稍后会了解到，802.11 无线接口可以接收并解调振幅低至十亿分之一毫瓦的信号。

3.2.4　相位

　　相位并非单一射频信号的特性，它描述了两个或多个同频信号之间的关系。换言之，相位涉及两种波形的波峰和波谷的位置关系。

　　可以采用距离、时间或度数来测量相位。如果两个同频信号的波峰在同一时刻精确对齐，则称二者同相；如果两个同频信号的波峰在同一时刻没有精确对齐，则称二者异相。相位的概念如图 3.8 所示。

　　当无线接口收到多个信号时，理解相位对振幅的影响非常重要。如果这些信号的相位差为 0，它们的振幅将相互叠加，导致接收信号强度增大，甚至使振幅增加一倍。如果两个射频信号 180 度异相(一个信号的波峰与另一个信号的波谷精确对齐)，二者将相互抵消，导致有效的接收信号强度为 0。相位差具有累积效应。接收信号强度既可能增大，也可能减弱，具体取决于两个信号的相位差。两个信号之间的相位差对于理解多径(multipath)的影响至关重要，本章稍后将讨论这种射频现象。

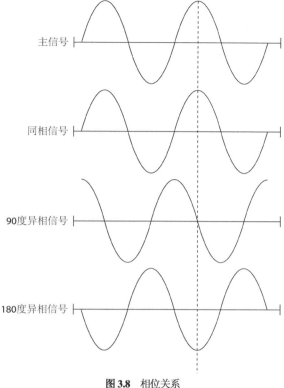

图 3.8　相位关系

> **注意:**
> 本书配套网站提供了名为 EMANIM[1]的免费程序(Windows 平台)。我们稍后将使用该程序完成练习 3.1，演示由射频信号的相位关系引起的振幅变化。

3.3　射频行为

　　射频信号在空气或其他介质中传播时，其行为方式变化多样。射频传播行为包括吸收、反射、散射、折射、衍射、自由空间路径损耗、多径、衰减以及增益。接下来，我们将逐一介绍各种射频行为。

3.3.1　波传播

　　除掌握射频信号的各种特性外，理解信号离开天线后的行为方式也很重要。如前所述，电磁波可以在真空中传输，也可以穿过不同介质的材料。射频波的移动方式称为波传播，可能因传播路径上的材料不同而发生很大变化。例如，石膏板对射频信号的影响，与金属或混凝土对射频信号的影响截然不同。

1　https://www.wiley.com/go/cwnasg，Downloads 选项卡提供了本书所有相关工具和演示的下载链接。

信号传播方式是导致射频信号发生变化的直接原因。讨论传播时，不妨设想一下射频信号离开天线时的展宽或扩散。地震是很好的类比。如图 3.9 所示，注意观察从震中向外传播的同心地震环。在震中附近，地震波强烈而集中；而当地震波远离震中时，地震波开始扩散并减弱。射频波的行为方式与地震波大致相同。无线信号的移动方式通常称为传输行为。

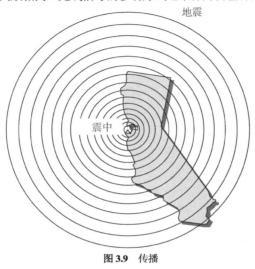

图 3.9 传播

> **注意:**
> 无线局域网工程师应理解射频传播行为，以确保在正确的位置部署接入点、选择合适的天线类型并监控无线网络的性能。

3.3.2 吸收

最常见的射频行为当属吸收。如果信号没有从物体上反弹，也没有绕开或穿过物体，则信号被百分之百吸收。大多数材料都会不同程度地吸收一部分射频信号。

砖墙和混凝土墙将吸收大量信号，石膏板则只会吸收少量信号。2.4 GHz 信号通过混凝土墙后，功率将降低为原来的 1/16；而同样的信号通过石膏板后，功率仅损失 1/2。水是另一种能大量吸收信号的介质。吸收是导致衰减(损耗)的主要原因，本章稍后将讨论衰减。吸收射频能量的多少将直接影响射频信号的振幅，甚至纸张、纸板、鱼缸等含水量高的物体也会吸收信号。

【现实生活场景】

用户密度

巴雷特先生在机场航站楼实施无线现场勘测，以确定需要的接入点数量以及合适的安装位置，进而获得必要的射频覆盖。在 10 天后的一次暴风雪中，航站楼里挤满了因天气原因而延误航班的旅客。延误期间，无线局域网的信号强度和质量在航站楼的许多区域都不太理想。之所以如此，与人体有很大关系。

成年人的身体平均含水量为 **50%～65%**。水会吸收信号，导致信号衰减。在无线网络设计中，用户密度是重要因素之一。这不仅与吸收的影响有关，也与占用时长消耗的容量规划有关，相关讨论请参见第 13 章。

3.3.3　反射

反射是最重要的射频传播行为之一。当波入射到大于自身的光滑物体时，可能会向另一个方向反弹，具体取决于介质。这种行为就是反射。不妨想象一下，儿童在人行道拍球时，球会改变方向。另一个类比如图 3.10 所示：一束激光射向一面小镜子。根据镜面角度的不同，激光束会反弹或反射到不同的方向。射频信号以同样的方式反射，取决于信号遇到的物体或材料。

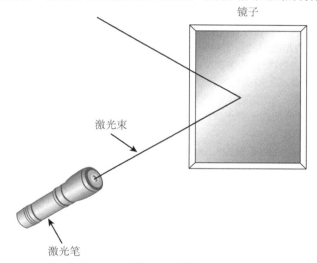

镜子

激光束

激光笔

图 3.10　反射

反射分为天波反射和微波反射两大类。频率低于 1 GHz 的信号会发生天波反射，这种信号的波长极长，并且会从地球电离层带电粒子的表面反弹回来。这就是为什么在晴朗的夜晚，我们可以在美国北卡罗来纳州的夏洛特收听到芝加哥 WLS-AM 电台广播的原因。

而微波信号的频率介于 1 GHz 和 3 GHz 之间。微波信号属于高频信号，其波长要短得多，因此得名微波。微波可以从金属门之类的小型物体反弹回来。微波反射是 Wi-Fi 环境中需要考虑的问题。在室外环境中，微波会被建筑物、道路、水体甚至地球表面等大型物体和光滑表面反射；而在室内环境中，微波会被门、墙体、文件柜等光滑表面反射。所有金属制品必然会引起反射，其他材料(如玻璃和混凝土)同样可能引起反射。

反射的影响

反射可能严重影响遗留的 802.11a/b/g 无线局域网的性能。从天线辐射出去后，波将展宽并扩散。当部分波被反射时，反射点会出现新的波前(wave front)。如果这些波全部到达接收机，多个反射信号将引发多径效应。

多径会降低所接收信号的强度和质量，甚至导致数据损坏或信号相互抵消。本章稍后将深入探讨多径。为了在这种环境中补偿多径带来的不利影响，可以采用定向天线与天线分集等硬件解决方案，第 5 章"射频信号与天线概念"将讨论这些内容。

部署遗留的 802.11a/b/g 无线接口时，反射和多径往往是导致性能下降的罪魁祸首。而 802.11n/ac 无线接口采用多输入多输出(MIMO)天线和高级数字信号处理技术，使得多径具有建设性的影响。第 10 章"MIMO 技术：高吞吐量与甚高吞吐量"将详细讨论 MIMO 技术。

3.3.4　散射

读者是否了解，天空之所以呈现蓝色，是因为大气中存在比可见光波长更小的微粒？这种天空呈现蓝色的现象称为瑞利散射(Rayleigh scattering)，得名于 19 世纪英国物理学家约翰·威廉·斯特拉特，后者曾受封为瑞利勋爵。大气层中的气体吸收波长较短的蓝色光，并向各个方向辐射出去。这种射频传播行为是散射的典型示例。

为简单起见，不妨将散射视为多次反射。如果电磁信号的波长大于将信号反射出去的介质(或信号通过的介质)，就会发生多次反射。

散射分为两类。第一类散射处于较低的水平，对信号质量和强度的影响较小。当射频信号通过物质且各个电磁波被介质内的微小颗粒反射时，就会发生此类散射。大气中的烟雾和沙漠中的沙暴都会引起此类散射。

当射频信号遇到某种凸凹不平的表面并向多个方向反射时，就会发生第二类散射。铁丝网围栏、灰泥墙或老旧石膏墙中的钢丝网、树叶以及岩石地形通常都会引这类散射。入射到粗糙表面的主信号将消散为多个反射信号，从而导致信号质量严重降低，甚至可能造成接收信号丢失。

图 3.11 演示了将手电照在反光球上的效果。从中可以看到，主信号完全被分解为多个振幅较小的反射波束，并向许多不同的方向传播。

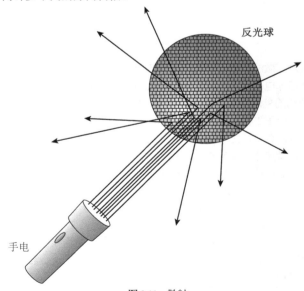

图 3.11　散射

3.3.5　折射

射频信号不仅可以经由反射或散射被吸收或反弹，也可能在特定条件下发生弯曲，这种传播行为称为折射。折射的定义如下：当射频信号通过密度不同的介质时会发生弯曲，致使波的方向发生变化。大气条件是引发射频折射的最主要因素。

> **注意：**
> 在计算远距离室外桥接链路时，可能需要考虑折射率的变化，也就是 k 因子的影响。k 因子等于 1 表示信号没有弯曲；k 因子小于 1(如 2/3)表示信号向地球外侧弯曲；k 因子大于 1 表示信号向地球表面弯曲。在正常大气条件下，k 因子为 4/3，这意味着信号略微向地球曲率弯曲。

水蒸气、气温变化与气压变化是引起折射的三种最常见原因。在室外环境中，射频信号通常会略微折射回地球表面，但大气变化也可能导致信号偏离地球。对远距离室外无线桥接链路而言，折射是需要考虑的问题之一。而在室内环境中，某些玻璃和其他材料同样可能使射频信号发生折射。图 3.12 展示了折射的两个示例。

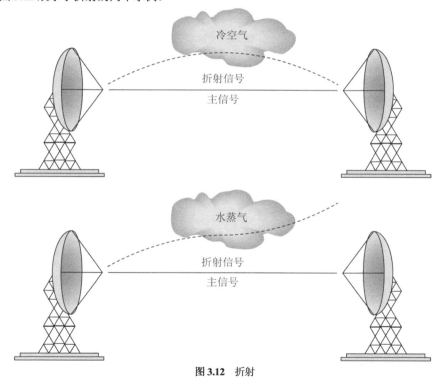

图 3.12　折射

3.3.6　衍射

衍射是另一种会使信号发生弯曲的射频传播行为，注意不要与折射混淆。衍射是射频信号在物体周围出现的弯曲现象(而折射是信号通过介质时的弯曲现象)，即信号遇到障碍物时发生弯曲和扩展。衍射发生的条件完全取决于障碍物的形状、尺寸、材料以及射频信号的确切特性(如极化、相位与振幅)。

衍射通常因射频信号被部分阻挡所致,比如坐落在无线电发射机与接收机之间的小山丘或建筑物。遇到阻隔的射频波将在障碍物周围发生弯曲,并沿着与原先不同的较长路径传播;而没有遇到阻隔的射频波不会弯曲,仍然以原先较短的路径进行传播。作为类比,图3.12显示了河流中央的一块岩石。大部分水流保持原有的流动状态,而遇到岩石的水流要么被反射,要么在岩石周围发生衍射。

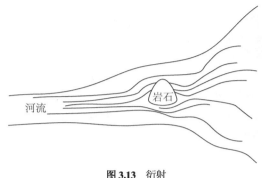

图3.13　衍射

障碍物正后方的区域称为射频阴影(RF shadow)。根据衍射信号的方向变化,射频阴影可能成为覆盖死角,或只能接收到微弱信号。射频阴影的概念对于选择天线位置十分重要。安装在横梁或其他墙体结构中的接入点会产生虚拟的射频盲点。

3.3.7　损耗(衰减)

损耗又称衰减,用于描述振幅或信号强度的降低。信号在导线或空气中传输时,强度可能减弱。在通信的有线部分(射频电缆),同轴电缆和其他元件(如连接器)的电阻抗会削弱交流电信号的强度。

> **注意:**
> 第5章将讨论阻抗,阻抗用于度量对交流电的阻碍作用。阻抗失配将导致有线端的信号丢失。

射频信号经由天线辐射到空中后,会因吸收、距离或多径的不利影响而衰减。前面曾经讨论过,射频信号通过不同的介质时可能被介质吸收,从而导致振幅减小。一般来说,不同材料对信号的衰减程度有所不同。穿过石膏板的2.4 GHz射频信号将衰减3 dB,振幅减小为原来的1/2;而穿过混凝土墙的2.4 GHz信号将衰减12 dB,振幅减小为原来的1/16。如前所述,水和致密物质(如煤渣砌块)是主要的吸收源,它们都会导致信号衰减。

尽管“损耗”一词可能具有负面含义,但衰减并非总是贬义词。第13章将介绍如何利用墙体的衰减特性隔离信号,这种情况下,衰减实际上对802.11通信有利。借助室内环境中的自然射频特性来实现更合理的无线局域网设计是一个十分重要的概念。

> **【练习 3.1】**
>
> **吸收：可视化演示**
>
> 在这个练习中，我们将使用名为 EMANIM 的程序观察信号被不同材料吸收后的衰减效果。EMANIM 是免费程序，可从本书配套网站下载[1]。这是专为本书开发的特殊版本，包含一组额外的菜单选项。
>
> (1) 下载 EMANIM 程序，双击 emanim_setup.exe。
>
> (2) 在主菜单中单击 Phenomenon。
>
> (3) 单击 Sybex CWNA Study Guide。
>
> (4) 单击 Exercise E。当无线电波穿过物质时，物质会吸收部分电波，导致振幅减小。消光系数(extinction coefficient)决定了单位长度材料吸收电波的多少。
>
> (5) 改变材料的长度(Length)和 1 号波的消光系数，观察吸收效果有何变化。

可以采用功率变化的相对量度来测量损耗与增益，这就是第 4 章 "射频组件、度量与数学计算" 将深入探讨的分贝(dB)。不同材料的衰减值如表 3.1 所示。

表 3.1　不同材料的衰减值

材　　料	2.4 GHz 信号
电梯井	−30 dB
混凝土墙	−12 dB
木门	−3 dB
无色玻璃窗	−3 dB
石膏板	−3 dB
石膏板(空心)	−2 dB
隔间墙	−1 dB

> **注意：**
>
> 表 3.1 仅供参考，不会在 CWNA 考试中出现。实际测量结果与具体的环境因素有关，可能因地点而异。

由于自由空间路径损耗的影响，射频信号的振幅也会随着距离的增加而减小，理解这一点很重要。此外，反射是多径的诱因之一，信号强度将因此而减弱。

3.3.8　自由空间路径损耗

即便没有障碍物、吸收、反射、衍射等因素造成的衰减，电磁信号在传输过程中也会因物理定律而衰减。由波的自然展宽引起的信号强度减弱称为自由空间路径损耗(FSPL)，一般也称为波束发散(beam divergence)。射频信号离开天线后，能量会扩散到更大的区域，导致信号强度减弱。

我们利用气球作为类比来解释自由空间路径损耗。气球在充气前较小，但具有致密的橡胶厚度；气球在充气后将膨胀，橡胶会变得非常薄。射频信号的强度损耗方式与之相同。幸运的是，

1　https://www.wiley.com/go/cwnasg，Downloads 选项卡提供了本书所有相关工具和演示的下载链接。

这种损耗呈现对数而非线性变化；因此对于等长的第二段距离，振幅减少没有第一段距离多。例如，在传输 100 m 后，2.4 GHz 信号的功率将下降大约 80 dB；而在继续传输 100 m 后，信号功率仅下降 6 dB。

自由空间路径损耗的计算公式如下(采用 km 作为距离单位)：

$$FSPL=36.6+20\times\log_{10}f+20\times\log_{10}d$$

其中：FSPL 是自由空间路径损耗(单位：dB)，f 是频率(单位：MHz)，d 是天线之间的距离(单位：mile)。

$$FSPL=32.44+20\times\log_{10}f+20\times\log_{10}d$$

其中：FSPL 是自由空间路径损耗(单位：dB)，f 是频率(单位：MHz)，d 是天线之间的距离(单位：km)。

> **注意：**
> 自由空间路径损耗的计算公式仅供参考，不会在 CWNA 考试中出现。网上也有不少用于计算自由空间路径损耗的在线工具以及其他射频计算器。

我们可以采用一种更简单的方法估算自由空间路径损耗，这就是 6 dB 规则(目前请记住，dB 用于度量增益或损耗，详细讨论请参见第 4 章)。这条规则指出，距离每增加一倍，振幅将减少 6 dB。表 3.2 给出了估算的路径损耗，并验证了 6 dB 规则的正确性。

表 3.2　自由空间路径损耗引起的衰减

距离/m	衰减/dB	
	2.4 GHz 信号	5 GHz 信号
1	40	46.4
10	60	66.4
100	80	86.4
1000	100.0	106.4
2000	106.1	112.4
4000	112.1	118.5
8000	118.1	124.5

【现实生活场景】

自由空间路径损耗的重要性何在？

所有无线电设备都有所谓的接收灵敏度(receive sensitivity)。无线电接收机能正确解读和接收低至某个固定振幅阈值的信号。如果无线接口收到高于其振幅阈值的信号，就能感知并解读信号。例如，如果我们想对某人窃窃私语，就要确保耳语的声音足以让对方听到并理解。

当接收信号的振幅低于无线接口的接收灵敏度阈值时，将导致无线接口无法正确感知并解读信号。自由空间路径损耗的概念同样适用于驾车旅行。我们收听车载调幅广播电台时，汽车最终会驶出电台范围，导致收音机无法接收并播放音乐。

为正确接收并解读信号，接收信号不仅要强到足以被无线接口拾取，也要高于任何射频背景噪声。背景噪声通常称为本底噪声(noise floor)，信号必须比背景噪声大。仍以窃窃私语为例，如果一辆救护车在我们耳语时呼啸而过，那么即便耳语的音量足以让对方听到，对方也可能因为警报器的噪声过大而无法理解我们所说的内容。

由于自由空间路径损耗的影响，设计室内无线局域网或室外无线桥接链路时，不仅要确保射频信号不会衰减到无线接口的接收灵敏度以下，也要确保信号不会衰减到接近或低于本底噪声的水平。在室内环境中，一般通过实施现场勘测来实现这一目标；而在室外环境中，桥接链路需要进行一系列称为链路预算(link budget)的计算(第 14 章"无线局域网现场勘测"将讨论现场勘测，第 4 章"射频组件、度量与数学计算"将讨论链路预算)。

3.3.9　多径

多径是一种传播现象，指信号沿两条或多条路径同时或相隔极短时间到达接收天线。由于波的自然展宽，反射、散射、衍射、折射等传播行为因环境而异。信号遇到物体时，可能发生反射、散射、折射或衍射，这些传播行为都会导致同一信号沿多条路径传输。

在室内环境中，走廊、墙体、书桌、地板、文件柜以及其他许多障碍物都可能引起信号反射和回波。由于反射表面的影响，存在大量金属表面的室内环境(如机库、仓库与厂房)会导致严重的多径现象。反射通常是高多径环境的主要诱因。

在室外环境中，平坦的道路、大型水体、建筑物或大气条件可能引起多径，导致信号向多个不同的方向反弹和弯曲。虽然主信号仍然会传输至接收天线，但部分反弹或弯曲的信号也可能经由不同路径到达接收天线。换言之，射频信号会沿多条路径到达接收机，如图 3.14 所示。

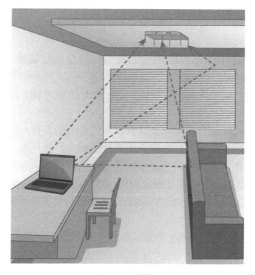

图 3.14　多径

由于反射信号必须行经更长的距离，因此一般晚于主信号到达接收天线。这些信号之间的时间差可以用十亿分之一秒(纳秒)来测量。多条路径之间的时间差称为时延扩展(delay spread)。你将在后续章节中了解到，在处理时延扩展时，某些扩频技术具有更强的容错性。

那么，多径究竟有哪些影响呢？在模拟电视信号传输时代，多径会造成明显的重影效应，使得主图像右侧出现较弱的重复图像。而在现代数字电视传输中，多径表现为像素化和冻结；在最坏的情况下，会导致图像因数据损坏而完全丢失。对射频信号而言，多径效应既可能具有建设性的影响，也可能具有破坏性的影响，但大多数情况下具有破坏性影响。由于多条路径之间存在相位差，混合后的信号往往会衰减、放大或损坏。这些效应有时称为瑞利衰落(Rayleigh fading)，这同样得名于英国物理学家瑞利勋爵(约翰·威廉·斯特拉特)。

多径可能导致以下 4 种结果。

上衰落　信号增强。当多个射频信号同时到达接收机且与主波同相或部分异相时，信号强度(振幅)将增加。0～120 度的相位差会引起上衰落(upfade)。但由于自由空间路径损耗的影响，最终接收到的信号不可能强于原始发送信号。上衰落是多径具有建设性影响的示例之一。

下衰落　信号减弱。当多个射频信号同时到达接收机且与主波异相时，信号强度(振幅)将减少。121～179 度的相位差会引起下衰落(downfade)。下衰落是多径具有破坏性影响的示例之一。

消失　信号相消。当多个射频信号同时到达接收机且与主波 180 度异相时，信号将消失(nulling)。射频信号完全消失显然具有破坏性的影响。

数据损坏　由于主信号与反射信号之间存在时间差(称为时延扩展)，加之可能存在多个反射信号，使得接收机难以正确解调射频信号包含的信息。时延扩展时间差会引起比特相互重叠，最终导致数据损坏。这种多径干扰通常称为符号间干扰(ISI)。多径具有破坏性影响的最典型后果就是数据损坏。

坏消息是，由于时延扩展引起的符号间干扰，高多径环境可能导致数据损坏；好消息是，校验和计算在这种情况下无法通过，因此接收端可以利用 802.11 标准定义的循环冗余校验(CRC)检测出错误。802.11 标准要求接收端使用确认帧对大多数单播帧进行确认，否则发送端将被迫重传单播帧。由于接收端不会确认未能通过循环冗余校验的数据帧，发送端必须重传这些数据帧，但重传总比误判好。

二层重传不仅会影响所有无线局域网的总吞吐量，也会影响 VoIP 等时敏应用数据包的交付。第 15 章"无线局域网故障排除"将讨论二层重传的多种原因，并介绍如何进行故障排除并最大限度减少重传。多径是导致二层重传的主要原因之一，会对遗留的 802.11a/b/g 无线网络的吞吐量和延迟造成不利影响。

那么，无线局域网工程师应该如何处理具有破坏性影响的多径问题呢？对遗留的 802.11a/b/g 设备而言，多径可能是个严重的问题。定向天线往往能减少反射次数，天线分集也可用于补偿多径的不利影响。某些情况下，在保证信号足以抵达远端的前提下，降低发射功率或使用低增益天线也能解决多径问题。本章主要探讨多径对遗留的 802.11a/b/g 无线传输的破坏性影响；而 802.11n 与 802.11ac 无线接口采用多输入多输出(MIMO)天线分集与最大比合并(MRC)信号处理技术，使得多径具有建设性的影响。

过去，对于破坏遗留的 802.11a/b/g 数据传输的多径现象，工程师不能置之不理；在多径效应严重的室内环境中，利用单向天线减少反射是常见的做法。如今，802.11n 和 802.11ac 无线接口使用的 MIMO 技术越来越普遍，多径转变为提高无线局域网性能的有利条件，室内很少再需要使用单向天线。然而，单向 MIMO 贴片天线仍然可以为室内的高密度用户环境提供扇形覆盖。

【练习 3.2】

多径与相位：可视化演示

在这个练习中，我们将使用名为 EMANIM 的免费程序观察同时到达的两个信号的不同相位对振幅的影响。

(1) 从本书配套网站下载 EMANIM 程序，双击 emanim_setup.exe。

(2) 在主菜单中单击 Phenomenon。

(3) 单击 Sybex CWNA Study Guide。

(4) 单击 Exercise A。两个相同且垂直极化的波叠加在一起(两个波由于相互重叠，可能无法区分二者)，导致叠加后的波振幅倍增。

(5) 单击 Exercise B。两个相同但彼此 70 度异相的波叠加在一起，导致叠加后的波振幅增大。

(6) 单击 Exercise C。两个相同但彼此 140 度异相的波叠加在一起，导致叠加后的波振幅减小。

(7) 单击 Exercise D。两个相同但彼此 180 度异相的波叠加在一起，导致两个波相互抵消。

3.3.10　增益(放大)

增益又称放大，用于描述振幅或信号强度的增加。增益分为有源增益(active gain)和无源增益(passive gain)，使用外部设备可以增大信号振幅。

收发器(transceiver)会产生有源增益，在收发器和天线之间使用放大器也会产生有源增益。许多收发器能以不同的功率电平进行传输，功率电平越高，产生的信号越强(信号放大)。放大器通常是双向起效的，这意味着它能增加输入和输出两个方向的交流电压。有源增益器件需要使用外部电源。

使用天线聚焦射频信号会产生无源增益。天线属于无源器件，不需要外部电源，其内部工作原理可以使信号更集中于某个方向。无论是有源增益(信号到达天线前)还是无源增益(信号从天线辐射出去后)，都会增大信号振幅。

注意：

第 5 章将深入探讨天线的正确使用方法。

我们可以使用两种截然不同的工具来测量信号在给定点的振幅。第一种是频域工具，用于测量有限频谱的振幅。无线局域网工程师使用的频域工具称为频谱分析仪。第二种是时域工具，用于测量信号振幅随时间的变化情况。传统上将时域工具称为示波器。图 3.15 演示了如何利用这两种工具来观察振幅。请注意，频谱分析仪是现场勘测的常用仪器；示波器很少用于无线局域网部署，射频工程师一般在实验室测试环境中使用这种设备。

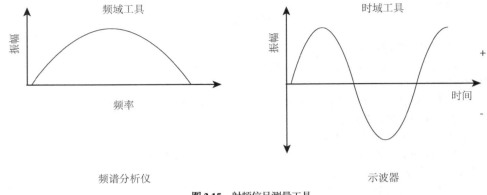

图 3.15　射频信号测量工具

3.4　小结

本章讨论了射频信号的基本知识。为正确设计和管理无线局域网，必须深入理解以下射频特性和射频行为的原理：

- 电磁波及其产生方式。
- 波长、频率与光速之间的关系。
- 信号强度以及信号衰减或放大的各种方式。
- 两个或多个信号之间的重要关系。
- 信号弯曲、反弹或被吸收后的传播方式。

最好坚持从物理层开始排除以太网方面的故障，排除无线局域网方面的故障时也应同样如此。掌握物理层的射频基础知识对于正确管理无线网络至关重要。

3.5　考试要点

理解波长、频率、振幅与相位。了解每种射频特性的定义，以及它们对无线局域网设计的影响。

记住所有射频传播行为。解释每种射频行为(如反射、衍射、散射等)之间的差异，以及与这些行为相关的各种介质。

理解衰减的原因。通过电缆或空间传输时，信号强度会减弱。吸收、自由空间路径损耗与多径(下衰落)都是导致衰减的原因。

定义自由空间路径损耗。即便不存在任何障碍物，电磁波在离开发射机后也会以对数形式衰减。

记住多径可能造成的 4 种结果以及它们与相位的关系。多径可能引起下衰落、上衰落、消失或数据损坏。理解多径效应既可能具有破坏性影响，也可能具有建设性影响。

了解符号间干扰与时延扩展的结果。主信号与反射信号之间的时间差可能导致比特损坏，并因二层重传导致吞吐量下降和延迟增加。

解释有源增益与无源增益的区别。收发器与射频放大器属于有源器件，而天线属于无源器件。

解释发射幅度与接收幅度的区别。发射幅度通常定义为离开无线电发射机时的初始振幅。当无线接口收到射频信号后，接收信号强度一般称为接收振幅。

3.6　复习题

1. 多径干扰会造成哪些后果？(选择所有正确的答案。)

    A. 散射延迟   **B.** 上衰落

    C. 过多的重传   **D.** 吸收

2. 以下哪个术语最能恰如其分地定义电磁信号在正-负-正振荡中行经的线性距离？

    A. 波峰   **B.** 频率

    C. 波谷   **D.** 波长

3. 以下哪些关于放大的说法正确？(选择所有正确的答案。)

    A. 所有天线都需要外部电源。

    B. 射频放大器需要外部电源。

    C. 天线是一种能聚焦信号能量的无源增益放大器。

    D. 通过聚焦信号的交流电，射频放大器以无源方式增加信号强度。

4. 频率的标准测量单位为____。

    A. 赫兹   **B.** 毫瓦

    C. 纳秒   **D.** 分贝   **E.** k 因子

5. 射频信号在物体周围发生弯曲的传播行为称为____。

    A. 分层   **B.** 折射

    C. 散射   **D.** 衍射   **E.** 衰减

6. 当多个射频信号同时到达接收机且与主波____时，将导致主信号____。

    A. 异相，散射   **B.** 同相，符号间干扰   **C.** 同相，衰减

    D. 180 度异相，放大   **E.** 同相，抵消   **F.** 180 度异相，抵消

7. 以下哪些说法正确？(选择所有正确的答案。)

    A. 出现上衰落时，最终接收到的信号将强于原始发送信号。

    B. 出现下衰落时，最终接收到的信号不可能强于原始发送信号。

    C. 出现上衰落时，最终接收到的信号不可能强于原始发送信号。

    D. 出现下衰落时，最终接收到的信号将强于原始发送信号。

8. 如果射频信号每秒循环 240 万次，则信号频率为____。

    A. 2.4 Hz   **B.** 2.4 MHz

    C. 2.4 GHz   **D.** 2.4 kHz   **E.** 2.4 kHz

9. 射频工程师可以使用哪种仪器作为时域工具？

    A. 示波器   **B.** 分光镜

    C. 频谱分析仪   **D.** 折射性胃镜

10. 以下哪些物体或材料是引起反射的常见原因？(选择所有正确的答案。)

    A. 金属   **B.** 树木

    C. 沥青路面   **D.** 湖泊   **E.** 地毯

11. 以下哪些传播行为会引起多径？(选择所有正确的答案。)

    A. 折射   **B.** 衍射

    C. 反射   **D.** 散射   **E.** 以上答案都不正确

12. 以下哪种传播行为能最贴切地描述射频信号遇到铁丝网围栏时被反弹到多个方向？

 A. 衍射 　　　　　　　**B.** 散射

 C. 反射 　　　　　　　**D.** 折射 　　　　　　**E.** 复用

13. 具有破坏性的多径效应对以下哪些 802.11 无线技术的影响最大？(选择所有正确的答案。)

 A. 802.11a 　　　　　**B.** 802.11b 　　　　　**C.** 802.11g

 D. 802.11n 　　　　　**E.** 802.11ac 　　　　　**F.** 802.11i

14. 以下哪些因素会引起射频信号的折射？(选择所有正确的答案。)

 A. 气温变化 　　　　　**B.** 气压变化 　　　　　**C.** 湿度

 D. 烟雾 　　　　　　　**E.** 风 　　　　　　　　**F.** 闪电

15. 以下哪些关于自由空间路径损耗的说法正确？(选择所有正确的答案。)

 A. 即便不存在由障碍物引起的衰减，射频信号也会随着传播而衰减。

 B. 路径损耗以恒定的线性速率发生。

 C. 障碍物会导致衰减。

 D. 路径损耗以对数速率发生。

16. 以下哪个术语用于描述到达接收机的主信号与反射信号之间的时间差？

 A. 路径延迟 　　　　　**B.** 扩频

 C. 多径 　　　　　　　**D.** 时延扩展

17. 射频工程师可以使用以下哪种仪器作为频域工具？

 A. 示波器 　　　　　　**B.** 分光镜

 C. 频谱分析仪 　　　　**D.** 折射性胃镜

18. 利用射频特性与射频行为的相关知识判断：实施室内现场勘测时，无线局域网工程师最应该关注哪两个因素？(选择最合适的两个答案。)

 A. 混凝土墙 　　　　　**B.** 室内温度

 C. 木板条石膏墙 　　　**D.** 石膏板

19. 以下哪三种特性是相互关联的？

 A. 频率、波长、光速 　**B.** 频率、振幅、光速

 C. 频率、相位、振幅 　**D.** 振幅、相位、声速

20. 以下哪种射频行为能最贴切地描述入射到介质并向不同方向弯曲的信号？

 A. 折射 　　　　　　　**B.** 散射

 C. 漫射 　　　　　　　**D.** 衍射 　　　　　　　**E.** 微波反射

第**4**章

射频组件、度量与数学计算

本章涵盖以下内容:

简而言之，数据通信是计算机之间信息的传递。无论采用哪种通信方式，都需要多种组件以确保传输能成功进行。在讨论各个组件之前，我们首先来简单了解一下通信成功进行的三项基本要求：

- 两台或多台设备要求通信。
- 必须存在某种通信介质、手段或方法。
- 必须遵守一系列通信规则(第 8 章"802.11 介质访问"将进行讨论)。

无论是一群人在晚宴上交谈，抑或两台计算机利用拨号调制解调器传输数据，还是许多计算机通过无线网络相互通信，所有形式的通信都需要满足上述三项基本要求。

就本质而言，计算机网络的存在意味着第一个要求已得到满足。因为如果没有需要共享数据的两台或多台设备，也就无须创建网络。CWNA 认证同样假定这一要求已得到满足，因此很少考查涉及数据本身的内容。假定数据已经存在，我们关心的是如何发送并接收数据。

本章重点讨论第二个要求：通信介质、手段或方法。我们将介绍构成无线通信介质的各种射频组件，并讨论射频信号的传输以及传输路径上每种设备和组件的作用。此外，本章还将探讨各种设备或组件对传输的影响。

从第 3 章"射频基础知识"可了解到，信号在从发射机传输到接收机的过程中，会受到多种射频行为的影响。信号通过各种无线电系统组件并在空气中传播时，振幅将发生变化。部分组件会增加信号功率(增益)，其他组件则会减少信号功率(损耗)。本章将介绍量化与测量电波功率的方法，并讨论如何计算内外部因素对电波的影响。通过这些计算可以确定设备之间的通信能否成功进行。

4.1　射频组件

不少组件有助于射频信号的成功收发，图 4.1 展示了接下来准备讨论的重要组件。除了解这些组件的功能外，掌握每种组件影响信号强度的方式也很重要。

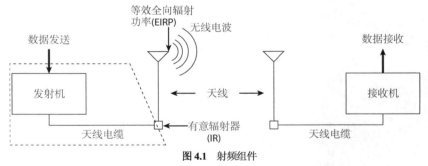

图 4.1　射频组件

在稍后讨论射频数学计算时，我们将介绍如何计算每种组件对信号的影响。

4.1.1　发射机

发射机是构成无线介质的初始组件。计算机将数据传送给发射机，由发射机启动射频通信过程。

第 1 章"无线标准、行业组织与通信基础知识概述"曾讨论过载波信号和调制方法。发射机收到数据后开始产生交流信号，这种交流信号将决定传输频率。例如，2.4 GHz 交流信号每秒振荡 24 亿次左右，而 5 GHz 交流信号每秒振荡 50 亿次左右。这种振荡决定了无线电波的频率。

> **注意：**
> 第 6 章 "无线网络与扩频技术" 将讨论无线局域网通信使用的确切频率。

发射机收到数据后，采用调制技术修改交流信号，将数据编码到信号中。这种经过调制的交流信号称为载波信号，其中包含(或携带)准备传输的数据。接下来，载波信号直接或经由电缆传送给天线。

除产生特定频率的信号外，发射机还会确定原始传输振幅，通常也称为功率电平。振幅越大，无线电波越强，传输距离越远。美国联邦通信委员会(FCC)等监管机构负责决定发射机可以产生的最大功率电平。

> **注意：**
> 本章将分别讨论发射机与接收机。从功能上讲，尽管二者属于不同的组件，但它们通常是一种设备，称为收发器(transceiver)。一般来说，接入点、网桥、客户适配器等无线设备均内置有收发器。

4.1.2　天线

通信系统中的天线具备两种功能。与发射机相连时，天线收集发射机传送的交流信号，并以特定于天线类型的模式将射频波引导或辐射出去。与接收机相连时，天线捕捉空中的射频波，并将交流信号引导至接收机，再由接收机转换为比特和字节。从本章稍后的讨论可知，接收到的信号比产生的信号小得多。这种信号丢失类似于站在足球场两端的两个人试图相互交谈：由于距离(自由空间)的影响，喊叫声从场地一端传至另一端后，音量与低语已相差不多。

人们通常会对天线的射频传输与各向同性辐射器(isotropic radiator)进行比较。各向同性辐射器是一种点源，可以将信号均匀辐射到所有方向。太阳可能是最典型的各向同性辐射器之一，它在各个方向产生相等的能量。遗憾的是，我们无法制造出相当于理想中的各向同性辐射器的天线。天线自身的结构会影响天线输出，就像灯泡的结构会影响灯泡在所有方向上均匀发光的能力一样。

可以通过两种方法增加天线的功率输出。第一种方法是增加发射机的功率，之前已做过介绍；第二种方法是引导或聚焦天线辐射出去的射频信号，类似于手电聚焦光线。如果取下手电的透镜，灯泡往往会变暗，且光线会向几乎所有方向辐射。为增加亮度，既可以换用更强劲的电池，也可以将透镜装回手电。透镜本身不产生光线，而只是将辐射到各个不同方向的光线集中到一块狭窄的区域内。部分天线辐射电波的方式类似于没有透镜的手电，其他天线辐射电波的方式则类似于使用透镜的手电。

> **注意：**
> 第 5 章 "射频信号与天线概念" 将介绍各种天线，并讨论如何正确、有效地使用天线。

4.1.3　接收机

接收机是构成无线介质的最终部件。接收机获取天线收到的载波信号，并将已调信号转换为 1 和 0，然后将数据交由计算机处理。接收机要做的工作并不轻松。由于传输距离和自由空间路径损耗(FSPL)的影响，接收信号的功率远远低于发送信号。加之其他射频源和多径的干扰，信号往往会在无意中发生变化。

4.1.4　有意辐射器

《美国联邦法规》(CFR)的第 15 大部分将有意辐射器(IR)定义为 "通过辐射或感应有意产生并发射射频能量的装置"。从大体上讲，有意辐射器专门用于产生射频；某些装置尽管也能产生射频(如附带产生射频噪声的电动机)，但这并非其主要功能。

FCC 等监管机构会限制 IR 可以产生的最大功率。如图 4.1 所示，IR 包括发射机与天线之间的所有组件，但不包括天线。因此，IR 的功率输出是发射机与天线之间所有组件的功率输出之和(仍然不包括天线)。换言之，发射机、所有电缆和连接器、发射机与天线之间的任何其他设备(接地连接器、避雷器、放大器、衰减器等)构成了 IR。IR 的功率在提供天线输入的连接器处测定，通常将该点作为 IR，其功率电平一般以毫瓦(mW)或毫瓦分贝(dBm)为单位。仍以手电作为类比：IR 包括灯泡插座前的所有组件，但灯泡和透镜不在其中。IR 是原始功率(或信号)，灯泡与透镜用于对信号进行聚焦。

4.1.5　等效全向辐射功率

等效全向辐射功率(EIRP)是特定天线辐射出去的最大射频信号强度。为更好地理解 EIRP，我们仍以手电为例进行说明。假定没有透镜的灯泡能产生 1 W 的功率；装上透镜后，手电将聚焦 1W 的光线。此时再观察手电光线，你会发现比之前更亮。由于透镜的聚焦作用，手电光线的最亮点可能与 8 W 灯泡的亮度相当。换言之，光线经过聚焦后，灯泡的 EIRP 将变为 8 W。

> **注意：**
>
> EIRP 的全称包括等效全向辐射功率(Equivalent Isotropic Radiated Power)和有效全向辐射功率(Effective Isotropic Radiated Power)，本书采用前者。等效全向辐射功率是 "天线输入功率与相对于各向同性天线在给定方向上的天线增益的乘积"。尽管 EIRP 代表的术语有时可能不同，但 EIRP 的定义是一致的。

如前所述，天线能聚焦或引导射频能量，这种聚焦能力使天线的有效输出远大于进入天线的信号功率。由于天线可以放大射频信号的输出，FCC 等监管机构往往会限制 EIRP 的大小。

4.2 节将介绍如何计算天线的输入功率(IR)和输出功率(EIRP)。

> **【现实生活场景】**
>
> ### IR 与 EIRP 度量的重要性何在？
>
> 从第 1 章的讨论可知，各个国家和地区的监管机构负责管理最大发射功率。FCC 与其他监管机构通常会定义有意辐射器(IR)的最大输出功率，以及天线辐射出去的最大等效全向辐射功率(EIRP)。简而言之，FCC 规定了进入天线的最大功率和天线产生的最大功率。
>
> 读者需要了解 IR 和 EIRP 度量的定义。但由于各国的功率规定有所不同，CWNA 考试不会考查这方面的内容。为避免违规，在规划无线局域网部署时，建议了解相关国家和地区的最大发射功率要求。大多数室内 802.11 无线接口的发射功率介于 1 mW 和 100 mW 之间，因此部署室内 Wi-Fi 设备时通常无须考虑功率规定。但对于室外无线局域网部署，了解功率规定十分重要。

4.2　功率单位与比较单位

覆盖和性能是 802.11 无线网络设计中的两个重要因素，切实掌握射频功率、比较单位与射频数学计算对于网络设计大有裨益。

接下来，我们将讨论各种功率单位和比较单位，理解各类计量单位以及它们之间的关系十分重要。某些数字代表实际的功率单位，其他数字则代表相对的比较单位。实际的功率单位是已知值或给定值的单位。

描述"某男子身高 1.83 m"就是实际度量的一个例子。由于身高是已知值(1.83 m)，我们很清楚这名男子到底有多高。而相对单位是比较相似元素后得到的相对值。例如，如果采用比较单位告诉其他人这名男子的妻子有多高，可以说她的身高是丈夫的 5/6。由此得到比较度量：如果知道其中一个人的实际身高，就能确定另一个人的身高。

比较单位对于功率计算很有帮助，本章稍后将讨论利用比较单位来比较两个接入点的覆盖区域。例如，通过简单的数学计算就能确定，需要多少功率可以使接入点的信号覆盖范围增加一倍。

功率单位用于测量发射振幅和接收振幅。换言之，发射功率或接收功率的计量单位属于绝对功率度量。比较单位通常用于测量天线或电缆产生的增益或损耗，也可以表示 A 点和 B 点之间的功率差。也就是说，比较单位属于功率变化度量。

功率单位和比较单位如下所示，接下来将对它们进行讨论。

功率单位(绝对值)
- 瓦特(W)
- 毫瓦(mW)
- 毫瓦分贝(dBm)

比较单位(相对值)
- 分贝(dB)
- 各向同性分贝(dBi)
- 偶极子分贝(dBd)

4.2.1　瓦特

瓦特(W)是基本功率单位，得名于 18 世纪的苏格兰发明家詹姆斯·瓦特。1 W 等于 1 V 电压下流过的 1 A 电流。为更好地解释这个概念，我们以水为例进行说明。

不少人或许熟悉动力清洗机(power washer)。这种设备与水源(如园艺软管)相连，可以将高压水导向物体，利用快速流动的水清洗物体。成功清洗物体需要满足两个条件，一是施加于水的压力，二是一段时间内的用水量(即流量)。这两个条件决定了水流的功率。增加清洗机的压力或水的流量都能提高水流的功率，它等于压力和流量的乘积。

瓦特与动力清洗机的输出非常类似。有别于清洗机产生的压力，电气系统产生的是电压(单位为伏特)；有别于水流，电气系统产生的是电流(单位为安培)。因此，瓦特等于伏特乘以安培。

4.2.2　毫瓦

毫瓦(mW)也是功率单位。简而言之，1 mW = 0.001 W。之所以需要了解毫瓦，是因为大多数室内 802.11 设备的发射功率介于 1 mW 和 100 mW 之间。请记住,电缆会衰减无线接口的发射功率电平,而天线会放大发射功率电平。尽管 FCC 等监管机构可能允许有意辐射器输出高达 1 W 的功率,但仅有为数不多的点对点通信(如建筑物之间的桥接链路)使用发射功率超过 300 mW 的 802.11 设备。

【现实生活场景】

无线局域网供应商的发射功率设置有何含义?

所有无线局域网供应商都允许用户调整接入点的发射功率设置。典型接入点的发射功率一般介于 1 mW 和 100 mW 之间。然而,并非所有供应商都采用相同的方式表示发射功率值。大多数供应商使用 IR 代表发射功率设置,也有部分供应商使用 EIRP。此外,在描述发射功率时,供应商既可能采用毫瓦或毫瓦分贝(如 32 mW 或+15 dBm),也可能采用百分比形式(如 32%)。请阅读相应供应商的部署指南以明确发射振幅值。

4.2.3　分贝

你首先需要理解,分贝(dB)是比较单位而非功率单位,用于描述两个值之间的差异。换言之,分贝属于相对表达,是对功率变化的度量。在无线网络中,一般采用分贝比较两台发射机的功率,发射机天线的 EIRP 输出与接收机天线的接收功率之间的差值或损耗通常也用分贝来描述。

分贝源自贝尔(Bell)一词。当时,贝尔电话实验室的员工需要采用功率比来表示电话线的功率损耗。他们将两个功率之比为 10∶1 的声音信号定义为 1 贝尔。举例如下:接入点以 100 mW 的功率传输数据,膝上型计算机 1 接收到的信号功率为 10 mW,膝上型计算机 2 接收到的信号功率为 1 mW。接入点的信号功率(100 mW)与膝上型计算机 1 的信号功率(10 mW)之比为 100∶10(10∶1)或 1 贝尔;膝上型计算机 1 的信号功率(10 mW)与膝上型计算机 2 的信号功率(1 mW)之比同样为 10∶1 或 1 贝尔。因此,接入点与膝上型计算机 2 之间的功率比为 2 贝尔。

可以利用对数来计算贝尔。并非所有读者都能理解或记住对数,所以我们简单复习一下。首先进行乘方运算。取 10 的 3 次方($10^3=y$),实际上是将 3 个 10 相乘($10\times10\times10$)。计算可知 y 等于 1000,因此解为 $10^3=1000$。计算对数时,我们将上式改写为 $10^y=1000$。那么,10 的几次方等于 1000 呢?答案是 3。也可以将 $10^y=1000$ 改写为 $y=\log_{10}1000$ 或 $y=\log_{10}(1000)$,因此完整的公式为 $3=\log_{10}1000$。部分乘方与对数运算如下:

$$10^1=10 \qquad\qquad \log_{10}10=1$$
$$10^2=100 \qquad\qquad \log_{10}100=2$$
$$10^3=1000 \qquad\qquad \log_{10}1000=3$$
$$10^4=10000 \qquad\qquad \log_{10}10000=4$$

接下来,我们采用对数计算从接入点到膝上型计算机 2 的贝尔值。请记住,贝尔用于计算两个功率的比值。假设接入点的功率为 P_{AP},膝上型计算机 2 的功率为 P_{L2},则 $y=\log_{10}(P_{AP}/P_{L2})$。代入功率值可得 $y=\log_{10}(100/1)$ 或 $y=\log_{10}100$。因此问题变为 10 的几次方等于 100,答案是 2($10^2=100$),也就是 2 贝尔。

这里本应讨论分贝,但到目前为止我们仅讨论了贝尔。在某些情况下,贝尔不够精确,这时就需要使用分贝。分贝等于 1/10 贝尔,只需要将贝尔值乘 10 即可得到分贝值。贝尔和分贝之间

的关系如下:

贝尔=$\log_{10}(P_1/P_2)$

分贝=$10\times\log_{10}(P_1/P_2)$

我们再来计算从接入点到膝上型计算机 2 的分贝值。公式现在变为 $y=10\times\log_{10}(P_{AP}/P_{L2})$,代入功率值可得 $y=10\times\log_{10}(100/1)$ 或 $y=10\times\log_{10}100$,因此答案为 20 分贝。

> **注意:**
> CWNA 考试不会考查对数计算,上述示例只是为了帮助读者大致了解对数的概念和计算方法。我们稍后将讨论如何在不使用对数的情况下计算分贝值。

了解分贝的概念后,读者或许会问,为什么不只使用毫瓦呢?我们确实可以这样做,但由于功率变化是一种对数函数,因此数值之间的差异会变得非常大,导致难以处理。例如,描述“100 mW 信号降低 70 dB”,显然比描述“100 mW 信号降低到 0.00001 mW”容易得多。考虑到数值之间的差异,不难看出分贝更容易处理。

【现实生活场景】

为何应该使用分贝?

从第 3 章的讨论可知,许多传播行为都会对无线电波造成不利影响,自由路径空间损耗就是其中之一。

如果 2.4 GHz 接入点以 100 mW 的功率传输数据,膝上型计算机与接入点相距 100 m(0.1 km),那么膝上型计算机接收到的功率仅有 0.000001 mW 左右。由于数字 100 和 0.000001 相差过大,很难看出二者之间的关系。此外,书写或输入 0.000001 时也很容易漏掉 0。

在这种情况下,可以使用如下自由空间路径损耗公式计算分贝损耗:

$$FSPL=32.4+20\times\log_{10}2400+20\times\log_{10}0.1$$

计算可得分贝损耗为 80.004 dB,约为 80 dB。这个数字更容易处理,也不大可能拼错或输错。

4.2.4　各向同性分贝

前面比较了天线与各向同性辐射器。从理论上讲,各向同性辐射器可以向各个方向均匀辐射信号。因结构受限,天线无法做到这一点。但在某些情况下,我们希望将天线信号聚焦到特定方向,而不是向所有方向辐射。不管怎样,计算天线的辐射功率都很重要,这样才能确定距天线一定位置处的信号强度。此外,我们也可能希望比较两副天线的输出。

与各向同性辐射器产生的功率相比,天线的功率增益称为各向同性分贝(dBi)。换言之,dBi 是相对于各向同性辐射器的分贝增益或相对于天线的功率变化。由于采用增益而非功率来测量天线,可以推断出 dBi 属于相对测量值而非绝对测量值。简单来说,dBi 是天线增益的量度。dBi 值在天线信号的最强点(或焦点)处测得。由于天线总是将能量更多地聚焦到一个方向,因此天线的 dBi 值总是正值(增益)而非负值(损耗)。但也存在 dBi 值为 0 的天线,一般将其称为无增益天线或单位增益天线。

接入点通常使用半波偶极子天线。这是一种小型的通用全向天线,一般采用橡胶或塑料封装。

2.4 GHz 半波偶极子天线的 dBi 值为 2.14。

> **注意:**
>
> 任何情况下，dBi 都是指天线增益。

4.2.5　偶极子分贝

　　天线行业使用两种分贝标度来描述天线增益。第一种标度就是 4.2.4 节介绍的各向同性分贝 (dBi)，用于描述某副天线相对于理论各向同性天线的增益。第二种标度称为偶极子分贝(dBd)，用于描述相对于偶极子天线的分贝增益。换言之，dBd 值是某副天线相对于偶极子天线信号的增益。偶极子天线也属于全向天线(详见第 5 章)，因此 dBd 值是全向天线增益的量度，而不是单向天线增益的量度。由于偶极子天线采用增益而非功率测定，因此同样可以推断出 dBd 属于相对测量值而非绝对测量值。

　　dBd 的定义看似简单,但如何比较一副采用 dBi 表示的天线和另一副采用 dBd 表示的天线呢？其实并不复杂。标准偶极子天线的增益为 2.14 dBi，如果某副天线的增益为 3 dBd，则说明它比偶极子天线的增益高 3 dB。由于偶极子天线的增益值为 2.14 dBi，因此只需要将 3 和 2.14 相加即可，3 dBd 天线相当于 5.14 dBi 天线。

> **注意:**
>
> 请记住，dB、dBi 与 dBd 属于比较(相对)测量值而非功率单位。

【现实生活场景】

行业内幕: dBd

　　由于天线一般采用 dBi 值测定，因此 802.11 设备很少使用 dBd 值来描述天线。极个别情况下，如果确实遇到采用 dBd 值测定的天线，只要将天线的 dBd 值与 2.14 相加就能得到相应的 dBi 值。

4.2.6　毫瓦分贝

　　如前所述，贝尔和分贝用于测量两个信号之间的差异或比值。无论传输的功率类型如何，我们真正需要了解的是一个信号比另一个信号高或低多少贝尔或分贝。毫瓦分贝(dBm)同样属于比较测量值，但比较的并非两个信号，而是信号与 1 mW 功率之间的关系。毫瓦分贝表示相对于 1 mW 的分贝，因此规定 0 dBm 等于 1 mW。dBm 是相对于已知值 1 mW 的测量值，它实际上属于绝对功率的测量值。分贝(相对值)以 1 mW(绝对值)为基准，可以认为 dBm 是相对于 1 mW 的功率变化的绝对评估值，所以 0 dBm 等于 1 mW。由公式 $dB_m = 10 \times \log_{10} P_{mW}$ 可知，100 mW 功率等于+20 dBm。

　　如果已知设备的毫瓦分贝值，则相应的毫瓦值为 $P_{mW} = 10^{(dBm/10)}$。

　　请记住，1 mW 是参考点，0 dBm 等于 1 mW。绝对功率测量值大于 0 dBm 意味着振幅高于 1 mW，绝对功率测量值小于 0 dBm 意味着振幅低于 1 mW。如前所述，大多数 802.11 无线接口的传输振幅通常介于 1 mW 和 100 mW 之间。传输振幅为 100 mW 等于+20 dBm；由于自由空间路径损耗的影响，接收信号总是低于 1 mW。即便是极强的接收信号，功率也只有 - 40 dBm，也就是 0.0001 mW(1 mW 的万分之一)。

同时处理毫瓦和毫瓦分贝似乎令人难以理解。既然毫瓦是一种有效的功率测量单位,何不直接使用?为什么还要使用毫瓦分贝呢?这是学员们经常提出的问题。原因之一是,毫瓦分贝属于绝对测量值,通常比使用百万分之一或十亿分之一毫瓦更容易理解。大多数 802.11 无线接口可以解析从–30 dBm(1 mW 的千分之一)到低至–100 dBm(1 mW 的百亿分之一)的接收信号。相对于0.0000000001 mW,人脑更容易理解–100 dBm。实施现场勘测时,无线局域网工程师总是通过记录接收信号强度的 dBm 值来确定覆盖区域。

我们仍然通过自由空间路径损耗公式来说明使用毫瓦分贝的另一个实际原因。观察以下两个公式,前者用于计算 2.4 GHz 信号距射频源 100 m(0.1 km)处的分贝损耗,后者用于计算 2.4 GHz信号距射频源 200 m(0.2 km)处的分贝损耗。

$$FSPL=32.4+20\times\log_{10}2400+20\times\log_{10}0.1=80.00422(dB)$$

$$FSPL=32.4+20\times\log_{10}2400+20\times\log_{10}0.2=86.02482(dB)$$

从本例中可以看到,射频源到信号的距离增加一倍,信号功率将下降 6 dB 左右。如果发射机与接收机之间的距离增加一倍,接收信号功率将下降 6 dB。无论距离远近,只要距离倍增,分贝损耗就是 6 dB。这条规则同样指出,如果振幅增大 6 dB,可用距离将增加一倍。在比较小区尺寸或估算发射机的覆盖范围时,6 dB 规则特别有用。这条规则对于理解天线增益也很有帮助,因为天线增益每提高 6 dB,射频信号的可用距离就会增加一倍。不过请记住,6 dB 规则不适用于毫瓦。因此将毫瓦转换为毫瓦分贝后,就能采用更有效的方式比较信号。

> **注意:**
> 牢记 6 dB 规则:+6 dB 表示可用信号的距离加倍,–6 dB 表示可用信号的距离减半。

使用毫瓦分贝也便于计算天线增益对信号的影响。如果发射机产生的信号功率为+20 dBm,天线提供 5 dBi 增益,那么天线辐射出去的功率(EIRP)等于二者之和,即+25 dBm。

4.2.7　平方反比定律

从 4.2.6 节讨论的 6 dB 规则可知,信号变化为+6 dB 意味着信号的可用距离加倍,信号变化为–6 dB 意味着信号的可用距离减半。这条规则基于平方反比定律(inverse square law),由艾萨克·牛顿率先发现。

平方反比定律指出,功率变化与距离变化的平方成反比。换言之,与信号源的距离增加一倍,能量范围将扩散 4 倍,导致信号强度降低为原来的 1/4。

也就是说,如果在距信号源某处(d)接收到某个功率电平的信号,当距离增加一倍(距离变化为2)时,新的功率电平将变为 $1/2^2$。可以利用平方反比定律计算指定距离处的 EIRP,公式为 $P/(4\pi r^2)$,其中 P 为初始 EIRP 功率,r 为原始(参考)距离。

我们再来回顾一下自由空间路径损耗的计算公式(分别采用英里和千米作为距离单位)。

$$FSPL=36.6+20\times\log_{10}(f)+20\times\log_{10}(d)$$

其中:FSPL 为自由空间路径损耗(单位:dB),f 为频率(单位:MHz),d 为天线之间的距离(单位:mile)。

$$FSPL=32.4+20\times\log_{10}(f)+20\times\log_{10}(d)$$

其中: FSPL 为自由空间路径损耗(单位: dB), f 为频率(单位: MHz), d 为天线之间的距离(单位: km)。

自由空间路径损耗的概念同样以牛顿的平方反比定律为基础。平方反比定律中的主要变量就是距离。自由空间路径损耗公式也基于距离，但还涉及另一个变量：频率。

4.3　射频数学计算

在讨论射频数学计算时，大多数人对公式中可能包含对数深感畏惧。不必担心，我们将介绍无须使用对数进行射频数学计算的方法。在阅读本节之前，请复习以下内容：

- 使用数字 3 和 10 进行加减法。
- 使用数字 2 和 10 进行乘除法。

我们没有开玩笑。如果读者了解怎样使用 3 和 10 进行加减法以及使用 2 和 10 进行乘除法，就能掌握射频数学计算所需的全部知识。

4.3.1　10 与 3 规则

在深入讨论 10 与 3 规则之前，请读者务必了解，使用这条规则与使用对数公式所得的结果可能有所不同。也就是说，10 与 3 规则只能提供近似值，不一定是精确值。对工程师而言，在研制必须符合射频监管规定的产品时，仍然需要使用对数精确计算各类参数。但对网络设计师而言，10 与 3 规则足以提供正确规划企业网络所需的数值和精确性。

本小节将讨论基本的计算方法，所有计算均基于以下 4 条 10 与 3 规则：

- 每 3 dB 增益(相对值)，意味着绝对功率(mW)加倍。
- 每 3 dB 损耗(相对值)，意味着绝对功率(mW)减半。
- 每 10 dB 增益(相对值)，意味着将绝对功率(mW)乘以 10。
- 每 10 dB 损耗(相对值)，意味着将绝对功率(mW)除以 10。

举例如下。如果接入点的发射功率为 100 mW，天线的额定无源增益为 3 dBi，则天线辐射出去的功率(EIRP)为 200 mW。根据刚刚讨论的规则可知，3 dB 的天线增益将导致接入点的信号功率(100 mW)增加一倍。相反，如果接入点的发射功率为 100 mW，它与损耗为 3 dB 的电缆相连，则电缆末端的绝对振幅为 50 mW。可以看到，3 dB 的电缆损耗将导致接入点的信号功率(100 mW)减少一半。

再举一例。如果接入点的发射功率为 40 mW，天线的额定无源增益为 10 dBi，则天线辐射出去的功率(EIRP)为 400 mW。可以看到，10 dB 的天线增益将导致接入点的信号功率(40 mW)增加 10 倍。相反，如果接入点的发射功率为 40 mW，它与损耗为 10 dB 的电缆相连，则电缆末端的绝对振幅为 4 mW。可以看到，10 dB 的电缆损耗将导致接入点的信号功率(40 mW)减至原来的十分之一。

掌握上述规则有助于提高射频计算的速度。接下来请完成练习 4.1，该练习将逐步指导读者使用 10 与 3 规则。按步骤计算时，请记住 dBm 是功率单位，而 dB 是变化单位。此外，dB 值可以叠加在 dBm 值之上。例如，信号功率为+10 dBm，天线增益为 3 dB，那么二者相加后得到实际的信号功率为+13 dBm。

【练习 4.1】

10 与 3 规则：分步法

(1) 在纸上画出两列。第一列的标题是 dBm，第二列的标题是 mW。

dBm   mW

(2) 在 dBm 标题旁添加加号(+)和减号(-)，在 mW 标题旁添加乘号(×)和除号(÷)。

这有助于提醒读者，在 dBm 列进行的所有数学运算都是加法或减法运算，在 mW 列进行的所有数学运算都是乘法或除法运算。

+   ×
–   dBm   mW ÷

(3) 在加号和减号的左侧写上数字 3 和 10，在乘号和除号的右侧写上数字 2 和 10。

在 dBm 列进行的所有加法或减法运算只能使用数字 3 和 10，在 mW 列进行的所有乘法或除法运算只能使用数字 2 和 10。

3 +   × 2
10 – dBm   mW ÷ 10

(4) 如果左侧是加号，右侧就需要乘号；如果左侧是减号，右侧就需要除号。

(5) 如果左侧加 3 或减 3，右侧就需要乘以 2 或除以 2；如果左侧加 10 或减 10，右侧就需要乘以 10 或除以 10。

(6) 最后，在 dBm 列的下方写上 0，在 mW 列的下方写上 1。

请记住，毫瓦分贝被定义为相对于 1 mW 的分贝，因此 0 dBm 等于 1 mW：

3 +   × 2
10 – dBm   mW ÷ 10
0   1

在讨论下个示例之前需要再次强调，无论采用哪种功率量度，+3 dB 变化相当于功率加倍，而–3 dB 变化相当于功率减半。我们在应用 10 与 3 规则时处理的都是毫瓦，因为它是 802.11 设备使用的典型传输振幅量度单位。但必须记住，不管使用哪种功率标度，+3 dB 都意味着功率加倍。因此，如果功率为 1.21 GW(吉瓦)，则增加 3 dB 后的功率为 2.42 GW。

注意：

本书配套网站提供了一个使用 Microsoft PowerPoint 制作的演示动画[1]，它形象地解释了 10 与 3 规则。PowerPoint 文件的名称如下：

- 10s and 3s Template.ppt
- Rule of 10s and 3s Example 1.ppt
- Rule of 10s and 3s Example 2.ppt
- Rule of 10s and 3s Example 3.ppt
- Rule of 10s and 3s Example 4.ppt

1　http://www.wiley.com/go/cwnasg，Downloads 选项卡提供了本书所有相关工具和演示的下载链接。

【练习 4.2】

10 与 3 规则：示例

无线网桥的发射功率为 100 mW，它通过电缆与天线相连。电缆会产生 3 dB 信号损耗，而天线能提供 10 dBi 信号增益。请计算本例中的 IR 与 EIRP 值。

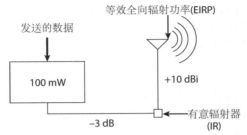

注意 IR 是进入天线(不包括天线)前的信号功率，而 EIRP 是天线辐射出去的信号功率。

(1) 首先需要确定，能否通过使用 10 或 2 以及乘除法，将功率从 1 mW 提高到 100 mW。
不难看到，将 1 连续两次乘以 10 可得到 100，因此无线网桥的功率为 100 mW 或+20 dBm。

	3 +				× 2
	10 −				÷ 10
		dBm		mW	
		0		1	
	+ 10	10		10	× 10
	+ 10	20		100	× 10

(2) 接下来考虑产生 3 dB 损耗的天线电缆。在计算 3 dB 损耗的影响后，得到 IR 为+17 dBm 或 50 mW。

	3 +				× 2
	10 −				÷ 10
		dBm		mW	
		0		1	
	+ 10	10		10	× 10
	+ 10	20		100	× 10
	− 3	17		50	÷ 2

(3) 最后计算天线增益。由于增益为 10 dBi，我们在 dBm 列加 10，并在 mW 列乘以 10，得到 EIRP 为+27 dBm 或 500 mW。

	3 +				× 2
	10 −				÷ 10
		dBm		mW	
		0		1	
	+ 10	10		10	× 10
	+ 10	20		100	× 10
	− 3	17		50	÷ 2
	+ 10	27		500	× 10

练习 4.2 选择的数字很简单，使用的是模板中的值，但现实并非如此。不过只要稍加变化，我们就能计算出任意整数的增益或损耗。遗憾的是，10 与 3 规则无法处理分数或小数，因此仍然需要利用对数公式进行计算。

分贝增益或分贝损耗具有累积效应。例如，如果收发器与天线之间通过 3 段电缆相连，每段电缆会产生 2 dB 损耗，那么 3 段电缆的总损耗为 6 dB。根据 10 与 3 规则可知，减去 6 dB 相当于减去两个 3 dB。分贝的应用非常灵活：只要能计算出所需的总数，采用哪种方法并不重要。

综合运用 10 与 3 规则，我们可以计算出–10 dB 和+10 dB 之间所有整数的损耗和增益，如表 4.1 所示。花些时间观察这些值不难发现，稍加变化就能得到任何整数的损耗或增益。

表 4.1　分贝损耗与增益(–10～10 dB)

损耗或增益(dB)	综合运用 10 与 3 规则
–10	–10
–9	–3–3–3
–8	–10–10+3+3+3+3
–7	–10+3
–6	–3–3
–5	–10–10+3+3+3+3+3
–4	–10+3+3
–3	–3
–2	–3–3–3–3+10
–1	–10+3+3+3
+1	+10–3–3–3
+2	+3+3+3+3–10
+3	+3
+4	+10–3–3
+5	+10+10–3–3–3–3–3
+6	+3+3
+7	+10–3
+8	+10+10–3–3–3–3
+9	+3+3+3
+10	+10

4.3.2　射频数学计算小结

读者至少应掌握如何计算射频系统中不同位置的功率，以及增益或损耗带来的影响。使用对数公式进行射频数学计算的公式如下：

$$dBm=10\times\log_{10}(P_{mW})$$

$$mW=10^{(dBm\div10)}$$

使用 10 与 3 规则时，记住以下 4 种简单的关系即可。

- 3 dB 增益：mW×2。
- 3 dB 损耗：mW÷2。
- 10 dB 增益：mW×10。
- 10 dB 损耗：mW÷10。

绝对功率量度毫瓦与毫瓦分贝之间的对照关系如表 4.2 所示。

表 4.2 毫瓦分贝与毫瓦对照表

毫瓦分贝(dBm)	毫瓦(mW)	功率电平
+36 dBm	4000 mW	4 瓦
+30 dBm	1000 mW	1 瓦
+20 dBm	100 mW	十分之一瓦
+10 dBm	10 mW	百分之一瓦
0 dBm	1 mW	千分之一瓦
−10 dBm	0.1 mW	十分之一毫瓦
−20 dBm	0.01 mW	百分之一毫瓦
−30 dBm	0.001 mW	千分之一毫瓦
−40 dBm	0.0001 mW	万分之一毫瓦
−50 dBm	0.00001 mW	十万分之一毫瓦
−60 dBm	0.000001 mW	百万分之一毫瓦
−70 dBm	0.0000001 mW	千万分之一毫瓦
−80 dBm	0.00000001 mW	亿分之一毫瓦
−90 dBm	0.000000001 mW	十亿分之一毫瓦

4.4 本底噪声

本底噪声(noise floor)是特定信道上无线电能量的环境或背景电平。这种背景能量来自附近传输数据的 802.11 无线接口产生的调制或编码比特，也包括非 802.11 设备(如微波炉、蓝牙设备、便携式电话等)产生的未调制能量。无论哪种电磁设备，都可能增加特定信道上本底噪声的振幅。

本底噪声的振幅因环境而异，有时也称为"背景噪声"。例如，2.4 GHz ISM 信道的本底噪声通常为–100 dBm 左右。但在制造工厂等噪声较大的射频环境中，因受到厂房内电机设备的影响，本地噪声可能达到–90 dBm。另请注意，由于 5 GHz 频段不那么拥挤，因此 5 GHz 信道的本底噪声几乎总是低于 2.4 GHz 信道。

4.5 信噪比

许多无线局域网供应商将信号质量定义为信噪比(SNR)。如图 4.2 所示，信噪比是接收信号与背景噪声(本底噪声)之间的分贝差值，它其实并非比值。例如，如果无线接口收到的信号功率为–85 dBm，且测得的本底噪声为–100 dBm，则接收信号与背景噪声之间的差值为 15 dB，即信噪比等于 15 dB。

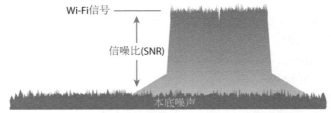

图 4.2 信噪比

信噪比过低会破坏数据传输。如果本底噪声的振幅与接收信号的振幅过于接近，可能导致数据损坏并引发二层重传，从而对吞吐量和延迟造成不利影响。一般来说，信噪比高于 25 dB 表明信号质量较好，信噪比低于 10 dB 表明信号质量较差。

4.6 信干噪比

多年来，信噪比一直是无线局域网的标准测量指标。但在过去几年，供应商开始使用新出现的信干噪比(SINR)一词。信干噪比是主射频信号功率相对于射频干扰和背景噪声功率之和的差值，单位为分贝。

由于背景噪声的射频电平会随着时间推移而趋于一致，因此往往需要一定时间解读和观察信噪比，而信干噪比描述了主射频信号与干扰和噪声之间的关系。尽管噪声电平通常不会过于波动，但来自其他设备的干扰或许更为常见和频繁。因为干扰可能频繁发生，所以信干噪比可更好地描述信号在特定时间发生的变化。

4.7 接收信号强度指示

接收灵敏度(receive sensitivity)表示接收机无线接口成功接收射频信号所需的功率电平。接收机可以成功接收的功率电平越低，接收灵敏度越高。设想我们在观看一场冰球比赛，周围的一切都会产生环境噪声。我们说话的声音只有大到一定程度，才能让邻座的朋友听到。接收灵敏度与之类似，它描述了收发器在正常情况下可以解码的最弱信号。话虽如此，如果特定区域内的噪声比平常大，我们就必须提高音量。

在 Wi-Fi 设备中，接收灵敏度通常定义为网络速度的函数。无线局域网供应商一般会标明不同数据速率对应的接收灵敏度阈值，2.4 GHz 无线接口的供应商示例规范如表 4.3 所示。对接收机无线接口而言，功率越高，支持的数据速率越高。调制技术和编码方法不同，产生的数据速率也不同。调制和编码方法的数据速率越高，数据越容易遭到破坏；调制和编码方法的数据速率越低，数据越不易遭到破坏。

表 4.3 接收灵敏度阈值(供应商示例)

数据速率	接收信号的振幅
MCS7	−77 dBm
MCS6	−78 dBm
MCS5	−80 dBm
MCS4	−85 dBm
MCS3	−88 dBm
MCS2	−90 dBm
MCS1	−90 dBm
MCS0	−90 dBm
54 Mbps	−79 dBm
48 Mbps	−80 dBm
36 Mbps	−85 dBm

(续表)

数据速率	接收信号的振幅
24 Mbps	–87 dBm
18 Mbps	–90 dBm
12 Mbps	–91 dBm
9 Mbps	–91 dBm
6 Mbps	–91 dBm

　　IEEE 802.11-2016 标准将接收信号强度指示(RSSI)定义为 802.11 无线接口用于测量信号强度(振幅)的相对度量，RSSI 测量参数的值介于 0 和 255 之间。无线局域网硬件制造商使用 RSSI 值作为 802.11 无线接口收到的射频信号强度的相对测量值。如表 4.4 所示，RSSI 度量通常映射到以毫瓦分贝值(绝对值)表示的接收灵敏度阈值。例如，RSSI 度量为 30 可能表示接收信号的振幅为–30 dBm，RSSI 度量为 0 可能表示接收信号的振幅为–110 dBm。对于其他供应商，RSSI 度量为 255 表示接收信号的振幅为–30 dBm，RSSI 度量为 0 表示接收信号的振幅为–100 dBm。

表 4.4　接收信号强度指示(RSSI)度量(供应商示例)

RSSI	接收灵敏度阈值	信号强度(%)	信噪比	信号质量(%)
30	–30 dBm	100%	70 dB	100%
25	–41 dBm	90%	60 dB	100%
20	–52 dBm	80%	43 dB	90%
21	–52 dBm	80%	40 dB	80%
15	–63 dBm	60%	33 dB	50%
10	–75 dBm	40%	25 dB	35%
5	–89 dBm	10%	10 dB	5%
0	–110 dBm	0%	0 dB	0%

　　IEEE 802.11-2016 标准还定义了信号质量(SQ)，用于描述无线接口收到的伪噪声码的相关质量。简而言之，信号质量用于衡量可能影响编码技术的因素，它与传输速度有关。第 6 章将讨论编码技术。任何可能提高误比特率(BER)的因素(如低信噪比)都可以用 SQ 度量表示。

　　RSSI 和 SQ 度量包含的信息参数可以从物理层传递到 MAC 子层。部分 SQ 参数也可以与 RSSI 结合使用，作为空闲信道评估(CCA)模式的一部分。

注意：

　　就技术角度而言，SQ 度量和 RSSI 度量属于不同的量度，但大多数无线局域网供应商将二者统称为 RSSI 度量。本书凡是提到 RSSI 度量时，均指 SQ 和 RSSI 度量。

　　根据 IEEE 802.11-2016 标准的定义，"RSSI 是接收射频能量的度量，RSSI 值与实际接收功率的映射依赖于实现"。换言之，无线局域网供应商可以采用专有方式定义 RSSI 度量。RSSI 值的实际范围介于 0 和最大值(小于或等于 255)之间，供应商可以自行选择最大值(称为 RSSI_Max)。许多供应商会在产品文档中或网站上公布 RSSI 值的实现，但某些供应商并没有这样做。由于 RSSI

度量的实现是专有的，比较不同供应商无线网卡的 RSSI 值时存在两个问题。首先，制造商可能选择不同的值作为 RSSI 最大值。例如，供应商 A 采用的标度可能为 0~100，而供应商 B 采用的标度可能为 0~60。因为标度不同，对于同一个信号，供应商 A 标定的 RSSI 值可能为 25，而供应商 B 标定的 RSSI 值可能为 15。此外，供应商 A 制造的无线接口卡使用范围更广的 RSSI 度量，因此在评估信号质量和信噪比时可能更灵敏。

其次，制造商可以自行选择 RSSI 值的范围，并对应于不同的取值范围。例如，供应商 A 可能选择包括 100 个数字的标度，关联到–110~–10 dBm 的毫瓦分贝值；而供应商 B 可能选择包括 60 个数字的标度，关联到–95~–35 dBm 的毫瓦分贝值。换言之，不仅存在不同的编号方案，也存在不同的取值范围。

尽管无线局域网供应商可能采用专有方式实现 RSSI，但大多数供应商都会在漫游和动态速率切换等极为重要的机制中使用 RSSI 阈值。在漫游过程中，客户端决定何时从一个接入点移到另一个接入点，RSSI 阈值是客户端启动漫游切换的关键指标。供应商还使用 RSSI 阈值实现动态速率切换(DRS)，802.11 无线接口利用这种机制在数据速率之间进行转换。本书多个章节都会探讨漫游，第 13 章 "无线局域网设计概念" 将详细介绍动态速率切换。

由于供应商可能使用不同编号标度的值，因此比较不同供应商的 RSSI 值并非易事。有鉴于此，许多网络监控程序将 RSSI 值转换为百分比以方便比较。

为了计算 RSSI 百分比，软件比较实际信号与 RSSI 最大值(由 802.11 标准定义)。大多数供应商采用 0 作为计算的基准值，然后将接收到的 RSSI 值除以 RSSI 最大值。公式如下：

$$\frac{\text{RSSI}}{\text{RSSI\_MAX}} = \text{RSSI百分比}$$

在本节的前一个示例中，供应商 A 选择 0~100 作为标度，RSSI 值为 25；供应商 B 选择 0~60 作为标度，RSSI 值为 15。然而，两家供应商的 RSSI 百分比都是 25%。

【现实生活场景】

802.11 网卡可以测出真实的本底噪声吗？

请注意，早期的 802.11 无线网卡(NIC)并非频谱分析仪；虽然它们能以极高的速度收发数据，却无法识别原始的环境射频信号。由于仅有比特可以通过网卡的编码滤波器，网卡报告的所有信息均来自接收到的比特。如果在无线网卡附近使用微波炉，因为微波炉不会产生数据比特，所以网卡总是报告噪声变量为 0。如果其他 802.11 设备没有产生编码射频信号，就无法采用噪声变量来报告本底噪声。唯一能真正测量非编码射频能量的设备是频谱分析仪。

读者可能已经观察过不少 802.11 设备的信号强度和信噪比，以及 RSSI 与本底噪声之间的关系。无线网卡的开发人员通过信号、噪声与信噪比数据来了解射频设备的运行状态(好、普通、差)。

无线局域网工程师需要噪声变量以计算信号强度，所以不同 Wi-Fi 供应商采用独特的方式来估算本底噪声。由于 802.11 无线网卡仅能处理比特，因此需要使用算法并根据通过网卡的比特来计算噪声变量。

与 RSSI 测量类似，不同的 802.11 设备制造商采用不同的方式计算噪声。部分供应商断然拒绝仅依靠比特来计算噪声，其他供应商则开发了复杂的噪声计算算法。

近年来，802.11 芯片制造通过关闭编码滤波器并利用通过天线的射频信号，将网卡转换为基本的频谱分析仪，但这种 802.11 网卡无法处理数据。一般来说，这些较新的芯片既可作为轻量级频谱分析仪,也可作为处理数据的 Wi-Fi 接口卡,但两种功能通常不会同时存在,因为前端滤波器可以识别 802.11 信号,并将其传送给 802.11 协议栈而非频谱分析仪。某些情况下,部分接入点可以在"混合"模式下运行,能同时传输 802.11 数据并具备频谱分析功能(但 Wi-Fi 性能往往有所降低)。此外,一些无线局域网供应商的接入点集成有频谱分析仪芯片组,可独立于 802.11 无线接口运行。那么,在任何环境中都能精确测量本底噪声的最佳工具是什么呢?答案是高质量频谱分析仪。这种设备配有可以测量非编码射频能量的频谱分析仪芯片组,其便携性使它成为测量实际本底噪声的不二之选。不过请记住,频谱分析仪测得的本底噪声,与 Wi-Fi 客户端或接入点无线接口测得的本底噪声可能有所不同。

4.8　链路预算

在无线电通信部署中,从发射机无线接口经由射频介质到达接收机无线接口的所有增益与损耗之和称为链路预算(link budget)。链路预算计算旨在确保最终接收到的信号振幅高于接收机无线接口的接收灵敏度阈值。

链路预算计算包括原始发射增益、天线的无源增益与射频放大器的有源增益,所有增益(包括射频放大器和天线)以及所有损耗(包括衰减器、自由空间路径损耗与插入损耗)都要纳入考虑。无线电系统中安装的任何硬件设备都会对信号造成一定程度的衰减,这就是所谓的插入损耗(insertion loss)。电缆的额定分贝损耗按每 30.5 m 计算,连接器通常会增加 0.5 dB 左右的插入损耗。

从第 3 章的讨论可知,射频信号在自由空间中传输时也会衰减。图 4.3 显示了某种点对点无线桥接链路,从中可以观察到信号通过各种射频组件时的损耗,以及自由空间路径损耗引起的信号丢失。

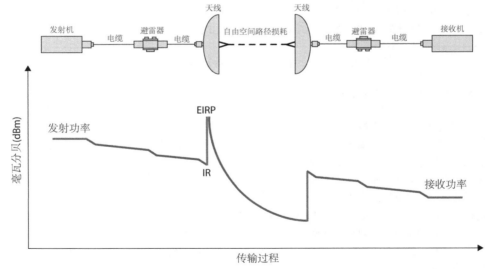

图 4.3　链路预算组件

在图 4.3 中,上半部分显示了构成点对点链路的组件,下半部分显示了射频信号从发射机传输到接收机时的功率变化。发射机首先产生特定值的信号,信号功率在传送给发射天线的过程中会降低。通过电缆、连接器与避雷器时,信号将发生衰减(功率降低)。发射天线聚焦发送信号,产生的增益将提高信号功率。在所有射频传输中，导致信号丢失的罪魁祸首都是在将信号传输到接收天线的过程中出现的自由空间路径损耗。接收天线聚焦接收信号，产生的增益将提高信号功率。通过电缆、连接器与避雷器时，信号将再次衰减(功率降低)，直至最终到达接收机。图 4.3 仅仅用来说明传输过程，并非按比例绘制。

接下来，我们讨论 2.4 GHz 点对点无线桥接链路的链路预算计算，如图 4.4 和表 4.5 所示。两副天线相距 2 km，原始发射功率为+10 dBm。请注意，每种射频组件(如电缆和避雷器)都会产生插入损耗。天线以无源方式放大信号，而信号在自由空间中传输时会发生衰减。在桥接链路接收端，最终接收到的信号功率为–51.5 dBm。

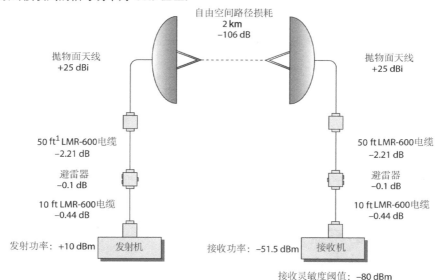

图 4.4 点对点链路预算增益和损耗

表 4.5 链路预算计算

组件	增益或损耗	信号强度
发射机(原始发送信号)		+10 dBm
10 ft LMR-600 电缆	–0.44 dB	+9.56 dBm
避雷器	–0.1 dB	+9.46 dBm
50 ft LMR-600 电缆	–2.21 dB	+7.25 dBm
抛物面天线	+25 dBi	+32.25 dBm
自由空间路径损耗	–106 dB	–73.75 dBm
抛物面天线	+25 dBi	–48.75 dBm
50 ft LMR-600 电缆	–2.21 dB	–50.96 dBm
避雷器	–0.1 dB	–51.06 dBm
10 ft LMR-600 电缆	–0.44 dB	–51.5 dBm
接收机(最终接收信号)		–51.5 dBm

1　1 ft = 12 in = 0.3048 m。

　　假定接收机无线接口的接收灵敏度阈值为–80 dBm,则接收机无线接口可以识别振幅高于–80 dBm 的信号,但无法识别振幅低于–80 dBm 的信号。根据链路预算计算可知,最终接收到的信号功率为–51.5 dBm,远高于接收灵敏度阈值(–80 dBm)。通过链路预算计算可以确定,最终接收信号与接收灵敏度阈值之间存在 28.5 dB 的缓冲空间,这种缓冲空间称为衰落裕度(fade margin),4.9 节将进行讨论。

　　读者或许会提出以下问题:为什么上述数字是负值,而目前接触到的大多数毫瓦分贝值为正值?图 4.5 简单总结了办公环境中的增益和损耗。到目前为止,我们的讨论主要涉及 IR 和 EIRP 计算。这些值之所以为负值,是因为受到自由空间路径损耗的影响,从图 4.5 所示的计算中可以观察到这一点。在本例中,接收信号功率是所有组件的功率之和,如下所示:

$$+20 \text{ dBm} + 5 \text{ dBi} – 73.98 \text{ dB} + 2.14 \text{ dBi} = –46.84 \text{ dBm}$$

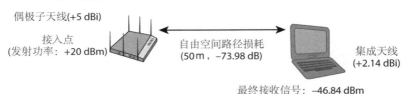

图 4.5　办公环境中的链路预算增益与损耗

　　尽管初始发射振幅几乎总是高于 0 dBm(1 mW),但受到自由空间路径损耗的影响,最终的接收信号振幅总是低于 0 dBm(1 mW)。

4.9　衰落裕度/系统运行裕度

　　衰落裕度是高于信号阈值的部分,可以将其想象为我们的心理舒适区。如果接收机的接收灵敏度为–80 dBm,那么只要接收信号功率高于–80 dBm,传输就能成功进行。问题在于,接收信号会受到许多外部因素(如干扰与天气条件)的影响而出现波动。考虑到这种波动,桥接链路通常会在无线接口的接收灵敏度阈值之上规划 10~25 dB 的缓冲空间,这就是衰落裕度。

　　假定接收灵敏度为–80 dBm,且接收到的信号功率通常为–76 dBm,则正常情况下传输可以成功。然而,由于外部因素的影响,信号可能在±10 dB 的范围内波动。这意味着大多数情况下通信可以成功进行,但如果信号波动导致功率降到–86 dBm,则通信会失败。而在链路预算计算中增加 20 dB 的衰落裕度后,我们可以认为接收灵敏度达到–60 dBm,并重新规划网络以使接收信号高于–60 dBm。即便接收信号出现波动,由于已经设置了部分缓冲空间(本例为 20 dB),因此不必担心通信失败。

　　观察图 4.4。如果要求衰落裕度比接收灵敏度(–80 dBm)高 10 dB,则链路所需的信号功率为–70 dBm。计算可知接收信号功率为–51.5 dBm,因此通信可以成功进行。即便将衰落裕度设置为 20 dB,–51.5 dBm 的信号功率也足以保证成功接收。

　　由于射频通信受到多种外部因素的影响,通过设置衰落裕度来确保链路可靠性的做法十分普遍。从本质上说,增加衰落裕度就是提高链路可靠性。设计和规划射频系统时,可以将衰落裕度视为接收信号的缓冲空间或误差裕量。安装射频链路后,测量链路的实际缓冲空间很重要。这种功能性测量称为系统运行裕度(SOM),它是实际接收信号与实现可靠通信所需的信号之间的差值。

【现实生活场景】

何时需要进行衰落裕度计算?

任何情况下,链路预算和衰落裕度对于设计室外 802.11 桥接链路都是绝对必要的。以长度为 3.2 km 的点对点桥接链路为例,射频工程师经过链路预算计算后确定,最终接收信号比桥接链路一端无线接口的接收灵敏度阈值高 5 dB。射频通信看似可以成功进行,但由于多径和天气条件会导致信号减弱,仍然需要预留一定的衰落裕度作为缓冲。例如,一场暴雨可以使 2.4 GHz 和 5 GHz 信号的衰减达到每千米 0.05 dB。而在远距离桥接链路中,通常建议留出 25 dB 的衰落裕度,以补偿因射频行为变化(如多径)和天气条件变化(如雨、雾、雪)造成的衰减。

部署室内无线局域网时,如果存在严重的多径效应或较高的本底噪声,最好在供应商建议的接收灵敏度阈值之上规划 5 dB 左右的衰落裕度。对大多数供应商的无线接口而言,为获得较高的数据速率,信号功率应保持在–70 dBm 或更高。实施室内现场勘测时,通常使用–70 dBm 的射频测量值来确定较高数据速率的覆盖区;而在嘈杂的环境中,建议增加 5 dB 的衰落裕度,即射频测量值为–65 dBm。

【练习 4.3】

链路预算与衰落裕度

在这个练习中,我们将使用一个 Microsoft Excel 文件来计算链路预算与衰落裕度。请确保计算机已安装 Microsoft Excel。

(1) 从本书配套网站下载 LinkBudget.xls 文件并打开。

(2) 在第 10 行,输入 25 km 作为链路距离。请注意,25 km 链路对 2.4 GHz 信号造成的路径损耗为 128 dB。

(3) 在第 20 行,输入 128(dB)作为路径损耗。

(4) 在第 23 行,将无线接口接收灵敏度改为–80 dBm。请注意,最终接收信号已变为–69 dBm,而衰落裕度仅有 11 dB。

(5) 尝试增加 radio transmitter output power(无线电接收机输出功率)并观察连接情况,确定需要多少功率才能确保衰落裕度为 20 dB。读者也可以调整其他组件(如天线增益和电缆损耗),以确保衰落裕度为 20 dB。

4.10　小结

本章探讨了射频通信的如下 6 个重要领域:

- 射频组件
- 射频测量
- 射频数学
- RSSI 阈值
- 链路预算
- 衰落裕度

理解各种射频组件如何影响收发器的输出十分重要。无论增加、卸载还是更换组件，射频通信的输出都会发生变化。读者需要理解这些变化，并确保系统符合监管标准。本章介绍了以下射频组件。

- 发射机
- 接收机
- 天线
- 各向同性辐射器
- 有意辐射器(IR)
- 等效全向辐射功率(EIRP)

除掌握上述组件及其对传输信号的影响外，还必须了解测量射频通信的输出和变化时使用的功率单位和比较单位。

- 功率单位
  - 瓦特(W)
  - 毫瓦(mW)
  - 毫瓦分贝(dBm)
- 比较单位
  - 分贝(dB)
  - 各向同性分贝(dBi)
  - 偶极子分贝(dBd)

在熟悉射频组件以及它们对射频通信的影响，并了解不同的功率单位和比较单位后，读者需要掌握如何进行实际计算，并判断射频通信能否成功进行。为保证射频链路正常工作，掌握计算方法以及某些术语和概念十分重要。本章讨论了以下术语和概念：

- 10 与 3 规则
- 本底噪声
- 信噪比(SNR)
- 信干噪比(SINR)
- 接收灵敏度
- 接收信号强度指示(RSSI)
- 链路预算
- 系统运行裕度(SOM)
- 衰落裕度

4.11 考试要点

理解射频组件。了解每种组件的作用，以及哪些组件能产生增益，哪些组件会造成损耗。

理解功率单位与比较单位。熟悉功率单位(绝对值)与比较单位(相对值)之间的区别。了解所有功率单位和比较单位及其定义，掌握它们的测量对象和用法。

掌握简单的射频数学计算。CWNA 考试不会考查对数公式，但读者必须掌握如何运用 10 与 3 规则，并能根据给定的场景、功率值或相对变化进行计算。

理解射频数学计算的实际应用。所有计算的最终目的是确定射频通信能否成功进行，这就是理解 RSSI、SOM、衰落裕度、链路预算等概念的重要之处。

解释测量信噪比和本底噪声的重要性。理解特定信道中射频能量的背景噪声会破坏 802.11 数据传输。了解唯一能真正测量未调制射频能量的设备是频谱分析仪。

了解 RSSI 的定义。理解 802.11 无线接口通过 RSSI 度量来判断信号强度和信号质量。无线接口使用 RSSI 度量来决定是否漫游或实施动态速率切换。

理解链路预算和衰落裕度的必要性。链路预算是从发射机无线接口经由射频介质到接收机无线接口的所有增益和损耗之和。链路预算计算旨在确保最终接收到的信号振幅高于接收机无线接口的接收灵敏度阈值。衰落裕度是高于信号阈值的部分。

4.12 复习题

1. 以下哪项指标能更好地描述特定时刻外部因素对射频信号的影响？

A. RSSI **B.** SNR

C. EIRP **D.** SINR

2. 向各个方向均匀辐射射频信号的点源称为____。

A. 全向信号发生器 **B.** 全向天线

C. 有意辐射器 **D.** 非定向发射机 **E.** 各向同性辐射器

3. 对于点对点室外 802.11 桥接链路，计算链路预算和系统运行裕度时需要考虑哪些因素？(选择所有正确的答案。)

A. 距离 **B.** 接收灵敏度 **C.** 发射振幅

D. 天线高度 **E.** 电缆损耗 **F.** 频率

4. 发射机与天线之间的所有组件(不包括天线)称为____。(选择两个正确的答案。)

A. IR **B.** 各向同性辐射器

C. EIRP **D.** 有意辐射器

5. 天线辐射出去的最大射频信号强度称为____。

A. 等效全向辐射功率 **B.** 发射灵敏度

C. 总发射功率 **D.** 天线辐射功率

6. 以下哪些单位属于绝对功率单位？(选择所有正确的答案。)

A. 瓦特 **B.** 毫瓦

C. 分贝 **D.** dBm **E.** 贝尔

7. 以下哪些单位属于比较(相对)单位？(选择所有正确的答案。)

A. dBm **B.** dBi

C. 分贝 **D.** dBd **E.** 贝尔

8. 2 dBd 等于____ dBi。

A. 5 dBi **B.** 4.41 dBi

C. 4.14 dBi **D.** 无法计算

9. 23 dBm 等于____ mW。

A. 200 mW **B.** 14 mW

C. 20 mW **D.** 23 mW **E.** 400 mW

10. 某无线网桥的发射功率为 100 mW，天线电缆和连接器会产生 3 dB 损耗，天线增益为 16 dBi，那么 EIRP 是多少？

    A. 20 mW　　　　　　　**B.** 30 dBm

    C. 2000 mW　　　　　　**D.** 36 dBm　　　　　**E.** 8 W

11. 某 802.11 发射机的发射功率为 400 mW，通过损耗为 9 dB 的电缆连接到增益为 19 dBi 的天线，那么 EIRP 是多少？

    A. 4 W　　　　　　　　**B.** 3000 mW

    C. 3500 mW　　　　　　**D.** 2 W

12. 无线局域网供应商使用 RSSI 阈值来触发哪些无线接口卡行为？(选择所有正确的答案。)

    A. 接收灵敏度　　　　　**B.** 漫游

    C. 重传　　　　　　　　**D.** 动态速率切换

13. 802.11 无线接口使用接收信号强度指示度量来定义以下哪种射频特性？

    A. 信号强度　　　　　　**B.** 相位

    C. 频率　　　　　　　　**D.** 调制

14. dBi 用于测量＿＿＿。

    A. 发射机的输出。

    B. 天线引起的信号功率增加。

    C. 有意发射机引起的信号功率增加。

    D. 各向同性辐射器与收发器之间的比较。

    E. 有意辐射器的强度。

15. 应用 10 与 3 规则时，以下哪些计算是有效的？(选择所有正确的答案。)

    A. 每 3 dB 增益(相对)，意味着将绝对功率(mW)加倍。

    B. 每 10 dB 损耗(相对)，意味着将绝对功率(mW)除以 2。

    C. 每 10 dB 损耗(绝对)，意味着将相对功率(mW)除以 3。

    D. 每 10 mW 损耗(相对)，意味着将绝对功率(dB)乘以 10。

    E. 每 10 dB 损耗(相对)，意味着将绝对功率(mW)减半。

    F. 每 10 dB 损耗(相对)，意味着将绝对功率(mW)除以 10。

16. 某 802.11 发射机的发射功率为 100 mW，通过损耗为 3 dB 的电缆连接到增益为 7 dBi 的天线，那么 EIRP 是多少？

    A. 200 mW　　　　　　**B.** 250 mW

    C. 300 mW　　　　　　**D.** 400 mW

17. 在普通的无线桥接网络中，以下哪种因素是导致信号丢失的首要原因？

    A. 接收灵敏度　　　　　**B.** 天线电缆损耗

    C. 避雷器　　　　　　　**D.** 自由空间路径损耗

18. 对于特定功率电平的信号，要使有效传输距离加倍，EIRP 必须提高多少分贝？

    A. 3 dB　　　　　　　　**B.** 6 dB

    C. 10 dB　　　　　　　**D.** 20 dB

19. 在工厂内建筑物之间实施点对点链路现场勘测时，一名无线局域网工程师发现，厂房里运转的所有机械导致本底噪声极高，他担心过高的本底噪声会降低信噪比与网络性能。这种情况下最好采取哪种措施？

    A. 增加接入点的传输振幅。

B. 将接入点的安装位置调高。

C. 使用增益为 6 dBi 的天线将接入点信号的传输距离增加一倍。

D. 为覆盖小区规划 5 dB 的衰落裕度。

E. 增加客户端无线接口的传输振幅。

20. 应避免采用以下哪项指标来比较不同无线局域网供应商制造的无线网卡？

  A. 接收灵敏度　　　　**B.** 发射功率范围

  C. 天线 dBi　　　　　　**D.** RSSI

第 **5** 章

射频信号与天线概念

本章涵盖以下内容：

- ✓ 方位图与立面图(天线辐射包络)
- ✓ 理解极坐标图
- ✓ 波束宽度
- ✓ 天线类型
  - ▪ 全向天线
  - ▪ 半定向天线
  - ▪ 强方向性天线
  - ▪ 扇形天线
  - ▪ 天线阵
- ✓ 可视视距
- ✓ 射频视距
- ✓ 菲涅耳区
- ✓ 地球曲率
- ✓ 天线极化
- ✓ 天线分集
- ✓ 多输入多输出
- ✓ MIMO 天线
  - ▪ 室内 MIMO 天线
  - ▪ 室外 MIMO 天线
- ✓ 天线的连接与安装
  - ▪ 电压驻波比
  - ▪ 信号损失
  - ▪ 天线的安装
- ✓ 天线附件
  - ▪ 电缆
  - ▪ 连接器
  - ▪ 分路器
  - ▪ 放大器
  - ▪ 衰减器

- ■ 避雷器
- ■ 接地棒与接地线
- ✓ **法规遵从性**

两个或多个收发器相互通信时，发射机天线必须以足够大的功率向外辐射射频信号，以便接收机接收并解析信号。天线的安装是决定通信能否成功进行的首要因素。天线的安装有时很简单，只需要将接入点置于小型办公室的中央，就能为公司提供全面覆盖；而在某些情况下，安装各种定向天线的难度不亚于还原复杂的拼图。但只要正确理解天线及其工作原理，读者就会发现，在无线网络中成功规划和安装天线是一项熟能生巧且有所收获的工作。

本章重点讨论各类天线以及它们引导射频信号的不同方式。选择和安装天线类似于选择和安装家居灯饰：安装灯饰时，可供选择的种类很多，比如台灯、吸顶灯、窄束或宽束定向聚光灯。第 4 章"射频组件、度量与数学计算"讨论了天线聚焦射频信号的概念，本章将介绍各种天线类型及其辐射方向图，并探讨如何正确选择适用于不同环境的天线。

我们经常以光的传播为例来解释射频辐射，但二者的行为方式有所不同。本章还将介绍天线的瞄准和对准，读者会发现，"所见即所得"并非金科玉律。

除介绍天线本身外，本章还将讨论正确安装天线需要哪些附件。在办公环境中，将天线与接入点相连即可；而在室外安装天线时，则需要使用专门的电缆、连接器、避雷器与安装支架。本章将介绍成功安装天线所需的各种部件。

总而言之，本章将讨论正确选择、安装与对准天线所需的技能，掌握这些技能有助于成功实施无线网络——无论是两栋建筑物之间的点对点网络，还是为办公楼提供无线覆盖的网络。

5.1　方位图与立面图(天线辐射包络)

我们可以找到各种用途的灯具，与之类似，市场上也存在大量不同用途的天线。选购家居灯饰时，只需要打开两盏灯并观察二者的发光能力即可。然而，我们无法采用同样的方法来比较天线。

在实际的天线比较中，测试人员需要手持射频计环绕天线走动，首先进行信号的测量，然后在地面或表示环境的图纸上绘制出测量结果。这项工作不但耗时，结果还可能受到外部因素(如家具或区域内其他射频信号)的影响。为帮助潜在客户选购天线，天线制造商为产品制作了方位图(azimuth chart)和立面图(elevation chart)，通常将二者称为辐射方向图(radiation pattern)。辐射方向图表示特定天线模型辐射的信号模式，并且在受控环境中绘制，结果不受外部因素的影响。方位图和立面图一般称为极坐标图(polar chart)或天线辐射包络(antenna radiation envelope)。

除天线极坐标图外，许多公司还提供能进行预测性无线网络设计的软件。这类软件使用天线辐射方向图并结合建筑物结构的射频衰减特性，以创建预测性无线覆盖规划。

图 5.1 显示了某种全向天线的方位图和立面图。方位图标记为 H 平面，表示天线辐射方向图的自顶向下视图。观察方位图可知，全向天线的辐射方向图接近标准圆形。立面图标记为 E 平面，表示天线辐射方向图的侧视图。方位图和立面图的度数不一定对准天线朝向，不同制造商的标注方式可能有所不同，用户读图时须自行判断和解读。

掌握以下几点有助于理解辐射方向图：

- 天线位于方位图或立面图的中央。
- 方位图=H 平面=自顶向下视图。
- 立面图=E 平面=侧视图。

辐射方向图的外圆通常表示天线的最强信号。请注意，辐射方向图与距离远近、功率高低或强度大小无关，而只表示图中不同点之间的功率关系。

我们以阴影为例解释辐射方向图。当手电靠近或远离手掌时，手掌阴影将变大或变小。阴影与手掌大小无关，它表示手掌的相对形状。无论阴影是大是小，手掌的形状都是相同的。对天线而言，辐射方向图将根据天线接收功率的大小而变化，但辐射方向图代表的形状和关系始终保持不变。

图 5.2 显示了另一种全向天线的视图，采用 iBwave[1]开发的预测性建模解决方案绘制而成。视图左侧是天线的 H 平面和 E 平面，主体部分显示了天线覆盖的三维网格渲染效果。

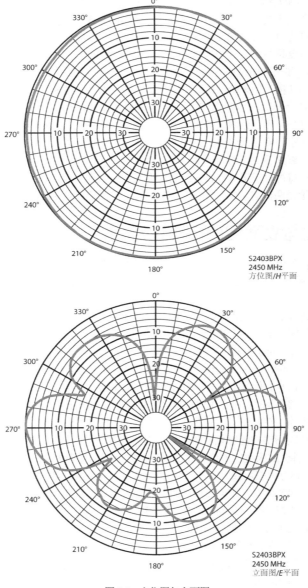

图 5.1　方位图与立面图

———————————

　1　http://www.ibwave.com。

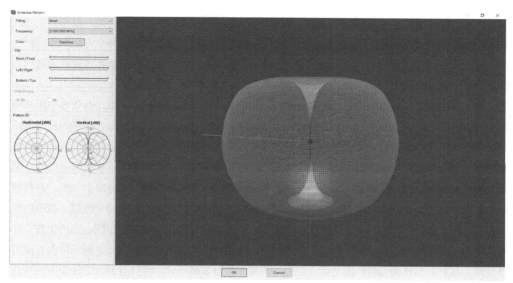

图 5.2　全向天线：三维视图

5.2　理解极坐标图

如前所述，天线的方位图(H 平面)和立面图(E 平面)通常称为极坐标图。人们对极坐标图的理解经常有误，一个重要原因在于没有理解极坐标图代表的是天线覆盖的分贝映射。分贝映射采用对数标度而非线性标度表示天线的辐射方向图。请记住，对数标度是一种基于指数值的可变标度，因此极坐标图实际上属于采用可变标度的可视化表示。

如图 5.3 所示，最上方 4 个方框中的数字表示每个方框的长度和宽度。虽然这 4 个方框的大小相同，但其中每个方框(第一个方框除外)的实际长度和宽度都是前一个方框的两倍。我们不难画出 4 个实际尺寸相同的方框，并在方框中标明它们的实际大小。观察图 5.3，中间的示意图显示了 4 个方框的相对大小。

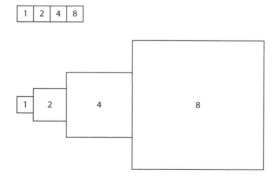

图 5.3　对数标度与线性标度

那么，如何绘制更多方框(比如 10 个方框)呢？观察图 5.3 底部的示意图可知，以相同尺寸表示所有方框就能很容易画出全部方框。在本例中，如果尝试以实际尺寸绘制每个方框(比如图 5.3 中间的示意图)，就无法在有限的区域内画出所有方框。事实上，可能整个房间都难以容纳这些方框。由于比例变化很大，为了完整表示信息，我们不必按比例绘制方框。

第 4 章讨论了射频数学计算。根据 6 dB 规则可知，信号功率每降低 6 dB，有效传输距离将减少一半；信号功率每降低 10 dB，有效传输距离将减少约 70%。如图 5.4 所示，左侧的极坐标图是某种全向天线立面图的对数表示，这类极坐标图在天线手册或规格表中十分常见。未经培训的工程师在读图时，可能会惊讶于全向天线的垂直覆盖范围是如此之大，但实际情况并非如此。阅读对数图时必须记住，从峰值信号开始，功率每降低 10 dB，实际传输距离将减少 70%。在对数图中，每个同心圆之间的功率变化为 5 dB。图 5.4 右侧的极坐标图是这种全向天线覆盖范围的线性表示，注意第一旁瓣的功率比主瓣低 10 dB 左右。不要忘记比较波瓣相对于同心圆的位置。在对数图中，功率每降低 10 dB，相当于线性图中的传输距离减少 70%。对比图 5.4 所示的两张图可以发现，从对数图转换为线性图之后，旁瓣功率基本可以忽略不计。可以看到，这种全向天线几乎不存在垂直覆盖。

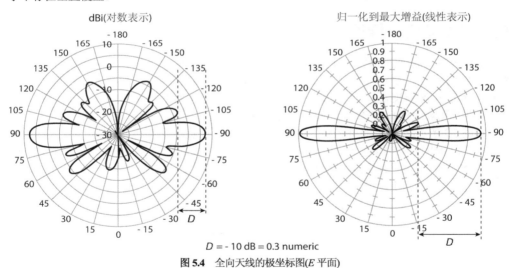

图 5.4　全向天线的极坐标图(E 平面)

再举一例。如图 5.5 所示，左侧是某种定向天线立面图的对数表示，右侧是天线垂直覆盖范围的线性表示。如果将极坐标图旋转到一侧，就能更清楚地观察到安装在建筑物一侧的天线瞄准了另一栋建筑物。

dBi(对数表示)　　　　　　　　　　　　　　　归一化到最大增益(线性表示)

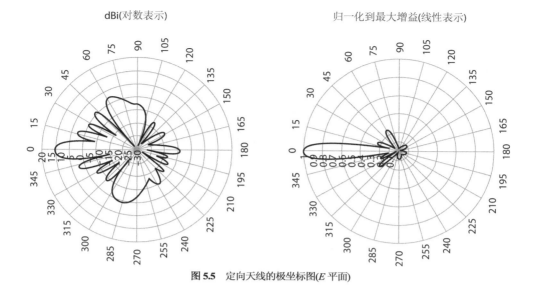

图 5.5　定向天线的极坐标图(*E* 平面)

5.3　波束宽度

许多手电的透镜都是可调的，用户可以根据需要调节光线的聚焦程度。射频天线也可以将辐射功率集中到一处，但与手电不同，天线是不可调的。在购买天线之前，用户必须确定所需的聚焦度。

波束宽度(beamwidth)描述了天线焦点的宽窄，可在水平和垂直方向上进行测量。如图 5.6 所示，测量波束宽度时，从天线信号的中心或最强点开始，沿横轴和纵轴测量每一个信号功率减半的点(–3 dB 点)。这些–3 dB 点通常称为半功率点。横轴上两个半功率点之间的距离为水平波束宽度(单位为度)，纵轴上两个半功率点之间的距离为垂直波束宽度(单位为度)。

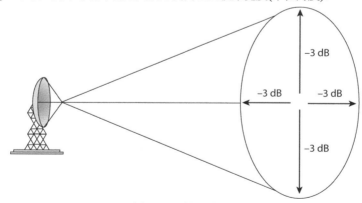

图 5.6　天线的波束宽度

　　大多数情况下，应参考制造商的规格表以确定天线的技术规格，从而选择满足通信需要的天线。制造商通常会提供天线水平波束宽度和垂直波束宽度的数值，因此了解这些数值的计算方法十分重要。相关过程如图 5.7 所示。

　　(1) 确定极坐标图的标度。如图 5.7 所示，实线圆分别表示功率为–10 dB、–20 dB 与–30 dB，虚线圆分别表示功率为–5 dB、–15 dB 与–25 dB。这些同心圆表示从信号峰值点开始分贝不断降低。

　　(2) 为了计算天线的波束宽度，需要确定天线的信号峰值点在图 5.7 中的位置。在本例中，数字 1 所指的点为信号峰值点。

　　(3) 从峰值点沿天线方向图向左右移动(数字 2 所指的两个方向)，直至到达与峰值点功率相差 3 dB 的点(数字 3 所指的两个点)。首先确定极坐标图标度的原因就在于此。

　　(4) 如图 5.7 中的黑色虚线所示，将两个–3 dB 点与极坐标图的原点相连。

　　(5) 测量两条虚线的夹角(单位为度)，该夹角即为天线的波束宽度。在本例中，天线的波束宽度约为 28 度。

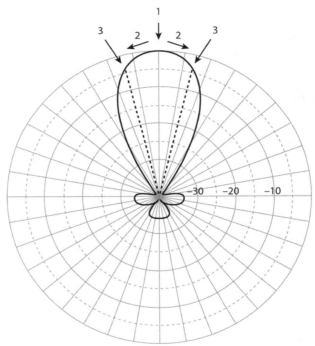

图 5.7　计算波束宽度

　　务请注意，即便射频信号的大部分能量都集中在天线的波束宽度之内，也仍有相当一部分信号会辐射到波束宽度之外。波束宽度以外的部分称为天线的旁瓣或后瓣。观察不同天线的方位图可以看到，部分旁瓣和后瓣相当大。尽管这些波瓣的信号能量远小于主波束宽度的信号，但它们仍然能在某些网络实现中发挥重要作用。有鉴于此，对准点对点天线时，务必确保天线对准的是主瓣而非旁瓣。

表 5.1 列出了无线局域网通信中使用的各类天线及其波束宽度。

表 5.1　天线的波束宽度

天线类型	水平波束宽度	垂直波束宽度
全向天线	360 度	7～80 度
贴片天线/平板天线	30～180 度	6～90 度
八木天线	30～78 度	14～64 度
扇形天线	60～180 度	7～17 度
抛物面天线	4～25 度	4～21 度

注意:
表 5.1 提供的参考信息对于学习本章介绍的各类天线很有帮助。

5.4　天线类型

天线主要分为以下三类。

全向天线　全向天线(omnidirectional antenna)辐射射频信号的方式类似于台灯或落地灯辐射光的方式。这种天线旨在为所有方向提供水平覆盖。

半定向天线　半定向天线(semidirectional antenna)辐射射频信号的方式类似于壁灯将光线从墙壁辐射出去的方式，或类似于路灯照亮街道或停车场的方式，旨在为大面积区域提供定向照明。

强方向性天线　强方向性天线(highly directional antenna)辐射射频信号的方式类似于聚光灯将光线聚焦在旗帜或标志上的方式。

以上三类天线的用途各不相同。

注意:
本节讨论的是天线类型而非照明，记住这一点十分重要。尽管将天线类比为照明有助于理解天线的概念，但是与光信号不同，射频信号可以穿过墙壁和地板等坚硬物体。

天线不仅可以作为辐射器并聚焦发送信号的能量，也可以聚焦接收信号的能量。在室外用肉眼观察某颗星体时，星体看起来黯淡无光；如果使用双筒望远镜观察，星体看起来会明亮一些；如果使用望远镜观察，星体看起来会更加明亮。天线的工作原理与之类似，它既可以放大发送信号，也可以放大接收信号。高增益麦克风的工作原理与之相同，它使观众不仅能通过电视收看喜爱的比赛，也能听到比赛的声音。

5.4.1　全向天线

全向天线向各个方向辐射射频信号。小型橡胶涂层偶极子天线(dipole antenna)通常称为"橡皮鸭天线" (rubber duck antenna)，这是一种典型的全向天线，也是许多接入点默认使用的天线——尽管目前大多数天线采用塑料而非橡胶包裹。理想的全向天线能向各个方向均匀辐射射频信号，类似于第 4 章介绍的理论上的各向同性辐射器。最接近各向同性辐射器的组件是全向偶极子天线。

　　下面通过一个简单的示例来解释典型全向天线的辐射方向图。竖起食指(代表天线)，将一个面包圈像戒指一样套在食指上(代表射频信号)。如果将面包圈水平切成两半以便涂抹黄油，面包圈的切面就相当于全向天线的方位图(H 平面)。如果将另一个面包圈垂直切开(沿面包圈中间的圆洞切成两半)，面包圈的切面就相当于全向天线的立面图(E 平面)。

　　第4章曾介绍过，天线可以聚焦或引导传输的信号。天线的 dBi 值或 dBd 值越高，聚焦信号的能力越强，这一点请读者谨记在心。在讨论全向天线时，一个常见的问题是如何将辐射到各个方向的信号聚焦在一起。高增益的全向天线可以降低垂直方向上的信号功率，提高水平方向上的信号功率。

　　图 5.8 显示了三种理论天线的立面图。可以看到，天线的增益越高，信号在水平方向上的拉伸越大，意味着天线聚焦信号的能力越强。全向天线的水平波束宽度始终为 360 度，垂直波束宽度介于 7 度和 80 度之间并与特定的天线类型有关。

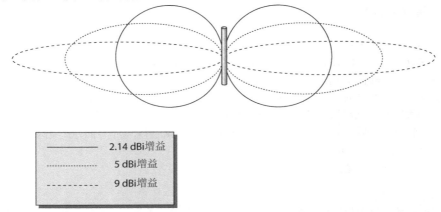

图 5.8　全向天线的垂直辐射方向图

　　由于全向天线的增益越高，垂直覆盖范围越窄，因此使用全向天线时必须仔细规划。在建筑物的一楼安装增益较高的全向天线，虽然可以为一楼提供良好的覆盖，但由于全向天线的垂直覆盖范围较窄，二楼和三楼的信号质量或许不太理想。因此，这种覆盖效果可能仅适用于某些情况。室内安装通常采用增益约为 2.14 dBi 的低增益全向天线。

　　当天线单元的长度为偶分数(如四分之一、二分之一)或波长的倍数时，天线的效率最高。如图 5.9 所示，2.4 GHz 半波偶极子天线由两个单元构成，每个单元为四分之一波长，方向相反。高增益全向天线通常由多个偶极子天线叠加而成，称为共线天线(collinear antenna)。

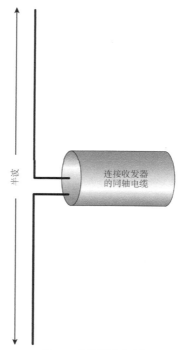

图 5.9　半波偶极子天线

全向天线一般用于点对多点通信。例如，某设备(如接入点)位于一组客户设备的中央，如果该设备装有全向天线，就能为周围的客户设备提供中央通信功能。高增益的全向天线也可以在室外使用，采用点对多点配置将多栋建筑物连接在一起：处于中央位置的建筑物屋顶安装全向天线，周围的建筑物安装指向中央建筑物的定向天线。采用这种配置时，全向天线的增益既要提供必要的覆盖，也不能过高，以免由于垂直波束宽度过窄导致周围的建筑物无法接收到足够的信号。

如图 5.10 所示，安装方式不当会导致天线增益过高：左侧的建筑物可以正常通信，而右侧的建筑物可能难以获得良好的覆盖。为解决图 5.10 中出现的问题，可以使用下倾配置的扇形阵列取代高增益的全向天线。本章稍后将讨论扇形天线。

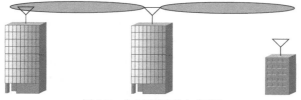

图 5.10　全向天线安装方式不当

5.4.2　半定向天线

与向各个方向辐射射频信号的全向天线不同,半定向天线的目的是将信号引导至特定的方向。半定向天线用于中短距离通信，而强方向性天线用于远距离通信。

半定向天线经常用于在校园环境或街道两侧的建筑物之间提供网络桥接。如果距离更远，则使用强方向性天线。

以下三类天线属于半定向天线:

- 贴片天线(patch antenna)
- 平板天线(panel antenna)
- 八木天线(Yagi antenna)

贴片天线与平板天线如图 5.11 所示。准确地说,应将二者归为平面天线(planar antenna)。贴片是设计天线内部辐射单元的一种特殊方法,但人们通常并不严格区分贴片天线与平板天线。如果无法确定天线的具体类型,最好称之为平面天线。

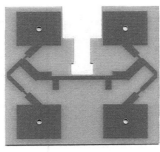

图 5.11　贴片天线的外观与内部单元

平面天线可以用于 1.6 千米以内的室外点对点通信,但更常用作中央设备,在室内环境中提供从接入点到客户设备的单向覆盖。接入点普遍使用平面天线为建筑物内的用户提供定向覆盖。平面天线能有效覆盖图书馆、仓库以及具有长直货架过道的零售店,而全向天线往往难以在上述环境中真正发挥作用。

相比之下,平面天线可以置于建筑物的侧壁高处并瞄准货架。可以采用交错布局,将天线安装在相对的墙壁上。平面天线的水平波束宽度为 180 度或更窄,因此仅有少量信号会辐射到建筑物之外。由于天线交错安装且相互瞄准对方,射频信号更有可能对准过道辐射,从而提供必要的覆盖。

在 MIMO 无线接口出现之前,遗留的 802.11a/b/g 无线接口在室内环境中使用贴片天线和平板天线,以期减少反射并降低多径造成的不利影响。半定向室内天线通常部署在高多径环境中,如存在大量金属货架的仓库和零售店;而 MIMO 技术利用多径来改善通信质量,因此无须再为减少多径而使用贴片天线和平板天线。

802.11n 和 802.11ac MIMO 贴片天线仍然在室内使用,但原因截然不同。部署室内 MIMO 贴片天线的最常见用例是高密度环境。在这种环境中,狭小的空间内存在大量 Wi-Fi 客户设备。例如,学校体育馆或会议厅挤满了使用多种 802.11 无线接口的用户。在高密度环境中,全向天线可能并非提供覆盖的最佳方案。MIMO 贴片天线和平板天线通常安装在天花板或墙壁上,瞄准下方以提供紧密的"扇形"覆盖。室内 MIMO 贴片天线最常见于高密度环境,第 13 章"无线局域网设计概念"将讨论这种天线的应用。

如图 5.12 所示,八木-宇田天线(Yagi-Uda antenna)通常称为八木天线。八木天线一般用于 3.2 千米以内的中短距离通信,但高增益的八木天线也可用于远距离通信。

半定向天线的另一个优点是可以安装在墙壁高处,并向下倾斜对准需要覆盖的区域;而全向天线无法做到这一点,因为如果天线一端向下倾斜,另一端将向上翘起。由于射频信号几乎不会从半定向天线的后侧辐射出去,因此半定向天线还具备垂直瞄准的能力。

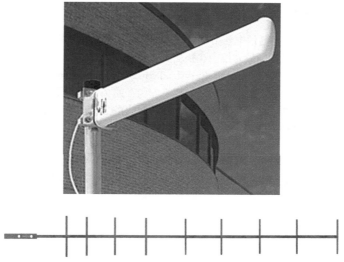

图 5.12　八木天线的外观与内部单元

　　典型半定向平板天线的辐射方向图如图 5.13 所示。请注意，图 5.13 显示的是特定天线的方位图和立面图；对于不同制造商的天线型号，天线的辐射方向图也略有不同。

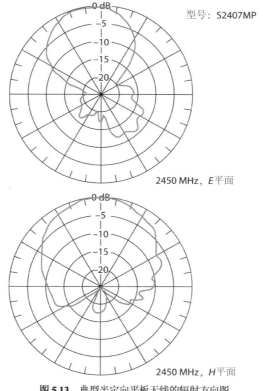

图 5.13　典型半定向平板天线的辐射方向图

5.4.3　强方向性天线

强方向性天线仅在点对点通信中使用，一般用于为两栋建筑物提供网络桥接。在所有天线类型中，强方向性天线的波束宽度最为集中和狭窄。

强方向性天线分为抛物面天线(parabolic dish antenna)和栅格天线(grid antenna)两类。

抛物面天线　从外观上看，抛物面天线类似于安装在屋顶上的小型数字卫星电视天线。

栅格天线　如图 5.14 所示，栅格天线类似于烧烤架的格栅，边缘略微向内弯曲。栅格天线的导线间距由天线传输的信号频率决定。

强方向性天线由于增益很高，因此非常适合在远距离点对点通信中使用。

强方向性天线的传输距离较远且波束宽度较窄，所以更容易受到天线风荷载(wind load)的影响。风荷载是天线受风作用而引起的运动或偏移。哪怕强方向性天线出现轻微的移动，也会使射频波束偏离接收天线，导致射频通信中断。栅格天线的导线间距不易受到风荷载的影响，在大风环境中可能是更好的选择。

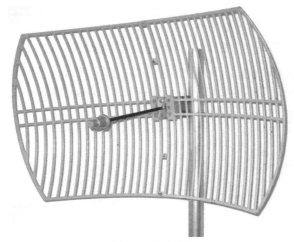

图 5.14　栅格天线

除栅格天线外，在大风环境中还可以考虑使用波束宽度更宽的天线。这种情况下，即便天线略有移动，由于覆盖范围较大，天线仍然能接收到信号。但不要忘记，波束宽度越宽，增益越低。使用抛物面天线时，强烈建议安装具有保护作用的天线罩(radome)，以便在一定程度上抵消刮风的影响。无论安装哪类天线，基座和天线的质量对于减小风荷载都有很大影响。

5.4.4　扇形天线

扇形天线(sector antenna)是一种特殊的高增益半定向天线，能提供饼状的覆盖范围。多副扇形天线通常背靠背连接起来，安装在需要射频覆盖的区域中央。每副天线为各自的饼状区域提供覆盖，所有天线组合在一起就能为整个区域提供全方位覆盖。将多副扇形天线组合在一起以提供 360 度水平覆盖的配置称为扇形阵列(sectorized array)。

与其他半定向天线不同，射频信号几乎不会从扇形天线的后侧(后瓣)泄露出去，因此扇形天线之间不会相互干扰。扇形天线的水平波束宽度介于 60 度和 180 度之间，而垂直波束宽度只有 7～17 度。扇形天线的增益一般在 10 dBi 以上。

与安装单副全向天线相比，可以通过一组扇形天线为某个区域提供全方位覆盖。这种方式具有诸多优点。

- 首先，扇形天线可以安装在地势较高的位置并略微向下倾斜，每副天线以一定倾角对准覆盖的区域。尽管全向天线也可以安装在高处，但如果天线一端向下倾斜，另一端将向上翘起。
- 其次，由于各个扇形天线覆盖的区域不同，每副天线可以连接到某个单独的收发器，并独立于其他天线收发数据。所有天线因而能同时传输数据，使得吞吐量大为提高；而单副全向天线一次只能与一台设备相互通信。
- 最后，一组扇形天线提供的增益远高于单副全向天线，从而能覆盖更大的区域。

以往，扇形天线被广泛用于手机通信，很少在 Wi-Fi 网络中使用。某些情况下，部分无线互联网服务提供商(WISP)将扇形天线作为"最后一英里"的室外覆盖解决方案。室外扇形天线偶尔也用于体育场部署。

【现实生活场景】

蜂窝扇形天线无处不在

在城市中散步或驾车时，请留意无线电通信发射塔。许多发射塔周围环绕有天线环，这些天线环就是扇形天线。如果一座发射塔周围存在多个天线环，就说明可能有多家手机运营商使用这座发射塔。

5.4.5　天线阵

天线阵(antenna array)是由两副或多副天线构成的一组天线，它们集成在一起来提供覆盖。这些天线协同工作以实现所谓的波束成形(beamforming)，波束成形是集中射频能量的一种技术。信号能量集中意味着信号功率增加，接收机的信噪比也会随之提高，从而能提供更好的传输质量。

波束成形技术包括以下三种不同的类型：

- 静态波束成形(static beamforming)
- 动态波束成形(dynamic beamforming)
- 发射波束成形(transmit beamforming)

接下来，我们将探讨每种波束成形技术。

1. 静态波束成形

静态波束成形利用定向天线来提供固定的辐射方向图。这项技术使用多副定向天线，所有天线聚集在一起，从中心点向外瞄准。"静态波束成形"只是讨论室内扇形阵列偶尔使用的一个术语。无线局域网供应商 Riverbed/Xirrus 曾推出一种室内扇形阵列接入点解决方案，这种方案使用定向天线来创建多个波束扇区。

2. 动态波束成形

动态波束成形将射频能量集中于特定方向和特定形状。与静态波束成形一样，动态波束成形能聚焦信号的方向和形状。所不同的是，信号的辐射方向图可以逐帧改变，从而为每台终端提供最佳的功率和信号质量。如图 5.15 所示，动态波束成形通过自适应天线阵引导波束指向目标接收机，这项技术通常称为智能天线技术或波束调向(beamsteering)。然而，动态波束成形无法在客户端使用。

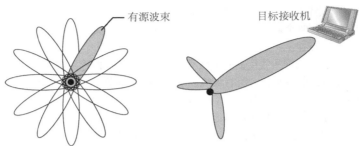

有源波束　　　　　　目标接收机

图5.15　动态波束成形：自适应天线阵

动态波束成形可以将波束聚焦到单个客户端的方向，以实现接入点与目标客户端之间的下行单播传输。然而，所有广播帧(如信标帧)均采用全向模式传输，因此接入点可以与附近所有客户端进行全方位通信。请注意，虽然动态波束成形的概念如图5.15所示，但实际波束的辐射方向图可能与图5.13所示天线产生的信号更为类似。

3. 发射波束成形

发射波束成形(TxBF)通过传输多个相移信号，使这些信号能同相到达发射机认为接收机所处的位置。与动态波束成形不同，发射波束成形不会改变天线辐射方向图，也不存在实际的定向波束。发射波束成形其实并非真正的天线技术，而是传输设备使用的一种数字信号处理技术。这项技术将发送信号复制到多副天线，以优化客户端的组合信号。通过精确控制多副天线发送信号的相位可以提高增益，从而模拟出高增益单向天线的效果。发射波束成形的主要目的就是调整发射相位。

802.11n修正案定义了两种发射波束成形:隐式发射波束成形采用隐式信道探测过程来优化传输链之间的相位差，而显式发射波束成形需要终端提供的反馈来确定每个信号所需的相移量。802.11ac修正案定义的显式发射波束成形要求使用探测帧(sounding frame)，且发射机与接收机都必须支持波束成形。第10章"MIMO技术：高吞吐量与甚高吞吐量"将深入讨论802.11ac技术。

5.5　可视视距

光从一点传播到另一点时，其传播路径理论上是一条畅通无阻的直线，称为可视视距(LOS)。但受到折射、衍射与反射的影响，光的传播路径可能并非直线。在炎炎夏日，观察室外停车场的某个静止物体会发现，由于路面的热量上升，物体看起来似乎在漂移。这个例子表明，可视视距在某些情况下可能会发生轻微变化。在射频通信中，可视视距与传输能否成功进行无关。

5.6　射频视距

点对点射频通信同样要求收发天线之间存在畅通无阻的视距。因此在安装点对点通信系统时，首先要确保从一副天线的安装位置能直接、清楚地观察到另一副天线。不过这只是保证射频通信成功进行的条件之一，除此之外，可视视距周围也不能存在障碍物。可视视距周围的区域称为菲涅耳区，通常也称为射频视距(RF LOS)。

5.7 菲涅耳区

如图 5.16 所示，菲涅耳区(Fresnel Zone)是一块虚构的细长椭球体区域，环绕在两副点对点天线之间的可视视距路径周围。

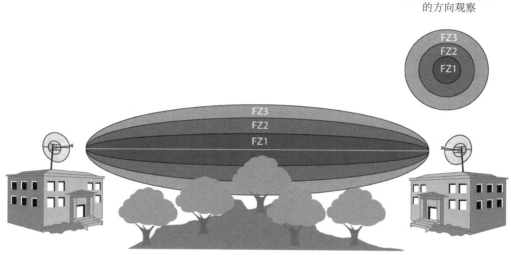

图 5.16 菲涅耳区

从理论上讲，存在无数多个环绕可视视距的菲涅耳区或同心椭球体(橄榄球状)。如图 5.16 所示，最内侧的椭球体称为第一菲涅耳区，环绕在它周围的椭球体称为第二菲涅耳区，以此类推。本节仅讨论与射频通信有关的第一和第二菲涅耳区，为简单起见，图 5.16 只显示了这两个菲涅耳区，其他菲涅耳区对通信的影响基本可以忽略不计。

如果第一菲涅耳区被部分阻挡，将影响到射频通信的质量。收发天线之间的障碍物会引起明显的反射和散射，除此之外，射频信号通过菲涅耳区的障碍物时还会发生衍射或弯曲。这种信号衍射会降低天线接收到的射频能量，甚至可能导致通信链路中断。

图 5.17 显示了一条长度为 1.6 千米的链路。连接收发天线的直线表示可视视距，虚线表示第一菲涅耳区下半部分的 60%，底部实线表示第一菲涅耳区的下半部分，树木表示传输路径中可能存在的障碍物。

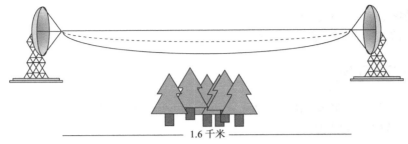

1.6 千米

图 5.17　菲涅耳区净空：60% 与 100%

对于室外点对点桥接链路而言，侵蚀第一菲涅耳区的障碍物在任何情况下都不能超过 40%，否则无法保证链路的可靠性。即便被阻挡的第一菲涅耳区没有超过 40%，也无法保证链路质量一定不受影响。因此，建议保持第一菲涅耳区完全可见，特别是在树木繁茂的地区，因为树木在生长后可能会阻碍菲涅耳区。

常见的障碍物包括树木和建筑物。应定期目视检查链路情况，确保树木生长或新建房屋没有侵蚀菲涅耳区，这一点至关重要。请记住，菲涅耳区存在于可视视距的下方、两侧与上方。如果菲涅耳区确实受阻，则需要移动天线(通常是抬高天线)或移走障碍物。

为确定障碍物是否侵蚀菲涅耳区，读者需要熟悉以下几个计算菲涅耳区半径的公式。不过无须担心，CWNA 考试不会考查这些公式。

第一个公式用于计算收发天线之间中点处的第一菲涅耳区的半径，中点处的菲涅耳区半径最大。公式如下：

$$r = 72.2\sqrt{\frac{d}{4f}}$$

其中：r 为菲涅耳区半径(单位：英尺 [1])，d 为链路距离(单位：英里)，f 为信号频率(单位：GHz)。

上式描述了信号路径应保持的最佳净空，但这种理想的菲涅耳区半径在实际中很难实现。因此第二个公式特别有用，它用于计算净空为 60% 时的菲涅耳区半径，这是收发天线视距中点处需要保持的最小净空值。公式如下：

$$r(60\%) = 43.3\sqrt{\frac{d}{4f}}$$

其中：r 为菲涅耳区半径(单位：英尺)，d 为链路距离(单位：英里)，f 为信号频率(单位：GHz)。

上述两个公式都很有用，但也存在较大的局限性。以上两个公式用于计算收发天线视距中点处的菲涅耳区半径。由于中点处的菲涅耳区最大，根据这两个公式就能确定天线距离地面的最小高度。这个高度很重要，因为如果天线的安装位置过低，地面可能会侵蚀菲涅耳区，导致通信质量下降。问题在于，如果已知障碍物位于收发天线之间的其他位置，就无法使用上述两个公式计算中点处的菲涅耳区半径。为计算收发天线之间任意点的菲涅耳区半径，可以使用第三个公式：

$$r = 72.2\sqrt{\frac{nd_1d_2}{fd}}$$

其中：r 为菲涅耳区半径(单位：英尺)，n 代表第几菲涅耳区(通常为 1 或 2)，d_1 为一副天线与

1　1 英里=5280 英尺，1 英尺=12 英寸=0.3048 米。

障碍物之间的距离(单位：英里)，d_2 为障碍物与另一副天线之间的距离(单位：英里)，d 为收发天线之间的总距离($d=d_1+d_2$，单位：英里)，f 为信号频率(单位：GHz)。

图 5.18 显示了一条长度为 10 英里(约 16.1 千米)的点对点通信链路，链路中的障碍物是一棵 40 英尺(约 12.2 米)高的树木，它与其中一副天线相距 3 英里(约 4.8 千米)。我们可以采用第三个公式计算距离天线 3 英里处的菲涅耳区半径，各参数的值如下：

$n = 1$(第一菲涅耳区)

$d_1 = 3$ 英里

$d_2 = 7$ 英里

$d = 10$ 英里

$f = 2.4$ GHz

于是，3 英里处的菲涅耳区半径为

$$r = 72.2\sqrt{\frac{nd_1d_2}{fd}} = 72.2\sqrt{\frac{1 \times 3 \times 7}{2.4 \times 10}} = 67.53\,(\text{英尺})$$

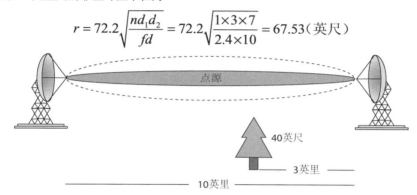

点源

40英尺

3英里

10英里

图 5.18　存在潜在障碍物的点对点通信

因此，如果障碍物的高度为 40 英尺(约 12.2 米)，该点处的菲涅耳区半径为 67.53 英尺(约 20.6 米)，那么收发天线必须安装在距离地面至少 108 英尺的位置(40+67.53=107.53，四舍五入后为 108 英尺，约 32.9 米)，才能确保菲涅耳区完全可见。假设允许障碍物阻挡最多 40%的菲涅耳区，就需要保持 60%的菲涅耳区净空。67.53 英尺的 60%为 40.52 英尺(约 12.4 米)，天线距离地面的绝对最小高度为 81 英尺(40+40.52=80.52，四舍五入后为 81 英尺，约 24.7 米)。我们将在 5.8 节讨论地球曲率，为补偿地球曲率对菲涅耳区的影响，可能需要将天线安装在更高的位置。

强方向性天线的波束宽度很窄，它可以更好地聚焦传输的信号。许多人认为，波束宽度越窄，菲涅耳区越小，但事实并非如此。菲涅耳区半径是信号频率和链路距离的函数。由于频率和距离是公式中仅有的变量，因此无论天线类型和波束宽度如何，菲涅耳区的大小均保持不变。就技术层面而言，第一菲涅耳区是环绕点源的区域，在这一区域，电波与点源信号同相；第二菲涅耳区是环绕第一菲涅耳区的区域，在这一区域，电波与点源信号异相。所有奇数菲涅耳区的电波与点源信号同相，所有偶数菲涅耳区的电波与点源信号异相。

如果射频信号与主信号同频、异相且相交，则异相信号将减弱甚至抵消主信号(第 3 章 "射频基础知识" 通过 EMANIM 程序演示了这一点)。反射是导致异相信号干扰信号的因素之一，因此在评估点对点通信时，考虑第二菲涅耳区的影响十分重要。如果第二菲涅耳区的信号由于天线高度和地形原因被反射到接收天线，链路质量将因此而降低。尽管这种情况不太常见，规划网络或排除连接故障时仍应考虑第二菲涅耳区的影响，在平坦、干旱的地形(如沙漠)中尤其要注意这个问题。此外，还要注意沿菲涅耳区存在的金属表面或平静水面。

请记住，菲涅耳区是三维立体区域。障碍物是否会从上方阻挡菲涅耳区呢？虽然树木不会从天空向下生长，但铁路栈桥或高速公路可能阻挡下方的点对点桥接链路。如果出现这种罕见的情况，则第一菲涅耳区的上半部分必须保持足够的净空。更常见的情况是在城市环境中部署点对点链路。建筑物之间的链路往往还存在其他建筑物，这些建筑物可能会从侧面阻碍菲涅耳区。

到目前为止，所有关于菲涅耳区的讨论都与点对点通信有关。菲涅耳区在所有射频通信中都存在，但它对室外点对点通信的影响最大。室内环境中存在大量墙壁和其他障碍物，它们对信号的反射、折射、衍射与散射是影响链路质量的主要因素，而菲涅耳区与通信能否成功进行关系不大。

5.8　地球曲率

安装远距离的点对点射频通信系统时，必须将地球曲率(earth bulge)纳入考虑。由于世界各地的地形有所不同，因此无法确定地球曲率影响通信链路的确切距离。一般来说，如果收发天线之间的距离超过 7 英里(约 11.3 千米)，就应该考虑地球曲率的影响。因为当链路距离超过 7 英里时，弯曲的地表将开始阻碍菲涅耳区。为补偿地球曲率的影响，可以采用下式计算天线需要提高的高度：

$$h = \frac{d^2}{8}$$

其中 h 为地球曲率的高度(单位：英尺)，d 为收发天线之间的距离(单位：英里)。

根据公式，不难估算出天线的实际安装高度。请记住，这里假设收发天线之间的地形保持不变，因此计算结果并非精确值。我们需要已知或计算以下 3 个参数：

- 第一菲涅耳区半径的 60%。
- 地球曲率的高度。
- 任何可能阻挡菲涅耳区的障碍物高度，以及这些障碍物与天线之间的距离。

将上述 3 个参数相加，便可得到计算天线实际高度的公式：

$$H = r(60\%) + h_{\text{earth}} + h_{\text{OB}}$$

$$H = 43.3\sqrt{\frac{d}{4f}} + \frac{d^2}{8} + h_{\text{OB}}$$

其中 H 为天线实际高度(单位：英尺)，d 为链路距离(单位：英里)，f 为信号频率(单位：GHz)，h_{OB} 为障碍物高度(单位：英尺)。

图 5.19 显示了一条长度为 12 英里(约 19.3 千米)的点对点链路，链路的中点处有一栋 30 英尺(约 9.1 米)高的办公楼，两座通信塔之间使用 2.4 GHz 信号传输数据。利用上面讨论的公式并代入各参数的值，可以计算出收发天线的安装位置至少需要距离地面 96.4 英尺(约 29.4 米)：

$$H = 43.3\sqrt{\frac{d}{4f}} + \frac{d^2}{8} + h_{\text{OB}} = 43.3\sqrt{\frac{12}{4\times2.4}} + \frac{12^2}{8} + 30 = 96.4\text{(英尺)}$$

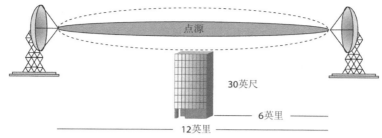

图 5.19　计算天线高度

　　5.7 和 5.8 节介绍的公式在计算菲涅耳区半径与天线高度时非常有用，但 CWNA 考试不会考查这些公式。一些免费的在线计算器(如 everythingRF[1])也提供了这些公式。

5.9　天线极化

　　安装天线时，另一个需要考虑的因素是天线极化(antenna polarization)。虽然许多人不太熟悉天线极化，但它对于确保通信成功进行至关重要。无论安装哪种天线，正确的极化对准都必不可少。天线向外辐射电波时，电波振幅既可以垂直振荡，也可以水平振荡。为尽可能获得最佳信号质量，发射天线和接收天线的极化方向必须相同。安装天线时采用水平极化或垂直极化通常无关紧要，只要两副天线的极化方向保持一致即可。

> **注意:**
> 讨论天线时，应使用术语"极化"(polarization)而非"极性"(polarity)。"极化"指电波的对准或朝向；而"极性"指正负电压，它与天线朝向无关。

　　在室内环境中，射频信号的极化方式在反射时经常会发生变化，因此极化对室内通信的影响很小。大多数接入点使用低增益的全向天线，在天花板上安装接入点时，应使天线垂直极化。膝上型计算机的天线内置在显示器两侧，当显示器处于垂直位置时，内置天线同样会垂直极化。

　　对准点对点或点对多点桥接链路时，正确的极化极其重要。如果天线对准时测得的最佳接收信号电平比估算值低 15～20 dB，那么发生交叉极化的概率很大。如果仅有一端的接收信号电平低于预期，而另一端高于预期，说明对准的可能是旁瓣。

> **注意:**
> 读者可以从本书配套网站下载 *Beam Patterns and Polarization of Directional Antennas*(定向天线的波束方向图和极化)视频[2]，这段 3 分钟的视频解释并演示了天线旁瓣和极化的影响。视频文件名是 Antenna Properties.wmv。

5.10　天线分集

　　无线网络(尤其是室内无线网络)很容易产生多径信号。为帮助补偿多径效应的影响，接入点

1　https://www.everythingrf.com/rf-calculators。
2　https://www.wiley.com/go/cwnasg，Downloads 选项卡提供了本书所有相关工具和演示的下载链接。

等无线网络设备普遍采用天线分集(antenna diversity)，这项技术又称空间分集(spatial diversity)。接入点使用两副或多副天线，并与接收机共同工作，以最大限度减小多径的不利影响。

由于 802.11 无线网络的信号波长小于 5 英寸(约 12.7 厘米)，天线之间可以相距很近而不会影响天线分集的效果。接入点侦听到射频信号时，它比较两副天线收到的信号，并采用接收到较强信号的那副天线来接收数据帧。抽样是逐帧进行的，接入点每次都会选择信号强度较高的天线接收下一帧数据。

802.11n 之前的大多数无线接口采用交换分集(switched diversity)，这项技术使用多副天线监听接收信号。到达接收机天线的同一信号存在多个副本，它们的振幅各不相同。交换分集选择振幅最大的信号，忽略其他信号。只要信号高于预定义的信号电平，接入点就使用一副天线；如果信号降至可接受的电平以下，接入点将使用另一副天线收到的信号。这种监听最佳接收信号的方式称为接收分集(receive diversity)。

交换分集也能用于发送信号，不过此时只使用一副天线。发射机将选择上一次监听到最强信号的分集天线发送当前信号。这种采用监听到上一次最佳接收信号的天线发送当前信号的方式称为发射分集(transmit diversity)。

> **注意:**
> 如果接入点配有两个用于天线分集的天线端口，两副天线应具有相同的增益、安装在相同的位置且朝向一致。如果天线的方向相反，则无法获得良好的覆盖。请记住，采用天线分集时，收发器将在天线之间进行切换，因此两副天线需要提供大致相同的覆盖效果。天线之间的距离应为波长的因数(如四分之一波长、二分之一波长)。

由于天线之间相距很近，人们常常怀疑天线分集的实际效果。从第 4 章的讨论可知，天线收到的射频信号功率通常小于 0.00000001 mW(-80 dBm)。在这种尺度上，接收信号之间的任何细微差别都会对通信产生很大影响。此外，与接入点通信的多台客户设备往往处于不同的位置。这些设备并非总是固定不动，这会进一步影响射频信号的传输路径。

接入点在收发数据时必须采用不同的处理方式。当接入点使用多副天线向客户设备发送数据时，它无法判断客户设备将接收哪副天线发送的信号，因此将使用最近一次接收数据的那副天线来发送数据。如前所述，这种方式一般称为发射分集，但并非所有接入点都具备这种能力。

天线分集的种类很多。配备内部接口卡的膝上型计算机通常配有两副分集天线，内置在显示器两侧。请记住，受射频介质的半双工特性所限，使用天线分集时，任何时候只有一副天线可以收发数据。换言之，无线接口卡使用一副天线发送数据帧时，无法同时使用另一副天线接收数据帧。

5.11　多输入多输出

多输入多输出(MIMO)是另一种更为复杂的天线分集技术。多径会影响信号质量，因此传统的天线系统都致力于消除多径的不利影响。MIMO 系统则正好相反，它利用多径来改善通信质量。一言以蔽之，MIMO 是一种采用多副天线同时收发数据的无线接口体系结构。复杂的信号处理技术能显著提高 MIMO 系统的可靠性、范围与吞吐量。发射机同时使用多个射频信号发送数据，接收机再将数据从这些信号中恢复出来。

802.11n 和 802.11ac 无线接口使用了 MIMO 技术。安装 MIMO 设备时，关键在于确保不同射频链(radio chain)的每个信号以不同的信号极化方式进行传输。通过对准或定向天线，可以使各个信号的传输路径略有不同。这有助于在不同的 MIMO 信号之间引入延迟，从而提高 MIMO 接收机处理不同信号的能力。5.12 节将介绍各类 MIMO 天线。第 10 章将深入探讨 MIMO 技术，MIMO 技术在 802.11n 与 802.11ac 体系中占有重要地位。

5.12　MIMO 天线

为提高无线网络的吞吐量和容量，安装 802.11n 和 802.11ac 接入点已成为常态。无论室内网络还是室外点对点网络，802.11n/ac 设备已司空见惯。在这些环境中，MIMO 天线的选择和布局十分重要。

5.12.1　室内 MIMO 天线

选择室内 MIMO 接入点的天线通常较为简单。许多企业 MIMO 接入点的天线集成在接入点中，不会暴露在外。如果天线没有集成在接入点中，就可能有 3 副或 4 副全向天线直接与接入点相连。某些天线是可拆卸的，便于用户更换增益更高的全向天线或室内 MIMO 贴片天线。

5.12.2　室外 MIMO 天线

与室内接入点一样，室外 MIMO 设备可以利用多径改善通信质量并提高数据速率，前提是环境中存在能引起多径的反射表面。因此，在保持所有天线的传输距离和覆盖范围不变的情况下，改变天线的辐射路径非常重要。在室外环境中，用户需要掌握更多的知识与技术才能实现这一目标，而非依靠网络设计师或安装人员选择并安装天线。为此，不少接入点和天线制造商都设计了全向和定向 MIMO 天线。

为区分不同射频链的信号，定向 MIMO 天线内部装有多个天线单元。天线有 2 个、3 个或 4 个与接入点相连的连接器。如果天线所连接的接入点具有多个无线接口，则接入点的每个无线接口都配有多个天线连接器。务必确保天线电缆连接到同一个无线接口的天线插口。

为配有多条射频链的接入点提供全向 MIMO 覆盖时，可以采用特殊的全向天线组，每组天线包括两副分别采用垂直极化和水平极化的全向天线。使用这些天线略显奇怪，因为在过去，如果为遗留的非 802.11n 接入点安装两副全向天线，则需要选购相同的天线。室外 MIMO 全向天线是成套购买的，但由于每副天线的极化方式不同，天线的长度和宽度通常也有所不同。如果用户不熟悉这些新型天线对，可能会认为厂商发货有误，因为天线外形看起来不太一样。提供全向覆盖时，特殊的单底盘天线(single-chassis antenna)可以配合 MIMO 接入点使用。下倾天线(down-tilt antenna)是一种特殊类型的天线，由装在一个天线内的多个天线单元构成。这种天线通常安装在高处，与覆盖区上方保持水平，朝下面向地板或地面。水平覆盖区是全方位的；垂直覆盖区类似于典型的全向天线，但天线下方的垂直信号或覆盖范围比天线上方更多。

5.13　天线的连接与安装

天线本身是无线网络的重要组件，天线和无线收发器的安装与连接同样至关重要，连接与安装不当会立即抵消天线给网络带来的各种优势。电压驻波比、信号丢失、天线实际装配是正确安装天线的 3 个重要因素。

5.13.1　电压驻波比

电压驻波比(VSWR)用于衡量交流信号的阻抗变化。在射频通信系统中，设备之间的阻抗失配或变化将产生电压驻波。阻抗是交流信号的电阻值。电阻的标准计量单位是欧姆(Ω)，得名于德国物理学家格奥尔格·欧姆。发射机产生交流无线电信号，信号沿电缆传送到天线。如果阻抗失配，部分入射能量(正向能量)将反射回发射机。

阻抗失配可能出现在信号路径的任何位置，但通常由无线电发射机与电缆、电缆与天线之间的阻抗突变引起。反射能量的大小取决于发射机、电缆、天线之间的阻抗失配程度。在电缆同一点处，反射波电压与入射波电压之比称为电压反射系数(voltage reflection coefficient)，通常用希腊字母 ρ 表示。

理想的系统中不存在阻抗失配(阻抗处处相同)；除电缆本身的阻性损耗外，入射能量将百分之百传送给天线，因此反射能量为零。这种情况下，我们称电缆是匹配的，此时电压反射系数恰好为零，以分贝为单位的回波损耗(return loss)无穷大。回波损耗实质上是进入天线的功率与反射功率之间的分贝差，这个值越大越好。入射波和反射波沿电缆来回传播，沿传输线形成驻波。驻波模式是周期变化的(会出现重复)，驻波上存在电压、电流与功率的若干波峰和波谷。

电压驻波比描述了传输线上最大电压(发射机产生的电压)与最小电压(天线接收的电压)之间的数值关系，它是阻抗失配的比值。理想情况下，电压驻波比等于 1∶1，但在实际中无法实现。典型的电压驻波比介于 1.1∶1 和 1.5∶1 之间，军用标准规定电压驻波比为 1.1∶1。

$$\text{VSWR} = \frac{V_{\max}}{V_{\min}}$$

当发射机、电缆、天线的阻抗匹配时(表示不存在驻波)，电缆各处的电压将保持恒定。由于电缆上没有电压波峰和波谷，这种匹配的电缆也称为扁平传输线(flat line)，其电压驻波比等于 1∶1。如表 5.2 所示，阻抗失配增大时，电压驻波比会随着传送给天线的功率减小而增加。

表 5.2　电压驻波比引起的信号丢失

电压驻波比	辐射功率	损失功率	回波损耗	功率损耗
1∶1	100%	0%	无穷大	0 dB
1.5∶1	96%	4%	14 dB	接近 0 dB
2∶1	89%	11%	9.5 dB	小于 1 dB
6∶1	50%	50%	2.9 dB	3 dB

电压驻波比过高意味着有很大一部分电压被反射回发射机，使本应传送给天线的信号功率或振幅降低(出现损耗)。这种正向振幅损耗称为回波损耗，单位为分贝。此外，反射回来的功率会进入发射机，如果发射机没有采取保护措施，过多的反射功率或较大的电压峰值会引起发射机过热和失效。换言之，电压驻波比过高可能导致信号强度减小、信号不稳定甚至发射机故障。

为最大限度减小电压驻波比，首先应确保所有无线网络设备的阻抗匹配。大多数无线网络设备的阻抗为 50 Ω，但最好查阅操作手册加以确认。连接不同的组件时，应确保所有连接器安装正确，密合紧实。

5.13.2　信号丢失

连接天线与发射机时，主要目标是确保发射机产生的信号尽可能多地传送给天线。为此，应特别注意连接发射机与天线所用的电缆和连接器。稍后的 5.14 节"天线附件"将回顾电缆、连接器以及安装天线时使用的其他组件。如果组件质量较差或安装不当，接入点很可能无法正常工作。

5.13.3 天线的安装

如前所述，正确安装天线是确保无线网络以最佳状态运行的最关键因素之一。安装天线时需要考虑以下重要因素：

- 布局
- 安装
- 适当的用途与环境
- 朝向与对准
- 安全
- 维护

1. 布局

合适的天线布局取决于天线类型。安装全向天线时，应将天线置于希望覆盖的区域中央。不要忘记，全向天线的增益越低，垂直覆盖越大；增益越高，垂直覆盖越小。由于高增益全向天线的垂直覆盖范围较小，因此它的安装位置不宜过高，否则地面上的客户设备可能无法接收到足够的信号。

安装定向天线时，应根据水平波束宽度和垂直波束宽度正确调整天线指向。此外，务请了解天线在传输信号时产生的增益。如果信号过强，它将超出计划覆盖的区域，从而造成安全隐患。我们可能希望调低收发器的输出功率以免覆盖区过大，前提是降低信号功率不会影响链路性能。功率过高不仅会造成安全隐患，也会影响到其他用户。

安装室外定向天线时，除考虑水平波束宽度和垂直波束宽度外，还需要正确计算菲涅耳区的大小并据此安装天线。

2. 安装

1) 室内安装注意事项

确定天线布局后，下一步是选择安装方式。安装室内天线的方法很多，大多数接入点至少提供若干锁孔式支架，可通过螺钉悬挂在墙上。相当一部分企业级接入点还配有安装套件，供用户在墙壁或天花板安装天线时使用。利用这些套件，很容易就能将接入点直接连接到吊顶的金属导轨。

美观和安全是安装天线时经常需要考虑的两个问题。许多行业(特别是酒店、医院等服务性行业)要求安装的天线不能影响整体美观，使用专业外壳和吊顶板可以避免接入点和天线暴露在外。其他组织(尤其是学校)则关心如何避免接入点和天线被盗或损坏。接入点可以锁入安全外壳，通过短电缆与天线相连。出于安全考虑，应将天线安装在墙壁高处或天花板上，最大限度防止无关人员接触天线。

如果接入点或天线安装在天花板上，儿童或青少年往往会跳起来尝试触摸天线，或投掷异物以改变天线位置。选择天线的安装位置时，同样要将这个因素考虑在内。

2) 室外安装注意事项

许多天线(特别是室外天线)安装在天线桅杆或塔架上，通常使用安装夹具与 U 型螺栓将天线连接到天线桅杆。安装定向天线时，利用专门设计的倾斜-旋转式安装套件有助于瞄准与固定天线。在大风环境中安装天线时(有无风的屋顶或塔架吗？)，务必考虑风荷载的影响并正确固定天线。

3. 适当的用途与环境

确保不要在室外通信系统中使用室内接入点和天线。室外接入点和天线经过专门设计,可以承受较大的温度变化。设备安装的环境温度应保持在接入点和天线的工作温度范围以内,这一点十分重要。对某些设备而言,加拿大北部的极寒天气可能过冷,而沙特阿拉伯沙漠的极端高温可能过热。室外接入点和天线也设计用来在雨、雪、雾等天气条件下使用。除安装正确的设备外,针对不同环境选择合适的支架同样重要。

随着无线网络的应用日益广泛,无线设备越来越多地见于各种恶劣环境,在易燃或可燃环境(如矿山和石油钻井平台)中安装无线设备也越来越普遍。这些环境中需要使用特殊的接入点和天线结构,或将设备安装在专门的外壳中。

接下来,我们将介绍 4 种分类标准。前两种标准规定了设备可以承受的恶劣条件,后两种标准规定了设备允许运行的环境。这里只列出 4 种现行标准以及它们在设备和环境中的应用。安装设备时,还应了解所在国家、地区或具体环境中是否存在必须(或应该)遵守的规定。

异物防护等级

异物防护等级(Ingress Protection Rating)有时又称国际防护等级,通常简称为 IP 代码(IP Code),注意不要将它与 TCP/IP 中的 "IP 协议" 混淆。国际电工委员会(IEC)负责发布异物防护等级系统。IP 代码由字母 IP 和两个数字构成,如 IP66 或在 IP 后跟一个数字和一个或两个字母。

在 IP 代码中,第一个数字表示设备的固态微粒防护水平,第二个数字表示设备的液体渗透防护水平。如果两类防护都不存在,则将数字替换为字母 X。

第一个数字(防尘等级)介于 0 和 6 之间,表示防护范围从无防护(0)到防尘(6)。第二个数字(防水等级)介于 0 和 8 之间,包括无防护(0)、滴水(1)、泼溅(4)、高压水柱(6)、浸入水中超过 1 米(8)等。

NEMA 外壳等级

NEMA 外壳等级(NEMA Enclosure Rating)由美国电气制造商协会(NEMA)发布。NEMA 等级类似于异物防护等级,但前者还规定了耐腐蚀、垫圈老化、施工实践等其他特性。

NEMA 外壳类型定义在 NEMA 250-2014 标准中,这份名为 "电气设备外壳(最高 1000 伏)" 的文档规定了针对固体异物(如尘埃、粉尘、棉绒与纤维)与液体异物(如水、油或冷却剂)的防护等级。NEMA 外壳等级采用数字或数字后跟字母的形式表示,如 Type 2 或 Type 12K。

如图 5.20 所示,NEMA 外壳通常用于保护室外接入点免受天气条件的影响。许多无线局域网供应商也制造达到 NEMA 等级的室外接入点。

图 5.20　NEMA 外壳

ATEX 指令

ATEX 指令有如下两种。

ATEX 2014/34/EU　该指令于 2016 年 4 月生效，它是对早期 ATEX 94/9/EC 指令的修改，适用于可能在爆炸性环境中使用的设备和防护系统。

ATEX 137　该指令又称 ATEX 99/92/EC 指令，它适用于作业场所，旨在保护并改善处于爆炸性环境中的人员的安全和健康。

欧盟国家的组织机构必须遵守这些指令以保护员工。ATEX 指令得名于 94/9/EC 指令的法文名称："爆炸性环境中使用的设备"(Appareils destinés à être utilisés en ATmosphères EXplosibles)。

企业必须针对可能存在爆炸性环境的工作区域进行分区，区域可分为气-汽-雾环境或粉尘环境。这些规定适用于煤矿地面工业的所有机械和电气设备。出于安全方面的考虑，这些环境中经常需要使用 ATEX 外壳。

美国国家电气法规定义的危险场所

美国国家电气法规(NEC)是规范电气设备和布线安装的安全标准。虽然文档本身不具备法律约束力，但它已被众多美国地方政府和州政府采纳，并成为这些地区的法律。NEC 用很大篇幅描述了危险场所，并将它们按类型、条件与性质进行划分。危险场所可定义为以下类型。

- I 级：气体或蒸气。
- II 级：粉尘。
- III 级：纤维与飞花。

还可根据危险场所的条件做进一步细分。

- 1 区：正常情况(如日常运作的装卸平台)。
- 2 区：异常情况(同一装卸平台，但集装箱内的货物发生泄漏)。

最终分类根据有害物质的性质来定义有害物质的组别。这个值由大写字母表示，范围为 A～G。

4. 朝向与对准

安装天线前一定要阅读制造商的安装建议，安装定向天线时尤其要注意这一点。由于定向天线可能具有不同的水平波束宽度和垂直波束宽度，安装时的极化方式也不相同，因此正确的朝向对于确保通信成功进行至关重要。

(1) 确保定向链路两端采用一致的天线极化方式。

(2) 根据安装位置选择合适的安装技术。

(3) 对准天线。请记住，需要同时对准天线的方向和垂直倾斜。

(4) 对电缆和连接器进行防水处理，并确保它们不会松动。

(5) 记录并拍照接入点和天线的所有安装过程。这不仅有助于今后进行故障排除，也更容易确定安装或对准天线时是否出现移动。

如前所述，随着无线网络越来越多地使用 802.11n、802.11ac 与 MIMO 技术，制造商将特殊的双射频链和室外全向 MIMO 天线设计为成对安装，其中一副天线产生垂直极化信号，另一副天线产生水平极化信号。

5. 安全

安装天线时，怎样强调安全问题都不为过，因为安装人员往往需要攀爬梯子、塔架或屋顶。

重力和大风会给安装人员和下方的协助人员带来不便。

作业前应仔细规划,并备好安装天线所需的各种工具和设备。准备工作不足或爬上爬下寻找遗忘的设备会增加受伤的风险。

作业时应留意附近的天线。强方向性天线聚焦射频能量的能力很强,过量辐射会危害安装人员的健康。作业时不要给天线通电,也不要站在天线安装位置附近的其他天线前。安装人员或许不清楚其他天线系统的频率或功率输出,也很难判断是否存在潜在的健康风险。

在天花板、房椽或天线桅杆上安装天线(或任何设备)时,务必确保安装牢固,不会松动。天线无论轻重,从仓库顶棚掉落下来都极其危险。

建议天线安装人员参加射频健康和安全的相关课程。这些课程将讲授美国联邦通信委员会(FCC)以及美国劳工部职业安全与健康管理局(OSHA)的规定,还会介绍如何安全作业并符合标准。许多其他国家也提供类似的课程,建议选择适合自己国家或地区的课程。

如果需要在天线杆、塔架甚至屋顶等高架结构上安装天线,应考虑聘请专业安装人员。专业人员不仅经过培训,在某些地区还持有进行这类安装所需的认证,并拥有必要的安全设备和工伤保险。

如果计划将安装无线设备作为职业,应制定一套经过当地职业安全机构认可的安全策略。除射频安全培训外,还应参加有关攀登安全的认证培训。此外,强烈建议接受急救和心肺复苏方面的培训。

6. 维护

维护分为预防性维护和诊断性维护。安装天线时务须谨慎,以免日后出现问题。天线在安装完毕后往往难以再次接触,因此安装人员必须认真对待这个看似简单的建议。采用适当的预防性措施能最大限度降低风害和水损。安装天线时,确保所有螺母、螺栓与螺钉已正确安装并拧紧,且所有电缆紧密固定,不会因为刮风而晃动。

冷缩管(cold-shrink tube)或同轴密封胶(coaxial sealant)可以降低电缆或连接器渗水的风险,从而防止水损。另一种常见的方法是结合使用电工胶带和胶黏剂,分层安装以保证完全防水。在涂抹胶黏剂之前,务必先用电工胶带紧紧缠绕连接处。当需要断开连接并重新连接时,如果胶黏剂直接涂抹在连接器上,那么几乎不可能去除胶黏剂。

警告:
　　由于热缩管(heat-shrink tube)会遇热收缩并形成绝缘表层,电缆将因受热而损坏,因此安装天线时不宜使用热缩管。硅氧树脂(silicone)内部会产生气泡并聚集潮气,因而也不宜在安装天线时使用。

另一种布线技术是滴水回路或水落环管(drip loop)。将电缆向下敷设至连接器下方,然后环绕到连接器,就能在连接器的下方形成一个小型回路或 U 型电缆。滴水回路也可用于导入建筑物或构筑物内部的电缆,它能防止水沿电缆渗入连接器或电缆进入建筑物的孔洞。电缆上的水将导入回路底部并排出。

天线安装完毕后,往往在出现问题时才会引起人们的注意。建议定期目视检查天线,如有必要,请对照安装文档验证天线状态。如果难以直接观察到天线的安装位置,可以使用双筒望远镜或高变焦镜头相机。

5.14 天线附件

第 4 章介绍了射频通信系统的主要组件。除此之外，还有一些不太重要或通信链路中不常出现的组件。频率响应、阻抗、电压驻波比、最大输入功率以及插入损耗是所有天线附件的重要指标，接下来将讨论这些组件和附件。

5.14.1 电缆

电缆选择或安装不当会降低射频通信的质量，其影响更甚于其他任何组件或外界因素，安装电缆时请牢记这一点。下面列出了选择和安装电缆时需要注意的一些问题。

- 务必选择合适的电缆，确保电缆的阻抗与天线和收发器的阻抗匹配。如果阻抗失配，电压驻波比的回波损耗将影响链路质量。
- 确保选择的电缆支持通信所用的频率。电缆制造商通常会标明电缆的截止频率，也就是电缆可以支持的最低与最高频率，通常称为频率响应。例如，LMR 电缆是射频通信中普遍使用的同轴电缆品牌。LMR-1200 可以用于 2.4 GHz 传输，但不支持 5 GHz 传输，LMR-900 是 5 GHz 传输中可供使用的最高型号。
- 通信链路使用的电缆会造成信号丢失，电缆供应商提供的图表或计算工具有助于确定损耗大小。图 5.21 显示了 Times Microwave Systems 生产的 LMR 电缆的衰减表。图表的左侧列出了不同类型的 LMR 电缆，位置越靠下的电缆质量越好。更好的电缆通常更粗、更硬、更难安装也更昂贵。图表还显示了每 100 英尺(约 30.5 米)电缆产生的分贝损耗，其中第一行标出了电缆可能使用的传输频率。例如，在 2.5 GHz (2500 MHz) 网络中使用 100 英尺的 LMR-400 电缆将使信号功率降低 6.8 dB。

Times Microwave Systems，衰减(dB)/100英尺											
LMR电缆\频率(MHz)	30	50	150	220	450	900	1500	1800	2000	2500	5800
100A	3.9	5.1	8.9	10.9	15.8	22.8	30.1	33.2	35.2	39.8	64.1
195	2	2.5	4.4	5.4	7.8	11.1	14.5	16	16.9	19	29.9
195UF	2.3	3	5.3	6.4	9.3	13.2	17.3	19	20.1	22.6	35.6
200	1.8	2.3	4	4.8	7	9.9	12.9	14.2	15	16.9	26.4
200UF	2.1	2.7	4.8	5.8	8.3	11.9	15.5	17.1	18	20.2	31.6
240	1.3	1.7	3	3.7	5.3	7.6	9.9	10.9	11.5	12.9	20.4
240UF	1.6	2.1	3.6	4.4	6.3	9.1	11.8	13	13.8	15.5	24.4
300	1.1	1.4	2.4	2.9	4.2	6.1	7.9	8.7	9.2	10.4	16.5
300UF	1.3	1.6	2.9	3.5	5.1	7.3	9.5	10.5	11.1	12.5	19.8
400	0.7	0.9	1.5	1.9	2.7	3.9	5.1	5.7	6	6.8	10.8
400UF	0.8	1.1	1.8	2.2	3.3	4.7	6.2	6.8	7.2	8.1	13
500	0.5	0.7	1.2	1.5	2.2	3.1	4.1	4.6	4.8	5.5	8.9
500UF	0.6	0.8	1.5	1.8	2.6	3.8	5	5.5	5.8	6.6	10.6
600	0.4	0.6	1	1.2	1.7	2.5	3.3	3.7	3.9	4.4	7.3
600UF	0.5	0.7	1.2	1.4	2.1	3	4	4.4	4.7	5.3	8.7
900	0.3	0.4	0.7	0.8	1.2	1.7	2.2	2.5	2.6	3	4.9
1200	0.2	0.3	0.5	0.6	0.9	1.3	1.7	1.9	2	2.3	不支持
1700	0.1	0.2	0.3	0.4	0.6	0.9	1.3	1.4	1.5	1.7	不支持

UF：超柔性电缆

图 5.21 同轴电缆衰减表

- 频率越高，衰减越大。从 2.4 GHz 无线局域网转换到 5 GHz 无线局域网时，电缆损耗将增大。
- 选购预切割并预装连接器的电缆，或聘请专业人员进行安装(除非用户自己就是专业电缆安装人员)。

连接器安装不当将增加通信链路的损耗，抵消使用高质量电缆的效果。此外，连接器安装不当还会导致信号在电缆中反射，从而产生回波损耗。

5.14.2　连接器

连接天线与 802.11 设备时，可供选择的连接器种类非常多。部分原因在于，根据 FCC 04-165 的要求，放大器需要采用唯一的连接器或电子识别系统，以杜绝使用未经认证的天线。这项规定旨在避免用户将高增益天线连接到收发器(无论有意还是无意)，因为未经授权的天线可能超过 FCC 或其他监管机构允许的最大等效辐射功率(EIRP)。

针对上述规定，电缆制造商推出了尾线适配器电缆(pigtail adapter cable)。这种电缆通常是长约 2 英尺(约 0.6 米)的短电缆段，两端带有不同的连接器。尾线适配器电缆可充当适配器，能起到改变连接器的作用，并可更换不同的天线。

选购电缆的许多原则同样适用于选购连接器和其他附件。射频连接器的阻抗需要匹配其他射频设备的阻抗，它们还支持特定的频率范围。连接器会对射频链路造成损耗，质量较差的连接器更可能导致连接出现问题或电压驻波比过高。射频连接器的平均插入损耗为 0.5 dB。

5.14.3　分路器

分路器(splitter)又称信号分路器、射频分路器、功率分路器或功率分配器，是用于将射频信号分为两个或多个独立信号的连接器或电缆，通常仅在极特殊情况下才会使用。安装分路器时，不仅信号强度会因分路而降低(称为通过损耗)，每个连接器还会引入相应的插入损耗。由于这种配置存在诸多变量和隐患，建议交由经验丰富的射频工程师操作，且仅作为临时手段使用。

分路器更实用(但同样少见)的应用是监控正在传输的功率。将分路器连接到收发器，然后分路给天线和功率计，就能主动监控输送给天线的功率。

5.14.4　放大器

射频放大器接收并放大收发器产生的信号，然后传送给天线。与天线通过聚焦信号能量来提高功率不同，放大器通过增加信号能量来提高总功率，这种方式称为有源增益。

放大器分为单向放大器和双向放大器。单向放大器只能放大发送信号或接收信号，双向放大器既能放大发送信号，也能放大接收信号。

放大器采用以下两种方式增加功率。

固定增益　固定增益放大器放大收发器的输出。

固定输出　固定输出放大器不会放大收发器的输出。无论收发器产生的功率大小如何，放大器产生的信号都与收发器的输出相等。

警告：

虽然市场上也存在可调节的可变增益放大器，但不建议使用它们。因为未经授权调整可变增益放大器可能违反功率管理规定，或导致传输振幅过小。

大多数监管机构规定,有意辐射器(IR)的最大输出功率不应超过 1 瓦。使用放大器的主要目的是补偿电缆损耗,而非为扩大传输范围而提高信号功率,因此放大器应安装在尽可能靠近天线的位置。由于天线电缆会产生损耗,因此电缆越短,损耗越小,输送给天线的信号功率越大。

此外还要注意,放大器不仅能增强信号,也会增大噪声。放大器将本底噪声提高 10 dB 以上的情况并不鲜见。

> **注意:**
> 放大器和所用的系统必须经过 FCC 等监管机构的认证,在无线网络中安装未经认证的放大器属于违法行为。应在系统设计上下功夫,而不是单纯依靠放大器。

5.14.5　衰减器

某些情况下,可能需要降低天线辐射出去的信号功率。例如,即便将收发器的功率设置为最低,产生的信号功率也仍然可能超出实际需要。这种情况下,可以在系统中增加固定损耗或可变损耗衰减器。衰减器通常是一种小型装置,尺寸相当于 C 型电池(2 号电池)或更小,两端配有电缆连接器。信号通过衰减器时,能量将被后者吸收。固定损耗衰减器能提供一定的分贝衰减,而可变损耗衰减器具有拨盘或开关配置,供用户调整衰减器吸收的能量。

在室外现场勘测中,可变损耗衰减器可用于模拟不同等级和长度的电缆造成的损耗。另一种有趣的应用是利用可变衰减器测试点对点链路的实际衰落裕度:逐渐增加衰减器的衰减幅度直到链路中断,然后根据所得的值确定链路的实际衰落裕度。

5.14.6　避雷器

避雷器的作用是将旁侧闪击(nearby lightning strike)或环境静电引起的瞬态电流重新定向(分流)至地面,保护电子设备以抵御旁侧闪击或静电积聚引起的突然浪涌。读者或许注意到本书使用了"旁侧闪击"一词,这是因为避雷器对直击雷(direct lightning strike)无能为力。避雷器通常可以承受高达 5000 安、50 千伏的浪涌。根据 IEEE 的规定,避雷器应在 8 微秒以内重新定向瞬态电流,而大多数避雷器只需要不到 2 微秒就能做到这一点。

避雷器安装在收发器与天线之间。由于避雷器无法保护避雷器与天线之间的设备,因此避雷器通常靠近天线放置,其他所有通信设备(放大器、衰减器等)安装在避雷器与收发器之间。避雷器在保护设备免受浪涌袭击后必须整体更换,或更换其中的气体放电管(如保险丝)。大多数避雷器安装在建筑物的出口位置,电缆接地套件每隔 100 英尺(约 30.5 米)安装在天线附近。

光纤电缆能提供额外的防雷保护。在以太网电缆中插入一小段光纤电缆,将无线网桥与网络其他部分连接起来。以太网-光纤适配器(称为收发器)将以太网电信号转换为光纤信号,再转换回以太网电信号。光纤电缆的材质由于是玻璃,且使用光而非电作为传输介质,因此不会导电。确保适配器电源的安全同样重要。

如果避雷器因瞬态电流过大或直击雷而失效,光纤电缆将作为备份的安全措施发挥作用。请注意,如果天线遭到直接雷击,应考虑更换从光纤电缆到天线在内的所有部件。此外,直击雷可能在光纤链路上方形成电弧并破坏链路另一端的设备。射频电缆接地有助于防止这种情况发生。

【现实生活场景】

闪电发生的时间与后果都无法预测

　　某公司位于美国波士顿北区一栋具有 200 年历史的 5 层大厦,这栋砖石褐砂岩大厦最近遭到旁侧闪击。大厦并非该地区最高的建筑物,它坐落在一座小山脚下,周围环绕着类似的建筑物。电流沿排水管穿过密集的以太网电缆,流经电缆的瞬态电流破坏了个人计算机以太网卡和以太网集线器各个端口的收发器电路。公司约有一半的以太网设备和集线器端口出现故障,但所有软件仍然能识别适配器,所有电源和端口指示灯也显示正常。问题似乎出在布线上。

　　用户往往不了解问题与闪电有关,某些表象还可能导致误判。测试避雷器有助于诊断问题原因。

5.14.7　接地棒与接地线

　　闪电击中物体后会寻找阻碍最小(更具体地说,是阻抗最小)的路径,防雷保护和接地设备的作用就在于此。接地系统由接地棒和接地线组成,提供通向地面的低阻抗路径。闪电沿这条低阻抗路径被导入大地,从而保护了昂贵的电子设备。

　　接地棒和接地线也能用于创建公共接地。一种方法是将一根铜棒打入地面,并通过接地线连接电气和电子设备与铜棒。接地棒应完全打入地面,仅在上部留有缠绕接地线所需的必要空间。公共接地为所有电子设备创建了一条阻抗最小的路径,从而能抵御闪电引起的浪涌。

5.15　法规遵从性

　　第 4 章介绍了射频组件以及有意辐射器(IR)和等效全向辐射功率(EIRP)的概念,本章则讨论了天线及其操作和安装的众多内容。配置无线网络时,尽管市场上存在大量天线、电缆与组件,不过囿于法规遵从性,可供选择的天线往往受到限制。虽然各个监管机构都是独立运作的,但这些机构的运作方式与设备认证之间存在相似之处。本节将简要解释美国联邦通信委员会(FCC)规定的流程。

　　如果接入点制造商希望在某个国家或地区销售产品,则必须证明产品符合 FCC 等相关监管机构的规定。FCC 制定的文档列出了制造商(又称责任方或授权方)必须遵守的规则。制造商将设备送交监管机构或授权测试机构,由这些机构进行合规性测试。如果设备通过测试,最终将获发 ID 编号与认证授权。

　　大多数人并不熟悉这一流程,也没有意识到企业在送交产品进行测试时,应提供准备作为产品推广和销售的完整系统,包括主动辐射器(接入点)、所有电缆和连接器、计划与接入点一起使用的天线等。多数企业会提供一组具有不同增益和波束宽度特性的天线,与接入点共同接受认证。

　　有意辐射器只能与经过授权的天线一起使用。但如果满足以下两个重要条件,FCC 也允许采用不同的天线替换原有天线。

- 新天线的增益必须与认证系统使用的天线相同或更低。
- 新天线必须属于同一类型,即天线必须具有相同的带内和带外特性。

　　由于大多数天线都会标明增益参数,因此第一个条件相对容易满足。但如果希望满足第二个条件(如确定两副天线的类型是否相同),就需要同时验证天线的带内和带外特性。作为组合系统一部分的新天线能否满足带外要求，仅凭数据表提供的信息很难预测。带外要求通常包括极宽频率范围(9 kHz～300 GHz)内的杂散发射限制、带边发射(掩模要求)、产生的谐波限制、特定受限频段的极低噪声限制等。根据所有这些"带外"要求来验证新天线，可能需要像最初的认证测试一样进行广泛测试。因此，如果用户希望使用第三方制造商的天线替换现有天线，或许要与制造商合作，确保在接入点中使用它们的产品不会违反本地监管机构的规定。

5.16　小结

本章重点介绍了射频信号和天线的概念，天线对于保证射频通信成功进行至关重要。802.11无线局域网使用以下 4 类天线：

- 全向天线(偶极子天线、共线天线)
- 半定向天线(贴片天线、平板天线、八木天线)
- 强方向性天线(抛物面天线、栅格天线)
- 扇形天线

不同类型的天线具有不同的辐射方向图，可以通过方位图与立面图进行查看。

本章还回顾了安装点对点通信链路时需要考虑的一些重要问题：

- 可视视距
- 射频视距
- 菲涅耳区
- 地球曲率
- 天线极化

本章最后介绍了电压驻波比和天线安装的相关问题，并讨论了各种天线附件及其作用。

5.17　考试要点

了解天线的不同类别、辐射信号的方式与使用环境。 务必了解三类主要天线以及各种不同的天线类型。了解它们之间的异同，并理解每种天线的使用场合。务必掌握方位图、立面图、波束宽度、天线极化、天线分集等概念。

深入理解菲涅耳区。 务必掌握安装点对点通信链路时涉及的所有问题和变量。尽管 CWNA考试不会考查菲涅耳区或地球曲率的计算公式，但考生仍应了解这些概念以及相关公式的应用场合。

理解连接和安装天线及其附件的相关问题。 收发器与天线之间的所有电缆、连接器与设备都会影响天线辐射出去的信号。读者需要理解产生增益和造成损耗的设备，了解电压驻波比的定义以及值的含义，掌握天线附件的种类、用途与应用场合。

5.18　复习题

1. 以下哪些选项描述了从天线上方观察天线的极坐标图？(选择所有正确的答案。)
   - **A.** 水平视图
   - **B.** 垂直视图
   - **C.** H 平面
   - **D.** E 平面
   - **E.** 立面图
   - **F.** 方位图
2. 方位图表示从哪个方向观察到的天线辐射方向图？

  A. 顶部　　　　　　　　**B.** 侧面

  C. 前方　　　　　　　　**D.** 顶部与侧面

3. 天线的水平波束宽度定义为____。

  A. 方位图上主瓣角度的量度。

  B. 横轴上信号减少三分之一的两点之间的距离，单位为度。

  C. 横轴上两个 –3 dB 点之间的距离，单位为度。

  D. 峰值功率与信号减少一半的点之间的距离，单位为度。

4. 以下哪些天线属于强方向性天线? (选择所有正确的答案。)

  A. 贴片天线　　　　　　**B.** 平板天线

  C. 抛物面天线　　　　　**D.** 栅格天线　　　　　　**E.** 扇形天线

5. 半定向天线通常有哪些用途? (选择所有正确的答案。)

  A. 提供短距离点对点通信。

  B. 提供远距离点对点通信。

  C. 在室内环境中提供从接入点到客户设备的单向覆盖。

  D. 减少反射与多径的不利影响。

6. 为保证通信链路的可靠性，被阻挡的菲涅耳区不能超过____。

  A. 20%　　　　　　　　**B.** 40%

  C. 50%　　　　　　　　**D.** 60%

7. 菲涅耳区的大小与哪些因素有关? (选择所有正确的答案。)

  A. 天线的波束宽度　　**B.** 射频视距

  C. 距离　　　　　　　　**D.** 频率

8. 安装远距离点对点链路时，超过多远距离后应考虑地球曲率的影响?

  A. 5 英里　　　　　　　**B.** 7 英里

  C. 10 英里　　　　　　　**D.** 30 英里

9. 室外桥接部署中的部分同轴电缆受到水损。更换电缆后，网络管理员注意到 EIRP 急剧增加，可能会违反 EIRP 的最大功率规定。导致振幅增大的可能原因是什么? (选择所有正确的答案。)

  A. 管理员安装了较短的电缆。

  B. 管理员安装了等级较低的电缆。

  C. 管理员安装了等级较高的电缆。

  D. 管理员安装了较长的电缆。

  E. 管理员安装了不同颜色的电缆。

10. 以下关于 802.11n 和 802.11ac 无线接口的哪种说法正确?

  A. 收发器通过合并来自多副天线的信号来提供更好的覆盖。

  B. 收发器可以同时使用多副天线传输数据。

  C. 收发器对多副天线的信号进行抽样，从中选择质量最好的接收信号。

  D. 收发器同时只能使用一副天线传输数据。

11. 在安装长度为 4 英里、使用 5 GHz U-NII-3 频段传输数据的点对点桥接链路时，应考虑哪些因素? (选择所有正确的答案。)

  A. 被阻挡的菲涅耳区不超过 40%。

  B. 地球曲率的计算。

  C. 无源增益至少为 16 dBi。

    D. 选择合适的半定向天线。

    E. 选择合适的强方向性天线。

12. 传输线上最大峰值电压与最小电压之比称为____。

    A. 信号通量   **B.** 回波损耗

    C. VSWR   **D.** 信号入射

13. 阻抗失配可能带来哪些不利影响？(选择所有正确的答案。)

    A. 电压反射   **B.** 菲涅耳区被阻挡

    C. 信号强度不稳定   **D.** 信号振幅减小   **E.** 放大器/发射机故障

14. 确定远距离点对点天线的安装高度时，需要考虑哪些因素？(选择所有正确的答案。)

    A. 频率   **B.** 距离   **C.** 可视视距

    D. 地球曲率   **E.** 天线波束宽度   **F.** 射频视距

15. 以下关于电缆的哪些说法正确？(选择所有正确的答案。)

    A. 电缆会对信号产生阻抗。

    B. 电缆与频率无关。

    C. 频率越高，衰减越大。

    D. 电缆会增加信号损耗。

16. 可供选购的放大器具有哪些功能？(选择所有正确的答案。)

    A. 双向放大   **B.** 单向放大

    C. 固定增益   **D.** 固定输出

17. 可以采用哪些方法减少收发器与天线之间的信号？(选择所有正确的答案。)

    A. 增加衰减器   **B.** 增加电缆长度

    C. 缩短电缆长度   **D.** 使用质量较差的电缆

18. 避雷器适用于哪种情况？

    A. 直击雷   **B.** 功率骤增

    C. 瞬态电流   **D.** 公共接地不当

19. 第二菲涅耳区的半径____。(选择所有正确的答案。)

    A. 是信号与点源异相的第一个区域。

    B. 是信号与点源同相的第一个区域。

    C. 比第一菲涅耳区小。

    D. 比第一菲涅耳区大。

20. 在对准定向天线的过程中，工程师注意到以下现象：将天线从其他天线移开时，信号首先减少，然后略有增大。导致信号增大的原因是什么？

    A. 信号反射   **B.** 频率谐波

    C. 边带   **D.** 旁瓣

第 **6** 章

无线网络与扩频技术

本章涵盖以下内容：

- ✓ 窄带与扩频
  - ■ 多径干扰
- ✓ 跳频扩频
  - ■ 跳变序列
  - ■ 驻留时间
  - ■ 跳变时间
  - ■ 调制
- ✓ 直接序列扩频
  - ■ DSSS 数据编码
  - ■ 调制
- ✓ 正交频分复用
  - ■ 卷积编码
  - ■ 调制
- ✓ 正交频分多址
- ✓ 工业、科学和医疗频段
  - ■ 900 MHz ISM 频段
  - ■ 2.4 GHz ISM 频段
  - ■ 5.8 GHz ISM 频段
- ✓ 非授权国家信息基础设施频段
  - ■ U-NII-1 频段
  - ■ U-NII-2A 频段
  - ■ U-NII-2C 频段
  - ■ U-NII-3 频段
  - ■ 今后的 U-NII 频段
- ✓ 3.6 GHz 频段
- ✓ 4.9 GHz 频段
- ✓ 未来的 Wi-Fi 频段
  - ■ 1 GHz 以下频段
  - ■ 60 GHz 频段

- ■ 空白电视频段
- ✓ 2.4 GHz 信道
- ✓ 5 GHz 信道
  - ■ 5 GHz 长期演进技术
- ✓ 邻信道、非邻道与重叠信道
- ✓ 吞吐量与带宽
- ✓ 通信系统恢复能力
  - ■ 802.11aj-2018

本章将讨论 802.11 标准及其修正案支持的各种扩频传输技术和频率范围。我们将介绍如何将这些频率划分为不同的信道，以及信道使用中需要注意的一些问题。此外，本章将介绍各类扩频技术，并探讨正交频分复用(OFDM)技术以及 OFDM 与扩频技术之间的异同。

本章提供美国联邦通信委员会(FCC)制定的大量规范和法规供读者参考，但 CWNA 考试不会考查任何具体的监管规定。FCC 文档仅用于帮助读者更好地理解本章讨论的技术。务请注意，不同国家的监管规定之间往往存在相似之处，因此了解一个国家的规定有助于读者举一反三。

6.1　窄带与扩频

射频传输方式主要分为窄带(narrowband)和扩频(spread spectrum)两类。窄带传输使用极窄的带宽发送携带的数据，而扩频传输使用超出实际所需的带宽发送数据。扩频技术能将准备传输的数据扩展到所用的频率上。例如，窄带无线接口可以通过 2 MHz 的频率空间传输数据，而扩频无线接口可以通过 22 MHz 的频率空间传输数据。窄带信号与扩频信号的大致关系如图 6.1 所示。由于窄带信号只占用单个频段或极窄的频率空间，针对该频率范围的蓄意干扰或非蓄意干扰很容易破坏信号。而扩频信号占用较宽的频率空间，除非干扰信号也扩展到扩频通信占用的频率范围内，否则扩频信号一般不易受到外部的蓄意干扰或非蓄意干扰。

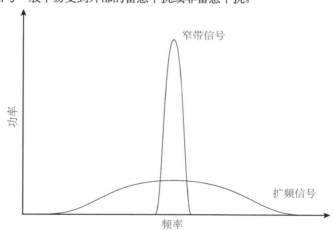

图 6.1　窄带信号与扩频信号的频率范围

窄带信号的传输功率通常远高于扩频信号。一般来说，FCC 或其他监管机构要求窄带发射机取得许可证，以最大限度减少两台窄带发射机相互干扰的风险。例如，监管机构向调幅和调频广播电台使用的窄带发射机发放许可证，以确保同一地区或邻近地区的两个电台不会使用同一频率播送节目。

相比之下，扩频信号的传输功率要低得多。

多径干扰

　　影响射频通信质量的因素之一是多径干扰。如果反射信号在主信号之后到达接收天线，就会出现多径现象。图 6.2 显示了客户端向接入点发送的信号，从中可以看到 3 个不同的信号，每个信号沿不同的路径传播，经过不同的距离和时间到达接入点。这种信号传输类似于在原始声音后听到的回声。

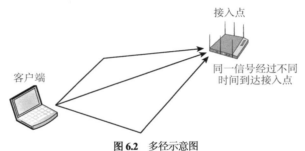

图 6.2　多径示意图

　　我们以在峡谷中呼唤朋友为例来进一步解释多径。假设我们对着朋友大喊：Hello, how are you? 为了让朋友听清楚，我们放慢速度，每隔一秒喊出一个单词。如果朋友在听到我们的声音 0.5 秒之后听到回声(声音的多径反射)，他将听到以下内容：HELLO hello HOW how ARE are YOU you(小写单词表示回声)。由于回声在主信号(我们的声音)之间进入他的耳朵，朋友不难理解我们的意思。但是，如果朋友在听到我们的声音一秒之后才听到回声，单词 HELLO 的回声(hello)将与单词 HOW 同时进入他的耳朵，导致他无法分辨我们在说什么。

　　射频通信的方式与声音传播的方式相同。在接收端，主信号与反射信号之间的延迟称为时延扩展(delay spread)。室内环境的时延扩展通常介于 30 纳秒和 270 纳秒之间。如果时延扩展过大，反射信号的数据可能会干扰到主信号的同一数据流，这种情况称为符号间干扰(ISI)。扩频系统不易受符号间干扰的影响，因为它们将信号扩展到一定的频率范围内。不同频率在多径中产生的延迟不同，某些波长可能受到符号间干扰的影响，其他波长则可能不受影响。因此，扩频信号抗多径干扰的能力通常优于窄带信号。

　　802.11 DSSS、802.11b HR-DSSS 与 802.11g ERP 抗时延扩展的能力有限。802.11 DSSS 和 802.11b HR-DSSS 允许的最大时延扩展为 500 纳秒。尽管系统能承受一定的时延扩展，但时延扩展越小，系统性能越好。时延扩展增加时，发射机将降低数据速率，并使用较长的符号传输数据。然而，使用较长的符号可能在符号间干扰发生之前出现较长的延迟。

由于 OFDM 抗时延扩展的能力更强，802.11a/g 发射机可以在时延扩展达到 150 纳秒时仍然保持 54 Mbps 的数据速率。这取决于发射机和接收机使用的 802.11a/g 芯片组。某些芯片组的容错性较差，在时延扩展较高时会切换到较低的数据速率。

在 802.11n 和 802.11ac MIMO 技术面世之前，多径一直是严重影响无线局域网性能和吞吐量的因素。但随着 MIMO 技术的出现，多径转变为提高无线局域网性能的有利条件。MIMO 设备采用经过改进的数字信号处理技术，能同时传输多个信号，实际上可以从多径效应中获益。第 10 章"MIMO 技术：高吞吐量与甚高吞吐量"将详细探讨 802.11n/ac 和 MIMO 技术。

6.2　跳频扩频

802.11 原始标准定义了跳频扩频(FHSS)供遗留的无线接口使用。FHSS 设备使用 2.4 GHz ISM 频段传输数据，数据速率为 1 Mbps 和 2 Mbps。大多数遗留的 FHSS 无线接口在 1997 年至 1999 年生产。电气和电子工程师协会(IEEE)规定，北美 802.11 FHSS 设备的频率宽度是 79 MHz，范围为 2.402 GHz～2.480 GHz。

注意：

IEEE 802.11-2016 标准已弃用 FHSS，并从当前文档中完全删除。CWNA 考试不会考查 802.11 FHSS 技术。无线局域网供应商很久之前就已停止生产 FHSS 适配器与接入点，大多数组织早已从 802.11 FHSS 过渡到某种更新、更快的传输技术。尽管如此，理解 FHSS 背后的基本原理仍很重要，因为还存在其他使用 FHSS 的技术，蓝牙就是一例。请注意，虽然蓝牙使用 FHSS，但跳数、驻留时间、跳变序列等参数与 802.11 FHSS 有很大不同。此外，蓝牙和 802.11b/g/n 设备均使用 2.4 GHz ISM 频段传输数据，这一点请读者谨记在心。

如图 6.3 所示，FHSS 的工作原理大致如下：首先使用一个很小的频率载波空间传输数据，然后跳变到另一个很小的频率载波空间传输数据，再跳变到第三个很小的频率载波空间，以此类推。具体而言，FHSS 系统在一段时间内使用一个特定的频率传输数据，这段时间称为驻留时间(dwell time)。驻留时间结束后，系统跳变到另一个频率，并在驻留时间内使用该频率传输数据。每段驻留时间结束后，系统都会跳变到另一个频率继续传输数据。

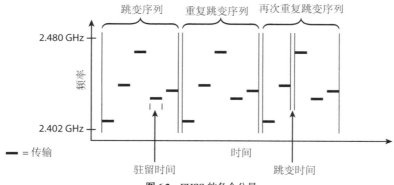

图 6.3　FHSS 的各个分量

6.2.1　跳变序列

　　FHSS 无线接口使用预定义的跳变序列(hopping sequence)传输数据。跳变序列又称跳变图案或跳变集，它由一系列很小的载波频率构成。有别于使用固定的信道或有限的频率空间，FHSS 无线接口使用一系列称为跳的子信道传输数据。每次跳变序列结束后都会重复。观察图 6.3 可以看到，一个虚构的跳变序列包含 5 跳。

　　802.11 原始标准规定，每一跳的宽度为 1 MHz，这些跳包含在预定义的跳变序列中。北美和大多数欧洲国家采用的跳变序列包含至少 75 跳，但最多不超过 79 跳。其他国家的定义有所不同。例如，法国采用的跳变序列包含 35 跳，而西班牙和日本采用的跳变序列包含 23 跳。为确保传输成功进行，所有 FHSS 发射机和接收机必须同时在同一载波跳上同步。FHSS 接入点可以配置 802.11 原始标准定义的跳变序列，跳变序列信息通过信标管理帧发送给客户端。

6.2.2　驻留时间

　　在切换到跳变序列中的下一个频率之前，FHSS 系统使用特定频率传输数据的时间被定义为驻留时间。监管机构通常会对驻留时间的长短做出限制。根据 FCC 的规定，在任何 30 秒时间段内，每个载波频率的最大驻留时间为 400 毫秒。驻留时间通常介于 100 毫秒和 200 毫秒之间。802.11 原始标准规定，跳变序列由至少 75 个 1 MHz 宽的频率构成。由于定义的最大带宽为 79 MHz，因此一个跳变序列最多可以包含 79 跳。如果 FHSS 跳变序列由 75 跳构成，驻留时间为 400 毫秒，则完成一个跳变序列大约需要 30 秒。跳变序列结束后将重复进行。

6.2.3　跳变时间

　　跳变时间(hop time)并非一段特定的时间，而是发射机从一个频率切换到另一个频率所需的时间。跳变时间通常很短，仅有 200～300 微秒。与 100～200 毫秒的典型驻留时间相比，200～300 微秒的跳变时间几乎可以忽略不计。跳变时间本质上属于开销(浪费的时间)，无论驻留时间长短，跳变时间都是相同的。驻留时间越长，发射机需要跳变的次数越少，因此吞吐量越高；驻留时间越短，发射机需要跳变的次数越多，因此吞吐量越低。

6.2.4　调制

　　FHSS 采用高斯频移键控(GFSK)编码数据。二级 GFSK(2GFSK)使用两个频率表示比特 0 和 1；四级 GFSK(4GFSK)使用 4 个频率，每个频率代表两个比特(00、01、10 或 11)。由于确定频率前需要占用传输周期，因此符号率(数据发送速率)只有大约每秒 100 万～200 万个符号，仅为 2.4 GHz 载波频率的一小部分。

驻留时间的意义何在？

　　FHSS 传输在 79 MHz 的频率范围内跳变，窄带信号或噪声只能干扰很小一部分频率，由此造成的吞吐量损耗几乎可以忽略不计。缩短驻留时间能进一步减少干扰的影响。但是从另一方面说，由于无线接口在驻留时间内传输数据，因此驻留时间越长，吞吐量越高。

6.3　直接序列扩频

　　直接序列扩频(DSSS)技术最初定义在 802.11 原始标准中，使用 2.4 GHz ISM 频段进行通信，数据速率为 1 Mbps 和 2 Mbps。802.11b 修正案定义了经过改进的 DSSS 技术,同样使用 2.4 GHz ISM 频段进行通信,数据速率为 5.5 Mbps 和 11 Mbps。这两个数据速率称为高速率直接序列扩频(HR-DSSS)。

　　目前的 2.4 GHz 802.11 设备向后兼容遗留的 802.11 DSSS 设备。换言之,802.11b 设备既可以采用 DSSS 技术并以 1 Mbps 和 2 Mbps 的速率传输数据,也可以采用 HR-DSSS 技术并以 5.5 Mbps 和 11 Mbps 的速率传输数据。

> **注意:**
> IEEE 802.11-2016 标准的条款 15 定义了数据速率为 1 Mbps 和 2 Mbps 的 DSSS 技术,条款 16 定义了数据速率为 5.5 Mbps 和 11 Mbps 的 HR-DSSS 技术。

　　FHSS 发射机在频率之间跳变,而 DSSS 发射机仅使用一条信道进行通信,传输的数据已扩展到构成该信道的频率范围内,这个过程称为数据编码。

6.3.1　DSSS 数据编码

　　从第 3 章"射频基础知识"的讨论可知,许多因素都会改变或破坏射频信号。由于 802.11 通信使用的无界介质极易受到射频干扰,因此系统设计必须具有足够的弹性,以最大限度减少数据损坏的可能性。为此,系统将每个数据比特编码为多个比特后再进行传输。

　　为数据添加额外的冗余信息称为处理增益(process gain)。在想方设法压缩数据大小的今天,增加数据大小听起来似乎有些奇怪,但添加冗余信息有助于提高通信系统的数据抗损能力。系统会将一个数据比特转换为一系列称为码片(chip)的比特。对数据比特与固定长度的比特序列伪随机数(PN)进行布尔异或运算,输出即为码片。巴克码(Barker code)是一种 PN 码,对巴克码与二进制数据 1 和 0 进行异或,产生的码片序列如下。

　　二进制数据 1: 1 0 1 1 0 1 1 1 0 0 0
　　二进制数据 0: 0 1 0 0 1 0 0 0 1 1 1

　　接下来,系统将上述码片序列扩展到更宽的频率空间。虽然一个数据比特可能只占用 2 MHz 的频率空间,但 11 个码片需要 22 MHz 的频率载波空间。一般来说,发送端无线接口将单个数据比特转换为码片序列的过程称为展宽(spreading)或码片成形(chipping),接收端无线接口将码片序列转换回单个数据比特的过程称为解扩(de-spreading)。在将数据转换为多个码片后,即便部分码片损坏,无线接口也仍然可以利用正确接收到的码片解析数据。使用巴克码时,即便 11 个码片中有 9 个损坏,接收端无线接口也依然能解析码片序列,并将其恢复为原始数据比特。此外,由于展宽过程使用更多的带宽,因此通信几乎不会受到符号间干扰的影响。

> **注意:**
> 在对巴克码与数据进行异或运算后,产生的 11 个比特序列(称为码片)表示原始的单个数据比特。换言之,这一系列经过编码的比特构成了一个数据比特。为避免混淆,最好将编码后的比特称为码片。

　　巴克码是一种 11 码片的 PN 码,但码片长度无关紧要。为提高数据速率,HR-DSSS 采用更为复杂的补码键控(CCK)。CCK 使用 8 码片的 PN 码,不同的 PN 码针对不同的比特序列。CCK 可以将 4 比特数据编码为 8 个码片(5.5 Mbps),也可以将 8 比特数据编码为 8 个码片(11 Mbps)。CCK 是一项有趣的技术,但 CWNA 考试不会考查 CCK 的细节。

6.3.2 调制

使用展宽技术编码数据后，发射机需要调制数据以产生包含码片的载波信号。差分二进制相移键控(DBPSK)采用两种相移，分别表示码片 0 和码片 1。为提高吞吐量，差分正交相移键控(DQPSK)采用 4 种相移，每种相移可以调制两个码片(00、01、10、11)而非一个码片，数据速率因而提高了一倍。

表 6.1 总结了 802.11 和 802.11b 使用的数据编码与调制技术。

表 6.1 802.11 和 802.11b 使用的编码与调制技术

编码方式	数据速率	编码方式	码片长度	编码比特	调制方式
DSSS	1 Mbps	巴克码	11	1	DBPSK
DSSS	2 Mbps	巴克码	11	1	DQPSK
HR-DSSS	5.5 Mbps	CCK	8	4	DQPSK
HR-DSSS	11 Mbps	CCK	8	8	DQPSK

6.4 正交频分复用

正交频分复用(OFDM)是最流行的通信技术之一，已被广泛应用于有线通信和无线通信。IEEE 802.11-2016 标准规定，OFDM 使用 5 GHz 频段传输数据，ERP-OFDM 使用 2.4 GHz 频段传输数据。802.11a 和 802.11g 分别采用了 OFDM 和 ERP-OFDM，这两种技术在本质上并无区别。OFDM 并非扩频技术，但具有与扩频技术类似的特性，如传输功率低、使用超出实际所需的带宽传输数据等，因而往往被归为扩频技术。但就技术层面而言，这种划分并不正确。如图 6.4 所示，20 MHz OFDM 信道由 64 个独立、紧密且精确间隔的频率构成，这些频率通常称为副载波(subcarrier)。OFDM 副载波有时也称为 ODFM 音调(tone)。

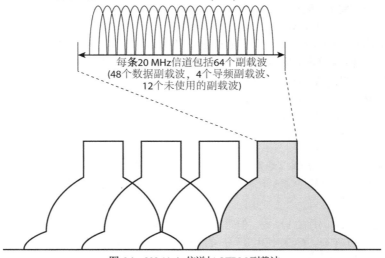

图 6.4 802.11a/g 信道与 OFDM 副载波

每个副载波的频率宽度为 312.5 kHz。虽然副载波以较低的数据速率传输，但由于副载波数量众多，因此总的数据速率仍然很高。此外，由于副载波的数据速率较低，时延扩展在符号周期中所占的比例很小，因此符号间干扰不太可能发生。换言之，相较于 DSSS 和 FHSS 两种扩频技术，OFDM 技术抗多径干扰的能力更强。图 6.5 显示了 4 个副载波，其中一个副载波突出显示以方便读者理解。请注意，副载波之间的频率间隔经过精心选择以使谐波重叠，从而能消除大多数不需要的信号。副载波间隔是正交的，因此不会相互干扰。OFDM 符号时间为 3.2 微秒，副载波间隔等于 OFDM 符号时间的倒数。例如，3.2 微秒的倒数相当于每秒循环 312 500 次，频率为 312.5 kHz。

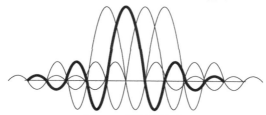

图 6.5　副载波信号叠加

20 MHz OFDM 信道包括 64 个副载波，其中 12 个副载波充当保护频带(guard band)，不作数据传输之用。保护频带是频段之间没有使用的无线电频谱，作用是避免干扰。48 个副载波用于传输调制数据。另外 4 个副载波称为导频载波(pilot carrier)，用于发射机和接收机之间的动态校准。解调器利用这 4 个导频载波作为相位和振幅的参考，使接收机在解调其他副载波的数据时能保持自身同步。

读者将从第 10 章了解到，OFDM 也是 802.11n 和 802.11ac 无线接口使用的技术，两类无线接口同样使用由 64 个副载波构成的 20 MHz 信道传输数据。但仅有 8 个副载波充当保护频带，52 个副载波用于传输调制数据，另外 4 个副载波用作导频载波。

6.4.1　卷积编码

为增强抗窄带干扰的能力，OFDM 采用卷积码(convolutional code)作为纠错码。IEEE 802.11-2016 标准将卷积码定义为 OFDM 技术使用的纠错方法。卷积码属于前向纠错(FEC)，允许接收系统检测并修复损坏的比特。

卷积码采用数据比特与编码比特的比值实现不同的编码级别。比值越小，数据速率越低，信号的抗干扰能力越强。对于 802.11a 和 802.11g，不同数据速率使用的技术如表 6.2 所示。请注意，一种调制技术对应两种数据速率，两种速率之间的差异源于不同级别的卷积码。卷积码的原理非常复杂，CWNA 考试不会考查卷积码的细节。

表 6.2　802.11a/g 使用的数据速率与调制方法

数据速率	调制方式	每个副载波的编码比特	每个 OFDM 符号的数据比特	每个 OFDM 符号的编码比特	编码率(数据比特/编码比特)
6 Mbps	BPSK	1	24	48	1/2
9 Mbps	BPSK	1	36	48	3/4
12 Mbps	QPSK	2	48	96	1/2
18 Mbps	QPSK	2	72	96	3/4
24 Mbps	16-QAM	4	96	192	1/2
36 Mbps	16-QAM	4	144	192	3/4

(续表)

数据速率	调制方式	每个副载波的编码比特	每个 OFDM 符号的数据比特	每个 OFDM 符号的编码比特	编码率(数据比特/编码比特)
48 Mbps	64-QAM	6	192	288	2/3
54 Mbps	64-QAM	6	216	288	3/4

6.4.2 调制

OFDM 采用二进制相移键控(BPSK)和正交相移键控(QPSK)调制以获得较低的数据速率,采用 16-QAM、64-QAM 与 256-QAM 调制以获得较高的数据速率。正交调幅(QAM)将调相与调幅结合在一起。星座图(constellation diagram)是一种二维图,通常用于表示 QAM 调制。星座图分为 4 个象限,每个象限的不同位置可以表示数据比特。象限中相对于横轴的区域表示不同的相移。如图 6.6 所示,相移表示前两个比特,注意每列的前两个比特是相同的。象限中相对于纵轴的区域表示幅移。在图 6.6 中,幅移表示后两个比特,注意每行的后两个比特是相同的。16-QAM 星座图采用 4 种不同的相移和 4 种不同的幅移来生成 16 个 4 位组合。在 4 个象限内的 16 个不同点中,每个点表示 4 数据比特。第 10 章将深入讨论星座图。

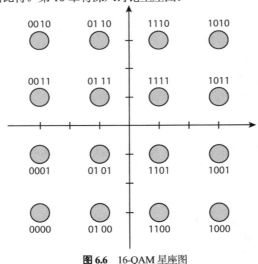

图 6.6 16-QAM 星座图

6.5 正交频分多址

正交频分多址(OFDMA)是 OFDM 数字调制技术的多用户版本。目前的 802.11a/g/n/ac 无线接口采用 OFDM 技术,通过 Wi-Fi 频段进行单用户传输;而 OFDMA 技术将信道细分为较小的频率分配——称为资源单元(RU)——从而能同时向多个用户发送小帧。换言之,OFDMA 技术将信道划分为较小的子信道,以便同时进行多用户传输。例如,传统的 20 MHz 信道最多可以划分为 9 条较小的信道,每条小信道由一组 OFDM 副载波构成。多年来,OFDMA 技术一直用于蜂窝通信;而根据 802.11ax 修正案草案提出的设想,这项技术很快也将用于 802.11 无线接口。第 19 章 "802.11ax 技术:高效无线局域网"将深入探讨 OFDMA 技术。

6.6　工业、科学和医疗频段

802.11 原始标准以及之后的 802.11b、802.11g 与 802.11n 修正案均定义了 2.4 GHz~2.4835 GHz 频率范围的无线局域网通信,它属于工业、科学和医疗(ISM)频段的 3 个频率范围之一。ISM 频段的频率范围如下:

- 902 MHz~928 MHz(26 MHz 宽)
- 2.4 GHz~2.5 GHz(100 MHz 宽)
- 5.725 GHz~5.875 GHz(150 MHz 宽)

国际电信联盟电信标准化部门(ITU-T)在《无线电规则》(Radio Regulations)的条款 5.138 和 5.150 中定义了 ISM 频段。对于 ITU-T 定义的 ISM 频段,FCC 负责管理该频段在美国境内的使用,其他国家对 ISM 频段的管理可能有所不同。900 MHz 频段称为工业频段,2.4 GHz 频段称为科学频段,5.8 GHz 频段称为医疗频段。

请注意,上述 3 个频段均为免授权频段,各频段可以使用的设备类型不存在任何限制。例如,医疗设备的无线接口也能通过 900 MHz 工业频段传输数据。

6.6.1　900 MHz ISM 频段

900 MHz ISM 频段的范围是 902 MHz~928 MHz,宽度为 26 MHz。早期的无线网络使用该频段传输数据,但大多数无线网络已转向更高的频率以提高吞吐量。

制约 900 MHz ISM 频段使用的另一个因素在于,许多国家已将该频段的部分频率划拨给全球移动通信系统(GSM),供手机通信使用。尽管 900 MHz ISM 频段很少用于网络通信,仍有相当数量的设备(如婴儿监护器、无线家用电话与无线耳机)使用该频段传输数据。

802.11 无线接口不使用 900 MHz ISM 频段,但确有许多早期的无线网络部署在该频段。部分供应商仍在生产使用 900 MHz ISM 频段的非 802.11 设备。与 2.4 GHz 和 5 GHz 频段相比,900 MHz 频段具有良好的叶簇穿透性(foliage penetration),因而受到无线互联网服务提供商的特别青睐。

6.6.2　2.4 GHz ISM 频段

2.4 GHz ISM 频段一直是无线网络通信中最常用的频段。该频段的范围是 2.4 GHz~2.5 GHz,宽度为 100 MHz。IEEE 802.11-2016 标准中定义了使用 2.4 GHz ISM 频段的无线局域网通信。目前的大多数 802.11 无线接口芯片组都支持 5 GHz 频段,导致 2.4 GHz ISM 频段的使用率有所下降,但该频段仍然极为拥挤。以下 802.11 无线接口使用 2.4 GHz ISM 频段传输数据:

- 802.11 FHSS 和 802.11 DSSS
- 802.11b HR-DSSS
- 802.11g ERP
- 802.11n HT

除无线局域网设备外,微波炉、家用无绳电话、婴儿监护器以及无线摄像机也使用 2.4 GHz ISM 频段。蓝牙和 Zigbee 等射频技术同样利用该频段传输数据:蓝牙使用 FHSS,而 Zigbee 使用 DSSS。2.4 GHz ISM 频段已拥挤不堪,其他设备很容易干扰到使用该频段的 802.11b/g/n 无线接口。

请注意,并非所有国家的射频监管机构都允许使用整个 2.4 GHz ISM 频段进行通信。IEEE 802.11-2016 标准规定,无线局域网可以使用该频段的 14 条信道传输数据,但各国的信道分配可能有所不同。本章稍后将详细介绍所有 2.4 GHz 信道。

6.6.3　5.8 GHz ISM 频段

5.8 GHz ISM 频段的范围是 5.725 GHz～5.875 GHz，宽度为 150 MHz。与其他 ISM 频段一样，婴儿监护器、无绳电话、相机等大量消费类产品也使用 5.8 GHz ISM 频段。经验不足的工程师很容易混淆 5.8 GHz ISM 频段与 U-NII-3 频段，后者的范围是 5.725 GHz～5.850 GHz。两种非授权频段的频率空间几乎相同，但 5.8 GHz ISM 频段比 U-NII-3 频段宽 25 MHz。

802.11a 修正案(已纳入 IEEE 802.11-2016 标准)指出，"OFDM 物理层应使用由所在区域监管机构分配的 5 GHz 频段传输数据"。大多数国家允许 OFDM 传输使用各种 U-NII 频段的信道，本章稍后将进行讨论。2014 年 4 月之前，美国一直允许 5.8 GHz ISM 频段的信道 165 用于 OFDM 传输，但该信道历来很少使用。2014 年 4 月，扩展后的 U-NII-3 频段将信道 165 纳入其中。

5.8 GHz ISM 频段看似与 802.11 信道无关，但许多使用 5.8 GHz ISM 频段的消费类设备可能会干扰到使用 U-NII-3 频段的 802.11 无线接口。

6.7　非授权国家信息基础设施频段

802.11a 修正案规定，无线局域网可以使用 3 个 5 GHz 频段传输数据，每个频段包括 4 条信道。这 3 个频段称为非授权国家信息基础设施(U-NII)频段。802.11a 修正案将 U-NII 频段划分为低、中、高三组，三者通常称为 U-NII-1(U-NII 低)、U-NII-2A(U-NII 中)、U-NII-3(U-NII 高)频段。

802.11h 修正案获批后，IEEE 又指定了更多频率空间供无线局域网通信使用，其中包括 12 条额外的信道，最初称为 U-NII-2 扩展频段，现已更名为 U-NII-2C 频段。

目前，使用 5 GHz U-NII 频段传输数据的 802.11 无线接口如下：

- 802.11a OFDM
- 802.11n HT
- 802.11ac VHT

请注意，并非所有国家的射频监管机构都允许使用整个 5 GHz U-NII 频段进行通信。IEEE 802.11-2016 标准规定，无线局域网可以使用全部 4 个 U-NII 频段、总共 25 条信道传输数据，但各国的信道分配和功率管理规定可能有所不同。

6.7.1　U-NII-1 频段

U-NII-1 频段即 U-NII 低频段，范围为 5.150 GHz～5.250 GHz，宽度为 100 MHz，包括 4 条 20 MHz 信道。过去，U-NII-1 频段仅能用于室内通信，但 FCC 在 2014 年 4 月取消了这一限制。2004 年之前，FCC 要求所有支持 U-NII-1 频段的设备安装永久性天线。也就是说，即便支持 U-NII-1 频段的 802.11a 设备支持其他频率或标准，也无法使用可拆卸天线。

FCC 在 2004 年修改了原先的规定，只要设备使用唯一的天线连接器，就能安装可拆卸天线。其他 U-NII 频段和 2.4 GHz ISM 频段使用的天线也要遵守类似的规定。请记住，各国的 5 GHz 功率和传输规定通常有所不同，注意不要违反当地监管机构的规定。

6.7.2　U-NII-2A 频段

U-NII-2A 频段即原来的 U-NII-2 频段，范围为 5.250 GHz～5.350 GHz，宽度为 100 MHz，包括 4 条 20 MHz 信道。使用 U-NII-2A 频段传输数据的 802.11 无线接口必须支持动态频率选择(DFS)。

6.7.3　U-NII-2C 频段

U-NII-2C 频段即原来的 U-NII-2 扩展频段，范围为 5.470 GHz～5.725 GHz，宽度为 255 MHz，包括 11 条 20 MHz 信道。大多数 5 GHz 802.11 无线接口都能使用全部 11 条信道传输数据。随着 802.11ac 技术的面世，U-NII-2C 频段引入了一条新的信道 144，该频段的信道数量增加为 12 条。使用 U-NII-2C 频段传输数据的 802.11 无线接口必须支持 DFS。802.11h 修正案首次允许 U-NII-2C 频段用于无线局域网通信；在此之前，5 GHz 无线局域网只能使用 U-NII-1、U-NII-2A 与 U-NII-3 频段传输数据。

动态频率选择与发射功率控制

从第 2 章"IEEE 802.11 标准与修正案"的讨论可知，802.11h 修正案定义了发射功率控制(TPC)和动态频率选择(DFS)机制，避免干扰雷达传输。从 2007 年 7 月起，美国和加拿大制造的 5 GHz 无线局域网产品如果使用 U-NII-2A 或 U-NII-2C 频段传输数据，就都需要支持 DFS。《FCC 条例》的 15.407 节的条款(h)(2)要求使用 U-NII-2A 或 U-NII-2C 频段的无线局域网产品支持 DFS，以免无线局域网通信干扰到军用或天气雷达系统。欧洲同样要求采用 DFS 作为保护机制。DFS 机制能检测雷达信号是否存在，并动态引导发射机切换到另一条信道。传输开始前，配有 DFS 功能的无线接口必须持续监测无线电环境中是否存在雷达脉冲传输。如果发现雷达信号，无线接口必须选择另一条信道以免干扰雷达，或在没有可用信道时进入"休眠模式"。TPC 用于保护卫星地球探测业务(EESS)。需要再次强调的是，各国监管机构负责决定 TPC 和 DFS 在各个 U-NII 频段的具体实施。

6.7.4　U-NII-3 频段

U-NII-3 频段即 U-NII 高频段，范围为 5.725 GHz～5.850 GHz，宽度为 125 MHz。U-NII-3 频段一般用于室外点对点通信，而美国等一些国家也允许室内通信使用该频段。许多欧洲国家不使用 U-NII-3 频段进行非授权无线局域网通信；但在某些欧洲国家，用户可以购买廉价许可证以使用该频段传输数据。

从表 6.3 中可以看到，U-NII-3 频段包括 5 条 20 MHz 信道。2014 年 4 月，FCC 将 U-NII-3 频段从 100 MHz 扩展为 125 MHz，原先属于 5.8 GHz ISM 频段的信道 165 目前已纳入 U-NII-3 频段。

表 6.3　5 GHz U-NII 频段

频段	频率范围	信道数量
U-NII-1	5.150 GHz～5.250 GHz	4
U-NII-2A	5.250 GHz～5.350 GHz	4
U-NII-2C	5.470 GHz～5.725 GHz	12*
U-NII-3	5.725 GHz～5.850 GHz	5

* 802.11ac 技术面世后，U-NII-2C 频段引入了一条新的信道 144，该频段的信道数量增加为 12 条。目前，大多数 5 GHz 无线接口尚未使用信道 144 传输数据。

6.7.5 今后的 U-NII 频段

2013年1月,FCC公布了两个新的U-NII频段。第一个频段是U-NII-2B,计划使用5.350 GHz~ 5.470 GHz的频率空间,提供6条20 MHz信道。但目前看来,FCC已决定不向802.11通信开放 U-NII-2B频段。尽管FCC拒绝无线局域网使用U-NII-2B频段,但仍有可能在5 GHz频段顶端拓 展更多的频率空间。第二个频段是U-NII-4,范围为5.850 GHz~5.925 GHz。几十年前,美国和 欧洲的监管机构保留该频段用于车载环境无线接入(WAVE)通信,以实现车辆之间、车辆与路边设 施之间的数据传输。802.11p修正案对此做了定义,指定该频段用于专用短距离通信(DSRC)。汽 车行业正在经历自动驾驶汽车的重大创新,致力于提供盲点侦测等更好的安全功能。这些技术很 可能依赖于U-NII-4频段。

目前,汽车行业很少使用U-NII-4频段。FCC因此认为,传统的Wi-Fi用户可以在不使用DSRC 的环境中共享该频段。虽然U-NII-4频段仅有75 MHz宽,但完全能与U-NII-3频段相互衔接。如 图6.7所示,U-NII-4频段有望提供四条额外的20 MHz信道、两条额外的40 MHz信道、一条额 外的80 MHz信道或160 MHz信道。将802.11通信扩展至U-NII-4频段似乎是合乎逻辑的选择, FCC已要求就此进行更多测试并收集评论,但尚未公布具体的时间表。

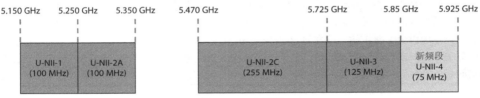

图6.7 U-NII频段

近年来,FCC也在评估将802.11通信扩展至6 GHz频段的可能性。就是否允许非授权频段 的设备(如802.11无线接口)在5.925 GHz~6.425 GHz、6.425 GHz~7.125 GHz频率范围内共享带 宽,FCC正在征求意见。关于无线局域网今后可能使用的频率空间,建议阅读Rick Murphy(CWNE #10)撰写的博文 *New Spectrum Status for FCC Regions*[1]。

6.8 3.6 GHz 频段

802.11y修正案于2008年获批,该修正案定义了3.65 GHz~3.7 GHz频率范围的应用。IEEE 批准该频段为美国使用的授权频段。与其他授权频段不同,3.6 GHz频段的使用是非排它性的, 且在某些卫星地面站附近使用时会受到限制。尽管3.6 GHz频段被设计用于美国境内的通信,但 其他国家也可使用该频段而无须再批准新的修正案(因为新修正案的批准时间长达数年)。3.6 GHz 频段支持5 MHz、10 MHz或20 MHz信道,可用的频率范围由监管机构决定。

6.9 4.9 GHz 频段

IEEE 802.11-2016标准定义了美国公共安全机构用于保护生命、健康或财产安全的4.9 GHz 频段,范围为4.94 GHz~4.99 GHz。该频段实际上属于授权频段,仅保留给公共安全使用。加拿

---

1 https://www.wirelesstrainingsolutions.com/new-spectrum。

大和墨西哥等国也批准了这一频段。

802.11j 修正案于 2004 年获批,用于为日本使用的 4.9 GHz～5.091 GHz 频段提供支持。802.11j 修正案已纳入 IEEE 802.11-2016 标准。

由于 4.9 GHz 频段的位置接近 U-NII-1 频段,因此今后可能有更多的 802.11 无线接口支持这一频段。

6.10　未来的 Wi-Fi 频段

2.4 GHz ISM 频段是最早的免授权频率范围(频段),自 1997 年以来一直用于 802.11 通信。尽管 802.11a 修正案在 1999 年获批,但 5 GHz U-NII 频段的应用直到 2006 年前后才真正开始普及。由于多方面的原因,无线局域网使用 5 GHz 频段传输数据目前已成为常态,因为 2.4 GHz 频段过于拥挤,而 5 GHz 频段更宽且能提供更多信道。IEEE 将继续探索新的频谱空间供今后的 802.11 通信使用。

6.10.1　1 GHz 以下频段

802.11ah 修正案定义了 1 GHz 以下频段的 Wi-Fi 应用,Wi-Fi 联盟的 Wi-Fi HaLow 认证项目以 802.11ah 修正案定义的机制为基础。较低的频率意味着较低的数据速率,但传输距离更远。802.11ah 技术有望用于传感器网络、传感器网络回程以及扩展范围的 Wi-Fi,如智能家居、汽车、医疗保健、工业、零售、农业等领域。这种设备之间的互联称为物联网(IoT)或机器对机器(M2M)通信。

1 GHz 以下频段的可用频率因国家而异。例如,美国可以使用非授权 900 MHz ISM 频段(902 MHz～928 MHz),欧洲国家可能使用 863 MHz～868 MHz 频段,而中国可能使用 755 MHz～787 MHz 频段。

6.10.2　60 GHz 频段

从第 2 章的讨论可知,802.11ad 修正案定义了使用非授权 60 GHz 频段的甚高吞吐量(VHT)技术。新的物理层和 MAC 子层增强机制有望实现高达 7 Gbps 的数据速率。由于超高频信号很难穿透墙壁,这项技术可能用于对带宽要求很高的短距离室内通信(如高清视频流)。802.11ad 技术无法向后兼容其他 802.11 技术。

三频段无线接口能在 2.4 GHz、5 GHz 与 60 GHz 频段提供 Wi-Fi 接入。利用这种三频段功能,设备可以在 60 GHz 频段的较小覆盖区与 2.4 GHz 或 5 GHz 频段的较大覆盖区之间实现无缝切换。

6.10.3　空白电视频段

第 2 章曾经介绍过,空白电视频段(TVWS)一词用于描述在未使用的电视射频频谱中应用 802.11 技术。空白电视频段曾属于甚高频和特高频,介于 54 MHz 和 790 MHz 之间。根据 802.11af 修正案的定义,无线局域网通信可以利用这些未使用的频率范围。由于空白电视频段位于 1 GHz 以下,信号的传输距离将大大增加。

6.11　2.4 GHz 信道

　　为了更好地理解 802.11 DSSS、802.11b HR-DSSS 与 802.11g ERP 无线接口的应用，你必须掌握 IEEE 802.11-2016 标准如何划分 2.4 GHz 信道。如表 6.4 所示，IEEE 将 2.4 GHz ISM 频段划分为 14 条独立的信道，而 FCC 和其他监管机构指定允许使用哪些信道。从表 6.4 可以看出，各国支持的信道有所不同。

表 6.4　2.4GHz 信道规划

信道编号	中心频率(GHz)	美国(FCC)	加拿大(IC)	许多欧洲国家
1	2.412	X	X	X
2	2.417	X	X	X
3	2.422	X	X	X
4	2.427	X	X	X
5	2.432	X	X	X
6	2.437	X	X	X
7	2.442	X	X	X
8	2.447	X	X	X
9	2.452	X	X	X
10	2.457	X	X	X
11	2.462	X	X	X
12	2.467			X
13	2.472			X
14	2.484			

注：X 表示支持的信道

　　信道由中心频率(f_c)标识，信道宽度与 802.11 发射机使用的技术有关。使用 802.11 DSSS 和 802.11 HR-DSSS 无线接口传输数据时，每条信道的宽度为 22 MHz，一般表示为 $f_c \pm 11$ MHz。例如，信道 1 为 2.412 GHz ± 11 MHz，表示频率范围为 2.401 GHz～2.423 GHz。请注意，在 2.4 GHz ISM 频段中，信道中心频率之间的间隔只有 5 MHz。由于每条信道宽 22 MHz，而两个信道中心频率仅相隔 5 MHz，因此信道会相互重叠。随着 802.11a 以及之后的 802.11g、802.11n 与 802.11ac 引入 OFDM 技术，OFDM 信道使用的频率宽度约为 20 MHz(由频谱掩模定义，本章稍后将进行讨论)。

　　图 6.8 展示了叠加在一起的所有信道及其重叠方式。如图 6.8 所示，信道 1、6、11 突出显示，它们的频率彼此相隔很远，因此不会重叠。两条信道互不重叠的条件是，信道之间必须相隔至少 5 条信道，即 25 MHz。例如，虽然信道 2 和 9 互不重叠，但是除二者外，无法找到第三条与信道 2 和 9 都不重叠的信道。在美国和加拿大，唯一互不重叠的 3 条信道是信道 1、6、11。而允许使用信道 1～13 的国家和地区也存在其他非重叠信道组合，但通常都会选择信道 1、6、11。部署包含 3 个或更多个接入点的 2.4 GHz 企业无线局域网时，一般使用信道 1、6、11，通常认为这 3 条信道互不重叠。

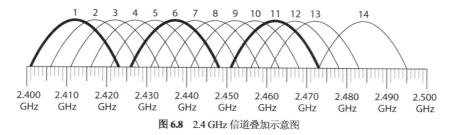

图 6.8　2.4 GHz 信道叠加示意图

如果解释不当，IEEE 802.11-2016 标准对于 2.4 GHz ISM 频段中非重叠信道的定义可能令人感到困惑。802.11 DSSS、802.11b HR-DSSS 与 802.11g ERP 信道均采用相同的编号方式，且具有相同的中心频率，不过单条信道的频率空间可能相互重叠。如图 6.9 所示，信道 1、6、11 的中心频率之间相隔 25 MHz。北美与大多数国家的 802.11b/g/n 网络部署基本都采用这 3 条非重叠信道。

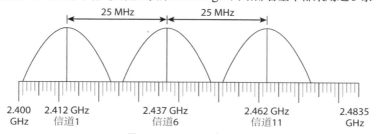

图 6.9　802.11b/g/n 中心频率

那么，究竟该如何判断 DSSS 或 HR-DSSS 信道是否重叠呢？802.11 原始标准规定，DSSS 信道的中心频率之间必须相隔至少 30 MHz，才能认为它们互不重叠。如果 DSSS 部署采用信道 1、6、11，由于中心频率之间仅相隔 25 MHz，因此认为这 3 条信道相互重叠。尽管如此，在部署遗留网络时，信道 1、6、11 仍然是信道复用模式中唯一可用的 3 条信道。不过这一点已不再重要，因为大多数 2.4 GHz 部署都已转向 802.11b/g/n 技术。

802.11b 修正案定义了 HR-DSSS。该修正案规定，信道的中心频率之间必须相隔至少 25 MHz，才能认为它们互不重叠。根据上述定义，信道 1、6、11 是互不重叠的。

802.11g 修正案向后兼容 802.11b HR-DSSS。该修正案同样规定，信道的中心频率之间必须相隔至少 25 MHz，才能认为它们互不重叠。根据上述定义，无论采用 ERP-DSSS/CCK 还是 ERP-OFDM，信道 1、6、11 都是互不重叠的。

示意图中往往采用拱形线来表示特定信道的射频信号，但实际信号并非如此。如图 6.10 所示，除主载波频率(主频率)外，信号还会产生边带载波频率。IEEE 定义了发射频谱掩模(transmit spectrum mask)，规定第一边带频率(f_c-22 MHz ＜ f ＜ f_c-11 MHz 以及 f_c+11 MHz ＜ f ＜ f_c+22 MHz＝必须低于主频率 30 dB 以上，其余边带载波频率(f＜ f_c-22 MHz 以及 f＞ f_c+22 MHz)必须低于主频率 50 dB 以上。

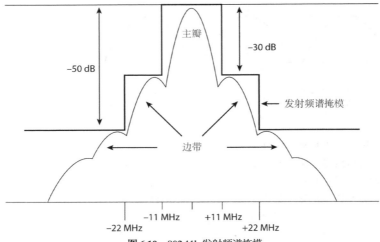

图 6.10　802.11b 发射频谱掩模

图 6.10 显示了 2.4 GHz HR-DSSS 信道的发射频谱掩模。定义发射频谱掩模旨在最大限度减少不同频率设备之间的干扰。与主载波频率相比,边带载波频率仅仅相当于信号的"耳语",不过当窃窃私语者就在我们身边时,即便耳语也很明显。射频设备同样如此。

图 6.11 显示了信道 1、6、11 的 802.11b 射频信号。以信道 6 的接入点为例,信号电平线表示接入点的任意接收电平。在电平线 1 处,信道 6 的接入点只能收到高于电平线 1 的信号,信道 1 和 11 的信号不会对信道 6 的信号造成干扰。而在电平线 2 处,信道 1 和 11 的信号会对信道 6 的信号造成轻微干扰。在电平线 3 处,信道 1 和 11 的信号会对信道 6 的信号造成严重干扰。有鉴于此,为避免可能出现的边带频率干扰,务必使各个接入点在水平方向和垂直方向保持一定间距(5~10 英尺通常已足够)。

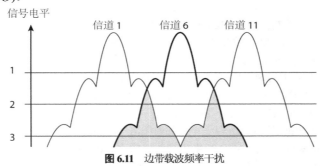

图 6.11　边带载波频率干扰

通过使用 OFDM 技术,大多数 2.4 GHz 传输都能达到较高的数据速率,但了解数据速率较低的早期技术也很重要,因为它们仍然属于 802.11 标准,且仍在某些部署中使用。6.12 节将介绍 5 GHz 信道,并讨论 5 GHz OFDM 传输的发射频谱掩模。后者宽约 20 MHz,与 2.4 GHz OFDM 传输所需的发射频谱掩模几乎相同。请记住,802.11g 和 802.11n 无线接口采用 OFDM 技术并通过 2.4 GHz 频段传输数据。

6.12　5 GHz 信道

802.11a/n 与 802.11ac 无线接口使用 5 GHz U-NII 频段(U-NII-1、U-NII-2A、U-NII-2C 以及 U-NII-3)传输数据。为避免干扰到其他频段，系统使用额外的带宽作为保护频带。对于 U-NII-1 和 U-NII-2A 频段，最外侧信道的中心频率必须与频段边缘相隔 30 MHz；对于 U-NII-3 频段，最外侧信道的中心频率必须与频段边缘相隔 20 MHz。每个频段边缘未使用的带宽称为保护频带。最初的 3 个 U-NII 频段各有 4 条互不重叠的信道，中心频率之间相隔 20 MHz；U-NII-3 频段后来增加了第 5 条信道。U-NII-2C 频段目前包括 12 条互不重叠的信道，中心频率之间同样相隔 20 MHz。U-NII-2C 频段过去只有 11 条信道，但 802.11ac 修正案获批后，U-NII-2C 频段将信道 144 纳入其中。要计算信道的中心频率，将信道编号乘以 5 后与 5000 相加即可。例如，信道 36 乘以 5 等于 180，与 5000 相加后得出中心频率为 5180 MHz，即 5.18 GHz。

如图 6.12 所示，最上方的图显示了 U-NII-1 和 U-NII-2A 频段的 8 条信道，中间图显示了 U-NII-2C 频段的 12 条信道，最下方的图显示了 U-NII-3 频段的 5 条信道。在图 6.12 中，Ch 表示信道，如 Ch 36 表示信道 36。为更容易区分单个载波及其边带频率，信道 36 被突出显示。IEEE 并未明确定义信道宽度，但 OFDM 信道的频谱掩模约为 20 MHz。

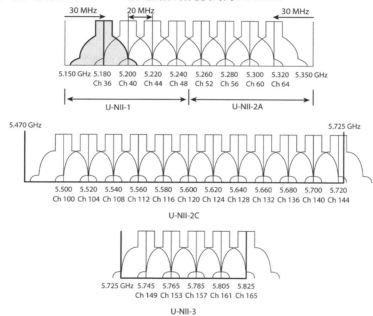

图 6.12　U-NII 信道

图 6.13 全面概括了 802.11 发射机目前可以使用的所有 5 GHz 信道。在设计具有信道复用模式的无线局域网时，5 GHz U-NII 频段共有 25 条可用的 20 MHz 信道。当然，可用信道与各国的规定有关。例如，大多数欧洲国家仍然认为 U-NII-3 频段属于授权频段，这意味着仅有 20 条信道可以用于信道复用模式。2009 年之前，所有 25 条信道都能在美国使用。如图 6.13 所示，U-NII-2A 和 U-NII-2C 信道需要支持 DFS。监管机构要求为使用这两个频段传输数据的 802.11 无线接口配置 DFS，以免干扰雷达通信。2009 年，美国联邦航空管理局发现终端多普勒天气雷达(TDWR)系

统曾受到干扰,FCC 因此暂停了对 U-NII-2A 和 U-NII-2C 频段 802.11 设备(要求配置 DFS)的认证。虽然认证最终继续进行, 但 FCC 修改了规定, 禁止 802.11 无线接口使用 5.60 GHz~5.65 GHz 频率空间(TDWR 的工作频段)传输数据。如图 6.13 所示, 由于信道 120、124、128 位于 TDWR 频段, 这 3 条信道已有多年无法在美国使用, 因此并非所有信道都能用于 20 MHz 信道复用。FCC 在 2014 年调整规定, 再次向 802.11 通信开放 TDWR 频段。请注意, 由于某些客户设备根本没有获得任何 DFS 信道认证, 部分企业无线局域网部署已完全避免使用 DFS 信道。第 13 章 "无线局域网设计概念"将深入探讨 5 GHz 信道复用模式和信道规划。

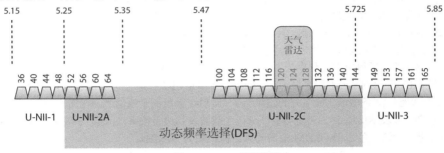

图 6.13　U-NII 信道概述

802.11n 技术可以将两条 20 MHz 信道绑定在一起, 从而创建一条更大的 40 MHz 信道。信道绑定使频率带宽倍增, 这意味着可供 802.11n 无线接口使用的数据速率增加了一倍。第 10 章将深入讨论 40 MHz 信道。如图 6.14 所示, 在部署企业无线局域网时, 共有 12 条 40 MHz 信道可用于信道复用模式。但在过去, 位于 TDWR 频段的两条 40 MHz 信道无法在美国使用。位于 U-NII-3 频段的两条 40 MHz 信道也无法在欧洲使用, 因为许多国家认为该频段属于授权频段。

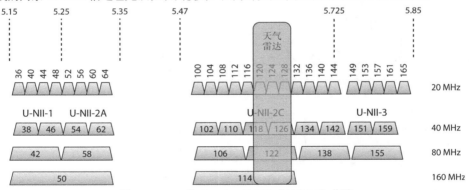

图 6.14　U-NII 的 40 MHz、80 MHz 与 160 MHz 信道

图 6.14 还显示了 802.11ac 无线接口可能使用的 80 MHz 和 160 MHz 信道。但实际上, 没有足够的频率空间来容纳这些信道, 以实现合适的信道复用模式。第 10 章将讨论 802.11ac 以及 80 MHz 和 160 MHz 信道。

随着 802.11ac 技术日益普及, 对更多频率空间的需求变得越来越重要。如图 6.15 所示, 如果 U-NII-4 频谱确实可用, 那么信道复用模式就能使用更多信道: 我们可以为 802.11n 或 802.11ac 无线接口设计 14 条 40 MHz 信道的复用模式, 也可以规划 7 条 80 MHz 信道的复用模式, 甚至有足够的频率空间容纳 3 条 160 MHz 信道。不过请记住, 拟议的 U-NII-4 频谱尚未获批, 且频率使用规定因国家而异。

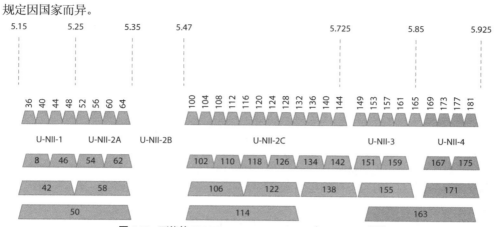

图 6.15　可能的 20 MHz、40 MHz、80 MHz 与 160 MHz 信道

如前所述，IEEE 并未明确定义信道宽度，但 OFDM 信道的频谱掩模约为 20 MHz。802.11n 或 802.11ac 绑定信道的频谱掩模显然更大。

OFDM 频谱掩模如图 6.16 所示。可以看到，边带载波频率的下降较为平缓。这会导致两条合法邻信道的边带频率相互重叠，从而增加干扰发生的概率。ODFM 最初定义在 802.11a 修正案中。该修正案规定，信道的中心频率之间只要相隔 20 MHz，就可以认为它们互不重叠。5 GHz U-NII 频段的所有信道均使用 OFDM，中心频率之间相隔 20 MHz。因此根据 IEEE 的定义，所有 5 GHz OFDM 信道都是互不重叠的。但实际上，任何两条 5 GHz 邻信道之间仍有部分边带载波频率相互重叠。好在由于信道数量和信道间隔的缘故，很容易通过合适的信道复用规划将邻信道分开并避免干扰。

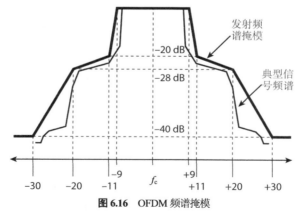

图 6.16　OFDM 频谱掩模

5 GHz 长期演进技术

虽然本书侧重于讨论无线局域网技术，但读者同样应该熟悉包括蓝牙、Zigbee、蜂窝技术在内的其他射频技术。长期演进技术(LTE)是规范蜂窝设备进行高速无线语音和数据通信的标准。目前受到高度关注的下一代 LTE 技术是第五代无线系统，又称 5G。与前几代 LTE 技术相比，5G 同时使用非授权频谱与授权频谱进行蜂窝通信。

5G 和"非授权 LTE"(unlicensed LTE)这两个术语有时会互换使用,但这并不正确。不妨将 5G 视为封装有技术和业务用例的一种框架,而非授权 LTE 是 5G 环境中可能使用的众多蜂窝技术之一。本章主要讨论非授权 LTE 与 Wi-Fi 之间的关系。

企业无线局域网之所以部署在非授权 5 GHz 频段,主要原因之一是非授权 2.4 GHz 频段已拥挤不堪。此外,5 GHz 拥有更多的频率空间,且传统上主要用于 802.11 通信。但手机企业一直在游说监管机构,希望向 LTE 通信开放目前由 802.11 通信使用的非授权 5 GHz 频段。

那么,5 GHz 频段的非授权 LTE 传输与 Wi-Fi 传输是否会相互干扰呢?答案是肯定的,但影响取决于多种因素。首先你应该理解,LTE 的许多特性是为在非授权频谱(包括 5 GHz 频段)中使用而定义的。

无线局域网集成工程师和设计师必须了解非授权 LTE 的功能。记住,这里仅做简要概述,如果需要在存在非授权 LTE 的环境中设计无线局域网,请花些时间学习和研究。部分非授权 LTE 技术如下。

LTE-U 非授权频谱的 LTE(LTE-U)技术用于 5 GHz 频谱的非授权 U-NII-1 和 U-NII-3 频段。LTE-U 使用 20 MHz 信道实现 LTE-U 基站到客户设备的下行传输,但上行传输和控制面通信仍然采用授权频谱。电信运营商将通过非授权 5 GHz 频段进行的下行传输和通过授权(400 MHz~3.8 GHz)锚点信道进行的上行传输聚合在一起。LTE-U 不实施任何"对话前监听"保护机制,并且和 Wi-Fi 设备使用相同的频率空间传输数据。为避免干扰,LTE-U 采用载波监听自适应传输(CSAT)算法,这种算法能动态选择空闲信道。但如果没有可用的空闲信道,CSAT 采用开/关占空比共享信道,为使用 5 GHz 信道的 LTE 通信和 Wi-Fi 通信各提供 50%的占空比。

LTE-LAA 另一项针对非授权频率的 LTE 技术是授权辅助接入(LAA),LAA 最初也仅用于下行传输,而改进后的增强型授权辅助接入(eLAA)可以实现上行传输。eLAA 使用 20 MHz 信道,但可以在两个方向上进行数据传输。eLAA 通过授权频谱和非授权频谱传输数据,也可以采用授权频谱进行控制面通信。此外,LTE-LAA 利用载波聚合将非授权 5 GHz 信道与授权锚点信道聚合在一起。LTE-LAA 使用对话前监听(LBT)作为载波监听保护机制,这种机制与 802.11 无线接口使用的空闲信道评估(CCA)有类似之处。LTE-LAA 基站通过射频能量检测阈值来推迟 LTE 传输,但没有专门检测 802.11 传输的信号检测阈值。截至本书完成时,LTE-LAA 仍避免使用 DFS 信道传输数据。

MulteFire 目前,MulteFire 仅用于非授权 5 GHz 频段的下行、上行以及控制面通信。由于不需要授权锚点信道,因此也无须使用载波聚合。MulteFire 适用于规模较小的小区部署,它在各方面都被视为 Wi-Fi 的直接竞争对手。与 LTE-LAA 类似,MulteFire 同样使用对话前监听作为载波监听保护机制。MulteFire 还能通过 20 MHz 信道传输数据。

LTE-WLAN 聚合 LTE-WLAN 聚合(LWA)提供了 LTE 在 5 GHz 频谱的替代方案:LTE 数据传输仍然使用授权信道,Wi-Fi 通信仍然使用非授权信道,通过 LWA 将跨两条链路的数据聚合为单一的流量流。支持 LTE 和 Wi-Fi 的手机可以配置为同时使用两条链路。从 Wi-Fi 的角度看,这种方案的主要优势在于不必和 LTE 共享 5 GHz 信道,因为 LTE 通信仍然使用授权频谱。

拜手机运营商和芯片组制造商的影响力及游说所赐,5 GHz 频段的非授权 LTE 通信正逐步成为现实。哪种非授权 LTE 技术将称雄市场尚待观察,不同国家和地区也可能采用不同的非授权 LTE 标准。请记住,在非授权 5 GHz 频段,LTE 和 Wi-Fi 都要遵守相同的发射功率管理规定。大多数室内 Wi-Fi 接入点的最大发射功率为 100 毫瓦,而 LTE 基站的发射功率可能高达 1 瓦。尽管已定义了共存技术,但毫无疑问,LTE 与 Wi-Fi 仍然可能相互干扰。随着非授权 LTE 转向 5 GHz 频段,无线局域网的设计和部署将不可避免地面临新的挑战。

6.13　邻信道、非邻道与重叠信道

前面介绍了 IEEE 802.11-2016 标准定义的非重叠信道。802.11 DSSS 信道的中心频率之间必须相隔 30 MHz，才能认为它们互不重叠；802.11b HR-DSSS 和 802.11g ERP 信道的中心频率之间必须相隔 25 MHz，才能认为它们互不重叠；5 GHz OFDM 信道的中心频率之间必须相隔 20 MHz，才能认为它们互不重叠。上述定义的重要之处在于，部署无线局域网时，覆盖小区之间必须存在一定重叠以实现漫游。但同样重要的是，这些覆盖小区的频率空间不能重叠。为避免因频率空间重叠而导致性能下降，就需要进行信道复用规划。第 13 章将深入探讨信道复用规划的细节。

【现实生活场景】

邻信道的意义何在？

大多数 Wi-Fi 供应商使用邻信道干扰一词来描述因信道复用设计不当导致频率空间重叠，进而引起的性能下降。在无线局域网行业，邻信道指编号的前一条或后一条信道。例如，信道 3 和信道 2 相邻。第 13 章将深入讨论邻信道干扰的概念。

6.14　吞吐量与带宽

无线通信通常在一段受限的频率范围内进行，这一频率范围称为频段，也就是带宽。频率带宽对最终的数据吞吐量确有一定影响，但其他许多因素也会影响吞吐量。除频率带宽外，数据编码、调制、介质争用与加密都是影响数据吞吐量的重要因素。

注意不要混淆频率带宽和数据带宽。数据编码和调制方式决定了数据速率，数据速率有时又称数据带宽。我们以 5 GHz 信道和 OFDM 技术为例进行说明。虽然 802.11a OFDM 无线接口能以 6、9、12、18、24、36、48 或 54 Mbps 的速度传输数据，但所有 U-NII 信道的频率带宽对于所有速度都是相同的；之所以存在不同的速度(数据速率)，是因为使用的调制和编码技术不同。不同的调制和编码技术会产生不同的数据速率，通常也称为数据带宽。

向外行人解释无线网络时，他们可能会惊讶于无线局域网提供的实际吞吐量。非专业人士在计算机专卖店中看到 802.11 设备的包装上标有 300 Mbps 字样，或许会认为这台设备能提供的吞吐量是 300 Mbps。802.11 设备采用带冲突避免的载波监听多路访问(CSMA/CA)作为介质访问方式，以确保在任何给定时间内，只有一台无线设备可以使用介质传输数据。由于介质的半双工特性以及 CSMA/CA 产生的开销，对于遗留的 802.11a/b/g 传输，实际的总吞吐量(aggregate throughput)一般不会超过数据速率的 50%；对于 802.11n/ac 传输，总吞吐量为数据速率的 60%～70%。吞吐量不仅会受到 802.11 通信的半双工特性影响，也会受到不同使用频率的影响。HT 和 OFDM 技术可用于 5 GHz 和 2.4 GHz 频段。由于 2.4 GHz ISM 频段的射频噪声通常较高，2.4 GHz 设备的吞吐量一般小于 5 GHz 设备。

802.11 射频介质属于共享介质，这意味着有关吞吐量的所有讨论均指总吞吐量，这一点请读者谨记在心。例如，如果数据速率为 54 Mbps，由于 CSMA/CA 的影响，总吞吐量可能只有 20 Mbps 左右。如果 5 个客户端同时从 FTP 服务器下载相同的文件，那么在理想情况下，每个客户端的感知吞吐量约为 4 Mbps。当使用 802.11n 和 802.11ac 无线接口时，理想条件下的总吞吐量可以达到标定数据速率的 65%。CSMA/CA 产生的介质争用开销通常约为带宽的 35%;而使用遗留的 802.11a/b/g 无线接口时,介质争用开销将达到 50%或更多。

RTS/CTS 机制(相关讨论请参见第 9 章 "802.11 MAC 体系结构")也会增加通信开销,从而影响系统的吞吐量。

在 OSI 模型中,几乎每一层的参数都会影响 802.11 通信的吞吐量。请读者务必了解影响吞吐量的各种因素及其后果,以及可以采取哪些措施(如果有的话)来最大限度消除它们对总吞吐量的影响。

6.15   通信系统恢复能力

本章讨论的许多技术都能直接或间接提高 802.11 通信系统的恢复能力。扩频技术将数据扩展到一定的频率范围内,窄带射频信号因而不易受到干扰。FHSS 抗窄带干扰的能力优于 OFDM,而 OFDM 抗窄带干扰的能力优于 DSSS。扩频技术使用一定的频率范围传输数据,由于不同频率的时延扩展和符号间干扰有所不同,扩频技术本质上能提高通信系统的恢复能力。此外,数据编码提供的差错恢复方法有助于减少数据重传。

6.16   小结

本章重点介绍了无线网络和扩频通信使用的技术。802.11、802.11b、802.11g 与 802.11n 无线接口使用 2.4 GHz ISM 频段传输数据,802.11a、802.11n 与 802.11ac 无线接口使用 5 GHz U-NII 频段传输数据。请注意,802.11n 无线接口既能使用 2.4 GHz ISM 频段,也能使用 5 GHz U-NII 频段传输数据。本章讨论了以下 ISM 和 U-NII 频段。

- ISM 工业: 902 MHz~928 MHz
- ISM 科学: 2.4 GHz~2.5 GHz
- ISM 医疗: 5.725 GHz~5.875 GHz
- U-NII-1: 5.150 GHz~5.250 GHz
- U-NII-2A: 5.250 GHz~5.350 GHz
- U-NII-2C: 5.470 GHz~5.725 GHz
- U-NII-3: 5.725 GHz~5.850 GHz
- U-NII-4: 5.850 GHz~5.925 GHz (拟议)

除 ISM 和 U-NII 频段外,本章还讨论了以下频段。

- 美国公共安全: 4.94 GHz~4.99 GHz
- 日本: 4.9 GHz~5.091 GHz
- 60 GHz
- 1 GHz 以下
- 空白电视频段(TVWS)

本章还详细介绍了扩频技术,并讨论了 OFDM 和卷积编码。

6.17   考试要点

了解所有 ISM 频段与 U-NII 频段的技术规范。务必熟悉所有频率、带宽使用与信道。

　　了解扩频技术。扩频技术包罗万象,它是一种相当复杂的技术。掌握 FHSS、DSSS 与 OFDM(虽然 OFDM 不属于扩频技术,但具有与扩频技术相似的特性,因此也要了解)。理解扩频技术和 OFDM 采用的编码和调制方式。

　　理解本章讨论的各种传输技术之间的异同。本章探讨的许多技术既有不同点,也有相似点,请仔细比较并理解。参加 CWNA 考试时,应特别注意题目中的细微差别。

6.18　复习题

1. 以下哪些技术抗时延扩展的能力更强?(选择所有正确的答案。)
    A. DSSS　　　　　**B.** FHSS
    C. OFDM　　　　　**D.** HT

2. 以下哪些频段属于合法的 U-NII 频段?(选择所有正确的答案。)
    A. 5.15 GHz～5.25 GHz
    B. 5.47 GHz～5.725 GHz
    C. 5.725 GHz～5.85 GHz
    D. 5.725 GHz～5.875 GHz

3. 802.11 无线接口采用哪些技术通过 2.4 GHz ISM 频段传输数据?(选择所有正确的答案。)
    A. HT　　　　　　　**B.** ERP
    C. DSSS　　　　　　**D.** HR-DSSS

4. 802.11n HT 无线接口可以使用哪些频段传输数据?(选择所有正确的答案。)
    A. 2.4 GHz～2.4835 GHz
    B. 5.47 GHz～5.725 GHz
    C. 902 GHz～928 GHz
    D. 5.15 GHz～5.25 GHz

5. 在 U-NII-1 频段中,信道 40 的中心频率是多少?
    A. 5.2 GHz　　　　　**B.** 5.4 GHz
    C. 5.8 GHz　　　　　**D.** 5.140 GHz

6. 在 Wi-Fi 传输中,中心频率为 5.3 GHz 的是哪条信道,它属于哪个频段?
    A. 信道 30,属于 U-NII-1 频段
    B. 信道 48,属于 U-NII-1 频段
    C. 信道 56,属于 U-NII-2A 频段
    D. 信道 60,属于 U-NII-2A 频段

7. 传输单信道 OFDM 信号时,频率宽度大约是多少?
    A. 20 MHz　　　　　**B.** 22 MHz　　　　　**C.** 25 MHz
    D. 40 MHz　　　　　**E.** 80 MHz　　　　　**F.** 160 MHz

8. 以下哪种定义能最确切地描述跳变时间?
    A. 在跳变到下一个频率之前,发射机等待的时间。
    B. 在频率之间跳变时,IEEE 标准要求的时间。
    C. 发射机跳变到下一个频率所需的时间。
    D. 发射机跳过全部 FHSS 频率所需的时间。

9. 根据 IEEE 802.11-2016 标准的定义,U-NII-2C 频段的信道中心频率之间需要保持多大间隔?

　　A. 10 MHz　　　　　　　**B.** 20 MHz

　　C. 22 MHz　　　　　　　**D.** 25 MHz　　　　　**E.** 30 MHz

10. 部署仅有两个接入点的 802.11n/ac 无线网络时,以下哪些 2.4 GHz 信道分组互不重叠? (选择所有正确的答案。)

　　A. 信道 1 和 3　　　　　**B.** 信道 7 和 10

　　C. 信道 3 和 8　　　　　**D.** 信道 5 和 11　　　**E.** 信道 6 和 10

11. 目前,802.11 标准指定哪个 U-NII 频段用于车载环境无线接入(WAVE)通信?

　　A. U-NII-1 频段　　　　**B.** U-NII-2A 频段　　　**C.** U-NII-2B 频段

　　D. U-NII-2C 频段　　　**E.** U-NII-3 频段　　　　**F.** U-NII-4 频段

12. 如果反射信号的数据导致当前数据损坏,说明发生了什么情况?

　　A. 时延扩展　　　　　　**B.** ISI

　　C. 前向纠错　　　　　　**D.** 比特交叉

13. 假设某 5 GHz 接入点支持所有信道,那么该接入点可以配置多少条可能的 20 MHz 信道?

　　A. 4 条　　　　　　　　**B.** 11 条

　　C. 12 条　　　　　　　　**D.** 25 条

14. 以下哪项技术抗多径干扰的能力最强?

　　A. FHSS　　　　　　　　**B.** DSSS

　　C. HR-DSSS　　　　　　**D.** OFDM

15. 使用遗留的 802.11a/b/g 无线接口传输数据时,对于任何数据速率,系统的平均总吞吐量是多少?

　　A. 80%　　　　　　　　**B.** 75%

　　C. 50%　　　　　　　　**D.** 100%

16. FCC 提出的哪个 U-NII 频段可以在 5 GHz 频段为 802.11 通信提供 75 MHz 的额外频谱?

　　A. U-NII-1　　　　　　**B.** U-NII-2A　　　　　**C.** U-NII-2B

　　D. U-NII-2C　　　　　**E.** U-NII-3　　　　　　**F.** U-NII-4

17. 为避免干扰终端多普勒天气雷达系统,美国禁止 802.11 无线接口使用哪个频段传输数据?

　　A. 5.15 GHz～5.25 GHz

　　B. 5.25 GHz～5.35 GHz

　　C. 5.6 GHz～5.65 GHz

　　D. 5.85 GHz～5.925 GHz

18. OFDM 技术使用了哪些调制技术? (选择所有正确的答案。)

　　A. QAM　　　　　　　　**B.** 相位

　　C. 频率　　　　　　　　**D.** 跳变

19. 巴克码能将一个数据比特转换为一系列数据比特,这些数据比特称为____。

　　A. 芯片组　　　　　　　**B.** 码片

　　C. 卷积码　　　　　　　**D.** 补码

20. 对于 802.11a/g 无线接口,20 MHz OFDM 信道使用多少个 312.5 kHz 的数据副载波?

　　A. 54 个　　　　　　　**B.** 52 个

　　C. 48 个　　　　　　　**D.** 36 个

第 **7** 章

无线局域网拓扑

本章涵盖以下内容:

计算机之间通过计算机网络相互通信。计算机网络可以配置为对等模式、客户端/服务器模式或具有分布式哑终端的集群中央处理器模式。在计算机网络中，网络拓扑定义为节点的物理和逻辑布局。如果读者曾经学习过网络基础课程，想必对有线网络中经常使用的总线型、环型、星型、网状型以及混合型拓扑不会感到陌生。

每种拓扑都有各自的优缺点。拓扑既可以覆盖极小的区域，也可以作为全球体系结构存在。无线拓扑还能由无线硬件的物理和逻辑布局定义。无线技术种类繁多，它们可以分为 4 种主要的无线网络拓扑。IEEE 802.11-2016 标准定义了一种特殊类型的无线通信。在 IEEE 802.11-2016 标准中，不同类型的拓扑称为服务集(service set)。多年来，供应商制造的 802.11 硬件采用各种拓扑来满足特定的无线组网需求。本章将介绍各类射频技术采用的拓扑，并讨论无线局域网的拓扑结构。

7.1　无线网络拓扑

虽然本书主要讨论无线局域网技术，但同样存在其他无线技术和标准，各种无线通信的覆盖范围大小不一。蜂窝技术、蓝牙与 Zigbee 都是常见的无线技术。所有无线技术可以分为以下 4 种主要的无线拓扑：

- 无线广域网(WWAN)
- 无线城域网(WMAN)
- 无线个域网(WPAN)
- 无线局域网(WLAN)

尽管 IEEE 802.11-2016 标准属于无线局域网标准，但相同的技术有时也能部署在不同的无线网络拓扑中，稍后将进行讨论。

7.1.1　无线广域网

广域网为广阔的地理区域提供射频覆盖，它可能跨越整个地区、国家甚至覆盖全球。互联网是广域网的最佳范例。许多私营企业和公共企业的广域网由 T1 线路、光纤、路由器等硬件基础设施构成，有线广域网通信采用帧中继、异步传输模式(ATM)、多协议标签交换(MPLS)等多种协议。

无线广域网(WWAN)同样覆盖广阔的地理区域，但使用无线介质而非有线介质传输数据。一般来说，无线广域网采用蜂窝电话技术或专有的授权无线桥接技术。AT&T Mobility、Verizon、Vodafone 等移动运营商利用各种相互竞争的技术来传输数据，这些蜂窝技术包括通用分组无线服务(GPRS)、码分多址(CDMA)、时分多址(TDMA)、长期演进(LTE)以及全球移动通信系统(GSM)。数据可以传输到智能手机、平板电脑、蜂窝 USB 调制解调器等各种设备。

过去，相较于 802.11 等无线技术，上述技术的数据速率和带宽相对偏低。但就像 Wi-Fi 一样，随着蜂窝技术的不断发展，数据传输速率也在提高。此外，Wi-Fi 技术和蜂窝技术的融合与共存正逐步成为现实。

7.1.2　无线城域网

无线城域网(WMAN)为都市圈(如城市和周边郊区)提供射频覆盖，旨在弥补其他无线技术在室外宽带无线接入方面的不足，WMAN 近年来的发展使其向实用化又迈进了一步。IEEE 802.16

标准定义了与无线城域网相关的一项技术，这项名为宽带无线接入的技术有时也称为全球微波接入互操作性(WiMAX)。WiMAX 论坛负责无线宽带设备(如 802.16 硬件)的兼容性和互操作性测试。

外界将 802.16 技术视为数字用户线(DSL)、有线电视等其他宽带服务的直接竞争对手。尽管802.16 无线网络通常作为"最后一英里"的数据交付手段，但这项技术也可用于为整座城市的用户提供接入。

> **注意：**
> 有关 802.16 标准的更多信息请参见 IEEE 网站[1]，有关 WiMAX 的更多信息请参见 WiMAX 论坛网站[2]。

过去几年，为使城市居民能在整个都市圈内访问互联网，在城际范围内部署 Wi-Fi 网络的探讨不绝于耳。尽管 802.11 技术的初衷并非为如此广阔的区域提供接入，但许多城市都采取了一些行动以期实现这一壮举。这些大规模 802.11 部署采用专有的无线网状路由器或网状接入点。但由于 802.11 技术无法扩展到整座城市，许多部署城际 Wi-Fi 网络的项目已经搁浅。不过一些无线局域网供应商与 4G/LTE 服务提供商合作，在 802.11 WMAN 部署方面业已取得成功，利用多达 10 万个接入点提供城域接入。电信服务提供商也开始采用 802.11u 修正案定义的机制，将蜂窝数据转移到无线局域网。

7.1.3　无线个域网

用户附近的计算机设备之间可以通过无线个域网(WPAN)交换数据，膝上型计算机、游戏设备、平板电脑、智能手机等设备采用各种无线技术相互通信。无线个域网既可用于设备之间的通信，也可作为更高级别网络(如局域网和互联网)的门户。蓝牙和红外技术是最常见的无线个域网技术：红外线是一种光介质，而蓝牙是一种采用跳频扩频(FHSS)的射频技术。

IEEE 802.15 工作组致力于研究蓝牙、Zigbee 等无线个域网使用的技术。Zigbee 也是一种射频技术，有望在无线个域网体系结构中实现设备间的低成本无线组网。

> **注意：**
> 有关 802.15 无线个域网标准的更多信息请参见 IEEE 网站[3]。蓝牙技术最初定义在 IEEE 802.15 标准中，但目前由蓝牙技术联盟(SIG)负责，更多信息请参见蓝牙网站[4]。有关 Zigbee 技术的信息请参见 Zigbee 联盟网站[5]，有关红外通信的信息请参见红外数据协会(IrDA)网站[6]。

802.11 无线接口用于无线个域网的最佳范例是对等连接，稍后的 7.3.7 节"独立基本服务集"将详细介绍 802.11 对等网络。苹果公司的隔空投送(AirDrop)技术采用了蓝牙和 Wi-Fi，它是利用无线个域网在计算机或平板电脑之间传输文件的另一个示例。

1　http://www.ieee802.org/16/。
2　http://wimaxforum.org。
3　http://www.ieee802.org/15/。
4　https://www.bluetooth.com。
5　https://www.zigbee.org。
6　http://www.irda.org。

7.1.4　无线局域网

从前几章的讨论可知，IEEE 802.11-2016 标准定义了无线局域网(WLAN)技术。局域网为建筑物或校园环境提供网络连接。拜 IEEE 802.11-2016 标准及其修正案定义的范围和速度所赐，802.11 无线介质非常适合局域网通信使用。实际上，大多数 802.11 网络部署都是为企业和家庭用户提供接入的局域网。

无线局域网一般使用多个 802.11 接入点，接入点之间通过有线主干网相连。在企业部署中，最终用户通过无线局域网访问网络资源和服务，无线局域网充当接入互联网的网关。虽然 802.11 硬件也能用于其他无线拓扑，但大多数 Wi-Fi 部署都属于无线局域网，这也是 IEEE 802.11 工作组开发这项技术的初衷。在讨论无线局域网时，通常指标准的 802.11 解决方案，但市场上也存在其他相互竞争的专有无线局域网技术。

请注意，大型企业可以在全球范围内部署并管理无线局域网。对于分布在众多地理区域的企业 Wi-Fi 网络，可以采用网络管理服务器进行集中式管理，也可以通过虚拟专用网将它们连接在一起。第 11 章"无线局域网体系结构"将深入探讨 802.11 网络的管理与扩展。

7.2　802.11 终端

无线局域网主要由无线接口构成，IEEE 802.11 标准称其为终端(STA)。无线接口既可以充当接入点，也可以用作客户端。所有终端通过唯一的 MAC 地址标识。IEEE 802.11-2016 标准指定了终端在各种 802.11 拓扑中使用的体系结构服务。下面列出了 MAC 子层的 3 种 802.11 服务。

终端服务　所有 802.11 终端(客户端和接入点)均提供以下终端服务：

- 身份验证
- 解除身份验证
- 数据机密性
- MSDU 传输
- 动态频率选择(DFS)
- 发射功率控制(TPC)
- 上层计时器同步
- QoS 流量调度
- 无线电测量
- 动态终端启用(DSE)

尽管这些终端服务位于 MAC 子层，但很多服务也依赖于物理层提供的信息。例如，支持 DFS 的无线接口探测到物理射频介质上的雷达脉冲后，将使用 802.11 MAC 帧交换来发送信道切换通知。本书各章将深入探讨大多数终端服务的内容。

分布系统服务　仅有接入点和网状门户使用分布系统服务(DSS)，用于管理客户端关联、重关联、取消关联等。本章稍后将详细介绍分布系统服务。

PBSS 控制点服务　个人基本服务集(PBSS)是一种非常特殊的 802.11 拓扑，本章稍后将进行介绍。PBSS 控制点服务(PCPS)专为构成 PBSS 的 802.11ad 无线接口而定义。部署 PBSS 拓扑时，PCPS 负责处理关联、重关联、取消关联以及 QoS 流量调度。

7.2.1　客户端

不在接入点中使用的无线接口一般称为客户端(client station)或非接入点终端，膝上型计算机、平板电脑、扫描仪、智能手机以及其他许多移动设备都能使用客户端无线接口。客户端和接入点(access point)必须采用相同的方式竞争半双工射频介质的使用权。当客户端与接入点建立二层连接后，称它们建立关联。一旦客户端关联到接入点，就能利用接入点提供的门户功能。802.11 客户端既可以固定不动，也可以处于移动状态，并能在接入点之间漫游时保持通信不会中断。所有客户端都支持终端服务。

7.2.2　接入点

802.11 接入点是一种充当无线门户的无线接口，其他客户端可以通过接入点交换数据。一般来说，接入点在功能上与客户端完全相同，但二者的关键区别在于门户功能。接入点可以提供门户功能，允许关联到接入点的客户端经由无线介质与其他物理介质(如 802.3 以太网)交换数据。从技术角度看，这种门户功能又称为分布系统接入功能(DSAF)。

如前所述，接入点还使用分布系统服务来管理客户端关联。一个很好的类比是托管交换机使用的内容可寻址存储器(CAM)表。有线托管交换机维护动态的 MAC 地址表(称为 CAM 表)，能根据帧的目标 MAC 地址将帧定向到端口。与之类似，802.11 接入点维护关联客户端的关联表，以此来定向流量。

7.2.3　集成服务

IEEE 802.11-2016 标准定义了集成服务(IS)，通过门户在分布系统与非无线局域网之间传输 MAC 服务数据单元(MSDU)。集成服务可以简单定义为一种帧格式传输方法，而门户通常是接入点或无线局域网控制器。802.11 数据帧净荷是携带三到七层信息的 MSDU，其最终目的地一般位于有线网络基础设施。由于有线基础设施属于不同的物理介质，802.11 数据帧净荷必须转换为 802.3 以太网帧。我们以使用 VoWiFi 电话向独立接入点发送 802.11 数据帧为例进行说明。802.11 数据帧的 MSDU 净荷是 VoIP 包，最终目的地是位于 802.3 网络核心层的 IP 专用小交换机(PBX)。集成服务移除 802.11 帧头与帧尾，并将 VoIP 包(MSDU 净荷)封装到 802.3 帧中，然后发送给以太网。如果必须将 802.3 数据帧净荷转换为最终由接入点无线接口传输的 802.11 帧，集成服务将反向执行相同的操作。

IEEE 802.11-2016 标准并未定义集成服务的工作方式。集成服务通常在 802.11 介质与 802.3 介质之间传输数据帧净荷，但也可以在 802.11 介质与其他介质之间传输 MSDU。如果在网络边缘转发 802.11 用户流量，则集成服务位于接入点；当 802.11 用户流量经由隧道返回无线局域网控制器时，集成服务通常位于无线局域网控制器。

7.2.4　分布系统

如前所述，802.11 接入点与客户端的关键区别在于接入点能提供门户功能，这种门户功能又称 DSAF。IEEE 802.11-2016 标准定义了分布系统(DS)，分布系统通过集成局域网将若干基本服务集连接在一起，以创建扩展服务集。本章稍后将详细介绍服务集。接入点本质上属于门户设备。无线流量既可以返回无线介质，也可以转发给集成服务。分布系统主要由以下两部分构成。

分布系统介质　用于连接接入点的逻辑物理介质称为分布系统介质(DSM)，802.3 介质是最常见的分布系统介质。

分布系统服务 如前所述，接入点使用分布系统服务(DSS)来管理客户端关联、重关联与取消关联。利用 802.11 MAC 帧头的二层寻址机制，分布系统服务最终将三到七层信息(MSDU)转发给集成服务或其他无线客户端。CWNA 考试不会考查分布系统服务的详细内容。

一个或多个接入点可以连接到相同的分布系统介质。大多数 802.11 部署使用接入点作为 802.3 以太网主干网的门户，以太网就是分布系统介质。接入点通常连接到交换式以太网，后者一般还通过以太网供电(PoE)为接入点供电。

接入点也可以充当其他有线介质和无线介质的门户设备。IEEE 802.11-2016 标准既不关心，也未定义接入点将数据转换并转发给哪种介质，因此可以将接入点视为两种介质之间的转换桥梁。换言之，接入点在 802.11 介质与任何分布系统介质之间转换并转发数据。需要再次强调的是，分布系统介质在绝大多数情况下都是 802.3 以太网，如图 7.1 所示。如果分布系统介质是无线网状网，则切换可通过一系列无线设备进行，最终目的地通常是 802.3 以太网。

图 7.1　分布系统介质

7.2.5　无线分布系统

IEEE 802.11-2016 标准定义的无线局域网通信使用 4 种 MAC 地址帧格式，但其中仅仅描述了帧格式，并未规定这种机制或帧格式的用法。这种机制称为无线分布系统(WDS)。尽管分布系统一般使用有线以太网主干网，但在某些情况下也可能使用无线连接。无线分布系统通过无线回程(wireless backhaul)将接入点连接在一起。如图 7.2 所示，无线分布系统最常见的实际用例是在网状网部署中利用接入点提供覆盖和回程功能。如图 7.3 所示，无线分布系统的另一个实际用例是 802.11 室外桥接链路，用于在两栋建筑物之间提供无线回程连接。本书的多个章节都会深入讨论网状网和无线局域网桥接。

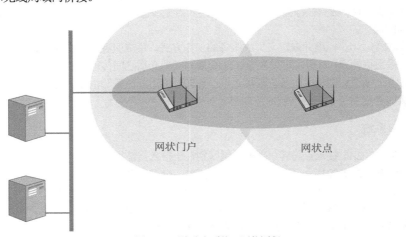

图 7.2　无线分布系统：网状回程

图7.3　无线分布系统：无线局域网桥接回程

哪种分布系统最理想？

在绝大多数情况下，有线网络是分布系统的最佳选择。由于大多数企业部署已配备有线 802.3 基础设施，将无线网络集成到以太网是最合理的方案。有形障碍物、射频干扰等许多可能影响无线分布系统的因素并不会影响有线分布系统。如果不易布线，网状回程网络有时是更好的选择。此外，室外 802.11 桥接链路可能是连接两栋建筑物的唯一选择。如果有线网络无法将接入点连接在一起，换用无线分布系统或许是可行的替代方案。更理想的无线分布系统解决方案利用不同的频率和无线接口来实现客户端访问和分发。

7.3　802.11 服务集

IEEE 802.11-2016 标准定义了多种称为服务集的 802.11 拓扑，它们描述了无线接口相互通信的方式。这些 802.11 拓扑包括基本服务集(BSS)、扩展服务集(ESS)、独立基本服务集(IBSS)、个人基本服务集(PBSS)、网状基本服务集(MBSS)以及 QoS 基本服务集(QBSS)。接下来，我们将讨论构成各种 802.11 服务集的所有组件。

7.3.1　服务集标识符

服务集标识符(SSID)是用于标识 802.11 无线网络的逻辑名，与 Windows 工作组名类似。无线接口在多个不同的 802.11 帧交换中使用这种逻辑名。所有 802.11 无线接口(包括接入点和客户端)都能配置 SSID。SSID 由最多 32 个字符组成，并且区分大小写。图 7.4 显示了某接入点的 SSID 配置。

Wireless Network	
Name (SSID) *　　Sybex Wi-Fi	Broadcast SSID Using
Broadcast Name *　　Sybex Wi-Fi	☑ WiFi0 Radio (2.4 GHz or 5 GHz) ☑ WiFi1 Radio (5 GHz only)

图7.4　服务集标识符

大多数接入点提供了用于隐藏 SSID 的选项，隐藏后的网络名只对合法的最终用户可见。IEEE 802.11-2016 标准并未定义 SSID 隐藏，虽然这在保护系统安全中所起的作用极其有限，但许多管理员仍然错误地选择使用这种方法。

为实现客户端的无缝漫游，接入点必须通告使用具有相同安全性配置的同一个SSID。

> **注意:**
> 第17章"无线局域网安全体系结构"将讨论SSID隐藏。

7.3.2 基本服务集

基本服务集(BSS)是无线局域网的基础拓扑结构。构成基本服务集的通信设备包括一个接入点和若干客户端。加入接入点的无线域后，客户端之间通过接入点交换数据。成为基本服务集成员的终端将建立二层连接，称它们相互关联。图7.5展示了一个标准的基本服务集。

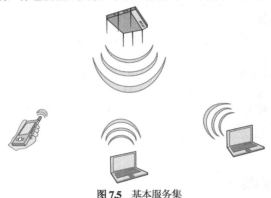

图7.5 基本服务集

接入点一般连接到分布系统介质，不过这并非基本服务集的强制要求。如果接入点用作分布系统的门户设备，客户端可能经由接入点访问分布系统介质中的网络资源。基本服务集的实际作用在于允许客户端通过接入点与网络服务器交换数据，并访问互联网网关。

大多数无线局域网通信基于客户端/服务器模式。但如果802.11客户端之间希望直接通信，则需要通过接入点来中继数据。在典型的基本服务集中，只要流量经由接入点转发，客户端之间就能实现对等通信。而支持通道直接链路建立(TDLS)的客户端是少有的例外：TDLS客户端无须经过接入点就能直接交换数据。不过TDLS客户端仍会保持与接入点的关联状态，且仍然作为成员加入基本服务集。大多数无线局域网供应商提供了客户端隔离(client isolation)功能，以阻止关联到接入点的客户端之间进行对等通信。

读者可能会遇到其他描述基本服务集的术语。例如，VHT BSS指由802.11ac接入点构成的基本服务集，而DMG BSS指由802.11ad接入点构成的基本服务集。

7.3.3 基本服务区

在基本服务集中，接入点的实际覆盖区称为基本服务区(BSA)，典型的基本服务区如图7.6所示。只要无线接口之间的接收信号功率高于接收信号强度指示(RSSI)阈值，客户端就能在整个覆盖区内移动且仍然保持与接入点的连接。在基本服务区内，客户端和接入点还可以在不同数据速率的同心圆之间进行切换。数据速率之间的切换过程称为动态速率切换(DRS)，相关讨论请参见第13章"无线局域网设计概念"。

接入点发射功率、天线增益、接收灵敏度、物理环境等许多因素都会影响基本服务区的大小和形状。由于周围环境经常发生变化，基本服务区并非总是固定不变。绘制基本服务区时，通常在接入点周围绘制一个圆形来表示理论覆盖区。受当前室内环境或室外环境的影响，实际的覆盖区将呈现不规则的形状。由于不同客户端对 RSSI 的解读有所不同，可以认为基本服务区的有效范围与加入基本服务集的客户端有关。

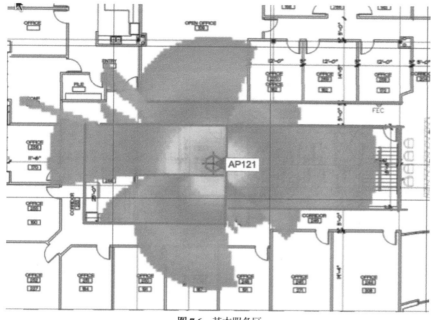

图 7.6 基本服务区

7.3.4 基本服务集标识符

接入点无线接口的 48 位(6 字节)MAC 地址称为基本服务集标识符(BSSID)。BSSID 是每个基本服务集的二层标识符，但可以将其简单定义为接入点无线接口的 MAC 地址。

如前所述，基本服务集由一个接入点以及若干关联到接入点的终端构成。如果两个基本服务集彼此接近且通告同一个 SSID，则客户端需要识别出不同的基本服务集。为实现客户端的无缝漫游，接入点必须通告使用相同安全性配置的同一个 SSID。然而，客户端仍需要查看每个接入点唯一的二层标识符以进行漫游。每个基本服务集通过唯一的标识符标识，这就是 BSSID。BSS 切换(BSS transition)一词用于描述客户端从一个基本服务集移到另一个基本服务集的漫游过程。

> 注意:
> 不要混淆 BSSID 与 SSID。SSID 是可由用户配置的无线局域网逻辑名，而 BSSID 是硬件制造商生产的无线接口的二层 MAC 地址。

如图 7.7 所示，标识基本服务集使用的 BSSID 位于大多数 802.11 无线帧的 MAC 帧头。BSSID 不仅用于在基本服务集内引导 802.11 流量，它也是基本服务集唯一的二层标识符，对漫游过程至关重要。

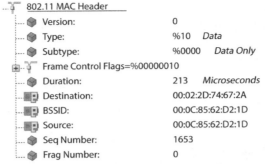

图 7.7 基本服务集标识符

7.3.5 多个基本服务集标识符

如前所述，每个无线局域网都有唯一的逻辑名(SSID)，每个基本服务集都有唯一的二层标识符(BSSID)。BSSID 是接入点无线接口的 MAC 地址；如图 7.8 所示，也可以通过子接口为无线接口创建多个 BSSID。一般来说，多个 BSSID 在接入点无线接口原始 MAC 地址的基础上递增。

```
Name          MAC addr          SSID        Chan(Width)
----------    --------------    ---------   -----------
Wifi1         c413:e204:2f60                48(20MHz)
Wifi1.1       c413:e204:2f64    green       48(20MHz)
Wifi1.2       c413:e204:2f65    blue        48(20MHz)
Wifi1.3       c413:e204:2f66    red         48(20MHz)
```

图 7.8 递增的 BSSID 地址

如果接入点的无线接口已有 MAC 地址，为什么还要创建多个 BSSID，而不是仅使用接入点的 MAC 地址作为二层标识符呢？原因在于，企业无线局域网供应商借此为接入点提供了同时支持多个无线局域网的方法。

如图 7.9 所示，接入点的覆盖区内存在多个无线局域网，每个无线局域网都有唯一的逻辑名(SSID)和唯一的二层标识符(BSSID)。每个 SSID 通常映射到唯一的虚拟局域网(VLAN)，再映射到唯一的子网(三层)。换言之，一个一层域内可能存在多个二层/三层域。不妨设想链接到多个虚拟局域网的多个基本服务集，而它们都存在于单个接入点的同一覆盖区内。

多个 SSID 与 BSSID 是否会影响性能？

如果同一个源接入点无线接口传输的 SSID 过多，的确会影响性能。创建多个 SSID 时，多个基本服务集会产生大量 MAC 子层开销。不少无线局域网供应商支持单个接入点无线接口传输多达 16 个 SSID，即 16 个有效的基本服务集。尽管每个基本服务集通过唯一的 BSSID 标识，但都会产生信标帧、探询响应帧以及其他管理帧和控制帧开销。如果单个接入点无线接口以 100 毫秒的间隔发送 16 个信标帧，产生的 MAC 子层开销将相当惊人，从而导致严重的性能问题。为避免可能出现的性能下降，大多数无线局域网设计工程师建议仅向外广播三个或四个 SSID。

SSID	VLAN	子网
blue	201	192.168.10.0/24
green	202	192.168.20.0/24
red	203	192.168.30.0/24

SSID	BSSID
blue	C413:e204:2f64
green	C413:e204:2f65
red	C413:e204:2f66

接入点
无线接口MAC地址: C413:e204:2f60

客户端A
SSID: blue
IP地址: 192.168.10.25

客户端B
SSID: green
IP地址: 192.168.20.40

客户端C
SSID: red
IP地址: 192.168.30.77

图 7.9　多个基本服务集标识符

7.3.6　扩展服务集

如果将基本服务集比作 802.11 拓扑的基石，那么扩展服务集(ESS)就是由基石垒成的整栋大厦。扩展服务集由两个或多个基本服务集构成，这些基本服务集采用相同的配置，通过分布系统介质连接在一起。扩展服务集通常是多个接入点以及关联客户端的集合，所有终端通过单一的分布系统介质相连。扩展服务区(ESA)是扩展服务集的覆盖区，所有客户端都能在扩展服务区内通信和漫游。如图 7.10 所示，最常见的扩展服务集由若干具有重叠覆盖小区的接入点构成，旨在实现客户端的无缝漫游。从 Wi-Fi 客户端的角度看，覆盖重叠实际上属于重复覆盖区域，第 13 章将深入探讨这个问题。

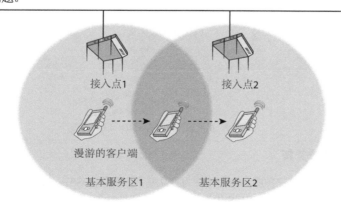

接入点1　　接入点2

漫游的客户端

基本服务区1　　基本服务区2

图 7.10　扩展服务集：无缝漫游

167

虽然无缝漫游通常是无线局域网设计中需要重点考虑的问题，但保证不间断通信并非扩展服务集必须满足的条件。如图7.11所示，扩展服务集可以由多个相互之间没有重叠覆盖的接入点构成。在这种部署中，客户端离开第一个接入点的基本服务区时将暂时失去连接，并在进入第二个接入点的基本服务区后重新建立连接。终端在不连续小区之间移动的这种方式有时也称为游牧漫游(nomadic roaming)。

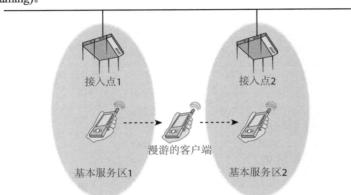

图7.11 扩展服务集：游牧漫游

观察上述两个示例，可以看出，扩展服务集共享一个分布系统。如前所述，分布系统介质通常是802.3以太网，但其他类型的介质也可充当分布系统介质。在扩展服务集中，所有接入点共享同一个SSID。扩展服务集的逻辑网络名一般称为扩展服务集标识符(ESSID)，术语ESSID和SSID是同义词。如图7.12所示，在扩展服务集中，需要支持漫游的接入点必须共享相同的逻辑名(SSID)和安全配置设置，但每个唯一的基本服务区必须具有唯一的二层标识符(BSSID)。

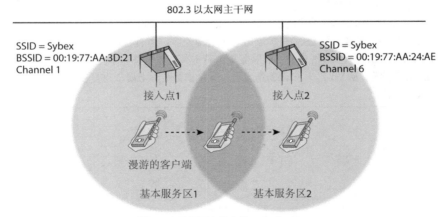

图7.12 扩展服务集中的SSID与BSSID

7.3.7 独立基本服务集

802.11标准定义的第三种服务集拓扑称为独立基本服务集(IBSS)。IBSS仅由客户端构成，不存在接入点。只有两个客户端的IBSS相当于一条有线交叉电缆。但IBSS也可以包括多个客户端，它们位于同一物理区域，通过自组织(ad hoc)方式进行通信。图7.13展示了4个采用对等方式交换数据的客户端。

客户端之间直接传输帧,不会通过其他客户端进行转发。在 IBSS 中,所有客户端的帧交换都是对等的。IBSS 中的所有客户端必须竞争半双工介质的使用权,且在任何给定时间内,只有一个客户端可以传输数据。

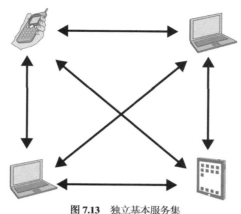

图 7.13　独立基本服务集

注意:
除"独立基本服务集"外,Wi-Fi 供应商经常将 IBSS 称为"对等网络"或"自组织网络"。

为确保通信成功进行,IBSS 中的所有客户端必须使用相同的频率信道传输数据,且构成 IBSS 的所有独立无线终端必须共享同一个 SSID。还要注意的是,每个 IBSS 都会生成一个 BSSID。从之前的讨论可知,BSSID 定义为接入点无线接口的 MAC 地址。那么对于不存在接入点的 IBSS 拓扑来说,如何确定它的 BSSID 呢?在这种情况下,首先发起 IBSS 的客户端会随机生成一个 MAC 地址格式的 BSSID。后者是一个虚拟的 MAC 地址,将充当 IBSS 的二层标识符。

7.3.8　个人基本服务集

与 IBSS 类似,个人基本服务集(PBSS)是一种支持 802.11ad 终端直接交换数据的 802.11 拓扑。PBSS 只能由使用 60 GHz 频段传输数据的定向多吉比特(DMG)无线接口创建。PBSS 和 IBSS 中都不存在作为分布系统介质(如有线 802.3 以太网)门户的集中式接入点。但与 IBSS 不同,其中一台终端将承担 PBSS 控制点(PCP)的角色。PCP 客户端使用 DMG 信标帧和宣告帧(Announce frame),在加入 PBSS 的所有客户端之间提供同步介质争用。

如前所述,PBSS 只能由使用 60 GHz 频段传输数据的 802.11ad 兼容无线接口创建。请注意,DMG 无线接口也可通过 BSS 或 IBSS 拓扑与其他 DMG 无线接口通信。

7.3.9　网状基本服务集

长期以来,802.11 标准定义的服务集包括基本服务集、扩展服务集与独立基本服务集,而 IEEE 802.11-2016 标准为 802.11 网状拓扑定义了一种新的服务集。如果接入点支持网状功能,就能部署在无法访问有线网络的环境中。网状功能用于以无线方式分发网络流量,提供网状分发的接入点集合构成网状基本服务集(MBSS)。MBSS 的用途不同于 BSS、ESS 或 IBSS,因此需要其他 3 种拓扑不需要的功能。如图 7.14 所示,一个或多个网状接入点通常连接到有线基础设施,这些与上游有线介质相连的网状接入点称为网状门户(mesh portal)。网状门户有时也称为网状网关(mesh gateway)。其他不与有线网络相连的网状接入点将形成返回网状门户的无线回程连接,以便接入有线网络。没有与上游有线基础设施相连的网状接入点称为网状点(mesh point),网状点与网状门户之间的回程连接属于无线分布系统。关联到网状点的客户端通过无线回程转发其流量。一般来说,MBSS 使用 5 GHz 无线接口进行回程通信。

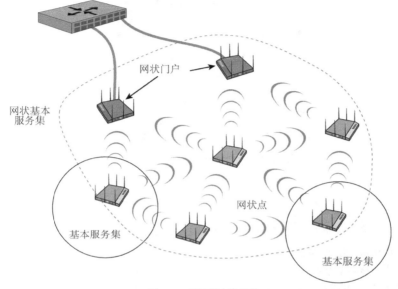

图 7.14　网状基本服务集

MBSS 中的网状节点在功能上与网络路由器非常类似,因为二者都用于发现邻居网状终端、识别返回门户的可能连接和最佳连接、构成邻居链路、共享链路信息等。请记住,802.11 帧交换属于二层操作,因此 802.11 流量在网状网中的路由基于 MAC 地址而非 IP 地址。混合无线网状协议(HWMP)定义为 MBSS 的默认路径选择协议,它实际上是一种动态二层路由协议。请注意,供应商一直采用专有的二层网状协议来提供网状功能。出于竞争方面的考虑,企业无线局域网供应商不支持 802.11s 修正案定义的 HWMP。供应商继续使用各自的动态二层网状协议,通过 RSSI、信噪比、客户端负载、跳数等指标来确定回程流量的最佳路径。提供 802.11 网状组网的无线局域网基础设施已历经几代发展,相关讨论请参见第 11 章。

7.3.10　QoS 基本服务集

所有 802.11 服务集都能实现服务质量(QoS)机制。在 QoS 基本服务集(QBSS)中,关联到 QoS 接入点的 QoS 终端可以采用经过改进的 QoS 机制。QoS 终端也可能属于同一个 QoS IBSS。不支持 QoS 机制的早期无线接口称为非 QoS 终端和非 QoS 接入点。第 8 章"802.11 介质访问"将深入探讨 QoS 机制。Wi-Fi 联盟规定,802.11 产品必须支持 QoS 机制才能取得 WMM 认证。过去 10 年中生产的所有 802.11 企业接入点均默认支持 WMM QoS 机制,因此大多数企业部署中的基本服务集都可视为 QBSS。

【现实生活场景】

部署与集成无线局域网基础设施时如何选择供应商？

部署无线局域网基础设施时，建议从同一家供应商采购设备。供应商 A 的网桥可能无法与供应商 B 的网桥共同使用，供应商 A 的网状点也可能无法与供应商 B 的网状门户交换数据。在不同供应商的接入点之间进行漫游切换时，往往会存在互操作性问题：如果网络中存在不同供应商制造的接入点，客户端可能无法进行有效的漫游。

802.11 接入点主要充当有线网络基础设施的门户。尽管 802.11 通信在物理层和数据链路层进行，但无线局域网设计始终需要考虑 OSI 模型上层的问题。对于如何与现有的有线网络基础设施进行集成，每家 Wi-Fi 供应商的策略都不相同。有鉴于此，部署和集成无线局域网基础设施时，建议坚持使用同一家企业无线局域网供应商的设备。

7.4 802.11 配置模式

虽然 IEEE 802.11-2016 标准将所有无线接口定义为终端，但可以通过多种方式配置接入点无线接口和客户端无线接口。接入点默认配置在基本服务集中，作为有线网络基础设施的门户设备使用，不过接入点也能配置为其他操作模式。客户端既可以配置在基本服务集中，也可以配置在独立基本服务集中。

7.4.1 接入点模式

部分无线局域网供应商的接入点默认配置为根模式(root mode)。在这种模式中，接入点主要充当分布系统的入口。根模式是接入点的默认配置模式，支持接入点在分布系统与 802.11 无线介质之间来回传输数据。然而，并非所有供应商都使用"根模式"一词来描述这种操作模式，不少供应商将根模式称为接入点模式或访问模式。

配置为根模式的接入点无线接口可以用于基本服务集，但接入点也可以配置为其他操作模式。

网状模式 在网状环境中，接入点无线接口作为无线回程无线接口使用。某些供应商也支持由回程无线接口提供客户端接入。网状模式有时称为中继器模式。

传感器模式 接入点无线接口被转换为传感器无线接口，以集成到无线入侵防御系统(WIPS)体系结构中。在多条信道之间扫描时，配置为传感器模式的接入点处于持续监听状态。传感器模式通常又称监控模式或扫描仪模式。

桥接模式 接入点无线接口被转换为无线网桥。一般来说，桥接模式赋予设备更多的 MAC 子层智能，接入点可以从网络的有线端学习并维护 MAC 地址表。

工作组网桥模式 接入点无线接口被转换为工作组网桥(WGB)，为连接的 802.3 有线客户端提供无线回程。

接入点被配置为客户端模式 接入点无线接口充当客户设备，然后关联到其他接入点。这种操作模式有时用于故障排除。

IEEE 802.11-2016 标准并未定义上述接入点操作模式，因此每家无线局域网供应商的实现有所不同。这些操作模式属于"无线接口配置模式"，适用于接入点的 2.4 GHz 无线接口、5 GHz 无线接口或它们两者。供应商经常使用不同的术语描述各种可用的配置模式。某供应商的接入点配置模式如图 7.15 所示。

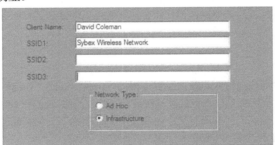

Wireless Interfaces	
WiFi0	WiFi1

Radio Status ☑ ON
Radio Mode 802.11ac
Radio Profile radio_ng_ac0 ▼
Radio Usage ☑ Client Access ☐ Backhaul Mesh Link ☐ Sensor

图 7.15 接入点配置模式

7.4.2 客户端模式

如图 7.16 所示，客户端可以配置为两种模式。802.11 客户端无线接口的默认模式通常为基础设施模式(infrastructure mode)，采用这种模式的客户端经由接入点进行通信。基础设施模式允许客户端加入基本服务集或扩展服务集。配置为这种模式的客户端将数据发送给接入点，并由接入点转发给基本服务集中的其他客户端。为便于发现接入点，客户设备会默认启用基础设施模式，因此这种模式一般不太明显。

Client Name: David Coleman
SSID1: Sybex Wireless Network
SSID2:
SSID3:

Network Type:
○ Ad Hoc
● Infrastructure

图 7.16 客户端配置模式

客户端也可以通过接入点与分布系统中的其他网络设备(如服务器或台式机)交换数据。

另一种客户端配置模式称为自组织模式(ad hoc mode)，一些厂商可能称其为对等模式。配置为这种模式的客户端加入 IBSS 拓扑，不通过接入点交换数据，所有传输与帧交换都是对等的。请注意，平板电脑、智能手机等许多客户端可能不提供用于自组织通信的配置模式。

7.5 小结

本章介绍了通用无线拓扑的主要类型，并讨论了特定于无线局域网的拓扑结构。

- 各种无线技术使用的 4 类无线体系结构。
- IEEE 802.11-2016 标准定义的服务集以及每种服务集的作用。
- 接入点和客户端的操作配置模式。

无线网络管理员应切实掌握 802.11 标准定义的各种服务集及其工作方式。虽然无线网络管理员主要负责扩展服务集的设计和管理，但也可能需要部署采用各种操作模式的 802.11 无线接口。

7.6　考试要点

了解无线拓扑的 4 种主要类型。 理解无线广域网、无线城域网、无线个域网、无线局域网之间的区别。

解释各种 802.11 服务集。 切实掌握基本服务集、扩展服务集、独立基本服务集、个人基本服务集、QoS 基本服务集、网状基本服务集的构成、作用与区别。理解 802.11 无线接口在各种服务集中的通信方式。

掌握 802.11 无线接口的各种用法。 根据 802.11 标准的定义，无线接口既可以用作客户端，也可以充当接入点。此外，802.11 无线接口还能用于桥接、网状网等其他目的。

解释分布系统的作用。 了解分布系统由分布系统服务和分布系统介质两部分构成。理解任何介质都能作为分布系统介质。解释无线分布系统的功能。

定义 SSID、BSSID 与 ESSID。 解释这 3 种标识符(地址)的异同以及各自的功能。

描述扩展服务集的各种实现方法以及每种设计的作用。 解释在扩展服务集中设计接入点覆盖小区的 3 种方法，并描述每种设计的作用。

解释接入点与客户端配置模式。 牢记接入点和客户端的所有配置模式。

7.7　复习题

1. 802.11 无线网络的逻辑名属于以下哪种类型的地址？(选择所有正确的答案。)

   A. BSSID　　　　　　**B.** MAC 地址

   C. IP 地址　　　　　**D.** SSID　　　　　**E.** ESSID

2. 以下哪两种 802.11 拓扑需要使用接入点？

   A. WPAN　　　　　　**B.** IBSS

   C. BSS　　　　　　　**D.** PBSS　　　　　**E.** ESS

3. 根据 802.11 标准的定义，分布系统使用以下哪种介质？

   A. 802.3　　　　　　**B.** 802.15

   C. 802.5 令牌环　　　**D.** 以太网　　　　**E.** 以上答案都不正确

4. 用户附近的计算机设备之间使用哪种无线计算机拓扑进行通信？

   A. WWAN　　　　　　**B.** WMAN

   C. WLAN　　　　　　**D.** WPAN

5. 以下哪种 802.11 服务集支持客户端漫游？

   A. ESS　　　　　　　**B.** BSS

   C. IBSS　　　　　　　**D.** PBSS

6. 以下哪些因素可能影响接入点的基本服务区(BSA)的大小？(选择所有正确的答案。)

   A. 天线增益　　　　　**B.** CSMA/CA

   C. 传输功率　　　　　**D.** 室内/室外环境　　**E.** 分布系统

7. 接入点无线接口在 BSS 中使用的默认配置模式是什么？

   A. 扫描仪模式　　　　**B.** 中继器模式

   C. 根模式　　　　　　**D.** 访问模式　　　　**E.** 非根模式

8. 以下哪些术语用于描述仅有终端、没有接入点的 802.11 拓扑？(选择所有正确的答案。)

    A. BSS   **B.** 自组织   **C.** DSSS

    D. 基础设施   **E.** IBSS   **F.** 对等

9. 配置为默认基础设施模式的终端可以在哪些场景中通信？(选择所有正确的答案。)

    A. 通过接入点与其他终端进行 802.11 帧交换。

    B. 与配置为扫描仪模式的接入点进行 802.11 帧交换。

    C. 直接与其他终端进行对等的 802.11 帧交换。

    D. 与 DSM 中的网络设备进行帧交换。

    E. 以上答案都正确。

10. IEEE 802.11-2016 标准定义了哪些拓扑？(选择所有正确的答案。)

    A. DSSS   **B.** ESS   **C.** BSS

    D. IBSS   **E.** FHSS   **F.** PBSS

11. 以下哪种无线拓扑能为整座城市提供无线覆盖？

    A. WMAN   **B.** WLAN

    C. WPAN   **D.** WAN   **E.** WWAN

12. BSSID 地址属于 OSI 模型的哪一层？

    A. 物理层   **B.** 网络层

    C. 会话层   **D.** 数据链路层   **E.** 应用层

13. 以下哪些拓扑使用 BSSID 地址？(选择所有正确的答案。)

    A. FHSS   **B.** IBSS

    C. ESS   **D.** HR-DSSS   **E.** BSS

14. 以下哪种 802.11 服务集定义了网状网机制？

    A. BSS   **B.** PBSS

    C. ESS   **D.** MBSS   **E.** IBSS

15. 以下哪种 802.11 服务集专为定向多吉比特无线接口而定义？

    A. BSS   **B.** ESS

    C. IBSS   **D.** PBSS   **E.** MBSS

16. IEEE 802.11-2016 标准定义了终端在各种 802.11 拓扑中使用的体系结构服务。客户端和接入点均使用以下哪种服务？

    A. 终端服务   **B.** 分布服务

    C. PBSS 控制点服务   **D.** 集成服务   **E.** 总线服务

17. 某网络由客户端与两个或多个具有相同 SSID 的接入点构成，通过 802.3 以太网主干网连接在一起。该网络属于哪种 802.11 拓扑？(选择所有正确的答案。)

    A. 公共基本服务集

    B. 基本服务集

    C. 扩展服务集

    D. 独立基本服务集

    E. 以太网服务集

18. 以下哪个术语能最贴切地描述两个接入点以无线方式相互通信、同时允许客户端通过接入点交换数据？

    A. WDS   **B.** DS

C. DSS   **D.** DSSS   **E.** DSM

19. 分布系统由哪几部分构成？(选择所有正确的答案。)

A. HR-DSSS   **B.** DSS

C. DSM   **D.** DSSS   **E.** QBSS

20. IEEE 802.11-2016 标准定义了哪种类型的无线拓扑？

A. WAN   **B.** WLAN

C. WWAN   **D.** WMAN   **E.** WPAN

第 **8** 章

802.11 介质访问

本章涵盖以下内容:

✓ CSMA/CA 与 CSMA/CD
✓ 冲突检测
✓ 分布式协调功能
  ■ 物理载波监听
  ■ 虚拟载波监听
  ■ 伪随机退避计时器
  ■ 帧间间隔
✓ 点协调功能
✓ 混合协调功能
  ■ 增强型分布式信道访问
  ■ HCF 受控信道访问
✓ Wi-Fi 多媒体
✓ 占用时长公平性

在撰写本章时，令我们头疼的一个问题在于，为使读者理解无线终端访问介质的方式，我们必须讨论超出 CWNA 考试大纲的内容。尽管 CWNA 考试不会考查介质访问的某些细节，但掌握这些知识有助于读者成为合格的无线网络工程师。如果读者对本章的详细内容感兴趣，那么在完成本书的学习后，建议阅读由大卫•A.韦斯科特和大卫•D.科尔曼等人编写的《CWAP 官方学习指南》，这本于 2011 年出版的教程介绍了 802.11 通信的具体细节。如果读者决定参加 CWAP 考试，就需要掌握远远超出本章内容的知识。接下来讨论的基础知识有助于读者理解无线终端访问半双工介质的整个过程。

8.1 CSMA/CA 与 CSMA/CD

网络通信需要一套有效且可控的介质访问规则。在讨论访问的概念时，介质访问控制(MAC)是频繁使用的术语。介质访问方法种类繁多：早期的大型机采用轮询机制，依次查看每个终端是否有需要处理的数据；之后的令牌传递和争用方法用于提供介质访问；在目前的网络中，带冲突检测的载波监听多路访问(CSMA/CD)和带冲突避免的载波监听多路访问(CSMA/CA)是广泛使用的两种介质争用方法。

802.3 以太网使用广为人知的 CSMA/CD，而 802.11 无线局域网使用 CSMA/CA 作为介质访问方法，相对而言少有人知。无论采用哪种访问机制，终端都必须首先监听是否有其他设备传输数据；如果其他设备占用介质，终端必须等待介质空闲。当客户端希望传输数据且当前没有其他客户端正在传输时，CSMA/CD 和 CSMA/CA 的处理有所不同。

CSMA/CD 有线节点首先检查另一个节点是否在传输数据。如果其他节点没有占用以太网介质，节点将发送第一个信息比特。如果没有检测到冲突，则节点继续发送其他信息比特，同时持续检测是否存在冲突。如果检测到冲突，则节点计算一段随机的等待时间，然后重新开始上述过程。然而，由于 802.11 无线接口无法同时发送和接收数据，因此不能在传输过程中检测到冲突。有鉴于此，802.11 无线网络采用 CSMA/CA 而非 CSMA/CD 来避免冲突。

当 CSMA/CA 终端确定其他终端没有传输数据时，802.11 无线接口将选择一个随机的退避值(backoff value)，并根据退避值等待一段额外的时间后再开始传输。在此期间，终端继续监听介质，确保其他终端没有开始传输。受射频介质的半双工特性所限，有必要确保在任何给定时间内，仅有一个 802.11 无线接口拥有介质的控制权。换言之，CSMA/CA 过程用于确保每次只有一个 802.11 无线接口能传输数据。这个过程绝非完美，因为当两个或多个无线接口同时传输时，仍然会发生冲突。

IEEE 802.11-2016 标准定义了分布式协调功能(DCF)，利用 CSMA/CA 协议在兼容的物理层之间自动共享介质。此外，DCF 使用确认帧(ACK frame)作为交付验证方法。CSMA/CA 采用多种制衡手段以最大限度减少冲突，它们相当于多道防线。设置这些防线的目的是确保每次仅有一个无线接口能传输数据，而其他所有无线接口都在监听介质。在最大限度降低冲突发生的同时，CSMA/CA 不会产生过多开销。此外，IEEE 802.11-2016 标准还定义了混合协调功能(HCF)，HCF 指定了高级的服务质量(QoS)机制。

8.2 节将详细介绍整个过程。

> **CSMA/CA 概述**
>
> 载波监听(carrier sense)确定介质是否繁忙；多路访问(multiple access)确保所有无线接口都能获得公平使用介质的机会(但一次仅有一个无线接口可以传输)；冲突避免(collision avoidance)意味着在任何给定时间内，仅有一个无线接口能访问介质，以避免可能存在的冲突。

8.2　冲突检测

8.1 节曾经提到过，802.11 无线接口不具备同时收发数据的能力，因此无法检测到冲突。既然如此，无线接口怎样知道是否有冲突发生呢？答案很简单。如图 8.1 所示，发送端 802.11 无线接口每次发送单播帧后，如果接收端 802.11 无线接口成功收到该帧，将回复确认帧。确认帧相当于单播帧的验证交付方法。802.11n 和 802.11ac 无线接口通过帧聚合机制将多个单播帧组合在一起，并利用块确认(BA)验证聚合帧是否交付成功。

图 8.1　确认单播帧

所有 802.11 单播帧必须经过确认，而广播帧和多播帧不需要确认。单播帧损坏将导致循环冗余校验(CRC)失败，接收端 802.11 无线接口不会向发送端 802.11 无线接口回复确认帧。如果发送端 802.11 无线接口没有收到确认帧，就无法判断单播帧是否发送成功，因此必须重发该帧。

上述过程不能确定是否有冲突发生——换言之，CSMA/CA 并未实现冲突检测。但是，如果原无线接口没有收到确认帧，则说明传输过程中可能有冲突发生。确认帧相当于验证 802.11 单播帧是否成功交付的机制：如果无法提供交付证明，原无线接口将假定传输失败并重传单播帧。

8.3　分布式协调功能

分布式协调功能(DCF)是无线局域网通信的基本访问方法，而 CSMA/CA 过程是 DCF 的基础。802.11e 修正案(现已纳入 IEEE 802.11-2016 标准)定义了经过改进的混合协调功能(HCF)，HCF 在 DCF 的基础上发展而来。接下来，我们将介绍 CSMA/CA 过程的部分机制。根据 DCF 的定义，CSMA/CA 协议主要包括以下 4 种机制：

- 物理载波监听(physical carrier sense)
- 虚拟载波监听(virtual carrier sense)
- 伪随机退避计时器(pseudo-random backoff timer)
- 帧间间隔(IFS)

802.11 无线接口利用载波监听机制确定无线介质是否繁忙，类似于我们给某人打电话时听到的占线忙音。载波监听包括物理载波监听和虚拟载波监听两种实现方式。传输开始前，802.11 无线接口还使用伪随机算法和退避计时器来争用介质。此外，帧间隔用于进一步提供访问无线介质的优先级。

可以将上述 4 种机制视为同时实施的制衡手段，旨在确保仅有一个 802.11 无线接口使用半双工介质传输数据。接下来将分别讨论这 4 种机制。请注意，这 4 种机制是同时发挥作用的。

8.3.1　物理载波监听

IEEE 802.11-2016 标准定义了物理载波监听机制以确定射频介质是否繁忙，CSMA/CA 利用这种机制确保两台终端不会同时传输数据。

所有没有收发数据的终端会持续进行物理载波监听。实施物理载波监听的终端实际上是在监听信道，以查看是否有其他射频传输占用信道。

物理载波监听有如下两个目的：
- 确定是否存在需要终端接收的帧传输。如果介质繁忙，无线接口将尝试与传输同步。
- 确定介质在传输开始前是否繁忙。仅当介质空闲时，终端才能传输数据。

为实现上述两个目的，802.11 无线接口通过空闲信道评估(CCA)机制来评估射频介质，包括侦听物理层的射频传输。侦听射频介质时，802.11 无线接口使用两种独立的空闲信道评估阈值。如图 8.2 所示，信号检测(SD)阈值用于识别另一个无线接口的 802.11 前同步码(preamble)传输。前同步码位于 802.11 帧的物理层头部，用于发送端和接收端无线接口之间的同步。信号检测阈值有时称为前同步码载波监听阈值，统计上约为 4 dB 信噪比，供大多数无线接口检测并解码 802.11 前同步码使用。换言之，如果接收信号高于本底噪声 4 dB 左右，无线接口通常就能解码任何收到的 802.11 前同步码传输。

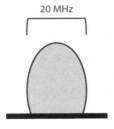

信号检测(SD)阈值在统计上为4 dB信噪比，用于检测802.11前同步码。

能量检测(ED)阈值比信号检测(SD)阈值高20 dB。

CCA:
SD = 4 dB SNR
ED = SD + 20 dB

图 8.2　评估空闲信道

能量检测(ED)阈值用于在空闲信道评估期间检测其他类型的射频传输。请记住，2.4 GHz 和 5 GHz 频段属于免授权频段，因此其他非 802.11 射频传输可能会占用信道。如图 8.2 所示，能量检测阈值比信号检测阈值高 20 dB。例如，如果信道 36 的本底噪声为−95 dBm，则用于检测 802.11 传输的信号检测阈值约为−91 dBm，用于检测其他射频传输的能量检测阈值为−71 dBm。如果信道 40 的本底噪声为−100 dBm，则用于检测 802.11 传输的信号检测阈值约为−96 dBm，用于检测其他射频传输的能量检测阈值为−76 dBm。

执行空闲信道评估时,信号检测和能量检测评估大约需要 4 微秒。信号检测相当于检测并推迟 802.11 传输的机制,而能量检测相当于检测并推迟非 802.11 传输的机制。如表 8.1 所示,空闲信道评估机制同时使用两种阈值来确定介质是否繁忙,以决定是否推迟传输。

表 8.1　空闲信道评估阈值

信号检测(SD)	能量检测(ED)	允许或推迟传输
空闲	空闲	允许传输
繁忙	空闲	推迟并开始解调 OFDM 信号
空闲	繁忙	推迟一个 OFDM 时隙

IEEE 802.11-2016 标准定义的信号检测和能量检测阈值略显模糊,以至于人们往往会误解实际的阈值。通常情况下,生产客户端和接入点无线接口的 Wi-Fi 制造商对空闲信道评估阈值的解读并不相同;而无线接口的接收灵敏度大相径庭,这会导致问题更加复杂。由于接收灵敏度存在差异,802.11 无线接口对于本底噪声的感知能力有很大不同,因此两种空闲信道评估阈值也不一定相同。本节讨论的两种空闲信道评估阈值以 20 MHz 信道传输为基础。读者将从第 10 章"MIMO 技术:高吞吐量与甚高吞吐量"了解到,通过将多条 20 MHz 信道绑定在一起,802.11n/ac 无线接口能够使用更宽的信道传输数据。例如,802.11n/ac 无线接口可以使用绑定的主信道和辅信道通过 40 MHz 信道收发数据。请注意,主信道和辅信道的空闲信道评估阈值同样不同,后续章节将进行讨论。

8.3.2　虚拟载波监听

如图 8.3 所示,802.11 MAC 帧头包括一个持续时间/ID(Duration/ID)字段。客户端发送单播帧时,该字段的值介于 0 和 32 767 之间。持续时间/ID 值表示传输一个活动帧交换过程所需的时间(单位为微秒),在此期间其他无线接口不会中断传输过程。如图 8.4 所示,发送数据帧的客户端计算接收确认帧所需的时间,并将这个时间值写入所传输的单播数据帧 MAC 帧头的持续时间/ID 字段。在之后发送的确认帧中,MAC 帧头的持续时间/ID 值为 0。对所有帧来说,持续时间值始终是两个无线接口完成帧交换所需的时间。简而言之,持续时间/ID 值表示在其他终端可以争用介质前,帧交换需要占用射频介质的时间。

```
▼ IEEE 802.11 QoS Data, Flags: .p.....TC
    Type/Subtype: QoS Data (0x0028)
  ▶ Frame Control Field: 0x8841
    .000 0000 0010 1100 = Duration: 44 microseconds
    Receiver address: Aerohive_76:b5:68 (08:ea:44:76:b5:68)
    Transmitter address: Apple_0f:dd:f4 (7c:fa:df:0f:dd:f4)
    Destination address: Broadcast (ff:ff:ff:ff:ff:ff)
    Source address: Apple_0f:dd:f4 (7c:fa:df:0f:dd:f4)
    BSS Id: Aerohive_76:b5:68 (08:ea:44:76:b5:68)
    STA address: Apple_0f:dd:f4 (7c:fa:df:0f:dd:f4)
    .... .... 0000 = Fragment number: 0
    0000 0000 1101 .... = Sequence number: 13
    Frame check sequence: 0x64aaf3c0 [correct]
    [FCS Status: Good]
```

图 8.3　持续时间/ID 字段

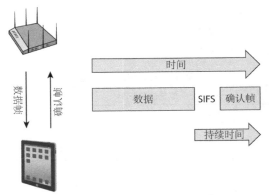

图 8.4　SIFS 与确认帧的持续时间值

　　大多数情况下，持续时间/ID 字段中包含持续时间值，用于重置其他终端的网络分配向量计时器。个别情况下，节电轮询帧(PS-Poll frame)的持续时间/ID 字段用于标识使用遗留电源管理机制的客户端。第 9 章 "802.11 MAC 体系结构" 将讨论电源管理。

　　虚拟载波监听使用称为网络分配向量(NAV)的计时器机制，NAV 计时器根据从前一个帧传输中观察到的持续时间值来预测介质今后的流量。没有传输数据的 802.11 无线接口将监听介质。如图 8.5 所示，监听终端在侦听到其他终端的帧传输时将查看帧头，并确定持续时间/ID 字段是否包含持续时间值或 ID 值。如果字段中包含持续时间值，监听终端就将自己的 NAV 计时器设置为该值，然后使用 NAV 作为倒数计时器。在倒计时减少到 0 之前，终端认为射频介质处于繁忙状态。

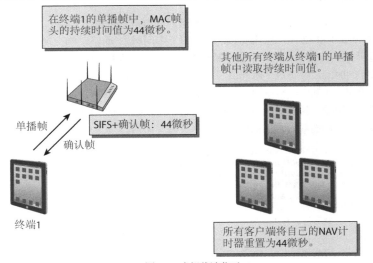

图 8.5　虚拟载波监听

　　传输数据的 802.11 无线接口通过上述过程通知其他终端，将在一段时间(持续时间/ID 值)内占用介质。没有传输数据的终端侦听到持续时间/ID 值后设置倒数计时器(NAV)，并等待倒数计时器减少到 0 再开始争用介质，最终获得介质的使用权。在 NAV 计时器达到 0 之前，终端无法争用介质；如果 NAV 计时器设置为非零值，终端也无法使用介质进行传输。如前所述，CSMA/CA 利用多种手段来避免冲突，NAV 计时器通常是其中之一。由于 802.11 MAC 帧头的持续时间/ID 值用于设置 NAV 计时器，因此虚拟载波监听是一种二层载波监听机制。

虚拟载波监听和物理载波监听总是同时进行，理解这一点十分重要。虚拟载波监听属于二层防御措施，而物理载波监听属于一层防御措施。如果其中一种措施失效，系统寄希望于另一种措施能避免冲突。

8.3.3　伪随机退避计时器

802.11 终端可以在称为退避时间的窗口期争用介质。在 CSMA/CA 过程中，终端通过伪随机退避算法来选择随机退避值。

终端从争用窗口值的范围内选择一个随机数，然后与时隙值相乘，结果就是伪随机退避值。注意不要混淆退避计时器与 NAV 计时器。如前所述，NAV 计时器是一种虚拟载波监听机制，目的是为今后的传输保留介质；而伪随机退避计时器是终端在传输前最后使用的计时器。终端的退避计时器以时隙为单位开始倒计时。当退避计时器减少到 0 时，终端将重新评估信道状态，如果信道空闲，则开始传输数据。

时隙长短取决于使用的物理层规范。例如，遗留的 802.11b 无线接口使用 HR-DSSS 物理层，时隙为 20 微秒；而 802.11a/g/n/ac 无线接口均使用 OFDM 物理层，时隙为 9 微秒。在 OFDM 时隙中，4 微秒用于信号检测和能量检测，4 微秒用于监听 OFDM 符号。

如果在特定的时隙时间内没有终端使用介质传输数据，退避计时器将减少一个时隙。如果物理载波监听或虚拟载波监听机制发现介质繁忙，则中止递减退避计时器并保持退避计时器的值。当介质在 DIFS、AIFS 或 EIFS 期间处于空闲状态时，退避过程将重新开始，并从中止位置继续倒计时。当退避计时器减少到 0 时，传输开始。整个退避过程大致如下：

- OFDM 终端从 0～15 的争用窗口中选择一个随机数，这里以 4 为例。
- 终端将随机数 4 与时隙值 9 微秒相乘。
- 随机退避计时器的值为 36 微秒(4 个时隙)。
- 如果在时隙时间内没有介质活动，退避计时器将减少一个时隙。
- 退避计时器递减直至为 0。
- 终端最后执行一次空闲信道评估，如果介质空闲，则开始传输。
- 如果介质繁忙，终端将推迟一个时隙，然后再次执行空闲信道评估以评估介质；如果介质空闲，则开始传输。

退避过程的要点在于，所有 802.11 无线接口都有机会使用射频介质传输数据，但需要伪随机过程来确保它们轮流传输。试举一例：在 16 张纸上写下数字 0～15，并将所有纸放入帽子中；接下来，4 位用户从帽子中各抽取一张纸，抽到最小数字的用户将首先使用介质传输数据。

图 8.6 采用不同的方式解释了退避过程。假定使用信道 40 的 3 个 802.11ac 客户端都希望同时发送数据。每个客户端的退避计时器由争用窗口决定，长短完全随机。客户端 1 可能获得的争用窗口值为 6，与时隙值 9 微秒相乘后得到退避计时器的值为 54 微秒；客户端 2 可能获得的争用窗口值为 5，与时隙值 9 微秒相乘后得到退避计时器的值为 45 微秒；客户端 3 可能获得的争用窗口值为 4，与时隙值 9 微秒相乘后得到退避计时器的值为 36 微秒。接下来，3 个客户端都开始以 9 微秒时隙为单位递减退避计时器。客户端 3 的退避计时器将首先减少到 0，因此将首先使用介质进行传输。

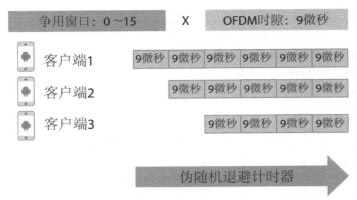

图 8.6　伪随机退避计时器

　　请记住，射频介质属于半双工介质，每次只有一个无线接口可以传输数据。因此，包括接入点在内的所有 802.11 无线接口都要竞争介质的使用权。无论在哪种基本服务集(BSS)中，接入点都是最繁忙的设备；但它并不会获得特别优先权，仍然必须与可能关联到自己的所有客户端争用介质。

　　作为另一种防御措施，虽然随机退避计时器无法完全避免冲突，但有助于最大限度减少两台终端同时通信的可能性。如果没有收到确认帧，终端将再次启动载波监听过程。那么，当帧传输失败且需要重传时会出现什么情况呢？如图 8.7 所示，失败的传输将导致争用窗口成倍增长，直至最大值。也就是说，终端进行任何重传前都必须争用介质；但在每次连续重传时，获得介质控制权的概率不一定很高。这可以在高容量条件下确保更好的稳定性。

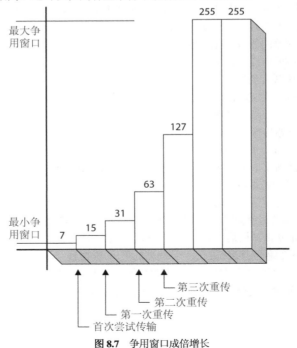

图 8.7　争用窗口成倍增长

8.3.4　帧间间隔

帧间间隔是无线帧传输之间的一段时间，共有 10 种类型。部分帧间间隔如下所示，按时间从短到长的顺序排列。

- 缩减的帧间间隔(RIFS)：优先级最高。
- 短帧间间隔(SIFS)：优先级第二高。
- PCF 帧间间隔(PIFS)：优先级中等。
- DCF 帧间间隔(DIFS)：优先级最低。
- 仲裁帧间间隔(AIFS)：由 QoS 终端使用。
- 扩展的帧间间隔(EIFS)：在收到损坏的帧后使用。

每种帧间间隔的实际长度与网络的传输速度有关。CSMA/CA 利用帧间间隔来确保在特定的帧间间隔后仅能传输特定类型的 802.11 帧。以 SIFS 为例，这种帧间间隔只能后跟确认帧、块确认帧、数据帧与允许发送(CTS)帧。SIFS 和 DIFS 是最常用的两种帧间间隔。如图 8.8 所示，确认帧的优先级最高，使用 SIFS 能确保在传输其他任何类型的 802.11 帧之前首先传输确认帧。而其他大多数 802.11 帧需要等待一段较长的时间，这段时间即为 DIFS。在帧交换期间，终端通过 SIFS 保持对介质的控制。由于必须等待更长的 DIFS，因此其他终端无法在此期间访问介质。

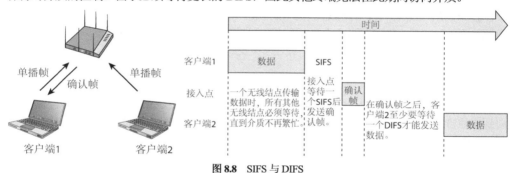

图 8.8　SIFS 与 DIFS

帧间间隔用于确定随后传输的 802.11 流量类型，它也可作为虚拟载波监听的备份机制。

8.4　点协调功能

除分布式协调功能外，IEEE 802.11-2016 标准还定义了另一种可选的介质访问方法：点协调功能(PCF)。这种访问方法采用轮询形式，接入点充当点协调器(PC)。正因为如此，PCF 仅适用于基本服务集，无法在没有接入点的独立基本服务集(IBSS)中使用。中央设备负责执行轮询，所以 PCF 提供对介质的托管访问。

接入点和客户端都必须支持 PCF 才能使用这种介质访问方法。DCF 在启用 PCF 后仍然有效，接入点将在 PCF 模式与 DCF 模式之间切换。接入点采用 PCF 模式的这段时间称为无争用期(CFP)。在无争用期，接入点仅轮询处于 PCF 模式的客户端是否需要发送数据，这是划分客户端优先级的一种方法。接入点采用 DCF 模式的这段时间称为争用期(CP)。

> **注意**
>
> 有关 PCF 的更多信息，请参见 IEEE 802.11-2016 标准的条款 10.4。读者可以从 IEEE 网站下载 IEEE 802.11-2016 标准[1]。

如前所述，PCF 是一种可选的访问方法。截至本书出版时，尚未有无线局域网供应商实施 PCF。事实上，IEEE 目前认为 PCF 已经过时，很可能在今后修订 802.11 标准时将其删除。CWNA 考试不会考查 PCF 的内容。

8.5　混合协调功能

定义服务质量机制的 802.11e 修正案为 802.11 介质争用增加了一种新的协调功能，称为混合协调功能(HCF)。802.11e 修正案和 HCF 现已纳入 IEEE 802.11-2016 标准。HCF 将 DCF 和 PCF 的功能相结合并加以改进，定义了两种信道访问方法：增强型分布式信道访问(EDCA)和 HCF 受控信道访问(HCCA)。

前面讨论的 DCF 和 PCF 介质争用机制只允许 802.11 无线接口传输单个帧。传输结束后，802.11 终端在传输下一帧之前必须再次争用介质；而 HCF 定义的机制允许 802.11 无线接口通过射频介质传输多个帧。当兼容 HCF 的无线接口争用介质时，无线接口将获得发送帧的时间，这段时间称为发送机会(TXOP)。在此期间，802.11 无线接口可以在帧突发(frame burst)中发送多个帧。帧之间通过 SIFS 隔开，以确保其他无线接口不会在帧突发期间占用介质。

8.5.1　增强型分布式信道访问

增强型分布式信道访问(EDCA)是一种提供差异化访问的无线介质访问方法，能将流量定向到 4 种访问类别的 QoS 优先级队列。EDCA 是对 DCF 的扩展，它采用与 802.1D 优先级标记(priority tag)相同的优先级标记来划分流量优先级。优先级标记提供了在 MAC 子层实现 QoS 的机制。

以太网帧添加的 802.1Q 头部包括一个长度为 3 比特的用户优先级(UP)字段，用于标识不同类别的服务。802.1D 支持优先级排队(在交换式以太网中，允许某些以太网帧先于其他帧转发)。图 8.9 显示了以太网端的 802.1D 优先级标记，这些标记用于将流量定向到访问类别队列。

EDCA 基于 8 个用户优先级字段定义了 4 种访问类别，优先级从低到高依次为 AC_BK(背景)、AC_BE(尽力而为)、AC_VI(视频)、AC_VO(语音)。每种访问类别采用经过改进的增强型分布式信道访问功能(EDCAF)来争用发送机会。拥有最高优先级访问类别的帧具有最小的退避值，因此更有可能获得发送机会。CWNA 考试不会考查 EDCA 的具体内容。

1　https://ieeexplore.ieee.org/document/7786995。

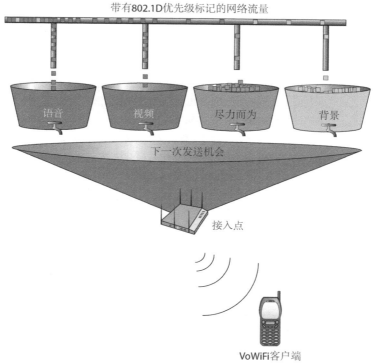

图 8.9　EDCA 与 802.1D 优先级标记

8.5.2　HCF 受控信道访问

HCF 受控信道访问(HCCA)是一种无线介质访问方法，使用支持 QoS 的集中式协调设备。这种协调设备称为混合协调器(HC)，工作方式与 PCF 网络的点协调器有所不同。混合协调器内置在接入点中，具有更高的无线介质访问优先级。凭借这一优势，接入点可以将发送机会分配给自己和其他终端，以提供时间有限的受控访问阶段(CAP)，从而实现 QoS 数据的无争用传输。CWNA 考试不会考查 HCCA 的具体内容。与 PCF 类似，截至本书出版时，尚未有无线局域网供应商实施 HCCA。

8.6　Wi-Fi 多媒体

在 802.11e 修正案获批之前，IEEE 没有为 Wi-Fi 语音(VoWiFi)等时敏应用定义合乎需要的 QoS 规程。语音、音频、视频等应用流量对延迟和抖动的容忍度较低，需要比标准数据流量更高的优先级。802.11e 修正案定义了二层 MAC 机制，以满足通过无线局域网传输时敏应用的 QoS 要求。Wi-Fi 联盟推出的 Wi-Fi 多媒体(WMM)认证项目相当于 802.11e 修正案的子集。

WMM 基于 EDCA 机制，因此以太网端的 802.1D 优先级标记用于将流量定向到 4 种访问类别的优先级队列。如表 8.2 所示，WMM 认证通过 4 种访问类别来划分流量优先级。

表8.2　WMM 访问类别

访问类别	描述	802.1D 优先级标记
WMM 语音	优先级最高。支持多个并发的 VoIP 呼叫，具有低延迟和长话级语音质量。	7、6
WMM 视频	支持视频流量先于其他数据流量传输。单条 802.11g 或 802.11a 信道可以支持 3/4 路标清视频流或 1 路高清视频流。	5、4
WMM 尽力而为	来自无法提供 QoS 功能的应用或设备(如遗留设备)的流量。这类流量对延迟不太敏感，但会受到长时间延迟的影响，如浏览互联网时产生的流量。	0、3
WMM 背景	没有严格吞吐量或延迟要求的低优先级流量，包括文件传输与打印作业。	2、1

在介质争用过程中，WMM 旨在对不同类别的应用流量进行优先级排序。如图 8.10 所示，语音访问类别在退避过程中更有可能获得介质的控制权。使用介质进行传输前，语音流量最少需要等待 1 个 SIFS 与 2 个时隙，然后获得 0~3 个时隙的争用窗口；尽力而为流量最少需要等待 1 个 SIFS 与 3 个时隙，然后获得 0~15 个时隙的争用窗口。争用过程仍然是一种完全伪随机的过程，但语音流量获得介质的概率更大。

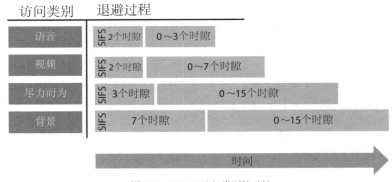

图 8.10　WMM 访问类别的时长

Wi-Fi 联盟还开发了 WMM 节电(WMM-PS)认证项目，以利用 802.11e 节电机制来增加客户设备的电池续航时间。第 9 章将详细介绍电源管理。

Wi-Fi 联盟开发的另一个认证项目是 WMM 准入控制(WMM-AC)，这项认证定义了在接入点与客户端之间使用信令管理帧。客户端可以请求接入点发送属于特定 WMM 访问类别的帧的流量流(TS)。流量流既可以是单向的，也可以是双向的。接入点将根据网络负载和信道条件评估客户端发送的请求帧。如果接入点有能力满足请求，则接受请求并为客户端提供使用介质传输流量流的时间。如果接入点拒绝请求，则客户端无法发起请求的流量流；客户端可以决定推迟流量流、关联到不同的接入点或在 WMM-AC 操作之外创建尽力而为流量流。WMM-AC 能提高视频和语音等时敏数据的性能。通过避免超额认购带宽，WMM-AC 可以改善正在运行的应用的可靠性。

重要的 Wi-Fi 联盟白皮书

有关 WMM 的更多信息，建议读者阅读 Wi-Fi 联盟的两份白皮书。这两份白皮书都可以从
Wi-Fi 联盟网站下载：

- *Wi-Fi CERTIFIED for WMM – Support for Multimedia Applications with Quality of Service in Wi-Fi Networks*
- *WMM Power Save for Mobile and Portable Wi-Fi CERTIFIED Devices*

8.7　占用时长公平性

无线局域网的重要特性之一在于能够支持多种不同的数据速率。早期技术不仅仍然适用于新
设备，设备在离开接入点时也能通过切换到较低的数据速率来保持通信的连续性。使用较低的数
据速率对于 802.11 通信至关重要，但也可能严重影响网络的整体性能以及采用较高数据速率的
设备。

无线局域网采用基于争用的通信方式，所有无线接口必须经历争用介质、传输数据、再次争
用介质的过程。轮到某个无线接口传输时，其他无线接口必须等待。如果正在传输的无线接口使
用较高的数据速率，其他无线接口不必等待太久；如果正在传输的无线接口使用较低的数据速率，
其他无线接口就要等待很久。当 802.11 无线接口以极低的数据速率(如 1 Mbps 和 2 Mbps)传输时，
高速设备将不得不忍受因长时间等待而产生的介质争用开销。

为理解这一点，请读者观察图 8.11。图 8.11 的上半部分显示了两台终端的正常操作，每台终
端发送 8 个帧。其中一台终端以较高的数据速率发送 8 个帧，另一台终端以较低的数据速率发送
8 个帧。如果高速设备和低速设备共存于同一个无线局域网，它们就必须共享或争用传输时间。
换言之，尽管其中一台终端能以较高的速率进行传输，且在更短时间内就能发送相同数量的数据，
但就统计层面而言，两台终端访问射频介质的次数是相同的。由于数据速率较高的终端并无优先
权，因此两台终端为传输 8 个帧使用的时间也是相同的。

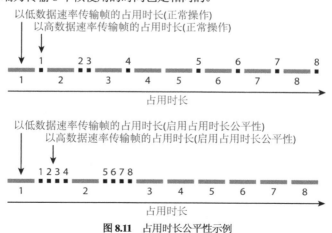

图 8.11　占用时长公平性示例

有别于为设备分配均等访问网络的机会,占用时长公平性(ATF)旨在分配均等的时间而非均等

的机会,从而更好地管理射频介质的使用时间。图 8.11 的下半部分显示了启用占用时长公平性后的效果。可以看到,与数据速率较低的终端相比,数据速率较高的终端能优先访问介质。由于高速终端在低速终端传输期间不必保持空闲等待,传输时间的利用率实际上得以提高。请注意,较快的终端在更短时间内就能完成全部 8 个帧的传输,而较慢的终端仍然需要与之前大约相同的时间来发送全部 8 个帧。通过缩短等待时间,占用时长公平性能更好地管理终端使用介质的时间,最终提高无线局域网的性能、容量与吞吐量。

802.11 标准及其修正案目前尚未定义占用时长公平性或实施方法,也没有要求 Wi-Fi 供应商实施,大多数供应商仅在从接入点到关联客户端的下行传输中使用这种机制。一般来说,占用时长公平性机制用于优先处理接入点发送给高速客户端(而非低速客户端)的下行传输。目前,已有至少一家供应商宣称也能在上行传输中提供占用时长公平性。请注意,占用时长公平性的所有实现方案都是供应商专有的。无论方案如何实施,各家供应商的基本目标本质上并无不同——致力于避免速度较慢的设备影响网络的整体性能。

虽然 Wi-Fi 供应商以各自的方式实施占用时长公平性,但通常会根据当前吞吐量、客户端数据速率、服务集标识符、物理层类型等参数来分析下行客户端流量并分配不同的权重。这些信息经过算法处理,借此确定每个客户端下行传输的机会。如果实施得当,通过优先处理数据速率较高的传输,占用时长公平性可以更好地利用介质。

8.8 小结

本章重点探讨了 802.11 介质访问。每台终端都有传输数据的机会,介质访问控制(MAC)用于管理对无线介质的访问。我们讨论了 CSMA/CD 和 CSMA/CA 这两种争用方法的区别。CSMA/CA 使用称为分布式协调功能(DCF)的伪随机争用方法,DCF 通过 4 种防御措施来确保同时只有一个 802.11 无线接口能使用半双工介质进行传输。

定义服务质量的 802.11e 修正案为 802.11 介质争用定义了一种新的协调功能,这就是点协调功能(HCF)。Wi-Fi 联盟推出的 Wi-Fi 多媒体(WMM)认证项目相当于 802.11e 修正案的子集,WMM 旨在满足通过无线局域网传输时敏应用(如音频、视频、语音)的 QoS 要求。

在高速设备与低速设备共存的环境中,占用时长公平性(ATF)机制允许高速设备优先访问介质。

8.9 考试要点

理解 CSMA/CA 与 CSMA/CD 的异同。掌握这两种介质访问方法以及二者之间的异同。

定义 CSMA/CA 与 DCF 的 4 种制衡机制。理解共同实施虚拟载波监听、物理载波监听、帧间间隔与伪随机退避计时器,以确保每次只有一个 802.11 无线接口能使用半双工介质传输数据。

定义虚拟载波监听与物理载波监听。理解这两种载波监听机制的作用与基本原理。

定义 HCF 服务质量机制。混合协调功能(HCF)定义了如何在 EDCA 中使用发送机会和访问类别,以及如何在 HCCA 中使用发送机会和轮询。

理解 WMM 认证项目。Wi-Fi 多媒体(WMM)旨在为无线局域网提供服务质量机制,它相当于 802.11e 修正案的子集。目前,WMM 通过 4 种访问类别来划分流量优先级。

理解占用时长公平性的重要性及其作用。占用时长公平性使数据速率较高的设备能优先访问介质。这种优先处理机制为所有设备提供均等的访问时间,达到均等共享可用传输带宽的目的。

8.10　复习题

1. 802.11 分布式协调功能基于哪种介质争用和访问方法？

   A. 带冲突检测的载波监听多路访问

   B. 带冲突避免的载波监听多路访问

   C. 令牌传递

   D. 需求优先

2. 以下哪种技术可以实现 802.11 冲突检测？

   A. 网络分配向量　　　　　**B.** 空闲信道评估

   C. 持续时间/ID 值　　　**D.** 从目标终端接收确认帧　　　**E.** 无法真正检测到冲突

3. 确认帧和 CTS 帧在哪种帧间间隔之后传输？

   A. EIFS　　　　　**B.** DIFS

   C. PIFS　　　　　**D.** SIFS　　　　　**E.** AIFS

4. 以下哪些方法能实现 CSMA/CA 的载波监听？(选择所有正确的答案。)

   A. 争用窗口　　　　　**B.** 退避计时器

   C. 信道监听窗口　　　**D.** 空闲信道评估　　　**E.** NAV 计时器

5. 当终端完成载波监听并确定在 DIFS 间隔内没有其他设备传输时，接下来将进行哪种操作？

   A. 如果已经选择随机退避值，则在传输开始前等待必要的时隙数。

   B. 开始传输。

   C. 选择一个随机退避值。

   D. 启动随机退避计时器。

6. 在空闲信道评估期间，物理载波监听使用哪两种阈值来确定介质是否繁忙？

   A. 射频检测　　　　　**B.** 信号检测

   C. 传输检测　　　　　**D.** 能量检测　　　　　**E.** 随机检测

7. 以下哪些术语和虚拟载波监听机制有关？(选择所有正确的答案。)

   A. 争用窗口　　　　　**B.** 网络分配向量

   C. 随机退避计时器　　　**D.** 持续时间/ID 值

8. 分配均等的时间而非均等的机会旨在实现____。

   A. 访问公平性　　　　　**B.** 机会介质访问

   C. CSMA/CA　　　　　**D.** 占用时长公平性

9. 为确保只有一个 802.11 无线接口能使用半双工射频介质传输数据，CSMA/CA 和 DCF 定义了哪些机制？(选择所有正确的答案。)

   A. 伪随机退避计时器　　　**B.** 虚拟载波监听

   C. 冲突检测　　　　　**D.** 物理载波监听　　　　　**E.** 帧间间隔

10. Wi-Fi 联盟的 WMM 认证项目以 IEEE 802.11-2016 标准定义的哪种无线介质访问方法为基础？

   A. DCF　　　　　**B.** PCF

   C. EDCA　　　　　**D.** HCCA　　　　　**E.** HSRP

11. 终端可以在 HCF 定义的哪段时间内传输多个帧？

   A. 块确认　　　　　**B.** 轮询

C. 虚拟载波监听 **D.** 物理载波监听 **E.** TXOP

12. WMM 以 EDCA 为基础,通过哪些访问类别来划分流量优先级? (选择所有正确的答案。)

A. WMM 语音 **B.** WMM 视频

C. WMM 音频 **D.** WMM 尽力而为 **E.** WMM 背景

13. 根据 WMM 的定义,哪种应用流量拥有使用半双工射频介质传输的最高优先级?

A. 尽力而为 **B.** 视频

C. 语音 **D.** 背景

14. 在无线局域网控制器中,有线网络的哪种信息用于分配流量的访问类别?

A. 持续时间/ID **B.** 802.1D 优先级标记

C. 目的 MAC 地址 **D.** 源 MAC 地址

15. 802.11 无线接口使用物理载波监听的两个原因是什么? (选择所有正确的答案。)

A. 同步传入传输 **B.** 同步传出传输

C. 重置 NAV **D.** 启动随机退避计时器 **E.** 评估射频介质

16. 以下哪种载波监听方法用于检测并解码 802.11 传输?

A. 网络分配向量 **B.** 信号检测

C. 能量检测 **D.** 虚拟载波监听

17. 所有正在监听的 802.11 终端使用 802.11 MAC 帧头的哪个字段重置 NAV 计时器?

A. NAV **B.** 帧控制

C. 持续时间/ID **D.** 序列号 **F.** 严格有序位

18. EDCA 介质访问方法通过与 8 个 802.1D 优先级标记匹配的优先级队列来划分流量优先级。这些 EDCA 优先级队列称为____。

A. TXOP **B.** 访问类别

C. 优先级等级 **D.** 优先级位 **E.** PT

19. 以下哪种帧需要确认?

A. 单播帧 **B.** 广播帧

C. 多播帧 **D.** 任播帧

20. 伪随机退避算法利用哪两种机制创建伪随机退避计时器?

A. 争用窗口 **B.** 网络分配向量

C. 持续时间/ID **D.** 时隙

第 9 章

802.11 MAC 体系结构

本章涵盖以下内容:

- 节电轮询帧
- RTS/CTS
- CTS-to-Self
- 保护机制
✓ **数据帧**
  - QoS 数据帧与非 QoS 数据帧
  - 不携带数据的数据帧
✓ **电源管理**
  - 遗留的电源管理机制
  - WMM 节电与非调度自动节电传输
  - MIMO 电源管理机制

本章将深入探讨 802.11 MAC 帧格式。我们将介绍如何在 802.11 帧格式内部封装上层信息，并讨论 802.11 MAC 帧头和 MAC 寻址的详细内容，还将介绍 3 种主要的 802.11 帧类型以及大多数 802.11 帧子类型。此外，本章将讨论 802.11 状态机，802.11 状态机定义了终端发现、加入与离开基本服务集的方式。最后，我们将介绍遗留的电源管理机制和改进的 WMM-PS 电源管理机制，电源管理的目的是增加电池续航时间。

9.1　包、帧与比特

无论学习哪种技术，偶尔都需要专注于基础知识。驾驶过飞机的读者应该知道，当事情变得棘手时，将注意力重新集中于第一要务(主要目标)十分重要——这就是驾驶飞机，而导航和通信在驾机过程中处于次要地位。学习复杂的技术时很容易忽略主要目标，无线局域网通信和飞行概莫能外。对于 802.11 通信而言，主要目标就是在计算设备之间传输用户数据。

当数据在计算机中处理完毕并准备从一台计算机发送到另一台计算机时，数据从 OSI 模型的上层向下传递至物理层，最终经由物理层传输给其他设备。例如，用户可能希望将一份文字处理文档从自己的计算机发送到另一台计算机的共享网络磁盘。这份文档将从应用层向下传递至物理层，然后传输给目标计算机，再按相反的顺序从物理层向上传递至应用层。

数据沿 OSI 模型的各层向下传输时，每一层都会向数据添加头部信息，以便其他计算机收到数据后进行重建。网络层为第四~七层数据添加 IP 报头，三层 IP 包(又称数据报)封装有上层数据；数据链路层将添加 MAC 帧头，帧封装有 IP 包；物理层向收到的帧添加包含更多信息的物理层头部。

在物理层，数据最终以单比特的形式传输。比特是值为 0 或 1 的二进制数字，二进制数字是数字通信的基本单位。1 数据字节由 8 比特组成，数据字节又称八比特组(octet)。CWNA 考试不区分"八比特组"与"字节"这两个术语。

本章将从 802.11 通信角度出发，探讨上层信息如何由 OSI 模型的数据链路层和物理层向下传输。

9.2　数据链路层

802.11 数据链路层分为两个子层。上层是 802.2 逻辑链路控制(LLC)子层，所有 802 网络具有相同的 LLC 子层结构，但并非所有 802 网络都使用 LLC 子层。下层是介质访问控制(MAC)子层，802.11 标准定义的无线局域网通信位于 MAC 子层。

9.2.1　MAC 服务数据单元

网络层(第三层)将数据发送给数据链路层(第二层)，数据在传递给 LLC 子层后成为 MAC 服务数据单元(MSDU)。MSDU 由 LLC 子层以及第三~七层信息构成，可以简单定义为包含 IP 包与部分 LLC 数据的数据净荷。本章稍后将讨论 3 种主要的 802.11 帧类型。802.11 管理帧和控制帧不携带上层信息，只有 802.11 数据帧的帧体携带 MSDU 净荷。IEEE 802.11-2016 标准规定，MSDU 的最大长度为 2304 字节，而帧体的最大长度由 MSDU 的最大长度(2304 字节)以及加密产生的开销决定。

2009 年获批的 802.11n 修正案引入了聚合 MAC 服务数据单元(A-MSDU)的概念。使用

A-MSDU 时，帧体的最大长度由 A-MSDU 的最大长度(3839 或 7935 字节，取决于终端性能)以及加密产生的开销决定。第 10 章"MIMO 技术：高吞吐量与甚高吞吐量"将深入探讨 A-MSDU。

9.2.2　MAC 协议数据单元

LLC 子层向 MAC 子层发送 MSDU 时，将添加 MAC 帧头信息以便识别。封装后的 MSDU 称为 MAC 协议数据单元(MPDU)，它其实就是 802.11 帧。如图 9.1 所示，802.11 MPDU 主要由以下 3 部分构成。

MAC 帧头　帧控制、持续时间、MAC 寻址、序列控制、QoS 控制、HT 控制等信息均位于 MAC 帧头。本章稍后将详细讨论 802.11 MAC 帧头。

帧体　帧体的大小有所不同，包含的信息也会因帧类型及其子类型的不同而不同。MSDU 净荷(第三～七层信息)封装在帧体中，可以进行加密以保护其安全。

帧校验序列　帧校验序列(FCS)包括 32 位循环冗余校验(CRC)，用于验证接收帧的完整性。

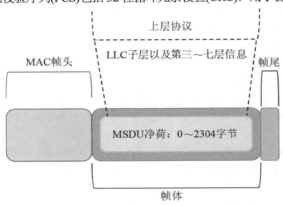

图 9.1　802.11 MPDU

此时，帧已可传递给物理层，物理层将为帧传输做进一步的准备。

9.3　物理层

与数据链路层类似，物理层也分为两个子层。上层称为物理层会聚过程(PLCP)子层，下层称为物理介质相关(PMD)子层。MAC 子层向 PLCP 子层发帧，PLCP 子层创建 PLCP 协议数据单元(PPDU)以便传输，PMD 子层随后调制数据并以比特的形式发送出去。

9.3.1　PLCP 服务数据单元

PLCP 服务数据单元(PSDU)是物理层对 MPDU 的称谓。换言之，MAC 子层将帧称为 MPDU，而物理层将同样的帧称为 PSDU。唯一的区别在于从 OSI 模型的哪一层来观察帧。

9.3.2　PLCP 协议数据单元

收到 PSDU 后，PLCP 子层创建 PLCP 协议数据单元(PPDU)以便传输。PLCP 子层向 PSDU 添加前同步码(preamble)和物理层头部，发送端和接收端 802.11 无线接口利用前同步码进行同步。

受篇幅所限，本书不准备详细讨论前同步码和物理层头部，CWNA 考试也不会考查这方面的具体内容。PLCP 子层将创建的 PPDU 发送给 PMD 子层，PMD 子层调制数据比特并开始传输。

上层信息在数据链路层与物理层之间的传递如图 9.2 所示。

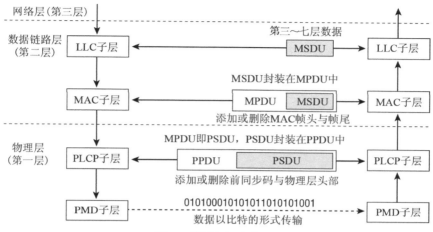

图 9.2 数据链路层与物理层

9.4 802.11 与 802.3 互操作性

从第 7 章"无线局域网拓扑"的讨论可知，IEEE 802.11-2016 标准定义了集成服务，通过门户在分布系统与非无线局域网之间传输 MSDU。集成服务可以简单定义为一种帧格式传输方法，而门户通常是接入点或无线局域网控制器。如前所述，802.11 数据帧净荷是携带上层(第三～七层)信息的 MSDU，其最终目的地一般位于有线网络基础设施。由于有线基础设施属于不同的物理介质，802.11 数据帧净荷必须转换为 802.3 以太网帧。我们以 Wi-Fi 语音(VoWiFi)电话向接入点发送802.11 数据帧为例进行说明。802.11 数据帧的 MSDU 净荷是 VoIP 包，最终目的地是位于有线网络的 PBX 服务器。集成服务首先移除 802.11 帧头和帧尾，并将 VoIP 包(MSDU 净荷)封装到 802.3以太网帧中。集成服务通常在 802.11 介质与 802.3 介质之间传输帧净荷，也可以在 802.11 介质与其他介质之间传输 MSDU。所有 IEEE 802 帧格式都具有相似的特性，802.11 帧格式也不例外。由于这种相似性，帧从 802.11 无线网络传输到 802.3 有线网络时很容易进行转换，反之亦然。

802.3 以太网帧与 802.11 无线帧的区别之一是帧的长度。802.3 帧的最大长度为 1518 字节，数据净荷的最大长度为 1500 字节。如果因为虚拟局域网和用户优先级的需要加入 802.1Q 标记，则 802.3 帧的最大长度为 1522 字节，数据净荷的最大长度为 1504 字节。如前所述，802.11 帧的MSDU 净荷最多能携带 2304 字节的上层数据。这意味着数据在无线网络与有线网络之间传输时，接入点可能会收到对有线网络而言过大的数据帧。好在 TCP/IP 协议栈能有效避免这个问题。作为最常用的网络通信协议，TCP/IP 定义的 IP 最大传输单元(MTU)一般为 1500 字节，基于 MTU 的IP 包通常也是 1500 字节。当 IP 包传输到无线局域网时，即便 MSDU 最多能携带 2304 字节的数据，其长度也会被限制为 IP 包的 1500 字节。

净荷超过 1500 字节的以太网帧称为巨型帧(jumbo frame)，这种帧通常能携带多达 9000 字节的净荷。许多千兆以太网交换机和千兆以太网接口卡都支持巨型帧。无线局域网不支持巨型帧，这是因为 802.11 标准定义了帧聚合，因此无须使用巨型帧。读者将从第 10 章了解到，A-MSDU 和 A-MPDU 帧聚合可以更有效地传输 MSDU 净荷。但对于部分无线局域网控制器和接入点来说，必须将以太网端口的 MTU 配置为 9000 字节，以便接收来自有线网络的巨型帧。

9.5 802.11 MAC 帧头

所有 802.11 帧都包含携带二层信息的 MAC 帧头。二层信息没有加密，可以通过协议分析仪查看其内容。如图 9.3 所示，802.11 MAC 帧头由 9 个主要字段构成，其中 4 个字段用于寻址，另外 5 个字段为帧控制、持续时间/ID、序列控制、QoS 控制以及 HT 控制字段。CWNA 考试不会考查 802.11 MAC 帧头各个字段和子字段的具体用途，但我们将简要介绍部分字段。

图 9.3 802.11 MAC 帧头

9.5.1 帧控制字段

如图 9.4 所示，MAC 帧头的前两个字节是帧控制(Frame Control)字段，由协议版本、类型、子类型、发往 DS、来自 DS、更多分片、重试、电源管理、更多数据、受保护帧、+HTC/顺序共 11 个字段构成。接下来，我们将讨论部分子字段。

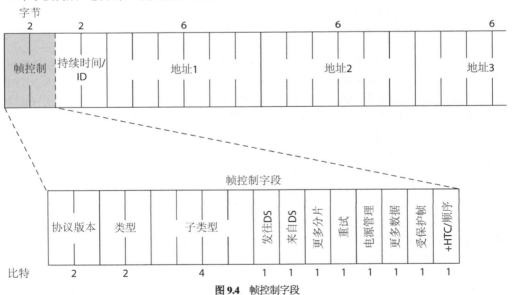

图 9.4 帧控制字段

所有 802.11 MAC 帧头的第一个子字段都是协议版本(Protocol Version)子字段，长度为 2 比特，仅用于标识 802.11 技术的协议版本。所有 802.11 帧的协议版本子字段均设置为 0，其他值保留不用。换言之，目前只有一种版本的 802.11 技术。IEEE 今后可能会定义其他版本的 802.11 技术。

相较于许多有线网络标准(如使用单一数据帧类型的 802.3 标准)，IEEE 802.11-2016 标准定义了 3 种主要的帧类型，它们是管理帧、控制帧与数据帧。这些 802.11 帧类型可进一步细分为多种子类型。实际上，802.11 标准还定义了第 4 种主要的 802.11 帧类型，这就是 60 GHz 802.11ad DMG 无线接口使用的扩展帧(extension frame)。CWNA 考试不会考查 802.11 扩展帧的相关内容。802.11 MAC 帧头的类型子字段用于标识帧属于管理帧、控制帧、数据帧还是扩展帧。如表 9.1 所示，类型子字段的长度为 2 比特，值为 00 表示管理帧，值为 01 表示控制帧，值为 10 表示数据帧，值为 11 表示扩展帧。

表 9.1　802.11 帧类型

比特值	帧类型	作用
00	管理帧	发现接入点并加入基本服务集
01	控制帧	确认传输成功并保留无线介质
10	数据帧	携带上层 MSDU 净荷
11	扩展帧	一种新的、灵活的帧格式，目前仅用于 802.11ad

注意：

不要混淆 802.11 管理帧、控制帧、数据帧与同名的 3 种电信面。第 11 章“无线局域网体系结构”将讨论与 802.11 网络体系结构操作相关的管理面、控制面、数据面。

类型(Type)和子类型(Subtype)子字段共同标识帧的功能。由于存在多种不同类别的管理帧、控制帧与数据帧，因此子类型子字段的长度为 4 比特。例如，图 9.5 显示了某管理帧的部分截图，从子类型子字段可以看出该帧属于信标管理帧。

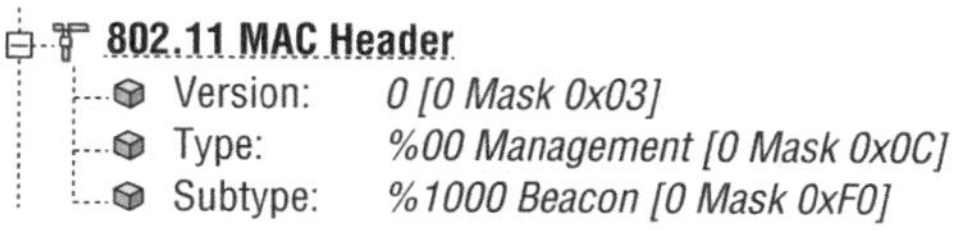

802.11 MAC Header
Version: 0 [0 Mask 0x03]
Type: %00 Management [0 Mask 0x0C]
Subtype: %1000 Beacon [0 Mask 0xF0]

图 9.5　类型与子类型子字段

重试(Retry)子字段的长度为 1 比特，它或许是 802.11 MAC 帧头中最重要的字段之一。重试子字段的值为 0 表示帧为首次传输；如果发送端无线接口将管理帧或数据帧的重试子字段设置为 1，则表明正在发送的帧属于重传。重试子字段在 MAC 帧头中的位置如图 9.6 所示。

重试子字段
协议版本
类型
子类型
发往DS
来自DS
更多分片
重试
电源管理
更多数据
受保护帧
+HTC/顺序
比特
2
2
4
1
1
1
1
1
1
1
1

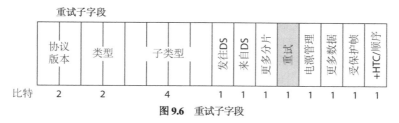

图 9.6　重试子字段

从之前的讨论可知，发送端 802.11 无线接口每次传输单播帧时，如果接收端 802.11 无线接口正确收到该帧且帧校验序列的循环冗余校验通过，将回复确认帧。发送端 802.11 无线接口收到确认帧意味着帧传输取得成功。单播帧损坏将导致循环冗余校验失败，接收端 802.11 无线接口不会向发送端 802.11 无线接口回复确认帧。如果发送端 802.11 无线接口没有收到确认帧，就无法判断单播帧是否传输成功，因此必须重传该帧。通过重试子字段可以判断正在传输的帧属于重传还是首次发送。网络工程师可以利用 802.11 协议分析仪观察重试子字段设置为 1 的管理帧和数据帧，进而计算二层重传率。

受保护帧(Protected Frame)子字段的长度为 1 比特，用于标识数据帧的 MSDU 净荷是否加密，它是帧控制字段的子字段之一。如果数据帧的受保护帧子字段设置为 1，则表示 MSDU 净荷确实经过加密；但这个子字段无法给出使用的加密类型，它只表示帧体的 MSDU 净荷经过加密。可供使用的加密类型包括有线等效加密(WEP)、临时密钥完整性协议(TKIP)与计数器模式密码块链消息认证码协议(CCMP)。

9.5.2　持续时间/ID 字段

第 8 章"802.11 介质访问"曾讨论过一个极为重要的字段，这就是持续时间/ID(Duration/ID)字段：传输终端的 MAC 帧头中包含持续时间值，用于重置其他监听终端的 NAV 计时器。

下面进行回顾。虚拟载波监听使用称为网络分配向量(NAV)的计时器机制，NAV 计时器根据从前一个帧传输中观察到的持续时间值来预测介质今后的流量。没有传输数据的 802.11 无线接口将监听介质。监听终端在侦听到其他终端的帧传输时将查看帧头，并确定持续时间/ID 字段是否包含持续时间值或 ID 值。如果字段中包含持续时间值，监听终端就将自己的 NAV 计时器设置为该值，然后使用 NAV 作为倒数计时器。在倒计时减少到 0 之前，终端认为射频介质处于繁忙状态。

绝大多数情况下，持续时间/ID 字段用于虚拟载波监听；个别情况下，该字段也可用于遗留的电源管理过程。此时，客户端利用节电轮询帧(一种控制帧)的持续时间/ID 字段向接入点通告电源管理状态。本章稍后将深入探讨电源管理。

9.5.3　MAC 寻址

与 802.3 以太网帧类似，802.11 帧头同样包括 MAC 地址。MAC 地址分为以下两种类型：

单地址　分配给网络中唯一终端的地址，又称单播地址。

组地址　供网络中一个或多个终端使用的多目的地址，包括以下两类。

- 多播组地址：上层实体用于定义终端逻辑组的地址。
- 广播地址：标识网络中所有终端的组地址。广播地址的所有位均为 1，它定义了局域网中的所有终端。以十六进制形式表示的广播地址为 FF:FF:FF:FF:FF:FF。

虽然存在相似之处，但 802.11 帧使用的 MAC 寻址方式远较以太网帧复杂。802.3 MAC 帧头仅有源地址和目的地址；观察之前的图 9.3 可以看出，802.11 MAC 帧头共有 4 个地址字段。802.11 帧一般仅使用 3 个 MAC 地址字段，但通过无线分布系统(WDS)传输的 802.11 帧需要使用全部 4 个 MAC 地址。某些帧可能不包括某些地址字段。虽然地址字段的数量不同，但 802.3 帧和 802.11 帧均包括源地址和目的地址，并使用相同的 MAC 地址格式。前 3 个字节称为组织唯一标识符(OUI)，后 3 个字节称为扩展标识符。

图 9.7 显示了 4 个 802.11 MAC 地址字段，它们是地址 1(Address 1)、地址 2(Address 2)、地址 3(Address 3)以及地址 4(Address 4)。根据发往 DS 和来自 DS 子字段的值，这 4 个 MAC 地址字段的定义或许有所不同。5 种可能的定义如下：

源地址　原发送端的 MAC 地址称为源地址(SA)。源地址可以是无线终端，也可能位于有线网络。

目的地址　作为二层帧的最终目的地的 MAC 地址称为目的地址(DA)。最终目的地可以是无线终端，也可能位于有线网络(如服务器)。

发射机地址　发送端 802.11 无线接口的 MAC 地址称为发射机地址(TA)。

接收机地址　接收端 802.11 无线接口的 MAC 地址称为接收机地址(RA)。

基本服务集标识符　基本服务集(BSS)的二层标识符称为基本服务集标识符(BSSID)，它是接入点无线接口的 MAC 地址。如果存在多个基本服务集，则 BSSID 在接入点无线接口原始 MAC 地址的基础上递增。

比特:2

协议版本	类型	子类型	发往 DS	来自 DS	更多分片	重试	电源管理	更多数据	受保护帧	+HTC/顺序
2	2	4	1	1	1	1	1	1	1	1

帧控制字段

发往DS	来自DS	地址1	地址2	地址3	地址4
0	0	RA = DA	TA = SA	BSSID	不适用
0	1	RA = DA	TA = BSSID	SA	不适用
1	0	RA = BSSID	TA = SA	DA	不适用
1	1	RA	TA	DA	SA

- SA：原发送端(有线或无线)的MAC地址
- DA：最终目的地(有线或无线)的MAC地址
- TA：发送端802.11无线接口的MAC地址
- RA：接收端802.11无线接口的MAC地址
- BSSID：基本服务集的二层标识符

图 9.7　802.11 MAC 寻址

发往 DS 和来自 DS 子字段的长度均为 1 比特,可共同使用它们以控制 802.11 帧头中 4 个 MAC 地址的含义。此外，这两个子字段还能标识无线局域网与分布系统(通常为有线以太网)之间的 802.11 数据帧流。当发往 DS 子字段、来自 DS 子字段与 4 个 MAC 地址一起使用时，两个子字段的定义将发生变化。一般来说，地址 1 字段始终用作接收机地址(RA)，但也可能另有定义；地址 2 字段始终用作发射机地址(TA)，但同样可能另有定义；地址 3 字段通常提供附加的 MAC 地址信息；地址 4 字段仅在无线分布系统中使用。

发往 DS 和来自 DS 子字段共有 4 种可能的组合，第一种组合如下：

- 发往 DS 为 0
- 来自 DS 为 0

当这两个子字段均设置为 0 时，可能存在几种不同的情况。最常见的情况是，这些帧是管理帧或控制帧。由于管理帧和控制帧不携带 MSDU 净荷，因此其最终目的地不会是分布系统。仅有 MAC 子层使用管理帧和控制帧，因此不需要使用集成服务进行转换，它们也不会传输给有线网络。图 9.8 显示了客户端向接入点发送探询请求帧(一种管理帧)时使用的 MAC 寻址。地址 3 字段包含附加信息，用于标识 BSSID。地址 1 和地址 3 字段的值相同，因为接入点的地址既是接收机地址(RA)，又是 BSSID。图 9.9 显示了接入点向客户端发送探询响应帧(一种管理帧)时使用的 MAC 寻址。地址 1 和地址 3 字段的值相同，因为接入点的地址既是发射机地址(TA)，又是 BSSID。

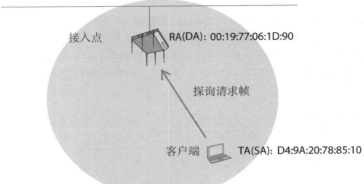

发往 DS 为 0，来自 DS 为 0

地址 1　RA(DA): 00:19:77:06:1D:90
地址 2　TA(SA): D4:9A:20:78:85:10
地址 3　BSSID: 00:19:77:06:1D:90

图 9.8　发往 DS 为 0，来自 DS 为 0(探询请求帧)

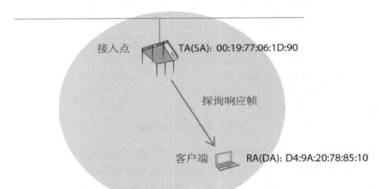

发往 DS 为 0，来自 DS 为 0

地址 1　RA(DA): D4:9A:20:78:85:10
地址 2　TA(SA): 00:19:77:06:1D:90
地址 3　BSSID: 00:19:77:06:1D:90

图 9.9　发往 DS 为 0，来自 DS 为 0(探询响应帧)

这两个子字段均设置为 0 的第二种情况是在独立基本服务集(IBSS)中，客户端之间直接传输数据帧。IBSS 通常称为自组织网络(ad hoc network)。第三种情况涉及终端对终端链路(STSL)，也就是在同一基本服务集的客户端之间绕过接入点，直接交换数据帧。

发往 DS 和来自 DS 子字段的第二种组合如下：

- 发往 DS 为 0
- 来自 DS 为 1

在典型的基本服务集中，发往 DS 和来自 DS 子字段用于标识 802.11 数据帧的方向和流向。当发往 DS 子字段设置为 0、来自 DS 子字段设置为 1 时，表示接入点向客户端发送 802.11 数据帧(下行传输)。802.11 数据帧 MSDU 净荷的源地址位于有线网络。如图 9.10 所示，802.3 网络的 DHCP 服务器通过接入点向 802.11 客户端转发 DHCP 租约。接入点的地址为 00:19:77:06:1D:90，而客户端的地址为 D4:9A:20:78:85:10。DHCP 服务器位于 802.3 网络，地址为 00:0A:E4:DA:92:F7。地址 1 字段始终用作接收机地址(RA)，它既是客户端的地址，也是目的地址(DA)。地址 2 字段始终用作发射机地址(TA)，它既是接入点的地址，也是 BSSID。地址 3 字段包含额外信息，用于标识位于 802.3 介质的 DHCP 服务器的源地址(SA)。

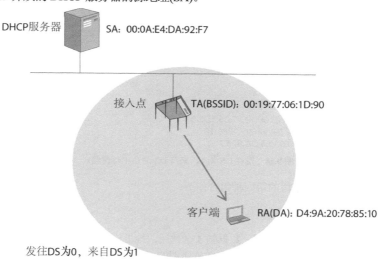

图 9.10　发往 DS 为 0，来自 DS 为 1(下行传输)

发往 DS 和来自 DS 子字段的第三种组合如下：

● 发往 DS 为 1

● 来自 DS 为 0

当发往 DS 子字段设置为 1、来自 DS 子字段设置为 0 时，表示客户端向接入点发送 802.11 数据帧(上行传输)。大多数情况下，802.11 数据帧 MSDU 净荷的最终目的地址位于有线网络。如图 9.11 所示，客户端通过接入点向 802.3 网络的 DHCP 服务器发送 DHCP 请求包。DHCP 服务器位于有线网络，地址为 00:0A:E4:DA:92:F7。地址 1 字段始终用作接收机地址(RA)，它既是接入点的地址，也是 BSSID。地址 2 字段始终用作发射机地址(TA)，它既是客户端的地址，也是源地址(SA)。地址 3 字段包含额外信息，用于标识位于 802.3 介质的 DHCP 服务器的目的地址(DA)。

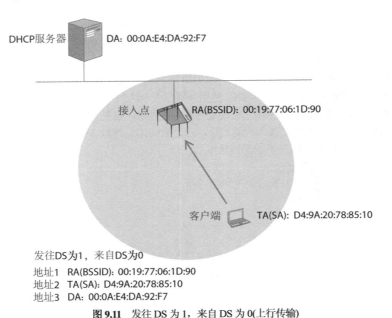

发往DS为1，来自DS为0
地址1　RA(BSSID): 00:19:77:06:1D:90
地址2　TA(SA): D4:9A:20:78:85:10
地址3　DA: 00:0A:E4:DA:92:F7

图9.11　发往 DS 为 1，来自 DS 为 0(上行传输)

发往 DS 和来自 DS 子字段的第四种组合如下：

- 发往 DS 为 1
- 来自 DS 为 1

仅当这两个子字段均设置为 1 时，数据帧才会使用四地址格式。虽然 802.11 标准并未定义这种格式的使用规程，但 Wi-Fi 供应商经常会实施所谓的无线分布系统，如无线局域网桥接和网状网。在无线分布系统中，数据帧通过第二种无线介质传输，最终转发给有线介质。发往 DS 和来自 DS 子字段均设置为 1 表示使用无线分布系统，且需要 4 个地址。

图 9.12 显示了网状点与网状门户之间的 802.11 5 GHz 网状回程链路。在本例中，关联到网状点 2.4 GHz 无线接口的客户端希望向位于 802.3 主干网的服务器发送帧。帧通过 5 GHz 无线回程转发时，发往 DS 和来自 DS 子字段均设置为 1，且需要使用 4 个地址。地址 1 字段始终是接收机地址(RA)，用于标识网状门户的 5 GHz 无线接口。地址 2 字段始终是发射机地址(TA)，用于标识网状点的 5 GHz 无线接口。地址 3 字段是目的地址(DA)，用于标识位于有线网络的服务器。地址 4 字段是源地址(SA)，用于标识关联到网状点 2.4 GHz 无线接口的客户端。从本例可以看出网状回程(无线分布系统)为何需要使用 4 个地址。

图 9.13 显示了两栋建筑物之间的 802.11 点对点桥接链路。在本例中，位于建筑物 1 的有线服务器需要向位于建筑物 2 的有线台式机发送帧。地址 1 字段始终是接收机地址(RA)，用于标识建筑物 2 的无线局域网桥接。地址 2 字段始终是发射机地址(TA)，用于标识建筑物 1 的无线局域网桥接。地址 3 字段是目的地址(DA)，用于标识位于建筑物 2 的台式机。地址 4 字段为源地址(SA)，用于标识位于建筑物 1 的服务器。从本例可以看出无线局域网桥接链路(无线分布系统)为何需要使用 4 个地址。

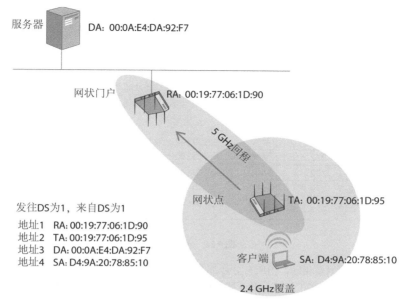

图9.12　发往 DS 为 1，来自 DS 为 1(网状回程)

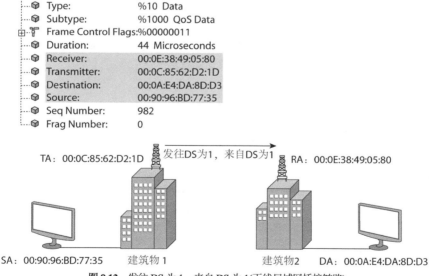

图9.13　发往 DS 为 1，来自 DS 为 1(无线局域网桥接链路)

9.5.4　序列控制字段

序列控制(Sequence Control)字段由两个子字段构成，长度为 16 比特，在进行 802.11 MSDU 分片(fragmentation)时使用。IEEE 802.11-2016 标准支持进行帧分片。分片机制将 802.11 帧分割为较小的分片，并为每个分片添加头部信息，然后单独传输每个分片。所有 802.11 接入点都可以配

置分片阈值，某些客户端也具备这种功能。如果分片阈值设置为 300 字节，则超过 300 字节的任
何 MSDU 都会进行分片。如图 9.14 所示，序列号为 542 的 MSDU 长度为 1200 字节。当阈值为
300 字节时，由于分片沿 OSI 模型向下传输，因此分片操作将自底而上进行。接收端 802.11 无线
接口同样需要使用序列控制字段中的信息来重组分片。

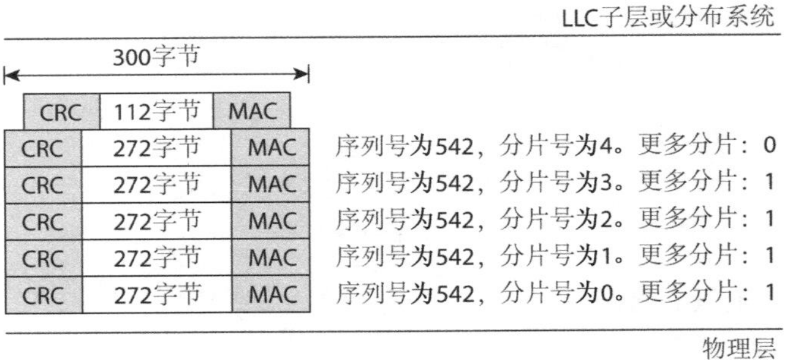

图 9.14　分片

　　虽然实际传输的数据量相同，但所有分片都有各自的头部信息，发送每个分片后还将传输短
帧间间隔(SIFS)和确认帧。在正常运行的无线局域网中，由于每个分片的头部信息都会产生 MAC
子层开销，加之 SIFS 和确认帧，较小的分片实际上会导致数据吞吐量降低。另外，如果网络中出
现数据大量损坏的情况，调低 802.11 分片设置或许有助于提高数据吞吐量。分片总是在帧突发
(fragment burst)中传输。遗留的 802.11a/b/g 网络有时会使用分片，但支持帧聚合和块确认的
802.11n/ac 网络不再需要这种机制。有鉴于此，CWNA 考试不会考查分片的具体内容。

> **注意：**
> 分片的传输方式与帧的传输方式相同，因此每个分片也必须参与 CSMA/CA 过程以争用介质，
> 且必须后跟确认帧。如果分片没有经过确认，发送端将重传分片。

9.5.5　QoS 控制字段

　　QoS 控制(QoS Control)字段的长度为 16 比特，用于标识数据帧的服务质量(QoS)参数。请注
意，并非所有数据帧都包含 QoS 控制字段，仅有 QoS 数据帧的 MAC 帧头使用该字段。从第 8
章的讨论可知，以太网帧添加的 802.1Q 头部包括一个长度为 3 比特的用户优先级(UP)字段，用于
标识不同类别的服务。802.1D 支持优先级排队(在交换式以太网中，允许某些以太网帧先于其他
帧转发)。802.1D 服务类别被映射到 Wi-Fi 多媒体(WMM)访问类别，而 WMM 通过语音、视频、
尽力而为、背景这 4 种访问类别来划分 802.11 流量优先级。QoS 控制字段能有效标识 QoS 数据
帧的 WMM 服务类别，因此该字段有时也称为 WMM QoS 控制字段。

9.5.6　HT 控制字段

　　HT 控制(HT Control)字段用于 802.11n/ac 发射机和接收机的链路自适应、发射波束成形等高
级功能。当帧控制字段的+HTC/顺序(+HTC/Order)子字段设置为 1 时，HT 控制字段仅用于管理帧
和 QoS 数据帧。CWNA 考试不会考查 HT 控制字段的具体内容。

注意:

　　虽然本章深入探讨了 802.11 MAC 帧头的构成,但 CWNA 考试不会考查各个字段和子字段的用途,也不会考查管理帧、控制帧与数据帧使用的各类所有固定字段和信息元素。有关 802.11 帧格式的详细讨论,建议读者阅读《CWAP 官方学习指南》。

9.6　802.11 帧体

　　如前所述,802.11 标准定义了 3 种主要的帧类型,它们是管理帧、控制帧与数据帧。需要注意的是,并非所有帧类型的帧体都携带相同类型的净荷。实际上,控制帧甚至没有帧体。

　　802.11 管理帧又称 MAC 管理协议数据单元(MMPDU),由 MAC 帧头、帧体与帧尾构成,但不携带任何上层信息。MMPDU 帧体并未封装 MSDU,仅包含二层信息字段和信息元素。信息字段是固定长度的强制字段,而信息元素是可变长度的可选字段。RSN 就是一种信息元素,其中包含你在基本服务集中使用的身份验证和加密类型信息。MMPDU 帧体携带的净荷没有加密。本章稍后将讨论 802.11 管理帧的各种子类型。

　　802.11 控制帧用于清除信道、获取信道并提供单播帧确认。控制帧仅由帧头和帧尾构成,没有帧体。本章稍后将讨论 802.11 控制帧的各种子类型。

　　仅有 802.11 数据帧的帧体携带上层信息(MSDU 净荷),可以通过加密来保护 MSDU 净荷的安全。请注意,某些数据帧的子类型(如空功能帧)也没有帧体。本章稍后将讨论 802.11 数据帧的各种子类型。

9.7　802.11 帧尾

　　802.11 帧尾的主要目的是携带整个帧的数据完整性校验信息。所有 802.11 帧尾都包括帧校验序列(FCS),又称 FCS 字段。帧校验序列包括 32 位循环冗余校验(CRC),用于验证接收帧的完整性。如图 9.15 所示,帧校验序列通过 MAC 帧头的所有字段和帧体计算得出,这些字段称为计算字段。

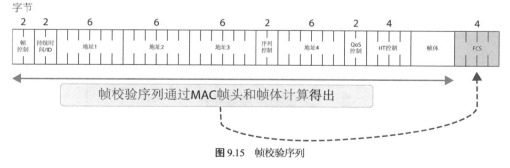

图 9.15　帧校验序列

　　计算帧校验序列时使用的标准 32 次生成多项式如下所示:

$$G(x)=x^{32}+x^{26}+x^{23}+x^{22}+x^{16}+x^{12}+x^{11}+x^{10}+x^8+x^7+x^5+x^4+x^2+x+1$$

　　虽然 CWNA 考试不会考查上述多项式,但读者务必要掌握循环冗余校验的结果。从之前的讨论可知,发送端 802.11 无线接口每次传输单播帧时,如果接收端 802.11 无线接口成功收到该帧且帧校验序列的循环冗余校验通过，将回复确认帧。发送端 802.11 无线接口收到确认帧意味着帧传输取得成功。所有 802.11 单播帧必须经过确认，而广播帧和多播帧无须确认。

单播帧损坏将导致循环冗余校验失败，接收端 802.11 无线接口不会向发送端 802.11 无线接口回复确认帧。如果发送端 802.11 无线接口没有收到确认帧，就无法判断单播帧是否传输成功，因此必须重传该帧。

9.8　802.11 状态机

IEEE 802.11-2016 标准定义了 4 种客户端连接状态，通常称为 802.11 状态机。当客户端从某种状态过渡到建立二层连接时，将使用 802.11 管理帧与接入点进行通信。4 种状态如下。

- **状态 1**　未通过验证，未建立关联(初始启动状态)。
- **状态 2**　已通过验证，未建立关联。
- **状态 3**　已通过验证，已建立关联(等待进行 RSN 身份验证)。
- **状态 4**　已通过验证，已建立关联。

802.11 状态机旨在使客户端和接入点能发现彼此并建立安全的联系，客户端的最终目标是加入基本服务集。如果不配置安全机制，则只需要 3 种状态。但大多数情况下需要使用预共享密钥或 802.1X/EAP 进行身份验证，因此会经历全部 4 种状态。

图 9.16 显示了管理帧交换的 4 种状态。接下来，我们将详细讨论加入或离开基本服务集时客户端与接入点之间使用的所有管理帧。

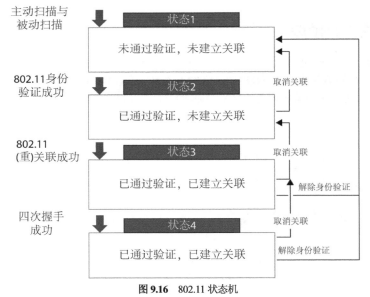

图 9.16　802.11 状态机

9.9　管理帧

在所有基本服务集中，很大一部分 Wi-Fi 流量来自 802.11 管理帧。无线终端使用管理帧加入和离开基本服务集。有线网络不需要管理帧，因为通过连接或断开网络电缆就能达到同样的目的。

然而，由于无线通信在无界介质中进行，无线终端必须首先找到兼容的无线局域网，然后向无线局域网验证自己的身份(假设允许终端连接)，再和无线局域网(通常为接入点)建立关联，从而获得有线网络(分布系统)的访问权限。配置 RSN 安全在大多数情况下也是必不可少的。

802.11 管理帧又称 MMPDU，它不携带任何上层信息。MMPDU 帧体并未封装 MSDU，仅包含二层信息字段和信息元素。信息字段是固定长度的强制字段，而信息元素是可变长度的可选字段。

IEEE 802.11-2016 标准定义了以下 14 种管理帧子类型。

- 关联请求帧
- 关联响应帧
- 重关联请求帧
- 重关联响应帧
- 探询请求帧
- 探询响应帧
- 信标帧
- 通告流量指示消息
- 取消关联帧
- 身份验证帧
- 解除身份验证帧
- 行动帧
- 无确认行动帧
- 定时通告帧

接下来，我们将讨论部分最常用的 802.11 管理帧。

9.9.1　信标帧

信标帧是最重要的 802.11 帧类型之一，又称信标管理帧，它相当于无线网络的心跳消息。在基本服务集中，接入点广播信标帧，而客户端侦听信标帧；仅在 IBSS(又称自组织模式)中，客户端才传输信标帧。所有信标帧都包含时间戳，客户端利用时间戳与接入点保持时钟同步。定时对于无线通信能否成功进行至关重要，因此所有终端必须彼此同步。在练习 9.1 中，我们将使用无线数据包分析器来观察信标帧的内容。表 9.2 列出了信标帧包含的部分信息。

表 9.2　信标帧包含的信息

信息类型	描述
时间戳	同步信息
扩频参数集	特定于 FHSS、DSSS、HR-DSSS、ERP、OFDM、HT 或 VHT 的信息
SSID	无线局域网逻辑名
数据速率	基本速率和支持速率
服务集功能	额外的 BSS 或 IBSS 参数
信道信息	接入点或 IBSS 使用的信道

(续表)

信息类型	描述
流量指示图(TIM)	节电过程使用的字段
BSS 负载	802.11e 修正案定义的字段，能有效指示信道利用率
QoS 功能	服务质量(QoS)和增强型分布式信道访问(EDCA)信息
RSN 功能	TKIP 或 CCMP 密码信息和身份验证机制
HT 与 VHT 功能	802.11n 和 802.11ac 功能
供应商专有信息	供应商唯一或特定于供应商的信息

信标帧包含客户端在加入基本服务集前需要了解的所有重要信息。信标帧每隔102.4毫秒(目标时间)发送一次，这意味着接入点每秒大约发送 10 次信标帧。接入点可以调整信标间隔(beacon interval)，但无法禁用这个参数。某些无线局域网设计指南建议增加信标间隔以减少开销。不过在大多数情况下，增加信标间隔可能对客户端连接性造成不利影响。接入点利用信标帧向客户端通告基本服务集的所有配置功能。

如果接入点配置有多个服务集标识符(SSID)，它将向每个 SSID 发送信标帧。第 13 章 "无线局域网设计概念" 将深入探讨传输多个信标帧时产生的开销。

【练习9.1】

观察信标帧

(1) 为完成该练习，请首先从本书配套网站下载 CWNA-CH9.PCAPNG 文件[1]。

(2) 使用数据包分析软件打开下载文件。如果读者尚未安装数据包分析器，可以从 Wireshark 网站下载 Wireshark[2]。

(3) 使用数据包分析器打开 CWNA-CH9.PCAPNG 文件。大部分数据包分析器都会在主界面上显示捕获的帧，第一列已按顺序对每个帧进行编号。

(4) 单击前 10 个帧中的某个帧。这 10 个帧均为信标帧。

(5) 选定某个信标帧后，在主界面上观察信标帧的帧体包含的信息，展开以查看详细信息。

1. 被动扫描

客户端必须首先发现接入点才能进行连接，可通过侦听接入点(被动扫描)或搜索接入点(主动扫描)来发现接入点。在发现阶段，客户端处于 802.11 状态机的状态 1。如图 9.17 所示，客户端进行被动扫描时将侦听接入点不断发送的信标帧。前面曾经提到过，信标帧每隔 102.4 毫秒(目标时间)发送一次。在繁忙的无线局域网环境中，由于基本服务集中的所有终端(包括接入点)需要争用介质，确切的传输时间将略有不同。

---

1 https://www.wiley.com/go/cwnasg，Downloads 选项卡提供了本书所有相关工具和演示的下载链接。

2 https://www.wireshark.org。

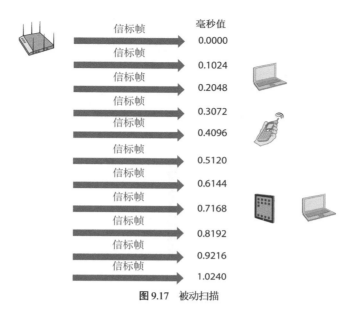

图 9.17　被动扫描

客户端的软件程序中预先配置有 SSID，客户端将侦听携带相同 SSID 的信标帧。通过被动扫描，客户端得以初步了解接入点支持的所有 BSS 功能。侦听到信标帧时，客户端可以尝试通过后续的管理帧连接到无线局域网。如果客户端从多个具有相同 SSID 的接入点侦听到信标帧，将确定信号质量最好的接入点，并尝试与其连接。

此外，客户端可以通过使用被动扫描、主动扫描或同时使用这两种扫描方法来发现已有的无线局域网。由于 IBSS 部署中没有接入点，所有处于自组织模式的客户端将轮流发送信标帧。与基本服务集中的客户端一样，自组织网络中的客户端同样会进行被动扫描。

2．主动扫描

通过扫描所有可能的信道并侦听信标帧来发现无线局域网，并非客户端在全部信道上查找所有接入点的有效方法。为此，客户端采用主动扫描来改进发现过程。除被动扫描外，客户端还将主动扫描接入点。进行主动扫描时，客户端发送探询请求帧，这种管理帧包括最初可与接入点共享的客户端功能信息。支持的数据速率、HT/VHT 功能、SSID 参数等客户端信息均位于探询请求帧。

探询请求帧既可以包括客户端正在查找的特定无线局域网的 SSID，也可以用来搜索任何SSID。如果客户端希望查找所有可用的 SSID，将发送 SSID 字段设置为空的探询请求帧。包含指定 SSID 信息的探询请求帧称为定向探询请求帧，不包含 SSID 信息的探询请求帧称为空探询请求帧，有时又称通配符 SSID。

当客户端发送定向探询请求帧时，所有支持该 SSID 且侦听到客户端请求的接入点都应该回复探询响应帧。探询响应携带的信息与信标帧基本相同，但不包流量指示图。与信标帧一样，探询响应帧也包括客户端在加入基本服务集前需要了解的所有重要信息。

如果客户端发送空探询请求帧，所有侦听到客户端请求的接入点都会回复探询响应帧。如图 9.18 所示，当客户端在信道 36 发送空探询请求帧时，3 个接入点(SSID 各不相同)都会应答。

211

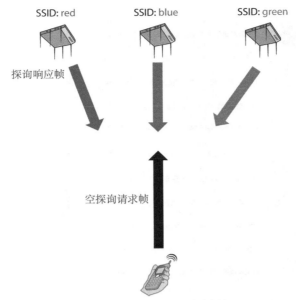

图 **9.18** 主动扫描：空探询请求帧

如果客户端发送定向探询请求帧，那么只有配置了相同 SSID 的接入点才会应答。如图 9.19 所示，客户端发送 SSID 为 blue 的定向探询请求帧时，唯一响应客户端请求的是 SSID 同样为 blue 的接入点。

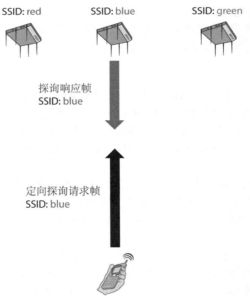

图 **9.19** 主动扫描：定向探询请求帧

被动扫描的不足之处在于，信标帧仅在接入点使用的信道对外广播。与之相反，客户端进行主动扫描时，将通过所有可用信道发送探询请求帧。如果客户端收到来自多个接入点的探询响应帧，一般会根据信号强度和质量来确定信号最强的接入点，从而决定连接到哪个接入点。如图 9.20 所示，客户端依次使用支持的信道发送探询请求帧。实际上，即便已经关联到接入点并开始传输数据，客户端一般也会实施信道外扫描(off-channel scanning)，并继续每隔几秒时间就利用其他信道发送探询请求帧。之所以如此，主要目的是寻找可能漫游到的其他接入点。通过继续实施主动扫描并在多条信道发送探询请求帧，客户端维护并更新一份已知接入点的列表，从而在需要时可以更快、更有效地进行漫游。

客户端进行信道外扫描的间隔属于供应商专有参数，与客户设备的驱动程序有关。例如，相较于膝上型计算机的 802.11 无线接口，智能手机、平板电脑等移动设备的 802.11 无线接口可能会更频繁地使用所有信道发送探询请求帧。部分客户设备支持用户调整探询速率。在练习 9.2 中，我们将观察探询请求帧和探询响应帧。

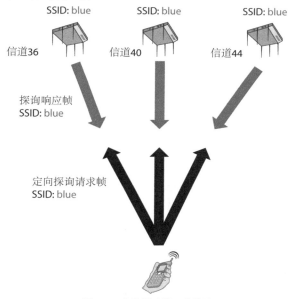

图 9.20　探询请求帧：多信道

【练习 9.2】

观察探询请求帧与探询响应帧

(1) 为完成该练习，请首先从本书配套网站下载 CWNA-CH9.PCAPNG 文件。

(2) 使用数据包分析软件打开下载文件。如果读者尚未安装数据包分析器，可以从 Wireshark 网站下载 Wireshark。

(3) 使用数据包分析器打开 CWNA-CH9.PCAPNG 文件。大部分数据包分析器都会在主界面上显示捕获的帧，第一列已按顺序对每个帧进行编号。

(4) 向下滚动帧列表并单击第 13684 号帧，这是一个探询请求帧。

(5) 在主界面上观察帧体的 SSID 字段，可以看到该帧属于定向探询请求帧。

(6) 单击第 13685 号帧，这是一个探询响应帧。

(7) 在主界面上观察帧体包含的信息，可以看到这些信息与信标帧类似。

(8) 单击第 429 号帧，这是一个探询请求帧。观察帧体的 SSID 字段，可以看到该帧属于空探询请求帧(因为 SSID 值为空)。

(9) 单击第 430、432、434、436 和 438 号帧。可以看到，这 5 个探询响应帧回复空探询请求帧，每个探询响应帧的 SSID 都不相同。

9.9.2 身份验证帧

与 802.11 基本服务集连接需要两个步骤，身份验证是第一步。在 802.11 客户端通过接入点向网络中的其他设备传输流量之前，必须按顺序验证身份并建立关联。

人们往往会误解身份验证过程，将其等同于网络认证：输入用户名和密码以便访问网络。请注意，本章讨论的是 802.11 身份验证。当 802.3 设备需要与其他设备通信时，首先将以太网电缆插入墙壁插孔，从而在客户设备与有线交换机之间创建一条物理链路，客户设备就能开始帧传输。而当 802.11 设备需要通信时，必须首先接受接入点(基本服务集)或其他终端(自组织网络)的身份验证。这种身份验证类似于将以太网电缆插入墙壁插孔。802.11 身份验证只是为了在客户端与接入点之间建立初步连接，相当于验证两台设备是否属于有效的 802.11 设备。

客户端通过主动扫描或被动扫描发现接入点后，将使用身份验证帧转移至 802.11 状态机的状态 2。

802.11 原始标准定义了两种不同的身份验证机制，它们是开放系统身份验证和共享密钥身份验证。

1. 共享密钥身份验证

共享密钥身份验证采用 WEP 验证客户端的身份，客户端和接入点都要配置静态 WEP 密钥。WEP 早已过时，共享密钥身份验证也已退出历史舞台。第 17 章"无线局域网安全体系结构"将简要介绍这种身份验证机制。

2. 开放系统身份验证

开放系统身份验证不对客户端的身份做任何验证，它在本质上属于客户端与接入点之间的问候交换过程。由于设备之间并未交换或核实身份，因此开放系统身份验证相当于"空身份验证"。在练习 9.3 中，我们将观察客户端与接入点在帧交换期间进行的开放系统身份验证。与接入点交换身份验证帧后，客户端即转移至 802.11 状态机的状态 2。

开放系统身份验证简单易行，可以配合预共享密钥、802.1X/EAP 等更高级的网络安全身份验证机制使用。

【练习 9.3】

观察开放系统身份验证

(1) 为完成该练习，请首先从本书配套网站下载 CWNA-CH9.PCAPNG 文件。

(2) 使用数据包分析软件打开下载文件。如果读者尚未安装数据包分析器，可以从 Wireshark 网站下载 Wireshark。

(3) 使用数据包分析器打开 CWNA-CH9.PCAPNG 文件。大部分数据包分析器都会在主界面上显示捕获的帧，第一列已按顺序对每个帧进行编号。

(4) 向下滚动帧列表并单击第 871 号帧，这是一个身份验证请求帧。

(5) 在主界面上观察 802.11 MAC 帧头，注意源地址与目的地址。

(6) 单击第 873 号帧，这是一个身份验证响应帧。观察 802.11 MAC 帧头，注意源地址是接入点的 BSSID，目的地址是发送身份验证请求帧的客户端的 MAC 地址。观察帧体可知，身份验证已成功。

9.9.3　关联帧

客户端向接入点验证自己的身份后，接下来将与接入点建立关联，关联到接入点的客户端成为基本服务集的成员。关联意味着客户端与接入点建立二层连接并加入基本服务集。客户端向接入点发送关联请求帧，请求加入基本服务集；接入点向客户端发送关联响应帧，批准或拒绝客户端的请求。客户端使用这些管理帧转移至 802.11 状态机的状态 3。关联响应帧的帧体包含关联标识符(AID)，它是分配给每个关联客户端的唯一关联号。电源管理过程同样使用 AID，本章稍后将进行讨论。读者将从练习 9.4 了解到，关联请求帧和关联响应帧也可用作接入点与客户端之间的最终功能通知。

【练习 9.4】

观察关联请求帧与关联响应帧

(1) 为完成该练习，请首先从本书配套网站下载 CWNA-CH9.PCAPNG 文件。

(2) 使用数据包分析软件打开下载文件。如果读者尚未安装数据包分析器，可以从 Wireshark 网站下载 Wireshark。

(3) 使用数据包分析器打开 CWNA-CH9.PCAPNG 文件。大部分数据包分析器都会在主界面上显示捕获的帧，第一列已按顺序对每个帧进行编号。

(4) 向下滚动帧列表并单击第 875 号帧，这是一个关联请求帧。观察帧体。

(5) 单击第 877 号帧，这是一个关联响应帧。观察帧体可以看到，关联过程成功，客户端收到 AID 值。

如果不配置 RSN 安全，客户端在建立关联后即转移至 802.11 状态机的状态 3，并已加入基本服务集。此时，客户端可以请求 IP 地址并开始上层通信。如图 9.21 所示，客户端与接入点完成以下所有帧交换后，将转移至状态 3 并加入基本服务集。

那么 802.11 状态机的状态 4 呢？如果接入点配置预共享密钥或 802.1X/EAP 作为身份验证机制，则此时客户端仍然没有加入基本服务集。虽然客户端已建立关联，但 RSN 身份验证尚待处理。进行预共享密钥身份验证时，客户端和接入点的 WPA2 密码短语必须匹配。此外，双方还要进行称为四次握手(4-Way Handshake)的帧交换，以便创建动态加密密钥。

进行 802.1X/EAP 身份验证时，客户端与 RADIUS 服务器之间将交换一系列 EAP 身份验证帧，以验证客户端的安全凭证。完成 802.1X/EAP 身份验证后，双方同样要进行四次握手以创建动态加密密钥。

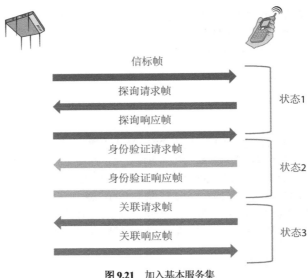

图 9.21 加入基本服务集

一旦完成预共享密钥或 802.1X/EAP 身份验证且通过四次握手帧交换创建了加密密钥，客户端就转移至 802.11 状态机的状态 4，并成为基本服务集的成员。此时，客户端可以请求 IP 地址并开始上层通信。第 17 章将深入探讨四次握手。

基本速率与支持速率

从前几章的讨论可知，IEEE 802.11-2016 标准定义了各种射频技术支持的数据速率。例如，802.11b HR-DSSS 无线接口支持的数据速率为 1、2、5.5、11 Mbps。802.11g ERP 无线接口不仅支持 HR-DSSS 数据速率，也支持 ERP-OFDM 数据速率(6、9、12、18、24、36、48、54 Mbps)。

所有接入点的特定数据速率都能配置为要求速率(required rate)，IEEE 802.11-2016 标准将要求速率定义为基本速率(basic rate)。请注意，接入点将以配置的最低基本速率发送所有管理帧，而数据帧可以通过更高的支持速率传输。

客户端要想成功关联到接入点，就必须能使用接入点要求的所有基本速率进行通信。如果客户端不能使用所有基本速率，就无法关联到接入点，也不会获准加入基本服务集。

除基本速率外，接入点还定义了支持速率集，并通过信标帧以及其他部分管理帧对外通告。支持速率是接入点向客户端提供的数据速率，但客户端不必支持所有速率。

9.9.4 重关联帧

客户端决定漫游到新接入点时，将向新接入点发送重关联请求帧。客户端利用重关联请求帧从目前的基本服务集切换到新的基本服务集，这种管理帧实际上属于客户端发送给目标接入点的漫游请求。

客户端与接入点之间的重关联过程如下。

(1) 首先，客户端向新接入点发送重关联请求帧。如图 9.22 所示，重关联请求帧包括当前接入点无线接口的 BSSID(MAC 地址)。我们将当前的接入点称为原接入点。

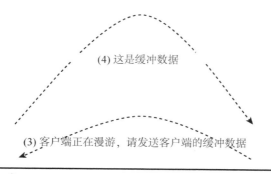

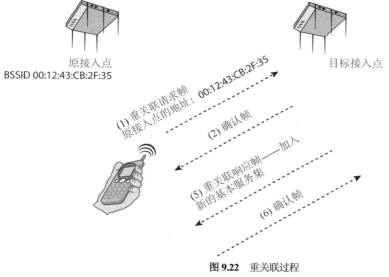

图 9.22　重关联过程

(2) 新接入点随后向客户端回复确认帧。

(3) 新接入点尝试利用分布系统介质(DSM)与原接入点通信。新接入点尝试通知原接入点关于漫游客户端的信息，并请求原接入点转发所有缓冲数据。请记住，IEEE 802.11-2016 标准并未定义接入点之间如何通过分布系统介质交换数据，所有解决方案都是供应商专有的。在基于控制器的 Wi-Fi 解决方案中，接入点间通信可能在控制器内进行；而在非控制器体系结构中，接入点将在网络边缘相互通信。

(4) 如果通信成功，原接入点将使用分布系统介质向新接入点转发所有缓冲数据。

(5) 新接入点通过无线介质向漫游客户端发送重关联响应帧。

(6) 客户端向新接入点回复确认帧，确认已收到重关联响应帧并准备漫游。由于大多数情况下都会配置 WPA2 安全，因此客户端与目标接入点之间还剩最后一步(图 9.22 中并未显示)：进行四次握手帧交换，以便在两个无线接口之间生成唯一的加密密钥。

如果重关联过程失败，客户端将保持与原接入点的连接并继续通信，或尝试漫游到另一个接入点。在练习 9.5 中，我们将观察重关联请求帧和重关联响应帧。

【练习 9.5】

观察重关联请求帧与重关联响应帧

(1) 为完成该练习,请首先从本书配套网站下载 CWNA-CH9.PCAPNG 文件。

(2) 使用数据包分析软件打开下载文件。如果读者尚未安装数据包分析器,可以从 Wireshark 网站下载 Wireshark。

(3) 使用数据包分析器打开 CWNA-CH9.PCAPNG 文件。大部分数据包分析器都会在主界面上显示捕获的帧,第一列已按顺序对每个帧进行编号。

(4) 向下滚动帧列表并单击第 7626 号帧,这是一个重关联请求帧。观察帧体,注意当前接入点的地址。

(5) 单击第 7628 号帧,这是一个重关联响应帧。观察帧体可以看到,重关联过程成功,客户端收到 AID 值。

9.9.5 取消关联帧

取消关联属于通知而非请求。如果客户端希望取消与接入点的关联,或接入点希望取消与客户端的关联,将向对方发送取消关联帧。这是终止关联的一种礼貌方式。当关闭操作系统时,客户端将执行取消关联操作;如果接入点需要与网络断开以便维护,也会执行取消关联操作。接入点发送的取消关联帧使客户端从 802.11 状态机的状态 3 或 4 返回状态 2。所有取消关联帧都包括原因代码(reason code),用于解释关联取消的原因。例如,当客户端处于非活动状态时,接入点可能向其发送原因代码为 4 的取消关联帧。IEEE 802.11-2016 标准的 9.4.1.7 节列出了所有可能的原因代码。

9.9.6 解除身份验证帧

与取消关联类似,解除身份验证也属于通知而非请求。如果客户端希望解除与接入点的身份验证,或接入点希望解除与客户端的身份验证,将向对方发送解除身份验证帧。由于身份验证是建立关联的先决条件,因此解除身份验证会自动取消关联。

接入点发送的解除身份验证帧使客户端从 802.11 状态机的状态 2、3 或 4 返回状态 1。实际上,解除身份验证帧将强制客户端重新启动,以查找并加入基本服务集。所有解除身份验证帧都包括原因代码,用于解释身份验证解除的原因。例如,当客户端未通过 802.1X/EAP 身份验证时,接入点可能向其发送原因代码为 23 的解除身份验证帧,强制客户端回到状态 1。IEEE 802.11-2016 标准的 9.4.1.7 节列出了所有可能的原因代码。

9.9.7 行动帧

行动帧用于触发基本服务集中的特定操作,可由接入点或客户端发送,旨在为准备执行的操作提供信息和指示。由于管理帧的子类型已经耗尽,802.11h 修正案首次引入行动帧,它有时也称为“可以执行任何操作的管理帧”。随着 802.11 技术的发展,需要新的管理帧来携带信息并触发特定操作。使用行动帧就能完成这项任务,而不必创建新的管理帧。行动帧的结构如图 9.23 所示。

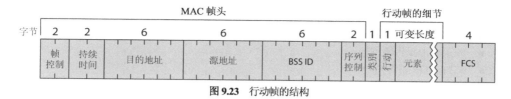

图 9.23　行动帧的结构

行动帧的帧体由以下 3 部分构成。

- **类别**　描述行动帧的类型，可以借此了解行动帧属于哪一类以及由哪种协议定义。
- **操作**　准备执行的操作，通常以数字标识。你需要了解类别以理解调用哪种操作。
- **元素**　添加有关操作的其他信息。

IEEE 802.11-2016 标准的 9.6 节列出了所有行动帧。通过动态频率选择(DFS)信道传输数据的接入点可以使用行动帧作为信道切换公告(CSA)：如果在当前的 DFS 频率检测到雷达传输，接入点将通知所有关联客户端转移到另一条信道。行动帧也能充当发射功率控制(TPC)请求帧和报告帧：接入点通知支持 TPC 的关联客户端调整其发射功率电平，以匹配接入点的功率电平。第 13章将深入探讨 DFS 信道和 TPC 机制。

兼容 802.11k 的无线接口可以使用行动帧请求并响应邻居报告。读者将从练习 9.6 了解到，客户端从关联接入点获取邻居报告，以了解可能漫游到的邻近接入点的信息。根据 802.11k 修正案的定义，客户端利用邻居报告信息请求关联接入点测量并报告同一移动域内可用的邻近接入点，从而有助于实现快速漫游过程。邻居报告通知客户端可以漫游的邻近接入点，客户端扫描过程的速度得以提高。一般来说，邻居报告信息通过 802.11 行动帧内的请求/报告帧交换进行传递。

【练习 9.6】

观察行动帧

(1) 为完成该练习，请首先从本书配套网站下载 ACTION.PCAPNG 文件。

(2) 使用数据包分析软件打开下载文件。如果读者尚未安装数据包分析器，可以从 Wireshark 网站下载 Wireshark。

(3) 使用数据包分析器打开 ACTION.PCAPNG 文件。大部分数据包分析器都会在主界面上显示捕获的帧，第一列已按顺序对每个帧进行编号。

(4) 向下滚动帧列表并单击第 103 号帧，这是 Apple iOS 客户设备传输的一个 802.11 行动帧。帧详细信息窗口通常位于主界面的中部，用于提供所选帧的详细信息(包括注释)。可在这个窗口中找到并展开行动帧。在行动帧的帧体中展开"固定参数"(Fixed parameters)，可以看到该帧被用作邻居报告请求(Neighbor Report Request)。客户端询问接入点是否有关于邻近接入点的信息。

(5) 单击第 105 号帧，这是 Aerohive 接入点传输的一个 802.11 行动帧。在行动帧的帧体中展开"固定参数"，可以看到该帧被用作邻居报告响应(Neighbor Report Response)。在行动帧的帧体中展开"标记参数"(Tagged parameters)，观察 BSSID 为 08:ea:44:76:b5:68 的接入点的邻居报告，它使用信道 48 进行传输。

9.10　控制帧

802.11 控制帧协助传输数据帧，以某个基本速率发送。控制帧用于清除信道、获取信道并提供单播帧确认。如前所述，控制帧仅由 MAC 帧头和帧尾构成，没有帧体。MAC 帧头包含的信息足以完成赋予 802.11 控制帧的任务。

IEEE 802.11-2016 标准定义了以下 12 种控制帧子类型。

- 波束成形报告轮询帧
- VHT NDP 通告帧
- 控制帧扩展
- 控制封装帧
- 块确认请求帧(BAR)
- 块确认帧(BA)
- 节电轮询帧(PS-Poll)
- 请求发送帧(RTS)
- 允许发送帧(CTS)
- 确认帧(Ack)
- CF-End 帧
- CF-End + CF-Ack 帧

接下来，我们将讨论部分最常用的 802.11 控制帧。

9.10.1　确认帧

确认帧是 12 种控制帧之一，也是 CSMA/CA 介质访问控制方法的重要组成部分。由于 802.11 通信使用的无线介质无法确保数据传输成功，发送端只能依靠接收端的通知来判断传输的帧是否已正确接收。这种通知使用确认帧。

如图 9.24 所示，确认帧是一种由 14 字节构成的简单帧格式。收到单播帧后，接收端将等待一段很短的时间(SIFS)。接收端复制数据帧包含的发送端 MAC 地址，并写入确认帧的接收机地址(RA)字段。读者将从练习 9.7 了解到，接收端通过发送确认帧进行回复。如果一切顺利，在发送端收到的确认帧中，接收机地址字段包含其 MAC 地址，发送端借此获知接收端已收到单播帧且没有损坏。所有单播帧传输必须经过验证，否则发送端必须重传该帧。确认帧用于所有 802.11 单播帧的交付验证，它是一种极其重要的控制帧。冲突发生或单播帧损坏将导致循环冗余校验失败，接收端 802.11 无线接口不会向发送端 802.11 无线接口回复确认帧。

图 9.24　确认帧

> **注意:**
> 　所有单播帧必须后跟确认帧。如果单播帧由于任何原因损坏，将无法通过 32 位循环冗余校验(即帧校验序列)，导致接收端不会发送确认帧。如果单播帧没有经过确认，发送端将重传该帧。除个别情况外，广播帧和多播帧不需要确认。

【练习 9.7】

观察确认帧

(1) 为完成该练习，请首先从本书配套网站下载 CWNA-CH9.PCAPNG 文件。

(2) 使用数据包分析软件打开下载文件。如果读者尚未安装数据包分析器，可以从 Wireshark 网站下载 Wireshark。

(3) 使用数据包分析器打开 CWNA-CH9.PCAPNG 文件。大部分数据包分析器都会在主界面上显示捕获的帧，第一列已按顺序对每个帧进行编号。

(4) 向下滚动帧列表并单击第 29073 号帧，这是一个数据帧。

(5) 单击第 29074 号帧，这是一个确认帧。

(6) 观察两个帧之间的帧交换，注意接收端会确认所有单播帧。

9.10.2　块确认帧

802.11e 修正案(现已纳入 IEEE 802.11-2016 标准)定义了块确认机制，这种机制将多个确认帧聚合为一个确认帧以提高信道利用率。块确认机制包括以下两类。

● 即时块确认(immediate BA)：适用于延迟容忍度较低的流量。

● 延迟块确认(delayed BA)：适用于延迟容忍度较高的流量。

本书仅讨论即时块确认。如图 9.25 所示，发起方终端向接收方终端发送一个 QoS 数据帧块，并通过块确认请求帧请求确认所有 QoS 数据帧。有别于单独确认每个单播帧，一个块确认帧可以确认整个 QoS 数据帧块。块确认帧中的位图(Bitmap)字段用于标识所有接收数据帧的状态。如果只有一个数据帧损坏，那么只需要重传该帧。使用块确认帧而非传统的确认帧有助于减少介质争用开销，从而提高效率。如图 9.25 所示，块确认机制最初定义为与"帧突发"一起使用，但目前更常用于 A-MPDU 帧聚合，详细讨论请参见第 10 章。

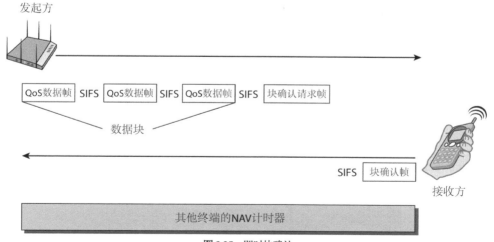

图 9.25　即时块确认

9.10.3　节电轮询帧

采用遗留电源管理机制的客户端通过节电轮询帧请求接入点发送缓冲流量。在节电轮询帧中，持续时间/ID 字段作为 AID 值;换言之,客户端向接入点标识自己并请求缓冲的单播帧。这种情况下,持续时间/ID 字段仅充当标识符,不用于持续时间或重置 NAV 计时器。请注意,仅有节电轮询帧使用持续时间/ID 字段作为 AID。本章稍后将详细讨论使用节电轮询帧的遗留电源管理过程。

9.10.4 RTS/CTS

为加入基本服务集,客户端必须具备与接入点通信的能力。这是直接且合乎逻辑的做法,但也可能出现这样的问题:客户端可以与接入点相互通信,却无法侦听到其他客户端或被其他客户端侦听到。为避免冲突,监听终端将在侦听到其他终端的传输时设置其 NAV 计时器(虚拟载波监听)并侦听射频信道(物理载波监听)。如果终端无法侦听到其他终端或被其他终端侦听到,发生冲突的概率就会增加。请求发送/允许发送(RTS/CTS)机制通过实施 NAV 分发(NAV distribution)以帮助避免冲突,NAV 分发在数据帧传输开始前保留介质。

我们可以从技术层面来解释 RTS/CTS。本书仅做基本探讨,CWNA 考试不会考查 RTS/CTS 的具体内容。使用 RTS/CTS 机制的终端每次准备发送帧时,必须在正常的数据传输前执行 RTS/CTS 交换。传输数据帧前,发送端首先发送一个 RTS 帧;所有监听终端根据这个 RTS 帧的持续时间值来重置 NAV 计时器,并等待 CTS 帧、数据帧与确认帧传输完毕。接收端随后发送一个同样用于 NAV 分发的 CTS 帧;所有监听终端根据这个 CTS 帧的持续时间值来重置 NAV 计时器,并等待数据帧和确认帧传输完毕。

如图 9.26 所示,RTS 帧的持续时间值(以微秒为单位)表示完成 CTS 帧、数据帧、确认帧交换所需的时间,再加 3 个 SIFS;CTS 帧的持续时间值(以微秒为单位)表示完成数据帧和确认帧交换所需的时间,再加 2 个 SIFS。即便终端没有侦听到 RTS 帧,也应该能侦听到 CTS 帧。无论侦听到哪种帧,终端都会根据提供的值来设置 NAV 计时器。此时,基本服务集中的所有终端都已设置 NAV 计时器,并等待整个数据交换完毕。图 9.27 展示了客户端与接入点之间的 RTS/CTS 帧交换过程。RTS/CTS 主要用于检测隐藏节点(相关讨论请参见第 15 章"无线局域网故障排除"),或当同一基本服务集中存在不同的技术(如 802.11b/g/n)时自动充当保护机制。

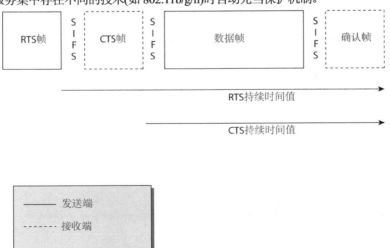

图 9.26 RTS/CTS 持续时间值

RTS帧持续时间：CTS帧/数据帧/确认帧交换
CTS帧持续时间：数据帧/确认帧交换
数据帧持续时间：确认帧
确认帧持续时间：0(交换结束)

客户端C没有侦听到RTS帧，但侦听
到CTS帧，于是重置NAV计时器，等
待数据帧和确认帧交换完成。

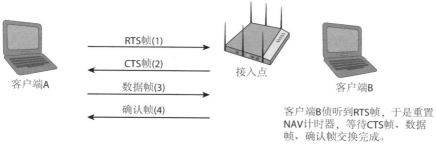

客户端B侦听到RTS帧，于是重置
NAV计时器，等待CTS帧、数据
帧、确认帧交换完成。

图9.27　RTS/CTS 帧交换过程

9.10.5　CTS-to-Self

当同一基本服务集中存在不同的技术(如 802.11b/g/n)时，CTS-to-Self 也会自动用作保护机制。相较于 RTS/CTS，使用 CTS-to-Self 作为保护机制的优点是发送的帧数更少，吞吐量将因此而提高。

使用 CTS-to-Self 的终端准备传输数据时，将通过发送 CTS 帧来执行 NAV 分发。CTS 帧通知其他所有终端，必须等待数据帧和确认帧交换完成。所有侦听到 CTS 帧的终端都会根据提供的值来设置 NAV 计时器。

注意:

接入点比客户端更适合使用 CTS-to-Self。为保留介质，必须确保所有客户端侦听到 CTS 帧，而由接入点发送 CTS 帧最可能实现这一点。如果客户端使用 CTS-to-Self，那么基本服务集另一侧的其他客户端很可能因为距离过远而无法收到 CTS 帧，从而无法意识到介质繁忙。即便如此，据我们所知，大多数客户端仍然使用 CTS-to-Self 而非 RTS/CTS 来保留介质。之所以如此，是因为 CTS-to-Self 产生的开销比 RTS/CTS 少。对于配置为保护模式的客户端，部分供应商允许用户选择使用 RTS/CTS 或 CTS-to-Self。

9.10.6　保护机制

当 802.11g 技术在 2006 年首次出现时，802.11 标准面临如何解决 DSSS 和 OFDM 技术在同一 2.4 GHz 射频环境中共存的问题。从技术角度讲，802.11g 技术称为扩展速率物理层(ERP)。802.11g ERP 无线接口可以采用 OFDM 或 HR-DSSS 技术传输数据，而早期的 802.11 或 802.11b 无线接口只能采用 DSSS 或 HR-DSSS 技术传输数据。为此，802.11 标准定义了 ERP 保护机制，以便两个 802.11g 无线接口的 OFDM 传输不会受到 DSSS 或 HR-DSSS 传输的干扰。

我们以语言进行类比。假定802.11g无线接口可以通过英语和西班牙语进行交流，而802.11b无线接口只能理解英语。定义ERP保护机制的目的在于，当802.11g无线接口之间使用"西班牙语"交流时，只能讲"英语"的802.11b无线接口不会打断对话。保护机制使用的是RTS/CTS或CTS-to-Self。

从第8章的讨论可知，终端通过设置NAV计时器以避免冲突。这种通知就是所谓的NAV分发，通过数据帧的持续时间/ID字段完成。当终端传输数据帧时，监听终端根据持续时间/ID字段来设置自己的NAV计时器。遗憾的是，这种方法在混合环境中并不可行。如果802.11g设备希望传输数据帧，由于802.11b HR-DSSS设备不能识别802.11g ERP-OFDM传输，因此也无法解析数据帧的持续时间/ID值。换言之，802.11b设备不会设置NAV计时器，从而错误地认为介质处于空闲状态。为避免这种情况发生，802.11g ERP终端将切换到保护模式。

如图9.28和图9.29所示，希望传输数据的802.11g设备将首先执行NAV分发：802.11g设备或者与接入点进行RTS/CTS交换，或者采用802.11b HR-DSSS设备可以理解的数据速率和调制方法发送CTS-to-Self帧。每台802.11b和802.11g终端都能侦听到并理解RTS/CTS或CTS-to-Self帧，所有监听终端将根据RTS/CTS或CTS-to-Self帧包含的持续时间/ID值设置NAV计时器。简而言之，802.11g ERP终端使用所有终端都能理解的"语言"通知它们重置NAV计时器。利用RTS/CTS或CTS-to-Self帧保留介质后，802.11g终端就能采用OFDM技术调制传输数据帧，不必担心与802.11b HR-DSSS或遗留的802.11 DSSS终端发生冲突。

在ERP基本服务集中，802.11b HR-DSSS终端和802.11 DSSS终端称为非ERP终端。保护机制致力于确保ERP终端(802.11g)和非ERP终端(802.11b或遗留802.11)能共存于同一个基本服务集，从而允许ERP终端使用较高的ERP-OFDM数据速率收发数据，同时仍然向后兼容遗留的非ERP终端。

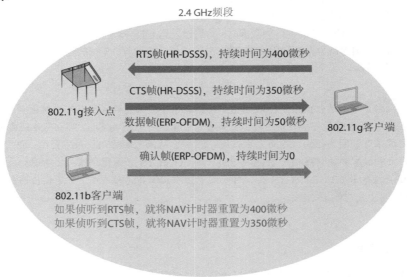

图9.28 保护机制：RTS/CTS

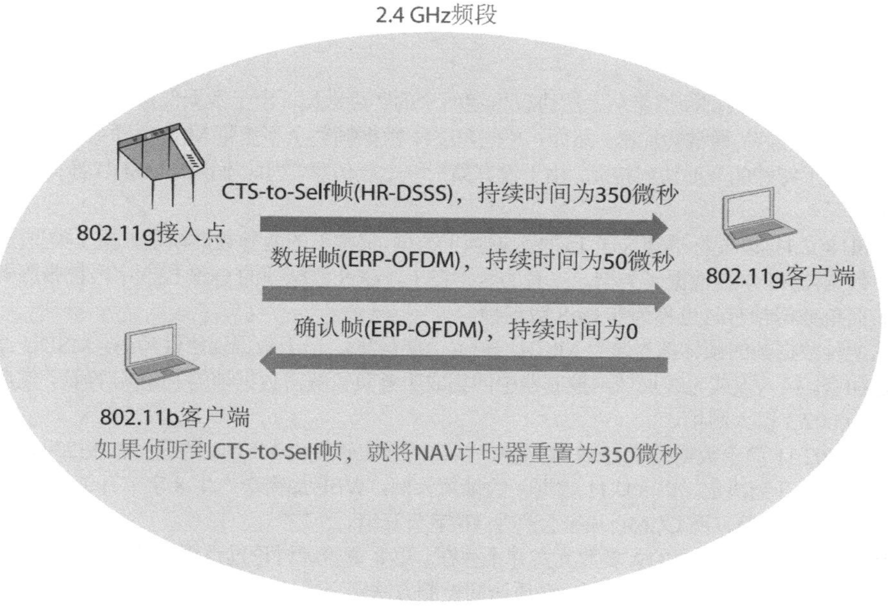

图 9.29　保护机制: CTS-to-Self

那么, 哪些因素会触发 ERP 保护机制呢? 802.11g ERP 接入点决定启用保护机制时, 需要通知基本服务集中的所有 802.11g ERP 客户端使用保护机制。为此, ERP 接入点将信标帧和探询响应帧的 NonERP_Present 位设置为 1, 以通知 ERP 客户端切换到保护模式。启用保护模式的原因很多, 下面列出了在 ERP 基本服务集中触发保护机制的 3 种情况:

- 如果非 ERP 客户端关联到 ERP 接入点, ERP 接入点将把其信标帧的 NonERP_Present 位设置为 1, 从而在基本服务集中启用保护机制。也就是说, 802.11b HR-DSSS 客户端的关联将触发保护机制。
- 如果侦听到 802.11 DSSS 或 802.11b HR-DSSS 接入点发送的信标帧, ERP 接入点将把其信标帧的 NonERP_Present 位设置为 1, 从而在基本服务集中启用保护机制。简而言之, 当 802.11g ERP 接入点侦听到 802.11 DSSS 接入点、802.11b HR-DSSS 接入点或自组织客户端发送的信标帧时, 将触发保护机制。
- 除探询请求帧外, 如果侦听到仅支持 802.11 DSSS 或 802.11b HR-DSSS 速率的管理帧, ERP 接入点也会将 NonERP_Present 位设置为 1。

总而言之, ERP 保护机制利用 RTS/CTS 或 CTS-to-Self 帧确保 802.11g 终端和遗留的 802.11b 终端能共存于同一个基本服务集。读者将从第 13 章了解到, 在企业无线局域网中使用遗留的 802.11b 客户端绝非良策。接入点禁用 802.11b 数据速率将减少发送时间消耗, 并提高无线局域网的性能。如果基本服务集中不存在 802.11b 客户端, 就无须启用 RTS/CTS 保护机制。

既然不使用 802.11b 客户端是推荐做法, 本章为何还要详细介绍 ERP 保护机制呢? 这是因为 ERP 保护机制也奠定了 802.11n/ac 设备与早期遗留设备共存的基础。当同一个基本服务集中的 802.11n/ac 终端与 802.11a/b/g 终端相互通信时, 同样需要 RTS/CTS 和 CTS-to-Self。第 10 章将讨论使用 RTS/CTS 和 CTS-to-Self 的 HT 保护机制。

9.11 数据帧

大多数 802.11 数据帧携带从上层协议传递而来的实际数据。出于数据保密性考虑，第三～七层信息(MSDU 净荷)通常会加密。然而，某些 802.11 数据帧完全不携带 MSDU 净荷，它们在基本服务集中用于特殊的介质访问控制。由于没有第三～七层信息，因此不携带 MSDU 净荷的数据帧不会加密。

IEEE 802.11-2016 标准定义了 15 种数据帧子类型，最常见的两种数据帧是数据子类型(通常称为简单数据帧)和 QoS 数据子类型。二者的区别在于，QoS 数据帧的 QoS 控制字段携带服务类别信息。简单数据帧有时也称为非 QoS 数据帧。

这两种数据帧的帧体都封装有 MSDU 净荷(上层信息)。出于数据保密性考虑，MSDU 净荷通常经过加密。接入点或无线局域网控制器中的集成服务负责解密数据帧的 MSDU 净荷，然后取出并转换为 802.3 以太网帧。

对于 802.11 简单数据帧或 QoS 数据帧，帧体的最大长度由 MSDU 的最大长度(2304 字节)以及加密产生的开销决定。以 802.11 数据帧的帧体为例，WEP 加密会产生 8 字节开销，TKIP 加密会产生 20 字节开销，而 CCMP 加密会产生 16 字节开销。

15 种数据帧子类型中的大多数其实并不存在。第 8 章曾经讨论过点协调功能(PCF)和 HCF 受控信道访问(HCCA)，这两种 802.11 介质访问控制方法定义了接入点通过轮询取得介质控制权的机制。截至本书出版时，尚未有无线局域网供应商采用 PCF 或 HCCA。因此，在 IEEE 802.11-2016 标准定义的 15 种数据帧中，有 11 种目前仅停留在纸面上。全部 15 种数据帧子类型如下所示(由于所有 PCF 或 HCCA 数据帧实际上从未使用过，因此主要关注前 4 种数据帧子类型即可):

- 数据(Data)帧
- 空帧(无数据)
- QoS 数据(QoS Data)帧
- QoS 空帧(无数据)
- Data + CF-Ack(仅 PCF)
- Data + CF-Poll(仅 PCF)
- Data + CF-Ack + CF-Poll(仅 PCF)
- CF-Ack(无数据，仅 PCF)
- CF-Ack + CF-Poll(无数据，仅 PCF)
- CF-Poll(无数据，仅 PCF)
- QoS Data + CF-Ack(仅 HCCA)
- QoS Data + CF-Poll(仅 HCCA)
- QoS Data + CF-Ack + CF-Poll(仅 HCCA)
- QoS CF-Poll(无数据，仅 HCCA)
- QoS CF-Ack + CF-Poll(无数据，仅 HCCA)

9.11.1 QoS 数据帧与非 QoS 数据帧

Wi-Fi 联盟规定，802.11 产品必须支持 QoS 机制才能取得 WMM 认证。近年来销售的所有 802.11 企业接入点以及大部分 802.11 客户端均默认支持 WMM QoS 机制，因此大多数企业部署中的基本服务集属于 QoS 基本服务集(QBSS)，而如今的大多数无线接口属于 QoS 终端。QoS 终端既能传输 QoS 数据帧，也能传输非 QoS 数据帧。如表 9.3 所示，由 QoS 终端和非 QoS 终端构成的无线网络并不鲜见。在这种混合环境中，QoS 设备将根据接收设备的能力传输 QoS 数据帧或非 QoS 数据帧。

表 9.3　QoS 传输与非 QoS 传输

发送方	接收方	使用的数据帧子类型
非 QoS 终端	非 QoS 终端	简单数据帧(非 QoS)
非 QoS 终端	QoS 终端	简单数据帧(非 QoS)
QoS 终端	QoS 终端	QoS 数据帧
QoS 终端	非 QoS 终端	简单数据帧
非 QoS 终端	广播	简单数据帧
非 QoS 终端	多播	简单数据帧
QoS 终端	广播	简单数据帧；如果基本服务集中的所有终端都支持 QoS，发送方将使用 QoS 数据帧
QoS 终端	多播	简单数据帧；如果基本服务集中属于多播组的所有终端都支持QoS，发送方将使用 QoS 数据帧

只要非 QoS 设备作为发送方或接收方参与通信，就必须使用非 QoS 数据帧。广播帧默认以非 QoS 帧的形式传输；但如果基本服务集中的所有终端都支持 QoS，发送方将使用 QoS 帧作为广播帧。与之类似，多播帧默认以非 QoS 帧的形式传输；但如果基本服务集中属于多播组成员的所有终端都支持 QoS，发送方将使用 QoS 帧作为多播帧。

9.11.2　不携带数据的数据帧

虽然听起来似乎有些奇怪，但某些 802.11 数据帧实际上不携带任何数据。空帧和 QoS 空帧都不携带数据，这两种数据帧仅由帧头和帧尾构成，帧体中没有 MSDU 净荷。由于净荷为空，两种帧有时也称为空功能帧(null function frame)，不过空功能帧仍然有一定的用途。如果客户端希望通知接入点自己的节电状态有所变化，那么可以调整空功能帧的电源管理位。客户端决定进行信道外扫描(主动扫描)时，将向接入点发送一个电源管理位设置为 1 的空功能帧。读者将从练习 9.8 了解到，收到这个空功能帧后，接入点就将所有传输给客户端的 802.11 帧存储在缓冲区中。当客户端返回接入点所在的信道时，将向接入点发送另一个电源管理位设置为 0 的空功能帧。收到这个空功能帧后，接入点就向客户端发送缓冲帧。一些供应商的专有电源管理方案也使用空功能帧。

【练习 9.8】

观察数据帧

(1) 为完成该练习，请首先从本书配套网站下载 CWNA-CH9.PCAPNG 文件。

(2) 使用数据包分析软件打开下载文件。如果读者尚未安装数据包分析器，可以从 Wireshark 网站下载 Wireshark。

(3) 使用数据包分析器打开 CWNA-CH9.PCAPNG 文件。大部分数据包分析器都会在主界面上显示捕获的帧，第一列已按顺序对每个帧进行编号。

(4) 向下滚动帧列表并单击第 97903 号帧，这是一个未加密的简单数据帧。观察帧体，注意 IP 地址和 TCP 端口等上层信息。由于数据帧没有加密，这些信息都是可见的。

(5) 单击第 34019 号帧，这是一个 QoS 数据帧。观察 802.11 MAC 帧头的 QoS 控制字段，注意优先级设置为 Best Effort(尽力而为)。

(6) 单击第 9507 号帧，这是一个空功能帧。观察 802.11 MAC 帧头的帧控制字段，注意电源管理位设置为 1，意味着接入点将缓存传输给客户端的流量。

9.12　电源管理

无线网络主要用于为客户端提供移动性，而客户端的移动性与电池续航时间密切相关。对于由电池供电的设备，电池的使用时间是用户最关心的问题之一。为增加电池续航时间，可以换用更大、更耐用的电池，或设法减少耗电。802.11 标准定义了电源管理机制以帮助增加电池续航时间。对智能手机、平板电脑、手持扫描仪与 VoWiFi 电话而言，电池电量极为重要。一般来说，移动设备的电池至少需要支持 8 小时的使用。802.11 标准支持两种遗留的电源管理模式：主动模式(active mode)和节电模式(power-save mode)。802.11e 和 802.11n 修正案定义了经过改进的 802.11 电源管理机制，而 802.11ac 修正案和 802.11ax 修正案草案进一步改进了电源管理机制。

9.12.1　遗留的电源管理机制

主动模式是早期 802.11 终端使用的电源管理模式，配置为主动模式的无线终端随时准备发送或接收数据。主动模式不提供任何节电功能。802.11 MAC 帧头的电源管理字段长度为 1 比特，用于标识终端的电源管理模式，值为 0 表示终端处于主动模式。相较于使用节电模式的终端，使用主动模式的终端能获得更高的吞吐量，但电池使用时间通常要短得多。

> **注意:**
> 应将始终与电源相连的终端配置为使用主动模式。

节电模式是 802.11 终端的可选电源管理模式。配置为节电模式时，客户端将在一段时间内关闭部分收发器组件以减少耗电。在此期间，无线接口大致处于短时间休眠状态。客户端通过将电源管理位设置为 1 来通知接入点启用节电模式，接入点将所有传输给客户端的 802.11 帧储存在缓冲区中。

1. 流量指示图

加入基本服务集的客户端将电源管理位设置为 1，以此通知接入点启用节电模式。换言之，当接入点收到电源管理位设置为 1 的帧时，就能获知客户端处于节电模式。如果接入点随后收到传输给客户端的数据，将把数据存储在缓冲区中。每当客户端关联到接入点时，都会收到关联标识符(AID)，接入点通过 AID 来跟踪与自己建立关联且加入基本服务集的客户端。如果接入点将传输给节电模式客户端的数据缓存起来，那么在下一次发送信标帧时，信标帧的流量指示图(TIM)字段就会包括客户端的 AID。TIM 字段列出了所有需要接收数据的客户端，这些数据存储在接入点的缓冲区中。每个信标帧都会携带客户端的 AID，直到缓冲数据传输完毕。

客户端通知接入点启用节电模式后，将关闭部分收发器以减少耗电。客户端包括唤醒和休眠两种状态。

- 唤醒状态(awake state)：客户端可以收发帧。
- 休眠状态(doze state)：客户端无法收发帧，并以极低的功率状态运行以节省电量。

信标帧根据一致的预定时间传输，这段时间称为目标信标传输时间(TBTT)，因此所有客户端都知道信标帧何时发送。客户端将在短时间内继续保持休眠状态，并及时切换到唤醒状态以侦听信标帧。客户端不必在每一个信标帧发送时都保持唤醒状态。为进一步减少耗电，客户端可以休眠更长时间，然后及时切换到唤醒状态以侦听即将发送的信标帧。客户端唤醒的频率取决于侦听间隔(listen interval)，后者通常是供应商专有的指标。

如图 9.30 所示，客户端收到信标帧时，将查看自己的 AID 是否出现在 TIM 字段中，该字段标识了等待发送的缓冲单播帧。如果 TIM 字段包括自己的 AID，客户端将保持唤醒状态并向接入点发送节电轮询帧。在节电轮询帧中，持续时间/ID 字段用作 AID 值。换言之，客户端向接入点标识自己并请求缓冲单播帧。接入点收到节电轮询帧后，将向客户端发送缓冲单播帧。在接入点传输缓冲单播帧期间，客户端将保持唤醒状态。接入点向客户端发送数据时，客户端需要知道所有缓冲单播帧何时能传输完毕，以便能重新进入休眠状态。每个单播帧都包含长度为 1 比特的更多数据(More Data)字段。如果缓冲单播帧的更多数据字段设置为 1，则客户端不能返回休眠状态，因为还有其他缓冲数据尚待接收。当更多数据字段设置为 1 时，客户端需要发送另一个节电轮询帧，并等待接收下一个缓冲单播帧。

所有缓冲单播帧发送完毕后，最后一个缓冲帧的更多数据字段将设置为 0，表示当前没有更多缓冲数据需要接收，客户端将重新进入休眠状态。接入点将客户端的 AID 值设置为 0，并在下一个 TBTT 到来时发送信标帧。客户端将在短时间内保持休眠状态，并及时切换到唤醒状态以侦听信标帧。收到信标帧时，客户端会再次查看 TIM 字段中是否包括自己的 AID。如果没有需要接收的缓冲单播帧，客户端的 AID 不会出现在 TIM 字段中，客户端可以返回休眠状态，直到再次唤醒并查看信标帧。

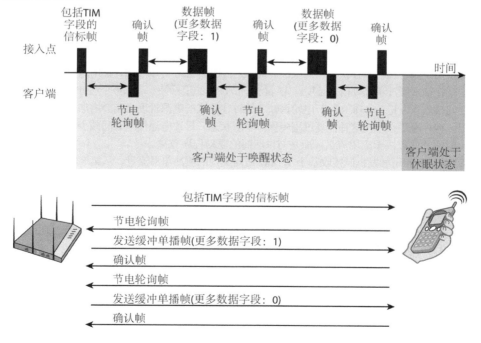

图 9.30　遗留的电源管理机制

2. 发送流量指示图

网络流量不仅包括单播流量,也包括多播和广播流量。由于多播和广播流量向全体终端发送,基本服务集需要设法保证所有终端均处于唤醒状态以便接收。在多播或广播流量传输期间,发送流量指示图(DTIM)用于确保所有使用电源管理的终端保持唤醒状态。DTIM 是一种特殊类型的 TIM,每个信标帧都携带 TIM 或 DTIM 信息。

接入点通过 DTIM 间隔来设置 DTIM 信标帧的发送频率。DTIM 间隔为 3 表示每 3 个信标帧中有一个 DTIM 信标帧,而 DTIM 间隔为 1 表示每个信标帧都是 DTIM 信标帧。所有信标帧都携带 DTIM 信息,用于通知客户端下一个 DTIM 的发送时间。DTIM 值为 0 表示当前的 TIM 为 DTIM。所有客户端将及时切换到唤醒状态,以便接收携带 DTIM 的信标帧。如果接入点需要发送多播或广播流量,将首先传输携带 DTIM 的信标帧,然后立即发送多播或广播数据。

多播或广播数据发送完毕后,如果客户端的 AID 出现在 DTIM 中,客户端将保持唤醒状态并发送节电轮询帧,然后继续从接入点检索需要自己接收的缓冲单播流量。如果客户端的 AID 不在 DTIM 中或其 AID 设置为 0,客户端可以重新进入休眠状态。

DTIM 间隔对于所有使用多播的应用都很重要。例如,不少 VoWiFi 供应商支持向多播地址发送 VoIP 流量的即按即通(PTT)功能,而 DTIM 间隔配置错误会导致即按即通多播的性能出现问题。

9.12.2 WMM 节电与非调度自动节电传输

802.11e 修正案(现已纳入 IEEE 802.11-2016 标准)主要致力于定义服务质量,但也定义了经过改进的电源管理机制,这就是自动节电传输(APSD)。802.11e 修正案定义的两种 APSD 称为调度自动节电传输(S-APSD)和非调度自动节电传输(U-APSD)。受篇幅所限,本书不准备讨论 S-APSD。Wi-Fi 联盟开发的 WMM 节电(WMM-PS)认证项目以 U-APSD 为基础,针对遗留节电机制做了改进。WMM-PS 旨在延长客户设备的休眠时间以减少耗电,并致力于在电源管理过程中最大限度减少时敏应用(如语音)的延迟。

遗留的电源管理机制存在一些局限性。观察之前的图 9.30 可以看出,使用遗留电源管理机制的客户端在请求缓冲单播帧前,必须首先等待携带 TIM 的信标帧。请求每个缓冲单播帧时,客户端都要向接入点发送一个唯一的节电轮询帧。这种往复式的电源管理机制会增加语音等时敏应用的延迟。客户端还必须在这种往复过程中保持唤醒状态,导致电池使用时间减少。此外,客户端的休眠时间并非取决于应用流量,而是与供应商的驱动程序有关。

WMM-PS 利用触发机制接收基于 WMM 访问类别的缓冲单播流量。从第 8 章的讨论可知,以太网端的 802.1D 优先级标记用于将流量定向到语音、视频、尽力而为、背景这 4 种不同的 WMM 访问类别优先级队列。如图 9.31 所示,客户端发送一个与 WMM 访问类别相关的触发帧(trigger frame),通知接入点目前处于唤醒状态,准备下载指定访问类别的所有缓冲数据。802.11 数据帧也可充当触发帧,从而不必再使用单独的节电轮询帧。接入点随后向客户端发送确认帧,并在发送机会(TXOP)期间传输包含缓冲应用流量的帧突发。

这种经过改进的电源管理机制具有以下优点:

- 应用可以通过设置休眠期并发送触发帧来控制节电行为。VoWiFi 电话显然会在语音通话期间频繁向接入点发送触发帧,而运行数据应用的膝上型计算机无线接口将有更长的休眠期。
- 触发帧和交付方法可以取代节电轮询帧。
- 客户端可以请求下载缓冲数据,不必再等待信标帧。

- 在 TXOP 期间，接入点可以在更快的帧突发中传输所有下行应用流量。

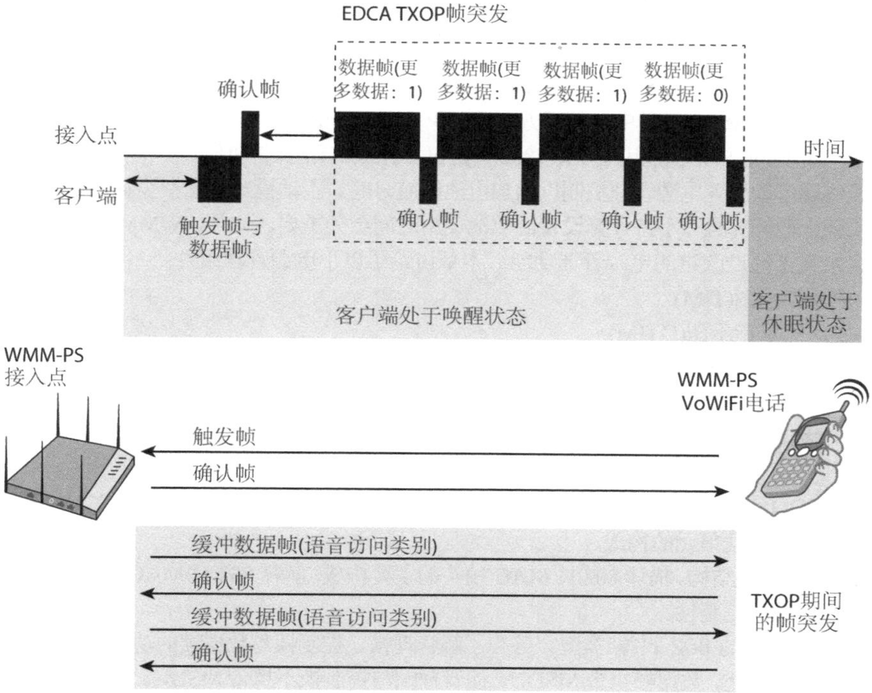

图 9.31 WMM-PS

为使用改进的 WMM-PS 机制，802.11 终端需要满足以下两个条件：

- 客户端必须取得 WMM-PS 认证
- 接入点必须取得 WMM-PS 认证

请注意，不支持 WMM-PS 的应用仍然可以与启用 WMM-PS 的应用共存。其他应用的数据将采用遗留的节电机制传输。

9.12.3 MIMO 电源管理机制

2009 年获批的 802.11n 修正案为多输入多输出(MIMO)无线接口定义了两种电源管理机制。第一种机制称为空间复用节电(SMPS)，启用 SMPS 的 802.11n/ac MIMO 设备仅保留一条射频链，关闭其他射频链。第 10 章将深入探讨 MIMO 电源管理机制。第 19 章将介绍其他尚在讨论的电源管理机制，这些机制有助于增加物联网设备的电池续航时间。

9.13 小结

本章探讨了 MAC 体系结构的如下重要内容：

- 802.11 帧格式
- 主要的 802.11 帧类型
- 802.11 帧子类型

- 802.11 状态机
- 保护机制
- 电源管理

务请理解 3 种主要 802.11 帧类型的构成以及每种 802.11 帧的作用,并掌握它们在扫描、身份验证、关联与其他 MAC 过程中的使用方式。ERP 保护机制旨在确保混合模式网络能正常运行,RTS/CTS 和 CTS-to-Self 都能用于 ERP(802.11g)和 HT(802.11n)保护机制。

无线终端可以配置电源管理机制以增加电池续航时间。主动模式无法减少耗电,而节电模式对于延长膝上型计算机和手持计算设备的电池使用时间至关重要。此外,WMM 认证和 802.11n 修正案也定义了经过改进的电源管理功能。本章讨论了以下电源管理组件:

- 流量指示图(TIM)
- 发送流量指示图(DTIM)
- WMM 节电(WMM-PS)

9.14　考试要点

解释 PPDU、PSDU、MPDU、MSDU 之间的区别。理解这些数据单元定义在 OSI 模型的哪一层,掌握每种数据单元的构成。

理解 802.11 帧结构。描述 802.11 MAC 帧头的主要构成,解释 802.11 MAC 寻址,理解 802.11 帧尾用于确保数据完整性。

了解 3 种主要的 802.11 帧类型。务必了解管理帧、控制帧与数据帧的功能,以及这三种主要帧类型的不同之处。数据帧携带 MSDU,而管理帧与控制帧不携带 MSDU。掌握本章介绍的每种帧子类型的用途。

了解介质访问控制(MAC)过程以及这一过程中使用的所有帧。掌握主动扫描和被动扫描的过程,以及信标帧、探询请求帧、探询响应帧、身份验证帧、关联帧、重关联帧、取消关联帧、解除身份验证帧的作用。

了解确认帧是验证单播帧成功接收且没有损坏的重要手段。理解单播帧传输后存在短帧间间隔(SIFS),接收端随后将回复确认帧。如果这个过程顺利完成,则意味着单播帧传输成功且没有损坏。理解块确认帧用于帧突发和 A-MPDU 帧聚合。

理解 ERP 保护机制的重要性及其工作方式。保护模式旨在使 2.4 GHz 802.11n HT、802.11g ERP、802.11b HR-DSSS 以及遗留的 802.11 DSSS 能共存于同一个基本服务集。RTS/CTS 或 CTS-to-Self 都能用于保护模式。CTS-to-Self 是严格意义上的保护机制,管理员也可以手动配置 RTS/CTS 以发现或阻止隐藏节点问题。

理解电源管理涉及的所有技术。电源管理机制有助于减少耗电并延长电池使用时间。理解缓冲单播流量与缓冲广播和多播流量的接收方式有何不同。掌握经过改进的 WMM-PS 电源管理机制。

9.15　复习题

1. 以下哪种 802.11 帧携带 MSDU 净荷,且最终可能由集成服务转换为 802.3 以太网帧?

A. 802.11 管理帧　　　　　　　　　**B.** 802.11 控制帧

C. 802.11 数据帧　　　　　　　　　**D.** 802.11 行动帧

E. 802.11 关联帧

2. 以下哪种数据单元仅包含 LLC 子层数据和 IP 包，但不携带任何二层 802.11 数据？

A. MPDU   **B.** PPDU

C. PSDU   **D.** MSDU

E. MMPDU

3. 观察图 9.32 所示的 802.11 帧截图，判断这是哪种类型的网络通信？

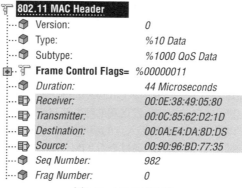

图 9.32　802.11 帧截图

A. 接入点到客户端   **B.** 客户端到服务器

C. 客户端到接入点   **D.** 服务器到客户端

E. 接入点到接入点

4. 在 ERP 基本服务集中，当出现哪种类型的传输时会触发保护机制？(选择所有正确的答案。)

A. HR-DSSS 客户端的关联   **B.** ERP-OFDM 客户端的关联

C. HR-DSSS 信标帧   **D.** NonERP_Present 位设置为 1 的 ERP 信标帧

E. FHSS 客户端的关联

5. 探询响应帧包括哪些信息？(选择所有正确的答案。)

A. 信道信息   **B.** 支持速率

C. 基本速率   **D.** SSID

E. 流量指示图

6. 关于信标帧的哪些说法正确？(选择所有正确的答案。)

A. 可以禁用信标帧以防止入侵者发现网络。

B. 客户端使用时间戳信息来同步自己的时钟。

C. BSS 中的客户端将轮流发送信标帧。

D. 信标帧可以携带供应商专有的信息。

7. 关于 802.11 MAC 帧头的 4 个 MAC 地址字段，以下哪些说法正确？(选择所有正确的答案。)

A. 地址 2 字段始终是发射机地址。

B. 地址 3 字段始终是发射机地址。

C. 地址 1 字段始终是基本服务集标识符。

D. 地址 1 字段始终是接收机地址。

E. 地址 3 字段始终是基本服务集标识符。

F. 地址 2 字段始终是接收机地址。

8. 当终端发送 RTS 帧时，持续时间/ID 字段通知其他终端必须将 NAV 计时器设置为以下哪个值？

    A. 213 微秒 　　　　　　　　　　　**B.** 传输数据帧和确认帧所需的时间

    C. 传输 CTS 帧所需的时间 　　　　　**D.** 传输 CTS 帧、数据帧、确认帧所需的时间

9. 客户端如何标识正在使用节电模式？

    A. 客户端向接入点发送休眠字段设置为 1 的帧。

    B. 客户端向接入点发送电源管理字段设置为 1 的帧。

    C. 接入点通过 DTIM 确定客户端何时使用节电模式。

    D. 客户端无须进行任何操作，因为节电模式将默认启用。

10. 以下哪些因素会导致 802.11 终端重传单帧？(选择所有正确的答案。)

    A. 所传输的单播帧损坏。　　　　　　**B.** 接收机回复的确认帧损坏。

    C. 接收端的缓冲区已满。　　　　　　**D.** 发送端的缓冲区已满。

11. 配置为节电模式的客户端如何获知接入点的缓冲区有等待接收的单播帧？

    A. 通过查看节电轮询帧 　　　　　　**B.** 通过查看 TIM 字段

    C. 当客户端收到 ATIM 时 　　　　　**D.** 当电源管理位设置为 1 时

    E. 通过查看 DTIM 间隔

12. 根据 IEEE 802.11-2016 标准的规定，使用 5 GHz 频段传输数据的 802.11ac 接入点何时需要响应邻近客户端发送的探询请求帧？(选择所有正确的答案。)

    A. 当探询请求帧包含空的 SSID 值时。

    B. 当发送探询请求帧的客户端是 802.11ac 客户端时。

    C. 当探询请求帧经过加密时。

    D. 当探询请求帧的电源管理位设置为 1 时。

    E. 当探询请求帧包含正确的 SSID 值时。

13. 关于扫描的哪些说法正确？(选择所有正确的答案。)

    A. 扫描分为被动扫描和主动扫描。

    B. 客户端必须发送探询请求帧以获取本地接入点的相关信息。

    C. 出于安全方面的考虑，802.11 标准允许接入点忽略探询请求帧。

    D. 与接入点建立关联后，客户端持续发送探询请求帧的情况很常见。

14. 假定 802.11 MAC 帧头共有 4 个 MAC 地址,那么 802.3 帧头不包括哪类地址？(选择所有正确的答案。)

    A. SA 　　　　　　　　　　　　　　**B.** BSSID

    C. DA 　　　　　　　　　　　　　　**D.** RA

    E. TA

15. 客户端首次启动时，客户端和接入点按哪种顺序生成帧？

    A. 探询请求帧/探询响应帧、关联请求帧/关联响应帧、身份验证请求帧/身份验证响应帧

    B. 探询请求帧/探询响应帧、身份验证请求帧/身份验证响应帧、关联请求帧/关联响应帧

    C. 关联请求帧/关联响应帧、身份验证请求帧/身份验证响应帧、探询请求帧/探询响应帧

    D. 身份验证请求帧/身份验证响应帧、关联请求帧/关联响应帧、探询请求帧/探询响应帧

16. 无线局域网用户最近抱怨 ACME 公司的 VoWiFi 电话音频质量不佳，即按即通功能存在问题。发生这种情况的原因是什么？

A. TIM 配置错误　　　　　　　　**B.** DTIM 配置错误

C. ATIM 配置错误　　　　　　　　**D.** BTIM 配置错误

17. 无线局域网技术服务热线接到电话,称所有遗留的 802.11b 无线条码扫描仪突然无法连接到任何 802.11n 接入点,但所有 802.11g/n 客户端仍然可以连接。发生这种情况的可能原因是什么？(选择所有正确的答案。)

A. 无线局域网管理员禁用 1、2、5.5、11 Mbps 数据速率。

B. 无线局域网管理员禁用 6 Mbps 和 9 Mbps 数据速率。

C. 无线局域网管理员启用 6 Mbps 和 9 Mbps 数据速率作为基本速率。

D. 无线局域网管理员配置所有接入点使用信道 6。

18. 哪些 802.11 数据帧携带 MSDU 净荷？(选择所有正确的答案。)

A. 非 QoS 数据帧　　　　　　　　**B.** QoS 数据帧

C. 空帧　　　　　　　　　　　　　**D.** QoS 空帧

19. 802.11 行动帧有哪些用途？(选择所有正确的答案。)

A. 充当探询请求帧。　　　　　　　**B.** 充当邻居报告请求。

C. 充当探询响应帧。　　　　　　　**D.** 充当信道切换公告。

E. 充当信标帧。

20. 从图 9.33 所示的帧截图中可以得出哪些结论？(选择所有正确的答案。)

```
□·802.11
    □·Frame Control: 0x0A08 (2568)
        ··· Protocol version: 0
        ··· To DS: 0
        ··· From DS: 1
        ··· More Fragments : 0
        ··· Retry: 1
        ··· Power Management: 0
        ··· More Data: 0
        ··· Protected Frame: 0
        ··· Order: 0
        ··· Type: 2 - Data
        ··· Subtype: 0 - Data
    ···Duration: 0x002C (44)
    ···Destination Address: 00:20:A6:4F:A9:BE
    ···BSS ID: 00:0C:6E:5A:47:D5
    ···Source Address: 00:04:5A:64:87:2A
    ···Fragment Number: 0x0000 (0)
    ···Sequence Number: 0x001D (29)
```

图 9.33　帧截图

A. 这是一个单播帧。　　　　　　　**B.** 这是一个多播帧。

C. 这是一个广播帧。　　　　　　　**D.** 这是网状点接入点与网状门户接入点之间的传输。

E. 这个帧经过加密。　　　　　　　**F.** 上一次发送相同的帧时,接收端的帧校验序列(FCS)失败。

第 **10** 章

MIMO 技术：高吞吐量
与甚高吞吐量

本章涵盖以下内容：

✓ 多输入多输出
  - 射频链
  - 空间复用
  - MIMO 分集
  - 空时分组编码
  - 循环移位分集
  - 发射波束成形
  - 802.11ac 显式波束成形
✓ 多用户-多输入多输出
  - 多用户波束成形
✓ 信道
  - 20 MHz 信道
  - 40 MHz 信道
  - 40 MHz 不兼容
  - 80 MHz 与 160 MHz 信道
✓ 保护间隔
✓ 256-QAM
✓ 802.11n/ac PPDU
  - 非 HT PPDU
  - HT 混合 PPDU
  - VHT PPDU
✓ 802.11n/ac MAC 体系结构
  - 聚合 MAC 服务数据单元
  - 聚合 MAC 协议数据单元
  - 块确认
  - 电源管理机制
  - 调制编码方案
  - 802.11ac 数据速率

✓ HT/VHT 保护机制
  ■ HT 保护模式(0～3)
✓ Wi-Fi 联盟认证项目

本章将讨论两种基于 MIMO 的 802.11 技术，它们是由 802.11n 修正案首先定义的高吞吐量(HT)技术以及由 802.11ac 修正案首先定义的甚高吞吐量(VHT)技术。这两种技术致力于改进物理层和 MAC 子层，以提高数据速率。

制定 802.11n 修正案的主要目的是提高 2.4 GHz 和 5 GHz 频段的数据速率和吞吐量。802.11n 修正案定义了称为高吞吐量的操作模式，采用经过改进的物理层和 MAC 子层，传输速率高达 600 Mbps。802.11ac 修正案定义了甚高吞吐量，这种新的操作模式仅适用于 5 GHz U-NII 频段，采用经过改进的物理层和 MAC 子层，传输速率高达 6933 Mbps。

802.11n 修正案引入了全新的物理层机制，这种称为多输入多输出(MIMO)的技术需要使用多个无线接口和多副天线。从之前的讨论可知，多径是一种射频行为，会降低遗留的 802.11a/b/g 网络的性能。而 802.11n 和 802.11ac 无线接口采用 MIMO 技术，能利用多径提高吞吐量并扩大传输范围。

除 MIMO 技术外，HT 和 VHT 机制还通过其他方式提高吞吐量。本章将介绍如何利用更宽的信道来增加频率带宽。帧聚合(frame aggregation)属于 MAC 子层增强技术，它同样有助于提高吞吐量。802.11e 修正案定义了改进的电源管理机制，802.11n 修正案还引入了新的电源管理技术。

802.11ac 修正案扩展并在一定程度上简化了 802.11n 修正案的许多技术，还定义了称为多用户-多输入多输出(MU-MIMO)的新技术。尽管 MU-MIMO 因其性能指标而备受追捧，但支持 MU-MIMO 的客户目前寥寥无几，无线局域网从这项技术中获益不多。因此，802.11ac 技术在很大程度上属于 802.11n 技术的增强或延伸，802.ac 扩展了 802.11n 的功能，提供速度更快的 Wi-Fi 传输。表 10.1 比较并总结了这两项修正案。

表 10.1　802.11n 与 802.11ac 修正案的比较

技术	802.11n HT	802.11ac VHT
频段	2.4 GHz、5 GHz	仅 5 GHz
调制方法	BPSK、QPSK、16-QAM、64-QAM	BPSK、QPSK、16-QAM、64-QAM、256-QAM
信道宽度	20 MHz、40 MHz	20 MHz、40 MHz、80 MHz、160 MHz
空间流数量	最多 4 路	接入点：最多 8 路 客户端：最多 4 路
短保护间隔支持	支持	支持
波束成形	包括显式波束成形和隐式波束成形在内的多种类型，通常不实施	使用空数据包(NDP)的显式波束成形
调制编码方案数量	77 种	10 种
A-MSDU 和 A-MPDU 支持	支持	支持，所有帧作为 A-MPDU 传输
MIMO 支持	单用户 MIMO(SU-MIMO)	单用户 MIMO(SU-MIMO)、多用户 MIMO(MU-MIMO)
最大同时用户传输数量	1 路	4 路
最高数据速率	600 Mbps	6933 Mbps

本章最后将介绍 HT 和 VHT 网络的各种操作模式，并讨论 HT/VHT 无线接口与采用遗留技术的无线接口如何在同一无线局域网环境中共存。部署 HT 和 VHT 网络时使用的技术相当复杂，专门探讨这些技术的书籍也难以涵盖全部内容。不过我们将介绍 HT 和 VHT 网络的要点，以及准

备 CWNA 考试时需要掌握的各个知识点。

10.1 多输入多输出

多输入多输出(MIMO)技术是 802.11n 和 802.11ac 修正案中物理层增强机制的核心所在。MIMO 系统需要使用多个无线接口和多副天线,它们称为射频链(radio chain),本章稍后将进行讨论。MIMO 无线接口同时传输多个无线电信号以利用多径。

在传统的无线局域网环境中,多径问题长期存在。这种传播现象使同一个信号沿两条或多条路径传输,同时或相隔极短时间到达接收天线。波的自然展宽会产生反射、散射、衍射、折射等传播行为。信号可能被物体反射、散射、衍射或折射,这些传播行为都会导致同一个信号沿多条路径传输。从第 3 章 "射频基础知识" 的讨论可知,多径会造成振幅减小、数据损坏等不利影响;而对于 MIMO 系统来说,多径并非洪水猛兽,MIMO 系统可以利用多径提高系统性能。

在典型的室内环境中,MIMO 无线接口发送的多个射频信号将沿多条路径到达 MIMO 接收机。如图 10.1 所示,3 个原始信号的多个副本由多副天线接收,MIMO 接收机随后利用先进的数字信号处理技术挑选出原始发送信号。实际上,高多径环境有助于 MIMO 接收机区分多个射频信号携带的不同数据流:如果 MIMO 发射机发送的多个信号同时到达接收机,这些信号将彼此抵消,使得 MIMO 系统与非 MIMO 系统的性能并无太大区别。

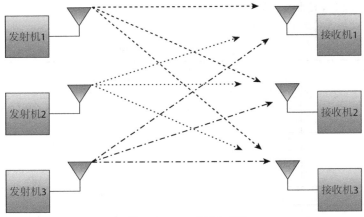

图 10.1　MIMO 操作与多径

采用空间复用技术发送多路数据流不仅能提高吞吐量,也能使多径发挥建设性作用。MIMO 系统还可以利用多副天线实现更好的发射分集和接收分集,从而扩大传输范围并提高可靠性。发射分集和接收分集技术数量众多。空时分组编码(STBC)和循环移位分集(CSD)属于发射分集技术,二者使用多副天线发送相同的数据。仅有 MIMO 设备之间可以进行 STBC 通信,而 802.11n 或遗留设备都能接收 CSD 信号。发射波束成形(TxBF)技术通过多副天线传输同一个信号,天线的作用类似于相控阵。最大比合并(MRC)是一种接收分集技术,通过合并多个接收信号来提高灵敏度。接下来,我们将深入探讨空间复用和分集技术。

10.1.1　射频链

遗留的 802.11 无线接口采用单输入单输出(SISO)系统发送并接收射频信号,SISO 系统仅使用一条射频链。射频链定义为单个无线接口以及所有配套的体系结构(混频器、放大器、模数转换器等)。

MIMO 系统由多条射频链构成，每条射频链都有自己的天线。可以通过多条射频链使用的发射机和接收机的数量来表征 MIMO 系统。例如，2×3 MIMO 系统由 3 条射频链构成，包括 2 台发射机和 3 台接收机；3×3 MIMO 系统由 3 条射频链构成，包括 3 台发射机和 3 台接收机。在 MIMO 系统中，第一个数字始终表示发射机(Tx)，第二个数字表示接收机(Rx)。

图 10.2 展示了 2×3 MIMO 与 3×3 MIMO 系统。请注意,这两种系统都使用 3 条射频链,但 3×3 MIMO 系统包括 3 台发射机，而 2×2 MIMO 系统只有 2 台发射机。

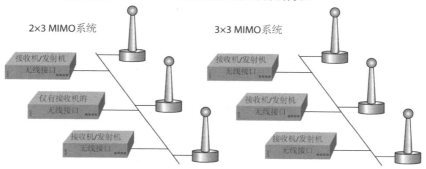

图 10.2　2×3 MIMO 与 3×3 MIMO 系统

在 MIMO 系统中，多台发射机通过空间复用发送更多的数据，多台接收机采用先进的 MIMO 天线分集技术以提高信噪比。稍后将详细介绍这些技术的优点。802.11n 标准支持最多 4 条射频链的 4×4 MIMO 系统。每条射频链都会耗电，4×4 MIMO 系统的耗电量比 2×2 MIMO 系统大得多。802.11n 无线接口最多支持 4 条射频链，而 802.11ac 接入点无线接口最多支持 8 条射频链。

10.1.2　空间复用

如前所述，MIMO 无线接口可以传输多个信号。此外，MIMO 无线接口还能发送独立的唯一数据流。每路独立的数据流称为空间流(spatial stream)，不同射频链发送的空间流包含不同的数据。由于多副发射天线之间至少相隔半个波长，每路数据流的传输路径也有所不同。发射天线之间的距离将导致多路数据流沿不同的路径到达接收机，这就是所谓的空间分集。利用空间分集发送多路独立的数据流通常又称空间复用(SM)或空间分集复用(SDM)。

发送多路唯一数据流的优点在于能显著提高吞吐量。如果 MIMO 接入点向 MIMO 客户端发送 2 路唯一的数据流，且 MIMO 客户端成功接收这两路数据流，则吞吐量将达到原来的 2 倍；如果 MIMO 接入点向 MIMO 客户端发送 3 路唯一的数据流，且 MIMO 客户端成功接收全部 3 路数据流，则吞吐量将达到原来的 3 倍。

不要将独立的唯一数据流与发射机的数量混为一谈。实际上，在讨论 MIMO 无线接口时，务必指明 MIMO 无线接口可以收发多少路唯一的数据流。大多数无线局域网供应商使用 3 位数字来描述 MIMO 无线接口的功能。在 MIMO 系统中，第一个数字始终表示发射机(Tx)，第二个数字表示接收机(Rx)，第三个数字表示可以收发多少路唯一的数据流。

例如，3×3:2 MIMO 系统使用 3 台发射机与 3 台接收机，但仅传输 2 路唯一的数据流；而 3×3:3 MIMO 系统使用 3 台发射机与 3 台接收机，可以传输 3 路唯一的数据流。

如图 10.3 所示，3×3:3 MIMO 接入点向 3×3:3 MIMO 客户端发送 3 路独立的唯一数据流。

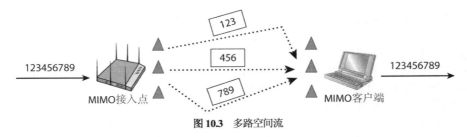

图 10.3　多路空间流

请注意,并非所有 802.11n 或 802.11ac 无线接口都具有相同的 MIMO 功能。许多早期的 802.11n 接入点属于 3×3:2 而非 3×3:3 MIMO 无线接口,许多无线局域网供应商也推出了价格更低、配有 2×2:2 MIMO 无线接口的 802.11n/ac 接入点。客户设备的情况比较复杂。很多膝上型计算机配有 3×3:2 或 3×3:3 MIMO 无线接口,而部分手持设备仍然只能使用遗留 802.11a/b/g 技术提供的 SISO 功能。另外,某些较早的智能手机和平板电脑部署了 1×1:1 802.11n 无线接口,实际上可以充当具有部分 802.11n 功能的 SISO 无线接口。1×1:1 无线接口无法充分利用多路空间流的优点,但仍然可以使用 802.11n 技术定义的其他物理层和 MAC 子层增强机制。

如果射频条件良好,3×3:3 MIMO 接入点与 3×3:3 MIMO 客户设备通信时可以使用 3 路空间流传输单播流量;但是,3×3:3 MIMO 接入点与 2×2:2 MIMO 客户设备通信时只能使用 2 路空间流传输单播流量。加入基本服务集(BSS)时,客户端无线接口会向接入点通告自己的 MIMO 功能。

802.11n 修正案支持使用 4×4:4 MIMO 系统,但企业 802.11n 接入点传统上以 2×2:2 或 3×3:3 MIMO 系统为主。目前,大多数企业无线局域网供应商都提供支持双频操作的接入点。在这些双频接入点中,4×4:4 802.11ac 无线接口用于 5 GHz 通信,而 4×4:4 802.11n 无线接口用于 2.4 GHz 通信。802.11n/ac 客户设备的 MIMO 功能种类繁多。膝上型计算机通常配有 2×2:2 或 3×3:3 MIMO 无线接口,而智能手机和平板电脑等大多数移动设备目前使用 2×2:2 MIMO 无线接口。如前所述,许多早期的 802.11n 平板电脑和智能手机使用 1×1:1 MIMO 无线接口。射频链过多会显著增加耗电量,因此移动设备一般仅使用 1×1:1 或 2×2:2 MIMO 无线接口。过去,绝大多数移动设备仅支持 2.4 GHz 通信;如今,大多数智能手机和平板电脑供应商都提供双频无线接口,可以通过 2.4 GHz 和 5 GHz 频段传输数据。

根据 802.11n 修正案的定义,发送多路空间流时,既可以采用相同(平等)的调制方法,也可以采用不同(不平等)的调制方法。例如,3×3:3 MIMO 无线接口可以采用相同的 64-QAM 技术发送全部 3 路数据流;或在本底噪声较高时采用 64-QAM 技术发送 2 路数据流,而采用 QPSK 技术发送第 3 路数据流。相较于使用不平等调制(UEQM)的 3×3:3 MIMO 系统,使用平等调制(EQM)的 3×3:3 MIMO 系统能获得更高的吞吐量。虽然不平等调制在理论与技术上可行,但无线局域网供应商从未在 802.11n 无线接口中应用不平等调制,因此 802.11ac 修正案取消了对这种调制方法的支持。

10.1.3　MIMO 分集

如果用手将一只耳朵捂住,能否听得更清楚呢?答案是否定的,因为两只耳朵显然比一只耳朵听得更清楚。假如人类有 3 只甚至 4 只耳朵,就能听得更远、更清楚。与之类似,MIMO 系统采用先进的天线分集技术,通过多副天线(多只"耳朵")来提高通信质量。

人们往往混淆天线分集和 MIMO 系统使用的空间复用。无论接收天线分集还是发射天线分集,都是通过多副天线来克服多径的不利影响。如前所述,MIMO 系统通过空间复用以增加数据容量，而空间复用实际上利用了多径。简单的天线分集旨在补偿而非利用多径。多径会导致同一个信号产生多个副本，这些副本以不同的振幅到达接收机。

从第 5 章"射频信号与天线概念"的讨论可知，传统的天线分集由配有两副天线的无线接口构成。大多数 SISO 无线接口采用交换分集。接收射频信号时，交换分集系统使用多副天线进行侦听。同一个信号的多个副本以不同的振幅到达接收天线，交换分集选择振幅最大的信号，忽略其他信号。发送信号时也可以使用交换分集，但此时只使用一副天线。发射机选择上一次侦听到最强信号的那副天线，并使用它发送当前信号。

发射机与接收机之间的距离增加时，接收信号的振幅将越来越接近本底噪声。信噪比降低会增加数据损坏的概率，而使用两副天线进行侦听有助于提高接收成功率，因为至少能侦听到一路完好的信号。那么，如果交换分集通过 3 副或 4 副天线来侦听最佳接收信号，则更有可能侦听到质高、无损的信号。使用 3 副或 4 副天线的交换分集系统至少能侦听到一路未损坏的信号，传输范围因而扩大。

采用接收分集时，还可以通过称为最大比合并(MRC)的信号处理技术来线性合并信号。MRC 算法分析每个唯一的信号，采用建设性而非破坏性的最优方式将信号组合在一起。使用 MRC 技术的 MIMO 系统能有效提高接收信号的信噪比。如图 10.4 所示，当非 MIMO 无线接口向 MIMO 无线接口发送数据且出现多径效应时，MRC 技术将大有用武之地。MRC 算法主要针对信噪比最高的信号，也可用于合并嘈杂信号中的信息。由于原始数据以更好的方式重构，最终降低了数据损坏的概率。

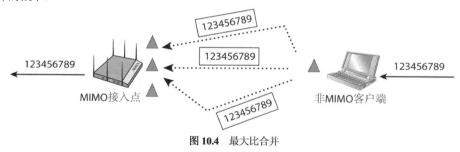

图 10.4　最大比合并

MRC 利用接收合并函数评估所有输入信号的相位和信噪比。每个接收信号经过相移以便合并；输入信号的振幅同样经过修正，使其聚焦于信噪比最高的信号。

10.1.4　空时分组编码

空时分组编码(STBC)利用两副或多副天线发送相同的信息，但天线的数量必须为偶数。STBC 是一种发射分集技术，当射频链的数量超过空间流的数量时，可以考虑采用 STBC。使用多副天线发送相同信息的多个副本时，传输数据的实际速率并不会随着发射天线的增加而提高。然而，STBC 确实能提高接收机检测低信噪比信号的能力，从而提高无线电系统的接收灵敏度。STBC 和 CSD 属于发射分集技术，二者使用多副天线发送相同的数据。仅有 MIMO 设备之间可以进行 STBC 通信，而 MIMO 或 SISO 设备都能接收 CSD 信号。

10.1.5　循环移位分集

循环移位分集(CSD)是 802.11n 和 802.11ac 修正案定义的另一种发射分集技术。与 STBC 不同，遗留的 802.11a/g 设备可以接收使用 CSD 的发射机发送的信号。在 802.11n 设备和 802.11a/g 设备共存的混合模式部署中，需要设法利用多副发射天线传输遗留的 OFDM 前同步码(preamble)中的符号。发射机使用 CSD，并对每一个发送信号应用循环延迟，计算延迟的目的在于最大限度减少多个信号之间的相关性。传统的遗留系统将多个接收信号视为沿多条路径传输的同一个信号。循环延迟不会超过保护间隔的范围，以免引起过多的符号间干扰。对 MIMO 系统而言，完全可以利用多个信号来提高前同步码的总体信噪比。CWNA 考试不会考查 CSD 的具体内容。关于 CSD 的讨论相对较少，但它是 802.11n/ac 修正案定义的一项出色特性，设备供应商的无线接口设计师应切实掌握这项发射分集技术。

10.1.6　发射波束成形

802.11n 修正案还定义了发射波束成形(TxBF)，这项可选的物理层技术是一种相位调整机制，适用于发射天线数量超过空间流数量的情况。

发射波束成形允许使用多副天线的 MIMO 发射机以协调一致的方式调整发送信号的相位和振幅。同一个信号的多个副本到达接收机时，信号之间往往存在相位差。如果 MIMO 发射机了解接收机所在位置的射频特性，就能调整多个发送信号的相位，确保它们在到达接收机时处于同相状态，从而引导多径发挥建设性作用，避免信号异相引起的破坏性多径问题。通过精确控制多副天线发送的信号相位，可以模拟出与定向天线类似的效果。

发射波束成形技术利用多径改善通信质量，能获得更高的信噪比和更好的接收信号振幅，从而使接入点覆盖更大范围内的客户端。由于信噪比提高，系统可以采用更复杂的调制技术来编码更多的数据比特，吞吐量因而提高。信噪比的提高还能减少二层重传。

发射波束成形可以与空间复用一起使用，但空间流数量受到接收天线数量的限制。例如，2×2:2 MIMO 无线接口只能接收两路空间流；向 2×2:2 MIMO 无线接口传输数据时，4×4:4 MIMO 无线接口只发送两路空间流，并通过其他天线来聚焦传输给 2×2:2 MIMO 无线接口的信号。在实际应用中，如果空间复用并非最佳选择，可以考虑使用发射波束成形。如图 10.5 所示，采用发射波束成形技术的发射机不会发送多路唯一的空间流，而是发送多路相同的数据流，并调整每个射频信号的相位。

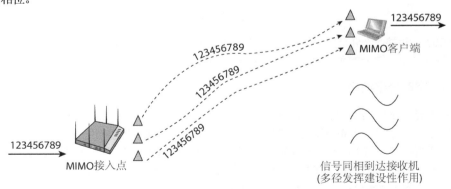

图 10.5　发射波束成形

采用波束成形技术的发射机利用探测帧(sounding frame)，根据接收机的反馈调整信号相位。发射机相当于波束成形器(beamformer)，而接收机相当于波束成形接收器(beamformee)，二者相互发送 MIMO 信道的特征信息。探测帧交换旨在测量射频信道，并进行计算以评估如何更好地将射频能量引导至接收机。这种评估称为导向矩阵(steering matrix)。

发射波束成形技术依赖于发射机和接收机的隐式反馈或显式反馈。包括空功能帧(一种数据帧)在内的任何帧都能充当探测帧。采用隐式反馈时，波束成形器发送探测帧，然后从波束成形接收器接收长训练符号，以此估算二者之间的 MIMO 信道。换言之，波束成形接收器并未直接提供反馈，因此导向矩阵由波束成形器创建。可以对潜艇使用的声呐与隐式反馈进行类比，声呐利用水下传播的声音来探测其他船只。潜艇发出声波，并根据返回声波的特征确定航路上可能存在的船只类型，但其他船只并未直接向潜艇发送反馈信号。

如果两个 HT 无线接口都支持显式反馈，它们彼此间就能交换更多信息。采用显式反馈时，波束成形接收器根据波束成形器发送的训练符号直接估算信道，然后将这些信息连同其他信息反馈给波束成形器。换言之，导向矩阵由波束成形接收器创建。波束成形器随后根据波束成形接收器反馈的信息传输数据。请注意，绝大多数 802.11n 无线接口不支持显式波束成形，但有一家无线局域网供应商在其 802.11n 接入点中采用了部分隐式波束成形功能。802.11ac 修正案仅定义了显式波束成形，供应商已在 802.11ac 接入点中内置了这项技术。10.1.7 节将介绍 802.11ac 修正案定义的显式波束成形。

10.1.7　802.11ac 显式波束成形

本小节将讨论 802.11ac 无线接口使用的显式波束成形以及这种技术在 MU-MIMO 中的用法。为实施波束成形，接入点的多条射频链利用不同的天线发送相同的信息。通过控制这些传输的时间，所有天线发射的电波就能同时到达接收端无线接口且彼此同相，从而使信号强度增加 3 dB 左右，无线接口之间的通信因而能达到更高的数据速率。虽然这种增长可能不足以影响较高的 256-QAM 数据速率(或较低的数据速率)，但将影响中等数据速率范围内的通信。

与 802.11n 修正案类似，802.11ac 修正案将发送端无线接口称为波束成形器，接收端无线接口称为波束成形接收器。波束成形可以逐帧调整，因此在一次传输中，接入点可能充当波束成形器；而在另一次传输中，客户端可能充当波束成形器。接入点可以向客户端发送波束成形传输；如果客户端支持多条射频链，也可以向接入点发送波束成形传输。

802.11n 修正案定义了多种波束成形机制，但 802.11ac 修正案仅支持显式成形，且需要发射机和接收机的支持才能使用波束成形。显式波束成形通过交互式校准过程来确定如何使用多条射频链传输数据，这一过程称为信道探测(channel sounding)。

波束成形器首先传输空数据包(NDP)通告帧，通知预期的波束成形接收器发送波束成形传输，随后发送 NDP 帧。波束成形接收器处理每个 OFDM 副载波并生成反馈信息。反馈包括每对发射天线和接收天线之间的功率和相移等信息，这些信息用于创建反馈矩阵(feedback matrix)。接下来，波束成形接收器压缩反馈矩阵并发送给波束成形器。帧交换过程如图 10.6 所示。波束成形器利用反馈矩阵计算导向矩阵，导向矩阵用于将数据传输引导至波束成形接收器。

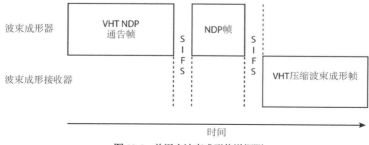

图 10.6　单用户波束成形信道探测

我们虽然介绍了波束成形过程,但实际上讨论的是单用户波束成形。10.2 节将探讨 MU-MIMO,然后进一步解释波束成形(特别是多用户波束成形)。

10.2 多用户-多输入多输出

在 802.11ac 技术出现之前,802.11 接入点每次只能与一台设备进行通信,即接入点传输数据的目标被限制为一台客户设备。而 802.11ac 修正案获批后,使用 MU-MIMO 技术的 802.11ac 接入点可以与最多 4 台设备同时交换数据。但是,并非所有 802.11ac 无线接口都支持 MU-MIMO,部分 802.11ac 无线接口只支持单用户 MIMO 通信。此外,802.11n 无线接口仅支持单用户 MIMO 通信,不支持 MU-MIMO。为区分 802.11n 修正案定义的标准 MIMO 与 802.11ac 修正案定义的 MU-MIMO,我们将前者称为单用户多输入多输出(SU-MIMO)。

802.11n 和 802.11ac 接入点均能传输多路数据流。不过受技术成本和电池电量所限,无线网络中许多最常用的客户设备只能传一路数据流。换言之,当接入点与平板电脑或其他手持设备通信时,这项技术的大部分潜力并未得到充分利用。

MU-MIMO 旨在使空间流物尽其用,这项技术不仅能使用 4 路空间流向一台客户设备发送数据,也能使用一路空间流分别向 4 台客户设备发送数据。请注意,MU-MIMO 仅支持 802.11ac 接入点到 802.11ac 客户端的下行传输。图 10.7 显示了一个能传输 4 路下行空间流的接入点。从中可以看出,接入点使用 2 路空间流向膝上型计算机传输数据,使用第 3 路空间流向平板电脑传输数据,使用第 4 路空间流向支持 802.11ac 的智能手机传输数据。

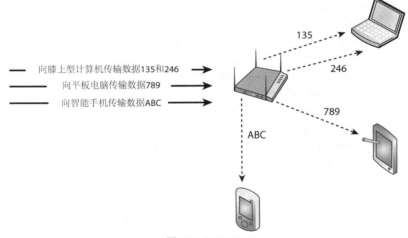

图 10.7　MU-MIMO

在某些情况下,可采用 5 位数字格式来描述 MU-MIMO 无线接口的功能。在 MU-MIMO 系统中,第一个数字始终表示发射机(Tx),第二个数字表示接收机(Rx),第三个数字表示可以收发多少路唯一的单用户数据流,第四个数字表示可以收发多少路多用户数据流,第五个数字表示 MU-MIMO 组或可以同时接收数据传输的 MU-MIMO 客户端数量。例如,配置为 4×4:4:3:3 SU-MIMO 模式的 802.11ac 接入点可以向一个 SU-MIMO 客户端传输最多 4 路空间流;但只能向最多 3 个 MU-MIMO 客户端传输 3 路空间流,每个客户端接收一路空间流。那么,配置为 4×4:4:3:2 MU-MIMO 模式的 802.11ac 接入点呢?这种情况下,仅有两个客户端属于 MU-MIMO 组。由于

MU-MIMO 传输可以使用 3 路空间流，因此接入点向一个客户端发送一路空间流，向属于 MU-MIMO 组的两个客户端发送另外两路空间流。

如果 20 个 MU-MIMO 客户端关联到 802.11ac 接入点，又将如何处理呢？接入点将决定哪些客户端能接收下行 MU-MIMO 传输，以及将哪些客户端分配给 MU-MIMO 组。例如，在第一次下行传输中，3 个客户端可以同时接收空间流；而在下一次下行传输中，另外 3 个客户端可以同时接收空间流。

需要注意的是，802.11ac MU-MIMO 传输仅支持 802.11ac MU-MIMO 接入点到多个 802.11ac MU-MIMO 客户端的下行传输。尽管 802.11ax 修正案草案提出了上行 MU-MIMO 的概念，但目前尚未实现。波束成形技术是 MU-MIMO 的重要组成部分。前面介绍了显式波束成形，接下来将讨论为何显式波束成形对于 MU-MIMO 至关重要。

多用户波束成形

本章前面介绍了 802.11ac 显式波束成形的过程以及 MU-MIMO 的原理。接下来，我们将讨论这两种技术，并解释波束成形对于确保 MU-MIMO 通信成功进行的重要性。

在 SU-MIMO 中，波束成形通过调整发送给客户端的信号相位来增加信号强度，以此提高接入点与客户端通信时的数据速率。在 MU-MIMO 中，波束成形不仅向单个客户端传输数据，而且一次能向最多 4 个客户端传输数据。

在 MU-MIMO 波束成形过程中，接入点首先执行与 SU-MIMO 类似但更为复杂的信道探测。为此，接入点首先传输 NDP 通告帧，通知多个预期的波束成形接收器发送波束成形传输，随后发送 NDP 帧。与单用户波束成形一样，每个波束成形接收器处理每个 OFDM 副载波并生成反馈信息，以创建压缩反馈矩阵。第一个波束成形接收器向接入点发送压缩反馈矩阵，接入点随后利用波束成形报告轮询帧(BRP frame)依次轮询其他波束成形接收器。上述过程如图 10.8 所示。

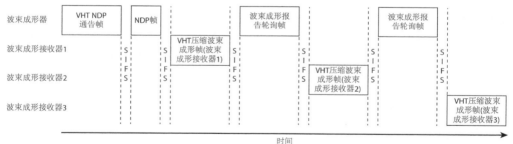

图 10.8　多用户波束成形信道探测

接下来，接入点利用每个波束成形接收器返回的反馈矩阵来创建单个导向矩阵。如图 10.9 所示，导向矩阵定义了接入点的每副天线与每台客户设备的每副天线之间通信的传输参数。

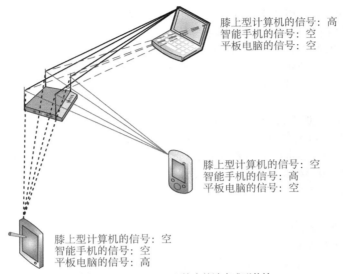

膝上型计算机的信号：高
智能手机的信号：空
平板电脑的信号：空

膝上型计算机的信号：空
智能手机的信号：高
平板电脑的信号：空

膝上型计算机的信号：空
智能手机的信号：空
平板电脑的信号：高

图 10.9　MU-MIMO 环境中的波束成形传输

　　请注意，在图 10.9 中，接入点的每副天线发送 4 路空间流，一共发送 16 路空间流。在这 16 路空间流中，客户设备的接收天线需要区分并挑选出发送给自己的信号，同时尽可能忽略其他 12 路空间流。通过控制发送给特定客户设备的波束成形信号的时间，就能使这些信号同时到达客户设备且彼此同步，从而增加信号强度。如果波束成形接收器过于接近，可能会受到来自其他客户设备信号的用户间干扰。理想情况下，客户设备之间应保持足够的距离，发送给预期客户设备的波束成形信号较强，其他客户设备收到的信号则较弱。从图 10.9 可以看出客户设备如何区分不同的信号。如果客户设备之间的距离足够大，那么发送给预期客户设备的波束成形信号应该较强，而其他客户设备收到的信号应该为空或较弱。

　　接入点发送 MU-MIMO 帧后，所有客户端必须确认各自收到的帧。如前所述，MU-MIMO 通信仅适用于接入点到客户端的下行传输，因此客户端只能依次向接入点回复确认帧。由于每个 802.11ac 帧都是聚合 MPDU(A-MPDU)，因此通过块确认机制来验证所有单个 MPDU 的传输是否成功：帧的发送方(本例为接入点)向接收方发送块确认请求帧(BAR frame)，而接收方向发送方回复块确认帧。因为传输的是 MU-MIMO 帧，接入点将向某个客户端发送块确认请求帧，等待该客户端返回的块确认帧，随后依次与其他客户端重复这一过程。上述过程如图 10.10 所示。

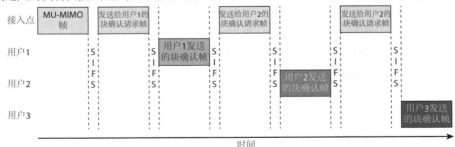

图 10.10　MU-MIMO 块确认机制

第二代 802.11ac 接入点首次引入了下行链路 MU-MIMO 功能，但这项技术尚未得到市场的广泛认可。尽管 MU-MIMO 在理论上颇为诱人，不过受制于以下原因，这项技术的实际应用前景仍然有待观察。

- 目前，市场上支持 MU-MIMO 的 802.11ac 客户端寥寥无几，这项技术很少用于企业环境。此外，客户端必须支持显式波束成形。
- MU-MIMO 使用的空间分集要求客户端之间保持一定距离。目前的企业无线局域网部署大多为高密度部署，难以满足 MU-MIMO 的要求。
- MU-MIMO 使用的空间分集要求客户端与接入点之间保持相当大的距离。目前的企业无线局域网部署大多为高密度部署，难以满足 MU-MIMO 的要求。
- MU-MIMO 的发射波束成形技术需要使用探测帧。探测帧会显著增加开销，如果大部分数据帧较小，这个问题将更加严重。一般来说，探测帧产生的开销将抵消 802.11ac 接入点同时向多个 802.11ac 客户端传输数据获得的性能提升。

需要注意的是，802.11ax 修正案草案还提出了上行链路 MU-MIMO 通信机制，详细讨论请参见第 19 章 "802.11ax 技术：高效无线局域网"。

10.3　信道

从之前的讨论可知，802.11a 修正案在 5 GHz U-NII 频段定义了采用正交频分复用(OFDM)技术的无线接口，而 802.11g 修正案在 2.4 GHz ISM 频段定义了采用 ERP-OFDM 技术的无线接口。除工作频段不同外，OFDM 和 ERP-OFDM 实际上属于同一种技术。802.11n 修正案同样定义了 OFDM 信道的使用，但 802.11n 无线接口与 802.11a/g 无线接口大相径庭。如前所述，802.11n HT 无线接口可以通过 2.4 GHz 和 5 GHz 两个频段传输数据。

如前所述，MIMO 无线接口采用空间复用技术发送多路独立的唯一数据流，空间复用是提高吞吐量的一种机制。MIMO 无线接口的 OFDM 信道使用数量更多的副载波，且支持信道绑定。802.11n HT 和 802.11ac VHT 无线接口使用的 OFDM 信道不仅能增加频率带宽，也能提高数据速率和吞吐量。

10.3.1　20 MHz 信道

从第 6 章 "无线网络与扩频技术" 的讨论可知，802.11a/g 无线接口使用 20 MHz OFDM 信道。如图 10.11 所示，每条信道由 64 个副载波构成。其中 48 个副载波传输数据；4 个副载波作为导频载波，用于发射机和接收机之间的动态校准；其他副载波没有使用。此外，OFDM 技术还采用卷积编码和前向纠错。

802.11n HT 和 802.11ac VHT 无线接口同样采用 OFDM 技术。与非 HT OFDM 信道相比，HT/VHT 无线接口使用的 20 MHz 信道包括 4 个额外的数据副载波。正因为如此，在相同的频率空间内，使用一路空间流的 20 MHz HT 信道能获得更高的总吞吐量。如图 10.12 所示，每条 20 MHz HT/VHT 信道同样由 64 个副载波构成。其中 52 个副载波传输数据，4 个副载波作为导频载波，用于发射机和接收机之间的动态校准。换言之，尽管仍有部分副载波没有使用，但 HT/VHT 无线接口可以通过额外的 4 个副载波传输数据。这 4 个副载波能更有效地利用 20 MHz 信道的可用频率空间。

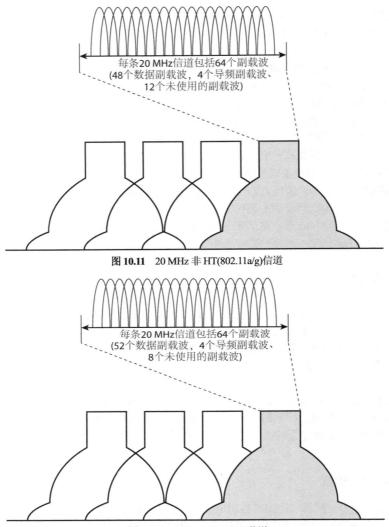

图 **10.11** 20 MHz 非 HT(802.11a/g)信道

图 **10.12** 20 MHz HT/VHT 信道

10.3.2 40 MHz 信道

802.11n HT 和 802.11ac VHT 无线接口也可以使用 40 MHz OFDM 信道。如图 10.13 所示，每条 40 MHz 信道由 128 个副载波构成。其中 108 个副载波传输数据；6 个副载波作为导频载波，用于发射机和接收机之间的动态校准；其他副载波没有使用。40 MHz 信道使数据传输的可用频率带宽增加一倍。

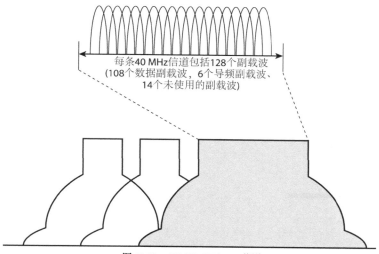

每条 40 MHz 信道包括128个副载波
(108个数据副载波，6个导频副载波、
14个未使用的副载波)

图 10.13　40 MHz HT/VHT 信道

　　HT/VHT 无线接口使用的 40 MHz 信道实际上由两条 20 MHz OFDM 信道绑定而成。每条 40 MHz 信道由宽度均为 20 MHz 的主信道(primary channel)和辅信道(secondary channel)构成，两条 20 MHz 信道在频率上必须相邻。如图 10.14 所示，构成 40 MHz 信道的两条 20 MHz 信道被划分为主信道和辅信道，通过某些 802.11 管理帧帧体的两个字段加以标识。主字段表示主信道的信道号；对于 802.11n 40 MHz 信道，正偏移表示辅信道比主信道高一条信道，负偏移表示辅信道比主信道低一条信道。802.11ac VHT 技术不使用信道偏移，而是标识 40 MHz 信道的中心频率。但在 802.11ac 接入点上配置 40 MHz 信道时，无线局域网供应商没有指定中心频率，而是选择一条 20 MHz 信道，并以这条 20 MHz 信道作为主信道。主信道和辅信道仅用于 802.11n/ac 接入点与 802.11n/ac 客户端之间的数据帧传输。为确保向后兼容性，所有 802.11 管理帧和控制帧仅通过主信道发送。此外，802.11n/ac 接入点与遗留的 802.11a/g 客户端通信时仅使用主信道。

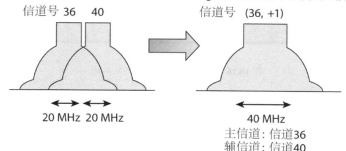

信道号 36　40　　　　　　　信道号　(36, +1)

20 MHz　20 MHz　　　　　　　40 MHz
　　　　　　　　　　　　　　主信道: 信道36
　　　　　　　　　　　　　　辅信道: 信道40

图 10.14　信道绑定

　　5 GHz U-NII 频段拥有众多可用的频率带宽，因此适合规划 40 MHz 信道复用模式。如图 10.15 所示，5 GHz 频段拥有大量 20 MHz 信道，它们可以通过各种方式绑定在一起，因此在 5 GHz 频段使用 40 MHz 信道无疑是最佳选择。

　　然而，在 2.4 GHz ISM 频段规划 40 MHz 信道复用模式并不可行。请注意，只有 802.11n 无线接口才存在 40 MHz 信道问题，因为 802.11ac 无线接口仅能使用 5 GHz 频段传输数据。从之前的讨论可知,虽然 2.4 GHz 频段存在 14 条可用的信道,但仅有 3 条非重叠 20 MHz 信道。如图 10.16 所示,无论采用何种方式在 2.4 GHz 频段绑定信道,任意两条 40 MHz 信道都会相互重叠。换言之,2.4 GHz 频段只有一条 40 MHz 信道可供使用,根本无法规划信道复用模式。

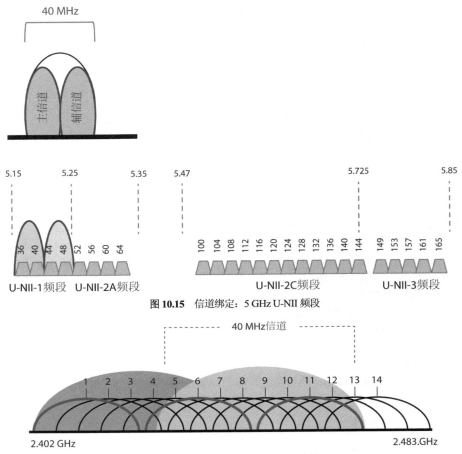

图 10.15 信道绑定:5 GHz U-NII 频段

图 10.16 信道绑定:2.4 GHz ISM 频段

10.3.3 40 MHz 不兼容

如前所述,2.4 GHz 频段只能部署一条不重叠的 40 MHz 信道,因此无法在该频段规划 40 MHz 信道复用模式。但是,802.11n 设备仍有可能在 2.4 GHz 频段启用信道绑定。例如,通过 40 MHz 信道传输数据的 2.4 GHz 802.11n 接入点会干扰到使用标准 20 MHz 信道复用模式(信道1、6、11)的其他邻近接入点。通过 2.4 GHz 频段传输数据时,802.11n 客户端和接入点默认使用 20 MHz 信道,它们还可以利用各种 802.11n 管理帧来宣告不兼容 40 MHz 信道,这种属性称为 40 MHz 不兼容(Forty MHz Intolerant)。如果收到邻近不兼容 40 MHz 信道的 2.4 GHz 802.11n 终端发送的帧,所有使用 40 MHz 信道的 802.11n 接入点将强制切换为仅使用 20 MHz 信道。

实际上，40 MHz 不兼容操作可以防止你的邻居部署 40 MHz 信道并干扰到你的 2.4 GHz 20 MHz 信道。企业 Wi-Fi 接入点应将 20 MHz 信道作为 2.4 GHz 频段的默认设置。请注意，40 MHz 不兼容操作只适用于 2.4 GHz 频段，不能在 5 GHz 频段使用。

10.3.4　80 MHz 与 160 MHz 信道

802.11ac 修正案定义了两种新的信道宽度：80 MHz 和 160 MHz。正如 40 MHz 信道由两条 20 MHz 信道绑定而成一样，80 MHz 信道包括 4 条 20 MHz 信道。如图 10.17 所示，每条 80 MHz 信道由 256 个副载波构成，其中 234 个副载波传输数据，8 个副载波作为导频载波，其他 14 个副载波没有使用。

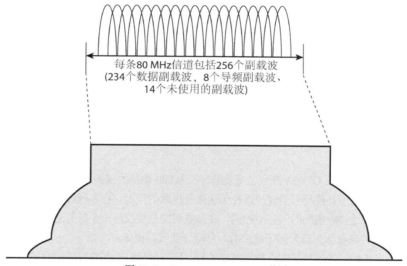

图 **10.17**　80 MHz VHT(802.11ac) 信道

802.11ac 修正案定义的第二种信道宽度是 160 MHz。160 MHz 信道由两条 80 MHz 信道构成，但这两条 80 MHz 信道在频率上不必相邻。如果二者相邻，则构成 160 MHz 信道；如果二者不相邻，则构成 80＋80 MHz 信道。由于这两条信道既可以相邻，也可以不相邻，二者相当于两条独立的 80 MHz 信道，因此信道之间不存在没有使用的副载波。一条 160 MHz 信道就是两条 80 MHz 信道，由 512 个副载波构成，其中 468 个副载波传输数据，16 个副载波作为导频载波，其他 28 个副载波没有使用。

图 10.18 显示了 5 GHz U-NII 频段中 20 MHz、40 MHz、80 MHz 以及 160 MHz 信道的所有组合。我们从中还能看到拟议的 U-NII-4 信道，但这些信道目前尚未开放给 802.11 通信使用。尽管 802.11ac 无线接口支持 80 MHz 和 160 MHz 信道，不过应避免在企业环境中使用这两种信道。读者将从第 13 章"无线局域网设计概念"了解到，20 MHz 信道复用设计仍然是首选方案。40 MHz 信道复用设计经过仔细规划后也能用于企业环境，而 80 MHz 和 160 MHz 信道复用不适合在企业无线局域网中使用。

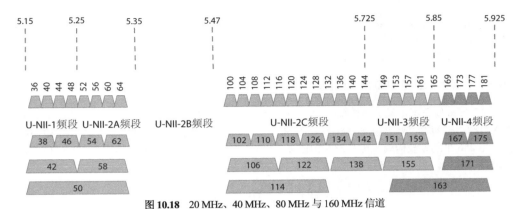

图 10.18　20 MHz、40 MHz、80 MHz 与 160 MHz 信道

10.4　保护间隔

对数字信号而言，数据将以比特或比特集合的形式调制到载波信号上，这些比特称为符号。802.11a/g 无线接口以 54 Mbps 的速率传输数据时，每个 OFDM 符号包含 288 比特，其中 216 比特为原始数据，其他 72 比特属于纠错比特。OFDM 符号的所有数据比特通过 20 MHz 非 HT 信道的 48 个数据副载波传输。

802.11a/g 无线接口在 OFDM 符号之间采用时长为 800 纳秒的保护间隔(GI)。保护间隔是符号之间的一段时间，用于补偿符号沿较长路径到达接收机时的延迟。在多径环境中，符号沿不同的路径传输，它们到达接收机的时间各不相同。在接收机完全接收前一个符号之前，后一个符号可能已经到达。这种现象称为符号间干扰(ISI)，可能导致数据损坏。

之前的章节曾经讨论过符号间干扰和时延扩展。同一信号沿多条路径传输时形成的时间差称为时延扩展，通常介于 50 纳秒和 100 纳秒之间，最长约为 200 纳秒。保护间隔应为时延扩展的 2～4 倍，它相当于时延扩展的缓冲。符号传输之间的保护间隔通常为 800 纳秒；但在大多数室内环境中，400 纳秒的缓冲足以隔开不同的传输。如图 10.19 所示，保护间隔不仅能补偿时延扩展，也有助于避免符号间干扰；如果保护间隔过短，仍可能发生符号间干扰。

HT/VHT 技术引入了时长为 400 纳秒的保护间隔，有时也称为短保护间隔。802.11n/ac 无线接口既可以使用 800 纳秒保护间隔，也可以使用 400 纳秒保护间隔，短保护间隔属于可选配置。使用短保护间隔能缩短符号时间，数据速率将因此提高 10%左右。如果 802.11n/ac 无线接口采用可选、较短的 400 纳秒保护间隔，虽然有助于提高吞吐量，但发生符号间干扰的概率也随之增加。使用短保护间隔可能引起符号间干扰，导致数据损坏并增加二层重传的次数，从而对吞吐量产生不利影响。如果吞吐量因为使用短保护间隔而降低，应改用默认的保护间隔设置(800 纳秒)。在大多数室内环境中，短保护间隔(400 纳秒)是首选方案；如果室内存在严重的多径问题，可能需要长保护间隔。长保护间隔一般在室外使用。

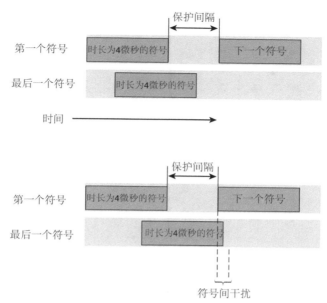

图 10.19　保护间隔

10.5　256–QAM

第 1 章"无线标准、行业组织与通信基础知识概述"介绍了操作或调制电波以传输数据的方法，并讨论了如何通过改变振幅、频率或相位来表示数据比特。随着时间的推移，802.11 物理层技术不断发展出更新、更快的调制方法。每一种更新、更快的物理层都会定义能编码更多比特的调制方法，网络的速度和性能也随之提高。但是，早期较慢的传输和调制方法并未因新技术的出现而弃之不用。

当客户端远离接入点且信号电平降低时，将通过动态速率切换技术转换到较低的数据速率，以保持连接不会中断。虽然最新标准或修正案提出的最新、最优秀的技术往往受到更多关注，但早期较慢的技术仍然是所有基础设施的关键要素。本节将讨论 802.11ac 修正案定义的 256-QAM。QAM 是"正交调幅"的英文缩写，无线局域网主要使用以下调制方法：

- DBPSK(差分二进制相移键控)
- DQPSK(差分正交相移键控)
- BPSK(二进制相移键控)
- QPSK(正交相移键控)
- 16-QAM(16-正交调幅)
- 64-QAM(64-正交调幅)
- 256-QAM(256-正交调幅)

802.11ac 修正案定义了经过改进的正交调幅方法：256-QAM。802.11a 修正案定义的 64-QAM 调制可以识别 64 个不同的值。从本质上说，64-QAM 使用相移来区分 8 个不同的级别，使用幅移来区分另外 8 个不同的级别。两两结合后，系统就能识别 64 个不同的值，因此每个值可以表示 6 比特($2^6 = 64$)。如图 10.20 所示，QAM 通常采用星座图中的符号来表示。每个点对应一个唯一的符号，即 6 比特的不同分组。

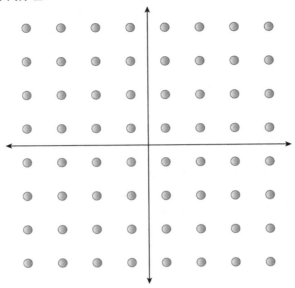

图 10.20   64-QAM 星座图

802.11ac 修正案定义了一种新的调制方法，这就是 256-QAM。通过使用 16 种不同级别的相移与 16 种不同级别的幅移，256-QAM 能识别 256 个不同的值，因此每个值可以表示 8 比特(2^8 = 256)。256-QAM 的星座图如图 10.21 所示。

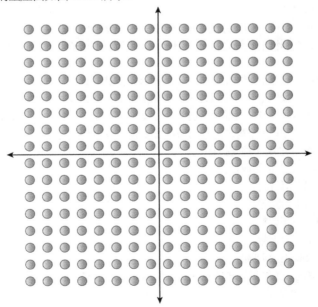

图 10.21   256-QAM 星座图

简要介绍 64-QAM 与 256-QAM 的概念后，我们将深入探讨两种调制方法，以便读者理解二者的原理和区别。当使用 64-QAM 的无线接口传输数据时，将首先改变电波的振幅和相位，然后发送出去。收到信号后，接收端无线接口必须能识别对振幅和相位所做的修改，以确定发送端无线接口传输的是 64 个符号中的哪一个。由于存在噪声和干扰，判断传输信号的值通常并非易事。

我们以弓箭手射箭为例进行说明。假设箭靶是一块两米见方的木板，上面按八行八列均匀标出 64 个点。箭靶安装在一栋建筑物的屋顶，我们称之为"箭靶屋顶"。距离箭靶屋顶 10 米处，一名参加奥运会比赛的弓箭手站在另一栋建筑物的屋顶，我们称之为"起射屋顶"。理想情况下，弓箭手每击必中，不会失手。然而，难以预测的风从一栋建筑物吹向另一栋建筑物，两栋建筑物之间还存在上升气流和下降气流。我们要求弓箭手从起射屋顶向箭靶上的指定点发箭。由于风实在难以预测，弓箭手不做任何调整或修正，只瞄准选定的点，并希望风不会使箭矢过于偏离箭靶。

箭矢命中箭靶时，位于箭靶屋顶的裁判观察箭矢的位置，并用直尺测量箭矢与最近点的距离，试图找出箭矢射向哪个点。例如，图 10.22 显示了 4 个点以及箭矢命中的位置。从中可以看出，弓箭手瞄准的是右上角的点。由于起射屋顶与箭靶屋顶之间的距离很近，除非风极大，否则弓箭手应该可以准确命中指定点(或略有偏离)，裁判也应该能正确识别弓箭手瞄准的是哪个点。

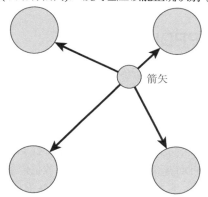

图 10.22　示例箭靶

如果弓箭手逐渐远离箭靶，那么风对箭矢飞行的干扰更大，可能令箭矢更加偏离弓箭手瞄准的点。距离箭靶越远，弓箭手越难命中。64-QAM 与之类似。发送端无线接口通过精确调整振幅和相位以产生完美的调制信号，然后发送出去。但噪声、干扰与衰减都会改变信号，导致信号到达接收端时已发生变化。接收端无线接口将信号映射到星座图，并计算误差向量以确定星座点，星座点对应于传输的数据。误差向量幅度(EVM)用于量化无线电接收机或发射机在调制精度方面的性能。在 QAM 中，误差向量幅度可以衡量接收信号与星座点之间的距离。

在初步讨论 64-QAM 的原理后，读者可能希望了解它与 256-QAM 之间的关系。二者的关系并不复杂，我们仍以弓箭手射箭为例进行说明。箭靶依然是一块两米见方的木板，但木板上的点从 64 个增加到 256 个。这意味着弓箭手失误的余地更小，且风对箭矢的影响更大。同理，256-QAM 对噪声和干扰更敏感。因此，相较于 64-QAM，802.11ac 接收机需要大约 5 dB 的额外增益以保证性能。

最高的调制编码方案使用 256-QAM。更高的数据速率要求更高的信噪比,这也意味着客户端需要靠近接入点。64-QAM 信号可以在每个副载波中传输 6 比特,而 256-QAM 信号可以在每个副载波中传输 8 比特,因此仅通过改用 256-QAM 就能将速度提高 33%。

如前所述,802.11ac 技术仅适用于 5 GHz 通信,因此 802.11n 技术是 2.4 GHz 通信所能使用的最快技术。根据 802.11n 修正案的定义,64-QAM 是速度最快的调制方法;尽管 802.11n 修正案并未定义 256-QAM,不过配有双频无线接口的 802.11ac 设备已集成了这项技术。因此,许多供应商都在 2.4 GHz 无线接口上启用 256-QAM,从而非正式地将 2.4 GHz 频段的数据速率提高了三分之一左右。

> **注意:**
> 虽然 802.11ac 技术仅适用于 5 GHz 无线接口,但部分无线局域网供应商的 2.4 GHz 802.11n 接入点也能使用 802.11ac 修正案定义的 256-QAM。例如,Broadcom 开发的 TurboQAM 技术允许 802.11n 接入点的 2.4 GHz 无线接口使用非标准 256-QAM,客户端的 2.4 GHz 无线接口也必须支持 256-QAM 才能使用 TurboQAM。然而,由于 2.4 GHz 频段通常存在极高的本底噪声,达到 256-QAM 要求的信噪比往往并非易事。

10.6　802.11n/ac PPDU

从之前的讨论可知,MAC 服务数据单元(MSDU)是 802.11 数据帧的第三~七层净荷,而 MAC 协议数据单元(MPDU)是整个 802.11 帧。MPDU 由二层帧头、帧体与帧尾构成。

MPDU(802.11 帧)从数据链路层传递至物理层时,将添加前同步码和物理层头部信息,封装后的 MPDU 称为 PLCP 协议数据单元(PPDU)。CWNA 考试不会考查前同步码和物理层头部的具体内容。前同步码主要利用比特来同步两个 802.11 无线接口之间的物理层传输;而物理层头部主要利用信号字段来标识传输 MPDU 所需的时间,并通知接收机传输 MPDU 时采用的调制编码方案(数据速率)。IEEE 802.11-2016 标准定义了多种 PPDU 结构和前同步码的使用,802.11n 和 802.11ac 修正案都引入了新的物理层头部。

10.6.1　非 HT PPDU

第一种 PPDU 格式称为非 HT PPDU。这种格式用于 OFDM 传输,最初定义在 IEEE 802.11-2016 标准的条款 17 中,因此通常又称遗留格式。如图 10.23 所示,非 HT PPDU 的前同步码使用遗留的长短训练符号进行同步。OFDM 符号由 12 比特构成,符号头部的信号字段用于标识传输非 HT PPDU 的净荷(即 MPDU)所需的时间。802.11n 无线接口必须支持非 HT PPDU,且只能使用 20 MHz 信道传输这种 PPDU 格式。就本质而言,非 HT PPDU 与遗留的 802.11a/g 无线接口使用的 PPDU 格式并无不同。

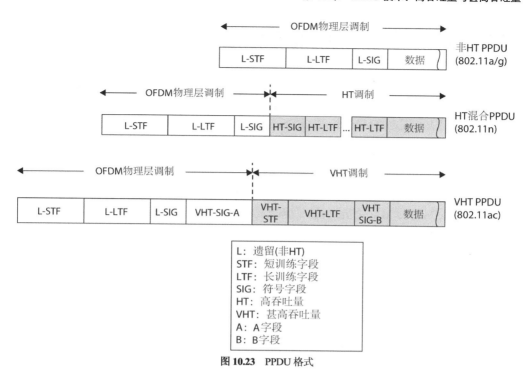

图 **10.23**   PPDU 格式

10.6.2   HT 混合 PPDU

IEEE 802.11-2016 标准定义的第二种 PPDU 格式称为 HT 混合 PPDU。观察图 10.23 中的 HT 混合 PPDU 可以看到，前同步码的前半部分包含非 HT 格式的训练符号和遗留的符号字段，可以由遗留的 802.11a/g 无线接口进行解码，而后半部分无法由遗留的 802.11a/g 无线接口进行解码。HT 信息包括 HT 符号字段(HT-SIG)、HT 长训练字段(HT-LTF)与 HT 短训练字段(HT-STF)。

HT 符号字段携带调制编码方案、帧长度、20 MHz/40 MHz 信道宽度、帧聚合、保护间隔、STBC 等信息。HT 短训练字段和 HT 长训练字段用于 MIMO 无线接口之间的同步。

非 802.11n 接收机无法识别 HT 混合 PPDU，但可以通过物理层头部提供的遗留信息(长度字段)获取介质繁忙的时间，从而保持静默，不必在每个周期都进行能量检测。802.11n HT 无线接口和遗留的 802.11a/g OFDM 无线接口都能使用 HT 混合 PPDU。802.11n 无线接口必须支持 HT 混合 PPDU，可以使用 20 MHz 和 40 MHz 信道传输这种 PPDU 格式。使用 40 MHz 信道时，所有广播流量必须通过遗留的 20 MHz 信道发送，以便非 HT(802.11a/g)客户端接收。此外，与非 HT 客户端通信时也必须使用遗留的 20 MHz 信道。

10.6.3   VHT PPDU

IEEE 802.11-2016 标准定义的最后一种 PPDU 格式是 802.11ac 无线接口使用的 VHT PPDU。观察图 10.23 中的 VHT PPDU 可以看到，前同步码兼容 802.11n 无线接口和遗留的 802.11a/g 无线接口。802.11n 设备和遗留的 802.11a/g 设备都能读取物理层头部的非 VHT 信息，但只有 802.11ac 设备才能读取物理层头部的 VHT 信息。VHT 信息用于标识正在进行的是 SU-MIMO 还是 MU-MIMO 传输。

10.7 802.11n/ac MAC 体系结构

到目前为止,我们讨论了 MIMO 无线接口使用的所有物理层增强机制,这些机制可以增加带宽并提高吞吐量。IEEE 802.11-2016 标准还对数据链路层的 MAC 子层加以改进,以提高吞吐量并优化电源管理机制。IEEE 802.11-2016 标准定义了两种帧聚合技术以减少介质争用开销,并利用块确认机制来减少固定的 MAC 开销。此外,IEEE 802.11-2016 标准为 MIMO 无线接口定义了3 种电源管理机制。

10.7.1 聚合 MAC 服务数据单元

如图 10.24 所示,每次传输 802.11 单播帧时都会产生一定数量的固定开销,这些开销包括物理层头部、MAC 帧头、MAC 帧尾、帧间间隔以及确认帧。由于每个帧必须争夺介质的使用权,介质争用开销同样不可避免。

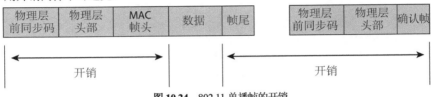

图 10.24 802.11 单播帧的开销

为减少开销,802.11n 修正案定义了两种帧聚合机制。帧聚合将多个帧合并为一个帧进行传输,不仅可以减少固定的 MAC 子层开销,也能最大限度减少介质争用期间由随机退避计时器产生的开销。

第一种帧聚合机制称为聚合 MAC 服务数据单元(A-MSDU)。从之前的讨论可知,MSDU 是数据帧的第三~七层净荷。如图 10.25 所示,多个 MSDU 可以聚合为一个帧进行传输。

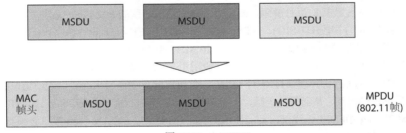

图 10.25 A-MSDU

使用 A-MSDU 的 MIMO 接入点收到多个 802.3 帧后,首先移除 802.3 帧头和帧尾,然后将多个 MSDU 净荷封装到单个 802.11 帧中进行传输。聚合后的 MSDU 是一个整体,使用相同的接收机地址。构成 A-MSDU 的所有 MSDU 采用同一种加密机制。需要注意的是,所有 MSDU 必须属于同一种 802.11e QoS 访问类别。例如,无法将语音 MSDU 与尽力而为 MSDU 或视频 MSDU 封装在同一个聚合帧中。许多第一代 802.11n 芯片组都支持 A-MSDU。

10.7.2 聚合 MAC 协议数据单元

第二种帧聚合机制称为聚合 MAC 协议数据单元(A-MPDU)。从之前的讨论可知,MPDU 由

MAC 帧头、帧体与帧尾构成。从技术角度说，MPDU 就是 802.11 帧。如图 10.26 所示，多个 MPDU
可以聚合到一个 PPDU 中进行传输。从中可以看出，A-MPDU 包括多个 MPDU 以及物理层头部。

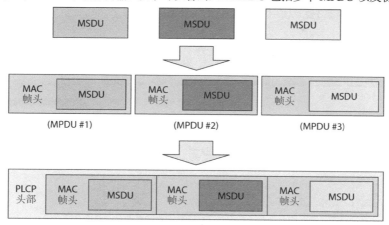

聚合 MAC 协议数据单元(A-MPDU)

图 10.26　A-MPDU

　　构成 A-MPDU 的所有 MPDU 必须使用相同的接收机地址。与 A-MSDU 不同，每个 MPDU
的数据净荷是分别加密和解密的。与 A-MSDU 类似，所有 MPDU 必须属于同一种 802.11e QoS
访问类别。例如，无法将语音 MPDU 与尽力而为 MPDU 或视频 MPDU 封装在同一个聚合帧中。
请注意，由于每个 MPDU 都有自己的 MAC 帧头和帧尾，因此 A-MPDU 的开销大于 A-MSDU。
但是，A-MPDU 采用块确认帧作为交付验证方法，而 A-MSDU 采用确认帧作为交付验证方法。
换言之，A-MPDU 能减少每帧的开销，且只需要一个块确认帧。由于每个 MPDU 都能检测出循
环冗余校验错误，因此在传输出现问题时不必重传整个 A-MPDU，只需要重传损坏的那个 MPDU
即可。也就是说，A-MPDU 的噪声耐受性优于 A-MSDU。有鉴于此，大多数无线局域网供应商
的第二代 802.11n 芯片组均采用 A-MPDU。

　　802.11ac 修正案仅定义了 A-MPDU 的使用。所有 802.11ac 帧均以 A-MPDU 格式传输，即便
只传输一个帧也是如此。虽然 802.11ac 通信要求采用 A-MPDU，但 A-MSDU 和 A-MPDU 也能一
起使用。例如，A-MPDU 的净荷可以是多个 A-MSDU。

10.7.3　块确认

　　从之前的讨论可知，所有 802.11 单播帧必须经过确认，但多播帧和广播帧无须确认。A-MSDU
包含多个 MSDU，这些 MSDU 封装在单个帧中，具有相同的 MAC 帧头和目的地址，因此普通的
确认帧就能验证 A-MSDU 传输是否成功；而 A-MPDU 包含多个 MPDU，每个 MPDU 的 MAC
帧头都不相同。构成 A-MPDU 的所有 MPDU 都必须经过确认，块确认帧可以完成这个任务。
802.11e 修正案首先提出块确认机制，用于在帧突发期间确认多个 802.11 帧；而在 A-MPDU 传输
中，也要利用块确认帧一次性确认多个 MPDU。

　　如图 10.27 所示，标准的 802.11 确认帧用于验证 A-MSDU 传输是否成功。图 10.27 和图 10.28
的星号表示损坏的比特。如果构成 A-MSDU 的任何 MSDU 损坏，接收端将不会回复确认帧，发
送端必须重传整个 A-MSDU。如图 10.28 所示，如果构成 A-MPDU 的某个 MPDU 损坏，接收端

将使用块确认帧通知发送端损坏的 MPDU；发送端只需要重传损坏的 MPDU 即可，不必重传整个 A-MPDU。由于使用块确认机制，加之重传开销较少，因此 A-MPDU 的效率高于 A-MSDU，这就是 802.11ac 无线接口要求使用 A-MPDU 的主要原因。

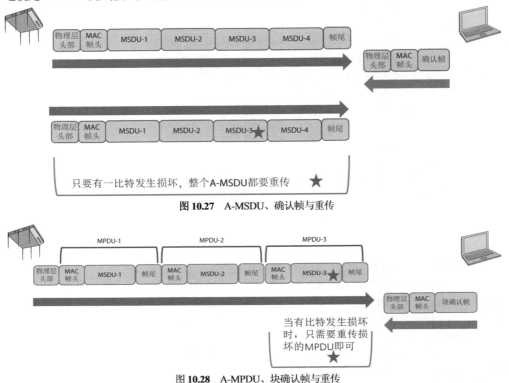

图 10.27　A-MSDU、确认帧与重传

图 10.28　A-MPDU、块确认帧与重传

10.7.4　电源管理机制

在 802.11 标准的修订过程中，电源管理功能也在不断完善。802.11e 修正案定义了非调度自动节电传输(U-APSD)，WMM 节电(WMM-PS)使用了这种机制。802.11n 修正案为 HT 无线接口定义了两种电源管理机制，作为 WMM-PS 的补充。

802.11n/ac 无线接口仍然支持基本的节电模式，这种模式基于 802.11 原始标准定义的电源管理机制。接入点将传输给节电模式客户端的帧存储在缓冲区中；客户端在 DTIM 信标帧广播期间切换为活动状态，并下载缓冲帧。

802.11n 修正案定义的第一种电源管理机制是空间复用节电(SMPS)。这种机制允许 802.11n/ac MIMO 设备仅保留一个无线接口，关闭其他无线接口。例如，配有 4 条射频链的 4×4 MIMO 设备可以关闭其中 3 个无线接口以减少耗电。SMPS 包括静态和动态两种操作模式。

采用静态 SMPS 的 MIMO 客户端仅保留一个无线接口，而关闭其他无线接口。这种情况下，MIMO 客户端实际上相当于仅能收发一路空间流的 SISO 无线接口。客户端向接入点发送 SMPS 行动帧，通知接入点自己仅使用一个无线接口，仅能接收一路空间流。再次启动所有无线接口后，客户端仍然向接入点发送 SMPS 行动帧，通知接入点自己目前可以收发多路空间流。

　　采用动态 SMPS 的 MIMO 客户端同样仅保留一个无线接口，但能以更快的速度重新启动无线接口。帧交换完成后，客户端关闭所有无线接口，仅保留一个无线接口。接入点通过 RTS 帧来触发客户端处于休眠状态的无线接口。收到 RTS 帧后，客户端启动处于休眠状态的无线接口，并向接入点回复 CTS 帧。此时，客户端可以再次收发多路空间流，它使用 SMPS 行动帧通知接入点自己处于动态节电状态。

　　802.11n 修正案定义的第二种电源管理机制是节电多轮询(PSMP)，它改进了 802.11e 修正案定义的自动节电传输(APSD)。非调度节电多轮询(U-PSMP)类似于非调度自动节电传输(U-APSD)，采用相同的传输启用和触发启用机制；调度节电多轮询(S-PSMP)类似于调度自动节电传输(S-APSD)，适用于流数据以及其他调度传输。S-PSMP 通过 PSMP 行动帧来调度上行传输和下行传输。PSMP 下行传输时间(PSMP-DTT)是接入点向客户端发送数据的预定时间，而 PSMP 上行传输时间(PSMP-UTT)是客户端向接入点发送数据的预定时间。

　　802.11ac 修正案还定义了称为 VHT TXOP 节电的电源管理机制。如果客户端发现其他客户端享有发送机会(TXOP)，将在对方传输期间通过 VHT TXOP 节电机制关闭自己的无线接口。发送机会可以每隔几个帧出现，以便客户端能休眠更长时间。接入点必须了解客户端在此期间无法接收数据，且不会尝试向处于休眠状态的客户端发送任何帧。

10.7.5　调制编码方案

　　802.11n 修正案通过调制编码方案(MCS)矩阵定义数据速率。采用 OFDM 技术的非 HT 无线接口(802.11a/g)根据使用的调制和编码方法定义数据速率(6 Mbps～54 Mbps)，而 HT 无线接口根据调制方法、编码技术、空间流数量、信道宽度、保护间隔等多种参数定义数据速率，调制编码方案是这些参数的不同组合。802.11n 修正案为 20 MHz HT 信道和 40 MHz HT 信道定义了 77 种调制编码方案。表 10.2 列出了 20 MHz HT 信道必须支持的 8 种调制编码方案，它们相当于基本速率(要求速率)。

表 10.2　HT 调制编码方案(20 MHz HT 信道，1 路空间流)

MCS 指数	调制方法	空间流	数据速率	
			保护间隔：800ns	保护间隔：400ns
0	BPSK	1 路空间流	6.5 Mbps	7.2 Mbps
1	QPSK	1 路空间流	13.0 Mbps	14.4 Mbps
2	QPSK	1 路空间流	19.5 Mbps	21.7 Mbps
3	16-QAM	1 路空间流	26.0 Mbps	28.9 Mbps
4	16-QAM	1 路空间流	39.0 Mbps	43.3 Mbps
5	64-QAM	1 路空间流	52.0 Mbps	57.8 Mbps
6	64-QAM	1 路空间流	58.5 Mbps	65.0 Mbps
7	64-QAM	1 路空间流	65.0 Mbps	72.2 Mbps

　　从表 10.2 可以看到，调制方法、空间流数量与保护间隔都会影响最终的数据速率。对于使用 4 路空间流的 40 MHz HT 信道，调制编码方案如表 10.3 所示。

表 10.3 HT 调制编码方案(40 MHz HT 信道，4 路空间流)

MCS 指数	调制方法	空间流	数据速率	
			保护间隔：800ns	保护间隔：400ns
24	BPSK	4 路空间流	54.0 Mbps	60.0 Mbps
25	QPSK	4 路空间流	108.0 Mbps	120.0 Mbps
26	QPSK	4 路空间流	162.0 Mbps	180.0 Mbps
27	16-QAM	4 路空间流	216.0 Mbps	240.0 Mbps
28	16-QAM	4 路空间流	324.0 Mbps	360.0 Mbps
29	64-QAM	4 路空间流	432.0 Mbps	480.0 Mbps
30	64-QAM	4 路空间流	486.0 Mbps	540.0 Mbps
31	64-QAM	4 路空间流	540.0 Mbps	600.0 Mbps

802.11n 修正案定义了 77 种不同的调制编码方案，HT 无线接口的调制编码方案与调制方法、编码技术、空间流数量、信道宽度、保护间隔等多种参数有关。802.11n 修正案还定义了支持不平等调制的调制编码方案，即不同的空间流可以同时使用不同的调制编码方案；而 802.11ac 修正案将 802.11n 修正案定义的调制编码方案缩减为 10 种，如表 10.4 所示。

表 10.4 VHT 调制编码方案

MCS 指数	调制方法	码率	20 MHz 数据速率
0	BPSK	1/2	7.2 Mbps
1	QPSK	1/2	14.4 Mbps
2	QPSK	3/4	21.7 Mbps
3	16-QAM	1/2	28.9 Mbps
4	16-QAM	3/4	43.3 Mbps
5	64-QAM	2/3	57.8 Mbps
6	64-QAM	3/4	65.0 Mbps
7	64-QAM	5/6	72.2 Mbps
8	256-QAM	3/4	86.7 Mbps
9*	256-QAM	5/6	96.3 Mbps

* MCS 9 仅适用于 40 MHz、80 MHz 与 160 MHz 信道，不适用于 20 MHz 信道。

MCS 0～MCS 7 是强制的调制编码方案，但大多数供应商也支持使用 256-QAM 的 MCS 8 和 MCS 9。"码率"列表示每种调制编码方案使用的纠错码，纠错码通过添加冗余信息来实现错误恢复。码率用分数表示，分子表示用户数据比特的数量，分母表示信道中传输的比特数量。码率越高，传输的数据越多，添加的冗余信息越少。"20 MHz 数据速率"列表示每种调制编码方案可以实现的最高数据速率，前提条件为使用 20 MHz 信道、1 路空间流、短保护间隔(400 纳秒)。

10.7.6 802.11ac 数据速率

802.11ac 技术之所以能实现较高的数据速率，得益于采用了多种增强机制。本节将回顾 802.11ac 性能提升的关键要素，并讨论这项技术如何获得高达 6933 Mbps 的理论数据速率。

提高 802.11ac 数据速率的第一种措施是采用 256-QAM，这项技术已纳入 MCS 8 和 MCS 9。使用 1 路空间流、20 MHz 信道、短保护间隔(400 纳秒)时，每种调制编码方案的最高数据速率如表 10.5 所示。受技术和实际条件所限，某些调制编码方案不支持部分信道宽度和空间流组合，这样的例子有 10 个。使用 3 路或 7 路空间流时，MCS 6 不适用于 80 MHz 信道。MCS 9 的限制条件最多：使用 1 路、2 路、4 路、5 路、7 路或 8 路空间流时，MCS 9 不适用于 20 MHz 信道；使用 6 路空间流时，MCS 9 不适用于 80 MHz 信道；使用 3 路空间流时，MCS 9 不适用于 160 MHz 信道。

表 10.5　VHT 数据速率

MCS 指数	20 MHz 数据速率	空间流乘数	信道宽度乘数
0	7.2 Mbps	×1(1 路空间流)	×1.0(20 MHz)
1	14.4 Mbps	×2(2 路空间流)	×2.1(40 MHz)
2	21.7 Mbps	×3(3 路空间流)	×4.5(80 MHz)
3	28.9 Mbps	×4(4 路空间流)	×9.0(160 MHz)
4	43.3 Mbps	×5(5 路空间流)	
5	57.8 Mbps	×6(6 路空间流)	
6	65.0 Mbps	×7(7 路空间流)	
7	72.2 Mbps	×8(8 路空间流)	
8	86.7 Mbps		
9*	96.3 Mbps		

* MCS 9 仅适用于 40 MHz、80 MHz 与 160 MHz 信道，不适用于 20 MHz 信道。

如表 10.5 所示，虽然 802.11ac 修正案仅定义了 10 种调制编码方案，但数据速率还受到另外两个因素的影响。每种调制编码方案最多可以使用 8 路空间流和 4 种不同的信道宽度，每路空间流根据调制编码方案规定的数据速率进行传输。从表 10.5 的"空间流乘数"列可以看到，如果需要计算数据速率的增长，将 20 MHz 数据速率与空间流数量相乘即可。

影响数据速率增长的最后一个因素是信道宽度。本章前面曾经介绍过，绑定两条信道时，不仅吞吐量会因为信道翻倍而提高，两条绑定的信道之间还存在更多的信道空间。因此，40 MHz 信道的增量是 2.1 倍，80 MHz 信道的增量是 4.5 倍。而 160 MHz 信道由两条相邻或不相邻的 80 MHz 信道构成，不存在额外的信道空间。160 MHz 信道的乘数就是两条 80 MHz 信道的乘数之和，160 MHz 信道的增量为 9 倍。当使用 1 路空间流和短保护间隔(400 纳秒)时，每种调制解调方案在 20 MHz、40 MHz、80 MHz、160 MHz 信道宽度上的最高数据速率如表 10.6 所示。

表 10.6　VHT 最高数据速率

MCS 指数	20 MHz 信道	40 MHz 信道	80 MHz 信道	160 MHz 信道
0	7.2 Mbps	15.0 Mbps	32.5 Mbps	65.0 Mbps
1	14.4 Mbps	30.0 Mbps	65.0 Mbps	130.0 Mbps
2	21.7 Mbps	45.0 Mbps	97.5 Mbps	195.0 Mbps
3	28.9 Mbps	60.0 Mbps	130.0 Mbps	260.0 Mbps
4	43.3 Mbps	90.0 Mbps	195.0 Mbps	390.0 Mbps
5	57.8 Mbps	120.0 Mbps	260.0 Mbps	520.0 Mbps

(续表)

MCS 指数	20 MHz 信道	40 MHz 信道	80 MHz 信道	160 MHz 信道
6	65.0 Mbps	135.0 Mbps	292.5 Mbps	585.0 Mbps
7	72.2 Mbps	150.0 Mbps	325.0 Mbps	650.0 Mbps
8	86.7 Mbps	180.0 Mbps	390.0 Mbps	780.0 Mbps
9[*]	96.3 Mbps	200.0 Mbps	433.3 Mbps	866.7 Mbps

[*] MCS 9 仅适用于 40 MHz、80 MHz 与 160 MHz 信道,不适用于 20 MHz 信道。

读者是否感到困惑?虽然 802.11ac 修正案仅定义了 10 种调制编码方案,但保护间隔、空间流数量与信道宽度的组合将产生 300 多种可能的 VHT 数据速率。此外,802.11n 修正案通过 77 种调制编码方案来定义 HT 数据速率。CWNA 考试不会考查所有可能的数据速率组合,感兴趣的读者可以参考 MCS: Index[1]整理的 802.11n/ac 数据速率。

10.8 HT/VHT 保护机制

第 9 章 "802.11 MAC 体系结构" 曾讨论过 802.11g ERP 网络使用的保护机制。在 ERP-OFDM 传输过程中,RTS/CTS 和 CTS-to-Self 帧用于确保 802.11b HR-DSSS 客户端不会发送数据。为了向后兼容 802.11a/b/g 无线接口,802.11n/ac 无线接口同样需要使用保护机制。802.11n 修正案最初定义的 HT 保护模式采用 RTS/CTS 和 CTS-to-Self 帧,以保护 802.11n/ac 数据帧传输不会受到干扰。请注意,HT 保护模式的规则不仅适用于 802.11n HT 无线接口,也适用于所有 802.11ac VHT 无线接口。

HT 保护模式(0~3)

为确保向后兼容早期的 802.11a/b/g 无线接口,802.11n/ac 接入点会在启用相应的 HT 保护模式时通知其他 802.11n/ac 客户端。如前所述,HT 保护模式同样适用于 VHT 无线接口。在信标帧中,HT 保护(HT Protection)字段包括 0、1、2、3 共 4 种可能的设置。与 802.11g ERP 接入点类似,802.11n/ac 接入点会根据附近或关联到 802.11n/ac 接入点的设备动态调整 HT 保护模式。可供使用的保护机制包括 RTS/CTS、CTS-to-Self、双 CTS 以及其他一些机制。4 种 HT 保护模式如下。

模式 0:绿地(无保护)模式 这种模式之所以称为绿地(Greenfield)模式,是因为网络中只有 HT 无线接口。此外,所有 HT 客户端必须具备相同的操作功能。换言之,如果 HT 基本服务集为 20 MHz 基本服务集,则所有客户端必须支持 20 MHz 通信;如果 HT 基本服务集为 20/40 MHz 基本服务集,则所有客户端必须支持 20/40 MHz 通信。满足上述条件后就不必启用保护机制。

模式 1:非成员保护模式 在这种模式下,基本服务集中的所有终端必须是 HT 终端。如果 HT 接入点侦听到不属于基本服务集成员的非 HT 客户端或接入点,则会触发保护机制。例如,当 HT 接入点与客户端使用 40 MHz HT 信道相互通信时,HT 接入点检测到使用 20 MHz 信道传输数据的 802.11a 接入点或客户端。非 HT 设备的通信会干扰到 40 MHz HT 信道(主信道或辅信道),因此将启用保护机制。

模式 2:20 MHz 保护模式 在这种模式下,基本服务集中的所有终端必须是关联到 20/40 MHz 接入点的 HT 终端。如果仅支持 20 MHz 通信的 HT 客户端关联到 20/40 MHz 接入点,则必须启

---

1 http://www.mcsindex.com。

用保护机制。换言之，通过 40 MHz 信道传输数据时，20/40 MHz HT 终端必须启用保护机制，以免 20 MHz HT 终端同时传输数据。

模式 3：非 HT 混合模式　当一个或多个非 HT 客户端关联到 HT 接入点时，将启用这种保护模式。HT 基本服务集既可以是 20 MHz 基本服务集，也可以是 20/40 MHz 基本服务集。所有 802.11a/b/g 无线接口加入 HT 基本服务集时都会触发保护机制。由于大多数基本服务集中都可能存在遗留的 802.11a/b/g 设备，模式 3 或许是最常用的保护模式。

10.9　Wi–Fi 联盟认证项目

Wi-Fi 联盟负责维护针对 802.11n 产品的 Wi-Fi CERTIFIED n 认证项目，以及针对 802.11ac 产品的 Wi-Fi CERTIFIED ac 认证项目。针对 802.11n 产品的强制和可选基线性能测试如表 10.7 所示。此外，所有 802.11n 认证产品必须支持 Wi-Fi 多媒体(WMM)服务质量机制以及 WPA/WPA2 安全机制。大多数企业级 802.11ac 接入点配有 2.4 GHz 和 5 GHz 两个无线接口。由于 802.11ac 技术仅适用于 5 GHz 通信，因此 5 GHz 无线接口将采用 Wi-Fi CERTIFIED ac 认证的标准进行测试，而 2.4 GHz 无线接口将采用 Wi-Fi CERTIFIED n 认证的标准进行测试。请注意，802.11ac 设备还需要通过互操作测试，确保能兼容使用 5 GHz 频段的早期技术(包括 802.11a 和 802.11n)。

表 10.7　Wi-Fi CERTIFIED n 基线要求

功能	描述	类型
支持 2 路空间流	要求接入点至少能收发 2 路空间流，客户端至少能收发 1 路空间流	强制
支持 3 路空间流	接入点与客户端可以收发 3 路空间流	可选(实施后测试)
接收模式：支持 A-MPDU 和 A-MSDU 发射模式：支持 A-MPDU	要求所有设备支持，可减少 MAC 子层开销	强制(接收模式)
支持块确认	要求所有设备支持，发送单个块确认帧以确认多个接收帧	强制
2.4 GHz 操作	设备可以仅支持 2.4 GHz 通信、仅支持 5 GHz 通信或支持双频通信。有鉴于此，可列出两个频段作为可选项	可选(实施后测试)
5 GHz 操作	设备可以仅支持 2.4 GHz 通信、仅支持 5 GHz 通信或支持双频通信。有鉴于此，可列出两个频段作为可选项	可选(实施后测试)
2.4 GHz 和 5 GHz 频段的并发操作	仅针对接入点进行测试。支持双频通信的接入点认证为"并发双频"接入点	可选(实施后测试)
5 GHz 频段的 40 MHz 信道	绑定两个相邻的 20 MHz 信道以创建一条 40 MHz 信道。频率带宽增加为原来的两倍	可选(实施后测试)
2.4 GHz 频段的 20/40 MHz 共存机制	如果接入点支持使用 2.4 GHz 频段的 40 MHz 信道进行通信，则需要共存机制。2.4 GHz 频段的默认信道宽度为 20 MHz	可选(实施后测试)
绿地前同步码	遗留的终端无法识别绿地前同步码。如果 802.11n 网络中不存在遗留设备，绿地前同步码可以提高网络效率	可选(实施后测试)

(续表)

功能	描述	类型
短保护间隔，20 MHz 与 40 MHz 信道	短保护间隔为 400 纳秒，而传统的保护间隔为 800 纳秒。使用短保护间隔能将数据速率提高 10%	可选(实施后测试)
空时分组编码(STBC)	通过对多副天线传输的数据流进行分组编码来改善接收效果。接入点可以通过 STBC 认证	可选(实施后测试)
HT 复制模式	对于绑定后的 40 MHz 信道，接入点可以使用两条 20 MHz 信道同时发送相同的数据	可选(实施后测试)

2013 年 6 月，Wi-Fi 联盟在 802.11ac 修正案获批前发布了针对 802.11ac 产品的认证项目：Wi-Fi CERTIFIED ac。针对 802.11ac 产品的强制和可选基线性能测试如表 10.8 所示。与 802.11n 认证产品一样，802.11ac 认证产品必须支持 WMM 服务质量机制以及 WPA/WPA2 安全机制。所不同的是，802.11ac 认证设备仅能使用 5 GHz 频段传输数据，无法使用 2.4 GHz 频段传输数据。之所以如此，是因为 2.4 GHz 频段的可用频率范围有限。因此，802.11ac 认证设备只需要向后兼容 5 GHz 802.11a/n 认证设备即可。

表 10.8　Wi-Fi CERTIFIED ac 基线要求

功能	强制	可选
信道宽度	20 MHz、40 MHz、80 MHz	80＋80 MHz、160 MHz
调制编码方案	MCS 0～MCS 7	MCS 8、MCS 9
空间流	客户端为 1 路空间流，接入点为 2 路空间流	2～8 路空间流
保护间隔	长保护间隔(800 纳秒)、短保护间隔(400 纳秒)	
波束成形反馈		响应波束成形探测
空时分组编码(STBC)		发送并接收 STBC
低密度奇偶校验(LDPC)		发送并接收 LDPC
MU-MIMO		使用相同的调制编码方案时，每个客户端最多支持 4 路空间流

10.10　小结

本章介绍了 802.11n 和 802.11ac 修正案的发展历程以及 Wi-Fi 联盟的互操作性认证项目。我们讨论了 HT/VHT 无线接口使用的所有物理层增强机制，这些机制有助于提高吞吐量并扩大传输范围。此外，HT/VHT 无线接口的 MAC 子层增强机制可以提高吞吐量并优化电源管理机制。本章还介绍了 HT 保护机制的不同操作模式，以实现 802.11n/ac 技术与遗留 802.11a/b/g 技术的共存。由于 802.11ac 标准仅定义了 5 GHz 频段的操作，因此在今后一段时间内，配有两个无线接口的 802.11ac 接入点将继续支持 2.4 GHz 频段的 802.11n 通信。如果读者希望了解 802.11ac 技术的更多内容，建议阅读由 Matthew Gast 撰写的 *802.11ac: A Survival Guide*，这本书以深入浅出的方式讨论了 802.11ac 的核心技术。

10.11　考试要点

定义 MIMO 与 SISO 技术的区别。理解 SISO 设备仅使用一条射频链，而 MIMO 系统使用多条射频链。

定义 802.11n 与 802.11ac 技术的区别。掌握两种技术的相似点和不同点。了解哪些 802.11ac 技术属于针对 802.11n 技术的改进，哪些 802.11ac 技术具有革命性。解释为何 802.11ac 技术仅适用于 5 GHz 通信。

理解空间复用。描述空间复用如何利用多径并发送多路空间流，从而提高吞吐量。

解释 SU-MIMO 与 MU-MIMO 的区别。解释 802.11ac 支持的空间流数量，以及还需要哪些资源才能支持更多的空间流。解释发送 SU-MIMO 信号与 MU-MIMO 信号在技术上存在哪些差异。

解释 MU-MIMO。解释 MU-MIMO 过程以及在哪些条件下最有可能取得成功。解释波束成形可以实现 MU-MIMO 的原因。解释增加空间流数量需要满足哪些要求。解释如何在 MU-MIMO 环境中实现服务质量。

描述显式波束成形。描述接入点与客户端之间如何进行显式波束成形，并解释这种技术的优点。

理解 20 MHz、40 MHz、80 MHz 以及 160 MHz 信道。掌握这 4 种信道之间的区别。解释一条 160 MHz 信道实际上是两条 80 MHz 信道的原因。如果没有较宽的信道可供使用，解释 802.11ac 无线接口如何动态切换到较窄的信道。描述为每种信道宽度选择主信道的重要性。

解释保护间隔。解释保护间隔如何补偿符号间干扰，并描述 800 纳秒保护间隔和 400 纳秒保护间隔的用途。

理解调制编码方案。解释调制编码方案定义数据速率的方法。理解影响数据速率的所有因素。

解释 HT/VHT PPDU 格式。描述非 HT PPDU、HT 混合 PPDU、VHT PPDU 之间的区别。

理解 HT MAC 子层增强机制。解释如何通过帧聚合来提高 MAC 子层的吞吐量。描述 HT/VHT 无线接口使用哪些新的电源管理机制。

解释 HT 保护模式。描述 4 种 HT 保护模式(模式 0～3)的区别。理解这些保护模式既适用于 HT 无线接口，也适用于 VHT 无线接口。

理解 64-QAM 与 256-QAM。解释这两种调制方法的异同。描述星座图的意义，并解释 256-QAM 的利弊。

10.12　复习题

1. 802.11ac 技术采用哪些调制方法？(选择所有正确的答案。)

A. BPSK　　　　　　　　　**B.** BASK

C. 32-QAM　　　　　　　　**D.** 64-QAM

E. 256-QAM

2. MIMO 系统通过哪些机制提高物理层的吞吐量？(选择所有正确的答案。)

A. 空间复用　　　　　　　**B.** A-MPDU

C. 发射波束成形　　　　　**D.** 40 MHz 信道

3. 802.11n 修正案定义了一种新的电源管理机制，可以通过仅保留一个无线接口而关闭其他无线接口来减少耗电。这种电源管理机制称为____。

A. A-MPDU　　　　　　　　**B.** 节电保护

　　C. PSMP　　　　　　　　**D.** SMPS

　　E. PS 模式

4. 保护间隔用作缓冲区以补偿哪种类型的干扰？

　　A. 同信道干扰　　　　　　**B.** 邻小区干扰

　　C. 射频干扰　　　　　　　**D.** HT 干扰

　　E. 符号间干扰

5. 802.11ac 技术支持哪些信道宽度？(选择所有正确的答案。)

　　A. 20 MHz　　　　　　　　**B.** 40 MHz

　　C. 80 MHz　　　　　　　　**D.** 80 + 80 MHz

　　E. 160 MHz

6. 在数据链路层的 MAC 子层，802.11n HT 无线接口采用哪些措施来提高吞吐量？(选择所有正确的答案。)

　　A. A-MSDU　　　　　　　　**B.** A-MPDU

　　C. 保护间隔　　　　　　　　**D.** 块确认

7. 显式波束成形包括哪些技术？(选择所有正确的答案。)

　　A. 信道探测　　　　　　　　**B.** 反馈矩阵

　　C. 探测矩阵　　　　　　　　**D.** 导向矩阵

8. 3×3:2 MIMO 无线接口可以发送并接收多少路唯一的数据流？

　　A. 2 路　　　　　　　　　　**B.** 3 路

　　C. 4 路　　　　　　　　　　**D.** 3 路相等的数据流，4 路不等的数据流

　　E. 无，数据流不是唯一的数据

9. A-MPDU 没有定义哪种功能？

　　A. 多种 QoS 访问类别　　　　　　　**B.** 独立的数据净荷加密

　　C. 使用相同接收机地址的单个 MPDU　　**D.** MPDU 聚合

10. 哪些 HT 保护模式只允许 802.11n/ac 客户端与 802.11ac 接入点建立关联？(选择所有正确的答案。)

　　A. 模式 0：绿地模式　　　　　　　　**B.** 模式 1：非成员保护模式

　　C. 模式 2：20 MHz 保护模式　　　　**D.** 模式 3：非 HT 混合模式

11. 根据 Wi-Fi 联盟 Wi-Fi CERTIFIED n 认证项目的定义，802.11n 接入点必须支持哪些功能？(选择所有正确的答案。)

　　A. 接收模式时使用 3 路空间流　　　　**B.** WPA/WPA2

　　C. WMM　　　　　　　　　　　　　**D.** 发射模式时使用 2 路空间流

　　E. 2.4 GHz 频段的 40 MHz 信道

12. MIMO 无线接口通过哪些机制来实现发射分集？(选择所有正确的答案。)

　　A. 最大比合并　　　　　　　　　　　**B.** 直接序列扩频

　　C. 空时分组编码　　　　　　　　　　**D.** 循环移位分集

13. 802.11n HT 向后兼容哪些 802.11 无线接口？(选择所有正确的答案。)

　　A. 802.11b HR-DSSS 无线接口　　　　**B.** 802.11a OFDM 无线接口

　　C. 802.11 FHSS 无线接口　　　　　　**D.** 802.11g ERP 无线接口

14. 802.11ac 修正案定义了多少种调制编码方案？

A. 8 种　　　　　　　　　　**B.** 10 种

C. 64 种　　　　　　　　　　**D.** 77 种

E. 256 种

15. 以下哪种 MCS 范围定义了 802.11ac 无线接口必须支持的所有 MCS？

A. MCS 0～MCS 2　　　　　　**B.** MCS 0～MCS 4

C. MCS 0～MCS 6　　　　　　**D.** MCS 0～MCS 7

E. MCS 0～MCS 8　　　　　　**F.** MCS 0～MCS 9

16. 一位无线局域网顾问建议,新安装的 802.11n/ac 网络应在 5 GHz U-NII 频段仅使用 40 MHz 信道。为什么这位顾问建议仅在 5 GHz 频段而非 2.4 GHz 频段使用 40 MHz 信道？

A. HT/VHT 无线接口在 5 GHz 频段不需要 DFS 和 TPC。

B. 在 5 GHz 频段使用 TxBF 有助于扩大 HT/VHT 无线接口的传输范围。

C. 无法在 2.4 GHz ISM 频段规划 40 MHz 信道复用模式。

D. 5 GHz VHT 无线接口比 2.4 GHz HT 无线接口的价格低。

17. 802.11ac VHT 无线接口向后兼容哪些 802.11 技术？(选择所有正确的答案。)

A. 802.11b HR-DSSS　　　　　**B.** 802.11a OFDM

C. 802.11g ERP　　　　　　　**D.** 802.11n HT

18. 802.11 标准定义了哪些频段供 802.11n HT 传输使用？(选择所有正确的答案。)

A. 902 MHz～928 MHz　　　　**B.** 2.4 GHz～2.4835 GHz

C. 5.15 GHz～5.25 GHz　　　　**D.** 5.25 MHz～5.35 MHz

19. 如果射频环境中几乎不存在反射和多径,可以采用哪种物理层机制提高 HT/VHT 无线接口的吞吐量？

A. 最大比合并　　　　　　　　**B.** 400 纳秒保护间隔

C. 交换分集　　　　　　　　　**D.** 空间复用

E. 空间分集

20. 根据 802.11ac 修正案的定义,客户端最多能收发多少路空间流？

A. 1 路　　　　　　　　　　　**B.** 2 路

C. 4 路　　　　　　　　　　　**D.** 8 路

第11章

无线局域网体系结构

本章涵盖以下内容:

- ✓ **无线局域网客户设备**
  - 802.11 无线接口规格
  - 802.11 无线接口芯片组
  - 客户端实用程序
- ✓ **管理面、控制面与数据面**
  - 管理面
  - 控制面
  - 数据面
- ✓ **无线局域网体系结构的类型**
  - 自治无线局域网体系结构
  - 集中式网络管理系统
  - 集中式无线局域网体系结构
  - 分布式无线局域网体系结构
  - 混合式无线局域网体系结构
- ✓ **专用的无线局域网基础设施**
  - 企业无线局域网路由器
  - 无线局域网网状接入点
  - 无线局域网网桥
  - 无线局域网阵列
  - 实时定位系统
  - Wi-Fi 语音
- ✓ **云网络**
- ✓ **基础设施管理**
  - 管理协议
- ✓ **应用编程接口**
  - 传输格式与数据格式
  - 无线局域网 API
  - 常见应用

第 7 章"无线局域网拓扑"讨论了各种 802.11 拓扑,而 802.11 服务集中的客户端和接入点用于提供对其他介质的无线访问。本章将讨论 802.11 拓扑使用的各种设备。客户端无线接口卡适用于台式机、膝上型计算机、智能手机、平板电脑等多种设备。

我们将讨论网络操作的 3 种逻辑面以及它们在无线局域网中的应用,并简要介绍现有的各种无线局域网体系结构。本章还将探讨无线局域网基础设施设备的发展历程,以及目前 Wi-Fi 市场上多种无线局域网专业设备的用途。

11.1　无线局域网客户设备

Wi-Fi 网卡(NIC)的主要硬件是半双工无线电收发器,包括多种硬件格式和芯片组。所有 Wi-Fi 客户端网卡都需要特殊的驱动程序以连接到操作系统,并安装与最终用户进行交互的软件实用程序。膝上型计算机的 802.11 无线接口适用于 Windows、Linux、Chrome OS 以及 macOS,不过每种操作系统都需要安装不同的驱动程序和客户端软件。虽然操作系统可能包含许多制造商无线接口的驱动程序,但目前的无线接口通常需要安装最新的驱动程序(或从更新驱动程序中受益)。不少供应商提供在线自动更新驱动程序的机制,而有些供应商的驱动程序可能能需要手动安装。第一代 802.11 无线接口的驱动程序往往漏洞百出。管理员或用户应始终确保安装最新的驱动程序,因为大多数问题通过升级 Wi-Fi 客户端驱动程序就能解决。

为接入无线局域网,最终用户可通过软件界面配置网卡的标识、安全、性能等参数。这些客户端实用程序可能由制造商提供,或内置在操作系统的软件界面中。

接下来,我们将讨论各种无线接口的网卡格式、使用的芯片组以及软件客户端实用程序。

11.1.1　802.11 无线接口规格

客户端网卡和接入点都使用 802.11 无线接口,下面将重点讨论 802.11 无线接口如何充当客户设备。802.11 无线接口包括多种规格(form factor),这意味着网卡的形状和尺寸各不相同。USB 等许多 802.11 无线接口规格都能作为附加的外部设备使用,但大多数 Wi-Fi 设备目前采用内置或集成规格。

1. 外部 802.11 无线接口

在无线局域网发展初期,购买 802.11 客户端网卡时只能选择标准的 PC 卡适配器,它是膝上型计算机的外围设备。PC 卡规格由个人计算机存储卡国际协会(PCMCIA)制定,3 种遗留的 PCMCIA 适配器(PC 卡)如图 11.1 所示。只要配有 PC 卡插槽,膝上型计算机或手持设备就能使用 PCMCIA 无线接口卡。大多数 PC 卡仅有内置的集成天线,部分 PC 卡则同时配有集成天线与外部连接器。目前的膝上型计算机不再使用 PC 卡插槽,PCMCIA 无线接口也已销声匿迹。

最终,市场上出现了包括 ExpressCard 格式在内的其他无线接口。ExpressCard 是取代 PCMCIA 卡的硬件标准,大多数膝上型计算机制造商采用较小的 ExpressCard 插槽替换 PCMCIA 插槽。

图 11.1　PCMCIA 适配器(PC 卡)

安全数字卡(SD card)和紧凑型闪存卡(CF card)最初用于手持个人数字助理(PDA)，这两种外围无线接口的功耗通常极低，且尺寸远小于火柴盒。目前的手持设备直接将 802.11 无线接口集成在产品中，因此使用 SD 和 CF 格式的手持设备很快淡出人们的视线。

上面讨论的 802.11 无线接口规格可以作为膝上型计算机和其他移动设备的外部无线接口。但通用串行总线(USB)802.11 无线接口仍然是外部 802.11 无线接口的最佳选择，因为几乎所有计算机都有 USB 端口。USB 安装简单，也无需外接电源。USB 802.11 无线接口既可以是小型加密锁设备(如图 11.2 所示)，也可以是配有独立 USB 电缆连接器的外部有线 USB 设备。加密锁设备小巧便携，适用于膝上型计算机；而外部设备可以通过 USB 延长线连接到台式机，并置于桌面上以获得更好的接收效果。

图 11.2　802.11 USB 无线接口

802.11n/ac 无线接口包括 USB 2.0 和 USB 3.0 两种形式，可以通过 2.4 GHz 和 5 GHz 两个频段收发数据。但 USB 无线接口也有不足之处。USB 2.0 技术定义的最高数据传输速率仅为 480 Mbps，这会限制可用的 802.11 数据速率。而 USB 3.0 技术定义的最高数据传输速率达到 5 Gbps，因此

USB 3.0 802.11无线接口可以利用更高的802.11n/ac数据速率。人们发现,部分USB 3.0设备的电路系统会在2.4 GHz频段产生射频干扰;而各类USB 3.0设备可以将本底噪声提高5~20 dB,从而严重影响膝上型计算机内置的802.11无线接口的性能。

2. 内置的802.11无线接口

多年来,由于膝上型计算机没有提供内置的802.11无线接口,外部802.11无线接口一直是标准配置;如今,膝上型计算机和其他移动设备已配有内置的802.11无线接口。迷你PCI(Mini PCI)是最早使用的内置型无线接口格式,也是PCI总线技术的另一种形式,主要用于膝上型计算机。迷你PCI无线接口一般见于接入点,大多数膝上型计算机内置的802.11无线适配器也使用这种无线接口。下一代总线技术规格是尺寸较小的迷你PCIe(Mini PCIe)以及更小的半迷你PCIe(Half Mini PCIe)。如图11.3所示,目前几乎所有膝上型计算机均内置有迷你PCI或迷你PCIe无线接口。二者通常位于膝上型计算机的底部,与安装在显示器边缘的小型天线相连。

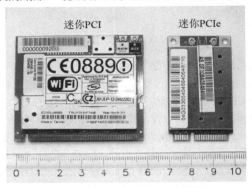

图11.3 迷你PCI与迷你PCIe无线接口

【现实生活场景】

膝上型计算机使用外部USB无线接口有哪些优点?

尽管部分膝上型计算机的迷你PCI、迷你PCIe与半迷你PCIe无线接口可以拆卸,但它们不一定能在其他供应商制造的膝上型计算机中使用。而USB Wi-Fi适配器方便携带,适用于不同品牌的膝上型计算机。对于配有早期802.11内置无线接口的膝上型计算机,在控制成本的情况下,使用USB无线接口就能立即享受到最新的802.11技术。此外,运行802.11协议分析软件或现场勘测应用时,无线局域网工程师往往也会使用USB无线接口。这些应用一般需要安装特殊的驱动程序,可能覆盖802.11无线接口原有的驱动程序或与其发生冲突。为避免改变内置的802.11无线接口,工程师通常在进行故障排除和现场勘测时使用独立的外部802.11无线接口。

---

3. 移动设备

前面主要讨论了膝上型计算机使用的各种802.11网卡格式,而802.11无线接口也能用于智能手机、平板电脑、条码扫描仪、VoWiFi电话等许多其他类型的手持设备。如图11.4所示,Honeywell制造的条码扫描仪多年来一直使用802.11无线接口。

图 11.4　条码扫描仪

　　早期的手持设备确实使用了前面提到的一些规格，但手持设备制造商普遍采用嵌入式 802.11 无线接口(通常是嵌入设备主板的单芯片)。图 11.5 显示了部分 iPhone 使用的单芯片 802.11 无线接口，由 Broadcom 制造。智能手机、平板电脑等几乎所有移动设备都使用嵌入设备主板的单芯片。嵌入式无线接口通常采用复合芯片组(combo chipset)，这种芯片组将 Wi-Fi 和蓝牙两种技术集成在了一起。

图 11.5　嵌入式 802.11 无线接口

　　一直以来，大多数用户认为只有膝上型计算机才能提供 Wi-Fi 连接。随着智能手机和平板电脑的问世，移动设备的手持客户端数量呈现爆炸式增长。近年来，连接到企业无线局域网的移动设备数量已超过联网的膝上型计算机数量。根据技术研究公司 650 Group[1]的估计，到 2025 年，全球使用的智能手机、平板电脑、个人计算机以及外围设备将超过 120 亿部。

　　如今，除膝上型计算机外，用户希望许多移动设备都能提供 Wi-Fi 连接。由于个人移动设备的激增，通常需要制定自带设备(BYOD)策略以规范员工的个人设备如何访问企业无线局域网。为引导个人移动设备和公司配备设备接入无线局域网，可能还要部署移动设备管理(MDM)解决方案。第 18 章"自带设备与来宾访问"将深入探讨 BYOD 策略和 MDM 解决方案。

1　https://www.650group.com。

4. 可穿戴设备

另一个重要的技术趋势当属可穿戴计算设备，简称可穿戴设备。可穿戴设备佩戴在人体或衣服上，旨在提供人与计算机之间的持续交互，是用户身体或思想的延伸。可穿戴设备并非新鲜事物，配有嵌入式 802.11 无线接口的可穿戴设备已开始投放市场。智能手表、手环、运动传感器以及智能眼镜都属于可穿戴设备。

与智能手机和平板电脑一样，用户可能希望通过个人可穿戴设备连接到企业无线局域网。制定可穿戴设备接入企业无线局域网的引导和访问策略，是 IT 管理员面临的新挑战。此外，可穿戴设备在医疗保健和零售等企业垂直市场具有广泛的应用潜力。位于硅谷的研究公司 650 Group 预计，可穿戴设备的出货量将从 2017 年的 10 亿部增至 2025 年的 50 亿部以上。

5. 物联网

在讨论射频识别(RFID)设备时，外界通常将物联网概念的提出归功于凯文·阿什顿(Kevin Ashton)[1]。

一直以来，互联网产生的大部分数据由人类创造；而物联网理论指出，未来互联网产生的大部分数据可能来自传感器、监控器与机器。需要注意的是，充当客户设备的 802.11 网卡已在许多机器和设备中得到应用。游戏设备、立体音响系统与摄像机都配有 802.11 无线接口，家电制造商正在洗衣机、冰箱与汽车中安装 Wi-Fi 网卡。在众多企业垂直市场中，传感器和监控设备使用的 802.11 无线接口和 RFID 得到了广泛应用。

研究公司 650 Group 估计，到 2025 年，全球通过无线方式连接的物联网设备将达到 530 亿台，远远超过预计的 280 亿部个人计算机、平板电脑、智能手机以及其他联网个人设备——这是否意味着电影《终结者》中预言的具有自我意识的"天网"开始崭露头角？玩笑归玩笑，相当一部分物联网设备可能通过 802.11 无线接口接入互联网。企业再次面临新的挑战：当物联网设备接入企业无线局域网时，IT 管理员必须制定引导、访问与安全策略。

目前，大多数配有 802.11 无线接口的物联网设备仅能通过 2.4 GHz 频段传输数据。请注意，物联网设备并非只能使用 Wi-Fi 技术，它们也可以使用蓝牙、Zigbee 等其他射频技术。除 802.11 接口外，物联网设备还可能配有以太网接口。

【现实生活场景】

如何判断膝上型计算机或移动设备的无线接口类型？

一般来说，膝上型计算机或移动设备制造商会在设备规格表中标明无线接口的型号，但某些制造商可能不会列出无线接口的详细规格和性能指标。那么，如何判断无线接口属于 1×1:1 MIMO 还是 3×3:3 MIMO、支持 40 MHz 信道还是仅支持 20 MHz 信道呢？对于膝上型计算机而言，只要查看操作系统的无线接口驱动程序就能确定部分性能指标。此外，还可以通过 FCC ID 判断设备使用哪种 Wi-Fi 接口。以美国为例，所有 802.11 无线接口必须经过联邦通信委员会(FCC)的认证。FCC 维护了一个可搜索的设备授权数据库[2]，在数据库搜索引擎中输入设备的 FCC ID，就可以找到制造商提交给 FCC 的文档和图片。如果制造商网站没有提供 802.11 无线接口的相关信息，不妨通过 FCC 数据库确定无线接口的型号和规格。

1　参见阿什顿在 2009 年发表的文章 *That 'Internet of Things' Thing*：https://www.rfidjournal.com/articles/view?4986。

2　https://www.fcc.gov/oet/ea/fccid。

6. 客户设备性能

了解企业环境中部署的客户设备的性能十分重要；而在升级接入点的同时，采用 802.11 新技术升级无线局域网客户设备同样重要。第 13 章"无线局域网设计概念"将讨论这方面的内容。对大多数企业而言，只要在升级无线局域网基础设施前升级企业拥有的客户设备，相当一部分客户端连接和性能问题就能迎刃而解。遗憾的是，企业的做法往往相反：公司虽然在新接入点的技术升级方面投入巨资，但却仍然部署遗留的客户设备。

802.11 客户端无线接口的性能千差万别，这一点请读者谨记在心。遗留的 802.11b 无线接口的最高数据速率为 11 Mbps，而遗留的 802.11a/g 无线接口的最高数据速率为 54 Mbps。如今，膝上型计算机、智能手机与平板电脑制造商销售的产品配有 802.11n/ac 无线接口，能以更高的数据速率进行通信。但即便是目前的客户设备，性能也可能有所不同。某些高端膝上型计算机配有 3×3:3 MIMO 无线接口，而许多膝上型计算机依然使用 2×2:2 MIMO 无线接口。此外，大多数智能手机和平板电脑都已部署 2×2:2 MIMO 无线接口，但不少早期的 802.11n 移动设备仍在使用 1×1:1 无线接口。

前几代平板电脑和智能手机仅配有 1×1:1 无线接口，只能使用 2.4 GHz 频段传输数据。而目前的大多数客户端设备都已安装 2×2:2 MIMO 无线接口，且支持双频通信，可以使用 2.4 GHz 和 5 GHz 两个频段传输数据。此外，大多数新的客户设备通常支持 40 MHz 信道。然而，新设备也可能不支持 802.11k、802.11r、802.11v 等许多 802.11 技术。

一般来说，配有 802.11 无线接口的物联网设备仅支持 2.4 GHz 通信，且很可能使用早期的 802.11g 芯片组技术以降低成本。

11.1.2　802.11 无线接口芯片组

芯片组是一组协同工作的集成电路。802.11 芯片组制造商数量众多，它们向不同的无线接口制造商和无线局域网供应商销售其芯片组技术。遗留的芯片组显然无法利用新技术提供的所有功能。例如，遗留的芯片组仅支持 802.11a/b/g 技术，而新的芯片组支持 802.11n/ac 技术。

部分芯片组可能仅支持 2.4 GHz 通信，其他芯片组则可以使用 2.4 GHz 和 5 GHz 两个频段传输数据。支持双频的芯片组见于 802.11a/b/g/n/ac 客户端无线接口。随着 802.11 技术的发展，芯片组制造商在产品中采用了许多新技术。不少专有技术已在某些芯片组中得到应用，部分技术将纳入今后的 802.11 标准。

> **注意：**
> Qualcomm[1]、Broadcom[2]、Intel[3]都是首屈一指的 Wi-Fi 芯片组和无线接口制造商，请浏览这些企业的网站以获取详细信息。

11.1.3　客户端实用程序

最终用户通过称为客户端实用程序(client utility)的软件界面来配置无线客户端网卡。如同驱动程序是无线接口网卡与操作系统之间的接口一样，Wi-Fi 客户端实用程序本质上是无线接口网卡与用户之间的软件界面。一般来说，用户可以通过软件界面创建多个连接配置文件：第一个配置

1　https://www.qualcomm.com。
2　https://www.broadcom.com。
3　https://www.intel.com。

文件用于在工作环境中连接无线网络，第二个配置文件用于在家庭环境中连接无线网络，第三个配置文件用于连接热点。

客户端实用程序通常包括服务集标识符(SSID)、传输功率、WPA/WPA2 安全、WMM 服务质量、电源管理等配置设置。就技术层面而言，无线局域网客户端实用程序又称请求方(supplicant)，讨论 802.1X/EAP 安全时经常使用这个术语。从第 7 章的讨论可知，某些客户端网卡也能配置为基础设施模式或自组织(ad hoc)模式。大多数优秀的客户端实用程序都提供某种形式的统计信息显示工具和接收信号强度指示(RSSI)测量工具，部分客户端实用程序还允许用户调整客户端漫游阈值。

客户端实用程序主要分为以下 3 类:
- 集成操作系统客户端实用程序
- 特定于供应商的客户端实用程序
- 第三方客户端实用程序

配置 802.11 无线接口时，应用最广泛的软件界面是集成操作系统客户端实用程序。膝上型计算机用户很可能使用操作系统集成的 Wi-Fi 网卡配置界面。客户端实用程序因膝上型计算机使用的操作系统而异，不同版本操作系统的客户端实用程序也有所不同。例如，Windows 8 和 Windows 10 的客户端实用程序并不一样，早期的 macOS 和 macOS High Sierra(10.13)的客户端实用程序也有所不同。Windows 10 的 Wi-Fi 客户端实用程序如图 11.6 所示，部分操作系统(如 macOS High Sierra)提供的 Wi-Fi 诊断工具和信号强度指示工具如图 11.7 所示。

图 11.6　Windows 10 的集成操作系统客户端实用程序

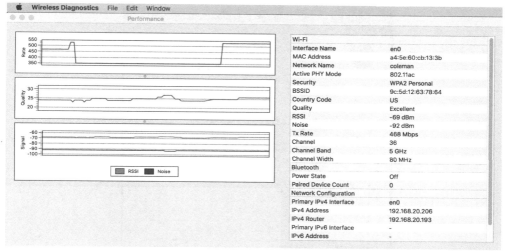

图 11.7　macOS High Sierra 的无线诊断工具

手持设备的操作系统通常也提供某种形式的 Wi-Fi 客户端实用程序。图 11.8 显示了 iPad 和 iPhone 上运行的 iOS 11.0 客户端接口。

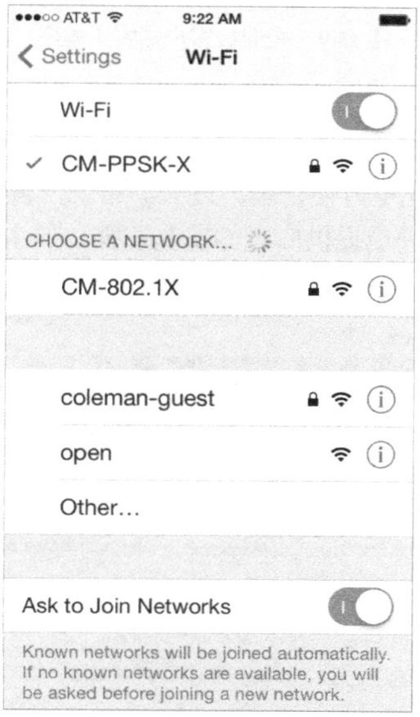

图 11.8　iOS 11.0 的集成操作系统客户端实用程序

某些情况下，特定于供应商的软件客户端实用程序可以取代集成操作系统软件实用程序。SOHO 客户端实用程序针对普通家庭用户，一般比较简单，而大多数特定于供应商的客户端实用程序用于配置外围设备的 802.11 无线接口。近年来，由于外围设备 802.11 无线接口的鼎盛期已过，特定于供应商的客户端实用程序的使用也急剧减少。配置昂贵的企业级 802.11 网卡时，可以采用企业级供应商客户端实用程序，这种实用程序通常提供更多的配置功能和更好的统计工具。图 11.9 显示了 Intel PROSet 无线客户端界面，用于配置安装 Intel 802.11 无线接口的 Windows 膝上型计算机。

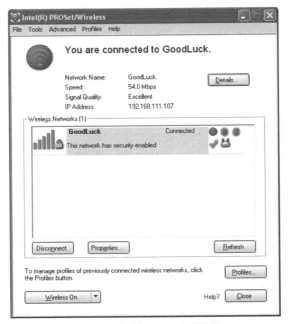

图 11.9　企业级客户端实用程序

　　此外,还可以通过第三方客户端实用程序来配置 802.11 无线接口卡,图 11.10 显示的 SecureW2 Enterprise Client 就是一例。与所有集成操作系统客户端实用程序一样,第三方 Wi-Fi 请求方适用于不同供应商的无线接口卡,因此更方便管理。过去,第三方客户端实用程序一般支持多种不同类型的 EAP,能为无线局域网管理员提供广泛的安全选择,但主要缺点在于需要付费。多年来,由于集成客户端实用程序不断改进,第三方 Wi-Fi 客户端实用程序的应用有所减少。

图 11.10　第三方客户端实用程序

11.2　管理面、控制面与数据面

电信网络通常定义为 3 种逻辑操作面。

管理面　管理面负责网络管理与监控。所有监控路由器、交换机以及其他有线网络基础设施的网络管理解决方案都属于管理面的范畴。集中式网络管理服务器可以向网络设备推送配置设置与固件升级。

控制面　控制面由控制或信令信息构成，通常定义为网络智能或协议。动态三层路由协议(如 OSPF 和 BGP)是路由器转发数据时使用的控制面智能，内容可寻址存储器(CAM)表和生成树协议(STP)是二层交换机转发数据时使用的控制面机制。

数据面　数据面又称用户面，负责在网络中实际转发用户流量。转发 IP 包的路由器与转发 802.3 以太网帧的交换机都属于数据面的范畴。

在 802.11 环境中，3 种逻辑操作面的功能有所不同，具体取决于无线局域网体系结构的类型和 Wi-Fi 供应商。例如，在遗留的自治接入点环境中，每个独立接入点都包括全部 3 种逻辑操作面(尽管控制面机制极其简单)。而当无线局域网控制器解决方案在 2002 年首次出现时，所有 3 种逻辑操作面都被迁移到集中式设备。在目前的 Wi-Fi 部署中，逻辑操作面可以划分为接入点、无线局域网控制器与无线网络管理系统。

> **注意:**
> 不要混淆管理面、控制面、数据面与 802.11 管理帧、控制帧、数据帧。本章讨论的管理面、控制面、数据面与无线局域网体系结构操作有关。

11.2.1　管理面

在无线局域网中，管理面提供以下功能:

无线局域网配置　包括 SSID、安全、WMM、信道以及功率配置。

无线局域网监控与报告　监控确认帧、客户端关联、重关联、数据速率等二层统计数据。上层监控和报告信息包括应用可见性、IP 连接、TCP 吞吐量、延迟统计以及状态防火墙会话。

无线局域网固件管理　采用最新的供应商操作代码升级接入点以及其他 Wi-Fi 设备。

11.2.2　控制面

一般来说，为网络设备提供智能和交互的协议负责定义控制面。下面是控制面智能的部分示例:

自适应射频　协调多个接入点的信道与功率设置。大多数无线局域网供应商都提供某种类型的自适应射频(adaptive RF)功能；就技术层面而言，自适应射频又称无线资源管理(RRM)。

漫游机制　为接入点之间的漫游切换提供支持，包括三层漫游、维护客户端状态防火墙会话、转发缓冲数据包等功能。接入点之间也可利用机会密钥缓存(OKC)和快速基本服务集转换(FT)等快速、安全漫游机制转发主加密密钥。

客户端负载均衡　从接入点收集并共享客户端的负载和性能指标，以改善无线局域网的整体运行状况。

网状协议　为了在多个接入点之间路由用户数据，需要使用某种网状路由协议。大多数无线局域网供应商采用二层路由协议在网状接入点之间传输用户数据，而某些供应商采用三层网状路由协议。802.11s 修正案定义了标准的网状路由机制，但供应商目前仍然使用专有的方法和指标。

11.2.3 数据面

数据面负责转发用户数据，参与数据面的两种设备通常是接入点和无线局域网控制器。独立接入点在本地处理所有数据转发操作；而在无线局域网控制器解决方案中，数据一般由集中式控制器转发，但也可以通过接入点在网络边缘转发。与管理面和控制面一样，供应商处理数据转发的手段和建议各不相同。本章稍后将详细讨论数据转发模型。

11.3 无线局域网体系结构的类型

随着企业对 802.11 技术的接受程度日益提高，无线局域网体系结构也在不断发展。大多数情况下，802.11 技术致力于为有线基础设施网络提供无线门户。802.11 无线门户与典型 802.3 以太网基础设施的集成方式在不断变化。一般来说，Wi-Fi 供应商提供以下 3 种主要的无线局域网体系结构：

- 自治无线局域网体系结构
- 集中式无线局域网体系结构
- 分布式无线局域网体系结构

接下来，我们将深入探讨这三种无线局域网体系结构。

11.3.1 自治无线局域网体系结构

传统的接入点是一种独立的 802.11 门户设备，包括全部 3 种逻辑操作面，位于网络体系结构的边缘。这些接入点通常称为胖接入点或独立接入点，但业界一般使用自治接入点(autonomous access point)一词来描述传统的接入点。

自治接入点存储有全部配置设置，因此每个自治接入点都有管理面，并负责处理所有加密和解密机制以及 MAC 子层机制。由于全部用户流量均通过独立的接入点在本地转发，数据面同样位于自治接入点。如图 11.11 所示，遗留的自治接入点几乎没有共享的控制面机制。

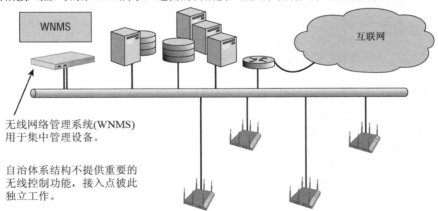

图 11.11 自治无线局域网体系结构

自治接入点至少包括两个物理接口，通常是射频无线接口和 10/100/1000 Mbps 以太网端口。

大多数情况下，这些物理接口通过桥接虚拟接口(BVI)桥接在一起，并共享分配给桥接虚拟接口的 IP 地址。虽然接入点属于二层设备，但仍然需要三层地址才能连接到 IP 网络。桥接虚拟接口是接入点的管理接口。

自治接入点通常使用 802.11 协议栈与 802.3 协议栈，并提供以下功能：

- 多种管理界面(如 CLI、GUI 与 SNMP)
- 安全功能(如 WEP、WPA 与 WPA2)
- WMM 服务质量功能
- 固定或可拆卸天线
- 过滤选项(如 MAC 过滤和协议过滤)
- 连接模式(如访问、网状、桥接或传感器模式)
- 多种无线接口和双频功能
- 支持 802.11Q 虚拟局域网(VLAN)
- 支持 802.3af 或 802.3at 以太网供电(PoE)

自治接入点还具备以下高级安全特性：

- 内置 RADIUS 和用户数据库
- 支持 VPN 客户端和服务器
- DHCP 服务器
- 强制门户

自治接入点部署在接入层，一般由具备 PoE 功能的接入层交换机供电。自治接入点中的集成服务将 802.11 流量转换为 802.3 流量。多年来，自治接入点奠定了无线局域网体系结构的基础；然而，大多数使用自治接入点的企业部署已被使用无线局域网控制器的集中式体系结构取代，本章稍后将进行讨论。

11.3.2　集中式网络管理系统

对于大型的自治无线局域网体系结构而言，管理是 802.11 管理员面临的一项挑战：逐一配置 300 个自治接入点堪称噩梦。传统自治接入点的主要缺点在于没有中央管理点。如果智能边缘无线局域网体系结构中的接入点数量超过 25 个，就需要使用某种无线网络管理系统(WNMS)。

WNMS 将管理面移出自治接入点，然后通过中央管理点配置并维护数以千计的自治接入点。WNMS 既可以是硬件设备，也可以是软件解决方案；WNMS 解决方案既可以特定于供应商，也可以独立于供应商。

从前面的图 11.11 可以看出，WNMS 服务器主要充当自治接入点(目前属于遗留设备)的中央管理点。随着时间的推移，这一定义发生了很大变化。本章稍后将介绍无线局域网控制器，后者充当基于控制器的接入点的中央管理点。在小规模 Wi-Fi 部署中，无线局域网控制器实际上取代 WNMS 服务器成为接入点的中央管理点。然而，大规模企业 Wi-Fi 部署需要多个无线局域网控制器；为管理这些控制器，目前一般采用 WNMS 服务器作为中央管理点。WNMS 服务器既可以管理一家供应商的多个无线局域网控制器，某些情况下也可以管理多家供应商的无线局域网基础设施(包括独立接入点)。

WNMS 一词其实已经过时，因为许多集中式管理解决方案也能管理其他类型的网络设备，如交换机、路由器、防火墙或虚拟专用网(VPN)网关。有鉴于此，业界目前更常使用的术语是网络管理系统(NMS)。NMS 解决方案通常是供应商专有的，但也存在能管理多家网络供应商设备的

NMS 解决方案。

　　NMS 主要充当网络设备的中央管理和监控点，并向所有网络设备推送配置设置与固件升级。集中式管理是 NMS 的主要任务，但 NMS 也提供其他功能，比如规划并管理无线局域网的射频频谱。NMS 还能用于监控网络体系结构，并通过管理控制台集中处理警告和通知。NMS 可以很好地监控网络基础设施以及连接到网络的有线和无线客户端。如图 11.12 所示，NMS 解决方案通常提供广泛的诊断实用程序，可用于远程故障排除。

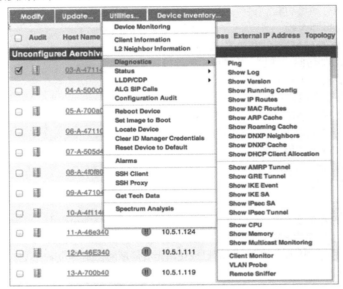

图 11.12　NMS 诊断实用程序

　　NMS 属于管理面解决方案，因此不提供控制面或数据面机制。例如，NMS 与接入点之间仅交换管理协议。大多数 NMS 解决方案通过简单网络管理协议(SNMP)管理并监控无线局域网，部分 NMS 解决方案仅采用无线接入点控制和配置(CAPWAP)协议作为监控和管理协议。CAPWAP 将数据报传输层安全(DTLS)纳入其中，可以为监控的管理流量提供加密和数据隐私。接入点从来不会向 NMS 转发用户流量，但 NMS 仍然能监控客户端关联操作和流量。如图 11.13 所示，NMS 可以监控关联到多个接入点的多个客户端。

　　NMS 解决方案既可以作为硬件设备部署在企业数据中心，也可以作为运行在 VMware 或其他虚拟化平台上的虚拟设备。位于企业数据中心的 NMS 通常称为本地 NMS(on-premises NMS)，NMS 解决方案还能作为软件订阅服务在云端使用。目前，可以通过应用编程接口(API)访问许多无线局域网供应商的 NMS 解决方案。API 是用于构建应用软件的一组程序定义、协议与工具。客户和合作伙伴可以利用无线局域网 API 构建定制应用以监控无线局域网，或为 Wi-Fi 设备配置开发定制应用。本章稍后将深入探讨 API。

Status Health	Hostname	IP	MAC	User Name	OS Type	Channel	Usage	VLAN
	Coleman-PC	172.16.255.95	74DA3835EAB4		Windows 8/10	11	0 B	1
	aerohives-M...	172.16.255.59	A45E60CB133B		Mac OS X	11	0 B	1
	Blue-Cutter	172.16.255.63	7C5CF8A5DC0F		Windows 8/10	11	537.15 KB	1
	GreenLeaf	172.16.255.62	7C5CF8732E90		Windows 8/10	11	304.66 MB	1
	android-efdf...	172.16.255.88	301966CA471D		Android	149	0 B	1
	Davids-iPhone	172.16.255.90	B844D90E006E		Apple iOS	149	430.96 KB	1
		172.16.255.91	6C29951A2A66		CrOS	149	3.12 MB	1
	iPad	172.16.255.85	98B8E392715D		Apple iOS	149	42.97 KB	1
	charkins-mac	172.16.255.84	A4D18CCB9A80		Mac OS X El Capitan	149	0 B	1
	android-bf66...	172.16.255.87	E09971B3E389		Android	149	359.79 KB	1

10 Clients from Friday (July 1, 2016) 08:00 to Friday (July 1, 2016) 10:00

10　**20**　50　100

图 11.13　NMS 客户端监控

11.3.3　集中式无线局域网体系结构

无线局域网集成的下一个发展阶段是集中式无线局域网体系结构。这种模型采用位于网络核心层的中央无线局域网控制器，基于控制器的接入点(又称轻量级接入点或瘦接入点)取代了自治接入点。从 2002 年开始，不少 Wi-Fi 供应商决定转向无线局域网控制器模型。在集中式无线局域网体系结构中，3 种逻辑操作面都位于无线局域网控制器。

管理面　无线局域网控制器配置并管理接入点。

控制面　无线局域网控制器提供自适应射频、负载均衡、漫游切换以及其他机制。

数据面　无线局域网控制器充当用户流量的数据分发点，接入点通过隧道将所有用户流量传输给中央控制器。

加密和解密既可以通过集中式无线局域网控制器完成，也可以仍然由基于控制器的接入点处理，具体取决于供应商。无线局域网控制器一般负责处理分布系统服务(DSS)和集成服务(IS)，但部分时敏操作仍然由接入点完成。

1. 无线局域网控制器

如图 11.14 所示，集中式无线局域网体系结构的核心是无线局域网控制器。它实际上是一种以太网托管交换机，可以在 OSI 模型的数据链路层(第二层)处理并路由数据，因此通常称为无线交换机。不少无线局域网控制器属于多层交换机，有能力在 OSI 模型的网络层(第三层)路由流量。但"无线交换机"一词已经过时，它已经无法很好地描述无线局域网控制器的诸多功能。

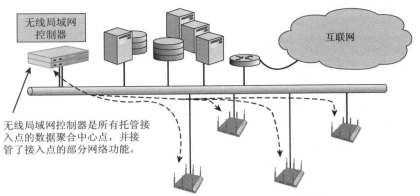

图 11.14 集中式无线局域网体系结构:无线局域网控制器

无线局域网控制器提供以下多种功能。

接入点管理 如前所述,无线局域网控制器可以设置接入点的大多数功能(如功率、信道与支持的数据速率),从而实现接入点的集中管理和配置。部分供应商采用专有协议在无线局域网控制器和基于控制器的接入点之间交换数据,这些专有协议可以传输配置、更新固件并维护保活流量。标准化的无线局域网管理协议已得到广泛认可:许多 Wi-Fi 供应商通过 CAPWAP 协议管理并监控接入点,这种协议也能用于在接入点和无线局域网控制器之间封装用户流量。

无线局域网管理 无线局域网控制器能支持多个无线局域网,通常称它们为无线局域网配置文件或 SSID 配置文件。每个 802.11 客户端组可以连接到唯一的 SSID 配置文件。无线局域网配置文件是一组由无线局域网控制器配置的参数,包括逻辑名(SSID)、安全设置、VLAN 分配以及服务质量,通常配合基于角色的访问控制(RBAC)机制使用。无线局域网控制器为连接到 Wi-Fi 网络的用户分配特定的角色或配置文件。

用户管理 无线局域网控制器一般采用 RBAC 机制来控制何人、何时、何地访问网络。

设备监控 无线局域网控制器根据连接、漫游、运行时间等参数提供可视化接入点监控和客户设备统计。

虚拟局域网 无线局域网控制器完全支持创建 VLAN 和 802.1Q VLAN 标记。无线局域网控制器支持创建多个无线用户 VLAN,以实现用户流量的分段。VLAN 既可以静态分配给无线局域网配置文件,也可以使用 RADIUS 属性分配。用户 VLAN 一般封装在 IP 隧道中。

二层安全支持 无线局域网控制器完全支持二层 WEP、WPA 与 WPA2 加密。身份验证功能包括内部数据库以及与 RADIUS 和 LDAP 服务器的全面集成。

三层与七层 VPN 集中器 部分无线局域网供应商的控制器还提供 VPN 服务器功能。控制器可以充当 IPsec 或 SSL VPN 隧道的 VPN 集中器或端点。

强制门户 来宾无线局域网可以使用无线局域网控制器提供的强制门户功能。

内部无线入侵防御系统 部分无线局域网控制器集成有无线入侵防御系统(WIPS),能实现安全监控和恶意接入点抑制。

防火墙 一些无线局域网控制器的内部防火墙提供状态包检测功能。

自动故障转移与负载均衡 考虑到冗余方面的需要,无线局域网控制器通常支持虚拟路由器冗余协议(VRRP)。大多数供应商还提供专有机制,可以在多个基于控制器的接入点之间均衡无线客户端的负载。

自适应射频频谱管理　大多数无线局域网控制器都能实现某种形式的自适应射频功能。无线局域网控制器是一种集中式设备，能根据不断从接入点无线接口收集的射频信息来动态调整基于控制器的接入点的配置。在无线局域网控制器环境中，接入点监控各自的信道，还通过信道外扫描功能侦听其他频率，并向无线局域网控制器报告侦听到的所有射频信息。根据多个接入点提供的全部射频监控数据，无线局域网控制器将动态调整接入点的射频设置：一些接入点可能需要切换到不同的信道，另一些接入点可能需要调整传输功率。

自适应射频有时称为 RRM，相当于控制面智能。Wi-Fi 供应商实现的自适应射频功能各不相同，包括小区尺寸自动调整、自动监控、故障排除以及射频环境优化。

带宽管理　可以将带宽管道限制为上行或下行。

三层漫游支持　无线局域网控制器完全支持跨三层路由边界的无缝漫游。第 13 章将深入探讨三层漫游和移动 IP 标准。

以太网供电　部署在接入层的无线局域网控制器通过 PoE 技术为基于控制器的接入点直接供电，但大多数基于控制器的接入点都由第三方边缘交换机供电。

管理界面　许多无线局域网控制器全面支持 GUI、CLI、SSH 等通用的管理界面。

2. 分离式 MAC 体系结构

大多数无线局域网控制器供应商提供分离式 MAC 体系结构。在这种体系结构中，无线局域网控制器和接入点各自处理一部分 MAC 服务。例如，控制器负责处理集成服务和分布系统服务，还负责实施 WMM QoS 机制。802.11 数据帧的加密和解密既可以由控制器处理，也可以由接入点处理，具体取决于供应商。

如前所述，802.11 帧经由隧道在基于控制器的接入点和无线局域网控制器之间传输。控制器的集成服务将 802.11 数据帧的第三～七层净荷(MSDU)转换为 802.3 帧后发送给网络资源，因此802.11 数据帧一般通过隧道传输给控制器。实际上，无线局域网控制器需要为 802.11 数据帧的净荷提供访问网络资源的集中式网关。而 802.11 管理帧和控制帧不携带上层净荷，所以不会转换为 802.3 帧，也不一定需要通过隧道传输给控制器，因为控制器不必为这两种 802.11 帧提供访问网络资源的网关。

在分离式 MAC 体系结构中，相当一部分管理帧和控制帧交换仅在客户端和基于控制器的接入点之间进行，不会经由隧道传输给无线局域网控制器。例如，信标帧、探询响应帧与确认帧可能由基于控制器的接入点而非控制器产生。请注意，大多数无线局域网控制器供应商实现的分离式 MAC 体系结构不尽相同。许多解决方案采用 CAPWAP 协议实现监控和管理，这种协议还定义了分离式 MAC 功能。此外，CAPWAP 协议可以将 802.11 流量封装在隧道中，以便在接入点和无线局域网控制器之间传输。

注意：
CAPWAP 协议定义在 RFC 5415 中，详细内容请参见互联网工程任务组(IETF)网站[1]。

3. 控制器数据转发模型

集成服务和分布系统服务是大多数无线局域网控制器的重要功能。换言之，所有发送给有线端网络资源的 802.11 流量必须首先通过控制器，由集成服务转换为 802.3 流量后再传输给最终的有线目的地。因此，基于控制器的接入点通过 802.3 有线连接向无线局域网控制器发送 802.11 帧。

1　https://tools.ietf.org/html/rfc5415。

802.11 帧格式较为复杂，专为无线介质而非有线介质设计，因此无法直接通过 802.3 以太网传输。那么，基于控制器的接入点和无线局域网控制器之间如何传输 802.11 帧呢？802.11 流量通过 IP 封装的隧道转发，每个 802.11 帧完全封装在 IP 包的主体中。许多 Wi-Fi 供应商采用通用路由封装(GRE)，这是一种常用的网络隧道协议。虽然 GRE 协议一般用于封装 IP 包，但也能将 802.11 帧封装在 IP 隧道中。GRE 隧道在基于控制器的接入点和无线局域网控制器之间创建一条虚拟的点对点链路。GRE 协议是最常见的选择，但 Wi-Fi 供应商也可能采用 IPsec 或专有协议来创建 IP 隧道。CAPWAP 协议同样可以将用户流量封装在隧道中。

如图 11.15 所示，基于控制器的接入点(位于接入层)经由隧道将 802.11 帧传输给无线局域网控制器(位于核心层)。控制器中的分布系统服务负责引导流量；集成服务将 802.11 数据帧的净荷(MSDU)转换为 802.3 帧，再发送给最终的有线目的地。

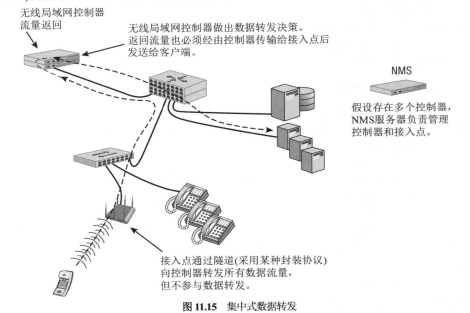

图 11.15 集中式数据转发

大多数无线局域网控制器部署在核心层，但也可以部署在分布层甚至接入层。无线局域网控制器的具体部署位置取决于 Wi-Fi 供应商的解决方案，也和当前有线拓扑的无线集成有关。只要不影响彼此之间的通信，也可以在不同的网络层部署多个无线局域网控制器。

无线局域网控制器提供如下两种数据转发方法：

集中式数据转发 所有数据由接入点转发给无线局域网控制器进行处理。许多场景都会使用这种数据转发方法，尤其是当控制器管理加密/解密或应用安全和 QoS 策略时。

分布式数据转发 如果适合在边缘转发数据，则接入点执行本地转发，以免在网络中集中处理所有数据，因为这可能要求交换机配有高性能处理器和存储器。

从图 11.15 可以看出，集中式数据转发依靠无线局域网控制器来转发数据。可在接入点和控制器之间创建 IP 封装隧道，所有用户数据流量交由控制器转发(或由控制器产生并发送)。就本质而言，接入点在用户数据处理中处于被动的一方。

而在分布式数据转发中，接入点全权负责转发用户数据流量的方式和目的地，控制器不会主动参与这些过程(如图 11.16 所示)。对数据应用 QoS 或安全策略也由接入点完成。一般来说，处理大多数 MAC 功能的设备也可能处理数据转发。采用哪种数据转发方法取决于安全、VLAN、吞吐量等多种因素。分布式数据转发的主要缺点在于无法执行某些控制面机制(如自适应射频、三层漫游、防火墙策略实施、快速安全漫游等)，因为只有无线局域网控制器支持这些机制。但随着控制器体系结构日趋成熟，一些 Wi-Fi 供应商将部分控制面机制重新移交给网络边缘的接入点。

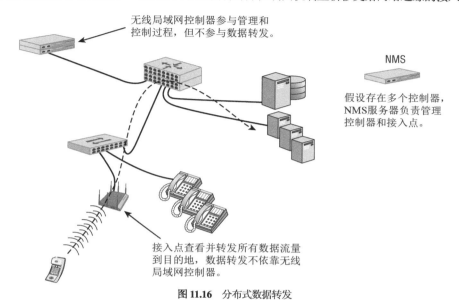

无线局域网控制器参与管理和控制过程，但不参与数据转发。

NMS

假设存在多个控制器，NMS服务器负责管理控制器和接入点。

接入点查看并转发所有数据流量到目的地，数据转发不依靠无线局域网控制器。

图 11.16　分布式数据转发

　　随着 802.11ac 技术和带宽在大型企业网络中日益普及，考虑到无线局域网产生的流量负载，集中式数据转发或许更难实现且成本高昂。拥有 10 Gbps 链路的大型控制器将变得越来越普遍。此外，无线局域网控制器制造商已开始通过各种方式实施分布式数据转发。

4. 远程办公室无线局域网控制器

　　无线局域网控制器一般部署在网络的核心层，但也可以部署在接入层，通常以远程办公室无线局域网控制器的形式存在。远程办公室无线局域网控制器的处理能力往往无法与核心层无线局域网控制器相提并论，但优势在于价格较低。这种无线局域网控制器旨在从单一位置管理远程和分支机构，一般通过广域网链路与中央无线局域网控制器进行通信。跨广域网连接的控制器之间通常可以使用安全 VPN 隧道功能。远程控制器经由 VPN 隧道从中央控制器下载网络配置，并利用这些配置控制和管理本地接入点。这些远程控制器只能管理有限数量的基于控制器的接入点，提供 PoE、内部防火墙、使用 NAT 和 DHCP 进行分段的集成路由器等功能。

11.3.4　分布式无线局域网体系结构

　　近年来，集中式体系结构呈现出向分布式体系结构过渡的趋势。除基于控制器的解决方案外，一些无线局域网控制器供应商目前也提供分布式体系结构解决方案，而 Aerohive Networks(已被 Extreme Networks 收购)等 Wi-Fi 供应商开始围绕分布式体系结构来设计整个无线局域网系统。这些系统使用协作接入点，控制面机制通过协作协议实现接入点间通信。分布式体系结构将一系列协作协议与多个接入点相结合，不存在无线局域网控制器。这种体系结构以传统的路由和交换设计模型为基础，网络节点提供独立的分布式智能，并协同工作以提供控制面机制。

如图 11.17 所示，多个接入点通过协议组织在一起，接入点之间共享控制面信息，以提供二层漫游、三层漫游、防火墙策略实施、协作射频管理、安全、网状网等功能。不妨将分布式体系结构设想为一组接入点，这些接入点具有无线局域网控制器的大部分智能和功能。接入点之间通过专有协议共享控制面信息。

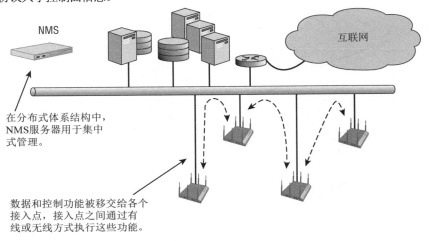

图 11.17 分布式无线局域网体系结构

在分布式体系结构中，每个接入点负责在本地转发用户流量。如前所述，802.11n 技术出现后，无线局域网控制器供应商也开始提供分布式数据转发解决方案以处理流量负载。由于分布式体系结构完全不需要集中式无线局域网控制器的参与，因此所有用户流量由独立的接入点在本地转发。在分布式体系结构中，数据面位于网络边缘的接入点。由于不存在无线局域网控制器，数据不需要通过隧道传输给网络的核心层。

在分布式体系结构中，尽管控制面和数据面已移交给接入点，但管理面仍然集中处理。换言之，所有接入点的配置和监控仍然由 NMS 服务器负责。NMS 服务器既可以是本地服务器，也可以作为云端服务提供给用户。

尽管不存在无线局域网控制器，但分布式体系结构依然可以提供无线局域网控制器的大部分功能。例如，强制门户、状态防火墙、RBAC 等一般属于无线局域网控制器的功能目前由接入点处理，后端漫游机制和自适应射频同样采用协作方式实现。此外，接入点还能充当具有完整 LDAP 集成功能的 RADIUS 服务器。如前所述，在分布式体系结构中，所有控制面机制位于网络边缘的接入点，接入点通过专有协议协同实现控制面机制。

在无线局域网环境中，VLAN 的部署方式与网络设计和现有无线局域网体系结构的类型有关。对于那些基于控制器的模型和非控制器模型而言，一个重要区别是如何在网络设计中实现 VLAN。在无线局域网控制器模型中，接入点将大部分用户流量集中转发给控制器。由于所有用户流量都经过封装，基于控制器的接入点一般连接到以太网交换机的访问端口(绑定单个 VLAN)。

在无线局域网控制器体系结构中，用户 VLAN 通常位于网络的核心层，无法在接入层交换机使用。基于控制器的接入点连接到边缘交换机的访问端口。基于控制器的接入点(位于边缘)和无线局域网控制器(位于核心层)之间创建 IP 隧道，所有用户 VLAN 都封装在 IP 隧道中，因此无线用户仍然能使用这些用户 VLAN。

另外，非控制器模型要求在网络边缘支持多个用户 VLAN。因此，接入点将连接到边缘交换机的 802.1Q 中继端口(支持 VLAN 标记)。接入层交换机负责配置所有用户 VLAN；用户 VLAN 标记在 802.1Q 中继端口，所有无线用户流量在网络边缘转发。

协作分布式无线局域网模型致力于避免将用户流量集中转发到核心层，但接入点也可以提供 IP 隧道功能。某些 802.11 客户不希望来宾 VLAN 流量进入内部网络。这种情况下，独立接入点可能只在 IP 隧道中转发来宾 VLAN 流量，隧道的另一侧是部署在隔离区(DMZ)的另一个独立接入点。接入点还可以作为 VPN 客户端或 VPN 服务器，与广域网链路另一端的接入点建立 IPsec 加密隧道。

分布式体系结构的另一个优点是可伸缩性。随着企业发展壮大并增设分支机构，显然需要部署更多的接入点。采用无线局域网控制器解决方案时，由于接入点增多，可能还要购买和部署更多的控制器；而如果采用无控制器的分布式体系结构，则企业规模增长时只需要部署新的接入点即可。以中小学教育、零售等垂直市场为例，它们都有大量分校或分店；与其在每个地点部署无线局域网控制器，不如采用分布式体系结构。

11.3.5　混合式无线局域网体系结构

本章介绍的无线局域网体系结构并非一成不变，理解这一点很重要。Wi-Fi 供应商已开发出多种混合式无线局域网体系结构。如前所述，部分无线局域网控制器供应商将部分控制面智能移交给接入点；也有控制器供应商推出云端控制器产品，将大多数控制器智能迁移到云端。

部署无线局域网控制器时，通常采用集中式数据转发，不过也可以采用分布式数据转发。部分 Wi-Fi 供应商已将数据面移交给网络边缘的接入点，由接入点处理用户流量的数据转发。分布式体系结构中没有无线局域网控制器，所有数据均在本地转发，但数据面仍然可以集中处理。一般来说，大多数 Wi-Fi 供应商目前都提供集中转发或本地转发数据面的解决方案，具体取决于接入点的位置以及可用的流量路由。

在分布式体系结构中，管理面位于本地 NMS 或云端 NMS；在无线局域网控制器模型中，管理面通常位于控制器。但管理面也可能移交给 NMS，由 NMS 管理基于控制器的接入点和无线局域网控制器。

11.4　专用的无线局域网基础设施

本章前几节讨论了无线局域网基础设施设备的发展，这些设备用于无线网络和有线网络体系结构的集成。除接入点和无线局域网控制器外，Wi-Fi 市场上还存在大量专业的无线局域网设备。虽然 802.11 标准并未定义这些设备的操作，但许多设备(如网桥和网状网)已得到广泛应用。接下来，我们将讨论这些设备。

11.4.1　企业无线局域网路由器

除公司总部外，企业通常设有分支机构，远端办公室可能分布在某个地区、整个国家甚至世界各地。如何为所有分支机构提供无缝的企业级有线或无线解决方案，是 IT 人员面临的挑战之一。大多数情况下，可为每个分支机构部署使用企业级无线局域网路由器的分布式解决方案。

请记住，无线局域网路由器与接入点截然不同。接入点使用桥接虚拟接口，而无线路由器配有单独的路由接口。无线接口卡位于一个子网，而以太网端口位于另一个子网。

分支无线局域网路由器可以通过 VPN 隧道连接到公司总部。借助 VPN 隧道的帮助，分支机构的员工可以经由广域网访问企业资源。更重要的是，企业 VLAN、SSID 与无线局域网安全都能扩展到远端分支机构。分支机构与公司总部的员工连接到相同的 SSID，从而在整个企业中无缝应用有线网络和无线网络访问策略，所有分支机构的无线局域网路由器都能应用这些策略。

企业级无线局域网路由器与大多数家用消费级 Wi-Fi 路由器非常类似，但采用质量更好的硬件制造，功能也更丰富。

企业级无线局域网路由器通常提供以下安全功能：

- 无线客户端的 802.11 二层安全
- 有线客户端的 802.1X/EAP 端口安全
- 网络地址转换(NAT)
- 端口地址转换(PAT)
- 端口转发
- 防火墙
- 集成 VPN 客户端
- 3G/4G 蜂窝回程

11.4.2　无线局域网网状接入点

目前，几乎所有 Wi-Fi 供应商都提供无线局域网网状接入点(WLAN mesh access point)功能。如图 11.18 所示，无线网状接入点之间采用专有的二层路由协议相互通信，并创建供边缘设备交换数据、具备自组和自愈能力的无线基础设施(网状网)。在以太网电缆无法连接到接入点的环境中，主要通过无线网状网提供无线客户端接入。Wi-Fi 客户端的流量经由无线回程链路发送，最终传给与有线网络相连的网状门户。

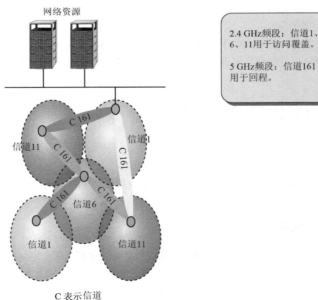

图 11.18　无线网状网

无线网状网在安装时会自动连接接入点，并随着客户端的增加动态更新流量路由。专有的二层智能路由协议根据测得的流量、信号强度、数据速率、跳数等参数确定动态路由。

从图 11.18 可以看到，双频无线网状接入点的 5 GHz 无线接口一般用于网状回程通信。此外，网状回程流量必须经过加密。大多数情况下，网状无线接口采用预共享密钥加密流量。大多数无线网状网解决方案都能自动创建预共享密钥；如果 Wi-Fi 供应商支持手动配置网状回程安全，则密码短语的长度至少应达到 20 个字符以确保安全。

11.4.3 无线局域网网桥

无线局域网网桥(WLAN bridge)是一种常见的专业 802.11 部署。网桥用于在两个或多个有线网络之间提供无线连接。一般来说，网桥与自治接入点的功能并无二致，但作用是连接有线网络而非为客户端提供无线连接。当设施彼此隔开且相互之间不存在物理网络连接时，安装无线网桥是常见的做法。无线点对点网桥只需要投资一次，因此比每月租用电信运营商的线路更划算。通信塔之间也能通过无线网桥相连，距离有时长达数千米。

较之服务于 Wi-Fi 客户端的典型接入点，网桥和回程链路的功能往往有很大不同。首先，接入点通常部署在网络的接入层；而网桥属于分布层设备，一般通过无线链路连接两个或多个有线网络。

室外桥接链路用于连接两栋建筑物内的有线网络，通常作为建筑物之间的 T1 或光纤连接的冗余备份。由于能显著降低成本，室外桥接链路取代 T1 或光纤连接的情况也很常见。

无线网桥包括两种主要的配置设置：根桥与非根桥。网桥之间是一种父/子类型的关系，因此不妨将根桥视为父网桥，将非根桥视为子网桥。

大多数情况下，链路一端为根桥，另一端为非根桥。根桥创建信道并指示非根桥加入，非根桥采用与客户端类似的方式关联到根桥以建立连接。

只连接两个有线网络的桥接链路称为点对点桥接。如图 11.19 所示，两个有线网络之间通过两个 802.11 网桥与定向天线建立点对点连接。请注意，一个网桥必须配置为父网桥(根桥)，另一个网桥必须配置为子网桥(非根桥)。

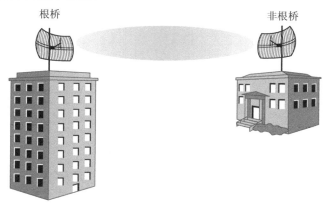

根桥   非根桥

图 11.19 点对点无线局域网桥接

点对多点桥接链路连接多个有线网络。根桥充当中央网桥，多个非根桥与根桥相连。图 11.20 显示了 3 栋建筑物之间的点对多点桥接链路。请注意，根桥使用高增益全向天线阵，而所有非根桥使用指向根桥天线的单向天线。还要注意的是，点对多点连接中仅有一个根桥，不可能存在多个根桥。

图 11.20　桥接点对多点无线局域网

部署室外桥接链路时，需要考虑菲涅耳区、地球曲率、自由空间路径损耗、链路预算、衰落裕度等许多因素。此外，各国监管机构对有意辐射器(IR)和等效全向辐射功率(EIRP)的规定也要考虑在内。

2.4 GHz 频段的点对点链路可以长达数千米，确认帧超时是远距离链路存在的一个问题。由于介质的半双工特性，每个单播帧必须经过确认。因此，发送端网桥通过远距离点对点链路发送单播帧后，必须立即从接收端网桥接收确认帧。即便射频信号以光速传播，发送端网桥也可能无法及时收到确认帧。如果在一段时间(几微秒)内没有收到确认帧，发送端网桥将假定有冲突发生。即便确认帧仍在传输，发送端网桥也会重发单播帧。如果重新传输不需要重发的单播流量，可能导致吞吐量最多下降 50%。为解决这个问题，大多数网桥都提供确认帧超时设置，可以根据情况调整该设置，以便网桥有足够的时间接收通过远距离链路传输的确认帧。

如图 11.21 所示，点对多点桥接的一个常见问题是根桥的高增益全向天线安装位置过高，导致非根桥的定向天线无法获得足够的垂直视距。为解决这个问题，可以安装能提供一定电下倾角(electrical downtilt)的高增益全向天线，或改用定向扇形天线并对准以提供全向覆盖。

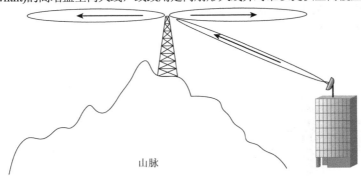

山脉

图 11.21　常见的桥接问题

为保护跨桥接链路回程通信的数据隐私，加密必不可少。桥接安全中一般使用 IPsec VPN，相关讨论请参见第 17 章"无线局域网安全体系结构"。802.1X/EAP 解决方案也适用于桥接安全，此时根桥承担认证方的角色，非根桥承担请求方的角色。此外，桥接安全通常采用预共享密钥身份验证，因此 WPA2 密码短语的长度至少应达到 20 个字符。

11.4.4　无线局域网阵列

　　Riverbed Technology 开发了称为 Wi-Fi 阵列的解决方案，能将无线局域网控制器和多个接入点集成在一台硬件设备中。CWNP 项目采用通用术语无线局域网阵列来描述这项技术。图 11.22 显示了 Riverbed Technology 研制的遗留无线局域网阵列，后者将多达 16 个使用扇形天线和嵌入式无线局域网控制器的接入点无线接口全部集成在一台设备中。由于该设备安装在天花板上，因此无线局域网控制器显然部署在接入层。嵌入式无线局域网控制器的不少特性和功能与传统的无线局域网控制器相同。

图 11.22　无线局域网阵列

　　无线局域网阵列的关键技术在于，每个接入点都有一副提供定向覆盖的扇形天线，可以覆盖一部分区域。无线局域网阵列其实是一种室内扇形阵列解决方案，通过合并所有扇形接入点的定向覆盖来提供 360 度水平覆盖。每个接入点的定向覆盖可以扩大信号的传输范围，类似于室外扇形阵列。一般来说，无线局域网阵列中的无线接口数量和型号与配置有关。

　　无线局域网阵列解决方案的优点在于能减少部署的物理设备，需要安装和管理的设备数量因而显著减少。

11.4.5　实时定位系统

　　NMS 解决方案、无线局域网控制器以及 WIPS 解决方案具备一定的集成功能，可以利用接入点作为传感器来跟踪 Wi-Fi 客户端。但跟踪不一定能实时进行，且精确度可能只有 25 英尺(约 7.6 米)。无线局域网控制器和 WIPS 解决方案提供的是准实时跟踪功能，无法跟踪 Wi-Fi RFID 标签。STANLEY Healthcare 等公司已开发出无线局域网实时定位系统(RTLS)，能以更高的精确度跟踪所有 802.11 无线设备的位置以及有源(主动)RFID 标签。覆盖式无线局域网 RTLS 解决方案将现有的无线局域网基础设施、无线局域网客户端、RFID 标签以及 RTLS 服务器纳入其中，还能增加额外的 RTLS 传感器以补充现有的 Wi-Fi 接入点。

有源RFID标签或标准的Wi-Fi设备定期发送简短的信号，并根据情况添加状态或传感器数据。图11.23显示了医用输液泵安装的有源RFID标签。标准无线接入点(或RTLS传感器)接收信号，并发送给位于网络核心层的RTLS服务器处理引擎，无须对基础设施做任何调整。RTLS服务器通过信号强度或到达时间算法来确定位置坐标。

图11.23 有源RFID标签

如图11.24所示，用户随后可以通过软件应用界面查看建筑物平面图中的位置和状态数据。RTLS应用可以显示地图、启用搜索、自动告警、管理资产并与第三方应用进行交互。

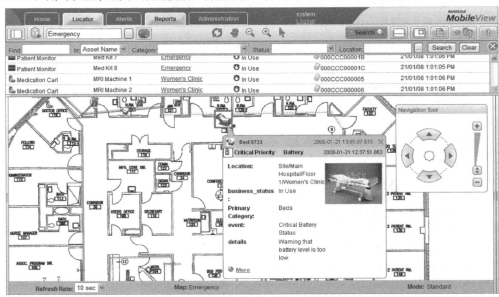

图11.24 RTLS应用

11.4.6 Wi-Fi 语音

通过有线网络传输 IP 语音(VoIP)已有很长时间。但考虑到射频环境和 QoS 要求，在无线局域网中使用 VoIP 面临诸多挑战。近年来，对 Wi-Fi 语音(VoWiFi)解决方案的需求显著增长。在传输所有数据应用的同时，无线局域网也能利用相同的 802.11 基础设施来传输语音。部署 VoWiFi 解决方案所需的组件如下。

VoWiFi 电话　VoWiFi 手机与普通的手机类似，但使用 802.11 无线接口而非蜂窝无线电。VoWiFi 手机是通过接入点进行通话的 802.11 客户端，完全支持 WEP、WPA/WPA2 加密以及 WMM QoS 功能。图 11.25 显示了 Spectralink 推出的 84 系列 VoWiFi 手机，它们配有 802.11a/b/g/n 无线接口，支持 2.4 GHz 和 5 GHz 通信。除电话外，VoWiFi 技术也存在其他应用形式。图 11.26 显示了 VoWiFi 供应商 Vocera Communications 销售的 802.11 通信徽章，这种可穿戴设备的重量不足 2 盎司(约 56.7 克)。Vocera 徽章是一款功能齐全的 VoWiFi 手机，还能使用语音识别和声纹验证软件。目前，大多数 VoWiFi 解决方案采用会话发起协议(SIP)作为 VoIP 通信的信令协议。

802.11 基础设施(接入点和控制器)　VoWiFi 与接入点利用现有的无线局域网基础设施相互通信，可以使用独立的接入点或无线局域网控制器解决方案。

专用小交换机　专用小交换机(PBX)是服务于特定业务或办公场所的电话交换机。PBX 将私营公司的内部电话连接在一起，通过干线连接到公用交换电话网。PBX 提供了拨号音以及语音信箱等功能。

WMM 支持　从之前的讨论可知，WMM 机制是实现 QoS 的必要条件。

图 11.25　VoWiFi 手机(Spectralink 84 系列)

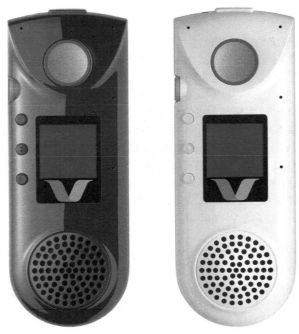

图 11.26　Vocera 通信徽章

11.5　云网络

如前所述，NMS 解决方案可以作为软件订阅服务在云端使用。某些无线局域网供应商提供用于管理和监控的云服务。软件即服务(SaaS)模型提供的计算机网络功能具有很多优点，云计算和云网络是描述这些优点时经常提及的术语。就本质而言，术语云指互联网上可扩展的私有企业网络。云网络背后的理念在于将应用与网络管理、监控、功能、控制作为软件服务提供给用户。Amazon就是绝佳范例，这家科技巨擘提供基于弹性云的 IT 基础设施，以便其他公司可以为企业应用和网络服务提供随用随付(pay-as-you-go)的订阅价格。

最常见的云网络模型是云支持网络(CEN)。在这种模型中，管理面位于云端，而交换和路由等数据面机制位于本地网络(通常由硬件提供)。某些 Wi-Fi 供应商开发了支持云的 NMS 解决方案，作为管理并监控无线局域网基础设施和客户端的订阅服务。CEN 模型也能提供部分控制面机制。例如，Wi-Fi 供应商已开始提供基于订阅的应用服务以及支持云的管理解决方案，这些订阅服务包括支持云的来宾管理、NAC、MDM 解决方案等。

随着时间的推移，称为"云"的分布式计算模型从基本的远程服务器发展为真正面向云的体系结构。云计算领域的创新催生出新的命名法，以便更确切地描述角色和关系。云计算的发展历经了以下 3 种云体系结构。

单服务器　单一的物理服务器或虚拟机承载用于远程访问的应用。为满足日益增长的需求，可以采用更大、更快的服务器替换现有服务器，直至达到可伸缩性的硬限制。为实现高可用性，可以增加第二台备用服务器作为主服务器的镜像，以便在故障转移(failover)后保持操作不会中断。这是"云"解决方案中最简单的模型。

多服务器　当客户数量超过单台服务器的处理能力时，可将客户划分为多个服务器实例。例如，客户 A 和 B 划分为实例 1，客户 C 划分为实例 2，以此类推。这种模型通过增减实例进行扩展，但面临与第一代模型相同的扩展性和高可用性限制，且分片也是问题。

弹性云　这个术语用于描述根据不断变化的需求提供可变服务级别的云产品。真正的弹性云(elastic cloud)是一种分布式系统，由多种协同工作的服务提供功能。如图 11.27 所示，服务托管在按集群分组的服务器池中，所有成员提供相同的服务集。系统根据需要增减集群中的服务器以进行扩展。弹性云利用消息队列和负载均衡器在集群成员之间分发负载，从而实现高性能和可用性。真正的弹性云强调开放性并大量使用了 API。

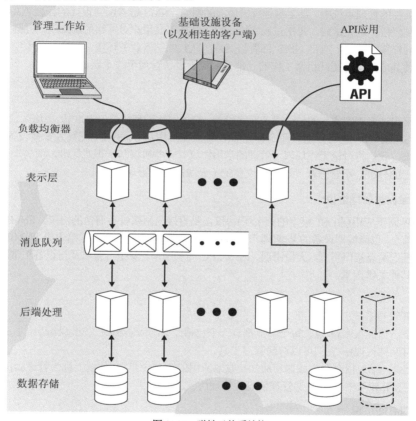

图 11.27　弹性云体系结构

11.6　基础设施管理

合理的网络设计要求将网络设备划分到专用的管理 VLAN，或划分到有别于常规网络流量的其他带外接口。企业网络设备应支持这种功能，以阻止黑客(甚至有权访问网络的员工)访问基础设施设备。

随着无线局域网的规模不断增长，无线局域网管理面临的挑战也越来越大。要管理的对象如下：

- 固件更新
- 配置和变化
- 监控和事件响应
- 管理和过滤设备告警
- 性能监控

为简化设备管理，无线局域网硬件大都提供设备管理所需的标准网络协议；这些协议可以集成在基于软件的管理系统中，甚至跨越规模最大的网络。NMS 融入网络设计的程度越高，支持团队的工作越轻松。毫无疑问，每次正确实施 NMS 都能提高用户对网络的满意度，并降低网络运行成本。同样重要的是，应将 NMS 部署与支持团队共同纳入业务环境。围绕这些系统开发流程和程序并使其成为支持团队日常工作的一部分，对于设备管理至关重要。

管理协议

可以采用许多不同类型的协议管理网络设备。简单网络管理协议(SNMP)历史悠久，历经多次调整。除 SNMP 外，也可以通过命令行界面(CLI)或图形用户界面(GUI)配置大多数设备。

接下来，我们将讨论无线局域网管理的常用协议。一些协议基于正式标准，而另一些协议已成为事实上的标准。不管怎样，这些协议奠定了无线局域网管理的基础。

1. 简单网络管理协议

SNMP 属于应用层(OSI 模型的第七层)协议，是直接与网络设备通信的协议。SNMP 支持从设备提取信息，也能根据设备的某些(通常是用户可配置的)阈值将信息推送给中央 SNMP 服务器。设备可以推送消息接口重置、大量错误、网络/CPU 高利用率、安全告警以及与设备正常运行和状态相关的其他关键因素。

构成

SNMP 管理系统由以下几部分构成：

- 若干(可能很多)节点，每个节点都有一个包括命令响应器和通知发起器应用的 SNMP 实体(又称代理)，它们可以访问管理工具。
- 至少一个包括命令生成器和通知接收器应用的 SNMP 实体(传统上称为管理器)。
- 在 SNMP 实体之间传递管理信息的管理协议。

管理信息的结构

管理信息被构造为托管对象的集合，包含在称为管理信息库(MIB)的数据库中。

MIB 由模块、对象与陷阱(trap)的定义构成。模块定义用于描述信息模块；对象定义用于描述托管对象；陷阱定义是一种通知，通常用于向 NMS 发送未经请求的 MIB 信息。

支持 SNMP 的设备均有 MIB，设备的配置和状态信息存储在 MIB 中。然而，供应商的 MIB 和 SNMP 实现一般并不完整。用户往往发现无法通过 SNMP 访问某些关键信息，因此不能使用这些信息实现陷阱。

版本与差异

多年来，SNMP 历经多次调整。这里不准备详细介绍 SNMP 的发展历程，仅略作描述以帮助读者理解不同版本之间的差异。此外，我们还将讨论 SNMP 的优点以及如何克服这种协议的缺点，以便在网络设计中正确实施不同版本的 SNMP。

SNMPv1

与初次亮相的许多其他协议一样，1988 年面世的 SNMPv1 并不完美。SNMPv1 旨在处理当时使用的各种协议(包括 IP、UDP、CLNS、AppleTalk 以及 IPX)，但最常用于 UDP。

SNMPv1 使用团体字符串(community string)，远程代理必须掌握这种字符串。由于 SNMPv1 并未实现任何加密，通过包嗅探就能发现以明文形式传输的团体字符串，协议的安全性因而遭到广泛质疑。SNMPv1 也缺乏协议效率：必须采用迭代方式逐一检索每个 MIB 对象，导致效率极低。

SNMPv2

1993 年发布的 SNMPv2 解决了 SNMPv1 存在的诸多问题，包括性能、安全以及管理器之间的通信。SNMPv2 引入 GETBULK 等新函数以取代从 MIB 提取大量数据的迭代方法，从而提高了协议效率。

SNMPv2 通过定义基于参与方(party-based)的安全系统来提高安全性，但批评人士认为这种系统过于复杂，因此并未得到广泛应用。

RFC 1901～RFC 1908 定义的 SNMPv2c 称为基于团体的 SNMP。SNMPv2c 采用 SNMPv1 定义的团体字符串，但实际上并未对协议做任何安全改进。SNMPv2c 没有实现加密，通过包嗅探就能发现以明文形式传输的团体字符串。

SNMPv3

SNMPv3 引入了大量安全特性，如下所示。

- 身份验证：采用 SHA 或 MD5。
- 隐私：采用基于 CBC-DES(DES-56)标准的加密机制。
- 访问控制：采用具有不同权限级别的用户和组，用户名和密码取代了团体字符串。

尽管上述特性属于可选项，但采用 SNMPv3 的主要目的是提高协议的安全性。用户也可以实施安全身份验证但禁用加密。

即便 SNMPv3 支持这些特性，但大多数网络设计师仍然认为，最好仅在安全的管理接口上实现 SNMP 代理。具体来说，一般对所有传输给网络设备的 SNMP 流量执行 VLAN 分段和防火墙过滤。再复杂的协议也无法完全保证安全，部署额外的安全措施总有必要。如果计划采用 SNMP 实现 NMS，强烈建议选择 SNMPv3。最严重的安全隐患在于大多数供应商的设备默认启用 SNMP，且默认允许读写团体字符串。这会严重威胁网络配置和操作的安全，因此在部署网络设备保护方案时应首先予以禁用。

2. 基于 CLI 的管理

配置和管理网络设备时，CLI 是最常用的方法之一。关于 GUI 和 CLI 孰优孰劣的争论由来已久并持续至今，且短时间内很难改变。GUI 长于信息显示，但由于浏览器不兼容、JavaScript 错误、GUI 软件错误、时间延迟等原因，许多用户仍然放弃 GUI 而改用 CLI。

CLI 往往是未经编辑的原始设备配置，能迅速对设备配置做出特定调整。CLI 发出的命令甚至可以脚本化；只需要简单复制并粘贴到 CLI 会话中，就能执行初始设备配置甚至重新配置。

根据使用的设备，可以通过以下方式访问 CLI：

- 串行和控制台端口
- Telnet

● SSH1/SSH2

串行和控制台端口

串行和控制台端口可能因制造商甚至型号而异，这令网络工程师相当头疼，其中一些使用标准的 DB-9 串行连接器接口，而另一些则使用 RJ-11 或 RJ-45 接口。此外，实际的电缆可能采用专有引脚(用于 RJ-11 和 RJ-45 连接器)、零调制解调器电缆、反转电缆或直通电缆。不同设备的波特率、比特数、流量控制、奇偶性等参数也有所不同。

无论采用哪种连接器或电缆管理网络设备，都应该锁定串行或控制台端口并部署用户身份验证机制。虽然不法之徒往往通过密码恢复程序(不难从网上找到这些程序使用的指令)破解这些措施，但用户身份验证机制有助于将黑客拒之门外。一般来说，设备需要停机才能恢复密码，而服务中断的影响足以提醒员工存在针对网络设备的物理入侵行为。请注意，大多数密码恢复程序需要通过串行或控制台端口直接访问设备，将网络设备锁入数据机柜或机房有助于阻止此类攻击。

美国联邦信息处理标准 140-2(FIPS 140-2)等政府法规可能要求采用防篡改标签(TEL)来保护串行和控制台端口，以阻止未经授权访问无线局域网基础设施设备(如无线局域网控制器)。如果外观发生明显变化，则说明防篡改标签遭到破坏、撕掉或反复使用。如图 11.28 所示，每个防篡改标签都有唯一的序列号，以防止被类似的标签替换。

完好的标签

撕掉和重新使用的标签

残留部分

图 11.28 防篡改标签

Telnet

另一种常用协议是 Telnet，但通常只能在完成串行端口配置或出厂默认状态的初始配置后使用。为了通过网络接口访问并管理设备，一般需要启用设备的 IP 地址。

通过 Telnet 传输的数据并未加密，因此这种协议的安全性遭到广泛质疑，往往被企业安全策略禁用。Telnet 是一种完全不加密的协议，可以通过包嗅探查看每个数据包的净荷(如登录序列中的用户名和密码)。建议在完成初始设备配置后禁用 Telnet，大多数企业都制定了禁用这种协议的策略。

安全外壳

安全外壳(SSH)协议一般作为替代 Telnet 协议的安全方案。SSH 协议采用公钥密码验证并加密主机与用户设备之间传输的所有网络流量。用于 CLI 管理的 Telnet 协议的功能同样适用于 SSH 协议，但 SSH 协议还具备更多安全特性。SSH 协议使用标准的 TCP 22 端口。大多数无线局域网基础设施设备目前都支持 SSH2，SSH2 是 SSH 协议的第二个版本。出于安全方面的考虑，通过 CLI 管理 Wi-Fi 设备时，应采用支持 SSH2 协议的终端仿真程序。图 11.29 显示了常用免费软件 PuTTY 的配置界面，这种终端仿真程序支持 SSH2 协议。

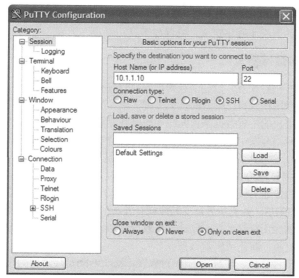

图 11.29　免费软件 PuTTY 的 SSH2 客户端

3. HTTPS

超文本传输安全协议(HTTPS)将超文本传输协议(HTTP)与 SSL/TLS 协议合并在一起，以提供加密和安全识别。HTTPS 本质上是一种使用 HTTP 的 SSL 会话，通过 GUI 实现网络设备管理。并非所有用户都青睐基于 CLI 的管理方法；通过 NMS 管理无线局域网基础设施时，相当一部分用户使用 GUI。

HTTP 以明文形式传输，传输过程中易于遭到窃听或中间人攻击。一些设备同时提供 HTTP和 HTTPS，但通过 HTTPS 实现最低限度的身份验证十分重要。如果设备支持 HTTPS，那么在进入 GUI 时不使用 HTTPS 完全是疏忽大意。

11.7　应用编程接口

几十年来，IT 系统工程师一直通过 CLI 或 GUI 与实际的网络设备交互，以调整设备配置、监控设备运行或排除设备故障。从传统上说，CLI 是网络工程师的首选方法。采购新的网络设备时，CLI 的稳健性往往是一个重要指标。只要熟悉 CLI 语法，网络工程师无须使用 GUI 就能迅速完成设备配置。网络工程师可以在设备之间复制、编辑并粘贴配置命令。此外，创建脚本能自动配置并监控网络设备的进程，从而优化部署的速度和可伸缩性。

随着技术的发展，应用逐渐向云端迁移，这些云端应用需要提取数据并与企业网络进行交互。遗留的网络管理系统(NMS)和运营支撑系统/业务支撑系统(OSS/BSS)通过 SNMP 等标准的管理协议与网络基础设施相互通信。然而，这些管理协议的设计并未考虑云时代的扩展问题，且很少用于双向通信。

如今，需要与网络交互的应用不再局限于网络工程师和管理员等一小部分用户使用的应用，客户管理系统、零售分析以及其他分析引擎都要和网络进行某种形式的直接交互。通信往往是双向进行的，用于网络配置和提取网络监控数据。实际上，随着物联网设备的发展，某些应用不再与用户交互，而只与其他应用通信。为实现设备之间的交互，应用编程接口(API)必不可少。API 是用于构建应用软件的一组子程序定义、协议与工具。

11.7.1　传输格式与数据格式

应用之间通过 API 进行交互，以便交换数据或执行任务。例如，用户步入零售店时，希望通过智能手机上安装的应用找到自己喜爱的鞋类品牌，因此应用需要与位置分析系统进行交互以确定用户的当前位置。用户的位置数据来自无线局域网并存储在位置分析系统中，智能手机上的应用请求这些数据。在应用开发中，API 取代了 CLI，但遵循类似的一组规则。API 的评估基于简单性、性能与完整性，这意味着系统支持的许多特性都是通过 API 公开的。

正如 CLI 接入需要传输协议(如 SSH)来连接用户和设备一样，API 也需要传输协议才能连接到其他应用。最常见的传输协议是 HTTP 或 HTTPS，因为许多设备都支持这两种协议。如果 API 原生支持 HTTP 或 HTTPS，就无须另行安装库或开发新的协议，还可以使用 SSL 加密来解决安全问题，从而为不同的应用交换数据时创建一条安全通道。以 RESTful API 为例，这种 API 使用 HTTP 请求来读取、更新、新建或删除数据。

数据本身可以有多种格式，但 JavaScript 对象表示法(JSON)是最常用的格式。与 XML 等格式不同，JSON 格式具有自我描述性且便于阅读。JSON 格式定义了键值对，其中键描述数据的含义，值描述实际的数据。除便阅读外，JSON 的传输效率也很高。

11.7.2　无线局域网 API

无线局域网 API 可以分为 3 类。

配置 API　这种 API 用于调整接入点或其他网络设备的设置。配置 API 既可用于简单的设置，如创建一组新的无线局域网用户凭证；也可用于复杂的设置，如使用 VLAN 和 QoS 访问策略创建新的 SSID。

监控 API　这种 API 可以检索接入点状态、CPU 和内存利用率、流量计数器等网络数据统计，还能检索连接时间、漫游事件、IP 地址、应用使用情况等 Wi-Fi 客户设备的监控数据。

通知 API　这种 API 一般称为网络挂钩 API(webhook API)，用于提供订阅服务，订阅服务的应用会在特定事件发生时收到通知。网络挂钩 API 由事件触发。例如，当系统检测到接入点停止响应时，将向订阅服务的应用发送包含设备 ID、时间戳以及其他数据的消息。

配置 API 和监控 API 属于同步 API。当应用希望发起配置更改时，将请求调用 API；收到 API 调用后，系统使用数据集予以响应，或简单地返回操作结果(表示配置更改"成功")。但是，这类 API 调用不利于通知。

例如，如果希望在接入点停止响应时触发操作，则需要连续调用监控 API，以排序返回接入点的整个列表，并过滤掉停止连接的接入点。这种 API 方法称为轮询，往往会造成系统资源的浪费。而网络挂钩 API 通过事件触发，因此不需要轮询。使用网络挂钩 API 进行通知有助于降低系统负载，并最大限度减少应用之间的流量流。

11.7.3　常见应用

在无线局域网中，API 最常见的一种应用是 NMS。NMS 从不同的 Wi-Fi 设备采集监控数据，并通过仪表板、图形以及其他可视化技术显示数据。借助采集的数据，NMS 可以分析常见行为、创建基线并查找异常。更先进的 NMS 还支持预测性分析，能通过采集的数据来预测今后的事件或故障。借助配置 API 的帮助，NMS 可以主动调整无线局域网的配置以避免故障和堵塞，并为特定的客户设备和应用分配 QoS 类别。

API 在无线局域网中的另一种常见应用是位置分析。无线局域网会产生大量位置数据，如工作时段设备在楼层中的实际分布、客户驻留时间甚至人员和资产的实时位置跟踪。大型企业无线局域网产生的数据量极大，为处理并公开这些数据，需要采用能快速分析和存储数据且不会使 NMS 不堪重负的技术。定义明确且实现良好的 API 不仅有助于检索位置数据，也有助于分析和存储快速增长的数据集。

位置 API 还能向智能手机应用提供与用户当前位置有关的其他信息。例如，当参观者接近博物馆展品时，位置分析 API 将触发移动设备上的应用以显示交互式内容。这种基于邻近性的解决方案通常采用蓝牙低功耗(BLE)等射频技术，有关 BLE 的详细讨论请参见第 20 章"无线局域网部署与垂直市场"。

为监控 802.11 网络，Wi-Fi 供应商客户与合作伙伴开始采用无线局域网 API 来开发定制应用。定制应用还能用于构建 Wi-Fi 设备配置和通知。一些大型 Wi-Fi 供应商维护开发者社区门户，作为 API 文档、代码示例与引用应用的存储库。随着云技术的兴起，企业利用无线局域网 API 来满足日益增长的 Wi-Fi 数据公开、分析与存储需求。

11.8　小结

本章讨论了各类无线电规格、芯片组以及客户端配置所需的软件界面。我们介绍了电信操作的 3 种逻辑界面，以及它们在 3 种最常见的无线局域网体系结构中的位置。本章还讨论了无线局域网设备的发展历程：从自治接入点到无线局域网控制器，再转向分布式体系结构。此外，我们探讨了专用的无线局域网基础设施设备，它们通常能满足传统无线局域网基础设施设备无法满足的需求。本章还介绍了云网络并讨论了云体系结构的发展。

> **注意：**
> 在参加 CWNA 考试前，读者应具备一定的无线局域网基础设施设备操作经验。虽然大多数人难以负担近万美元的无线局域网控制器和多个接入点，但建议读者至少购买一个 802.11ac 客户端适配器以及一个接入点或 SOHO 无线路由器。此外，许多企业无线局域网供应商向潜在客户提供"免费接入点"。实践经验有助于巩固读者从本章以及其他各章学到的知识。

11.9　考试要点

了解主要的无线电规格。802.11 标准并未规定 802.11 无线接口使用哪种格式，802.11 无线接口可以采用多种规格。

理解客户端适配器需要操作系统接口和用户界面。客户端适配器不仅需要特殊的驱动程序以便与操作系统通信，也需要客户端实用程序以进行用户配置。

确定 3 类主要的客户端实用程序。它们是特定于供应商的客户端实用程序、集成操作系统客户端实用程序和第三方客户端实用程序。

定义 3 种逻辑操作面。理解管理面、控制面、数据面之间的区别。解释这 3 种逻辑操作面在不同无线局域网体系结构中的位置。

理解无线局域网体系结构的类型。了解自治、集中式、分布式无线局域网体系结构，理解每种无线局域网体系结构的常见特性和功能。

解释无线局域网网桥的作用。了解根桥和非根桥的区别，解释点对点桥接和点对多点桥接之间的差异。理解桥接存在确认帧超时等问题，并掌握其他章节介绍的桥接注意事项(如菲涅耳区和系统运行裕度)。

解释专用的无线局域网基础设施。解释无线局域网如何集成 RTLS 与 VoWiFi 解决方案。解释无线局域网阵列等其他非传统的 802.11 解决方案。

熟悉设备管理功能。了解供无线局域网设备使用的各种管理方法、功能与协议。

11.10 复习题

1. 在集中式无线局域网体系结构中，管理面、控制面与数据面均位于集中式设备。以下哪些术语能最贴切地描述这种体系结构的组件? (选择所有正确的答案。)

    A. 无线局域网控制器   **B.** 无线网络管理系统

    C. 网络管理系统   **D.** 分布式接入点

    E. 基于控制器的接入点

2. 哪种网络逻辑操作面通常由协议和智能定义?

    A. 用户面   **B.** 数据面

    C. 网络面   **D.** 控制面

    E. 管理面

3. 当需要多个用户 VLAN 时,哪些无线局域网体系结构模型通常要求支持网络边缘的 802.1Q 标记? (选择所有正确的答案。)

    A. 自治无线局域网体系结构   **B.** 集中式无线局域网体系结构

    C. 分布式无线局域网体系结构   **D.** 以上答案都不正确

4. 哪类接入点一般使用集中式数据转发?

    A. 自治接入点

    B. 基于控制器的接入点

    C. 分布式无线局域网体系结构中的协作接入点

    D. 以上答案都不正确

5. 哪些协议可以将 802.11 用户流量从接入点通过隧道传输给无线局域网控制器或其他集中式网络服务器? (选择所有正确的答案。)

    A. IPsec   **B.** GRE

    C. CAPWAP   **D.** DTLS

    E. VRRP

6. 哪些无线局域网体系结构可能需要使用 NMS 服务器来管理并监控 Wi-Fi 网络?

    A. 自治无线局域网体系结构   **B.** 集中式无线局域网体系结构

    C. 分布式无线局域网体系结构   **D.** 以上答案都正确

7. 在集中式无线局域网体系结构中，无线局域网控制器负责处理集成服务和分布系统服务，而基于控制器的接入点负责处理某些 802.11 管理帧和控制帧。以下哪个术语能最贴切地描述这种体系结构?

    A. 协作控制   **B.** 分布式数据转发

    C. 分布式混合体系结构   **D.** 分布式无线局域网体系结构

E. 分离式 MAC

8. VoWiFi 体系结构包括哪些必要组件？(选择所有正确的答案。)

A. VoWiFi 电话　　　　　　**B.** SIP

C. WMM 支持　　　　　　　**D.** 代理服务器

E. PBX

9. 部署无线局域网控制器时，802.11 用户流量使用哪种传统的数据转发模型？

A. 分布式数据转发　　　　　**B.** 自治转发

C. 代理数据转发　　　　　　**D.** 集中式数据转发

E. 以上答案都正确

10. 企业无线局域网路由器通常部署在远程分支机构，这种设备可以提供哪些安全功能？(选择所有正确的答案。)

A. 集成 WIPS 服务器　　　　**B.** 集成 VPN 服务器

C. 集成 NAC 服务器　　　　　**D.** 集成防火墙

E. 集成 VPN 客户端

11. 802.11 技术可以使用哪些无线电规格？

A. USB 3.0　　　　　　　　**B.** 安全数字

C. PCMCIA　　　　　　　　**D.** 迷你 PCI

E. ExpressCard　　　　　　 **F.** 专有规格

G. 以上答案都正确

12. 可以采用哪些协议管理无线局域网基础设施设备？

A. HTTP　　　　　　　　　**B.** SSH

C. SNMP　　　　　　　　　**D.** Telnet

E. HTTPS　　　　　　　　　**F.** 以上答案都正确

13. 无线局域网控制器体系结构包括哪些常见的功能？

A. 自适应射频　　　　　　　**B.** 接入点管理

C. 三层漫游支持　　　　　　**D.** 带宽节流

E. 防火墙　　　　　　　　　**F.** 以上答案都正确

14. 网络管理系统服务器与远程接入点之间经常使用哪些管理协议来监控无线局域网？(选择所有正确的答案。)

A. IPsec　　　　　　　　　**B.** GRE

C. CAPWAP　　　　　　　　**D.** DTLS

E. SNMP

15. 分布式无线局域网体系结构中部署的接入点通常会集成哪些常见的安全功能？

A. 强制门户　　　　　　　　**B.** 防火墙

C. 集成 RADIUS　　　　　　**D.** WIPS

E. 以上答案都正确

16. 物联网客户设备使用哪些射频技术进行通信？

A. Wi-Fi　　　　　　　　　**B.** 蓝牙

C. Zigbee　　　　　　　　　**D.** 以上答案都正确

17. 智能手机和平板电脑等移动设备一般使用哪种 802.11 无线电规格？

A. 集成单芯片　　　　　　　**B.** PCMCIA

C. 迷你 PCIe　　　　　　　　D. 迷你 PCI

E. 安全数字

18. 在集中式无线局域网体系结构中，如果用户流量通过隧道传输，那么需要在哪个位置部署冗余？

A. 冗余无线接口　　　　　　　B. 冗余控制器

C. 冗余接入层交换机　　　　　D. 冗余接入点

E. 以上答案都不正确

19. 网络管理系统解决方案可以使用哪些规格？(选择所有正确的答案。)

A. 硬件设备　　　　　　　　　B. 虚拟设备

C. 软件订阅服务　　　　　　　D. 集成接入点

20. 分布式无线局域网体系结构中部署的接入点包括哪些逻辑操作面？(选择所有正确的答案。)

A. 无线电面　　　　　　　　　B. 数据面

C. 网络面　　　　　　　　　　D. 控制面

E. 管理面

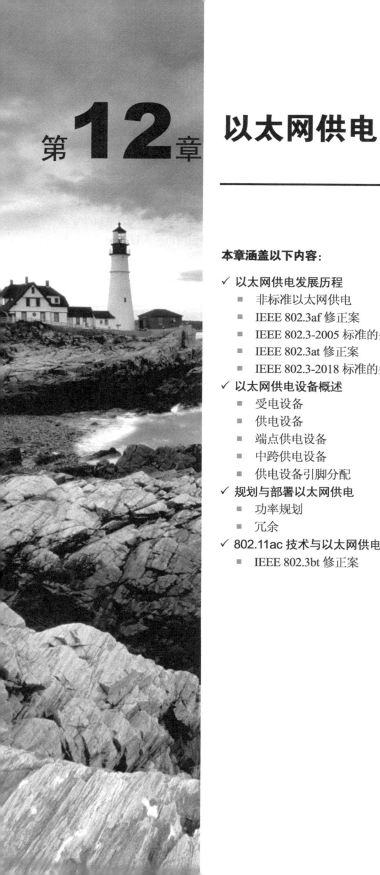

第**12**章 以太网供电

本章涵盖以下内容:

- ✓ 以太网供电发展历程
  - 非标准以太网供电
  - IEEE 802.3af 修正案
  - IEEE 802.3-2005 标准的条款 33
  - IEEE 802.3at 修正案
  - IEEE 802.3-2018 标准的条款 33
- ✓ 以太网供电设备概述
  - 受电设备
  - 供电设备
  - 端点供电设备
  - 中跨供电设备
  - 供电设备引脚分配
- ✓ 规划与部署以太网供电
  - 功率规划
  - 冗余
- ✓ 802.11ac 技术与以太网供电
  - IEEE 802.3bt 修正案

本章将介绍利用以太网电缆为网络设备供电的各种方法。以太网供电(PoE)不是 802.11 技术，也并非专为 Wi-Fi 设备开发，但它已成为企业级接入点供电的主要方式。有鉴于此，在讨论无线网络时，以太网供电是一个绕不开的重要话题。

12.1 以太网供电发展历程

在开始本章的讨论之前，我们首先解释一下什么是 PoE。最初，连接到有线网络的计算机系统通过固定的电源供电。这里的"计算机"既可以是台式机，也可以是服务器或大型计算机。随着技术的发展，大型计算机逐渐让位于小型计算机，膝上型计算机和便携式设备开始崭露头角。最终，在网络设备的实际尺寸和电子设计实现小型化之后，利用以太网电缆向设备同时传输数据并供电成为可能。

通过网络供电的概念可以追溯到电话的诞生：时至今日，电话依然由电话网供电。桌面 VoIP 电话、相机、接入点等网络设备一般采用 PoE 技术供电。以太网电缆由 4 对双绞线构成。在标准以太网和快速以太网中，两对双绞线用于发送和接收数据，另外两对双绞线闲置不用；在千兆以太网中，全部 4 对双绞线都用于收发数据。读者将从稍后的讨论中了解到，PoE 技术既可以通过空闲线对输送电量，也可以通过数据线对输送电量。

如果采用同一条以太网电缆传输数据并为设备供电，那么只需要一条低压以太网电缆连接联网的 PoE 设备即可。使用 PoE 设备有助于减少电缆和插座的数量，不必在每个位置都拉线供电。这不仅能显著减少网络设备的安装费用，还能增加设备安装的灵活性。移动设备也更容易，因为利用一条以太网电缆就能同时解决数据传输和电量输送的问题。

12.1.1 非标准以太网供电

与大多数新技术的发展类似，一些企业注意到对 PoE 技术的需求，并开发出第一批采用专有解决方案的 PoE 产品。电气和电子工程师协会(IEEE)从 1999 年开始制定相关标准，但直到大约 4 年后才发布 PoE 标准。与此同时，供应商专有的 PoE 解决方案数量不断增长。这些专有方案往往使用不同的电压，混用不同的方案可能导致设备损坏。

12.1.2 IEEE 802.3af 修正案

IEEE 802.3af 以太网供电委员会负责制定 PoE 修正案，其正式名称为"通过介质相关接口(MDI)为数据终端设备(DTE)供电"。802.3af 修正案于 2003 年 6 月获批，其中定义了采用 PoE 技术为 10Base-T(标准以太网)、100Base-T(快速以太网)与 1000Base-T(千兆以太网)设备供电的机制。

12.1.3 IEEE 802.3-2005 标准的条款 33

经过修订的 IEEE 802.3-2005 标准于 2005 年 6 月获批，该标准将包括 802.3af 修正案在内的 4 项修正案纳入其中。在 IEEE 802.3-2005 标准以及之后的历次修订中(2008 年、2012 年、2015 年与 2018 年均有修订)，PoE 都定义在条款 33 中。

12.1.4 IEEE 802.3at 修正案

2009 年 9 月，IEEE 批准通过 802.3at 修正案。这项修正案又称 PoE+或 PoE plus，因为它完善了 802.3af 修正案最初定义的 PoE 功能。802.3at 任务组主要研究如何为受电设备输送更多电量，同时向后兼容条款 33 设备。随着接入点的速度越来越快，使用的技术越来越先进(如 MIMO)，它们的耗电量也越来越大。采用 802.at 技术的交换机和无线局域网控制器不仅可以为遗留的接入点供电，也可以为耗电量更大的新款接入点供电。802.3at 修正案使用以太网电缆的两对双绞线，输出功率高达 30 瓦。这项修正案将 PoE 设备划分为两种类型(Type)：支持更高功率的设备属于类型 2 设备，不支持更高功率的设备属于类型 1 设备。

　　一般来说，在 IEEE 制定并批准 802 修正案后，修正案文档实际上是对基础标准的一系列增删、修改与更新。以 802.3at 修正案为例，这项修正案完全取代了 IEEE 802.3-2008 标准的条款 33(PoE)。

12.1.5　IEEE 802.3-2018 标准的条款 33

　　2012 年 8 月，IEEE 再次修订 802.3 标准，并批准通过 IEEE 802.3-2012 标准。正如 802.3af 修正案在 2005 年纳入 IEEE 802.3-2005 标准一样，IEEE 802.3-2012 标准获批后，802.3at 修正案正式纳入该标准以及之后的 IEEE 802.3-2015 标准。2018 年 6 月，IEEE 再次修订 802.3 标准，并批准通过 IEEE 802.3-2018 标准。

12.2　以太网供电设备概述

　　PoE 标准定义了受电设备(PD)和供电设备(PSE)。两种 PoE 设备彼此通信，构成了 PoE 基础设施。

12.2.1　受电设备

　　受电设备向供电设备请求供电，或从供电设备接受供电。受电设备必须能通过以太网电缆的数据线对或空闲线对接受供电，最大输入电压为 57 伏。如表 12.1 所示，受电设备必须能从电源的任意极性(模式 A 或模式 B)接受供电。

表 12.1　受电设备引脚

导体引脚	模式 A	模式 B
1	正电压、负电压	
2	正电压、负电压	
3	负电压、正电压	
4		正电压、负电压
5		正电压、负电压
6	负电压、正电压	
7		负电压、正电压
8		负电压、正电压

　　受电设备必须向供电设备回复额定值为 25 kΩ 的检测签名(detection signature)，并通知对方自己是否处于接受供电的状态。此外,供电设备通过检测签名来判断受电设备是否符合 802.3af 标准。如果受电设备不符合 PoE 标准，供电设备将拒绝供电。准备接受供电的受电设备可以向供电设备回复可选的分类签名(classification signature)，以便供电设备了解受电设备所需的电量。

类型 2 供电设备将执行双事件(two-event)物理层分类或数据链路层分类操作,以便类型 2 受电设备识别所连接的供电设备类型(类型 1 或类型 2)。如果相互识别无法完成,则设备只能作为类型 1 设备运行。

表 12.2 列出了用于识别各种分类签名的电流值。假如测得的电流值不在上述范围内,供电设备将把受电设备划分为类别 0 设备。如果不能识别受电设备的类别,供电设备就无法确定受电设备的耗电量,因此将为其分配最大的功率;反之,供电设备只需要根据受电设备的耗电量来分配功率,从而实现更好的电源管理。正确划分设备类别不仅有助于减少耗电量,还能增加 PoE 交换机连接的设备数量。

表 12.2　用于受电设备的各种分类签名的测量电流值

类别	条件	电流范围
0	14.5～20.5 V	0～4 mA
1	14.5～20.5 V	9～12 mA
2	14.5～20.5 V	17～20 mA
3	14.5～20.5 V	26～30 mA
4	14.5～20.5 V	36～44 mA

过去,某些供应商采用专有的二层发现协议实施分类操作。虽然这些专有技术有助于电源管理并减少耗电量,但它们互不兼容,无法适用于不同制造商的产品。链路层发现协议(LLDP)是 802.1AB 标准定义的二层邻居发现协议,也适用于更细致的功率分类。表 12.3 列出了 PoE 设备的类别以及每种类别的最大可用功率范围。类别 0～类别 3 适用于接受 802.3af(PoE)供电设备供电的类型 1 设备,类别 4 适用于接受 802.3at(PoE+)供电设备供电的类型 2 设备。802.3af 受电设备的最大输入功率为 12.95 瓦,802.3at 受电设备的最大输入功率为 25.5 瓦。

表 12.3　受电设备功率分类与用途

类别	用途	最大可用功率范围	类别描述
0	默认	0.44～12.95 W	未实现
1	可选	0.44～3.84 W	极低功率
2	可选	3.84～6.49 W	低功率
3	可选	6.49～12.95 W	中功率
4	类型 2 设备	12.95～25.5 W	高功率

符合 802.3af 标准的接入点能否接收更多功率?

虽然 802.3af 供电设备的一个端口可以输出 15.4 瓦的功率,但 802.3af 受电设备的最大输入功率仅为 12.95 瓦。例如,接入点通过三类(CAT 3)或更高等级的电缆最多接收 12.95 瓦的功率。由于电缆产生的插入损耗,接收到的功率始终低于电源输出的原始功率。事实上,如果换用更高等级的电缆,受电设备就能接收更多功率。以 3×3:3 MIMO 接入点为例,接入点实际上需要 14.95 瓦的功率才能支持全部功能。大多数无线局域网供应商建议使用超五类(CAT 5e)或更高等级的电缆,以便 802.11n/ac 接入点接收超过 12.95 瓦的功率,从而满足所有 MIMO 无线接口的用电需要。另外,如果无法获得足够的电量,部分供应商的接入点支持手动或自动对 MIMO 无线接口的功能进行降级以减少耗电量。禁用其他网络接口(如 BLE 无线接口或辅助以太网端口)同样可以降低功耗。

12.2.2　供电设备

供电设备向受电设备输送电量,标称电压为 48 伏(44~57 伏)。供电设备采用直流检测信号搜索受电设备。确认符合 PoE 标准的受电设备后,供电设备向其供电;如果受电设备没有回复检测签名,则供电设备拒绝供电,以免损坏不符合 PoE 标准的受电设备。

对比表 12.4 和表 12.3 可以看到,供电设备的输出功率大于受电设备的输入功率。这是因为供电设备需要将最坏的情况考虑在内,即供电设备与受电设备之间的电缆和连接器可能产生功率损耗。所有 PoE+受电设备的最大输入功率均为 25.5 瓦。如果受电设备提供分类签名,供电设备可以据此划分其类别。受电设备连接到供电设备后,供电设备将持续监控受电设备的连接状态以及短路等电气条件,并在受电设备断开连接时停止供电。供电设备分为端点供电设备(endpoint PSE)和中跨供电设备(midspan PSE)。

表 12.4　供电设备的输出功率

类别	供电设备的输出功率
0	15.4 W
1	4.0 W
2	7.0 W
3	15.4 W
4	30.0 W

12.2.3　端点供电设备

端点供电设备既可以供电,也可以传输以太网数据信号。端点设备通常是支持 PoE 的以太网交换机,图 12.1 所示的 48 口交换机就是一例。PoE 交换机为接入层设备(如接入点和电话)供电,因此它属于接入层交换机,而非分布层或核心层交换机。无线局域网控制器、无线局域网分支路由器、配有额外 PoE 端口的壁板接入点等专业设备也能充当端点供电设备。接入层交换机通常负责为基于控制器的接入点供电,但部分小型或分支无线局域网控制器同样可以为接入点供电。

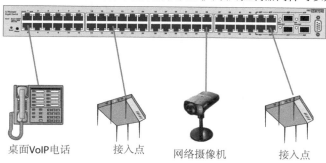

桌面VoIP电话　　　接入点　　　网络摄像机　　　接入点

图 12.1　支持 PoE 的 48 口千兆以太网接入层交换机

端点设备可以采用备选方案 A(Alternative A)或备选方案 B(Alternative B)供电。

备选方案 A　采用备选方案 A 的供电设备通过数据线对输送电量。图 12.2 和图 12.3 分别展示了 10Base-T/100Base-TX 和 1000Base-T 端点供电设备如何采用备选方案 A 为受电设备供电。

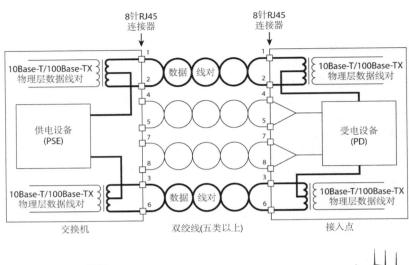

图 12.2　10Base-T/100Base-TX 端点供电设备(备选方案 A)

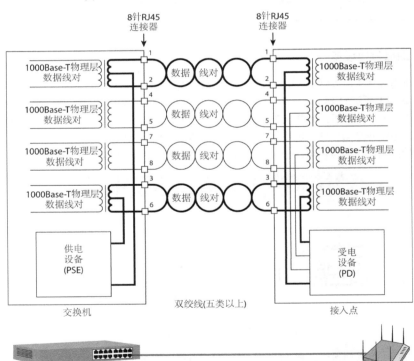

图 12.3　1000Base-T 端点供电设备(备选方案 A)

备选方案 B　如图 12.4 所示,采用备选方案 B 的供电设备通过 10Base-T/100Base-TX 电缆的空闲线对输送电量。如图 12.5 所示，采用备选方案 B 的 1000Base-T 端点供电设备也能通过 1000Base-T 电缆的两组数据线对为受电设备供电。端点供电设备兼容 10Base-T(标准以太网)、100Base-TX(快速以太网)与 1000Base-T(千兆以太网)。802.3af 修正案仅允许 1000Base-T 设备从端点设备接受供电；而在 802.3at 修正案获批后，1000Base-T 设备既能从端点设备，也能从中跨设备接受供电。

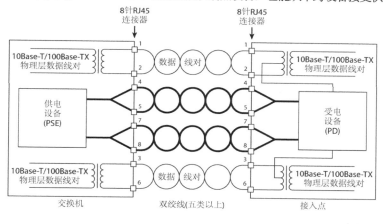

图 12.4　10Base-T/100Base-TX 端点供电设备(备选方案 B)

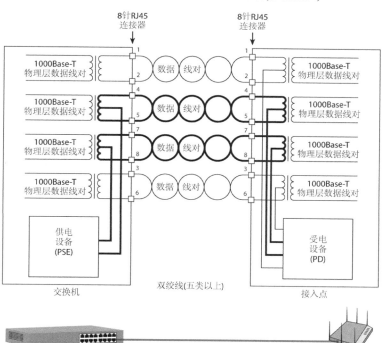

图 12.5　1000Base-T 端点供电设备(备选方案 B)

12.2.4 中跨供电设备

中跨供电设备相当于为以太网段供电的透传设备(pass-through device)。中跨供电设备采用 PoE 技术向现有网络输送电量,无须替换当前的以太网交换机。中跨供电设备位于以太网源设备(如以太网交换机)与受电设备之间,通过以太网电缆输送电量时相当于以太网中继器。802.3af 修正案仅允许中跨供电设备采用备选方案 B 为 10Base-T/100Base-TX 设备供电;而在 802.3at 修正案获批后,中跨供电设备既可以采用备选方案 A,也可以采用备选方案 B 供电,且支持 1000Base-T 设备。

图 12.6 和图 12.7 分别展示了 10Base-T/100Base-TX 和 1000Base-T 中跨供电设备如何采用备选方案 A 为受电设备供电。图 12.8 和图 12.9 分别展示了 10Base-T/100Base-TX 和 1000Base-T 中跨供电设备如何采用备选方案 B 为受电设备供电。

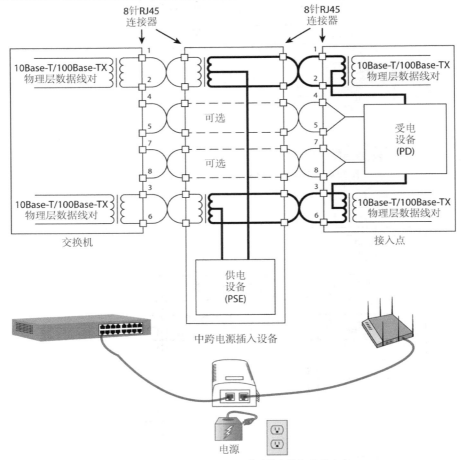

图 12.6 10Base-T/100Base-TX 中跨供电设备(备选方案 A)

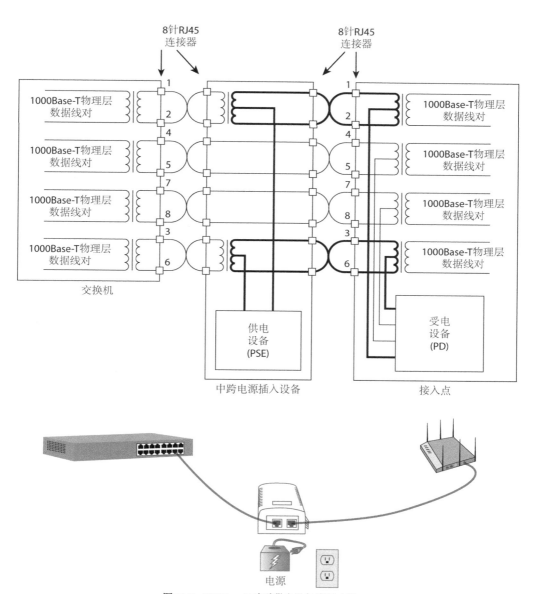

图 12.7　1000Base-T 中跨供电设备(备选方案 A)

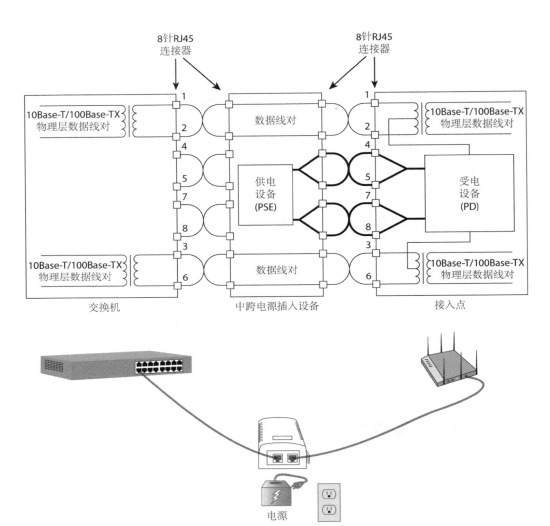

图 12.8　10Base-T/100Base-TX 中跨供电设备(备选方案 B)

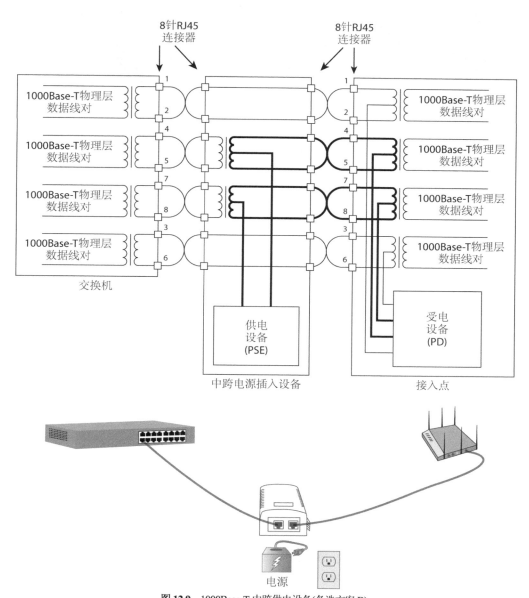

图 12.9 1000Base-T 中跨供电设备(备选方案 B)

图 12.10 展示了一台单口中跨供电设备以及三台多口中跨供电设备。单口中跨供电设备通常称为电源注入器(power injector)，多口中跨供电设备通常称为 PoE 集线器(PoE hub)。

图 12.10   PowerDsine 的电源注入器与 PoE 集线器

图 12.11 显示了为受电设备供电的 3 种常见方案。方案 1 采用配有内联电源的端点 PoE 交换机，能同时向接入点提供以太网接入并输送电量。方案 2 和方案 3 均采用中跨供电方式。方案 2 使用多口中跨供电设备，通常称为内联电源转接板(inline power patch panel)；方案 3 使用单口中跨供电设备，通常称为单口电源注入器(single-port power injector)。

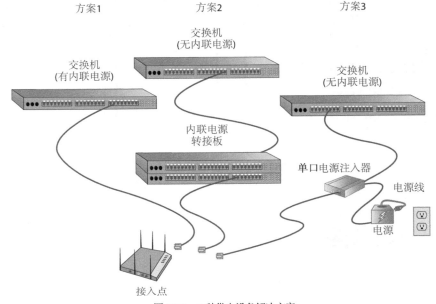

图 12.11   3 种供电设备解决方案

12.2.5   供电设备引脚分配

供电设备必须通过介质相关接口(MDI)为受电设备供电。就技术层面而言，MDI 本质上属于以太网电缆连接器。请记住，采用 PoE 机制时，以太网的最远距离限制仍然为 100 米(约 328 英尺)。

PoE 技术采用两种有效的四线引脚连接。在每种配置中，两对导体引脚输送大小和极性相同的标称电流。供电设备采用备选方案 A 为设备供电时，发送线对与正电压相匹配，以太网电缆的输入线对必须连接到另一端设备的输出线对，这称为交叉模式介质相关接口(MDIX 或 MDI-X)。如有必要，许多设备能自动识别并提供交叉连接。如表 12.5 所示，如果供电设备配置为自动设置 MDI/MDI-X(又称自动 MDI-X 或自动交叉)，那么端口选择备选方案 A 的任何极性均可。

表 12.5　供电设备引脚方案

导体引脚	备选方案 A(MDI-X)	备选方案 A(MDI)	备选方案 B(全部)
1	负电压	正电压	
2	负电压	正电压	
3	正电压	负电压	
4			正电压
5			正电压
6	正电压	负电压	
7			负电压
8			负电压

12.3　规划与部署以太网供电

早期的桌面 VoIP 电话和接入点不支持 PoE 技术，连接到网络的所有设备只能由电源插座供电。这些插座在建筑物或园区中随处可见，以满足设备的用电需要。而 PoE 技术将电源整合到配线柜或数据中心，通过以太网电缆即可为 PoE 设备供电。

12.3.1　功率规划

目前，一台或有限的几台供电设备就能承担为成百上千台设备输送电量的任务。802.3af(PoE)和 802.3at(PoE+)供电设备向每台受电设备输出的最大功率分别为 15.4 瓦和 30 瓦。如果受电设备不支持 802.3at，那么对于典型的 24 口 PoE 以太网交换机来说，输出功率必须达到 370 瓦才能满足全部 24 个端口的需要(15.4 瓦×24 个端口=369.6 瓦)，而交换机自身的耗电量尚未包括在内。判断交换机能否提供足够电量的简单方法如下：首先确定等效非 PoE 交换机的输出功率，再计算连接到交换机的 802.3af 设备的总耗电量(802.3af 设备的数量乘以 15.4 瓦)，或计算连接到交换机的 802.3at 设备的总耗电量(802.3at 设备的数量乘以 30 瓦)。

110 伏/30 安电源的最大输出功率为 3300 瓦(110 伏 × 30 安)。假设配线柜提供的功率为 1650 瓦(110 伏/15 安)，这种情况也很普遍。企业级 PoE 交换机通常包括多个安装在机架上的 48 口线卡，而机架本身的耗电量在 1000～2000 瓦之间。如果每个端口的耗电量为 15.4 瓦，则 48 口线卡的总耗电量为 740 瓦。从机架的功率要求可知，3300 瓦只能满足机架与两三个满负荷 48 口线卡的用电需要。

由于 802.11 接入点、摄像机、桌面 VoIP 电话等许多设备都要耗电，交换机可能无法为所有 PoE 端口输送足够的电量。网络工程师已经开始认识到功率预算(power budget)的必要性和重要性，需要仔细规划以满足所有受电设备的需要。如果受电设备能提供分类签名，则十分有利于降低耗电量并减少在功率预算中所占的比例。一台耗电量为 3 瓦但无法提供分类签名的设备将被默认划分为类别 0 设备，在功率预算中需要为其分配 15.4 瓦，这意味着实际浪费了 12 瓦的功率。但如果这台设备能提供分类签名，它将被划分为类别 1 设备，在功率预算中只需要为其分配 4 瓦的功率。随着无线局域网部署的需求日益增长，受电设备的分类将变得越来越重要。

企业交换机供应商会在交换机的规格表中标明 PoE 功率预算。请注意，规格表中列出的 PoE 功率预算实际上是端口的可用功率，并未考虑交换机的其他功能。阅读交换机的功率预算规格时，务必确定 PoE 端口的数量。以 3 家供应商销售的 24 口千兆交换机为例：供应商 A 规定功率预算为 195 瓦，但只能用于 8 个端口；供应商 B 同样规定功率预算为 195 瓦，但可以用于全部 24 个端口；供应商 C 规定功率预算为 408 瓦，可以用于全部 24 个端口。提高功率预算会显著增加 PoE 交换机的成本，这一点请读者谨记在心。

如图 12.12 所示，大多数交换机都能指定端口类型(标准的 802.3af 端口还是 802.3at 端口)。接入点可能需要 802.3af PoE 交换机端口输出最大功率(15.4 瓦)，而桌面 VoIP 电话可能只需要端口输出 7 瓦的功率。可以手动将 PoE 端口设置为向 VoIP 电话输出 7 瓦的功率，从而节省 8.4 瓦的功率，不必从总预算中扣除。人们通常还会为 PoE 端口配置优先级。超出功率预算时，交换机将优先向优先级较高的 PoE 端口输出功率。一般来说，应合理规划以避免超出功率预算。交换机硬件出现故障时，PoE 端口优先级也很重要。PoE 交换机往往需要多个电源，如果其中一个电源失效，交换机可能无法为所有与自己相连的设备供电。这种情况下，网络工程师可以通过 PoE 端口优先级确定哪些设备更重要。

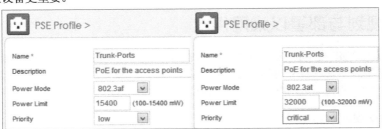

图 12.12 端口级 PoE 功率预算

建议监控一台或多台交换机的功率预算，确保满足所有设备的用电需要。一般可以通过交换机的命令行界面(CLI)或图形用户界面(GUI)查看供电设备当前的功率预算信息，或通过集中式网络管理系统(NMS)实施监控。如图 12.13 所示，交换机的总预算为 195 瓦。一个接入点连接到端口 1，当前的耗电量为 7.4 瓦；另一个接入点连接到端口 2，当前的耗电量为 3 瓦。两个接入点当前的总耗电量为 10.4 瓦，因此可供其他设备使用的功率为 184.6。在本例中，其中一个接入点被划分为类别 0 设备，这意味着它的最大输入功率为 12.95 瓦。如果接入点不太繁忙，可能只需要 3~5 瓦的功率；但如果连接的客户端很多且需要处理大量数据，则接入点可能需要消耗全部 12.95 瓦的功率。有鉴于此，应始终根据设备(如接入点)的最大输入功率来规划功率预算。

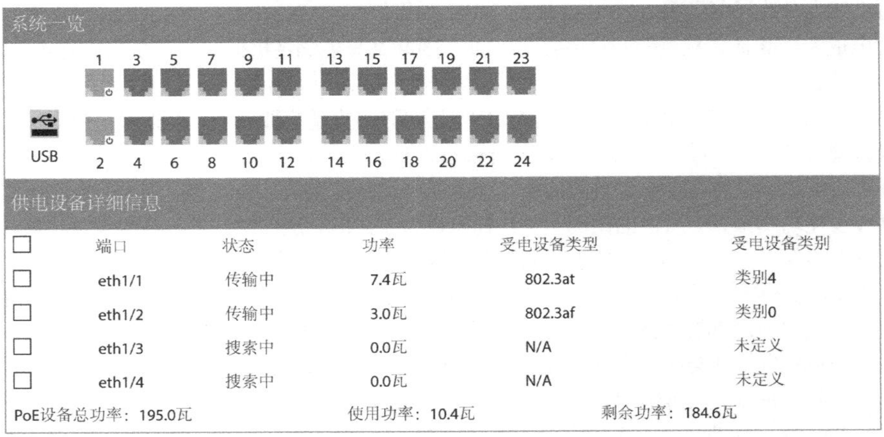

系统一览				
供电设备详细信息				
	端口	状态	功率	受电设备类型	受电设备类别
☐	eth1/1	传输中	7.4瓦	802.3at	类别4
☐	eth1/2	传输中	3.0瓦	802.3af	类别0
☐	eth1/3	搜索中	0.0瓦	N/A	未定义
☐	eth1/4	搜索中	0.0瓦	N/A	未定义

PoE设备总功率: 195.0瓦　　　　使用功率: 10.4瓦　　　　剩余功率: 184.6瓦

图 12.13 监控功率预算

接入点随机重启的原因何在？

客户经常会致电无线局域网供应商，抱怨接入点突然开始随机重启。许多情况下，接入点随机重启的根本原因在于交换机的功率预算不足。如果接入点无法获得所需的电量，往往会重新启动并继续尝试获取电量。不要忘记，桌面 VoIP 电话等设备同样使用 PoE。如果连接到交换机端口的 PoE 设备过多，就可能超出功率预算。合理规划功率预算对于接入点以及所有 PoE 设备来说至关重要。

为满足市场对 PoE 设备的需求，一些交换机制造商采用 220 伏/20 安电源替换原有的 110 伏/30 安电源。制造商还为交换机更换更大的电源，以处理额外的 PoE 需求。部分 PoE 交换机的电源功率可达 9000 瓦。随着对 PoE 设备的需求不断增长，相应的管理和故障排除需求也随之增加。图 12.14 显示的测试设备可以置于供电设备和受电设备之间，以排除 PoE 链路故障。

网络中的 PoE 设备越多，数据中心或配线柜的功率需求越大。功率需求增加，PoE 交换机供电电路的规模可能会随之扩大。功率越高，配线柜产生的热量越多，这往往意味着需要更多散热设备。使用高功率电源时，建议部署冗余电源作为备份。

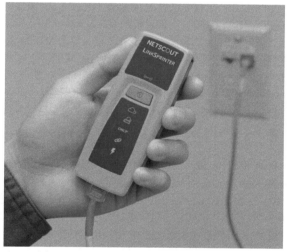

图 12.14 NETSCOUT 的 LinkSprinter 网络测试仪

12.3.2 冗余

VoIP 和 VoWiFi 电话正在取代传统的电话系统，而提供相同水准的持续服务仍很重要。为此，应确保所有 PoE 供电设备连接到不间断电源，且务必为 PoE 受电设备提供双以太网连接。出于 PoE 冗余方面的考虑，一些无线局域网供应商的接入点配有能无缝切换的双以太网 PoE 端口。接入点可以连接到两台独立的 PoE 交换机，这两台交换机安装在两个独立的中间配线架(IDF)电缆架上。

使用 PoE 技术时必须谨慎

随着 PoE 技术的日益普及，加之为接入点和 VoIP 电话等设备供电的需求不断增长，办公场所安装的 PoE 插座越来越多。PoE 技术具备一个实用且必要的特性，即供电设备可以确定所连接的设备是否支持 PoE：支持则为其供电，不支持则不会供电，只提供以太网接入。

当 PoE 设备从某些品牌和型号的 PoE 交换机断开时，交换机端口可能在几秒内保持原有的 PoE 状态(虽然此时交换机没有连接任何设备)。如果迅速将其他设备插入同一个端口，即便该设备不支持 PoE，PoE 交换机也可能为其供电，从而增加设备损坏的风险。

为避免这种情况发生，断开以太网设备时，应等待 5~10 秒后再插入其他设备。这段时间应该足够端口禁用 PoE。当另一台设备连接到该端口时，PoE 交换机将重新判定设备是否支持 PoE。

12.4　802.11ac 技术与以太网供电

从第 10 章"MIMO 技术：高吞吐量与甚高吞吐量"的讨论可知，802.11ac 无线接口仅能通过 5 GHz 频段传输数据。802.11ac 无线接口采用更复杂的调制技术，信道宽度高达 160 MHz，但一般使用 20 MHz 和 40 MHz 信道宽度。这些新的 802.11ac 机制需要处理更多资源，因而耗电量更大。802.3af 技术往往无法提供第一代 802.11ac 3×3:3 接入点所需的电量，部分 802.11ac 接入点需要采用 802.3at 技术供电才能全面运转。不少无线局域网供应商开发出各种技术，以便第一代 802.11ac 接入点可以通过 802.3af 技术接受供电，但性能也会相应下降。最常见的做法是对 802.11ac 接入点的 MIMO 功能进行降级。以配有 3 台发射机的 802.11ac 3×3:3 接入点为例，其中一个或两个无线接口仅使用一两台发射机以减少耗电量，缺点在于接入点的 MIMO 发射机功能没有得到充分利用。其他供应商选择禁用大量消耗处理器资源的 802.11ac 功能，比如 80 MHz 信道和更复杂的调制方法。换言之，802.11ac 3×3:3 MIMO 无线接口仍然可以使用全部 3 台发射机；但通过 802.3af 技术接受供电时，802.11ac 无线接口实际上相当于 802.11n 无线接口。如前所述，禁用其他网络接口(如 BLE 无线接口或辅助以太网端口)同样能减少耗电量。另外，某些供应商推出了依靠 802.3af 技术供电就能正常运行的 802.11ac 3×3:3 MIMO 接入点。

第二代 802.11ac 接入点使用性能更好的芯片组，这些芯片组支持波束成形，需要更多处理资源，因而耗电量更大。新款 802.11ac 接入点通常使用 4×4:4 MIMO 无线接口，802.3af 供电设备无法满足这些接入点的用电需要。

接入点的 PoE 要求主要集中在为多少条射频链供电。802.3af PoE 交换机端口的输出功率为 15.4 瓦，足以满足双频 2×2:2 接入点的需求，也能满足大多数企业级 3×3:3 接入点的需求。然而，双频 4×4:4 接入点的耗电量较大，只能由 802.3at PoE 交换机端口供电。读者将从第 19 章"802.11ax 技术：高效无线局域网"了解到，第一代 802.11ax 接入点将是 4×4:4 甚至 8×8:8 设备，这些接入点显然需要通过 802.3at(PoE+)技术供电。

接入点当然也可以使用电源插座，但大多数接入点部署在不方便安装电源插座的位置。为 802.11ac 和 802.11ax 接入点供电的最佳方法是部署 802.3at 供电设备，通过以太网电缆输送 30 瓦的功率。随着无线网络的快速发展，在选购 PoE 交换机时，建议只考虑支持 802.3at 技术的交换机。

IEEE 802.3bt 修正案

802.3bt 修正案是针对 PoE 标准的第三次修订，于 2018 年 9 月获批。这项新的 PoE 修正案定义了两种新的供电设备和受电设备：类型 3 和类型 4 设备，但 802.3bt 设备仍然向后兼容遗留的类型 1 和类型 2 设备。除增加 PoE 类型外，802.3bt 修正案在现有类别(类型 0~4)的基础上定义了 4 种新的类别(类型 5~8)。

供电设备还提供 4 种新的功率等级。如表 12.6 所示，这 4 种功率等级为 45 瓦、60 瓦、75 瓦以及 90 瓦。此外，802.3bt 技术可以通过全部 4 组线对输送电量，并支持 10GBase-T 设备。

表 12.6　供电设备的功率

类型	供电设备的最小输出功率	标准
0	15.4 W	802.3af
1	4.0 W	802.3af
2	7.0 W	802.3af
3	15.4 W	802.3af
4	30.0 W	802.3at
5	45.0 W	802.3bt
6	60.0 W	802.3bt
7	75.0 W	802.3bt
8	90.0 W	802.3bt

12.5　小结

本章重点讨论了以太网供电(PoE)以及向受电设备提供服务所需的设备和技术。可以通过专有方式或标准方式(802.3af 或 802.3at 修正案，现已纳入 IEEE 802.3-2018 标准的条款 33)实现 PoE。

基于标准的 PoE 包括以下重要组件：

- 受电设备(PD)
- 供电设备(PSE)
- 端点供电设备(endpoint PSE)
- 中跨供电设备(midspan PSE)

这些设备相互协作，构成有效的 PoE 环境。

本章最后讨论了规划和部署 PoE 时需要考虑的两个因素：

- 功率规划
- 冗余

12.6　考试要点

了解 PoE 的发展历程。务必了解 PoE 的发展历程。熟悉最初的 802.3af 修正案、随后的 802.3at 修正案以及目前的 IEEE 802.3-2018 标准的条款 33。

熟悉各种 PoE 设备及其互操作方式。务必了解各种 PoE 设备以及它们在 PoE 中的作用。掌握受电设备、供电设备、端点供电设备以及中跨供电设备的工作方式。

了解不同的设备类别以及分类过程。务必了解 5 种设备类别以及如何通过分类过程确定受电设备的类别。了解每类设备的电流范围，掌握供电设备向每类设备输送的电量。

12.7　复习题

1. 802.3af 和 802.3at 修正案现已纳入 IEEE 802.3-2018 标准，二者定义在哪一条款中？

A. 条款 15   B. 条款 17

C. 条款 19   D. 条款 33

E. 条款 43

2. 不提供分类签名的设备将被划分到哪个类别?

A. 类型 0   B. 类型 1

C. 类型 2   D. 类型 3

E. 类型 4

3. 802.11 标准定义了哪些 PoE 设备?(选择所有正确的答案。)

A. PSE   B. PPE

C. PD   D. PT

4. 受电设备可以通过以太网电缆的数据线对或空闲线对接受的最高电压为____。

A. 14.5 伏   B. 20.5 伏

C. 48 伏   D. 57 伏

5. 为符合 802.3at 修正案(现已纳入 IEEE 802.3-2018 标准)的规定,受电设备必须满足以下哪些要求?(选择所有正确的答案。)

A. 可以通过空闲线对接受供电。   B. 向 PSE 回复检测签名。

C. 从 PSE 的任意极性接受供电。   D. 向 PSE 回复分类签名。

6. VoIP 电话被连接到 24 口的 PoE 中跨供电设备。如果 VoIP 电话没有提供分类签名,则供电设备将向其分配多少瓦的功率?

A. 12.95 瓦   B. 4.0 瓦

C. 7.0 瓦   D. 15.4 瓦

7. 采用备选方案 B 的端点 PSE 可以向采用哪些以太网技术的设备供电?(选择所有正确的答案。)

A. 10Base-T   B. 100Base-TX

C. 1000Base-T   D. 100Base-FX

8. 类型 4 受电设备的最大输入功率范围是多少?

A. 0.44～12.95 瓦   B. 3.84～6.49 瓦

C. 6.49～12.95 瓦   D. 12.95～25.5 瓦

E. 15～30 瓦

9. 如果 24 口的 802.3at PoE 以太网交换机的所有端口都连有 PoE 设备且输出最大功率,那么交换机输出的总功率是多少?

A. 15.4 瓦   B. 370 瓦

C. 720 瓦   D. 1000 瓦

E. 信息不足,无法回答

10. 802.3at 接入点配有两个无线接口且耗电量为 7.5 瓦,那么供电设备将为接入点分配多少功率?

A. 7.5 瓦   B. 10.1 瓦

C. 15 瓦   D. 15.4 瓦

E. 30.0 瓦

11. PSE 的输出电压范围为____伏,标称值为____伏。

A. 14.5～20.5,18   B. 6.49～12.95,10.1

C. 12～19,15.4   D. 44～57,48

12. 蒂姆安装了一台符合 802.3at 标准的以太网交换机,他发现接入点存在随机重启的问题。

产生这个问题的原因是什么?

　　A. 以太网交换机连接的 PoE VoIP 电话过多。

　　B. 交换机与接入点之间的大多数以太网电缆长为 90 米。

　　C. 仅使用超五类电缆作为以太网电缆。

　　D. 交换机支持 1000Base-T 技术,与 VoIP 电话互不兼容。

　　13. 网络工程师在设计符合 802.3at 标准的网络时安装了一台 24 口的以太网交换机,以便为 10 部类型 1 的 VoIP 电话和 10 个类型 0 的接入点供电。为执行基本的交换功能,交换机自身的耗电量为 500 瓦。那么总耗电量是多少?

　　A. 500 瓦　　　　　　　　　　　　　**B.** 694 瓦

　　C. 808 瓦　　　　　　　　　　　　　**D.** 1000 瓦

　　14. 网络工程师在设计符合 802.3at 标准的网络时安装了一台 24 口的以太网交换机,以便为 10 部类型 2 的相机和 10 个类型 3 的接入点供电。为执行基本的交换功能,交换机自身的耗电量为 1000 瓦。那么总耗电量是多少?

　　A. 1080 瓦　　　　　　　　　　　　　**B.** 1224 瓦

　　C. 1308 瓦　　　　　　　　　　　　　**D.** 1500 瓦

　　15. 根据 IEEE 标准的定义,安装 PoE 网络时,PSE 与 PD 之间的最远距离是多少? (选择所有正确的答案。)

　　A. 90 米　　　　　　　　　　　　　　**B.** 100 米

　　C. 约 300 英尺　　　　　　　　　　　**D.** 约 328 英尺

　　E. 328 米

　　16. 802.3at PD 的最大输入功率是多少?

　　A. 12.95 瓦　　　　　　　　　　　　　**B.** 15 瓦

　　C. 7.4 瓦　　　　　　　　　　　　　　**D.** 25.5 瓦

　　E. 30 瓦

　　17. 类型 0 受电设备的最大输入功率是多少?

　　A. 3.84 瓦　　　　　　　　　　　　　**B.** 6.49 瓦

　　C. 12.95 瓦　　　　　　　　　　　　　**D.** 15.4 瓦

　　18. PSE 施加的电压介于 14.5 伏和 20.5 伏之间,测量产生的电流以确定设备类别。类型 2 设备的电流范围是多少?

　　A. 0~4 毫安　　　　　　　　　　　　　**B.** 5~8 毫安

　　C. 9~12 毫安　　　　　　　　　　　　**D.** 13~16 毫安

　　E. 17~20 毫安

　　19. PD 必须能从电源的任意极性接受供电。在模式 A 中,PD 使用哪些导体引脚接受供电?

　　A. 导体引脚 1、2、3、4　　　　　**B.** 导体引脚 5、6、7、8

　　C. 导体引脚 1、2、3、6　　　　　**D.** 导体引脚 4、5、7、8

　　20. 类型 2 供电设备将执行双事件物理层分类或数据链路层分类操作。如果相互识别无法完成,类型 2 设备将_____。

　　A. 被自动划分为类型 0 设备　　　　**B.** 作为类型 2 设备运行

　　C. 作为类型 1 设备运行　　　　　　**D.** 采用备选方案 A 输出 15.4 瓦的功率

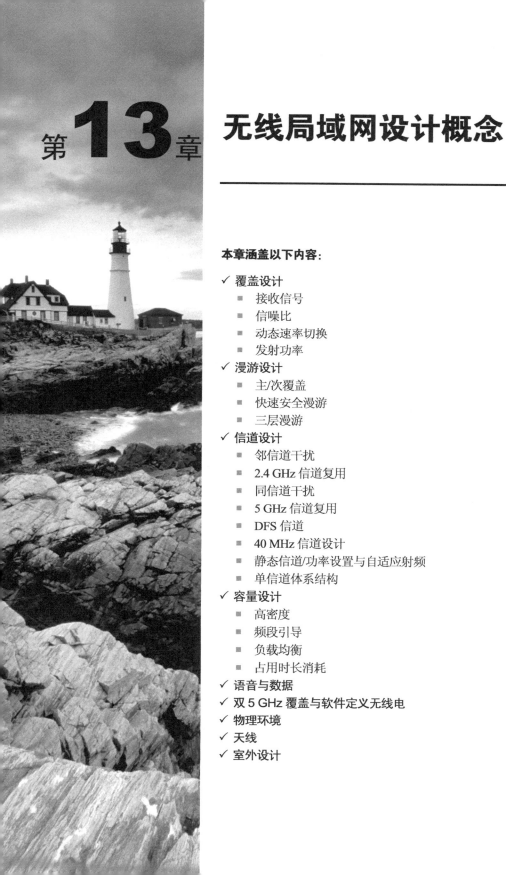

第13章 无线局域网设计概念

本章涵盖以下内容:

- ✓ **覆盖设计**
  - ▪ 接收信号
  - ▪ 信噪比
  - ▪ 动态速率切换
  - ▪ 发射功率
- ✓ **漫游设计**
  - ▪ 主/次覆盖
  - ▪ 快速安全漫游
  - ▪ 三层漫游
- ✓ **信道设计**
  - ▪ 邻信道干扰
  - ▪ 2.4 GHz 信道复用
  - ▪ 同信道干扰
  - ▪ 5 GHz 信道复用
  - ▪ DFS 信道
  - ▪ 40 MHz 信道设计
  - ▪ 静态信道/功率设置与自适应射频
  - ▪ 单信道体系结构
- ✓ **容量设计**
  - ▪ 高密度
  - ▪ 频段引导
  - ▪ 负载均衡
  - ▪ 占用时长消耗
- ✓ **语音与数据**
- ✓ **双 5 GHz 覆盖与软件定义无线电**
- ✓ **物理环境**
- ✓ **天线**
- ✓ **室外设计**

如果 200 位 Wi-Fi 专家齐聚一堂(比如无线局域网专家大会[1]),那么对于如何合理设计 802.11 网络的覆盖、容量与占用时长消耗(airtime consumption),我们可能会听到 200 种不同的意见。资深的 Wi-Fi 专业人士无不认同合理设计无线局域网的重要性。如果在部署前合理规划并设计无线局域网,就能避免之后可能出现的很多问题;而实施部署后验证勘测对于验证无线局域网设计具有同样重要的意义。本章将探讨无线网络工程师应该掌握的无线局域网设计概念。规划合适的覆盖固然重要,但它并非无线局域网设计的全部。为满足性能方面的要求,良好的无线局域网设计还必须考虑用户和设备容量。受射频介质的半双工特性所限,无线局域网设计的一个重要目标是减少占用时长消耗。各种垂直市场的需求千差万别,千篇一律的设计方案绝非良策。此外,建筑物的布局千差万别,射频传播和衰减特性也有所不同。

本章将从概念上讨论无线局域网覆盖、容量与集成设计的相关问题。然而,Wi-Fi 专业人士并非总能对无线局域网设计达成共识,每个人都可能有一套独特的方法论。无论采用哪种设计方法,实施部署后验证勘测始终必不可少。

13.1　覆盖设计

在无线局域网设计中,首先想到的或许总是提供 Wi-Fi 客户端通信的覆盖区域。无论哪种无线局域网,覆盖设计的主要目标都是为连接的客户端提供高数据速率连接并实现无缝漫游。一个常见的错误是只根据接入点的性能来设计无线局域网——合理的无线局域网覆盖设计应从 Wi-Fi 客户端的角度着眼。有鉴于此,为客户端提供高质量接收信号是实现高数据速率连接的必要举措。

13.1.1　接收信号

那么,究竟什么是高质量的接收信号呢?如表 13.1 所示,根据接入点与客户端之间的距离不同,802.11 无线接口收到的传入信号功率可能介于–30 dBm 和本底噪声之间。进行覆盖设计时,一般建议接收信号至少达到–70 dBm,这种信号强度远高于本底噪声。换言之,–70 dBm 或更强的接收信号属于高质量的接收信号。

表 13.1　接收信号的强度

质量	功率(dBm)	与毫瓦的对比
极强	–30 dBm	千分之一毫瓦
极强	–40 dBm	万分之一毫瓦
极强	–50 dBm	十万分之一毫瓦
极强	–60 dBm	百万分之一毫瓦
强	–70 dBm	千万分之一毫瓦
普通	–80 dBm	亿分之一毫瓦
弱	–90 dBm	十亿分之一毫瓦
极弱	–95 dBm	本底噪声

请注意,客户设备不尽相同。例如,遗留的 802.11g 客户端的最高数据速率为 54 Mbps,而 802.11n/ac 2×2:2 MIMO 无线接口的数据速率可以达到 300 Mbps。此外,芯片组供应商不同,客

1　https://www.wlanpros.com。

户端无线接口的接收灵敏度阈值也不同，数据速率同样有区别。换言之，即便两个客户端无线接口接收到强度相同的射频信号，也可能使用不同的数据速率进行调制和解调。虽然设备与灵敏度之间存在差异，但仍有共同点。一般来说，如果接收信号达到–70 dBm 或更强，就能保证客户端无线接口使用某个最高数据速率进行通信。

第 14 章"无线局域网现场勘测"将介绍各种预测建模工具，这些工具有助于规划各个接入点的–70 dBm 覆盖区域。请记住，应从客户端的角度考虑接入点的实际覆盖区域，且务必验证所有规划的覆盖区域。由于各种无线局域网设备的 RSSI 灵敏度有所不同，实施验证勘测时通常会使用不同类型的 Wi-Fi 客户端。

13.1.2　信噪比

规划–70 dBm 覆盖区域的另一个原因在于，–70 dBm 的接收信号通常远高于本底噪声。第 4 章"射频组件、度量与数学计算"曾经讨论过信噪比(SNR)的重要性，如果背景噪声过于接近接收信号或接收信号电平过低，则可能破坏数据。如图 13.1 所示，信噪比实际上并非比值，它只是接收信号与背景噪声(本底噪声)之间的分贝差，单位为分贝(dB)。如果 802.11 无线接口收到的信号为–70 dBm，且测得的本底噪声为–95 dBm，那么接收信号与背景噪声之间的差值为 25 dB，因此信噪比为 25 dB。

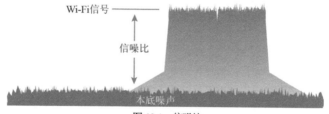

Wi-Fi信号

信噪比

本底噪声

图 13.1　信噪比

信噪比过低会破坏数据传输。如果本底噪声与接收信号的振幅过于接近，将导致数据损坏，从而引发二层重传。一般认为，信噪比高于 25 dB 的信号质量较好，信噪比低于 10 dB 的信号质量较差。信噪比低于 10 dB 可能破坏数据，导致重传率高达 50%。为避免低信噪比影响帧传输，大多数 Wi-Fi 供应商建议，通过无线局域网传输数据时，信噪比至少为 20 dB；通过无线局域网传输语音时，信噪比至少为 25 dB。大多数情况下，如果接收信号达到–70 dBm，则比本底噪声高 20 dB。在大多数环境中，信号强度达到–70 dBm 可以确保高速率连接，信噪比达到 20 dB 可以确保数据完整性。此外，高信噪比能确保无线接口采用数据速率更高的调制编码方案(MCS)。

与其他类型的应用流量相比，Wi-Fi 语音(VoWiFi)通信更容易受到二层重传的影响。有鉴于此，在设计语音无线局域网时，建议信号强度至少达到–65 dBm，以便接收信号高于本底噪声。如图 13.2 所示，即便本底噪声高达–90 dBm，如果 VoWiFi 客户端的接收信号为–65 dBm，那么信噪比仍然能达到 25 dB。请务必查看 VoWiFi 客户端制造商的建议。一家 VoWiFi 供应商或许认为–67 dBm 信号已能满足需要，而另一家 VoWiFi 供应商可能建议信噪比应该达到 28 dB。在语音无线局域网设计中，信噪比是最重要的射频指标。另请注意，受自由空间路径损耗(FSPL)的影响，相较于接收信号为–70 dBm 的客户端，接收信号为–67 dBm 的客户端的有效范围更小。不要忘记，损耗每增加 3 dB，接收信号的强度将减半。例如，–70 dBm 信号的功率只有–67 dBm 信号的 50%。换言之，客户端需要更接近接入点，接收信号才能达到–67 dBm。

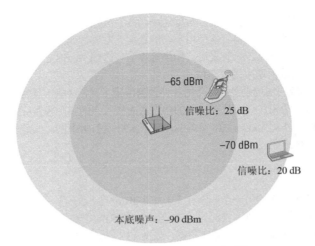

图 13.2　VoWiFi 覆盖与高数据速率覆盖

对于使用 256-QAM 的 802.11ac 客户端来说,可能需要更高的信噪比才能达到最高数据速率。如果希望采用为 256-QAM 定义的调制编码方案,则信噪比至少要达到 29 dB。而 802.11ax 客户设备有望支持 1024-QAM,信噪比很可能达到 35 dB。

13.1.3　动态速率切换

如果信号低于-70 dBm,客户设备能否与接入点通信呢? 答案是肯定的——即便接收信号仅比本底噪声高 4 dB,大多数客户设备也仍然可以从接收信号中解码 802.11 前同步码。当移动客户端离开接入点时,将通过动态速率切换(DRS)机制来降低带宽功能。根据两个无线接口之间的信号质量,接入点和客户端可能调低或调高数据速率。

信号质量与客户端和接入点之间的距离直接相关。随着客户端距离接入点越来越远,二者都将切换到较低的速率;因为速率越低,调制编码方案越简单。如图 13.3 所示,当接收信号为-70 dBm 时,802.11a/g 客户端采用 54 Mbps 的速率通信;但如果信号非常弱,客户端可能切换到更低的 6 Mbps 数据速率。两个无线接口相距 30 英尺(约 9.1 米)时,传输速率为 54 Mbps;两个无线接口相距 90 英尺(约 27.4 米)时,传输速率为 6 Mbps。

动态速率切换又称动态速率变化、动态速率选择、自适应速率选择或自动速率选择。以上所有术语的含义并无二致:当发送端 802.11 无线接口的信号强度和质量下降时,接收端 802.11 无线接口将执行速度回退(speed fallback)操作。动态速率切换通过上调或下调速率来优化速率并提升性能。从客户端的角度观察,数据速率越低,同心覆盖区域越大;数据速率越高,同心覆盖区域越小。

动态速率切换使用 802.11 无线接口制造商定义的专有阈值,大多数无线接口的动态速率切换功能与接收信号强度指示(RSSI)阈值、误包率(PER)、重传等因素有关。RSSI 指标通常基于信号强度和信号质量。换言之,终端根据接收信号的强度(单位为 dBm)或信噪比高或调低数据速率。由于供应商实现动态速率切换的方式有所不同,即便位于同一个位置,不同供应商制造的两个客户端无线接口也可能采用不同的数据速率(如 300 Mbps 和 270 Mbps)与接入点通信。例如,一家供应商的客户端可能在信号强度为-78 dBm 时从 156 Mbps 切换到 52 Mbps,而另一家供应商的客户端可能在信号强度为-81 dBm 时才会从 156 Mbps 切换到 52 Mbps。数据速率切换操作也可能基于信噪比。需要再次强调的是，信号质量与接入点和接入点之间的距离存在相关性。请记住，动态速率切换适用于所有 802.11 物理层。也就是说，遗留的 802.11b 无线接口将在 1、2、5.5、11 Mbps 这 4 种数据速率之间切换，而 802.11n/ac 无线接口将在更大范围的可用数据速率之间切换。

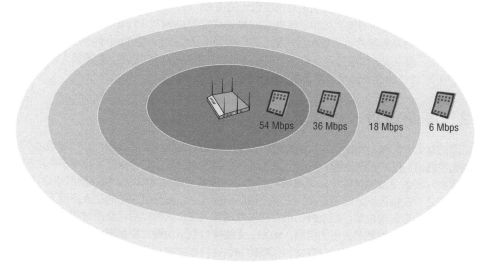

54 Mbps　36 Mbps　18 Mbps　6 Mbps

图 13.3　动态速率切换

　　人们往往错误地认为，只有客户端无线接口才使用动态速率切换。如前所述，如果从接入点收到的信号变弱，客户端无线接口将切换到较低的数据速率。其实，接入点无线接口同样可以使用动态速率切换：如果来自客户端的信号较弱，接入点到客户端的下行传输将切换为较低的数据速率。

　　移动性会导致数据速率发生变化。利用动态速率切换机制，即便信号较弱、信噪比较低，接入点无线接口与客户端无线接口依然能以较低的数据速率继续通信。然而，无线局域网覆盖设计的主要目标之一是提供高数据速率连接，同时尽可能避免切换到低数据速率。因为如果客户端调低数据速率，将消耗更多的占用时长并影响无线局域网的整体性能。相对于切换到较低的数据速率，更好的方案是让客户端漫游到其他信号质量更好的接入点，以便继续保持高数据速率连接。

13.1.4　发射功率

　　影响无线局域网覆盖和漫游的一个重要因素是接入点的发射功率。尽管大多数室内接入点的最大发射功率可以达到 100 毫瓦，但你应该尽量避免让接入点以最大发射功率传输数据。增加发射功率固然可以扩大接入点的有效范围，不过在如今的无线局域网设计中，范围并非唯一需要考虑的因素。读者将从本章稍后的讨论中了解到，增加容量并减少占用时长消耗才是要务。如果接入点以最大发射功率传输数据，将会造成覆盖范围过大，反而不能满足实际的容量需求。在室内环境中，满功率发射的接入点还会增加同信道干扰(CCI)的概率，从而产生无谓的介质争用开销。此外，满功率接入点将增加黏性客户端(sticky client)出现的概率，从而对漫游造成不利影响，详细讨论请参见第 15 章 "无线局域网故障排除"。考虑到这些问题，在室内无线局域网部署中，接入点的发射功率通常设置为最大发射功率的四分之一到三分之一。而在用户密度较高的环境中，接入点的发射功率可能需要低至 1 mW。

客户端的发射功率同样需要考虑在内。一个备受争议的话题是接入点与客户端之间的链路平衡(link balance)概念；简而言之，接入点与客户端的发射功率设置保持一致。大多数情况下，客户端的发射功率高于室内接入点。为满足高密度设计的需要，许多室内接入点的发射功率不超过 10 毫瓦,而大多数客户端(如智能手机和平板电脑)可能以固定的功率(如 15 mW 或 20 mW)传输数据。由于客户端的发射功率通常高于接入点，加之客户端处于移动状态，因此功率不匹配常常会引起同信道干扰。一般来说，如果接入点和客户端支持发射功率控制(TPC)机制，就能最大限度避免这个问题。有关 TPC 的详细讨论请参见第 15 章。

13.2　漫游设计

前面的章节介绍过，漫游是客户端在射频覆盖区域之间无缝移动的过程。客户端通过不同的接入点切换通信。在扩展服务集(ESS)中，覆盖区域之间的无缝通信对于保持客户端不间断的移动性至关重要。漫游是故障排除中最常见的问题之一，漫游问题通常归因于糟糕的网络设计。

客户端是否在接入点之间漫游取决于客户端而非接入点。部分供应商的接入点或无线局域网控制器可能会参与漫游决策，但最终仍由客户端发送重关联请求帧以启动漫游过程。客户端根据一系列专有规则确定漫游时使用的机制，802.11 无线接口制造商通常根据漫游触发阈值制定这些规则。漫游触发阈值一般包括信号强度、信噪比与误比特率。客户端在网络中通信时，将通过探询和监听其他信道继续搜索其他接入点，并侦听其他接入点发出的信号。最重要的指标始终是接收信号的强度：当来自原接入点的信号强度降低时，如果客户端从另一个已知接入点侦听到质量更好的信号，则会启动漫游过程。然而，信噪比、误比特率、重传等因素也可能影响客户端的漫游决策。某些客户端使用信噪比作为触发漫游事件和动态速率切换的指标。

如图 13.4 所示，当客户端离开关联的原接入点时，如果信号强度降低到预定阈值以下，客户端将尝试连接到信号质量更好的目标接入点。客户端通过发送重关联请求帧以启动漫游过程。第 9 章 "802.11 MAC 体系结构" 详细解释了完整的重关联帧交换。

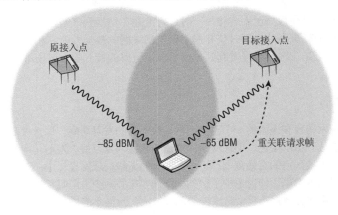

图 13.4　漫游

漫游触发阈值既可以很简单，也可以很复杂，具体取决于 Wi-Fi 客户设备的类型。例如，如果新接入点的信号强度比原接入点高 5 dB，VoWiFi 电话就可能启动漫游过程；而在 VoWiFi 电话漫游到新接入点之后，原接入点的信号强度可能要高 10 dB，才能吸引 VoWiFi 电话返回原接入点。之所以设置这些触发阈值，目的是避免客户端在两个接入点之间反复进行关联操作。遗憾的是，有关漫游触发阈值的公开数据并不多，但某些供应商确实通过部署指南或客户支持论坛公布了有用的漫游触发信息。例如，读者可以参考 Apple 公司提供的漫游信息。

- macOS 设备：面向企业客户的 macOS 无线漫游[1]。
- iOS 设备：浅谈企业无线漫游[2]。

漫游机制是专有的，两家供应商的客户端在不同覆盖区域之间移动时，漫游速度可能有所不同。某些供应商倾向于鼓励漫游，其他供应商则在接收信号阈值较低时才触发漫游。如果无线局域网工程师需要处理多家供应商的无线接口，则必然会观察到不同的漫游行为。

请注意，部分客户设备支持手动调整漫游触发阈值。如图 13.5 所示，许多 Windows 膝上型计算机的 Intel 802.11 无线接口都提供可调的漫游主动性(Roaming Aggressiveness)设置。

就目前而言，由于漫游机制的专有性，无线局域网管理员总是面临不一样的挑战。然而，新的客户端可能使用其他参数(如接入点邻居报告或容量负载)来帮助优化漫游过程。从第 2 章"IEEE 802.11 标准与修正案"的讨论可知，802.11k 修正案定义了无线资源测量(RRM)和邻居报告以改善漫游性能。客户端在无线局域网的覆盖区域之间漫游时，802.11r 修正案还根据强健安全网络(RSN)引入的强安全性定义了快速安全切换机制。客户端通过 802.11v 修正案定义的机制了解接入点的容量负载，并将这些信息纳入漫游决策。

图 13.5　设置漫游主动性

1　https://support.apple.com/en-us/HT206207。
2　https://support.apple.com/en-us/HT203068。

> **客户设备对 802.11k、802.11r 与 802.11v 技术的支持**
>
> 　　大多数无线局域网基础设施供应商的接入点和控制器均支持 802.11k 和 802.11r 技术，但许多客户设备尚不支持。Wi-Fi 联盟对 802.11r(快速安全漫游)、802.11k(无线资源管理)与 802.11v(无线网络管理)修正案的某些机制进行测试，推出了企业级语音(Voice-Enterprise)认证项目。虽然该项目的推出已有时日，但大多数遗留的客户设备仍未支持 802.11k 和 802.11r 技术。不过近年来，许多新款 802.11ac 客户设备对 802.11k、802.11r 与 802.11v 技术的支持有所增加。

13.2.1　主/次覆盖

　　合理的设计和周密的现场勘测是确保实现无缝漫游的最佳手段。在无线局域网设计中，大多数供应商建议在–70 dBm 覆盖区域之间规划 15%～30%的重叠率。多年来，各个供应商的无线局域网设计指南和白皮书都建议按这个比例来规划重叠，参见图 13.6 左侧的示意图。问题在于，如何计算并测量重叠区域呢？到底是应该根据周长、直径还是半径来测量重叠区域？此外，无线局域网供应商的白皮书(以及本书)将覆盖区域描绘为完美的圆形，而实际的覆盖区域形状各异，犹如变形虫或星暴，参见图 13.6 右侧的示意图。如果所有覆盖区域的形状大相径庭，又该如何测量重叠呢？

　　多年来，Wi-Fi 现场勘测专家 Keith Parsons(CWNE #3)一直宣扬测量接入点覆盖重叠的谬论。从 Wi-Fi 客户端的角度观察，覆盖重叠实际上属于重复的主/次覆盖。实施合理的现场勘测有助于确保客户端始终可以从多个接入点获得足够的重复覆盖。换言之，每个客户端不仅要侦听至少一个具有特定 RSSI 阈值的接入点，也要侦听另一个具有不同 RSSI 阈值的备用接入点。为实现高速率通信，大多数供应商的 RSSI 阈值往往要求接收信号达到–70 dBm。因此，当第一个接入点的信号强度降至–70 dBm 以下时，客户端需要侦听信号强度至少为–75 dBm 的第二个接入点。为确定客户端能否获得合理的主/次覆盖，唯一的手段是进行覆盖分析现场勘测，详细讨论请参见第 14 章。

理论覆盖区域　　　　　　　　　　　　　　　实际覆盖区域

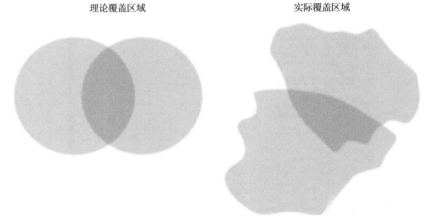

图 13.6　小区重叠

　　如图 13.7 所示，接入点的主/次覆盖设计通常遵循以下原则：与某接入点建立关联后，可能进行漫游的客户端还会在 5 dB 范围内侦听至少一个接入点。例如，连接到规划覆盖为–65 dBm 的接入点后，应保证客户端始终能侦听到至少一个信号强度为–70 dBm 的接入点。然而，部分无线局域网专家倾向于采用匹配的信号强度。例如，连接到规划覆盖为–65 dBm 的接入点后，应保证客户端始终能侦听到至少一个信号强度同样为−65 dBm 的接入点，从而在一个接入点发生故障时启用另一个接入点。

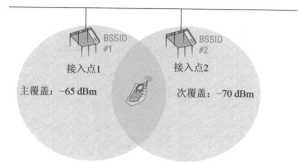

图 13.7　主/次覆盖

　　如果没有足够的重复覆盖，漫游就会出现问题。重复覆盖过小将产生漫游盲区，甚至导致客户端暂时失去连接。重复覆盖过大同样不可取。如果在任何给定位置都能侦听到几十个信号强度为−70 dBm 的接入点，客户端将在位于不同信道的两个或多个接入点之间来回切换。信号较强的接入点过多还会导致黏性客户端问题：即便位于新接入点的正下方，客户端也不会连接到新接入点，而是继续保持与原接入点的连接。如果客户端在同一信道监听到许多信号强度过大的接入点，则性能会因为介质争用开销而降低。

13.2.2　快速安全漫游

　　在漫游设计中，延迟是另一个非常重要的因素。IEEE 802.11-2016 标准建议企业无线局域网采用 802.1X/EAP 安全解决方案，而身份验证过程平均需要 700 毫秒甚至更久。如果部署 802.1X/EAP 安全解决方案，那么客户端每次漫游到新接入点时都要重新验证身份，由此引起的时间延迟可能会严重影响时敏应用。在漫游时，VoWiFi 要求漫游切换时间不能超过 150 毫秒。如果无线网络中既部署 802.1X/EAP 安全机制，又存在时敏应用，则需要使用快速安全漫游(FSR)解决方案。IEEE 定义了快速基本服务集转换(FT)机制作为快速安全漫游的标准。FT 机制由 802.11r 修正案率先提出，Wi-Fi 联盟推出的企业级语音认证对 FT 和 802.11r 机制进行了测试。尽管 802.11r 修正案在 2008 年就已获批，但并未得到业界的积极响应。相比之下，支持企业级语音认证的客户设备越来越多。

　　如果支持语音的客户端采用 802.1X/EAP 安全机制，则需要部署快速安全漫游解决方案。

> **注意：**
> CWNA 考试既不会考查非标准的快速安全漫游机制(如 OKC)，也不会考查标准的快速安全漫游机制(如 FT)。CWSP 考试将重点考查这些快速安全漫游机制。

13.2.3　三层漫游

　　在无线局域网设计中，需要考虑的一个主要问题是客户端跨越三层边界漫游时会发生什么情况。802.11 网络定义在第二层，漫游在本质上是一种二层过程。图 13.8 显示了在两个接入点之间漫游的客户端。漫游在第二层无缝进行，但用户虚拟局域网(VLAN)绑定在路由器两侧的不同子网上，这会导致客户端失去三层连接且必须获取新的 IP 地址。当客户端重新建立三层连接时，所有运行的面向连接的应用都必须重启——这会导致 VoIP 电话通话中断，不得不重新建立呼叫。

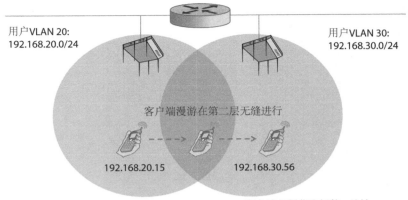

用户VLAN 20：
192.168.20.0/24

用户VLAN 30：
192.168.30.0/24

客户端漫游在第二层无缝进行

192.168.20.15

192.168.30.56

客户端必须获取新的IP地址

图13.8 三层漫游边界

由于无线局域网通常会集成到现有的有线拓扑中，跨越三层边界往往必不可少，大型 Wi-Fi 部署更是如此。跨越三层子网时，保持上层通信的唯一方法是采用基于移动 IP(MIP)标准的三层漫游解决方案。移动 IP 是互联网工程任务组(IETF)制定的标准协议，允许移动设备用户在两个三层网络之间移动时保留原有的 IP 地址。移动 IP 定义在 RFC 5944 中。基于移动 IP 的三层漫游解决方案采用某种隧道方法与 IP 报头封装，允许数据包穿越单独的三层域，以保持上层通信不会中断。如图 13.9 所示，大多数无线局域网供应商目前都支持某种形式的三层漫游解决方案。

归属代理通过隧道将客户端流量传输给外部代理

用户VLAN 20：
192.168.20.0/24

用户VLAN 30：
192.168.30.0/24

归属代理(HA)

外部代理(FA)

客户端跨越三层边界漫游

192.168.20.15
归属地址

192.168.20.15

客户端保留原有的IP地址

图13.9 移动IP

移动客户端收到的 IP 地址是归属网络中的归属地址。客户端必须向归属代理(HA)注册自己的归属地址。从图 13.9 可以看到，客户端关联的原接入点充当归属代理。客户端跨越三层边界漫游时，归属代理是客户端的单一联系点(SPOC)。归属代理通过归属代理表(HAT)和外部代理(FA)共享客户端的 MAC/IP 数据库信息。

在本例中，外部代理是另一个接入点，它代表客户端处理与归属代理之间的所有移动 IP 通信。外部代理的 IP 地址称为转交地址(care-of address)。客户端跨越三层边界漫游时，将漫游到外部代理所在的外部网络。外部代理利用归属代理表确定移动客户端的归属代理位于何处，然后联系归属代理并创建移动 IP 隧道。归属代理收到所有发送给客户端归属地址的流量，并经由移动 IP 隧道传输给外部代理。接下来，外部代理将封装在隧道中的流量发送给客户端，客户端就能使用原有的归属地址来维护连接。从图 13.9 可以看到，移动 IP 隧道由路由器两侧的接入点创建。如果用户 VLAN 位于网络边缘，则充当归属代理和外部代理的接入点负责将用户流量封装在隧道中。隧道往往分布在多个接入点之间。然而，用户 VLAN 也可能和无线局域网控制器都位于隔离区 (DMZ)或网络的核心层。在单无线局域网控制器的环境中，三层漫游切换作为控制面机制位于单控制器中。在多无线局域网控制器环境中，对于部署在不同路由边界、具有不同用户 VLAN 的控制器来说，可选择在它们之间创建 IP 隧道。一个控制器作为归属代理，另一个控制器作为外部代理。

采用上述三层漫游解决方案有助于维护上层连接，但延迟增加有时是个问题。此外，三层漫游可能并无必要。不太复杂的基础设施一般采用简单的二层设计，而大型企业网络通常存在若干链接到多个子网的用户 VLAN 和管理 VLAN，因此需要部署三层漫游解决方案。

13.3　信道设计

在无线局域网设计中，另一个重要问题是为同一处的多个接入点选择合适的信道。为实现无缝漫游并防止因信道设计不当而产生的两种干扰，需要采用合适的信道模式或信道复用设计。接下来，我们将讨论无线局域网信道设计的基础知识。

13.3.1　邻信道干扰

大多数 Wi-Fi 供应商使用邻信道干扰(ACI)一词描述因信道复用设计不当导致频率空间重叠而引起的性能下降。在无线局域网行业，邻信道是指前后编号的信道。例如，信道 3 与信道 2 相邻。

从第 6 章"无线网络与扩频技术"的讨论可知，IEEE 802.11-2016 标准规定 2.4 GHz 信道的中心频率之间必须相隔 25 MHz，才能认为它们互不重叠。如图 13.10 所示，如果需要部署 3 条信道，那么在美国的 2.4 GHz ISM 频段中，仅有信道 1、6、11 满足 IEEE 的要求。一些国家允许在 2.4 GHz 频段使用 802.11 标准定义的全部 14 条信道，但受中心频率的位置所限，最多只能找到 3 条可用的非重叠信道。即便所有 14 条信道都可用，大多数无线局域网设计专家也仍然选择在 2.4 GHz 频段使用信道 1、6、11。

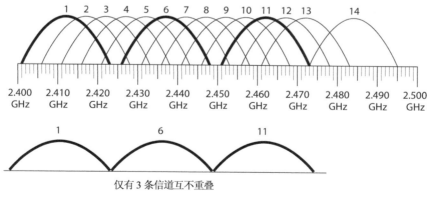

仅有 3 条信道互不重叠

图 13.10　2.4 GHz 非重叠信道

在无线局域网设计中，覆盖区域之间需要规划一定的重叠率以支持漫游。然而，重叠区域的频率不应重叠；以美国为例，信道 1、6、11 是 2.4 GHz ISM 频段仅有的 3 条非重叠信道。如果重叠区域的频率相互重叠，就会引起所谓的邻信道干扰。邻信道干扰将破坏帧传输，导致接收端不会发送确认帧，从而显著增加二层重传。

13.3.2　2.4 GHz 信道复用

为避免邻信道干扰，信道复用设计必不可少。再次强调：射频覆盖区之间需要规划一定重叠以支持漫游，但务必要避免频率重叠。以美国为例，信道 1、6、11 是 2.4 GHz ISM 频段仅有的 3 条非重叠信道。因此，在 2.4 GHz 频段部署接入点时，应始终采用类似于图 13.11 所示的信道复用模式。某些情况下，使用 3 条或更多条信道的无线局域网信道复用模式又称多信道体系结构 (MCA)。

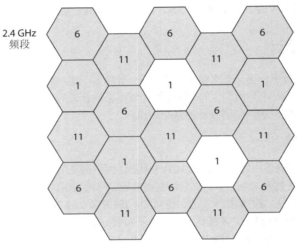

图 13.11　2.4 GHz 信道复用模式

部署 2.4 GHz 信道复用模式时，最致命的错误或许是采用图 13.12 所示的设计。可以看到，所有信道都是相邻的。如前所述，重叠区域之间的频率空间重叠将引起邻信道干扰，从而破坏数据传输并引发二层重传，导致网络性能严重下降。实际上，这种邻信道干扰是因为信道设计不当而由用户自己的接入点引起的射频干扰。我们无论如何都要避免图 13.12 所示的错误信道设计。

设计多信道体系结构复用模式时，务必从三维空间的角度考虑问题。如果接入点部署在同一栋建筑物的多个楼层，就需要采用类似于图 13.13 所示的复用模式。常见的错误是采用千篇一律的设计方案：仅在一层实施现场勘测，然后将接入点部署到相同的信道以及每层的相同位置。一般来说，接入点需要交错安装以实现三维复用模式。此外，每个接入点的–70 dBm 覆盖区域不应超出接入点所在楼层的上一层和下一层——不要认为覆盖到其他楼层的信号有助于提供足够的信号强度和质量。某些情况下，楼层是混凝土或钢结构，信号几乎无法通过，因此必须进行验证覆盖勘测。射频信号向所有方向传播，这一点应始终谨记在心。某些商用预测射频建模工具(如 iBwave Design)提供在三维视图中绘制射频覆盖的功能。

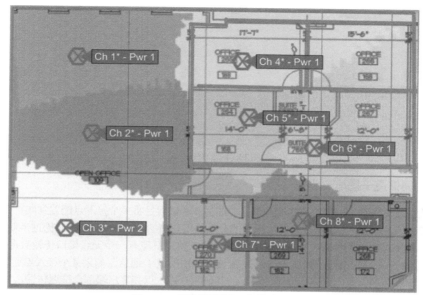

图 13.12　信道复用不当：邻信道干扰

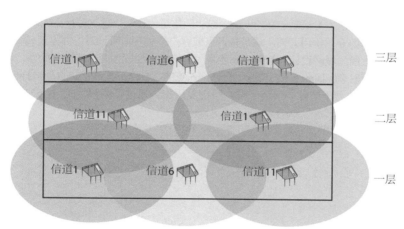

图 13.13　三维信道复用

　　如图 13.14 所示，5 GHz U-NII 频段存在更多的可用信道。就技术层面而言，由于信道的中心频率之间相隔 20 MHz，因此所有信道均为非重叠信道。不过，相邻 OFDM 信道的边带频率实际上存在一定重叠。好在可供使用的信道不止 3 条，5 GHz 信道复用模式可以规划更多信道，本章稍后将进行讨论。

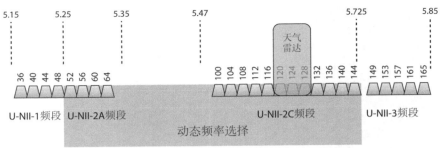

图 13.14 5 GHz 信道

13.3.3 同信道干扰

首次部署无线局域网时，许多企业最常犯的另一个错误是将多个接入点配置到同一信道。如果所有接入点位于同一信道，就会产生无谓的介质争用开销。前面的章节曾经讨论过半双工通信，根据 CSMA/CA 机制的要求，在任何给定时间，同一信道只能有一个无线接口传输数据。

如图 13.15 所示，附近的多个接入点均配置为使用信道 1 通信。如果某个接入点通过信道 1 传输数据，那么侦听范围内同样位于信道 1 的其他所有接入点和客户端都会推迟传输，导致吞吐量降低：由于附近的接入点与客户端必须轮流使用信道，它们需要等待更长时间才能传输数据。所有接入点位于同一信道将产生无谓的介质争用开销，从而导致同信道干扰。实际上，802.11 无线接口严格遵循 CSMA/CA 机制定义的框架，以"同信道协作"描述这种行为或许更贴切。同信道干扰会产生无谓的介质争用开销，这是接入点或客户端相互侦听到对方并推迟传输的结果。

好在大多数无线局域网设计师都理解不能将所有接入点配置在同一信道。此外，许多 Wi-Fi 供应商提供自适应射频(adaptive RF)功能，允许接入点的 2.4 GHz 无线接口自动选择信道 1、6、11。信道复用模式致力于消除同信道干扰，信道复用规划通过隔离频域(信道)来减少占用时长消耗。

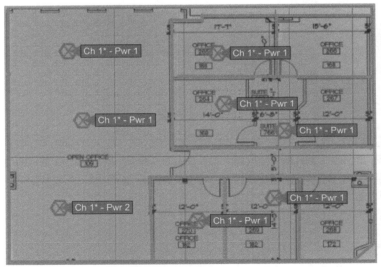

图 13.15 信道复用不当：同信道干扰

然而，由于只有 3 条信道能用于复用规划，因此 2.4 GHz 频段几乎无法避免同信道干扰。射频信号是否会在–70 dBm 覆盖区域的边缘戛然而止？事实并非如此，射频信号将继续传播，其他 802.11 无线接口在很远的距离就能侦听到射频信号。如果某无线接口在信号检测(SD)阈值仅高于本底噪声 4 dB 的情况下侦听到其他无线接口的物理层前同步码传输，该无线接口将推迟传输。只要无线接口在同一信道侦听到其他无线接口，就会推迟传输，从而产生介质争用开销与延迟。

如图 13.16 所示，尽管部署了三信道复用模式，但位于同一信道的两个接入点将侦听到彼此并推迟传输。以位于信道 6 的接入点 1 为例，如果侦听到附近的接入点 2 也使用信道 6 传输前导码，就推迟传输，不再同时发送数据。与之类似，如果侦听到接入点 2 的前导码传输，所有关联到接入点 1 的客户端也必须推迟传输。推迟传输不仅会产生介质争用开销，还会消耗宝贵的占用时长，因为使用同一信道的两个基本服务集可以侦听到对方的存在。同信道干扰有时也称为重叠基本服务集(OBSS)。

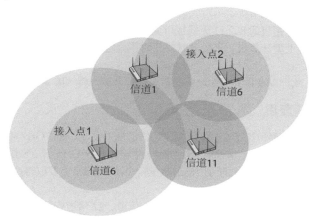

图 13.16 接入点引起的同信道干扰

实际上，Wi-Fi 客户端是引起 OBSS 或同信道干扰的主要原因。如图 13.17 所示，如果关联到接入点 1 的客户端通过信道 6 传输数据，那么接入点 2(以及关联到接入点 2 的所有客户端)将侦听到客户端的物理层前同步码，因此必须推迟传输。同信道干扰是造成无谓占用时长消耗的罪魁祸首，遵循合理的无线局域网设计最佳实践能最大限度减少这种干扰。大多数用户不了解客户端是引起同信道干扰的罪魁祸首。请注意，由于客户设备处于移动状态，因此同信道干扰并非静态存在，而是在不断变化之中。

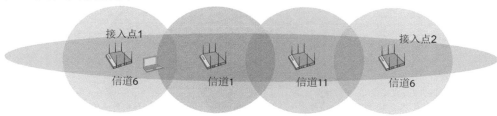

图 13.17 客户端引起的同信道干扰

2.4 GHz 频段仅有 3 条可用的信道，加之由客户端引起的同信道干扰，因此 2.4 GHz 频段几乎无法避免同信道干扰。为减少这种干扰的影响，一种方案是关闭双频接入点的 2.4 GHz 无线接口，更多依靠 5 GHz 无线接口提供的覆盖来满足密度需求。虽然 2.4 GHz 频段无法彻底消除同信道干扰，但通过合理的 5 GHz 无线局域网设计，有望最大限度减少甚至消除由同信道干扰引起的占用时长消耗，本章稍后将进行讨论。

请注意，不要混淆邻信道干扰与同信道干扰。2.4 GHz 信道规划不会引起邻信道干扰，可以通过仅使用信道 1、6、11 来消除这种干扰。由于发生了数据损坏和二层重传，邻信道干扰比同信道干扰的影响严重得多。

在欧洲以及世界其他地区，2.4 GHz ISM 频段能提供更多的合法信道用于免授权通信。某些情况下，欧洲国家会部署使用信道 1、5、9、13 的四信道复用模式。尽管这 4 条信道之间存在少量频率重叠，但由于溢出较少，同信道干扰产生的介质争用开销也会减少，因此某些情况下有助于改善性能。然而，四信道规划仍然存在以下问题：

- 如果附近的企业采用传统的 1-6-11 方案部署接入点，将对采用 1-5-9-13 方案部署的接入点造成严重的邻信道干扰。
- 所有在北美地区销售的 802.11 无线接口受固件的限制，不能通过信道 13 传输数据。任何购自北美的膝上型计算机、平板电脑或其他移动设备，将无法在欧洲国家连接到使用信道 13 的接入点。

基于上述原因，欧洲以及世界其他地区通常选择部署更为传统的 2.4 GHz 三信道规划方案。

13.3.4　5 GHz 信道复用

到目前为止，我们主要讨论了 2.4 GHz 频段的信道复用设计，而 5 GHz 频段同样应该使用信道复用模式。如果所有 5 GHz 信道都能合法地用于传输，则 5 GHz 信道复用模式一共可以规划 25 条信道。在欧洲，5 GHz 复用模式的可用信道数量较少，因为通常需要取得授权才能使用 U-NII-3 频段的 5 条信道。

5 GHz 信道复用模式包括 8 信道、12 信道、17 信道、22 信道或其他组合方案，具体取决于所在地区和其他因素。例如，图 13.18 所示的 5 GHz 信道复用模式采用了 U-NII-1、U-NII-2A 与 U-NII-3 频段的可用信道。5 GHz 复用设计的关键在于尽可能多地使用信道。

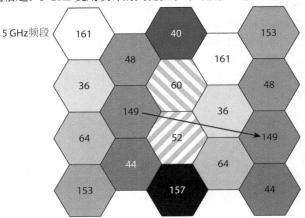

使用同一信道的小区之间至少相隔两个小区

图 13.18　5 GHz 信道复用模式

规划 5 GHz 信道复用模式时，应考虑以下因素和最佳实践：

- 首先需要考虑所在国家和地区的合法信道。以欧洲为例，复用模式经常使用 U-NII-1、U-NII-2A 与 U-NII-2C 频段的大多数信道。由于监管方面的限制，U-NII-3 频段的信道很少在复用模式中使用。

- 根据 IEEE 的定义，所有 5 GHz 信道都属于非重叠信道，但相邻信道之间实际上仍然存在部分频率边带重叠。对于任何相邻的覆盖区域来说，建议频率之间至少间隔两条信道，且避免使用相邻的频率。换言之，位于信道 36 的接入点不应和位于信道 40 的接入点相邻，但可以和位于信道 48 的接入点相邻。遵循这条简单的规则可以避免边带重叠引起的邻信道干扰。

- 图 13.18 还展示了 5 GHz 信道复用设计的第二种推荐实践：使用同一信道传输数据的任意两个接入点之间，至少应间隔两个覆盖区域的距离。遵循这条规则有助于最大限度减少接入点引起的同信道干扰，但不一定能消除客户端引起的同信道干扰——不要忘记，客户端传输是同信道干扰的主要原因。

- 只要有可能，应尽可能多地使用 5 GHz 信道以减少同信道干扰。使用的信道数量越多，同信道干扰(包括客户设备引起的同信道干扰)发生的概率越小。图 13.19 显示的复用模式使用了欧洲可用的 5 GHz 信道，注意观察两个接入点(位于信道 36)的覆盖区域之间的空间距离。如果将墙体对信号的衰减考虑在内，那么关联到任何一个接入点(位于信道 36)的客户端基本上已无法侦听到彼此，因而也不会推迟传输。在美国，信道复用模式还能使用 U-NII-3 频段的 5 条信道。

- 大多数情况下，应使用动态频率选择(DFS)信道。目前的客户设备大都经过认证，可以通过 DFS 信道传输数据，将 DFS 信道纳入信道复用模式也变得越来越普遍。欧洲仅有 4 条非 DFS 信道，因此通常必须使用 DFS 信道。只有当大多数客户端属于不支持 DFS 信道的遗留设备时，才可以不使用 DFS 信道。

- 如果接入点和客户端由于附近存在雷达传输而切换到非 DFS 信道，从 5 GHz 信道复用设计中去掉受影响的 DFS 信道即可。

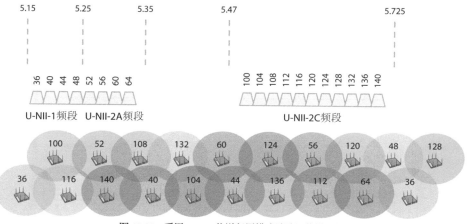

图 13.19　采用 5 GHz 信道复用模式消除同信道干扰

13.3.5　DFS 信道

　　观察之前的图 13.14 可以看到，U-NII-2A 频段(5.25 GHz～5.35 GHz)和 U-NII-2C 频段 (5.470 GHz～5.725 GHz)的所有信道称为 DFS 信道。前面的章节曾经介绍过，使用这些 5 GHz 频段的 802.11 无线接口必须支持 DFS，以免无线局域网通信干扰到军用或天气雷达系统。如果某条 DFS 信道检测到雷达脉冲，接入点和客户端就无法使用该信道传输数据。有关 802.11 无线接口使用 DFS 信道通信的规定可能因国家和地区而异，但目的都是避免干扰雷达传输。DFS 机制能保障舰载雷达、天气雷达、军用雷达等许多雷达系统的通信安全。请注意，DFS 要求不只适用于 802.11 无线接口。

　　读者可能已经注意到，无线局域网供应商的接入点并未默认启用 DFS 信道。之所以如此，有两个原因。首先，是否在 5 GHz 信道复用设计中使用 DFS 信道，最终取决于客户或设计和部署接入点的系统集成商。其次，新的接入点和客户端无线接口必须通过美国联邦通信委员会(FCC)以及其他监管机构的认证。如图 13.20 所示，无线接口需要经过严格的认证测试，确保可以检测到天气雷达脉冲并遵守干扰规避规定。针对无线接口的各种灵敏度测试旨在验证能否检测到雷达脉冲。在美国，DFS 认证的审批时间通常为 6 个月；也就是说，无线局域网供应商发布的新款接入点可能在未来半年内无法支持 DFS 信道。一旦通过认证，接入点经过固件升级就能使用 DFS 信道。正因如此，用户往往看不到企业部署使用 DFS 信道。新接入点最初仅使用非 DFS 5 GHz 信道，以后也不会使用 DFS 信道。但正如前面讨论的那样，将 DFS 信道纳入 5 GHz 信道复用规划大有裨益，因为它能为信道设计提供更多信道，从而有助于最大限度减小同信道干扰。

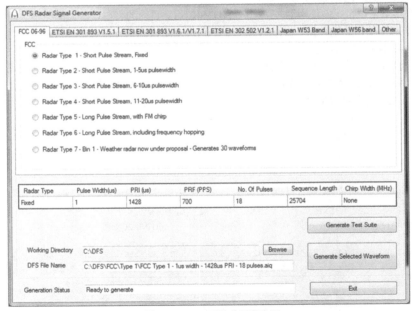

图 13.20　DFS 雷达信号发生器

　　那么，DFS 究竟是如何工作的呢？每当接入点首次启动 DFS 信道时，无线接口必须监听 60 秒后才能使用该信道传输数据。如果检测到雷达脉冲，接入点就无法使用该信道，必须尝试其他信道。如果在最初的 60 秒监听期内没有检测到雷达传输，则接入点可以通过该信道发送信标帧。

欧洲国家对终端多普勒天气雷达(TDWR)信道(信道120、124、128)的规定更为严格:在使用 TDWR 频率空间传输数据前,接入点必须监听 10 分钟。

802.11 客户端无线接口同样必须遵守雷达避碰规定,因此一般不会首先通过任何 DFS 信道发送探询请求帧。在扫描 DFS 信道时,如果客户端侦听到接入点使用该 DFS 信道发送信标帧,将假定该 DFS 信道不存在雷达传输,因此可以启动与接入点的身份验证和关联交换过程。

如果接入点和客户端正在使用 DFS 信道,当检测到雷达脉冲时,接入点以及所有关联客户端必须离开信道。如果在当前的 DFS 频率检测到雷达传输,接入点将向所有关联客户端发送信道切换公告(CSA)帧,通知它们切换到另一条信道。接入点和客户端需要在 10 秒内离开 DFS 信道。接入点可能会发送多个 CSA 帧,以确保所有客户端离开当前的信道。CSA 帧旨在通知客户端,因为接入点切换到新信道,所以它们也必须切换到该信道。大多数情况下,新信道是非 DFS 信道,一般为信道36。某些供应商允许无线局域网管理员指定 DFS 回退信道(fallback channel)。

一旦接入点和客户端切换到非 DFS 信道,它们至少在 30 分钟内不能返回原先的 DFS 信道。而在 30 分钟的等待期过后,接入点必须继续监听 DFS 信道 60 秒才能开始传输。换言之,接入点至少有 60 秒时间无法为客户端提供服务。为解决这个问题,芯片组供应商 Broadcom 推出称为零等待 DFS(zero-wait DFS)的解决方案,这种方案利用 5 GHz 接入点无线接口的 MIMO 射频链。以 3×3:3 接入点为例,接入点通过一条 MIMO 射频链侦听 DFS 信道 104,并通过另外两条射频链在非 DFS 信道 36 提供客户端接入。如果信道 104 空闲,则接入点使用信道 36 向所有客户端发送新的 CSA 帧,通知它们返回原先的信道 104。接入点甚至还能通过一条 MIMO 射频链侦听不同的 DFS 信道(如信道 64)。如果 60 秒内没有在新的 DFS 信道中检测到其他传输,客户端就可以切换到该信道。这种方案的优点在于,客户端可以切换到信道 64,而不必等待 30 分钟才能返回信道 104。

过去,使用 DFS 信道的最大问题在于雷达检测可能出现误报。换言之,接入点将杂散的射频传输误认为雷达传输并开始切换信道,而实际上无须切换信道。幸运的是,大多数企业无线局域网供应商在消除误报检测方面取得了不错的进展。

如前所述,除非使命攸关的客户端不支持 DFS 信道,否则始终建议使用 DFS 信道。如果附近确实存在雷达传输,从 5 GHz 信道规划中去掉受影响的 DFS 信道即可。

13.3.6 40 MHz 信道设计

利用 802.11n 技术,两条 20 MHz 信道可以绑定在一起构成更宽的 40 MHz 信道。从第 10 章 "MIMO 技术:高吞吐量与甚高吞吐量"的讨论可知,信道绑定使频率带宽加倍,802.11n/ac 无线接口的可用数据速率随之加倍。

如图 13.21 所示,部署企业无线局域网时,5 GHz 复用模式共有 12 条可用的 40 MHz 信道(与地区有关)。U-NII-3 频段的 40 MHz 信道目前无法在欧洲使用。

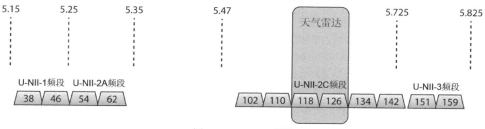

图 13.21 40 MHz 信道

那么，采用信道绑定和 40 MHz 信道有哪些优缺点呢？初看之下，读者或许认为应该始终启用信道绑定，因为 802.11n/ac 无线接口具有更高的数据速率。以 802.11n 3×3:3 MIMO 无线接口为例，使用 20 MHz 信道时，无线接口的最高数据速率约为 217 Mbps；而使用 40 MHz 信道时，无线接口的最高数据速率可以达到 450 Mbps。仅从数据速率来看，大多数管理员认为应该默认启用信道绑定。然而，许多 Wi-Fi 接入点供应商要求手动启用信道绑定，因为这项技术可能对无线局域网的性能产生不利影响。

我们以 20 MHz 信道设计为例加以说明。之所以采用 5 GHz 而非 2.4 GHz 频段，是因为 5 GHz 频段能为复用模式提供更多的 20 MHz 信道，而 2.4 GHz 频段只有 3 条可用的 20 MHz 信道。如果仅使用 3 条 20 MHz 信道，即便这些信道互不重叠，也总会出现一定程度的同信道干扰。由于没有足够的信道和频率空间，因此 2.4 GHz 频段始终存在一定数量的介质争用开销。而 5 GHz 频段能提供更多信道，几乎可以完全消除因接入点使用同一条 20 MHz 信道而产生的介质争用开销。如果 5 GHz 信道复用规划包括 8 条或更多条 20 MHz 信道，就能显著减少同信道干扰和介质争用开销。

图 13.22 显示的 40 MHz 复用模式仅使用 U-NII-1 和 U-NII-3 频段的非 DFS 信道。如果仅使用 8 条 20 MHz 信道，则 40 MHz 复用模式包括 4 条信道。虽然 802.11n/ac 无线接口的带宽加倍，但是因为只有 4 条 40 MHz 信道，介质争用开销也会增加，且使用同一条 40 MHz 信道的接入点和客户端很可能侦听到彼此的存在。介质争用开销可能造成不利影响，并抵消额外带宽带来的性能提升。

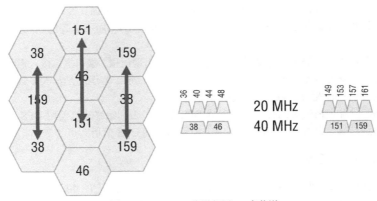

图 13.22　40 MHz 信道复用：4 条信道

信道绑定的另一个问题在于，本底噪声通常会提高大约 3 dB。如果本底噪声提高 3 dB，信噪比将降低 3 dB，导致无线接口切换到较低的 MCS 速率，从而降低数据调制速率。许多情况下，这会抵消使用 40 MHz 频率空间带来的带宽增益。

那么，是否应该使用信道绑定呢？如果可用的 40 MHz 信道不超过 4 条，则最好不要启用信道绑定，当 5 GHz 无线接口以较高的功率电平传输数据时更是如此。如果大多数 Wi-Fi 客户端不支持信道绑定，也无须启用该功能。例如，早期的 802.11n 智能手机与平板电脑不支持信道绑定。即便所有 802.11n 客户端都支持 40 MHz 信道绑定，如果只部署 4 条 40 MHz 信道，也强烈建议进行性能测试。

另外，启用 DFS 频段能获得更多可用的 40 MHz 信道，因而可以采用更好的复用模式，从而减少介质争用开销。但客户端无线接口必须支持 DFS，且应该支持信道绑定。图 13.23 显示的 40

MHz 信道复用模式使用了 12 条信道(包括 DFS 信道)。由于信道数量增加,因此同信道干扰减少。

图 13.23　40 MHz 信道复用:12 条信道

　　许多 Wi-Fi 专业人士建议,大多数 5 GHz 无线局域网设计应使用 20 MHz 信道而非 40 MHz 信道。但通过仔细规划并遵守以下一般性规则,同样可以实现 40 MHz 信道部署。

- 如果复用模式仅使用 4 条或更少的 40 MHz 信道,将无法满足需要。建议仅在 DFS 信道可用时才使用 40 MHz 信道。启用 DFS 信道能提供更多的频率空间,从而为复用模式提供更多可用的 40 MHz 信道。
- 不要设置接入点无线接口以最大功率传输数据。在大多数室内环境中,发射功率电平为 12 dBm(或更低)通常已绰绰有余。
- 出于信号衰减和减少同信道干扰的考虑,墙体应采用致密材料。煤渣砌块、砖或混凝土墙对信号的衰减可以达到 10 dB 或更多,而石膏板对信号的衰减仅有 3 dB 左右。
- 如果在多楼层环境中部署无线局域网,除非信号能在楼层之间明显衰减,否则不建议使用 40 MHz 信道。

　　从第 10 章的讨论可知,802.11ac 修正案在 5 GHz 频段定义了 80 MHz 甚至 160 MHz 信道。但即便 802.11ac 无线接口支持 80 MHz 与 160 MHz 信道,也应避免在企业部署中使用这两种信道。由于没有足够的频率空间,无法在企业无线局域网中规划 80 MHz 和 160 MHz 信道复用。如果为多个接入点部署 80 MHz 信道,将导致网络性能严重下降。建议 80 MHz 信道仅用于部署在孤立区域(如农村家庭环境)的单个接入点。

13.3.7　静态信道/功率设置与自适应射频

　　在无线局域网设计中,争论最多的话题或许集中在采用静态方式还是自适应方式配置接入点的信道和功率。业内采用无线资源管理(RRM)一词描述接入点的自动/自适应功率和信道配置。根据采集自接入点无线接口的射频信息,无线局域网供应商的接入点能动态调整配置。换言之,接入点基于累积的射频信息来调整功率和信道设置,以自适应的方式改变射频覆盖区域。RRM 又称自适应射频,支持自动调整覆盖区域的大小,还能自动监控并优化无线局域网环境,不妨将其描述为自组织无线局域网。为接入点自动分配信道和功率后,大多数 RRM 协议还提供锁定功能。

此外，部分 RRM 协议可以从支持 802.11k 的关联客户端采集 802.11k 客户端数据。

大多数 RRM 机制是专有的，无线局域网供应商采用不同的协议实现自适应射频功能，推广技术时也可能冠以不同名称。就本质而言，RRM 是一种控制面机制。是否对接入点的信道和功率设置进行自适应调整，决定权既可以下放给各个接入点，也可以集中于无线局域网控制器或云端管理系统。再次强调：Wi-Fi 供应商的自适应射频协议属于专有机制；而自动信道分配和功率设置与多种成本因素有关，由供应商的 RRM 算法定义。图 13.24 展示了某无线局域网供应商的 RRM 成本计算。

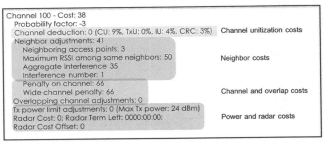

图 13.24　自适应射频成本计算

几乎所有无线局域网供应商都提供某种自适应射频解决方案，因此 RRM 技术已获得广泛认可，供应商的许多客户在自适应射频部署方面也大获成功。由于 RRM 解决方案具有动态和自组织特性，Wi-Fi 供应商的销售代表往往声称不再需要无线局域网设计。然而，虽然自适应射频技术近年来取得了长足进步，有助于接入点更好地适应环境，但 RRM 在任何情况下都无法取代合理的无线局域网设计。部署开始前，企业应将实施手动或预测模型勘测作为第一要务，随后安装网络并验证设计是否达到要求。第 14 章将探讨验证勘测的重要性。部署完成后，自适应射频功能可以在现场运行环境中自动进行必要的信道和功率调整。

如前所述，采用 RRM 还是静态信道和功率设计往往会引发激烈争论。不少保守的 Wi-Fi 专业人士倾向于手动调整接入点的所有信道和功率设置，而不是依靠自适应协议，某些人则对 RRM 情有独钟。那么，应该使用 RRM 还是静态设置呢？答案实际上取决于 Wi-Fi 工程师的偏好、专业知识以及无线局域网设计的类型。几乎所有 Wi-Fi 供应商的接入点都会默认启用自适应射频功能，RRM 算法也在逐年改进。由于易于部署，大多数商业无线局域网客户选择使用 RRM。在包含数千个接入点的企业部署中，RRM 通常是首选方案。但在复杂的射频环境中，应考虑使用静态信道和功率设置。大多数无线局域网供应商的甚高密度部署指南建议采用静态功率和信道，部署定向天线时尤其如此。

本书不涉及 RRM 与静态配置的优劣之争。不妨将自适应射频视为无线局域网部署的一种工具，而手动调整所有接入点的信道和功率设置同样可行。无论选择哪种方法，缜密周详的无线局域网设计和验证勘测都必不可少。

13.3.8　单信道体系结构

截至本书出版时，Fortinet、Allied Telesys、Ubiquiti Networks 三家 Wi-Fi 供应商提供了名为单信道体系结构(SCA)的无线局域网信道设计解决方案。不妨设想一个包括多个接入点的无线局域网，所有接入点都使用同一信道传输数据，且共享相同的基本服务集标识符(BSSID)——这就是单信道体系结构。从客户端的角度观察，数据传输通过一条信道进行，只有一个 SSID(逻辑网络标识符)和一个 BSSID(二层标识符)。换言之，客户端只"看到"一个接入点。在这种无线局域网体系结构中，所有接入点都部署在 2.4 GHz 或 5 GHz 频段的一条信道上。无线局域网控制器负责协调通过单信道进行的上行传输与下行传输，以最大限度减少同信道干扰的影响。

我们首先讨论单 BSSID。单信道体系结构由一个无线局域网控制器与多个基于控制器的接入点构成。如图 13.25 所示，每个接入点都有各自的无线接口和唯一的 MAC 地址，但广播同一个虚拟 BSSID。尽管客户端可能在多个接入点之间漫游，但由于这些接入点只通告一个虚拟的 MAC 地址(BSSID)，客户端将认为网络中只存在一个接入点。如前所述，是否漫游取决于客户端。而在单信道体系结构中，客户端认为自己仅与一个接入点建立关联，因此永远不会启动二层漫游交换。中央无线局域网控制器负责处理所有漫游切换。

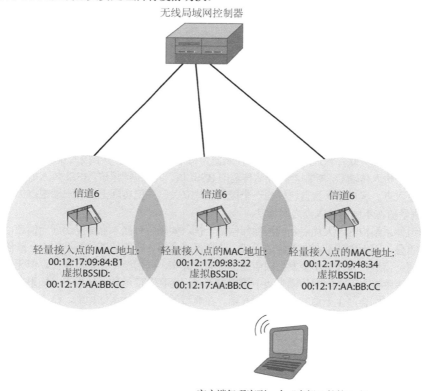

图 13.25　单信道体系结构

如图 13.26 所示，单信道体系结构的主要优点在于客户端具有零切换时间(zero handoff time)，与漫游相关的延迟问题因而得以解决。单信道体系结构使用的虚拟接入点或许是 VoWiFi 电话与 802.1X/EAP 解决方案的完美结合。从之前的讨论可知，EAP 身份验证过程平均需要 700 毫秒甚至更久。如果部署 802.1X/EAP 安全解决方案，那么客户端每次漫游到新的接入点时都要重新验证身份，而 VoWiFi 要求漫游切换时间不能超过 150 毫秒。借助虚拟 BSSID 的帮助，客户端在单信道体系结构中漫游时无须重新验证身份。客户端不会启动重关联交换，因此切换时间为零。

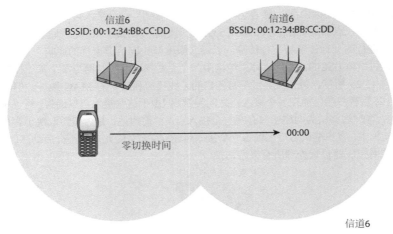

图 13.26 零切换时间

如前所述，在多信道体系结构中，是否漫游取决于客户端；而在单信道体系结构中，客户端并不知道自己在漫游。客户端必须仍然处于移动状态，并与接入点交换二层数据。所有客户端漫游机制现已移交给无线局域网控制器处理，客户设备不再拥有漫游决策权。无线局域网控制器负责维护所有客户端关联并管理所有接入点。控制器为每个客户端分配一个接入点以处理下行传输：收到客户端的传入传输后，控制器将评估传输的 RSSI 值，并根据测得的 RSSI 传入值为下行传输指定一个接入点。客户端认为自己仅与一个接入点建立关联；但实际上，客户端根据控制器评估的 RSSI 测量值在不同的接入点之间移动。

单信道体系结构的一大优点是能消除邻信道干扰。如果所有接入点都位于同一信道，就不会出现频率重叠，因而也就不存在邻信道干扰。读者可能会问，在单信道体系结构中，既然所有接入点位于同一信道，为什么不会发生同信道干扰呢？其实，同信道干扰仍然存在，但无线局域网控制器通过调度接入点之间的传输来集中管理接入点。而在多信道体系结构中，如果所有接入点位于同一信道，则会产生无谓的介质争用开销。在典型的多信道体系结构中，每个接入点都有唯一的 BSSID 和单独的信道。而在单信道体系结构中，无线局域网控制器根据 RSSI 算法动态管理冲突域，确保区域内位于同一信道的设备不会同时传输数据。单信道体系结构供应商采用的大多数机制都是专有的；受篇幅所限，本书不准备讨论这些内容。

上述过程是单信道体系结构企业的优势所在；多年来，它们利用这种优势向需要部署 VoWiFi 的垂直市场推广其解决方案。然而，随着 Wi-Fi 多媒体(WMM)认证项目定义的 QoS 机制以及企业级语音认证项目定义的快速安全漫游机制获得普遍接受，VoWiFi 目前已被广泛部署到更传统的多信道体系结构中。与其他所有供应商一样，主流的单信道体系结构企业也允许用户禁用单信道体系结构并使用多信道。

单信道体系结构的主要缺点在于容量，因为只有一条可用信道。在 2.4 GHz 单信道体系结构部署中，可以通过 3 条信道和 3 个虚拟 BSSID 实现多个接入点的共址(co-location)。单信道体系结构中的共址设计通常称为信道分层(channel layering)。多个接入点的每一层使用单条信道和相同的虚拟 BSSID，即所谓的信道覆盖(channel blanket)。从理论上说，这似乎是一个不错的方案，但大多数客户并不愿意在所有需要覆盖的区域为 3 个共址接入点付费。单信道体系结构的另一个不足之处在于争用域(contention domain)可能过大。尽管无线局域网控制器通过协调接入点之间的传输以尽可能减少冲突，不过单信道体系结构技术的某些实现具有高度封闭性，无法保证精确控制客户端传输。

某些供应商将两种方案的优点结合在一起，在某些区域或网段中采用单信道体系结构，而在其他领域采用更传统的多信道体系结构。例如，单信道体系结构专门用于 2.4 GHz 频段的 VoWiFi 应用和高移动性，而多信道体系结构部署在 5 GHz 频段，以便为以数据为中心的客户端提供更多的带宽和容量。

13.4　容量设计

在无线网络设计中，容量和范围往往存在“鱼与熊掌不可得兼”的关系。在无线局域网发展的早期阶段，安装接入点时通常将功率设置为最大值，以便覆盖区域最大化。彼时，由于无线设备凤毛麟角，这种方案一般并无不妥。加之接入点价格极高，因此企业希望以最少的接入点覆盖最大的区域。

用户经常询问“接入点的范围有多大”。从理论上说，射频信号将永远在自由空间中传播，但接入点的“有效”范围取决于设施的衰减环境。更重要的是，应该从客户端的角度考虑接入点的有效范围。换言之，范围不仅与客户端连接有关，也与客户端性能有关。有效范围意味着客户设备能有效地进行漫游，并以高数据速率与接入点以及其他许多客户端相互通信。

随着无线设备的激增，网络设计与早期相比发生了很大变化。仅考虑范围和覆盖的无线局域网设计已不多见；相反，大多数无线局域网设计的主要目标是满足客户端的容量需求。但这并不意味着可以忽视覆盖设计，我们仍然需要规划–70 dBm 或更好的接收信号、高信噪比、无缝漫游以及合理的信道复用模式。事实上，覆盖设计的方式也会影响容量需求。如前所述，将接入点配置为最大发射功率已不合时宜。3 个发射功率为 100 毫瓦的接入点可以为 1 万平方英尺(约 929 平方米)的设施提供–70 dBm 的信号，但如果同一区域内有 1000 台或更多台需要 Wi-Fi 接入的客户设备呢？3 个接入点所能提供的无线局域网带宽根本无法满足接入点的容量要求。

调整接入点的发射功率以限制有效范围称为小区尺寸调整(cell sizing)，这是满足客户端容量需求的最常用方法之一。在典型的室内无线局域网部署中，接入点的发射功率通常设置为最大发射功率的四分之一到三分之一。而在用户和客户端密度较高的环境中，接入点的发射功率可能需要低至 1 毫瓦。也就是说，需要更多接入点才能满足容量需求，因此有必要调低接入点的发射功率。限制接入点的发射功率还有助于减少接入点引起的同信道干扰，从而直接改善网络性能。

由于客户端数量呈现爆炸式增长，高密度无线局域网越来越受到人们的关注。Wi-Fi 连接不再只是膝上型计算机的专利，大多数用户希望通过多种设备(包括配有 802.11 无线接口的平板电脑和智能手机)连接到企业无线局域网。幸运的是，802.11n/ac 技术能提供更大的带宽以支持更多的客户端；但如果缺少合理的容量设计，802.11n/ac 接入点也可能不堪重负。

13.4.1　高密度

讨论无线局域网的容量设计和规划时，高密度(HD)和甚高密度(VHD)是经常使用的两个术语。对于哪些无线局域网部署可以称之为“高密度”，Wi-Fi 工程师的看法各不相同。但由于客户设备数量众多，默认情况下，大多数无线局域网都属于高密度网络。为使概念更加清晰，一般将高密度无线局域网描述为 3 种不同的场景。

高密度　由于拥有多台设备的用户数量激增，几乎所有无线局域网都属于高密度环境。普通用户可能有三四台 Wi-Fi 设备需要连接到企业无线局域网。显然，客户设备的密度还与用户数量有关。大多数高密度环境包括多个区域，漫游同样是第一要务。接入点部署在许多不同的房间，墙体往往会造成不同程度的衰减。

甚高密度　在一块开放区域内，甚高密度无线局域网拥有大量用户，典型的例子包括礼堂、体育馆、餐厅等。大多数甚高密度环境中不存在会造成衰减的墙体，开放空间内的所有接入点可能侦听到彼此的存在。甚高密度无线局域网的设计非常复杂，与存在墙体的标准高密度环境有所不同。读者将从本章稍后的讨论中了解到，甚高密度环境通常需要使用定向天线以提供扇形覆盖。

特高密度　在同一区域内，特高密度无线局域网拥有数以万计的用户和设备，典型的例子有体育场和运动场。只有了解如何为体育场设计 802.11 网络的资深专家才能设计这类无线局域网。

Wi-Fi 用户经常询问一个老生常谈的问题：接入点无线接口可以支持多少台客户设备？正确答案是视情况而定。这个答案并不令人满意，但无线局域网供应商的接入点存在太多指标，因此难以给出统一的答案。默认情况下，企业 802.11 无线接口支持多达 100～250 个客户端；由于大多数企业接入点是配有 2.4 GHz 和 5 GHz 无线接口的双频接入点，因此一个接入点的无线接口理论上可以关联 200～500 个客户端。虽然接入点的每个无线接口能支持一百多台设备，但由于共享介质的半双工特性，接入点实际上无法为这么多活动设备提供服务。许多客户设备的性能需求无法得到满足，导致用户体验非常糟糕——人们会觉得 Wi-Fi "很慢"。

如果接入点使用 802.11n/ac 无线接口和 20 MHz 信道，可以参考下面这条不错的经验法则：每个无线接口平均能支持 35～50 台活动设备的应用(如浏览网页和查看邮件)。但受各种条件所限，具体情况或许千差万别。下面列出了可能需要询问客户的 3 大问题。

无线局域网将使用哪些类型的应用？　如前所述，双频 802.11n/ac 接入点的每个无线接口平均能支持 35～50 台活动 Wi-Fi 设备的应用(如浏览网页和查看邮件)。但是，高清视频流等带宽密集型应用会有一定影响。从表 13.2 可以看到，应用不同，所需的 TCP 吞吐量也不同。

表 13.2　各种应用与 TCP 吞吐量消耗

应用	所需的吞吐量
查看邮件/浏览网页	500 Kbps～1 Mbps
打印	1 Mbps
标清视频流	1 Mbps～1.5 Mbps
高清视频流	2 Mbps～5 Mbps

预计有多少用户和设备？　需要询问 3 个与用户有关的重要问题。首先，目前有多少用户需要无线接入，他们使用多少 Wi-Fi 设备？其次，今后可能有多少用户和设备需要无线接入？这两个问题有助于设计人员合理规划每个接入点支持的设备比例，同时为今后的增长预留空间。最后，用户位于何处？请与网络管理员沟通，并在建筑物的平面图上标出高用户密度区域。例如，一家企业的每间办公室可能只有一两名员工，而另一家企业的公共区域隔断至少有 30 名员工。此外，呼叫中心、教室与报告厅都属于高用户密度环境。建议始终在用户在场时实施验证勘测，而不是等到非工作时间再作业。这是因为人体也会吸收射频信号，导致信号衰减。

哪些类型的客户设备连接到无线局域网？　所有客户设备都不相同，这一点请谨记在心。许多客户设备的 MIMO 功能较少，因此更消耗占用时长。例如，早期的 802.11n 1×1:1 MIMO 平板电脑通过 20 MHz 信道传输数据时，数据速率为 65 Mbps，TCP 吞吐量为 30 Mbps～40 Mbps；而 802.11n 2×2:2 MIMO 平板电脑通过 20 MHz 信道传输数据时，数据速率可能达到 130 Mbps，TCP

吞吐量为 60 Mbps～70 Mbps。不少膝上型计算机配有 3×3:3 MIMO 无线接口，因此能以更高的数据速率进行通信。目前，大多数新款智能手机和平板电脑都支持 2×2:2 MIMO 功能。请记住，MIMO功能较少的设备更消耗占用时长，从而影响无线局域网的整体性能。相较于数据速率较低的遗留1×1:1 MIMO 客户端，接入点可以为更多的 2×2:2 MIMO 客户端提供服务。几乎所有企业部署都需要提供某种程度的向后兼容性，以便为手持设备、VoWiFi 电话、老式膝上型计算机上安装的早期 802.11a/b/g 无线接口提供接入。

利用某些商用无线局域网预测建模工具(如 Ekahau Site Survey)，网络工程师可以在建筑平面图上指定某些高密度区域。如图 13.27 所示，网络工程师可以定义每个区域内的设备数量、设备类型以及预期的应用流量类型。在不影响覆盖要求的情况下，建模软件算法将根据这些变量调整接入点的位置、功率、信道等设置。

确定想要使用的设备类型和应用类型后，就能计算出占用时长消耗。例如，通过 20 MHz 信道传输数据时，iPad 的数据速率为 65 Mbps，最大 TCP 吞吐量可以达到 30 Mbps。iPad 运行的 2 Mbps高清视频应用将消耗占用时长的 6.67%(2 Mbps ÷ 30 Mbps = 6.67%)。而通过 20 MHz 信道传输数据时，2×2:2 MIMO 膝上型计算机的数据速率可以达到 130 Mbps，最大 TCP 吞吐量接近 70 Mbps。膝上型计算机运行同一个 2 Mbps 高清视频应用，将消耗占用时长的 2.86%(2 Mbps ÷ 70 Mbps = 2.86%)。

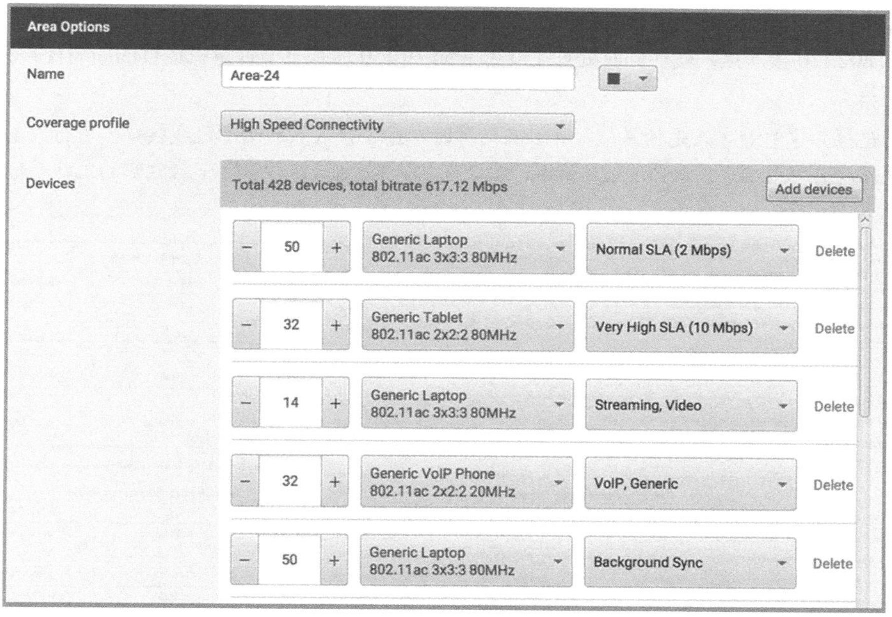

图 13.27　密度预测建模工具

一旦确定占用时长消耗，就能计算出接入点无线接口可以支持的活动设备数量。Wi-Fi 专家Andrew von Nagy(CWNE #84)推荐了几个不错的计算公式。如果 802.11 接入点的占用时长利用率达到 80%左右，就可以认为它满负荷运转。为估算单个接入点无线接口支持的设备数量，用 80%除以每台设备所需的占用时长百分比即可：

$$\frac{80\%}{\text{每台设备消耗的占用时长}(\%)} = \text{每个接入点无线接口支持的设备数量}$$

例如，iPad 运行的 2 Mbps 高清视频应用将消耗每台设备占用时长的 6.67%；80% / 6.67% = 12，那么对于使用 20 MHz 信道的 802.11n/ac 接入点而言，一个无线接口可以同时支持 12 部 iPad 运行该应用。由于大多数接入点配有 2.4 GHz 和 5 GHz 两个无线接口，因此只要将设备平均分配给这两个频段，一个接入点就能支持 24 部 iPad 运行相同的高清视频应用。膝上型计算机运行同一个 2 Mbps 高清视频应用将消耗每台设备占用时长的 2.86%；80% / 2.86% = 28，那么对于使用 20 MHz 信道的 802.11n/ac 接入点而言，一个无线接口可以同时支持 28 台膝上型计算机运行该应用。

为了计算所需的接入点无线接口数量，可以首先将客户设备数量乘以占用时长百分比，然后除以 80%：

$$\frac{\text{设备数量} \times \text{每台设备消耗的占用时长百分比}}{80\%} = \text{接入点无线接口的数量}$$

例如，(150 部 iPad×6.67%)/80%=12.5 个接入点无线接口。也就是说，7 个双频接入点足以处理 150 部同时运行高带宽应用的 iPad。除 iPad 外，如果同一区域内还需要 150 台运行相同视频流应用的膝上型计算机，又要部署多少接入点呢？计算可知，(150 部 iPad×2.86%)/80%=5.36 个接入点无线接口，因此我们可能还需要另外 3 个接入点。换言之，总共部署 10 个使用 20 MHz 信道的双频 802.11n 接入点，就能同时处理 150 部 iPad 和 150 台膝上型计算机运行的高清视频流。

提示：

请记住，这些数字只是估算值，并且在计算时考虑了接入点的两个无线接口。进行大量部署后测试始终是明智之举。如图 13.28 所示，读者可以从 Revolution Wi-Fi 下载免费的无线局域网容量规划电子表格[1]。

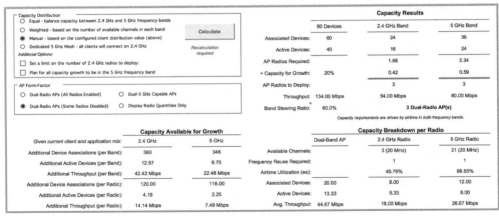

图 13.28　容量规划电子表格

每个房间需要部署多少接入点

此外，还要根据容量需求考虑接入点的实际安装位置。例如，建筑物的某些区域可能只有两

1　http://www.revolutionwifi.net。

三个需要 Wi-Fi 接入的用户,其他区域(如礼堂)则可能存在数以百计需要访问无线局域网的用户和设备。

在中小学教育等许多垂直市场上,为满足容量要求,往往在每个房间部署一个接入点。请注意,这种方案可能完全没有必要——为每两三间教室部署一个接入点就足以满足容量要求。所需的接入点数量与容量要求和客户规定有关。那么是否需要为每个房间部署一个接入点呢?答案同样取决于设备数量、设备类型与应用流量。不过在许多教育环境中,每间教室平均有 70 台或更多台 Wi-Fi 设备。如图 13.29 所示,通过合理的接入点位置、低发射功率与信道复用,为每个房间部署一个使用 5 GHz 无线接口的接入点是可行的。5 GHz 无线接口的发射功率通常不超过 9 dBm(8 毫瓦),并且大多数情况下建议使用 20 MHz 信道。墙体必须为厚材料(如混凝土或砖),以达到衰减信号并减少同信道干扰的目的。

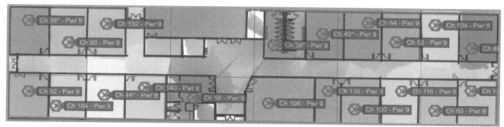

图 13.29　为每个房间部署一个接入点(5 GHz)

从图 13.29 可以看到,5 GHz 信道复用规划总共部署了 20 个接入点以消除同信道干扰。大多数接入点属于双频接入点,还配有 2.4 GHz 无线接口。由于 2.4 GHz 频段只有 3 条可用信道,加之这 20 个接入点的距离很近,因此建议禁用大部分接入点的 2.4 GHz 无线接口,以最大限度减少同信道干扰。对于高密度部署中的双频接入点,通常禁用每 3 个 2.4 GHz 无线接口中的 2 个,或禁用每 4 个 2.4 GHz 无线接口中的 3 个。大多数情况下,3 或 4 个 2.4 GHz 无线接口足以满足 2.4 GHz 通信的覆盖要求,20 个 5 GHz 无线接口足以满足 5 GHz 通信的容量要求。为进一步满足高密度用户环境的容量要求,相当一部分无线局域网供应商还提供专有的负载均衡、频段引导以及其他 MAC 子层机制。为合理规划客户端容量,需要仔细考虑连接到 2.4 GHz 和 5 GHz 频段的客户端类型和数量。此外,还应考虑在频段之间以及各个接入点之间实施客户端负载均衡。

13.4.2　频段引导

相较于非授权 2.4 GHz 频谱,非授权 5 GHz 频谱更适合无线局域网通信使用。5 GHz U-NII 频段能提供更多的频率空间和信道,合理的 5 GHz 信道复用模式(使用多条信道)可以极大减少同信道干扰产生的介质争用开销。而 2.4 GHz 频段仅有 3 条互不重叠的信道,由于同信道干扰的影响,介质争用开销始终存在。

2.4 GHz 频段的另一个主要问题在于,除无线局域网外,微波炉、婴儿监护器、无绳电话、摄像机等许多其他类型的设备也大量使用该频段。所有设备全部位于同一频率空间,因此 2.4 GHz 频段的射频干扰比 5 GHz 频段大得多,本底噪声也更高。

那么,既然 5 GHz 频段能提供更高的吞吐量和更好的性能,如何鼓励客户端使用该频段呢?首先,连接到哪个接入点和哪个频段取决于客户端,客户端通常根据侦听到的最强信号确定准备连接的服务集标识符(SSID)。大多数接入点配有 2.4 GHz 和 5 GHz 两个无线接口,二者通告相同的 SSID。由于 5 GHz 信号的衰减大于 2.4 GHz 信号,客户端很可能认为 2.4 GHz 信号更强,并默认连接到接入点的 2.4 GHz 无线接口。在许多环境中，客户端可以迅速连接到接入点的任何一个无线接口，但由于 2.4 GHz 信号最强，客户端通常会选择 2.4 GHz 无线接口。为鼓励双频客户端连接到接入点的 5 GHz 无线接口而非 2.4 GHz 无线接口，频段引导(band steering)技术应运而生。

频段引导并非 802.11 标准定义的技术。截至本书出版时，频段引导的所有实现均为专有技术。尽管如此，大多数供应商使用的技术类似，都是通过操纵 MAC 子层来实现频段引导。双频客户端首次启动时，将通过 2.4 GHz 和 5 GHz 两个频段发送探询请求帧以搜索接入点。如果双频接入点在两个频段上侦听到同一客户端发送的探询请求帧，就知道该客户端有能力使用 5 GHz 频段。如图 13.30 所示，接入点尝试仅通过 5 GHz 无线接口向客户端回复探询响应帧，以便将客户端引导至 5 GHz 频段。即便如此，客户端仍有可能使用 2.4 GHz 无线接口连接到接入点。如果客户端继续尝试通过 2.4 GHz 无线接口与接入点相连，接入点最终将允许连接。

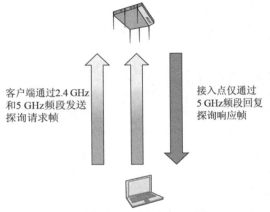

客户端通过2.4 GHz 和5 GHz频段发送探询请求帧

接入点仅通过 5 GHz频段回复探询响应帧

图 13.30　引导至 5 GHz 频段

虽然频段引导旨在鼓励客户端连接到 5 GHz 接入点，但也可以将客户端引导至 2.4 GHz 频段。如图 13.31 所示，许多无线局域网供应商允许用户将一部分客户端引导至 5 GHz 频段，而将其余客户端引导至 2.4 GHz 频段。如果存在大量客户设备，可以利用频段引导技术将客户端大致均等地分配给接入点的两个无线接口。例如，55 个客户端连接到 2.4 GHz 无线接口，而 60 个客户端连接到 5 GHz 无线接口。实际上，频段引导用于在频率之间对客户端进行负载均衡。请注意，不要混淆这种单个接入点的频率均衡与多个接入点之间的客户端负载均衡。13.4.3 节将探讨多个接入点之间的负载均衡。

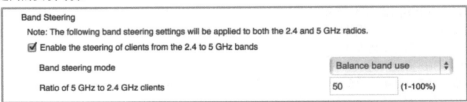

图 13.31　频段引导用于频率均衡

连接到 5 GHz 频段的客户端通常能获得更好的性能，这就是接入点供应商提供频段引导功能的原因所在。那么，双频接入点是否应该启用频段引导呢？答案仍然是视情况而定。大多数具有双频功能的遗留客户设备将优先选择 2.4 GHz 频段，因此或许有必要进行频段引导。而许多新款客户设备已能实现专有的客户端频段选择。例如，在关联到接入点的 2.4 GHz 无线接口之前，macOS 和 iOS 客户设备通常会优先连接到接入点的 5 GHz 无线接口。此外，某些客户端供应商支持通过软件客户端实用程序配置客户端频段首选项。

在接入点启用频段引导前，用户或许希望了解有多少客户设备主动关联到接入点的 5 GHz 无线接口。如果大多数设备仍然优先选择 2.4 GHz 频段，那么实施频段引导可能是个好主意。不要忘记，许多遗留的客户端仅有 2.4 GHz 无线接口，无法连接 5 GHz 无线接口。不少物联网设备同样只有 2.4 GHz 无线接口，不支持 5 GHz 通信。因此，无线局域网设计的最佳方案是专门为遗留设备和物联网设备提供 2.4 GHz 覆盖。在企业部署中，通常将 2.4 GHz 频段视为 "尽力而为" (best effort)频段，5 GHz 信道则保留给其他要求更高性能指标的客户端。某些情况下，也可以利用 SSID 分段在两个频段之间隔离设备。换言之，使命攸关的 SSID 仅通过 5 GHz 频段对外广播。

13.4.3　负载均衡

无线局域网供应商通过操纵 MAC 子层在多个接入点之间平衡客户端。如图 13.32 所示，在接入点之间对客户端进行负载均衡，既可以确保单个接入点不会因客户端过多而不堪重负，也可以确保由多个接入点为所有客户端提供服务，从而改善网络性能。希望连接到某接入点的客户端将向该接入点发送关联请求帧。如果接入点已经因客户端过多而不堪重负，则推迟向客户端回复关联响应帧。客户端随后搜索客户端负载较少的其他接入点，并发送另一个关联请求帧。随着时间的推移，客户端关联将在多个接入点之间达到大致平衡状态。显然，接入点之间必须共享客户端负载信息。负载均衡属于控制面机制，既可以位于分布式体系结构(所有接入点彼此通信)，也可以位于集中式体系结构(使用无线局域网控制器)。

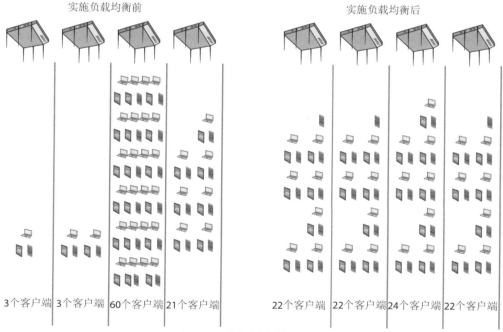

图 13.32　接入点之间的负载均衡

何时在接入点之间启用客户端负载均衡?

请注意,只有在特定条件下才能启用 Wi-Fi 供应商的负载均衡功能。一般来说,当区域内存在大量客户端且不必优先考虑漫游时,可以在接入点之间实施负载均衡——比如在同一开放区域内部署了 20 个接入点的体育馆或礼堂。在这种环境中,客户端可能侦听到所有 20 个接入点,因此有必要在接入点之间实施负载均衡。

另外,在需要漫游的区域实施负载均衡并非良策,因为这种机制可能引发黏性客户端问题,导致客户端关联到接入点的时间过长。如果客户端未能及时收到接入点发送的关联响应帧和重关联响应帧,就无法保证移动性。这种情况下,接入点之间的负载均衡反而会对漫游过程造成不利影响。

13.4.4　占用时长消耗

多年来,Wi-Fi 客户设备呈现爆炸式增长,加之 802.11 技术不断改进,迫使人们重新思考无线局域网的设计方式。如今,客户端容量设计已成为常态。目前的无线局域网设计实践要求最大限度减少占用时长消耗,这与容量设计直接相关。从之前的讨论可知,802.11 通信使用半双工射频介质,在任何给定时间内,只有一个无线接口可以使用信道收发数据。一旦无线接口获得发送机会(TXOP),将独占可用的占用时长直到传输完成。诚然,所有无线接口都需要获得传输数据的机会,而遵循某些简单的无线局域网设计最佳实践有助于最大限度减少无谓的占用时长消耗。

如前所述,同信道干扰是造成无谓的占用时长消耗的罪魁祸首,遵循合理的无线局域网设计最佳实践能最大限度减少这种干扰。根据客户端无线接口的功能,–70 dBm 的覆盖和高信噪比也可以确保客户设备以高速率传输 802.11 数据帧。那么,还有哪些能减少占用时长消耗的无线局域网设计最佳实践呢?

为减少占用时长消耗,最佳方案之一是禁用接入点上某些较低的数据速率。如图 13.33 所示,某接入点以 6 Mbps 的速率与多个客户端通信,同时以 150 Mbps 的速率与另一个单独的客户端通信。当 802.11 无线接口以极低的数据速率(如 6 Mbps 甚至更低)通信时,由于高速率设备需要等待更长时间,因此会产生介质争用开销。如果一个无线接口以 150 Mbps 的速率发送 1500 字节的数据帧,则介质占用时间为 50 微秒;如果另一个无线接口以 6 Mbps 的速率发送同样长度的数据帧,则介质占用时间可能达到 1250 微秒。换言之,以较低的数据速率传输同样的数据净荷,占用时长消耗将增加 24 倍。

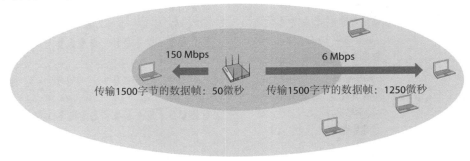

图 13.33　帧传输时间

如前所述,随着客户端远离接入点,二者可以通过动态速率切换机制在数据速率之间切换。

但是，切换到较低数据速率的客户端和接入点更消耗占用时长，从而影响无线局域网的整体性能。相较于调低数据速率，更好的方案是让客户端漫游到其他信号质量更好的接入点，以便继续保持高数据速率连接。合理的主/次覆盖漫游设计应该可以解决这个问题。

之所以禁用某些较低的数据速率，更重要的原因在于减少 802.11 管理帧和控制帧的占用时长消耗。从第 9 章的讨论可知，客户端要想成功关联到接入点，就必须能使用接入点要求的所有基本速率(basic rate)进行通信。接入点配置的基本速率相当于在基本服务集内通信的所有无线接口都要支持的速率。请注意，接入点将以配置的最低基本速率发送所有管理帧以及大多数控制帧，而数据帧可以通过更高的支持速率传输。

例如，如果接入点 5 GHz 无线接口配置 6 Mbps 作为基本速率，则以该速率发送所有信标帧以及其他控制和管理帧，从而显著增加占用时长消耗。有鉴于此，常见的做法是将接入点 5 GHz 无线接口的基本速率配置为 12 Mbps 或更高的 24 Mbps(如图 13.34 所示)。请勿将接入点 5 GHz 无线接口的基本速率配置为 18 Mbps，因为部分客户端驱动程序可能无法识别该速率。与 6 Mbps 相比，如果接入点以 24 Mbps 的速率传输管理帧，则占用时长消耗将减少 80%。

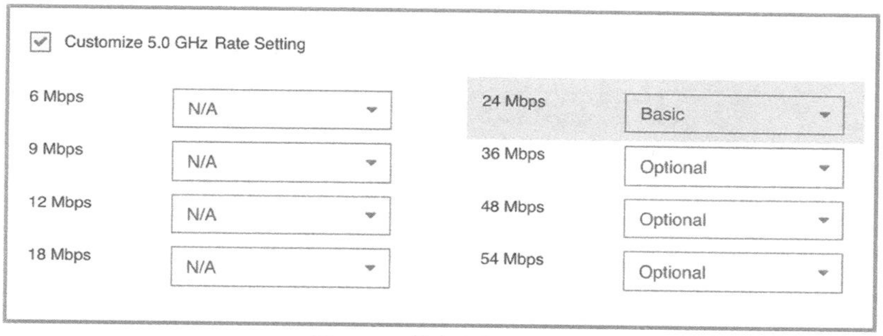

图 13.34　基本速率：5 GHz

接入点 2.4 GHz 无线接口的基本速率配置同样如此。将基本速率设置为 12 Mbps 或更高的 24 Mbps 能极大缩短 802.11 管理帧的占用时长，但遗留的 802.11b 客户端将无法连接到接入点——这未必是坏事。802.11b 技术已有 20 年历史，理想情况下，所有 802.11b 客户端在很久以前就已更换或淘汰。然而，实际情况并非总是如此。如图 13.35 所示，如果老旧的 802.11b 无线接口需要 Wi-Fi 连接，则 2.4 GHz 无线接口的基本速率应设置为 11 Mbps。

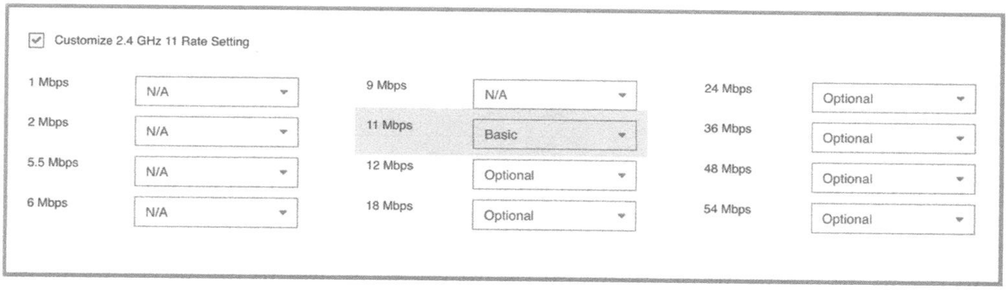

图 13.35　基本速率：2.4 GHz

禁用较低的数据速率并指定较高的基本速率有助于减少占用时长消耗。读者将从第 15 章了解到，这种无线局域网设计实践还能减少黏性客户端漫游问题和隐藏节点问题。

另一种无线局域网设计实践是减少每个接入点传输的 SSID。大多数 Wi-Fi 供应商允许每个无线接口传输最多 16 个 SSID。问题在于，如果接入点配置有多个 SSID，接入点将发送多个包含 SSID 的信标帧；客户端发送探询请求帧时，接入点也将回复多个探询响应帧。传输多个信标帧和探询响应帧将消耗大量占用时长。早期的无线局域网设计需要多个 SSID，每个 SSID 匹配唯一的用户 VLAN 和 IP 子网以隔离流量。读者将从第 17 章“无线局域网安全体系结构”了解到，合并 SSID 有助于减少开销。用户设备可以关联到单个 SSID 并分配不同的 VLAN，或利用 RADIUS 属性为用户设备分配其他访问策略。

　　标准的最佳实践指出，对外广播的 SSID 数量应限制在 3 或 4 个。如图 13.36 所示，SSID 开销计算器有助于确定因信标帧传输过多而产生的占用时长开销。读者可以从 App Store 下载免费的 SSID 开销计算器[1]。

　　笔者曾参加 Divergent Dynamics[2]举办的 CWDP 培训。课堂上的一项练习要求学员提出尽可能多的方案来减少占用时长消耗，本章讨论的无线局域网最佳实践无疑提供了部分正确答案。然而，取决于不同的无线局域网部署、供应商甚至专业人士，也可以通过其他许多创造性的方案来减少占用时长消耗。Wi-Fi 供应商配置调整(如探询抑制、广播流量抑制、IPv6 抑制、客户端隔离等)可能适合在某些无线局域网环境中使用。永远记住，占用时长是一种宝贵的资源。在保证所需的无线局域网性能和移动性的同时，任何有助于减少占用时长消耗的方法都值得一试。

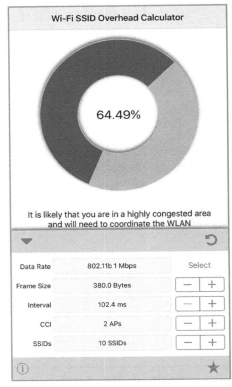

图 13.36　SSID 开销计算器

1　https://itunes.apple.com/us/app/revolution-wi-fi-ssid-overhead/id1041231876?mt=8。

2　http://divdyn.com。

13.5　语音与数据

从之前的讨论可知,通过无线局域网传输的大多数数据应用可以承受高达 10% 的二层重传率,性能不会明显下降。但 IP 语音(VoIP)等时敏应用要求更高层的 IP 丢包率不得超过 2%,因此需要将 VoWiFi 网络的二层重传率限制在 5% 以内,以确保能及时、一致地交付 VoIP 包。如果二层重传率超过 5%,则可能出现延迟和抖动问题。VoWiFi 通信更容易受到二层重传的影响,所以在设计语音级无线局域网时,建议信号强度至少达到-65 dBm,以便接收信号高于本底噪声。

不少无线局域网的设计初衷只是为数据应用提供覆盖,并没有考虑语音传输。即便在设计糟糕的 Wi-Fi 网络中,企业数据应用仍然可能在非最佳状态下运行。随着时间的推移,许多企业决定在无线局域网中部署 VoWiFi 解决方案,但很快发现无线局域网并未针对语音通信进行优化。VoWiFi 电话的音质不太稳定或存在回声,通话甚至可能中断。通过无线局域网传输语音时往往会暴露出已有的问题:因为数据应用能承受更高的二层重传率,设计人员可能并未注意到无线局域网存在的问题。如表 13.3 所示,由于二层重传的缘故,IP 语音流量更容易受到包交付延迟或不一致的影响。

表 13.3　IP 语音与 IP 数据

IP 语音	IP 数据
尺寸较小、长度一致的包	长度可变的包
均匀、可预测的交付	突发性交付
极易受到包交付延迟或不一致的影响	几乎不会受到包交付延迟或不一致的影响
"不交付总比晚交付好"	"晚交付总比不交付好"

为支持语音流量而进行的无线局域网优化将使所有无线客户端的网络受益,不仅包括运行语音应用的客户端,也包括运行数据应用的客户端。合理的无线局域网设计和验证现场勘测有助于减少二层重传,并提供 VoWiFi 网络所需的无缝覆盖环境。第 15 章将深入探讨二层重传的所有可能原因。由于二层重传很容易影响语音,强烈建议仅通过 5 GHz 频段传输 VoWiFi 流量,完全避免使用 2.4 GHz 频段。

虽然语音流量一般与通过同一个接入点传输的其他数据流量混在一起,但标准的做法是采用单独的 SSID 隔离语音流量。语音 SSID 可以通过调整多种 QoS 设置和节电设置来优化语音流量。请务必咨询 VoWiFi 客户端供应商,了解推荐使用的 DTIM、U-APSD 以及其他 SSID 设置。此外,可以通过配置 WMM 准入控制(WMM-AC)来指定有效的 VoWiFi 呼叫数量。

【现实生活场景】

接入点可以同时支持多少个 VoWiFi 呼叫?

我们需要考虑可用带宽、平均使用率、供应商的具体情况等多种因素。对于 5 GHz 部署,Cisco Systems 建议在连接速度为 24 Mbps 或更高时,最多同时进行 27 个双向语音呼叫。由于介质争用的影响,当连接速度为 12 Mbps 时,建议最多进行 20 个呼叫。不同供应商特定的接入点特性也会影响并发呼叫的数量,因此建议进行大量测试。此外,还可以通过概率模型预测 VoWiFi 流量。并非所有 VoWiFi 电话用户都会同时打电话。概率流量公式采用电信计量单位厄兰(erlang),一厄兰等于一小时内的电话流量。Westbay Engineers Limited[1]提供了若干在线 VoWiFi 厄兰流量计算器。

1　https://www.erlang.com。

13.6 双 5 GHz 覆盖与软件定义无线电

本章前面曾经介绍过，在不少高密度无线局域网设计中，为减少 2.4 GHz 频段的同信道干扰，往往有必要禁用双频接入点的 2.4 GHz 无线接口。如图 13.37 所示，为每个房间部署一个接入点可以提供足够的 5 GHz 覆盖并满足容量需求，而禁用的 2.4 GHz 无线接口数量可能达到 60%～75%。实际上，我们只是希望禁用 2.4 GHz 无线接口的传输功能。企业接入点通常支持无线接口传感器模式，能有效地将无线接口转换为仅监听状态。三角测量(triangulation)可用于检测非法接入点或实现 Wi-Fi 供应商可能提供的客户端位置服务，而无线接口转换为仅监听状态十分有用。

5 GHz 覆盖

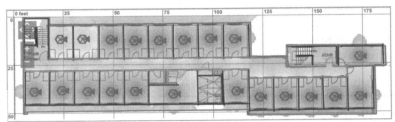

2.4 GHz 覆盖

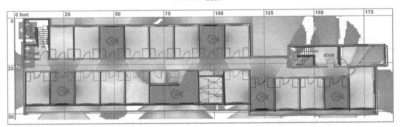

图 13.37 2.4 GHz 覆盖与 5 GHz 覆盖

读者或许还记得，企业无线局域网供应商利用自适应射频协议自动分配接入点无线接口的信道和功率设置。如图 13.38 所示，某些协议还能根据射频条件自动禁用 2.4 GHz 无线接口。如前所述，建议将 2.4 GHz 无线接口切换为传感器模式。

无线接口1: 2.4 GHz无线接口，信道6 　　无线接口1: 禁用2.4 GHz无线接口或切换为传感器模式
无线接口2: 5 GHz无线接口，信道40 　　无线接口2: 5 GHz无线接口，信道40

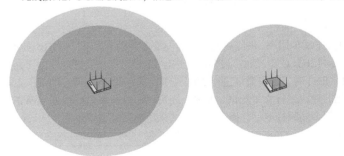

图 13.38 禁用 2.4 GHz 无线接口的传输功能

　　近年来，无线局域网供应商开始在双频接入点中提供软件定义无线电(SDR)和固定的 5 GHz 无线接口。具有 SDR 功能的无线接口可以用作 2.4 GHz 或 5 GHz 无线接口；换言之，配有两个无线接口的接入点既可以提供 2.4 GHz 和 5 GHz 覆盖，也可以通过两条不同的 5 GHz 信道提供覆盖，如图 13.39 所示。那么，同一个接入点提供双 5 GHz 覆盖究竟有哪些优点和影响呢？在前面讨论的高密度设计中，60%～75%的 2.4 GHz 无线接口被禁用或转换为传感器。另一种方案是将大多数 2.4 GHz 无线接口转换为 5 GHz 无线接口。SDR 无线接口可以手动或自动配置为使用 5 GHz 信道。例如，假设部署了 20 个接入点，这些接入点的固定 5 GHz 无线接口将全部启用。此外，5 个 SDR 无线接口通过 2.4 GHz 信道传输数据，而其他 15 个 SDR 无线接口通过 5 GHz 信道提供覆盖。双 5 GHz 覆盖旨在增加容量。已禁用的 2.4 GHz 无线接口无法为客户端提供服务，但用作 2.4 GHz 或 5 GHz 无线接口的 SDR 无线接口可以服务客户端并提供更多的占用时长。

　　虽然双 5 GHz 无线局域网设计有助于满足容量需求，但同样面临挑战。当接入点的两个无线接口都使用 5 GHz 信道传输数据时，如何确保二者不会相互干扰是主要挑战。企业无线局域网供应商使用的软硬件功能各不相同，因此双 5 GHz 无线接口可以共存于同一个接入点。一些供应商采用昂贵的带通滤波器来避免接入点内出现干扰；其他供应商则采用智能天线技术，利用多个天线单元在两个同时传输数据的 5 GHz 无线接口之间对射频信号实施必要的隔离。无论采用哪种方案，在同一个接入点中，两个传输数据的 5 GHz 无线接口始终要保持一定的频率间隔。根据供应商的建议，两个 5 GHz 无线接口的频率之间最好相隔 60 MHz～100 MHz。

SDR 1：2.4 GHz无线接口，信道6　　　SDR 1：5 GHz无线接口，信道100
无线接口2：5 GHz无线接口，信道40　　无线接口2：5 GHz无线接口，信道40

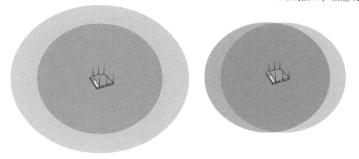

图 13.39　双 5 GHz 覆盖

　　无论是手动配置还是自动配置无线接口，双 5 GHz 设计都需要仔细规划信道。某些资料建议在双 5 GHz 设计中仅使用 20 MHz 信道，且通常不推荐使用 40 MHz 信道。20 MHz 信道的数量越多越好，因此几乎总是需要启用 DFS 信道。如表 13.4 所示，由于每个接入点的无线接口之间需要保持一定的信道间隔，信道配对(channel pairing)策略同样必不可少。如有可能，将非 DFS 信道与 DFS 信道配对是一种很好的策略，以免某些客户端不支持 DFS。

表 13.4　双 5 GHz 接入点信道配对

接入点	信道配对	接入点	信道配对
接入点 1	信道 36/100	接入点 5	信道 149/116
接入点 2	信道 40/104	接入点 6	信道 153/132
接入点 3	信道 44/108	接入点 7	信道 157/136
接入点 4	信道 48/1112	接入点 8	信道 161/140

部署多个双 5 GHz 接入点时，另一个需要注意的问题是同信道干扰的概率可能增加。如前所述，如果 5 GHz 频段的所有信道都能用于信道复用模式，通常就可以消除同信道干扰，这是 5 GHz 频段的优势所在。然而，由于使用 5 GHz 信道的接入点无线接口的数量最多会达到原来的两倍，因此位于同一信道的接入点和客户端更有可能侦听到彼此的存在。我们不希望出现这样的情况：一个接入点采用 36/100 信道配对，而附近的另一个接入点采用 100/48 信道配对，因为这会导致位于信道 100 的两个无线接口侦听到对方并推迟传输。可以看到，双 5 GHz 信道规划十分复杂，RRM 自适应射频协议需要将所有因素考虑在内。

随着客户端和用户容量需求持续激增，预计双 5 GHz 技术将不断改进，双 5 GHz 设计也会更加普遍。

13.7　物理环境

建筑物和楼层的物理环境各不相同，这一点请读者谨记在心。在无线局域网发展的早期阶段，覆盖是唯一需要考虑的因素，有效范围越大越好。如果满足范围需求是主要目标，那么墙体衰减通常会产生不利的影响。如今，容量在无线局域网设计中同样重要，墙体衰减实际上能发挥建设性作用。如图 13.40 所示，当 Wi-Fi 信号穿过墙体时，不同的材料会造成不同程度的衰减。例如，石膏板对信号的衰减约为 3 dB，而混凝土对信号的衰减约为 12 dB。

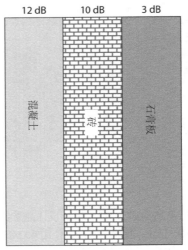

图 13.40　墙体衰减

墙体衰减之所以有利，是因为在目前常见的高密度设计中，每个房间或每隔一个房间都会部署接入点，而墙体衰减有助于减少 2.4 GHz 和 5 GHz 频段的同信道干扰。我们可以借助墙体的衰减特性隔离争用域，并最大限度利用信道复用模式。如果所有室内墙体均为石膏板，由于同信道干扰的影响，无法在每个房间部署一个接入点(即便部署在 5 GHz 频段也不可行)。而混凝土或煤渣砌块结构的墙体对信号的衰减是石膏板的 3 倍以上，因而有助于减少同信道干扰。

在室内环境中,接入点的安装位置同样至关重要。大多数接入点内置的全向天线可以提供 360 度水平覆盖,但垂直覆盖有限。因此,这些接入点的安装位置不应高于地面 25 英尺(约 7.6 米)。如果天花板的高度超过 25 英尺(如中庭或仓库),则很可能需要使用定向天线。请务必查看无线局域网供应商的接入点安装建议。

安装接入点时,美观同样很重要。许多企业不希望无线硬件暴露在外,美观对于零售店、医院、餐厅与酒店尤为重要。然而,Wi-Fi 客户往往出于美观考虑而置良好的无线局域网设计于不顾。例如,医院和酒店可能会坚持避免在病房或客房中安装接入点。读者是否想过,为什么许多酒店的 Wi-Fi 信号质量很差?之所以如此,是因为所有接入点直线安装在酒店的走廊而不是房间内。如图 13.41 所示,将所有接入点安装在走廊是常犯的错误,因为没有考虑到由此造成的同信道干扰。即便设备之间的距离足够远,位于同一信道的接入点和客户端也肯定会侦听到彼此的存在。此外,安装在走廊的接入点通常无法为房间提供足够的覆盖,特别是拥有多间套房的酒店。建议始终在大多数客户设备所在的房间内安装接入点,并充分利用墙体的衰减特性。

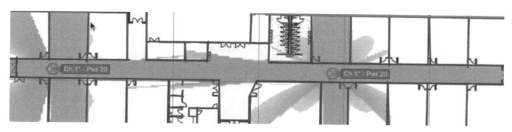

图 13.41　在走廊安装接入点并非良策

13.8　天线

无线局域网设计旨在确定合理的接入点位置和功率设置。应留意所有配线柜的位置;受以太网铜线的布线距离所限,接入点到配线柜之间的电缆不能超过 100 米(约 328 英尺)。除水平布线距离外,务必考虑垂直布线距离。

在无线局域网设计中,人们往往忽视定向天线的使用。许多 Wi-Fi 部署仅使用制造商默认的低增益全向天线,这种天线的增益通常为 2~5 dBi。建筑物的结构大相径庭,一般存在长直过道或走廊;在这种环境中,室内定向天线或许能提供更好的覆盖。接入点通常连接贴片天线(patch antenna),以便在建筑物内提供定向覆盖。全向天线往往无法为存在货架和搁板的区域提供有效的射频覆盖,而图 13.42 所示的 MIMO 贴片天线适用于图书馆、仓库、零售店等存在长直书架和货架的环境。

如果仓库中存在长直走廊以及沿走廊排列的金属货架,可以使用图 13.43 所示的定向天线。可将贴片天线安装在墙壁上,指向过道和金属货架以提供覆盖。请注意,贴片天线需要交错安装在仓库相对的墙壁上。

图 13.42　MIMO 贴片天线

图 13.43　仓库无线局域网：定向天线

　　在仓库环境中，覆盖(而非容量)往往是需要考虑的主要因素，客户设备通常是用于库存管理的手持条码扫描仪或其他无线数据采集设备。VoWiFi 也常见于许多仓库无线局域网部署。大多数仓库的天花板非常高，因此主要通过安装在墙壁上并指向过道的定向天线提供覆盖。但由于不少过道极长，定向天线也常常安装在天花板上。如图 13.44 所示，安装在天花板上的定向天线位于过道正上方，与安装在墙壁上的定向天线共同提供覆盖。

　　在室内部署 MIMO 贴片天线的另一个常见用例是甚高密度环境，比如人满为患、存在大量 802.11 无线接口的学校体育馆或会议厅。在这种环境中，全向天线并非提供覆盖的最佳选择，因为同一开放区域内部署有多个接入点。MIMO 贴片天线往往安装在墙壁或天花板上，以提供严丝合缝的"扇形"覆盖。更有效的方案是将贴片天线安装在地板或座椅下方；MIMO 贴片天线指向上方，人体对信号的衰减也要纳入考虑。在礼堂、体育馆以及其他甚高密度环境中设计无线局域网绝非易事，大部分 Wi-Fi 供应商的甚高密度部署指南都提出了具体的建议。无论何时使用定向天线，多数供应商都建议使用静态信道和功率设置。

图 13.44　仓库无线局域网：安装在天花板与墙壁上的天线共同提供覆盖

　　根据建筑物和无线局域网的要求，资深的 Wi-Fi 专业人士通常使用包括定向天线和全向天线在内的各种天线。如图 13.45 所示，Ventev 的定向接线盒天线(Junction Box antenna)是另一种不同类型的天线。这种天线的水平波束宽度和垂直波束宽度均为 75 度，适用于存在多个接入点的部署，能在狭小区域内实现集中覆盖。使用定向天线可以减少同信道干扰，部署 40 MHz 信道复用模式时尤其如此。

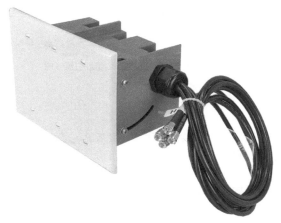

图 13.45　定向接线盒天线

　　这种定向天线可以提供 0～45 度的向下倾斜，是报告厅、会议中心、大型会议室以及所有高密度和近距离设计的理想选择。Ventev 接线盒天线配有 6 英尺(约 1.8 米)长的天线电缆引线，可以在远离天线的位置安装接入点，从而在一定程度上解决了安装不便的问题。这种天线的实际尺寸足够大，部分接入点也可以和天线单元一起置于接线盒中。接线盒天线的盖板与室内设计方案有机结合，能避免天线暴露在外，以满足美观方面的要求。无论是坚硬的天花板还是吊顶，都能安装这种天线。得益于向下倾斜的设计，Ventev 接线盒天线既可以平行或垂直安装在地板上，也可以水平或垂直安装在墙壁上。

　　其他可能需要专用天线的无线局域网环境包括体育场和运动场。如前所述，进行特高密度设计时，无线局域网从业人员应具备在体育场环境中设计无线局域网的专业知识。一些 Wi-Fi 供应商提供了安装在体育场座椅下方的专用接入点。此外，MIMO 贴片天线还能安装在立柱和栏杆上。

为体育场和运动场设计无线局域网的集成商通常也负责规划蜂窝 LTE 覆盖，一些预测建模解决方案(如 iBwave Design)可以针对这两种技术进行设计。如图 13.46 所示，优秀的预测建模软件能提供射频覆盖的二维和三维视图。

图 13.46　体育场射频覆盖：二维和三维视图

13.9　室外设计

室外无线局域网的设计和部署值得深入探讨。一般来说，室外无线局域网旨在为停车场、公园、码头等区域提供覆盖。而对于提供室内覆盖的建筑物，通常在周边区域规划室外覆盖。在室外无线局域网的覆盖设计中，用户密度往往不是主要问题。由于室外覆盖区域可能不方便铺设以太网电缆，因此室外无线局域网的部署通常需要使用无线网状网。网状接入点通过网状门户提供的回程链路进行连接，一般安装在具有有线接入的建筑物中。

室外无线局域网部署的另一个用例是建筑物之间的点对点无线桥接链路。Wi-Fi 桥接需要计算菲涅耳区、自由空间路径损耗、链路预算、衰落裕度等多种参数，室外无线网状网和 Wi-Fi 桥接链路的相关内容请参见本书其他各章的讨论。部署室外无线网状网或室外桥接链路时，无线局域网工程师必须考虑天气条件的不利影响。

闪电　直击雷和感应雷可能会损坏 802.11 设备。建议使用避雷器保护设备免受瞬态电流的侵害，而避雷针、铜/光纤收发器等解决方案可以提供防雷保护。

风　强方向性天线的传输距离较远且波束宽度较窄，因此更容易受到风的影响而移动。即便强方向性天线出现轻微移动，也会使射频波束偏离接收天线，导致通信中断。在大风环境中，栅格天线通常比抛物面天线更稳定。为避免天线移动，可能还需要采取其他必要的安装措施。

水　雨、雪、雾等天气条件使室外部署面临两大挑战。首先，必须避免所有室外设备因接触水而出现水损。水损往往会严重损害天线和连接器。建议采用滴水回路(drip loop)或同轴密封胶(coaxial sealant)保护连接器，防止渗水或水损。应定期检查电缆和连接器是否损坏，并使用天线罩

(防风雨保护罩)保护天线免受水损或积雪的侵害。

室外网桥、接入点与网状接入点应置于合适的 NEMA 外壳中，以免受到天气的影响。降水同样会导致射频信号衰减，一场暴雨可以使 2.4 GHz 和 5 GHz 信号的衰减达到 0.08 dB/mile(约 0.05 dB/km)。考虑到雨、雪、雾对信号的衰减，通常建议为远距离桥接链路规划 20 dB 的系统运行裕度。

紫外线/阳光　如果使用的电缆类型不当，紫外线和屋顶的环境热量将随着时间的推移而损坏电缆。

13.10　小结

本章从概念上讨论了无线局域网覆盖、容量与集成设计的相关问题。Wi-Fi 专业人士并非总能对无线局域网设计达成共识，每个人都可能有一套独特的方法论。本章提出的建议源于众多资深无线局域网设计专家多年的经验之谈，但同样存在其他可能取得成功的 Wi-Fi 设计策略。我们探讨了适用于高数据速率连接和语音级无线局域网的设计方法，并解释了接收信号至少达到–70 dBm、信噪比至少达到 25 dB 的重要性。请记住，应从 Wi-Fi 客户端的角度考虑合理的覆盖设计。本章还讨论了动态速率切换的概念以及漫游设计的诸多问题。

本章介绍了邻信道干扰和同信道干扰，并使用大量篇幅探讨了 2.4 GHz 和 5 GHz 频段的信道复用设计策略。通常应优先选择 20 MHz 信道，但只要遵循本章讨论的注意事项，40 MHz 信道复用设计同样可行。覆盖设计并非无线局域网设计的全部，合理的容量规划同样重要。几乎所有无线局域网都存在高密度用户要求，如何减少占用时长消耗至关重要。我们讨论了 5 GHz 频段的 DFS 信道，并分析了如何利用这些信道满足高密度容量需求。双 5 GHz 设计在无线局域网容量设计中越来越常见；为减少同信道干扰，大多数情况下需要使用能提供扇形覆盖的定向天线。

始终不要忘记，无线局域网的主要目标是提供移动性以及对网络资源的无线接入。因此，集成规划在合理的无线局域网设计中占有同样重要的地位。本章并未讨论 VLAN 设计、Wi-Fi 安全、访问控制、客户端引导、来宾访问、以太网供电等集成设计问题，详细讨论请参见本书其他各章。

13.11　考试要点

定义动态速率切换。掌握客户端根据 RSSI 和信噪比在数据速率之间切换的过程，理解接入点也能在数据速率之间进行切换。

解释漫游的相关问题。理解漫游的决定权在客户端，了解客户端通过 RSSI、信噪比以及其他指标确定漫游触发阈值。理解主/次覆盖的重要性。描述漫游时可能出现的延迟，理解跨三层漫游的问题以及现有的解决方案。

定义邻信道干扰与同信道干扰的区别。理解邻信道干扰和同信道干扰造成的不利影响，解释信道复用规划为什么能最大限度减少这些问题。

理解信道复用的重要性。解释信道复用模式为何能最大限度减少同信道干扰并消除邻信道干扰。理解 2.4 GHz 频段通常无法避免同信道干扰，而客户端是导致同信道干扰的主要原因。

解释减少占用时长消耗的策略。解释禁用较低的数据速率并定义较高的基本速率(如 12 Mbps 或 24 Mbps)有哪些好处。

解释何时使用定向天线。理解在高密度环境中使用定向天线的重要性。解释 MIMO 贴片天线如何通过提供室内扇形覆盖来帮助减少争用域。

13.12 复习题

1. 检测到雷达脉冲时，所有 802.11 无线接口必须在多长时间内离开 DFS 信道？

A. 10 秒   **B.** 30 秒

C. 60 秒   **D.** 30 分钟

E. 60 分钟

2. 接入点之间的客户端负载均衡可能会对哪种 Wi-Fi 客户端连接参数产生不利影响？

A. 容量   **B.** 范围

C. 漫游   **D.** 吞吐量

E. 安全

3. 在 5 GHz 频段启用 40 MHz 信道可能存在哪些问题？(选择所有正确的答案。)

A. 邻信道干扰   **B.** 同信道干扰

C. 信噪比提高   **D.** 信噪比降低

E. 范围缩小

4. 在 5 GHz 频段使用 40 MHz 信道时应遵循哪些建议？(选择所有正确的答案。)

A. 启用 DFS 信道   **B.** 调低接入点的发射功率

C. 验证墙体衰减   **D.** 以上答案都正确

5. 成功连接到接入点并通信的客户设备上限是多少？

A. 35 台   **B.** 50 台

C. 100 台   **D.** 250 台

E. 视情况而定

6. 规划 Wi-Fi 客户端容量时应考虑哪些问题？

A. 目前有多少用户和设备需要接入？   **B.** 今后有多少用户和设备需要接入？

C. 用户和设备位于何处？   **D.** 客户设备支持哪些 MIMO 功能？

E. 无线局域网将使用哪些类型的应用？   **F.** 以上答案都正确。

7. 企业无线局域网接入点的首选信道和功率配置方法是什么？(选择所有正确的答案。)

A. 标准无线局域网环境中的自适应射频。

B. 标准无线局域网环境中的静态信道和功率设置。

C. 复杂射频环境中使用定向天线的自适应射频。

D. 复杂射频环境中使用定向天线的静态信道和功率设置。

8. 启用 5 GHz 动态频率选择信道的最大问题是什么？

A. 信道切换公告   **B.** 误报

C. 同信道干扰   **D.** 邻信道干扰

E. 60 秒等待时间

9. 为减少占用时长消耗并在 5 GHz 频段提供更多的容量,建议选择哪些数据速率作为基本速率? (选择所有正确的答案。)

A. 6 Mbps   **B.** 9 Mbps

C. 12 Mbps   **D.** 18 Mbps

E. 24 Mbps

10. 传输开始前，接入点必须花费多长时间监听 DFS 信道？

A. 10 秒　　　　　　　**B.** 30 秒

C. 60 秒　　　　　　　**D.** 30 分钟

E. 60 分钟

11. 导致同信道干扰的主要原因是什么？

A. 侦听范围内位于同一信道的微波干扰　　　**B.** 侦听范围内位于同一信道的接入点

C. 侦听范围内位于不同信道的接入点　　　　**D.** 侦听范围内位于同一信道的客户端

E. 侦听范围内位于不同信道的客户端

12. 为实现无缝漫游，区域重叠的比例需要达到多少？

A. 10%　　　　　　　**B.** 15%

C. 20%　　　　　　　**D.** 25%

E. 这个问题很棘手

13. 5 GHz 信道复用模式应使用多少条 20 MHz 信道？

A. 3 条　　　　　　　**B.** 4 条

C. 8 条　　　　　　　**D.** 12 条

E. 越多越好

14. 传输 VoWiFi 流量时，建议接收信号和信噪比分别达到多少？

A. –70 dBm 和 20 dB　　　**B.** –70 dBm 和 25 dB

C. –70 dBm 和 15 dB　　　**D.** –65 dBm 和 15 dB

E. –65 dBm 和 25 dB

15. 尽管属于不同基本服务集的成员，位于同一信道的接入点或客户端之间仍然能侦听到彼此的存在。这种干扰称为____。

A. 符号间干扰　　　**B.** 邻信道干扰

C. 全频段干扰　　　**D.** 窄带干扰

E. 同信道干扰

16. 如果重叠覆盖的频率重叠，会引起哪种类型的干扰？

A. 符号间干扰　　　**B.** 邻信道干扰

C. 全频段干扰　　　**D.** 窄带干扰

E. 同信道干扰

17. 2.4 GHz 信道复用规划应使用多少条信道？

A. 3 条　　　　　　　**B.** 4 条

C. 6 条　　　　　　　**D.** 11 条

E. 13 条

18. 客户端根据 RSSI 参数调高或调低数据速率，使得接入点附近存在可变数据速率的同心覆盖区域。根据 IEEE 802.11-2016 标准的定义，这个过程的正确名称是什么？

A. 动态速率变化　　　**B.** 动态速率切换

C. 自动速率选择　　　**D.** 自适应速率选择

E. 以上答案都正确

19. 我们已经知道，如果为所有接入点配置相同的 SSID 和安全设置，则客户端可以实现二层无缝漫游。但是，如果客户端跨越三层边界，则需要采用三层漫游解决方案。如果在没有部署无线局域网控制器的企业 Wi-Fi 网络中实施移动 IP 解决方案，那么哪种设备将充当归属代理？

A. 无线网络管理服务器　　　**B.** 接入层交换机

C. 三层交换机 D. 原子网中的接入点

E. 新子网中的接入点

20. 以下哪种电信计量单位用于度量一小时内的电话流量?

A. 欧姆 B. 毫瓦分贝

C. 厄兰 D. 呼叫小时

E. 电压驻波比

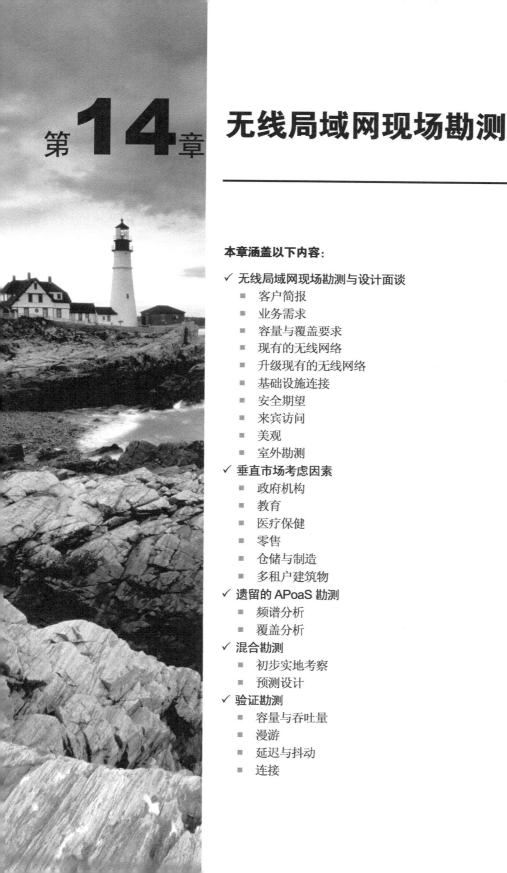

第 14 章

无线局域网现场勘测

本章涵盖以下内容：

- ✓ **无线局域网现场勘测与设计面谈**
  - 客户简报
  - 业务需求
  - 容量与覆盖要求
  - 现有的无线网络
  - 升级现有的无线网络
  - 基础设施连接
  - 安全期望
  - 来宾访问
  - 美观
  - 室外勘测
- ✓ **垂直市场考虑因素**
  - 政府机构
  - 教育
  - 医疗保健
  - 零售
  - 仓储与制造
  - 多租户建筑物
- ✓ **遗留的 APoaS 勘测**
  - 频谱分析
  - 覆盖分析
- ✓ **混合勘测**
  - 初步实地考察
  - 预测设计
- ✓ **验证勘测**
  - 容量与吞吐量
  - 漫游
  - 延迟与抖动
  - 连接

- 美观
- ✓ **现场勘测工具**
  - 室内现场勘测工具
  - 室外现场勘测工具
- ✓ **文档与报告**
  - 表格与客户文档
  - 可交付成果
  - 附加报告

如果询问无线现场勘测(site survey)的定义，大多数人通常认为现场勘测的目的是确定射频覆盖。在无线网络发展的早期阶段，接入无线网络的 Wi-Fi 客户端数量很少，因此上述定义完全正确。然而，如今的无线网络不仅需要满足覆盖要求，也往往肩负着为密集终端部署提供更高吞吐量的任务。因此，确定覆盖并非现场勘测的全部内容，现场勘测还包括寻找潜在的干扰源，以及确定 802.11 硬件和相关组件的正确布局、安装与配置。

无线局域网现场勘测的定义可能因人而异，勘测工程师通常采用独有的技术方案实施勘测。某些人青睐 APoaS(AP-on-a-Stick)方案，其他人则习惯采用涉及预测建模的混合方案。但无论使用哪种方案，都要理解现场勘测过程与规划的无线局域网设计存在"你中有我，我中有你"的关系。除非进行深入面谈以预先确定 802.11 网络的要求和期望，否则合理的无线局域网设计无从谈起。

现场勘测专家无不认同验证勘测(validation survey)的重要性，覆盖验证、容量性能与漫游测试是验证勘测的重要内容。根据无线网络的用途，可以使用不同的工具协助实施验证勘测。

本章将介绍现场勘测的内容和过程，并讨论客户面谈、重要文档以及特定垂直市场可能需要考虑的因素。实施无线局域网现场勘测前必须做好充分准备，务必预先确定 Wi-Fi 网络的需求并提出恰当的问题。我们还将讨论现场勘测的实施过程和必要工具，并解释遗留的 APoaS 方案和目前更常用的混合方案。最后，本章将讨论提交给客户的最终文档和报告。

14.1　无线局域网现场勘测与设计面谈

是否需要实施现场勘测？这个问题的答案很明确：确有必要。如果一家小型花店的店主希望安装无线网络，那么现场勘测并不复杂，只需要将 SOHO 无线路由器置于花店中央、调低发射功率并确保连接成功即可。但对大中型企业而言，现场勘测是一项耗时费力的工作。实际勘测开始前，务必与客户进行现场勘测和设计面谈；这不仅能帮助客户了解现场勘测的重要性，也有助于勘测方确定客户的需求。

无论实施 APoaS 勘测还是混合勘测，都必须与利益相关方初步接触，以确定无线局域网的用途、要求与目标。各种垂直市场的要求大相径庭，无线局域网的设计可能因客户而异。

对于小客户，可能一次面谈就能了解所有问题；而对于大客户或具有复杂要求的客户，可能需要多次深入沟通。在此过程中，勘测方需要了解客户现有的网络和 Wi-Fi 环境、安全要求、应用需求、现有和规划中的移动设备、目标和要求等问题。与客户共同确定网络要求是网络设计的关键所在。务必确认并记录这些要求，因为它们不仅是网络的重要可交付成果，也将作为网络交付和验证勘测的评定标准。

除收集客户信息和网络信息外，务必向客户索取所有建筑物的电子比例平面图，并确认可能需要射频覆盖的室外空间。注意楼层平面图中是否存在特殊要求，比如美观或安装方面的限制。无论是实施 APoaS 勘测还是收集混合勘测(涉及预测设计)所用的射频数据，勘测方都需要协调时间，并确定是否存在特殊的安全许可、批准或着装要求。

现场勘测和设计面谈时提出正确的问题，不仅能确保勘测过程中使用合适的工具，也能提高勘测效率。最重要的是，深入的面谈和细致的勘测有助于无线局域网满足所有预期的移动性、覆盖与容量需求。接下来，我们将讨论进行现场勘测与设计面谈时需要认真考虑的问题。

14.1.1　客户简报

自 1997 年 802.11 技术面世以来，对无线网络的误解就始终存在。许多企业和个人都熟悉以太网，他们认为"即插即用"也是无线网络的铁律。如果企业或潜在客户计划部署无线网络，强烈建议与管理人员接触，向他们简要介绍无线局域网，并解释现场勘测的实施方案和原因。当然，解释 MIMO 或 CSMA/CA 的内部机制并无必要，但介绍无线局域网的利弊是个不错的主意。

如果企业已经安装无线局域网，那么客户简报需要讨论现有无线局域网的升级问题。而对于计划首次部署 Wi-Fi 网络的客户来说，从简要介绍移动性的优点入手会收到很好的效果。

讨论 802.11 技术的带宽和吞吐量的性能要求同样非常重要。企业用户已习惯于有线网络提供的 1 Gbps 全双工传输速度，加之供应商的炒作和营销，人们往往认为无线网络也能提供相当甚至更好的带宽和吞吐量。实际上，无线局域网使用半双工共享介质而非全双工介质；受各种条件所限，无线局域网的总吞吐量不会超过标定数据速率的一半，这些问题应向管理层解释清楚——普通客户往往对无线局域网的带宽和实际吞吐量存在诸多误解。

此外，还应讨论现场勘测和无线局域网设计的必要性。请用几句话解释射频信号如何传播和衰减，以便管理层更好地了解为何需要实施现场勘测以确保合适的覆盖并改善性能。讨论并比较 2.4 GHz 和 5 GHz 无线局域网或许同样必不可少。如果管理层了解 Wi-Fi 的基本知识以及现场勘测的重要性，则有助于随后讨论技术性问题。

14.1.2　业务需求

第一个需要提出的问题是：无线局域网有哪些用途？如果能充分了解无线网络的预期用途，就可以设计出更好的无线局域网。例如，相较于广泛使用的数据网络，VoWiFi 网络的设计要求并不一样。如果无线局域网只是充当接入互联网的网关，那么安全和集成建议也有所不同。拥有 200 台手持扫描仪的仓储环境与办公环境千差万别，医院与机场无线网络的业务需求同样大相径庭。下面列出了需要询问客户的一些业务需求问题。

哪些应用将使用无线局域网？这个问题可能涉及容量和服务质量(QoS)两方面。相较于只需要支持无线条码扫描仪的无线网络，传输大量图形文件的无线网络显然需要更多带宽。如果通过无线局域网传输语音或视频等时敏应用，则可能需要解决有线 QoS 设计的问题，以便与 802.11e/WMM 无线 QoS 功能正确集成。

哪些用户将使用无线局域网？用户类型不同，容量和性能需求也不同。为便于管理，可能需要实施用户隔离。用户组可以根据服务集标识符(SSID)、虚拟局域网(VLAN)甚至频率进行分段，这也是安全角色的重要考虑因素。

哪些设备将连接到无线局域网？大多数设备是膝上型计算机还是手持移动设备？设备支持哪些 MIMO 功能？是否允许员工使用个人设备接入网络？企业是否制订了自带设备(BYOD)策略，是否需要部署移动设备管理(MDM)解决方案？手持无线条码扫描仪可以根据 VLAN 或频率进行分段；VoWiFi 电话应始终划分到单独的 VLAN，以区别于使用膝上型计算机的数据用户。目前部署了哪类遗留设备？如果正在升级无线局域网基础设施，那么升级客户设备同样要纳入考虑。是否准备部署物联网设备？许多 Wi-Fi 物联网设备仅支持 2.4 GHz 通信。设备功能可能会影响到安全、频率、技术以及无线局域网整体设计方面的决策。

是否存在美观或安装方面的限制？美观对于零售、酒店、医院等许多垂直市场非常重要。接入点的实际安装位置可能存在限制，这些限制或许不利于实现良好的无线局域网设计。例如，医院往往倾向于在走廊而非客房或病房安装接入点。从第 13 章"无线局域网设计概念"的讨论可知，大多数情况下，在走廊安装接入点并非良策。在接入点安装的问题上，通常必须做出妥协。

不同垂直市场的业务需求有所不同，本章稍后将进行讨论。提前确定无线局域网的用途有助于提高现场勘测的效率，这对于无线局域网的最终设计也至关重要。

14.1.3　容量与覆盖要求

明确无线局域网的用途后，下一步是了解与规划和设计无线网络有关的各种问题。尽管无线局域网设计在现场勘测结束后才算真正完成，但建议根据客户的容量和覆盖需求进行初步设计。勘测工程师应研究建筑物平面图的复印件，并询问客户需要射频覆盖的区域。一般来说，所有区域都需要覆盖。以 VoWiFi 部署为例，由于用户可能在建筑物的任何位置使用 VoWiFi 电话，因此无线网络应覆盖所有区域。此外，随着手持移动设备的激增，广泛的覆盖通常必不可少。

然而，全面覆盖可能并无必要。膝上型计算机用户是否需要在仓储区或室外庭院访问无线网络？库房使用的手持条码扫描仪是否需要在前台部门接入 Wi-Fi？根据面谈时客户反馈的无线局域网用途，上述问题的答案可能有所不同。如果能确定某些区域不需要覆盖，实际勘测时就可以节省客户的开支与勘测工程师的时间。

将无线设备的激增纳入考虑

Wi-Fi 客户设备呈现爆炸式增长，这往往意味着大多数建筑物和区域都需要射频覆盖。起初，无线局域网主要用于为膝上型计算机用户提供接入；近年来，配有 802.11 无线接口的移动设备开始激增。

如今，配有 802.11 无线接口的智能手机、平板电脑、扫描仪等移动设备已司空见惯。尽管移动设备最初供个人使用，但是大多数员工目前也在工作场所使用这些设备，他们希望通过多种个人移动设备接入企业无线局域网。考虑到个人移动设备的激增，通常需要制定 BYOD 策略以规范员工的个人设备如何访问企业无线局域网。为引导个人移动设备和公司配备设备接入无线局域网，可能还要部署 MDM 解决方案。第 18 章"自带设备与来宾访问"将深入探讨 BYOD 策略和 MDM 解决方案。

Wi-Fi 行业目前正处于物联网设备扩张的风口浪尖，这可能使过去的发展相形见绌。企业正在将 Wi-Fi、蓝牙与 Zigbee 无线接口嵌入几乎所有类型的电子或电气设备(如暖通空调、冰箱、照明)，以及企业目前拥有或能够想到的任何传感器和监控设备。数据采集和远程设备管理将继续推动物联网市场的增长。虽然物联网设备的用户交互能力有限，但它们可以提供连续或定期的数据采集供分析使用。

根据建筑物布局以及内部使用的材料，可能需要预先规划某些区域使用的天线类型。高密度区域可能需要半定向贴片天线以提供扇形覆盖，而不是使用全向天线。勘测时将予以确认或根据情况做出调整。

现场勘测开始前，最容易忽视的问题往往是确定无线局域网的容量需求。从第 13 章的讨论可知，覆盖并非无线局域网设计的全部，规划客户端容量同样必不可少。目前，对高密度无线局域网的设计需求已很普遍。为满足无线最终用户的性能要求，必须确定连接到每个接入点的平均用户数量。容量与许多因素有关，包括面谈时客户反馈的无线局域网用途。在以手持数据扫描仪为主的仓储环境中，容量并无大碍；而对于需要传输大量数据的无线局域网，容量无疑占有重要地位。下面列出了规划容量时需要考虑的各种因素：

- 数据应用

- 用户和设备的数量
- 客户设备功能
- 高峰/非高峰时段
- 向后兼容遗留设备

在无线局域网的设计阶段，仔细规划覆盖和容量有助于确定接入点位置以及功率设置、天线类型、覆盖区等参数。但实际勘测仍然必不可少，以验证并进一步确定覆盖和容量要求。

14.1.4　现有的无线网络

很多情况下，实施无线局域网现场勘测是为了解决现有部署存在的问题。专业现场勘测公司经常受雇排除现有无线局域网的故障，这往往意味着需要实施第二次勘测；然而，客户也可能根本未曾进行过现场勘测。

随着越来越多的企业和个人了解 802.11 技术，上述情况将明显减少。遗憾的是，许多未经培训的集成商或客户只是草草安装接入点了事，并未调整接入点的默认功率和信道设置。如果性能下降或漫游出现问题，则需要实施诊断勘测。射频干扰、低信噪比、邻信道干扰或同信道干扰往往会导致性能下降；漫游问题既可能与干扰有关，也可能归因于缺乏足够的主/次覆盖。下面列出了实施修复性现场勘测前应该了解的一些问题。

现有的无线局域网目前存在哪些问题？ 请客户明确指出问题所在。这些问题是否与吞吐量有关？连接是否经常断开？漫游能否正常进行？建筑物的哪些区域最常出现问题？问题出在一台还是多台 Wi-Fi 设备上？问题多久出现一次？是否采取了复现问题的措施？

是否存在已知的射频干扰源？ 客户通常并不清楚这个问题的答案，但询问一下也无妨。周围是否有微波炉？是否有人使用无绳电话或耳机？员工是否使用蓝牙键盘或鼠标？勘测工程师需要参考这些问题以进行频谱分析，这是确定区域内是否存在可能影响今后传输的射频干扰的唯一方法。

是否存在已知的覆盖盲区？ 这个问题与漫游有关，某些区域可能没有获得合适的覆盖——请记住，覆盖过小或过大都会导致漫游和连接出现问题。

是否能找到之前的现场勘测与无线局域网设计数据？ 客户或许根本未曾进行过现场勘测。如果之前的现场勘测和无线局域网设计文档仍然存在，可能对解决目前的问题有帮助。除非采集的可量化数据能显示毫瓦分贝(dBm)强度，否则请谨慎对待勘测报告。此外，在最初的勘测完成后，网络设计可能已有所变化。

目前安装了哪些设备？ 询问客户正在使用哪些设备(如 5 GHz 802.11ac 或 2.4 GHz 802.11b/g/n 设备)和供应商。客户是否计划升级到 802.11n/ac 或 802.11ax 网络？客户也可能不清楚这些问题的答案，因此勘测工程师需要亲自确定所安装设备的类型和故障原因。此外，应检查 SSID、WPA/WPA2 密钥、信道、功率电平、固件版本等设备配置是否正确。很多问题往往不难解决：例如，不要配置所有接入点使用同一信道传输数据；如果缓冲区出现问题，将固件升级到最新版本即可。

根据现有无线网络的故障排除情况，往往需要实施包括覆盖分析和频谱分析在内的第二次现场勘测。第二次现场勘测完成后，针对现有 Wi-Fi 设备的调整应该已足够，但最糟糕的情况是将无线局域网设计完全推倒重来。请记住，无论何时进行第二次现场勘测，勘测开始前同样需要了解所有有为新勘测("绿地勘测")准备的问题。如果无线网络的使用要求发生变化，重新设计或许是最好的选择。有关 Wi-Fi 问题和诊断措施的详细讨论请参见第 15 章"无线局域网故障排除"。

14.1.5　升级现有的无线网络

升级现有的无线网络需要经过仔细评估。企业可能考虑在现有接入点的位置安装新接入点，但通常不建议这样处理，因为新接入点的射频覆盖和模式不同于现有设备。有必要向客户指出这一点，以便客户意识到再次实施现场勘测和重新设计无线局域网的重要性。

升级无线局域网时，企业采用的策略各不相同。某些企业可能采用"椒盐"(salt-and-pepper)式设计方案，即首先升级建筑物某些区域的接入点。例如，某些区域的用户和客户端密度更高，那么接入点升级将从这些区域开始。另一种方案是先升级一栋建筑物的全部接入点，以便在动态企业环境中测试 802.11 新技术；如果技术可靠，再继续升级其他所有建筑物的接入点。

一般来说，企业无线局域网每 4～5 年升级一次。本书曾多次提到，Wi-Fi 客户通常会升级接入点和无线局域网基础设施，但往往忽视升级客户设备。如果希望充分利用 802.11 新技术，升级客户设备至关重要，因为遗留的客户设备可能对无线局域网的整体性能产生负面影响。

14.1.6　基础设施连接

从之前的讨论可知，无线局域网一般用于提供客户端移动性，并通过接入点提供对当前有线网络基础设施的接入。勘测面谈时应询问客户相关的问题，以便无线局域网能正确集成到当前的有线基础设施。强烈建议向客户索取有线网络的物理和逻辑拓扑图的复印件。

出于安全方面的考虑，客户或许不希望透露有线拓扑。勘测方可能需要签署保密协议，进而方便以集成商的身份合法开展工作。务必确保勘测方具备签署协议的资质。

了解现有的拓扑同样有助于规划无线局域网分段和安全建议。无论能否获得拓扑图，都要考虑以下问题，它们对于确保所需的基础设施连接至关重要。

漫游　是否需要漫游？移动性是无线网络的主要优势，因此大多数情况下漫游都必不可少。所有运行面向连接应用的设备都需要无缝漫游，部署手持设备或 VoWiFi 电话时必须实现无缝漫游。大多数智能手机与平板电脑用户都希望漫游，几乎所有无线局域网都必须满足安全无缝漫游的要求。

此外，对某些环境(如高密度用户区域)而言，漫游在无线局域网设计中的优先级很低。例如，一座能容纳 800 人的体育馆可能在天花板上安装接入点，接入点使用 MIMO 贴片天线提供单向扇形覆盖。在这种环境中，无线局域网设计应优先考虑高密度，而不是移动性和漫游。

用户是否需要跨越三层边界漫游是另一个重要问题。如果要求客户端跨子网漫游，则需要部署移动 IP 或专有的三层漫游解决方案。考虑到网络延迟引起的问题，应特别注意 VoWiFi 设备的漫游情况。

配线间　配线间位于何处？计划安装接入点的位置是否在配线间下行电缆的 100 米(约 328 英尺)范围之内？

天线结构　部署室外网络或点对点桥接应用时，可能需要构建若干附属结构以安装天线。建议向客户索取屋顶的建筑图纸，以确定结构梁和现有的屋顶渗透位于何处。此外，勘测工程师可能需要取得许可才能在屋顶安装设备。由于安装重量各不相同，勘测工程师可能需要咨询结构工程师。

交换机　接入点是否通过六类(CAT 6)电缆连接到非托管交换机或托管交换机？802.3at(PoE+)技术需要使用超五类(CAT 5e)或更高等级的电缆。非托管交换机仅支持单个 VLAN；如果希望配置多个 VLAN，则需要使用托管交换机。交换机是否有足够的端口？交换机的功率预算是多少？哪些人员负责配置 VLAN？端口速度是多少？目前的交换机端口速度可以达到 1000 Mbps，而早期的交换机可能仅配有 100 Mbps 端口。对于接入点到交换机的上行流量而言，100 Mbps 带宽无法满足需要。交换机端口是否支持 2.5 Gbps 以满足今后所需？

以太网供电　如何为接入点供电？接入点一般安装在天花板上，因此可能需要通过 PoE 技术远程供电。如果客户尚未部署 PoE 解决方案，则需要追加投资。如果客户已经部署 PoE 解决方案，务必确定该解决方案符合 802.3af 还是 802.3at(PoE+)。此外，PoE 解决方案采用端点供电设备还是中跨供电设备？如果客户计划部署 802.11ax 接入点，由于接入点的耗电量更大，因此需要采用 802.3at 供电设备。

无论客户采用哪种 PoE 解决方案，确保 PoE 兼容准备安装的系统十分重要。如果需要安装 PoE 注入器，应保证有足够的电源插座。哪些人员负责安装插座？安装双频 4×4:4 接入点时，可能需要部署 802.3at(PoE+)解决方案才能满足所有 MIMO 无线接口的用电需要。

分段　如何将无线局域网及其用户与有线网络隔开？整个无线网络是否位于独立的 IP 子网，该子网是否绑定了唯一的 VLAN？是否计划使用 VLAN，有无必要配置来宾 VLAN？分段时是否采用防火墙？不同的用户或设备组将应用哪类用户访问策略？无线网络是否属于有线网络的自然延伸，并遵循与有线基础设施相同的布线、VLAN 编号与设计方案？在现有的网络设计中，VLAN 位于网络核心层还是网络边缘？所有这些问题的答案与客户的安全期望直接相关。

命名约定　客户是否已制定了布线与网络基础设施设备方面的命名约定？如果没有，是否需要为无线局域网制定这样一套约定？许多企业接入点目前都支持在信标帧中通告接入点主机名，现场勘测因而变得更容易。

用户管理　建议与客户讨论 RBAC、带宽遏流、负载均衡等问题。客户是否已部署 RADIUS 服务器？如果没有，是否需要安装 RADIUS 服务器？使用哪种类型的 LDAP 用户数据库？用户名与密码保存在何处？身份验证采用用户名/密码还是客户端证书？是否需要提供来宾访问？

设备管理　是否允许员工使用自己的个人设备接入无线局域网？如何管理个人移动设备和公司配备设备？是否希望根据设备类型(如智能手机、平板电脑、个人膝上型计算机或公司膝上型计算机)提供不同级别的访问权限？可能需要制订 BYOD 策略并部署 MDM 解决方案。如何保护并管理物联网设备？

基础设施管理　如何管理无线局域网远程接入点？是否需要采用中央云管理解决方案？是否有必要部署本地(on-premises)管理解决方案？采用 SSH2、SNMP 还是 HTTP/HTTPS 管理设备？客户是否有登录这些管理界面所需的标准凭证？

IPv6 考虑因素　目前的有线网络是否支持或要求支持 IPv6 连接？企业无线局域网基础设施和客户端是否需要支持 IPv6？今后的网络是否需要支持 IPv6？

深入的面谈可以提供有关基础设施连接要求的详细反馈，从而为全面的现场勘测和良好的无线网络设计打下基础。优秀的无线网络得益于 75%的前期准备工作，这也是其他所有工作的准绳。

14.1.7　安全期望

必须与网络管理员沟通客户的安全期望。建议讨论各种数据隐私和加密需求，且所有 AAA 要求必须记录在案。应确定客户是否计划部署无线入侵检测系统(WIDS)或无线入侵防御系统(WIPS)，以抵御恶意接入点以及其他各类无线攻击。早期设备可能不支持快速安全漫游机制，802.1X/EAP 解决方案或许不适用于这些设备。

深入探讨安全期望能提供必要的信息，以便勘测方在现场勘测结束后、实际部署开始前提出合理的安全建议。规划安全建议时，必须将《健康保险便利和责任法案》(HIPAA)、《格雷姆-里奇

-比利雷法案》(GLBA)、《支付卡行业数据安全标准》(PCI DSS)等特定行业的法规纳入考虑。美国政府部门的无线网络部署必须严格遵守联邦信息处理标准 140-2(FIPS 140-2)，所有安全解决方案都要符合 FIPS。在欧洲，必须满足《通用数据保护条例》(GDPR)的隐私要求。

　　上述问题的答案有助于了解是否存在实现相关功能所需的硬件和软件，否则勘测方需要考虑如何满足客户的安全要求。

14.1.8　来宾访问

　　企业无线局域网的主要目的始终是为员工提供无线移动性，不过为公司来宾提供 Wi-Fi 接入同样重要。如今，企业客户对来宾无线局域网访问充满期待，免费的来宾访问通常属于增值业务。802.11 技术在企业环境中已获得广泛认可，大多数企业都提供某种形式的无线来宾接入服务。来宾用户获得唯一的来宾 SSID，通过相同的接入点访问无线局域网。

　　来宾无线局域网主要充当企业访客或客户接入互联网的无线网关。一般情况下，来宾用户不需要访问企业的网络资源，因此保护企业网络基础设施不受来宾无线局域网的影响是最重要的安全考虑因素。

　　勘测方需要与客户讨论各类 Wi-Fi 来宾访问与安全解决方案。至少应配置单独的来宾 SSID、唯一的来宾 VLAN 并部署来宾防火墙策略。此外，可能需要为来宾无线局域网设置强制门户。加密的来宾访问也变得越来越普遍。还有许多其他的无线局域网来宾访问策略可供使用，包括来宾自助注册和员工担保。第 18 章将深入探讨 Wi-Fi 来宾访问。

14.1.9　美观

　　安装无线设备时，美观是一个重要因素。许多企业不希望无线硬件暴露在外，美观对于零售业和酒店业(包括餐厅和酒店)尤为重要。一般来说，与公众接触的企业都不希望 Wi-Fi 硬件出现在人们的视野中，或至少看起来不那么显眼。无线局域网供应商一直在设计视觉效果更好的接入点和天线。出于美观方面的考虑，大多数室内接入点都使用内置天线，一些供应商甚至将接入点伪装成烟雾探测器。为避免接入点暴露，可以将其置于安装在天花板上的室内外壳中。大多数外壳都能上锁，以防止昂贵的 Wi-Fi 硬件失窃。

14.1.10　室外勘测

　　本书与 CWNA 考试侧重讨论并考查建立桥接链路前实施的室外现场勘测。室外桥接勘测需要计算菲涅耳区、地球曲率、自由空间路径损耗、链路预算、衰落裕度等多种参数。另外，旨在为用户提供一般性室外无线接入的室外现场勘测也变得越来越普遍。随着无线网状网的普及，室外无线接入逐渐成为常态。室外现场勘测需要使用室外网状接入点。

　　此外，必须将闪电、冰雪、高温、大风等天气条件考虑在内。安装天线的设备是首要考虑因素。除非硬件专为室外使用而设计，否则必须采用符合 NEMA(美国电气制造商协会)标准的外壳，以免室外设备受到天气条件的影响。NEMA 防风雨外壳有多种功能，包括加热、冷却与 PoE 接口。

　　室外部署同样不能忽视人身安全问题。应考虑聘用专业安装人员，或参加塔架攀登认证课程并接受塔架安全和救援培训。

> **注意:**
> 读者可以通过 SiteSafe[1]浏览射频健康与安全课程的相关信息。塔架作业的危险系数很高,有关塔架攀登与安全培训的相关信息请参见 Comtrain[2]。

各国监管机构对于射频功率的规定同样要纳入考虑。如果计划使用塔架,可能需要联系多家政府机构。市政部门可能制定有施工条例;大多数情况下,勘测工程师必须取得许可才能作业。以美国为例,如果塔架高度超过 200 英尺(约 61 米)或位于机场附近,则必须联系联邦通信委员会(FCC)和联邦航空管理局(FAA)。如果计划在屋顶安装超过 20 英尺(约 6.1 米)的屋顶支架,同样需要咨询 FCC 和 FAA。其他国家也有类似的高度限制,请联系相应的射频监管机构和航空管理部门以了解详情。

14.2　垂直市场考虑因素

所有企业都有自身的需求、问题与考虑,因此两次现场勘测不会完全相同。某些企业可能需要进行室外勘测而非室内勘测。垂直市场是开发和销售类似产品或服务的特定行业或企业集团,详细讨论请参见第 20 章“无线局域网部署与垂直市场”。接下来,我们将概括介绍在专业垂直市场上规划无线局域网时必须考虑哪些因素。

14.2.1　政府机构

在政府机构实施无线现场勘测时,安全是一个重要问题。在面谈过程中讨论安全期望时,建议仔细考虑各种规划的安全问题。包括美国军方在内的许多政府机构要求所有无线解决方案必须符合 FIPS 140-2,其他政府部门则可能要求在某些时段完全屏蔽或切断无线网络。携带某些设备前往其他国家前,请务必查看出口管制规定。例如,美国禁止向某些国家出口 AES 加密技术。其他国家也有类似的规定和海关要求。

进入政府机构进行现场勘测前,绝大多数情况下必须取得相应的安全凭证,身份证或通行证一般必不可少。在某些敏感区域工作时,需要有专人陪同。

14.2.2　教育

与政府机构类似,进入教育机构进行现场勘测前通常也需要取得相应的安全凭证。接入点应置于上锁的外壳中以防失窃或篡改。由于学生高度集中,规划容量和覆盖时应考虑用户密度。美国各地的中小学正在实施一对一平板电脑部署项目,以确保每间教室的每位学生都能使用平板电脑。为满足这些一对一项目的设备密度需求,在每间教室部署一个接入点并不鲜见。这种方案是否合适需要视情况而定,而合理的现场勘测有助于确定最佳部署方案。

在校园环境中,大多数建筑物都需要无线接入,建筑物之间的连接一般通过桥接解决方案实现。某些老式的教育设施还能用作避难场所,这种环境会限制信号传播。为保证教室的隔音效果,大多数学校建筑使用致密的墙体材料(如煤渣砌块或砖),这些材料同样会导致射频信号严重衰减。

1　https://www.sitesafe.com。
2　https://www.comtrainusa.com。

14.2.3　医疗保健

在医疗保健环境中，最大的问题是现场存在大量可能产生干扰的生物医学设备，因为相当一部分设备都使用 ISM 频段传输数据。例如，手术室的烧灼设备已被证实会干扰到无线网络，而 802.11 无线接口也可能干扰到生物医学设备。

勘测方需要与负责维护和检修所有生物医学设备的部门进行沟通，某些医院有专人负责跟踪并监控各种射频设备。

利用频谱分析仪实施全面细致的频谱分析勘测极为重要且必不可少。建议多次扫描勘测区域并比较扫描结果，确保尽可能发现所有潜在的射频干扰源。在医疗环境中部署 5 GHz 无线局域网是更好的选择，因为 5 GHz 频段能提供更多信道，从而避免同信道干扰。医院的规模通常很大，因此实际勘测可能要持续数周，而预测现场勘测可以节省大量时间。在实际勘测中，可能会遇到长直走廊、多楼层、防火安全门、反光材料、混凝土构筑物、衬铅 X 光室以及金属丝网安全玻璃。

面谈和勘测时需要将医疗环境中使用的各种应用纳入考虑。手持类的 iOS 和 Android 设备可以运行许多医疗保健应用，医生与护士可通过平板电脑和智能手机使用这些移动应用。移动设备也可用于传输 X 光片等大型文件，医疗推车通过无线接口将患者数据发给护理站。护士通过 VoWiFi 电话相互联系，医用 VoWiFi 部署目前已很常见。采用有源 Wi-Fi RFID 标签的无线实时定位系统(RTLS)被广泛用于医院的资产管理跟踪。为避免影响患者，勘测工程师通常需要取得相应的安全凭证，或由专人陪同进入勘测区域。许多应用都是面向连接的，连接中断不利于这些应用的运行。

14.2.4　零售

零售环境中往往存在大量潜在的 2.4 GHz 干扰源。演示用的无绳电话、婴儿监护器以及其他 ISM 频段设备会干扰无线局域网，库存货架、货箱甚至产品本身都可能造成信号衰减。此外，不要忽视用户密度的问题：如有可能，零售环境中的现场勘测应选择在购物旺季(如圣诞节期间)而非淡季进行。

零售店使用的无线应用包括用于数据采集和库存控制的手持扫描仪，零售商可能需要 Wi-Fi 分析解决方案以监控并跟踪顾客的走动和行为。收银机等 POS 设备也可能配有 Wi-Fi 接口。

14.2.5　仓储与制造

在无线局域网发展的早期，某些 802.11 技术用于仓储环境中的库存控制和数据采集。使用遗留 802.11b/g 无线接口的手持设备仍然大量存在，因此可能仍有必要部署 2.4 GHz 无线局域网。在仓储环境的无线网络设计中，主要目标一般是覆盖而非容量。库房中存在大量金属货架和各种货物，它们会导致信号反射或衰减。仓储环境中可能需要使用定向天线。由于库房的天花板较高，设备安装和信号覆盖可能是个问题。为隔离不同区域而使用的室内铁丝网围栏会发散或阻断射频信号。由于手持设备处于移动状态，因此无缝漫游必不可少。库房中经常使用快速移动的叉车，这些叉车也可能装有配备 Wi-Fi 接口的计算设备。近年来，能运行条码扫描应用的智能手机或平板电脑正在逐步取代手持 Wi-Fi 条码扫描仪。

就干扰和覆盖设计而言,制造环境和仓储环境往往比较类似。但在制造厂地实施现场勘测时,会遇到人身安全、工会等你在许多其他环境中不会遇到的问题。重型机械和遥控设备可能威胁到勘测工程师的人身安全,尤其要避免将接入点安装在可能被其他机械损坏的位置。一些制造工厂可能使用危险化学品和材料,勘测工程师可能需要穿戴合适的防护装备,并安装经过加固的接入点或外壳。科技制造工厂通常配有无尘室,如果勘测工程师获准进入无尘室工作,必须身着防尘服并遵守无尘室的操作规程。

一些制造工厂属于要求员工限期入会的工会制企业(union shop)。如有必要,勘测方应与工会代表接触,确保现场勘测团队不会违反工会条例。

14.2.6　多租户建筑物

在多租户建筑物中实施现场勘测时,目前遇到的最大问题是附近企业使用的 Wi-Fi 设备。办公楼的射频环境异常混乱,充斥着大量 2.4 GHz 802.11b/g/n 无线网络。几乎可以肯定,其他所有租户的无线局域网都会以最大功率工作,而配置为非标准信道(如信道 2 和 8)的 Wi-Fi 设备很可能干扰到用户自己的设备。此外,其他租户或许并未遵守 40 MHz 或 80 MHz 信道的正确使用规定。由于其他租户糟糕的 Wi-Fi 部署,需要在两个频段仔细规划信道和功率。如有必要,应与其他租户沟通。

14.3　遗留的 APoaS 勘测

随着时间的推移,无线局域网现场勘测的定义已有所变化。多年来,遗留的 APoaS 方案是进行现场勘测的唯一手段。这种方案需要临时安装接入点,通过走查(walk-through)现场勘测以确定合适的覆盖区域,然后将接入点移到下一个位置并确定下一个覆盖区域;重复上述过程,直至完成整栋建筑物的勘测。虽然 APoaS 勘测仍然有效,但这种方案往往极为耗时且成本高昂。

接下来,我们将介绍 APoaS 勘测的频谱分析要求和覆盖分析要求。进行覆盖分析时,需要确定接入点的正确位置、无线接口的发射功率以及天线的正确使用。

14.3.1　频谱分析

实施覆盖分析勘测前,必须确定潜在干扰源的位置。必要的频谱分析仪硬件价格不菲,部分企业和咨询公司很可能无力进行频谱分析。然而,基于个人计算机的分析仪价格近年来有所下降,频谱分析目前已纳入现场勘测的标准流程。

频谱分析仪是一种频域测量设备,可以测量电磁信号的振幅和频率。专用台式频谱分析仪硬件的售价可能高达数万美元,令许多企业望而却步。幸运的是,目前已有专为进行无线局域网现场勘测频谱分析而开发的硬件或软件解决方案,且成本大幅下降。为正确进行 802.11 频谱分析勘测,频谱分析仪需要具备扫描 2.4 GHz ISM 和 5 GHz U-NII 频段的能力。部分基于软件的解决方案使用了 USB 适配器。如图 14.1 所示,MetaGeek[1]推出了基于 USB 的频谱分析仪。这种频谱分析仪的性价比很高,能同时监控 2.4 GHz 和 5 GHz 频段。

1　https://www.metageek.com。

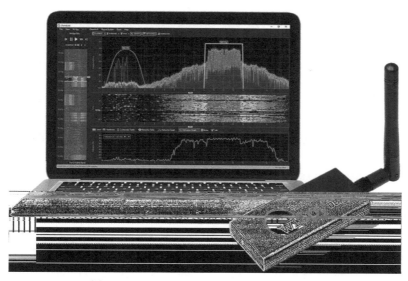

图 14.1　Wi-Spy DBx 2.4 GHz/5 GHz USB 频谱分析仪

　　图 14.2 显示了 Ekahau[1]销售的一体式 Wi-Fi 现场勘测诊断和硬件测量设备。这种设备集成有频谱分析仪与多个 802.11 无线接口。

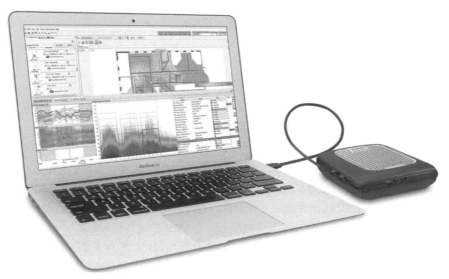

图 14.2　Ekahau Sidekick

1　https://www.ekahau.com。

频谱分析之所以必不可少，是因为如果 2.4 GHz 或 5 GHz 频段的背景噪声电平超过-85 dBm，将严重影响无线网络的性能。嘈杂的环境可能破坏通过无线局域网传输的数据，原因如下：

- 如果数据损坏，循环冗余校验将失败，接收端无线接口不会向发送端无线接口返回确认帧。

- 如果发送端无线接口没有收到确认帧，就无法确认单播帧是否传输成功，必须重发该帧。

- 如果干扰设备(如微波炉)导致重传率超过 10%，将严重影响无线局域网的性能或吞吐量。

通过无线局域网传输的大部分数据应用可以承受高达10%的二层重传率，性能不会明显下降。但 VoIP 等时敏应用要求更高层的 IP 丢包率不得超过 2%，因此 VoWiFi 网络需要将二层重传率限制在 5%以内，以确保能及时交付 VoIP 包。

干扰设备还可能导致 802.11 无线接口无法通信。如果其他射频源的功率较强，802.11 无线接口将在空闲信道评估期间侦听到能量存在并推迟传输。如果干扰源持续向外发射信号，802.11 无线接口将一直推迟传输以等待信道空闲。换言之，Wi-Fi 客户端和接入点可能因为强射频干扰源的存在而完全无法传输数据。

建议在无线局域网使用的所有频段实施频谱分析。2.4 GHz ISM 频段(2.4 GHz～2.5 GHz)极为拥挤，该频段可能存在以下射频干扰源：

- 微波炉
- 2.4 GHz DSSS/FHSS 无绳电话
- 荧光灯
- 2.4 GHz 摄像机
- 升降电动机
- 烧灼设备
- 等离子切割机
- 蓝牙无线接口

微波炉是常见的射频干扰源，现场勘测面谈时需要将可能存在的微波炉记录在案。微波炉的功率通常为 800～1000 W。虽然微波炉的炉腔经过屏蔽处理，但随着时间的推移，仍有可能出现微波泄露。相较于许多零售店销售的折价微波炉，商用微波炉的屏蔽效果更好。虽然功率为-40 dBm 的接收信号仅相当于万分之一毫瓦，但对无线局域网通信而言已属很强。一台 1000 瓦的微波炉即便只存在千万分之一的泄露，也会干扰到 802.11 无线接口。图 14.3 显示了某微波炉的频谱图，注意其工作频率位于 2.4 GHz ISM 频段的信道 11 附近。然而，部分微波炉可能会干扰到整个 2.4 GHz 频段。

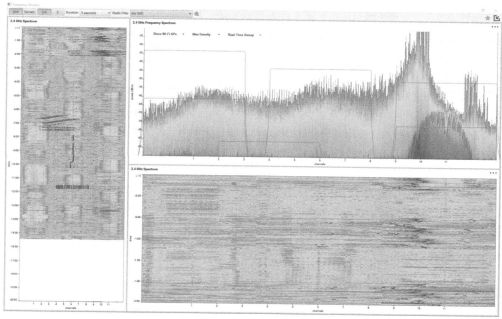

图 14.3   微波炉的频谱图

此外，注意检查呼叫中心、前台以及其他员工是否使用蓝牙鼠标、键盘或耳机，因为蓝牙设备也会干扰无线局域网通信。

随着 802.11ac 技术的面世，加之 2.4 GHz ISM 频段极度拥挤，大多数企业部署已转向 5 GHz 802.11n/ac 设备。由于 5 GHz U-NII 频段目前相对空闲且可以提供更多的信道复用模式，因此企业部署切换到 5 GHz 频段不失为明智之举——毕竟 5 GHz 频段的干扰设备较少。虽然 5 GHz 频段的干扰远小于 2.4 GHz 频段，但这种情况已有所变化。正如所有用户从 900 MHz 频段转向 2.4 GHz 频段以避免干扰一样，"频段转换"效应最终也会出现在 5 GHz 频段。

值得注意的是，802.11 技术的发展正在从 2.4 GHz 频段向其他频段过渡。802.11ac 修正案定义的甚高吞吐量(VHT)技术仅能使用 5 GHz 频段传输数据。由于大多数企业部署的双频接入点配有多个无线接口(能同时连接 2.4 GHz 和 5 GHz 网络)，2.4 GHz 无线接口将继续支持 802.11b/g/n 通信，而 5 GHz 无线接口将支持 802.11a/n/ac 通信。这些双频接入点对于向后兼容仅支持 2.4 GHz 频段的早期设备十分重要。新的 802.11n/ac 设备可以连接到不太拥挤的 5 GHz 频段并从中受益，同时仍然兼容 2.4 GHz 设备。目前，5 GHz U-NII 频段可能存在以下射频干扰源：

- 5 GHz 无绳电话
- 雷达
- 周界传感器(perimeter sensor)
- 数字卫星
- 附近的 5 GHz 无线局域网
- 室外的 5 GHz 无线网桥
- 非授权 LTE

IEEE 802.11-2016 标准定义了动态频率选择(DFS)和发射功率控制(TPC)机制，以满足 5 GHz

频段的监管要求，避免无线局域网干扰 5 GHz 雷达系统。从之前的讨论可知，如果符合 802.11h 标准的无线接口在 5 GHz 频段检测到雷达信号，就必须停止传输以免干扰雷达系统。在计划部署无线局域网的区域实施现场勘测时，使用 5 GHz 频谱分析仪有助于预先确定区域内是否存在雷达传输。

确定干扰源之后，最可靠、最简单的处理方案是彻底消除干扰源。如果微波炉干扰到无线网络，可以考虑购买价格更高但干扰更少的商用微波炉。确保无线局域网附近没有 2.4 GHz 无绳电话等设备，并严格执行禁止使用这些设备的规定。5.8 GHz 无绳电话使用的 5.8 GHz ISM 频段(5.725 GHz～5.875 GHz)与 U-NII-3 频段(5.725 GHz～5.850 GHz)有所重叠，因此室内使用的 5.8 GHz 电话会干扰到通过 U-NII-3 频段传输数据的 5 GHz 无线接口。

过去，VoWiFi 电话只能使用极度拥挤的 2.4 GHz ISM 频段；如今，5 GHz VoWiFi 电话已随处可见，5 GHz U-NII 频段是 VoIP 传输的更好选择。无论通过企业无线局域网传输数据还是语音，都必须进行全面细致的频谱分析。

14.3.2 覆盖分析

频谱分析完成后，接下来需要为设施规划合理的 802.11 射频覆盖，这一步极为重要。在实际勘测开始前的勘测和设计面谈中，应与客户讨论并确定容量和覆盖要求。如果某些区域的用户密度较高或应用带宽需求较大，可能需要部署更多的接入点。

明确所有容量和覆盖需求后必须进行射频测量，以确保满足这些要求并决定接入点与天线的合理布局和配置。必须利用某种接收信号强度测量工具或规划工具实施正确的覆盖分析。这种工具既可以是 802.11 无线接口客户端实用程序自带的接收信号强度计，也可以是更昂贵、更复杂的现场勘测软件包。本章稍后将详细介绍所有测量工具。

如何进行正确的覆盖分析是业内人士经常争论的一个话题，许多勘测工程师都有自己的一套方法。我们将通过 APoaS 方案介绍覆盖分析的基本流程。

实施现场勘测时，不少勘测工程师往往错误地配置接入点无线接口以默认的最大功率工作。对于室内接入点，将初始发射功率设置为 25 毫瓦比较合适，现场勘测完成后再根据实际情况提高或降低功率以满足覆盖需求。大多数接入点支持双频操作，配有 2.4 GHz 和 5 GHz 两个无线接口。由于 5 GHz 信号的有效范围小于 2.4 GHz 信号，因此一般采用 5 GHz 无线接口进行测量。换言之，通常情况下应优先使用 5 GHz 无线接口。

> **提示:**
> 在现场勘测期间进行覆盖设计时，一般建议接收信号至少达到-70 dBm(远高于本底噪声)。如果通过无线局域网传输语音，则建议接收信号至少达到更高的-65 dBm。

在覆盖分析现场勘测中，最棘手的问题往往是确定第一个接入点的位置以及第一个射频小区的边界。接下来，我们以图 14.4 为例介绍这一过程。

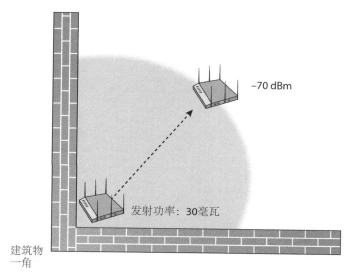

图 14.4　第一个覆盖小区

(1) 将接入点置于建筑物一角，并将发射功率设置为 25 毫瓦(或最适合当前环境的功率电平)。

(2) 从接入点沿对角线走向建筑物中央，直到接收信号降至-70 dBm(或规划的信号强度)。在此过程中，数据从客户端传输到接入点，不仅要确保信号强度，也要确保实际的传输能力。此处为放置第一个接入点的位置(本例使用-70 dBm 作为参考信号电平值，也可以使用其他参考信号电平值)。

(3) 将接入点临时安装在第一个位置，然后在设施内走动并找出所有-70 dBm 端点，这些端点又称小区边界或小区边缘。

(4) 根据第一个覆盖小区的形状和尺寸，可能需要调整初始接入点的功率设置或位置。

在确定第一个覆盖小区及其边界后，接下来可以采用类似的方法找出第二个接入点的位置。

将第一个接入点的小区边界(信号强度为-70 dBm)视为初始起点(类似于将建筑物一角作为初始起点)，然后执行以下操作：

(1) 从第一个接入点开始，沿建筑物一侧平行走动，直到接收信号降至-70 dBm，然后将临时接入点置于此处，如图 14.5 所示。

(2) 从临时接入点开始，沿建筑物一侧平行走动，直到接收信号降至-65 dBm。

(3) 将临时接入点置于此处。安装在这个位置的接入点将提供第二个覆盖小区。

(4) 在设施内走动并找出所有-70 dBm 端点(小区边界)。

(5) 类似地，根据第二个覆盖小区的形状和尺寸，可能需要调整第二个接入点的功率设置或位置。

覆盖小区之间的重叠不宜过大，以免因为频繁漫游导致性能下降。根据建筑物结构以及各种墙体和障碍物材料造成的衰减调整接入点之间的距离，确保获得合适的重叠区域。确定第二个接入点的正确位置及其小区边界后，可以通过类似的方法找出其他接入点的位置。之后的现场勘测仅仅是不断重复这一过程，在整栋建筑物内形成菊花链(daisy chain)，直至确定所有覆盖需求。

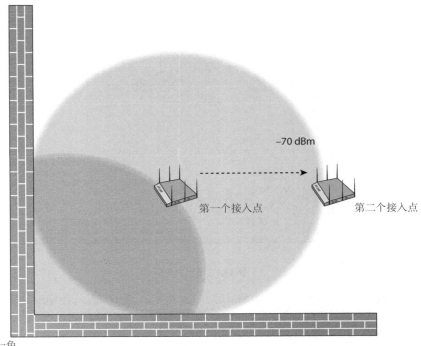

建筑物一角

图14.5 第二个覆盖小区

一般来说，各个供应商的无线局域网设计指南和白皮书建议为漫游规划15%～30%的覆盖重叠率。然而，无法精确测量覆盖重叠。从Wi-Fi客户端的角度观察，覆盖重叠实际上属于重复覆盖。实施合理的现场勘测有助于确保客户端始终可以从多个接入点获得合适的主/次覆盖。换言之，每个客户端不仅要侦听至少一个具有特定RSSI阈值的接入点，也要侦听另一个具有相同(或不同)RSSI阈值的备用接入点。为实现高速率通信，大多数供应商的RSSI阈值通常要求接收信号至少达到-70 dBm。因此，客户端需要侦听至少两个达到所需信号电平的接入点，以便必要时进行漫游。

在进行现场勘测时需要测量以下小区边缘参数：

- 接收信号强度(单位：dBm)，又称接收信号电平(RSL)
- 噪声电平(单位：dBm)
- 信噪比(单位：dB)

在进行现场勘测时测得的接收信号强度通常与无线局域网的预期用途有关。如果无线局域网主要用于提供低密度数据服务而非容量，那么重叠边界的接收信号低至-73 dBm也可接受。如果需要优先考虑吞吐量和容量，建议接收信号至少达到-70 dBm。而在语音无线局域网设计中，VoWiFi客户端的接收信号至少应达到-65 dBm，这种信号强度远高于本底噪声。信噪比是一个重要指标，如果背景噪声过于接近接收信号，将损坏数据并增加重传。如图14.6所示，信噪比是接收信号与背景噪声之间的分贝差。许多供应商建议：数据网络的信噪比至少达到20 dB，语音网络的信噪比至少达到25 dB。

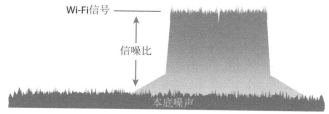

图 14.6　信噪比

　　手动覆盖分析则采用前面介绍的方法确定小区边界。手动覆盖分析勘测主要包括两种类型：

　　被动勘测　无线接口采集接收信号强度(dBm)、噪声电平(dBm)、信噪比(dB)等射频测量数据。客户端在勘测过程中并未与接入点建立关联，所有信息均来自从物理层和数据链路层接收到的无线电信号。

　　主动勘测　无线接口关联到接入点并建立二层连接，可以进行低级帧传输。如果二者之间建立了三层连接，那么还能通过 802.11 数据帧发送 ICMP ping 等低级数据流量。由于客户端关联到接入点，主动勘测不仅可以测量物理层的射频数据，也可以测量丢包率、二层重传率等上层参数。

　　部分供应商建议同时实施被动勘测和主动勘测，然后比较两种勘测所得的信息，综合形成最终的覆盖分析报告。那么，可以使用哪些测量软件采集这两种勘测所需的数据呢？市场上有大量免费或商用的无线局域网发现工具，它们适用于各种操作系统和设备。

　　某些手持设备(如 VoWiFi 手机和 Wi-Fi 条码扫描仪)的内置软件可能集成有现场勘测功能。进行手动现场勘测时，一个常见的错误是平握 VoWiFi 手机以测量射频信号。由于 VoWiFi 手机的内置天线通常是垂直极化的，平握 VoWiFi 手机会导致信号测量结果有误。正确的方法是直握 VoWiFi 手机，使 VoWiFi 手机与天线的极化方式保持一致。

　　图 14.7 显示了某种商用的射频现场勘测应用。这些应用已获得广泛认可，通常能提供更精确的结果。

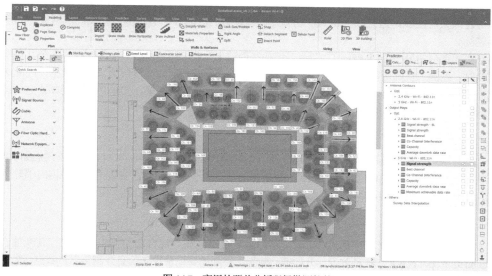

图 14.7　商用的覆盖分析现场勘测软件

商用的勘测软件可以导入多种图形格式的建筑物平面图；一般来说，楼层平面图必须按比例绘制。这些软件使用 802.11 客户端无线接口，采用被动或主动模式测量数据。勘测工程师在建筑物内测量射频信息，并通过软件显示的楼层平面图记录位置。勘测软件合并主动与被动模式采集的信息，然后在楼层平面图中显示射频足迹(RF footprint)或覆盖区域的可视化图像。请注意，这些商用的现场勘测应用往往还提供创建无线局域网预测模型的功能，本章稍后将进行讨论。

14.4 混合勘测

尽管 APoaS 勘测方案仍有用武之地，但大多数无线局域网设计与勘测专业人士更青睐混合勘测方案。混合勘测的许多步骤和原则与 APoaS 勘测并无二致，因为两种勘测的最终目标都是实现设计良好且正常运行的无线局域网。本节将介绍混合勘测的工具和步骤，并讨论这两种勘测的异同。

混合勘测的主要前提是利用射频预测分析软件，在需要 Wi-Fi 接入的建筑物或区域内建立射频覆盖模型。根据接入点的射频功率和天线的辐射方向图，以及自由空间路径损耗和墙体的信号衰减特性，预测分析软件就能预测出建筑物内每个接入点的覆盖区。输入分析软件的信息越精确，预测模型的准确度越高，因此强烈建议进行初步实地考察。

14.4.1 初步实地考察

初步面谈结束后，勘测工程师需要实地了解接入点和客户设备安装环境的射频情况。实地考察前，务必准备多份楼层平面图的副本，或准备膝上型计算机和平板电脑使用的电子版平面图。实地考察旨在记录环境情况，考察期间收集的数据将用于生成预测模型。

此外，应确保获准进入设施以及所有房间和配电间。出于安全方面的考虑，勘测工程师可能需要专人陪同，或至少能随时联系到相关人员以便进入上锁的区域。客户或许不希望勘测工程师进入某些区域，但必须认识到，勘测工程师接触的区域和信息越多，无线局域网设计的质量越高。

实地考察的另一个问题在于，勘测工程师能否独立作业，还是需要其他人协助。在公共场所作业时，勘测工程师可能需要将测试设备留在某处并前往其他房间或楼层测量射频数据，因此必然需要两个人相互配合。如果客户提供陪同人员，则务必使对方了解，实地考察时要频繁走动，陪同人员应保持良好的状态以跟上勘测工程师的节奏。

1. 频谱分析

混合现场勘测的频谱分析过程与 14.3 节介绍的 APoaS 勘测并无不同，旨在找出干扰或可能干扰无线局域网通信的任何设备。频谱分析所得的信息用于确定如何在安装无线局域网时消除干扰，比如处理干扰设备或将它们全部移走。对设施进行全面的频谱分析必不可少。

2. 衰减抽查

相对于初步实地考察中通过 APoaS 勘测确定覆盖区域，混合勘测首先需要进行衰减抽查(attenuation spot check)。在预测设计开始前，勘测工程师需要记录设施信息并测量射频数据。大多数建筑物结构都是一致的，走廊墙壁、洗手间墙壁与楼梯井的构造在整栋建筑物中通常并无区别。走查期间，勘测工程师应记录墙体类型以及墙体之间的差异，并测量各种数据以确定不同墙体材料对信号的衰减程度。这些信息将用于预测设计。

就本质而言，衰减抽查用来定期测量信号通过墙体时的损耗。测量并非难事：在房间内可能部署接入点的位置临时安装一个接入点，并配置接入点以中等功率、使用 5 GHz 频段的任何一条 20 MHz 信道传输数据；勘测工程师通过手持射频测量工具(甚至智能手机或膝上型计算机)测量接入点发送的信号(单位为 dBm)。

如图 14.8 所示，第一次测量自由空间路径损耗时，注意测量设备与接入点之间不应存在任何障碍物。测量设备距接入点约 5 米，距墙壁约 1 米。进行第二次测量时，勘测工程师站在墙壁另一侧，测量设备距墙壁约 1 米。两次测量的差值就是墙体造成的衰减或信号损耗。从图 14.8 可以看到，第一次测量值为−60 dBm，第二次测量值为−72 dBm，因此墙体衰减为 12 dB。

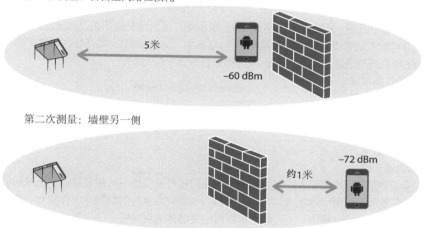

第一次测量：自由空间路径损耗

5米

−60 dBm

第二次测量：墙壁另一侧

−72 dBm

约1米

图 14.8　测量墙体衰减

应定期进行上述测量，确保某种墙体材料造成的信号损耗在整栋建筑物中是一致的。如果怀疑某面墙壁与其他墙壁的构造不同，建议进行测量以确认信号损耗。这些值应记录在楼层平面图中，供之后进行预测设计使用。精确的衰减测量对于提高预测设计的准确性至关重要。

3. 建筑物与基础设施

初步实地考察期间应注意观察天花板和基础设施，确定在天花板上安装接入点以及布线的工作量。此外，还有很多问题需要考虑和解决。安装位置是否有天花板吊顶、光滑的石膏天花板或开放的外露梁？除安装接入点外，以太网布线的难度如何？大多数情况下，这也是需要重点关注的问题。接入点是否不能暴露在外？安装位置是否有限制？是否存在其他避免使用或有待处理的设备？勘测工程师或许不清楚这些问题的答案，请观察并记下任何疑虑或问题。务必拍摄大量照片并做好详细记录，供今后参考。初步实地考察期间拍摄的照片可以为预测设计和验证勘测提供帮助。

14.4.2 预测设计

工程师可以利用多种企业无线局域网设计和勘测解决方案进行预测射频设计，部分知名的软件产品如下：

- Ekahau Site Survey
- iBwave Wi-Fi Suite
- AirMagnet Survey
- TamoGraph Site Survey

进行预测设计前需要将楼层平面图导入设计软件，务必确保平面图比例和测量值准确无误。如果建筑物有多个楼层，每一层的平面图必须与上下楼层正确对齐。此外，必须输入射频信息以指定每层之间的射频损耗。

蓝图和楼层平面图一般为矢量图格式(.dwg 和.dwf)，可以包括图层信息(如使用的建筑材料类型)。预测分析软件通常支持矢量图和栅格图格式(.bmp、.jpg 与.tif)，允许导入建筑平面图，并通过预测算法和衰减信息建立预测模型。预测模型包括以下信息：

- 信道复用模式
- 覆盖小区边界
- 接入点位置
- 接入点功率设置
- 接入点数量
- 同信道干扰

导入楼层平面图后需要输入所有墙体类型，并指定每种墙体的射频衰减值。无线局域网设计工程师需要在楼层平面图中指定墙体使用的材料。预测应用软件的数据库中存储有石膏板、混凝土、玻璃等各种材料的衰减值，工程师也可以自定义墙体的衰减值。如果将楼层平面图导入为计算机辅助设计(CAD)格式，可以选择某种类型的所有墙体并统一指定衰减值，否则需要选择或定义墙体类型、分配衰减参数并通过跟踪楼层平面图来手动绘制墙体。

绘制所有墙体并指定射频衰减值后，可以开始在楼层平面图中放置接入点。由于天线的辐射方向图因接入点而异，了解计划使用的接入点品牌和型号十分重要。此外，务必选择接入点准备使用的功率电平。在设计过程中可以调整接入点和天线设置，以评估不同的方案和选项。

如图 14.9 所示，预测建模软件有助于工程师规划接入点位置和所需的覆盖，并显示潜在的同信道干扰。不同的解决方案可以提供预测覆盖的二维或三维视图。所有预测建模软件都能自动推荐 2.4 GHz 和 5 GHz 频段的信道复用规划，大多数企业预测建模软件还能规划设备和用户密度。用户可以在楼层平面图上指定高密度区域，并输入 Wi-Fi 客户设备的数量、类型以及预期的应用使用情况。

完成所有数据输入和操作后，设计软件将生成满足覆盖和容量要求的最终预测设计，包括接入点和天线列表(如果计划使用外置天线的话)。预测设计和物料清单(BOM)有助于订购并安装设备。

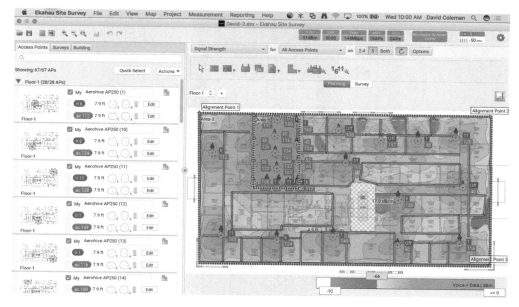

图 14.9　预测模型

14.5　验证勘测

　　在无线局域网的设计和勘测过程中，人们往往忽视最终的验证勘测。无线局域网安装完毕后，在投入使用前必须审核或验证安装，以确定无线局域网是否达到或超过射频覆盖以及其他设计指标。无论采用 APoaS 方案还是预测模型设计网络，验证勘测时都需要比较实际值与网络设计的期待值。如果实际值没有达到或超过设计要求，就需要进一步分析原因，并决定能否接受实际的覆盖、漫游与性能指标，或是否需要调整安装。如果客户聘用专业公司设计并安装网络，那么无线局域网验证对于确保公司交付承诺和期望的服务十分重要。

　　遗憾的是，无线网络的运行并非总是符合预期要求。由于网络使用方式发生变化、硬件或软件出现问题、接入点或无线局域网控制器发生故障、网络运行环境改变等原因，网络性能可能随着时间的推移(甚至一夜之间)而下降，任何因素都会影响射频覆盖。这种情况下，无线网络验证应该有助于确定问题原因。

　　进行无线网络验证时，工程师通常需要系统地巡查建筑物或无线网络的覆盖区域，并测量射频和网络数据，然后将测量结果记录在楼层平面图中，以确定问题的位置和原因。

　　许多产品可以帮助工程师执行无线网络验证，相当一部分现场勘测建模工具也能用于无线网络验证。现场勘测软件可以利用网络测量数据生成环境的可视射频热图。无线网络验证往往耗时而乏味，因为工程师需要携带膝上型计算机在建筑物中来回走动。如图 14.10 所示，专业的手持验证勘测工具可以替代膝上型计算机(或配合膝上型计算机使用)。

图 14.10　NETSCOUT AirCheck G2

　　手持的验证勘测设备通常已经过加固，以防损毁或误用。验证工具可以识别接入点和客户端，并提供有关接入点、SSID、射频信号、安全、网络流量的大量数据以及其他各种信息。优秀的手持验证工具能提供丰富的信息，有助于工程师了解客户设备在网络中的行为，从而确定网络是否正常运行，或在出现问题时查找原因。

　　RSSI 灵敏度因无线局域网设备而异，因此一般采用不同类型的 Wi-Fi 客户端实施验证勘测。以验证射频测量为例，既可以使用专业的手持勘测工具，也可以使用价格较低、装有射频测量软件的智能手机。

　　在设计阶段，建议将所有需要 Wi-Fi 覆盖的区域记录在案。此外，应记下所需的最低覆盖指标，特别是要求的接收信号电平(dBm)和信噪比(dB)。大多数情况下，接收信号至少要达到-70 dBm，信噪比至少要达到 20 dB。进行验证勘测时，工程师需要巡查整个设施，并验证上述射频信号指标是否得到满足。

　　请记住，验证勘测不仅包括验证接入点的位置和覆盖，也包括验证容量、漫游以及其他性能指标。

14.5.1　容量与吞吐量

　　无线局域网的设计首先要满足容量要求。容量设计旨在确保有足够的接入点为客户设备提供服务；也就是说，将大量设备分配给多个接入点。进行验证勘测时，务必确保部署的接入点能满足客户需求。因此，同样不要忘记验证网络设计以满足客户端容量和要求。

　　吞吐量测试非常重要，不仅要确保收到信号，也要确保信号强度足以提供所需的吞吐量。除确保达到指定的 802.11 数据速率外，还必须验证有线基础设施是否按设计指标运行，以及能否处理来自接入点和无线客户端的大量数据。

吞吐量测试工具用于评估整个网络的带宽和性能。这种测试工具一般采用客户端/服务器模型，在两个方向上测量两台设备之间的数据流。测试下行吞吐量时，客户机应配置为服务器；测试上行吞吐量时，客户机应配置为与服务器(位于接入点后方)通信的 Wi-Fi 客户端。iPerf 是一种开源实用程序，通常用于产生 TCP 或 UDP 数据流以测试吞吐量。许多无线局域网供应商在接入点的操作系统中提供 iPerf 作为 CLI 测试实用程序。图 14.11 显示了 TamoSoft[1]开发的图形化吞吐量测试工具，这种免费软件适用于 Windows、macOS、iOS 以及 Android 客户端。

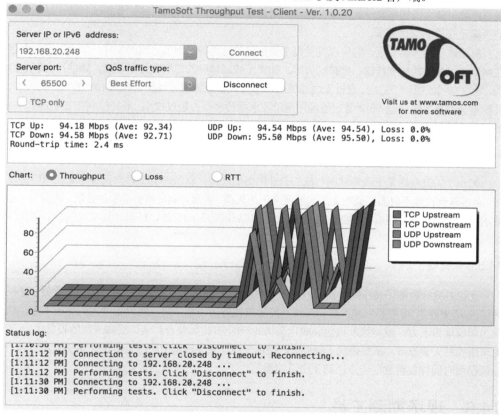

图 14.11　TamoSoft 吞吐量测试工具

14.5.2　漫游

除非安装的网络中只有一个接入点，否则无线局域网需要支持无缝漫游。根据不同的网络设计，可能需要部署移动 IP 三层漫游解决方案，以便客户端在三层网络之间无缝漫游的同时保持原有的 IP 地址。就技术层面而言，漫游不属于射频设计，但网络设计中可能包括漫游方面的要求，因此需要进行测试和验证。此外，如果客户端在漫游时采用 802.1X/EAP 身份验证和加密，那么同样需要进行测试和验证，这可能涉及对快速安全漫游机制的验证。前面介绍的手

1　https://www.tamos.com。

持验证工具通常也提供内置的漫游测试功能。此外，还可以使用接入点的管理平台来评估漫游性能。

14.5.3　延迟与抖动

网络延迟是数据包从设备传输到最终目的地所需的时间。延迟对许多应用(如网页浏览和邮件)来说无关紧要，一般不会引起注意。但对 VoIP 或流媒体视频之类的应用而言，数据包的任何重传或延迟都可能非常明显且令人生厌。根据网络设计和需求，工程师可能需要测试并验证基础设施能否满足必要的交付要求。

抖动属于另一类延迟，它可以度量每个数据包的延迟与平均值之间的差异。如果所有数据包在网络中以相同的速度传输，则抖动为零。如果无线局域网的二层重传率较高，则往往会引起抖动，导致音频或视频不稳定。通过无线局域网传输的大多数应用可以承受高达 10%的二层重传率，性能不会明显下降。但 VoIP 等时敏应用通常要求重传率不得超过 5%，最好控制在 2%左右。良好的端到端网络设计有助于达到上述指标，但仍然需要通过测试来加以验证。

14.5.4　连接

另一个关键问题是无线局域网与核心企业网络的连接，以及 Wi-Fi 客户设备与企业网络的连接。有线基础设施不仅需要处理无线局域网产生的负载，也需要满足所有必要的分段、路由与 PoE 要求，以及其他所需的后台功能。对于支持无线局域网的基础设施，任何计划实现的功能都要经过测试和验证。

14.5.5　美观

无论是验证勘测还是在整个安装过程中，美观对于成功的无线局域网部署都至关重要。某些环境(如历史建筑)可能要求接入点和天线不能暴露在外。为此，可以将设备埋入天花板上方、墙壁内部或地板下方，或将接入点伪装成建筑物的一部分(比如整合到装饰线脚或照明设备中)。无论采用哪种安装方案，都要确保不留痕迹、整洁专业。安装过程中应注意监督并纠正美观问题，验证勘测时同样要留意这一点，避免出现遗漏。

14.6　现场勘测工具

专业勘测工程师的工具箱中备有大量现场勘测所需的工具。信号测量软件是现场勘测的主要工具，可连接到客户端的无线接口卡以进行信号分析。尽管网上有不少预包装现场勘测套件出售，但许多勘测工程师仍习惯根据自己的需要选择工具。室内勘测与室外勘测大相径庭，接下来将讨论这两种勘测所需的各种工具。

14.6.1　室内现场勘测工具

如前所述，频谱分析仪用于确定潜在干扰源的位置。接收信号强度测量工具是覆盖分析的利器。在简单的现场勘测中，可以使用无线接口卡客户端实用程序自带的接收信号强度计作为测量工具；但对大多数现场勘测而言，建议使用更为昂贵和复杂的现场勘测软件包。此外，实际勘测中还要用到其他许多辅助工具。下面列出了室内现场勘测可能用到的部分工具。

频谱分析仪　用于频谱分析。

蓝图　设施的蓝图或楼层平面图用于绘制覆盖范围并标记射频测量结果。可能需要通过 CAD 软件查看和编辑电子蓝图。

信号强度测量软件　用于射频覆盖分析。

Wi-Fi 客户端或手持验证工具　既可以采用装有信号测量软件的膝上型计算机、平板电脑或智能手机，也可以选择价格更高的手持验证勘测工具。

接入点　至少准备一个接入点，但越多越好。进行现场勘测或初步实地考察时，接入点可以作为独立设备使用。基于控制器的接入点需要无线局域网控制器的配合，但某些接入点也能配置为无需控制器即可操作。

无线局域网控制器　大多数无线局域网供应商制造的小型控制器适用于分支机构和远程办公室。与自重达 30 磅(约 13.6 千克)的核心层控制器相比，自重仅 2 磅(约 0.9 千克)的小型分支机构控制器更容易操作，也更便宜，因此适合在需要控制器的环境中进行现场勘测时使用。

电池组　电池组在现场勘测中必不可少。需要临时安装接入点时，使用电池组可以免去拉线供电的麻烦。电池组不仅能为接入点供电，还能提供更安全的操作环境，勘测工程师不必担心地板上松散的电源线。此外，使用了电池组的接入点更方便移动到其他位置。

双筒望远镜　室内勘测使用双筒望远镜似乎有些奇怪，不过它们在高大的库房和会议中心非常有用。此外，检查天花板上方的静压室(plenum space)时也需要借助双筒望远镜的帮助。

手电　强力的定向手电可以在黑暗的角落或天花板派上用场。

对讲机或手机　在办公环境中进行现场勘测时，通常需要尽量保持安静，以免影响他人工作。在房间里大声交谈并不可取，交流时一般使用对讲机或手机。务请记住，由于射频信号在空间中以立体方式传播，勘测工程师往往需要在不同的楼层之间测试接入点的接收信号。

天线　各种室内全向天线和定向天线历来是室内现场勘测的常用工具。尽管外接天线仍有用武之地，但其应用相较于过去已有所减少。大多数企业接入点供应商将天线直接集成在接入点中，且布局和天线辐射方向图专为安装在天花板上的接入点而设计。如果内置天线无法满足设计要求，也可以选择能使用外接天线的接入点型号。

临时安装工具　现场勘测时经常需要临时安装接入点，一般采用蹦极绳、塑料扎带或高质量的老式强力胶带将接入点固定在刚好低于天花板的位置。三脚架也能用于临时安装和移动接入点。三脚架方便携带，可以省去在墙壁或天花板上临时安装接入点的麻烦。图 14.12 显示了 HiveRadar[1] 的专业现场勘测套件，拉杆的最大长度可以达到 9 英尺(约 2.7 米)。许多人通过在线平台出售专业制作的现场勘测套件，也不难找到自行构建现场勘测车或三脚架的示例甚至说明。选择套件时，是否方便携带、拉杆长度、套件是否自成一体(尤其要注意是否自带电源)、是否便于在勘测区域移动都是需要考虑的因素。

数码相机　建议使用数码相机拍摄接入点的确切位置。无论哪一方负责之后的安装工作，这些照片都能提供直观的参考。设置照片的拍摄日期和时间以方便日后查看。中等价位的消费级相机具有令人难以置信的光学变焦功能，因此数码相机也可以取代双筒望远镜。

1　https://www.hiveradar.com。

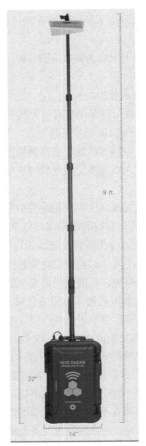

图 14.12 无线局域网移动现场勘测三脚架

测距轮或激光测量仪 用于确保接入点的实际位置在配线间电缆敷设路径的 100 米范围之内。请记住，100 米电缆敷设路径还包括连接静压室的超五类或六类电缆的长度。在大房间安装接入点时，可以利用测距轮或激光测量仪方便地测量接入点与配线间或墙壁之间的距离。

标志物 可以利用彩色胶带或不干胶标签标记接入点的预定安装位置。现场勘测时，勘测工程师应在接入点的临时安装位置留下一小块彩色电工胶带，以方便之后的安装人员辨认。

梯子或叉车 可能需要使用梯子或叉车在天花板上临时安装接入点。

建议勘测和部署时采用同一种 802.11 接入点硬件。请记住，供应商不同，RSSI 的实现也不同。不建议使用一家供应商的接入点实施覆盖分析勘测，而在部署时选择另一家完全不同的供应商。许多成熟的现场勘测公司提供针对不同供应商的勘测套件，以满足客户的各种需求。

14.6.2 室外现场勘测工具

目前，为用户提供一般性室外无线接入的室外现场勘测越来越普遍。室外现场勘测使用室外网状接入点，在室外环境中为客户端提供接入。室外勘测与室内勘测使用的工具基本相同，但室外勘测还可能利用 GPS 设备来记录经纬度坐标。虽然室外 802.11 部署可以提供接入，但大多数室外现场勘测旨在实现无线桥接或无线回程，以便监控摄像头或电子监控设备传输数据。无线网桥位于分布层，它以无线方式将两个或多个有线网络连接在一起。

室外无线桥接现场勘测使用的工具截然不同，且需要计算大量参数以确保桥接链路的稳定性。从之前的讨论可知，部署室外桥接链路时，需要计算菲涅耳区、地球曲率、自由空间路径损耗、链路预算、衰落裕度等多种参数。此外，还要考虑各国监管机构对有意辐射器(IR)和等效全向辐射功率(EIRP)的限制。所有室外现场勘测都不能忽视考虑天气因素，并采取适当的防雷和防风措施。室外无线桥接现场勘测通常需要两位工程师协同作业。下面列出了室外桥接现场勘测可能用到的部分工具：

地形图　室外勘测可能需要标有高程和位置信息的地形图而不是建筑平面图。

链路分析软件　点对点链路分析软件可与地形图配合使用，用于生成桥接链路配置文件并进行必要的计算(如计算菲涅耳区和 EIRP)。桥接链路分析软件是一种预测建模工具。

计算器　计算器和电子表格软件用于计算链路预算、菲涅耳区、自由空间路径损耗、衰落裕度等必要的参数。计算电缆衰减和电压驻波比时可以使用其他计算器。稍后的练习 14.1 将指导读者利用计算器来确定电缆损耗。

最大树木长势数据　树木是可能阻碍菲涅耳区的因素之一。只要树木尚未完全成熟，就可能继续生长。砍掉阻碍通信链路的树木并不现实，因此根据树木长势规划天线高度十分重要。请咨询当地农林部门，以获得树木生长的必要信息。

双筒望远镜　可以通过双筒望远镜观察可视视距。不过请记住，确定射频视距时需要计算并确保菲涅耳区净空。

对讲机或手机　802.11 桥接链路的长度可达(甚至超过)1 英里。在勘测过程中，团队中的两位勘测工程师需要使用某种通信工具保持联络。

信号发生器与瓦特计　这两种工具可配合使用，以测试布线、连接器以及其他配件的信号损耗和电压驻波比。部署开始前，应使用这两种工具测试布线和连接器；部署结束后，也可以使用这两种工具检查布线和连接器是否受到水损或其他环境因素的影响。

可变损耗衰减器　这种设备配有刻度盘，能调节吸收能量的大小。实施室外现场勘测时，可以利用可变损耗衰减器模拟不同的电缆长度或电缆损耗。

测斜仪　测定障碍物的高度以确保链路畅通。

GPS　规划网络时，务必记录发送场所(transmit site)以及传输路径上所有障碍物或兴趣点(POI)的经纬度数据。通过 GPS 可以很容易获取这些信息。

数码相机　用于拍摄室外安装位置、电缆路径、接地位置以及障碍物的照片。勘测工程师可能需要一部配有高级光学变焦镜头的数码相机。如果数码相机的变焦镜头足够高级，也可以利用数码相机识别并记录通信链路的可视视距。

频谱分析仪　用于测试发送场所的环境射频电平。

大功率聚光灯或日光反射器　实施室外无线桥接勘测时必须确保勘测方向正确。随着链路距离增加，辨认屋顶或塔架会变得越来越困难。为此，可以使用大功率(相当于 300 万支蜡烛)的聚光灯或日光反射器。由于光的传播距离很远，借助聚光灯能更好地观察远方区域，从而确保勘测方向正确。

桥接现场勘测一般不使用天线和接入点。勘测时很少安装桥接硬件，因为大多数情况下必须使用天线杆或其他附属设备。如果所有桥接测量数据和计算结果准确无误，那么桥接链路应该能正常工作。实施网状网室外现场勘测时，需要配备网状接入点与天线。

【练习 14.1】

计算电缆损耗

本练习使用 Times Microwave Systems 提供的免费在线计算器[1]计算不同电缆的损耗。

(1) 从 Select Cable 文本框中选择等级为 LMR-1700-DB 的电缆。

(2) 在 Frequency(MHz)文本框中输入 2500,在 Run Length (ft)文本框中输入 200。

(3) 单击 Calculate 按钮。可以看到,LMR-1700-DB 电缆每 100 英尺的标称衰减值为 1.7 dB。

(4) 从 Select Cable 文本框中选择等级为 LMR-400 的电缆。

(5) 在 Frequency(MHz)文本框中输入 2500,在 Run Length (ft)文本框中输入 200。

(6) 单击 Calculate 按钮。可以看到,LMR-400 电缆每 100 英尺的标称衰减值为 6.8 dB,远大于 LMR-1700-DB 电缆。

14.7 文档与报告

在进行无线局域网设计面谈时(以及在现场勘测开始前),务必向客户索取设施和网络的相关文档。此外,应准备一份现场勘测清单,实际勘测时可对照清单作业。现场勘测结束后,勘测方需要向客户提交一份专业、全面的最终报告。如有必要,附加报告和客户建议也可一并附上。最终报告应详细描述如何安装并配置网络,以便任何人都能阅读报告并了解勘测方的意图。

14.7.1 表格与客户文档

在现场勘测与设计面谈开始前,务必向客户索取以下重要文档。

蓝图 勘测工程师需要一份楼层平面图,以便与网络管理员讨论覆盖和容量需求。如前所述,研究楼层平面图时,不要忘记预先规划容量和覆盖要求。勘测工程师还需要复制楼层平面图,以便在实际勘测时记录射频测量数据和硬件安装位置。某些软件勘测工具支持导入楼层平面图,并在楼层平面图中记录勘测结果。典型的楼层平面图如图 14.13 所示。勘测软件有助于编辑最终报告,因此强烈建议使用这些软件。

如果客户无法提供蓝图,可以通过多种渠道获取这些资料。大楼原来的建筑方可能仍然保留有蓝图的复印件,市政厅、消防局等政府部门也能提供许多公共建筑和私人楼宇的楼层平面图。企业通常需要张贴消防逃生图;如果无法找到蓝图,现场勘测也可以使用这些按比例绘制的简单逃生图。最糟糕的情况是,勘测工程师必须在绘图纸上手工绘制楼层平面图。蓝图能提供建筑材料的详细信息,使用预测分析软件时需要输入这些信息。矢量图格式(.dwg 和.dwf)的蓝图可以直接导入预测分析软件,而纸质蓝图可能需要扫描为电子文档。

地形图 规划室外现场勘测时可能需要地形图或等值线图。地形图提供高程、森林覆盖、溪流与其他水体位置等地形信息,典型的地形图如图 14.14 所示。进行桥接计算(如菲涅耳区净空)时,地形图必不可少。

---

1 https://www.timesmicrowave.com/Calculator/Embed。

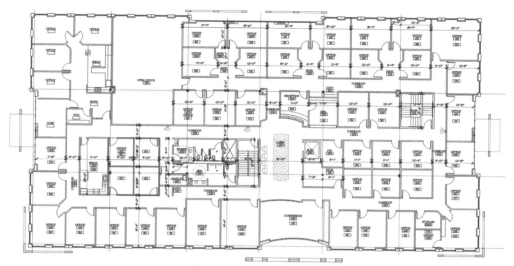

图 14.13 典型的楼层平面图

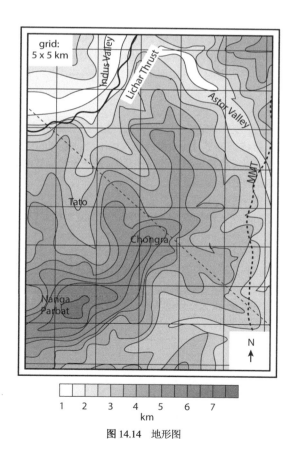

图 14.14 地形图

网络拓扑图　了解客户目前的有线网络基础设施布局不仅能加快现场勘测的速度，也有助于在设计阶段更好地规划无线局域网。计算机网络拓扑图可以提供配线间位置、三层边界等必要信息。无线局域网拓扑将尽可能无缝地集成到有线基础设施中，而 VLAN 一般用于有线网络和无线网络的分段。

强烈建议向客户索取网络拓扑图，以便更好地设计与集成无线局域网。出于安全方面的考虑，某些机构或组织或许不愿意透露有线网络拓扑。为接触这些文档，勘测工程师可能需要获得安全许可或签署保密协议。

安全凭证　勘测工程师可能需要取得相应的安全授权以进入勘测区域。在医院、政府机构以及许多企业作业时，勘测工程师必须佩戴铭牌和通行证，甚至需要专人陪同才能进入特定区域。务必在勘测开始前与安保人员和设施主管沟通，确保不违反任何安全规定。如果勘测工程师到达现场，却被告知由于没有安排陪同人员而无法开始工作，将是一件非常尴尬的事情。无论客户的安全要求如何，设法让网络管理员通知所有员工准备实施现场勘测总是一个好主意。

面谈与实际勘测开始前，现场勘测和无线局域网设计专业人士应准备好必要的文档或清单。部分勘测和设计清单如下：

面谈清单　应预先准备一份详细的清单，列出在进行现场勘测和设计面谈时需要询问客户的所有问题。本章前面讨论的各种详细问题都应该出现在面谈清单中。

安装清单　许多勘测工程师习惯在楼层平面图中记录所有详细数据。也可以准备一份安装清单，详细记录每个接入点的安装位置以及天线类型、天线朝向、安装设备、电源等信息。

设备清单　为便于管理，建议在设备清单中列出勘测时使用的所有硬件和软件工具。本章前面讨论了室内勘测和室外勘测所需的各种必要工具。

14.7.2　可交付成果

面谈与现场勘测结束后，必须向客户提交一份最终报告。勘测方将现场勘测时收集的信息编辑成专业技术报告供客户审核。可交付成果中应包含以下经过整理的信息：

目的陈述　最终报告应以无线局域网目的陈述开篇,描述无线局域网的客户需求和业务论证。

频谱分析　务必确定潜在的干扰源。

射频覆盖分析　界定射频小区边界。

硬件布局与配置　提出对接入点位置、天线朝向、信道复用模式、功率设置、安装方法以及电缆铺设的建议。

容量与性能分析　列出应用吞吐量测试结果,可作为可选的分析报告附在最终的勘测报告中。

由于设施的规模不尽相同，详细的现场勘测报告可能长达数百页。现场勘测报告通常附有勘测时利用数码相机拍摄的照片。这些照片有助于客户了解接入点的位置，并确定勘测区域的射频干扰设备以及可能存在的安装问题(如坚硬的天花板或混凝土墙)。专业的现场勘测软件提供了预格式化模板，可以生成高质量的报告。

14.7.3　附加报告

除现场勘测报告外，勘测方也可以向客户提出其他建议，供客户在安装设备和部署安全解决方案时参考。一般来说，实施现场勘测的人员或公司也会受雇安装无线网络，但客户也可能根据现场勘测报告提供的信息自行部署无线网络。无论哪一方负责安装工作，勘测方都要提供现场勘测报告以及其他建议和报告。

　　供应商建议　可供选择的企业无线供应商很多，强烈建议在现场勘测以及随后的网络部署中使用同一家供应商的设备。尽管 IEEE 制定了确保互操作性的标准，但各个 Wi-Fi 供应商的设备仍有可能互不兼容。从之前的讨论可知，许多漫游机制都是专有的。不同供应商的无线接口使用专有的 RSSI 阈值，这足以说明勘测和安装时选择同一家供应商的重要性。许多勘测工程师备有不同供应商的工具包，以满足勘测工作的需要。勘测公司可能使用两家不同供应商的设备实施勘测，并为客户提供两种不同的解决方案，这种情况并不鲜见。但是，双方通常会在面谈时提前商定采用哪家供应商的设备。

　　实施图纸　勘测方根据现场勘测时采集的数据向客户提供一份最终的设计图纸。从大体上讲，实施图纸属于无线拓扑图，上面标明了接入点的安装位置以及无线网络与当前有线基础设施集成的方式，并明确界定了接入点位置、VLAN、三层边界等信息。

　　物料清单　除实施图纸外，勘测方还应提供详细的物料清单，逐一列出最终安装无线网络时需要的所有硬件与软件。物料清单应包括每种设备(接入点、网桥、无线交换机、天线、电缆、连接器、避雷器等)的型号和数量。

　　项目进度与成本　勘测方应草拟一份详细的部署计划，列出所有时间表、设备成本与人工成本。应特别注意交付时间、许可等计划依赖项(schedule dependency)。

　　安全解决方案建议　如前所述，在进行现场勘测和设计面谈时应与客户讨论安全期望。勘测方将根据讨论结果给出全面的无线安全建议，列出身份验证、授权、记账、加密、分段等方面的所有内容。

　　无线安全策略建议　安全建议中还可能包括企业无线安全策略方面的建议。如果客户尚未制定无线网络安全策略，勘测方可能需要协助客户起草这样一份策略。

　　培训建议　部署新的解决方案时，人员培训往往是最容易忽视的一个环节。强烈建议安排客户的网络部门员工参加无线管理和安全培训课程，并安排所有最终用户接受简单的培训。

14.8　小结

　　本章介绍了无线局域网现场勘测的各项准备工作，并讨论了勘测开始前需要了解的问题。现场勘测和无线局域网设计面谈十分重要，面谈不仅能帮助客户了解现场勘测的重要性，也有助于勘测方确定客户的无线需求。界定无线网络的业务目标可以提高勘测效率。面谈时，需要与客户探讨容量和覆盖规划、基础设施连接规划等问题。面谈开始前，应向客户索取蓝图或地形图等重要文档。请提前准备好面谈清单和安装清单，供面谈与实际勘测时使用。垂直市场不同，对勘测的要求也不同。

　　本章还讨论了无线现场勘测的强制内容和可选内容。我们介绍了利用频谱分析仪确定潜在干扰源的重要性，并讨论了主动和被动覆盖分析勘测以及预测勘测的步骤。

　　此外，本章介绍了室外勘测和室内勘测所需的工具。无线局域网部署完毕后务必实施验证勘测，确保网络按设计指标运行。

　　现场勘测结束后，勘测方应向客户提交最终的勘测报告以及附加报告和建议。

14.9　考试要点

　　定义现场勘测面谈。解释无线局域网现场勘测开始前进行面谈的重要性。理解面谈不仅能帮助客户了解现场勘测的重要性，也有助于勘测方明确客户的无线需求。

掌握确定容量与覆盖需求时需要了解的问题。理解合理规划容量和覆盖的重要性。了解规划射频覆盖、带宽与吞吐量时需要考虑的各种问题。

定义基础设施连接的相关问题。为确保无线局域网与现有的有线基础设施正确集成，掌握所有需要询问客户的问题。

识别无线局域网的干扰源。描述 2.4 GHz ISM 和 5 GHz U-NII 频段可能存在的各种干扰设备。

掌握不同的现场勘测方案。理解 APoaS 勘测与混合勘测的区别，混合勘测以预测模型为基础。

解释射频测量。解释覆盖分析的过程，并描述接收信号强度、信噪比等不同类型的射频测量参数。

掌握所有现场勘测工具。理解室外勘测与室内勘测的区别，掌握这两种勘测使用的各种工具。

解释两类覆盖分析。描述手动勘测与预测勘测的不同之处。

理解实施无线网络验证的重要性。解释无线网络验证的重要性，这不仅用于验证新安装的网络是否正常运行，也有助于在网络出现问题时排除故障。

了解现场勘测文档与表格。确认勘测开始前必须准备的所有文档，熟悉最终的可交付成果需要提供哪些信息和文档。

解释垂直市场的考虑因素。理解不同垂直市场的业务需求，以及这些需求对现场勘测和最终部署的影响。

14.10　复习题

1. 实施无线局域网现场勘测时，以下哪些陈述能最恰当地描述需要考虑的安全因素？(选择所有正确的答案。)

A. 了解客户的安全期望。

B. 勘测后提出无线安全建议。

C. 也可以提出无线安全策略的相关建议。

D. 勘测时应实施相互身份验证和加密。

2. ACME 医院在冠心病重症监护病房采用面向连接的遥测监控系统，管理层希望通过无线局域网访问应用。由于监控系统的关键特性，保证正常运行时间至关重要。那么，现场勘测和设计工程师应该注意哪些可能导致无线局域网通信中断的因素？(选择所有正确的答案。)

A. 医疗设备的干扰　　　　　　　　**B.** 金属丝网安全玻璃

C. 病人　　　　　　　　　　　　　**D.** 便盆

E. 电梯井

3. 致力于提供室外覆盖的室外现场勘测使用哪些工具？(选择所有正确的答案。)

A. 频谱分析仪　　　　　　　　　　**B.** 室外蓝图或地形图

C. 网状路由器　　　　　　　　　　**D.** GPS

E. 示波器

4. 为酒店或其他服务性行业部署无线网络时，需要考虑哪种特有的因素？

A. 设备失窃　　　　　　　　　　　**B.** 美观

C. 分段　　　　　　　　　　　　　**D.** 漫游

E. 用户管理

5. 为了部署新的无线局域网,进行室内现场勘测前可能需要哪些文档？(选择所有正确的答案。)

A. 蓝图　　　　　　　　　　　　　**B.** 网络地形图

C. 网络拓扑图　　　　　　　　　　D. 覆盖图

E. 频率图

6. 客户位于办公楼 5 层。实施简单的现场勘测后,工程师发现其他公司在附近楼层部署了使用信道 2 和 8 的接入点。为客户部署新的无线局域网时,工程师应该向管理层提出哪种最佳建议?

A. 在信道 6 部署 2.4 GHz 接入点,并使用可用的最大发射功率来压制其他公司的无线局域网。

B. 与其他公司沟通,建议对方调低接入点的发射功率并使用信道 1 和 6。在信道 9 部署 2.4 GHz 接入点。

C. 与其他公司沟通,建议对方调低接入点的发射功率并使用信道 1 和 11。在信道 6 部署 2.4 GHz 接入点。

D. 建议部署 5 GHz 接入点。

E. 安装无线入侵防御系统,将其他公司的接入点列为干扰设备并实施解除身份验证操作。

7. 某公司聘用某位工程师就今后的无线部署提出建议,新的无线网络需要 300 多个接入点才能满足所有覆盖要求。为接入点供电时,最经济、最实用的建议是什么?

A. 建议客户采用具有内联 PoE 功能的新型交换机替换早期的边缘交换机。

B. 建议客户采用具有内联 PoE 功能的核心层交换机替换现有的核心层交换机。

C. 建议客户使用单口电源注入器。

D. 建议客户聘用电工安装新的电源插座。

8. 为确保无线局域网与当前的有线体系结构能正确集成,面谈时应与客户讨论哪些问题?

A. PoE　　　　　　　　　　　　　　B. 分段

C. 用户管理　　　　　　　　　　　D. 接入点管理

E. 以上答案都正确

9. 某医院聘用某位工程师进行无线现场勘测。勘测开始前,工程师应该咨询医院哪些部门的人员? (选择所有正确的答案。)

A. 网络管理部门　　　　　　　　　B. 生物医学部门

C. 安保部门　　　　　　　　　　　D. 看护部门

E. 营销部门

10. 除最终的可交付成果外,勘测方通常还会提供哪些附加文档? (选择所有正确的答案。)

A. 物料清单　　　　　　　　　　　B. 实施图纸

C. 网络拓扑图　　　　　　　　　　D. 项目进度与成本

E. 接入点用户手册

11. 哪种覆盖分析要求无线接口卡与接入点建立关联?

A. 关联覆盖分析　　　　　　　　　B. 被动覆盖分析

C. 预测覆盖分析　　　　　　　　　D. 辅助覆盖分析

E. 主动覆盖分析

12. 室内现场勘测使用哪些工具? (选择所有正确的答案。)

A. 测距轮　　　　　　　　　　　　B. GPS

C. 梯子　　　　　　　　　　　　　D. 电池组

E. 微波炉

13. 列出 5 GHz U-NII 频段存在的潜在干扰源。(选择所有正确的答案。)

A. 微波炉　　　　　　　　　　　　B. 无绳电话

C. 调频收音机　　　　　　　　　　D. 雷达

E. 非授权 LTE 传输

14. 实施被动人工现场勘测时需要测量哪些参数？(选择所有正确的答案。)

A. 信噪比

B. dBi

C. dBm

D. dBd

15. 列出实施 2.4 GHz 现场勘测时可能发现的潜在干扰源。(选择所有正确的答案。)

A. 烤箱

B. 附近的 802.11 FHSS 接入点

C. 等离子切割机

D. 蓝牙耳机

E. 2.4 GHz 摄像机

16. 实施 APoaS 现场勘测时应该记录哪些接入点设置？(选择所有正确的答案。)

A. 功率设置

B. 加密设置

C. 身份验证设置

D. 信道设置

E. IP 地址

17. 哪种现场勘测采用建模算法和衰减值来创建射频覆盖的可视化模型？

A. 关联现场勘测

B. 被动现场勘测

C. 预测现场勘测

D. 辅助现场勘测

E. 主动现场勘测

18. ACME 公司聘用某位工程师设计无线网络，其中包括数据客户端和不支持 802.11r 的 VoWiFi 电话，且需要提供来宾访问，客户还希望为数据客户端和电话部署最强大的安全解决方案。那么以下哪种设计最符合客户的要求？

A. 创建一个 VLAN。将数据客户端、VoWiFi 电话、来宾用户与有线网络隔开。采用 802.1X/EAP 身份验证和 CCMP/AES 加密作为无线安全解决方案。

B. 创建 3 个独立的 VLAN。将数据客户端、VoWiFi 电话、来宾用户划分到 3 个不同的 VLAN。采用 802.1X/EAP 身份验证和 TKIP 加密作为数据 VLAN 的安全解决方案，采用 WPA2 个人版作为语音 VLAN 的安全解决方案。为来宾 VLAN 仅部署强制门户。

C. 创建 3 个独立的 VLAN。将数据客户端、VoWiFi 电话、来宾用户划分到 3 个不同的 VLAN。采用 802.1X/EAP 身份验证和 CCMP/AES 加密作为数据 VLAN 的安全解决方案，采用 WPA2 个人版作为语音 VLAN 的安全解决方案，采用强制门户和来宾防火墙策略作为来宾 VLAN 的安全解决方案。

D. 创建两个独立的 VLAN。数据客户端和语音客户端共享一个 VLAN，来宾用户位于另一个 VLAN。采用 802.1X/EAP 身份验证和 CCMP/AES 加密作为数据/语音 VLAN 的安全解决方案，为来宾 VLAN 仅部署强制门户。

19. 对于所有垂直部署而言，____始终是最重要的无线局域网现场勘测。

A. APoaS 勘测

B. 混合勘测

C. 预测模型勘测

D. 验证勘测

20. 实施 5 英里(约 8 千米)以内的室外桥接勘测时，必须进行哪些计算？(选择所有正确的答案。)

A. 链路预算

B. 自由空间路径损耗

C. 菲涅耳区

D. 衰落裕度

E. 天线波束宽度的高度

第15章

无线局域网故障排除

本章涵盖以下内容:

✓ 无线局域网故障排除五大原则
  - 遵循故障排除最佳实践
  - 解决 OSI 模型存在的问题
  - 大多数 Wi-Fi 问题源自客户端
  - 合理的无线局域网设计可以降低问题出现的概率
  - 无线局域网总是众矢之的

✓ 第一层问题故障排除
  - 无线局域网设计
  - 发射功率
  - 射频干扰
  - 驱动程序
  - 以太网供电
  - 固件漏洞

✓ 第二层问题故障排除
  - 二层重传
  - 射频干扰
  - 低信噪比
  - 邻信道干扰
  - 隐藏节点
  - 功率失配
  - 多径

✓ 安全问题故障排除
  - 预共享密钥身份验证
  - 802.1X/EAP 身份验证
  - 虚拟专用网

✓ 漫游问题故障排除
✓ 信道利用率
✓ 第三~七层问题故障排除

✓ **无线局域网故障排除工具**

- 无线局域网发现工具
- 频谱分析仪
- 协议分析仪
- 吞吐量测试工具
- 标准的 IP 网络测试命令
- 安全外壳

通过前面的学习，读者对无线局域网的基础知识已有所了解。但是与所有类型的通信网络一样，无线局域网同样存在可能需要引起管理员注意的问题。如果部署的 Wi-Fi 安全解决方案有误，往往会导致客户端连接出现问题。本章将介绍无线局域网故障排除最佳实践，并讨论在处理 Wi-Fi 问题时如何专注于 OSI 模型的第一层(物理层)和第二层(数据链路层)。处理漫游问题并监控信道利用率是保证 802.11 网络正常运行的关键所在。我们还将从无线局域网安全的角度探讨故障排除策略。本章并非详尽的诊断导引，但会讨论许多常见的 Wi-Fi 问题以及解决方案供读者参考。此外，我们将介绍各种免费软件和商用的无线局域网故障排除工具。

15.1　无线局域网故障排除五大原则

在讨论具体的无线局域网故障排除策略前，读者应该了解以下五大原则，这些原则适用于处理一切 Wi-Fi 问题。

- 遵循故障排除最佳实践。
- 解决 OSI 模型存在的问题。
- 大多数 Wi-Fi 问题源自客户端。
- 合理的无线局域网设计可以降低问题出现的概率。
- 无线局域网总是众矢之的。

接下来，我们将深入探讨这些原则。

15.1.1　遵循故障排除最佳实践

提出问题并收集信息是故障排除最佳实践的基本原则。无论排除哪种计算机网络中存在的故障，都必须提出正确的问题以收集相关信息。进行故障排除时很容易分心，因此合理的提问有助于 IT 管理员将注意力集中于相关数据，以便找到问题的根本原因。例如，无线局域网安全问题往往导致 Wi-Fi 客户端无法连接，而合理的提问将指出解决问题的正确方向。下面列出了故障排除时需要询问的部分基本问题。

- 问题何时发生？问题发生在哪个时段？是否发生在特定的时段？通过查看接入点、无线局域网控制器以及相关服务器(如 RADIUS 服务器)的日志文件，很容易就能获取这些信息。根据最佳实践的要求，所有网络硬件设备必须正确配置网络时间协议(NTP)和时区设置。

- 问题出在何处？问题普遍存在还是仅出现在某个区域？问题出现在一个楼层还是整栋大楼？问题只影响一个接入点还是影响一组接入点？确定问题出在何处有助于进一步收集解决问题所需的信息。

- 有多少客户端受到影响？如果仅有一个客户端受到影响，那么可能只是简单的驱动程序问题或请求方配置不当；如果许多客户端都受到影响，显然更令人担忧。大多数连接问题与客户设备有关，或者影响一个客户端，或者影响多个客户端。

- 问题是否复现？处理只出现一次或几次的问题或许更困难，因为对于重复出现的问题而言，数据收集要容易得多。接入点或无线局域网控制器可能需要启用调试命令，以期在日志文件中再次捕获问题。

- 网络配置最近是否发生变化？无线局域网供应商支持团队一定会询问客户这个问题，而答案几乎总是否定的——尽管网络确实有所变化。根据最佳实践的要求，无论调整哪种网络配置，都要做好规划和调度。可以通过无线局域网基础设施安全审计日志查看管理员在特定时段内所做的调整。

提出各种问题后，就可以开始着手解决问题。遵循故障排除最佳实践包括以下内容：

- 确认问题。无线局域网似乎总是众矢之的，因此正确识别问题尤为重要。请确认问题确实存在——提出问题并收集信息有助于确认问题所在。
- 复现问题。如果可以在现场或通过远程方式复现问题，就能收集更多信息以协助诊断，否则可能需要继续提问。
- 找出并隔离原因。有针对性地提问并收集数据旨在隔离问题的根本原因。对 OSI 模型进行故障排除同样有助于确定问题的罪魁祸首，注意确认问题发生在接入层、分布层还是核心层。
- 解决问题。制订并实施解决问题的方案，包括调整网络配置、更新固件等。
- 测试以验证问题是否解决。务必使用多台设备在不同时段和不同区域进行测试，大量测试能确保问题确实得到解决。
- 记录问题和解决方案。根据故障排除最佳实践的要求，应将所有问题、诊断方法与解决方案记录在案。如果问题再次出现，查阅帮助台(help desk)数据库中的信息有助于及时解决问题。
- 提供反馈。出于同行方便(professional courtesy)的考虑，务必和首先报告问题的人员保持联系。

15.1.2　解决 OSI 模型存在的问题

进行无线局域网故障排除时，应该采用与以太网故障排除类似的诊断方案。通常采用自底向上的方法分析 OSI 模型，这种方法同样适用于无线网络。与以太网类似，无线局域网定义在 OSI 模型的物理层(第一层)和数据链路层(第二层)。因此，无线局域网管理员应首先确定第一层和第二层是否存在问题。如果这两层工作正常，说明问题与 Wi-Fi 无关，应将注意力转移到 OSI 模型的更上层。

与大多数网络技术一样，相当一部分问题通常出在物理层。简单的物理层问题(如接入点未上电或客户端无线接口驱动程序存在问题)往往导致无法连接或性能不佳。射频信号传播中断和射频干扰会影响无线局域网的性能和覆盖。Wi-Fi 覆盖、容量、性能不佳通常属于物理层问题，归因于糟糕的无线局域网设计。客户端驱动程序问题和请求方配置不当也是常见的物理层问题。

如果确定物理层一切正常，接下来应查看数据链路层是否存在问题。发现、身份验证、关联、漫游等基本的 802.11 通信均在数据链路层的 MAC 子层进行。如图 15.1 所示，无线局域网安全机制也定义在第二层。现代 802.11 无线接口采用计数器模式密码块链消息认证码协议(CCMP)为第三～七层信息提供数据隐私，而接入点和客户端采用的加密机制必须匹配。例如，如果接入点没有配置为向后兼容临时密钥完整性协议(TKIP)，仅支持 TKIP 加密的遗留客户端就无法连接到接入点。请记住，CCMP 加密仅适用于 802.11n HT 和 802.11ac VHT 数据速率。如果同时支持 TKIP 和 CCMP 加密的接入点对外发送服务集标识符(SSID)，由于仅支持 TKIP 加密的遗留客户端无法使用更高的数据速率，用户可能会抱怨客户端的速度很慢。解决这个问题的方法很简单：采用支持 CCMP 加密的客户端替换遗留客户端即可。

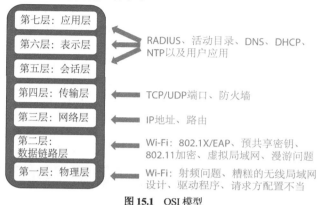

图 15.1　OSI 模型

从第 17 章"无线局域网安全体系结构"的讨论可知，动态加密密钥与身份验证之间存在共生关系。成对主密钥(PMK)为四次握手提供种子，四次握手过程将生成任意两个 802.11 无线接口使用的唯一动态加密密钥。PMK 属于预共享密钥(PSK)或 802.1X/EAP 身份验证的产物；因此，如果身份验证失败，就不会生成加密密钥。本章稍后将讨论如何处理两种 802.11 身份验证机制存在的问题。

如前所述，如果 OSI 模型的第一层和第二层一切正常，则问题与 Wi-Fi 无关，故障出在第三～七层，很可能是 TCP/IP 网络问题或应用问题。从图 15.1 可以看到，应该在第三层和第四层查找 TCP/IP 问题的原因，在第五～七层查找大多数应用问题的原因。

15.1.3　大多数 Wi-Fi 问题源自客户端

如前所述，应该从物理层入手进行无线局域网故障排除。此外，70%的问题与 Wi-Fi 客户端有关。如果客户端连接存在问题，请遵循无线局域网故障排除原则，禁用并重新启用 Wi-Fi 网络适配器。无线网卡驱动程序是 802.11 无线接口与客户设备操作系统之间的接口，很多因素都会导致 Wi-Fi 驱动程序无法与设备操作系统正常通信。只要禁用并重新启用无线网卡即可重置驱动程序。进行其他故障排除操作前，务必确保无线网卡能正常工作。此外，由于第一代无线接口驱动程序和固件往往漏洞频出，请确保客户端已升级到最新的驱动程序。大多数客户端请求方允许用户定义 802.11 配置文件或连接参数，因此重新设置客户端配置文件也是一种简单易行的方法。某些情况下，只要删除原有的配置文件并创建新的配置文件就能解决问题。

如前所述，请求方配置有误往往导致客户设备出现安全问题，比如 WPA2 个人版密码短语输入错误或 802.1X/EAP 数字证书出现问题。

【现实生活场景】

是否能通过某种主数据库查看 Wi-Fi 客户端的功能?

简单来说，IEEE 并未提供查看 802.11 客户设备及其功能的数据库，但读者可以通过 Wi-Fi 联盟维护的 Wi-Fi 认证产品搜索器(Wi-Fi CERTIFIED Product Finder)数据库[1]查找产品。大多数无线局域网基础设施供应商会向 Wi-Fi 联盟提交接入点以便认证，但也有不少 Wi-Fi 客户设备制造商的产品并未取得认证。如图 15.2 所示，Wi-Fi 专家 Mike Albano(CWNE #150)维护了一个免费的 Wi-Fi 客户端功能公开列表[2]，里面列出了目前常用的众多客户设备。用户还可以下载客户设备的 802.11 帧捕获，并提交新的客户设备信息。膝上型计算机或移动设备制造商通常会在规格表中列出无线接口的型号，但部分制造商可能不会提供详细的无线接口规格和功能。此外，也可以通过 FCC ID 判断设备使用的 802.11 无线接口。以美国为例，所有 802.11 无线接口必须经过美国联邦通信委员会(FCC)的认证。FCC 维护了一个可搜索的设备授权数据库[3]，在数据库搜索引擎中输入设备的 FCC ID，就能找到制造商提交给 FCC 的文档和图片。如果制造商网站没有提供 802.11 无线接口的相关信息，可以利用 FCC 数据库确定无线接口的型号和规格。

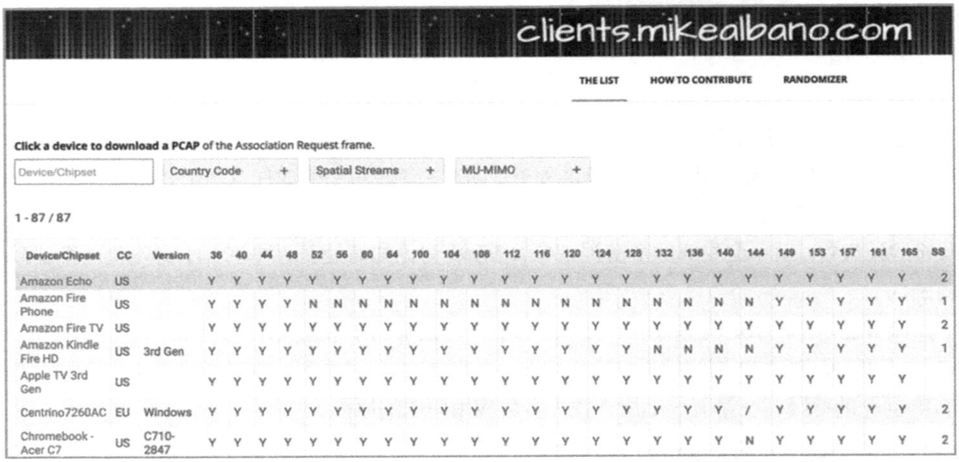

Device/Chipset	CC	Version	36	40	44	48	52	56	60	64	100	104	108	112	116	120	124	128	132	136	140	144	149	153	157	161	165	SS
Amazon Echo	US		Y	Y	Y	Y	Y	Y	Y	Y	Y	Y	Y	Y	Y	Y	Y	Y	Y	Y	Y	Y	Y	Y	Y	Y	Y	2
Amazon Fire Phone	US		Y	Y	Y	Y	N	N	N	N	N	N	N	N	N	N	N	N	N	N	N	N	Y	Y	Y	Y	Y	1
Amazon Fire TV	US		Y	Y	Y	Y	Y	Y	Y	Y	Y	Y	Y	Y	Y	Y	Y	Y	Y	Y	Y	Y	Y	Y	Y	Y	Y	2
Amazon Kindle Fire HD	US	3rd Gen	Y	Y	Y	Y	Y	Y	Y	Y	Y	Y	Y	Y	Y	Y	Y	Y	N	N	N	N	Y	Y	Y	Y	Y	1
Apple TV 3rd Gen	US		Y	Y	Y	Y	Y	Y	Y	Y	Y	Y	Y	Y	Y	Y	Y	Y	Y	Y	Y	Y	Y	Y	Y	Y	Y	
Centrino7260AC	EU	Windows	Y	Y	Y	Y	Y	Y	Y	Y	Y	Y	Y	Y	Y	Y	Y	Y	Y	Y	Y	/	Y	Y	Y	Y	Y	2
Chromebook - Acer C7	US	C710-2847	Y	Y	Y	Y	Y	Y	Y	Y	Y	Y	Y	Y	Y	Y	Y	Y	Y	Y	Y	N	Y	Y	Y	Y	Y	2

图 15.2 Wi-Fi 客户端数据库

15.1.4 合理的无线局域网设计可以降低问题出现的概率

就实践角度而言，第 13 章“无线局域网设计概念”和第 14 章“无线局域网现场勘测”是本书最重要的两章。这两章之所以重要，是因为相当一部分 Wi-Fi 问题归因于糟糕的无线局域网设计。只要正确实施容量规划、覆盖规划、频谱分析与验证勘测，就能解决大多数关乎性能的 Wi-Fi 问题。合理的无线局域网设计可以最大限度减少同信道干扰，而合理的无线局域网安全设计有助于提前堵住大多数安全漏洞。如果部署 802.1X/EAP 安全解决方案，那么最大的挑战之一是如何为智能手机、平板电脑等移动设备开通根 CA 证书。此外，为员工 Wi-Fi 设备、自带设备(BYOD)与来宾 Wi-Fi 接入制定周密的安全策略至关重要。提前规划并设计合理的无线局域网将减少日后

1 https://www.wi-fi.org/product-finder。
2 https://clients.mikealbano.com。
3 https://www.fcc.gov/oet/ea/fccid。

排除故障所花的时间。

15.1.5　无线局域网总是众矢之的

尽管我们竭尽所能，也遵循故障排除最佳实践，但仍然应该接受无线局域网总是受到指责这一事实。经验丰富的 Wi-Fi 管理员很清楚，无线局域网将不得不承担与自身无关的责任——这也是 OSI 模型故障排除之所以重要的另一个原因。如果物理层和数据链路层一切正常，就表明问题与 Wi-Fi 无关。但是，我们希望管理员能设身处地为连接到无线局域网的最终用户着想。802.11 技术定义在接入层，接入点充当现有网络基础设施的无线门户。连接到无线局域网的企业员工和来宾希望实现无缝的无线移动性，他们对 OSI 模型的第三～七层存在的问题知之甚少。Wi-Fi 最终用户不了解动态主机配置协议(DHCP)服务器的租约到期，也没有意识到互联网服务提供商遇到困难或广域网链路中断——他们只知道无法通过无线局域网访问 Facebook，因而将原因归咎于 Wi-Fi 网络。

15.2　第一层问题故障排除

请记住，大多数网络问题通常出现在物理层。第一层(物理层)问题往往归因于糟糕的无线局域网设计或射频干扰，本节将深入探讨这些问题。我们还将讨论与无线接口驱动程序、固件漏洞、以太网供电(PoE)有关的物理层问题。

15.2.1　无线局域网设计

如前所述，在部署开始前进行良好的无线局域网设计可以避免许多 Wi-Fi 问题。由于糟糕的设计，最有可能出现的两个第一层问题是覆盖空洞(coverage hole)和同信道干扰。没有实施现场勘测验证往往会导致无线局域网出现覆盖空洞。如果通过无线局域网传输数据，则覆盖至少要达到 −70 dBm；如果通过无线局域网传输语音，则覆盖至少要达到−65 dBm。请记住，接入点无线接口的接收灵敏度通常远高于客户设备，所以应从客户设备的角度测量并验证接收信号强度。由于客户端无线接口的接收信号强度指示(RSSI)千差万别，因此通常使用灵敏度最低的客户设备验证信号强度是否满足要求。如果接收信号低于预期，无线接口将切换到较低的数据速率，从而增加占用时长并降低性能。部署完成后，家具的移动甚至墙壁的变动经常会形成覆盖盲区。

糟糕的无线局域网覆盖往往是接入点放置不当和天线朝向错误的结果。请务必阅读 Wi-Fi 供应商提供的产品技术规格。一般来说，大多数配有低增益全向天线的室内接入点应安装在距离地面 3 米以内的天花板上。如果使用外接全向天线，确保天线垂直放置十分重要，避免出现天线水平放置的错误。安装有误的接入点比比皆是，比如将接入点安装在静压箱(plenum)内且天线朝上。Eddie Forero(CWNE #160)的博客[1]收集了许多安装错误的接入点图片。

同信道干扰是造成无谓的占用时长消耗的首要原因，遵循合理的无线局域网设计最佳实践能最大限度减少这种干扰。802.11 无线接口采用带冲突避免的载波监听多路访问(CSMA/CA)机制以避免冲突，在任何给定时间，同一信道上只能有一个无线接口传输数据。如果某无线接口在信噪比仅为 4 dB(或更高)时侦听到其他无线接口的物理层前同步码传输，则会推迟自己的传输。如果位于同一信道的大量接入点和客户端侦听到彼此的存在，将产生无谓的介质争用开销，从而导致

1　https://badfi.com/bad-fi。

同信道干扰。实际上，802.11 无线接口严格遵循 CSMA/CA 机制定义的框架，以"同信道协作"描述这种行为或许更贴切。一般来说，同信道干扰引起的介质争用开销是信道复用设计不当的结果。虽然 2.4 GHz 频段无法完全避免同信道干扰，但只要遵循 5 GHz 无线局域网设计最佳实践，就能最大限度减少(甚至消除)这种干扰造成的占用时长消耗。为此，建议采用合理的 5 GHz 信道复用模式并启用动态频率选择(DFS)信道。调低发射功率同样能减少同信道干扰。

15.2.2　发射功率

部署接入点时，另一个常见的物理层问题是配置接入点以最大功率传输数据。尽管大多数室内接入点的最大发射功率可达 100 毫瓦，但尽量避免将接入点配置为最大发射功率。增加发射功率固然可以扩大接入点的有效范围，不过在如今的无线局域网设计中，范围并非唯一需要考虑的因素，增加容量并减少占用时长消耗才是要务。如果将接入点配置为最大发射功率，将会造成覆盖范围过大，反而不能满足实际的容量需求。此外，以最大功率传输数据的接入点会导致信号溢出，进而增加同信道干扰的概率。总而言之，接入点以最大功率传输数据存在以下问题：

- 无法满足容量需求。
- 无谓的介质争用开销将增加同信道干扰与占用时长消耗。
- 提高隐藏节点问题发送的概率。
- 提高黏性客户端与漫游问题发生的概率。

考虑到这些问题，在室内无线局域网部署中，接入点的发射功率通常设置为最大发射功率的四分之一到三分之一；而在用户密度较高的环境中，接入点的发射功率可能需要低至 1 毫瓦。

15.2.3　射频干扰

对于物理层存在的 Wi-Fi 问题而言，非 802.11 发射机产生的射频干扰是最常见的外部原因。相较于 802.11 传输的信号检测(SD)阈值，非 802.11 传输的能量检测(ED)阈值要高得多。但是，各类射频干扰仍然会显著影响无线局域网的性能。干扰设备的功率可能超过能量检测阈值并阻止 802.11 无线接口传输数据，导致无线局域网瘫痪。如果其他射频源的功率较强，802.11 无线接口将在空闲信道评估(CCA)期间侦听到射频能量的存在，并完全推迟传输。此外，射频干扰往往会破坏 802.11 帧传输。如果 802.11 帧传输因射频干扰而损坏，将导致重传率过高，从而显著降低吞吐量。接下来，我们将介绍几种不同类型的射频干扰。

1. 窄带干扰

窄带射频信号占用的频率空间较小，不会引起整个频段(如 2.4 GHz ISM 频段)瘫痪。但窄带信号的振幅通常极高，必然会导致与窄带信号使用同一频率空间的通信中断。窄带信号既可能干扰一条信道，也可能干扰多条信道。

窄带射频干扰还会破坏帧传输并引发二层重传，消除窄带干扰的唯一途径是利用频谱分析仪定位干扰源并移走干扰设备。为此，请通过频谱分析仪确定受到干扰的信道，然后针对干扰窄带信号设计信道复用方案。图 15.3 显示了频谱分析仪在 2.4 GHz ISM 频段捕捉到的窄带干扰信号。可以看到，干扰信号位于信道 11 附近。

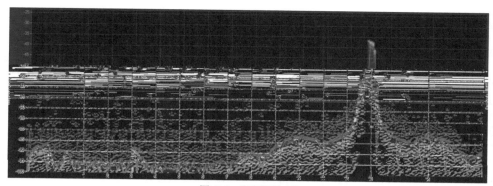

图15.3　窄带射频干扰

2. 宽带干扰

如果干扰信号能破坏整个频段的通信，则通常认为干扰源属于宽带干扰。宽带干扰将导致 2.4 GHz ISM 频段完全瘫痪。消除宽带干扰的唯一途径是利用频谱分析仪定位干扰源并移走干扰设备。图 15.4 显示了频谱分析仪在 2.4 GHz ISM 频段捕捉到的宽带干扰信号。可以看到，干扰信号的平均振幅为−70 dBm，远高于所有 802.11 无线接口定义的能量检测阈值。

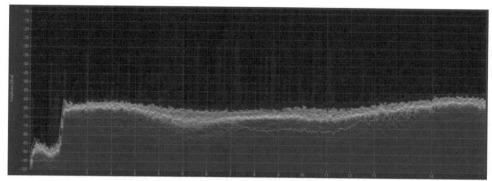

图15.4　宽带射频干扰

3. 全频段干扰

"全频段干扰"一词通常与跳频扩频(FHSS)通信有关，FHSS 通信往往会干扰到 2.4 GHz 频段的无线局域网通信。从之前的讨论可知，FHSS 在整个频段内持续跳变，利用一系列很小的副载波间歇性传输数据。例如，遗留的 802.11 FHSS 无线接口通过 2.4 GHz 频段收发数据，每一跳的宽度为 1 MHz。802.11b 无线接口通过固定的 22 MHz 信道传输数据，而 802.11g/n 无线接口通过固定的 20 MHz 信道传输数据。FHSS 设备在跳变和驻留期间将使用 802.11b/g/n 信道占用的频率空间进行通信。FHSS 设备通常不会导致拒绝服务，但遗留的 802.11 FHSS 设备产生的全频段干扰可能会破坏 802.11b/g/n 设备的帧传输。

　　无绳电话、微波炉、摄像机等许多设备都会引起射频干扰，导致无线局域网的性能下降。2.4 GHz ISM 频段极为拥挤，存在大量已知的干扰设备。虽然 5 GHz U-NII 频段同样不乏干扰设备，但相对于 2.4 GHz ISM 频段要少得多。频谱分析仪是定位射频干扰源的有力工具。幸运的是，大多数企业无线局域网部署在不那么拥挤且可以提供更多频率空间的 5 GHz 频段。然而，5 GHz 频段仍然存在射频干扰，因此也需要进行频谱分析监控。

　　蓝牙是无线个域网(WPAN)传输使用的短距离射频技术。蓝牙采用 FHSS，以每秒 1600 跳的速度在 2.4 GHz ISM 频段传输数据。事实证明早期的蓝牙设备会造成严重的全频段干扰，而较新的蓝牙设备利用自适应机制来避免干扰无线局域网。如果单个 2.4 GHz 接入点通过一条信道传输数据，那么采用自适应跳频(AFH)技术的蓝牙设备能完全避免干扰。但是，如果同一区域内有多个 2.4 GHz 接入点使用信道 1、6、11 传输数据，则必然会与蓝牙发射机相互干扰。增强型数字无绳电信(DECT)无绳电话也采用跳频传输。HomeRF 是一种已经销声匿迹的无线局域网技术，它同样使用 FHSS，因此 HomeRF 设备也可能引起全频段干扰。各类医用遥测设备也是潜在的干扰源。目前讨论的所有 FHSS 干扰设备均使用 2.4 GHz 频段传输数据，但 5 GHz 频段同样存在可能引起干扰的跳频发射机。

　　相较于使用固定信道的发射机，跳频发射机对数据的破坏程度通常较小。然而，如果有限空间内的跳频发射机数量过多，仍然会严重破坏 802.11 通信，特别是 Wi-Fi 语音(VoWiFi)传输。消除全频段干扰的唯一途径是利用频谱分析仪定位干扰源并移走干扰设备。图 15.5 显示了频谱分析仪在 2.4 GHz ISM 频段捕捉到的跳频传输。确定干扰源的位置后，最有效、最简单的办法是彻底消除干扰源。

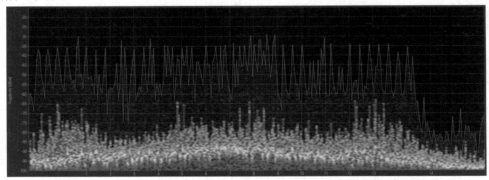

图 15.5　全频段射频干扰

15.2.4　驱动程序

　　如前所述，客户设备的第一代驱动程序经常存在连接和漫游方面的问题。请务必关注客户设备制造商的动态，确保升级到最新的驱动程序。

　　新款接入点与早期客户端的向后兼容性同样要纳入考虑。尽管 802.11 标准及其修正案定义了向后兼容性，但实际情况往往复杂得多。如果接入点发送的信标帧与其他管理帧包含新的 802.11 信息元素字段，则遗留客户端的驱动程序无法识别和处理。此外，遗留客户端通常无法连接到应用新技术的接入点。例如，不支持 802.11k、801.11r 或 802.11v 的客户端往往存在漫游和连接问题。如图 15.6 所示，启用 802.11r 的接入点发送的管理帧中包含移动域信息元素(MDIE)和快速基本服务集转换信息元素(FTIE)，这两种信息元素对于支持企业版语音(Voice-Enterprise)漫游的接入点来说必不可少。不支持 802.11r 的遗留客户端可能会忽略这两个字段，这不会影响通信的进行。但 802.11r 信息元素也可能破坏遗留客户端的驱动程序，导致客户端无法连接。

```
▼ Tag: Mobility Domain
    Tag Number: Mobility Domain (54)
    Tag length: 3
    Mobility Domain Identifier: 0x3b4d
    FT Capability and Policy: 0x00
    .... ...0 = Fast BSS Transition over DS: 0x0
    .... ..0. = Resource Request Protocol Capability: 0x0
▼ Tag: Fast BSS Transition
    Tag Number: Fast BSS Transition (55)
    Tag length: 101
    MIC Control: 0x0000
    0000 0000 .... .... = Element Count: 0
    MIC: 00000000000000000000000000000000
    ANonce: 0000000000000000000000000000000000000000000000000...
    SNonce: 0000000000000000000000000000000000000000000000000...
    Subelement ID: PMK-R1 key holder identifier (R1KH-ID) (1)
    Length: 6
    PMK-R1 key holder identifier (R1KH-ID): 08ea4476b568
    Subelement ID: PMK-R0 key holder identifier (R0KH-ID) (3)
    Length: 9
    PMK-R0 key holder identifier (R0KH-ID): AH-76b540
```

图 15.6　快速基本服务集转换信息元素(FTIE)

对大多数企业而言，只要在升级无线局域网基础设施前升级企业拥有的客户设备，相当一部分客户端连接和性能问题就能迎刃而解。遗憾的是，企业的做法往往相反：公司在新接入点的技术升级方面投入巨资，却仍然部署遗留的客户设备。

15.2.5　以太网供电

从第 12 章 "以太网供电" 的讨论可知，规划合理的 PoE 功率预算十分重要。客户经常致电无线局域网供应商，抱怨所有接入点突然开始随机重启。许多情况下，接入点随机重启的根本原因在于交换机的功率预算不足。如果接入点无法获得所需的电量，往往会重新启动并再次尝试获取电量。建议监控一台或多台交换机的功率预算，以确保满足所有设备的用电需要。一般来说，可以利用交换机的命令行或图形用户界面查看当前的功率预算信息，或通过集中式网络管理系统(NMS)监控功率预算。

规划合理的功率预算有助于在设计阶段避免接入点随机重启，但不要忘记，IP 语音(VoIP)桌面电话同样使用 PoE。如果连接到交换机端口的 PoE 设备过多，则可能超出功率预算。对接入点以及所有 PoE 设备而言，合理的功率预算和监控至关重要。网络中的 4×4:4 接入点越多，功率预算问题越严重，因为 802.3af 修正案定义的最大输出功率(15.4 瓦)无法满足用电需要。随着无线局域网部署转向下一代 802.11ax 接入点，改用 802.3at(PoE+)技术已是大势所趋。

如果不知何故无法远程访问接入点，查看交换机的 PoE 或许有助于故障排除。例如，某种处理器开销可能导致接入点无法运行，且无法通过网络管理系统监控或经由 SSH 访问接入点。这种情况下，强制重启接入点或许能使通信恢复正常。对于无响应的接入点，最常用的办法是重新启动为其供电的接入层交换机的 PSE 端口。启用并禁用供电将强制重启可能遭到锁定的接入点。

15.2.6　固件漏洞

如前所述，早期的客户端固件和驱动程序往往无法连接到较新的接入点。另外，接入点的固件在更新后同样可能出现意想不到的无线局域网连接问题以及更常见的性能问题。与所有网络设备一样，当 Wi-Fi 供应商发布新特性和新功能时，用户通常需要升级接入点的操作系统。在发布新的接入点代码之前，供应商会实施回归测试(regression testing)，验证能否仍然以相同的方式运行先前开发的特性和功能。但即便实施回归测试，当企业环境中部署了新的固件后，也可能出现新的性能错误。

在大规模部署开始前，建议首先升级中转区(staging area)内的接入点以便测试。另一种策略是利用活动客户端更新一栋建筑物中的接入点，并观察是否会出现新问题。确定固件处于稳定状态后，就可以着手全面升级企业的所有接入点。大型企业通常制定有明确的变更管理流程，以规范包括固件更新在内的所有网络变更操作。如果条件允许，企业无线局域网在增加新的客户端之前也应进行适当的测试。

进行故障排除时，有必要与无线局域网供应商的支持团队取得联系，而支持团队很可能要求用户提供技术数据日志和数据包捕获。此外，相当一部分供应商可能提供早期的"黄金版"固件。这种固件已在企业环境中经过全面的现场测试，质量通常无可挑剔。请注意，早期的接入点或无线局域网控制器固件不一定具备用户所需的新功能。更新接入点固件的另一个优点在于，新版本可能已修复之前发现的错误。

如果在更新接入点后出现了新的错误，无线局域网供应商的支持团队可能建议用户将访问点代码回滚到之前的版本，直到问题解决为止。无论更新哪种接入点、无线局域网控制器或网络设备，请务必阅读版本发布说明，以验证新增的特性、修复的错误与已知的问题。

15.3 第二层问题故障排除

在数据链路层的 MAC 子层，802.11 无线接口之间通过交换 802.11 帧相互通信。因此，接下来需要查看 OSI 模型的第二层(数据链路层)是否存在问题。本节将讨论引发二层重传的众多原因以及它们对无线网络造成的严重影响。进行无线局域网故障排除时，监控二层重传指标至关重要。

15.3.1 二层重传

导致无线局域网性能下降的罪魁祸首是发生在 MAC 子层的二层重传。如图 15.7 所示，所有802.11 单播帧必须经过确认。每个帧的尾部是循环冗余校验(CRC)。接收端无线接口收到单播帧后，利用循环冗余校验确认数据净荷是否完整。如果循环冗余校验通过，表明帧在传输过程中完好无缺。接下来，接收端无线接口向发送端无线接口返回二层确认帧，确认帧充当交付验证方法。

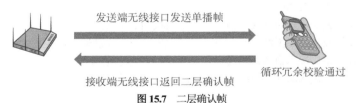

图 15.7 二层确认帧

如果传输过程中发生冲突或单播帧损坏，则循环冗余校验失败，接收端无线接口不会向发送端无线接口返回确认帧。如图 15.8 所示，如果发送端无线接口没有收到确认帧，则无法确认单播帧是否发送成功，必须重传该帧。此外，块确认帧用于确认聚合帧；如果聚合帧中的某个帧受损，发送端无线接口同样将重传该帧。无论重传哪种帧，都会产生额外的 MAC 子层开销，导致半双工介质的占用时长消耗增加。

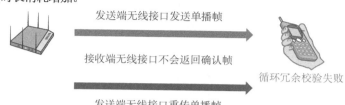

发送端无线接口发送单播帧

接收端无线接口不会返回确认帧

循环冗余校验失败

发送端无线接口重传单播帧

图 15.8　二层重传

对无线局域网而言，二层重传过多会造成两方面的不利影响。首先，二层重传将增加占用时长消耗，从而降低吞吐量。虽然影响吞吐量的因素不止一个，但二层重传过多通常是导致吞吐量下降的首要原因。

其次，如果发射机必须在第二层重传应用数据，那么应用流量的交付会出现延迟或不一致。VoIP 等应用依赖于 IP 包及时且一致地交付。对时敏应用(如语音和视频)而言，二层重传过多通常会引起延迟(latency)和抖动(jitter)。在讨论 VoIP 时，人们常常对这两个概念感到困惑。

延迟　延迟是数据包从源设备传输到目标设备所需的时间。理想情况下，VoIP 包的延迟不应超过 50 毫秒。如果二层重传导致 VoIP 包的交付出现延迟，则可能引起回显问题(echo problem)。

抖动　抖动是延迟的另一种形式，用于度量每个数据包的延迟与平均值的差异。如果所有数据包以完全相同的速度通过网络传输，则抖动为零，而延迟(抖动)过大往往归因于二层重传。抖动会导致音频通信时断时续，而持续的重传将缩短 VoWiFi 手机的电池使用时间。客户设备利用抖动缓冲器来补偿不断变化的时延，但抖动缓冲器通常仅在时延变化小于 100 毫秒时才有效；如果二层重传率过高，则抖动缓冲器无能为力。对 VoWiFi 通信而言，应尽量确保抖动变化小于 5 毫秒。

通过无线局域网传输的大部分数据应用可以承受高达 10% 的二层重传率，性能不会明显下降，但 VoIP 等时敏应用要求上层 IP 包的丢包率不能超过 2%。有鉴于此，通过无线局域网传输语音时，必须将二层重传率限制在 5% 以内，以确保 VoIP 包能及时、一致地交付。然而，在拥挤的 2.4 GHz 频段保持 5% 的二层重传率几无可能，因此 VoWiFi 通信一般仅使用 5 GHz 频段。

那么，如何测量二层重传率呢？802.11 协议分析仪既能跟踪整个无线局域网，也能跟踪每个接入点和客户端的二层重传统计数据。另一种常见的方法是利用无线局域网控制器或网络管理服务器管理整个 Wi-Fi 网络的接入点，以便集中监控二层重传统计数据(如图 15.9 所示)。接入点无线接口负责收集重传统计数据，因此发送(Tx)统计数据表示接入点的重传信息(下行)，而接收(Rx)统计数据表示客户端的重传信息(上行)。请注意，即便是原始的射频环境也无法完全避免二层重传。数据无线局域网的二层重传率应控制在 10% 以内，而语音无线局域网的二层重传率应控制在 5% 以内。如果二层重传率超过 20%，则必然影响性能。

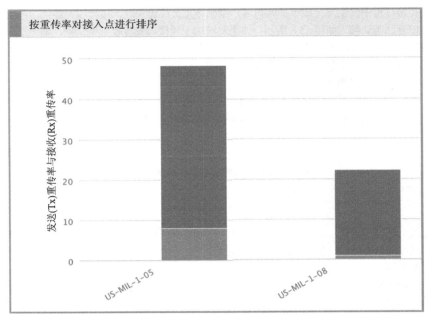

图 15.9　二层重传统计数据

　　二层重传是多种因素共同作用的结果。虽然多径、射频干扰与低信噪比属于物理层问题，但也会导致二层重传。隐藏节点、功率设置失配、邻信道干扰等问题通常归因于无线局域网设计不当，它们同样会引发二层重传。

15.3.2　射频干扰

　　非 802.11 发射机产生的射频干扰是引发二层重传的首要原因。如果数据帧由于射频干扰而损坏，将导致频繁的二层重传，从而显著降低吞吐量。如果二层重传间歇性过高或在一天的不同时段过高，首要原因可能是某种干扰设备(如微波炉)。我们可以利用 802.11 频谱分析仪的射频签名文件确定射频干扰源的位置。为避免二层重传，请使用频谱分析仪定位并移走干扰设备。

15.3.3　低信噪比

　　信噪比过低是引发二层重传的另一个最常见原因。信噪比的重要性毋庸置疑，如果背景噪声过于接近接收信号或接收信号电平过低，则可能破坏数据，进而增加二层重传率。如图 15.10 所示，信噪比是接收信号与背景噪声(本底噪声)之间的分贝差值，它其实并非比值。例如，如果 802.11 无线接口收到的信号功率为–70 dBm，且测得的本底噪声为–95 dBm，则接收信号与背景噪声之间的差值为 25 dB，即信噪比等于 25 dB。

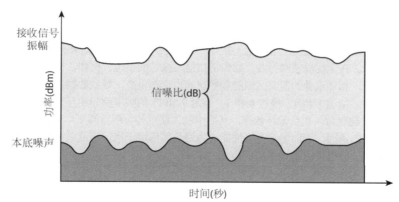

图 15.10　信噪比

　　信噪比过低会破坏数据传输。如果本底噪声的振幅与接收信号的振幅过于接近，将破坏数据并引发二层重传。信噪比高于 25 dB 表明信号质量较好，信噪比低于 10 dB 表明信号质量较差。为确保帧传输成功，许多供应商建议数据无线局域网的信噪比至少达到 20 dB，语音无线局域网的信噪比至少达到 25 dB。如果信噪比低于 20 dB，接入点和客户端的无线接口将切换到低阶调制编码方案(MCS)并改用较低的数据速率，从而增加占用时长消耗，导致网络性能下降。如果信噪比低于 10 dB，则数据损坏和性能下降的概率将显著增加，导致二层重传率增加。

　　从第 13 章的讨论可知，设计数据无线局域网时，一般建议接收信号至少达到−70 dBm。这种信号功率通常远高于本底噪声，从而能确保较高的信噪比；而在设计语音无线局域网时，建议接收信号至少达到−65 dBm。如图 15.11 所示，本底噪声为−95 dBm，某客户端从接入点接收到的信号功率为−70 dBm，因而信噪比为 25 dB，数据完好无损；另一个客户端接收到的信号功率为−88 dBm，因而信噪比仅有 7 dB。由于接收信号过于接近本底噪声，过低的信噪比将导致数据损坏并引发二层重传。

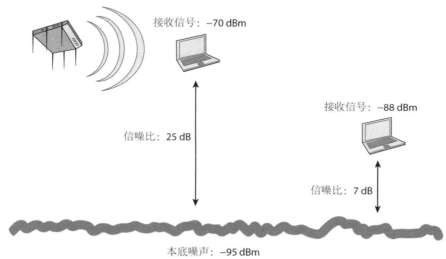

图 15.11　高信噪比与低信噪比

15.3.4　邻信道干扰

大多数 Wi-Fi 供应商使用"邻信道干扰"一词描述因信道复用设计不当导致频率空间重叠而引起的性能下降。在无线局域网行业，邻信道指前后编号的信道。例如，信道3与信道2相邻。如图 15.12 所示，相互重叠的覆盖区域的频率空间也存在重叠，导致数据损坏并引发二层重传。在 2.4 GHz 频段，信道 1 和 4、信道 4 和 7、信道 7 和 11 的频率空间相互重叠。邻信道干扰不仅会导致 802.11 传输延迟，也会破坏数据，从而引发二层重传。糟糕的 2.4 GHz 无线局域网规划往往是邻信道干扰的诱因，进而影响网络性能。为避免邻信道干扰，请遵循标准的无线局域网设计实践，即 2.4 GHz 信道复用模式采用信道 1、6、11。

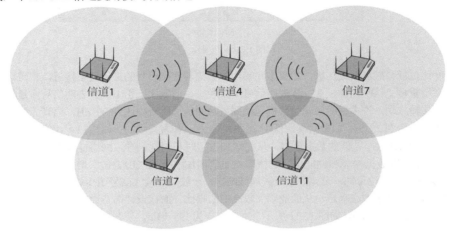

图 15.12　邻信道干扰

15.3.5　隐藏节点

第 8 章 "802.11 介质访问" 讨论了物理载波侦听和空闲信道评估。空闲信道评估在物理层侦听 802.11 射频传输，介质必须处于空闲状态，设备才能传输数据。然而，物理载波侦听的问题在于设备之间可能无法侦听到彼此的存在。请记住，射频介质是半双工介质，在任何给定时间，只有一个无线接口可以传输数据。那么，当某个准备传输数据的客户端执行空闲信道评估却没有侦听到另一个正在传输数据的客户端时，会发生什么情况呢？第一个客户端由于在空闲信道评估期间没有检测到射频能量，它将开始自行传输。这会导致两个客户端同时传输数据，从而发生冲突。由于帧损坏，发射机必须重传该帧。

如果只有接入点能侦听到某客户端的传输，而基本服务集中的其他客户端无法侦听到该客户端的传输，则会出现隐藏节点(hidden node)问题。客户端之间无法侦听到彼此的存在，所以会同时传输数据。虽然接入点能检测到所有客户端的信号，但由于两个客户端以相同的频率同时进行传输，因此会发生冲突。

图 15.13 显示了某接入点的覆盖区域。一堵厚的砌块墙将一个客户端与其他客户端隔开了，所有客户端已关联到接入点。虽然所有客户端都能侦听到接入点，但墙体一侧的客户端无法检测到墙体另一侧孤立客户端的射频传输。其他客户端无法侦听到的客户端就是隐藏节点。每当隐藏节点传输数据时，其他客户端也会传输数据，从而发生冲突。由于其他客户端在空闲信道评估期间无法检测到隐藏节点的存在，因此隐藏节点与这些客户端的冲突始终存在。持续的冲突会引发频繁的二层重传，最终导致吞吐量下降。由于隐藏节点的影响，重传率可能达到 15%～20% 甚至更高，而重传无疑会影响吞吐量和延迟。

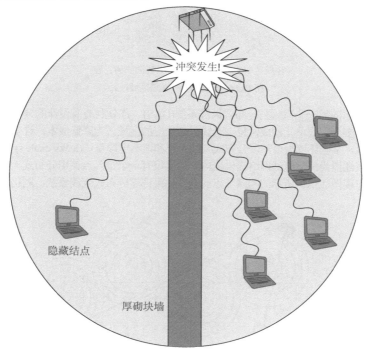

图 15.13 隐藏节点：障碍物

糟糕的无线局域网设计、障碍物(如新修建的墙壁或新安装的书架)、用户在障碍物后走动等许多因素都可能产生隐藏节点问题。如果携带移动设备(智能手机和其他 Wi-Fi 设备)的用户进入安静的角落或其他客户端无法检测到手机射频信号的区域，则这些设备往往会成为隐藏节点。使用无线键盘和鼠标的用户经常将设备置于金属办公桌的下方，导致这些设备的无线接口成为无法检测到的隐藏节点。

如图 15.14 所示，当两个客户端位于射频覆盖区域的两端且无法侦听到彼此的存在时，也会出现隐藏节点问题。之所以如此，是因为接入点无线接口的发射功率过高，导致有效覆盖区域的范围过大。

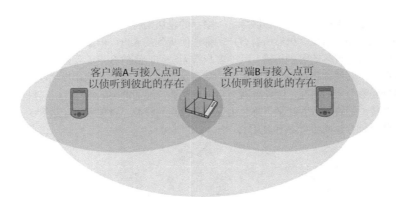

客户端A与客户端B无法侦听到彼此的存在

图15.14 隐藏节点:覆盖区域过大

　　隐藏节点问题的另一个原因是分布式天线系统(DAS)。部分制造商设计的分布式天线系统大致由长轴电缆与多个天线单元构成,每副天线覆盖相应的区域。为降低成本,许多企业选择购买分布式天线系统。某些环境需要部署分布式天线系统和泄漏电缆系统(leaky cable system),因为这些专用解决方案还能为蜂窝电话网络提供覆盖。如果仅有一个接入点使用分布式天线系统,则几乎不可能避免出现图15.15所示的隐藏节点问题。如果部署分布式天线系统,则仍然需要多个接入点。

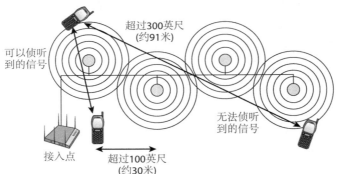

图15.15 隐藏节点:分布式天线系统

　　那么应该如何解决隐藏节点问题呢?如果最终用户抱怨吞吐量下降,表明可能存在隐藏节点。协议分析仪是确定隐藏节点的有力工具。如果协议分析仪发现某客户端MAC地址的重传率高于其他客户端,则该客户端很可能是隐藏节点。部分协议分析仪甚至还能根据重传阈值发出隐藏节点告警信息。

　　此外,也可以利用请求发送/允许发送(RTS/CTS)机制诊断隐藏节点问题。如果客户设备可以配置RTS/CTS,请将疑似隐藏节点的RTS/CTS阈值调低至500字节左右。根据使用的流量类型,可能需要调整该阈值。例如,假设仓储环境中部署有终端仿真应用且存在隐藏节点问题,则应将RTS/CTS阈值调至更低(如50字节)。请使用协议分析仪确定合适的阈值大小。从第9章"802.11 MAC体系结构"的讨论可知,客户端能利用RTS/CTS保留介质。启动了RTS/CTS交换的隐藏节点如图15.16所示。

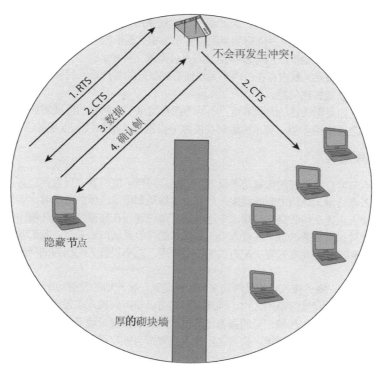

图15.16　隐藏节点与 RTS/CTS

位于障碍物另一侧的客户端可能无法侦听到隐藏节点发送的 RTS 帧，但可以侦听到接入点发送的 CTS 帧。侦听到 CTS 帧时，客户端将根据隐藏节点发送数据帧并接收确认帧所需的时间重置网络分配向量(NAV)计时器。隐藏节点通过执行 RTS/CTS 来保留介质并迫使其他所有客户端停止传输，从而减少冲突和重传的次数。

隐藏节点会导致冲突和重传，进而导致吞吐量下降。一般来说，RTS/CTS 也会降低吞吐量。然而，当疑似隐藏节点执行 RTS/CTS 时，由于冲突和重传减少，吞吐量可能反而会增加。换言之，如果疑似隐藏节点执行 RTS/CTS 时发现吞吐量增加，则可以确定隐藏节点存在。

许多遗留的 Wi-Fi 客户设备具备调整 RTS/CTS 阈值的能力，但目前的大多数客户设备无法手动配置 RTS/CTS。有鉴于此，通常应避免选择 RTS/CTS 作为客户端的诊断工具。请注意，由于隐藏节点问题屡见不鲜，因此 802.11 无线接口可能会自动使用 RTS/CTS 来缓解隐藏节点问题。相较于客户端无线接口，接入点无线接口更有可能自动使用 RTS/CTS。

另外，用户总是可以手动调整接入点的 RTS/CTS 阈值，这种情况在点对多点桥接中很常见。在点对多点桥接中，非根桥之间可能相距数千米，难以侦听到彼此的存在。为避免隐藏节点网桥之间因无法侦听到彼此而发生冲突，应该在非根桥上执行 RTS/CTS。

可以通过以下方法解决隐藏节点问题：

使用 RTS/CTS。通过协议分析仪或 RTS/CTS 来诊断隐藏节点问题，RTS/CTS 还能用于自动或手动处理隐藏节点问题。

增加所有客户端的功率。大多数客户端的传输功率输出是固定的，但如果功率输出可调，则可以通过增大传输功率来扩大客户端的传输范围，进而提高客户端之间侦听到彼此的概率。另外，增大客户端功率也会增加同信道干扰，因此通常不建议采用这种方法解决隐藏节点问题。

移走障碍物。如果能确定某种障碍物是阻碍客户端相互通信的元凶，则移走障碍物就能解决问题。虽然我们无法拆除墙壁，但可以移走金属办公桌或文件柜。

移动隐藏节点。如果区域内存在一两个无法侦听到彼此的客户端，只需要将它们移到其他客户端的传输范围内就能解决问题。

增加接入点。如果无法移动隐藏节点，不妨考虑在隐藏节点所在的区域增加另一个接入点以提供覆盖。换言之，如果希望一劳永逸地解决隐藏节点问题，增加接入点是最佳方案。

15.3.6　功率失配

如果接入点与客户端之间的传输功率设置不匹配，同样可能引发二层重传。客户端的发射功率电平低于接入点将增大通信中断的概率。当客户端移动到覆盖区域的外缘时，客户端可以侦听到接入点，但接入点无法侦听到客户端。幸运的是，这种问题在高密度室内环境中很少发生。近年来，接入点硬件已有显著改进。在接入点无线接口的接收灵敏度提高后，我们基本解决了室内环境中与客户端和接入点功率设置失配有关的许多问题。功率设置失配引起的问题更多发生在室外环境中。

如图 15.17 所示，室外接入点的发射功率为 100 毫瓦，客户端的发射功率为 20 毫瓦。由于接收信号在客户端的接收灵敏度范围之内，因此客户端可以侦听到接入点发送的单播帧；而当客户端向接入点返回确认帧时，传输信号的振幅已降至接入点的接收灵敏度阈值以下。由于无法侦听到确认帧，接入点必须重传单播帧。换言之，接入点将所有客户端的传输信号视为噪声，从而引发二层重传。

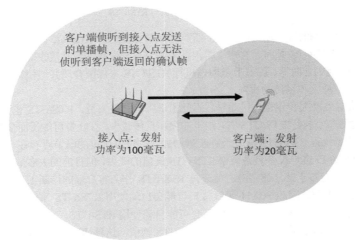

图 15.17　接入点与客户端功率失配

为扩大传输范围，用户往往将接入点配置为最大功率，导致接入点/客户端功率失配问题频繁出现。请注意，增大接入点功率绝非扩大传输范围的良策。如果希望扩大客户端的接收范围，最佳方案是提高接入点的天线增益。大多数人对天线互易性(antenna reciprocity)这个简单概念知之甚少——天线可以像放大发射信号一样放大接收信号。换言之，接入点的高增益天线不仅能放大接入点的发射信号并扩大客户端侦听到的信号范围，也能放大从远端客户端接收到的信号。

为确定是否存在接入点/客户端功率失配问题，可以利用协议分析仪进行监听。如果在接入点附近监听时发现客户端的帧传输损坏，而在客户端附近监听时没有发现帧传输损坏，则说明存在接入点/客户端功率失配问题。

那么如何避免接入点/客户端功率失配引发的二层重传呢？最佳解决方案是确保所有客户端和接入点的发射功率匹配。不过，接入点的接收灵敏度目前已大为提高，基本解决了与客户端和接入点功率设置失配有关的许多问题。基于此，配置接入点以最大功率传输数据通常并非良策，因为这种操作可能导致功率失配以及本章前面讨论的许多其他问题。

本节重点讨论功率设置失配，这是接入点发射功率过高导致的结果。实际上，功率失配的更大问题往往是客户端的发射功率高于室内环境中部署的接入点。为满足高密度设计的需要，许多室内接入点的发射功率可能不会超过 10 毫瓦，而大多数客户端(如智能手机和平板电脑)的发射功率被设置为固定的 15 或 20 毫瓦。如图 15.18 所示，客户端的功率经常高于接入点且处于移动状态，因此会出现同信道干扰。如前所述，同信道干扰会产生介质争用开销，从而消耗宝贵的占用时长。请注意，客户端是导致同信道干扰的首要原因。由于客户端的移动性，同信道干扰并非静态，而是时刻处于变化之中。

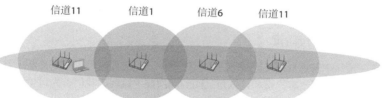

图 15.18　客户端引起的同信道干扰

启用 802.11k 的接入点可以通知关联客户端使用发射功率控制(TPC)功能来动态调整发射振幅，以便接入点和客户端的功率匹配。如图 15.19 所示，支持 TPC 的客户端将调整功率设置以匹配接入点的发射功率。接入点启用 TPC 后，由客户端引起的同信道干扰将显著减少。但需要注意的是，遗留的客户端不支持 TPC；如果接入点启用 TPC，部分遗留的客户端可能无法连接到接入点。

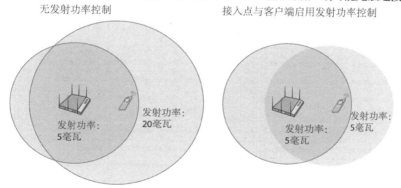

图 15.19　发射功率控制

15.3.7　多径

从第 3 章"射频基础知识"的讨论可知，多径会引起符号间干扰，从而破坏数据。主信号与反射信号之间的时间差称为时延扩展(delay spread)。时延扩展会影响接收机解调射频信号的信息，导致数据损坏，从而引发二层重传。

对遗留的 802.11a/b/g 设备而言，多径堪称梦魇。使用定向天线往往可以减少反射次数，天线分集也能用于补偿多径的不利影响。多径是一种射频现象，早期的 802.11a/b/g 技术曾深受其害。而大多数无线局域网部署现已采用 802.11n 或 802.11ac 技术，多径如今可为我所用。对于利用多输入多输出(MIMO)天线和最大比合并(MRC)信号处理技术的 802.11n/ac 传输来说，多径反而具有积极效果。

15.4 安全问题故障排除

802.11 安全定义了二层身份验证和二层动态加密。因此，无线局域网安全问题往往出现在 OSI 模型的第二层，导致客户端连接失败。为解决客户端身份验证和关联存在的问题，许多 Wi-Fi 供应商都提供了二层诊断工具，用户可以通过接入点、无线局域网控制器或云端网络管理系统直接使用这些工具。更高级的诊断工具甚至还能在发现问题后提出修复建议供用户参考。排除预共享密钥身份验证或 802.1X/EAP 身份验证存在的故障时，从无线局域网硬件与 RADIUS 服务器提供的安全和 AAA 日志文件入手同样是不错的选择。此外，请求方也可能提供日志文件。

15.4.1 预共享密钥身份验证

相对而言，预共享密钥身份验证故障排除比较简单。无线局域网供应商诊断工具、日志文件或协议分析仪都能用于观察客户端和接入点之间的四次握手过程。我们首先讨论成功的预共享密钥身份验证。如图 15.20 所示，客户端与接入点建立关联，预共享密钥身份验证开始。因为二者的预共享密钥凭证匹配，所以创建成对主密钥(PMK)作为四次握手的种子。四次握手过程用于创建动态生成的单播加密密钥，该密钥对于接入点无线接口和客户端无线接口是唯一的。

图 15.20 成功的预共享密钥身份验证

从图 15.20 可以看到，四次握手成功完成，且接入点和客户端均已安装单播成对瞬时密钥(PTK)，这标志着二层协商结束。接下来，客户端将通过 DHCP 获取 IP 地址。如果客户端未能获得 IP 地址，说明网络层存在问题，与 Wi-Fi 无关。

最终用户可能会致电无线局域网管理员，抱怨无法使用 WPA2 个人版建立连接。大多数问题出在第一层；根据无线局域网故障排除原则，应首先启用并禁用 Wi-Fi 网卡，以确保网卡驱动程序与操作系统能正常通信。如果仍然无法连接，表明问题出在第二层。接下来，可以利用诊断工具、日志文件或协议分析仪来观察客户端失败的预共享密钥身份验证。

如图 15.21 所示，客户端与接入点建立关联，预共享密钥身份验证开始。但是，四次握手并未成功，因为四次握手中仅有两个帧交换完成。

2016-02-22 16:06:48	05-A-764fc0	08EA44764FD4	Info	WPA-PSK auth is starting (at if=wifi0.1)
2016-02-22 16:06:48	05-A-764fc0	08EA44764FD4	Info	Sending 1/4 msg of 4-Way Handshake (at if=wifi0.1)
2016-02-22 16:06:49	05-A-764fc0	08EA44764FD4	Info	Received 2/4 msg of 4-Way Handshake (at if=wifi0.1)
2016-02-22 16:06:52	05-A-764fc0	08EA44764FD4	Info	Sending 1/4 msg of 4-Way Handshake (at if=wifi0.1)
2016-02-22 16:06:52	05-A-764fc0	08EA44764FD4	Info	Received 2/4 msg of 4-Way Handshake (at if=wifi0.1)

图 15.21　失败的预共享密钥身份验证

问题几乎总是归结于预共享密钥凭证不匹配。如果预共享密钥凭证不匹配，则无法成功创建 PMK 种子，导致四次握手完全失败，最终也不会创建 PTK。身份验证与创建动态加密密钥之间存在共生关系。如果预共享密钥身份验证失败，用于创建动态加密密钥的四次握手也会失败。由于二层过程并未完成，因此客户端不会尝试获取 IP 地址。

配置预共享密钥安全时，用户或管理员输入长度为 8～63 个字符且区分大小写的密码短语，然后使用该密码短语创建预共享密钥。接入点的密码短语可能配置错误，但问题通常并不复杂，只是因为最终用户输入的密码短语不正确。管理员应礼貌地请求最终用户缓慢而仔细地重新输入密码短语，这是避免乌龙指错误(fat-fingering error)的有效方法。

加密机制不匹配同样可能导致预共享密钥身份验证失败。例如，仅支持 WPA2(CCMP-AES) 的接入点与仅支持 WPA(TKIP)的遗留客户端之间无法完成四次握手。

15.4.2　802.1X/EAP 身份验证

预共享密钥身份验证(又称 WPA2 个人版)的故障排除相对简单，因为身份验证机制并不复杂；而 802.1X/EAP 身份验证(又称 WPA2 企业版)的故障排除并非易事，因为存在多个故障点。

802.1X 是基于端口的访问控制标准，它定义了验证设备身份并授权设备访问网络资源的必要机制。802.1X 授权框架包括 3 种主要组件，每种组件都有各自特定的用途。三者相互协作，确保只有通过身份验证的用户和设备才有权访问网络资源。这 3 种 802.1X 组件分别被称为请求方 (supplicant)、认证方(authenticator)与认证服务器(authentication server)。请求方是请求访问网络资源的用户或设备；认证服务器负责验证请求方的身份凭证；认证方是请求方与认证服务器之间的网关设备，负责控制或管理请求方对网络的访问。

1. 802.1X/EAP 故障排除区域

如图 15.22 所示，客户端是请求方，接入点是认证方，而外部 RADIUS 服务器充当认证服务器，负责维护内部的用户数据库或查询轻量目录访问协议(LDAP)数据库等外部数据库。

802.1X/EAP 框架采用可扩展认证协议(EAP)验证二层用户，而请求方通过某种 EAP 与二层认证服务器交换信息。RADIUS 服务器在第二层验证客户端的身份后，客户端才能进行第三～七层通信。

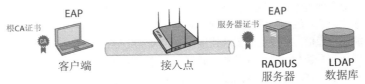

图 15.22 802.1X/EAP 框架

请求方(客户端)通过身份验证前，无法进行任何上层通信；请求方通过身份验证后，经由认证方(接入点)的虚拟"受控端口"进行上层通信。二层 EAP 身份验证流量封装在认证方与认证服务器之间的 RADIUS 数据包中。此外，认证方和认证服务器使用共享密钥(shared secret)验证彼此的身份。

EAP-PEAP、EAP-TTLS 等安全性更高的 EAP 采用隧道式身份验证(tunneled authentication)，以保护请求方凭证免受离线字典攻击。EAP 过程利用证书创建经过加密的 SSL/TLS 隧道，并确保身份验证信息交换的安全。如图 15.23 所示，RADIUS 服务器持有服务器证书，而请求方必须安装根 CA 证书。如前所述，802.1X/EAP 过程中可能存在大量故障点。从图 15.23 可以看到，802.1X/EAP 框架中实际上有两个故障排除区域(troubleshooting zone)，问题通常出在这两个区域内：区域 1 由认证方、认证服务器、LDAP 数据库之间的后端通信构成，而区域 2 仅包括请求访问网络资源的请求方。

图 15.23 802.1X/EAP 故障排除区域

2. 区域 1：后端通信问题

任何情况下，进行故障排除时都应从区域 1 入手。如果接入点与 RADIUS 服务器之间无法通信，整个身份验证过程将失败；如果 RADIUS 服务器与 LDAP 数据库之间无法通信，整个身份验证过程同样会失败。

图 15.24 显示了请求方(客户端)尝试与 RADIUS 服务器通信的截图。认证方(接入点)将请求转发给 RADIUS 服务器，但 RADIUS 服务器并未响应。由于身份验证失败，接入点随后向客户端发送解除身份验证帧。由此可以判断区域 1 的后端通信存在问题。

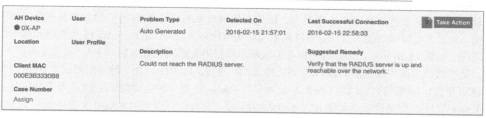

图 15.24　RADIUS 服务器没有响应

如图 15.25 所示，如果 RADIUS 服务器没有响应请求方，则区域 1 存在以下 4 个潜在的故障点：

- 共享密钥不匹配。
- 接入点或 RADIUS 服务器的 IP 设置有误。
- 身份验证端口不匹配。
- LDAP 查询失败。

前 3 个潜在的故障点位于认证方与 RADIUS 服务器之间，二者使用共享密钥验证彼此的身份。在 RADIUS 通信中，一个常见的问题是 RADIUS 服务器或接入点(充当认证方)的共享密钥输入有误。

另一个常见的问题是 IP 网络设置有误。接入点必须了解 RADIUS 服务器的正确 IP 地址，RADIUS 服务器也必须了解接入点或无线局域网控制器的 IP 地址。IP 设置有误将导致通信不畅。

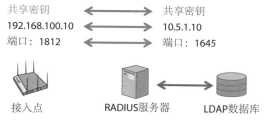

图 15.25　故障点：802.1X/EAP 故障排除区域 1

认证方与认证服务器之间的第 3 个故障点是身份验证端口不匹配。UDP 端口 1812 和 1813 是 RADIUS 身份验证和记账时使用的行业标准端口，而某些早期的 RADIUS 服务器可能使用 UDP 端口 1645 和 1646。这两个端口目前几乎已销声匿迹，但偶尔会出现在早期的 RADIUS 服务器中。身份验证端口不匹配并非常见错误，但确实会导致身份验证过程失败。

最后一个故障点是 RADIUS 服务器与 LDAP 数据库之间的 LDAP 查询失败。LDAP 查询使用标准的域账户(domain account)，但如果账户已过期或 RADIUS 服务器与 LDAP 数据库之间存在网络问题，则整个 802.1X/EAP 身份验证过程将失败。

【现实生活场景】

哪些工具可以用于 802.1X/EAP 后端通信的故障排除？

我们可以使用多种手段处理故障排除区域 1 存在的问题。部分 Wi-Fi 供应商提供内置的诊断工具，以测试认证方与 RADIUS 服务器之间的通信以及 RADIUS 服务器与 LDAP 数据库之间的通信。认证方既可以是接入点，也可以是无线局域网控制器，具体取决于 Wi-Fi 供应商和网络体系结构。如图 15.26 所示，可以利用标准的域账户和密码来测试 RADIUS 和 EAP 通信是否正常。

某些软件实用程序也能测试后端 802.1X/EAP 通信。EAPTest 是一种商用测试工具(适用于 macOS 平台)，详细信息请浏览 Ermitacode 网站[1]；Radlogin 是一种免费测试工具(适用于 Windows 和 Linux 平台)，详细信息请浏览 IEA Software 网站[2]。此外，可以利用 RADIUS 服务器和 LDAP 数据库日志处理 802.1X/EAP 后端通信存在的问题。在最糟糕的情况下，可能需要使用有线协议分析仪来捕获 RADIUS 数据包。在 802.1X/EAP 身份验证期间，可以利用 RADIUS 属性实现基于角色的访问控制，许多测试工具也能处理与 RADIUS 属性有关的问题。

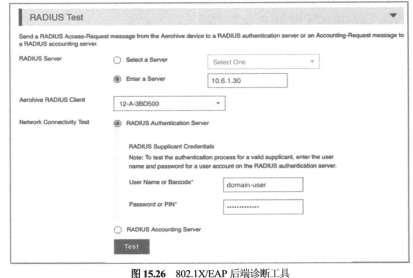

图 15.26　802.1X/EAP 后端诊断工具

3. 区域 2：请求方证书问题

如果认证方与 RADIUS 服务器之间的所有后端通信都能正常进行，则 802.1X/EAP 故障排除的重点应转向区域 2。简而言之，罪魁祸首是客户端(请求方)，而涉及请求方的问题通常与证书或客户端凭证有关。从图 15.27 可以看到，RADIUS 服务器对请求方的请求做出响应，表明后端通信一切正常。此外，SSL 隧道协商成功启动并完成。换言之，图 15.27 所示的 802.1X/EAP 诊断日志不仅确认证书交换成功，也确认已成功创建用于保护请求方凭证的 SSL/TLS 隧道。

1　http://www.ermitacode.com/eaptest.html。

2　http://www.iea-software.com/products/radiusnt/radlogin4.cfm。

```
Send message to RADIUS Server(10.5.1.129): code=1 (Access-Request) identifier
RADIUS: SSL negotiation, send server certificate and other message
Receive message from RADIUS Server: code=11 (Access-Challenge) identifier=109
Sending EAP Packet to STA: code=1 (EAP-Request) identifier=3 length=280
received EAP packet (code=2 id=3 len=208) from STA: EAP Reponse-PEAP (25)
Send message to RADIUS Server(10.5.1.129): code=1 (Access-Request) identifier
RADIUS: SSL connection established
Receive message from RADIUS Server: code=11 (Access-Challenge) identifier=110
Sending EAP Packet to STA: code=1 (EAP-Request) identifier=4 length=65
received EAP packet (code=2 id=4 len=6) from STA: EAP Reponse-PEAP (25)
Send message to RADIUS Server(10.5.1.129): code=1 (Access-Request) identifier
RADIUS: SSL negotiation is finished successfully
Receive message from RADIUS Server: code=11 (Access-Challenge) identifier=111
Sending EAP Packet to STA: code=1 (EAP-Request) identifier=5 length=43
received EAP packet (code=2 id=5 len=59) from STA: EAP Reponse-PEAP (25)
Send message to RADIUS Server(10.5.1.129): code=1 (Access-Request) identifier
RADIUS: PEAP inner tunneled conversion
```

图 15.27　创建 SSL/TLS 隧道成功

从图 15.28 所示的 802.1X/EAP 诊断日志可以看到，SSL 协商开始，且 RADIUS 服务器向请求方发送服务器证书。然而，在此过程中未能创建 SSL/TLS 隧道，导致 EAP 身份验证失败。如果无法创建 SSL/TLS 隧道，则表明存在某种证书问题。

```
Rx assoc req (rssi 95dB)
IEEE802.1X auth is starting (at if=wifi0.1)
Sending EAP Packet to STA: code=1 (EAP-Request) identifier=0 length=5
received EAP packet (code=2 id=0 len=16) from STA: EAP Reponse-Identity (1),
Send message to RADIUS Server(10.5.1.129): code=1 (Access-Request) identifie
RADIUS: EAP start with type peap
Receive message from RADIUS Server: code=11 (Access-Challenge) identifier=50
Sending EAP Packet to STA: code=1 (EAP-Request) identifier=1 length=6
received EAP packet (code=2 id=1 len=105) from STA: EAP Reponse-PEAP (25)
Send message to RADIUS Server(10.5.1.129): code=1 (Access-Request) identifier
RADIUS: SSL negotiation, receive client hello message
Receive message from RADIUS Server: code=11 (Access-Challenge) identifier=51
Sending EAP Packet to STA: code=1 (EAP-Request) identifier=2 length=1024
received EAP packet (code=2 id=2 len=6) from STA: EAP Reponse-PEAP (25)
Send message to RADIUS Server(10.5.1.129): code=1 (Access-Request) identifier
RADIUS: SSL negotiation, send server certificate and other message
Receive message from RADIUS Server: code=11 (Access-Challenge) identifier=52
Sending EAP Packet to STA: code=1 (EAP-Request) identifier=3 length=280
received EAP packet (code=2 id=3 len=6) from STA: EAP Reponse-PEAP (25)
Send message to RADIUS Server(10.5.1.129): code=1 (Access-Request) identifier
RADIUS: SSL negotiation, send server certificate and other message
Receive message from RADIUS Server: code=11 (Access-Challenge) identifier=53
Sending EAP Packet to STA: code=1 (EAP-Request) identifier=4 length=6
Sta(at if=wifi0.1) is de-authenticated because of notification of driver
```

图 15.28　创建 SSL/TLS 隧道失败

如图 15.29 所示，一般可以通过编辑请求方客户端软件设置并暂时禁用服务器证书验证来测试证书是否存在问题。如果在暂时禁用服务器证书验证后 EAP 身份验证取得成功，则表明 802.1X/EAP 框架的证书实现确实存在问题。请注意，这种简单的方法只能验证是否存在某种证书问题，但无法解决问题。

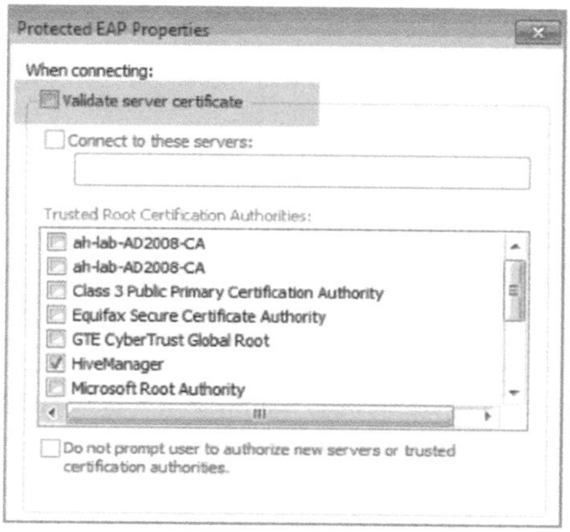

图 15.29　服务器证书验证

许多证书问题都可能导致创建 SSL/TLS 隧道失败。最常见的证书问题如下:

● 根 CA 证书安装在错误的证书库中。
● 根 CA 证书选择有误。
● 服务器证书已过期。
● 根 CA 证书已过期。
● 请求方时钟设置有误。

根 CA 证书需要安装在请求方设备的受信任的根证书颁发机构(Trusted Root Certificate Authority)库中。一个常见的错误是将根 CA 证书安装在默认位置(通常为 Windows 计算机的个人库),另一个常见的错误是采用请求方配置选择错误的根 CA 证书。不正确的根 CA 证书无法验证服务器证书,因此也无法创建 SSL/TLS 隧道。此外,数字证书存在时间限制,服务器证书过期的情况并不鲜见。根 CA 证书同样可能过期(尽管不太常见)。请求方的时钟设置可能有误,早于所有证书的签发。

考虑到所有涉及证书的潜在故障点,处理区域 2 存在的 802.1X/EAP 证书问题并非易事。此外,还可能存在其他与证书有关的问题,比如 RADIUS 服务器的服务器证书配置不正确。换言之,证书问题的根源在区域 1。那么,如果部署 EAP-TLS 作为身份验证协议呢?除服务器证书外,EAP-TLS 还要求开通客户端证书。管理员不仅要关注已部署的私有 PKI 基础设施,也要处理请求方可能存在的客户端证书问题。

如果请求方和认证服务器选择的二层 EAP 不匹配,同样可能导致隧道式身份验证失败。例如,请求方使用 PEAPv0(EAP-MSCHAPv2),而 RADIUS 服务器使用 PEAPv1(EAP-GTC),此时身份验证不会成功。虽然仍有可能创建 SSL/TLS 隧道,但内部隧道身份验证协议不匹配将导致身份验证失败。同一个 802.1X/EAP 框架可以同时运行多种类型的 EAP,不过请求方和认证服务器使用的 EAP 必须匹配。

4. 区域 2:请求方凭证问题

如果确定证书不存在问题,并且能成功创建 SSL/TLS 隧道,则说明请求方凭证有误。从图 15.30 显示的 802.1X/EAP 诊断日志可以看到,RADIUS 服务器拒绝接受请求方提供的身份凭证。潜在的请求方凭证问题如下:

● 密码或用户账户过期。
● 密码错误。
● LDAP 数据库中不存在用户账户。
● 机器账户尚未加入 Windows 域。

如果 LDAP 数据库中不存在用户凭证或凭证已过期,将导致身份验证失败。除非请求方配置了单点登录功能,否则最终用户输错用户密码的可能性始终存在。

另一个常见的问题是错误地将请求方配置为用于机器身份验证,而 RADIUS 服务器配置为仅用于用户身份验证。如图 15.31 所示,从诊断日志中可以清楚地看到发送给 RADIUS 服务器的机器凭证(而非用户凭证)。但是,RADIUS 服务器并未创建机器账户用于验证,因此不会接受机器凭证,它需要的是用户账户。Windows 的机器凭证基于系统标识符(SID)值。通过活动目录加入 Windows 域后,SID 值存储在 Windows 域计算机中。

```
RADIUS: SSL connection established
Receive message from RADIUS Server: code=11 (Access-Challenge) identifier=127 length=123
Sending EAP Packet to STA: code=1 (EAP-Request) identifier=5 length=65
received EAP packet (code=2 id=5 len=6) from STA: EAP Reponse-PEAP (25)
Send message to RADIUS Server(10.5.1.129): code=1 (Access-Request) identifier=128 length=176
RADIUS: SSL negotiation is finished successfully
Receive message from RADIUS Server: code=11 (Access-Challenge) identifier=128 length=101
Sending EAP Packet to STA: code=1 (EAP-Request) identifier=6 length=43
received EAP packet (code=2 id=6 len=43) from STA: EAP Reponse-PEAP (25)
Send message to RADIUS Server(10.5.1.129): code=1 (Access-Request) identifier=129 length=213
RADIUS: PEAP inner tunneled conversion
Receive message from RADIUS Server: code=11 (Access-Challenge) identifier=129 length=117
Sending EAP Packet to STA: code=1 (EAP-Request) identifier=7 length=59
received EAP packet (code=2 id=7 len=91) from STA: EAP Reponse-PEAP (25)
Send message to RADIUS Server(10.5.1.129): code=1 (Access-Request) identifier=130 length=261
RADIUS: PEAP Tunneled authentication was rejected. NTLM auth failed for Logon failure (0xc00
Receive message from RADIUS Server: code=11 (Access-Challenge) identifier=130 length=101
Sending EAP Packet to STA: code=1 (EAP-Request) identifier=8 length=43
received EAP packet (code=2 id=8 len=43) from STA: EAP Reponse-PEAP (25)
Send message to RADIUS Server(10.5.1.129): code=1 (Access-Request) identifier=131 length=213
RADIUS: rejected user 'user' through the NAS at 10.5.1.129
Authentication is terminated (at if=wifi0.1) because it is rejected by RADIUS server
Sending EAP Packet to STA: code=4 (EAP-Failure) identifier=8 length=4
Sta(at if=wifi0.1) is de-authenticated because of notification of driver
```

图 15.30　RADIUS 服务器不接受请求方凭证

```
Send message to RADIUS Server(10.5.1.129): code=1 (Access-Request) identifier=151 length=203,
RADIUS: SSL negotiation, send server certificate and other message
Receive message from RADIUS Server: code=11 (Access-Challenge) identifier=151 length=340
Sending EAP Packet to STA: code=1 (EAP-Request) identifier=4 length=280
received EAP packet (code=2 id=4 len=17) from STA: EAP Reponse-PEAP (25)
Send message to RADIUS Server(10.5.1.129): code=1 (Access-Request) identifier=152 length=214,
RADIUS:
RADIUS: rejected user 'host/TRAINING-PC16.ah-lab.local' through the NAS at 10.5.1.129.
Authentication is terminated (at if=wifi0.1) because it is rejected by RADIUS server
Sending EAP Packet to STA: code=4 (EAP-Failure) identifier=4 length=4
Sta(at if=wifi0.1) is de-authenticated because of notification of driver
```

图 15.31　机器身份验证失败

　　当然，无线局域网管理员总能验证 802.1X/EAP 客户端会话能否正常进行。请记住，PMK 是 EAP 过程的产物，用于为四次握手交换提供种子。从图 15.32 可以看到，EAP 过程结束后，RADIUS 服务器向接入点发送 PMK。四次握手过程随后开始动态生成 PTK，接入点与客户端之间的 PTK 是唯一的。四次握手完成后，将安装加密密钥并建立二层连接。此时，认证方(接入点)的虚拟受控端口向请求方(客户端)开放，请求方可以进行上层通信并获取 IP 地址。如果请求方未能获得 IP 地址，说明网络层存在问题，与 Wi-Fi 无关。

```
Receive message from RADIUS Server: code=2 (Access-Accept) identifier=125
PMK is got from RADIUS server (at if=wifi0.1)
Sending EAP Packet to STA: code=3 (EAP-Success) identifier=5 length=4
Sending 1/4 msg of 4-Way Handshake (at if=wifi0.1)
Received 2/4 msg of 4-Way Handshake (at if=wifi0.1)
Sending 3/4 msg of 4-Way Handshake (at if=wifi0.1)
Received 4/4 msg of 4-Way Handshake (at if=wifi0.1)
PTK is set (at if=wifi0.1)
Authentication is successfully finished (at if=wifi0.1)
IP 10.5.10.100 assigned for station
station sent out DHCP REQUEST message
DHCP server sent out DHCP ACKNOWLEDGE message to station
DHCP session completed for station
```

图 15.32　四次握手

　　进行 802.1X/EAP 故障排除时，需要考虑的最后一个因素是 RADIUS 属性。在 802.1X/EAP 身份验证期间，可以利用 RADIUS 属性实现基于角色的访问控制，为不同的用户组或设备组提供自定义设置。例如，即便不同的用户组连接到相同的 802.1X/EAP SSID，也可以将它们分配给不同的虚拟局域网(VLAN)。如果认证方与 RADIUS 服务器的 RADIUS 属性配置不匹配，则用户可能被分配默认的角色或 VLAN。在最糟糕的情况下，RADIUS 属性不匹配可能导致身份验证失败。

15.4.3　虚拟专用网

　　无线局域网已很少采用虚拟专用网(VPN)作为主要的安全机制。某些情况下，VPN 可以为点对点 802.11 无线桥接链路提供数据隐私。一般来说，仍然利用 IPsec VPN 通过广域网链路连接企业办公室和远程分支机构。无线局域网不一定采用站点间 VPN 链路作为安全解决方案，但远程无线用户流量可能需要穿越 VPN 隧道。大多数 Wi-Fi 供应商的解决方案也将 VPN 功能纳入其中。例如，无线局域网可能提供 VPN 解决方案，其中用户流量从远程接入点或无线局域网分支路由器经由隧道传输到 VPN 服务器网关。此外，使用第三方 VPN 覆盖方案也很常见。

创建 IPsec 隧道包括两个阶段，它们被称为互联网密钥交换(IKE)阶段。

IKE 阶段 1　两个 VPN 端点验证彼此的身份并协商密钥材料，生成 IKE 阶段 2 使用的加密隧道，用于协商封装安全载荷安全关联(ESP SA)。

IKE 阶段 2　两个 VPN 端点使用 IKE 阶段 1 创建的安全隧道来协商 ESP SA。ESP SA 用于加密端点之间传输的用户流量。

幸运的是，所有高级 VPN 解决方案都提供诊断工具和命令，以处理两个 IKE 阶段存在的问题。IKE 阶段 1 失败往往会引发以下问题：

- 证书问题。
- 网络设置错误。
- 外部防火墙的 NAT 设置错误。

图 15.33 显示了 VPN 服务器执行一条 IKE 阶段 1 诊断命令的结果。IPsec 在 IKE 阶段 1 使用数字证书。如果证书问题导致 IKE 阶段 1 失败，请确保 VPN 端点安装了正确的证书。此外，不要忘记证书存在时间限制，IKE 阶段 1 出现的证书问题往往只是因为两个 VPN 端点的时钟设置有误。

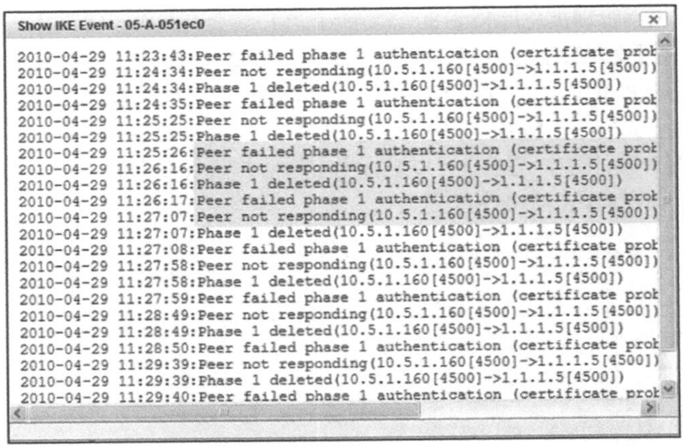

图 15.33　IKE 阶段 1：证书问题

图 15.34 显示了 VPN 服务器执行另一条 IKE 阶段 1 诊断命令的结果，从中可以看到因配置不正确而导致的网络错误。IPsec 不仅使用私有 IP 地址进行隧道通信，也使用外部 IP 地址(通常是防火墙的公有 IP 地址)。如果出现图 15.34 所示的 IKE 阶段 1 错误，请检查 VPN 设备的内部和外部 IP 设置。如果使用了防火墙，那么还要检查网络地址转换(NAT)设置是否正确。所需的防火墙端口被阻塞是导致 VPN 失败的另一个常见原因。有鉴于此，无论 VPN 隧道经过哪些防火墙，请确保所有防火墙均启用以下两个端口。

- UDP 500：IPsec。
- UDP 4500：NAT 穿透(NAT transversal)。

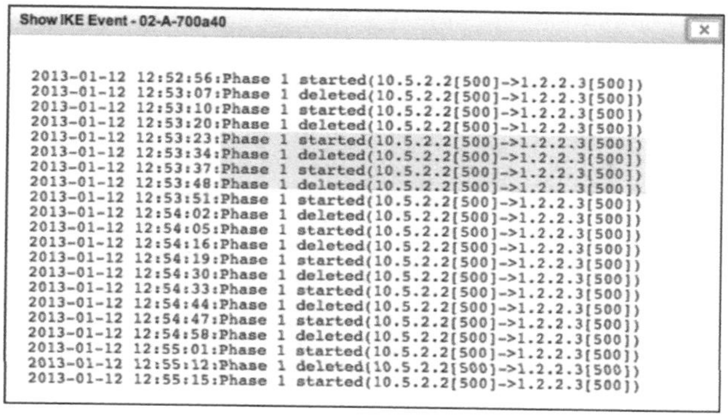

```
Show IKE Event - 02-A-700a40                                          ×
2013-01-12 12:52:56:Phase 1 started(10.5.2.2[500]->1.2.2.3[500])
2013-01-12 12:53:07:Phase 1 deleted(10.5.2.2[500]->1.2.2.3[500])
2013-01-12 12:53:10:Phase 1 started(10.5.2.2[500]->1.2.2.3[500])
2013-01-12 12:53:20:Phase 1 started(10.5.2.2[500]->1.2.2.3[500])
2013-01-12 12:53:23:Phase 1 deleted(10.5.2.2[500]->1.2.2.3[500])
2013-01-12 12:53:34:Phase 1 started(10.5.2.2[500]->1.2.2.3[500])
2013-01-12 12:53:37:Phase 1 started(10.5.2.2[500]->1.2.2.3[500])
2013-01-12 12:53:48:Phase 1 deleted(10.5.2.2[500]->1.2.2.3[500])
2013-01-12 12:53:51:Phase 1 started(10.5.2.2[500]->1.2.2.3[500])
2013-01-12 12:54:02:Phase 1 deleted(10.5.2.2[500]->1.2.2.3[500])
2013-01-12 12:54:05:Phase 1 started(10.5.2.2[500]->1.2.2.3[500])
2013-01-12 12:54:16:Phase 1 deleted(10.5.2.2[500]->1.2.2.3[500])
2013-01-12 12:54:19:Phase 1 started(10.5.2.2[500]->1.2.2.3[500])
2013-01-12 12:54:30:Phase 1 deleted(10.5.2.2[500]->1.2.2.3[500])
2013-01-12 12:54:33:Phase 1 started(10.5.2.2[500]->1.2.2.3[500])
2013-01-12 12:54:44:Phase 1 deleted(10.5.2.2[500]->1.2.2.3[500])
2013-01-12 12:54:47:Phase 1 started(10.5.2.2[500]->1.2.2.3[500])
2013-01-12 12:54:58:Phase 1 deleted(10.5.2.2[500]->1.2.2.3[500])
2013-01-12 12:55:01:Phase 1 started(10.5.2.2[500]->1.2.2.3[500])
2013-01-12 12:55:12:Phase 1 deleted(10.5.2.2[500]->1.2.2.3[500])
2013-01-12 12:55:15:Phase 1 started(10.5.2.2[500]->1.2.2.3[500])
```

图 **15.34**　IKE 阶段 1：网络问题

如果确定 IKE 阶段 1 成功但 VPN 仍然失败，则说明故障根源可能在 IKE 阶段 2。IKE 阶段 2 失败往往会引发以下问题：

- 客户端与服务器之间的转换集(加密算法、散列算法等)不匹配。
- 混用不同的供应商解决方案。

图 15.35 显示了 VPN 服务器执行一条 IKE 阶段 2 诊断命令的结果，可以看到命令执行成功。如果诊断命令显示存在问题，请务必检查 VPN 端点的加密设置、散列设置以及其他 IPsec 设置(如隧道模式)。此外，请验证隧道两端的所有设置是否匹配。如果 VPN 隧道两端使用的 VPN 供应商不同，则 IKE 阶段 2 往往会出现问题。虽然 IPsec 是一种基于标准的协议栈，但混用不同 VPN 供应商的解决方案经常会埋下隐患。

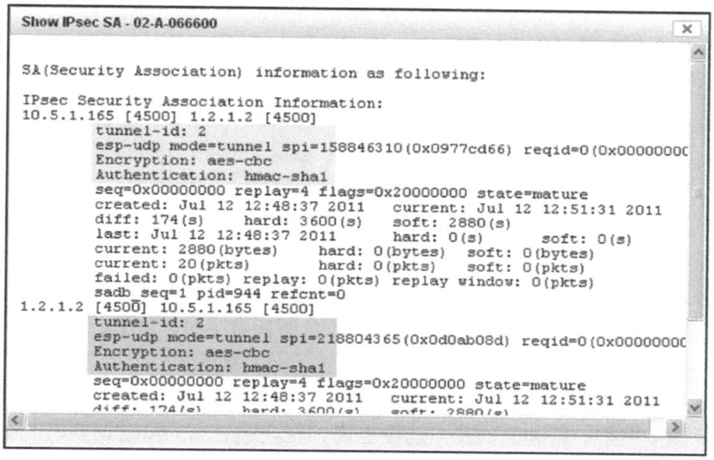

```
Show IPsec SA - 02-A-066600                                          ×
SA(Security Association) information as following:

IPsec Security Association Information:
10.5.1.165 [4500] 1.2.1.2 [4500]
        tunnel-id: 2
        esp-udp mode=tunnel spi=158846310(0x0977cd66) reqid=0(0x00000000
        Encryption: aes-cbc
        Authentication: hmac-sha1
        seq=0x00000000 replay=4 flags=0x20000000 state=mature
        created: Jul 12 12:48:37 2011    current: Jul 12 12:51:31 2011
        diff: 174(s)    hard: 3600(s)    soft: 2880(s)
        last: Jul 12 12:48:37 2011    hard: 0(s)    soft: 0(s)
        current: 2880(bytes)    hard: 0(bytes)    soft: 0(bytes)
        current: 20(pkts)    hard: 0(pkts)    soft: 0(pkts)
        failed: 0(pkts) replay: 0(pkts) replay window: 0(pkts)
        sadb seq=1 pid=944 refcnt=0
1.2.1.2 [4500] 10.5.1.165 [4500]
        tunnel-id: 2
        esp-udp mode=tunnel spi=218804365(0x0d0ab08d) reqid=0(0x00000000
        Encryption: aes-cbc
        Authentication: hmac-sha1
        seq=0x00000000 replay=4 flags=0x20000000 state=mature
        created: Jul 12 12:48:37 2011    current: Jul 12 12:51:31 2011
        diff: 174(s)    hard: 3600(s)    soft: 2880(s)
```

图 **15.35**　IKE 阶段 2：成功

15.5　漫游问题故障排除

移动性是无线网络接入的关键所在。802.11 客户端需要在接入点之间实现无缝漫游，不会出现服务中断或性能下降的情况。如图 15.36 所示，近年来，随着智能手机、平板电脑等手持个人 Wi-Fi 设备的普及，无缝漫游的重要性日益增加。

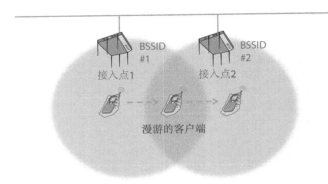

图 15.36　无缝漫游

　　大多数常见的漫游问题归因于客户端驱动程序未升级或糟糕的无线局域网设计。以最常见的黏性客户端问题(sticky client problem)为例，客户端保持与原接入点的连接，却不会漫游到距离更近、信号更强的新接入点。之所以如此，往往是因为接入点的发射功率过高。一般来说，合理的无线局域网设计和现场勘测有助于解决黏性客户端问题以及其他涉及漫游性能的问题。从第 13 章的讨论可知，良好的漫游设计需要从客户端的角度定义合理的主/次覆盖。

　　客户端是否在接入点之间漫游，决定权在客户端而非接入点。某些供应商可能允许接入点或无线局域网控制器参与漫游决策，但最终仍由客户端发送重关联请求帧来启动漫游过程。客户端无线接口采用的漫游机制取决于客户端制造商确定的漫游阈值。漫游阈值通常由 RSSI 和信噪比定义，但其他参数(如误码率和重传率)也可能在漫游决策中扮演重要角色。支持 802.11k 的客户端可能通过兼容 802.11k 的接入点获取邻居报告，邻居报告提供的额外信息有助于客户端更好地做出漫游决策。在如今复杂的射频环境中，对 802.11k 的支持变得越来越重要。

　　如果没有足够的次级覆盖，漫游就会出问题。次级覆盖过小将产生漫游盲区，甚至导致客户端暂时失去连接。次级覆盖过大同样不可取。例如，即便位于新接入点的正下方，客户端也不会连接到新接入点，而是继续保持与原接入点的连接。这就是前面讨论的黏性接入点问题。另外，如果客户端侦听到的接入点过多，也可能导致客户端在使用不同信道的两个或多个接入点之间不断切换。此外，如果客户端在同一信道上侦听到数十个信号极强的接入点，那么由于介质争用开销的缘故，性能将有所下降。

　　漫游性能与无线局域网安全同样密切相关。客户端每次漫游时，接入点与客户端之间必须通过四次握手生成新的加密密钥。部署 802.1X/EAP 安全解决方案时，VoWiFi 以及其他时敏应用的漫游尤其麻烦。由于认证服务器与请求方之间需要多次进行帧交换，因此客户端的 802.1X/EAP 身份验证可能耗时 700 毫秒甚至更久；而 VoWiFi 要求漫游切换时间不能超过 150 毫秒，以免通话质量下降甚至连接中断。正因为如此，速度更快、安全性更高的漫游切换机制必不可少。

　　无线局域网环境的变化也可能导致漫游出现问题。射频干扰不仅会影响无线网络的性能，而且会引发漫游问题。大楼中新增的建造物将影响无线局域网的覆盖范围，并形成新的通信盲区。如果部署无线局域网的物理环境发生变化，那么覆盖设计可能也要相应调整。建议定期实施验证勘测，以监控覆盖模式的变化。

　　由于重关联漫游交换在多条信道上进行，因此利用协议分析仪处理漫游问题并非易事。以在信道 1、6、11 之间漫游的客户端为例，进行故障排除时需要为 3 台独立的膝上型计算机安装 3 部独立的协议分析仪，以生成 3 个独立的帧捕获。如图 15.37 所示，可以配置 3 个 USB 无线接口来同时捕获通过信道 1、6、11 传输的帧。3 个无线接口与 USB 集线器相连，而 3 条信道的帧捕获保存到单个带有时间戳的捕获文件。某些协议分析仪供应商的产品提供针对 2.4 GHz 和 5 GHz 频段的多信道监控功能。用户也可以从接入点的日志文件收集客户端的漫游历史，并通过 802.11 网络管理解决方案显示出来。

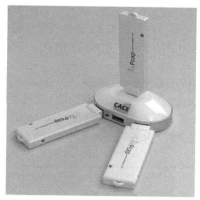

图 15.37　多信道监控与分析

即便部署 802.1X/EAP 安全解决方案，OKC 和 FT 的漫游切换时间也仅有 50 毫秒左右。二者均使用密钥分发机制，因此客户端不必在每次漫游时都重新验证身份。OKC 如今已成昨日黄花，建议采用 802.11r 标准和企业版语音认证项目定义的 FT 作为快速漫游机制。目前，许多无线局域网企业供应商的接入点都已通过 Wi-Fi 联盟的企业版语音认证。请注意，2012 年前制造的客户设备都不支持 802.11k、802.11r 或 802.11v 操作。虽然大多数遗留的客户设备不支持企业版语音，但支持企业版语音的客户设备正在日益增多。

大多数与安全有关的漫游问题归因于相当一部分客户端根本不支持 OKC 或 FT。如果计划使用语音应用并部署 802.1X/EAP 安全解决方案，那么客户端支持至关重要。为此，必须进行合理的规划和验证，以便客户端和接入点支持 OKC 或 FT。图 15.38 显示了诊断命令的结果，注意观察接入点的漫游缓存。这类诊断命令可以验证接入点之间是否转发 PMK。在本例中，接入点启用 FT，且客户端支持 FT。我们可以验证请求方和认证方的 MAC 地址以及 PMKR0 和 PMKR0 持有方。请记住，如果请求方不支持 FT，那么每次漫游时都要重新验证身份。

```
sh roam cache mac  b844:d90e:006e
Supplicant Address(SPA): b844:d90e:006e
PMK(1st 2 bytes): n/a
PMKID(1st 2 bytes): n/a
Session time: -1 seconds
(-1 means infinite)
PMK Time left in cache: 3581
PMK age: 1040
Roaming cache update interval: 60
last time logout: 1221 seconds ago
Authenticator Address: MAC=9c5d:122e:c124, IP=172.16.255.93
Roaming entry is got from neighbor AP: 9c5d:122e:c124
PMK is got(Flag): Locally
Station IP address: 172.16.255.90 (from DHCP)
Station hostname: Davids-iPhone
Station default gateway: 172.16.255.1
Station DNS server: 172.16.255.1
Station DHCP lease time: 85349 seconds
Hops: 0
WPA key mgmt: 64
R0KH: 9c5d:1263:6464
R0KH IP: 172.16.255.94
PMKR0 Name: 19D2*
```

图 15.38　漫游缓存

　　如前所述,接入点启用企业版语音机制可能导致遗留的客户端无法连接。配置 FT 的接入点将对外广播包含新信息元素的管理帧。例如,所有信标帧和探询响应帧均包含 MDIE。然而,部分遗留的客户端无线接口的驱动程序可能无法处理管理帧包含的新信息,导致遗留的客户端无法连接到配置 FT 的接入点。有鉴于此,在接入点配置 FT 的同时,请务必测试遗留的客户端能否连接。如果无法连接,应考虑为 FT 设备设置单独的 SSID。但不要忘记,由于二层管理开销的影响,每个 SSID 都会消耗占用时长。随着支持企业版语音的客户设备越来越多,升级客户设备方为良策。

　　无线局域网通常集成在已有的有线拓扑中且跨越三层边界,因而必不可少,大型企业部署尤其如此。当跨越三层子网时,保持上层通信不会中断的唯一途径是部署三层漫游解决方案。客户端漫游到新子网时,必须创建连接原子网的通用路由封装(GRE)隧道,以便客户端能维护原有的 IP 地址。图 15.39 显示了某大型无线局域网供应商提供的诊断工具和命令,用于验证是否已成功创建三层漫游隧道。

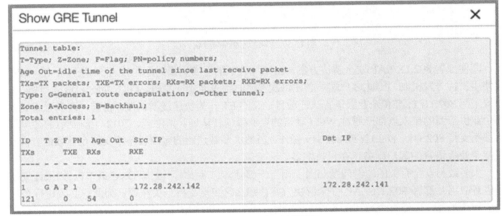

图 15.39 通用路由封装隧道

15.6 信道利用率

　　如图 15.40 所示,信道利用率是关乎无线局域网性能的重要统计数据。不要忘记,射频属于共享介质,802.11 无线接口必须轮流使用信道传输数据。如果 802.11 传输导致信道过饱和,将影响网络性能。如果接入点和客户端没有传输数据,它们会以 9 微秒的间隔监听信道,以检测是否存在 802.11 传输和非 802.11 传输。

　　重要的信道利用率阈值如下。

- 80%:影响所有 802.11 数据传输。
- 50%:影响视频流量。
- 20%:影响语音流量。

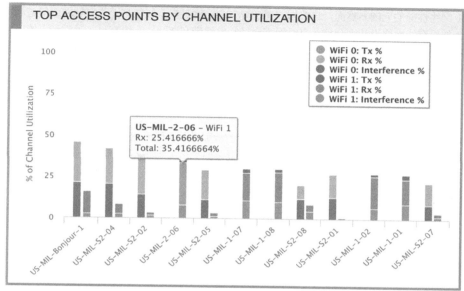

图 15.40　信道利用率

　　由于最终用户可以感知无线局域网的性能变化，因此信道利用率的监控和故障排除至关重要。用户时常抱怨 Wi-Fi 的速度过慢——如果信道利用率超过 80%，那么 Wi-Fi 确实很慢。糟糕的无线局域网设计和错误的信道规划往往会引起同信道干扰，导致信道利用率增加。客户端和高带宽应用的数量过饱和可能增加占用时长消耗，这也是容量规划之所以重要的原因。从第 13 章的讨论可知，对外广播的 SSID 过多、接入点的基本数据速率过低、遗留的客户端数量过多都会增加占用时长消耗，从而影响信道利用率。

　　接入点发送的信标帧和探询响应帧中包含 QoS 基本服务集信息元素(QBSS IE)。对接入点而言，QBSS IE 是信道利用率的重要指标。如图 15.41 所示，无线局域网供应商的监控解决方案以及其他应用经常使用 QBSS IE 提供的信息，以图形或图表的形式显示信道利用率。大型企业客户主要依靠接入点无线接口的监控/故障排除功能。接入点无线接口从客户端传输中收集射频统计数据，这些数据同样可以集中监控。

▼ 🏷 QBSS Load	Stations: 6, Channel Utilization: 48%
Element ID:	11
Length:	5 bytes
Station Count:	6
Channel Utilization:	124 (48%)
Available Admission Capacity:	0

图 15.41　QoS 基本服务集信息元素

　　实际上，从客户端的角度可以完整观察到射频网络的状况，无线局域网设计和勘测验证之所以重要的原因就在于此。某些企业无线局域网供应商利用传感器接入点取代实际的客户端，充当客户设备登录到其他接入点，然后执行健康检查。请记住，客户端的接收灵敏度不尽相同，而接入点无线接口往往更灵敏。建议利用接入点无线接口实施集中式监控和诊断，而在进行客户端故障排除时，可能需要从客户端收集更多信息。

　　性能下降和带宽瓶颈的根源确实在于无线局域网设计不佳，而糟糕的信道利用率同样是影响

802.11 网络性能的元凶。然而，最终用户感觉 Wi-Fi 速度过慢，往往与无线局域网或信道利用率无关。如果有线网络设计不合理，有线网络会经常出现带宽瓶颈。一般来说，远程站点的广域网上行链路是最严重的带宽瓶颈。但不要忘记，尽管根源在于广域网带宽不足，但用户总是将问题归咎于 Wi-Fi。

15.7　第三～七层问题故障排除

本章前面主要讨论 OSI 模型第一层和第二层的故障排除，但第三～七层同样可能出问题。无线局域网经常因为有线网络存在的问题而受到指责。如果员工无法连接到企业无线局域网，那么即便实际问题出在企业网络的其他部分，无线局域网也会遭到口诛笔伐。如果可以确定第一层或第二层一切正常，则说明很可能存在网络问题或应用问题。

好在许多 Wi-Fi 供应商提供了处理上层问题所需的工具，用户可以通过网络管理服务器、无线局域网控制器或接入点的命令行使用这些工具。用户经常抱怨能搜索到 Wi-Fi 网络但无法连接。如果确定问题与 Wi-Fi 无关，则需要将注意力转移到 OSI 模型的第三层，查看 IP 连接是否正常。

观察图 15.42 所示的校园无线局域网示意图。校园中部署的接入点传输 3 个 SSID，分别供教师、学生与来宾使用。教师 SSID 被映射到 VLAN 2，学生 SSID 被映射到 VLAN 5，来宾 SSID 被映射到 VLAN 8，而接入点的管理接口被映射到 VLAN 1。全部 4 个 VLAN 可通过接入点与接入层交换机之间的 802.1Q 中继加以标记。4 个 VLAN 被映射到各自的子网，网络 DHCP 服务器定义的作用域负责提供所有 IP 地址。

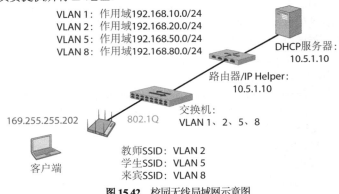

图 15.42　校园无线局域网示意图

如前所述，用户经常抱怨能搜索到 Wi-Fi 网络但无法连接。在本例中，学生用户应该获得 192.168.50.0/24 网络的某个 IP 地址。简单检查后发现，尽管学生用户已连接到正确的 SSID，通过自动专用 IP 寻址(APIPA)获取的地址却位于 169.254.0.0 和 169.254.255.255 之间。由此可见，问题很可能出在有线网络。

如果 VLAN 能在有线网络以及 VLAN 的每个子网中正常运行，那么可以利用某些无线局域网供应商提供的诊断工具进行报告。如图 15.43 所示，管理员选择接入点在指定的 VLAN 范围内执行探测操作。可以看到，VLAN 5(学生 VLAN)失败。

VLAN Probe

Hostname: Coleman-AP250

The VLAN Probe is running!
99%

VLAN Range * `1` to `8` (1-4094)

Probe Retries `1` (1-10)

Timeout `3` (1-60 seconds)　　Start　　Stop　　Clear

VLAN ID	Available	Subnet
1	Yes	192.168.10.0/24
2	Yes	192.168.20.0/24
3	No	
4	No	
5	No	
6	No	
7	No	
8	Yes	192.168.80.0/24

图 15.43　VLAN 探测

如图 15.44 所示，诊断工具利用接入点的管理接口发送 DHCP 请求。探测开始后，接入点的管理接口将在所有指定的 VLAN 发送多个 DHCP 请求，每个 DHCP 请求通过 802.1Q 中继发送到有线网络。DHCP 服务器收到 DHCP 请求后，将向接入点返回 DHCP 租约。接入点的管理接口不需要其他 IP 地址，因此向 DHCP 服务器发送 NAK 报文。如果接入点能收到 DHCP 租约，表明有线网络一切正常，否则有线网络必然存在问题，诊断探测结果将有所不同。

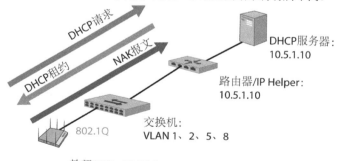

图 15.44　DCHP 探测

如图 15.45 所示，上游路由器和 DHCP 服务器是两个常见的故障点。由于 DHCP 请求使用的是广播地址，因此上游路由器需要配置 IP Helper(DHCP 中继)地址，以便将 DHCP 请求转换为单播包。如果路由器没有配置正确的 IP Helper 地址，DHCP 服务器将无法收到 DHCP 请求。因而

DHCP 服务器更有可能成为故障点：DHCP 服务器故障、DHCP 服务器配置错误、DHCP 服务器租约到期、IP Helper 地址有误等都是常见的错误。

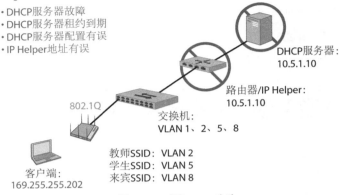

图 15.45 后端 DCHP 失败

　　虽然上述两个故障点肯定存在，但接入层交换机在很大程度上才是罪魁祸首(如图 15.46 所示)。几乎 90%的问题与接入层交换机配置有误有关：接入层交换机没有配置 VLAN、802.1Q 中继端口没有标记 VLAN、交换机端口被错误地配置为访问端口都是常见的错误。

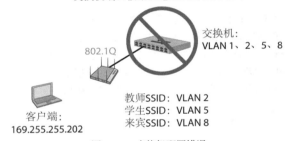

图 15.46　交换机配置错误

　　即便客户端成功获得 IP 地址，三层网络问题也仍有可能存在。接下来，我们需要使用 ping 和 traceroute/tracert 命令诊断网络。客户端、接入点、交换机以及路由器的操作系统都支持包括 ping 在内的网络查询命令。

　　确定不存在三层网络问题后，就可以将注意力转向第四～七层。斯科特·亚当斯在 2013 年创作了一部有趣的呆伯特连环漫画，将所有网络问题归咎于防火墙[1]。该漫画实际上是现实生活的写照，因为配置错误的防火墙策略可能会阻塞 TCP 或 UDP 端口。除提供状态防火墙功能外，Wi-Fi 供应商已开始构建将深度包检测(DPI)功能集成到接入点或无线局域网控制器的应用层防火墙。深度包检测对 Wi-Fi 应用进行深层次分析，而应用层防火墙可以将特定的应用或应用组拒之门外。无论防火墙部署在网络何处，如果用户怀疑 OSI 模型的上层存在问题，都可能需要查看防火墙日志文件。

1　https://dilbert.com/strip/2013-04-07。

请记住，接入点是整个网络基础设施的无线门户。如果问题与 Wi-Fi 无关，则需要检查第三～七层是否存在问题。

15.8 无线局域网故障排除工具

虽然 Wi-Fi 供应商的网络管理系统可以提供强大的诊断功能，但无线局域网工程师通常都会准备各种故障排除工具。接下来，我们将讨论部分可用的工具。

15.8.1 无线局域网发现工具

开始进行无线局域网故障排除前，请准备好 802.11 客户端网卡与某种无线局域网发现工具(如图 15.47 所示的 WiFi Explorer)。工程师可以利用无线局域网发现工具方便快捷地查看现有 802.11 网络的大致情况。这种工具会发送空的探询请求帧并监听接入点发送的探询响应帧和信标帧，以搜索现有的 Wi-Fi 网络。无线局域网发现工具尽管无法像协议分析仪一样进行深入分析，却能提供许多有用的信息。例如，工程师可以在第一时间获知接入点已启用 80 MHz 信道，且网络性能有所下降。高级无线局域网发现工具能快速显示传输接入点的数量及其信道、信道宽度、安全功能、信号强度、信噪比、信道利用率等信息。

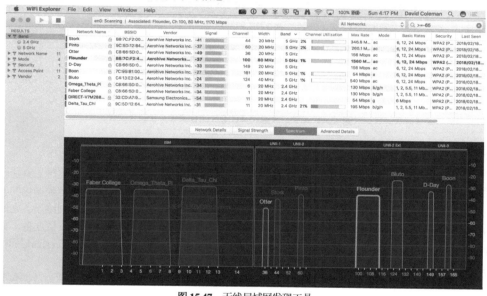

图 15.47 无线局域网发现工具

免费发现工具和付费发现工具数量众多，包括 inSSIDer Office[1](Windows 平台)、Acrylic Wi-Fi 家庭版[2]/专业版[3](Windows 平台)、WiFi Explorer[4](macOS 平台)、WiFi Analyzer(Android 平台)等。

---

[1] https://www.metageek.com/products/inssider。

[2] https://www.acrylicwifi.com/en/wlan-wifi-wireless-network-software-tools/wlan-scanner-acrylic-wifi-free。

[3] https://www.acrylicwifi.com/en/wlan-wifi-wireless-network-software-tools/wifi-analyzer-acrylic-professional。

[4] https://www.adriangranados.com。

15.8.2 频谱分析仪

频谱分析仪是一种频域测量设备，可以测量电磁信号的振幅和频率。图 15.48 显示了某种在个人计算机上运行的频谱分析仪。MetaGeek 开发的 Wi-Spy 频谱分析仪[1]使用 USB 适配器，能同时监控 2.4 GHz 和 5 GHz 频段，可以识别本章前面图 15.3～图 15.5 所示的射频干扰源。频谱分析仪属于物理层诊断工具，被广泛用于识别非 802.11 发射机产生的射频干扰。

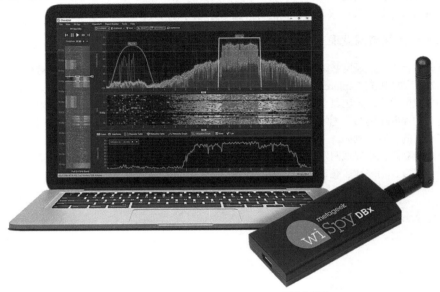

图 15.48 Wi-Spy DBx 2.4 GHz/5 GHz 频谱分析仪

15.8.3 协议分析仪

协议分析仪能提供网络可视性，有助于工程师准确了解通过网络传输的流量。这种工具捕获并存储网络数据包，为捕获的每个数据包提供通俗易懂的协议解码，以便工程师了解数据包的各个字段和值。协议分析仪的强大之处在于，我们可以在 OSI 模型的多个层查看各种网络设备之间的会话。某些情况下，协议分析是解决疑难问题的唯一手段。商用的协议分析仪数量众多，如 TamoSoft 开发的 CommView for WiFi[2]和 Savvius 的 Omnipeek[3]。免费的协议分析仪 Wireshark[4]同样深受好评。

有线协议分析仪用于对通过有线网络传输的 IP 数据包进行故障排除，因此通常称为数据包分析器。请记住，如果第一层或第二层一切正常，则表明问题与 Wi-Fi 无关。进行第三～七层故障排除时，针对有线流量的数据包分析往往必不可少。

1　https://www.metageek.com/products/wi-spy。

2　https://www.tamos.com/products/commwifi/。

3　https://www.liveaction.com/products/omnipeek-network-protocol-analyzer。

4　https://www.wireshark.org。

协议分析仪主要用于观察接入点与客户端之间的二层 802.11 帧交换，802.11 无线接口通过
MAC 子层的 802.11 帧交换相互通信。与 802.3 标准等许多采用单一数据帧类型的有线网络标准
不同，802.11 标准定义了管理帧、控制帧、数据帧这 3 种主要的帧类型。三者可进一步细分为多
种子类型，相关讨论请参见第 9 章。一般来说，利用协议分析仪查看 802.11 帧交换时不会看到第
三～七层的信息。希望所有 802.11 数据流量都经过加密。

借助协议分析仪以及部分无线局域网发现工具的帮助，我们还能查看某些物理层数据和射频
统计信息。当捕获每个 802.11 帧时，Radiotap 报头包含额外的链路层信息。802.11 无线接口的驱
动程序通过 Radiotap 报头提供附加信息。请注意，Radiotap 报头不属于 802.11 帧格式，但查看附
加信息(如协议分析仪无线接口侦听到的每个 802.11 帧的信号强度)非常有用。有关 Radiotap 报头
的详细信息，请参见 Wi-Fi 专家 Adrian Granados 撰写的博文[1]。

笔者初涉 Wi-Fi 领域时，最正确的选择之一就是自学 802.11 帧分析。18 年后，掌握如何进行
802.11 协议分析仍然至关重要，其价值无可估量。现代协议分析仪的功能越来越强大，但 802.11
帧交换也越来越复杂。随着 802.11ax 等新一代 802.11 技术崭露头角，分析 802.11 帧交换包含的
信息也越来越复杂。无论读者对 802.11 帧分析耳熟能详还是知之甚少，总能从实践中学到更多的
知识。

尽管商用的协议分析仪数量众多，但开源的 Wireshark 仍然是众多无线局域网工程师的首选
工具。强烈推荐 Jerome Henry(CWNE #45)和 James Garringer(CWNE #179)录制的两套 Wireshark
视频培训课程。如果读者刚刚接触 Wireshark，建议学习 *Wireshark Fundamentals LiveLessons*[2]。该
课程时长近 5 小时，介绍了如何利用 Wireshark 处理以太网、无线局域网及其传输协议存在的
问题。

如果读者希望深入了解 802.11 帧分析，建议学习 *Wireshark for Wireless LANs LiveLessons*[3]。该
课程时长超过 8 小时，详细介绍了如何利用 Wireshark 进行无线局域网故障排除。读者将通过 9
个课程单元了解 802.11 MAC 帧头的结构，剖析捕获的帧和各种先进工具，并学习如何通过合理
的分析解决常见的 Wi-Fi 问题。

使用协议分析仪时，利用流量过滤功能专注于需要处理的网络会话至关重要。读者可以下载
由 François Vergès(CWNE #180)整理的 *Wireshark Most Common 802.11 Filters*[4]，该文档列出了
Wireshark 中最常用的 802.11 过滤器。商用的协议分析仪的流量过滤功能更为强大。高级协议分
析仪不仅具备流量会话可视化的能力，还能实施智能诊断并提出修复建议供用户参考。图 15.49
显示了 MetaGeek Eye P.A.协议分析仪[5]的屏幕截图，从中不仅能看到接入点的二层重传率过高，协
议分析仪还提供了故障排除的若干建议。

1　https://www.adriangranados.com/blog/link-layer-header-types。
2　http://www.informit.com/store/wireshark-fundamentals-livelessons-9780134767512。
3　http://www.informit.com/store/wireshark-for-wireless-lans-livelessons-9780134767536。
4　https://www.semfionetworks.com/uploads/2/9/8/3/29831147/wireshark_802.11_filters_reference_sheet.pdf。
5　https://www.metageek.com/products/eye-pa。

图 15.49　Eye P.A.分析与修复

　　协议分析仪的放置位置对于无线网络分析能否成功进行至关重要,位置不正确可能导致结果有误。例如,如果捕获的流量距离源设备和目标设备过远,那么协议分析仪可能认为有大量帧损坏,而接收方实际上并未发现帧传输存在任何异常。接入点充当无线局域网的中心点,所有流量必须通过接入点。企业 Wi-Fi 供应商的接入点具备直接捕获数据包的能力。这种情况下,如果协议分析仪报告某个帧损坏,那么接入点很可能也会认为该帧已损坏。

15.8.4　吞吐量测试工具

　　吞吐量测试工具用于评估整个网络的带宽和性能,这种工具通常适用于客户端/服务器模式,以测量两端之间或两个方向的数据流。测试无线局域网的下行吞吐量时,应将 802.11 客户端配置为服务器;测试无线局域网的上行吞吐量时,应将 802.11 客户端配置为与接入点后面的服务器通信的客户机。开源命令行实用程序 iPerf[1]通常用于产生 TCP 或 UDP 数据流以测试吞吐量,许多 Wi-Fi 供应商的接入点或无线局域网控制器操作系统内置 iPerf 作为命令行测试工具。图 15.50 显示了 TamoSoft[2]开发的免费 GUI 吞吐量测试工具,它适用于 Windows、macOS、iOS 与 Android 客户端。

1　https://iperf.fr。

2　https://www.tamos.com。

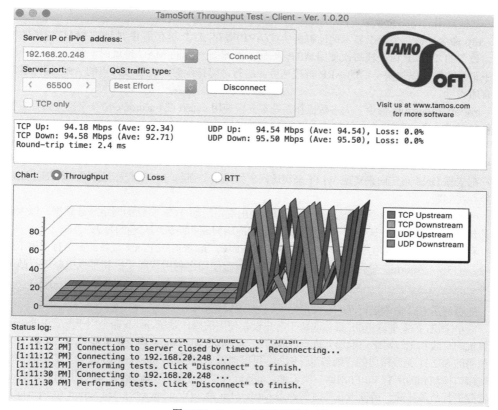

图 15.50　TamoSoft 吞吐量测试工具

执行无线链路的吞吐量测试时，请记住测试的对象并非 802.11 数据速率。由于正常的介质争用开销，无线局域网的总吞吐量通常只有标定的 802.11 数据速率的 50%，具体取决于网络条件。802.11 数据速率与 TCP 吞吐量不同，而介质争用协议(CSMA/CA)会消耗大量可用带宽。在实验室条件下，802.11n/ac 网络的 TCP 吞吐量约为一个接入点与一个客户端之间数据速率的 60%～70%。而在实际应用中，通过接入点通信的多个客户端会导致总吞吐量显著下降。

一般来说，客户端/服务器吞吐量测试工具适用于网络的有线端。请记住，最终用户感觉 Wi-Fi 速度过慢，往往与无线局域网或信道利用率无关。如果有线网络设计不合理，有线网络经常会出现带宽瓶颈。再次强调：远程站点的广域网上行链路往往是最严重的带宽瓶颈。

15.8.5　标准的 IP 网络测试命令

请记住，各种操作系统均提供标准的网络故障排除工具。我们都清楚从 ping 命令(最常用的网络工具)入手，测试请求主机和目标主机之间的基本连接是否正常。ping 命令利用互联网控制消息协议(ICMP)向目标主机发送回显数据包(echo packet)，并监听对方的响应。ping 命令不仅能测试客户端与本地网络服务器之间的 IP 连接，也能查看客户端能否到达默认的网关地址。工程师可以利用 ping 命令测试地址为 8.8.8.8 的谷歌公共 DNS 服务器，查看客户端能否通过广域网访问互联网。

其他常用的网络命令如下:

arp 命令　该命令用于显示地址解析协议(ARP)缓存,ARP 缓存是 IP 地址到 MAC 地址的映射。设备的 TCP/IP 协议栈每次使用 ARP 来确定 IP 地址对应的 MAC 地址时,都会在 ARP 缓存中记录映射,以加快今后的 ARP 查找速度。进行故障排除时,查看接入点的 ARP 缓冲通常会有所帮助。

tracert/traceroute 命令　大多数操作系统都支持使用 tracert 或 traceroute 命令来确定目标主机路径的详细信息,包括 IP 包的路由、跳数、各跳之间的响应时间等。

nslookup 命令　该命令用于处理域名系统(DNS)地址解析存在的问题。DNS 的作用是将域名解析为 IP 地址,而 nslookup 命令可以查找关联到某个域名的特定 IP 地址。不少无线局域网强制门户都依靠 DNS 重定向来实现 Wi-Fi 来宾访问。如果某个强制门户突然无法工作,则表明 DNS 可能存在问题。

netstat 命令　该命令用于显示输入端口和输出端口活动 TCP 会话的网络统计数据、以太网统计数据、IPv4/IPv6 统计数据等,它是处理疑似应用问题和防火墙问题的有力工具。

利用客户端进行故障排除时,很容易通过 Windows、macOS 或 Linux 设备的命令行使用上述命令。iOS 和 Android 平台也有不少免费应用,以方便用户利用智能手机和平板电脑进行故障排除。

能否利用 CLI 命令进行 Wi-Fi 客户端无线接口故障排除?

简单来说,答案是肯定的,具体取决于客户设备使用的操作系统。netsh 命令用于配置 Windows 计算机的有线和无线网络适配器并进行故障排除,而 netsh wlan show 命令用于显示 Windows 计算机使用的 802.11 无线接口的详细信息。例如,可以通过 netsh wlan show networks 命令查看客户端无线接口检测到的所有 Wi-Fi 网络。类似地,airport 命令用于配置 macOS 计算机的 Wi-Fi 网络适配器并进行故障排除。请读者花些时间熟悉 netsh wlan 命令(Windows 平台)和 airport 命令(macOS 平台)的用法。与所有 CLI 命令一样,执行?命令可以查看完整的选项。

15.8.6　安全外壳

如果希望连接到网络硬件(如接入点和交换机),则需要使用安全外壳(SSH)或串行客户端。SSH 类似于 Telnet,但安全性更高。SSH 协议使用标准的 TCP 端口 22,利用公钥加密技术验证并加密主机和用户设备之间传输的所有网络流量。目前,大多数无线局域网基础设施设备都支持第 2 版的 SSH 协议(SSH2)。根据安全策略的规定,通过命令行界面管理 802.11 设备时,应使用支持 SSH2 的终端仿真程序。图 15.51 显示了 PuTTY 的配置截图,这种广泛使用的免费软件支持 SSH2 和终端仿真。如果必须远程连接到接入点的控制台端口,PuTTY 往往是首选的免费软件。此外,某些操作系统(如 macOS)可以通过命令行支持 SSH,或使用 iTerm2[1]这样的程序。

1　https://iterm2.com。

图 15.51　PuTTY：免费的 SSH 和串行客户端

15.9　小结

无线局域网故障排除绝非易事。相当一部分故障排除涉及性能或连接问题，归因于无线局域网设计不当。然而，射频环境在不断变化，漫游、隐藏节点、干扰等问题必然会浮出水面。请记住，无线局域网定义在 OSI 模型的第一层(物理层)和第二层(数据链路层)。同样需要理解的是，无论问题出在哪里，无线局域网总会遭到诟病。请牢记以下原则：遵循故障排除最佳实践，分析 OSI 模型不同层存在的问题，并利用所有可用的诊断工具。

15.10　考试要点

理解故障排除的基础知识。了解提出正确问题并收集相关信息以确定问题根源的重要性。

解释各种无线局域网问题发生在 OSI 模型的哪些层。建议对 OSI 模型进行故障排除。802.11 安全问题几乎总是出现在第一层和第二层。请记住，大多数 **Wi-Fi** 连接问题源自客户端而非无线局域网基础设施。

解释如何处理预共享密钥身份验证存在的问题。理解导致预共享密钥身份验证失败的常见原因是客户端驱动程序问题和密码短语凭证不匹配。如果预共享密钥身份验证失败，则四次握手也会失败。

定义 802.1X/EAP 身份验证的多个故障点。解释所有潜在的后端通信故障点以及可能出现的请求方故障。理解如何分析 802.1X/EAP 过程以找出故障点的确切位置。

解释与漫游有关的无线局域网安全问题。理解无线局域网基础设施和客户端都必须支持快速安全漫游机制(如 OKC 或企业版语音)。

确定第一层问题的原因。理解大多数网络问题往往出在物理层(OSI 模型的第一层)。解释由糟糕的无线局域网设计、射频干扰、无线接口驱动程序问题、固件问题或以太网供电问题引起的所有第一层问题。

　　理解二层重传的危害。了解引发二层重传的多种原因，理解二层重传率超过 10%会严重影响网络性能。

15.11　复习题

1. 大多数网络问题出现在 OSI 模型的哪一层？

A. 物理层　　　　　　　　　　　　**B.** 数据链路层

C. 网络层　　　　　　　　　　　　**D.** 传输层

E. 会话层　　　　　　　　　　　　**F.** 表示层

G. 应用层

2. 哪些原因会导致预共享密钥身份验证失败？(选择所有正确的答案。)

A. 密码短语不匹配　　　　　　　　**B.** 根 CA 证书过期

C. Wi-Fi 客户端驱动程序存在问题　　**D.** LDAP 用户账户过期

E. 加密机制不匹配

3. 如果 Wi-Fi 网络是连接、安全或性能问题的元凶，那么问题通常存在于以下哪种无线局域网设备？

　　A. 无线局域网控制器　　　　　　**B.** 接入点

　　C. 客户端　　　　　　　　　　　**D.** 无线网络管理服务器

4. 室内接入点以最大功率传输数据会造成哪些问题？(选择所有正确的答案。)

　　A. 隐藏节点　　　　　　　　　　**B.** 同信道干扰

　　C. 黏性客户端　　　　　　　　　**D.** 符号间干扰

　　E. 频段跳变

5. 一位用户抱怨自己的 VoWiFi 电话音质不佳。无线局域网工程师通过协议分析仪观察到该用户 MAC 地址的重传率高达 25%，而其他所有用户的重传率仅为 5%左右。造成这个问题最可能的原因是什么？

　　A. 远近问题　　　　　　　　　　**B.** 多径

　　C. 同信道干扰　　　　　　　　　**D.** 隐藏节点

　　E. 低信噪比

6. 无线局域网管理员安德鲁·加西亚试图向老板解释，无法在 Facebook 发帖并非 Wi-Fi 网络存在问题。安德鲁已经确定 OSI 模型的第一层和第二层一切正常，那么他应该如何与老板沟通呢？(选择最合适的答案。)

　　A. 无线局域网仅定义在 OSI 模型的第一层和第二层，Wi-Fi 并非问题所在。

　　B. 很可能存在网络问题或应用问题。

　　C. 别担心，我会解决这个问题。

　　D. 你为何在工作时间浏览 Facebook？

7. 二层重传会造成哪些不利影响？(选择所有正确的答案。)

　　A. 传输范围减小　　　　　　　　**B.** MAC 子层开销增加

　　C. 延迟减少　　　　　　　　　　**D.** 延迟增加

　　E. 抖动

8. 某网络工程师需要在公司总部处理客户端连接问题。所有接入点和员工的 iPad 均配置使用预共享密钥身份验证。一位员工注意到，自己的 iPad 无法连接到主楼接待区的接入点，但可以连接到其他接入点。观察图 15.52 并描述问题原因。

```
BASIC   Rx assoc req (rssi 93dB)
INFO    WPA-PSK auth is starting (at if=wifi0.1)
INFO    Sending 1/4 msg of 4-Way Handshake (at if=wifi0.1)
INFO    Received 2/4 msg of 4-Way Handshake (at if=wifi0.1)
INFO    Sending 1/4 msg of 4-Way Handshake (at if=wifi0.1)
INFO    Received 2/4 msg of 4-Way Handshake (at if=wifi0.1)
BASIC   Sta(at if=wifi0.1) is de-authenticated because of notification of driver
```

图 15.52　供参考的诊断信息(一)

A. Wi-Fi 客户端的驱动程序无法与设备的驱动程序正常通信。

B. 接入点配置为仅支持 CCMP 加密，而客户端仅支持 TKIP 加密。

C. 客户端配置的 WPA2 个人版密码短语有误。

D. 为接待区接入点配置的 WPA2 个人版密码短语有误。

9. 某网络工程师需要为公司办公室的 400 个接入点配置安全的无线局域网。所有接入点和员工的 Windows 膝上型计算机均使用 EAP-MSCHAPv2 进行 802.1X/EAP 身份验证。然而，域用户账户始终无法通过身份验证。观察图 15.53 并确定问题的可能原因。(选择所有正确的答案。)

```
Rx assoc req (rssi 95dB)
IEEE802.1X auth is starting (at if=wifi0.1)
Sending EAP Packet to STA: code=1 (EAP-Request) identifier=0 length=5
received EAP packet (code=2 id=0 len=16) from STA: EAP Reponse-Identity (1),
Send message to RADIUS Server(10.5.1.129): code=1 (Access-Request) identifier
RADIUS: EAP start with type peap
Receive message from RADIUS Server: code=11 (Access-Challenge) identifier=50
Sending EAP Packet to STA: code=1 (EAP-Request) identifier=1 length=6
received EAP packet (code=2 id=1 len=105) from STA: EAP Reponse-PEAP (25)
Send message to RADIUS Server(10.5.1.129): code=1 (Access-Request) identifier
RADIUS: SSL negotiation, receive client hello message
Receive message from RADIUS Server: code=11 (Access-Challenge) identifier=51
Sending EAP Packet to STA: code=1 (EAP-Request) identifier=2 length=1024
received EAP packet (code=2 id=2 len=6) from STA: EAP Reponse-PEAP (25)
Send message to RADIUS Server(10.5.1.129): code=1 (Access-Request) identifier
RADIUS: SSL negotiation, send server certificate and other message
Receive message from RADIUS Server: code=11 (Access-Challenge) identifier=52
Sending EAP Packet to STA: code=1 (EAP-Request) identifier=3 length=280
received EAP packet (code=2 id=3 len=6) from STA: EAP Reponse-PEAP (25)
Send message to RADIUS Server(10.5.1.129): code=1 (Access-Request) identifier
RADIUS: SSL negotiation, send server certificate and other message
Receive message from RADIUS Server: code=11 (Access-Challenge) identifier=53
Sending EAP Packet to STA: code=1 (EAP-Request) identifier=4 length=6
Sta(at if=wifi0.1) is de-authenticated because of notification of driver
```

图 15.53　供参考的诊断信息(二)

A. 接入点的网络设置有误。

B. Windows 膝上型计算机的请求方配置用于机器身份验证。

C. 请求方的时钟设置有误。

D. 接入点与 RADIUS 服务器之间的身份验证端口不匹配。

E. RADIUS 服务器的网络设置有误。

F. 请求方选择的根证书有误。

10. WonderPuppy 咖啡公司的网络管理员致电 Wi-Fi 供应商的支持团队，反映无线局域网无法正常工作。支持团队询问管理员一系列问题，以便隔离并确定潜在原因。那么在进行故障排除时，支持团队应该询问哪些常见的问题？(选择所有正确的答案。)

A. 问题何时发生？

B. 你最喜欢哪种颜色？

C. 你的要求是什么？

D. 问题是否复现？

E. 网络配置最近是否发生变化？

11. 公司新部署的 VoWiFi 电话存在问题，IT 管理员亨特、里翁与利亚姆正在查找原因。语音

SSID 配置的安全解决方案为 PEAPv0(EAP-MSCHAPv2)，且接入点已启用企业版语音。当员工使用办公桌上的 VoWiFi 电话时，VoWiFi 电话可以通过身份验证，通话质量也很稳定；而当员工走到大楼的其他区域通话时，VoWiFi 电话似乎时断时续。那么，以下哪些原因可能导致员工走动时语音通话服务中断? (选择所有正确的答案。)

    A. 如果需要漫游，那么 VoWiFi 电话应配置为仅使用预共享密钥身份验证。

    B. VoWiFi 电话每次漫游到新接入点时都要重新验证身份。

    C. VoWiFi 电话没有使用机会密钥缓存。

    D. VoWiFi 电话不支持快速基本服务集转换。

    12. 以下哪些因素可能导致漫游出现问题? (选择所有正确的答案。)

    A. 次级覆盖不足

    B. 次级覆盖过大

    C. 自由空间路径损耗

    D. CSMA/CA

    E. 隐藏节点

    13. 阿德里安·怀特有一台符合 802.3at 标准的以太网交换机，他发现接入点存在随机重启的情况。这个问题的原因是什么?

    A. 多部 PoE VoIP 桌面电话连接到同一台以太网交换机。

    B. 交换机与接入点之间的大多数以太网电缆长 90 米。

    C. 以太网电缆仅使用超五类电缆。

    D. 交换机支持 1000Base-T，而接入点不支持 1000Base-T。

    14. 以下哪条 Windows CLI 命令可以显示 Wi-Fi 客户端使用的身份验证机制、加密机制、信道、信号强度以及数据速率?

    A. netsh wlan show drivers

    B. airport -S

    C. netsh wlan show interfaces

    D. airport -I

    E. nslookup

    F. traceroute

    15. 圣杯公司的网络管理员致电 Wi-Fi 供应商的支持团队，反映无线局域网无法正常工作。支持团队询问管理员一系列问题，以便隔离并确定潜在原因。那么在进行故障排除时，支持团队应该询问哪些常见的问题? (选择所有正确的答案。)

    A. 问题何时发生?

    B. 问题出在何处?

    C. 问题仅影响一台客户端，还是影响许多客户端?

    D. 空载燕子(unloader swallow)的空速是多少?

    16. Wi-Fi 工程师马尔科·蒂斯勒尔正在查找远程无线局域网分支路由器与公司总部 VPN 网关服务器之间存在的 IPsec VPN 问题。他发现无法创建 VPN 隧道，且 IKE 阶段 1 交换期间存在证书错误。以下哪些因素可能导致这个问题? (选择所有正确的答案。)

    A. 公司总部的 VPN 服务器使用 AES-256 加密，而远程无线局域网分支路由器使用 AES-192 加密。

    B. 公司总部的 VPN 服务器使用 SHA-1 算法保护数据隐私，而远程无线局域网分支路由器使用 MD5 算法保护数据隐私。

    C. 没有使用远程无线局域网分支路由器安装的根 CA 证书签发公司 VPN 服务器的服务器证书。

    D. 公司 VPN 服务器的时钟设置早于服务器证书的签发。

    E. 远程无线局域网分支路由器的公有/私有 IP 地址配置有误。

    17. 某网络工程师需要为公司办公室的 600 个接入点配置安全的无线局域网。所有接入点和员工的 Windows 膝上型计算机均配置使用 EAP-MSCHAPv2。然而，某位员工的膝上型计算机无法连接到 Wi-Fi 网络。观察图 15.54 并确定问题的可能原因。(选择所有正确的答案。)

```
Receive message from RADIUS Server: code=2 (Access-Accept) identifier=125
PMK is got from RADIUS server (at if=wifi0.1)
(63)Sending 1/4 msg of 4-Way Handshake (at if=wifi0.1)
(64)Received 2/4 msg of 4-Way Handshake (at if=wifi0.1)
(65)Sending 3/4 msg of 4-Way Handshake (at if=wifi0.1)
(66)Received 4/4 msg of 4-Way Handshake (at if=wifi0.1)
(67)PTK is set (at if=wifi0.1)
(68)Authentication is successfully finished (at if=wifi0.1)
(69)station sent out DHCP REQUEST message
(70)station sent out DHCP REQUEST message
(71)station sent out DHCP REQUEST message
```

图 15.54　供参考的诊断信息(三)

    A. 接入层交换机的 VLAN 配置有误。

    B. 机器账户没有加入域。

    C. 服务器证书已过期。

    D. 请求方配置为仅用于用户身份验证。

    E. 根证书已过期。

    F. DHCP 服务器的租约到期。

    18. 如何解决隐藏节点问题？(选择所有正确的答案。)

    A. 提高接入点的功率。

    B. 移动隐藏节点。

    C. 降低所有客户端的功率。

    D. 移走障碍物。

    E. 降低隐藏节点的功率。

    F. 增加另一个接入点。

    19. 除帧损坏外，还有哪些因素会引发二层重传？(选择所有正确的答案。)

    A. 高信噪比

    B. 低信噪比

    C. 同信道干扰

    D. 射频干扰

    E. 邻信道干扰

    20. 部署 802.1X/EAP 安全解决方案的客户端无法连接到无线局域网。进行故障排除时，首先应采取哪种措施来查找可能存在的第一层问题？

    A. 重启客户端。

    B. 验证根 CA 证书。

    C. 验证 EAP。

    D. 禁用并重新启用客户端无线接口网卡。

    E. 验证服务器证书。

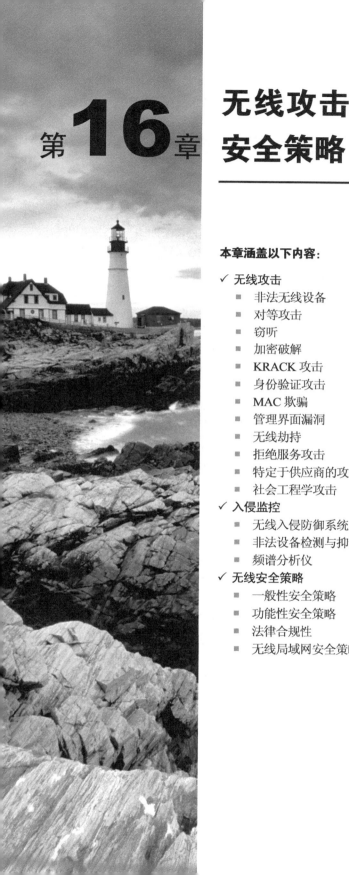

第 16 章 无线攻击、入侵监控与安全策略

本章涵盖以下内容：

- ✓ 无线攻击
  - ■ 非法无线设备
  - ■ 对等攻击
  - ■ 窃听
  - ■ 加密破解
  - ■ KRACK 攻击
  - ■ 身份验证攻击
  - ■ MAC 欺骗
  - ■ 管理界面漏洞
  - ■ 无线劫持
  - ■ 拒绝服务攻击
  - ■ 特定于供应商的攻击
  - ■ 社会工程学攻击
- ✓ 入侵监控
  - ■ 无线入侵防御系统
  - ■ 非法设备检测与抑制
  - ■ 频谱分析仪
- ✓ 无线安全策略
  - ■ 一般性安全策略
  - ■ 功能性安全策略
  - ■ 法律合规性
  - ■ 无线局域网安全策略建议

本章将讨论针对无线局域网的各种攻击。采用第17章"无线局域网安全体系结构"介绍的高强度加密和相互身份验证解决方案能抑制某些攻击，但对另一些攻击而言，现有手段只能发现而无法阻止它们。因此，我们还将讨论可以发现物理层攻击和数据链路层攻击的无线入侵检测系统。合理规划并贯彻企业安全策略是保护无线网络安全的头等大事。此外，本章将讨论无线安全策略的基本要素，这些要素奠定了Wi-Fi安全体系的基础。

16.1　无线攻击

从之前各章的讨论可知，无线局域网主要充当接入有线网络基础设施的门户。必须采用强有力的身份验证机制保护这个门户的安全，确保只有提供正确凭证的合法用户和设备才有权访问网络资源。如果没有采取适当的保护措施，未授权用户将通过Wi-Fi门户访问网络资源，从而造成难以预料的后果。入侵者可能接触到金融数据库、企业商业机密或个人健康信息，还可能破坏网络资源。

如果入侵者以无线网络为跳板破坏或关闭IP语音(VoIP)服务器或邮件服务器，将给企业造成巨大的经济损失。任何不法分子都能通过不设防的Wi-Fi门户上传病毒、木马、键盘记录器(keystroke logger)或远程控制应用，而不安全的无线网关也为垃圾邮件、盗版软件、远程入侵等非法行为大开方便之门。

在入侵者利用无线网络攻击有线网络资源的同时，所有无线网络资源也面临同样的安全威胁。网络空间中传输的任何信息都可能遭到拦截甚至破解。如果没有采取适当的保护措施，入侵者还能访问Wi-Fi设备的管理界面。许多无线用户完全暴露在对等攻击之下。此外，拒绝服务攻击对无线网络的威胁始终存在。不法分子可以利用合适的工具在一段时间内禁用无线网络，从而阻止合法用户访问网络资源。

接下来，我们将讨论针对无线局域网的各种潜在攻击。

16.1.1　非法无线设备

Wi-Fi安全领域里一个非常流行的术语是非法接入点(rogue access point)，它是某种不安全的开放网关，入侵者可以借此直接进入企业希望保护的有线基础设施。读者将从第17章了解到，部署802.1X/EAP身份验证解决方案有助于阻止没有经过授权的访问。但是，如何阻止个人用户安装连接到主干网的无线门户呢？非法接入点被定义为未经授权、不受网络管理员掌控的Wi-Fi设备。如图16.1所示，无线局域网最大的安全威胁来自连接到有线网络基础设施且未经授权的非法Wi-Fi设备。通常采用表示海盗的骷髅图标表示非法接入点。所有消费级Wi-Fi接入点或路由器都能插入实时数据端口，非法设备很容易充当接入有线网络基础设施的门户。由于大多数非法设备并未配置授权、身份验证等安全措施，任何入侵者都能通过这个开放的门户访问网络资源。

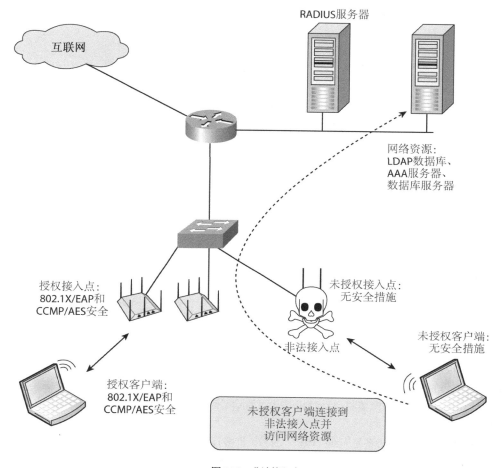

图 16.1　非法接入点

大多数情况下，安装非法接入点的并非黑客，而是企业员工，他们没有意识到这种行为的后果。如今，无线局域网与我们的日常生活融为一体，普通员工早已习惯 Wi-Fi 带来的便利和移动性。因此，员工在工作场所自行安装无线设备的情况并不鲜见，因为员工认为安装自己的无线设备比使用企业无线局域网更容易或更可靠。问题在于，尽管这些自行安装的接入点可能会提供员工所需的无线接入，但它们往往并不安全。一个开放门户就足以暴露网络资源，而许多大型企业曾发现数十个由员工安装的非法接入点。

自组织网络(ad hoc network)也可能充当入侵企业网络的跳板。员工经常通过膝上型计算机或台式计算机的以太网卡接入有线网络，并通过同一台设备的 802.11 无线接口与其他员工建立 Wi-Fi 自组织连接。这种连接既可能是有意为之，也可能是偶然现象，源于对制造商的默认配置不太了解。如图 16.2 所示，以太网卡与 Wi-Fi 网卡桥接在一起。入侵者可能访问无线自组织网络，然后路由到以太网并接入有线网络。

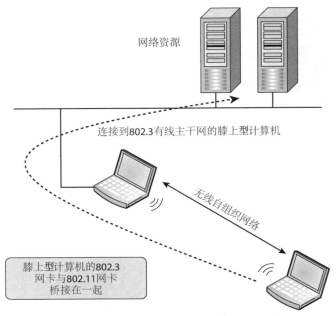

网络资源

连接到802.3有线主干网的膝上型计算机

无线自组织网络

膝上型计算机的802.3
网卡与802.11网卡
桥接在一起

图16.2　桥接无线自组织网络

　　正因为如此，许多政府机构和企业禁止膝上型计算机使用自组织网络。大多数企业客户设备都可以，也应该禁用自组织网络配置功能。某些计算机可以限制同时使用多个 NIC，这个有用的特性既能避免形成桥接网络，又能保持连接的灵活性。当用户将以太网电缆插入膝上型计算机时，无线适配器将自动禁用，从而消除了因有意或无意构建桥接网络而造成的安全隐患。

　　另一种常见的非法设备是无线打印机。目前，许多打印机都配有 802.11 无线接口，默认配置为自组织模式。入侵者可以从打印机制造商的网站下载管理工具，并利用这些工具连接到打印机，然后将自己的固件上传到目标用户的打印机。这样，入侵者就可以在不使用接入点的情况下，通过桥接打印机的有线连接和无线连接桥接来访问有线网络。许多 802.11 无线摄像头的安全系统也能用类似的方法破解。

　　如前所述，大多数非法接入点由员工安装，他们并未意识到不法分子可以利用这些开放的门户访问网络资源。此外，除非采取物理安全措施，否则无法阻止入侵者的非法接入点通过以太网电缆连接到墙板上的实时数据端口。本章稍后将讨论入侵防御系统，这种系统可以检测并禁用非法接入点和自组织客户设备。

　　如果无线网络部署有 802.1X/EAP，也可以利用这种安全解决方案保护有线网络的网络端口。请记住，消除非法设备的最佳方法是实施有线端端口控制。接入层交换机的有线端口还能利用 802.1X/EAP 实现身份验证和授权。如果将非法设备插入阻止上层流量的托管端口，非法设备就无法用作接入网络资源的无线门户。当接入层交换机利用 802.1X/EAP 实施端口控制时，桌面客户端将充当请求访问网络资源的请求方。某些无线局域网供应商的接入点也能作为请求方使用，但只有通过身份验证后才能转发用户流量。因此，有线 802.1X/EAP 解决方案是防止非法访问的有力工具。目前,部分无线局域网供应商开始采用 IEEE 802.1AE 介质访问控制安全标准(通常称为 MACsec)实施有线端端口控制,MACsec 定义的协议能保护通过以太网传输的数据。这种情况下,包括接入点在内的所有新设备必须通过身份验证才能获得网络的访问权限。有线端端口控制不仅可以利用现有的资源,也可以将非法接入点拒之门外,从而更好地保护有线网络的安全。

> **注意:**
>
> 许多企业并未部署 802.1X/EAP 解决方案以实施有线端端口控制。因此,一般建议采用称为无线入侵检测系统(WIDS)的无线局域网监控解决方案来检测可能存在的非法设备。大多数 WIDS 供应商倾向于将自己的产品称为无线入侵防御系统(WIPS),因为这些产品还能减少非法接入点和非法客户端造成的危害。

16.1.2　对等攻击

人们往往忽视对等攻击(peer-to-peer attack)造成的危害。从之前各章的讨论可知,Wi-Fi 客户端可以配置为基础设施模式或自组织模式。802.11 标准将配置为自组织模式的无线网络称为独立基本服务集(IBSS)。IBSS 中不存在接入点,所有通信以对等方式进行。就本质而言,IBSS 是一种对等连接,因此以无线方式相连的用户之间可以共享彼此的资源。自组织网络往往用于动态共享文件,但共享访问可能会在无意间暴露文件或其他资源。为抑制对等攻击,常见的措施是安装个人防火墙。某些客户设备也可以禁用对等通信功能。换言之,设备只能连接到特定的网络,未经允许无法与其他设备建立对等连接。

与 IBSS 用户一样,关联到同一个接入点的用户也容易遭到对等攻击。内部员工安装的非法接入点往往会威胁到企业网络的安全,因此保护无线网络通常意味着保护授权用户的安全。所有关联到同一个接入点的用户都属于同一个基本服务集(BSS),且位于同一个虚拟局域网(VLAN)。由于这些用户位于相同的二层域和三层域,因此容易遭到对等攻击。在大多数无线局域网部署中,客户端仅与有线网络中的设备(如邮件服务器或 Web 服务器)交换数据,客户端之间无须进行对等通信。因此,许多企业接入点供应商提供专有的保护机制,防止用户无意间与他人共享文件或桥接设备之间的流量。如果无线对等设备之间需要建立连接,则流量通过三层交换机或其他网络设备路由给目标设备。

接入点或无线局域网控制器经常启用客户端隔离(client isolation),以阻止同一个无线 VLAN 的客户端之间直接通信。一般来说,启用客户端隔离后,接入点收到的数据包无法再转发给其他客户端。这种功能将无线网络的所有用户隔离开来,确保客户端之间无法为彼此提供第三层(或更高层)的访问权限。客户端隔离通常属于可配置的设置,每个服务集标识符(SSID)链接到唯一的 VLAN。如图 16.3 所示,启用客户端隔离后,无线网络的客户设备之间无法直接通信。

> **注意:**
>
> 尽管“客户端隔离”一词最常用,但部分供应商也使用对等阻塞或公共安全包转发(PSPF)来描述类似的功能。供应商实施客户端隔离的方法不尽相同:某些供应商只能在单个接入点的 SSID/VLAN 上实施客户端隔离,另一些供应商则可以跨多个接入点实施对等阻塞。

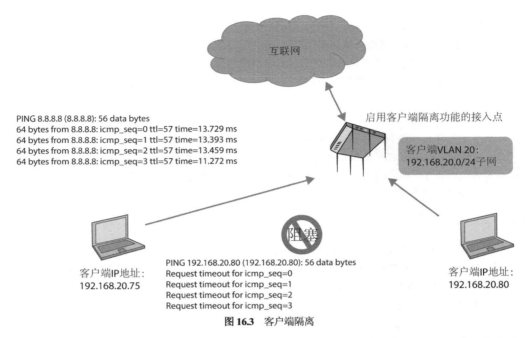

```
PING 8.8.8.8 (8.8.8.8): 56 data bytes
64 bytes from 8.8.8.8: icmp_seq=0 ttl=57 time=13.729 ms
64 bytes from 8.8.8.8: icmp_seq=1 ttl=57 time=13.393 ms
64 bytes from 8.8.8.8: icmp_seq=2 ttl=57 time=13.459 ms
64 bytes from 8.8.8.8: icmp_seq=3 ttl=57 time=11.272 ms
```

启用客户端隔离功能的接入点

客户端VLAN 20：
192.168.20.0/24子网

客户端IP地址：
192.168.20.75

```
PING 192.168.20.80 (192.168.20.80): 56 data bytes
Request timeout for icmp_seq=0
Request timeout for icmp_seq=1
Request timeout for icmp_seq=2
Request timeout for icmp_seq=3
```

客户端IP地址：
192.168.20.80

图16.3　客户端隔离

请注意，某些应用需要建立对等连接。许多 Wi-Fi 语音(VoWiFi)电话提供使用多播的即按即通(一键通)功能。VoWiFi 电话通常被划分到独立的无线 VLAN，与其他无线数据客户端相互隔开。如果需要使用即按即通功能，则不应在 VoWiFi VLAN 中启用客户端隔离，以免 VoWiFi 电话无法正常工作。

16.1.3　窃听

从之前各章的讨论可知，无线局域网采用免授权频段，所有数据传输在开放介质中进行。处于监听范围内的任何用户都能获取无线信号，因此必须采用强有力的加密机制。可以通过随意窃听(casual eavesdropping)和恶意窃听(malicious eavesdropping)两种方式监控无线通信。

随意窃听通过 IEEE 802.11-2016 标准明确定义的 802.11 帧交换方法实现，有时称为无线局域网发现。为寻找开放的 Wi-Fi 网络，可以使用无线局域网发现工具。从第9章"802.11 MAC 体系结构"的讨论可知，客户端要想连接到接入点，必须首先发现接入点。客户端既可以通过监听接入点(被动扫描)，也可以通过搜索接入点(主动扫描)来发现接入点。

在被动扫描中，客户端监听接入点连续发送的信标帧。随意窃听者可以利用任何客户端无线接口监听信标帧，并发现描述无线局域网的数据链路层信息。信标帧包含 SSID、MAC 地址、支持的数据速率以及其他 BSS 信息。所有数据链路层信息都以明文形式传输，并且对任何 802.11 无线接口可见。

除采用被动方式扫描接入点外，客户端也可以采用主动方式扫描接入点。在主动扫描中，客户端发送探询请求帧，而接入点回复探询响应帧，后者包含所有与信标帧相同的数据链路层信息。不包含 SSID 信息的探询请求帧称为空的探询请求帧。如果侦听到定向的探询请求帧，那么支持指定 SSID 且侦听到该请求帧的所有接入点都要回复探询响应帧；如果侦听到空的探询请求帧，那么所有接入点(无论 SSID 如何)都要回复探询响应帧。

通过主动方式扫描接入点时，许多无线客户端软件实用程序会指示无线接口发送 SSID 字段为空的探询请求帧。此外，市场上存在大量免费或商用的无线局域网发现工具。这些发现工具将在所有免授权 802.11 信道上发送空的探询请求帧，以期收到包含 SSID、信道、加密方式等无线网络信息的探询响应帧。部分无线局域网发现工具还可能使用被动扫描方法。如图 16.4 所示，inSSIDer Office[1](Windows 平台)是一种使用广泛的无线局域网发现工具。

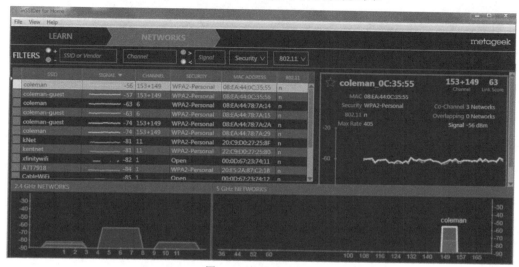

图 16.4 inSSIDer Office

随意窃听者可以利用那些能够发送空的探询请求帧的软件工具来搜索无线局域网。随意窃听一般并无恶意，通常又称战争驾驶(wardriving)。严格来说，战争驾驶是指驾车寻找无线网络的行为，这个术语源自 1983 年电影《战争游戏》中的"战争拨号"(wardialing)一词：黑客利用计算机调制解调器自动扫描数千个电话号码，以期找到其他可以连接的计算机。

如今，战争驾驶这一概念已成昨日黄花。在无线局域网发展的早期，这个术语用于描述技术极客和黑客寻找 Wi-Fi 网络的爱好及运动。黑客大赛经常举办战争驾驶比赛，比拼谁能找到最多的 Wi-Fi 网络。

尽管战争驾驶已逐渐消失，但仍有数百万用户使用无线局域网发现工具搜索可用的 Wi-Fi 网络。"无线局域网发现"一词如今更常见。在 Wi-Fi 发展的早期阶段，最初的无线局域网发现工具称为 NetStumbler。这种免费软件目前仍然可以下载，但已多年没有更新。目前，各种操作系统可以运行许多新的无线局域网发现工具。图 16.5 显示了基于 Android 平台的发现工具 WiFi Analyzer。可供 Android 设备使用的发现工具数量众多，但目前适用于 iOS 设备的发现工具尚不多见。

---

1 https://www.metageek.com/products/inssider。

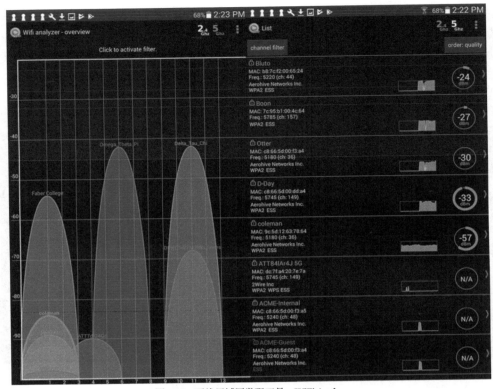

图 16.5   无线局域网发现工具：WiFi Analyzer

就本质而言，被动扫描和主动扫描旨在识别网络信息，任何使用 802.11 无线接口的用户都能访问这些信息。扫描是无线局域网固有的必要功能，因此战争驾驶并非违法行为。未经允许使用他人的无线网络是否合法往往很难界定，但确有用户因为这些行为遭到逮捕和起诉。2011 年 3 月，海牙国际法院就使用他人网络做出一项惊人的裁决：如果用户未经许可使用他人网络的目的只是访问互联网，那么即便用户通过非常规手段获得访问权限，法院也不再将这种行为作为刑事犯罪起诉。这项裁决确实给民事诉讼留下了机会，而各国都针对此类行为制定了相应的法规。

注意：
我们既不鼓励也不支持未经授权使用无线网络，建议用户仅连接到获得授权的无线网络。

无线局域网发现所需的工具

搜索无线局域网之前，用户需要准备一块 802.11 客户端网卡与某种无线局域网发现工具。免费和商用的发现工具数量众多，包括 inSSIDer Office(Windows 平台)、Acrylic Wi-Fi 家庭版[1]/专业版[2](Windows 平台)、WiFi Explorer[3](macOS 平台)以及 WiFi Analyzer(Android 平台)。

---

1 https://www.acrylicwifi.com/en/wlan-wifi-wireless-network-software-tools/wlan-scanner-acrylic-wifi-free。

2 https://www.acrylicwifi.com/en/wlan-wifi-wireless-network-software-tools/wifi-analyzer-acrylic-professional。

3 https://www.adriangranados.com。

发现接入点后,用户可以利用全球定位系统(GPS)设备并配合无线局域网工具确定信号的经纬度坐标, 也可以将包含 GPS 坐标的无线局域网发现捕获文件上传到大型动态映射数据库。例如,无线地理日志引擎(WiGLE)[1]维护了一个可搜索的数据库,该数据库存储的 Wi-Fi 网络超过 6 亿个。读者可以访问 WiGLE 并输入自己的地址, 查看附近是否已发现无线接入点。

与无害的随意窃听不同,恶意窃听在未经授权的情况下使用 802.11 协议分析仪来捕获无线通信, 这通常属于违法行为。大多数国家均制定了某种形式的窃听法,窃听他人的电话通话以及任何电磁通信(包括无线局域网通信)均属违法。

无线网络工程师可以利用协议分析仪捕获 802.11 流量,以便对自己的无线网络进行分析和故障排除。协议分析仪是一种采用射频监控模式的无源设备,可以捕获一定范围内的所有 802.11 帧传输。由于协议分析仪以被动方式捕获 802.11 帧,因此 WIPS 无法检测到恶意窃听。Omnipeek[2]是 LiveAction 开发的商用协议分析仪,而 Wireshark[3]是使用广泛的免费协议分析仪。

协议分析仪旨在作为诊断工具,但攻击者也能利用协议分析仪充当恶意监听设备,对 802.11 帧交换进行未经授权的监听。尽管所有二层信息始终是可用的,但如果没有配置 Wi-Fi 保护接入 2(WPA2)加密,那么所有的第三~七层信息将暴露在外。邮件、文件传输协议(FTP)、Telnet 密码等一切未加密的明文通信都可能被截获。此外,可以在 OSI 模型的上层重组没有经过加密的 802.11 帧传输,因此窃听者可以读取经过重组的邮件、网页与即时消息,甚至还能重组 VoIP 包并保存为.wav 声音文件。恶意窃听属于严重的违法行为。

由于窃听以被动形式进行且无法检测,因此必须始终加密信息以保护数据隐私。对于未经授权监控无线局域网的行为,加密是最有效的安全措施。WPA2 加密可以保护所有的第三~七层信息的数据隐私。

注意:
公共热点是恶意窃听者最青睐的对象。因为公共热点很少部署安全措施,数据传输通常没有加密,导致热点用户成为窃听者的首要目标。有鉴于此,所有移动用户在连接到企业网络之外的网络时,必须使用虚拟专用网(VPN)安全解决方案。

16.1.4　加密破解

有线等效保密(WEP)是一种多年前就已遭到破解的 802.11 加密机制。利用互联网上免费的破解工具,可以在短短 5 分钟之内破解 WEP 加密。许多方法都能破解经过 WEP 加密的信息。一般来说,攻击者只要使用协议分析仪捕获数十万个加密数据包,并通过 WEP 破解软件(如图 16.6 所示)运行这些截获的数据即可完成破解。破解软件通常在几秒内就能获得 40 位或 104 位的加密密钥,并利用破解后的加密密钥解密任何经过加密的流量,进而窃听使用 WEP 加密的网络。一旦解密流量,攻击者就能重组数据并读取其中包含的信息,网络对攻击者再无秘密可言。

1　https://www.wigle.net。
2　https://www.liveaction.com/products/omnipeek-network-protocol-analyzer。
3　https://www.wireshark.org。

```
* Got   286716! unique IVs | fudge factor = 2
* Elapsed time [00:00:03] | tried 1 keys at 20 k/m

KB   depth    votes
 0   0/  1   DA(  60) 70(  23) 55(  15) A2(   5) CD(   5) 3E(   4)
 1   0/  2   BD(  57) 2A(  32) 29(  22) 1D(  13) F9(  13) 9F(  12)
 2   0/  1   8C(  51) 67(  23) 48(  15) DD(  15) D6(  13) FA(  12)
 3   0/  3   1D(  30) A5(  17) 07(  15) 7B(  12) 4B(  10) 63(  10)
 4   0/  1   43(  66) B1(  15) D2(   6) 1A(   5) 20(   5) 21(   5)
 5   0/  5   92(  27) 23(  25) 02(  18) 2F(  17) C1(  16) 36(  12)
 6   0/  1   C6(  51) 54(  17) 50(  15) 66(  15) 01(  13) 4A(  13)
 7   0/  2   84(  29) C0(  17) EE(  13) 80(  12) 49(  11) F6(  11)
 8   0/  1   81(1808) 09( 119) 99( 116) 32(  75) 49(  75) 9D(  65)
 9   0/  1   C4(1947) E1( 125) FC( 123) BD( 105) 8C(  98) 2F(  85)
10   0/  1   8A( 580) 41( 120) 18(  93) ED(  85) B0(  65) 97(  60)
11   0/  1   08(  97) FF(  29) 5D(  20) 1E(  17) 18(  15) 5E(  15)
12   0/  1   1B( 145) DD(  21) 46(  20) 1C(  15) 76(  15) 07(  13)

        KEY FOUND! [ DABD8C1D4392C68481C48A081B ]
```

图 16.6　WEP 破解工具

16.1.5　KRACK 攻击

2017 年 10 月，比利时鲁汶大学的研究人员 Mathy Vanhoef 和 Frank Piessens 公布了密钥重装攻击(KRACK)的详细信息，这种重放攻击针对的是 WPA2 协议中用于产生动态加密密钥的四次握手。KRACK 漏洞受到外界的广泛关注，因为大量现有的 Wi-Fi 设备都存在加密密钥泄露的问题。受篇幅所限，本书不准备讨论 KRACK 攻击的原理，感兴趣的读者可以参考相关网站[1]。幸运的是，只要安装固件补丁就不难修复 KRACK 漏洞。在研究人员公布这个漏洞的同一年，所有主要的无线局域网供应商迅速做出响应并发布固件更新。更大的问题在于客户设备的固件更新——尽管所有主要的客户端操作系统均已安装用于修复 KRACK 漏洞的补丁，但相当一部分遗留的客户端可能没有可用的固件更新。

16.1.6　身份验证攻击

读者或许还记得，可以利用 802.1X/EAP 身份验证或预共享密钥(PSK)身份验证实现网络资源的访问授权。IEEE 802.11-2016 标准并未定义使用哪种可扩展认证协议(EAP)，每种 EAP 的安全程度也不尽相同。例如，轻量级可扩展认证协议(LEAP)曾经是最常用的 802.1X/EAP 解决方案之一，但它在离线字典攻击面前脆弱不堪。破解 LEAP 身份验证过程中的散列密码响应并非难事。

如图 16.7 所示，攻击者只需要在 LEAP 用户进行身份验证时捕获帧交换，然后利用离线字典攻击工具运行捕获文件，就能在几秒内获得 LEAP 身份验证过程使用的用户名和密码。取得用户名和密码后，攻击者可以冒充用户通过验证，然后访问所有开放给该用户的网络资源。使用隧道式身份验证的 EAP 安全性较高，不易受到离线字典攻击的影响。

1　www.krackattacks.com。

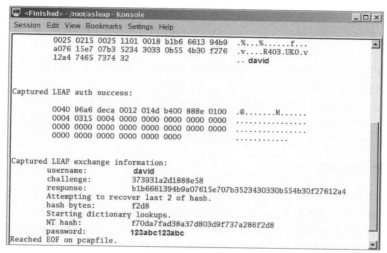

图 16.7 离线字典攻击

　　身份验证凭证泄露将危害所有网络资源的安全，这是身份验证攻击带来的最大威胁，其危险程度与非法接入点类似。如果攻击者破坏授权的 Wi-Fi 门户并取得身份验证凭证，网络资源将暴露无遗。由于存在严重的安全隐患，因此企业无线局域网基础设施必须部署 802.1X/EAP 解决方案。802.1X/EAP 使用了 RADIUS 服务器与第 17 章讨论的隧道式身份验证机制。

　　大多数家庭用户并无 RADIUS 服务器，他们通常使用安全性较差的 WPA/WPA2 个人版身份验证机制。WPA/WPA2 个人版采用密码短语(有时称为预共享密钥)，易受离线蛮力字典攻击。社会工程学是一种诱使人们泄露机密信息的技术，利用这种技术不难获取共享密钥或密码短语。攻击者取得密码短语后，就能关联到 WPA/WPA2 接入点并访问网络资源。为缓解离线蛮力字典攻击造成的危害，IEEE 和 Wi-Fi 联盟建议在部署 WPA/WPA2 个人版解决方案时使用长度至少为 20 个字符的高强度密码短语(WPA/WPA2 密码短语的长度为 8～63 个字符)。

　　更糟糕的是，攻击者掌握密码短语后，就能解密动态产生的 TKIP/RC4 或 CCMP/AES 加密密钥。密码短语用于生成成对主密钥(PMK)，PMK 和四次握手共同用于创建最终的动态加密密钥。如果攻击者取得密码短语并捕获四次握手过程，就能重新生成动态加密密钥，进而解密流量。WPA/WPA2 个人版并非可靠的企业安全解决方案，因为一旦密码短语遭到破解，攻击者不仅能访问网络资源，也能解密流量。有鉴于此，企业网络应避免使用静态的预共享密钥身份验证解决方案。而在没有 AAA 服务器或客户设备不支持 802.1X/EAP 的环境中，建议部署能实现唯一预共享密钥的专有预共享密钥身份验证解决方案。例如，某些企业无线局域网供应商开发的专有预共享密钥解决方案可以为每位用户提供唯一的预共享密钥。

注意:
第 17 章 "无线局域网安全体系结构" 将详细讨论四次握手和动态加密密钥的产生。

16.1.7 MAC 欺骗

　　每个 802.11 无线接口都有一个物理地址，这就是 MAC 地址。802.11 帧的二层帧头包含 MAC 地址，长度为 12 个十六进制数，以明文形式传输。大多数 Wi-Fi 供应商的接入点都具备 MAC 过滤功能，MAC 过滤功能通常仅允许特定客户端发送的流量通过接入点。MAC 过滤基于每个客户端唯一的 MAC 地址。如果客户端的 MAC 地址没有出现在允许列表中，就无法通过接入点的虚拟端口向分布系统介质传输流量。由于不支持安全性更高的身份验证和加密技术，遗留的客户设备(如移动手持扫描仪)往往使用 MAC 过滤作为安全机制。

需要注意的是，MAC 地址可以被欺骗或假冒。业余黑客只要将自己的 MAC 地址设置为某个出现在允许列表中的客户端，就能轻易规避 MAC 过滤器。

由于 MAC 地址容易遭到欺骗且配置 MAC 过滤器较为烦琐，因此 MAC 过滤并非保护企业无线网络的可靠手段。建议仅在无法部署安全性更高的解决方案时才实施 MAC 过滤，或作为多要素安全体系的辅助手段并配合安全性更高的解决方案使用。

16.1.8　管理界面漏洞

攻击者的主要目标之一是取得管理账户或根权限的访问权，进而对网络或个人设备发动各种攻击。在有线网络中，黑客攻击防火墙、服务器与基础设施设备；而在无线网络中，黑客首先攻击接入点或无线局域网控制器，随后攻击与有线攻击相同的目标。与管理有线基础设施硬件类似，管理员通过各种界面管理接入点、无线局域网控制器等无线基础设施硬件。一般来说，可以通过 Web 界面、命令行界面、串行端口、控制台连接以及简单网络管理协议(SNMP)访问设备。保护这些界面的安全至关重要。建议禁用不使用的界面，并选择高强度的密码，且始终部署采用安全外壳第 2 版(SSH2)或超文本传输安全协议(HTTPS)的加密登录功能。

不难从网上找到所有主要制造商生产的接入点的默认设置，黑客经常通过这些信息寻找安全漏洞。攻击者往往利用管理界面存在的安全漏洞重新配置接入点，导致合法用户和管理员无法访问自己的 Wi-Fi 设备，这种情况并不鲜见。通过管理界面获得访问权限后，攻击者甚至还能启动无线硬件的固件升级，并在升级过程中关闭设备电源，导致硬件出现故障并返修。

根据安全策略的规定，只能通过网络的有线端配置所有无线局域网基础设施设备。如果管理员试图以无线方式配置 Wi-Fi 设备，则配置发生变化后可能导致管理员无法连接。某些 Wi-Fi 供应商提供用于故障排除和配置的安全无线控制台连接功能。

16.1.9　无线劫持

无线劫持(wireless hijacking)又称双面恶魔攻击(evil twin attack)，这种攻击经常引起广泛关注。攻击者的膝上型计算机配置了接入点软件，可将 Wi-Fi 客户端无线接口转换为接入点。部分小型 Wi-Fi USB 设备也能充当接入点。通过配置与公共热点相同的 SSID，攻击者的接入点成为具有相同 SSID 但使用不同信道传输数据的"双面恶魔"接入点。攻击者随后发送假冒的取消关联帧 (disassociation frame)或解除身份验证帧(deauthentication frame)，强制与热点建立关联的用户漫游到"双面恶魔"接入点。此时，客户端在第二层遭到劫持。攻击者通常利用解除身份验证帧发动劫持攻击，但也可以利用射频干扰器迫使客户端从原接入点漫游到"双面恶魔"接入点。

一般来说，"双面恶魔"接入点会配置为用于给客户端分配 IP 地址的动态主机配置协议(DHCP)服务器。此时，无线客户端在第三层遭到劫持，攻击者可以随心所欲地对遭到劫持的客户端发动对等攻击。在连接到"双面恶魔"接入点的过程中，用户的计算机可能成为 DHCP 攻击的受害者。这种攻击利用 DHCP 进程将 rootkit 或其他恶意软件注入受害者的计算机，并为其分配 IP 地址。

如图 16.8 所示，攻击者还可能使用膝上型计算机的第二块无线网卡发动中间人攻击 (man-in-the-middle attack)，此时第二块无线网卡作为客户端与原接入点建立关联。操作系统的网卡可以桥接在一起以路由流量，攻击者利用这一点将第二块无线网卡桥接到充当"双面恶魔"接入点的无线网卡。用户从原接入点被劫持到"双面恶魔"接入点后，流量通过第二个 Wi-Fi 接口从"双面恶魔"接入点路由回原接入点。虽然用户一直处于被劫持状态，但由于流量仍然能通过网关路由回原来的网络，导致用户始终无法发现自己遭到劫持。因此，攻击者处于合法接入点与用户之间，可以随意发动对等攻击而完全不会暴露。

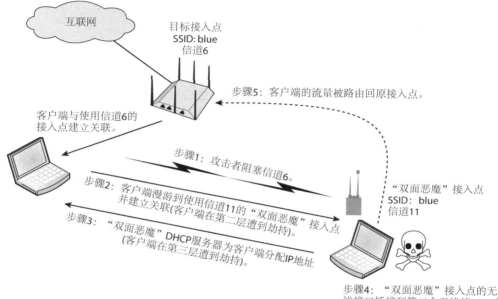

图 16.8　无线劫持/中间人攻击

　　无线劫持的另一种形式称为 Wi-Fi 网络钓鱼攻击(Wi-Fi phishing attack)。为发动这种攻击，攻击者可能需要配置 Web 服务器软件和强制门户软件。用户被劫持到"双面恶魔"接入点之后，将被重定向到一个与热点登录页面完全相同的页面，这个伪造的登录页面可能要求遭到劫持的用户提供信用卡号等敏感信息。网络钓鱼攻击在互联网上屡见不鲜，公共热点目前也深受其害。

　　唯一能阻止无线劫持、中间人攻击或 Wi-Fi 网络钓鱼攻击的途径是部署相互身份验证(mutual authentication)解决方案。相互身份验证不仅验证试图连接网络的用户，也验证用户连接的网络。802.1X/EAP 解决方案要求对用户授权之前首先交换相互身份验证的凭证，只有取得授权的用户才能获取 IP 地址，从而避免用户遭到劫持。

16.1.10　拒绝服务攻击

　　在各种针对无线网络的攻击中，拒绝服务攻击(DoS attack)似乎最容易遭到忽视。不法分子利用合适的工具阻止合法用户访问网络资源，从而在一段时间内瘫痪无线局域网。监控系统可以在第一时间发现并识别拒绝服务攻击，但除非能定位并消除攻击源，否则通常无法阻止拒绝服务攻击。

　　拒绝服务攻击针对 OSI 模型的第一层(物理层)或第二层(数据链路层)。物理层攻击称为射频干扰攻击，蓄意干扰和非蓄意干扰是两种最常见的射频干扰攻击。

蓄意干扰   攻击者使用某种信号发生器干扰非授权频段，这种干扰属于蓄意干扰。窄带干扰器和宽带干扰器都能干扰 802.11 传输，从而破坏所有数据，或导致 802.11 无线接口在执行空闲信道评估(CCA)期间始终无法传输数据。

非蓄意干扰   相较于恶意的蓄意干扰，非蓄意干扰更常见。微波炉、无绳电话以及其他设备造成的非蓄意干扰都可能导致网络瘫痪。非蓄意干扰未必是针对无线网络的攻击，但造成的危害不亚于蓄意干扰攻击。

能检测到所有物理层蓄意干扰和非蓄意干扰的最佳工具是频谱分析仪，Wi-Spy USB 频谱分析仪[1]便是一例。

黑客发动的各种数据链路层拒绝服务攻击更为普遍，数据链路层拒绝服务攻击通常通过篡改 802.11 帧来实现。假冒取消关联或解除身份验证帧是最常见的数据链路层拒绝服务攻击。攻击者修改 802.11 帧头，在发射机地址(TA)字段或接收机地址(RA)字段伪造接入点或客户端的 MAC 地址，然后反复发送假冒的解除身份验证帧。如果设备收到假冒的解除身份验证帧，就会认为这些帧由合法设备发送，从而断开数据链路层连接。

数据链路层拒绝服务攻击的种类很多，包括关联泛洪、身份验证泛洪、节电轮询泛洪(PS-Poll flood)以及虚拟载波攻击。幸运的是，WIPS 可以在第一时间发现数据链路层拒绝服务攻击并通知管理员。为避免某些类型的管理帧遭到欺骗，802.11w 修正案定义了管理帧保护(MFP)机制。受到 MFP 机制保护的帧称为强健管理帧，包括取消关联帧、解除身份验证帧与强健行动帧(robust action frame)。行动帧用于请求一台设备代表另一台设备执行操作，但并非所有行动帧都属于强健行动帧。

请注意，802.11w 修正案并非阻止数据链路层拒绝服务攻击的灵丹妙药，它对许多数据链路层拒绝服务攻击无能为力。此外，客户设备尚未大规模支持 MFP 机制。但是，企业无线局域网供应商的接入点已实现 802.11w；因此，如果客户端也支持 802.11w，就能将某些常见的数据链路层拒绝服务攻击拒之门外。

频谱分析仪是检测物理层拒绝服务攻击的最佳工具，协议分析仪或 WIPS 是检测数据链路层拒绝服务攻击的最佳工具。然而，唯有采取物理安全措施才能消除所有拒绝服务攻击。建议配备护卫犬并安装带刺的铁丝网，或部署能提供物理层和数据链路层入侵检测的供应商解决方案。

了解更多有关无线局域网安全风险评估的知识

本章介绍了 Wi-Fi 攻击和入侵监控的基础知识。讨论无线入侵的图书数量众多，但从《CWSP 学习指南(第 2 版)》入手学习无线安全知识是不错的选择。

许多无线局域网安全审计工具也可用于 Wi-Fi 渗透测试，WiFi Pineapple 便是一例。这种使用广泛的无线局域网审计工具由 Hak5 开发，使用配有 Web 界面的自定义硬件和软件。有关 WiFi Pineapple 的详细信息，请参见 Hak5 网站[2]。

大多数高效的无线审计工具运行在 Linux 平台上，不少工具可以通过引导CD访问。Kali Linux[3] 是基于 Debian 的 Linux 发行版，包括 600 多种安全和取证工具。

---

1   https://www.metageek.com/products/wi-spy。

2   https://shop.hak5.org/products/wifi-pineapple。

3   https://www.kali.org。

16.1.11　特定于供应商的攻击

对于特定的接入点和无线局域网控制器供应商，黑客经常能在供应商使用的固件代码中发现漏洞。针对 802.11 网络的漏洞和攻击层出不穷，供应商专有的攻击也是其中之一。特定于供应商的漏洞大多以缓冲区溢出攻击(buffer overflow attack)的形式存在。这些攻击曝光后，Wi-Fi 供应商一般会及时提供固件修复程序。一旦发现漏洞，受影响的供应商将就如何弥补漏洞提出安全建议。大多数情况下，供应商很快会发布相应的补丁。为避免成为这些攻击的受害者，请务必通过供应商的支持服务平台及时了解相关信息，并使用供应商提供全面支持的最新固件维护无线局域网基础设施。与大多数网络基础设施硬件一样，无线局域网控制器或接入点运行的固件也有生命周期。升级开始前，管理员应该经常检查最新版本固件的影响，认真对待安全更新至关重要。

16.1.12　社会工程学攻击

使用黑客软件或工具入侵有线或无线网络并非攻击者的首选，大多数计算机安全漏洞归因于社会工程学攻击(social engineering attack)。社会工程学是一种诱使用户泄露机密信息(如计算机密码)的技术，阻止社会工程学攻击的最好方法是严格贯彻安全策略，以防机密信息外泄。

所有静态信息在社会工程学攻击面前都脆弱不堪。WEP 加密使用静态密钥，而 WPA/WPA2 个人版使用静态预共享密钥或密码短语。由于静态信息的安全性较差，应避免使用上述两种安全机制。

16.2　入侵监控

在讨论无线网络时，用户往往只看到无线网络提供的接入功能，却没有意识到针对无线网络的攻击或入侵。然而，考虑到无线攻击可能造成的危害，持续监控各类无线攻击变得越来越重要。企业无论规模大小，都已部署提供移动性和接入的无线局域网。许多无线局域网运行着无线入侵检测系统(WIDS)，以监控针对无线网络的攻击。自 2006 年问世以来，无线入侵监控技术已取得长足进步。如今，相当一部分系统都能预防并抑制多种知名的无线攻击。正因为如此，大多数无线局域网供应商将自己的解决方案称为无线入侵防御系统(WIPS)，本书也将统一使用 WIPS 一词。

某些分布式监控解决方案还提供预防功能，包括缓解非法接入点和客户端造成的危害。在维护健康、安全的无线网络时，部署分布式无线局域网监控和非法设备预防解决方案有助于减少维护时间和成本。

16.2.1　无线入侵防御系统

如今，即便尚未部署授权的无线局域网，也可能需要安装 WIPS。攻击者可以通过无线网络入侵网络资源。如果企业的有线数据端口不受控制，那么包括员工在内的任何人都能安装非法接入点。正因为如此，在部署提供员工访问的 Wi-Fi 网络前，金融机构(如银行)、医院等许多行业都会选择首先安装 WIPS。无线局域网部署完毕后，同样需要使用 WIPS 监控拒绝服务攻击、无线劫持等各种针对 Wi-Fi 网络的攻击。典型的 WIPS 将采用客户端/服务器模型，主要由以下两部分组成。

WIPS 服务器　WIPS 服务器是一种软件服务器或硬件服务器设备，可充当监控安全和性能数据收集的中心点，并利用签名分析、行为分析、协议分析以及射频频谱分析来检测可能存在的威胁。签名分析用于搜索与常见 Wi-Fi 攻击相关的模式；行为分析用于搜索 802.11 异常；协议分析不仅可以解析802.11帧的MAC子层信息，还能查看未加密数据帧的第三～七层信息；频谱分析负责监控信号强度、信噪比等射频统计数据；性能分析用于测算容量、覆盖等无线局域网健康状况指标。

　　传感器　基于硬件或软件的传感器安装在无线局域网的重要位置，以监控并捕获所有802.11通信。传感器是WIPS监控解决方案的"耳目"，它利用802.11无线接口收集保护和分析802.11流量所需的信息。图16.9显示了大多数WIPS使用的客户端/服务器模型。

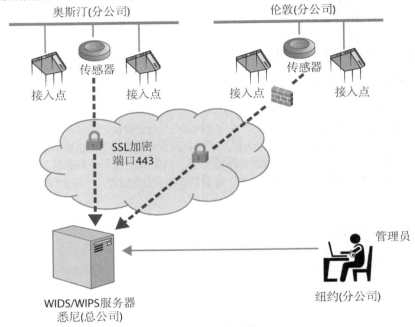

图 16.9　无线入侵防御系统(WIPS)

　　就本质而言，传感器是一种处于持续监听模式的无源设备。硬件传感器较为常见，其外观类似于接入点。传感器具备一定的智能，但必须与集中式WIPS服务器相互通信。WIPS服务器可以从数千个远端传感器收集数据，从而满足大型企业的可伸缩性需求。

　　独立传感器可配置为仅监听模式，因此不提供Wi-Fi客户端接入。传感器持续扫描2.4 GHz ISM和5 GHz U-NII频段的所有信道，极少数情况下也能配置为仅监听一条信道或一组选定的信道。接入点同样可以充当"兼职"传感器——利用信道外扫描(off-channel scanning)功能监控其他信道，而大部分时间仍然通过主信道提供客户端接入。某些无线局域网供应商的接入点还配有第三个无线接口，配置为仅监听模式时可以作为"专职"传感器使用。

　　部分解决方案可能还需要基于软件的控制台，以便桌面工作站与WIPS服务器相互通信。管理控制台是管理并配置服务器和传感器的软件界面，也能用于全天候监控无线局域网。但大多数WIPS解决方案不需要额外的控制台，可以从服务器直接查看所有安全监控信息。如图16.10所示，网络管理员可以通过WIPS服务器的图形用户界面监控所有潜在的Wi-Fi安全威胁。

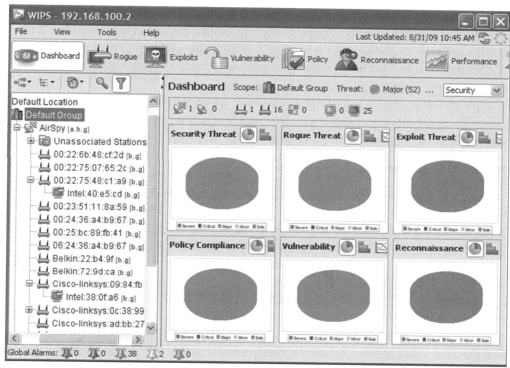

图 16.10　WIPS 监控

　　WIPS 最适合监控 MAC 欺骗、取消关联攻击、解除身份验证攻击等数据链路层攻击，大多数
WIPS 提供多达 100 种潜在安全风险的警报。部署 WIPS 时，设置策略和警报十分重要。入侵检
测系统经常出现误报，这个问题可以通过定义合适的策略和阈值加以解决。此外，应根据严重程
度划分各种警报的级别，并发送相应的告警通知。例如，广播 SSID 不会对安全构成重大威胁，
甚至禁用这类警告也无妨；而解除身份验证欺骗攻击会严重危害网络安全，应将其划分为高危等
级，并自动向网络管理员发送邮件或短信。

　　WIPS 一般用于监控网络安全，但许多 WIPS 也可以监控网络性能。例如，如果带宽利用率
过高或 VoWiFi 电话漫游和重关联的次数过多，WIPS 可能会发出性能警报。

　　目前存在两种主要的 WIPS 体系结构。

　　覆盖型　部署在现有无线网络之上的覆盖型 WIPS 是安全性最高的模型。这种模型采用独立
供应商的 WIPS，用于监控现有或正在规划的无线局域网。一般来说，覆盖型 WIPS 功能齐全，
但价格昂贵。覆盖型 WIPS 由 WIPS 服务器和传感器构成，不属于无线局域网，也不提供客户端
接入。目前，专用的覆盖型 WIPS 不再像过去那样普遍，因为大多数企业无线局域网产品都集成
有 WIPS 功能。

　　集成型　大多数 Wi-Fi 供应商的产品集成有完整的 WIPS 功能,集中式无线局域网控制器或集中式网络管理服务器(NMS)充当 WIPS 服务器。接入点既可以配置为"专职"传感器,也可以在不作为接入点使用时充当"兼职"传感器。接入点利用信道外扫描程序实现动态射频频谱管理,还能兼作集成型 WIPS 服务器的传感器。建议部署一定数量的接入点作为"专职"传感器。相较于覆盖型 WIPS,集成型 WIPS 的功能较少,但价格较低。

　　在上述两种 WIPS 体系结构中,集成型 WIPS 是目前部署最广泛的 WIPS。对大多数 Wi-Fi 用户而言,覆盖型 WIPS 往往价格不菲。功能更强大的覆盖型 WIPS 通常见于国防、金融或大型零售垂直市场,因为这些行业有充足的资金部署覆盖型解决方案。

16.2.2　非法设备检测与抑制

　　如前所述,非法接入点指未经授权、不受网络管理员掌控的 Wi-Fi 设备。最令人担忧的非法 Wi-Fi 设备当属没有经过授权就连接到有线网络基础设施的设备。无线局域网供应商通过各种无线和有线检测方法来确定是否有非法接入点插入有线基础设施。某些检测和划分非法设备的方法已公之于众,但许多方法仍然秘而不宣。任何没有经过授权的 802.11 设备将被自动划分为未授权设备。非法设备的分类略显复杂,WIPS 将接入点和客户端划分为 4 类(也可能更多)。虽然各家 WIPS 供应商使用的分类名称有所不同,但大致如下。

　　授权设备　授权设备是属于企业无线网络成员的客户端或接入点。WIPS 检测到 802.11 无线接口后,网络管理员可以手动将每个无线接口标记为授权设备,或将所有企业 802.11 无线接口的 MAC 地址导入系统。利用逗号分隔的文件批量授权设备同样可行。集成型 WIPS 自动将所有接入点划分为授权设备;如果客户端通过身份验证,集成型 WIPS 也会自动将客户端划分为授权设备。

　　未授权/未知设备　WIPS 自动将检测到但不属于非法设备的 802.11 无线接口标记为未授权设备。未知设备被视为未授权设备,通常需要做进一步分析,以确定它们属于邻居设备还是安全隐患。管理员可能随后手动将未授权设备划分为已知的邻居设备。

　　邻居设备　邻居设备是 WIPS 检测到的且身份已知的客户端或接入点。这类设备最初被视为未授权/未知设备,随后通常由管理员手动标记为邻居设备。手动划分的已知设备一般是附近企业网络的接入点或客户端,它们不会构成安全威胁。

　　非法设备　非法设备是干扰设备或可能成为安全隐患的客户端或接入点。大多数 WIPS 将非法接入点定义为与有线主干网实际相连但不属于已知设备或不在管理员掌控之中的设备。WIPS 供应商采用各种手段确定是否有非法接入点实际连接到有线基础设施。

　　不同的 WIPS 供应商可能使用不同的设备分类名称。例如,某些 WIPS 将所有未授权设备划分为非法设备,另一些 WIPS 则仅在检测到接入点或其他 Wi-Fi 设备连接到有线网络时才将它们划分为非法设备。WIPS 可以有效抑制划分为非法设备的客户端或接入点。WIPS 供应商采用多种手段消除安全隐患,利用假冒的解除身份验证帧是最常见的方法之一。如图 16.11 所示,WIPS 激活传感器,将非法接入点和非法客户端的 MAC 地址写入解除身份验证帧并发送到网络中。WIPS 采用这种已知的数据链路层拒绝服务攻击作为反制手段,强迫非法接入点中断与客户端的连接。这种方法适用于禁用非法接入点、单个客户端或非法自组织网络。

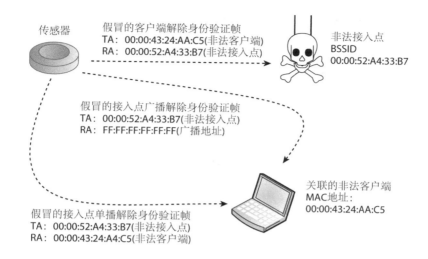

图 16.11　抑制非法无线设备

不少 WIPS 还利用有线端终止进程来抑制非法设备，通过 SNMP 实现端口抑制。许多 WIPS 都能发现连接到有线基础设施的非法接入点，并利用 SNMP 禁用非法接入点连接到的托管交换机端口。一旦交换机端口关闭，攻击者就无法通过非法接入点访问网络资源。

WIPS 供应商还采用其他专有方法禁用非法接入点和客户端，但这些方法通常不会公之于众。WIPS 目前主要用于抑制并禁用非法设备，今后也可能用于阻止其他无线攻击。

【现实生活场景】

WIPS 能否将所有已知的非法设备拒之门外？

简单来说：不能。WIPS 确实可以抑制许多非法设备，但无法检测出所有非法设备。WIPS 传感器的无线接口通常监控 2.4 GHz ISM 频段和 5 GHz U-NII 频段，但往往也会监控 4.9 GHz 频段(保留给美国公共安全使用)以检测可能存在的非法设备。然而，某些遗留的无线网络设备使用 900 MHz ISM 频段或其他频段收发数据，WIPS 无法发现这些设备。工作频率同样为 900 MHz 的频谱分析仪是唯一能百分之百检测到 900 MHz 接入点的工具。如果非法接入点既不使用 2.4 GHz 频段也不使用 5 GHz 频段传输数据，那么标准的 802.11 WIPS 解决方案将无能为力。

尽管分布式频谱分析变得越来越普遍，但并非所有 WIPS 都具备频谱分析功能。即便 WIPS 提供这项功能，也只能在支持的频率范围(通常与 WIPS 传感器监控的频率相同)内执行频谱分析。此外，WIPS 应监控所有可用的 2.4 GHz 和 5 GHz 信道，而不仅仅是用户所在国家允许使用的信道。

16.2.3　频谱分析仪

频谱分析仪是一种频域工具，可以检测扫描的频段中是否存在射频信号。监控 2.4 GHz ISM 频段的频谱分析仪能发现各种蓄意干扰和非蓄意干扰设备，某些频谱分析仪还能根据干扰信号的射频签名划分设备类别(如微波炉、蓝牙发射器或 802.11 FHSS 无线接口)。频谱分析系统分为移动式和分布式两类。大多数频谱分析仪属于独立的移动式解决方案，而许多企业无线局域网供应商也利用充当传感器的接入点的射频监控功能来实现分布式频谱分析。分布式频谱分析系统(DSAS)实际上属于物理层无线入侵检测系统，不仅可以检测射频干扰，还能根据频率签名划分干扰类型，从而有助于干扰设备的定位和分类。一般来说，DSAS 解决方案利用接入点实现分布式频谱分析。某些供应商的接入点使用独立于 802.11 无线接口运行的集成频谱分析芯片组，另一些供应商的接入点则使用 802.11 无线接口完成低级频谱分析。

16.3　无线安全策略

无线网络保护和威胁监控的重要性毋庸置疑，但二者只有配合适当的安全策略才能发挥作用。如果最终用户与他人共享密码，802.1X/EAP 解决方案将变得毫无意义。如果没有制定处理非法接入点的策略，部署入侵检测系统也毫无价值可言。

越来越多的企业开始调整其网络使用策略，将无线安全方面的内容纳入其中。建议尚未制定无线局域网安全策略的企业立即着手考虑这个问题。有关计算机安全策略和最佳实践的相关信息，请访问美国系统网络安全协会(SANS)与美国国家标准技术研究所(NIST)网站。

> **注意：**
> 读者可以从 SANS 网站下载安全策略模板[1]，从 NIST 网站下载关于无线安全的专门出版物 800-153 和 800-48[2]。

16.3.1　一般性安全策略

制定无线安全策略时，必须首先定义一般性安全策略。一般性安全策略描述了组织或机构制定无线安全策略的目的。即便企业没有部署无线网络的计划，至少也应该制定如何处理无线非法设备的策略。一般性安全策略包括以下内容。

授权声明　规定安全策略的制定者以及支持策略实施的管理层人员。

适用对象　定义安全策略适用的受众，如员工、访客与承包商。

违规报告程序　规定安全策略的执行方式，包括应采取哪些措施以及负责执行的人员。

风险评估与威胁分析　定义潜在的无线安全风险与威胁，并预测企业网络遭到攻击后的经济损失。

安全审计　定义内部审计流程以及独立外部审计需求的必要性。

16.3.2　功能性安全策略

功能性安全策略从技术角度定义了无线安全，即采用哪些措施和手段保护无线网络。功能性安全策略包括以下内容。

策略要点　定义基本的安全过程，如密码策略、培训以及如何正确使用无线网络。

基准实践　定义最低限度的无线安全实践，如配置清单、分级与测试过程等。

设计与实现　定义实际使用的身份验证、加密与分段解决方案。

监控与响应　定义所有无线入侵检测流程以及相应的告警处理机制。

1　https://www.sans.org/security-resources/policies。

2　https://csrc.nist.gov/publications。

16.3.3　法律合规性

大多数国家都制定了相关法规，以保护所有政府机构数据通信的安全。以美国为例，NIST 负责制定美国联邦信息处理标准(FIPS)。与无线安全有关的是 FIPS 140-2 标准，其中定义了加密模块的安全要求。美国政府要求所有非涉密通信使用经过验证的加密模块，其他国家也承认 FIPS 140-2 标准或制定了类似的法规。

为保护特定行业的信息与通信安全，美国还制定了其他法规，部分法规如下。

《健康保险便利和责任法案》(HIPPA)　该法案是涉及电子医疗交易、提供商、医疗保险计划与雇主的国家标准，旨在保护患者的信息安全和个人隐私。

《萨班斯-奥克斯利法案》(SOX)　该法案对企业会计和审计程序做了严格规定，旨在强化企业责任和财务信息披露。

《格雷姆-里奇-比利雷法案》(GLBA)　该法案要求银行与其他金融机构将披露客户信息的政策和规定通知客户，以保护信用卡号、社会安全号、姓名、地址等个人信息。

> **注意：**
> FIPS 出版物的详细信息请参见 NIST 网站[1]，HIPPA 的更多信息请参见美国卫生与公共服务部网站[2]，SOX 的一般性信息请参见 SOX 网站[3]，GLBA 的更多信息请参见美国联邦贸易委员会网站[4]。

2016 年，欧盟通过《通用数据保护条例》(GDPR)，旨在保护欧盟公民的隐私权不会因收集和处理个人数据而受到侵犯。GDPR 于 2018 年 5 月开始实施，这部复杂的法案分为 99 款，主要目的是防止有权访问欧盟公民个人数据的组织侵犯隐私或泄露数据。GDPR 赋予欧盟公民更多的个人数据控制权，并规范个人数据在数字经济中的使用方式，从而强化对个人数据的保护。无论位于何处，收集、存储或处理欧盟公民个人数据的组织必须遵守 GDPR。

> **PCI 合规性**
>
> 随着越来越多的消费者将信用卡作为主要的支付方式，因不安全的处理方式和存储持卡人信息而导致卡号丢失和身份盗用的风险日益增加。支付卡行业(PCI)意识到，为保证业务持续增长，必须采取措施保护客户数据和卡号。为此，PCI 安全标准委员会制定了组织或机构在处理和存储持卡人信息时需要遵循的法规，通常称为支付卡行业数据安全标准(PCI DSS)。该标准大约每 3 年更新一次，截至本书出版时，其最新版本为 PCI DSS 3.2。PCI DSS 定义了控制无线设备应用的要素，详细信息请参见 PCI 安全标准委员会网站[5]。

16.3.4　无线局域网安全策略建议

制定详尽、全面的安全策略必不可少，强烈建议无线局域网安全策略将以下 6 方面关于无线安全的内容纳入其中。

BYOD 策略　员工喜欢将个人 Wi-Fi 设备(如平板电脑和智能手机)带到工作场所，往往希望在安全的企业无线局域网中使用这些设备。建议所有企业制定自带设备(BYOD)策略，明确规定

1　https://csrc.nist.gov/publications/fips。

2　https://www.hhs.gov/hipaa/index.html。

3　https://www.sarbanes-oxley-101.com。

4　https://www.ftc.gov。

5　https://www.pcisecuritystandards.org。

个人设备如何接入安全的企业无线局域网。BYOD 策略还应规定员工在访问企业无线局域网时如何使用个人设备以及可访问哪些企业网络资源。有关 BYOD 的详细讨论请参见第 18 章 "自带设备与来宾访问"。

来宾访问策略　大部分企业网络资源不应对来宾用户开放。建议利用高强度的防火墙和网络分段实践限制来宾用户访问企业网络资源，或考虑实施带宽限制和 QoS 限制。有关来宾无线局域网的详细讨论请参见第 18 章。

远程访问无线局域网策略　最终用户在公司以外的场所使用膝上型计算机和手持设备时，大多数用户可能通过家庭无线网络或无线热点接入互联网。不少远程无线网络并未部署任何安全措施，因此必须严格执行无线局域网远程访问策略。建议这项策略将需要使用的 IPsec 或 SSL VPN 解决方案纳入其中，以提供设备身份验证、用户身份验证以及针对所有无线数据流量的高强度加密。热点是恶意窃听的主要目标，所有远程计算机都应安装个人防火墙以阻止对等攻击。尽管个人防火墙对无线劫持无能为力，但可以防止攻击者接触到最重要的信息。不妨考虑部署端点无线局域网策略实施软件解决方案，强制最终用户在访问企业无线局域网之外的无线网络时使用 VPN 和防火墙。由于公共热点极易受到攻击，因此必须强制采用远程访问策略。

非法接入点策略　禁止所有最终用户在企业网络中自行安装无线设备(接入点、无线路由器、无线硬件 USB 客户端以及其他无线网卡)，以免危害主要基础设施网络的安全。务必认真贯彻这项策略。此外，由于对等网络容易成为对等攻击的目标，应禁止最终用户设置对等网络或自组织网络。如果计算机的以太网端口也在使用，那么攻击者可能以对等网络为跳板入侵基础设施网络。

合理应用无线局域网策略　制订合理使用并实施企业主要无线网络的详细策略，包括正确的安装流程、正确的安全实施以及允许无线局域网使用的应用。

WIPS 策略　制订正确处理 WIPS 告警信息的策略。例如，列出在发现非法接入点后应采取哪些必要措施。

不妨以上述 6 项简单的安全策略为基础来编写无线安全策略文档。

16.4　小结

本章讨论了各种潜在的无线攻击与安全威胁。非法接入点始终是危害无线网络安全的罪魁祸首，其次是社会工程学攻击，而对等攻击、窃听等其他许多攻击也会造成严重危害。本章还讨论了只能监控但无法抑制的拒绝服务攻击。此外，我们介绍了各种入侵监控解决方案。大多数入侵检测解决方案采用分布式的客户端/服务器模型，某些解决方案还提供预防非法设备的功能。本章最后讨论了制定无线局域网安全策略的必要性，完善的安全策略是实施无线局域网安全解决方案的基础。

16.5　考试要点

理解非法接入点的危害。解释攻击者为何能通过非法接入点访问网络资源，理解非法接入点往往由企业员工自行安装。

定义对等攻击。理解攻击者可以通过接入点或自组织网络发动对等攻击，解释如何阻止这种攻击。

了解窃听的危害。解释随意窃听与恶意窃听的区别，理解加密对保护数据安全的重要作用。

定义身份验证攻击与劫持攻击。解释二者带来的安全风险，理解需要部署安全性较高的 802.1X/EAP 解决方案才能缓解这些攻击造成的危害。

解释无线拒绝服务(DoS)攻击。了解物理层拒绝服务攻击与数据链路层拒绝服务攻击的区别，解释只能监控但无法抑制拒绝服务攻击的原因。

理解各种无线入侵监控解决方案。解释 WIPS 的作用。理解大多数无线入侵监控解决方案采用了分布式的客户端/服务器模型，了解构成无线入侵监控解决方案的要素以及各种 WIPS 模型。理解 WIPS 可以监控哪些攻击、可以预防哪些攻击。

理解制订无线局域网安全策略的必要性。解释一般性安全策略与功能性安全策略的区别。

16.6　复习题

1. 以下哪些攻击属于拒绝服务攻击？(选择所有正确的答案。)

A. 中间人攻击　　　　　　　　　**B.** 干扰

C. 解除身份验证欺骗　　　　　　**D.** MAC 欺骗

E. 对等攻击

2. 以下哪些攻击属于恶意窃听？(选择所有正确的答案。)

A. NetStumbler　　　　　　　　　**B.** 对等攻击

C. 协议分析仪捕获　　　　　　　**D.** 数据包重建

E. 节电轮询泛洪

3. 无线入侵防御系统无法检测到哪种攻击？

A. 解除身份验证欺骗　　　　　　**B.** MAC 欺骗

C. 非法接入点　　　　　　　　　**D.** 使用协议分析仪进行窃听

E. 关联泛洪

4. 相互身份验证解决方案可以抑制哪些攻击？(选择所有正确的答案。)

A. 恶意窃听　　　　　　　　　　**B.** 解除身份验证

C. 中间人攻击　　　　　　　　　**D.** 无线劫持

E. 身份验证泛洪

5. 以下哪种安全解决解决方案可以阻止攻击者查看合法 802.11 设备使用的 MAC 地址？

A. MAC 过滤　　　　　　　　　　**B.** CCMP/AES 加密

C. MAC 欺骗　　　　　　　　　　**D.** 非法设备抑制

E. 非法设备检测　　　　　　　　**F.** 以上答案都不正确

6. 无线局域网安全策略文档主要包括哪两方面的策略？(选择所有正确的答案。)

A. 一般性安全策略　　　　　　　**B.** 功能性安全策略

C. 非法接入点策略　　　　　　　**D.** 身份验证策略

E. 物理安全

7. 如果入侵者获得 WPA/WPA2 个人版身份验证期间使用的预共享密钥或密码短语，会造成哪些后果？(选择所有正确的答案。)

A. 解密　　　　　　　　　　　　**B.** ASLEAP 攻击

C. 欺骗　　　　　　　　　　　　**D.** 加密破解

E. 访问网络资源

8. 以下哪些攻击属于数据链路层拒绝服务攻击？(选择所有正确的答案。)

A. 解除身份验证欺骗　　　　　　**B.** 干扰

C. 虚拟载波攻击　　　　　　　　**D.** 节电轮询泛洪

E. 身份验证泛洪

9. 以下哪些设备会对无线局域网造成非蓄意射频干扰？(选择所有正确的答案。)

A. 微波炉　　　　　　　　　　　**B.** 信号发生器

C. 2.4 GHz 无绳电话　　　　　　 **D.** 900 MHz 无绳电话

E. 解除身份验证发射机

10. 非法无线局域网设备通常由谁安装？(选择所有正确的答案。)

A. 攻击者　　　　　　　　　　　**B.** 战争驾驶者

C. 承包商　　　　　　　　　　　**D.** 访客

E. 企业员工

11. 对关联到同一个接入点的客户端而言，以下哪两种解决方案有助于缓解对等攻击造成的危害？(选择所有正确的答案。)

A. 个人防火墙　　　　　　　　　**B.** WPA2 加密

C. 客户端隔离　　　　　　　　　**D.** MAC 过滤器

12. 以下哪种解决方案可以用于反制非法接入点？

A. CCMP　　　　　　　　　　　**B.** PEAP

C. WIPS　　　　　　　　　　　 **D.** TKIP

E. WINS

13. WIPS 使用哪 4 种标签划分 802.11 设备的类别？(选择所有正确的答案。)

A. 授权　　　　　　　　　　　　**B.** 邻居

C. 启用　　　　　　　　　　　　**D.** 禁用

E. 非法　　　　　　　　　　　　**F.** 未授权/未知

14. 斯科特是威廉斯木材公司的网络管理员，他发现 WIPS 检测到一个非法接入点，斯科特木材公司应该采取哪些措施？(选择最合适的两个答案。)

A. 启用 WIPS 提供的数据链路层非法设备抑制功能。

B. 将发现的非法接入点从电源插座拔出。

C. 致电警方。

D. 致电母亲。

E. 将发现的非法接入点从数据端口拔出。

15. 无线用户连接到公共热点时容易受到哪些攻击？(选择所有正确的答案。)

A. Wi-Fi 网络钓鱼攻击　　　　　 **B.** "快乐接入点"攻击

C. 对等攻击　　　　　　　　　　**D.** 恶意窃听

E. "802.11 天空猴子"攻击　　　　**F.** 中间人攻击

G. 无线劫持

16. 所有远程访问无线安全策略必须包括哪两个要素？

A. 加密 VPN　　　　　　　　　　**B.** 802.1X/EAP

C. 个人防火墙　　　　　　　　　**D.** 强制门户

E. 无线眩晕枪

17. MAC 过滤器往往被视为一种安全性较差的解决方案，因为它容易受到哪种攻击的影响？

A. 垃圾邮件　　　　　　　　　　　**B.** 欺骗

C. 网络钓鱼　　　　　　　　　　　**D.** 破解

E. 窃听

18. 以下哪种 WIPS 体系结构最常见？

A. 集成型 WIPS　　　　　　　　　**B.** 覆盖型 WIPS

C. 接入型 WIPS　　　　　　　　　**D.** 核心 WIPS

E. 云 WIPS

19. 以下哪些加密技术已遭到破解？(选择所有正确的答案。)

A. 64 位 WEP　　　　　　　　　　**B.** 3DES

C. CCMP/AES　　　　　　　　　　**D.** 128 位 WEP

20. 无线劫持攻击又称＿＿＿。

A. Wi-Fi 网络钓鱼　　　　　　　　**B.** 中间人攻击

C. 伪造接入点　　　　　　　　　　**D.** 双面恶魔

E. AirSpy

第17章 无线局域网安全体系结构

本章涵盖以下内容:

- ✓ 无线局域网安全基础知识
  - 数据隐私与完整性
  - 身份验证、授权与记账
  - 分段
  - 监控与策略
- ✓ 遗留安全机制
  - 遗留的身份验证机制
  - 静态 WEP 加密
  - MAC 过滤
  - SSID 隐藏
- ✓ 强健安全机制
  - 强健安全网络
  - 身份验证与授权
  - 预共享密钥身份验证
  - 专有的预共享密钥身份验证
  - 对等实体同时验证
  - 802.1X/EAP 框架
  - EAP 类型
  - 动态加密密钥生成
  - 四次握手
  - 无线局域网加密
  - TKIP 加密
  - CCMP 加密
  - GCMP 加密
- ✓ 流量分段
  - 虚拟局域网
  - 基于角色的访问控制
- ✓ WPA3

✓ **虚拟专用网安全**
- ■ VPN 基础知识
- ■ 三层 VPN
- ■ SSL VPN
- ■ VPN 部署

本章将探讨备受关注的无线局域网安全问题。我们将讨论遗留的 802.11 安全解决方案，并介绍 IEEE 802.11-2016 标准定义的强健安全机制。电气和电子工程师协会(IEEE)最初定义的安全机制并未提供移动环境所需的身份验证和数据隐私，导致早期的无线局域网声名不佳。尽管没有任何措施能百分之百保证安全，但部署合适的解决方案有助于增强无线网络抵御攻击的能力。

从第 16 章"无线攻击、入侵监控与安全策略"的讨论可知，无线网络存在大量安全隐患。正确部署本章介绍的安全体系结构可以将众多针对 802.11 网络的攻击拒之门外。但是，现有手段对不少攻击束手无策，除监控外别无他法。

CWNA 考试有 10%左右的内容涉及无线局域网安全，而 CWSP 考试侧重于考查无线局域网安全的相关内容。要想通过 CWSP 考试，就需要深入了解 802.11 安全机制。本章将介绍无线局域网安全的基础知识，掌握这些知识不仅有助于准备 CWNA 考试，也有助于了解如何正确实施无线局域网安全解决方案。

17.1　无线局域网安全基础知识

无线局域网安全解决方案通常涉及以下 5 个要素：
- 数据隐私与完整性
- 身份验证、授权与记账
- 分段
- 监控
- 策略

考虑到射频信号传输的无缚性和开放性，为确保数据隐私，采用强有力的加密机制必不可少。无线局域网主要充当接入其他网络基础设施(如以太网主干网)的门户。为保护这个门户的安全，需要部署身份验证解决方案，确保只有授权设备和用户才能通过接入点连接到无线门户。用户或设备获得授权后，需要采用基于身份的机制进一步限制可以访问的网络资源。如果条件允许，建议部署无线入侵防御系统(WIPS)以持续监控 Wi-Fi 网络。此外，完善的解决方案应综合运用所有安全要素和策略。

切勿轻视有线网络或无线网络的安全问题。遗憾的是，最初部署的遗留 802.11 安全机制较为薄弱，因此无线局域网安全仍然受到部分人的诟病。2004 年，IEEE 批准通过 802.11i 修正案，该修正案定义了安全性较高的加密和身份验证机制。802.11i 修正案已纳入 IEEE 802.11-2016 标准，本章稍后将介绍该修正案定义的强健安全机制。部署合适的加密和身份验证解决方案有助于提高无线网络的安全性，甚至不逊于有线网络。如果能正确实施本章讨论的 5 个 802.11 安全要素，将为保护无线局域网奠定坚实的基础。

17.1.1　数据隐私与完整性

802.11 通信使用免授权频段，所有数据传输在开放介质中进行。接近有线介质并非易事，因此保护有线网络的数据隐私要容易得多。相反，只要位于监听范围内，任何人都能接触到无线信号。有鉴于此，为保护数据隐私，必须采用加密技术隐藏信息。"密码学"一词源自希腊语，意为"隐藏的单词"。密码学利用某种过程或算法，将称为明文的信息转换为称为密文的加密文本。在计算机和网络行业中，将明文转换为密文的过程通常称为加密，将密文还原为明文的过程通常称为解密。

ARC4 算法和高级加密标准(AES)算法是数据保护中最常用的两种加密技术。一些密码用于加密连续流中的数据，另一些密码则用于加密分组中的数据。

ARC4 算法 ARC4 算法是一种流密码，有线等效加密(WEP)和临时密钥完整性协议(TKIP)均采用 ARC4 算法保护 802.11 数据，本章稍后将讨论这两种遗留的加密机制。ARC4 的英文全称是 Alleged RC4。RC4 诞生于 1987 年，由 RSA 安全公司的罗纳德 • 李维斯特开发，又称"李维斯特密码 4"或"罗恩密码 4"。RC4 原本属于商用密码，但这种算法的详述描述于 1994 出现在互联网上，而比较测试证实了泄露的代码真实可靠。RSA 从未正式发布过这种算法，加之 RC4 一词已注册为商标，因此这种算法往往称作 ARCFOUR 或 ARC4。

AES 算法 AES 算法最初称为 Rijndael 算法，它是一种安全性优于 ARC4 流密码的分组密码。AES 算法采用计数器模式密码块链消息认证码协议(CCMP)加密 802.11 数据，本章稍后将讨论 CCMP。AES 算法利用 128 位、192 位或 256 位的加密密钥来加密固定长度的数据分组中包含的数据。美国政府规定，必须采用 AES 算法保护敏感信息和机密信息的安全。此外，IPsec VPN 等其他许多网络技术也使用 AES 密码加密数据。

第 9 章"802.11 MAC 体系结构"讨论了管理帧、控制帧、数据帧这 3 种主要的 802.11 无线帧。管理帧的帧体包含基本服务集(BSS)运行所需的二层信息，因此管理帧一直以来都未加密。但是为避免身份验证、关联等重要的网络功能受到攻击，802.11w 修正案定义了保护特定管理帧的机制。控制帧不存在帧体，因此也没有加密。而数据帧的帧体包含上层信息，必须保护这些信息的安全。启用数据加密后，数据帧的帧体中的 MAC 服务数据单元(MSDU)将受到二层加密的保护。本章讨论的大多数加密机制都采用二层加密，保护对象是数据帧的帧体中的第三~七层信息。在练习 17.1 中，读者将通过 802.11 协议分析仪观察数据帧的 MSDU 净荷。

【练习 17.1】

未加密的数据帧与加密的数据帧

(1) 为完成该练习，请首先从本书配套网站下载 CWNA_CHAPTER17.PCAP 文件[1]。

(2) 使用数据包分析器打开下载文件。如果读者尚未安装数据包分析器，可以从 Wireshark 网站下载 Wireshark[2]。

(3) 使用数据包分析器打开 CWNA_CHAPTER17.PCAP 文件。大部分数据包分析器都会在主界面上显示捕获的帧，第一列已按顺序对每个帧进行了编号。

(4) 向下滚动帧列表并单击第 8 号帧，这是一个没有加密的简单数据帧。观察帧体包含的上层信息，如 IP 地址和 TCP 端口。

(5) 单击第 136 号帧，这是一个经过加密的简单数据帧。观察帧体可以看到，该帧使用 WEP 加密，因此上层信息不可见。

WEP、TKIP 与 CCMP 均使用数据完整性校验以确保数据没有遭到恶意篡改。WEP 采用完整性校验值(ICV)，TKIP 采用消息完整性校验(MIC)。CCMP 同样使用 MIC，不过其安全性远优于 TKIP 或 WEP 使用的数据完整性机制。

17.1.2 身份验证、授权与记账

身份验证、授权与记账(AAA)定义了如何保护网络资源，AAA 是一种重要的计算机安全概念。

---

1 https://www.wiley.com/go/cwnasg，Downloads 选项卡提供了本书所有相关工具和演示的下载链接。

2 https://www.wireshark.org。

　　身份验证　验证身份和凭证是否有效。用户或设备必须表明自己的身份并提供相应的凭证，如用户名、密码或数字证书。安全性更高的身份验证系统采用多要素身份验证，用户需要提供至少两组不同类型的凭证。

　　授权　决定是否给予用户或设备访问网络资源的权限。例如，系统可以根据使用的设备类型(膝上型计算机、平板电脑、智能手机等)、时间限制或位置决定是否允许用户访问网络资源。请注意，身份验证必须先于授权进行。

　　记账　跟踪用户或设备使用网络资源的情况。记账是网络安全的重要环节，用于记录哪些用户在何时、何地访问了何种资源。一般来说，包括支付卡行业(PCI)在内的许多行业法规都要求保留记账记录。

　　请记住，802.11 无线网络通常充当接入 802.3 有线网络的门户。因此，必须采用强有力的身份验证机制保护无线门户的安全，确保只有提供正确凭证的合法用户才有权访问网络资源。

17.1.3　分段

　　部署强有力的加密和 AAA 解决方案是保护企业无线网络最重要的手段，而分段在无线网络安全中占有同等重要的地位，其目的是在网络中分隔用户流量。无线网络的安全性饱受质疑，这种情况一直持续到安全性更高的身份验证和加密技术出现：在 802.11i 修正案获批前，外界通常将整个 802.11 无线网络视为不可信的网段，而将 802.3 有线网络视为可信的网段。

　　随着安全解决方案的发展，无线局域网与有线基础设施的集成变得越来越平滑和安全。与所有传统的网络类似，将用户和设备划分到相应的组仍很重要。授权完成后，系统可以进一步限制用户或设备所能访问的网络资源。防火墙、路由器、虚拟专用网(VPN)、虚拟局域网(VLAN)、通用路由封装(GRE)等多种方式都能实现分段，绝大多数企业无线局域网分段策略利用 VLAN 实现分段。分段还能结合基于角色的访问控制(RBAC)使用，本章稍后将进行介绍。

17.1.4　监控与策略

　　完成无线网络的设计和安装后，监控其运行状况同样重要。除监控无线网络的性能以确保符合预期外，可能还要持续监控针对无线网络的攻击和入侵。与企业在大楼外安装摄像机以监控进出人员类似，监控通过网络传输的无线流量是 Wi-Fi 管理员的重要职责。建议安装 WIPS 以监控网络中可能存在的恶意无线活动。Wi-Fi 安全监控既可以通过集成型 WIPS 也可以通过覆盖型 WIPS 进行。提供 Wi-Fi 安全监控的网络安全解决方案既可以是云端服务，也可以在私有的数据中心服务器上运行。从第 16 章的讨论可知，WIPS 还能通过攻击非法设备来抑制由非法接入点和非法客户端发动的攻击，从而切断它们与用户网络之间的通信。

17.2　遗留安全机制

　　1997 年公布的 802.11 原始标准仅定义了有限的安全机制：遗留的身份验证机制实际上为黑客入侵网络基础设施大开方便之门；而遗留的加密机制早已遭到破解，难以肩负保护数据隐私的重任。接下来，我们将介绍遗留的身份验证和加密机制。在 802.11i 修正案于 2004 年获批前，它们是无线局域网仅有的安全手段。802.11i 修正案现已纳入 IEEE 802.11-2016 标准，稍后我们将讨论该修正案定义的强健安全机制。

17.2.1　遗留的身份验证机制

第9章曾经讨论过遗留的身份验证机制。802.11 原始标准定义了两种身份验证机制，它们是开放系统身份验证(Open System authentication)和共享密钥身份验证(Shared Key authentication)。身份验证通常指代在用户连接或登录网络时验证其身份，但 802.11 身份验证大相径庭。遗留的身份验证机制与其说是验证用户身份，不如说是验证功能，其目的是确定两台设备是否为合法的 Wi-Fi 设备。

开放系统身份验证不对用户身份做任何验证，它在本质上属于客户端与接入点之间的双向交换过程。

(1) 客户端发送身份验证请求帧。

(2) 接入点随后发送身份验证响应帧。

开放系统身份验证不要求客户端提供任何凭证，因此所有客户端都能通过验证，并在关联到接入点后获得网络资源的访问权限。当客户端通过开放系统身份验证并关联到接入点后，也可以采用静态 WEP 密钥加密数据帧，但这并非强制要求。

从第9章的讨论可知，共享密钥身份验证采用 WEP 验证客户端的身份，且客户端和接入点都要配置静态 WEP 密钥。除强制使用 WEP 外，如果双方的静态 WEP 密钥不匹配，客户端将无法通过验证。共享密钥身份验证类似于开放系统身份验证，但双方还需要交换质询和响应消息。共享密钥身份验证需要交换 4 次身份验证帧，过程如下：

(1) 客户端向接入点发送身份验证请求帧。

(2) 接入点向客户端发送包含明文质询消息的身份验证响应帧。

(3) 客户端加密明文质询消息，将其封装到另一个身份验证请求帧并发送给接入点。

(4) 接入点解密客户端的质询消息，并与原质询消息进行比较。

● 如果二者匹配，接入点向客户端发送第 4 个也是最后一个身份验证帧，确认客户端成功通过验证。

● 如果二者不匹配或接入点无法解密客户端的质询消息，接入点将拒绝客户端的身份验证请求。

如果共享密钥身份验证取得成功，则身份验证过程中使用的静态 WEP 密钥也将用于加密 802.11 数据帧。

开放系统身份验证与共享密钥身份验证的比较

共享密钥身份验证的安全性看似优于开放系统身份验证，但前者实际上存在更大的安全隐患。在执行共享密钥身份验证的过程中，任何人只要截获接入点发送的明文质询消息以及客户端返回的加密质询消息，就可能提取出静态 WEP 密钥。攻击者一旦破解静态 WEP 密钥，就可以解密所有数据帧并直接访问网络，网络将再无秘密可言。简言之，两种遗留的身份验证机制都无法为企业网络提供有效的保护。共享密钥身份验证现已遭到弃用，建议避免使用这种机制。本章稍后将讨论安全性更高的 802.1X/EAP 身份验证解决方案。

17.2.2　静态 WEP 加密

有线等效加密(WEP)是一种使用 ARC4 流密码的二层加密机制。802.11 原始标准最初仅定义了 64 位 WEP 加密，后来将 128 位 WEP 加密也纳入其中。WEP 加密旨在实现以下 3 个主要目标。

机密性　在传输前加密数据以提供数据隐私。

访问控制　一种简单的授权形式。客户端必须配置与接入点相同的静态 WEP 密钥才能访问网络资源。

数据完整性　加密数据前需要计算数据完整性校验和(ICV)，防止数据遭到篡改。

尽管 802.11 原始标准定义了 128 位 WEP 技术,但美国政府最初只允许出口 64 位 WEP 技术。在美国政府放宽对密钥长度的出口限制后，802.11 无线接口供应商开始生产支持 128 位 WEP 加密的设备。根据IEEE 802.11-2016标准的定义,64位WEP称为WEP-40,128位WEP称为WEP-104。如图 17.1 所示，64 位 WEP 由 40 位的静态密钥和 24 位的初始化向量(IV)构成。无线接口的驱动程序负责选择 IV 并以明文形式发送，每一帧都会创建一个新的 IV。由于总共只有 2^{24}(16 777 216) 种不同的 IV 组合，因此所有 IV 值在一段时间后必定会重复。对 64 位 WEP 而言，40 位的静态密钥与 24 位的 IV 混合后的有效密钥长度为 64 位；对 128 位 WEP 而言，104 位的静态密钥与 24 位的 IV 混合后的有效密钥长度为 128 位。

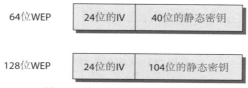

图 17.1　静态 WEP 密钥与初始化向量

静态 WEP 密钥通常为十六进制字符(0～9、A～F)或 ASCII 字符，接入点和客户端的静态密钥必须匹配。40 位的静态密钥由 10 个十六进制字符或 5 个 ASCII 字符构成，而 104 位的静态密钥由 26 个十六进制字符或 13 个 ASCII 字符构成。请注意，并非所有客户端或接入点都支持这两种编码系统。如图 17.2 所示，许多客户端和接入点最多能配置 4 把独立的静态 WEP 密钥，用户可以选择其中一把作为默认的传输密钥。传输密钥属于静态密钥，发送端无线接口利用传输密钥加密数据。客户端或接入点可以使用一把密钥加密发送流量，使用另一把不同的密钥解密接收流量。但是，通信双方的 4 把密钥必须完全匹配，以便正确加密和解密数据。

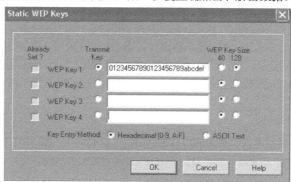

图 17.2　传输密钥

WEP 的工作原理如下：

(1) WEP 对需要加密的明文数据执行循环冗余校验(CRC)，然后将 ICV 附加到明文数据的末尾。

(2) WEP 生成一个 24 位的明文 IV，并与静态密钥混合。

(3) WEP 使用静态密钥和 IV 作为种子材料(seeding material),通过伪随机算法产生一系列称为密钥流(keystream)的随机数据比特，密钥流的长度与需要加密的明文数据相同。

(4) 对密钥流与明文数据比特进行异或运算，输出即为 WEP 密文，也就是加密数据。

(5) 为加密数据添加明文 IV 作为前缀。

上述过程如图 17.3 所示。

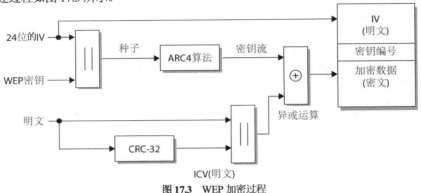

图 17.3 WEP 加密过程

但是，WEP 存在大量安全隐患，下面列出了 4 种针对 WEP 的主要攻击。

IV 冲突攻击 由于 24 位的 IV 以明文形式传输且每一帧的 IV 都不相同，如果采用 WEP 加密的网络流量很大，那么所有 2^{24} 个 IV 在一段时间后必定会重复。有限的 IV 空间会导致 IV 冲突，如果无线网络出现 IV 冲突，则攻击者更容易破解密钥。

弱密钥攻击 ARC4 密钥调度算法会生成一部分弱 IV 密钥。通过恢复已知的弱 IV 密钥，攻击者更容易破解密钥。

回注攻击 对于流量较少的网络，攻击者可以利用黑客工具发动数据包回注攻击，以加快收集弱 IV 密钥的速度。

比特翻转攻击 ICV 数据完整性校验的安全性较差，经过 WEP 加密的数据包可能遭到篡改。

目前，WEP 破解工具随处可见。结合使用上述前 3 种攻击，这些破解工具可以在 5 分钟内破解 WEP 密钥。攻击者取得静态 WEP 密钥后，就能利用破解的密钥解密所有数据帧。TKIP 针对 WEP 存在的安全隐患做了改进，本章稍后将进行讨论。CCMP 采用 AES 算法，安全性更胜一筹。根据 802.11 原始标准的定义，WEP 属于可选的加密机制。WEP 早已遭到破解，企业网络从 2003 年起就不再使用 WEP 加密数据。如果网络中仍然存在仅支持 WEP 加密的遗留设备，请立即替换这些设备。

动态 WEP 加密

2004 年之前，许多供应商实施的解决方案采用由 802.1X/EAP 身份验证产生的动态 WEP 加密密钥。动态 WEP 加密从未经过标准化，但在 TKIP 和 CCMP 出现之前，供应商一直使用这种加密机制。

动态 WEP 加密的存在时间很短，这种加密密钥管理解决方案出现于经过 WPA 认证的 Wi-Fi 产品产生之前。动态 WEP 密钥的生成和分发属于 EAP 身份验证过程的副产品，其安全性优于静态 WEP 密钥(静态密钥目前已退出历史舞台，用户也不必手动输入静态密钥)。请注意，每位用户都有一把独立的动态 WEP 密钥，即便攻击者取得某位用户的动态密钥，也只能解密该用户的流量。然而，动态 WEP 密钥同样可能遭到破解，攻击者可以使用破解后的动态密钥解密数据帧。换言之，动态 WEP 加密仍然存在安全隐患。

需要理解的是，动态 WEP 密钥不同于同样以动态方式生成的 TKIP 或 CCMP 密钥。本章稍后将讨论 TKIP/ARC4 或 CCMP/AES 加密密钥，这两种密钥可通过四次握手(4-way handshake)过程动态产生。

17.2.3　MAC 过滤

每块网卡都有唯一的物理地址，也就是 MAC 地址。MAC 地址由 12 个十六进制数构成，所有 802.11 无线接口的 MAC 地址都是唯一的。大多数供应商的接入点提供了 MAC 过滤功能，可以通过配置 MAC 过滤器允许或阻止特定 MAC 地址的客户端关联或连接到接入点。

IEEE 802.11-2016 标准并未定义 MAC 过滤，所有实现都是特定于供应商的。许多供应商采用 MAC 过滤器阻止客户端与接入点建立关联。某些供应商还利用 MAC 过滤器实施限流，即根据客户端唯一的 MAC 地址，仅允许特定客户端的流量通过接入点。如果客户端的 MAC 地址没有出现在允许列表中，就无法通过接入点的虚拟端口向分布系统介质传输流量。需要注意的是，MAC 地址可以被欺骗或假冒。业余黑客只要将自己的 MAC 地址设置为某个出现在允许列表中的客户端，就能轻易规避 MAC 过滤器。由于 MAC 地址容易遭到欺骗且配置 MAC 过滤器较为烦琐，因此 MAC 过滤并非保护企业无线网络的可靠手段。但是，如果遗留的无线接口无法部署更强的安全机制，则不妨考虑使用 MAC 过滤器——例如，老式的手持条码扫描仪可能配有仅支持静态 WEP 加密的无线接口。最佳实践指出，应根据制造商的组织唯一标识符(OUI)地址(MAC 地址的前 3 字节，不同制造商的 OUI 地址有所不同)，利用 MAC 过滤器将手持设备划分到独立的 VLAN 以提高安全性。

17.2.4　SSID 隐藏

在《星际迷航》中，柯克船长总能发现隐身的罗慕伦人太空船。其实，也可以设法让服务集标识符(SSID) "隐身"：大多数接入点提供某种称为封闭网络、隐藏 SSID 或隐身模式的设置，启用后就能隐藏无线网络的名称。

启用封闭网络后，信标帧的 SSID 字段为空，通过被动扫描监听信标帧的客户端将无法获取 SSID。SSID 又称扩展服务集标识符(ESSID)，它是无线局域网的逻辑标识符。隐藏 SSID 旨在阻止没有配置相应 SSID 的客户端发现无线局域网，因此客户端无法与接入点建立关联。

采用主动方式扫描接入点时，许多无线客户端软件实用程序传输 SSID 字段为空的探询请求帧。无线局域网发现工具数量众多，inSSIDer、WiFi Explorer、WiFi Analyzer 等应用都能发现无线网络。大多数发现工具也能发送空的探询请求帧，以主动方式扫描接入点。启用封闭网络的接入点在收到空的探询请求帧后，将返回 SSID 字段同样为空的探询响应帧，这意味着客户端无法通过主动扫描获取隐藏的 SSID。请注意，各个无线局域网供应商实现封闭网络的方式有所不同；配置封闭网络后，某些供应商的接入点可能会忽略空的探询请求帧。实际上，无线网络将在一段时间内不可见(或 "隐身")。但是，启用封闭网络的接入点仍然会响应发送定向探询请求帧(包含特定的 SSID)的客户端。如此一来，合法的最终用户可以通过身份验证并关联到接入点，而没有配置正确 SSID 的客户端无法通过身份验证或关联到接入点。

虽然启用封闭网络能在一定程度上阻止某些无线局域网发现工具搜索到用户网络的 SSID，但只要利用二层无线协议分析仪捕获由合法最终用户发送的 802.11 帧，任何人都能获得以明文形式传输的 SSID。也就是说，只要使用合适的工具，通常只需要几秒的时间就可以发现隐藏的 SSID。许多 Wi-Fi 专家认为隐藏 SSID 纯属浪费时间，不过也有工程师表示启用封闭网络有助于提高安全系数。

尽管可以通过隐藏 SSID 防止业余黑客(通常称为脚本小子)和普通用户搜索到无线网络,但 SSID 隐藏绝非有效的无线安全解决方案,这一点请读者谨记在心。802.11 标准并未定义 SSID 隐藏,所有封闭网络的实现都是特定于供应商的,因此不兼容可能导致连接出现问题。某些客户端无法连接到隐藏的 SSID,即便手动在客户端软件中输入 SSID 也是如此。有鉴于此,实施封闭网络前请务必了解设备的功能。SSID 隐藏还可能带来管理和技术支持方面的问题:最终用户通过无线接口的软件界面配置 SSID 时,经常会因为配置错误而致电客服人员寻求帮助。基于上述原因,我们强烈建议不要隐藏 SSID,而是向所有设备广播 SSID。

17.3 强健安全机制

802.11i 修正案于 2004 年获批,目前已纳入 IEEE 802.11-2016 标准。IEEE 802.11-2016 标准定义 802.1X/EAP 作为企业无线网络的身份验证机制,并定义预共享密钥(PSK)或密码短语(passphrase)作为家用无线网络的身份验证机制。802.1X/EAP 的安全性较高,一般部署在企业环境中;不太复杂的预共享密钥身份验证通常用于居家办公(SOHO)环境,但也可以部署在企业环境中。IEEE 802.11-2016 标准还定义了两种高强度的动态加密密钥生成机制:CCMP/AES 是默认的加密机制,而 TKIP/ARC4 是可选的加密机制。

在 IEEE 公布 802.11i 修正案前,Wi-Fi 联盟就推出了 WPA 认证项目。WPA 属于 802.11i 修正案获批前的过渡性方案,仅支持 TKIP/ARC4 动态加密密钥。802.1X/EAP 身份验证用于企业环境,而预共享密钥(密码短语)身份验证用于 SOHO 环境。

在 IEEE 公布 802.11i 修正案后,Wi-Fi 联盟又推出了 WPA2 认证项目。WPA2 属于 802.11i 修正案的完整实现,支持 CCMP/AES 和 TKIP/ARC4 两种动态加密密钥。802.1X/EAP 身份验证较为复杂,用于企业环境;预共享密钥(密码短语)身份验证较为简单,用于 SOHO 环境。一般来说,2005 年后制造的所有 802.11 无线接口都兼容 WPA2。如果无线接口兼容 WPA,则可能只支持 TKIP/ARC4 加密;如果无线接口兼容 WPA2,则支持安全性更高的 CCMP/AES 动态加密。表 17.1 比较并总结了 IEEE 安全标准与 Wi-Fi 联盟认证项目。

表 17.1 IEEE 安全标准与 Wi-Fi 联盟认证项目

802.11 标准	Wi-Fi 联盟认证	身份验证机制	加密机制	密码	密钥生成
802.11 遗留标准	无	开放系统或共享密钥	WEP	ARC4	静态
	WPA 个人版	WPA 密码短语 (WPA-PSK、WPA 预共享密钥)	TKIP	ARC4	动态
	WPA 企业版	802.1X/EAP	TKIP	ARC4	动态
IEEE 802.11-2016 (强健安全网络)	WPA2 个人版	WPA2 密码短语(WPA2-PSK、WPA2 预共享密钥)	CCMP(强制) TKIP(可选)	AES(强制) ARC4(可选)	动态
	WPA2 企业版	802.1X/EAP	CCMP(强制) TKIP(可选)	AES(强制) ARC4(可选)	动态

17.3.1　强健安全网络

IEEE 802.11-2016 标准定义了强健安全网络(RSN)和强健安全网络关联(RSNA)。两台终端必须验证彼此的身份并建立关联,且通过四次握手过程生成动态加密密钥。两台终端之间的关联称为 RSNA。换言之,任意两个无线接口必须共享二者之间唯一的动态加密密钥。强健安全网络采用 CCMP/AES 作为强制的加密机制,采用 TKIP/ARC4 作为可选的加密机制。

强健安全网络是一种只能创建 RSNA 的网络,可以通过 802.11 管理帧的强健安全网络信息元素(RSN IE)字段加以标识。信息元素是管理帧中的变长可选字段,RSN IE 字段总是出现在信标帧、探询响应帧、关联请求帧、重关联请求帧这 4 种不同的管理帧中。如果接入点和漫游的客户端启用 802.11r 功能,则重关联响应帧也会包含 RSN IE 字段。RSN IE 字段旨在标识每台终端的密码套件(cipher suite)和身份验证功能。除 RSNA 外,IEEE 802.11-2016 标准还允许创建预 RSNA(pre-RSNA):换言之,同一个 BSS 既支持遗留安全机制,也支持强健安全机制。如果强健安全机制(如 CCMP/AES)和遗留安全机制(如 WEP)能在同一个 BSS 中共存,则称这种网络为过渡安全网络(TSN),但大多数供应商不支持过渡安全网络。

17.3.2　身份验证与授权

如前所述,身份验证旨在验证用户或设备的身份和凭证是否有效。用户或设备必须表明自己的身份并提供相应的凭证,如用户名、密码或数字证书。授权是给予用户或设备访问网络资源和服务的权限。请注意,身份验证必须先于授权进行。

接下来,我们将详细介绍安全性更高的身份验证与授权机制。读者还将了解到,动态加密功能属于高强度身份验证解决方案的产物。

17.3.3　预共享密钥身份验证

IEEE 802.11-2016 标准定义了身份验证和密钥管理(AKM)服务,包括身份验证过程以及加密密钥的生成和管理。身份验证和密钥管理协议(AKMP)既可以是预共享密钥,也可以是 802.1X/EAP 身份验证期间使用的 EAP。802.1X/EAP 需要使用 RADIUS 服务器,配置和支持 802.1X/EAP 也非易事。普通家庭或小型企业 Wi-Fi 用户对 802.1X/EAP 知之甚少,也没有配备 RADIUS 服务器。由于无法部署安全性较高的企业 802.1X/EAP 身份验证,因此 SOHO 网络采用预共享密钥身份验证。此外,打印机等许多消费级 Wi-Fi 设备不支持 802.1X/EAP,仅支持预共享密钥身份验证。总之,预共享密钥身份验证广泛用于保护 SOHO 网络的安全。WPA/WPA2 个人版使用预共享密钥身份验证,而 WPA/WPA2 企业版使用 802.1X/EAP 身份验证。

大多数 SOHO 网络部署了 WPA/WPA2 个人版安全机制。请记住,WPA 属于 802.11i 修正案获批前的过渡性方案,仅支持 TKIP/ARC4 动态加密密钥。

WPA 个人版不再使用静态加密密钥,而是利用简单的密码短语作为种子,以动态方式生成密钥。强健安全网络使用的预共享密钥长度为 256 位,以十六进制表示则为 64 个字符。接入点和所有客户端都会配置预共享密钥,它是一种静态密钥。BSS 的所有成员使用相同的静态预共享密钥。然而,普通家庭用户不习惯通过 SOHO 无线路由器和膝上型计算机的客户端实用程序输入 64 个字符的预共享密钥。即便用户确实在两台设备上输入预共享密钥,也可能因为无法记住密钥内容而不得不写在纸上。相比之下,大多数家庭用户更习惯配置较短的 ASCII 密码或密码短语。WPA/WPA2 个人版支持最终用户输入长度为 8～63 个字符的简单 ASCII 字符串(称为密码短语),而系统的密码短语-预共享密钥映射(passphrase-to-PSK mapping)函数负责将密码短语转换为256位的预共享密钥。如图 17.4 所示，用户通过最终用户设备和接入点的客户端软件实用程序输入静态密码短语(8～63 个字符)。请注意，所有设备的密码短语必须匹配。

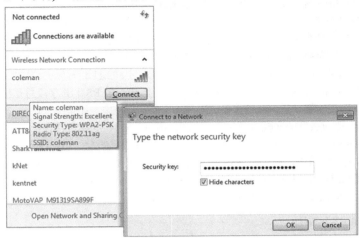

图 17.4　配置静态密码短语的客户端

如前所述，IEEE 802.11-2016 标准定义了密码短语-预共享密钥映射函数，可以将最终用户输入的简单 ASCII 密码短语转换为 256 位的预共享密钥。接下来，我们对映射函数及其转换过程进行简单介绍。

$$PSK = PBKDF2(密码短语, SSID, 4096, 256)$$

将密码短语与 SSID 混合后再进行 4096 次散列运算，生成 256 位(64 个字符)的预共享密钥，部分示例如表 17.2 所示。

表 17.2　密码短语-预共享密钥映射

密码短语(8～63 个字符)	SSID	预共享密钥(256 位/64 个字符)
carolina	cwna	7516b6d5169ca633ece6aa43e0ca9d5c0afa 08268ab9fde47c38a627546b71c5
certification	cwna	51da37d0c6ebba86123a13fb1ab0a1755a22fc 9791e53fab7208a5fceb6038a2
seahawks	cwna	20829812270679e481067e149dbe90ab59b 5179700c6359ba534b240acf410c3

密码短语-预共享密钥映射公式旨在方便普通家庭用户配置密码短语，因为大多数人可以记住包含 8 个字符的密码短语，但很难记住 256 位的预共享密钥。读者将从本章稍后的讨论中了解到，预共享密钥或 802.1X/EAP 身份验证与四次握手过程产生的动态加密密钥之间存在共生关系。此外，256 位的预共享密钥可以充当成对主密钥(PMK)。PMK 为四次握手提供种子，而四次握手用于生成动态加密密钥。因此，WPA/WPA2 个人版使用的预共享密钥实际上与 PMK 完全相同。

2004 年 6 月，802.11i 任务组正式批准 802.11i 修正案，加入对 CCMP/AES 加密的支持。Wi-Fi 联盟调整之前的 WPA 认证并推出 WPA2 认证，将 CCMP/AES 密码纳入其中。因此，WPA 和 WPA2 的唯一区别在于加密密码。WPA 个人版和 WPA2 个人版均采用预共享密钥身份验证，但 WPA 个人版采用 TKIP/ARC4 加密，而 WPA2 个人版采用 CCMP/AES 加密。近年来，TKIP 已逐渐销声匿迹，所有 802.11n 和 802.11ac 数据速率不再支持 TKIP。虽然某些网络可能仍然部署仅支持 WPA 个人版和 TKIP 的 802.11a/b/g 无线接口，但 2006 年之后制造的所有 802.11 无线接口均支持 WPA2 个人版并使用 CCMP/AES 加密。如果选择预共享密钥身份验证作为安全解决方案，建议始终部署采用 CCMP/AES 加密的 WPA2 个人版。

　　Wi-Fi 联盟将预共享密钥身份验证称为 WPA/WPA2 个人版，但无线局域网供应商也可能使用 "WPA/WPA2 密码短语"、WPA/WPA2-PSK、"WPA/WPA2 预共享密钥"等其他名称。

17.3.4　专有的预共享密钥身份验证

　　WPA/WPA2 个人版定义的简单预共享密钥身份验证机制并非铜墙铁壁，很容易受到蛮力离线字典攻击，这一点请读者谨记在心。由于密码短语是静态的，因此预共享密钥身份验证也容易成为社会工程学攻击的目标。

　　密码短语和预共享密钥身份验证主要用于 SOHO 环境，但企业环境中也时常能见到 WPA/WPA2 个人版的身影。例如，尽管快速安全漫游机制出现已有时日，但某些老式的 Wi-Fi 语音(VoWiFi)电话以及其他手持设备仍然不支持 802.1X/EAP，这些早期设备充其量只能部署预共享身份验证作为安全措施。此外，小型企业可能因为成本问题而选择更简单的 WPA/WPA2 个人版解决方案，而非安装、配置并支持用于 802.1X/EAP 的 RADIUS 服务器。

　　从第 16 章的讨论可知，预共享密钥身份验证容易受到蛮力离线字典攻击，但企业网络使用预共享密钥身份验证的更大问题在于社会工程学。由于 WPA/WPA2 密码短语属于静态信息，预共享密钥身份验证极易成为社会工程学攻击的目标。请注意，所有 Wi-Fi 设备使用相同的预共享密钥。如果最终用户不慎将预共享密钥透露给黑客，则会危害无线局域网的安全。企业员工离职后，为防止可能存在的安全隐患，必须使用新的 256 位预共享密钥重新配置所有设备。由于所有用户共享密码短语或预共享密钥，因此建议强制执行严格的安全策略，规定只能由 Wi-Fi 安全管理员掌握密码短语或预共享密钥。另外，手动配置所有设备无疑会增加管理员的工作量。

　　部分企业无线局域网供应商提出采用 WPA/WPA2 个人版的创造性方案，以期解决使用单个密码短语访问 Wi-Fi 网络时存在的若干关键问题。每台计算设备都有唯一的 Wi-Fi 预共享密钥，因此其 MAC 地址将被映射到唯一的 WPA/WPA2 个人版密码短语。对于存储唯一预共享密钥(映射到用户名或客户端)的数据库，所有接入点或集中式管理服务器必须留有备份。系统随后为各个客户端分配单独的预共享密钥，这些密钥既可以动态产生，也可以手动创建。如图 17.5 所示，多个每用户/每设备预共享密钥可以绑定到一个 SSID。此外，生成的预共享密钥也存在时间限制。在无线局域网环境中，基于时间的唯一预共享密钥能替代传统的用户名/密码。与静态的预共享密钥不同，每用户/每设备预共享密钥可以提供唯一的身份凭证。

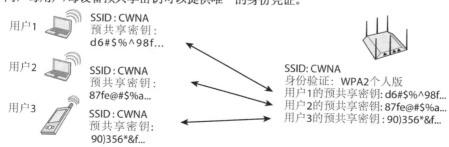

图 17.5　专有的预共享密钥

截至本书出版时, Aerohive Networks(2009 年被 Extreme Networks 收购)、Cisco Systems、Fortinet、Ruckus Networks、Xirrus 这 5 家企业无线局域网供应商提供了专有的预共享密钥解决方案, 可以为每位用户或每台设备提供唯一的预共享密钥功能。这些专有方案提供能实现唯一身份凭证的机制, 无须部署更复杂的 802.1X/EAP 解决方案。虽然无法完全避免社会工程学攻击和蛮力字典攻击, 但使用高强度的密码短语凭证有助于将这些攻击拒之门外。如果某个唯一的预共享密钥泄露, 管理员只需要撤销这个预共享密钥凭证即可, 不必重新配置所有接入点和最终用户设备。

某些 Wi-Fi 客户设备对 802.1X/EAP 的支持有限。这种情况下, 部署专有的预共享密钥解决方案可能有助于保护设备安全。与标准的静态单一预共享密钥身份验证相比, 专有方案的性能显著提高, 可以提供标准预共享密钥无法提供的唯一用户或设备凭证。此外, 使用唯一凭证的专有预共享密钥解决方案配置简单, 不像 802.1X/EAP 那样复杂。

专有的预共享密钥身份验证无法完全取代 802.1X/EAP, 但每用户/每设备预共享密钥凭证的多个用例已在企业环境中得到普及。部分用例如下。

遗留设备 每用户/每设备预共享密钥解决方案可以作为 802.1X/EAP 安全机制的补充, 为遗留设备提供唯一的预共享密钥凭证。

个人设备 自带设备(BYOD)安全机制可以使用专有的预共享密钥身份验证, 为员工的个人设备提供唯一的预共享密钥凭证。

来宾访问 对来宾无线局域网而言, 可以利用唯一的预共享密钥凭证为来宾用户分配唯一的身份, 并提供适用于来宾用户的加密增值服务。

物联网设备 配有 802.11 无线接口的设备和传感器往往不支持 802.1X/EAP。每用户/每设备预共享密钥可以为物联网设备提供唯一的预共享密钥凭证。

17.3.5 对等实体同时验证

2011 年, IEEE 公布 802.11s 修正案(现已纳入 IEEE 802.11-2016 标准), 旨在规范无线网状网的应用。802.11s 修正案定义了混合无线网状协议(HWMP), 802.11 网状门户和网状点可以利用该协议动态确定通过无线网状网传输的流量的最佳路径选择。截至本书出版时, 无线局域网供应商尚未采用 802.11s 修正案定义的 HWMP 以及其他机制。之所以如此, 是因为大多数供应商不希望自己的接入点与竞争对手的接入点进行网状通信。出于竞争方面的考虑, 各大无线局域网供应商均提供专有的网站解决方案, 采用供应商自己开发的网状协议和指标。

802.11s 修正案还定义了网状门户和网状点使用的 RSN 安全方法。认证网状对等交换(AMPE)用于安全地创建并交换 PMK, 而 802.1X/EAP 可以作为在网状环境中派生 PMK 的一种方法。但由于 RADIUS 服务器位于有线网络, 因此这种方法并不适用于网状点。为此, 802.11s 修正案定义了对等实体同时验证(SAE), 这种新的对等身份验证机制以蜻蜓密钥交换(Dragonfly key exchange)为基础。"蜻蜓"是一种无须支付专利费的技术, 采用零知识证明(zero-knowledge proof)密钥交换, 用户或设备必须在不透露密码的情况下证明自己掌握密码。

截至本书出版时, 802.11s 网状网尚未实施 SAE, 但 Wi-Fi 联盟认为 SAE 今后将取代预共享密钥身份验证。从之前的讨论可知, 预共享密钥身份验证容易遭到蛮力字典攻击, 且使用弱密码短语时安全性很差。对目前实施的预共享密钥身份验证而言, 使用高强度密码短语(20~63 个字符)可以有效抵御蛮力字典攻击，因为这种攻击可能需要数年时间才能破解高强度密码。然而，字典攻击的威胁确实存在，且配合分布式云计算更容易实现。更令人担忧的是，大多数用户往往创建长度只有 8 个字符的密码短语，这类密码短语通常在数小时甚至数分钟内就能破解。SAE 的最终目标是完全阻止字典攻击。截至本书出版时，Wi-Fi 联盟已推出针对 SAE 的互操作性认证项目，部分内容如下：

- SAE 禁止使用 WEP 和 TKIP。
- 出于过渡方面的考虑，同一个 BSS 必须同时支持 WPA2 个人版和 SAE。
- 出于过渡方面的考虑，WPA2 个人版设备和 SAE 设备应使用相同的密码短语。

不妨将 SAE 视为一种安全性更高的预共享密钥身份验证机制，SAE 致力于在仍然使用密码短语的情况下提供相同的用户体验。但是，SAE 协议交换能保护密码短语免受蛮力字典攻击。在 SAE 交换期间，802.11 终端之间不会传输密码短语。

SAE 过程包括承诺消息交换和确认消息交换。承诺交换用于强制每个无线接口猜测一次密码短语，而确认交换用于证明密码猜测正确无误。上述交换通过 SAE 身份验证帧进行。SAE 利用密码短语确定性地计算协商组中的密码元素，AKMP 随后会使用密码元素。

根据 Wi-Fi 联盟的提议，SAE 是 WPA3 安全认证的组成部分，有望最终取代预共享密钥身份验证。

17.3.6　802.1X/EAP 框架

802.1X 是基于端口的网络访问控制标准，而非一项专门的无线标准。802.1X-2001 标准最初是为以太网开发的，802.1X-2004 标准则加入对无线局域网和光纤分布式数据接口(FDDI)网络的支持，现行的 802.1X-2010 标准还定义了其他增强机制。802.1X 授权框架允许或阻止流量通过端口访问网络资源。802.1X 框架既能用于无线环境，也能用于有线环境。

802.1X 授权框架主要包括请求方(supplicant)、认证方(authenticator)、认证服务器(AS) 这 3 种要素，每种要素都有特定的作用。3 种 802.1X 要素相互协作，确保只有通过验证的用户和设备才有权访问网络资源。802.1X 框架采用可扩展认证协议(EAP)来验证二层用户是否合法，EAP 是一种二层身份验证协议。

请求方　要求身份验证并访问网络资源的主机。每个请求方具有唯一的身份验证凭证，由认证服务器进行验证。在无线局域网中，请求方通常是尝试接入网络的膝上型计算机或无线手持设备。

认证方　允许或拒绝流量通过其端口的设备。一般来说，在请求方的身份得到验证之前，认证方只允许身份验证流量通过，拒绝其他所有流量通过。认证方维护两个虚拟端口，它们是非受控端口和受控端口。非受控端口允许 EAP 流量通过，而受控端口拒绝其他所有流量通过，直到请求方通过验证。在无线局域网中，请求方通常是接入点或无线局域网控制器。

认证服务器　验证请求方提供的凭证，并将请求方是否获得授权的结果通知认证方。认证服务器(通常是 RADIUS 服务器)通过维护本地数据库或使用外部数据库(如 LDAP 数据库)代理查询，以验证请求方提供的凭证是否有效。在以太网中，请求方是台式机，认证方是托管交换机，认证服务器一般是 RADIUS 服务器。而在无线局域网中，请求方是要求访问网络资源的客户端。如图 17.6 所示，认证方是阻止流量通过其虚拟端口的独立接入点，而认证服务器通常是外部 RADIUS 服务器。从图 17.6 还可以看到，对于采用 802.1X 框架的无线局域网控制器解决方案，认证方一般是无线局域网控制器而非基于控制器的接入点。无论哪种情况，直接与 RADIUS 服务器通信的 LDAP 数据库通常负责提供目录服务。例如，RADIUS 服务器查询 LDAP 数据库以获得活动目录(AD)的信息。请注意，在某些 Wi-Fi 供应商的解决方案中，独立接入点或无线局域网控制器可以兼作 RADIUS 服务器并执行直接的 LDAP 查询，因而无须再使用外部 RADIUS 服务器。

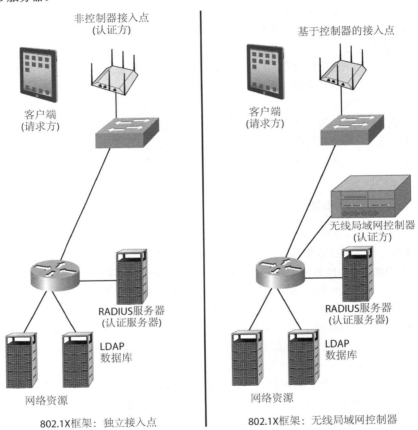

图17.6 802.1X 框架：独立接入点解决方案与无线局域网控制器解决方案

请求方、认证方与认证服务器共同构成 802.1X 框架，但进行身份验证时还需要身份验证协议的配合。EAP 用于验证用户身份，它是一种灵活的二层身份验证协议。请求方和认证服务器采用 EAP 相互通信，EAP 流量通过认证方的虚拟非受控端口进行传输。确认请求方提供的凭证有效后，认证服务器向认证方发送请求方通过身份验证的消息，并授权认证方开启虚拟受控端口，允许其他所有流量通过。通用的 802.1X/EAP 帧交换过程如图 17.7 所示。

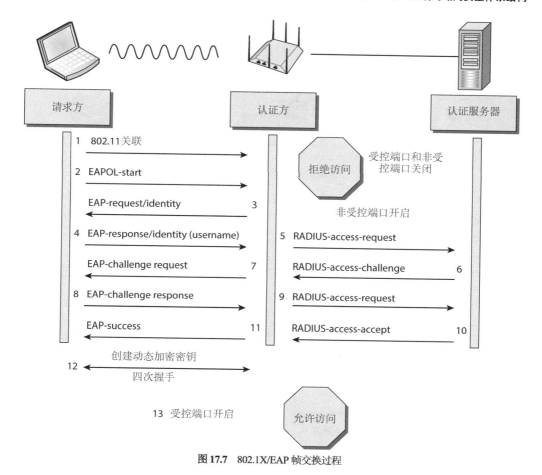

图17.7　802.1X/EAP帧交换过程

　　802.1X 框架与 EAP 相互协作，提供验证用户和设备身份以及授权客户端访问网络资源的必要机制。

17.3.7　EAP 类型

　　如前所述，EAP 是"可扩展认证协议"的英文缩写，这里的关键词是"可扩展"。EAP 是极为灵活的二层协议，包括许多不同的类型。EAP 既可以由供应商专有，如 Cisco 开发的轻量级可扩展认证协议(LEAP)；也可以基于标准，如受保护的可扩展认证协议(PEAP)。某些 EAP 只能提供单向身份验证，另一些 EAP 则可以提供双向(相互)身份验证。在相互身份验证(mutual authentication)中，认证服务器既要验证请求方的身份，请求方也要验证认证服务器的身份，确保用户名和密码不会无意泄露给非法的认证服务器。大多数采用相互身份验证的 EAP 类型通过服务器端数字证书来验证认证服务器的身份。RADIUS 服务器安装服务器端证书，而请求方安装证书颁发机构(CA)根证书。在 EAP 交换期间，请求方利用根证书验证服务器端证书是否有效。如图 17.8 所示，证书交换还会创建加密的安全套接字层/传输层安全(SSL/TLS)隧道，请求方的用户名/密码或客户端证书可以通过隧道进行交换。相当一部分 EAP 类型使用隧道式身份验证(tunneled authentication)。在 EAP 交换期间，SSL/TLS 隧道用于加密和保护用户凭证。

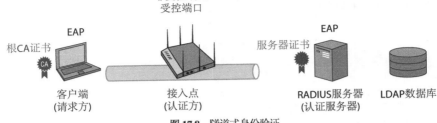

图 17.8　隧道式身份验证

　　各种 EAP 的比较请参见表 17.3。受篇幅所限，本书不准备详细讨论所有身份验证机制以及各种 EAP 之间的差异。CWNA 考试不会测试 EAP 的具体特性，而 CWSP 考试将重点考查各种 EAP 身份验证的操作。

表 17.3　EAP 类型

	EAP-MD5	EAP-LEAP	EAP-TLS	EAP-TTLS	PEAPv0 (EAP-MSCHAPv2)	PEAPv0 (EAP-TLS)	PEAPv1 (EAP-GTC)	EAP-FAST
安全解决方案	RFC 3748	Cisco 专有技术	RFC 5216	RFC 5281	IETF 草案	IETF 草案	IETF 草案	RFC 4851
数字证书 (客户端)	不支持	不支持	支持	可选	不支持	支持	可选	不支持
数字证书 (服务器)	不支持	不支持	支持	支持	支持	支持	支持	不支持
客户端密码 身份验证	支持	支持	不适用	支持	支持	不支持	支持	支持
受保护的访问 凭证(客户端)	不支持	不支持	不支持	不支持	不支持	不支持	不支持	支持
受保护的访问 凭证(服务器)	不支持	不支持	不支持	不支持	不支持	不支持	不支持	支持
身份凭证的 安全性	弱	弱(取决于密码 短语强度)	强	强	强	强	强	强(假设阶 段 0 安全)
加密密钥管理	不支持	支持	支持	支持	支持	支持	支持	支持
相互身份验证	不支持	有争议	支持	支持	支持	支持	支持	支持
隧道式身份 验证	不支持	不支持	可选	支持	支持	支持	支持	支持
Wi-Fi 联盟 是否支持	不支持	不支持	支持	支持	支持	不支持	支持	支持

17.3.8　动态加密密钥生成

　　虽然加密并非 802.1X 框架的强制要求，但强烈建议使用加密来保护数据隐私。从之前的讨论可知，802.1X/EAP 旨在提供身份验证和授权。如果认证服务器利用二层 EAP 验证请求方的身份有效，则允许请求方通过认证方的受控端口并开始第三～七层通信。802.1X/EAP 旨在保护网络资源的安全，只有通过验证的请求方才能获得访问权限。

如图 17.9 所示，动态加密密钥的生成和分发是 802.1X/EAP 的产物。读者将从本章稍后的讨论中了解到，预共享密钥身份验证也可能生成动态加密密钥。使用相互身份验证的 EAP 负责提供动态生成加密密钥所需的"种子材料"。802.1X/EAP 或预共享密钥身份验证与动态加密密钥生成之间存在共生关系。为生成唯一的动态加密密钥，相互身份验证必不可少。

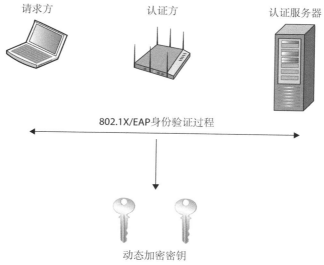

请求方　　　　　　认证方　　　　　　认证服务器

802.1X/EAP身份验证过程

动态加密密钥

图 17.9　802.1X/EAP 与动态密钥

遗留的无线局域网安全机制使用静态 WEP 密钥，但静态密钥往往会极大增加管理员的工作量。如果多位用户共享同一把静态密钥，则很容易通过社会工程学破解静态密钥。相较于静态密钥，动态密钥的第一个优点是不会受到社会工程学攻击的危害，因为用户对密钥一无所知。动态密钥的第二个优点在于每位用户都有一把不同且唯一的密钥。即便一位用户的加密密钥泄露，也不会威胁到其他用户的安全。因为每位用户的动态密钥各不相同，用户之间也不会共享密钥。

17.3.9　四次握手

如前所述，动态加密密钥生成与身份验证之间存在共生关系。PMK 为四次握手提供种子，而四次握手将生成任何两个 802.11 无线接口使用的唯一动态加密密钥。PMK 属于预共享密钥或802.1X/EAP 身份验证的产物。

从之前的讨论可知，IEEE 802.11-2016 标准定义了强健安全网络和 RSNA。两台终端必须验证彼此的身份并建立关联，然后通过四次握手过程生成动态加密密钥。四次握手的过程如图 17.10所示。

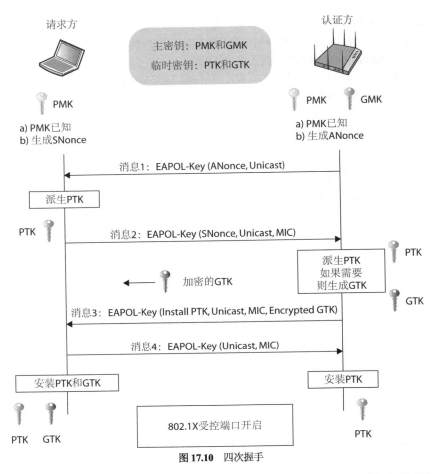

图 17.10　四次握手

RSNA 使用的动态加密密钥管理机制将产生 5 把独立的密钥。受篇幅所限,本书不准备深入剖析整个过程,仅进行简单概述。RSNA 过程会创建两把主密钥:组主密钥(GMK)和成对主密钥(PMK)。如前所述,动态加密密钥生成与身份验证之间存在共生关系,802.1X/EAP 或预共享密钥身份验证都会生成 PMK。GMK 和 PMK 作为种子材料,用于生成实际加密和解密数据所需的动态密钥。最终的加密密钥称为成对瞬时密钥(PTK)和组临时密钥(GTK)。PTK 用于加密并解密单播流量,而 GTK 用于加密并解密广播和多播流量。

四次握手(EAP 帧交换)期间将生成 PTK 和 GTK。在 802.1X/EAP 或预共享密钥身份验证结束后,都要通过四次握手过程产生实际使用的动态密钥。换言之,要想创建 TKIP/ARC4 或 CCMP/AES 动态密钥,必须执行四次握手。此外,每当客户端无线接口从一个接入点漫游到另一个接入点时,都要重新执行四次握手,以便生成全新且唯一的动态密钥。在练习 17.2 中,读者将观察四次握手过程。

注意:
动态加密密钥的产生过程最初定义在 802.11i 修正案中,CWNA 考试不会测试这方面的内容,但 CWSP 考试将重点考查动态加密密钥的生成。

【练习 17.2】

802.1X/EAP 与四次握手过程

(1) 为完成该练习，请首先从本书配套网站下载 CWNA_CHAPTER17.PCAP 文件。

(2) 使用数据包分析器打开下载文件。如果读者尚未安装数据包分析器，可以从 Wireshark 网站下载 Wireshark。

(3) 使用数据包分析器打开 CWNA_CHAPTER17.PCAP 文件。大部分数据包分析器都会在主界面上显示捕获的帧，第一列已按顺序对每个帧进行了编号。

(4) 向下滚动帧列表，观察第 209 号帧～第 246 号帧的 EAP 帧交换过程。

(5) 向下滚动帧列表，观察第 247 号帧～第 254 号帧的四次握手过程。

17.3.10　无线局域网加密

IEEE 802.11-2016 标准定义了适用于数据链路层的 4 种加密机制，它们是 WEP、TKIP、CCMP 与 GCMP。这些二层加密机制用于保护第三～七层的数据，旨在为 802.11 数据帧提供数据隐私。就技术层面而言，802.11 数据帧称为 MAC 协议数据单元(MPDU)。如图 17.11 所示，数据帧由二层 MAC 帧头、帧体与帧尾构成。帧尾是称为帧校验序列(FCS)的 32 位循环冗余校验，帧头包含 MAC 地址和持续时间(duration)值，而封装在帧体内的上层净荷称为 MAC 服务数据单元(MSDU)。MSDU 由逻辑链路控制(LLC)子层和第三～七层信息构成，可以将它简单定义为包含 IP 包以及部分 LLC 数据的数据净荷。启用加密后，加密的是 802.11 数据帧的 MSDU 净荷。

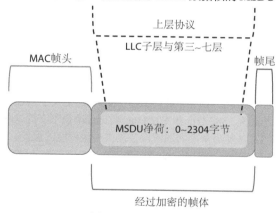

图 17.11　802.11 数据帧

WEP、TKIP、CCMP、GCMP 以及其他专有的二层加密机制用于加密 802.11 数据帧的 MSDU 净荷。因此，受到保护的信息是第三～七层的数据，通常称为 IP 包。

请注意，许多类型的 802.11 帧要么从不加密，要么通常不会加密。802.11 管理帧的帧体仅携带二层净荷，因此无须通过加密来保护数据安全。但是，启用 802.11w 修正案定义的管理帧保护(MFP)机制可以保护某些类型的管理帧。换言之，802.11w 能为某些管理帧提供一定程度的加密保护。由于绝大多数客户端不支持 802.11w，因此接入点很少会启用 MFP 功能。

802.11 控制帧仅有帧头和帧尾，因此也无须加密。空功能帧(null function frame)等部分数据帧实际上没有 MSDU 净荷。不携带数据的数据帧具有特定功能，它们不需要加密；只有携带 MSDU

净荷的数据帧才能使用 WEP、TKIP 或 CCMP 加密。根据企业安全策略的规定，出于数据隐私和安全方面的考虑，加密 802.11 数据帧至关重要。

　　WEP、TKIP、CCMP 与 GCMP 均采用对称算法。WEP 和 TKIP 使用 ARC4 密码，而 CCMP 和 GCMP 使用 AES 密码。根据 IEEE 802.11-2016 标准的定义，WEP 属于遗留的加密机制，而 TKIP、CCMP 与 GCMP 属于强健加密机制。需要注意的是，TKIP 已遭到弃用，而 GCMP 尚未在企业无线局域网中得到应用。

17.3.11　TKIP 加密

　　IEEE 802.11-2016 标准为强健安全网络定义的可选加密机制是临时密钥完整性协议(TKIP)，TKIP 和 WEP 都使用 ARC4 密码。TKIP 消除了大量已知的 WEP 安全隐患，它实际上针对 WEP 进行了改进和增强。WEP 的问题不在于 ARC4 密码，而是如何创建加密密钥。开发 TKIP 旨在解决 WEP 的固有问题。

　　TKIP 由 128 位的临时密钥、48 位的 IV、源 MAC 地址、目标 MAC 地址通过复杂的每包密钥混合(per-packet key mixing)过程产生，这种密钥混合过程能抑制针对 WEP 的 IV 冲突攻击与弱密钥攻击。此外，TKIP 通过排序机制抵御针对 WEP 的回注攻击。TKIP 还采用安全性更高的消息完整性校验(MIC)作为数据完整性校验机制，以减少针对 WEP 的比特翻转攻击。人们有时也根据发音将 MIC 亲切地称作 Michael。所有 TKIP 加密密钥均以动态方式产生，它们是四次握手过程的最终产物。

　　实现 WEP 时，802.11 数据帧的帧体将增加 8 字节的额外开销；实现 TKIP 时，由于 IV 较长(48 位)且采用 MIC，802.11 数据帧的帧体将增加 20 字节的额外开销。TKIP 同样采用 ARC4 算法，正因为如此，大多数供应商都发布了 WPA 固件升级，仅支持 WEP 加密的遗留无线接口在升级后就能使用 TKIP 加密。IEEE 802.11-2016 标准规定，高吞吐量(HT)和其高吞吐量(VHT)数据速率禁止使用 WEP 或 TKIP 加密。为获得更高的数据速率，Wi-Fi 联盟今后只认证采用 CCMP 加密的 802.11 无线接口。另外，新的无线接口仍将支持 TKIP 和 WEP 加密，以便向后兼容遗留的 802.11a/b/g 无线接口定义的低数据速率。尽管 IEEE 802.11-2016 标准仍然定义了 WEP 和 TKIP，但出于安全方面的考虑，二者已束之高阁，802.11n 和 802.11ac 数据速率也不支持这两种加密机制。作为可选的安全协议，WEP 和 TKIP 能为早期的遗留设备提供一定程度的保护。

【现实生活场景】

能否继续使用 WEP 和 TKIP？

　　802.11n 和 802.11ac 修正案禁止使用 WEP 或 TKIP 加密。802.11n 修正案定义了 HT 数据速率，而 802.11ac 修正案定义了 VHT 数据速率。如前所述，为获得更高的数据速率，Wi-Fi 联盟今后只认证采用 CCMP 加密的 802.11n/ac 无线接口。虽然新的无线接口仍将支持 TKIP 和 WEP 加密，以便向后兼容遗留的 802.11a/b/g 无线接口定义的低数据速率，但二者已成昨日黄花，存在一定的安全隐患。建议替换网络中部署的遗留 802.11a/b/g 客户端，以便能利用更高的 802.11n/ac 数据速率并使用 CCMP/AES 加密。

17.3.12　CCMP 加密

　　计数器模式密码块链消息认证码协议(CCMP)采用了 AES 算法(Rijndael 算法)，这是 802.11i 修正案定义的默认加密机制。CCMP/AES 使用 128 位的密钥将数据加密为固定长度的分组。CCMP

同样使用 8 字节的 MIC，但安全性远优于 TKIP 使用的 MIC。此外，由于 AES 密码非常安全，因此无须使用每包密钥混合。

WEP 和 TKIP 均使用 ARC4 算法，后者属于流密码；CCMP 使用 AES 算法，后者属于分组密码。流密码每次只处理一比特，而分组密码将固定长度的明文分组加密为相同长度的密文分组。换言之，分组密码是一种适用于固定长度分组的对称密钥。例如，如果分组密码的输入是 128 位的明文分组，则输出是 128 位的密文分组。

根据 Wi-Fi 联盟的规定，WPA2 认证使用 CCMP/AES 加密；10 多年来，CCMP/AES 一直是主流的无线局域网加密机制。所有 CCMP 加密密钥均以动态方式产生，它们是四次握手过程的最终产物。

17.3.13　GCMP 加密

2012 年获批的 802.11ad 修正案定义了伽罗瓦/计数器模式协议(GCMP)，GCMP 同样使用 AES 算法。802.11ad 修正案定义的数据速率极高，高数据速率需要使用 GCMP，因为它比 CCMP 更有效。此外，802.11ac 无线接口将 GCMP 作为可选的加密机制。CCMP 使用 128 位的 AES 密钥，而 GCMP 既可以使用 128 位也可以使用 256 位的 AES 密钥。

GCMP 基于 AES 算法的伽罗瓦/计数器模式(GCM)，GCM 旨在保护 802.11 数据帧的帧体以及 802.11 帧头选定部分的完整性。GCMP 计算可以并行运行，且计算强度低于 CCMP 的加密操作。GCM 的效率和速度明显优于 CCM。GCM 和 CCM 使用相同的 AES 算法，但应用方式有所不同。GCMP 的每个分组只执行一次 AES 操作，加密过程因而立即减少一半。此外，GCM 不会将分组链接在一起。由于每个分组都不依赖于前一个分组，因此它们彼此独立，可以使用并行电路同时处理。

截至本书出版时，尚未有芯片组供应商在最初几代 802.11ac 无线接口中实现 GCMP。GCMP 无法向后兼容现有的 Wi-Fi 设备，因此接入点和客户端无线接口需要进行硬件升级。GCMP 能否最终取代 CCMP 尚待观察。

17.4　流量分段

从本章之前的讨论可知，分段是网络设计的重要环节。授权完成后，系统可以进一步限制允许用户访问的网络资源或用户流量的目的地。防火墙、路由器、VPN、VLAN 等多种手段都能实现分段。企业无线局域网通常采用三层分段策略，这种策略使用了映射到不同子网的 VLAN。此外，分段往往与 RBAC 密不可分。

17.4.1　虚拟局域网

虚拟局域网(VLAN)会在二层网络中创建单独的广播域，通常用于限制对网络资源的访问，其划分与网络的物理拓扑无关。VLAN 是数据链路层中的概念，被广泛应用于 802.3 交换网络的安全和分段。VLAN 通常被映射到唯一的三层子网，但一个 VLAN 也可能被映射到多个子网。同一台二层交换机可以利用 VLAN 支持多个三层网络。

从第 11 章 "无线局域网体系结构" 的讨论可知，无线局域网使用的 VLAN 取决于网络设计以及现有的网络体系结构。对控制器模型和非控制器模型而言，主要区别在于网络设计中 VLAN 的实现方式。

在控制器模型中，大部分用户流量由各个接入点集中转发给无线局域网控制器。控制器位于网络核心，而基于控制器的接入点位于网络边缘。所有用户 VLAN 封装在控制器与接入点之间的 IP 隧道中，因此无线用户仍然可以使用用户 VLAN。

而在非控制器模型中，网络边缘需要支持多个用户 VLAN，因此接入点被连接到边缘交换机的 802.1Q 中继端口(支持 VLAN 标记)。接入层交换机负责配置所有用户 VLAN，而接入点与边缘交换机的 802.2Q 中继端口相连。802.1Q 中继端口会标记用户 VLAN，所有用户流量在网络边缘转发。

在无线局域网环境中，每个 SSID 将被映射到一个 VLAN。可以通过 SSID/VLAN 划分用户，所有数据交换通过单个接入点进行。此外，每个 SSID 都能配置独立的安全特性。大多数企业接入点具备广播多个 SSID 的能力，每个 SSID 将被映射到唯一的 VLAN。如图 17.12 所示，常用的策略是创建来宾、语音、员工 SSID/VLAN，并将无线局域网控制器或接入点的管理流量划分到单独的 VLAN。

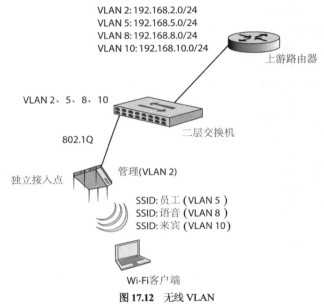

图 17.12　无线 VLAN

来宾 SSID/VLAN　映射到来宾 VLAN 的 SSID 通常是开放的，但最好通过防火墙策略限制所有来宾用户。应禁止来宾用户访问本地网络资源，并将其路由到互联网关。

语音 SSID/VLAN　语音 SSID 使用中等强度的安全解决方案(如 WPA2 个人版)，而 VoWiFi 流量通常路由到 VoIP 服务器或专用的小交换机(PBX)。

员工 SSID/VLAN　员工 SSID 使用高强度的安全解决方案(如 WPA2 企业版)，而访问控制列表(ACL)或防火墙策略允许员工在通过身份验证后访问所有网络资源。

大多数无线局域网供应商的无线接口可以广播最多 16 个 SSID。然而，广播每个 SSID 都会产生管理帧和控制帧开销，导致网络性能下降。有鉴于此，广播过多的 SSID 绝非良策，建议广播的 SSID 数量不超过 4 个。

那么，如何将员工用户划分到多个 VLAN？单个员工 SSID 能否映射到多个 VLAN 呢？当员工 SSID 使用 802.1X/EAP 身份验证时，可以利用 RADIUS 属性实现 VLAN 分配。从之前的讨论可知，如果 RADIUS 服务器成功响应身份验证请求，则访问-接受(Access-Accept)响应包含一系列属性值对(AVP)。一般来说，RADIUS 属性值对往往用于根据请求验证的用户身份被分配给 VLAN。有别于将用户划分到不同的 SSID 以及将每个 SSID 映射到唯一的用户 VLAN，全部用户可以关联到单个 SSID 并分配给不同的 VLAN。RADIUS 服务器可以为不同的用户组配置不同的访问策略，不同的 RADIUS 访问策略通常被映射到不同的 LDAP 组。

17.4.2　基于角色的访问控制

多年来，网络设计策略一直通过 RADIUS 属性实现用户 VLAN 的分配。此外，也可以进一步利用 RADIUS 属性将不同的用户组分配给 VLAN、防火墙策略、带宽策略等不同的用户流量设置。

基于角色的访问控制(RBAC)是一种限制授权用户访问系统的机制，大多数企业无线局域网供应商的解决方案都提供 RBAC 功能。RBAC 主要由用户(user)、角色(role)、许可(permission)这 3 种要素构成。管理员可以创建不同的角色，如销售或营销角色。用户流量许可被映射到角色，并定义为二层许可(MAC 过滤器)、三层许可(访问控制列表)、四～七层许可(状态防火墙规则)以及带宽许可。此外，无论哪种许可都存在时间限制。某些供应商使用"角色"一词，其他供应商则使用"用户配置文件"一词。

利用 802.1X/EAP 验证用户身份时，可以通过 RADIUS 属性值对将用户自动分配给特定的角色。所有用户可以关联到相同的 SSID，但各个用户的角色可以有所不同，这种方法通常用于将某些活动目录组中的用户分配给无线局域网控制器或接入点创建的预定义角色。每种角色的访问限制各不相同。用户在被分配某个角色后，将继承所分配角色的用户流量许可。

如图 17.13 所示，RADIUS 服务器配有 3 种不同的访问策略，分别映射到 3 个不同的活动目录组。例如，客户端 user-2 属于 marketing 活动目录组。从该活动目录组配置的 RADIUS 访问策略可知，当 user-2 进行身份验证时，RADIUS 服务器将向接入点发送 RADIUS 包，其属性包含与接入点配置的 Role-B 相关的值。客户端 user-2 随后被划分给 VLAN 20，配置的防火墙策略和带宽策略分别为 firewall-policy-B 和 4 Mbps。

图 17.13　为角色分配的 RADIUS 属性

17.5　WPA3

2018 年 1 月，Wi-Fi 联盟宣布推出 WPA3 认证项目。WPA3 致力于改进 802.11 无线接口目前使用的 WPA2，并提供若干保护个人网络和企业网络的新功能。

对等实体同时验证 WPA3 通过 SAE 提供安全性更高的身份验证机制。SAE 采用零知识证明密钥交换，用户或设备必须在不透露密码的情况下证明自己掌握密码。从本章之前的讨论可知，Wi-Fi 联盟认为 SAE 今后将取代预共享密钥身份验证。

管理帧保护 WPA3 要求设备必须支持 MFP，以阻止许多常见的数据链路层拒绝服务攻击。

商业国家安全算法 WPA3 定义了与商业国家安全算法(CNSA)套件一致的 192 位的加密安全套件，这种可选的算法旨在进一步保护具有高度敏感性要求的政府、国防与工业无线局域网。最初的 WPA3 认证还包括其他两项功能，但二者已从 WPA3 剥离出来，成为独立的 Wi-Fi 联盟认证项目。

Wi-Fi Easy Connect 这项认证利用新的设备配置协议(DPP)定义了经过简化的接入安全机制。对于显示界面有限或没有显示界面的 Wi-Fi 设备来说，Wi-Fi Easy Connect 能简化安全配置过程。DPP 适用于智能手表等可穿戴设备，今后也可能在改善物联网设备的安全性方面发挥作用。用户只需要使用智能手机扫描传感器或物联网设备上的二维码，就能完成 WPA3 认证设备的服务开通。

Wi-Fi Enhanced Open 这项认证采用机会性无线加密(OWE)协议在开放网络中定义了改进的数据隐私机制，致力于提高开放 Wi-Fi 热点的安全性。OWE 为每个热点用户提供单独的加密密钥，无须进行任何身份验证，但客户端与接入点都必须支持 OWE。

Wi-Fi 联盟从 2018 年第四季度开始认证支持 WPA3 的设备，但 WPA3 定义的功能预计需要很长时间才能得到市场的广泛认可。在可以预见的将来，WPA2 仍将是无线局域网部署的主流安全机制。请注意，目前的 CWNA 考试不会涉及 WPA3 的相关内容。

17.6　虚拟专用网安全

IEEE 802.11-2016 标准明确定义了数据链路层安全解决方案，但无线局域网也可以部署上层虚拟专用网(VPN)解决方案。由于使用 VPN 会增加开销，加之速度更快、安全性更高的数据链路层解决方案已经出炉，因此通常不建议在企业环境中部署 VPN。另外，VPN 解决方案已在有线基础设施中得到应用，所以管理员往往也采用 VPN 保护无线局域网传输(在 WEP 遭到破解的当下更是如此)。VPN 在 Wi-Fi 安全中仍然占有一席之地，它是保护远程访问的有力工具，某些情况下也用于无线桥接环境。VPN 拓扑包括两种主要模式，它们是路由器到路由器模式和客户端/服务器模式。

为保护远程访问的数据安全，必须使用 VPN 技术。企业员工往往在公司之外的场所使用公共 Wi-Fi 热点，而大多数 Wi-Fi 热点并未部署安全措施，因此需要通过 VPN 解决方案提供安全的加密连接。无论何时接入公共 Wi-Fi 网络，都必须部署与个人防火墙相结合的 VPN 解决方案。

17.6.1　VPN 基础

在讨论无线局域网如何部署 VPN 之前，我们先来回顾一下 VPN 的定义、用途、工作原理以及构成要素。读者已经了解 VPN 是"虚拟专用网"的英文缩写，那么这个术语的具体含义是什么呢? 如图 17.14 所示，VPN 从本质上是在公用网络上创建或扩展的专用网络。为保证 VPN 正常运行，两台计算机或设备需要相互通信以创建 VPN 隧道。一般来说，VPN 客户端通过尝试与 VPN 服务器通信来启动连接。

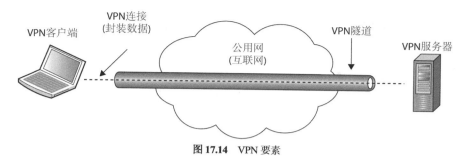

图 17.14　VPN 要素

VPN 客户端可以是计算机、路由器、无线局域网控制器甚至接入点，本章稍后将进行讨论。当客户端与服务器相互通信时，客户端向服务器发送自己的凭证，服务器收到凭证后验证其是否有效。如果客户端的凭证有效，服务器与客户端之间将创建 VPN 隧道，客户端向服务器发送的所有数据都封装在 VPN 隧道中。此外，客户端和服务器将协商是否加密以及如何加密数据。数据需要先加密再封装，确保通过隧道传输时不会遭到篡改。VPN 假设数据通过不安全的公用网传输，因此确保数据安全是部署 VPN 的主要目的之一。

客户端与服务器创建 VPN 隧道后，还要负责跨公用网路由数据。发送方对数据进行加密并封装后传输给接收方，接收方在本地网络中对数据进行解封装和解密操作，以便进一步处理。

17.6.2　三层 VPN

VPN 提供加密、封装、身份验证、数据完整性等多种主要功能。VPN 采用安全隧道技术，将一个数据包封装在另一个数据包中，第一个数据包的目标 IP 地址、源 IP 地址、数据净荷均经过加密，以保护第一个数据包的私有三层地址和数据净荷。三层 VPN 采用三层加密机制，经过加密的净荷是第四～七层信息。第二个数据包的目标 IP 地址和源 IP 地址仍然以明文形式在隧道端点之间传输，两个地址分别指向 VPN 服务器和客户端的公共 IP 地址。

IP 安全协议(IPsec)是最常用的三层 VPN 技术。IPsec VPN 采用安全性更高的加密和身份验证机制，是部署最广泛的 VPN 解决方案。IPsec 支持 DES、3DES、AES 等多种加密算法，并利用服务器端证书或预共享密钥实现设备的身份验证。IPsec VPN 要求连接到 VPN 服务器的远程设备安装客户端软件。远程站点安装的防火墙至少需要开启 UDP 端口 4500 和 500。受篇幅所限，本书不准备深入讨论 IPsec 技术，读者只需要了解 VPN 技术通常用于企业环境即可。

17.6.3　SSL VPN

OSI 模型的其他层也可能使用 VPN 技术，SSL 隧道技术便是一例。与 IPsec VPN 不同，SSL VPN 不一定需要最终用户安装和配置客户端软件。用户可以经由网页浏览器连接到 SSL VPN 服务器，网页浏览器与 SSL VPN 服务器之间传输的流量通过 SSL 或 TLS 协议加密。TLS 和 SSL 协议能加密传输层以上的数据，采用非对称算法保护数据隐私，并利用键控消息认证码提高消息可靠性。

17.6.4　VPN 部署

当连接到没有部署安全措施的公共无线局域网和热点时，通常利用 VPN 保护客户设备的安全。由于大多数热点不提供数据链路层安全机制，最终用户必须设法保护自身安全。当最终用户连接到公共 Wi-Fi 网络时，VPN 技术可以为远程访问提供必要的安全措施。如图 17.15 所示，公共无线局域网没有加密，因此往往需要部署 VPN 解决方案以提供数据隐私。

图 17.15　通过公共热点创建的 VPN

　　VPN 技术的另一种常见应用是在远程办公室与企业办公室之间提供站点到站点连接。目前，大多数 Wi-Fi 供应商的接入点或无线局域网控制器都提供 VPN 客户端/服务器功能。如图 17.16 所示，借助隧道的帮助，具有 VPN 功能的分支机构无线局域网控制器可以将 Wi-Fi 客户端流量和桥接的有线端流量传输到企业网络。其他供应商的解决方案也支持从远程接入点经由隧道将用户流量传输给 VPN 服务器网关。

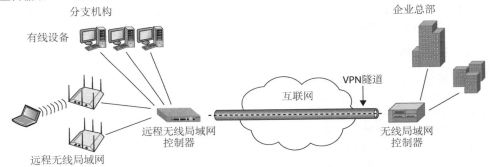

图 17.16　站点到站点 VPN

　　某些情况下，可以利用 VPN 保护 802.11 桥接链路的安全。除提供客户端接入外，802.11 技术还能在两个或多个位置之间创建桥接网络。部署 802.11 网桥以提供无线回程通信时，可以通过 VPN 技术提供必要的数据隐私。根据使用的桥接设备，VPN 功能既可以集成在网桥中，也可以由其他设备或软件提供。如图 17.17 所示，点对点无线桥接网络使用专用的 VPN 设备，站点到站点 VPN 隧道用于加密两个 802.11 网桥之间传输的 Wi-Fi 数据。

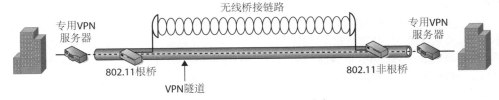

图 17.17　802.11 桥接与 VPN 安全

17.7　小结

本章讨论了与无线局域网安全有关的 5 个要素。加密用于保护数据帧，身份验证确保只有合法用户才有权使用网络资源，而分段可以进一步限制允许用户访问的网络资源或用户流量的目的地。此外，贯彻 802.11 安全策略并实施持续监控有助于更好地保护无线局域网。

我们回顾了遗留的 802.11 身份验证和加密机制及其缺陷，并介绍了安全性更高的 802.1X/EAP 身份验证机制与动态加密密钥的优点，还讨论了 IEEE 802.11-2016 标准定义的安全机制以及 Wi-Fi 联盟开发的 WPA/WPA2 认证项目。IEEE 802.11-2016 标准定义的强健安全网络(RSN)采用 802.1X/EAP 或预共享密钥身份验证。根据 Wi-Fi 联盟的规定，WPA2 认证使用 CCMP/AES 加密；10 多年来，CCMP/AES 一直是主流的无线局域网加密机制。预计 WPA3 认证和对等实体同时验证(SAE)协议很快会崭露头角，但 CWNA 考试不会涉及这两方面的内容。

本章最后讨论了 VPN 技术在无线局域网中的应用。对管理员而言，了解 Wi-Fi 网络准备部署的设备功能和局限性至关重要。理想情况下，可以通过 802.1X/EAP 身份验证和 CCMP/AES 加密将设备划分到不同的 VLAN 并应用不同的访问策略。VoIP 电话、移动扫描仪、平板电脑、手持设备通常不支持高级的安全功能，合理的安全设计必须将所有要素纳入考虑，确保网络安全处于最佳状态。

17.8　考试要点

定义 AAA 的概念。解释身份验证、授权与记账之间的区别，理解它们在无线局域网安全中扮演的角色。

解释数据隐私的必要性。解释必须使用加密技术保护数据帧的原因，了解各种加密密钥之间的区别。

理解遗留的 802.11 安全机制。了解开放系统身份验证和共享密钥身份验证，理解 WEP 加密的工作原理及其缺陷。

解释 802.1X/EAP 框架。解释 802.1X 解决方案的所有要素以及 EAP 身份验证协议，理解动态加密密钥生成是相互身份验证的产物。

理解强健安全网络。理解 IEEE 802.11-2016 标准专门为强健安全网络定义的加密机制和身份验证机制，并比较 WPA 和 WPA2 认证项目定义的内容。

理解 TKIP/ARC4 与 CCMP/AES。解释这两种动态加密机制的基本原理，理解强健安全网络为何采用 TKIP/ARC4 和 CCMP/AES。

解释分段的必要性。理解如何通过 VLAN 和 RBAC 进一步限制用户或设备访问网络资源。

解释 VPN 安全。掌握 VPN 技术的基础知识以及应用场合。

17.9　复习题

1. 以下哪种无线局域网安全机制要求 Wi-Fi 用户提供唯一的身份验证凭证？

A. WPA 个人版　　　　　　　　**B.** 802.1X/EAP

C. 开放系统身份验证　　　　　　**D.** WPA2 个人版

E. WPA-PSK

2. 以下哪些无线网络安全标准和认证项目要求使用 CCMP/AES 加密？(选择所有正确的答案。)

A. WPA 认证   **B.** IEEE 802.11-2016 标准

C. 802.1X 标准   **D.** WPA2 认证

E. 遗留的 802.11 标准

3. 128 位的 WEP 密钥使用用户输入的____静态密钥。

A. 104 字节   **B.** 64 位

C. 124 位   **D.** 128 位

E. 104 位

4. 802.1X 授权框架主要包括哪 3 种要素？(选择所有正确的答案。)

A. 请求方   **B.** 授权方

C. 认证服务器   **D.** 有意辐射器

E. 认证方

5. WPA3 定义的哪种安全机制有望取代预共享密钥身份验证？

A. 每用户/每设备预共享密钥   **B.** WPS

C. SAE   **D.** EAP-PSK

E. WPA2 个人版

6. ACME 公司采用 WPA2 个人版保护手持条码扫描仪的安全，手持条码扫描仪不支持 802.1X/EAP 身份验证。由于一位员工最近遭到解雇，网络管理员不得不使用新的 64 位静态预共享密钥重新配置所有手持条码扫描仪和接入点。那么，采用以下哪种无线局域网安全解决方案可以避免烦琐的配置工作？

A. MAC 过滤   **B.** SSID 隐藏

C. 更改默认设置   **D.** 专有的预共享密钥

7. 以下哪些加密机制使用对称密码？(选择所有正确的答案。)

A. WEP   **B.** TKIP

C. 公钥密码   **D.** CCMP

8. 对于 802.11ac 数据速率和加密机制,IEEE 802.11-2016 标准做了哪些规定？(选择所有正确的答案。)

A. 禁止使用 WEP 和 TKIP。

B. 可以使用 CCMP 和 GCMP。

C. 不能使用 WEP，但如果部署了 802.1X，则可以使用 TKIP。

D. 可以使用 IEEE 802.11-2016 标准定义的所有加密机制。

9. 部署 802.1X/EAP 安全机制时，在基于角色的分配中，可以利用 RADIUS 属性实现哪些类型的用户访问许可？(选择所有正确的答案。)

A. 状态防火墙规则   **B.** 时间

C. VLAN   **D.** ACL

E. 带宽

10. 在无线局域网安全中，IPsec VPN 有哪些用途？

A. 保护连接到公共无线局域网的客户设备。

B. 点对点无线桥接链路。

C. 跨广域网链路连接。

D. 以上答案都正确。

11. 启用无线局域网加密后，802.11 数据帧的哪一部分受到保护？

A. MPDU

B. MSDU

C. PPDU

D. PSDU

12. 为生成动态的 TKIP/ARC4 或 CCMP/AES 加密密钥，哪些身份验证机制必须与四次握手共同进行？(选择所有正确的答案。)

A. 共享密钥身份验证

B. 802.1X/EAP 身份验证

C. 静态 WEP

D. 预共享密钥身份验证

13. 部署 802.1X/EAP 解决方案时，哪两种要素必须支持相同类型的 EAP？(选择所有正确的答案。)

A. 请求方

B. 授权方

C. 认证方

D. 认证服务器

14. 部署 802.11 无线控制器解决方案时，哪种设备通常充当认证方？

A. 接入点

B. LDAP 数据库

C. 无线局域网控制器

D. RADIUS 服务器

15. 不建议使用以下哪种用例来实现每用户/每设备预共享密钥身份验证？

A. BYOD 设备的唯一凭证。

B. 物联网设备的唯一凭证。

C. 来宾无线局域网接入的唯一凭证。

D. 遗留企业设备(不支持 802.1X/EAP)的唯一凭证。

E. 企业设备(支持 802.1X/EAP)的唯一凭证。

16. 在无线局域网安全中，部署 802.1X/EAP 的目的是什么？(选择所有正确的答案。)

A. 访问网络资源

B. 验证接入点凭证

C. 动态身份验证

D. 动态加密密钥生成

E. 验证用户凭证

17. CCMP 加密使用的 AES 密钥长度为____。

A. 192 位

B. 64 位

C. 256 位

D. 128 位

18. WPA2 定义了哪些安全解决方案？(选择所有正确的答案。)

A. 802.1X/EAP 身份验证

B. 动态 WEP 加密

C. 可选的 CCMP/AES 加密

D. 预共享密钥身份验证

E. DES 加密

19. IEEE 802.11-2016 标准为强健安全网络关联定义的强制加密机制和可选加密机制分别是什么？

A. WEP、AES

B. IPsec、AES

C. MPPE、TKIP

D. TKIP、WEP

E. CCMP、TKIP

20. 802.1X 框架使用哪种数据链路层协议进行身份验证？

A. RSN

B. SAE

C. EAP

D. PAP

E. CHAP

第**18**章

自带设备与来宾访问

本章涵盖以下内容：

✓ **移动设备管理**
 - ■ 公司配备设备与个人设备
 - ■ MDM 体系结构
 - ■ MDM 注册
 - ■ MDM 配置文件
 - ■ MDM 代理软件
 - ■ 空中管理
 - ■ 应用管理

✓ **面向员工的自助设备引导**
 - ■ 双 SSID 引导
 - ■ 单 SSID 引导
 - ■ MDM 与自助引导

✓ **来宾无线局域网访问**
 - ■ 来宾 SSID
 - ■ 来宾 VLAN
 - ■ 来宾防火墙策略
 - ■ 强制门户
 - ■ 客户端隔离、速率限制与 Web 内容过滤
 - ■ 来宾管理
 - ■ 来宾自助注册
 - ■ 员工担保
 - ■ 社交登录
 - ■ 加密的来宾访问

✓ **热点 2.0 技术与控制点认证项目**
 - ■ 接入网络查询协议
 - ■ 热点 2.0 体系结构
 - ■ 802.1X/EAP 与热点 2.0

多年来，企业无线局域网主要致力于为员工使用的公司设备(如膝上型计算机)提供无线接入，医疗、零售、制造等垂直市场也要求公司自有的移动设备(如 VoWiFi 电话和无线条码扫描仪)能接入无线局域网。在过去 10 多年中，支持 Wi-Fi 的个人移动设备数量激增。如今，802.11 无线接口已成为智能手机、平板电脑、个人计算机以及其他许多移动设备的主要通信元件。

移动设备最初供个人使用，但组织和机构逐渐使用定制软件部署企业移动设备以提高生产力。员工越来越期盼在工作场所使用自己的个人移动设备，希望通过多种个人移动设备连接到企业无线局域网。自带设备(BYOD)策略致力于规范员工自有移动设备(如智能手机、平板电脑与膝上型计算机)在工作场所的应用，明确个人设备接入企业无线局域网时可以访问或不能访问的资源。一般来说，BYOD 策略还会定义员工个人设备接入无线局域网的方式。

本章将重点探讨如何控制和监控接入无线局域网的 BYOD 设备。管理员可以通过移动设备管理(MDM)解决方案远程管理并控制公司配备设备(CID)和个人移动设备。MDM 解决方案利用服务器软件或云服务配置客户端参数和客户端应用，同时监控用户行为。此外，员工可以使用自助式 BYOD 解决方案安全地开通个人 Wi-Fi 设备，这种趋势目前越来越明显。网络访问控制(NAC)集成了 AAA、RADIUS、客户端健康检查、来宾服务、客户端自助注册等各种安全技术，可利用这些技术监控访问网络的客户设备。NAC 旨在实现 MDM 托管设备、企业 Wi-Fi 设备、BYOD 设备或来宾设备的身份验证和访问控制。

本章还将讨论 Wi-Fi 来宾访问的多种要素，并梳理来宾访问的发展历程。来宾访问技术既适用于来宾设备，也适用于员工的 BYOD 设备。

18.1 移动设备管理

IT 消费化(consumerization of IT)用来描述信息技术的转变，这种转变始于消费市场，随后延伸到企业和政府机构。新技术令用户痴迷，引领消费类设备逐渐从家庭进入工作场所。在无线局域网发展的早期阶段，通过无线网络接入企业网络十分鲜见。由于当时可用的无线安全机制有限，加之企业对未知事物普遍持不信任态度，导致公司往往对无线局域网敬而远之。但员工已习惯家庭 Wi-Fi 网络带来的灵活性，他们不顾 IT 部门的反对，开始在工作场所安装居家办公(SOHO)无线路由器。企业和政府机构最终意识到部署无线局域网的必要性，以便利用并管理 802.11 技术。

智能手机、平板电脑等个人移动 Wi-Fi 设备的出现已有时日。2007 年 6 月，第一代 iPhone 手机面世；2010 年 4 月，第一代 iPad 投放市场。2008 年 10 月，HTC 推出全球首款 Android 智能手机。这些设备最初供个人使用，但员工很快希望自己的个人设备也能接入企业无线局域网。此外，软件开发人员开始为智能手机和平板电脑编写企业移动业务应用，吸引企业采购并部署这些移动设备。平板电脑和智能手机确实能提供员工和企业所需的移动性。仅仅几年后，接入企业无线局域网的移动设备在数量上就已超过接入企业无线局域网的膝上型计算机。这种趋势还在继续，相当一部分设备将 802.11 无线接口作为主要的网络适配器。目前，许多膝上型计算机通过 802.11 无线接口接入网络，不再安装以太网适配器。

随着个人移动设备的激增，企业需要制定 BYOD 策略，以明确员工的个人设备如何访问企业无线局域网。为引导个人移动设备和公司配备设备接入 Wi-Fi 网络，企业 IT 部门可能需要部署 MDM 解决方案，通过 MDM 服务器管理、保护并监控移动设备。MDM 解决方案具备跨多种移动操作系统、多家移动服务供应商管理设备的能力。大多数 MDM 解决方案用于管理 iOS 和 Android 移动设备，但同样可以管理运行其他操作系统(如 BlackBerry OS 和 Windows Phone)的移动设备。MDM 解决方案主要致力于管理智能手机和平板电脑，而部分解决方案也能引导运行个入 macOS 和 Chrome OS 的膝上型计算机。图 18.1 显示了 MDM 解决方案可以管理的部分设备。

图 18.1　配有 802.11 无线接口的个人移动设备

　　某些无线局域网基础设施供应商开发了小型 MDM 解决方案，供自家研制的无线局域网控制器/接入点解决方案使用。大型 MDM 公司则提供覆盖型解决方案，适用于所有 Wi-Fi 供应商。

　　以下供应商销售覆盖型 MDM 解决方案：

- VMware AirWatch[1]
- Citrix[2]
- IBM[3]
- Jamf Pro[4]
- MobileIron[5]

18.1.1　公司配备设备与个人设备

　　MDM 解决方案用于管理公司配备设备和个人设备，但这两种设备的管理方式截然不同。企业采购移动设备旨在提高员工绩效。平板电脑或智能手机可能发给某位员工使用，或由员工轮流共享。这些设备上运行着业务应用(通常是特定于行业的应用)，许多企业还根据自身业务需要开发了内部使用的应用。一般来说，企业部署移动设备的目的在于替换早期的硬件。例如，平板电脑上运行的库存控制软件有望取代遗留的手持条码扫描仪，而智能手机安装的 IP 语音(VoIP)应用可能取代 Wi-Fi 语音(VoWiFi)电话。通常情况下，IT 部门会选择某种运行相同操作系统的移动设备型号。

　　公司配备的移动设备一般存储有企业文档和信息，因此制定管理策略时往往更注重安全性。通过 MDM 解决方案开通公司配备设备时，需要启用虚拟专用网(VPN)客户端访问、邮件账号设置、Wi-Fi 配置文件设置、密码、加密设置等。员工不允许删除公司配备设备上的 MDM 配置文件；如果公司配备的移动设备丢失或被盗，MDM 管理员可以远程擦除设备上存储的信息。MDM 解决方案同样适用于硬件和软件库存控制。公司配备设备不属于个人设备，因此 IT 部门还可以规定允许或禁止平板电脑和智能手机安装应用。

1　https://www.air-watch.com。
2　https://www.citrix.com。
3　https://www.ibm.com/security/mobile/maas360。
4　https://www.jamf.com。
5　https://www.mobileiron.com。

　　BYOD 概念之所以出现，是因为在允许个人移动设备访问企业网络的同时，控制和管理这些设备并非易事。MDM 和 NAC 解决方案都能实现访问和控制，但 BYOD 需求与企业需求有所不同。员工、访客、供应商、承包商、顾问携带不同品牌和型号、运行各种操作系统和应用的个人设备进入工作场所，因此需要为 BYOD 设备制定不同的管理策略。所有企业都应制定符合自身情况的 BYOD 遏制策略，同时仍然允许 BYOD 设备访问企业无线局域网。例如，采用 MDM 解决方案开通个人设备时可能会禁用摄像头，避免用户使用个人设备在建筑物内拍摄照片。如图 18.2 所示，利用 MDM 解决方案注册公司配备设备或个人设备后，可以对设备施加诸多限制。

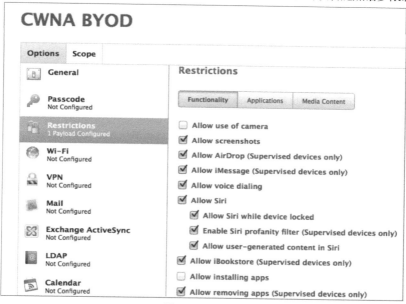

图 18.2　设备限制

　　除 MDM 解决方案外，也可以利用 NAC 解决方案验证个人设备的身份并控制其访问企业网络，客户设备无须安装软件。NAC 解决方案不提供针对单台设备的访问控制，而是大规模控制个人设备的网络访问级别。此外，NAC 解决方案可以规定设备至少需要满足哪些安全要求(如安装防病毒软件)才能访问网络。本章稍后将详细讨论 NAC。

18.1.2　MDM 体系结构

　　所有 MDM 解决方案的基本体系结构都包括以下 4 种要素。

　　移动设备　请求访问企业无线局域网的移动 Wi-Fi 设备，包括公司配备设备和员工个人设备。MDM 解决方案支持 iOS、Android、Chrome OS、macOS 等多种操作系统，具体取决于 MDM 供应商。完成注册并安装 MDM 配置文件后，移动设备才能访问企业网络。

　　接入点/无线局域网控制器　所有 802.11 通信在移动设备与连接的接入点之间进行。如果移动设备尚未通过 MDM 服务器注册，接入点或无线局域网控制器将把它们隔离到称为围墙花园(walled garden)的网络受限区域。移动设备完成注册后，可以离开围墙花园。

　　MDM 服务器　负责注册客户设备。MDM 服务器不仅能开通证书，也能利用 MDM 配置文件开通移动设备，这些配置文件定义了客户设备限制以及配置设置。管理员还可以为 MDM 服务器配置白名单或黑名单策略：白名单策略只允许特定的设备和操作系统注册，黑名单策略则允许所有设备和操作系统注册(但黑名单明确禁止的设备和操作系统除外)。MDM 服务器最初用于开通移动设备并引导其接入无线局域网，但监控客户设备同样可行。设备库存控制和配置是所有 MDM 解决方案的核心功能。一般来说，MDM 服务器可以是云端服务或部署在企业数据中心的本地(on-premises)服务器。本地 MDM 服务器既可以是硬件设备，也可以是虚拟化服务器运行的软件。

推送通知服务　MDM 服务器与 Apple 推送通知服务(APNs)、Google 云消息传递(GCM)等推送通知服务交换数据，以实现移动设备的空中管理(over-the-air management)。本章稍后将详细讨论空中管理。

MDM 体系结构还包括其他要素。管理员可以配置 MDM 服务器来查询活动目录等轻量目录访问协议(LDAP)数据库，通常也会部署企业防火墙。此外，需要开启适当的出站端口，以便 MDM 体系结构的各个要素之间相互通信。举例如下。

- TCP 端口 443：接入点与 MDM 服务器、移动设备与 MDM 服务器、GCM 与 MDM 服务器
- TCP 端口 5223：移动设备与 APNs。
- TCP 端口 2195、2196：MDM 服务器与 APNs。
- TCP 端口 443、5223、5229、5330：移动设备与 GCM。

18.1.3　MDM 注册

部署 MDM 体系结构后，移动设备必须经过注册才能访问网络资源。MDM 注册过程适用于引导公司配备设备和个人设备，前 3 个步骤如图 18.3 所示。

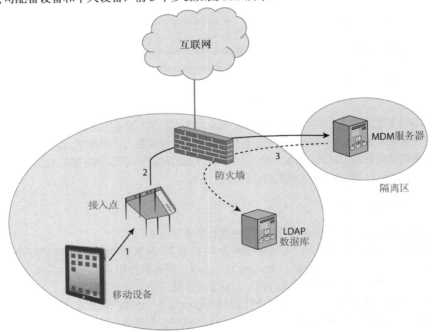

图 18.3　MDM 注册：第 1 步～第 3 步

第 1 步：**将移动设备连接到接入点**。移动设备必须首先与接入点建立关联。虽然也能连接到开放的无线局域网，但公司配备设备或个人设备往往尝试连接到使用 802.1X/EAP 或预共享密钥安全机制的企业服务集标识符(SSID)。此时，接入点将客户设备置于围墙花园内。在网络部署中，"围墙花园"指某种封闭的环境，围墙花园内的设备只能访问某些 Web 内容和网络资源。换言之，围墙花园是为设备或用户提供网络服务的封闭平台。当位于接入点指定的围墙花园内时，移动设备只能访问动态主机配置协议(DHCP)、域名系统(DNS)、推送通知服务以及 MDM 服务器。移动设备必须找到合适的出口点才能离开围墙花园(就像离开现实中的围墙花园那样)，而移动设备的指定出口点是 MDM 注册过程。

第 2 步：**接入点查看移动设备是否注册**。接入点或无线局域网控制器(根据 Wi-Fi 供应商而定)查询 MDM 服务器以确定移动设备的注册状态。如果 MDM 服务器是云端服务，则注册查询跨广域网链路进行；如果 MDM 服务器是本地服务器，则通常部署在隔离区(DMZ)。移动设备完成注册后，MDM 服务器将向接入点发送消息，告知对方从围墙花园中"释放"移动设备，而未注册设备仍然会隔离在围墙花园内。

第 3 步：**MDM 服务器查询 LDAP 数据库**。虽然可以部署开放式注册机制，但管理员通常会使用身份验证机制。MDM 服务器查询现有的 LDAP 数据库(如活动目录)，而 LDAP 数据库响应MDM 服务器的查询。身份验证完成后，MDM 注册将继续进行。

第 4 步：**将设备重定向到 MDM 服务器**。尽管未注册的设备可以访问 DNS 服务，但围墙花园内的设备只能访问 MDM 服务器，无法访问其他 Web 服务。如图 18.4 所示，用户启动移动设备的浏览器时，将被重定向到 MDM 服务器的强制门户(captive portal)以继续注册过程。出于法律和隐私方面的考虑，强制门户会提供法律免责声明，声明 MDM 管理员有权远程修改移动设备的功能和设置。免责声明对于 BYOD 设备尤其重要，因为 BYOD 设备属于员工的个人设备。用户必须同意免责声明才能继续注册，否则无法离开围墙花园。

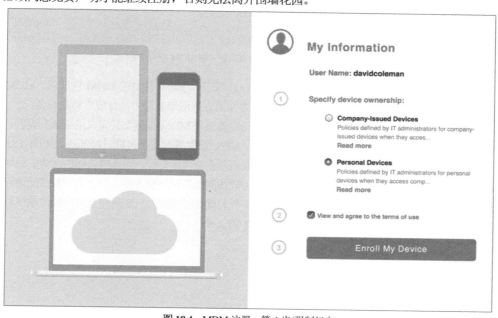

图 18.4　MDM 注册：第 4 步(强制门户)

第 5 步：为移动设备安装证书和 MDM 配置文件。注册开始后，移动设备通过安全的空中服务开通(over-the-air provisioning)过程安装 MDM 配置文件。移动设备的操作系统不同，空中服务开通也不同，但通常会使用可信证书和安全套接字层(SSL)加密。我们以 iOS 设备为例介绍开通过程。简单证书注册协议(SCEP)利用证书和 SSL 加密保护 MDM 配置文件的安全。首先，用户同意移动设备安装初始配置文件。安装完毕后，移动设备将自己的身份信息发送给 MDM 服务器。MDM 服务器随后回复 SCEP 净荷，指导移动设备从 MDM 证书颁发机构(CA)或第三方证书颁发机构下载可信证书。证书安装完毕后，经过加密的 MDM 配置文件(包含设备配置和限制净荷)以安全方式发送到移动设备并进行安装。图 18.5 显示了 iOS 设备采用 SCEP 安装 MDM 配置文件的过程。

图 18.5　MDM 注册：第 5 步(安装证书和 MDM 配置文件)

第 6 步：MDM 服务器释放移动设备。如图 18.6 所示，移动设备完成 MDM 注册后，MDM 服务器向接入点或无线局域网控制器发送消息，告知对方从围墙花园中"释放"移动设备。

第 7 步：移动设备离开围墙花园。此时，移动设备遵守 MDM 配置文件定义的限制和设置。例如，移动设备的摄像头或许无法使用，而邮件、VPN 设置等配置也可能已经开通。如图 18.6 所示，移动设备可以随时离开围墙花园并访问互联网和企业网络资源。设备能访问的网络资源取决于设备类型或用户身份。例如，公司配备设备可以访问所有网络服务器，而个人设备只能访问特定的服务器(如邮件服务器)。离开围墙花园后，个人设备可能进入只能访问互联网的虚拟局域网(VLAN)，而公司配备设备可能进入限制较少的 VLAN。

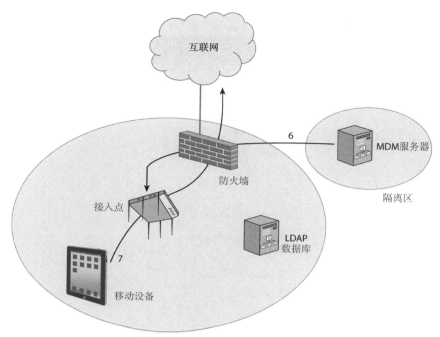

图 18.6　MDM 注册：第 6 步和第 7 步

18.1.4　MDM 配置文件

如前所述，MDM 配置文件用于限制移动设备执行的操作，而利用 MDM 配置文件全局配置移动设备的各种组件同样可行。就本质而言，MDM 配置文件是移动设备的配置设置。如图 18.7 所示，MDM 配置文件包括设备限制、邮件设置、VPN 设置、LDAP 目录服务设置、Wi-Fi 设置等。MDM 配置文件还可以将网页快捷方式图标(web clip)设置纳入其中，这种图标是指向特定网址的浏览器快捷方式。例如，管理员可以为公司配备设备添加指向企业内网的网页快捷方式图标。

可扩展标记语言(XML)文件是 macOS 和 iOS 设备使用的配置文件，可以通过 Apple 配置器 (Apple Configurator)、iPhone 配置实用工具(iPhone Configuration Utility)等多种工具创建配置文件。如果选择手动安装，可以从邮件或网站获取 XML 配置文件。手动安装适用于单台设备，而企业网络中需要配置的设备可能有数千台之多，因此手动安装不适合在企业环境中使用，需要通过 MDM 解决方案来自动交付配置文件。MDM 配置文件由 MDM 服务器创建，并在注册时安装到移动设备。

如前所述，MDM 配置文件的一种用途是开通 Wi-Fi 设置。利用特定的 Wi-Fi 配置文件可以锁定公司配备设备，Wi-Fi 配置文件包含企业 SSID 和适当的安全设置。MDM 配置文件还能将 Wi-Fi 设置部署到员工的个人设备。如果部署 802.1X/EAP，则充当请求方的移动设备必须安装根 CA 证书。MDM 解决方案是移动设备安全开通根 CA 证书的有力工具。如果选择 EAP-TLS 作为 802.1X 安全协议，也可以开通客户端证书。由于各种操作系统大相径庭，一些企业仅将 MDM 解决方案作为引导 Wi-Fi 客户设备安装证书的手段。

图 18.7　MDM 配置文件

　　请注意，既可以从本地删除设备保存的 MDM 配置文件，也可以通过互联网远程删除 MDM 服务器保存的 MDM 配置文件。

> **员工能否删除移动设备保存的 MDM 配置文件？**
>
> 　　完成注册后，移动设备会安装 MDM 配置文件以及相关的证书。
>
> 　　员工能否删除 MDM 配置文件？这个问题的答案取决于企业策略。公司配备设备通常会锁定 MDM 配置文件，这些配置文件无法删除，以防员工在未经授权的情况下修改设备配置。如果存储敏感信息的移动设备失窃，MDM 管理员可以在移动设备连接到互联网时远程删除信息。一般来说，针对个人设备的 BYOD 策略限制较少。当员工通过企业 MDM 解决方案注册自己的个人设备时，往往会删除 MDM 配置文件，但这样就无法再通过企业 MDM 解决方案管理个人设备。员工的移动设备今后尝试连接企业无线局域网时，必须再次进行 MDM 注册。

18.1.5　MDM 代理软件

　　某些移动设备的操作系统要求使用 MDM 代理应用。例如，Android 设备需要使用图 18.8 所示的 MDM 代理应用。Android 是一种开源操作系统，移动设备制造商可以根据情况对 Android 做定制化处理。尽管灵活性因此而提高，但由于硬件制造商数量众多，管理企业网络中的 Android 设备可能并非易事。MDM 代理应用向 MDM 服务器报告关于 Android 设备的唯一信息，MDM 限制和配置策略稍后可以使用这些信息。请注意，MDM 代理应用必须支持多家 Android 设备制造商。

图 18.8　MDM 代理应用

　　员工从公共网站或公司网站下载 MDM 代理应用，然后安装到自己的 Android 设备上。MDM 代理应用通过无线局域网与 MDM 服务器通信，往往需要验证服务器的身份。MDM 代理应用充当设备管理员，必须给予 MDM 服务器修改设备的权限。建立这种安全关系后，MDM 代理应用将强制执行设备限制和配置变更操作。Android 设备安装的 MDM 代理应用负责处理 MDM 管理的相关事宜，不过 MDM 服务器可以通过 GCM 服务向 MDM 代理应用发送更改信息。

　　iOS 设备无须使用 MDM 代理应用，但某些 MDM 解决方案也提供基于 iOS 平台的 MDM 代理应用。iOS 设备的 MDM 代理应用可能会将 Apple API 没有定义的信息发送给 MDM 服务器。

18.1.6　空中管理

通过 MDM 服务器开通并注册移动设备后,二者之间即建立永久的管理关系。如图 18.9 所示,MDM 服务器可以监控设备名称、序列号、容量、电池电量、已安装应用等信息,但无法查看短信、个人邮件、日历以及浏览器历史记录。

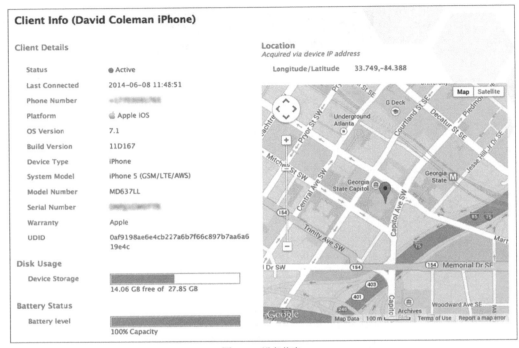

图 18.9　设备信息

即便移动设备不再连接到企业无线局域网,但只要接入互联网,MDM 服务器仍然能远程管理这些设备。请注意,MDM 服务器与移动设备之间的通信需要使用第三方服务提供的推送通知。应用将利用 Google API 或 Apple API 向移动设备发送推送通知:iOS 应用与 APNs 服务器相互通信,而 Android 应用与 GCM 服务器相互通信。

如图 18.10 所示,MDM 管理员首先修改 MDM 服务器保存的 MDM 配置文件。接下来,MDM 服务器与推送通知服务器交换信息。推送通知服务器与移动设备之间此前已建立安全连接。推送通知服务向移动设备发送消息,告知对方通过互联网联系 MDM 服务器。移动设备与 MDM 服务器取得联系后,MDM 服务器将向移动设备发送配置变更或其他消息。

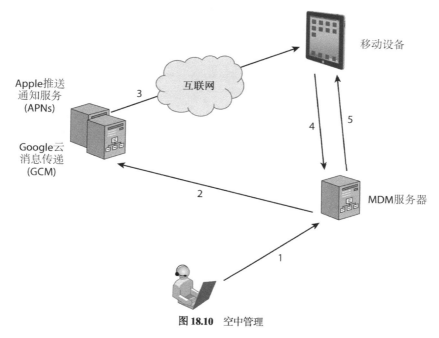

图 18.10　空中管理

MDM 管理员可以通过互联网远程执行以下操作：

- 配置变更
- 设备限制变更
- 向设备发送消息
- 设备锁定
- 设备擦除
- 应用管理变更

处理失窃设备

　　如果公司配备设备失窃，管理员可以远程擦除设备上保存的数据。MDM 供应商提供了两种不同类型的远程擦除机制。

　　企业擦除　擦除设备上保存的所有企业信息(包括 MDM 配置文件、策略与内部应用)，并从 MDM 中删除设备。设备将恢复到注册 MDM 之前的状态。

　　设备擦除　擦除设备上保存的所有信息(包括所有数据、邮件、配置文件以及 MDM 功能)。设备将恢复到出厂时的默认设置。

18.1.7　应用管理

　　企业 MDM 解决方案还能为移动设备运行的应用提供不同级别的管理。如图 18.11 所示，安装 MDM 配置文件后，可以通过 MDM 服务器查看设备安装的所有应用。MDM 服务器将移动设备使用的特定应用列入白名单或黑名单以便管理。管理公司配备设备安装的应用司空见惯，管理员工个人设备安装的应用则较为少见。

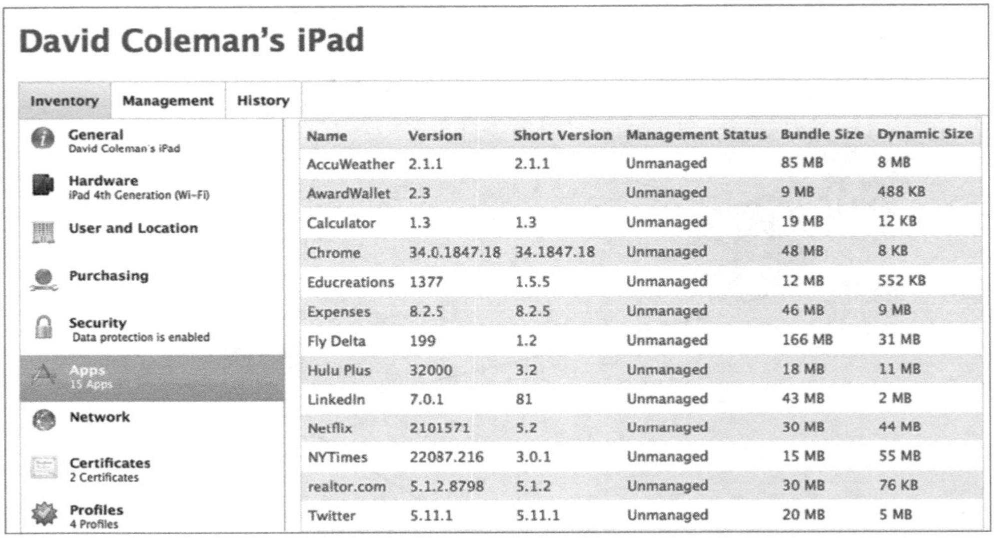

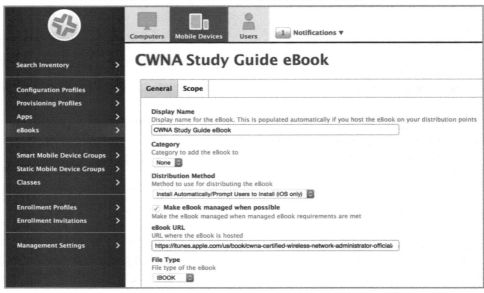

图 18.11 移动设备上的应用

    MDM 解决方案可与公共应用商店(如 iTunes 和 Google Play)相互集成，以方便用户浏览公共应用。MDM 服务器与推送通知服务器交换信息，推送通知服务器向移动设备发送应用图标，用户随后就能安装应用。企业和教育机构可以通过 Apple 批量购买计划(VPP)批量采购应用并在内部分发，所购应用以静默方式推送给远程设备。此外，管理员可以配置 MDM 服务器以交付企业特有的定制化内部应用。

    图 18.12 显示了如何通过 MDM 平台管理电子书并分发给移动设备。

图 18.12 电子书的 MDM 分发

18.2　面向员工的自助设备引导

如前所述，MDM 解决方案可以实现公司配备设备与员工个人设备的管理和服务开通。企业通常不会采用完备的 MDM 解决方案管理 BYOD 设备，而是部署自助设备引导(self-service device onboarding)解决方案，采用廉价而简单的方法为员工的个人 Wi-Fi 设备配置安全的企业 SSID。相较于完备的 MDM 解决方案，自助设备引导解决方案无法提供全部的监控和限制功能，但员工可以利用这种解决方案配置 BYOD 请求方并安装安全凭证(如 802.1X/EAP 根 CA 证书)。

试举一例：杰夫使用公司的膝上型计算机(部署了 802.1X/EAP)以员工身份登录企业网络，RADIUS 服务器查询 LDAP 数据库以验证杰夫的用户名和密码。在这种情况下，由于用户名和密码有效，因此杰夫属于可信用户；由于可以验证膝上型计算机的身份，因此计算机属于可信设备。然而，杰夫使用公司的膝上型计算机与使用自己的智能手机、膝上型计算机或平板电脑有所不同。

就身份验证和加密而言，802.1X/EAP 对于安全访问企业网络和数据通常必不可少，但非专业人士往往难以顺利完成请求方的配置。此外，客户设备需要安全接收并安装根 CA 证书。这项工作对于企业和员工 BYOD 用户来说可能能力不从心，而配置不当的设备无法获得企业网络的访问权限。要求训练有素的 IT 支持团队为员工配置个人设备显然不切实际，这个问题需要通过引导(onboarding)过程加以解决。

在正确配置并部署 802.1X/EAP 的网络中，请求方需要安装根 CA 证书。如果 Windows 膝上型计算机属于活动目录域，那么利用组策略对象(GPO)很容易为其安装根证书。但是，macOS、iOS 或 Android 设备无法使用 GPO，没有加入活动目录域的个人 Windows BYOD 设备也无法使用 GPO。为移动设备和员工个人设备手动安装证书会极大增加管理员的工作量。

引导解决方案通常用于为移动设备安装根 CA 证书，以便与部署 802.1X/EAP 的 SSID 一起使用。客户端证书也能通过引导解决方案开通。某些提供动态预共享密钥解决方案的 Wi-Fi 供应商同样提供引导解决方案，可以为移动设备开通配有唯一预共享密钥的 Wi-Fi 客户端配置文件。

适用于员工个人设备的自助引导解决方案种类繁多，各家 Wi-Fi 供应商的解决方案往往有所不同。市场上也存在第三方自助引导解决方案，SecureW2[1]便是一例。大多数引导解决方案采用某种应用，该应用使用的空中服务开通功能与 MDM 解决方案类似，确保移动设备能安全地安装证书和 Wi-Fi 客户端配置文件。此外，自助引导解决方案可以使用基于 Wi-Fi 供应商 API 构建的定制化应用。无论采用哪种解决方案，一般都需要借助初始 Wi-Fi 连接以完成设备的自助引导。

18.2.1　双 SSID 引导

为实现双 SSID 引导(dual-SSID onboarding)，需要采用开放的 SSID 和部署了 802.1X/EAP 的企业 SSID。员工首先连接到开放的 SSID，然后跳转到强制门户页面。根据引导的实现方式，员工既可以使用公司用户名和密码直接通过强制门户登录，也可以单击链接跳转到引导登录页面并输入公司用户名和密码。强制门户身份验证机制通过 RADIUS 服务器和 LDAP 数据库验证员工的用户名和密码是否有效，超文本传输安全协议(HTTPS)负责保护身份验证流量的安全。登录网络后，移动设备通常会下载并执行引导应用，以便安全地下载 802.1X/EAP 根证书以及其他安全凭证，同时开通请求方。大多数定制化的引导应用都是通过开放的 SSID 分发的。针对不同用户类型的引导解决方案也可能是基于 Web 的应用。如图 18.13 所示，加拿大卡尔加里教育委员会利用

1　https://www.securew2.com。

定制化的引导 Web 应用为来宾、学生与员工配置不同的安全凭证。

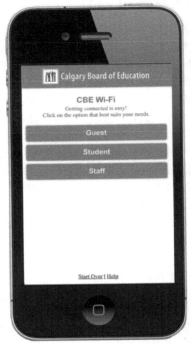

图 18.13 BYOD 引导应用

通过引导应用开通员工设备后，设备可以连接到安全网络。由于安全网络使用单独的 SSID，员工必须手动断开与开放 SSID 的连接，然后重新连接到安全的 SSID。

18.2.2 单 SSID 引导

单 SSID 引导(single-SSID onboarding)采用单个 SSID 验证 802.1X/EAP-PEAP 客户端和 802.1X/EAP-TLS 客户端。客户端首先使用公司用户名和密码，通过 802.1X/EAP-PEAP 登录 SSID。设备登录网络后，强制门户页面会要求员工再次登录，以验证是否允许设备执行引导过程。与双 SSID 引导一样，为设备下载并执行引导应用，引导应用随后通过 SSL 下载服务器证书并开通请求方。

员工设备完成配置后，RADIUS 服务器将启动员工设备的授权变更，切断设备与网络的连接。根据所安装的无线配置文件，设备会立即通过 802.1X/EAP-PEAP 或 802.1X/EAP-TLS 重新连接到同一个 SSID，并验证服务器证书是否有效。

18.2.3 MDM 与自助引导

通常情况下，大型企业会优先选择 MDM 解决方案。MDM 解决方案不仅能管理并监控公司配备设备，也能开通员工个人设备。然而，MDM 解决方案并非在所有情况下都适合作为 BYOD 解决方案使用。对中小企业而言，企业 MDM 部署通常耗资巨大。而出于隐私方面的考虑，员工往往也不愿意使用 MDM。

相较于员工 BYOD 解决方案，大多数自助设备引导解决方案的成本更低，部署也更简单。自助引导解决方案主要用于开通员工 Wi-Fi 设备，而非强制执行设备限制或实施空中管理。如果部署这种解决方案，员工个人设备也能免受隐私问题的困扰。

根据企业的安全要求，可以选择 MDM、自助引导或二者的混合作为 BYOD 解决方案。

18.3　来宾无线局域网访问

企业无线局域网的主要目的始终是为员工提供无线移动性，不过为来宾提供 Wi-Fi 接入同样重要。客户、顾问、供应商以及承包商通常需要连接到互联网才能开展工作，而外来人员的效率提高也会使企业员工的效率随之提高。另外，来宾访问往往是有利于培养客户忠诚度的增值服务。如今，企业客户对免费的来宾无线局域网访问充满期待。如果企业不提供来宾访问，客户可能会转投竞争对手。对零售、餐饮或连锁酒店行业的客户而言，通过 Wi-Fi 网络接入互联网有助于提高用户体验。

来宾无线局域网主要充当公司来宾或客户接入互联网的无线网关。来宾用户一般不需要访问企业网络资源，因此保护企业网络基础设施不受来宾用户的影响是来宾无线局域网安全的头等大事。在 Wi-Fi 发展的早期阶段，由于担心来宾用户访问企业资源，来宾网络较为鲜见。通常情况下，单独的基础设施负责提供来宾访问。另一种常见策略是将所有来宾流量发送到单独的网关，该网关不同于员工流量使用的互联网网关。例如，企业网关使用 T1 或 T3 线路，所有来宾流量则被划分到单独的 DSL 电话线。

近年来，Wi-Fi 来宾访问日益普及，各类 Wi-Fi 来宾解决方案也在不断发展以满足需要。接下来，我们将探讨来宾无线局域网的安全问题。企业至少应考虑部署单独的来宾 SSID、唯一的来宾 VLAN 与来宾防火墙策略。我们还将介绍来宾无线局域网使用的强制门户，并讨论包括来宾自助注册在内的多种来宾访问机制。

18.3.1　来宾 SSID

曾几何时，常用的 SSID 策略是将不同类型的用户(甚至员工)划分给不同的 SSID，每个 SSID 被映射到一个独立的 VLAN。例如，医院可以分别为医生、护士、技术人员、管理员创建唯一的一对 SSID/VLAN。但考虑到多个 SSID 产生的二层开销，这种做法并非良策。目前更常用的策略是将所有员工用户划分给同一个 SSID，并利用 RADIUS 属性将不同的用户组分配给不同的 VLAN。另外，将所有来宾用户流量划分给单独 SSID 的做法始终未曾改变。由于来宾 SSID 的安全参数与员工 SSID 不同，因此仍有必要创建单独的来宾 SSID。例如，员工 SSID 通常受到 802.1X/EAP 的保护，来宾 SSID 则往往是利用强制门户进行身份验证的开放网络。来宾用户一般不需要加密，但某些无线局域网供应商已开始提供加密的来宾访问，并利用动态预共享密钥凭证保护数据隐私。结合使用 802.1X/EAP 和热点 2.0 技术也能提供加密的来宾访问，稍后将进行讨论。

与所有 SSID 一样，隐藏来宾 SSID 绝非良策，且来宾 SSID 的名称应简单易懂(如 CWNA-Guest)。大多数情况下，公司大厅或入口处的标牌会显著标明来宾 SSID。

18.3.2　来宾 VLAN

根据安全和管理最佳实践的要求，来宾用户流量应划分到唯一的 VLAN。来宾 VLAN 应绑定某个 IP 子网,与员工 VLAN 互不干扰。有关来宾 VLAN 的主要争论集中在网络边缘是否需要部署来宾 VLAN。如图 18.14 所示,来宾 VLAN 位于隔离区而非网络边缘,这种情况在网络设计中较为常见。从图 18.14 中可以看到,接入层没有来宾 VLAN(VLAN 10),因此所有来宾流量必须经由隧道从接入点传输到来宾 VLAN 所在的隔离区。IP 隧道一般使用通用路由封装(GRE)协议,来宾流量通过 IP 隧道从网络边缘传输回隔离区。隔离区中的隧道目的地既可以是无线局域网控制器,也可以是 GRE 服务器或路由器,具体取决于 Wi-Fi 供应商的解决方案。

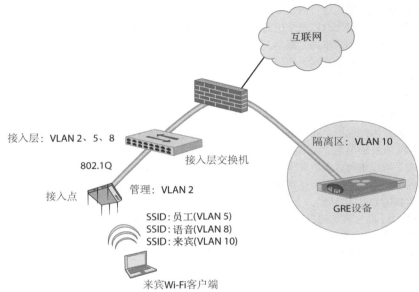

图 18.14　来宾流量通过 GRE 隧道传输到隔离区

　　将来宾 VLAN 置于隔离区是一直以来的惯例,但如果网络边缘部署了来宾防火墙策略,则不再需要这样处理。目前,各家无线局域网供应商的接入点都在构建企业级防火墙功能。换言之,如果能在网络边缘部署来宾防火墙策略,那么来宾 VLAN 也可以位于接入层,且不需要通过隧道传输来宾流量。

18.3.3　来宾防火墙策略

　　来宾防火墙策略是来宾无线局域网最重要的安全机制,旨在防止来宾用户流量接近企业网络基础设施和资源。图 18.15 显示了某种非常简单的来宾防火墙策略。可以看到,来宾用户有权访问 DHCP 和 DNS,但无权访问专用网 10.0.0.0/8、172.16.0.0/12 与 192.168.0.0/16。由于企业网络服务器和资源通常位于上述专用 IP 空间,因此不允许来宾用户访问这些专用网。建议来宾防火墙策略将所有来宾流量直接路由到互联网网关,并远离企业网络基础设施。

Source IP	Destination IP	Service	Action
Any	Any	DHCP-Server	PERMIT
Any	Any	DNS	PERMIT
Any	10.0.0.0/255.0.0.0	Any	DENY
Any	172.16.0.0/255.240.0.0	Any	DENY
Any	192.168.0.0/255.255.0.0	Any	DENY
Any	Any	Any	PERMIT

图 18.15　来宾防火墙策略

UDP 端口 67(DHCP)、UDP 端口 53(DNS)、TCP 端口 80(HTTP)、TCP 端口 443(HTTPS)等防火墙端口应予放行，以便来宾用户的无线设备接收 IP 地址、执行 DNS 查询并浏览网页。当连接到非企业 SSID 的 SSID 时，许多公司要求员工使用安全的 VPN 连接，因此 UDP 端口 500(IPsec IKE) 和 UDP 端口 4500(IPsec NAT-T)同样应予放行。

图 18.15 所示的防火墙策略代表保护来宾无线局域网的最低要求。根据企业安全策略的要求，来宾防火墙策略可能会阻塞更多端口。一种做法是强制来宾用户使用网络邮件(webmail)并阻塞 SMTP 端口以及其他邮件端口，避免用户通过来宾无线局域网发送垃圾邮件。但由于大部分邮件服务都使用 SSL 协议，因此上述做法并非常例。企业安全策略将指定来宾 VLAN 不能使用哪些端口。例如，如果禁止来宾 VLAN 使用安全外壳协议(SSH)，则需要阻塞 TCP 端口 22。除阻塞 UDP 和 TCP 端口外，一些无线局域网供应商目前还提供阻塞应用的功能。供应商的接入点或无线局域网控制器不仅能提供状态防火墙，而且已开始构建能进行深度包检测(DPI)的应用层防火墙，这种防火墙可以将特定的应用拒之门外。例如，无法通过来宾 SSID 访问某些流行的视频流应用(如图 18.16 所示)。企业安全策略还会规定来宾无线局域网应该阻止或需要限制速率的应用。

Source IP	Destination IP	Service	Action
Any	Any	YOUTUBE	DENY
Any	Any	NETFLIX VIDEO STREAM	DENY
Any	Any	FACETIME	DENY
Any	Any	GOOGLE VIDEO	DENY
Any	Any	INSTAGRAM VIDEO	DENY
Any	Any	Any	PERMIT

图 18.16　应用层防火墙策略

18.3.4　强制门户

通常情况下，来宾用户必须通过强制门户页面登录后才能访问互联网。强制门户页面最重要的要素之一是法律免责声明，用于告知来宾用户在使用来宾无线局域网时需要遵守哪些规定。如果来宾用户的 Wi-Fi 设备在通过门户连接时出现问题(如受到计算机病毒的感染)，那么企业通常不会承担法律责任。就本质而言，强制门户解决方案将网页浏览器转换为身份验证服务。为进行身份验证，用户必须接入无线局域网、启动网页浏览器并打开某个网站。无论用户尝试浏览哪个网站，都将被重定向到另一个显示强制门户登录页面的网址。强制门户利用 IP 重定向、DNS 重定向或 HTTP 重定向将没有经过身份验证的用户重定向到登录页面。如图 18.17 所示，DNS 重定向会触发多种强制门户。来宾用户尝试浏览网页，而 DNS 查询将浏览器重定向到强制门户的 IP 地址。

DNS查询：whois www.sybex.com

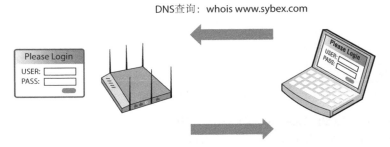

DNS响应：www.sybex.com = 1.1.1.1

图 18.17　强制门户：DNS 重定向

　　强制门户可以是独立的服务器解决方案或云端服务，大多数 Wi-Fi 供应商也提供集成式强制门户解决方案。强制门户既可以位于无线局域网控制器，也可以部署于网络边缘的接入点。提供强制门户的 Wi-Fi 供应商允许用户根据需要调整强制门户页面，通过添加图案(如企业徽标)、插入可接受使用策略、配置登录要求等方式对页面做定制化处理。根据来宾无线局域网部署的安全机制，可以使用不同类型的强制门户登录页面。接入点或无线局域网控制器查询 RADIUS 服务器，以验证来宾用户输入的用户名和密码是否有效。来宾登录页面如图 18.18 所示；如果来宾用户尚未注册账号，登录页面可能会提供指向来宾注册页面的链接。如图 18.19 所示，用户可在来宾注册页面上输入必要的信息以完成注册。如图 18.20 所示，强制门户页面可能要求来宾用户接受使用策略。

图 18.18　强制门户：来宾登录

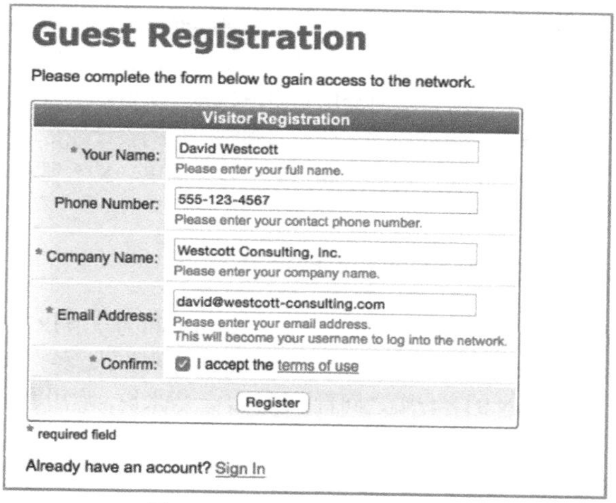

图 18.19　强制门户：来宾自助注册

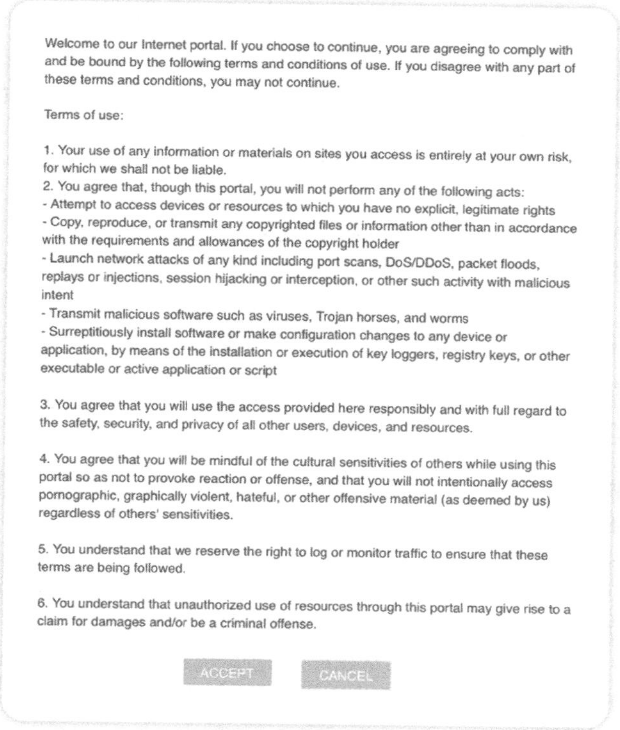

图 18.20　强制门户：接受策略

RADIUS 服务器通常配合强制门户身份验证机制使用，以验证连接到来宾 SSID 的来宾用户凭证。强制门户解决方案利用强度较低的身份验证协议(如 MS-CHAPv2)，向 RADIUS 服务器查询用户名和密码。有别于使用已有的用户数据库(如活动目录)，来宾凭证通常在来宾注册时创建，且一般存储在 RADIUS 服务器的原生数据库中。此外,强制门户身份验证往往配合 BYOD 解决方案使用以验证员工凭证。大多数员工数据库都是活动目录,而 RADIUS 服务器将查询员工数据库。

请记住,强制门户需要用户交互,有时会影响用户体验。浏览器更新、移动设备操作系统更新或 DNS 故障往往导致强制门户出现问题。此外,强制门户的设计经常遭到诟病,大多数用户都曾被强制门户搞得焦头烂额。有鉴于此,强制门户应设计简单、易于理解并经过全面测试,尽可能提供最佳的来宾用户体验。

18.3.5 客户端隔离、速率限制与 Web 内容过滤

连接到来宾 SSID 时,所有来宾用户均位于同一个 VLAN 和同一个 IP 子网。正因如此,来宾用户可以对其他来宾用户发动对等攻击。接入点或无线局域网控制器经常启用客户端隔离(client isolation),以阻止同一个 VLAN 的客户端之间直接通信。一般来说,启用客户端隔离(或其他描述这种功能的术语)后,接入点收到的数据包无法再转发给其他客户端。可使用这种功能将无线网络的所有用户隔离开来,确保客户端之间无法为彼此提供第三层(或更高层)的访问权限。客户端隔离通常属于可配置的设置,每个 SSID 被链接到唯一的 VLAN。为阻止对等攻击,强烈建议来宾无线局域网启用客户端隔离。

企业无线局域网供应商还提供限制用户流量带宽的功能。速率限制(rate limiting)又称带宽节流(bandwidth throttling),用于限制 SSID 流量或用户流量。来宾无线局域网通常会实施速率限制,以确保将大部分带宽保留给员工使用。来宾用户流量的速率限制一般为 1024 Kbps,但由于来宾用户访问往往属于预期的增值服务,对来宾 SSID 实施速率限制可能并非良策。某些试图通过 Wi-Fi 来宾访问获利的企业通常提供两种级别的来宾访问:免费来宾访问有速率限制,而付费来宾访问没有速率限制。

企业经常部署 Web 内容过滤(Web content filtering)解决方案,以限制员工在工作场所可以访问的网站类型。Web 内容过滤根据内容类别阻止员工访问网站,每种类别包含根据其主要 Web 内容分配的网站或网页。例如,企业可能利用 Web 内容过滤器阻止员工浏览所有与赌博或暴力有关的网站。大多数情况下,Web 内容过滤旨在阻止员工访问互联网上的内容,但也可用于阻止来宾访问某些类型的网站。所有来宾流量可通过企业部署的 Web 内容过滤器进行路由。

18.3.6 来宾管理

随着无线局域网的发展,Wi-Fi 来宾管理解决方案也在不断发展。大多数来宾无线局域网要求来宾用户通过强制门户验证其身份凭证,因此创建用户凭证数据库必不可少。不同于保存在已有活动目录数据库中的用户账号,来宾用户账号一般以动态方式创建,且保存在单独的来宾用户数据库中。当来宾用户到达公司办公室时,系统往往会收集来宾用户的信息。请注意,必须分派人手管理数据库并创建来宾用户账号。IT 管理员通常很忙,没有更多精力管理来宾数据库,因此这项工作往往由接待员承担。来宾管理员掌握来宾管理解决方案(可能是 RADIUS 服务器或其他来宾数据库服务器)的管理账号,且拥有在来宾数据库中创建来宾用户账号并签发来宾凭证(一般为用户名和密码)的权限。

来宾管理服务器既可以是云端服务器,也可以是位于企业数据中心的本地服务器。虽然大多数来宾管理系统均围绕 RADIUS 服务器构建,不过除 RADIUS 服务外,来宾管理解决方案也包括其他功能。目前的 Wi-Fi 来宾管理解决方案提供强大的报告生成功能,可以满足审计与合规性方面的要求。如图 18.21 所示,来宾管理解决方案还能充当全天候监控解决方案。IT 管理员通常

负责来宾管理解决方案的初始配置，而接待员利用有限的访问权限为来宾用户开通服务。来宾管理解决方案还能集成在 LDAP 数据库中以实现员工担保，且往往提供来宾自助注册功能。通常情况下，来宾管理解决方案用于管理无线来宾用户，但也能用于验证连接到有线端口的来宾身份。

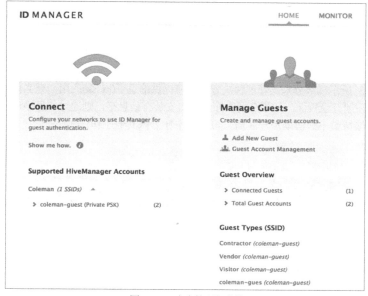

图 18.21　来宾管理与监控

如图 18.22 所示，可以通过电子钱包、短信、邮件、收据等多种方式向来宾用户发送来宾凭证。短信、邮件与收据可以根据公司信息做定制化处理，来宾注册登录页面则支持添加企业徽标和信息。

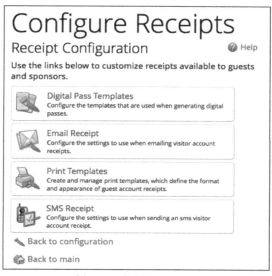

图 18.22　来宾凭证传输机制

18.3.7　来宾自助注册

来宾管理解决方案在传统上依靠公司接待员为来宾用户注册，接待员利用来宾管理解决方案注册一个或多个来宾用户。近年来，自助注册(self-registration)开始兴起，来宾用户往往选择自行创建账号。重定向到强制门户后，如果来宾用户尚未创建来宾账号，单击登录页面上提供的链接将跳转到自助注册页面。来宾用户通过简单的自助注册页面填写并提交表单，系统将创建、显示并打印来宾账号。更高级的自助注册页面要求来宾用户输入邮件地址或手机号码，注册系统随后向用户发送登录凭证。

如图 18.23 所示，部分来宾管理解决方案目前提供信息亭(kiosk)应用，充当信息亭的平板电脑可运行自助注册登录页面。如果公司大厅或入口安装有信息亭，则通过信息亭进行自助注册极为便利。因为接待员不必协助用户注册，可以集中精力做其他工作。

图 18.23　信息亭模式

18.3.8　员工担保

可以要求来宾用户输入某位员工的邮件地址，而该员工必须批准并为来宾用户担保。担保方通常会收到一封邮件，单击邮件中的链接就能接受或拒绝来宾用户的请求。来宾用户完成注册或接受担保后，即可使用新创建的凭证登录。提供员工担保(employee sponsorship)功能的来宾管理解决方案可以集成在 LDAP 数据库(如活动目录)中。

如前所述，企业既可以指派接待员负责来宾用户注册，也可以部署提供来宾自助注册的信息亭。但对大型企业或分支机构众多的组织而言，中央注册信息亭的扩展性难以满足要求。在不少企业中，提供员工担保的自助注册变得越来越流行。

首次接入来宾网络时，来宾用户将重定向到强制门户页面。如果已有账号，强制门户页面会提示来宾用户登录；如果没有账号，单击链接将跳转到来宾注册页面。如图 18.24 所示，来宾用户必须输入担保方的邮件地址。通常情况下，来宾用户需要与提供担保的员工会面。

图 18.24　员工担保注册

　　来宾用户填写并提交注册表单后，担保方将收到一封邮件，告知来宾用户希望访问网络。如图 18.25 所示，邮件通常包含担保方必须单击以批准网络访问的链接。担保方单击链接表示批准来宾账号，来宾用户将通过邮件或短信收到确认信息，随后就能登录网络。担保方不单击链接表示拒绝批准来宾账号，来宾用户无法访问网络。

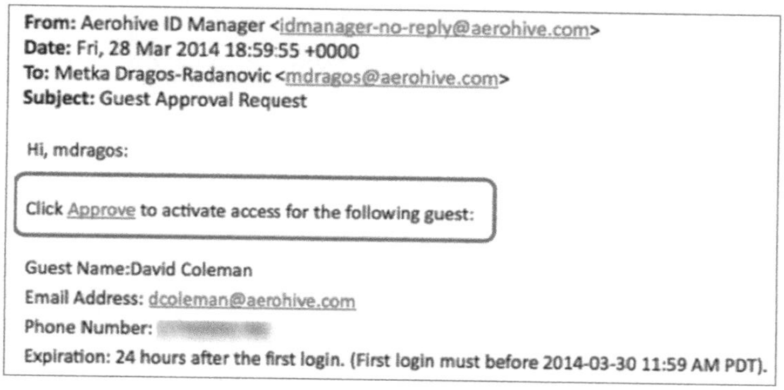

图 18.25　员工担保确认邮件

　　员工担保不仅可以确保只有经过授权的来宾用户才能接入来宾无线局域网，也使企业员工能积极参与来宾用户的授权过程。

18.3.9　社交登录

近年来，社交登录(social login)开始在零售业和服务业的来宾网络中崭露头角，社交登录利用社交网络服务(如 Twitter、Facebook 或 LinkedIn)现有的登录凭证在第三方网站上进行注册。拜社交登录所赐，用户无须在第三方网站上创建新的注册凭证。通常，可采用开放授权(OAuth)协议启用社交登录。OAuth 是一种安全的授权协议，支持授权服务器向第三方客户端签发访问令牌。如图 18.26 所示，OAuth 2.0 授权框架除了允许第三方应用获得有限的 HTTP 服务访问权限，还能用于来宾无线局域网的社交登录。

图 18.26　OAuth 2.0 应用

如图 18.27 所示，社交登录可以绑定到开放的来宾 SSID。重定向到强制门户页面后，来宾用户可以使用现有的社交媒体账号登录来宾无线局域网。零售业和服务业对社交登录的理念青睐有加，因为它们有机会从使用社交网络服务的来宾用户获得有价值的营销信息。企业可以根据这些信息建立数据库，记录人们在商家购物时使用来宾无线局域网的客户类型。需要注意的是，社交登录存在严重的隐私问题，因此强制门户登录都会提供法律免责声明：如果客户同意使用来宾无线局域网的社交登录注册功能，则视为同意系统收集客户信息。

图 18.27　社交登录

18.3.10　加密的来宾访问

来宾网络通常是没有使用加密措施的开放网络，因此来宾用户也无数据隐私可言。从第 16 章"无线攻击、入侵监控与安全策略"的讨论可知，不安全的 Wi-Fi 用户在各种无线攻击面前脆弱不堪。由于大多数来宾无线局域网没有加密，来宾用户成为"待宰羔羊"，往往是高级黑客或攻击者的目标。有鉴于此，许多企业要求员工无论连接到哪种公共或开放的来宾 SSID，都要采用 IPsec VPN 解决方案。来宾 SSID 不提供数据保护，因此来宾用户必须利用 VPN 连接实现加密和数据隐私，以确保自身安全。

问题在于，当连接到开放的来宾无线局域网时，不少消费者和来宾用户对于如何使用 VPN 解决方案一无所知。正因为如此，为 Wi-Fi 来宾用户提供加密和安全性更高的身份验证机制近年来逐渐兴起。保护企业网络基础设施免受来宾用户的攻击在总体安全中具有最高优先级。如果企业还能为来宾 SSID 提供加密，则保护来宾用户属于增值服务。

为简单起见，可以使用静态预共享密钥加密来宾 SSID。但考虑到蛮力字典攻击和社会工程学攻击的影响，使用预共享密钥加密机制并非良策。某些无线局域网供应商提供云端解决方案，采用唯一的每用户预共享密钥(PPSK)分发安全的来宾凭证。来宾管理解决方案利用唯一的预共享密钥作为凭证，并通过 WPA2 加密为来宾用户提供数据隐私。

18.4　热点 2.0 技术与控制点认证项目

随着公共接入网的发展，802.1X/EAP 与热点 2.0(Hotspot 2.0)技术相结合的趋势愈发明显。热点 2.0 是 Wi-Fi 联盟制定的技术规范，控制点(Passpoint)认证项目以该技术为基础。蜂窝服务运营商可以利用热点 2.0 为 Wi-Fi 客户设备配置一种或多种凭证，如 SIM 卡、用户名/密码或 X.509 证书。IEEE 于 2011 年批准 802.11u 修正案，热点 2.0 规范的大部分内容以 802.11u 修正案最初定义的机制为基础。热点 2.0 技术主要致力于实现以下两个目标：

- 提高公共/商用 Wi-Fi 网络的安全性和易用性，使之媲美企业/家庭 Wi-Fi 网络。
- 将第三代(3G)或第四代(4G)蜂窝网络的流量转移到 Wi-Fi 网络。

"控制点"是 Wi-Fi 联盟开发的认证项目，基于热点 2.0 技术规范。通过控制点认证测试的设备称为"控制点设备"。

18.4.1 接入网络查询协议

在连接到无线局域网之前,控制点设备可以利用接入网络查询协议(ANQP)发现无线局域网支持的蜂窝服务提供商。ANQP 是 802.11u 修正案定义的查询和响应协议。如图 18.28 所示,ANQP 服务器响应控制点客户端发送 ANQP 查询。ANQP 服务器既可以是独立的服务器,也可以嵌入接入点中。

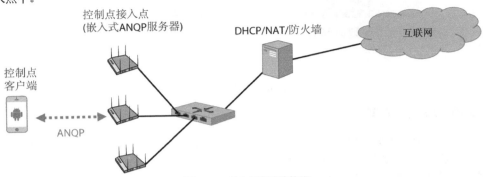

图 18.28 接入网络查询协议

控制点设备可以利用 ANQP 发现以下信息:

- 场所名称(Venue Name)。
- 所需的身份验证类型,如 EAP-AKA 或 EAP-TLS。
- 通过接入点获取的 3GPP 蜂窝网络信息。
- 漫游联盟组织(Roaming Consortium),适用于和其他服务提供商签订漫游协议的热点。
- 网络访问标识符(NAI)归属。
- 通过接入点访问的 NAI 域(NAI Realm)。
- 广域网指标。

一般来说,控制点客户端仅通过信标帧提供的 ANQP 信息无法连接到控制点 SSID。为解决这个问题,控制点客户端利用通用通告服务(GAS)查询帧从 ANQP 服务器收集大部分需要的信息,如图 18.29 所示。

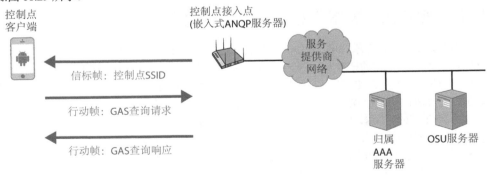

图 18.29 GAS 查询

18.4.2　热点 2.0 体系结构

如图 18.30 所示,热点 2.0 技术规范的复杂之处在于和蜂窝服务提供商网络的所有后端服务器相互集成。服务提供商组件包括以下内容:

- 在注册期间,新用户或新设备通过在线注册(OSU)服务器创建新账号。移动设备与 OSU 服务器利用 HTTPS 注册并开通新的热点订阅用户。
- 注册完成后,订阅修正(Sub Rem)服务器负责修正用户的订阅信息(如密码过期或欠费)。
- 注册完成后,策略服务器负责为移动设备开通网络策略。
- 归属运营商的 AAA 服务器利用 EAP 和 RADIUS 验证控制点客户端的凭证。控制点客户端采用 802.1X/EAP 协议,而 RADIUS 包携带的 EAP 帧被转发给归属 AAA 服务器。
- 归属位置寄存器(HLR)服务器是 3G/4G 蜂窝网络的本地寄存服务器。
- 对于使用 SIM 卡或 USIM 卡的设备,归属 AAA 服务器与 HLR 服务器相互通信。
- 移动应用部分(MAP)是访问 HLR 服务器时使用的电话信令系统协议。
- 证书颁发机构向 AAA 服务器、OSU 服务器、Sub Rem 服务器与策略服务器签发证书。
- 如有必要,证书颁发机构还能为控制点客户端开通证书。

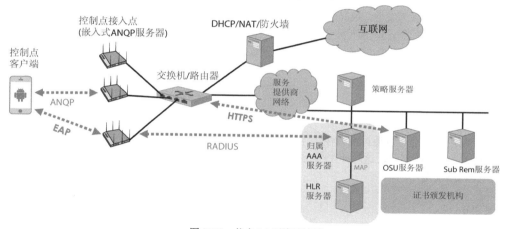

图 18.30　热点 2.0 无线局域网

18.4.3　802.1X/EAP 与热点 2.0

由于热点 2.0 需要使用 802.1X/EAP 安全机制,因此所有设备都有唯一的身份验证标识,且控制点 SSID 的流量经过加密。表 18.1 列出了热点 2.0 无线局域网支持的客户端凭证和 EAP 类型。

表 18.1　热点 2.0 无线局域网支持的客户端凭证和 EAP 类型

客户端凭证类型	EAP 类型
客户端证书	EAP-TLS
SIM 卡	EAP-SIM
USIM 卡	EAP-AKA
用户名/密码	EAP-TTLS

用于全球通信系统(GSM)用户识别模块的可扩展认证协议方法(EAP-SIM)主要是为手机行业开发的；更具体地说，是为第二代(2G)移动网络而开发的。大多数手机用户都熟悉 SIM 卡，这种嵌入式识别和存储设备与智能卡非常类似。SIM 卡的体积很小，可以插入蜂窝电话等小型移动设备，且任何情况下都能与设备保持一一对应的关系。GSM 是第二代移动通信标准。EAP-SIM 由 RFC 4186 定义，是一种基于 2G 移动网络 GSM 身份验证和密钥协商原语的 EAP 机制。移动运营商可以利用这种有价值的信息进行身份验证。EAP-SIM 不提供相互身份验证，且密钥长度比 3G 移动网络使用的密钥短得多。

用于第三代身份验证和密钥协商的可扩展认证协议方法(EAP-AKA)主要是为手机行业开发的；更具体地说，是为 3G 移动网络而开发的。EAP-AKA 由 RFC 4187 定义，规范了通用移动通信系统(UMTS)和 CDMA2000 这两种 3G 移动网络使用的身份验证和密钥协议机制。SIM 又称通用用户识别模块(USIM)或可移动用户识别模块(R-SIM)。AKA 以质询-响应机制和对称加密为基础，在 USIM 或 R-SIM 中运行。EAP-AKA 的加密密钥更长，且目前已加入对相互身份验证的支持。4G 移动网络通常使用长期演进(LTE)技术，而 EAP-AKA 同样适用于 4G 网络。

膝上型计算机等非 SIM 控制点设备采用了 EAP-TLS 或 EAP-TTLS 安全机制。可扩展认证协议-传输层安全(EAP-TLS)由 RFC 5216 定义，是一种使用广泛的安全协议。在目前的无线局域网中，EAP-TLS 被视为安全性最高的 EAP 之一。除服务器证书外，EAP-TLS 还要求使用客户端证书(充当客户设备的凭证)。可扩展认证协议-隧道传输层安全(EAP-TTLS)由 RFC 5281 定义，只要求使用服务器证书。EAP-TTLS 通过安全隧道验证用户名和密码是否有效。与大多数 EAP 一样，EAP-TTLS 需要安全地开通根证书(可能还有客户端证书)。无论是哪种热点 2.0 无线局域网，在线注册时都会安全地开通证书。

18.4.4　在线注册

控制点客户端可以通过两种在线注册(OSU)机制完成初步注册，然后连接到安全的控制点 SSID。如图 18.31 所示，这两种在线机制需要两个 SSID：一个是初始的注册 SSID，另一个是安全的控制点 SSID。

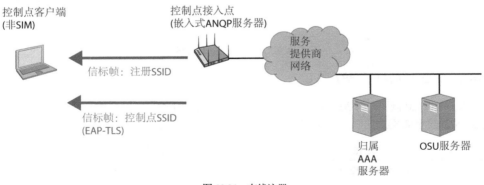

图 18.31　在线注册

第一种 OSU 机制允许热点运营商使用无任何加密措施的开放 SSID。首先，控制点客户端连接到开放 SSID 以便向服务提供商注册。接下来，客户端被重定向到受 HTTPS 保护的强制门户，选择服务提供商并继续注册过程。HTTPS 负责保护客户设备与 OSU 服务器之间传输的注册信息。在注册过程中，客户设备将开通并安装服务提供商提供的 EAP-TLS 证书和客户端凭证。注册完成后，客户设备断开与注册 SSID 的连接，然后必须使用 802.1X/EAP 连接到安全的控制点 SSID。

第二种 OSU 机制同样使用两个 SSID，但初始的注册 SSID 称为仅 OSU 服务器验证的二层加密网络(OSEN)SSID。与第一种 OSU 机制类似，HTTPS 负责保护客户设备与 OSU 服务器之间传输的注册信息。主要区别在于，OSEN SSID 旨在保护与客户端注册无关的其他移动设备通信。OSEN SSID 使用匿名 EAP-TLS，仅验证服务提供商网络是否合法，不会验证客户端的身份。在注册过程中，客户设备将开通并安装服务提供商提供的 EAP-TLS 证书和客户端凭证。注册完成后，客户设备断开与 OSEN SSID 的连接，然后必须使用 802.1X/EAP 连接到安全的控制点 SSID。如果控制点客户端使用 OSEN SSID 进行注册，那么遗留的非控制点客户端可能使用第三个开放的 SSID 连接无线局域网。

18.4.5　漫游协议

蜂窝服务提供商也可能与其他服务提供商签订漫游协议。请注意，不要将之前各章讨论的 802.11 漫游机制与此处讨论的漫游协议混为一谈——服务提供商漫游协议只是不同蜂窝服务提供商之间的业务关系。热点提供商的用户可以使用蜂窝提供商的热点 Wi-Fi 服务，无须额外付费。相应的漫游协议信息通过 ANQP 协议发送给控制点客户端。控制点设备支持跨运营商漫游，提供发现、身份验证与记账功能。热点 2.0 和控制点技术最初用于蜂窝运营商网络；而在私有企业网络中，ANQP 也可能用于 Wi-Fi 来宾访问。

热点 2.0 技术致力于为公共无线局域网提供安全的身份验证和加密。虽然开放网络仍是当今的主流，但人们对公共接入网的安全和自动连接的兴趣与日俱增，因此热点 2.0 技术有望得到更广泛的接受和应用。请记住，客户端和接入点必须通过控制点认证且支持 ANQP。遗留的 Wi-Fi 设备不支持 ANQP，也无法采用热点 2.0 技术，但目前的大多数操作系统都支持早期的控制点。从之前的讨论可知，热点 2.0 技术与服务提供商网络的后端集成极其复杂。正因为如此，热点 2.0 技术的落地应用非常缓慢，相当一部分运营商仍然持观望态度。此外，新兴的第五代(5G)蜂窝技术可能会影响热点 2.0 今后的部署。

18.5　网络访问控制

网络访问控制(NAC)致力于评估计算机的状态，以判断计算机是否存在安全隐患，并确定计算机的访问级别。多年来，NAC 已从主要评估病毒和间谍软件的安全风险转向计算机检测和指纹识别，以判断其功能和配置是否正常。这些检测与 802.1X/EAP 和 RADIUS 相互集成，在用户和计算机访问网络时提供身份验证和授权。

18.5.1　状态

起初，NAC 旨在应对 21 世纪初出现的计算机病毒、蠕虫与恶意软件。早期的 NAC 产品提供状态评估(posture assessment)，其历史可以追溯到 2003 年前后。状态评估通过一系列规则检查计算机的运行状况和配置，并决定是否给予其访问网络的权限。NAC 产品本身不执行健康检查，而是确认计算机是否遵守策略。状态评估的主要目的在于验证计算机是否已安装最新的安全软件(防病毒软件、反间谍软件与防火墙)，且这些软件能否正常运行。图 18.32 显示了部分防病毒设置。就本质而言，状态评估致力于"对检查程序进行检查"。状态评估不仅能检查安全软件的状态，也能检查操作系统的状态。管理员通过配置状态策略以确保计算机安装了特定的补丁或更新，并验证某些进程是否运行，甚至检查特定的硬件(如 USB 端口)是否处于活动状态。

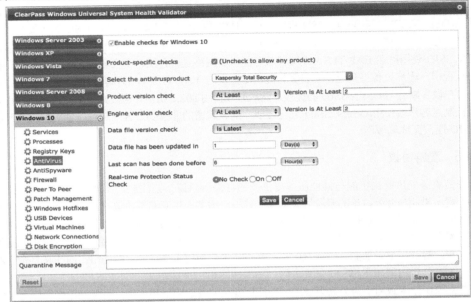

图 18.32 部分防病毒设置

持久性代理(persistent agent)或一次性代理(dissolvable agent)负责执行状态检查。持久性代理指计算机永久安装的软件，而一次性代理指计算机临时安装的软件。当企业部署状态软件时，所有膝上型计算机都可能安装持久性代理以确保正常运行。企业或许还希望检查尝试访问网络的来宾计算机，但来宾用户不大可能允许企业为自己的计算机安装软件。来宾用户连接到强制门户时，可以通过临时运行状态评估进程来检查来宾计算机的合规性。

如果执行状态评估后发现计算机的运行状况不佳，则最好由状态代理自动修复存在的问题，以便计算机能通过检查并访问网络。企业计算机装有持久性代理且通常具备更改权限，因此可以执行自动修复，而运行一次性代理的计算机往往无法自动更新。来宾用户必须解决存在的问题才能访问网络。

18.5.2　操作系统指纹识别

可以通过 DHCP 监听、HTTP 监听等多种指纹识别技术确定 Wi-Fi 客户设备的操作系统。客户端成功建立二层连接后，将发送 DHCP 请求(包括 DHCP 选项信息)以获取 IP 地址。客户端从 DHCP 服务器请求 DHCP 参数或选项的列表，这些选项包括子网掩码、域名、默认网关等。客户端发送 DHCP 发现和请求消息时，每种类型的客户端从 DHCP 选项 55(参数请求列表)请求不同的参数。使用 DHCP 选项 55 中的参数创建的指纹可用于标识客户端的操作系统。

例如，iOS 设备发送的 DHCP 请求包含一组通用参数，可以借此确定手边最有可能是 iOS 设备。DHCP 指纹识别并非无懈可击，且往往无法分辨类似设备(如 iPod、iPhone 或 iPad)之间的区别。DHCP 指纹既可以是参数请求选项的 ASCII 列表(如 1、3、6、15、119、252)，也可以是十六进制字符串(如 370103060F77FC)，具体取决于 NAC 供应商。字符串的前两个十六进制数字等于 ASCII 55(选项 55)，之后的两个数字对分别是每个选项的十六进制值。

Fingerbank[1]提供了大量的 DHCP 指纹。虽然无法保证参数请求列表的唯一性，但 Fingerbank 通常可以配合其他指纹识别技术来识别设备。

另一种操作系统检测方法称为 HTTP 指纹识别。可以通过 HTTP 包的 User-Agent 报头判断客户端的操作系统。利用强制门户验证身份时，NAC 解决方案能在处理客户端请求的同时检查 HTTP/HTTPS 帧。这种指纹信息可与通过其他手段获取的信息相结合，以便更好地绘制客户设备的图像。

此外，SNMP 和 TCP 扫描都是获取客户端信息的有效途径。

18.5.3　身份验证、授权与记账

前面的章节曾经讨论过身份验证、授权与记账(AAA)机制，AAA 机制是 NAC 的重要组成部分。毫无疑问，身份验证用于识别访问网络的用户，即通常所说的确定"用户是谁"。身份验证的重要性毋庸置疑，但授权在 AAA 机制中同样重要，即通常所说的确定"用户能做什么"。授权用于分析以下信息：

- 用户类型(管理员、支持团队、员工等)
- 位置、连接类型(无线、有线、VPN 等)
- 时间信息
- 设备类型(智能手机、平板电脑、计算机等)
- 操作系统
- 状态(系统运行状况)

为身份验证配置 AAA 机制时，需要定义或指定验证用户身份时使用的数据库。这种数据库一直以来称为用户数据库，但通过用户账号和密码以外的方式(如 MAC 地址或证书)验证用户身份同样可行。如果不确定使用的身份类型或希望保持中立，那么最好使用"身份存储库"(identity store)一词。

NAC 利用身份验证和授权机制区分使用智能手机的杰夫与使用个人膝上型计算机的杰夫，并根据这些信息控制杰夫对网络中每台设备执行的操作。

我们通过一个例子来解释授权。乔治是某乡村俱乐部的会员，他开车进入俱乐部时，在入口处接受保安的检查。保安查验乔治的身份证件并核实其会员资格，确认他可以进入俱乐部。时间已是晚上 6 点半，感到饥饿的乔治在停放车后决定去吃饭，但到达餐厅时却被告知不能进入。乔治一脸困惑，因为保安之前已确认过他的俱乐部会员身份。经理解释说，根据餐厅的规定，所有男性客人在晚 6 点后必须身着休闲裤和运动夹克或西装外套。而乔治穿的是短裤，也没有带夹克，所以无权在餐厅就餐。彬彬有礼的经理告诉乔治，他可以去休息室就餐，因为那里的着装规定比较宽松。

从上例可以看到，身份验证与用户身份有关，而授权与其他参数(何时、何地、能做什么、如何做)有关。与身份验证不同，无论是否通过验证，授权都会因参数和情况的不同而有所不同。

18.5.4　RADIUS 授权变更

在 RADIUS 授权变更(CoA)之前，如果客户端通过身份验证且获得网络权限，那么客户端授权在客户端注销并重新登录前都不会改变。也就是说，只能在客户端初次连接时做出授权决策。

1　https://fingerbank.org。

RADIUS 记账(AAA 机制中的最后一个 A)旨在监控用户连接情况。早期的 AAA 机制通常会跟踪客户端连接活动，即登录和注销事件。在某些环境中，这些事件可能是用户希望或需要跟踪的全部内容。而改进的记账功能增加了临时记账，AAA 服务器有能力跟踪资源活动(如连接时使用的时间和字节)。如果用户超出或违反允许使用的资源上限，可以利用 RADIUS 授权变更动态调整用户的网络权限。

我们通过一个例子来解释 RADIUS 授权变更。杰克准备与朋友去酒吧跳舞并品尝鸡尾酒。入口处的保安允许杰克一行进入酒吧，但告诉他们不能酗酒滋事。保安同时会进行检查，确保杰克和他的朋友没有喝醉或闹事。不过保安必须站在门口，他只能监视到达酒吧的客人，无法监视已经进入酒吧的客人。由于连续几天有人在酒吧滋事，经理决定再雇用几名保安来回巡视酒吧内的客人。如果发现有人醉酒或闹事，保安会限制这些人在酒吧的行动(比如禁止他们购买酒精饮料)，或将闹事者逐出酒吧。而当客人离开酒吧后，入口处的保安可以重新评估其状态，要么拒绝客人再次进入酒吧，要么允许客人再次进入酒吧，要么允许客人以不同的权限再次进入酒吧。

RADIUS 授权变更最初定义在 RFC 3576 中，并由之后的 RFC 5176 加以更新。但读者不必担心，CWNA 考试不会考查 RADIUS 授权变更定义在哪份 RFC 文档中。我们之所以提到 RFC 3576，是因为不少 AAA 服务器、NAC 服务器与企业无线设备的配置菜单都使用 RADIUS RFC 3576 而非"授权变更"。在实际应用中，如果配置菜单标有 RFC 3576，就是指配置 RADIUS 授权变更。

18.5.5 单点登录

在网络发展的早期阶段，用户必须登录文件服务器或打印服务器才能访问网络资源，每台服务器都会管理并存储用户账号。由于早期的网络规模不大，这种方式很少出问题；但随着内部服务器的数量和类型逐渐增加，登录多台服务器变得越来越麻烦。为简化登录过程，企业开始在内部实施单点登录(SSO)，用户只需要登录一次就能访问大部分内部资源。单点登录不仅能简化用户的登录过程，还能通过将用户账号合并到一台中央用户数据库来简化网络管理。

企业内部的单点登录多年来行之有效，直到企业资源开始迁移到基于互联网以及基于云的服务器和服务。目前，用户登录必须扩展到企业网络之外，且许多云服务器实际上是由其他公司提供的服务，如客户关系管理(CRM)系统、办公应用、知识库、文件共享服务等。跨组织边界的身份验证和授权不仅会增加复杂性，也可能带来更大的安全隐患。

扩展到企业网络之外时，可以利用安全断言标记语言(SAML)和开放授权(OAuth)实现所需的访问安全性。接下来，我们将简要介绍这两种技术的构成与工作原理。

18.5.6 SAML

企业与外部服务提供商(如第三方的云端 CRM 平台)之间可以利用 SAML(安全断言标记语言)提供的安全机制交换用户安全信息。用户在连接到 CRM 平台时无须登录，身份验证服务器与 CRM 服务器之间的信任关系负责验证用户身份并提供应用或服务的访问权限。如此一来，用户只需要登录一次企业网络，随后就能无缝、安全地访问外部服务和资源，而不必重新验证身份。

SAML 规范定义了参与单点登录的 3 种角色，分别是作为断言方的身份提供方(IdP)、作为依赖方的服务提供方(SP)与用户。本小节将简要介绍利用 SAML 提供单点登录的两种情况。

如图 18.33 所示，第一种情况是服务提供方发起的登录，用户尝试访问 CRM 服务器(服务提供方)上的资源。如果用户尚未通过身份验证，则使用 SAML 请求重定向到企业身份验证服务器(身份提供方)；如果用户通过身份验证，则使用 SAML 断言重定向到 CRM 服务器，此时用户有权访问请求的资源。

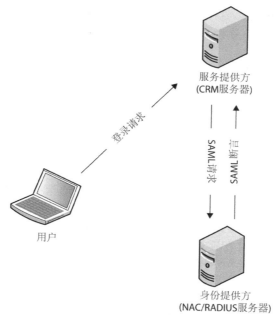

图 18.33　服务提供方发起的登录

　　如图 18.34 所示，第二种情况是身份提供方发起的登录。用户首先登录企业身份验证服务器(身份提供方)，然后重定向到 CRM 服务器，SAML 断言负责验证用户的访问权限。

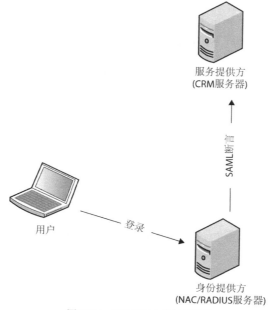

图 18.34　身份提供方发起的登录

配置 SAML 的方法有很多。这种规范的关键概念是利用用户的企业凭证提供对企业网络外部资源的访问，且用户无须多次登录。

18.5.7　开放授权

SAML 是身份验证标准，而 OAuth 是授权标准。用户(资源所有者)利用 OAuth 登录身份验证应用，并在登录后授权第三方应用访问特定的用户信息或资源，从而为 Web 应用、桌面应用或移动设备提供授权流(authorization flow)。NAC 可以通过 OAuth 与外部资源和系统相互通信。

18.6　小结

本章讨论了管理公司配备设备和员工个人设备所需的 BYOD 策略与 MDM 解决方案。我们介绍了这两种设备之间的差异，以及部署针对这两种设备的 MDM 策略时需要考虑哪些因素。本章讨论了 MDM 体系结构的各种要素及其交互方式，并解释了 MDM 的注册过程和空中服务的开通。此外，我们回顾了使用 MDM 配置文件和 MDM 代理软件的移动设备类型。本章还讨论了部署 MDM 解决方案时如何实现移动设备的空中管理和应用管理。

我们讨论了面向员工的自助设备引导解决方案，这种解决方案越来越多地被用于 BYOD 服务的开通。

本章介绍了来宾无线局域网的访问，以及保护企业网络基础设施不受来宾用户影响所需的重要安全要素。我们讨论了包括员工担保、自助注册、社交登录在内的各种来宾管理机制，对热点 2.0 技术规范和控制点认证项目也有所涉及。本章最后介绍了如何利用 NAC 提供访问控制：一种方法是实施状态评估，另一种方法是在客户设备连接到网络之前进行指纹识别。AAA 服务致力于验证接入网络的用户身份，并给予设备访问网络的权限。如果需要为用户分配新的权限，可以通过 RADIUS 授权变更修改用户授权。

尽管 MDM、自助设备引导、Wi-Fi 来宾管理、NAC 是 4 种独立的无线局域网安全解决方案，但由于部分 Wi-Fi 供应商已将它们打包为应用套件，因此本章选择同时介绍这 4 种解决方案。这些解决方案既可以单独部署，也可以共同部署，以提供移动设备安全管理、来宾用户安全与网络访问安全。

18.7　考试要点

定义公司配备设备与员工个人设备之间的区别。解释部署这两种设备的 MDM 策略时需要考虑哪些因素。

描述 MDM 体系结构的 4 种要素。定义移动设备、MDM 服务器、接入点、推送通知服务器的作用以及交互方式。

解释如何在 MDM 解决方案中使用 MDM 配置文件和 MDM 代理。描述如何利用 MDM 配置文件实施限制并配置移动设备。描述这两种 MDM 代理的作用，并解释哪些移动设备需要安装 MDM 代理软件。

讨论 MDM 空中管理和 MDM 应用管理。解释推送通知服务器如何通过互联网管理移动设备，并讨论 MDM 解决方案管理移动设备应用的方法。

解释自助设备管理。讨论开通员工设备所需的双 SSID 引导和单 SSID 引导机制。解释自助设备管理和 MDM 解决方案各自的优点以及二者之间的区别。

定义来宾无线局域网的四大安全目标。讨论来宾 SSID、来宾 VLAN、来宾防火墙策略、强制门户的重要性。

解释 Wi-Fi 来宾管理的要素和机制。解释自助注册、员工担保、社交登录以及其他要素。

理解热点 2.0 技术规范。描述通过控制点认证的客户设备如何使用 802.1X/EAP 安全地访问公共接入网。

解释 NAC 以及如何利用 NAC 控制对网络的访问。描述如何综合运用状态、RADIUS 属性、DHCP 指纹识别与 AAA 实现用户和设备的身份验证及授权。描述利用 RADIUS 授权变更修改用户授权的方法。

18.8　复习题

1. 来宾防火墙策略应允许哪些端口的流量通过？(选择所有正确的答案。)

A. TCP 端口 22　　　　　　　**B.** UDP 端口 53

C. TCP 端口 443　　　　　　 **D.** TCP 端口 110

E. UDP 端口 4500

2. 来宾防火墙策略应限制哪些 IP 网络？(选择所有正确的答案。)

A. 172.16.0.0/12　　　　　　**B.** 20.0.0.0/8

C. 192.16.0.0/16　　　　　　**D.** 172.10.0.0/24

E. 10.0.0.0/8

3. MDM 体系结构包括哪些要素？(选择所有正确的答案。)

A. 接入点　　　　　　　　　**B.** RADIUS

C. BYOD　　　　　　　　　 **D.** APNs

E. GCM

4. 可以使用哪些方法为充当 802.1X/EAP 请求方的 Wi-Fi 客户端开通根证书？(选择所有正确的答案。)

A. GPO　　　　　　　　　　**B.** RADIUS

C. MDM　　　　　　　　　　**D.** APNs

E. GCM

5. 通过控制点认证的 Wi-Fi 客户设备使用哪种协议发现热点 2.0 无线局域网支持的蜂窝服务提供商？

A. DNS　　　　　　　　　　**B.** SCEP

C. OAuth　　　　　　　　　 **D.** ANQP

E. IGMP

6. MDM 服务器可以监控移动设备的哪些信息？(选择所有正确的答案。)

A. 短信　　　　　　　　　　**B.** 电池电量

C. Web 浏览历史记录　　　　**D.** 安装的应用

E. 设备容量

7. 控制点客户端连接到安全的控制点 SSID 时，可以使用哪些 EAP 进行身份验证？(选择所有正确的答案。)

A. EAP-PEAP　　　　　　　 **B.** EAP-TLS

C. 匿名 EAP-TLS   **D.** EAP-AKA

E. EAP-LEAP

8. 哪些机制可以将用户重定向到强制门户登录页面？(选择所有正确的答案。)

A. HTTP 重定向   **B.** IP 重定向

C. UDP 重定向   **D.** TCP 重定向

E. DNS 重定向

9. 在 MDM 注册过程中，隔离在围墙花园内的移动客户端可以访问哪些资源？(选择所有正确的答案。)

A. SMTP 服务器   **B.** DHCP 服务器

C. DNS 服务器   **D.** MDM 服务器

E. 交换服务器

10. 对于使用证书和 SSL 加密的 MDM 配置文件，iOS 和 macOS 设备通过哪种协议实现空中服务的开通？

A. OAuth   **B.** GRE

C. SCEP   **D.** XML

E. HTTPS

11. 如果来宾 VLAN 无法部署在网络边缘且只能位于隔离区，那么可以使用哪种机制？

A. GRE   **B.** VPN

C. STP   **D.** RTSP

E. IGMP

12. 哪种来宾管理解决方案需要与 LDAP 集成？

A. 社交登录   **B.** 信息亭模式

C. 接待员注册   **D.** 自助注册

E. 员工担保

13. 某员工通过企业无线局域网向 MDM 服务器注册了自己的个人设备，他回家后将 MDM 配置文件删除。该员工的个人设备今后尝试连接企业 SSID 时，会发生什么情况？

A. MDM 服务器将通过空中激活的方式重新开通 MDM 配置文件。

B. 推送通知服务将通过空中激活的方式重新开通 MDM 配置文件。

C. 设备将隔离在围墙花园内，必须重新注册。

D. 由于设备仍然持有证书，因此可以访问所有资源。

14. 哪个术语能最贴切地描述员工将智能手机、平板电脑、膝上型计算机等个人移动设备连接到企业网络的策略？

A. MDM   **B.** NAC

C. DMZ   **D.** BYOD

15. 企业可以使用哪种来宾管理机制收集有价值的来宾用户个人信息？

A. 社交登录   **B.** 信息亭模式

C. 接待员注册   **D.** 自助注册

E. 员工担保

16. MDM 管理员可以通过互联网对移动设备进行哪些远程操作？

A. 配置变更   **B.** 限制变更

C. 设备锁定   **D.** 设备擦除

E. 应用变更　　　　　　　　　　F. 以上答案都正确

17. 除来宾防火墙策略定义的限制外，还可以对来宾用户施加哪些限制？(选择所有正确的答案。)

A. 加密　　　　　　　　　　　　B. Web 内容过滤

C. DHCP 监听　　　　　　　　　D. 速率限制

E. 客户端隔离

18. 在无线局域网基础设施中，哪种设备运行来宾强制门户？(选择最合适的答案。)

A. 接入点　　　　　　　　　　　B. 无线局域网控制器

C. 第三方服务器　　　　　　　　D. 云端服务

E. 以上答案都正确

19. 部署 MDM 解决方案时，移动设备在连接到接入点后将位于哪个区域，直到完成 MDM 注册？

A. 隔离区　　　　　　　　　　　B. 围墙花园

C. 隔离的 VLAN　　　　　　　　D. IT 沙盒

E. 以上答案都不正确

20. NAC 服务器利用哪些机制以初步确定杰夫可以执行的网络操作并设置其权限？(选择所有正确的答案。)

A. 状态　　　　　　　　　　　　B. DHCP 指纹识别

C. RADIUS 属性　　　　　　　　D. RADIUS 授权变更

E. MDM 配置文件

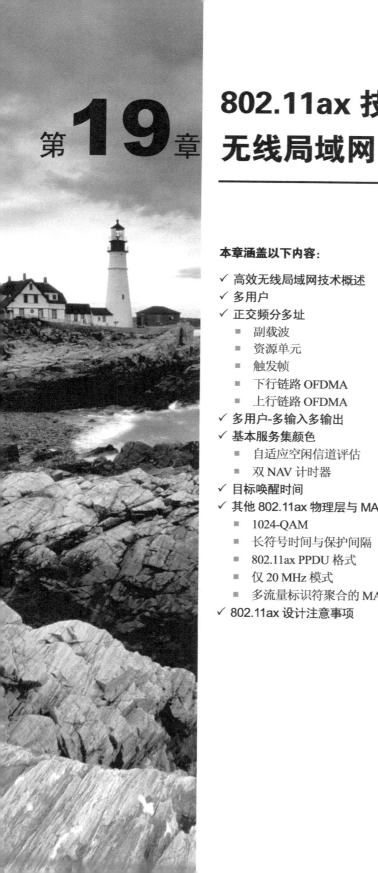

第**19**章

802.11ax 技术：高效无线局域网

本章涵盖以下内容：

- ✓ 高效无线局域网技术概述
- ✓ 多用户
- ✓ 正交频分多址
  - 副载波
  - 资源单元
  - 触发帧
  - 下行链路 OFDMA
  - 上行链路 OFDMA
- ✓ 多用户-多输入多输出
- ✓ 基本服务集颜色
  - 自适应空闲信道评估
  - 双 NAV 计时器
- ✓ 目标唤醒时间
- ✓ 其他 802.11ax 物理层与 MAC 子层功能
  - 1024-QAM
  - 长符号时间与保护间隔
  - 802.11ax PPDU 格式
  - 仅 20 MHz 模式
  - 多流量标识符聚合的 MAC 协议数据单元
- ✓ 802.11ax 设计注意事项

在每一项 802.11 修正案草案中，电气和电子工程师协会(IEEE)都会提出针对 802.11 技术的改进机制。2009 年，IEEE 公布 802.11n 修正案。这项修正案实现了从单输入单输出(SISO)无线接口到多输入多输出(MIMO)无线接口的转变，是对 802.11 无线接口工作方式的重大变革。在 802.11n 修正案获批前，多径现象堪称梦魇；而在 802.11n 修正案获批后，多径实际上有利于 802.11n MIMO 无线接口。802.11n 修正案迫使 Wi-Fi 工程师重新学习 802.11 技术的原理，并重新思考无线局域网设计的相关问题。2013 年，IEEE 公布 802.11ac 修正案，引入了更多改进 MIMO 无线接口的机制。802.11n 和 802.11ac 技术有助于提高数据速率，但未必能提高效率。尽管这两项技术的确能改善网络性能，但二者都很复杂，可能引发无线局域网设计和故障排除方面的新问题。

目前，IEEE 正在制定 802.11ax 修正案草案，该草案提出的高效无线局域网(HEW)技术将彻底改变 802.11 无线接口的通信方式。自从 2009 年 802.11n MIMO 无线接口问世以来，HEW 技术有望为无线局域网带来最具颠覆性的变化。截至 2019 年年底，IEEE 已发布 802.11ax 修正案草案 5.0，该草案预计于 2020 年正式获批。Wi-Fi 联盟也在遵循类似的时间表开发相应的 802.11ax 认证项目。尽管 802.11ax 修正案草案尚未获批，但 Broadcom、Qualcomm 等主流芯片组制造商已开始应用这项技术，部分主要的企业无线局域网供应商分别在 2018 年和 2019 年推出 802.11ax 接入点和 802.11ax 客户端。本章将概括介绍 802.11ax 技术带来的效率提升。

19.1　高效无线局域网技术概述

802.11ax 是 IEEE 正在制定的一项修正案草案，该草案致力于改进物理层和 MAC 子层，以实现 1 GHz～6 GHz 频段的高效操作。甚高吞吐量(VHT)是描述 802.11ac 技术的专业术语，与之类似，高效无线局域网(HEW)是描述 802.11ax 技术的专业术语。长期以来，802.11 修正案定义的技术旨在提高数据速率并增加信道宽度，却未能解决效率问题——尽管汽车越来越快、道路越来越宽，交通堵塞却依然存在。虽然 802.11n/ac 无线接口使用较高的数据速率和 40/80/160 MHz 信道，但许多因素都会导致 802.11 流量拥塞，以致难以有效利用介质。

从之前的讨论可知，802.11 数据速率并非 TCP 吞吐量。请记住，射频属于半双工介质，802.11 介质争用协议(CSMA/CA)会消耗大量可用带宽。在实验室条件下，802.11n/ac 网络的 TCP 吞吐量约为一个接入点与一个客户端之间数据速率的 60%。而在实际应用中，通过接入点交换数据的多个客户端会导致总吞吐量显著下降。随着越来越多的客户端竞争介质的控制权，介质争用开销将大大增加，效率随之降低。因此，总吞吐量通常最多只能达到标定 802.11 数据速率的 50%。

还有哪些因素会导致 802.11 流量拥塞呢？遗留的客户端在企业无线局域网中并不鲜见，因此需要部署 RTS/CTS 保护机制，而保护机制会降低效率。如图 19.1 所示，802.11 流量的 60%是控制帧，15%是管理帧。控制帧和管理帧总共消耗 75%的占用时长(airtime)，仅有 25%的 802.11 流量是数据帧。此外，射频干扰或无线局域网设计欠佳都会引发二层重传，导致 Wi-Fi 网络的效率降低。

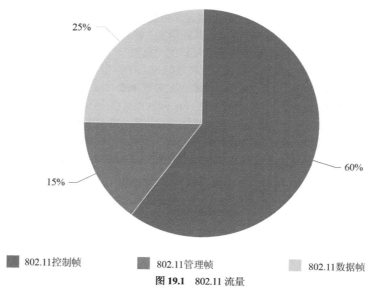

802.11控制帧　　　802.11管理帧　　　802.11数据帧

图 19.1　802.11 流量

高数据速率适用于传输较大的数据净荷，而 75%～80%的 802.11 数据帧小于 256 字节(如图 19.2 所示)。每个小帧都有各自的物理层头部、MAC 帧头与帧尾，从而导致物理层/MAC 子层开销以及介质争用开销过多。虽然可以通过聚合小帧来减少开销，但在大多数情况下，由于高层应用协议的缘故，小帧必须按顺序传输，因此难以实施聚合操作。例如，必须按顺序传输的语音IP(VoIP)包就无法聚合。

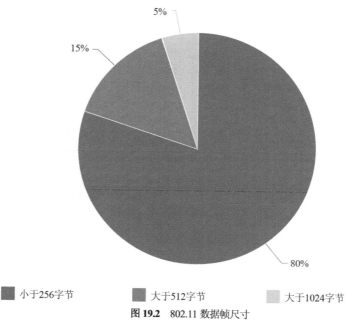

小于256字节　　　大于512字节　　　大于1024字节

图 19.2　802.11 数据帧尺寸

　　802.11n/ac 无线接口尽管可以使用更高的数据速率和更宽的信道，但却可能导致 802.11 流量拥塞。我们都知道，交通堵塞令司机感到沮丧，从而引发"路怒"。而 802.11ax 技术致力于实现更好的 802.11 流量管理，有望消除 802.11 无线接口的"路怒"。802.11ax 技术的目标并非提高数据速率或增加信道宽度，而是实现更优质、更高效的 802.11 流量管理。相较于 802.11a/g/n/ac 无线接口采用的单用户正交频分复用(OFDM)技术，大多数 802.11ax 增强机制针对物理层，包括采用新的多用户 OFDM 技术。此外，只要 802.11ax 接入点取得介质的控制权，实际上就能监督多个客户端的下行传输和上行传输。802.11ax 无线接口将向后兼容 802.11a/b/g/n/ac 无线接口。有关 802.11n、802.11ac 与 802.11ax 技术的比较如表 19.1 所示。请注意，802.11ac 无线接口仅能使用 5 GHz 频段传输数据，而 802.11ax 无线接口既能使用 2.4 GHz 也能使用 5 GHz 频段传输数据。

表 19.1　802.11n、802.11ac、802.11ax 技术的比较

	802.11n	802.11ac	802.11ax
频段	2.4 GHz 和 5 GHz	仅 5 GHz	2.4 GHz 和 5 GHz
信道宽度	20 MHz 40 MHz	20 MHz 40 MHz 80 MHz 80 + 80 MHz 160 MHz	20 MHz 40 MHz 80 MHz 80 + 80 MHz 160 MHz
频率复用技术	OFDM	OFDM	OFDM 和 OFDMA
副载波间隔	312.5 kHz	312.5 kHz	78.125 kHz
OFDM 符号时间	3.2 μs	3.2 μs	12.8 μs
保护间隔	0.4 或 0.8 μs	0.4 或 0.8 μs	0.8、1.6 或 3.2 μs
总符号时间	3.6 或 4.0 μs	3.6 或 4.0 μs	13.6、14.4 或 16.0 μs
调制技术	BPSK QPSK 16-QAM 64-QAM	BPSK QPSK 16-QAM 64-QAM	BPSK QPSK 16-QAM 64-QAM 1024-QAM
多用户-多输入多输出	不适用	下行传输	下行传输和上行传输

　　从表 19.1 可以看到，802.11ax 技术确实支持 40 MHz、80 MHz 与 160 MHz 信道，但本章关于 802.11ax 的讨论将以 20 MHz 信道为主。实际上，802.11ax 的主要优势在于利用 OFDMA 技术(OFDM 的多用户版本)将 20 MHz 信道划分为若干较小的子信道。

19.2　多用户

　　简单来说，多用户(MU)指一个接入点可以与多个客户端同时通信，具体取决于支持的技术。但在讨论 802.11ax 技术时，"多用户"一词可能令人深感困惑。正交频分多址(OFDMA)和多用户-多输入多输出(MU-MIMO)都具备多用户功能，本章稍后将讨论二者的重要区别。

　　802.11ax 修正案草案定义了 OFDMA 和 MU-MIMO 技术的应用，注意不要混淆这两种多用户技术。OFDMA 通过细分信道来实现多用户访问，而 MU-MIMO 通过使用不同的空间流来实现多用户访问。仍以之前提到的汽车和道路为例：OFDMA 将一条道路细分为多条车道，所有汽车可以同时通行；而 MU-MIMO 相当于不同的单行道，所有汽车驶向同一个目的地。

　　讨论 802.11ax 修正案草案时，大多数人可能深感困惑，因为他们对 802.11ac 修正案定义的 MU-MIMO 技术已有所耳闻，却未曾听说过多用户-正交频分多址(MU-OFDMA)技术。读者将从稍后的讨论了解到，MU-OFDMA 技术有助于提高 802.11ax 网络的效率。802.11ax 修正案草案支持同时采用 MU-OFDMA 和 MU-MIMO 技术，但不一定会广泛实施。

19.3　正交频分多址

　　正交频分多址(OFDMA)是 OFDM 数字调制技术的多用户版本。目前的 802.11a/g/n/ac 无线接口采用 OFDM 技术，通过 Wi-Fi 频段进行单用户传输；而 OFDMA 技术将信道细分为较小的频率分配单元——称为资源单元(RU)——从而能同时向多个用户发送小帧。换言之，OFDMA 技术将信道划分为较小的子信道，以便同时进行多用户传输。例如，传统的 20 MHz 信道最多可以划分为 9 条较小的子信道，采用 OFDMA 技术的 802.11ax 接入点可以同时向 9 个 802.11ax 客户端发送小帧。传输较小的帧时，OFDMA 能更有效地利用介质，同时传输不仅可以减少过多的 MAC 子层开销，也有助于减少介质争用开销。OFDMA 旨在更好地利用可用的频率空间，这项技术已在下行 LTE 蜂窝通信等其他射频通信中得到检验。

　　为实现向后兼容性，802.11ax 无线接口也支持 OFDM 技术。请记住，802.11ax 无线接口仍然采用 802.11a/g/n/ac 无线接口可以理解的 OFDM 技术，以基本数据速率传输管理帧和控制帧。因此，管理帧和控制帧将通过整个主 20 MHz 信道的所有副载波传输。另外，OFDMA 仅适用于 802.11ax 接入点和 802.11ax 客户端之间的数据帧交换。

19.3.1　副载波

　　OFDM 利用快速傅里叶逆变换(IFFT)将信道划分为多个副载波。由于副载波的间隔是正交的，因此即便没有保护频段，副载波之间也不会相互干扰。如此一来，相邻的副载波频率将产生信号空余(signal null)，从而防止载波间干扰。

　　那么，OFDM 与 OFDMA 之间有哪些主要区别呢？如图 19.3 所示，802.11n/ac 20 MHz 信道包括 64 个副载波。其中 52 个副载波传输调制数据，4 个副载波充当导频载波，8 个副载波用作保护频段。OFDM 副载波有时又称 OFDM 音调，本章将交替使用这两个术语。每个 OFDM 副载波的宽度为 312.5 kHz。

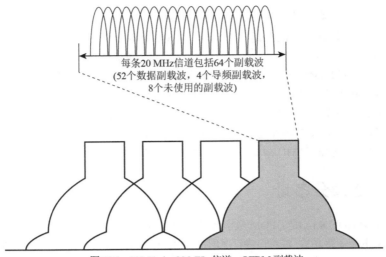

图 19.3 802.11n/ac 20 MHz 信道：OFDM 副载波

读者将从稍后的讨论了解到，802.11ax 修正案草案引入了更长的 OFDM 符号时间(12.8 μs)——四倍于遗留的 OFDM 符号时间(3.2 μs)。正因为如此，副载波的间隔从 312.5 kHz 缩小至 78.125 kHz(如图 19.4 所示)。副载波的间隔越小，均衡性越好，信道稳健性越强。由于副载波的间隔仅为 78.125 kHz，因此 802.11ax 20 MHz 信道包括 256 个副载波(音调)。

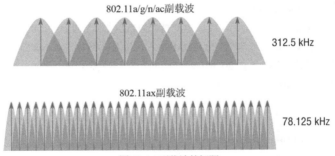

图 19.4 副载波的间隔

与 OFDM 类似，OFDMA 也包括 3 种副载波。

数据副载波 采用与 802.11ac 相同的调制编码方案(MCS)，并新增两种调制编码方案和 1024-QAM。

导频副载波 不传输调制数据，仅用于发射机和接收机之间的同步。

未使用的副载波 主要充当保护载波或空余副载波，防止相邻信道或子信道产生干扰。

每个资源单元的数据副载波和导频副载波都与 OFDMA 信道相邻。这些音调(副载波)被划分为若干较小的子信道(即资源单元)。

19.3.2 资源单元

我们以图 19.5 和图 19.7 为例进一步说明 OFDM 与 OFDMA 之间的区别。当 802.11n/ac 接入点通过 OFDM 信道向 802.11n/ac 客户端传输数据(下行传输)时，每个独立的下行传输都要使用整

条信道。如图 19.5 所示，随着时间的推移，接入点将数据独立地传输给 6 个客户端。当 OFDM
无线接口通过 20 MHz 信道传输数据时，将使用全部 64 个副载波。换言之，802.11n/ac 接入点向
单个 802.11n/ac 客户端传输数据(下行传输)时，需要使用整个 20 MHz OFDM 信道。类似地，单个
802.11n/ac 客户端向 802.11n/ac 接入点传输数据(上行传输)时，也需要使用整个 20 MHz OFDM
信道。

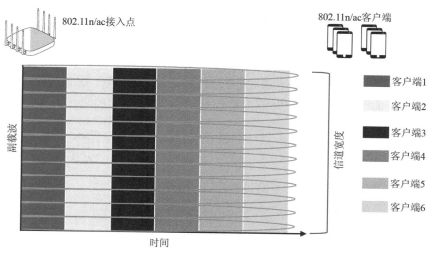

图 19.5   OFDM 传输

如前所述，OFDMA 信道包括 256 个副载波(音调)，这些音调被划分为若干较小的子信道(资
源单元)。如图 19.6 所示，当细分 20 MHz 信道时，802.11ax 接入点将指定 26、52、106、242 个
副载波(资源单元)，大致相当于 2 MHz、4 MHz、8 MHz、20 MHz 信道。802.11ax 接入点负责指
定 20 MHz 信道使用的资源单元数量以及允许使用的资源单元组合。接入点既可以一次将整个信
道分配给一个客户端，也可以通过划分信道来同时服务多个客户端。例如，802.11ax 接入点可以
利用 8 MHz 信道与一个 802.11ax 客户端进行通信，同时利用 4 MHz 子信道与另外 3 个 802.11ax
客户端进行通信。同步通信既可以是上行传输，也可以是下行传输。

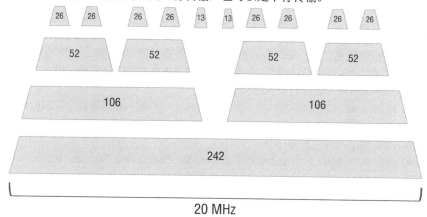

图 19.6   OFDMA 资源单元

　　如图 19.7 所示，所有传输均为下行传输(接入点到客户端)。在第 1 次传输中，802.11ax 接入点同时向 802.11ax 客户端 1 和 2 传输数据。20 MHz OFDMA 信道实际上被划分为两条子信道。请记住，OFDMA 信道总共包括 256 个副载波，而接入点使用两个包含 106 个音调的资源单元同时向客户端 1 和 2 传输数据。在第 2 次传输中，接入点同时向客户端 3、4、5、6 传输数据。在这种情况下，OFDMA 信道必须划分为 4 条包含 52 个音调的独立子信道。在第 3 次传输中，接入点使用一个包含 242 个音调的资源单元向客户端 5 传输数据。可以看到，一个包含 242 个音调的资源单元实际上将占据整个 20 MHz 信道。在第 4 次传输中，接入点使用两个包含 106 个音调的资源单元同时向客户端 4 和 6 传输数据。在第 5 次传输中，接入点再次使用一个包含 242 个音调的资源单元(整个 20 MHz 信道)向客户端 1 传输数据。在第 6 次传输中，接入点同时向客户端 3、4、6 传输数据。这种情况下，20 MHz 信道被划分为 3 条子信道：两个包含 52 个音调的资源单元用于客户端 3 和 4 的传输，一个包含 106 个音调的资源单元用于客户端 6 的传输。

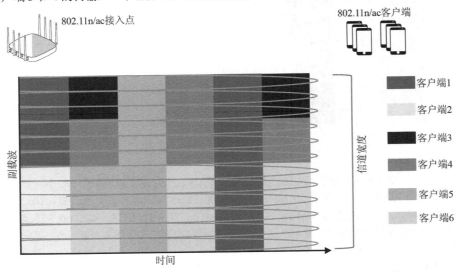

图 19.7　OFDMA 传输

　　从图 19.7 可以看到，802.11ax 接入点通过连续划分 20 MHz OFDMA 信道以实现下行传输。读者将从稍后的讨论了解到，802.11ax 接入点还能同步 802.11ax 客户端以同时进行上行传输。请注意，介质争用规则依然适用，802.11ax 接入点仍然需要与遗留的 802.11 终端竞争发送机会(TXOP)。获得发送机会后，802.11ax 接入点就能控制最多 9 个 802.11ax 客户端进行上行或下行传输，使用的资源单元数量可能因每个发送机会而异。

　　OFDMA 将 20 MHz 信道内不同的用户数据合并在一起。接入点根据每个发送机会为关联客户端分配资源单元，以最大限度提高下载和上传效率。为提高信干噪比(SINR)，可以针对下行链路和上行链路的资源单元调整发射功率。

　　那么，40 MHz 或 80 MHz 信道能否使用资源单元呢？答案是肯定的。如表 19.2 所示，40 MHz、80 MHz 甚至 160 MHz 信道也可以划分为不同的资源单元组合。如果仅使用包含 26 个音调的资源单元细分 80 MHz 信道，那么从理论上说，37 个采用 OFDMA 的 802.11ax 客户端可以同时通信。然而，预计大多数实际的 802.11ax 部署仍将使用 20 MHz 信道，每个发送机会最多有 9 个客户端参与 MU-OFDMA 传输。请记住，OFDMA 旨在利用较小的子信道。

表 19.2 资源单元与信道

资源单元	20 MHz 信道	40 MHz 信道	80 MHz 信道	160 MHz 信道	80＋80 MHz 信道
996(2x)个音调	不适用	不适用	不适用	1 个客户端	1 个客户端
996 个音调	不适用	不适用	1 个客户端	2 个客户端	2 个客户端
484 个音调	不适用	1 个客户端	2 个客户端	4 个客户端	4 个客户端
242 个音调	1 个客户端	2 个客户端	4 个客户端	8 个客户端	8 个客户端
106 个音调	2 个客户端	4 个客户端	8 个客户端	16 个客户端	16 个客户端
52 个音调	4 个客户端	8 个客户端	16 个客户端	32 个客户端	32 个客户端
26 个音调	9 个客户端	18 个客户端	37 个客户端	74 个客户端	74 个客户端

19.3.3 触发帧

讨论下行链路 OFDMA 传输和上行链路 OFDMA 传输时，业界经常采用缩写 DL OFDMA 和 UL OFDMA 来代表它们。接下来，我们将介绍 DL OFDMA 和 UL OFDMA 使用的一系列帧交换。无论哪种传输，都要通过触发帧(trigger frame)来实现多用户通信所需的帧交换。例如，可以利用触发帧为 802.11ax 客户端分配资源单元。如表 19.3 所示，多种 802.11 控制帧都能充当触发帧。

表 19.3 触发帧

触发类型(Trigger Type)子字段的值	各类触发帧
0	基本触发帧
1	波束成形报告轮询(BRP)
2	多用户块确认请求(MU-BAR)
3	多用户请求发送(MU-RTS)
4	缓冲区状态报告轮询(BSRP)
5	带重试的组播多用户块确认请求(GCR MU-BAR)
6	带宽查询报告轮询(BQRP)
7	NDP 反馈报告轮询(NFRP)
8～15	保留

如前所述，触发帧包含资源单元分配的相关信息。这些信息位于触发帧物理层头部的 HE-SIG-B 字段，通过物理层和 MAC 子层传输给客户端。本章稍后将详细讨论物理层头部。此外，资源单元分配信息通过触发帧的用户信息(User Information)字段传输。图 19.8 显示了资源单元分配信息在 MAC 子层中的通信方式，并列出了 20 MHz 信道中所有可能的资源单元以及每个资源单元的副载波范围。在触发帧的用户信息字段中，每个特定的资源单元由长度为 7 比特的唯一组合(称为资源单元分配比特)定义。如图 19.9 所示，触发帧将特定的资源单元分配给 3 个客户端，以便通过 20 MHz OFDMA 信道同时进行上行传输：触发帧为客户端 STA-1 和 STA-2 分配包含 52 个音调的资源单元，为客户端 STA-3 分配包含 106 个音调的资源单元。

对于 UL OFDMA，客户端收到接入点发送的触发帧后，就能获知上行传输需要使用的空间流数量和调制编码方案类型。用户信息字段的 SS 分配(SS Allocation)子字段和 UL MCS 子字段包含上述信息。

此外，接入点可以利用触发帧通知客户端调整同步上行传输的功率设置。客户端向接入点传输数据时，触发帧的目标 RSSI(Target RSSI)子字段用于指定接入点所有天线的预期接收功率(功率为 dBm)。如果该子字段的值为 0~90，则直接对应−110~−20 dBm；如果该子字段的值为 127，则表示客户端采用分配的调制编码方案以最大功率传输数据。根据触发帧提供的信息，上行客户端可以相应调整发射功率。请注意，由于硬件或监管方面的限制，客户端或许无法满足目标RSSI。

包含26个音调的资源单元	RU-1	RU-2	RU-3	RU-4	RU-5	RU-6	RU-7	RU-8	RU-9
副载波范围	-121:-96	-95:-70	-68:-43	-42:-17	-16:-4, 4:16	17:42	43:68	70:95	96:121
资源单元分配比特	0000000	0000001	0000010	0000011	0000100	0000101	0000110	0000111	0001000

包含52个音调的资源单元	RU-1		RU-2			RU-3		RU-4	
副载波范围	-121:-70		-68:-17			17:68		70:121	
资源单元分配比特	0100101		0100110			0100111		0101000	

包含106个音调的资源单元	RU-1					RU-2			
副载波范围	-122:-17					17:122			
资源单元分配比特	0110101					0110110			

包含242个音调的资源单元	RU-1								
副载波范围	-122:-2, 2:122								
资源单元分配比特	0111101								

图 19.8 20 MHz 信道的资源单元指数与副载波范围

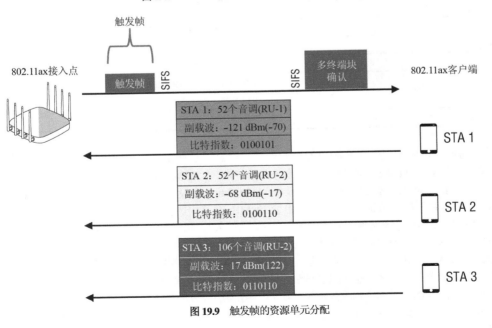

图 19.9 触发帧的资源单元分配

19.3.4　下行链路 OFDMA

首先，我们讨论 802.11ax 接入点与 802.11ax 客户端之间如何进行多用户 DL OFDMA 通信。请记住，OFDMA 技术仅适用于 802.11ax 接入点和 802.11ax 客户端之间的数据帧交换。802.11ax接入点首先需要竞争介质的控制权，取得发送机会后才能传输完整的 DL OFDMA 帧交换。如图 19.10 所示，802.11ax 接入点取得发送机会后，首先发送的是多用户-请求发送(MU-RTS)帧。为确保遗留的客户端能识别 MU-RTS 帧，接入点采用 OFDM(而非 OFDMA)技术并通过整个 20 MHz信道传输该帧。在其他 DL OFDMA 帧交换中，MU-RTS 帧的持续时间(duration)值用于保留介质并重置所有遗留客户端的网络分配向量(NAV)计时器。当 802.11ax 接入点与 802.11ax 客户端之间交换 MU-OFDMA 数据帧时，遗留的客户端必须处于空闲状态。MU-RTS 帧也是接入点发送的扩展触发帧，用于同步上行 802.11ax 客户端的 CTS 响应。802.11ax 接入点利用 MU-RTS 帧作为触发帧来分配资源单元，而 802.11ax 客户端使用分配的资源单元并行发送 CTS 响应。

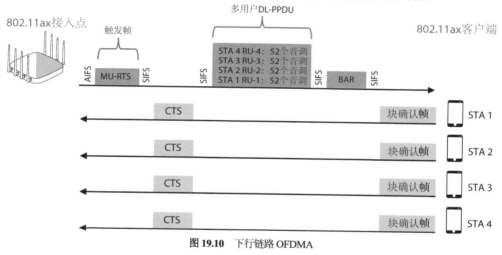

图 19.10　下行链路 OFDMA

收到客户端发送的并行 CTS 响应后，接入点开始向支持 OFDMA 的客户端传输多用户DL-PPDU。请记住，接入点负责决定如何将 20 MHz 信道划分为多个资源单元。802.11ax 客户端通过分配的资源单元收到数据后，需要向接入点返回块确认帧。接入点将发送块确认请求(BAR)帧，客户端随后并行回复块确认帧。客户端并行回复自动块确认帧同样可行，但非强制要求。

帧交换结束后，取得下一个发送机会的接入点或客户端可以使用介质传输数据。例如，802.11n/ac 客户端取得下一个发送机会后，将采用 OFDM 技术向 802.11n/ac 接入点发送数据帧(上行传输)。那么 802.11ax 客户端如何进行上行传输呢？读者将从 19.3.5 节的讨论了解到，接入点仍然需要取得发送机会才能协调同步 UL OFDMA 通信。

19.3.5　上行链路 OFDMA

802.11 原始标准提出的点协调功能(PCF)属于可选模式，它定义了接入点控制介质以进行上行传输的操作。采用 PCF 模式的接入点取得介质的控制权后，可以在无争用期内轮询客户端以进行上行传输。但 PCF 从未获得无线局域网供应商的青睐，也没有在实际中得到应用。而借助 802.11ax修正案草案提出的新机制，接入点得以再次利用 UL OFDMA 来控制上行传输所用的介质。请注意，UL OFDMA 与 PCF 无关，二者的原理截然不同。此外，802.11ax 接入点必须首先竞争介质的控制权并取得发送机会，然后才能协调 802.11ax 客户端发送的数据(上行传输)。

相较于 DL OFDMA，UL OFDMA 更复杂，且最多可能需要使用 3 触发帧，每种触发帧用于从客户端请求特定类型的响应。UL OFDMA 还要使用客户端发送的缓冲区状态报告(BSR)帧。客户端利用 BSR 帧通知接入点自己的缓冲数据以及数据的 QoS 类别，BSR 帧包含的信息有助于接入点为同步上行传输分配资源单元。接入点从客户端收集信息，并根据这些信息构建上行窗口时间、客户端资源单元分配以及每个资源单元的客户端功率设置。BSR 既可以由客户端主动提供，也可以由接入点请求。如果是后者，接入点将轮询客户端。

接下来，我们讨论 802.11ax 接入点与 802.11ax 客户端之间如何进行多用户 UL OFDMA 通信。802.11ax 接入点首先需要竞争介质的控制权，取得发送机会后才能传输完整的 UL OFDMA 帧交换。如图 19.11 所示，802.11ax 接入点取得发送机会后，首先发送的是缓冲区状态报告轮询(BSRP)帧，以便向客户端请求有关发送上行数据的信息。客户端随后回复 BSR 帧，接入点根据这些信息决定如何将资源单元以最佳方式分配给进行上行传输的客户端。

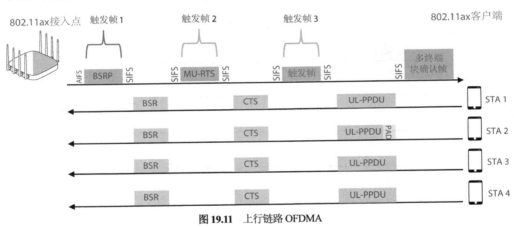

图 19.11　上行链路 OFDMA

接入点首先发送 MU-RTS 帧，后者充当第二类触发帧。为确保遗留的客户端能识别 MU-RTS 帧，接入点采用 OFDM(而非 OFDMA)技术并通过整个 20 MHz 信道传输该帧。在其他 UL OFDMA 帧交换中，MU-RTS 帧的持续时间值用于保留介质并重置所有遗留客户端的 NAV 计时器。802.11ax 接入点利用 MU-RTS 帧作为触发帧来分配资源单元，而 802.11ax 客户端使用分配的资源单元并行发送 CTS 响应。

第三种触发帧称为基本触发帧(basic trigger frame)，用于通知 802.11ax 客户端利用分配的资源单元开始上行传输。此外，基本触发帧包括上行窗口尺寸的相关信息。请注意，所有上行客户设备必须同时启动和停止。基本触发帧同样包含功率控制信息，各个客户端可以据此提高或降低发射功率，从而均衡所有客户端向接入点传输数据时的接收功率并改善接收质量。收到客户端的上行数据后，接入点既可以向多个客户端发送单个多用户块确认帧，也可以向每个客户端分别发送块确认帧。

前述 UL OFDMA 帧交换使用的 3 种触发帧如下。
- **触发帧 1(BSRP 帧)**：向客户端请求缓冲区状态报告。
- **触发帧 2(MU-RTS 帧)**：分配资源单元并设置所有客户端的 NAV 计时器。

- **触发帧 3(基本触发帧)**: 通知客户端开始并行上行传输。

除预定的 UL OFDMA 外，802.11ax 修正案草案还提出称为 UL OFDMA 随机访问(UORA)的可选机制。如果接入点不了解客户端缓冲的流量，那么采用随机访问机制更有利。接入点通过发送随机访问触发帧为随机访问分配资源单元。希望传输数据的客户端将执行 OFDMA 退避(OBO)过程。首先，客户端选择一个随机值，并根据触发帧指定的资源单元数量递减该值至零。接下来，客户端随机选择一个资源单元，然后开始传输数据。

802.11ax 客户端能否暂停参与同步上行链路 OFDMA 并为独立的上行传输竞争介质使用权呢？为此，802.11ax 修正案草案提出了操作模式指示(OMI)过程。客户端可以向接入点发送信号，告知对方自己支持的上行传输或下行传输的最大空间流数量和最大信道带宽。此外，客户端可以在单用户 UL OFDMA 或多用户 UL OFDMA 操作之间来回切换。数据帧和管理帧均包含 OM 控制(OM Control)子字段，802.11ax 客户端利用该子字段控制发送模式或接收模式的变化。在 UL OFDMA 过程中，客户端可以暂停响应接入点发送的触发帧，一段时间后再恢复响应。

19.4   多用户–多输入多输出

从第 10 章 "MIMO 技术：高吞吐量与甚高吞吐量" 的讨论可知，第二代 802.11ac 接入点引入了下行链路 MU-MIMO(多用户-多输入多输出)功能，但这项技术尚未得到市场的广泛认可。尽管 MU-MIMO 在理论上颇为诱人，不过受制于以下原因，这项技术的实际应用前景仍然有待观察。

- 目前，市场上支持 MU-MIMO 的 802.11ac 客户端寥寥无几，这项技术很少用于企业环境。
- MU-MIMO 使用的空间分集要求客户端之间保持一定距离。目前的企业 Wi-Fi 部署大多为高密度部署，难以满足 MU-MIMO 的要求。
- MU-MIMO 使用的空间分集要求客户端与接入点之间保持相当大的距离。目前的企业 Wi-Fi 部署大多为高密度部署，难以满足 MU-MIMO 的要求。
- MU-MIMO 的发射波束成形技术需要使用探测帧(sounding frame)。探测帧会显著增加开销，如果大部分数据帧较小，这个问题更加严重。一般来说，探测帧产生的开销将抵销 802.11ac 接入点同时向多个 802.11ac 客户端传输数据时获得的性能提升。为解决这个问题，802.11ax 修正案草案对 MU-MIMO 加以改进，通过分组多位用户的探测帧、数据帧以及其他帧来减少开销。

尽管 MU-MIMO 因技术能力而备受赞誉，但无线局域网很少从下行链路 MU-MIMO 中受益。802.11ax 修正案草案还提出使用上行链路 MU-MIMO 的构想，触发帧用于通知 802.11ax 参与上行 MU-MIMO 通信。请注意，如果上行通信或下行通信使用 MU-MIMO，那么资源单元至少要包括 106 个副载波。

从理论上说，MU-MIMO 适用于低客户密度和高带宽环境。在原始条件下，当使用大数据包和高带宽应用时，MU-MIMO 有助于提高效率。MU-MIMO 与 MU-OFDMA 的比较如表 19.4 所示。

表 19.4   MU-OFDMA 与 MU-MIMO 的比较

MU-OFDMA	MU-MIMO
效率提高	容量提高
延迟减少	每位用户的数据速率提高
适用于低带宽应用	适用于高带宽应用
适用于小数据包	适用于大数据包

如前所述，802.11ax 修正案草案支持同时采用 MU-OFDMA 和 MU-MIMO 技术，但不一定会广泛实施。目前的 802.11ax 修正案草案将上行链路 MU-MIMO 定义为可选技术，第一代 802.11ax 客户端芯片组不会提供针对上行链路 MU-MIMO 的支持。

802.11ac MU-MIMO 和 802.11ax MU-MIMO 的主要区别在于同时和接入点交换数据的 MU-MIMO 客户端数量。802.11ac MU-MIMO 组仅支持 4 个客户端，而 802.11ax MU-MIMO 组支持 8 个客户端。因此，部分无线局域网供应商可能会推出配有 8×8:8 无线接口的接入点。

19.5   基本服务集颜色

带冲突避免的载波监听多路访问(CSMA/CA)规定了半双工通信，在任何给定时间内仅有一个 802.11 无线接口可以使用信道传输数据。如果无线接口侦听到其他无线接口的物理层前同步码传输的信噪比高于 4 dB，则会推迟传输。当位于同一信道的接入点和客户端过多且侦听到彼此存在时，会产生无谓的介质争用开销而形成重叠基本服务集(OBSS)。OBSS 即通常所称的同信道干扰。如果位于信道 36 的接入点 1 侦听到附近同样位于信道 36 的接入点 2 的前同步码传输，接入点 1 将推迟自己的传输，避免与接入点 2 同时发送数据。类似地，所有关联到接入点 1 的客户端无法与接入点 2 同时发送数据。如果位于信道 36 的客户端侦听到附近接入点 2 的前同步码传输，客户端同样必须推迟自己的传输。由于同一信道存在两个能侦听到彼此的基本服务集(OBSS 即得名于此)，因此推迟传输会产生介质争用开销并消耗宝贵的占用时长。客户端是引起 OBSS 干扰的罪魁祸首，但大多数用户并不理解这一点。如图 19.12 所示，如果关联到接入点 1 的客户端 A 使用信道 36 传输数据，那么接入点 2 以及关联到接入点 2 的所有客户端都可能侦听到客户端 A 的物理层前同步码，导致所有无线接口推迟传输。请注意，OBSS 干扰并非静态干扰。由于客户设备处于移动状态，OBSS 干扰总是在不断变化。

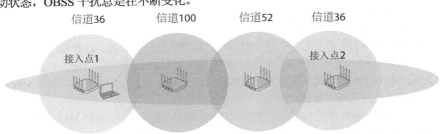

图 19.12   客户端引起的 OBSS 干扰

19.5.1   自适应空闲信道评估

从第 13 章"无线局域网设计概念"的讨论可知，信道复用模式旨在最大限度减少 OBSS 引起的占用时长消耗和性能下降。802.11ax 修正案草案提出的 BSS 颜色(BSS color)有望将信道复用的效率提高 8 倍，这种机制致力于解决 OBSS 引起的介质争用开销问题。BSS 颜色又称 BSS 着色(BSS coloring)，最初由 2016 年获批的 802.11ah 修正案定义，而 802.11ax 修正案草案也提出了这种机制。BSS 颜色相当于 BSS 的数字标识符。当其他无线接口使用同一信道传输数据时，802.11ax 无线接口可以利用 BSS 颜色标识符区分不同的 BSS。

物理层和 MAC 子层都会传输 BSS 颜色信息。在 802.11ax 物理层头部的前同步码中，SIG-A 字段包含长度为 6 比特的 BSS 颜色字段，可以标识多达 63 个 BSS；而在 MAC 子层，BSS 颜色信息位于 802.11 管理帧中，HE 操作信息元素包含一个存储 BSS 颜色信息的子字段。6 比特可以标识 63 种不同的颜色(数值)，表示 63 种不同的 BSS。再次强调：如果其他无线接口使用同一信道传输数据，那么 802.11ax 无线接口可以利用 BSS 颜色标识符区分 BSS。

　　信道访问取决于终端检测到的颜色。如果帧的颜色与 BSS 相同，则终端视该帧为 BSS 内 (intra-BSS)流量。换言之，发送端无线接口和接收端无线接口属于同一个 BSS，因此监听信道的无线接口将推迟传输。如果帧的颜色与 BSS 不同，则终端视该帧为来自 OBSS 的 BSS 间(inter-BSS)流量。利用空间复用操作(spatial reuse operation)，802.11ax 无线接口可以对检测到的 OBSS 帧传输应用自适应空闲信道评估(adaptive CCA)阈值。BSS 颜色和空间复用旨在忽略来自 OBSS 的传输，以便同时传输数据。如图 19.13 所示，如果位于信道 36 的无线接口检测到黑色，则视为相同的 BSS 并推迟传输。但是，如果接入点检测到附近的 OBSS 传输(同样位于信道36)为绿色或紫色，则可能不需要推迟传输。

　　从图 19.13 可以很清楚地看到，颜色信息实际上对应数值。如果 802.11ax 接入点检测到 BSS 颜色冲突，则可以调整自己的 BSS 颜色。换言之，当接入点侦听到具有相同颜色的 OBSS 接入点或 OBSS 客户端时，可能会决定改变其 BSS 颜色。如果关联到接入点的客户端检测到具有相同颜色的 OBSS 客户端，也可能自动向接入点报告 BSS 颜色冲突。

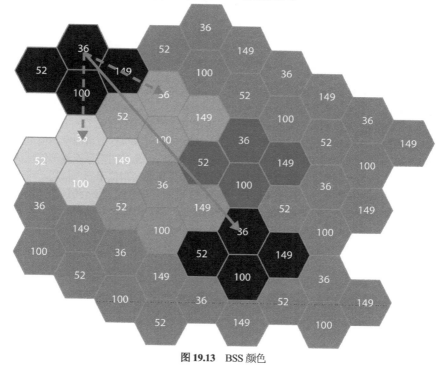

图 19.13　BSS 颜色

　　从第 8 章"802.11 介质访问"的讨论可知，802.11 无线接口通过空闲信道评估(CCA)机制来评估射频介质，包括侦听物理层的射频传输。如果介质繁忙，则无线接口不会传输数据，而是延迟一段时间(称为时隙)。侦听射频介质时，802.11 无线接口使用两种独立的空闲信道评估阈值。如图 19.14 所示，信号检测(SD)阈值用于识别另一个无线接口的 802.11 前同步码传输，而前同步码位于802.11帧的物理层头部。信号检测阈值在统计上约为4 dB信噪比，供大多数无线接口检测并解码802.11前同步码使用。换言之，如果接收信号高于本底噪声4 dB左右，无线接口通常就能解码任何收到的802.11前同步码传输。能量检测(ED)阈值用于在空闲信道评估期间检测其他类型的射频传输。如图19.14所示，能量检测阈值比信号检测阈值高20 dB。信号检测阈值相当于检测并推迟802.11传输的机制，而能量检测阈值相当于检测并推迟非802.11传输的机制。空闲信道评估机制同时使用这两种阈值来确定介质是否繁忙，从而决定是否推迟传输。

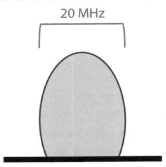

图19.14　空闲信道评估：信号检测阈值与能量检测阈值

　　信号检测阈值过低会导致无线接口推迟传输，从而引起OBSS干扰。统计数据表明，只要接收信号比本底噪声高4 dB，大多数无线接口就能解码802.11前同步码。由于信号检测阈值极低，即便位于同一信道的接入点和客户端相隔很远，它们也能侦听到彼此的存在并推迟传输。

　　根据在物理层头部检测到的颜色比特，802.11ax无线接口可以执行自适应空闲信道评估。这种机制有助于提高BSS间流量的信号检测阈值，同时将BSS内流量的信号检测阈值维持在较低的水平。如果提高传入OBSS帧的信号检测阈值，那么即便无线接口位于同一信道，可能也无须推迟传输。信号检测阈值在统计上仅比本底噪声高4 dB左右，过低的阈值会引起信道争用问题，而基于空间复用操作的自适应信号检测阈值有望缓解这个问题。为接收BSS间流量，不妨在每种颜色、每帧的基础上调整自适应信号检测阈值。如图19.15所示，自适应信号检测阈值为-96 dBm适用于接收BSS内流量，而自适应信号检测阈值为-96～-83 dBm适用于接收BSS间流量。

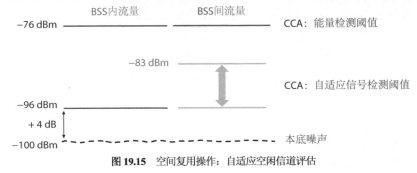

图19.15　空间复用操作：自适应空闲信道评估

19.5.2 双 NAV 计时器

从第 8 章的讨论可知，空闲信道评估属于物理载波监听机制，可以结合 MAC 子层的虚拟载波监听机制使用。虚拟载波监听采用称为网络分配向量(NAV)的计时器机制，而基于空间复用操作的自适应空闲信道评估也能配合虚拟载波监听使用。802.11ax 修正案草案定义了两种新的 NAV 计时器供 802.11ax 客户端使用，它们是 BSS 内 NAV 计时器(intra-BSS NAV timer)和基本 NAV 计时器(basic NAV timer)。前者只能通过属于相同 BSS 的 802.11ax 终端帧传输的持续时间/ID 值来重置，而后者可以通过属于不同 BSS 的 802.11ax 终端帧传输的持续时间/ID 值来重置。如果某种 NAV 计时器为非零值，则终端认为介质处于繁忙状态。

在高密度部署环境中，使用两种 NAV 计时器十分有利。这种情况下，802.11ax 终端既要保护所在 BSS(BSS 内)的其他帧传输，也要避免受到相邻 BSS(BSS 间)帧传输的干扰。如图 19.16 所示，接入点 1 发送持续时间值为 200 微秒的 RTS 帧，以保护客户端 STA 1 的其他帧交换。由于 STA 1 关联到接入点 1，因此其 BSS 内 NAV 计时器将重置为 200 微秒。而在帧交换期间，属于 BSS 1 的 STA 1 也可能侦听到属于不同 BSS 的客户端发送的 RTS 帧。客户端 STA 2 发送持续时间值为 125 微秒的 RTS 帧，STA 1 的基本 NAV 计时器相应地被重置为 125 微秒。STA 1 的 BSS 内 NAV 计时器将首先过期，但基本 NAV 计时器会持续递减。在这两种计时器过期前，STA 1 无法传输数据，从而保护附近 BSS 2 的帧交换不会受到干扰。此外，无论客户端执行静态空闲信道评估还是自适应空闲信道评估，介质都处于空闲状态。自适应空闲信道评估与双 NAV 计时器的触发时间和触发方式仍有待观察。

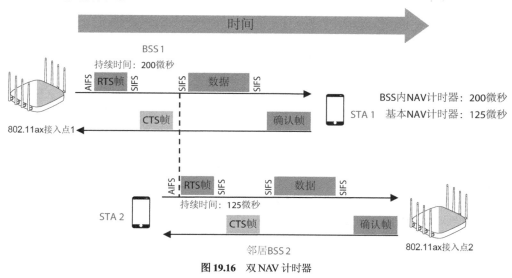

图 19.16 双 NAV 计时器

请注意，BSS 颜色基于你在 802.11ax 帧的物理层头部检测到的颜色。由于遗留的 802.11a/b/g/n 客户端使用不同的物理层头部格式，因此它们不能解析颜色信息。换言之，遗留的客户端无法区分 BSS 内流量和 BSS 间流量。

从理论上说，企业可以通过 BSS 颜色利用 80 MHz 信道。但必须再次强调，仅当同一位置不存在遗留的客户端时才能使用 80 MHz 传输数据。在实际的企业部署中，BSS 颜色的有效性尚待观察。

19.6 目标唤醒时间

2016 年获批的 802.11ah 修正案首次定义了目标唤醒时间(TWT)。这种节电机制允许客户端与接入点之间根据预期的流量活动进行协商，以便为使用节电模式的客户端指定预定的目标唤醒时间。启用 TWT 的接入点通过调度客户端在不同的时间运行来管理客户端活动，以最大限度减少客户端之间的争用。TWT 可以减少节电模式下需要唤醒客户端的次数，从而延长客户端的休眠时间并减少耗电。遗留的客户端节电机制(如 DTIM)每隔几微秒就要唤醒处于休眠状态的客户设备，而 TWT 在理论上允许客户设备休眠数小时。TWT 是一种理想的节电机制，有助于延长物联网设备的电池使用时间。

客户端与接入点利用 TWT 设置帧来协商预定的目标唤醒时间。针对不同类型的应用流量，每个客户端可以采用最多 8 种单独协商的预定唤醒协议。802.11ax 修正案草案还对 TWT 功能加以扩展，将非协商 TWT 功能纳入其中。802.11ax 接入点可以创建唤醒时间表，并通过广播 TWT(broadcast TWT)过程向 802.11ax 客户端传送 TWT 值。

如前所述，TWT 最初见于 802.11ah 修正案。这项修正案定义了 1 GHz 以下频段的 Wi-Fi 应用，有望用于传感器网络、传感器网络回程以及扩展范围的 Wi-Fi。扩展范围和 TWT 节电功能对物联网设备大有裨益。虽然业界致力于开发较低的频段供物联网设备使用，但大多数配有 802.11 无线接口的物联网设备目前仍然选择 2.4 GHz 频段传输数据。由于 802.11ax 修正案草案同样提出 TWT 机制，因此配有 802.11ax 无线接口、通过 2.4 GHz 频段传输数据的物联网设备也能采用相同的扩展节电机制。

物联网设备企业是否会推出配有 802.11ax 无线接口的物联网设备尚待观察，但支持 TWT 的设备有望减少电池耗电量，这一点颇具吸引力。此外，如果能延长 802.11ax 物联网设备的休眠时间，就能减少占用时长消耗。如前所述，802.11ax 传感器设备可以休眠数小时，同时仍然保持与接入点的关联。正因为如此，当接入点附近存在大量物联网设备时，接入点的关联表将非常庞大。对所有休眠时间长达数小时的物联网设备而言，由于其休眠间隔实际上可能已超过 DHCP 租约间隔，因此很可能需要静态 IP 地址。当物联网设备收到唤醒消息时，需要利用静态 IP 地址来避免 DHCP 租约续订交换。

除 TWT 外，802.11ax 修正案草案还提出其他几种节电机制，部分机制相当复杂。在 PPDU 内节电(intra-PPDU power save)机制中，所有 802.11ax 客户端将进入休眠状态，直至收到标识为 "BSS 内帧" 的 PPDU。为实现这一点，PPDU 的 BSS 颜色必须与客户端所属的 BSS 保持一致。此外，PPDU 的目标 MAC 地址不能是客户端的 MAC 地址。换言之，当接入点与关联到 BSS 的其他客户端进行 BSS 内传输时，客户端可以进入休眠状态。

从本章之前的讨论可知，802.11ax 客户端可以在上行 OFDMA 通信中采用可选的 UORA 机制；而对于需要节电功能并使用 UORA 过程的客户端，802.11ax 修正案草案还提出 UORA 节电(power save with UORA)机制，以支持在 UORA 过程中进行 TWT 节电操作。此外，机会节电(opportunistic power save)机制包括调度和非调度两种模式，允许 802.11ax 客户端在定义时段内机会性地进入休眠状态。

19.7 其他 802.11ax 物理层与 MAC 子层功能

MU-OFDMA、BSS 着色、MU-MIMO 与 TWT 都是 802.11ax 的核心技术。除此之外，802.11ax

修正案草案还提出多种物理层和 MAC 子层功能，致力于实现更优质、更高效的无线局域网通信。

19.7.1　1024-QAM

尽管 802.11ax 技术致力于提高效率而非数据速率，但也有例外：第一代 802.11ax 无线接口将支持 1024-QAM，这种调制方法定义了数据速率更高的调制编码方案。在 256-QAM 中，每个符号可以调制 8 比特($2^8 = 256$)；而在 1024-QAM 中，每个符号可以调制 10 比特($2^{10} = 1024$)。因此，802.11ax 修正案草案引入了两种新的调制编码方案 MSC-10 和 MSC-11，二者可能被归为可选的调制编码方案。1024-QAM 仅适用于包含 242 个或更多个音调的资源单元，换言之，1024-QAM 至少需要一条完整的 20 MHz 信道。

与 256-QAM 类似，信噪比阈值必须达到极高水平(35 dB)，802.11ax 无线接口才能使用 1024-QAM。这种调制方法所需的原始射频环境很可能要求本底噪声较低且 802.11ax 接入点和 802.11ax 客户端距离较近。256-QAM 和 1024-QAM 的星座图如图 19.17 所示，可以看到 1024-QAM 包括更多星座点。误差向量幅度(EVM)用于量化接收机或发射机的调制精度性能，该指标可以度量接收信号与星座点之间的距离。采用 1024-QAM 的 802.11ax 无线接口需要较强的误差向量幅度和接收灵敏度。

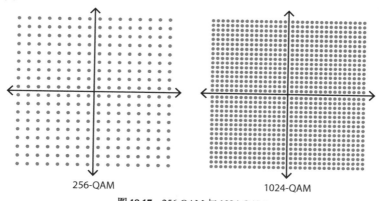

256-QAM　　　　　　1024-QAM

图 19.17　256-QAM 与 1024-QAM

19.7.2　长符号时间与保护间隔

对数字信号而言，数据将以比特或比特集合(称为符号)的形式调制到载波信号。802.11ax 修正案草案引入了长度为 12.8 微秒的 OFDM 符号时间，四倍于长度为 3.2 微秒的遗留 OFDM 符号时间。由于副载波(音调)的数量增加，OFDM 符号时间也会增加。副载波的间隔等于符号时间的倒数。802.11ax 的副载波间隔为 78.125 kHz，仅为 802.11n/ac 副载波间隔的四分之一，因此 802.11ax 的符号时间四倍于 802.11n/ac 的符号时间。

802.11a/g 修正案定义的保护间隔为 0.8 微秒，而 802.11n/ac 修正案还引入了适用于室内传输的 0.4 微秒短保护间隔。调制数据时，遗留的符号时间(3.2 微秒)与标准的保护间隔(0.8 微秒)相加，总符号时间为 4.0 微秒；遗留的符号时间(3.2 微秒)与短保护间隔(0.4 微秒)相加，总符号时间为 3.6 微秒。

802.11ax 修正案草案定义了 3 种不同的保护间隔，可以与调制数据时使用的 12.8 微秒保护间隔一起使用。

0.8 微秒保护间隔　这种保护间隔预计用于室内传输。与调制数据时使用的 12.8 微秒保护间隔一起使用时，室内通信的总符号时间为 13.6 微秒。

1.6 微秒保护间隔 这种保护间隔用于室外传输。与调制数据时使用的 12.8 微秒保护间隔一起使用时，总符号时间为 14.4 微秒。如果室内环境存在严重的多径干扰，为保证上行 MU-OFDMA 或上行 MU-MIMO 通信的稳定性，可能需要设置 1.6 微秒保护间隔。

3.2 微秒保护间隔 这种保护间隔同样用于室外传输。与调制数据时使用的 12.8 微秒保护间隔一起使用时，总符号时间为 16.0 微秒。较长的符号时间和保护间隔有助于确保更为强健的室外通信。

19.7.3 802.11ax PPDU 格式

802.11ax 修正案草案定义了 4 种 PLCP 协议数据单元(PPDU)格式。简而言之，802.11ax 传输可以使用 4 种新的物理层头部和前同步码。如图 19.18 所示，遗留的训练字段位于 HE 物理层头部，以向后兼容使用不同物理层格式的 802.11a/b/g/n/ac 无线接口。4 种 802.11ax PPDU 如下：

HE SU 用于单用户传输的高效单用户 PPDU。

HE MU 用于单用户或多用户传输的高效多用户 PPDU。请注意，这种 PPDU 包含 HE-SIG-B 字段，MU-MIMO 或 MU-OFDMA 以及资源单元分配都需要该字段。HE MU PPDU 不用作响应触发帧，这意味着这种 PPDU 用于触发帧或下行传输。

HE ER SU 高效扩展范围单用户 PPDU 针对单用户，但 HE-SIG-A(长度两倍于其他 HE PPDU)和 HE 字段增加了 3 dB。这种 PPDU 旨在提高室外通信的质量并扩大传输范围。

HE TB 基于触发帧的高效 PPDU 针对响应触发帧的传输。换言之，这种 PPDU 用于上行通信。

图19.18 HE PPDU 格式

以上所有 4 种物理层头部的 HE-SIG-A 字段都包含解析 HE PPDU 所需的信息，该字段中的各种比特可用作信息的指示符。例如，SIG-A 字段用于标识上行传输或下行传输。HE-SIG-A 字段包括调制编码方案、BSS 颜色、保护间隔大小等信息。

如前所述，资源单元分配信息通过物理层和 MAC 子层传输给客户端。在 HE MU PPDU 的物理层头部，HE-SIG-B 字段包含传输给客户端的资源单元分配信息。如图 19.19 所示，HE-SIG-B 字段由通用字段(Common field)和用户特定字段(User Specific field)两个子字段构成。通用字段用于标识如何将信道划分为多个资源单元。例如，20 MHz 信道可细分为 1 个包含 106 个音调的资源单元和 5 个包含 26 个音调的资源单元。用户特定字段由多个用户字段构成，这些字段标识了为用户分配的资源单元。

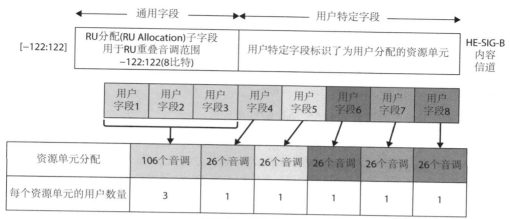

图 19.19 HE-SIG-B 字段

19.7.4　仅 20 MHz 模式

　　802.11ax 修正案草案还提出仅 20 MHz(20 MHz-only)模式供 802.11ax 客户端使用，客户端可以通知接入点已启用仅 20 MHz 模式。如图 19.20 所示，启用仅 20 MHz 模式的客户端仍然能使用 40 MHz 或 80 MHz 信道。不过除一种罕见的操作异常外，启用仅 20 MHz 模式的客户端必须通过主信道的资源单元交换数据。

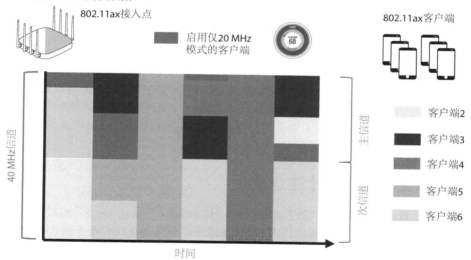

图 19.20　启用仅 20 MHz 模式的 802.11ax 客户端

　　实际上，这意味着客户端只能支持 OFDMA 资源单元的部分音调映射。如果接入点使用标准的 20 MHz 信道传输数据，则启用仅 20 MHz 模式的客户端支持包含 26 个音调、52 个音调、106个音调或 242 个音调的资源单元的 20 MHz 音调映射。如果接入点使用 40 MHz 信道传输数据，则启用仅 20 MHz 模式的客户端只支持包含 26 个音调、52 个音调或 106 个音调的资源单元的 40 MHz 音调映射。如果接入点使用 80 MHz 或 160 MHz 信道传输数据，则启用仅 20 MHz 模式的客户端也支持包含 26 个音调、52 个音调或 106 个音调的资源单元的音调映射。对于任何大于 20 MHz

的信道, 启用仅20 MHz模式的客户端可以使用包含242个音调的资源单元, 但非强制要求。

这种处理致力于确保即便使用较宽的信道, 也只为启用仅20 MHz模式的客户端分配合适的OFDMA音调映射和资源单元。对于希望部署802.11ax节电机制但不一定需要使用所有802.11ax功能的物联网客户设备而言, 仅20 MHz模式是理想之选。客户设备制造商因而能以较低的成本设计相对简单、适合物联网设备使用的芯片组。

19.7.5 多流量标识符聚合的MAC协议数据单元

从第10章的讨论可知, 802.11n/ac无线接口使用了帧聚合。如前所述, 802.11 MAC协议数据单元(MPDU)是完整的802.11帧, 包括MAC帧头、帧体与帧尾。如图19.21所示, 多个MPDU可以聚合为单个PPDU。聚合的MAC协议数据单元(A-MPDU)包括物理层头部以及多个MPDU。

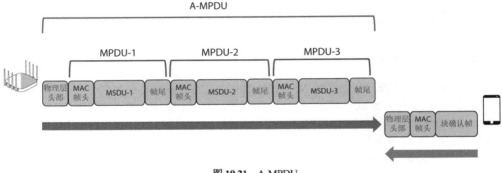

图19.21 A-MPDU

在802.11ax技术出现之前, 当执行A-MPDU帧聚合时, 构成A-MPDU的所有MPDU必须属于同一种802.11e QoS访问类别。例如, 无法将语音MPDU与尽力而为MPDU或视频MPDU封装在同一个聚合帧中。802.11ax修正案草案提出了多流量标识符聚合的MAC协议数据单元(多TIM AMPDU)机制, 支持聚合带有多个流量标识符以及属于相同或不同QoS访问类别的帧。混合属于不同QoS流量类别的MPDU有助于802.11ax无线接口更有效地聚合, 从而减少开销并增加吞吐量, 进而提高整体网络效率。

19.8 802.11ax设计注意事项

部署802.11ax接入点是否有助于提高遗留客户端的性能? 答案是否定的: 802.11ax接入点无法改善遗留客户端(802.11a/b/g/n/ac)的性能或传输范围, 只有802.11ax客户端才能充分利用802.11ax技术提供的高效功能(如MU-OFDMA)。虽然遗留客户端的物理层并无改进, 但得益于802.11ax接入点的硬件功能更新(如更强劲的CPU、更好的内存处理机制以及其他常规的硬件进步), 网络性能也会有所改善。随着802.11ax客户端的数量越来越多, 效率提升有助于减少早期客户端的占用时长消耗, 从而提高无线局域网的整体效率。强烈建议企业Wi-Fi管理员将现有的客户端升级为802.11ax客户端, 以充分利用802.11ax技术提供的所有功能。统计数据显示, 2019年, Wi-Fi客户端出货量的40%是802.11ax客户端。

部署802.11ax接入点时, 应该使用20 MHz、40 MHz还是80 MHz信道? 从理论上说, 只要同一位置不存在遗留设备, BSS颜色就能更好地利用80 MHz信道。而在实际中, 我们仍然推荐使用 20 MHz 信道。请记住，OFDMA 旨在利用较小的子信道。如果为企业网络部署 40 MHz 信道，可能仍然需要遵循 40 MHz 信道设计的最佳实践。但是，建议仅在动态频率选择(DFS)信道可用时才使用 40 MHz 信道。

802.11ax 接入点应该配置哪种基本速率？ 如前所述，管理帧和控制帧仍然通过 802.11a/g/n/ac 无线接口可以识别的 OFDM 技术进行传输。如果 802.11ax 接入点配置 6 Mbps 作为基本速率，那么信标帧以及其他管理帧产生的开销仍然很大。因此，无线局域网设计的最佳实践建议配置 12 Mbps 或 24 Mbps 作为基本速率。

802.11ax 接入点是否需要 2.5 Gbps 以太网端口？ 可能很长一段时间内都不需要。802.11ax 技术致力于减少介质争用开销和占用时长消耗。从逻辑上讲，如果无线局域网的效率提高了，那么双频 802.11ax 接入点产生的用户流量或许会超过 1 Gbps。外界担心标准的千兆以太网有线上行端口成为流量瓶颈，因此需要使用 2.5 Gbps 上行端口。但在实际中，受以下两个因素的影响，用户流量在很长一段时间内可能都不会超过 1 Gbps：

- 在制造 802.11ax 接入点无线接口的同时，芯片组供应商也在积极制造 802.11ax 客户端无线接口，但企业网络广泛使用 802.11ax 客户端仍需时日。
- 802.11ax 技术需要向后兼容 802.11a/b/g/n/ac 技术，因此必须使用 RTS/CTS 保护机制，而 RTS/CTS 会产生开销并消耗占用时长。

为以防万一，大多数无线局域网供应商的 802.11ax 接入点将配备至少一个支持 2.5 Gbps 有线上行链路的 802.3z 以太网端口。

802.11ax 接入点能否使用 802.3af 以太网供电(PoE)？ 无线局域网供应商的 802.11ax 接入点将配备更多射频链。大多数 802.11ax 接入点属于双频 4×4:4 接入点，今后甚至可能出现 8×8:8 接入点。相较于企业网络使用的前几代接入点，802.11ax 接入点对处理能力的要求更高。而射频链越多、处理能力越强，意味着耗电量越大。标准 802.3af PoE 的输出功率为 15.4 瓦，无法满足 802.11ax 接入点的用电需要，因此必须部署 802.3at PoE+。建议采用 PoE+作为 802.11ax 接入点的标准供电机制，这可能需要升级接入层交换机并重新计算 PoE 功率预算。

4×4:4 接入点与 8×8:8 接入点相比，哪种接入点更有优势？ 第一代 8×8:8 接入点的成本较高且耗电量较大，其主要优势在于可以利用 MU-MIMO 功能，但前提是 802.11ax 客户端也支持 MU-MIMO。所有 802.11ax 接入点都将支持与空间流数量相同的 802.11ax OFDMA 客户端。采用 MU-OFDMA 技术时，8×8:8 接入点与 4×4:4 接入点相比并无太大优势。部分无线局域网供应商将推出双频 802.11ax 接入点，其中 4×4:4 无线接口使用 2.4 GHz 频段传输数据，而 8×8:8 无线接口使用 5 GHz 频段传输数据。此外，不排除某些供应商会推出配备两个 4×4:4 无线接口且支持双频 5 GHz 通信的 802.11ax 接入点。

供应商是否会推出 8×8:8 客户端？ 由于 8×8:8 无线接口的耗电量较大，大多数 802.11ax 移动客户设备将使用双频 2×2:2 无线接口。截至本书出版时，4×4:4 802.11ax 客户端尚未投放市场，但今后部分型号的高端膝上型计算机可能会配备 4×4:4 无线接口。

19.9　小结

本章侧重讨论 802.11ax 修正案草案提出的所有物理层和 MAC 子层改进机制。802.11ax 技术致力于实现更优质、更高效的 802.11 流量管理，这项技术被称为"高效无线局域网"(HEW)的原因就在于此。大多数行业专家认为 OFDMA 能更有效地利用可用的频率空间，OFDMA 将是与 802.11ax 联系最为紧密的技术。拜 802.11ax 技术所赐，接入点首次具备协调上行传输(客户端到接入点)的能力。MU-OFDMA 和 MU-MIMO 都定义了同步上行通信。802.11ax 修正案草案还提出目标唤醒时间(TWT)，以期改进物联网设备的节电机制。BSS 颜色和空间复用操作有望解决重叠基本服务集(OBSS)引起的介质争用开销问题。

　　截至本书出版时，Wi-Fi 联盟尚未开始认证 802.11ax 产品。这项技术仍处于研发阶段，最终获批的技术可能有所不同。在本章讨论的 802.11ax 功能中，某些功能或许必不可少，而某些功能可能只是锦上添花。更重要的是，截至本书出版时，802.11ax 技术尚未在实际部署中进行现场测试。目前的 CWNA 考试不会考查 802.11ax 技术，但今后的 CWNA 考试可能涉及这项技术。有鉴于此，本章最后列出 5 道复习题供读者参考。

19.10 复习题

1. 20 MHz OFDMA 信道最多能使用几个资源单元？

A. 2 个　　　　　　　　　**B.** 4 个

C. 9 个　　　　　　　　　**D.** 26 个

E. 52 个

2. 上行 MU-MIMO 通信或下行 MU-OFDMA 通信需要使用哪种 802.11 帧？

A. 触发帧　　　　　　　　**B.** 探询帧

C. 确认帧　　　　　　　　**D.** 信标帧

E. 数据帧

3. 哪种 802.11ax 技术定义了有利于延长物联网设备电池使用时间的节电机制？

A. 缓冲区状态报告　　　　**B.** 目标唤醒时间

C. BSS 颜色　　　　　　　**D.** 保护间隔

E. 长符号时间

4. 哪种 802.11ax 技术有望减少同信道干扰？

A. 缓冲区状态报告　　　　**B.** 目标唤醒时间

C. BSS 颜色　　　　　　　**D.** 保护间隔

E. 长符号时间

5. 如果 802.11ax 无线接口采用 1024-QAM 调制，则最小的资源单元包括几个音调？

A. 26 个　　　　　　　　　**B.** 52 个

C. 106 个　　　　　　　　**D.** 242 个

E. 484 个

第20章

无线局域网部署与垂直市场

本章涵盖以下内容：

- ✓ 常见无线局域网应用与设备的部署注意事项
  - ▪ 数据
  - ▪ 语音
  - ▪ 视频
  - ▪ 实时定位服务
  - ▪ iBeacon
  - ▪ 移动设备
- ✓ 企业数据访问与最终用户移动性
- ✓ 将网络延伸到远端
- ✓ 建筑物之间的桥接
- ✓ 无线互联网服务提供商："最后一英里"数据交付
- ✓ 家居办公
- ✓ 移动办公
- ✓ 分支机构
- ✓ 教育/教室
- ✓ 工业：仓储与制造
- ✓ 零售
- ✓ 医疗保健
- ✓ 市政
- ✓ 热点：公共网络接入
- ✓ 场馆
- ✓ 交通
- ✓ 执法机构
- ✓ 应急响应
- ✓ 托管服务提供商
- ✓ 固定移动融合
- ✓ 无线局域网与健康
- ✓ 物联网
- ✓ 无线局域网供应商

本章将介绍常见的无线网络部署环境，并讨论各种无线局域网垂直市场的利弊以及需要考虑的因素。最后，我们将列出各大商用无线局域网供应商及其网站。

20.1　常见无线局域网应用与设备的部署注意事项

许多应用和设备受益于无线网络的迅速增长，与此同时，这些应用和设备也有助于加快无线网络的发展。无线网络的灵活性和移动性令数据和视频等应用受益匪浅，但它们本质上并非无线应用。语音、实时定位服务、利用移动设备访问网络这 3 种应用对无线局域网有与生俱来的依赖性，三者也在不断扩展 Wi-Fi 网络的使用范围。无论部署哪种网络应用或设备，规划、设计与支持 802.11 网络时都要考虑某些因素。接下来，我们将重点讨论常见无线局域网应用与设备的部署注意事项。

20.1.1　数据

在面向数据的应用中，收发邮件和浏览网页是最常见的两种应用。无论通过哪种网络(无线或有线)传输流量，规划网络时首先需要明确所用的协议。协议是网络设备之间交换数据所用的通信方法或技术。协议既可以是精心制定的文档标准，也可以是采用专有通信技术的规范。面向数据的应用往往采用众所周知的协议，人们对相关通信机制耳熟能详，因此处理这类应用一般并非难事。

如果网络致力于处理面向数据的应用，那么确保网络设计有能力应付计划传输的数据量至关重要。轻微的网络延迟基本不会影响此类应用的质量，但数据带宽不足会引发各种问题。分析用户和设备的数据要求并正确设计无线局域网是满足容量需求的前提条件。有关容量规划的详细讨论请参见第 13 章"无线局域网设计概念"。

20.1.2　语音

与数据通信不同，网络延迟、丢包或间歇性连接都会影响语音通信的质量，设计语音无线局域网时请牢记这一点。此外，不同供应商的语音产品大相径庭，因此语音无线局域网设计颇具挑战性。无论手机厂商、软件公司还是基础设施设备制造商，设计语音应用时都会遵循各自的规范。有鉴于此，了解安装语音系统的最佳实践十分重要。

语音设备通常是手持设备，其传输功率不及膝上型计算机。无线设备需要消耗更多电量才能增加信号强度，因此 Wi-Fi 语音(VoWiFi)电话的传输功率往往低于其他设备，以延长电池使用时间。

20.1.3　视频

视频传输通常比语音传输更复杂。除发送视频和语音的多条数据流外，视频往往还包括建立和拆除连接所需的流量。由于视频的容错能力在大多数情况下优于语音，因此除非通过无线局域网召开实时视频会议，否则应优先保证语音传输的质量：在视频会议期间，音频质量较差会严重干扰会议效果；相反，如果音频质量较好而视频质量较差，那么通常不会影响与会者理解发言者的内容。

对视频传输而言，确定传输的视频类型以及功能或目的十分重要。如果询问普通计算机用户，他们可能认为视频传输是电影、电视节目或可供固定/移动用户下载的趣味视频片段。如果询问高级管理人员，他们可能认为视频传输是视频会议或网络研讨会的一部分，这类用户很可能长时间坐在计算机前。如果询问设备工程师或安保人员，他们可能认为视频传输是由永久安装在大楼中的无线监控摄像头产生的流媒体视频。总而言之，上述任何类型或所有类型的视频流量都可能通过无线局域网传输。

确定无线局域网计划传输的视频类型后，就可以开始规划网络。为确定流量和协议的类型以及网络负载，需要评估传输无线视频流量的系统或软件。协议评估过程还包括确定视频传输是否采用多播或服务质量(QoS)。

20.1.4　实时定位服务

在无线局域网设计中，基于位置的技术备受关注。大多数企业级 802.11 系统制造商宣称自己的产品具备某种定位功能。部分产品内置有定位功能，其他产品则为专门从事定位技术研究的第三方供应商提供集成接口，这些供应商致力于开发与特定行业垂直市场相关的复杂软件应用。

位置跟踪服务正在以惊人的速度发展，越来越多的应用开始崭露头角。实时定位服务(RTLS)可以通过无线局域网定位或跟踪人员和设备，这项技术在医疗保健行业得到了极其广泛的应用。医疗保健机构(如医院)必须提供全天候、不间断的服务，加之许多资产需要共享，因此无论是在紧急情况下跟踪设备还是确定最近的医生或专科医生位于何处，RTLS 都能发挥重要作用。

RTLS 可用于跟踪所有 802.11 无线接口。为方便管理和跟踪，不妨为非 802.11 资产贴上专用的 802.11 射频识别(RFID)标签。所有设备都能贴上 RFID 标签，从而实现设备跟踪并防止失窃。企业员工、游乐园的儿童、医院工作人员或患者也可以佩戴 RFID 标签。RTLS 供应商千差万别，但都能提供 RTLS 设备的部署建议和最佳实践文档。

20.1.5　iBeacon

目前，零售业的许多应用已开始采用蓝牙低功耗(BLE)技术。蓝牙与 Wi-Fi 是两种不同的无线技术，但不少无线局域网供应商的接入点都集成有 BLE 无线接口，独立的 BLE 发射机设备也已投放市场。iBeacon 是 Apple 公司开发的一种协议，它利用 BLE 无线接口在零售场所、体育场、医院以及其他公共场所发送室内邻近感知推送通知。

iBeacon 技术基于邻近度(proximity)而非绝对位置坐标，接入点的 BLE 无线接口将发送包含邻近位置标识符的 iBeacon。如图 20.1 所示，邻近位置标识符由通用唯一标识符(UUID)、主值(major)与副值(minor)构成。UUID 是长度为 32 个字符的十六进制字符串，用于唯一标识管理信标的机构。例如，如果某品牌旗下的多家连锁店使用信标，则 UUID 为连锁店名称，且通过 UUID 可以确定所有连锁店属于同一品牌。iBeacon 净荷包含 UUID，而主值和副值分别标识某个场所和该场所内的某个位置。UUID 位于编号体系的顶层，主值和副值负责区分设备。从图 20.1 可知，UUID为 8C18BD1A-227C-48B3-BA2D-A13BFA8E5919，用于标识 ACME 公司的连锁店；主值为 4，用于标识位于美国科罗拉多州博尔德的 ACME 零售店；副值为 3，用于标识该零售店内的 3 号通道。

图 20.1　iBeacon 邻近位置标识符

企业可以利用在线 UUID 生成器[1]自动产生 UUID。事实上,大多数 UUID 均通过这种方式产生,因为这种标识符不依赖于集中分配和管理。UUID 的长度为 32 字符,有助于确保随机生成的 UUID 不会重复。

iBeacon 要求移动设备上的应用能够触发操作,只要配有 BLE 接收机无线接口的智能手机处于 iBeacon 发射机的接近感应范围内就能实现触发。iBeacon 可以触发邻近感知推送通知(如零售店内的广告),从而改善购物体验。博物馆利用 iBeacon 技术为参观者提供自助导游:当参观者接近博物馆展品时,iBeacon 通过触发移动设备上的应用来显示交互式内容。如前所述,iBeacon 使用 BLE 无线接口而非 802.11 无线接口,但不少无线局域网供应商目前也提供集成式或覆盖式 iBeacon 技术解决方案。BLE 发射机采用的 iBeacon 技术与 Wi-Fi 接入点传输的信标帧是两种不同的概念,这一点请读者谨记在心。从之前的讨论可知,iBeacon 是 Apple 公司为 BLE 无线接口开发的协议。2014 年,Radius Networks 推出名为 AltBeacon 的开源 BLE 信标协议;2015 年,Google 推出名为 Eddystone 的开源 BLE 信标平台。

20.1.6　移动设备

从接待员到首席执行官,企业员工将膝上型计算机、平板电脑、智能手机等具有 Wi-Fi 功能的设备带入工作场所,期待(且需要)企业网络能支持这些设备。请求访问企业网络的设备主要是手机和平板电脑,它们也能利用 802.11 无线接口传输数据。与 IT 部门负责规划并管理企业技术变革不同,最终用户是推动移动设备发展的中坚力量。许多组织将能够把个人移动设备接入企业

1　https://www.uuidgenerator.net。

网络视为员工福利，要求 IT 部门为这些设备提供必要的支持。

移动设备与企业网络的集成需要考虑多种因素，包括：

- 确保设备能使用正确的身份验证机制接入网络。
- 确保使用加密协议，设备可以在整个网络中无缝漫游且连接不会中断。
- 根据设备用户的身份、设备类型或其他设备/连接特性提供网络访问。

由于智能手机和平板电脑等个人移动设备数量激增，为满足容量需求，目前的大多数无线局域网采用截然不同的设计方式。单纯以覆盖较大区域为目标的室内无线局域网设计已不多见，如今的网络设计致力于覆盖较小的区域，通过部署更多接入点来满足容量需求。这些移动设备通常称为自带设备(BYOD)，它们已成为行业发展的一大趋势。由于 BYOD 备受关注，第 18 章"自带设备与来宾访问"用整整一章的篇幅讨论了这个话题。

20.2　企业数据访问与最终用户移动性

802.11n 和 802.11ac 技术有助于提高无线网络的吞吐量。在拥抱高速无线网络的同时，不少企业开始削减有线设备的数量，未使用或未充分使用的有线交换机大多遭到淘汰。如前所述，具有 Wi-Fi 功能的个人移动设备激增是推动企业无线网络发展的另一个主要因素。

有线网络插口价格不菲，每个插口的安装成本通常高达(甚至超过)200 美元。在人员改制和部门重组的过程中，往往也需要调整网络基础设施。一般来说，仓库、会议室、生产线、研究实验室、咖啡厅等环境难以有效地安装有线网络，而安装无线网络有助于降低企业开销，并且可以为所有用户提供稳定的网络接入。

在过去几年中，提供遍及整个设施的持续访问和可用性已成为首要任务。利用网络获取数据在工作中越来越普遍，因此必须保持网络的持续可用性并提供用户所需的最新信息。通过在整栋建筑或园区中安装无线网络，企业员工之间的会面、讨论或集思广益变得更容易。无论身在何处，员工都能使用自己的膝上型计算机和移动设备访问企业数据、收发邮件并接入互联网。

如今，配有无线接口的设备已成为消费类电子市场的一大趋势。无线适配器的尺寸极小，很容易集成在便携式设备中。设备的功能越来越多，并且只要连接到互联网就能更新。此外，设备也变得更小、更轻、更精简。随着设备小型化的趋势日益增长，无线接口开始崭露头角，以太网适配器逐渐销声匿迹。

无论出于何种目的安装无线网络，企业都要认清无线网络的利弊。无线技术可以提供移动性、可达性与便利性，但如果设计或部署有误，则无线网络的性能、可用性与吞吐量很难令人满意。无线技术属于接入技术，旨在为最终用户设备提供连接。除建筑物之间的桥接或网状回程外，一般不建议在分布层或核心层使用无线技术。即便用于桥接，也要确保无线网桥有能力处理流量负载和吞吐量需求。

20.3　将网络延伸到远端

细想之下，将网络延伸到远端不仅可以推动家用无线网络的发展，也有助于推动无线技术在企业环境中的应用。越来越多的家庭购置了多台计算机，用户希望家中所有计算机都能接入互联网。尽管许多家庭通过安装以太网电缆来连接计算机，但有线网络往往过于昂贵，或因为无法解决可达性问题而不切实际。很多情况下，搭建有线连接也超出了普通家庭用户的技术水平。

与此同时，Wi-Fi 设备的价格越来越低。无论是在家中还是为办公室、库房抑或其他任何环境安装无线网络，都是基于同样的原因。为每台计算机铺设网络电缆的成本很高；不仅如此，考虑到建筑设计或美观方面的因素，在许多环境中铺设电缆或光纤并非易事。相反，安装无线网络设备不需要太多电缆，并且设备的位置通常不会影响到建筑美学。

20.4 建筑物之间的桥接

如果希望为两栋建筑物提供网络连接，既可以铺设连接两栋建筑物的地下电缆或光纤，也可以租用高速数据线路，还可以部署建筑物之间的无线网桥。三者都是可行的解决方案且各有利弊。

铜缆或光纤连接可能提供最高的吞吐量，但铺设连接两栋建筑物的铜缆或光纤往往价格不菲。如果建筑物之间相隔很远或为第三方物业所阻，则有线连接并不可行。电缆安装完毕后即归用户所有，用户无须每月支付服务费。

租用高速数据线路的优势在于灵活和便利，但用户并非线路的所有者，因此每月都要支付服务费。受购买的服务类型所限，调整链路的通信速度可能并非易事。

如果希望通过无线网桥连接两栋建筑物，那么二者之间需要存在畅通无阻的射频视距。确定或构建射频视距后，就可以开始安装点对点或点对多点收发器和天线。一般来说，训练有素的专业人员很容易就能完成安装工作。无线网桥安装完毕后即归用户所有，用户不必每月支付服务费。

点对点网桥用于连接两栋建筑物，而点对多点网桥可以连接 3 栋或更多建筑物。在点对多点解决方案中，处于中央位置的建筑物充当中央通信点，其他设备直接与中央建筑物通信。这种配置称为中心辐射型或星型配置。802.11 无线桥接链路通常部署在 5 GHz U-NII-3 频段，适用于短距离通信。目前，许多企业也选择部署利用授权频段传输数据的无线桥接解决方案。Mimosa、Cambium Networks 等公司提供授权和非授权室外回程解决方案。

> **注意：**
> 点对多点解决方案的问题在于，一旦中央通信点出现单点故障，所有建筑物的通信都会中断。为防止单点故障并提高数据吞吐量，一般会考虑安装多个点对点网桥。

20.5 无线互联网服务提供商："最后一英里"数据交付

电话公司和有线电视公司经常使用术语"最后一英里"来描述连接家庭用户和服务提供商网络的最后一段服务。由于必须为每位用户单独铺设电缆，因此"最后一英里"服务往往难度最大、成本最高，在用户极少且相隔很远的农村地区尤其如此。很多情况下，即便用户可以接入网络，可能也无法享受某些服务(如高速互联网)，因为 xDSL 等服务与中心局之间的最大距离不能超过 1.8 万英尺(约 5.5 千米)。

无线互联网服务提供商(WISP)通过无线网络提供互联网服务。WISP 不会直接为每位用户铺设电缆，而是利用中央发射机进行射频通信。除 802.11 技术外，WISP 经常采用其他技术为更广阔的区域提供无线覆盖。在部分小城镇，WISP 利用 802.11 网状网作为基础设施，这一实践已取得成功，但 802.11 技术一般不用于提供城际范围的 WISP 部署。

WISP 提供的服务并非无懈可击。与所有射频技术一样，屋顶、山脉、树木、建筑物等障碍物都会衰减或损坏信号。合理的设计与专业的安装有助于确保系统正常工作。

20.6　居家办公

　　无论是门卫还是 IT 工程师，任何人都可能成为居家办公(SOHO)一族。小企业主和在家办公的员工往往需要自给自足，因为他们通常很难从其他人(如果有的话)那里获得帮助。SOHO 一族很容易通过无线网络连接办公计算机与外围设备，访问互联网也非难事。一般来说，802.11 SOHO 网络旨在提供互联网网关的无线接入。如图 20.2 所示，许多无线 SOHO 设备也配有多个以太网端口，提供无线或有线互联网接入。

图 20.2　无线 SOHO 路由器(D-Link)

　　大多数 SOHO 无线路由器配有易于理解的安装指南，虽然性能和安全性不及同类企业产品，但已可满足需要。相较于企业路由器，SOHO 路由器的灵活性或功能往往略逊一筹，但大部分 SOHO 环境并不需要所有附加功能。SOHO 路由器功能尚可，而价格仅为企业路由器的四分之一。SOHO 一族可利用现有的数十种设备安装并配置可以接入互联网的安全网络，网络搭建成本很低。许多 SOHO 无线路由器甚至还提供来宾访问功能，在允许来宾用户接入互联网的同时限制其访问内部网络。近年来，Google、eero、Linksys、Plume 等多家企业也开始提供完备的家用 Wi-Fi 解决方案。这些解决方案包括至少 3 种家用网状 Wi-Fi 路由器以及管理 Wi-Fi 设备的智能手机应用。

20.7　移动办公

　　活动房屋或拖车办公室的用途十分广泛，既可以在施工期间或灾后充当临时办公室，也可以在学生人数激增时用作临时教室。移动办公室只是办公环境的延伸，它们往往装有轮子，可以根据需要短期或长期部署。由于移动办公室并非永久性建筑，一般很容易经由无线网络访问企业网络或学校网络。

　　无线网络可通过无线网桥扩展到移动办公室。如有必要，可以利用接入点为移动办公室的多位用户提供无线接入。无线网络有助于降低铺设电缆和安装插口的成本。即便用户数量增加，也无须对网络基础设施做任何调整。移动办公室使用完毕后，拔下无线设备即可。

　　可移动的无线网络适用于军事演习、救灾、音乐会、跳蚤市场、建筑工地等诸多环境。移动无线网络易于安装和拆除，是网络解决方案的理想之选。

20.8　分支机构

　　除公司总部外，企业通常设有分支机构，远端办公室可能分布在某个地区、整个国家甚至世界各地。如何为所有分支机构提供无缝的企业级有线或无线解决方案，是 IT 工程师面临的挑战之一。大多数情况下，可为每个分支机构部署使用企业级无线局域网路由器的分布式解决方案。分支无线局域网路由器可以通过 VPN 隧道连接到公司总部。借助 VPN 隧道的帮助，分支机构的员工可以经由广域网访问企业资源。更重要的是，企业 VLAN、SSID 与无线局域网安全策略都能扩展到远端分支机构。分支机构和企业总部的员工连接到相同的 SSID，从而在整个企业内无缝应用有线和无线网络访问策略，所有分支机构的无线局域网路由器、接入点与交换机都能应用这些策略。

大多数企业预算有限，也不需要为每个分支机构配备 IT 工程师。处于中央位置的网络管理服务器(NMS)负责管理并监控整个企业网络。

20.9　教育/教室

学生可以经由无线网络安全便捷地访问校园网。大多数教室的布局很灵活(没有固定家具)，因此无法为每位学生安装有线网络插口。由于学生在上下课时会频繁插拔设备，即便安装网络插口，不久后也可能损坏。在无线网络出现之前，教室里的计算机通常采用以太网连接。所有计算机摆放在靠墙的课桌上，学生往往背对老师操作计算机。无线网络让安排教室座位更加灵活，学生不必担心被地板上的网络电缆绊倒。

学生还能通过无线网络接入互联网。无论身在何处，学生都能完成作业，无须担心附近是否存在有线网络插口或其他人是否在使用网络插口。教室环境中部署的无线网络十分灵活，而无线网络已成为许多学校不可或缺的要素：平板电脑在各级各类教育机构迅速普及，它们完全依靠无线网络接入局域网和互联网。

由于教室采用致密的墙体材料，学校往往需要部署大量接入点以提供覆盖。大部分教室的墙壁使用煤渣砌块以减少噪音，但煤渣砌块会导致 2.4 GHz 和 5 GHz 射频信号严重衰减。为保证信号强度在 -70 dBm 以上，通常每隔一间教室就要至少安装一个接入点。

无线桥接也被广泛应用于校园环境，不少大学和学院采用包括 802.11 桥接在内的多种无线桥接链路来连接校园内的建筑物。

目前，网络访问控制(NAC)已成为许多学校网络的重要组成部分。对于连接到网络的设备，可以利用 NAC 确定其身份验证和授权信息，然后根据这些信息调整或控制用户对网络的访问。时间、位置、访问方法、设备类型、用户身份以及其他许多参数都能用于调整或限制网络访问。有关 NAC 的详细讨论请参见第 18 章。

【现实生活场景】

eduroam

目前，许多高等院校部署有 eduroam(教育漫游)，这是一种基于域(realm-based)的身份验证解决方案。eduroam 以 IEEE 802.1X 标准和 RADIUS 代理服务器的层次结构为基础，致力于为国际研究和高等教育界提供安全的全球漫游访问服务。对于参与 eduroam 项目的院校，学生、研究人员与教职工可以在校园内或到访其他参与院校时通过 eduroam 接入互联网。用户的身份验证由其归属院校负责，使用与用户访问本地网络时相同的凭证。根据受访院校的相关规定，eduroam 用户也可能获得访问其他资源的权限。eduroam 网络漫游体系结构由 RFC 7593 定义，有关这项服务的更多信息请参见 eduroam 网站[1]。

1　https://www.eduroam.org。

20.10　工业：仓储与制造

在仓储和制造环境中部署无线网络久已有之，其历史甚至可以追溯到 802.11 标准公布前。库房和工厂空间开阔，加之员工经常处于移动状态，因此企业认为有必要提供移动网络接入，以提高员工的工作效率。通常情况下，仓储和制造环境会部署条码扫描仪等无线手持设备，供数据采集和库存控制使用。

仓储或制造环境中部署的大多数无线局域网致力于提供覆盖而非容量。手持设备一般不会消耗太多带宽，但需要较大的覆盖范围以实现真正的移动性。早期的 802.11 跳频扩频(FHSS)技术大多部署在仓储和制造环境中，无线网络能以较高的性价比提供仓储环境所需的覆盖和移动性。

20.11　零售

零售业的无线技术应用主要分为 4 种类型：首先是为店面经营和零售交易提供支持的无线网络，其次是近年来兴起的零售客户跟踪分析，接下来是基于位置的地图和跟踪服务，最后是作为增值服务的来宾 Wi-Fi 访问(往往因零售场所内的蜂窝网络覆盖不佳所致)。

零售环境与其他许多业务环境有相似之处。目前，收银机、考勤钟、库存控制扫描仪以及零售场所使用的几乎所有电子设备都能通过 802.11 无线接口接入网络。这些联网设备能以更快的速度提供更准确的信息，有助于改善零售环境中的用户体验。

商家可以利用零售分析(retail analytics)产品来监控客户的移动路线和行为，以便更好地服务客户并理解客户行为。如果将接入点或传感器设备部署在重要位置，就能侦听到 Wi-Fi 智能手机发送的探询请求帧。MAC 地址用于标识 Wi-Fi 设备，而信号强度用于监控和跟踪购物者的位置。如图 20.3 所示，某款零售分析应用能识别购物者的行走路线以及在店内不同区域的停留时间。零售商可以利用这些信息判断购物模式，并分析店内展示和广告的有效性。基于 Wi-Fi 技术的零售分析有时也称为在线状态分析(presence analytics)。

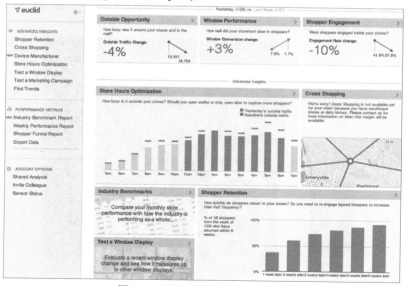

图 20.3　零售分析应用(Euclid Analytics)

如前所述，零售商经常利用 iBeacon 技术提供推送通知和趋势分析。除零售邻近位置和趋势分析外，购物者和访客也开始享受室内定位和地图应用等新服务带来的便利。购物中心、医院、酒店、地铁、博物馆以及其他许多机构为访客提供详细的路线指示、促销信息以及其他基于位置的服务。例如，大型医院可能使探访病人的家属和朋友晕头转向，而移动应用能让他们迅速找到前往病房的详细路线。会议中心和酒店利用 iBeacon 技术将访客引导至会议室或活动室，这项技术可以为进入大楼的访客提供特殊的广告或服务。

零售场所之所以部署无线技术，另一个重要原因在于为客户提供替代蜂窝网络覆盖的连接手段。零售场所不应指望客户通过蜂窝电话网接入互联网。受规模和产品密度所限，客户可能无法使用手机访问互联网或网络连接不稳定。为购物者提供来宾 Wi-Fi 访问有助于改善购物体验，进而实现销售额增长。有关来宾 Wi-Fi 访问的详细讨论请参见第 18 章。

20.12　医疗保健

医院、诊所、医务室等医疗保健机构看似与其他行业截然不同，但对数据访问和最终用户移动性的需求并无二致。医疗保健机构需要快速、安全、准确地访问患者、医院或诊所的数据，以便及时响应和决策。数据经由无线网络直接传送给医生或护士随身携带的手持设备，便于他们更快地获取重要数据。医护人员利用医疗推车输入并监控患者信息，医疗推车一般通过无线网络与护理站相连。Masimo 等许多医疗设备企业的产品都已集成 802.11 无线适配器，以方便监控并跟踪患者的生命体征。图 20.4 显示了某种患者佩戴的监控系统。固定式或移动式医疗监测仪可以将佩戴者的心电图、血压、呼吸以及其他生命体征信息通过 Wi-Fi 网络安全地传输给护理站。

VoWiFi 是 802.11 技术在医疗环境中的另一种常见应用。无论身在何处，医护人员都能通过 VoWiFi 电话及时沟通。使用 RFID 标签的 RTLS 解决方案经常用于库存控制。

医院环境中存在多种专有或标准的无线通信，这些通信可能对 802.11 通信造成干扰。许多医院指派专人或频谱管理部门跟踪院内使用的频率和生物医学设备，避免潜在的射频干扰。

分布式医疗也是近年来出现的新趋势。医院往往在偏远地区设立分院，紧急护理设施也随处可见。正因为如此，部署无线局域网分支机构解决方案通常是普遍的做法。

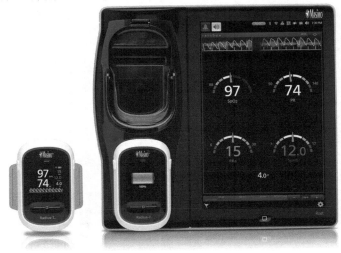

图 20.4　患者佩戴的监测仪(Masimo Radius-7)

20.13　市政

在过去几年中,市政网络备受关注。一些地方宣布为整个辖区的居民提供无线网络接入服务,试图解决部分居民难以负担上网费用的问题。这个想法看似不错,但市政当局往往低估了项目的规模和成本。尽管计划覆盖整座城市的市政 Wi-Fi 网络规划大多已夭折,但外界对于在市中心和高密度地区部署无线局域网的兴趣有所增加,某些实践也曾取得成功。这些市政网络要么由市政当局建设,要么由个人或商业团体投资。

20.14　热点: 公共网络接入

热点通常指由企业提供的免费或按需付费(pay-for-use)无线网络服务。提到热点时,人们往往会想到咖啡厅、书店、酒店或会议中心。热点是吸引顾客的有效手段,商家也可以将其作为服务的延伸——在热门景点提供服务的互联网服务提供商便是一例。商务人士和学生经常光顾提供免费上网服务的餐厅或咖啡厅,许多商家通过部署热点实现了业务增长。免费热点受到无线局域网行业的广泛关注,有助于更多人认识到 802.11 技术的优势所在。

某些情况下,热点提供商很难说服用户每月支付订阅费。许多机场和连锁酒店均已安装按需付费的热点,而不少热点提供商提供单独的订阅服务。

大多数热点提供商通过称为强制门户的特殊网页来验证用户身份。用户连接到热点时,必须启动网页浏览器。如图 20.5 所示,无论用户尝试访问哪些网页,都会跳转到登录页面,该页面即为强制门户。如果热点提供的是付费服务,那么用户必须输入订阅信息(已订阅服务)或信用卡信息(按小时或按日付费)。此外,不少免费热点要求用户同意使用条款后才能访问互联网。用户需要输入某些基本信息或单击按钮,证明他们接受使用条款。对于接入企业网络的来宾用户,许多公司也利用强制门户验证用户身份。

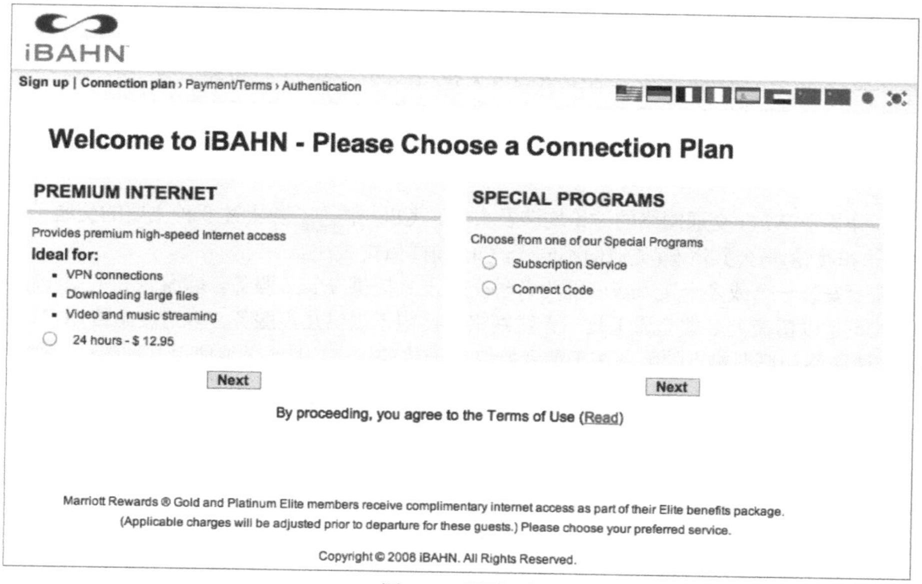

图 20.5　强制门户

【现实生活场景】

热点是否提供数据加密？

无论是免费服务还是按需付费服务，数据安全通常并非热点提供商考虑的因素，这一点请读者谨记在心。免费热点提供商通常提供互联网接入，作为鼓励客户到店(如咖啡厅)消费的手段；而付费热点提供商会验证用户身份，确保只有付费用户才能使用互联网服务。

除个别情况外，热点提供商不会提供数据加密。有鉴于此，商业用户在使用热点时往往利用 VPN 客户端软件创建连接企业网络的安全加密隧道。许多企业要求员工连接到公共网络时使用 VPN。问题在于，当连接到开放的来宾无线局域网时，不少消费者和来宾用户对于如何使用 VPN 解决方案一无所知。正因为如此，为 Wi-Fi 来宾用户提供加密和安全性更高的身份验证机制近年来逐渐兴起。随着公共接入网的发展，802.1X/EAP 与热点 2.0(Hotspot 2.0)技术相结合的趋势也日益明显。热点 2.0 是 Wi-Fi 联盟制定的技术规范，控制点(Passpoint)认证项目以该技术为基础。有关加密来宾访问和热点 2.0 的详细讨论请参见第 18 章。

20.15 场馆

精通技术的用户正在推动体育场馆、演唱会与赛事场馆扩大服务范围，他们期待且需要在活动期间获得完善的多媒体体验(如查看回放和实时统计数据)。人们在座位上通过手机应用或网站就能点餐，无须排队购买茶点，可以集中精力观看比赛或演唱会。他们希望通过短信和社交媒体与朋友分享活动经历，或与他人交流感想。目前，iBeacon 技术已在体育场馆和体育赛事中得到应用。

场馆网络经过精心设计，有助于针对特定人群投放广告、特别优惠或定制服务：与坐在看台的观众相比，身处包厢的观众可能获得不同的服务。除提供无线服务外，体育场馆同样面临提高营收的问题，活动期间也需要支持自身的基础设施和服务。无线网络可以为记者席提供可靠的高速互联网接入、执行票务和销售点交易处理并实施视频监控，从而保障活动或赛事顺利进行。由于用户密度较高，活动期间需要部署多条高带宽和冗余的广域网上行链路。

20.16 交通

大部分关于 Wi-Fi 交通网络的讨论均涉及火车、飞机与汽车。除上述 3 种主要的交通工具外，船舶(游轮和渡轮)与公共汽车(类似但不同于汽车)同样值得关注。

只需要安装一个或多个接入点就能为各种交通工具提供 Wi-Fi 服务。除游轮和大型渡轮外，少量接入点足以覆盖大多数交通工具。无线网络主要用于提供热点服务，以方便最终用户访问互联网。交通网络和典型热点的区别在于前者始终处于移动状态，因此必须使用某种移动上行服务。

列车只能沿铁轨行进，可以考虑在轨道沿线部署卫星、蜂窝 LTE 等无线城域网技术以提供上行链路。而对于行进路线限制较少的交通网络，采用某种蜂窝或卫星网络连接或许是可行方案。

卫星或蜂窝 LTE 服务可能覆盖通勤渡轮的活动区域，因而可以为渡轮提供上行服务。对于远离海岸的游轮或渡轮，卫星链路往往是较好的选择。

许多航空公司的客机已经或正在安装无线局域网。机载 Wi-Fi 服务包括一个或多个接入点，它们要么连接到蜂窝路由器(与位于地面的蜂窝发射塔通信)，要么连接到卫星路由器(将数据上传给卫星后再传回地面站)。由于蜂窝系统需要路基蜂窝接收机网络的支持，因此无法在越洋航班中使用。机载 Wi-Fi 服务通常只收取少量费用，仅在飞行期间且飞机处于巡航高度时提供。为防止用户独占连接，机载 Wi-Fi 会配置带宽计量系统。

20.17　执法机构

尽管无法提供执法人员所需的广域覆盖以满足持续无线通信的要求，但是无线局域网仍然在打击犯罪方面发挥了重要作用。许多执法机构将 Wi-Fi 网络作为公共安全无线网络的补充。

警务部门内部使用的 Wi-Fi 网络无疑能提高移动性。许多市政当局还在警务部门以及其他市政设施外的停车场安装无线局域网，作为无线城域网的补充。某些情况下，可以将这些室外网络视为安全热点。与公共热点不同，室外网络提供身份验证和高级别加密机制。市政当局不仅将无线技术引入执法机构，还通过监控与数据采集(SCADA)设备将不使用 Wi-Fi 的自动化技术纳入公用事业。随着各种无线技术的应用日益增多，市政当局开始指派专人或部门跟踪使用的频率和技术。

警车上安装的网络设备与警务部门的内部网络之间一般通过市政 Wi-Fi 热点实现高速通信，上传车载视频文件是这种网络的一种有趣应用。许多警车配有视频监控系统，这些监控视频往往用作证据。因此，不仅需要将这些视频文件传输给中央服务器进行编目和存储，也要最大限度减少警务人员的介入以保存证据链。

警车接近某个市政 Wi-Fi 热点时，车载计算机会自动将视频文件从车内的数据存储上传到中央视频库。自动上传文件能最大限度降低数据损坏的风险，也使警务人员有时间执行更重要的任务。

> **4.9 GHz 频段的特殊用途**
> 一些国家将 4.9 GHz 频段预留给公共安全和应急部门使用。通常需要授权才能使用 4.9 GHz 频段，但授权过程往往只是例行公事。4.9 GHz 频段一般用于室外通信，加之用途有限，因此该频段几乎不会受到射频干扰的影响。

20.18　应急响应

当医务人员和消防救援人员到达事故现场时，必须方便快捷地获取必要的资源以处理紧急情况。许多救援车辆配有固定安装的接入点或易于部署的独立便携式接入点，这些接入点通过 Wi-Fi 网桥连接到急救人员的数据网络，能迅速为救援现场提供无线覆盖。灾难发生后，如果公共服务通信系统(如蜂窝电话网)过载或中断，救援人员可以通过 Wi-Fi 应急响应网络保持联络并共享中央数据库的资源。

在救灾过程中，首要任务之一是评估现场情况并实施伤员检伤分类(根据伤势严重程度将伤者划分为不同的组别)。一直以来，伤员检伤分类都是通过纸质标签进行的，标签上写有伤者的医疗信息和状态。部分企业开发的电子分类标签可将伤者的信息电子化，并通过无线局域网传输。

20.19　托管服务提供商

在 IT 行业中，企业转而拥抱托管服务提供商(MSP)是日益增长的趋势之一。MSP 负责为商业用户提供一系列定义好的 IT 服务，而客户主动外包 IT 服务往往有助于改善运营状况并削减开支。

中小企业与大公司正在将网络管理和监控迁移到云端。许多 MSP 目前都提供内部云服务，或充当云服务提供商的代理。无论是有线网络还是无线网络解决方案，不少 MSP 提供安装以及基于订阅的监控和管理方案。如今，MSP 开始通过企业无线局域网解决方案为客户提供一站式"无线即服务" (WaaS)解决方案。

20.20　固定移动融合

固定移动融合(FMC)是 Wi-Fi 行业的热门话题之一。FMC 系统致力于实现一台设备使用一个电话号码在网络之间切换，且始终选择成本最低的网络。FMC 网络设计如图 20.6 所示。

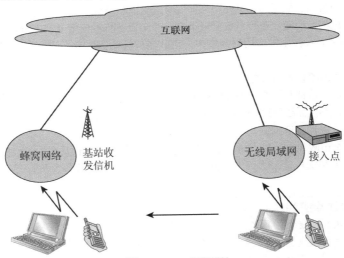

图 20.6 FMC 网络设计

灵活性和移动性是手机的优势所在，在固定环境(家庭或工作场所)中使用手机已司空见惯。手机还能接入其他成本更低的电话系统。一般来说，FMC 设备既可以使用蜂窝电话网，也可以使用 VoWiFi 网络：如果办公室或家中有可用的 Wi-Fi 网络，可以通过 Wi-Fi 网络拨打或接听电话；如果没有 Wi-Fi 网络，可以通过蜂窝网络拨打或接听电话。FMC 设备还支持跨网络漫游。例如，用户通过公司内部的 Wi-Fi 网络拨打电话，当走到室外时，FMC 电话将从 Wi-Fi 网络漫游到蜂窝网络，并在两个网络之间无缝切换。拜 FMC 技术所赐，无论身在何处，用户都能使用一台设备和一个电话号码并选择成本最低的网络进行通信。

Wi-Fi 呼叫(Wi-Fi Calling)是 FMC 技术的应用之一，智能手机可以通过 Wi-Fi 接入点连接到移动运营商的网络。目前，多家移动运营商为 Android 和 iOS 智能手机提供 Wi-Fi 呼叫服务，用户无须安装单独的应用或登录就能使用这项服务。

20.21　无线局域网与健康

多年来，人们一直担心无线电波会对人类和动物的健康产生不良影响。世界卫生组织与政府机构制定的标准要求射频产品必须遵循无线电波的暴露限值。测试表明，无线局域网的传输功率远低于这些组织设定的安全限值。相较于其他射频信号，Wi-Fi 信号的功率要低得多。根据世界卫生组织的结论，没有令人信服的科学证据表明微弱的射频信号(如 Wi-Fi 信号)会危害人体健康。

有关无线局域网与健康的更多信息，请参见以下组织的网站：

- 美国联邦通信委员会[1]
- 世界卫生组织[2]
- Wi-Fi 联盟[3]

20.22 物联网

从第 11 章"无线局域网体系结构"的讨论可知，以传感器、监测仪、机器等形式部署的物联网设备正在迅速增长。充当客户设备的 802.11 网卡已开始应用于许多机器和解决方案。游戏设备、立体音响系统与摄像机都配有 802.11 无线接口，家电制造商正在洗衣机、冰箱与汽车中安装 Wi-Fi 网卡。在众多企业垂直市场中，传感器和监控设备使用的 802.11 无线接口和 RFID 得到了广泛应用。请注意，除 802.11 技术外，物联网设备也常常采用蓝牙、Zigbee、Z-Wave 等其他无线技术。

制造业通过物联网设备实现资产管理和物流配送,利用预测分析监控解决方案提高经营绩效。医疗保健行业的物联网解决方案主要用于集成联网医疗设备并分析数据,以便改善医疗保健业务。许多行业利用物联网传感器监控建筑物内部的暖通空调系统。物联网设备接入企业网络时,IT 管理员必须管理设备的引导、访问与安全策略。为此,Zingbox 等不少初创公司正在开发云端监控解决方案。

20.23 无线局域网供应商

无线局域网供应商数量众多，本节将列出部分主要的供应商。请注意，即便某供应商的产品和服务涵盖多个门类，也仅在一个类别中列出。这一点在基础设施供应商中体现得尤为明显，因为它们的产品经常提供安全、故障排除等附加功能。

1. 无线局域网基础设施

以下企业设备供应商制造或销售无线局域网控制器和企业接入点：

- ADTRAN[4]
- Aruba Networks[5]
- Cisco Systems[6]
- Extreme Networks[7]
- Fortinet[8]
- Huawei[9]
- Mist Systems[1]

---

1 https://www.fcc.gov/general/radio-frequency-safety-0。
2 https://www.who.int/peh-emf。
3 https://www.wi-fi.org。
4 https://www.adtran.com。
5 https://www.arubanetworks.com。
6 https://www.cisco.com。
7 https://www.extremenetworks.com。
8 https://www.fortinet.com。
9 https://www.huawei.com。

- Arista Networks[2]
- Proxim Wireless Corporation[3]
- Riverbed Technology[4]
- Ruckus Wireless[5]
- Ubiquiti Networks[6]

2. 无线局域网室外网状网与回程

以下企业致力于开发室外 802.11 网状网或室外无线桥接:

- Cambium Networks[7]
- Meshdynamics[8]
- Mimosa[9]
- Open Mesh[10]
- Strix Systems[11]

3. 无线局域网天线与附件

以下企业开发或销售 802.11 天线、外壳和安装解决方案以及附件:

- Oberon[12]
- PCTEL[13]
- Ventev[14]

4. 无线局域网故障排除与设计解决方案

以下企业开发或销售 802.11 协议分析仪、频谱分析仪、现场勘测软件、RTLS 软件以及其他无线局域网分析解决方案:

- Acrylic WiFi[15]
- Berkeley Varitronics Systems[16]
- Ekahau[17]
- iBwave Solutions[18]

---

1   https://www.mist.com。
2   https://www.arista.com。
3   https://www.proxim.com。
4   https://www.riverbed.com。
5   https://www.ruckuswireless.com。
6   https://www.ui.com。
7   https://www.cambiumnetworks.com。
8   https://www.meshdynamics.com。
9   https://mimosa.co。
10 https://www.openmesh.com/datto-networking。
11 http://www.strixsystems.com。
12 https://oberoninc.com。
13 https://www.pctel.com。
14 https://www.ventev.com。
15 https://www.acrylicwifi.com/en。
16 https://www.bvsystems.com。
17 https://www.ekahau.com。
18 https://www.ibwave.com。

- MetaGeek[1]
- NETSCOUT Systems[2]
- Nyansa[3]
- Savvius[4]
- STANLEY Healthcare[5]
- TamoSoft[6]
- Wireshark[7]
- Zingbox[8]
- 7SIGNAL[9]

5. 无线局域网安全与在线状态分析解决方案

以下企业提供在线状态分析解决方案、来宾无线局域网管理解决方案、客户端引导解决方案或 802.1X/EAP 请求方/服务器解决方案:

- Cloud4Wi[10]
- Cloudessa[11]
- Cucumber Tony[12]
- GoZone WiFi[13]
- Kiana[14]
- Purple[15]
- SecureW2[16]

1　https://www.metageek.com。
2　https://www.netscout.com。
3　https://www.nyansa.com。
4　https://www.savvius.com。
5　http://www.stanleyhealthcare.com。
6　https://www.tamos.com。
7　https://www.wireshark.org。
8　https://www.zingbox.com。
9　https://7signal.com。
10　https://cloud4wi.com。
11　https://cloudessa.com。
12　https://www.ct-networks.io。
13　https://www.gozonewifi.com。
14　https://kiana.io。
15　https://purple.ai。
16　https://www.securew2.com。

6. VoWiFi 解决方案

以下企业提供 VoWiFi 电话和 VoIP 网关解决方案：

- Ascom[1]
- Mitel[2]
- Spectralink[3]
- Vocera Communications[4]

7. 移动设备管理解决方案

以下企业销售移动设备管理(MDM)解决方案：

- AirWatch[5]
- Jamf[6]
- MobileIron[7]

8. 无线局域网 SOHO 解决方案

以下企业销售为普通家庭用户提供 Wi-Fi 接入的 SOHO 解决方案：

- Apple[8]
- Buffalo Technology[9]
- D-Link[10]
- eero[11]
- Google[12]
- Hawking Technology[13]
- Linksys[14]
- NETGEAR[15]
- Plume[16]

---

1   https://www.ascom.com。
2   https://www.mitel.com。
3   https://www.spectralink.com。
4   https://www.vocera.com。
5   https://www.air-watch.com。
6   https://www.jamf.com。
7   https://www.mobileiron.com。
8   https://www.apple.com。
9   https://www.buffalo-technology.com。
10   https://us.dlink.com。
11   https://eero.com。
12   https://www.google.com。
13   https://hawkingtech.com。
14   https://www.linksys.com。
15   https://www.netgear.com。
16   https://www.plume.com。

- TP-Link[1]
- Zyxel[2]

20.24　小结

本章介绍了无线网络的设计、实现与管理环境。许多环境有相似之处，但各具特色。了解这些异同以及无线网络的常见部署形式十分重要。

20.25　考试要点

了解各种无线局域网垂直市场。无线网络在许多领域得到了广泛应用，每种垂直市场部署无线网络的原因不尽相同。读者需要了解各种环境以及部署无线局域网的主要原因。

20.26　复习题

1. 物联网设备可以采用哪些网络技术？(选择所有正确的答案。)

A. Wi-Fi　　　　　　　　　　**B.** 蓝牙

C. Zigbee　　　　　　　　　　**D.** 以太网

2. iBeacon BLE 无线接口使用哪种标识符？

A. BSSID　　　　　　　　　　**B.** UUID

C. SSID　　　　　　　　　　　**D.** PMKID

3. 哪类组织经常指派专人跟踪组织内部的频率使用情况？

A. 执法机构　　　　　　　　　**B.** 热点提供商

C. 医院　　　　　　　　　　　**D.** 游轮

4. 卫星可以为哪种交通工具提供接入互联网的上行链路？

A. 公共汽车　　　　　　　　　**B.** 汽车

C. 火车　　　　　　　　　　　**D.** 游轮

5. 固定移动融合设备支持采用哪些无线技术进行漫游？(选择所有正确的答案。)

A. 蓝牙　　　　　　　　　　　**B.** Wi-Fi

C. WiMAX　　　　　　　　　　**D.** 蜂窝

6. 设计仓储环境使用的无线局域网时，最重要的设计指标通常是什么？

A. 容量　　　　　　　　　　　**B.** 吞吐量

C. 射频干扰　　　　　　　　　**D.** 覆盖

1　https://www.tp-link.com。

2　https://www.zyxel.com。

7. 企业往往出于哪些目的安装无线网络？(选择所有正确的答案。)

A. 为公司大楼或园区内的无线用户提供便捷的移动性。

B. 提供速度最快的网络访问(相对于有线网络)。

C. 为访客和来宾用户提供互联网接入。

D. 为难以安装有线连接或安装成本较高的区域提供网络访问。

8. 哪些组织负责提供"最后一英里"互联网服务？(选择所有正确的答案。)

A. 电话公司   **B.** 长途运营商

C. 有线电视公司   **D.** WISP

9. SOHO 无线局域网主要用于提供____。

A. 共享网络   **B.** 互联网网关

C. 家用网络安全   **D.** 打印共享

10. 哪些环境适合部署移动办公网络？(选择所有正确的答案。)

A. 建筑工地办公室   **B.** 临时救灾办公室

C. 远端销售办公室   **D.** 临时教室

11. 仓储和制造环境通常对哪些指标要求较高？(选择所有正确的答案。)

A. 移动性   **B.** 高速接入

C. 高容量   **D.** 大覆盖

12. iBeacon 解决方案要求移动设备上的哪种要素能够触发操作？

A. 802.11 发射机   **B.** 应用

C. BLE 发射机   **D.** 数据加密

13. 哪些环境适合部署便携式网络？(选择所有正确的答案。)

A. 军事演习   **B.** 救灾

C. 建筑工地   **D.** 制造工厂

14. 哪些术语能描述点对多点网络设计？(选择所有正确的答案。)

A. 点对点   **B.** 网状网

C. 中心辐射型   **D.** 星型

15. 早期部署的遗留 802.11 FHSS 接入点大多用于哪种环境？

A. 移动办公室   **B.** 教育/教室

C. 工业(仓储和制造)   **D.** 医疗保健(医院和诊所)

16. 使用 Wi-Fi 热点时，企业员工应该采取哪种措施来确保与企业网络通信的安全？

A. 启用 WEP。   **B.** 启用 802.1X/EAP。

C. 使用 IPsec VPN。   **D.** 由于没有接入点的控制权，因此无法部署任何安全机制。

17. 哪些 802.11 应用被广泛用于医疗保健行业？(选择所有正确的答案。)

A. VoWiFi

B. 桥接

C. RTLS

D. 患者监控

18. 在同一位置经常安装多个点对点网桥的原因是什么？(选择所有正确的答案。)

A. 提高吞吐量

B. 避免信道重叠

C. 避免单点故障

D. 启用 VLAN 支持

19. 安装无线网络时，医疗保健机构主要考虑哪些问题？(选择所有正确的答案。)

A. 射频干扰

B. 迅速获取患者数据

C. 安全、准确的网络接入

D. 更快的速度

20. 公共热点通常为客户端提供哪种安全特性？

A. 身份验证

B. 加密

C. TKIP

D. 没有可用的客户端安全机制

附录 **A** 复习题答案

第 1 章　无线标准、行业组织与通信基础知识概述

1. C。无线局域网一般用于为客户设备提供网络接入，客户设备通过接入点访问网络资源。接入点部署在接入层而不是核心层或分布层。物理层是 OSI 模型的组成部分，但不是网络体系结构的组成部分。

2. E。不同国家和地区对射频通信的管理有所不同，各个国家和地区的监管机构负责制定频谱政策和传输功率规定。

3. B。802.11 无线桥接链路一般用于提供分布层服务。核心层设备的速度通常比 Wi-Fi 设备快得多，因此无线网桥不用于提供核心层服务。网络层是 OSI 模型的组成部分，并且还是网络体系结构的组成部分。

4. A。电气和电子工程师协会(IEEE)负责制定所有 802 标准。

5. D。Wi-Fi 联盟负责提供认证测试。通过测试的产品将获得 Wi-Fi 互操作性证书。

6. C。载波信号是用于传输二进制数据的调制信号。

7. B。考虑到噪声对信号振幅的影响，使用幅移键控(ASK)时务须谨慎。

8. C。IEEE 802.11-2016 标准仅在 OSI 模型的物理层以及数据链路层的介质访问控制(MAC)子层定义了通信机制。数据链路层的逻辑链路控制(LLC)子层与 802.11 操作无关。物理层会聚过程(PLCP)和物理介质相关(PMD)是物理层的两个子层。

9. E。互联网工程任务组(IETF)负责编写 RFC 文档，电气和电子工程师协会(IEEE)负责制定 802 标准，Wi-Fi 联盟负责进行认证测试。Wi-Fi 联盟的前身为无线以太网兼容性联盟(WECA)，2002 年改为现名。美国联邦通信委员会(FCC)负责监管美国的射频通信。

10. D。Wi-Fi 多媒体(WMM)是 Wi-Fi 联盟的认证项目，支持 WMM 的无线局域网能优先处理不同应用产生的流量。IEEE 802.11-2016 是 IEEE 制定的标准，有线等效保密(WEP)是 IEEE 802.11-2016 标准定义的遗留加密机制。802.11i 是 IEEE 制定的修正案，其中定义了强健安全网络(RSN)，现已纳入 IEEE 802.11-2016 标准。

11. A、B、C。3 种用于数据编码的键控法为幅移键控(ASK)、频移键控(FSK)与相移键控(PSK)。

12. B、E。IEEE 802.11-2016 标准仅在 OSI 模型的物理层以及数据链路层的 MAC 子层定义了通信机制。

13. C。高度和能量是描述波的振幅的两个术语。频率用于衡量波重复自身的快慢程度。波长是波的实际长度，一般为两个波峰之间的距离。相位描述了一个波相对于另一个波的起始点。

14. B、C。支持 Wi-Fi 直连(Wi-Fi Direct)的无线设备之间无需接入点就能相互通信。通道直接链路建立(TDLS)通信在客户设备之间进行，但它们仍然需要与接入点建立关联。

15. A、C、E。企业版语音可以更好地支持企业无线局域网的语音应用，企业级语音设备必须有能力在接入点之间无缝漫游。WPA2 企业版是一种安全机制，WMM 节电用于优化电源使用，WMM 准入控制用于进行流量管理。

16. A、B、C、D、E。各国的射频通信监管机构负责管理所有选项描述的内容。

17. B。在半双工通信中，两台设备都能发送和接收数据，但同时只有一台设备可以传输。无线对讲机(又称双向无线电)属于半双工设备。所有射频通信在本质上都属于半双工通信。802.11 无线接口使用半双工通信。

18. D。波的完整周期是 360 度。

19. B、C。非授权频率的一个主要优点在于可以免费使用这种频率传输信息。尽管无须付费，

但用户仍需遵守传输规定与其他限制。由于非授权频段对所有人开放，这种频段经常拥挤不堪。

20. C。OSI 模型有时又称七层模型。

第 2 章 IEEE 802.11 标准与修正案

1. A、D。802.11g ERP 无线局域网需要同时支持扩展速率物理层 - 直接序列扩频 (ERP-DSSS/CCK)和扩展速率物理层 - 正交频分复用(ERP-OFDM)。

2. B。802.11ad 技术支持高达 7 Gbps 的数据速率。但由于高频信号很难穿透墙体，因此 60 GHz 信号的有效传输距离明显小于 5 GHz 信号，且仅限于视距通信使用。802.11ay 修正案草案致力于完善 802.11ad 修正案，以提高传输速度并增加传输距离。

3. B、D、E。802.11 原始标准定义了 3 种物理层规范。802.11 遗留网络可以使用跳频扩频(FHSS)、直接序列扩频(DSSS)或红外技术(IR)。802.11b 修正案定义了高速率直接序列扩频(HR-DSSS)，802.11a 修正案定义了正交频分复用(OFDM)，而 802.11g 修正案定义了扩展速率物理层(ERP)。

4. C。802.11s 任务组(TGs)致力于规范使用 802.11 MAC 子层/物理层的网状网。802.11s 修正案定义了网状点(MP)，MP 是支持网状服务的 802.11 QoS 终端。网状点可以采用混合无线网状协议(HWMP)，这种强制的网状路由协议使用默认的路径选择度量指标。供应商也可以采用专有的网状路由协议和度量指标。

5. D、F。RSN(即 802.11i)定义了计数器模式密码块链消息认证码协议(CCMP)作为强制的加密机制，CCMP 采用高级加密标准(AES)算法。临时密钥完整性协议(TKIP)属于可选的加密机制。此外，802.11i 修正案要求采用 802.1X/EAP 或预共享密钥作为身份验证机制。

6. D。802.11ac 无线接口采用甚高吞吐量(VHT)技术，通过 5 GHz 频段传输数据。

7. D。根据 IEEE 802.11-2016 标准的定义，正交频分复用(OFDM)和扩展速率物理层 - 正交频分复用(ERP-OFDM)无线接口通常支持 6、9、12、18、24、36、48、54 Mbps 等数据速率，其中 6、12、24 Mbps 是必须支持的速率，54 Mbps 是定义的最大速率。

8. B。快速基本服务集转换(FT)又称快速安全漫游，它利用强健安全网络(RSN)定义的强安全性，致力于在无线局域网的小区之间漫游时实现更快的切换。VoIP 等应用需要及时交付数据包，漫游切换时间不得超过 150 毫秒。

9. B、C、E。802.11ac 修正案率先定义了 256-QAM 调制、8 路空间流、多用户 - 多输入多输出(MU-MIMO)、80 MHz 信道以及 160 MHz 信道。MIMO 技术和 40 MHz 信道由 802.11n 修正案首先定义。

10. D。虽然 802.11a 和 802.11g 无线接口均采用正交频分复用(OFDM)技术，但二者的工作频段不同，因此无法相互通信。802.11a 设备工作在 5 GHz 非授权国家信息基础设施(U-NII)频段，而 802.11g 设备工作在 2.4 GHz 工业、科学和医疗(ISM)频段。

11. A、E。IEEE 802.11-2016 标准定义了动态频率选择(DFS)和发射功率控制(TPC)机制，以满足 5 GHz 频段的监管要求。DFS 和 TPC 最初定义在 802.11h 修正案中，这项修正案现已纳入 IEEE 802.11-2016 标准。

12. C、D。802.11ac 和 802.11ad 修正案定义了高于 1 Gbps 的数据速率，业界通常将二者称为"千兆 Wi-Fi"修正案。802.11ac 和 802.11ad 任务组为无线局域网定义了高达 7 Gbps 的传输速率。

13. A、C、D、E。802.11g ERP 设备通过 2.4 GHz 工业、科学和医疗(ISM)频段传输数据，采用扩展速率物理层 - 正交频分复用(ERP-OFDM)和扩展速率物理层 - 直接序列扩频(ERP-DSSS/CCK)技术，向后兼容 802.11b HR-DSSS 和 802.11 DSSS 设备。802.11b 设备通过 2.4 GHz ISM 频段传输数据, 采用 HR-DSSS 技术, 只能向后兼容 802.11 DSSS 设备, 无法向后兼容 802.11 FHSS 设备。802.11ac 设备采用甚高吞吐量(VHT)技术, 向后兼容 802.11a OFDM 设备。802.11h 修正案在 5 GHz 非授权国家信息基础设施(U-NII)频段定义了发射功率控制(TPC)和动态频率选择(DFS)机制, 是对 802.11a 修正案的完善。所有兼容 802.11a 和 802.11h 的无线接口均采用 OFDM 技术。

14. D。802.11ac 修正案定义的最高数据速率为 6933.3 Mbps, 但各代 802.11ac 芯片组的性能有所不同。大多数第一代 802.11ac 设备的最高数据速率为 3466.7 Mbps, 大多数第二代 802.11ac 设备的最高数据速率为 6933.3 Mbps。

15. B、D、E。802.11 原始标准定义了有线等效保密(WEP)作为加密方式, 并且把开放系统和共享密钥作为身份验证方式。

16. A。为实现 802.11 接入网和外部网络的集成, 需要一套通用和标准化机制。802.11u 修正案经常称为与外部网络互通(IW)。

17. A、C。为满足服务质量(QoS)的要求, 802.11e 修正案(现已纳入 IEEE 802.11-2016 标准)定义了两种经过改进的介质访问方法。增强型分布式信道访问(EDCA)是对分布式协调功能(DCF)的扩展, 而混合协调功能受控信道访问(HCCA)是对点协调功能(PCF)的扩展。在实际应用中, 仅有 EDCA 真正得到实施。

18. A、C。为避免干扰雷达传输, 802.11h 修正案引入了两种主要的增强机制: 发射功率控制(TPC)和动态频率选择(DFS)。IEEE 802.11-2016 标准的条款 11.8 和 11.9 描述了 802.11h 获批修正案的部分内容。

19. E。802.11n 修正案完善了 MAC 子层和物理层, 无线接口的最高数据速率可达 600 Mbps。

20. B、D。IEEE 仅在物理层和数据链路层的 MAC 子层定义了 802.11 技术, OSI 模型的上层与无线局域网通信无关。

第3章 射频基础知识

1. B、C。多径可能引起衰减、放大、信号丢失或数据损坏。如果到达接收机的两个信号同相, 信号强度将增加, 称为上衰落(upfade)。时延扩展过大也会破坏数据比特, 导致二层重传过多。

2. D。在一个波形周期内, 波长是波峰或波谷之间的线性距离。

3. B、C。借助外部电源的帮助, 射频放大器会产生有源增益。天线通常会产生无源增益, 无须使用外部电源就能聚焦信号能量。

4. A。信号在每秒内循环次数的标准测量单位是赫兹(Hz), 1 赫兹等于 1 秒内的一次循环。

5. D。衍射是射频信号在障碍物周围发生的弯曲, 往往容易与折射混淆。衍射通常因射频信号被部分阻挡所致, 比如坐落在无线电发射机与接收机之间的小山丘或建筑物。

6. F。如果多个射频信号同时到达接收机且与主波 180 度异相, 信号将相互抵销。

7. B、C。当多个射频信号同时到达接收机且与主波同相或部分异相时, 将导致信号强度(振幅)增加。但由于存在自由空间路径损耗, 无论受到上衰落还是下衰落的影响, 最终接收到的信号不可能强于原始发送信号。

8. B。无线局域网使用 5 GHz 和 2.4 GHz 频段传输数据, 但 2.4 GHz 相当于每秒循环 24 亿次, 而 2.4 MHz 相当于每秒循环 240 万次。

9. A。示波器是一种时域工具, 用于测量信号振幅随时间的变化情况。频谱分析仪是一种频域工具, 被广泛用于现场勘测。

10. A、C、D。回答这个问题并不容易, 因为许多相同的介质会引起多种不同的传播行为。

金属总会引起反射；水是主要的吸收源，但大型水体也会引起反射；沥青路面、天花板、墙体等平坦的表面同样会引起反射。

11. A、B、C、D。多径是一种传播现象，是指信号沿两条或多条路径同时或相隔极短时间到达接收天线。由于波的自然展宽，反射、散射、衍射、折射等传播行为都会导致同一个信号沿多条径路传输。反射通常是高多径环境的主要诱因。

12. B。遇到凸凹不平的表面时，射频信号将向多个方向反射，这种传播行为称为散射。

13. A、B、C。高多径环境会对遗留的 802.11a/b/g 无线传输造成破坏性的影响，而 802.11n/ac 无线接口采用多入多出(MIMO)天线分集和最大比合并(MRC)信号处理技术，使得多径具有建设性的影响。多径不会影响 802.11i 定义的安全机制。

14. A、B、C、D。空气分层(air stratification)是引起射频信号折射的主要原因。气温变化、气压变化与水蒸气都是折射的诱因。烟雾会导致气压密度变化以及湿度增加。

15. A、D。由于波前的自然展宽，电磁信号离开发射机后振幅会减小。自由空间路径损耗(FSPL)呈对数变化而非线性变化。射频信号通过不同介质时的确会发生衰减，但并非由自由空间路径损耗引起。

16. D。因反射信号行经较长路径而产生的时间差称为时延扩展。时延扩展会引起符号间干扰，导致数据损坏并引发二层重传。

17. C。频谱分析仪是一种频域工具，用于测量有限频谱的振幅。示波器属于时域工具。

18. A、C。混凝土墙极为致密，会显著衰减 2.4 GHz 和 5 GHz 信号。采用木板条石膏墙建造的老式建筑，墙体中往往存在用于固定石膏的钢丝网，钢丝网会干扰并阻止射频信号通过墙体。灰泥墙中同样存在钢丝网。虽然石膏板会削弱信号，但衰减程度不及水、煤渣砌块或其他致密介质。气温对室内现场勘测并无影响。

19. A。频率与波长呈反比关系。简而言之：射频信号的频率越高，波长越短；射频信号的波长越长，频率越低。

20. A。折射是射频信号入射到介质时发生的弯曲。

第 4 章 射频组件、度量与数学计算

1. D。信干噪比(SINR)用于比较主信号与干扰和噪声。由于干扰会产生波动且变化很快，因此 SINR 能更好地描述信号在特定时间发生的变化。信噪比(SNR)用于比较信号与噪声，但噪声不太可能剧烈波动。接收信号强度指示(RSSI)和等效全向辐射功率(EIRP)也是信号的量度，但二者与外部影响无关。

2. E。各向同性辐射器又称点源。

3. A、B、C、E、F。在无线电通信部署中，从发射机无线接口经由射频介质到达接收机无线接口的所有增益与损耗之和称为链路预算。计算链路预算包括计算原始发射增益和无源天线增益。必须将自由空间路径损耗等所有损耗纳入考虑，而计算自由空间路径损耗时需要了解频率和距离。天线高度在计算链路预算时没有意义，但可能会影响并阻碍菲涅耳区。

4. A、D。IR 是"有意辐射器"的缩写，由发射机、所有电缆和连接器、发射机与天线之间的任何其他设备(接地连接器、避雷器、放大器、衰减器等)构成，其功率在提供天线输入的连接器处测定。

5. A。等效全向辐射功率又称 EIRP，它是天线辐射出去的最强信号的量度。

6. A、B、D。瓦特、毫瓦与毫瓦分贝(dBm)均为绝对功率量度。1 瓦特等于 1 伏特电压下流过

的 1 安培电流，1 毫瓦等于千分之一瓦特，而 dBm 是相对于 1 毫瓦的分贝。

7. B、C、D、E。测量单位贝尔(B)属于相对表达，是功率变化的量度。1 分贝等于十分之一贝尔。dBi 和 dBd 是天线增益的量度，二者均为相对量度。dBi 定义为相对于各向同性辐射器的分贝，而 dBd 定义为相对于偶极子天线的分贝。

8. C。如果希望将 dBd 转换为 dBi，将 dBd 值与 2.14 相加即可。

9. A。将 dBm 转换为 mW 时，首先计算需要 10 与 3 相加几次可以得到 23：0+10+10+3。计算 mW 时，必须进行乘法运算才能得到 200 mW：1×10×10×2。请参考本书配套网站提供的 ReviewQuestion9.ppt 文件，其中详细演示了上述计算过程。

10. C。为得到 100 mW，需要使用 10 和 2 以及乘除法。两个 10 相乘即得 100。换言之，必须在 dBm 列将两个 10 相加，结果为 20 dBm。然后减去电缆产生的 3 dB 损耗，得到 17 dBm。由于要从 dBm 列减 3，必须相应地将 100 mW 除以 2，得到 50 mW。接下来，在 dBm 列将 10 与两个 3 相加得到 16 dBi，于是总的 dBm 等于 33。由于将 10 与两个 3 相加，mW 列必须相应地将 10 与两个 2 相乘，得到总功率为 2000 mW(2 W)。电缆和连接器损耗为 3 dB，而天线增益为 16 dBi，两个值相加后得到的累积增益为 13 dB。发射功率为 100 mW 的信号经过 13 dB 增益的放大后，计算 EIRP 得到 2000 mW(2 W)。请参考本书配套网站提供的 ReviewQuestion10.ppt 文件，其中详细演示了上述计算过程。

11. A。如果原始发射功率为 400 mW，电缆损耗为 9 dB，则电缆另一端的功率为 50 mW：电缆的第一个 3 dB 损耗使绝对功率减半为 200 mW，第二个 3 dB 损耗使绝对功率减半为 100 mW，第三个 3 dB 损耗使绝对功率减半为 50 mW。增益为 19 dBi 的天线以无源方式将 50 mW 信号放大到 4000 mW：天线的第一个 10 dBi 增益使信号功率增加到 500 mW，另外 9 dB 增益使信号功率连续 3 次倍增，结果为 4000 mW(4 W)。电缆损耗为 9 dB，而天线增益为 19 dBi，两个值相加后得到的累积增益为 10 dB。发射功率为 400 mW 的信号经过 10 dB 增益的放大后，计算 EIRP 得到 4000 mW(4 W)。

12. B、D。接收信号强度指示(RSSI)阈值是客户端启动漫游切换的关键指标。供应商还使用 RSSI 阈值实现动态速率切换，802.11 无线接口利用这种机制在数据速率之间进行转换。

13. A。802.11 无线接口使用接收信号强度指示(RSSI)度量来测量信号强度(振幅)，部分供应商也使用专有的指标来度量信号质量。大多数供应商将信号质量错误地定义为信噪比(SNR)，信噪比是接收信号与背景噪声(本底噪声)之间的分贝差值。

14. B。dBi 被定义为"相对于各向同性辐射器的分贝增益"或"相对于天线的功率变化"，它是最常用的天线增益量度。

15. A、F。4 条 10 与 3 规则如下：每 3 dB 增益(相对值)，意味着绝对功率(mW)加倍；每 3 dB 损耗(相对值)，意味着绝对功率(mW)减半；每 10 dB 增益(相对值)，意味着将绝对功率(mW)乘以 10；每 10 dB 损耗(相对值)，意味着将绝对功率(mW)除以 10。

16. B。如果原始发射功率为 100 mW，电缆损耗为 3 dB，则电缆另一端的功率为 50 mW。损耗为 3 dB 的电缆使绝对功率减半为 50 mW，而增益为 10 dBi 的天线使信号功率增加为 500 mW。从本章的讨论可知，3 dB 损耗也会使绝对功率减半。因此，增益为 7 dBi 的天线与增益为 10 dBi 的天线相比，前者放大信号的能力是后者的一半。7 dBi 增益天线以无源方式将 50 mW 信号放大到 250 mW。

17. D。即便距离只有 100m，自由空间路径损耗也会达到 80 dB，远大于其他任何因素造成的损耗。连接器、避雷器、电缆等射频组件都会引入插入损耗，但自由空间路径损耗始终是导致信号丢失的首要原因。

18. B。6dB 规则指出，射频信号的振幅提高 6 dB，可用距离将增加一倍。这条规则对于理解天线增益十分有用，因为天线增益每提高 6 dB，射频信号的可用距离就会增加一倍。

19. D。在高多径或嘈杂环境中，根据供应商建议的接收信号强度或本底噪声(以较大的值为准)设计覆盖时，常见的最佳实践是增加 5 dB 的衰落裕度。

20. D。无线局域网供应商采用专有方式定义接收信号强度指示(RSSI)。RSSI 值的实际范围介于 0 和最大值(小于或等于 255)之间，供应商可以自行选择最大值(称为 RSSI_Max)。由于 RSSI 值的范围或标度没有统一的标准，因此应避免使用这项指标来比较不同供应商制造的无线接口。

第 5 章　射频信号与天线概念

1. A、C、F。方位图又称 H 平面或水平视图，它是天线辐射方向图的自顶向下视图。天线辐射方向图的侧视图又称为立面图、E 平面或垂直视图。

2. A。方位图是天线辐射方向图的自顶向下视图，又称 H 平面。

3. C。沿横轴测量时，主信号两侧两个–3 dB 点之间的距离称为波束宽度，单位为度。–3 dB 点又称半功率点。

4. C、D。抛物面天线和栅格天线属于强方向性天线，其他天线属于半定向天线。扇形天线是一种特殊的半定向天线。

5. A、C、D。半定向天线的波束宽度过宽，不适合在远距离通信中使用，但可以用于短距离通信。在室内环境中，半定向天线也可以提供从接入点到客户端的单向覆盖。半定向天线还能最大限度减小反射，从而减少多径的不利影响。

6. B。超过 40%的菲涅耳区遭到阻挡可能导致链路不稳定。菲涅耳区的净空越大越好，理想情况下应保持菲涅耳区完全可见。

7. C、D。菲涅耳区的大小由链路距离和传输频率决定，二者是菲涅耳区计算公式中仅有的两个变量。

8. B。链路距离超过 7 英里(约 11.3 千米)时需要考虑地球曲率的影响。

9. A、C。电缆等级相同时，电缆长度越短，信号损耗越小，天线的辐射功率越大。采用分贝损耗更小的高等级电缆能达到同样的效果。

10. B。如果 802.11n 和 802.11ac 收发器使用多路空间流和多条射频链路，就能同时使用多副天线传输数据。

11. A、D。为保证点对点桥接链路正常工作，菲涅耳区至少应保持 60%的净空。半定向天线(如贴片天线或八木天线)用于中短距离桥接链路，强方向性天线用于远距离桥接链路。如果链路距离未超过 7 英里(约 11.3 千米)，则无须考虑地球曲率的影响。

12. C。VSWR(电压驻波比)是传输线上最大电压与最小电压的比值，如 1.5：1。

13. A、C、D、E。阻抗失配引起的发射电压会导致本应传送给天线的信号功率或振幅降低(出现损耗)。如果发射机没有采取保护措施，过多的反射功率或较大的电压峰值会引起发射机过热和失效。换言之，电压驻波比过高可能导致信号强度减小、信号不稳定甚至发射机故障。

14. A、B、D、F。菲涅耳区的大小由链路距离和传输频率决定。只要存在射频视距，就不必考虑可视视距。例如，虽然在大雾弥漫时可能无法看到天线，但雾气不会影响射频视距。安装远距离点对点天线时需要考虑地球曲率的影响。瞄准天线时需要考虑波束宽度，但计算天线高度时不需要考虑波束宽度。

15. A、D。选择的电缆必须支持信号传输频率。频率越高，衰减越大。

16. A、B、C、D。所有 4 个选项都描述了射频放大器可能具备的功能。

17. A、B、D。通过在系统中增加衰减器，可以人为引入信号损耗。电缆会造成信号损耗，电缆越长，损耗越大；电缆越短，损耗越小。换用高质量电缆可以减小信号损耗。

18. C。避雷器只能承受旁侧闪击引起的瞬时电流，它对直击雷无能为力。

19. A、D。第一菲涅耳区与点源同相，第二菲涅耳区始于信号从同相过渡到异相的点。由于第二菲涅耳区从第一菲涅耳区结束的位置开始，因此第二菲涅耳区的半径大于第一菲涅耳区。

20. D。主信号能量分布的区域称为主瓣，旁瓣是除主瓣外的所有波瓣。旁瓣中的信号能量高于周围区域的信号能量。从方位图中可以非常清楚地观察到旁瓣。边带和频率谐波与天线覆盖无关。

第6章 无线网络与扩频技术

1. C、D。与 FHSS、DSSS、HR-DSSS 等早期技术相比，OFDM 抗时延扩展的能力更强。HT 以 OFDM 技术为基础，因此抗时延扩展的能力同样很强。

2. A、B、C。目前的 4 个 U-NII 频段是 5.150 GHz～5.250 GHz、5.250 GHz～5.350 GHz、5.470 GHz～5.725 GHz、5.725 GHz～5.850 GHz。

3. A、B、C、D。IEEE 802.11-2016 标准定义了 802.11 DSSS、802.11b HR-DSSS、802.11g ERP 以及 802.11n HT 无线接口的用法。虽然 IEEE 标准已弃用 802.11 FHSS 无线接口，但可能仍有部分 FHSS 无线接口在使用。

4. A、B、D。IEEE 802.11-2016 标准规定，802.11n HT 无线接口可以使用 2.4 GHz ISM 频段以目前所有 4 个 5 GHz U-NII 频段传输数据。

5. A。U-NII-1 频段的范围为 5.15 GHz～5.25 GHz。为计算以 MHz 为单位的信道频率，将信道编号乘以 5 后与 5000 相加，就能得到中心频率为 5200 MHz，也就是 5.2 GHz。

6. D。为计算信道编号，首先将频率转换为 MHz，然后减去 5000 后再除以 5，就能得到结果为信道 60。U-NII-2A 频段的范围为 5.25 GHz～5.35 GHz。

7. A。单信道 OFDM 信号的频率宽度约为 20 MHz。802.11 DSSS 和 802.11 HR-DSSS 信号的频率宽度约为 22 MHz。

8. C。在跳变到下一个频率之前，发射机等待的时间称为驻留时间。跳变时间并非所需的时间，而是衡量跳变速度的指标。

9. B。ODFM 最初定义在 802.11a 修正案中。根据 802.11a 修正案的规定，信道的中心频率之间只要相隔 20 MHz，就可以认为它们互不重叠。5 GHz U-NII 频段的所有 25 条信道均采用 OFDM，中心频率之间相隔 20 MHz。因此根据 IEEE 的定义，所有 5 GHz OFDM 信道都是互不重叠的。不过请注意，相邻两条 5 GHz 信道仍然有部分边带载波频率相互重叠。

10. C、D。在 2.4 GHz 频段中，任意两条 2.4 GHz 信道的中心频率之间必须相隔至少 25 MHz，才能认为它们互不重叠。换言之，任意两条非重叠信道之间必须相隔至少 5 条信道。为判断目标信道是否与当前信道重叠，最简单的方法是将当前信道的信道编号加 5 或减 5。如果结果小于或大于目标信道的信道编号，就说明目标信道与当前信道互不重叠。在 2.4 GHz ISM 频段部署 3 个或更多个接入点时，通常使用信道 1、6、11 这 3 条非重叠信道。

11. F。尽管 FCC 拒绝无线局域网使用 U-NII-2B 频段，但仍有可能在 5 GHz 频段的顶端拓展更多的频率空间。几十年前，美国和欧洲的监管机构保留 U-NII-4 频段(5.850 GHz～5.925 GHz)用于车载环境无线接入(WAVE)通信，以实现车辆之间、车辆与路边设施之间的数据传输。802.11p

修正案对此做了定义,指定该频段用于专用短距离通信(DSRC)。汽车行业正在经历自动驾驶汽车的重大创新,致力于提供盲点侦测等更好的安全功能。这些技术很可能依赖于 U-NII-4 频段。

12. B。时延扩展会引起符号间干扰(ISI),从而导致数据损坏。

13. D。IEEE 802.11-2016 标准指出,"OFDM 物理层应使用由所在区域监管机构分配的 5 GHz 频段传输数据"。U-NII 频段共有 25 条可用的 20 MHz 信道。

14. D。OFDM 副载波的数据速率较低,时延扩展在符号周期中所占的比例很小,所以不太可能发生符号间干扰。换言之,与 DSSS 和 FHSS 两种扩频技术相比,OFDM 技术抗多径干扰的能力更强。

15. C。802.11 设备采用带冲突避免的载波监听多路访问(CSMA/CA)作为介质访问方式,以确保在任何给定时间内,只有一个无线接口可以使用介质传输数据。根据无线局域网的网络条件,受介质争用开销的影响,总吞吐量一般不会超过标定数据速率的 50%。802.11 通信的数据速率并非 TCP 吞吐量,CSMA/CA 的介质争用协议将消耗大量可用带宽。在实验室条件下,802.11n/ac 环境中的 TCP 吞吐量为一个接入点与一个客户端之间数据速率的 60%~70%;而在实际环境中,多个客户端与接入点之间的频繁通信将大大降低总吞吐量。

16. F。新的 75 MHz 频段称为 U-NII-4 频段,范围为 5.850 GHz~5.925 GHz,能提供额外 4 条 20 MHz 信道。

17. C。2009 年,美国联邦航空管理局发现终端多普勒天气雷达(TDWR)系统曾受到干扰,FCC 因此暂停了对 U-NII-2A 和 U-NII-2C 频段 802.11 设备(要求配置 DFS)的认证。虽然认证最终继续进行,但 FCC 修改了规定,禁止 802.11 无线接口使用 5.60 GHz~5.65 GHz 的频率空间(TDWR 的工作频段)传输数据。信道 120 到 128 已有多年无法使用。2014 年,TDWR 频段再次向美国境内的 802.11 传输开放。

18. A、B。OFDM 采用 BPSK 和 QPSK 调制以获得较低的数据速率,采用 16-QAM、64-QAM 与 256-QAM 调制以获得较高的数据速率。QAM 调制结合使用了调相与调幅技术。

19. B。当把一个数据比特转换为一系列数据比特时,这些代表原始数据的比特称为码片。

20. C。20 MHz OFDM 信道包括 64 个副载波,但 802.11a/g 无线接口仅使用 48 个副载波传输调制数据。在 20 MHz OFDM 信道的 64 个副载波中,12 个未使用的副载波充当保护频带,4 个副载波用作导频载波。802.11n/ac 无线接口同样使用由 64 个副载波构成的 20 MHz 信道传输数据。然而,仅有 8 个副载波充当保护频带,52 个副载波用于传输调制数据,另外 4 个副载波用作导频载波。

第 7 章　无线局域网拓扑

1. D、E。服务集标识符(SSID)是用于标识 802.11 无线网络的逻辑名,由最多 32 个字符构成,且区分大小写。扩展服务集标识符(ESSID)是扩展服务集(ESS)使用的逻辑网络名。一般来说,ESSID 与 SSID 的含义相同。

2. C、E。802.11 标准定义了 4 种服务集(拓扑)。基本服务集(BSS)由一个接入点以及关联到该接入点的客户端构成。扩展服务集(ESS)由一个或多个基本服务集构成,通过分布系统介质(DSM)相连。独立基本服务集(IBSS)中仅有客户端,不存在接入点。802.11ad 无线接口使用个人基本服务集(PBSS),PBSS 和 IBSS 中均不存在作为分布系统介质门户的集中式接入点。

3. E。802.11 标准有意没有规定分布系统(DS)使用的介质。分布系统介质(DSM)可以是 802.3 以太网主干网、802.5 令牌环网、无线介质或其他任何介质。

4. D。无线个域网(WPAN)是一种短距离无线拓扑，通常使用蓝牙和 Zigbee 两种技术。

5. A。最常见的扩展服务集(ESS)由若干具有重叠覆盖区域的接入点构成，致力于实现客户端的无缝漫游。

6. A、C、D。接入点发射功率、天线增益、物理环境等许多因素都会影响基本服务区(BSA)的尺寸和形状。由于客户设备对接收信号强度指示(RSSI)的解读各不相同，因此需要从客户设备的角度观察基本服务区的有效范围。

7. C。根模式是接入点的默认配置模式，支持接入点在分布系统与 802.11 无线介质之间来回传输数据。配置为根模式的接入点可以用于基本服务集(BSS)。无线局域网供应商也可能将默认模式称为访问模式或接入点模式。

8. B、E、F。IEEE 802.11-2016 标准将独立基本服务集(IBSS)定义为不存在接入点且仅使用客户端进行对等通信的服务集。IBSS 又称自组织网络或对等网络。

9. A、D。配置为基础设施模式的客户端将数据发送给接入点，并由接入点转发给基本服务集(BSS)中的其他客户端。客户端也可以通过接入点与分布系统中的其他网络设备(如服务器或台式机)交换数据。如果分布系统介质是以太网，那么接入点的集成服务会将 MAC 服务数据单元(MSDU)净荷从 802.11 无线客户端传输给 802.3 帧。

10. B、C、D、F。IEEE 802.11-2016 标准定义的 802.11 拓扑(服务集)包括基本服务集(BSS)、扩展服务集(ESS)、独立基本服务集(IBSS)、个人基本服务集(PBSS)、QoS 基本服务集(QBSS)以及网状基本服务集(MBSS)。DSSS 和 FHSS 是扩频技术。

11. A。无线城域网(WMAN)用于为都市圈(如城市和周边郊区)提供覆盖。

12. D。基本服务集标识符(BSSID)是 48 位(6 字节)的 MAC 地址。MAC 地址位于 OSI 模型数据链路层的 MAC 子层。BSSID 是基本服务集(BSS)的二层标识符。

13. B、C、E。基本服务集标识符(BSSID)是基本服务集(BSS)或独立基本服务集(IBSS)的二层标识符。在基本服务集中，接入点无线接口的 48 位(6 字节)MAC 地址即为 BSSID。扩展服务集(ESS)拓扑包括多个接入点，因此存在多个 BSSID。在 IBSS 中，第一个通电的客户端会随机生成一个虚拟的 MAC 地址格式的 BSSID。FHSS 和 HR-DSSS 是扩频技术。

14. D。802.11s-2011 修正案(现已纳入 IEEE 802.11-2016 标准)为 802.11 网状拓扑定义了一种新的服务集。如果接入点支持网状功能，就能部署在无法访问有线网络的环境中。网状功能用于以无线方式分发网络流量，提供网状分发的接入点集合构成了网状基本服务集(MBSS)。

15. D。与独立基本服务集(IBSS)类似，个人基本服务集(PBSS)是一种支持 802.11ad 终端直接交换数据的 802.11 拓扑。PBSS 只能由使用 60 GHz 频段传输数据的定向多吉比特(DMG)无线接口创建。PBSS 和 IBSS 中均不存在充当分布系统介质(如有线 802.3 以太网)门户的集中式接入点。

16. A。所有 802.11 终端(客户端和接入点)均提供终端服务(SS)，包括身份验证、解除身份验证、数据机密性等。仅有接入点与网状门户使用分布系统服务(DSS)。个人基本服务集(PBSS)是一种非常特殊的 802.11 拓扑，PBSS 控制点服务(PCPS)专为构成 PBSS 的 802.11ad 无线接口而定义。集成服务支持通过门户在分布系统(DS)与非 802.11 网络之间传输 MAC 服务数据单元(MSDU)。

17. A、C。扩展服务集(ESS)由两个或多个基本服务集(BSS)构成，基本服务集之间通过分布系统介质(DSM)连接在一起。扩展服务集通常是多个接入点以及关联客户端的集合，所有终端通过单一的分布系统介质相连。

18. A。无线分布系统(WDS)采用无线回程将接入点连接在一起，同时允许客户端与接入点建立关联。

19. B、C。分布系统(DS)主要由两部分构成：分布系统介质(DSM)是用于连接接入点的逻辑物理介质；分布系统服务(DSS)位于接入点，用于管理客户端关联、重关联与取消关联。

20. B。IEEE 802.11-2016 标准属于无线局域网(WLAN)标准，但 802.11 硬件也能用于其他无线拓扑。

第 8 章　802.11 介质访问

1. B。带冲突避免的载波监听多路访问(CSMA/CA)是一种 802.11 无线介质访问控制方法，属于分布式协调功能(DCF)的一部分。带冲突检测的载波监听多路访问(CSMA/CD)是 802.3 以太网而非 802.11 无线局域网使用的介质访问方法。令牌传递用于令牌环和光纤分布式数据接口(FDDI)网络。需求优先(demand priority)用于 100BaseVG 网络。

2. E。802.11 技术不使用冲突检测。如果发送端无线接口没有收到确认帧，就无法判断单播帧是否发送成功，因此必须重传该帧，在此过程中不能确定是否有冲突发生。发送端没有收到接收端返回的确认帧，说明要么单播帧传输失败，要么确认帧传输失败，但无法确定具体原因。冲突或其他原因(如噪声电平较高)都可能导致出现这种情况。其余 4 个选项描述的是冲突避免机制。

3. D。确认帧和 CTS 帧在短帧间间隔(SIFS)之后传输。

4. D、E。网络分配向量(NAV)计时器根据从帧传输中观察到的前一个持续时间值来预测介质今后的流量。虚拟载波监听使用 NAV 计时器来确定介质是否可用。物理载波监听在空闲信道评估(CCA)期间进行，旨在检查射频介质是否存在其他传输。争用窗口和退避计时器属于伪随机退避过程的一部分。不存在所谓的"信道监听窗口"。

5. C。终端首先选择一个随机退避值，然后与时隙值相乘。接下来，随机退避计时器以时隙数为单位开始倒计时。数字减少到 0 时，终端开始传输。

6. B、D。监听射频介质时，802.11 无线接口使用两个独立的空闲信道评估(CCA)阈值。信号检测(SD)阈值用于识别另一个无线接口的 802.11 前同步码传输，而能量检测(ED)阈值用于在空闲信道评估期间检测其他类型的射频传输。

7. B、D。持续时间/ID 字段用于设置网络分配向量(NAV)，这是虚拟载波监听的一部分。争用窗口和随机退避计时器属于退避过程，退避过程在载波监听过程之后进行。

8. D。占用时长公平性旨在分配均等的时间而非机会。不存在所谓的"访问公平性"和"机会介质访问"。CSMA/CA 是 Wi-Fi 设备使用的介质访问控制方法。

9. A、B、D、E。分布式协调功能(DCF)为 CSMA/CA 定义了 4 种共同实施的制衡机制，它们是虚拟载波监听、物理载波监听、帧间隔、随机退避计时器。这些机制用于确保每次只有一个 802.11 无线接口能使用半双工介质传输数据。CSMA/CA 无法实现冲突检测。

10. C。目前，Wi-Fi 多媒体(WMM)基于 802.11e 修正案(现已纳入 IEEE 802.11-2016 标准)定义的增强型分布式信道访问(EDCA)机制。WMM 认证通过 4 种访问类别来划分流量优先级。EDCA 是混合协调功能(HCF)的一部分，HCF 还包括 HCF 受控信道访问(HCCA)。

11. E。混合协调功能(HCF)定义的机制允许 802.11 无线接口通过射频介质传输多个帧。当兼容 HCF 的无线接口争用介质时，无线接口将获得发送帧的时间，这段时间称为发送机会(TXOP)。在此期间，802.11 无线接口可以在帧突发中发送多个帧。

12. A、B、D、E。不存在所谓的"WMM 音频"。Wi-Fi 多媒体(WMM)认证通过语音、视频、尽力而为、背景这 4 种访问类别来划分流量优先级。

13. C。在介质争用过程中，Wi-Fi 多媒体(WMM)对不同类别的应用流量进行优先级排序。语音访问类别在退避过程中更有可能获得介质的使用权。使用介质传输数据前，语音流量最少需要等待一个短帧间隔(SIFS)与两个时隙，然后获得 0～3 个时隙的争用窗口；尽力而为流量最少需要等待一个 SIFS 与三个时隙，然后获得 0～15 个时隙的争用窗口。争用过程仍然是一种完全伪随机的过程，但语音流量获得介质的概率更大。

14. B。增强型分布式信道访问(EDCA)介质访问方法利用 802.1D 优先级标记来划分流量优先级。802.1D 标记提供了在 MAC 子层实现 QoS 的机制。以太网帧添加的 802.1Q 头部包括一个长度为 3 比特的用户优先级(UP)字段，用于标识不同类别的服务。以太网端的 802.1D 优先级标记用于将流量定向到访问类别队列。

15. A、E。检测并解码 802.11 传输的第一个目的是确定是否存在需要终端接收的帧传输。如果介质繁忙，无线接口将尝试与传输同步。第二个目的是确定介质在传输开始前是否繁忙。空闲信道评估(CCA)致力于实现这两个目的，包括侦听物理层的 802.11 射频传输。仅当介质空闲时，终端才能传输数据。

16. B。信号检测(SD)阈值用于识别另一个无线接口的 802.11 前同步码传输。前同步码位于 802.11 帧传输的物理层头部，用于发送端和接收端无线接口之间的同步。信号检测阈值有时称为前同步码载波监听阈值，统计上约为 4 dB 信噪比，供大多数 802.11 无线接口检测并解码 802.11 前同步码使用。

17. C。监听终端在侦听到其他终端的帧传输时将查看帧头，并确定持续时间/ID 字段是否包含持续时间值或 ID 值。如果包含持续时间值，监听终端就将自己的网络分配向量(NAV)计时器设置为该值。

18. B。增强型分布式信道访问(EDCA)利用 4 种访问类别提供终端的差异化访问。这种介质访问方法通过对应于 8 个 802.1D 优先级标记的 4 种访问类别来划分流量优先级。

19. A。802.11 单播帧使用确认帧作为交付验证方法，而广播帧和多播帧不需要确认。不存在所谓的"任播帧"。

20. A、D。802.11 终端可以在称为退避时间的窗口期争用介质。在 CSMA/CA 过程中，终端通过伪随机退避算法来选择随机退避值。终端从称为争用窗口值的范围内选择一个随机数，然后与时隙值相乘，结果就是伪随机退避计时器。注意不要混淆退避计时器和 NAV 计时器。NAV 计时器是一种虚拟载波监听机制，旨在为今后的传输保留介质；而伪随机退避计时器是终端在传输前最后使用的计时器。

第 9 章　802.11 MAC 体系结构

1. C。仅有 802.11 数据帧的帧体携带上层信息(MSDU 净荷)。MSDU 的最大长度为 2304 字节，通常经过加密。802.11 控制帧没有帧体。802.11 管理帧虽然有帧体，但是只携带二层信息作为净荷。行动帧是 802.11 控制帧的子类型之一。关联请求帧和关联响应帧属于 802.11 管理帧。

2. D。IP 分组由第三～七层信息构成。MAC 服务数据单元(MSDU)包含 LLC 子层以及数据链路层以上所有层的信息，是 802.11 数据帧帧体中的净荷。

3. E。从图 9.32 中可以看到 4 个 MAC 地址。802.11 MAC 帧头共有 4 个 MAC 地址字段，但 802.11 帧一般仅使用 3 个 MAC 地址字段，而通过无线分布系统(WDS)传输的 802.11 帧需要使用全部 4 个 MAC 地址字段。虽然 802.11 标准并未明确定义这种格式的具体用法，但无线局域网供应商经常会实施无线分布系统解决方案。无线分布系统的用例包括 802.11 点对点桥接链路，以及网状门户接入点与网状点接入点之间的网状回程通信。

4. A、C、D。ERP 接入点通过信标帧的 ERP 信息元素来通知使用保护机制。如果把非 ERP

客户端关联到 ERP 接入点，ERP 接入点将把信标帧的 NonERP_Present 位设置为 1，从而在基本服务集中启用保护机制。换言之，802.11b HR-DSSS 客户端的关联将触发保护机制。如果侦听到 802.11 DSSS 或 802.11b HR-DSSS 接入点发送的信标帧，ERP 接入点将把信标帧的 NonERP_Present 位设置为 1，从而在基本服务集中启用保护机制。

5. A、B、C、D。探询响应帧携带的信息与信标帧基本相同，但不包括流量指示图。

6. B、D。无法禁用信标帧。在无线网络中，客户端利用信标帧的时间戳信息实现与其他终端的同步。在 BSS 中，仅有接入点能发送信标帧；在 IBSS 中，客户端可以发送信标帧。信标帧可以携带供应商专有的信息。

7. A、D。根据去往 DS(To DS)和来自 DS(From DS)子字段的使用方式，4 个 MAC 地址字段的定义将发生变化。一般来说，地址 1 字段始终用作接收机地址(RA)，但也可能另有定义；地址 2 字段始终用作发射机地址(TA)，但同样可能另有定义；地址 3 字段通常提供附加的 MAC 地址信息；地址 4 字段仅在无线分布系统中使用。

8. D。发送 RTS 帧时，持续时间/ID 字段的值等于传输 CTS 帧、数据帧、确认帧所需的时间，再加 3 个 SIFS。

9. B。当客户端发送电源管理字段设置为 1 的帧时，意味着启用节电模式。DTIM 不会启用节电模式，而仅用于通知客户端保持唤醒状态以接收多播或广播流量。

10. A、B。接收端可能已收到数据，但回复的确认帧可能损坏，因此发送端必须重传原始单播帧。如果单播帧由于任何原因而损坏，接收端将不会发送确认帧。

11. B。客户端使用节电轮询帧请求缓存数据。ATIM 用于通知 IBSS 中的客户端有缓存数据需要接收。通过设置电源管理位，客户端通知接入点准备启用节电模式。客户端根据 DTIM 确定何时切换到唤醒状态，以便接收缓冲广播和多播帧。流量指示图(TIM)是信标帧的一个字段，接入点使用该字段通知处于节电模式的客户端有缓冲单播帧需要接收。

12. A、E。如果定向的探询请求帧包含正确的 SSID 值，所有 802.11 接入点都将回复探询响应帧。此外，接入点必须响应包含空的 SSID 值的空探询请求帧。部分供应商支持使用空的探询响应帧来回复空的探询请求帧。当 802.11ac 客户端或 802.11a/n 客户端使用 5 GHz 频段传输探询请求帧时，802.11ac 接入点将进行响应。与所有管理帧一样，探询请求帧也没有加密。电源管理位用于标识客户端的电源管理状态。

13. A、D。扫描分为被动扫描(客户端侦听信标帧以发现接入点)和主动扫描(客户端发送探询请求帧以寻找接入点)。客户端仅在主动扫描时才发送探询请求帧。关联到接入点后，客户端通常会继续了解邻近接入点的信息。所有客户端维护一份"已知接入点"的列表，并通过主动扫描不断更新。

14. B、D、E。虽然存在相似之处，但 802.11 帧使用的 MAC 寻址方式远较以太网帧复杂。802.3 MAC 帧头仅有源地址(SA)和目的地址(DA)；而 802.11 帧的 4 个 MAC 地址可以用作 5 种不同类型的地址，它们是接收机地址(RA)、发射机地址(TA)、基本服务集标识符(BSSID)、目的地址(DA)以及源地址(SA)。

15. B。客户端第一次尝试连接到接入点时，将首先发送探询请求帧并侦听探询响应帧。收到探询响应帧后，客户端将尝试接受接入点的身份验证，然后与网络建立关联。

16. B。在多播或广播流量传输期间，发送流量指示图(DTIM)可确保所有使用电源管理的终端保持唤醒状态。DTIM 间隔对于所有使用多播的应用都很重要。例如，不少 VoWiFi 供应商支持向多播地址发送 VoIP 流量的即按即通(PTT)功能，而 DTIM 间隔配置错误会导致即按即通多播的性能出现问题。

17. A、C。802.11n/g 接入点向后兼容 802.11b 客户端，不仅支持 HR-DSSS 数据速率(1、2、5.5、11 Mbps)，也支持 ERP-OFDM 数据速率(6、9、12、18、24、36、48、54 Mbps)。如果无线局域网管理员禁用 HR-DSSS 数据速率，实际上意味着禁用向后兼容性，从而导致 802.11b 客户端无法连接。IEEE 802.11-2016 标准定义了基本速率(要求速率)。如果客户端不支持接入点使用的任何基本速率，将不会获准与基本服务集建立关联。如果无线局域网管理员将 ERP-OFDM 数据速率中的 6 Mbps 和 9 Mbps 配置为基本速率，由于 802.11b HR-DSSS 客户端不支持这两个速率，因此将无法关联到基本服务集。

18. A、B。某些 802.11 数据帧实际上不携带任何数据。空帧和 QoS 空帧都不携带数据，这两种数据帧仅由帧头和帧尾构成，帧体中没有 MSDU 净荷。由于净荷为空，这两种帧有时也称为空功能帧，不过空功能帧仍有其用途。

19. B、D。行动帧用于触发基本服务集中的特定操作，可以由接入点或客户端发送，旨在为准备执行的操作提供信息和指示。行动帧有时也称为"可以执行任何操作的管理帧"。IEEE 802.11-2016 标准的 9.6 节列出了目前所有的行动帧。通过动态频率选择(DFS)信道传输数据的接入点可以使用行动帧作为信道切换公告(CSA)，兼容 802.11k 的无线接口也可以使用行动帧请求并响应邻居报告。客户端从关联接入点获取邻居报告，以了解可能漫游到的邻近接入点的信息。

20. A、F。重试(Retry)字段的值为 1，表明属于重传。发送端 802.11 无线接口每次传输单播帧后，如果接收端 802.11 无线接口正确收到该帧且帧校验序列(FCS)的循环冗余校验通过，将回复确认帧。发送端 802.11 无线接口收到确认帧意味着帧传输取得成功。所有 802.11 单播帧必须经过确认，而广播帧和多播帧无须确认。单播帧损坏将导致循环冗余校验失败，接收端 802.11 无线接口不会向发送端 802.11 无线接口回复确认帧。如果发送端 802.11 无线接口没有收到确认帧，就无法判断单播帧是否发送成功，因此必须重传该帧。

第 10 章　MIMO 技术：高吞吐量与甚高吞吐量

1. A、D、E。802.11ac 修正案支持 BPSK、QPSK、16-QAM、64-QAM 以及 256-QAM。不存在所谓的 BASK 和 32-QAM。

2. A、C、D。空间复用同时发送多路唯一的数据流。如果 MIMO 接入点向 MIMO 客户端发送 2 路唯一的数据流，且 MIMO 客户端成功接收这 2 路数据流，则吞吐量将达到原来的 2 倍；如果 MIMO 接入点向 MIMO 客户端发送 3 路唯一的数据流，且 MIMO 客户端成功接收全部 3 路数据流，则吞吐量将达到原来的 3 倍。发射波束成形技术利用多径改善通信质量，能获得更高的信噪比与更好的接收信号振幅。由于信噪比提高，系统可以采用更为复杂的调制方法编码更多的数据比特，吞吐量因而提高。40 MHz HT 信道使频率带宽增加了一倍，吞吐量随之提高。

3. D。空间复用节电(SMPS)允许 802.11n MIMO 设备仅保留一个无线接口，关闭其他无线接口。例如，配有 4 条射频链的 4×4 MIMO 设备可以关闭其中 3 个无线接口以减少耗电。SMPS 包括静态和动态两种操作模式。

4. E。保护间隔相当于时延扩展的缓冲，符号传输之间的保护间隔通常为 800 纳秒。保护间隔不仅能补偿时延扩展，也有助于避免符号间干扰；如果保护间隔过短，仍有可能发生符号间干扰。HT/VHT 无线接口还可以使用更短的 400 纳秒保护间隔。

5. A、B、C、D、E。所有选项均为 802.11ac 技术支持的信道宽度。160 MHz 信道实际上由两条 80 MHz 信道构成，这两条 80 MHz 信道既可以相邻，也可以不相邻。

6. A、B、D。为减少开销并提高吞吐量，802.11n 修正案定义了两种新的帧聚合机制。帧聚合将多个帧合并为单个帧进行传输，分为 A-MSDU 和 A-MPDU 两类；块确认帧用于确认 A-MPDU。保护间隔是物理层使用的机制。

7. A、B、D。波束成形器首先传输 NDP 通告帧，随后发送 NDP 帧。波束成形接收器处理这些信息并创建反馈矩阵，然后发送给波束成形器。波束成形器利用反馈矩阵计算用于引导数据传输的导向矩阵。

8. A。MIMO 无线接口同时发送多路无线电信号，利用多径改善通信质量。每路无线电信号通过唯一的无线接口与天线传输给接收机。每路独立的信号称为空间流，不同无线接口发送的空间流包含不同的数据。3×3:2 MIMO 系统可以传输 2 路唯一的数据流。虽然 3×3:2 MIMO 系统配有 3 台发射机与 3 台接收机，但仅使用 2 路唯一的数据流。

9. A。多个 MPDU 可以聚合为一个帧。构成 A-MPDU 的所有 MPDU 必须使用相同的接收机地址，且必须属于同一种 802.11e QoS 访问类别。每个聚合的 MPDU 是单独加密和解密的。

10. A、B、C。模式 0、1、2 都定义了仅允许 802.11n/ac 客户端与 802.11n/ac 接入点建立关联的保护机制。当 HT/VHT 无线接口与非 HT 无线接口关联到 802.11ac 接入点时，应采用模式 3(非 HT 混合模式)定义的保护机制。

11. B、C、D。Wi-Fi CERTIFIED n 认证项目包括 WPA/WPA2、WMM 以及在 5 GHz 频段支持 40 MHz 信道等强制性基线要求，但并未规定在 2.4 GHz 频段支持 40 MHz 信道。802.11n 接入点必须能收发至少 2 路空间流，而 802.11n 客户端必须支持至少 1 路空间流。

12. C、D。循环移位分集(CSD)是一种发射分集技术。与 STBC 不同，遗留的 802.11a/g 设备可以接收使用 CSD 的发射机发送的信号。最大比合并(MRC)属于接收分集技术。DSSS 是遗留的 802.11 SISO 无线接口使用的扩频技术。

13. A、B、D。802.11n HT 无线接口向后兼容早期的 802.11b HR-DSSS、802.11a OFDM 与 802.11g ERP 无线接口，但并不兼容遗留的 FHSS 无线接口。

14. B。802.11ac 修正案仅定义了 10 种调制编码方案，而 802.11n 修正案定义了 77 种调制编码方案。802.11n 修正案根据调制方法、编码技术、空间流数量、信道宽度以及保护间隔来定义调制编码方案，802.11ac 修正案根据调制方法和码率来定义调制编码方案。

15. D。MCS 0～MCS 7 是强制支持的调制编码方案。MCS 8 和 MCS 9 使用的 256-QAM 属于可选技术，但可能得到大多数供应商的支持。

16. C。由于没有足够的可用频率空间，因此无法在 2.4 GHz 频段规划 40 MHz 信道复用模式。虽然 2.4 GHz 频段存在 14 条可用的信道，但仅有 3 条非重叠的 20 MHz 信道。无论采用何种方式在 2.4 GHz 频段绑定信道，任意两条 40 MHz 信道都会相互重叠。换言之，在 2.4 GHz ISM 频段根本无法规划信道复用。而 5 GHz U-NII 频段存在更多的频率空间，因此经过仔细规划就能实现 40 MHz 信道复用模式。

17. B、D。802.11ac VHT 无线接口向后兼容所有之前的 5 GHz 无线接口，包括 802.11a OFDM 和 5 GHz 802.11n HT 无线接口。

18. B、C。其他 802.11 技术仅支持单个射频频段的通信。例如，802.11b/g 无线接口只能使用 2.4 GHz ISM 频段传输数据，802.11a 和 802.11ac 无线接口只能使用 5 GHz U-NII 频段传输数据。而 802.11n 无线接口并未锁定在一个频段，它可以使用 2.4 GHz ISM 和 5 GHz UNII 两个频段传输数据。

19. B。802.11n/ac 无线接口既可以使用 800 纳秒保护间隔，也可以使用较短的 400 纳秒保护间隔。使用短保护间隔能缩短符号时间，数据速率将提高 10%左右。如果 802.11n/ac 无线接口采用可选、较短的 400 纳秒保护间隔，吞吐量应随之提高。但是，如果由于多径而发生符号间干扰，则会导致数据损坏。数据损坏将增加二层重传的次数，从而对吞吐量产生不利影响。有鉴于此，应仅在射频条件良好时使用 400 纳秒保护间隔。如果吞吐量因为使用短保护间隔而降低，应改用默认的保护间隔设置(800 纳秒)。

20. C。根据 802.11ac 修正案的定义，客户端最多支持 4 路空间流，接入点最多支持 8 路空间流。然而，大多数企业 802.11ac 接入点属于 4×4:4 设备，大多数 802.11ac 客户端属于 2×2:2 设备。

第 11 章　无线局域网体系结构

1. A、E。在集中式无线局域网体系结构中，自治接入点被基于控制器的接入点取代，3 种逻辑操作面均位于称为无线局域网控制器的集中式网络设备上。实际上，所有逻辑操作面已由接入点移至无线局域网控制器。请注意，可以通过网络管理系统(NMS)管理控制器和基于控制器的接入点。

2. D。电信网通常定义为 3 种逻辑操作面。控制面由控制或信令信息构成，通常定义为网络智能或协议。

3. A、C。所有 3 种无线局域网基础设施设计都支持使用虚拟局域网(VLAN)和 802.1Q 标记。然而，集中式无线局域网体系结构一般在基于控制器的接入点和无线局域网控制器之间封装用户 VLAN，因此网络边缘通常只需要单个 VLAN。但是，无线局域网控制器与核心层交换机之间一般需要 802.1Q 中继。自治无线局域网体系结构和分布式无线局域网体系结构中都不存在控制器。如果要在网络边缘支持多个 VLAN，则非控制器体系结构需要支持 802.1Q 标记。接入点将连接到边缘交换机的 802.1Q 中继端口，后者支持 VLAN 标记。

4. B。一般来说，基于控制器的接入点通过封装的 IP 隧道向集中式无线局域网控制器转发用户流量。自治接入点和协作接入点通常在本地转发数据，基于控制器的接入点同样支持本地数据转发。协作分布式无线局域网模型致力于避免将用户流量集中转发到核心层，但接入点也可以提供 IP 隧道功能。

5. A、B、C。许多 Wi-Fi 供应商采用通用路由封装(GRE)协议，这是一种常用的网络隧道协议。虽然 GRE 协议一般用于封装 IP 包，但也能将 802.11 帧封装在 IP 隧道中。GRE 隧道在基于控制器的接入点和无线局域网控制器之间创建一条虚拟的点对点链路。不使用 GRE 的供应商采用专有协议创建 IP 隧道。无线接入点控制和配置(CAPWAP)协议同样可以将用户流量封装在隧道中，接入点还能利用 IPsec 实现跨广域网链路的安全流量传输。

6. D。使用传统自治接入点的主要缺点在于没有中央管理点。如果自治无线局域网体系结构中的接入点数量超过 25 个，就需要使用某种网络管理系统(NMS)。在集中式无线局域网体系结构中，无线局域网控制器用于管理 802.11 网络；但如果部署了多个控制器，则可能需要通过 NMS 来管理控制器。在分布式体系结构中，尽管控制面和数据面已移交给接入点，但管理面仍然集中处理。换言之，所有接入点的配置和监控仍然由 NMS 服务器负责。

7. E。大多数无线局域网控制器供应商提供分离式 MAC 体系结构。在这种体系结构中，无线局域网控制器和基于控制器的接入点各自处理一部分 MAC 服务。

8. A、C、E。VoWiFi 电话是一种 802.11 客户端，能通过大多数无线局域网体系结构进行通话。专用小交换机(PBX)将私营公司的内部电话连接在一起，通过干线连接到公用交换电话网。VoWiFi 电话与无线局域网基础设施都必须支持 Wi-Fi 多媒体(WMM)服务质量功能。目前，大多数 VoWiFi 解决方案采用会话发起协议(SIP)作为 VoIP 通信的信令协议，但也可以采用其他协议。

9. D。集中式数据转发是无线局域网控制器使用的传统数据转发方法。所有 802.11 用户流量由接入点转发给无线局域网控制器进行处理，尤其是当控制器管理加密/解密或应用安全和 QoS 策略时。目前，大多数无线局域网控制器解决方案还支持分布式数据面。如果适合在边缘转发数据，则基于控制器的接入点执行本地转发，以避免在网络中集中处理所有数据。

10. D、E。使用企业级无线局域网路由器的分布式解决方案通常部署在公司的分支机构。通过集成 VPN 客户端，分支无线局域网路由器可以使用虚拟专用网(VPN)隧道连接到公司总部。企业无线局域网路由器还集成有防火墙，并将端口转发、网络地址转换(NAT)、端口地址转换(PAT)等功能纳入其中。此外，企业无线局域网路由器全面支持 Wi-Fi 安全。

11. G。802.11 标准并未规定 802.11 无线接口必须使用哪种规格。虽然 PCMCIA 和迷你 PCI 客户端适配器最常见，但 802.11 无线接口也支持多种其他格式，如紧凑型闪存卡(CF 卡)、安全数字卡(SD 卡)、USB 加密锁、ExpressCard 以及其他专有格式。

12. F。所有协议都能用于配置接入点和无线局域网控制器等 Wi-Fi 设备。企业制定的策略应规定使用哪些安全协议(如 SNMPv3、SSH2 与 HTTPS)。

13. F。无线局域网控制器不仅支持三层漫游功能、带宽策略与状态包检测，也支持自适应射频、设备监控与接入点管理。

14. C、E。网络管理系统(NMS)服务器与接入点之间需要管理和监控协议才能通信。大多数 NMS 解决方案通过简单网络管理协议(SNMP)管理并监控无线局域网，部分 NMS 解决方案仅采用无线接入点控制和配置(CAPWAP)协议作为监控与管理协议。CAPWAP 将数据报传输层安全(DTLS)纳入其中，可以为监控的管理流量提供加密和数据隐私。

15. E。尽管不存在无线局域网控制器，但分布式体系结构依然可以提供无线局域网控制器的大部分功能。例如，一般属于无线局域网控制器的强制门户功能目前由接入点处理，状态防火墙和基于角色的访问控制(RBAC)功能也位于接入点。此外，接入点还能充当具有完整 LDAP 集成功能的 RADIUS 服务器。在分布式体系结构中，所有控制面机制位于网络边缘的接入点。

16. D。目前，大多数配有 802.11 无线接口的物联网设备仅能通过 2.4 GHz 频段传输数据。请注意，物联网设备并非只能使用 Wi-Fi 技术，它们也可以使用蓝牙、Zigbee 等其他射频技术。除 802.11 接口外，物联网设备还可能配有以太网接口。

17. A。近年来，智能手机和平板电脑等移动设备的手持客户端数量呈现爆炸式增长。如今，除膝上型计算机外，用户希望许多移动设备都能提供 Wi-Fi 连接。几乎所有移动设备都使用嵌入设备主板的单芯片。

18. B。在集中式无线局域网体系结构中，基于控制器的接入点(部署在接入层)通过隧道将流量传输给无线局域网控制器(通常部署在核心层)。标准的网络设计建议在核心层配置冗余，并部署冗余无线局域网控制器以防止网络出现单点故障。如果所有用户流量经由隧道传输给某个无线局域网控制器且没有部署冗余解决方案，那么一旦控制器出现问题，整个 Wi-Fi 网络都会受到影响。

19. A、B、C。网络管理系统(NMS)解决方案既可以作为硬件设备部署在企业数据中心，也可以作为运行在 VMware 或其他虚拟化平台上的虚拟设备。位于企业数据中心的 NMS 通常称为本地 NMS，NMS 解决方案还能作为软件订阅服务在云端使用。

20. B、D。在分布式无线局域网体系结构中，控制面机制通过协作协议实现接入点之间的通信。在这种体系结构中，每个接入点负责在本地转发用户流量，因此数据面位于接入点。管理面位于网络管理系统(NMS)，NMS 用于管理和监控分布式无线局域网。

第 12 章　以太网供电

1. D。在 802.3af 和 802.3at 修正案中，PoE 就定义在条款 33 中；而在修订后的 IEEE 802.3-2018 标准中，PoE 仍然定义在条款 33 中。某项修正案在纳入经过修订的 IEEE 标准后，条款编号保持不变。讨论 PoE 时经常会引用条款编号，请务必记住条款编号。

2. A。设备如果不提供可选的分类签名，将被自动划分为类型 0 设备，供电设备将为设备分配 15.4 瓦的功率。

3. A、C。以太网供电(PoE)标准定义了受电设备(PD)和供电设备(PSE)。

4. D。虽然受电设备(PD)的标称电压为 48 伏，但它必须能接受最高为 57 伏的电压。

5. A、B、C。如果受电设备(PD)属于 10Base-T 或 100Base-TX 设备，则必须能通过数据线对或空闲线对接受供电；如果受电设备属于 1000Base-T 设备，则必须能通过 1/2、3/6 数据线对或 4/5、7/8 数据线对接受供电。受电设备必须向供电设备(PSE)回复检测签名。此外，受电设备必须能从任意极性接受供电。向供电设备回复分类签名属于可选要求。

6. D。受电设备(PD)可以提供分类签名，但并非强制要求。如果受电设备没有提供分类签名，供电设备(PSE)将把它划分为类型 0 设备，并分配最大的功率(15.4 瓦)。

7. A、B、C。采用备选方案 B 的端点供电设备或中跨供电设备通过空闲线对为 10Base-T 或 100Base-TX 设备供电。802.3at 修正案获批前，1000Base-T 设备只能从采用备选方案 A 的端点供电设备接受供电；802.3at 修正案获批后，1000Base-T 设备既能通过备选方案 A 也能通过备选方案 B 接受供电。100Base-FX 设备使用光缆，与 PoE 互不兼容。

8. D。802.3at 修正案定义了类型 4 设备。类型 4 受电设备的最大输入功率范围是 12.95～25.5 瓦。

9. C。802.3at 供电设备向每台 PoE 设备输出的最大功率为 30 瓦。如果所有 24 个端口都连有受电设备，则交换机输出的总功率为 720 瓦(30 瓦×24 个端口=720 瓦)。

10. D。供电设备的输出功率分为 5 种功率等级：向类型 0 设备输出 15.4 瓦，向类型 1 设备输出为 4.0 瓦，向类型 2 设备输出为 7.0 瓦，向类型 3 设备输出为 15.4 瓦，向类型 4 设备输出 30.0 瓦。由于接入点的耗电量为 7.5 瓦，供电设备将为其分配 15.4 瓦的功率。

11. D。供电设备的输出电压范围是 44～57 伏，标称电压为 48 伏。

12. A。100 米是以太网电缆的最远距离限制，但并非 PoE 的最远距离限制，长度为 90 米的电缆不存在任何问题。尽管 PoE 标准并未明确规定，但超五类(CAT 5e)电缆支持 1000Base-T 通信，因此也能提供 PoE。如果 PoE VoIP 电话的数量较多，它们的耗电量可能超过交换机的输出功率，从而导致接入点随机重启。

13. B。交换机为每台类型 0 设备提供 15.4 瓦的功率，为每台类型 1 设备提供 4.0 瓦的功率。10 部 VoIP 电话的耗电量为 40 瓦，10 个接入点的耗电量为 154 瓦，加上交换机自身的耗电量为 500 瓦，因此所有设备的总耗电量为 694 瓦(40 瓦+154 瓦+500 瓦)。

14. B。交换机为每台类型 2 设备提供 7.0 瓦的功率，为每台类型 3 设备提供 15.4 瓦的功率。10 部相机的耗电量为 70 瓦，10 个接入点的耗电量为 154 瓦，加上交换机自身的耗电量为 1000 瓦，因此所有设备的总耗电量为 1224 瓦(70 瓦+154 瓦+1000 瓦)。

15. B、D。使用 PoE 技术不会影响以太网的最远距离，也就是 100 米(约 328 英尺)。

16. D。802.3at 受电设备的最大输入功率为 25.5 瓦。

17. C。类型 0 受电设备的最大输入功率为 12.95 瓦，但供电设备将为其分配 15.4 瓦的功率。

这是因为供电设备需要将最坏的情况考虑在内，即供电设备与受电设备之间的电缆和连接器可能产生功率损耗。类型 1 受电设备的最大输入功率为 3.84 瓦，类型 2 受电设备的最大输入功率为 6.49 瓦。

18. E。不同类型设备的电流范围如下。

- 类型 0 设备：0～4 毫安。
- 类型 1 设备：9～12 毫安。
- 类型 2 设备：17～20 毫安。
- 类型 3 设备：26～30 毫安。
- 类型 4 设备：36～44 毫安。

19. C。采用模式 A 的受电设备能从电源的任意极性接受供电，使用引脚 1、2、3、6。采用模式 B 的受电设备使用引脚 4、5、7、8。

20. C。类型 2 设备将执行双事件物理层分类或数据链路层分类操作，以便类型 2 受电设备识别连接的供电设备类型(类型 1 或类型 2)。如果相互识别无法完成，则设备只能作为类型 1 设备运行。

第 13 章 无线局域网设计概念

1. A。如果接入点和客户端正在使用 DFS 信道，当检测到雷达脉冲时，接入点以及所有关联客户端必须离开信道。如果在当前的 DFS 频率检测到雷达传输，接入点将向所有关联客户端发送信道切换公告(CSA)帧，通知它们切换到另一条信道。接入点和客户端需要在 10 秒内离开 DFS 信道。接入点可能会发送多个 CSA 帧，确保所有客户端离开当前的信道。CSA 帧旨在通知客户端，因为接入点切换到新信道，所以它们也必须切换到该信道。大多数情况下，新信道是非 DFS 信道，一般为信道 36。

2. C。一般来说，当区域内存在大量客户端且不必优先考虑漫游时，可以在接入点之间实施负载均衡——比如在同一开放区域内部署有 20 个接入点的体育馆或礼堂。在这种环境中，客户端可能侦听到所有 20 个接入点，因此有必要在接入点之间实施负载均衡。另外，在需要漫游的区域实施负载均衡并非良策，因为这种机制可能引发黏性客户端问题，导致客户端关联到接入点的时间过长。如果客户端未能及时收到接入点发送的关联响应帧和重关联响应帧，就无法保证移动性。这种情况下，接入点之间的负载均衡反而会对漫游过程造成不利影响。

3. B、D。尽管 40 MHz 信道的频率带宽加倍，但由于可用的信道较少，发生同信道干扰的概率将增加。位于同一条 40 MHz 信道的接入点和客户端很可能侦听到彼此的存在。介质争用开销可能造成不利影响，并抵销额外带宽带来的性能提升。信道绑定的另一个问题在于，本底噪声通常会提高大约 3 dB。如果本底噪声提高 3 dB，信噪比将降低 3 dB，导致无线接口切换到较低的 MCS 速率，从而降低调制数据速率。许多情况下，这会抵销使用 40 MHz 频率空间后带来的带宽增益。

4. D。许多 Wi-Fi 专业人士建议，大多数 5 GHz 无线局域网设计应使用 20 MHz 信道而非 40 MHz 信道。但通过仔细规划并遵守以下一般性规则，同样可以实现 40 MHz 信道部署。

- 如果复用模式仅使用 4 条或更少的 40 MHz 信道，将无法满足需要。建议仅在 DFS 信道可用时才使用 40 MHz 信道。启用 DFS 信道能提供更多的频率空间，从而为复用模式提供更多可用的 40 MHz 信道。

- 不要设置接入点无线接口以最大功率传输数据。在大多数室内环境中，发射功率电平为 12 dBm(或更低)通常已绰绰有余。
- 出于信号衰减和减少同信道干扰的考虑，墙体应采用致密材料。煤渣砌块、砖或混凝土墙对信号的衰减可以达到 10 dB 或更多，而石膏板对信号的衰减仅有 3 dB 左右。
- 如果在多楼层环境中部署无线局域网，除非信号能在楼层之间明显衰减，否则不建议使用 40 MHz 信道。

5. E。 这个答案并不能令人满意，但无线局域网供应商的接入点存在太多指标，因此难以给出统一的答案。默认情况下，企业 802.11 无线接口支持多达 100～250 个客户端；由于大多数企业接入点是配有 2.4 GHz 和 5 GHz 无线接口的双频接入点，因此接入点的一个无线接口理论上可以关联 200～500 个客户端。虽然接入点的每个无线接口能支持 100 多台设备，但由于共享介质的半双工特性，接入点实际上无法为这么多活动设备提供服务。许多客户设备的性能需求无法得到满足，导致用户体验非常糟糕。

6. F。 需要询问 3 个与用户有关的重要问题。首先，目前有多少用户需要无线接入，他们使用多少 Wi-Fi 设备？其次，今后可能有多少用户和设备需要无线接入？这两个问题有助于设计人员合理规划每个接入点支持的设备比例，同时为今后的增长预留空间。最后，用户和设备位于何处？此外，所有客户设备都不相同，这一点请谨记在心。由于 MIMO 功能较少，许多客户设备需要消耗更多的占用时长。双频 802.11n/ac 接入点的每个无线接口平均能支持 35～50 台活动 Wi-Fi 设备的应用(如浏览网页和查看邮件)。但是，高清视频流等带宽密集型应用会有一定影响。应用不同，所需的 TCP 吞吐量也不同。

7. A、D。 这个问题的答案实际上取决于 Wi-Fi 工程师的偏好以及无线局域网的设计类型。几乎所有 Wi-Fi 供应商的接入点都会默认启用自适应射频功能，RRM 算法也在逐年改进。由于易于部署，大多数商业无线局域网客户选择使用 RRM。在包含数千个接入点的企业部署中，RRM 通常是首选方案。但在复杂的射频环境中，应考虑使用静态信道和功率设置。大多数无线局域网供应商的甚高密度部署指南建议采用静态功率和信道，部署定向天线时尤其如此。

8. B。 过去，使用 DFS 信道的最大问题在于雷达检测可能出现误报。换言之，接入点将杂散的射频传输误认为雷达传输并开始切换信道，而实际上无须切换信道。幸运的是，大多数企业无线局域网供应商在消除误报检测方面取得了不错的进展。除非使命攸关的客户端不支持 DFS 信道，否则始终建议使用 DFS 信道。如果附近确实存在雷达传输，从 5 GHz 信道规划中去掉受影响的 DFS 信道即可。

9. C、E。 接入点配置的基本速率相当于在基本服务集内通信的所有无线接口都要支持的速率。接入点将以配置的最低基本速率发送所有管理帧以及大多数控制帧，而数据帧可以通过更高的支持速率传输。例如，如果接入点的 5 GHz 无线接口配置 6 Mbps 作为基本速率，就以该速率发送所有信标帧以及其他控制帧和管理帧，从而显著增加占用时长的消耗。有鉴于此，常见的做法是将接入点 5 GHz 无线接口的基本速率配置为 12 Mbps 或更高的 24 Mbps。请勿将接入点无线接口的基本速率配置为 18 Mbps，因为部分客户端驱动程序可能无法识别该速率。

10. C。 每当接入点首次启动 DFS 信道时，无线接口必须监听 60 秒后才能使用该信道传输数据。如果检测到雷达脉冲，接入点就无法使用该信道，必须尝试其他信道。如果在最初的 60 秒监听期内没有检测到雷达传输，则接入点可以通过该信道发送信标帧。欧洲国家对终端多普勒天气雷达(TDWR)信道(信道 120、124、128)的规定更为严格：在使用 TDWR 频率空间传输数据前，接入点必须监听 10 分钟。

11. D。 同信道干扰是造成无谓占用时长消耗的罪魁祸首，遵循合理的无线局域网设计最佳实践能最大限度减少这种干扰。客户端是导致同信道干扰的首要原因。请注意，由于客户设备处于移动状态，因此同信道干扰并非静态存在，而是在不断变化。

12. E。无法正确测量区域覆盖。从 Wi-Fi 客户端角度看，覆盖重叠实际上属于重复的主/次覆盖。应实施合理的现场勘测，以确保客户端始终可以从多个接入点获得足够的重复覆盖。换言之，每个客户端不仅要侦听至少一个具有特定 RSSI 阈值的接入点，也要侦听另一个具有不同 RSSI 阈值的备用接入点。为实现高速率通信，大多数供应商的 RSSI 阈值通常要求接收信号达到 −70 dBm。因此，当来自第一个接入点的信号强度降至−70 dBm 以下时，客户端需要侦听信号强度至少为−75 dBm 的第二个接入点。

13. E。只要有可能，应尽量使用 5 GHz 信道以减少同信道干扰。使用的信道数量越多，同信道干扰(包括客户设备引起的同信道干扰)发生的概率越小。大多数情况下，建议在 5 GHz 信道规划中使用动态频率选择(DFS)信道。

14. E。VoWiFi 通信更容易受到二层重传的影响。有鉴于此，在设计语音级无线局域网时，建议信号强度至少达到−65 dBm，以便接收信号高于本底噪声；VoWiFi 通信的信噪比应达到 25 dB。而对高数据速率连接来说，接收信号为−70 dBm、信噪比为 20 dB 通常就能满足需要。

15. E。一个接入点传输数据时，附近位于同一信道的其他所有接入点和客户端都会推迟传输，从而对吞吐量造成不利影响。无谓的介质争用开销称为同信道干扰。实际上，802.11 无线接口严格遵循 CSMA/CA 机制定义的框架。同信道干扰有时也称为重叠基本服务集(OBSS)。规划合理的信道复用模式有助于最大限度减少 5 GHz 频段的同信道干扰。

16. B。如果重叠覆盖的频率重叠，就会引起邻信道干扰，导致延迟、抖动与吞吐量严重下降。邻信道干扰将破坏帧传输并增加二层重传，导致性能严重下降。

17. A。在无线局域网设计中，在覆盖区域之间需要规划一定的重叠率以支持漫游。然而，重叠区域的频率不应重叠；以美国为例，信道 1、6、11 是 2.4 GHz ISM 频段仅有的 3 条非重叠信道。如果重叠覆盖的频率重叠，则会引起邻信道干扰。虽然欧洲允许使用四信道复用规划，但仍然建议使用三信道复用模式(信道 1、6、11)。

18. B。根据移动性以及 RSSI 和信噪比的变化，客户端和接入点无线接口将在数据速率之间进行切换，这个过程称为动态速率切换(DRS)，旨在通过上调或下调速率来优化速率并提升性能。虽然"动态速率切换"是描述这个过程的正确术语，但所有术语的含义并无二致：当客户端远离接入点时，二者将执行速度回退(speed fallback)操作。

19. D。移动客户端收到原始子网的 IP 地址(又称归属地址)。客户端必须向归属代理(HA)注册自己的归属地址。在客户端的归属网络中，客户端关联的原接入点充当归属代理。客户端跨越三层边界漫游时，归属代理是客户端的单一联络点(SPOC)。充当归属代理的接入点收到所有发送给客户端归属地址的流量，并经由移动 IP 隧道传输给新子网中充当外区代理的接入点。于是，客户端就能在跨越三层边界漫游时保留原有的 IP 地址。

20. C。概率流量公式采用电信计量单位厄兰(erlang)，一厄兰等于一小时内的电话流量。

第 14 章　无线局域网现场勘测

1. A、B、C。虽然安全本身与无线局域网现场勘测无关，但勘测方应与网络管理员沟通安全期望。勘测方将提出全面的无线安全建议，无线安全建议中还可能包括企业无线安全策略方面的内容。实际勘测时通常不会实施身份验证和加密解决方案。

2. A、B、E。任何类型的射频干扰都可能导致无线局域网瘫痪。建议实施频谱分析勘测，以确定医院的医疗设备是否会干扰 2.4 GHz 或 5 GHz 无线局域网。覆盖盲区或覆盖缺失同样会导致 802.11 通信中断。许多医院大量使用金属丝网安全玻璃，金属丝网会引起信号散射，玻璃另一侧可能出现覆盖缺失。电梯井的材质是金属，射频信号往往无法很好地覆盖电梯井，导致出现盲区。

　　3. A、B、C、D。室外现场勘测通常属于无线桥接勘测，不过也可以部署室外接入点和网状路由器，这两种设备一般用于在室外环境中提供客户端接入。室外勘测与室内勘测使用的工具基本相同，但室外勘测还可能利用 GPS 设备来记录经纬度坐标。

　　4. B。在服务性行业中部署无线局域网时，所有 5 个选项都是需要考虑的问题，但美观通常是最重要的因素。大多数客户服务行业不希望无线硬件暴露在外。请注意，多数外壳都能上锁，有助于防止昂贵的 Wi-Fi 硬件失窃，不过防盗也是其他行业需要考虑的问题。

　　5. A、C。进行现场勘测时需要使用蓝图来讨论覆盖和容量需求，网络拓扑图对于无线网络和当前有线基础设施的集成很有帮助。

　　6. D。尽管选项 C 描述的方案同样可行，但最佳解决方案是在 5 GHz 频段部署硬件设备，从而一劳永逸地解决附近 2.4 GHz 网络产生的干扰问题。

　　7. A。最经济、最有效的解决方案是利用具有内联电源，且可以通过 PoE 技术为接入点供电的新型交换机替换早期的边缘交换机。受布线距离所限，核心层交换机无法提供 PoE。部署单口电源注入器并不现实，而聘用电工的成本又太高。

　　8. E。许多问题与基础设施集成有关。如何为接入点供电？如何将无线局域网及其用户与有线网络隔开？如何管理无线局域网的远程接入点？此外，建议与客户讨论 RBAC、带宽遏流、负载均衡方面的问题。

　　9. A、B、C。进行现场勘测和部署时需要与网络管理部门保持联系，确保无线局域网能正确集成到有线网络。勘测工程师应接触生物医学部门，讨论可能存在的射频干扰问题。勘测工程师还应联系医院安保部门以取得相应的安全通行证；如有必要，勘测时需有专人陪同。

　　10. A、B、D。勘测方根据现场勘测时采集的数据可用于向客户提供最终的设计图纸。除实施图纸外，勘测方还应提供详细的物料清单，逐一列出最终安装无线网络时需要的所有软硬件。此外，勘测方应草拟一份详细的部署计划，列出所有时间表、设备成本与人工成本。

　　11. E。在主动人工勘测中，无线接口卡需要关联到接入点并建立上层连接，从而进行低级帧传输并测量射频数据。主动现场勘测的主要目的是确定二层重传率。

　　12. A、C、D。测距轮用于测量接入点的预定安装位置与配线间的距离。临时安装接入点时可能需要使用梯子或叉车。电池组用于为接入点供电。GPS 设备用于室外勘测，与室内勘测无关。微波炉属于干扰源。

　　13. B、D、E。无绳电话使用与 5 GHz U-NII 频段相同的频率空间，可能会干扰到无线局域网。非授权 LTE 传输和雷达也是 5 GHz 频段的潜在干扰源。微波炉工作在 2.4 GHz ISM 频段。调频收音机使用低频授权频段进行窄带传输。

　　14. A、C。实施被动人工勘测时，无线接口卡采集接收信号强度(dBm)、噪声电平(dBm)、信噪比(dB)等射频测量数据。信噪比是接收信号与背景噪声之间的分贝差值。接收信号强度属于绝对功率值，单位为 dBm。天线制造商使用 dBi 或 dBd 值表示增益。

　　15. B、C、D、E。在 802.11b/g/n 现场勘测中，进行频谱分析时应扫描 2.4 GHz ISM 频段。蓝牙无线接口、等离子切割机、2.4 GHz 摄像机以及遗留的 802.11 FHSS 接入点都是潜在的干扰设备。

　　16. A、D。进行现场勘测时，无论在何处放置接入点，都要注意功率设置和信道设置，但无须记录安全设置和 IP 地址。

　　17. C。预测覆盖分析可通过软件来实现，软件可以生成射频覆盖和容量的可视化模型，从而不必实际测量射频数据。可使用建模算法和衰减值创建投影覆盖区域。

18. C。进行现场勘测时，分段、身份验证、授权、加密等问题都要纳入考虑。最佳方案是将 3 类用户划分到独立的 VLAN，并为每种 VLAN 配置独立的安全解决方案。数据用户采用安全性最高的 802.1X/EAP 和 CCMP/AES 解决方案。由于 VoWiFi 电话不支持企业版语音认证或 802.11r 标准，因此采用 WPA2 个人版作为安全解决方案；WPA2 个人版还能为语音用户提供 CCMP/AES 加密，但不会使用 802.1X/EAP 以减少延迟。来宾 VLAN 至少需要部署强制门户和安全性较高的来宾防火墙策略。

19. D。现场勘测专家无不认同验证勘测的重要性，覆盖验证、容量性能与漫游测试是验证勘测的重要内容。根据无线网络的用途，可以使用不同的工具协助实施验证勘测。

20. A、B、C、D。进行室外桥接现场勘测时，需要计算链路预算、自由空间路径损耗、菲涅耳区、衰落裕度等许多参数。进行室内勘测时不需要计算这些参数。

第 15 章　无线局域网故障排除

1. A。无论采用哪种网络技术，大多数问题都出现在 OSI 模型的物理层。对无线局域网而言，大部分性能和连接问题的根源在物理层。

2. A、C、E。根据无线局域网故障排除原则，最终用户应首先启用并禁用 Wi-Fi 网卡，以确保 Wi-Fi 网卡驱动程序与操作系统能正常通信。创建预共享密钥时使用的密码短语长度为 8~63 个字符，且区分大小写。问题几乎总是归结于预共享密钥凭证不匹配。如果预共享密钥凭证不匹配，则无法成功创建成对主密钥(PMK)种子，导致四次握手完全失败。加密机制不匹配同样可能导致预共享密钥身份验证失败。例如，仅支持 WPA2(CCMP-AES)的接入点与仅支持 WPA(TKIP) 的遗留客户端之间无法完成四次握手。

3. C。应该从物理层入手进行无线局域网故障排除。此外，70%的问题与 Wi-Fi 客户端有关。如果客户端连接存在问题，请遵循无线局域网故障排除原则禁用并重新启用 Wi-Fi 网络适配器。无线网卡驱动程序是 802.11 无线接口与客户设备操作系统之间的接口，很多因素都会导致 Wi-Fi 驱动程序无法与设备操作系统正常通信。只要禁用并重新启用无线网卡即可重置驱动程序。客户端安全问题通常与请求方配置错误有关。

4. A、B、C。部署接入点时，常见的错误是配置接入点以最大功率传输数据。增加发射功率固然可以扩大接入点的有效范围，但也会引起本章讨论的许多问题。一般来说，室内接入点的发射功率过高反而不能满足实际的容量需求。覆盖区域扩大可能引起隐藏节点问题。以最大功率传输数据的室内接入点还会导致黏性客户端出现，进而影响客户端漫游。此外，将接入点配置为最大功率会导致信号溢出，从而增加同信道干扰的概率。

5. D。如果最终用户抱怨吞吐量下降，表明可能存在隐藏节点。协议分析仪是确定隐藏节点的有力工具。如果协议分析仪发现某客户端 MAC 地址的重传率高于其他客户端，则该客户端很可能是隐藏节点。部分协议分析仪甚至还能根据重传阈值发出隐藏节点告警信息。

6. C。实际上，所有选项描述的内容都正确。但是，如果安德鲁询问老板为何浏览 Facebook，恐怕离解雇为期不远。就技术层面而言，选项 A 和 B 正确，但老板只会将问题归咎于无线局域网。不要忘记，最终用户始终认为无线局域网是问题的根源所在。选项 C 是正确答案，因为安德鲁的老板只是希望问题得到解决。

7. B、D、E。对无线局域网而言，二层重传过多会造成两方面的不利影响。首先，二层重传会增加 MAC 子层的开销，从而降低吞吐量。其次，如果必须在第二层重传应用数据，那么应用流量的交付会出现延迟或不一致。VoIP 等应用依赖于 IP 包及时且一致地交付。对时敏应用(如语音和视频应用)而言，二层重传过多通常会引起延迟和抖动。

8. D。所有选项描述的情况都可能导致客户端与接待区的接入点之间的四次握手失败。为确保预共享密钥身份验证成功，无线网卡驱动程序需要与操作系统正常通信。如果预共享密钥凭证不匹配，则无法成功创建成对主密钥(PMK)种子，导致四次握手完全失败，最终也不会创建成对临时密钥(PTK)。身份验证与创建动态加密密钥之间存在共生关系。如果预共享密钥身份验证失败，用于创建动态加密密钥的四次握手也会失败。所选的加密机制不匹配同样可能导致预共享密钥身份验证失败。例如，仅支持 WPA2(CCMP-AES)的接入点与仅支持 WPA(TKIP)的遗留客户端无法完成四次握手。只有选项 D 是正确答案，因为问题出在接待区的接入点。

9. C、F。从图 15.53 可以看到，请求方和 RADIUS 服务器尝试创建 SSL/TLS 隧道以保护用户凭证。但 SSL/TLS 隧道并未创建成功，导致身份验证失败，由此可以判断存在证书问题。许多证书问题都可能导致 SSL/TLS 隧道创建失败，最常见的证书问题包括：根 CA 证书安装在错误的证书库中、根 CA 证书选择有误、服务器证书已过期、根 CA 证书已过期以及请求方时钟设置有误。

10. A、D、E。故障排除最佳实践要求通过询问相关问题以收集正确的信息。尽管选项 B 和 C 可能很有趣，但它们与潜在问题无关。

11. B、D。VoWiFi 要求漫游切换时间不能超过 150 毫秒，以免通话质量下降甚至连接中断。正因为如此，速度更快、安全性更高的漫游切换机制必不可少。即便部署 802.1X/EAP 安全解决方案，机会密钥缓存(OKC)和快速基本服务集转换(FT)的漫游切换时间也仅有 50 毫秒左右。接入点和客户端都必须支持 FT，否则客户端每次漫游时都要重新验证身份。

12. A、B。如果没有足够的次级覆盖，漫游就会出问题。次级覆盖过小将产生漫游盲区，甚至导致客户端暂时失去连接。次级覆盖过大同样不可取。例如，即便位于新接入点的正下方，客户端也不会连接到新接入点，而是继续保持与原接入点的连接。这就是通常所说的黏性接入点问题。

13. A。100 米的最大距离是以太网的限制，不是以太网供电(PoE)的限制，电缆长度为 90 米并无问题。虽然 PoE 标准并未特别提及，但超五类(CAT 5e)电缆支持 1000Base-T 通信，因此也能提供 PoE。如果 PoE VoIP 桌面电话的数量过多，所需电量可能超出交换机的 PoE 功率预算。大多数情况下，接入点随机重启的根本原因在于超出交换机的功率预算。

14. C。netsh 命令用于配置 Windows 计算机的有线和无线网络适配器并进行故障排除，而 netsh wlan show 命令用于显示 Windows 计算机使用的 802.11 无线接口的详细信息。类似地，airport 命令用于配置 macOS 计算机的 Wi-Fi 网络适配器并进行故障排除。准备 CWNA 考试时，请读者花些时间熟悉 netsh wlan 命令(Windows 平台)和 airport 命令(macOS 平台)的用法。与所有 CLI 命令一样，执行?命令可以查看完整的选项。

15. A、B、C。故障排除最佳实践要求通过询问相关问题来收集正确的信息。选项 D 源自著名的蒙提·派森影片，但与无线局域网故障排除无关。

16. C、D。虽然所有选项描述的情况都可能导致 IPsec VPN 失败，但只有选项 C 和 D 描述的情况与 IKE 阶段 1 的证书问题有关。如果证书问题导致 IKE 阶段 1 失败，请确保 VPN 端点安装了正确的证书。此外，不要忘记证书存在时间限制，IKE 阶段 1 出现的证书问题往往只是因为两个 VPN 端点的时钟设置有误。如果双方的加密设置和散列设置不匹配，会导致 IKE 阶段 2 的 VPN 失败；如果公有/私有 IP 地址配置有误，会导致 IKE 阶段 1 的 VPN 失败。

17. A、F。从图 15.54 可以清楚地看到，802.1X/EAP 身份验证已完成，且接入点和客户端通过四次握手创建了动态加密密钥。至此，二层身份验证完成，认证方(接入点)的虚拟受控端口向请求方(客户端)开放。但是，请求方未能获得 IP 地址。这属于网络问题，与 802.1X/EAP 无关。原因既可能是交换机的用户 VLAN 配置有误，也可能是 DHCP 服务器故障或租约到期。

18. B、D、F。如果客户端无法侦听到其他客户端的射频传输，则会出现隐藏节点问题。增加客户端的传输功率将扩大客户端的传输范围，进而提高客户端之间侦听到彼此的概率。但增加功率并非良策，因为根据最佳实践的要求，基本服务集中的所有无线接口(客户端和接入点)应使用相同的传输功率。降低客户端的传输功率可能导致隐藏节点的数量增加。如果将隐藏节点移到其他客户端的传输范围内，客户端之间就能侦听到彼此的存在。移走阻碍客户端相互通信的障碍物同样能解决问题。但是，如果希望一劳永逸地解决隐藏节点问题，增加接入点是最佳方案。

19. B、D、E。如果单播帧损坏，循环冗余校验(CRC)将失败，接收端无线接口不会向发送端无线接口返回确认帧。如果发送端无线接口没有收到确认帧，则无法确认单播帧是否发送成功，必须重传该帧。射频干扰、低信噪比、隐藏节点、功率设置失配以及邻信道干扰都可能引发二层重传。同信道干扰并非二层重传的诱因，但会增加无谓的介质争用开销。

20. D。如果客户端连接存在问题，请遵循无线局域网故障排除原则，禁用并重新启用 Wi-Fi 网络适配器。无线网卡驱动程序是 802.11 无线接口与客户设备操作系统之间的接口，很多因素都会导致 Wi-Fi 驱动程序无法与设备操作系统正常通信。只要禁用并重新启用无线网卡即可重置驱动程序。进行其他故障排除操作前，务必确保无线网卡能正常工作。

第16章   无线攻击、入侵监控与安全策略

1. B、C。拒绝服务(DoS)攻击针对 OSI 模型的第一层(物理层)或第二层(数据链路层)。物理层拒绝服务攻击称为射频干扰攻击。入侵者通过篡改 802.11 帧(包括假冒解除身份验证帧)发动各种数据链路层拒绝服务攻击。

2. C、D。恶意窃听在未经授权的情况下使用协议分析仪来捕获无线通信。可以在 OSI 模型的上层重建没有经过加密的 802.11 帧传输。

3. D。协议分析仪是一种能捕获 802.11 流量的无源设备，入侵者可以利用协议分析仪实施恶意窃听。无线入侵防御系统(WIPS)无法检测出无源设备，只能采用高强度的加密技术防止恶意窃听。

4. C、D。唯一能阻止无线劫持、中间人攻击或 Wi-Fi 网络钓鱼攻击的途径是部署相互身份验证解决方案。802.1X/EAP 解决方案要求在对用户授权之前首先交换相互身份验证的凭证。

5. F。即便部署安全性最高的身份验证和加密机制,攻击者也仍然可以查看以明文传输的 MAC 地址信息。MAC 地址用于在第二层引导数据流量，这种地址并没有加密。虽然可以通过 MAC 过滤来限制设备，但利用 MAC 欺骗很容易就能规避 MAC 过滤器。

6. A、B。一般性安全策略描述了组织或机构制定无线局域网安全策略的目的。即便企业尚未决定部署无线网络，至少也应该制定如何处理无线非法设备的策略。功能性安全策略定义了采用哪些措施和手段保护无线网络。

7. A、E。攻击者取得密码短语后，可以关联到使用 WPA/WPA2 的接入点并访问网络资源。虽然加密技术本身并未遭到破解，但密钥可以重新生成。如果攻击者取得密码短语并捕获四次握手过程，就能重新生成动态加密密钥，进而解密流量。WPA/WPA2 个人版并非可靠的企业安全解决方案，因为一旦密码短语遭到破解，攻击者就能访问网络资源并解密流量。

8. A、C、D、E。数据链路层拒绝服务攻击的种类很多，包括关联泛洪、解除身份验证欺骗、

取消关联欺骗、身份验证泛洪、节电轮询泛洪(PS-Poll flood)以及虚拟载波攻击。射频干扰属于物理层拒绝服务攻击。

9. A、C。微波炉工作在 2.4 GHz ISM 频段，并且经常会引起非蓄意干扰。2.4 GHz 无绳电话也会引起非蓄意干扰。信号发生器一般用作干扰设备，产生的干扰属于蓄意干扰。900 MHz 无绳电话不会干扰到使用 2.4 GHz 或 5 GHz 频段传输数据的无线局域网设备。不存在所谓的"解除身份验证发射机"。

10. C、D、E。网络中出现的大多数未授权设备(非法设备)来自有权进入大楼的人员。换言之，非法设备往往由企业员工、承包商、访客等受到信任的人员安装。战争驾驶者和攻击者通常无法进入大楼。

11. A、C。接入点或无线局域网控制器可以启用客户端隔离，以阻止同一个无线 VLAN 和 IP 子网的客户端之间相互通信。部署个人防火墙同样能抑制对等攻击。

12. C。无线入侵防御系统(WIPS)可以缓解非法接入点造成的危害。WIPS 传感器使用数据链路层拒绝服务攻击作为反制非法设备的手段，端口抑制也能用于关闭非法接入点连接的交换机端口。WIPS 供应商还采用其他秘而不宣的方法缓解非法设备造成的危害。

13. A、B、E、F。大多数 WIPS 解决方案将 802.11 无线接口划分为 4 类(有时可能更多)：授权设备是属于企业无线网络成员的客户端或接入点，WIPS 自动将检测到但不属于非法设备的 802.11 无线接口标记为未授权设备；邻居设备是 WIPS 检测到且识别为干扰设备，但不一定属于安全威胁的客户端或接入点；非法设备是干扰设备或可能造成安全隐患的客户端或接入点。

14. A、E。所有企业都应制定禁止员工安装无线设备的安全策略，并规定各种无线攻击(包括非法接入点)的处理方案。WIPS 发现非法接入点后，建议暂时实施数据链路层非法设备抑制措施，直到确定非法设备的实际位置，然后立即将非法设备从数据端口断开。为便于管理员取证，可不必急于给非法接入点断电。查看关联表和日志文件或许有助于确定安装非法设备的人员。

15. A、C、D、F、G。目前不存在所谓的"快乐接入点攻击"或"802.11 天空猴子攻击"。由于公共热点没有部署安全措施，无线用户特别容易受到攻击；由于通信没有加密，用户容易成为恶意窃听的目标；由于没有部署相互身份验证解决方案，用户容易遭到无线劫持、中间人攻击与网络钓鱼攻击；由于热点接入点可能并未禁用对等通信，用户容易遭到对等攻击。建议所有企业制定远程访问无线安全策略，以保护最终用户访问外部网络时的安全。

16. A、C。由于公共热点没有部署任何安全措施，因此必须严格执行无线局域网远程访问策略。建议将需要使用的 IPsec 或 SSL VPN 解决方案纳入这项策略，以提供设备身份验证、用户身份验证以及针对所有无线数据流量的高强度加密。热点是恶意窃听的主要目标，所有远程计算机都应安装个人防火墙以阻止对等攻击。

17. B。MAC 过滤器通常仅允许特定客户端发送的流量通过接入点，且基于每个客户端唯一的 MAC 地址。然而，MAC 地址可以被欺骗或假冒。业余黑客只要将自己的 MAC 地址设置为某个出现在允许列表中的客户端，就能轻易规避 MAC 过滤器。

18. A。集成型 WIPS 是目前部署最广泛的 WIPS。对大多数 Wi-Fi 用户而言，覆盖型 WIPS 往往价格不菲。功能更强大的覆盖型 WIPS 通常见于国防、金融或大型零售垂直市场，因为这些行业有充足的资金部署覆盖型解决方案。

19. A、D。有线等效加密(WEP)已遭到破解。无论密钥长短，目前的破解工具都能在几分钟之内获得加密密钥。截至本书出版时，CCMP/AES 和 3DES 加密尚未遭到破解。

20. D。无线劫持又称"双面恶魔"攻击，这种攻击经常引起广泛关注。通过使用"双面恶魔"接入点和 DHCP 服务器，攻击者可以在第二层和第三层劫持无线客户端，进而发动中间人攻击或

Wi-Fi 网络钓鱼攻击。

第 17 章 无线局域网安全体系结构

1. B。 在 802.1X 安全解决方案中，请求方是要求提供身份验证凭证以访问网络资源的 Wi-Fi 客户端。每个请求方具有唯一的身份验证凭证，由认证服务器进行验证。

2. B、D。 根据 IEEE 802.11-2016 标准的定义，CCMP/AES 是默认的加密机制，而 TKIP/ARC4 是可选的加密机制。这两种加密机制最初定义在 802.11i 修正案中，该修正案现已纳入 IEEE 802.11-2016 标准。Wi-Fi 联盟推出的 WPA2 认证项目在功能上与 802.11i 修正案完全相同，WPA2 支持 CCMP/AES 和 TKIP/ARC4 动态加密密钥管理。

3. E。 128 位的 WEP 密钥由用户输入的 104 位(26 个十六进制字符)静态密钥与 24 位初始化向量混合而成，有效密钥长度为 128 位。

4. A、C、E。 802.1X 授权框架主要包括请求方、认证方、认证服务器这 3 种要素，每种要素都有特定的作用。这 3 种要素相互协作，确保只有通过验证的用户和设备才有权访问网络资源。请求方要求访问网络资源，认证服务器验证请求方提供的凭证，认证方允许或拒绝请求方通过其虚拟端口访问网络资源。802.1X 框架采用称为可扩展认证协议(EAP)的二层身份验证协议来验证二层用户是否合法。

5. C。 Wi-Fi 联盟认为安全性更高的对等实体同时验证(SAE)将取代预共享密钥身份验证。SAE 是 WPA3 安全认证的组成部分，其最终目标是完全阻止字典攻击。

6. D。 企业网络使用预共享密钥身份验证的最大问题在于社会工程学。如果最终用户不慎将预共享密钥透露给黑客，则会危害无线局域网的安全。企业员工离职后，必须使用新的 256 位预共享密钥重新配置所有设备，这会极大增加管理员的工作量。某些无线局域网供应商提供专有的预共享密钥解决方案，每台客户设备具有唯一的预共享密钥。这些专有方案不仅能防止社会工程学攻击，实际上还消除了管理员必须重新配置每台 Wi-Fi 最终用户设备的负担。

7. A、B、D。 WEP、TKIP 与 CCMP 均使用对称密码：WEP 和 TKIP 使用 ARC4 密码，而 CCMP 使用 AES 密码。公钥密码基于非对称通信。

8. A、B。 802.11n 修正案、802.11ac 修正案与 IEEE 802.11-2016 标准都定义了 TKIP 向 CCMP 的过渡。根据这些标准和修正案的规定，如果启用 WEP 或 TKIP，则不能使用高吞吐量(HT)或甚高吞吐量(VHT)数据速率。2012 年，IEEE 与 Wi-Fi 联盟决定弃用 WEP 和 TKIP。802.11n/ac 数据速率采用 CCMP 加密。2012 年获批的 802.11ad 修正案定义了伽罗瓦/计数器模式协议(GCMP)，GCMP 采用 AES 加密。802.11ad 修正案定义的数据速率极高，高数据速率需要使用 GCMP，因为 GCMP 比 CCMP 更有效。此外，802.11ac 无线接口将 GCMP 作为可选的加密机制。

9. A、B、C、D、E。 RBAC 主要由用户、角色、许可这 3 种要素构成。管理员可以创建不同的角色，如销售角色或营销角色。用户流量许可被映射到角色，并定义为二层许可(MAC 过滤器)、三层许可(访问控制列表)、四～七层许可(状态防火墙规则)以及带宽许可。此外，无论哪种许可都存在时间限制。某些供应商使用"角色"一词，其他供应商则使用"用户配置文件"一词。

10. D。 当连接到没有部署安全措施的公共无线局域网和热点时，通常利用 VPN 保护客户设备的安全。由于大多数热点不提供数据链路层安全机制，最终用户必须设法保护自身安全。VPN 技术的另一种常见应用是在远程办公室与企业办公室之间通过跨广域网链路来提供站点到站点连接。此外，部署 802.11 网桥以提供无线回程通信时，可以通过 VPN 技术提供必要的数据隐私。

11. B。 封装在 802.11 数据帧帧体内的上层净荷称为 MAC 服务数据单元(MSDU)。MSDU 由逻辑链路控制(LLC)子层和第三～七层信息构成，是包含 IP 包以及部分 LLC 数据的数据净荷。启用加密后，加密的是 802.11 数据帧的 MSDU 净荷。

12. B、D。共享密钥身份验证属于遗留的身份验证机制，无法提供产生动态加密密钥所需的种子材料。静态 WEP 使用静态密钥。强健安全网络关联需要通过四次握手(进行 4 次 EAP 帧交换)生成动态 TKIP 或 CCMP 密钥。802.1X/EAP 身份验证或预共享密钥身份验证结束后，都要通过四次握手过程产生实际使用的动态密钥。

13. A、D。802.1X/EAP 解决方案要求请求方和认证服务器支持相同类型的 EAP。认证方必须配置 802.1E/EAP 身份验证，通过认证方传输的 EAP 类型则无关紧要。此外，请求方和认证方必须支持相同的加密机制。

14. C。无线局域网控制器通常集中在数据面，所有 EAP 流量经由隧道在接入点与控制器之间传输。在无线局域网控制器环境中部署 802.1X/EAP 解决方案时，控制器充当认证方，虚拟受控端口和非受控端口均位于控制器。

15. E。每用户/每设备预共享密钥凭证的多个用例已在企业环境中得到广泛应用，但专有的预共享密钥身份验证无法完全取代 802.1X/EAP。

16. A、D、E。802.1X/EAP 旨在验证用户凭证并授权用户访问网络资源。尽管加密并非 802.1X 框架的强制要求，但强烈建议使用加密。动态加密密钥的生成和分发是 802.1X/EAP 的产物。加密过程实际上属于身份验证过程的副产品，但身份验证与加密的目的大相径庭：身份验证是验证用户身份的机制，而加密是提供数据隐私或机密性的机制。

17. D。AES 算法利用 128 位、192 位或 256 位的加密密钥来加密固定长度的数据分组包含的数据。CCMP/AES 使用 128 位的密钥将数据加密为 128 位的固定长度的数据分组。

18. A、D。WPA2 认证要求企业网络使用 802.1X/EAP 身份验证，SOHO 网络使用预共享密钥身份验证，且设备必须支持安全性更高的动态加密密钥生成机制。CCMP/AES 是强制的加密机制，而 TKIP/RC4 是可选的加密机制。

19. E。IEEE 802.11-2016 标准定义了强健安全网络(RSN)和强健安全网络关联(RSNA)。CCMP/AES 是强制的加密机制，而 TKIP/RC4 是可选的加密机制。TKIP、CCMP 与 GCMP 属于强健加密机制。需要注意的是，TKIP 已遭到弃用，而 GCMP 尚未在企业无线局域网市场上得到应用。

20. C。请求方、认证方与认证服务器共同构成 802.1X 框架，但进行身份验证时还需要身份验证协议的配合。可扩展认证协议(EAP)用于验证用户或设备的身份。

第 18 章　自带设备与来宾访问

1. B、C、E。UDP 端口 67(DHCP)、UDP 端口 53(DNS)、TCP 端口 80(HTTP)、TCP 端口 443(HTTPS)等防火墙端口应予放行，以便来宾用户的无线设备接收 IP 地址、执行 DNS 查询并浏览网页。当连接到非企业 SSID 的 SSID 时，许多公司要求员工使用安全的 VPN 连接，因此 UDP 端口 500(IPsec IKE)和 UDP 端口 4500(IPsec NAT-T)同样应予放行。

2. A、C、E。根据来宾防火墙策略，来宾用户有权访问 DHCP 和 DNS，但无权访问专用网 10.0.0.0/8、172.16.0.0/12 与 192.168.0.0/16。由于企业网络服务器和资源通常位于上述专用 IP 空间，因此不允许来宾用户访问这些专用网。建议来宾防火墙策略将所有来宾流量直接路由到互联网网关，并远离企业网络基础设施。

3. A、D、E。移动设备管理(MDM)体系结构的 4 种要素是移动设备、接入点/无线局域网控制

器、MDM 服务器、推送通知服务。移动设备请求访问企业无线局域网；如果移动设备尚未通过
MDM 服务器注册，接入点/无线局域网控制器将把它们隔离到围墙花园；MDM 服务器负责注册
客户设备；MDM 服务器与 Apple 推送通知服务(APNs)、Google 云消息传递(GCM)等推送通知服
务交换数据，以实现移动设备的空中管理。

4. A、C。802.1X/EAP 要求请求方安装根 CA 证书，利用组策略对象(GPO)很容易为 Windows
膝上型计算机安装根证书。对于部署 802.1X/EAP 的移动设备，移动设备管理(MDM)采用空中服
务开通机制引导移动设备并配置根 CA 证书。自助设备引导应用也能为移动设备开通根 CA 证书。
热点 2.0 技术规范还为控制点 SSID 定义了自动开通证书的方法。

5. D。在连接到无线局域网之前，控制点设备可以利用接入网络查询协议(ANQP)发现无线局
域网支持的蜂窝服务提供商。ANQP 是 802.11u 修正案定义的查询和响应协议。ANQP 查询还包
括支持的 EAP 类型、服务提供商漫游协议等其他信息。

6. B、D、E。MDM 服务器可以监控设备名称、序列号、容量、电池电量、已安装应用等信
息，但无法查看短信、个人邮件、日历以及浏览器历史记录。

7. B、D。根据热点 2.0 规范的定义，EAP-SIM、EAP-AKA、EAP-TLS、EAP-TTLS 这 4 种
EAP 都能用于控制点客户设备的身份验证。目前的 3G/4G 蜂窝智能手机使用 EAP-AKA 和 SIM
卡凭证，而 EAP-TLS 或 EAP-TTLS 用于非 SIM 客户设备(如膝上型计算机)。

8. A、B、E。就本质而言，强制门户解决方案将网页浏览器转换为身份验证服务。为进行身
份验证，用户必须启动网页浏览器。无论用户尝试浏览哪个网站，都将重定向到另一个显示强制
门户登录页面的网址。强制门户利用 IP 重定向、DNS 重定向或 HTTP 重定向将没有经过身份验
证的用户重定向到登录页面。

9. B、C、D。接入点将客户设备置于围墙花园内。在网络部署中，"围墙花园"指某种封闭
的环境，围墙花园内的设备只能访问某些 Web 内容和网络资源。换言之，围墙花园是为设备或用
户提供网络服务的封闭平台。当位于接入点指定的围墙花园内时，移动设备只能访问动态主机配
置协议(DHCP)、域名系统(DNS)、推送通知服务以及 MDM 服务器。移动设备必须找到合适的出
口点才能离开围墙花园(就像离开现实中的围墙花园那样)，而移动设备的指定出口点是 MDM 注
册过程。

10. C。设备的操作系统不同，空中服务的开通也不同，但通常会使用可信证书和安全套接字
层(SSL)加密。iOS 设备采用简单证书注册协议(SCEP)，该协议利用证书和 SSL 加密保护 MDM 配
置文件的安全。MDM 服务器随后回复 SCEP 净荷，指导移动设备从 MDM 证书颁发机构(CA)或
第三方证书颁发机构下载可信证书。证书安装完毕后，经过加密的 MDM 配置文件(包含设备配置
和限制净荷)以安全方式发送到移动设备并进行安装。

11. A。IP 隧道一般使用通用路由封装(GRE)协议，来宾流量通过 IP 隧道从网络边缘传输回隔
离区。隔离区中的隧道目的地既可以是无线局域网控制器，也可以是 GRE 服务器或路由器，具
体取决于 Wi-Fi 供应商的解决方案。GRE 隧道的源端是接入点。

12. E。提供员工担保功能的来宾管理解决方案可以集成在 LDAP 数据库(如活动目录)中。可
以要求来宾用户输入某位员工的邮件地址，而该员工必须批准并担保来宾用户。担保方通常会收
到一封邮件，单击邮件中的链接就能接受或拒绝来宾用户的请求。来宾用户完成注册或接受担保
后，即可使用新创建的凭证登录。

13. C。当员工通过企业 MDM 解决方案注册自己的个人设备时，往往会删除 MDM 配置文件，
但这样就无法再通过企业 MDM 解决方案管理个人设备。员工的移动设备今后尝试连接企业无线
局域网时，必须再次进行 MDM 注册。

14. D。自带设备(BYOD)策略致力于规范员工自有移动设备(如智能手机、平板电脑与膝上型计算机)在工作场所的应用，明确个人设备接入企业无线局域网时可以访问或不能访问的资源。

15. A。社交登录利用社交网络服务(如 Twitter、Facebook 或 LinkedIn)现有的登录凭证在第三方网站上进行注册。拜社交登录所赐，用户无须在第三方网站上创建新的注册凭证。零售业和服务业对社交登录的理念青睐有加，因为它们有机会从使用社交网络服务的来宾用户获得有价值的营销信息。企业可以根据这些信息建立数据库，记录人们在商家购物时使用来宾无线局域网的客户类型。

16. F。即便移动设备不再连接到企业无线局域网，但只要接入互联网，MDM 服务器仍然能远程管理这些设备。MDM 服务器与移动设备之间的通信需要使用第三方服务提供的推送通知服务。推送通知服务向移动设备发送消息，告知对方联系 MDM 服务器，MDM 服务器随后通过安全连接远程操作移动设备。

17. B、D、E。接入点或无线局域网控制器经常启用客户端隔离，以阻止同一个 VLAN 的客户端之间直接通信。为阻止对等攻击，强烈建议来宾无线局域网启用客户端隔离。速率限制又称带宽节流，用于限制 SSID 流量或用户流量。来宾用户流量的速率限制一般为 1024 Kbps。Web 内容过滤解决方案根据内容类别阻止来宾用户访问网站，每种类别包含根据 Web 内容分配的网站或网页。

18. E。强制门户可以是独立的服务器解决方案或云端服务，大多数 Wi-Fi 供应商也提供集成式强制门户解决方案。强制门户既可以位于无线局域网控制器，也可以部署在网络边缘的接入点。

19. B。移动设备必须首先与接入点建立关联。接入点将客户设备置于围墙花园内。在网络部署中，"围墙花园"指某种封闭的环境，围墙花园内的设备只能访问某些 Web 内容和网络资源。换言之，围墙花园是为设备或用户提供网络服务的封闭平台。当位于接入点指定的围墙花园内时，移动设备只能访问 DHCP、DNS、推送通知服务以及 MDM 服务器。完成 MDM 注册后，移动设备可以离开围墙花园。

20. A、B、C。NAC 服务器利用状态代理报告的系统运行状况信息以确定设备是否正常运行，DHCP 指纹识别有助于识别硬件和操作系统，RADIUS 属性可以确定客户端的连接方式(无线或有线)以及其他连接参数，RADIUS 授权变更用于切断或更改客户端连接的权限。

第 19 章 802.11ax 技术：高效无线局域网

1. C。在 20 MHz 信道中，每个发送机最多有 9 个客户端可以参与 MU-OFDMA 传输。20 MHz 信道可以划分为 9 个单独的资源单元，每个资源单元包含 26 个音调。

2. A。触发帧用于实现多用户通信所需的帧交换。MU-MIMO 和 MU-OFDMA 通信都要使用触发帧。

3. B。2016 年获批的 802.11ah 修正案首次定义了目标唤醒时间(TWT)。这种节电机制允许客户端与接入点之间根据预期的流量活动进行协商，以便为使用节电模式的客户端指定预定的目标唤醒时间。对配有 802.11ax 无线接口并使用 2.4 GHz 频段传输数据的物联网设备而言，改进的节电功能是理想之选。

4. C。现有的 4 dB 信号检测阈值会引起信道争用问题，基于 BSS 着色的自适应信号检测阈值有望缓解这个问题。根据在物理层头部检测到的颜色比特，802.11ax 无线接口可以执行自适应空闲信道评估。这种机制有助于提高 BSS 间流量的信号检测阈值，同时将 BSS 内流量的信号检测阈值维持在较低的水平。如果提高传入 OBSS 帧的信号检测阈值，那么即便无线接口位于同一信道，可能也无须推迟传输。

5. D。尽管 802.11ax 技术致力于提高效率而非数据速率，但也有例外。1024-QAM 仅适用于包含 242 个或更多个音调的资源单元，换言之，1024-QAM 至少需要一条完整的 20 MHz 信道。

第 20 章 无线局域网部署与垂直市场

1. A、B、C、D。在许多企业垂直市场中，传感器、监测仪等物联网设备使用 802.11 无线接口和 RFID。除 802.11 技术外，物联网设备也常常采用蓝牙、Zigbee、Z-Wave 等其他无线技术。物联网设备还能通过以太网连接到企业网络。

2. B。iBeacon BLE 无线接口利用通用唯一标识符(UUID)、主值与副值传输邻近位置数据。UUID 是长度为 32 个字符的十六进制字符串，用于唯一标识管理信标的机构。iBeacon 净荷包含 UUID，而主值和副值分别用于标识某个场所和该场所内的某个位置。

3. C。为避免潜在的干扰，医院通常指派专人跟踪院内使用的频率。部分市政当局也开始照此办理，致力于满足所有部门对无线通信的需求，因为无线技术已广泛应用于 SCADA 网络、交通摄像头、红绿灯、双向无线电、点对点桥接、热点等各种环境。军事基地一般也会指派专人负责频谱管理。

4. D。路基通信使用 LTE 蜂窝上行链路，而游轮往往远离陆地，因此需要利用卫星上行链路接入互联网。

5. B、D。固定移动融合(FMC)技术支持设备在 Wi-Fi 网络与蜂窝电话网之间漫游，并选择成本最低的可用网络。

6. D。在仓储网络设计中，网络设备往往是无法捕获大量数据的条码扫描仪，因此通常不需要实现高容量和高吞吐量。仓储网络一般致力于提供大范围覆盖，其数据传输要求很低。虽然安全始终是需要考虑的问题，但它通常不属于设计标准。

7. A、C、D。企业通常利用无线局域网提供方便的移动性，这些区域难以安装有线网络或安装成本极高。互联网接入是企业无线网络提供的一项服务，但它并非安装无线网络的主要原因。

8. A、C、D。电话公司、有线电视公司、无线互联网服务提供商(WISP)都能为用户和企业提供"最后一英里"服务。

9. B。虽然全部选项都正确，但 SOHO 网络主要用作互联网网关。

10. A、B、D。移动办公网络解决方案属于临时性解决方案，适用于选项 A、B、D 列出的环境。将远程销售办公网络归为 SOHO 网络或许更合适。

11. A、D。一般来说，仓储和制造环境对移动性的要求较高，对数据传输的要求较低。因此，仓储网络通常致力于提供大覆盖而非高容量。

12. B。iBeacon 要求移动设备上的应用能够触发操作，只要配有 BLE 接收机无线接口的智能手机处于 iBeacon 发射机的接近感应范围内，就能实现触发。iBeacon 可以触发邻近感知推送通知(如零售店内的广告)，从而改善购物体验。iBeacon 使用 BLE 无线接口而非 802.11 无线接口，但不少无线局域网供应商目前也提供集成式或覆盖式 iBeacon 技术解决方案。BLE 发射机采用的 iBeacon 技术与 Wi-Fi 接入点传输的信标帧是两种不同的概念，这一点请读者谨记在心。

13. A、B、C。制造工厂通常属于固定环境，固定接入点可以为这种环境提供更好的服务。

14. C、D。"点对多点""中心辐射型""星型"描述的是同一种通信技术，即多台设备通过中央设备交换数据。点对点连接用于两台设备之间的通信，而网状网中不存在中央设备。

15. C。大多数早期的 802.11 部署采用跳频扩频(FHSS)技术，在工业(仓储和制造)环境中的应用最为广泛。FHSS 技术适用于对移动性要求较高而对数据传输速率要求较低的工业环境。

16. C。为方便用户进行无线访问，热点提供商通常会部署易于使用但不提供数据加密的身份验证机制。为确保与企业网络的通信安全，用户往往需要使用 IPsec VPN。

17. A、C、D。语音 Wi-Fi(VoWiFi)是 802.11 技术在医疗环境中的常见应用。无论身在何处，医护人员都能通过 VoWiFi 电话及时沟通。使用 RFID 标签的实时定位服务(RTLS)解决方案经常用于库存控制。医护人员利用具有 Wi-Fi 功能的医疗推车监控患者信息和生命体征。

18. A、C。安装多个点对点网桥旨在提高吞吐量或避免单点故障。分配信道和安装天线时务须谨慎，以免造成自我干扰(self-inflicted interference)。

19. A、B、C。医疗保健机构通常存在大量使用射频通信的设备，因此有必要将射频干扰纳入考虑。医疗保健机构需要快速、安全、准确地获取患者数据，这一点至关重要。即便数据速率不高，也能实现快速访问。802.11 技术的移动性可以满足快速访问的要求。

20. D。对公共热点提供商而言，确保只有合法用户才能访问热点是头等大事。公共热点利用身份验证机制实现这一点，但身份验证仅能阻止非授权用户访问网络。业界越来越倾向于通过热点 2.0 以及其他技术提供安全的公共访问。

附录 **B**　　缩略词表

CWNP 认证体系

CWAP(Certified Wireless Analysis Professional)：认证无线分析高级工程师

CWDP(Certified Wireless Design Professional)：认证无线设计高级工程师

CWNA(Certified Wireless Network Administrator)：认证无线网络工程师

CWNE(Certified Wireless Network Expert)：认证无线网络专家

CWNT(Certified Wireless Network Trainer)：认证无线网络讲师

CWS(Certified Wireless Specialist)：认证无线技术顾问

CWSA(Certified Wireless Solutions Administrator)：认证无线解决方案工程师

CWSP(Certified Wireless Security Professional)：认证无线安全高级工程师

CWT(Certified Wireless Technician)：认证无线技术员

行业组织与法规条例

ACMA(Australian Communications and Media Authority)：澳大利亚通信和媒体管理局

APT(Asia-Pacific Telecommunity)：亚太电信组织

ARIB(Association of Radio Industries and Businesses)：日本电波产业会

ATU(African Telecommunications Union)：非洲电信联盟

CEPT(European Conference of Postal and Telecommunications Administrations)：欧洲邮电主管部门会议

CFR(Code of Federal Regulations)：美国联邦法规

CITEL(Inter-American Telecommunication Commission)：美洲国家电信委员会

CTIA(Cellular Telecommunications and Internet Association)：蜂窝电信和互联网协会

CWNP(Certified Wireless Network Professional)：认证无线网络职业专家项目

ERC(European Radiocommunications Committee)：欧洲无线电通信委员会

FAA(Federal Aviation Administration)：美国联邦航空管理局

FCC(Federal Communications Commission)：美国联邦通信委员会

FIPS(Federal Information Processing Standards)：美国联邦信息处理标准

GDPR(General Data Protection Regulation)：《通用数据保护条例》

GLBA(Gramm-Leach-Bliley Act)：《格雷姆-里奇-比利雷法案》

HIPAA(Health Insurance Portability and Accountability Act)：《健康保险便利和责任法案》

IAB(Internet Architecture Board)：互联网体系结构委员会

ICANN(Internet Corporation for Assigned Names and Numbers)：互联网名称与数字地址分配机构

IEC(International Electrotechnical Commission)：国际电工委员会

IEEE(Institute of Electrical and Electronics Engineers)：电气和电子工程师协会

IESG(Internet Engineering Steering Group)：互联网工程指导组

IETF(Internet Engineering Task Force)：互联网工程任务组

IrDA(Infrared Data Association)：红外数据协会

IRTF(Internet Research Task Force)：互联网研究任务组

ISO(International Organization for Standardization)：国际标准化组织

ISOC(Internet Society)：互联网协会

ITU-R(International Telecommunication Union Radiocommunication Sector)：国际电信联盟无线电通信部门

ITU-T(International Telecommunication Union Telecommunication Standardization Sector)：国际电信联盟电信标准化部门

NEMA(National Electrical Manufacturers Association)：美国电气制造商协会

NIST(National Institute of Standards and Technology)：美国国家标准技术研究所

NTIA(National Telecommunication and Information Agency)：美国电信和信息管理局

PCI DSS(Payment Card Industry Data Security Standard)：支付卡行业数据安全标准

RCC(Regional Commonwealth in the field of Communication)：区域通信联合体

Bluetooth SIG：蓝牙技术联盟

SOX(Sarbanes-Oxley Act)：《萨班斯-奥克斯利法案》

WECA(Wireless Ethernet Compatibility Alliance)：无线以太网兼容性联盟

Wi-Fi Alliance：W-Fi 联盟

WiGig(Wireless Gigabit Alliance)：无线吉比特联盟，又称 WiGig 联盟

计量单位

dB：分贝

dBd：分贝偶极子

dBi：分贝各向同性

dBm：毫瓦分贝

GHz：吉赫

Hz：赫兹

kHz：千赫

mA：毫安

MHz：兆赫

mW：毫瓦

SINR(Signal-to-Interference-plus-Noise Ratio)：信干噪比

SNR(Signal-to-Noise Ratio)：信噪比

V：伏特

W：瓦特

专业术语

3DES(Triple Data Encryption Standard)：三重数据加密标准

AAA(Authentication, Authorization, and Accounting)：身份验证、授权与记账

AC(Access Category)：访问类别

AC(Alternating Current)：交流电

ACI(Adjacent-Channel Interference)：邻信道干扰

ACK(Acknowledgment)：确认

ACL(Access Control List)：访问控制列表

AES(Advanced Encryption Standard)：高级加密标准

AFH(Adaptive Frequency Hopping)：自适应跳频

AI(Artificial Intelligence)：人工智能

AID(Association IDentifier)：关联识别符

AIFS(Arbitration InterFrame Space)：仲裁帧间间隔

AKM(Authentication and Key Management)：身份验证和密钥管理

AKMP(Authentication and Key Management Protocol)：身份验证和密钥管理协议

AM(Aamplitude Modulation)：调幅

A-MPDU(Aggregated MAC Protocol Data Unit)：聚合的 MAC 协议数据单元

AMPE(Authenticated Mesh Peering Exchange)：认证网状对等交换

A-MSDU(Aggregated MAC Service Data Unit)：聚合的 MAC 服务数据单元

ANQP(Access Network Query Protocol)：接入网络查询协议

AP(Access Point)：接入点

API(Application Programming Interface)：应用编程接口

APIPA(Automatic Private IP Addressing)：自动专用 IP 寻址

APNs(Apple Push Notification service)：Apple 推送通知服务

APSD(Automatic Power-Save Delivery)：自动节电传输

ARM(Adaptive Radio Management)：自适应无线管理

ARP(Address Resolution Protocol)：地址解析协议

ARS(Adaptive Rate Selection)：自适应速率选择

ARS(Automatic Rate Selection)：自动速率选择

AS(Authentication Server)：认证服务器

ASEL(Antenna Selection)：天线选择

ASK(Amplitude-Shift Keying)：幅移键控

ATF(AirTime Fairness)：占用时长公平性

ATIM(Announcement Traffic Indication Message)：通告流量指示消息

ATM (Asynchronous Transfer Mode)：异步传输模式

AUP(Acceptable Use Policy)：可接受使用策略

AVP(Attribute-Value Pair)：属性值对

BA(Block Acknowledgment)：块确认

BAR(Block Acknowledgment Request)：块确认请求

BER(Bit Error Rate)：误比特率

BGP(Border Gateway Protocol)：边界网关协议

BIP(Broadcast/Multicast Integrity Protocol)：广播/多播完整性协议

BLE(Bluetooth Low Energy)：蓝牙低功耗

BOM(Bill Of Materials)：物料清单

BPSK(Binary Phase-Shift Keying)：二进制相移键控

BQRP(Bandwidth Query Report Poll)：带宽查询报告轮询

BRP(Beamforming Report Poll)：波束成形报告轮询

BSA(Basic Service Area)：基本服务区

BSR(Buffer Status Report)：缓冲区状态报告

BSRP(Buffer Status Report Poll)：缓冲区状态报告轮询

BSS(Basic Service Set)：基本服务集

BSS(Business Support System)：业务支撑系统

BSSID(Basic Service Set Identifier)：基本服务集标识符

BT(Bluetooth)：蓝牙

BVI(Bridged Virtual Interface)：桥接虚拟接口

BW(Bandwidth)：带宽

BYOD(Bring Your Own Device)：自带设备

CA(Certificate Authority)：证书颁发机构

CAC(Call Admission Control)：呼叫准入控制

CAD(Computer-Aided Design)：计算机辅助设计

CAM(Content-Addressable Bemory)：内容可寻址存储器

CAP(Controlled Access Phase)：受控访问阶段

CAPWAP(Control And Provisioning of Wireless Access Points)：无线接入点控制和配置

CBN(Cloud-Based Networking)：云端网络

CBP(Contention-Based Protocol)：基于争用的协议

CCA(Clear Channel Assessment)：空闲信道评估

CCI(Co-Channel Interference)：同信道干扰

CCK(Complementary Code Keying)：补码键控

CCMP(Counter Mode with Cipher-Block Chaining Message Authentication Code Protocol)：计数器模式密码块链消息认证码协议

CDMA(Code-Division Multiple Access)：码分多址

CEN(Cloud-Enabled Network)：云支持网络

CF(Compact Flash)：紧凑型闪存

CF(Contention Free)：无争用

CFP(Contention-Free Period)：无争用期

CID(Company-Issued Device)：公司配备设备

CLI(Command-Line Interface)：命令行界面

CLNS(ConnectionLess Network Service)：无连接网络服务

CMMV(Chinese Millimeter Wave)：中国毫米波

CNSA(Commercial National Security Algorithm)：商业国家安全算法

CoA(Change of Authorization)：授权变更

CP(Contention Period)：争用期

CRC(Cyclic Redundancy Check)：循环冗余校验

CRM(Customer Relationship Management)：客户关系管理

CSA(Channel Switch Announcement)：信道切换公告

CSAT(Carrier Sense Adaptive Transmission)：载波监听自适应传输

CSD(Cyclic Shift Diversity)：循环移位分集

CSMA/CA(Carrier Sense Multiple Access with Collision Avoidance)：带冲突避免的载波监听多路访问

CSMA/CD(Carrier Sense Multiple Access with Collision Detection)：带冲突检测的载波监听多路访问

CTS(Clear To Send)：允许发送

CW(Contention window)：争用窗口

CWG-RF(Converged Wireless Group-RF Profile)：融合无线组-射频配置文件

DA(Destination Address)：目的地址

DAS(Distributed Antenna System)：分布式天线系统

DBPSK(Differential Binary Phase-Shift Keying)：差分二进制相移键控

DC(Direct Current)：直流

DCF(Distributed Coordination Function)：分布式协调功能

DDF(Distributed Data Forwarding)：分布式数据转发

DEC(Data Encryption Standard)：数据加密标准

DECT(Digital Enhanced Cordless Telecommunications)：增强型数字无绳电信系统

DFS(Dynamic Frequency Selection)：动态频率选择

DHCP(Dynamic Host Configuration Protocol)：动态主机配置协议

DIFS(Distributed coordination function InterFrame Space)：分布式协调功能帧间间隔

DL(DownLink)：下行链路

DL OFDMA(DownLink Orthogonal Frequency-Division Multiple Access)：下行链路正交频分多址

DLS(Direct-Link Setup)：直接链路建立

DMG(Directional Multi-Gigabit)：定向多吉比特

DMZ(DeMilitarized Zone)：隔离区

DNS(Domain Name System)：域名系统

DoS(Denial-of-Service)：拒绝服务

DPI(Deep Packet Inspection)：深度包检测

DPP(Device Provisioning Protocol)：设备配置协议

DQPSK(Differential Quadrature Phase-Shift Keying)：差分正交相移键控

DRS(Dynamic Rate Switching)：动态速率切换

DS(Distribution System)：分布系统

DSAF(Distribution System Access Function)：分布系统接入功能

DSAS(Distributed Spectrum Analysis System)：分布式频谱分析系统

DSE(Dynamic Station Enablement)：动态终端启用

DSL(Digital Subscriber Line)：数字用户线

DSM(Distribution System Medium)：分布系统介质

DSP(Digital Signal Processing)：数字信号处理

DSRC(Dedicated Short Range Communications)：专用短距离通信

DSS(Distribution System Service)：分布系统服务

DSSS(Direct-Sequence Spread Spectrum)：直接序列扩频

DTE(Data Terminal Equipment)：数据终端设备

DTIM(Delivery Traffic Indication Map)：发送流量指示图

DTLS(Datagram Transport Layer Security)：数据报传输层安全

EAP(Extensible Authentication Protocol)：可扩展认证协议

EAP-AKA：用于第三代身份验证和密钥协商的可扩展认证协议方法

EAPOL：基于局域网的可扩展认证协议

EAP-SIM：用于全球通信系统(GSM)用户识别模块的可扩展认证协议方法

EAP-TLS：可扩展认证协议-传输层安全

EAP-TTLS：可扩展认证协议-隧道传输层安全

ED(Energy Detect)：能量检测

EDCA(Enhanced Distributed Channel Access)：增强型分布式信道访问

EDCAF(Enhanced Distributed Channel Access Function)：增强型分布式信道访问功能

EESS(Earth Exploration-Satellite Service)：卫星地球探测业务

EIFS(Extended InterFrame Space)：扩展帧间间隔

EIRP(Equivalent Isotropically Radiated Power)：等效全向辐射功率

eLAA(enhanced Licensed Assisted Access)：增强型授权辅助接入

EM：电磁

EQM：平等调制

ERP(Extended Rate Physical)：扩展速率物理层

ERP-CCK(Extended Rate Physical-Complementary Code Keying)：扩展速率物理层-补码键控

ERP-DSSS(Extended Rate Physical - Direct Sequence Spread Spectrum)：扩展速率物理层-直接序列扩频

ERP-OFDM(Extended Rate Physical - Orthogonal Frequency Division Multiplexing)：扩展速率物理层-正交频分复用

ESA(Extended Service Area)：扩展服务区

ESP(Encapsulating Security Preload)：封装安全载荷

ESS(Extended Service Set)：扩展服务集

ESSID(Extended Service Set Identifier)：扩展服务集标识符

EVM(Error Vector Magnitude)：误差向量幅度

FA(Foreign Agent)：外部代理

FCS(Frame Check Sequence)：帧校验序列

FDDI(Fiber Distributed Data Interface)：光纤分布式数据接口

FEC(Forward Error Correction)：前向纠错

FFT(Fast Fourier Transform)：快速傅里叶变换

FHSS(Frequency-Hopping Spread Spectrum)：跳频扩频

FILS(Fast Initial Link Setup)：快速初始链路建立

FM(Frequency Modulation)：调频

FMC(Fixed Mobile Convergence)：固定移动融合

FSK(Frequency-Shift Keying)：频移键控

FSPL(Free Space Path Loss)：自由空间路径损耗

FSR(Fast Secure Roaming)：快速安全漫游

FT(Fast BSS Transition)：快速基本服务集转换

FTIE(Fast BSS Transition Information Element)：快速基本服务集转换信息元素

FTM(Fine Timing Measurement)：精细定时测量

FTP(File Transfer Protocol)：文件传输协议

FZ(Fresnel Zone)：菲涅耳区

GAS(Generic Advertisement Service)：通用通告服务

GCM(Galois/Counter Mode)：伽罗瓦/计数器模式

GCM(Google Cloud Messaging Google)：云消息传递

GCMP(Galois/Counter Mode Protocol)：伽罗瓦/计数器模式协议

GCR(GroupCast with Retries)：带重试的组播

GCR MU-BAR(GroupCast with Retries Multi-User Block ACK Request)：带重试的组播多用户块确认请求

GFSK(Gaussian Frequency-Shift Keying)：高斯频移键控

GI(Guard Interval)：保护间隔

GLK(General Link)：通用链路

GMK(Group Master Key)：组主密钥

GPO(Group Policy Object)：组策略对象

GPRS(General Packet Radio Service)：通用分组无线服务

GPS(Global Positioning System)：全球定位系统

GRE(Generic Routing Encapsulation)：通用路由封装

GSM(Global System for Mobile Communications)：全球移动通信系统

GTK(Group Temporal Key)：组临时密钥

GUI(Graphical User Interface)：图形用户界面

HA(Home Agent)：归属代理

HA(High Availability)：高可用性

HAT(Home Agent Table)：归属代理表

HC(Hybrid Coordinator)：混合协调器

HCCA(Hybrid Coordination Function Controlled Channel Access)：混合协调功能受控信道访问

HCF(Hybrid Coordination Function)：混合协调功能

HD(High Density)：高密度

HEW(High Efficiency WLAN)：高效无线局域网

HLR(Home Location Register)：归属位置寄存器

HR-DSSS(High-Rate Direct-Sequence Spread Spectrum)：高速率直接序列扩频

HT(High Throughput)：高吞吐量

HT-LTF(High-Throughput Long Training Field)：高吞吐量长训练字段

HT-SIG(High-Throughput Signal Field)：高吞吐量符号字段

HT-STF(High-Throughput Short Training Field)：高吞吐量短训练字段

HTTP(Hypertext Transfer Protocol)：超文本传输协议

HTTPS(Hypertext Transfer Protocol Secure)：超文本传输安全协议

HWMP(Hybrid Wireless Mesh Protocol)：混合无线网状协议

IAPP(Inter-Access Point Protocol)：接入点间协议

IBSS(Independent Basic Service Set)：独立基本服务集

ICI(Inter-Carrier Interference)：载波间干扰

ICMP(Internet Control Message Protocol)：互联网控制消息协议

ICV(Integrity Check Value)：完整性校验值

IDF(Intermediate Distribution Frame)：中间配线架

IdP(Identity Provider)：身份提供方

IDS(Intrusion Detection System)：入侵检测系统

IE(Information Element)：信息元素

IFFT(Inverse Fast Fourier Transform)：快速傅里叶逆变换

IFS(InterFrame Space)：帧间间隔

IKE(Internet Key Exchange)：互联网密钥交换

IoT(Internet of Things)：物联网

IP(Internet Protocol)：互联网协议

IP Code(Ingress Protection Code)：防护等级代码

IPsec(Internet Protocol Security IP)：IP 安全性

IPX(Internetwork Packet Exchange)：互联网分组交换协议

IR(Infrared)：红外线

IR(Intentional Radiator)：有意辐射器

IS(Integration Service)：集成服务

ISI(InterSymbol Interference)：符号间干扰

ISM(Industrial, Scientific, and Medical)：工业、科学和医疗

ITS(Intelligent Transportation System)：智能交通系统

IV(Initialization Vector)：初始化向量

IW(Interworking with External Networks)：与外部网络互通

JSON(JavaScript Object Notation JavaScript)：对象表示法

KRACK(Key Reinstallation Attack)：密钥重装攻击

LAA(Licensed Assisted Access)：授权辅助接入

LAN(local area network)：局域网

LBT(Listen Before Talk)：对话前监听

LDAP(Lightweight Directory Access Protocol)：轻量级目录访问协议

LDPC(Low-Density Parity Check)：低密度奇偶校验

LEAP(Lightweight Extensible Authentication Protocol)：轻量级可扩展认证协议

LLC(Logical Link Control)：逻辑链路控制

LLDP(Link Layer Discovery Protocol)：链路层发现协议

L-LTF：遗留的(非 HT)长训练字段

LOS(Line Of Sight)：视距

L-SIG：遗留的(非 HT)信号字段

L-STF：遗留的(非 HT)短训练字段

LTE(Long Term Evolution)：长期演进技术

LTE-U(LTE in Unlicensed spectrum)：非授权频谱的 LTE

LTF(Long Training Field)：长训练字段

LWA(LTE-WLAN Aggregation)：LTE-WLAN 聚合

M2M(Machine-to-Machine)：机器对机器

MAC(Medium Access Control)：介质访问控制

MAC(Message Authentication Code)：消息认证码

MACsec(Media Access Control Security)：介质访问控制安全

MAN(Metropolitan Area Network)：城域网

MAP(Mesh Access Point)：网状接入点

MAP(Mobile Application Part)：移动应用部分

MBSS(Mesh Basic Service Set)：网状基本服务集

MCA(Multiple-Channel Architecture)：多信道体系结构

MCS(Modulation and Coding Scheme)：调制编码方案

MD5(Message Digest 5)：消息摘要 5 算法

MDI(Medium-Dependent Interface)：介质相关接口

MDIE(Mobility Domain Information Element)：移动域信息元素

MDIX(Medium-Dependent Interface Crossover)：交叉模式介质相关接口

MDM(Mobile Device Management)：移动设备管理

MFP(Management Frame Protection)：管理帧保护

MIB(Management Information Base)：管理信息库

MIC(Message Integrity Check)：消息完整性校验

MIMO(Multiple-Input, Multiple-Output)：多输入多输出

MIP(Mobile IP)：移动 IP

MMPDU(MAC Management Protocol Data Unit)：MAC 管理协议数据单元

MP(Mesh Point)：网状点

MPDU(MAC Protocol Data Unit)：MAC 协议数据单元

MPLS(MultiProtocol Label Switching)：多协议标签交换

MPP(Mesh Point Portal)：网状点门户

MPPE(Microsoft Point-to-Point Encryption)：微软点对点加密

MPSK(Multiple Phase-Shift Keying)：多进制相移键控

MRC(Maximal Ratio Combining)：最大比合并

MSDU(MAC Service Data Unit)：MAC 服务数据单元

MSP(Managed Services Provider)：托管服务提供商

MTU(Maximum Transmission Unit)：最大传输单元

MU(MultiUser)：多用户

MU-BAR(MultiUser - Block ACK Request)：多用户块确认请求

Multi-TID AMPDU：多流量标识符聚合的 MAC 协议数据单元

MU-MIMO：多用户-多输入多输出

MU-OFDMA：多用户正交频分多址

MU-RTS(MultiUser Request-To-Send)：多用户请求发送

NAC(Network Access Control)：网络访问控制

NAI(Network Access Identifier)：网络访问标识符

NAN(Neighbor Awareness Networking)：邻近感知联网

NAT(Network Address Translation)：网络地址转换

NAV(Network Allocation Vector)：网络分配向量

NDP(Null Data Packet)：空数据包

NEC(National Electrical Code)：美国国家电气法规

NFC(Near Field Communication)：近场通信

NFRP(NDP Feedback Report Poll)：NDP 反馈报告轮询

NIC(Network Interface Card)：网络接口卡

NMS(Network Management Server)：网络管理服务器

NMS(Network Management System)：网络管理系统

NTP(Network Time Protocol)：网络时间协议

OAuth(Open Standard for Authorization)：开放授权标准

OBO(OFDMA Back-Off)：退避

OBSS(Overlapping Basic Service Set)：重叠基本服务集

OFDM(Orthogonal Frequency-Division Multiplexing)：正交频分复用

OFDMA(Orthogonal Frequency-Division Multiple Access)：正交频分多址

OKC(Opportunistic Key Caching)：机会密钥缓存

OMI(Operating Mode Indication)：操作模式指示

OS(Operating System)：操作系统

OSEN(OSU Server-only authenticated layer 2 Encryption Network)：仅 OSU 服务器验证的二层加密网络

OSI model(Open Systems Interconnection model)：开放系统互连模型

OSPF(Open Shortest Path First)：开放最短路径优先

OSS(Operations Support System)：运营支撑系统

OSU(Online Sign-Up)：在线注册

OUI(Organizationally Unique Identifier)：组织唯一标识符

OWE(Opportunistic Wireless Encryption)：机会性无线加密

PAC(Protected Access Credential)：受保护的访问凭证

PAN(Personal Area Network)：个人域网

PAT(Port Address Translation)：端口地址转换

PBSS(Personal Basic Service Set)：个人基本服务集

PBX(Private Branch eXchange)：专用小交换机

PC(Point Coordinator)：点协调器

PCF(Point Coordination Function)：点协调功能

PCI(Peripheral Component Interconnect)：外设组件互连

PCMCIA(Personal Computer Memory Card International Association)：个人计算机存储卡国际协会

PCP(PBSS Control Point)：PBSS 控制点

PCPS(PBSS Control Point Service)：PBSS 控制点服务

PD(Powered Device)：受电设备

PDA(Personal Digital Assistant)：个人数字助理

PEAP(Protected Extensible Authentication Protocol)：受保护的可扩展认证协议

PER(Packet Error Rate)：误包率

PHY：物理层

PIFS(Point Coordination Function interframe Space)：点协调功能帧间间隔

PKC(Proactive Key Caching)：主动密钥缓存

PLCP(Physical Layer Convergence Procedure)：物理层会聚过程

PMD(Physical Medium Dependent)：物理介质相关

PMK(Pairwise Master Key)：成对主密钥

PMKID(Pairwise Master Key IDentifier)：成对主密钥标识符

PoE(Power over Ethernet)：以太网供电

POI(Point Of Interest)：兴趣点

PPDU(PLCP Protocol Data Unit)：PLCP 协议数据单元

PPSK(Per-user PSK)：每用户预共享密钥

PSDU(PLCP Service Data Unit)：PLCP 服务数据单元

PSE(Power-Sourcing Equipment)：供电设备

PSK(Phase-Shift Keying)：相移键控

PSK(Pre-Shared Key)：预共享密钥

PSMP(Power Save Multi-Poll)：节电多轮询

PSMP-DTT(Power Save Multi-Poll Downlink Transmission Time)：节电多轮询下行传输时间

PSMP-UTT(Power Save Multi-Poll Uplink Transmission Time)：节电多轮询上行传输时间

PSPF(Public Secure Packet Forwarding)：公共安全包转发

PS-Poll(Power Save Poll)：节电轮询

PSTN(Public Switched Telephone Network)：公用交换电话网

PTK(Pairwise Transient Key)：成对瞬时密钥

PtMP(Point-to-MultiPoint)：点对多点

PtP(Point-to-Point)：点对点

PtT(Push-to-Talk)：即按即通

QAM(Quadrature Amplitude Modulation)：正交调幅

QAP(Quality-of-service Access Point)：服务质量接入点

QBSS(Quality-of-service Basic Service Set)：基本服务集

QMF(Quality-of-service Management Frame)：服务质量管理帧

QoS(Quality of Service)：服务质量

QPSK(Quadrature Phase-Shift Keying)：正交相移键控

QSTA(Quality-of-Service Station)：服务质量终端

RA(Receiver Address)：接收机地址

RADIUS(Remote Authentication Dial-In User Service)：远程身份验证拨号用户服务

RBAC(Role-Based Access Control)：基于角色的访问控制

RF(Radio Frequency)：射频

RFC(Request For Comment)：请求评议

RFID(Radio-Frequency IDentification)：射频识别

RIFS(Reduced InterFrame Space)：缩减帧间间隔

RRM(Radio Resource Management)：无线资源管理

RRM(Radio Resource Measurement)：无线资源测量

RUIM(Removable User Identity Module)：可移动用户识别模块

RSL(Received Signal Level)：接收信号电平

RSN(Robust Security Network)：强健安全网络

RSNA(Robust Security Network Association)：强健安全网络关联

RSN IE(Robust Security Network Information Element)：强健安全网络信息元素

RSSI(Received Signal Strength Indicator)：接收信号强度指示

RTLS(Real-Time Locating System)：实时定位系统

RTS(Request To Send)：请求发送

RTS/CTS(Request To Send / Clear To Send)：请求发送/允许发送

RU(Resource Unit)：资源单元

Rx：接收机

SA(Security Association)：安全关联

SA(Source Address)：源地址

SaaS(Software as a Service)：软件即服务

SAE(Simultaneous Authentication of Equals)：对等实体同时验证

SAML(Security Assertion Markup Language)：安全断言标记语言

S-APSD(Scheduled Automatic Power-Save Delivery)：调度自动节电传输

SCA(Single-Channel Architecture)：单信道体系结构

SCADA(Supervisory Control And Data Acquisition)：监控与数据采集

SCEP(Simple Certificate Enrollment Protocol)：简单证书注册协议

SD(Signal Detect)：信号检测

SDM(Spatial Diversity Multiplexing)：空间分集复用

SDR(Software-Defined Radio)：软件定义无线电

SID(System IDentifier)：系统标识符

SIFS(Short InterFrame Space)：短帧间间隔

SIM(Subscriber Identity Module)：用户识别模块

SIP(Session Initiation Protocol)：会话发起协议

SISO(Single-Input, Single-Output)：单输入单输出

SM(Spatial Multiplexing)：空间复用

SMPS(Spatial Multiplexing Power Save)：空间复用节电

SMTP(Simple Mail Transfer Protocol)：简单邮件传输协议

SNMP(Simple Network Management Protocol)：简单网络管理协议

SOHO(Small Office, Home Office)：居家办公

SOM(System Operating Margin)：系统运行裕度

SP(Service Provider)：服务提供方

SPOC(Single Point Of Contact)：单一联络点

S-PSMP(Scheduled Power Save Multi-Poll)：调度节电多轮询

SQ(Signal Quality)：信号质量

SS(Station Service)：终端服务

SSH(Secure Shell)：安全外壳

SSH2(Secure Shell 2)：安全外壳第 2 版

SSID(Service Set IDentifier)：服务集标识符

SSL(Secure Sockets Layer)：安全套接层

SSO(Single Sign-On)：单点登录

STA(STAtion)：终端

STBC(Space-Time Block Coding)：空时分组编码

STP(Spanning Tree Protocol)：生成树协议

STSL(Station-To-Station Link)：终端对终端链路

SU-MIMO(Single-User Multiple-Input, Multiple-Output)：单用户-多输入多输出

TA(Transmitter Address)：发射机地址

TBTT(Target Beacon Transmission Time)：目标信标传输时间

TCP/IP(Transmission Control Protocol / Internet Protocol)：传输控制协议/互联网协议

TDLS(Tunneled Direct-Link Setup)：通道直接链路建立

TDMA(Time-Division Multiple Access)：时分多址

TDWR(Terminal Doppler Weather Radar)：终端多普勒天气雷达

TEL(Tamper-Evident Label)：防篡改标签

TID(Traffic IDentifier)：流量标识符

TIM(Traffic Indication Map)：流量指示图

TKIP(Temporal Key Integrity Protocol)：临时密钥完整性协议

TLS(Transport Layer Security)：传输层安全

TPC(Transmit Power Control)：发射功率控制

TS(Traffic Stream)：流量流

TSN(Transition Security Network)：过渡安全网络

TTLS(Tunneled Transport Layer Security)：隧道传输层安全

TVHT(Television Very High Throughput)：电视甚高吞吐量

TVWS(Television White Spaces)：空白电视频段

TWT(Target Wake Time)：目标唤醒时间

Tx：发射机

TxBF：发射波束成形

TxOP：发送机会

U-APSD(Unscheduled Automatic Power-Save Delivery)：非调度自动节电传输

UDP(User Datagram Protocol)：用户数据报协议

UEQM(Unequal Modulation)：不平等调制

UL(UpLink)：上行链路

UL OFDMA(UpLink Orthogonal Frequency-Division Multiple Access)：上行链路正交频分多址

UMTS(Universal Mobile Telecommunications System)：通用移动通信系统

U-NII(Unlicensed National Information Infrastructure)：非授权国家信息基础设施

UORA(UL-OFDMA Random Access)：UL-OFDMA 随机访问

UP(User Priority)：用户优先级

U-PSMP(Unscheduled Power Save Multi-Poll)：非调度节电多轮询

URL(Uniform Resource Locator)：统一资源定位符

USB(Universal Serial Bus)：通用串行总线

USIM(Universal Subscriber Identity Module)：通用用户识别模块

UUID(Universally Unique IDentifier)：通用唯一标识符

VHD(Very High Density)：甚高密度

VHT(Very High Throughput)：甚高吞吐量

VLAN(Virtual Local Area Network)：虚拟局域网

VM(Virtual Machine)：虚拟机

VoIP(Voice over IP)：IP 语音

VoWiFi(Voice over Wi-Fi)：Wi-Fi 语音

VPN(Virtual Private Network)：虚拟专用网

VPP(Volume Purchase Program)：批量购买计划

VRRP(Virtual Router Redundancy Protocol)：虚拟路由器冗余协议

VSWR(Voltage Standing Wave Ratio)：电压驻波比

WaaS(Wireless-as-a-Service)：无线即服务

WAN(Wide Area Network)：广域网

WAVE(Wireless Access in Vehicular Environments)：车载环境无线接入

WDS(Wireless Distribution System)：无线分布系统

WEP(Wired Equivalent Privacy)：有线等效保密

WGB(WorkGroup Bridge)：工作组网桥

WIDS(Wireless Intrusion Detection System)：无线入侵检测系统.

WiGLE(Wireless Geographic Logging Engine)：无线地理日志引擎

WiMAX(Worldwide Interoperability for Microwave Access)：全球微波接入互操作性

WIPS(Wireless Intrusion Prevention System)：无线入侵防御系统

WISP(Wireless Internet Service Provider)：无线互联网服务提供商

WLAN(Wireless Local Area Network)：无线局域网

WM(Wireless Medium)：无线介质

WMAN(Wireless Metropolitan Area Network)：无线城域网

WMM(Wi-Fi Multimedia)：Wi-Fi 多媒体

WMM-AC(Wi-Fi Multimedia Admission Control)：Wi-Fi 多媒体准入控制

WMM-PS(Wi-Fi Multimedia Power Save)：Wi-Fi 多媒体节电

WNM(Wireless Network Management)：无线网络管理

WNMS(Wireless Network Management System)：无线网络管理系统

WPA(Wi-Fi Protected Access)：Wi-Fi 保护接入

WPA2(Wi-Fi Protected Access 2)：Wi-Fi 保护接入 2

WPA3(Wi-Fi Protected Access 3)：Wi-Fi 保护接入 3

WPAN(Wireless Personal Area Network)：无线个域网

WPP(Wireless Performance Prediction)：无线性能预测

WuR(Wake-up Radio)：唤醒无线电

WWAN(Wireless Wide Area Network)：无线广域网

XML(eXtensible Markup Language)：可扩展标记语言